KB185821

An Introduction to Statistical Learning with Applications in Python

기초부터 다지는 통계학 교과서 with 파이썬

First published in English under the title
An Introduction to Statistical Learning; with Applications in Python
by Gareth James, Daniela Witten, Trevor Hastie, Robert Tibshirani and Jonathan Taylor, edition: 1

기초부터 다지는 통계학 교과서 with 파이썬

초판 1쇄 발행 2024년 12월 18일 **지은이** 개러스 제임스, 다니엘라 위튼, 트레버 헤이스티, 로버트 팁시라니, 조너선 테일러 **옮긴이** 송영숙, 유현조 **펴낸이** 한기성 **펴낸곳** (주)도서출판인사이트 **편집** 신승준 **영업마케팅** 김진불 **제작·관리** 이유현 **용지** 유피에스 **출력·인쇄** 예림인쇄 **제본** 예림원색 **등록번호** 제2002-000049호 **등록일자** 2002년 2월 19일 **주소** 서울특별시 마포구 연남로5길 19-5 **전화** 02-322-5143 **팩스** 02-3143-5579 **이메일** insight@insightbook.co.kr **ISBN** 978-89-6626-462-9 책값은 뒤표지에 있습니다. 잘못 만들어진 책은 바꾸어 드립니다. 이 책의 정오표는 https://blog.insightbook.co.kr에서 확인하실 수 있습니다.

프로그래밍 인사이트

기초부터 다지는 통계학 교과서 with 파이썬

개러스 제임스 · 다니엘라 위튼 · 트레버 헤이스티 · 로버트 팁시라니 · 조너선 테일러 지음
송영숙 · 유현조 옮김

인사이트

차례

옮긴이의 글

이 책은 오랫동안 통계학 분야의 교과서로 알려져 왔다. 따라서 통계학 외에도 통계 분석이 필요한 다양한 분야를 반영하면서 개정판이 등장할 때마다 책의 내용이 점점 풍성해졌다. 이 판본에서 가장 많이 바뀐 점은 최근에 이슈가 되고 있는 딥러닝 등 새로운 방법론을 반영한 점이다. R 버전과 파이썬 버전이 있는데, 이 책에서는 파이썬 실습을 포함하고 있는 버전을 다룬다.

수식 설명을 최소화하고 정형 및 비정형 데이터를 다루기 위한 도구로서 실제 데이터를 바탕으로 설명한다는 점이 이 책의 또 다른 특징이라고 할 수 있다. 또한 기초 개념을 다룰 때는 차근차근 한 단계씩 설명하며 독자의 이해를 돕는데, 가령 딥러닝을 다루는 10장에서는 신경망의 기초부터 시작해 점점 심화하는 내용을 담는다.

다양한 분야의 데이터 분석을 망라하는 책이니만큼 번역을 위한 몇 가지 원칙이 필요했다. 그동안 통계학 분야에서 오랫동안 관습적으로 써 오던 번역 용어가 있으면 우선적으로 사용하고 기계학습, 딥러닝 진영에서 일반화된 번역이 있는 경우는 차선책으로 사용하였다. 가령 tuning을 번역할 때 '조율'과 '튜닝' 둘 다 자주 쓰이지만, 한국통계학회 용어집에 따라 '조율'로 번역했다. 또한 기초 통계 개념을 익힌 사람이라면 어렵지 않게 읽을 수 있도록 생소하다고 판단되는 용어는 옮긴이 주를 달아 이해를 도왔다.

책의 실습에 사용한 코드와 기타 자료는 다음 링크(*https://github.com/KoISLP*)에서 다운로드 할 수 있고, 원서와 관련된 자료는 다음 링크(*https://www.statlearning.com/*)에서 참고할 수 있다.

매 장을 꼼꼼하게 살펴 주신 인사이트 출판사 편집진에게 깊은 감사의 마음을 전한다.

들어가는 글

통계적 학습이란 '복잡한 데이터 세트를 이해'하는 데 사용되는 도구의 모음을 뜻한다. 최근 몇 년 동안 과학과 산업의 거의 모든 영역에 걸쳐 데이터 수집의 규모와 범위가 믿기 어려울 만큼 증가했다. 그 결과 통계적 학습은 데이터를 이해하려는 모든 사람에게 매우 중요한 도구가 됐다. 오늘날 점점 더 많은 직업이 데이터와 관련되어 있다. 이것은 통계적 학습이 빠른 속도로 '모든 사람에게' 필수적인 도구가 되고 있음을 뜻한다.

통계적 학습에 관한 최초의 책 중 하나인 헤이스티(Hastie), 팁시라니(Tibshirani), 프리드먼(Friedman)의 《The Elements of Statistical Learning(ESL)》(국내에서는 《통계학으로 배우는 머신러닝》(에이콘출판, 2020)이라는 제목으로 번역됨)은 2001년에 초판이 출판됐고 2009년에 개정판이 나왔다. ESL은 통계학뿐만 아니라 관련된 다른 분야에서도 인기 있는 텍스트가 됐다. ESL이 인기 있는 이유 중 하나는 상대적으로 접근하기 쉬운 스타일 때문이다. 그러나 ESL에 가장 잘 어울리는 독자는 수리과학 분야에서 고급 훈련을 받은 사람들이다.

《An Introduction to Statistical Learning, With Applications in R(ISLR)》(국내에서는 《가볍게 시작하는 통계 학습 - R로 실습하는》(루비페이퍼, 2016)이라는 제목으로 번역됨)은 초판이 2013년에 출판됐고 2021년에 개정판이 나왔다. 이 책을 쓰게 된 이유는 통계적 학습의 핵심 주제들을 더 넓게 덜 기술적인 방식으로 다룰 필요가 있기 때문이었다. ISLR은 선형회귀를 돌아보고 재표집법, 분류와 회귀를 위한 희소 방법, 일반화가법모형, 나무-기반 방법, 서포트 벡터 머신, 딥러닝, 생존분석, 군집화, 다중검정을 포함해 오늘날 가장 중요한 통계적 학습과 기계학습 접근법을 포괄해 다루고 있다.

2013년에 출간된 이래로 ISLR은 전 세계 학부와 대학원 강좌의 대들보가 됐으며, 데이터 과학자를 위한 중요한 참고문헌이 됐다. 이런 성공의 열쇠 중 하나는 2장에서 시작해 장마다 포함된 R 실습에 있었다. 실습은 각각의 장에서 배운 통계적 학습 방법을 어떻게 구현하는지 실례로 보여 주며, 독자에게 귀중한 실제 경험을 제공했다.

그런데 최근 몇 년 동안 파이썬이 데이터 과학을 위한 언어로 점점 더 인기가 높아지면서 파이썬 언어를 기반으로 ISLR을 대체해 달라는 요구가 증가했다. 따라서 이 책 《An Introduction to Statistical Learning, With Applications in Python(ISLP)》은 ISLR과 동일한 내용을 다루지만 실습은 파이썬으로 구현한다. 실습은 새롭게 공동 저자로 참여한 조너선 테일러(Jonathan Taylor)가 이룬 성과다. 실습의 다수는 파이썬의 ISLP 패키지를 사용한다. 이 패키지는 장마다 다루는 통계적 학습 방법을 파이썬으로 수월하게 수행할 수 있도록 우리가 직접 작성한 프로그램이다. 실습은 파이썬 초보자와 경험 있는 사용자 모두에게 유용할 것이다.

ISLP와 ISLR에는 통계적 학습 방법의 응용에 더 집중하고 수학적 세부 사항에는 덜 집중하려는 의도를 담았다. 따라서 이 책은 통계학이나 관련 계량 분야를 전공하는 고급 학부생이나 석사 과정 학생 또는 자신의 데이터를 분석하기 위해 통계적 학습 도구를 사용하려는 다른 분야의 개인에게 적합하다. 이 책은 두 학기 과정의 교재로 사용될 수 있다.

ISLR 초판에 대해 귀중한 의견을 제공한 독자에게 감사드린다. Pallavi Basu, Alexandra Chouldechova, Patrick Danaher, Will Fithian, Luella Fu, Sam Gross, Max Grazier G'Sell, Courtney Paulson, Xinghao Qiao, Elisa Sheng, Noah Simon, Kean Ming Tan, Xin Lu Tan. ISLR 개정판에 대해 유용한 정보를 제공한 독자에게도 감사드린다. Alan Agresti, Iain Carmichael, Yiqun Chen, Erin Craig, Daisy Ding, Lucy Gao, Ismael Lemhadri, Bryan Martin, Anna Neufeld, Geoff Tims, Carsten Voelkmann, Steve Yadlowsky, James Zou. ISLR과 ISLP를 지원해 주신 Balasubramanian 'Naras' Narasimhan에게 깊은 감사를 표한다.

영광스럽게도 우리는 ISLR이 학교에서 그리고 학교 밖에서 통계적 학습을 실제로 활용하는 방식에 영향을 상당히 미치는 것을 보는 특별한 기회를 누릴 수 있었다. 현재와 미래의 응용 통계학자와 데이터 과학자가 데이터 중심 세계에서 성공하는 데 필요한 도구를, 이번 새로운 파이썬 판이 계속 제공할 수 있기를 희망한다.

예측하는 것은 어렵다, 특히 미래에 대해서는.

–요기 베라(Yogi Berra)

1장

An Introduction to Statistical Learning

도입

1.1 통계적 학습 개요

'통계적 학습'이란 '데이터를 이해하기' 위한 방대한 도구의 모음을 뜻한다. 이들 도구는 지도(supervised) 학습 또는 비지도(unsupervised)[1] 학습으로 분류할 수 있다. 대체로 지도 통계 학습은 통계적 모형(statistical model)[2]을 만들어 하나 이상의 입력에 기반해 출력을 예측하거나 추정한다. 이와 같이 출력을 예측하거나 추정하는 문제가 발생하는 분야는 경영, 의학, 천체물리학, 공공정책 등으로 다양하다. 비지도 통계 학습의 경우는 입력은 있지만 지도하는 출력은 없다.[3] 하지만 이런 데이터로도 관계와 구조를 학습할 수는 있다. 우선 통계적 학습의 몇 가지 응용을 설명하기 위해 실제 사례를 준비하였다. 이 책에서 자세히 다룰 실세계 데이터 세 가지를 간략히 살펴보자.

1 (옮긴이) 이 책의 번역에서는 지도학습(supervised learning)과 비지도학습(unsupervised learning)이라는 용어를 사용하였다. 각각을 '감독'과 '비감독'이라고 부르는 경우도 있으며 '지도식 학습', '감독식 학습'과 같은 용어를 사용하는 경우도 종종 볼 수 있다. 한편 '지도'라고만 표현하면 영어의 'supervised'와 'supervising'을 구별할 수 없는데, '지도학습'이란 정확하게 말하면 '지도를 받는 학습'이고 '비지도학습'은 '지도를 받지 않는 학습'이다. 경우에 따라 자연스러운 문맥을 위해서 '지도식' 또는 '지도를 받는' 등으로 풀어서 번역하기도 하였다.

2 (옮긴이) 관찰한 현상을 수학적으로 설명하는 모형을 일반적으로 결정론적(deterministic) 모형과 통계적 모형으로 분류한다. 결정론적 모형은 뉴턴의 운동 법칙 $F = ma$와 같이 변수 간에 관계가 명확하게 설정된 모형이다. 일반적으로 과학 법칙이나 모형이 이에 해당한다. 통계적 모형은 이에 대비되는 개념으로 변수 사이의 관계에 오차가 허용되는 모형이다. 전반적인 개념은 2장에서 소개하고 있다. 통계적 모형의 구체적인 형태는 식 (2.1)에서 볼 수 있다.

3 (옮긴이) 입력은 예측변수, 독립변수, 특징을 뜻하고 출력은 반응변수, 종속변수를 뜻한다. 용어에 대한 자세한 설명은 2장에 나온다. 여기서 '지도하는 출력(supervising output)'은 기계학습의 '정답 세트'로 이해하면 쉽다.

1.1.1 임금 데이터

이 사례(이 책 전반에 걸쳐 Wage 데이터 세트라고 함)에서는 미국 대서양 지역의 일군의 남성 임금과 임금에 영향을 미치는 여러 요인을 검토한다. 특히 피고용인의 age(나이), education(교육) 그리고 year(연도)가 임금(wage)에 미치는 연관성을 이해하고자 한다. 예를 들어 [그림 1.1]의 왼쪽 그림에 있는 데이터 세트는 각 개인의 wage 대 age 그래프다. 이 그래프에서 wage가 age에 따라 증가하다가 약 60세 이후에 다시 감소하는 것을 확인할 수 있다. 파란색 선은 각 age에 대한 평균 wage의 추정값을 알려 주는데, (60세 이후에) 감소하는 경향성을 더 선명하게 보여 준다. 피고용인의 age 정보가 제공되면 이 곡선으로 wage를 '예측'할 수 있다. 하지만 [그림 1.1]에서 분명히 드러나듯이 이 평균값에 연관된 변동성(variability)이 유의하게 크기 때문에 age만으로는 특정 남성의 wage를 정확히 예측하기는 어렵다.

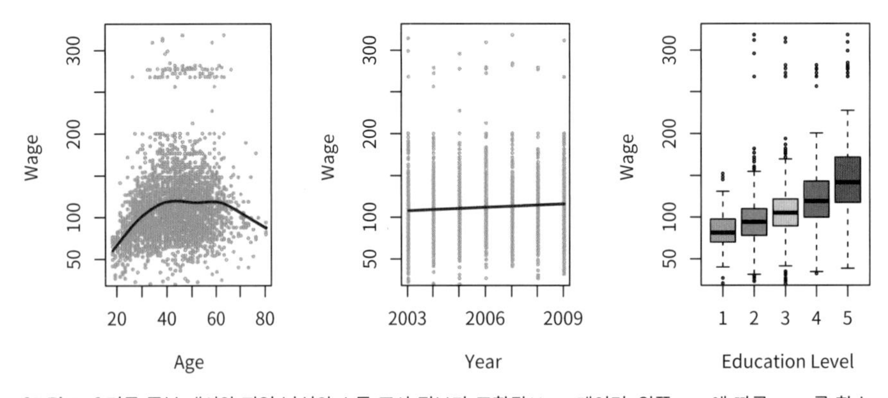

[그림 1.1] 미국 중부 대서양 지역 남성의 소득 조사 정보가 포함된 Wage 데이터. 왼쪽: age에 따른 wage를 함수로 표현한 그래프. 평균적으로 wage는 약 60세까지 age에 따라 증가하다가 그 이후에는 감소하기 시작한다. 가운데: year에 따른 wage를 함수로 표현한 그래프. 2003년부터 2009년까지 평균 wage는 느리지만 꾸준히 약 $10,000 증가했다. 오른쪽: education에 따른 wage를 함수로 표현한 상자그림. 1은 가장 낮은 교육 수준(고등학교 졸업장 없음), 5는 가장 높은 교육 수준(대학원 학위 이상)을 나타낸다. 평균적으로 wage는 education 수준에 따라 증가한다.

또한 각 피고용인의 education 수준과 year에 따른 wage 정보도 있다. [그림 1.1]의 가운데 그림과 오른쪽 그림은 wage를 year과 education의 함수로 제시해, 두 요인 모두 wage와 연관되어 있음을 보여 준다. 임금은 2003년부터 2009년 사이에 대략 선형(또는 직선)으로 $10,000 증가하지만, 이 증가는 데이터의 변동에 비하면 매우 미미하다. 또한 일반적으로 교육 수준이 높은 남성의 임금이 더 높다. 교육 수준이 가장 낮은 (1)의 남성은 교육 수준이 가장 높은 (5)의 남성에 비해 임금이 상당히 낮은 경향이 있다. 특정 남성의 wage를 가장 정확하게 예측하기 위해서는 age, education, year를 결합해야 한다. 3장에서는 선형모형을 이용해 이 데이터 세트에서 wage의 예측 방법을 논의한다. 이상적으로는 wage와 age 사이에서 비선형 관계를 고려하는 방식으로 wage를 예측해야 한다. 7장에서는 이 문제를 해결하기 위한 접근 방법들을 논의한다.

1.1.2 주식 시장 데이터

Wage 데이터는 연속(continuous) 또는 양적(quantitative)인 출력값을 예측하는 문제와 관련이 있다. 이것을 흔히 회귀(regression) 문제라고 한다. 하지만 어떤 경우에는 수치가 아닌 값, 즉 범주형(categorical) 또는 질적(qualitative) 출력값을 예측하고 싶을 수 있다. 예를 들어 4장에서는 2001년부터 2005년까지 5년간 스탠다드 앤드 푸어스 500(Standard & Poor's 500, S&P 500) 주가 지수의 일일 변동 내역을 포함하는 주식 시장 데이터 세트를 살펴본다. 이 데이터를 Smarket 데이터라고 하겠다. 목표는 과거 5일 동안의 지수의 백분율 변화[4]를 이용해 특정한 날짜에 지수가 상승할지 하락할지를 예측하는 것이다. 여기서 통계적 학습 문제는 수치를 예측하는 문제가 아니라 정해진 날의 주식 시장 성과가 Up 바구니에 들어갈지 Down 바구니에 들어갈지 예측하는 문제이다. 이것을 분류(classification) 문제라고 한다. 시장이 어느 방향으로 움직일지 정확히 예측할 수 있는 모형은 매우 유용하다.

[그림 1.2]에서 왼쪽 그림의 두 상자는 전일 대비 주가 지수의 백분율 변화를 보여 준다. 상자그림 하나는 다음 날 시장이 상승(Up)한 648일을, 다른 하나는 시장이 하락(Down)한 602일을 나타내고 있다. 두 그림은 거의 동일해 보이는데, 이는 어제의 S&P 움직임을 이용해 오늘의 수익률을 예측할 수 있는 단순한 전략이 없음을 시사한다. 2일 전과 3일 전의 백분율 변화를 보여 주는 나머지 그래프도 마찬가지로 과거와 현재의 수익률 사이에는 거의 연관성이 없다. 물론 이런 패턴의 부재는 어느 정도 예상된 일이다. 연속된 날짜의 수익률 사이에 강한 상관관계가 있다면, 시장에서 단순한 거래 전략을 채택함으로써 이익을 창출했을 것이다. 그럼에도 4장에서는 여러 가지 통계적 학습 방법을 사용해 이런 데이터들을 탐색할 것이다. 흥미롭게도 이 데이터에 나타나는 다소 약한 추세를 단서로 삼아 적어도 5년 동안은 시장이 움직이는 방향을 60% 정도 정확히 예측할 수 있다([그림 1.3] 참조).

4 (옮긴이) 백분율 변화(percentage change)는 두 값 v_1과 v_2가 있을 때, $(v_2 - v_1)/v_1 \times 100\%$로 계산한다.

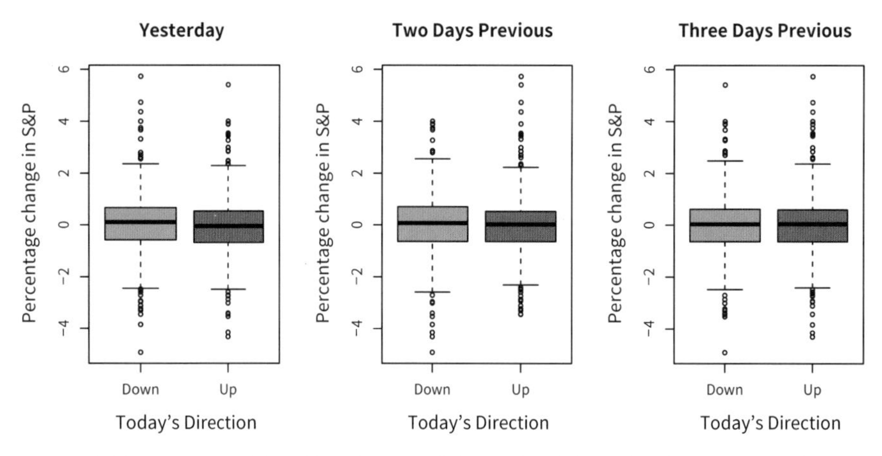

[그림 1.2] 왼쪽: Smarket 데이터 세트에서 얻은 전일 대비 S&P 지수의 백분율 변화 상자그림으로, 시장이 상승했거나 하락한 날짜를 나타낸다. 가운데와 오른쪽: 왼쪽 그림과 동일한 방식으로 2일 전(Two Days Previous)과 3일 전(Three Days Previous)의 백분율 변화를 나타낸다.

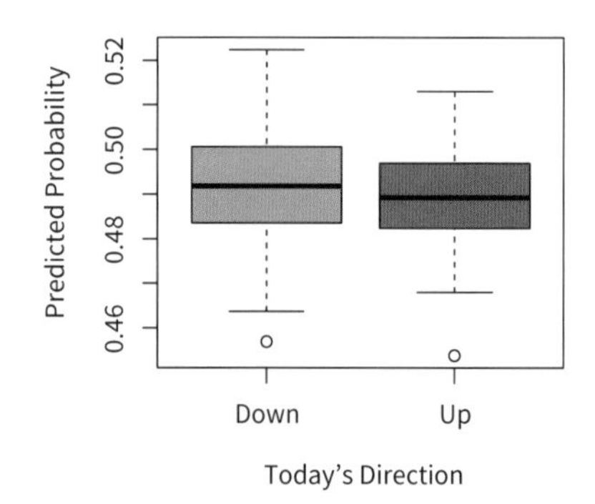

[그림 1.3] 2001년부터 2004년까지의 기간에 해당하는 Smarket 데이터의 부분집합에 이차판별분석(quadratic discriminant analysis) 모형을 적합한 후, 2005년 데이터로 주식 시장 하락 확률을 예측했다. 평균적으로 시장이 실제로 하락한 날에는 주식 시장 하락 확률의 예측값도 더 높다. 이런 결과를 바탕으로 시장이 움직이는 방향을 60% 정도 올바르게 예측할 수 있다.

1.1.3 유전자 발현 데이터

이전 두 응용 사례에서는 입력변수와 출력변수가 모두 있는 데이터 세트를 실례로 들어 설명했다. 하지만 또 다른 중요한 부류의 문제는 입력변수만 관측하고 그에 대응하는 출력변수가 없는 상황과 관련된다. 예를 들어 마케팅 상황에서는 현재 또는 잠재 고객에 대한 인구통계학적 정보가 있을 수 있다. 우리는 관찰한 특성에 따라 고객을 그룹화하여 어떤 유형의 고객이 서로 유사한지 파악하고 싶다. 이것은 군집화(clustering)로 알려진 문제다. 이전 예제들과는 달리, 여기서는 출력변수를 예측하지 않는다.

12장에서는 본래부터 출력변수가 없는 문제에 대한 통계적 학습 방법을 논의할 생각이다. `NCI60` 데이터 세트를 생각해 보자. `NCI60` 데이터는 64개의 암 세포계(cell line) 각각에 대해 6,830개씩의 유전자 발현 측정값으로 이루어져 있다. 우리는 특정 출력변수를 예측하는 대신, 유전자 발현 측정값에 기반해 세포계 사이에 집단 또는 군집이 있는지를 결정하는 데 관심이 있다. 이 문제는 답하기 어려운데, 세포계마다 수천 개의 유전자 발현 측정값이 있어 데이터를 시각화하기 어렵다는 것도 한 가지 원인이다.

[그림 1.4]의 왼쪽 그림에서는 이 문제를 다루기 위한 방법으로 64개 세포계 각각을 Z_1과 Z_2라는 두 개의 숫자만을 사용해 표현하고 있다. Z_1과 Z_2는 데이터의 처음 두 주성분으로 각 세포계에 대한 6,830개의 발현 측정값을 두 개의 숫자 또는 차원으로 요약한 것이다. 차원축소의 결과 정보가 일부 손실될 수 있지만, 이제 데이터를 시각적으로 검토해서 군집의 근거를 찾을 수 있게 되었다. 군집의 수를 결정하는 일은 종종 어려운 문제다. 그러나 [그림 1.4]의 왼쪽 그림은 적어도 네 개의 세포계 그룹이 있음을 시사하기 때문에 이를 각각 별도의 색상으로 표현했다.

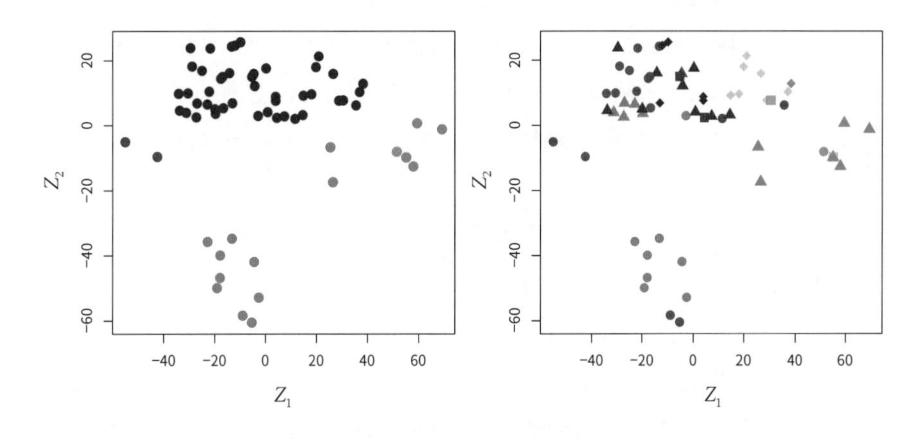

[그림 1.4] 왼쪽: NCI 유전자 발현 데이터 세트를 Z_1 과 Z_2 의 2차원 공간에 표현했다. 각각의 점은 64개 세포계 중 하나에 해당한다. 세포계는 네 그룹이 있는 것으로 관측되었기 때문에, 각 그룹을 다른 색상으로 표현했다. 오른쪽: 14가지 서로 다른 유형의 암을 색이 있는 서로 다른 기호로 표현했다는 점을 제외하면 왼쪽 그림과 동일하다. 동일한 유형의 암 세포계는 2차원 공간에서 가깝게 위치하는 경향이 있다.

이 데이터 세트에서는 세포계가 14가지 유형의 암에 대응하는 것으로 알려져 있다(그러나 이 정보는 [그림 1.4]의 왼쪽 그래프를 생성하는 데 사용되지 않았다). [그림 1.4]의 오른쪽 그래프는 14개의 암 유형을 서로 다른 색상과 기호를 사용해 표시했다는 점을 제외하면 왼쪽 그래프와 동일하다. 2차원으로 표현했을 때 동일한 암 유형의 세포계가 서로 가깝게 위치하는 경향이 있다는 분명한 증거를 볼 수 있다. 이에 더해 왼쪽 그래프를 생성하는 데 암 정보를 사용하지 않았음에도, 군집화 결과는 오른쪽 그림의 실제 관찰된 암 유형과 어느 정도 유사성을 보인다. 이는 군집분석의 정확성에 대한 어느 정도의 독립 검증(independent verification)에 해당한다.

1.2 통계적 학습의 간략한 역사

통계적 학습이라는 용어는 상당히 새로운 것이지만, 이 분야의 근간이 되는 많은 개념은 이미 오래 전에 개발되었다. 19세기 초에 최소제곱법(least squares)이 개발되어, 지금은 선형회귀(linear regression)라고 하는 방법의 초기 형태가 구현됐다. 이 접근법이 처음 성공적으로 적용된 분야는 천문학이었다. 선형회귀는 개인의 급여와 같이 수량적인 값을 예측하는 데 사용됐다. 환자의 생존 또는 사망 여부, 주식 시장의 상승 또는 하락 여부 등 질적인 값을 예측하기 위해 선형판별분석(linear discriminant analysis)이 제안된 때는 1936년이었다. 1940년대에는 다양한 저자들이 로지스틱 회귀(logistic regression)라는 대안적 접근법을 제안했다. 1970년대 초에는 선형회귀와 로지스틱 회귀를 특수한 경우로 포함하는 통계적 학습 방법에서 하나의 큰 부류를 기술하고자 일반화선형모형(generalized linear model)이라는 용어가 개발됐다.

1970년대 말에는 데이터에서 학습하는 더 많은 기법이 사용 가능해졌다. 하지만 당시에는 비선형 관계를 적합하는 것이 계산적으로 어려웠기 때문에 거의 대부분 선형 방법이 사용되었다. 1980년대에는 마침내 컴퓨팅 기술이 충분히 향상되어 비선형 방법을 사용함에 있어 계산이 더 이상 걸림돌이 되지 않았다. 1980년대 중반에는 분류회귀나무(classification and regression trees)가 개발됐고, 바로 뒤를 이어 일반화가법모형(generalized additive models)이 개발됐다. 신경망(neural-networks)이 1980년대에 인기를 얻었으며, 서포트 벡터 머신(support vector machines)은 1990년대에 등장했다.

이후 통계적 학습은 지도 및 비지도 모델링과 예측에 중점을 둔 통계학의 새로운 하위 분야로 떠올랐다. 최근 몇 년 동안 통계적 학습의 진전은 강력하면서도 비교적 사용자 친화적인 소프트웨어, 예를 들어 대중적이면서 무료로 제공되는 파이썬 시스템의 사용 가능성이 증가하고 있다는 점에서 특징적이다. 이는 통계학자와 컴퓨터과학자가 사용하고 개발한 기술에서, 훨씬 더 넓은 커뮤니티를 위한 필수적인 도구 세트로 이 분야가 계속 변모할 수 있는 잠재력을 나타낸다.

1.3 이 책에 대하여

《The Element of Statistical Learning(ESL)》의 저자는 헤이스티(Hastie), 텁시라니(Tibshirani), 프리드먼(Friedman)이며 2001년에 처음 출판됐다. 이후 이 책은 통계적 기계학습의 기초를 다지기 위한 중요한 참고도서가 됐다. 이 책이 성공한 이유는 통계적 학습의 많은 중요한 주제를 포괄적이고 상세하게 다루고 있기 때문이다. 뿐만 아니라 (다른 상위 수준의 통계학 교재에 비해) 다양한 독자가 접근하기 쉽다는 점도 성공 요인이다. 하지만 ESL의 성공 배경에 있는 더 큰 요인은 ESL의 시의성이다. 출판 당시에 통계적 학습 분야에 대한 관심이 폭발적으로 증가하기 시작했는데, ESL은 이 주제에 최초로 접근했던 포괄적인 입문서 중 하나였다.

ESL이 처음 출판된 이후로 통계적 학습 분야는 계속해서 번성하고 있다. 분야의 확장은 두 가지 형태로 이루어졌다. 먼저 새롭고도 향상된 통계적 학습의 접근법들이 개발되었다는 점이 가장 뚜렷한 성장으로 꼽을 수 있다. 이 접근법들은 여러 분야를 가로지르는 다양한 과학적 질문에 대답하는 것을 목표로 한다. 그런데 통계적 학습 분야는 대상층도 확장시켜 왔다. 1990년대에 계산 능력이 향상되면서 최첨단 통계 도구를 사용해 자신의 데이터를 분석하려는 비통계학자들이 이 분야에 많은 관심을 보였다. 그러나 안타깝게도 통계적 학습 방법이 고도로 기술적인 특성을 지니기 때문에 사용자 커뮤니티 참가자는 기술을 이해하고 구현할 수 있는 훈련 시간이 충분한 통계, 컴퓨터과학, 관련 분야의 전문가로 제한되었다.

최근 몇 년 동안 새롭게 개선된 소프트웨어 패키지들이 많은 통계적 학습 방법의 구현 부담을 상당히 완화했다. 동시에 비즈니스로부터 헬스케어, 유전학, 사회과학 등 여러 분야에 걸쳐 통계적 학습이 중요하고 실질적인 응용이 가능한 강력한 도구라는 인식이 확산되고 있다. 결과적으로 이 분야는 학문적인 주요 관심 분야에서 주류 분야로 옮겨오면서 방대한 잠재적 대상층을 가지게 됐다. 방대한 양의 데이터와 그것을 분석하는 소프트웨어의 가용성이 증가함에 따라 이런 추세는 계속될 것이다.

《An Introduction to Statistical Learning(ISL)》의 목적은 학문 분야에 머물던 통계적 학습을 주류 분야로 전환하도록 촉진하기 위함이다. ISL은 ESL을 대체할 목적으로 출판한 게 아니다. ESL은 고려하는 접근법의 수와 접근법을 탐색하는 깊이 면에서 훨씬 더 포괄적인 책이다. 통계적 학습 접근법의 기술적 세부 사항을 이해할 필요가 있는 전문가(통계학, 기계학습 등 관련 분야의 대학원 학위 소지자)에게 ESL은 중요한 동반자가 되리라 생각한다. 하지만 통계적 학습 기법의 사용자 커뮤니티는 확장되어 왔으며 다양한 관심사와 배경을 가진 개인들을 포함하게 됐다. 따라서 덜 기술적이면서 더 쉽게 접근할 수 있는 ESL 버전이 필요했다.

이 주제를 수년 동안 가르치면서 경영학, 생물학, 컴퓨터과학 등 이질적인 분야의 석박사 과정 학생뿐만 아니라 수량 지향적인 학부 상급생도 관심이 있다는 사실을 발견했다. 이 다양한 집단이 여러 가지 접근법의 모형, 직관, 장단점을 이해하는 것이 중요하다. 일반 사람에게는 최적화 알고리즘이나 이론적 특성과 같이 통계적 학습 방법의 기술적인 세부 사항은 주요 관심사가 아니다. 우리는 학생들이 이런 측면에 대한 깊은 이해 없이도 다양한 방법론을 잘 아는 사용자가 될 수 있고, 통계적 학습을 위한 도구를 사용해 자신이 선택한 분야에 기여할 수 있을 것이라고 믿고 있다.

ISL은 다음 네 가지 전제에 기반하고 있다.

1. **많은 통계적 학습 방법은 통계학 이외의 학문 및 비학문 분야에서 의미가 있고 유용하다.** 많은 현대적인 통계적 학습 절차가 선형회귀와 같은 고전적인 방법처럼 널리 이용되어야 하고 이용될 것이다. 그 결과 가능한 모든 접근법을 고려하기보다는(이것은 불가능한 일이다), 가장 널리 적용할 수 있는 방법을 제시하는 데 집중했다.
2. **통계적 학습을 일련의 블랙박스로 보아서는 안 된다.** 가능한 모든 응용에서 좋은 성능을 내는 단일한 접근법은 없다. 박스 안에 있는 톱니바퀴 모두와 그 톱니바퀴 사이의 상호작용을 이해하지 않고 가장 좋은 박스를 선택하는 것은 불가능하다. 따라서 우리는 각 방법들의 배경이 되는 모형, 직관, 가정, 그리고 트레이드오프를 세심하게 설명하려고 노력했다.
3. **각각의 톱니바퀴가 어떤 작업을 수행하는지 아는 것이 중요하지만, 박스 내부의 기계를 구성하는 기술까지 갖출 필요는 없다.** 따라서 적합 절차와 이론적 성질과 관련된 기술적인 세부 사항에 대한 논의는 최소화했다. 독자가 기본적인 수학 개념에 익숙하다고 가정하지만, 수학 분야 대학원 학위가 있다고 가정하지는 않는다. 예를 들어 행렬대수의 사용은 거의 완전히 피했으며, 행렬과 벡터

에 대한 자세한 지식이 없어도 이 책 전체를 이해할 수 있다.

4. **독자가 실세계 문제에 통계적 학습 방법을 적용하려 한다고 가정한다.** 이를 용이하게 만들고 기법을 논의하는 데 동기를 부여하기 위해, 각 장마다 컴퓨터 실습 섹션을 마련했다. 실습에서는 해당 장에서 고찰한 방법들을 현실적으로 응용할 수 있게 안내할 예정이다. 이 자료를 강의에서 사용할 때는 수업 시간의 약 1/3을 실습 작업에 할당했는데, 매우 유용했다. 컴퓨터 활용에 덜 익숙한 학생들이 처음에는 실습에 겁을 먹었지만 한 분기 또는 한 학기가 지나면서 점차 익숙해졌다. 이 책이 처음 등장했을 때(2013년 초판, 2021년 2판)[5]에는 R 언어로 작성된 컴퓨터 실습이 포함되어 있었다. 이후 통계적 학습의 중요한 기법들을 파이썬으로 구현하려는 요구가 증가해 왔다. 이에 따라 이번 책에서는 실습 예제를 R에서 파이썬으로 변경했다. 사용할 수 있는 파이썬 패키지의 수는 빠르게 늘고 있다. 각 실습의 시작 부분에서 가져오기를 살펴보면, 가장 적합한 패키지를 신중하게 선택했음을 알 수 있을 것이다. 또한 이 책에서는 몇 가지 추가 코드와 기능을 `ISLP` 패키지로 제공했다. 하지만 ISL의 실습은 그 자체로 독립적으로 구성되어 있다. 독자가 다른 소프트웨어 패키지를 사용하거나 설명한 방법론을 실제 문제에 적용하고 싶지 않은 경우에는 생략할 수 있다.

1.4 누가 이 책을 읽어야 할까?

이 책은 데이터 모델링과 예측을 위해 현대적인 통계적 방법을 사용하는 데 관심이 있는 모든 사람을 위한 책이다. 이 그룹에는 과학자, 엔지니어, 데이터 분석가, 데이터 과학자, 금융 시장 분석가뿐만 아니라 사회과학이나 경영과 같이 비계량적인 분야에서 학위를 취득한 기술적으로 덜 능숙한 개인들도 포함된다. 우리는 이 책을 읽는 독자가 적어도 기초 통계 과목 하나는 수강했을 것으로 기대한다. 선형회귀에 대한 배경 지식도 유용하지만, 3장에서 선형회귀의 주요 개념들을 검토하기 때문에 필수는 아니다. 이 책의 수학 수준은 높지 않으며, 행렬 연산에 대한 자세한 지식도 필요하지 않다. 이 책은 파이썬을 소개한다. 매트랩(MATLAB)이나 R과 같은 프로그래밍 언어에 대한 사전 경험이 있으면 유용하지만 필수는 아니다.

이 교재의 초판은 비즈니스, 경제학, 컴퓨터과학, 생물학, 지구과학, 심리학, 그리

5 (옮긴이) 《An Introduction to Statistical Learning(ISL)》의 R 버전은 국내에서도 번역되어 출간되었다. 《가볍게 시작하는 통계 학습 - R로 실습하는》(루비페이퍼, 2016) 참조.

고 많은 다른 자연과학과 사회과학 분야의 석박사 과정 학생을 가르치는 데 사용되어 왔다. 또한 이 책은 이미 선형회귀 과목을 수강한 학부 상급생의 교재로도 사용됐다. 수학적으로 더 엄격한 수업에서는 ESL을 주 교재로 사용하고, 다양한 접근법에 대한 컴퓨터 활용 측면을 교육하기 위해 ISL을 보조교재로 사용할 수 있다.

1.5 수학 표기법과 간단한 행렬대수

교재에서 사용할 수학 표기법을 선택하는 작업은 항상 어렵다. 대부분 ESL과 동일한 수학 표기 관례를 채택했다.

표본에 있는 서로 다른 데이터 점(point), 또는 관측의 개수는 n으로 표현했다. p는 예측할 때 사용할 수 있는 변수의 개수를 나타낸다. 예를 들어 `Wage` 데이터 세트는 3,000명에 대한 11개의 변수로 구성된다. 따라서 $n = 3{,}000$개의 관측과 $p = 11$개 변수(`year`, `age`, `race` 등)가 있다. 이 책 전체에 걸쳐서 변수 이름을 가리킬 때는 파이썬 코드와 동일한 글꼴을 이용해 `Variable Name`과 같은 모양으로 표시한다.

일부 예제에서는 p가 수천 또는 수백만 정도가 될 만큼 클 수 있다. 이런 상황은 최근 생물학 데이터나 웹 기반 광고 데이터 분석에서 꽤 자주 발생한다.

일반적으로 x_{ij}로 i번째 관측의 j번째 변수의 값을 나타낸다. 이때 $i = 1, 2, \ldots, n$이고 $j = 1, 2, \ldots, p$이다. 이 책 전체에 걸쳐 i는 표본 또는 관측 번호를 (1부터 n까지) 매기는 데 사용하고, j는 변수의 번호를 (1부터 p까지) 매기는 데 사용한다. 그리고 x_{ij}를 (i, j)번째 원소로 가지는 $n \times p$ 행렬을 $\mathbf{X}$로 표시한다. 즉 다음과 같다.

$$\mathbf{X} = \begin{pmatrix} x_{11} & x_{12} & \ldots & x_{1p} \\ x_{21} & x_{22} & \ldots & x_{2p} \\ \vdots & \vdots & \ddots & \vdots \\ x_{n1} & x_{n2} & \ldots & x_{np} \end{pmatrix}$$

행렬에 익숙하지 않은 독자는 $\mathbf{X}$를 n개의 행과 p개의 열로 이루어진 숫자들의 스프레드시트로 시각화해 생각하면 유용하다.

경우에 따라 $\mathbf{X}$의 행에 관심이 있을 수도 있다. 이때에는 각 행을 $x_1, x_2, \ldots, x_n$으로 표기한다. 여기에서 x_i는 길이가 p인 '벡터'로, i번째 관측에 대한 p개의 변수 측정값을 담고 있다. 즉, 다음과 같다.

$$x_i = \begin{pmatrix} x_{i1} \\ x_{i2} \\ \vdots \\ x_{ip} \end{pmatrix} \tag{1.1}$$

(벡터는 기본적으로 열로 표현된다). 예를 들어 Wage 데이터에서 x_i는 길이가 11인 벡터로, i번째 개인에 대한 year, age, race 등의 값으로 구성된다. $\mathbf{X}$의 열만 관심이 있다면 $\mathbf{x}_1, \mathbf{x}_2, ..., \mathbf{x}_p$와 같이 쓸 것이다. 각각은 다음과 같이 길이가 n인 벡터다.

$$\mathbf{x}_j = \begin{pmatrix} x_{1j} \\ x_{2j} \\ \vdots \\ x_{nj} \end{pmatrix}$$

예를 들어 Wage 데이터에서 $\mathbf{x}_1$에는 year에 대한 $n = 3{,}000$개의 값이 있다.

이러한 표기법을 사용하면, 행렬 $\mathbf{X}$는 다음과 같이 쓸 수 있다.

$$\mathbf{X} = \begin{pmatrix} \mathbf{x}_1 & \mathbf{x}_2 & \cdots & \mathbf{x}_p \end{pmatrix}$$

또는

$$\mathbf{X} = \begin{pmatrix} x_1^T \\ x_2^T \\ \vdots \\ x_n^T \end{pmatrix}$$

^{T} 표기는 행렬이나 벡터의 전치(transpose)를 나타낸다. 예를 들면 다음과 같다.

$$\mathbf{X}^T = \begin{pmatrix} x_{11} & x_{21} & \ldots & x_{n1} \\ x_{12} & x_{22} & \ldots & x_{n2} \\ \vdots & \vdots & & \vdots \\ x_{1p} & x_{2p} & \ldots & x_{np} \end{pmatrix}$$

또는 다음과 같이 표현한다.

$$x_i^T = \begin{pmatrix} x_{i1} & x_{i2} & \cdots & x_{ip} \end{pmatrix}$$

다음으로 y_i는 wage와 같이 예측하려는 변수의 관측값을 나타낸다. 따라서 n개의 모든 관측값의 집합은 다음과 같은 벡터 형식으로 쓸 수 있다.

$$\mathbf{y} = \begin{pmatrix} y_1 \\ y_2 \\ \vdots \\ y_n \end{pmatrix}$$

그러면 관측 데이터는 $\{(x_1, y_1), (x_2, y_2), ..., (x_n, y_n)\}$으로 이루어지며, 각 x_i는 길이가 p인 벡터를 나타낸다(만약 $p = 1$이라면, x_i는 그냥 스칼라다).

이 책에서 길이가 n인 벡터는 항상 '소문자 굵은 글꼴'로 표시한다. 예시는 다음과 같다.

$$\mathbf{a} = \begin{pmatrix} a_1 \\ a_2 \\ \vdots \\ a_n \end{pmatrix}$$

그러나 길이가 n이 아닌 벡터(예를 들어 식 (1.1)과 같이 길이가 p인 특징 벡터)는 '소문자 보통 글꼴', 예를 들면 a와 같이 표시한다. 스칼라도 '소문자 보통 글꼴'로 표시한다. 예를 들어 드물기는 하지만 '소문자 보통 글꼴'의 두 가지 용도가 모호해지는 경우에는, 어떤 용도를 의도했는지 명확히 밝힐 예정이다. 행렬은 '대문자 굵은 글꼴'로 $\mathbf{A}$와 같이 표시한다. 확률변수는 '대문자 보통 글꼴', 예를 들어 A와 같이 차원을 무시하고 표시한다.

가끔 특정 대상의 차원을 표시할 때가 있다. 어떤 대상이 스칼라라는 것을 표시할 때는 $a \in \mathbb{R}$와 같은 표기법을 사용한다. 길이가 k인 벡터는 $a \in \mathbb{R}^k$, 길이가 n인 벡터는 $\mathbf{a} \in \mathbb{R}^n$을 사용한다. 어떤 대상이 $r \times s$ 행렬일 때는 $\mathbf{A} \in \mathbb{R}^{r \times s}$를 사용해 표기한다.

가능한 한 행렬대수의 사용을 피했다. 하지만 몇몇 경우에는 행렬대수를 완전히 피하면 너무 번잡한 일이 된다. 드문 경우지만, 두 행렬을 곱한다는 개념을 이해하는 것이 중요할 때도 있다. $\mathbf{A} \in \mathbb{R}^{r \times d}$이고 $\mathbf{B} \in \mathbb{R}^{d \times s}$라고 가정해 보자. 그러면 $\mathbf{A}$와 $\mathbf{B}$의 곱은 $\mathbf{AB}$로 표시된다. $\mathbf{AB}$의 (i, j)번째 원소의 계산은 $\mathbf{A}$의 i번째 행의 각 원소와 그에 대응되는 $\mathbf{B}$의 j번째 열의 원소를 곱해 이루어진다. 즉, $(\mathbf{AB})_{ij} = \sum_{k=1}^{d} a_{ik} b_{kj}$이다. 예를 들어 다음을 생각해 보자.

$$\mathbf{A} = \begin{pmatrix} 1 & 2 \\ 3 & 4 \end{pmatrix} \qquad \mathbf{B} = \begin{pmatrix} 5 & 6 \\ 7 & 8 \end{pmatrix}$$

그러면 다음과 같이 될 것이다.

$$\mathbf{AB} = \begin{pmatrix} 1 & 2 \\ 3 & 4 \end{pmatrix} \begin{pmatrix} 5 & 6 \\ 7 & 8 \end{pmatrix} = \begin{pmatrix} 1 \times 5 + 2 \times 7 & 1 \times 6 + 2 \times 8 \\ 3 \times 5 + 4 \times 7 & 3 \times 6 + 4 \times 8 \end{pmatrix} = \begin{pmatrix} 19 & 22 \\ 43 & 50 \end{pmatrix}$$

이 연산의 결과가 $r \times s$ 행렬이 된다는 점에 주의하자. $\mathbf{AB}$ 곱의 계산이 가능한 경우는 오직 $\mathbf{A}$의 열의 개수와 $\mathbf{B}$의 행의 개수가 같을 때뿐이다.

1.6 이 책의 구성

2장에서는 통계적 학습의 기본적인 용어와 개념을 소개한다. 이 장에서는 매우 단순한 방법이지만 많은 문제에 놀랍게도 잘 작동하는 K-최근접이웃(K-nearest neighbor) 분류기를 소개한다. 3장과 4장에서는 회귀와 분류를 위한 고전적인 선형 방법들을 다룬다. 특히 3장에서는 모든 회귀 방법의 기본적인 출발점인 선형회귀(linear regression)를 검토한다. 4장에서는 가장 중요한 두 가지 고전 분류법인 로지스틱 회귀(logistic regression)와 선형판별분석(linear discriminant analysis)을 설명한다.

모든 통계적 학습 상황에서 핵심적인 문제는 사례에 가장 적합한 방법을 선택하는 일이다. 그래서 5장에서는 교차검증(cross-validation)과 부트스트랩(bootstrap)을 소개하는데, 여러 다른 방법의 정확도를 추정해 가장 좋은 방법을 선택할 때 두 방법을 사용할 수 있다. 최근 통계적 학습 연구는 대부분 비선형 방법에 집중되어 있다. 그러나 선형 방법들은 해석의 가능성과 정확도 면에서 비선형 방법보다 이점이 있다. 따라서 6장에서는 표준 선형회귀보다 더 나은 성능을 제공할 수 있는 고전적이고 현대적인 다양한 선형 방법들을 다룬다. 여기에는 단계적 선택법(stepwise selection), 능형회귀(ridge regression), 주성분회귀(principal components regression), 라쏘(lasso)가 포함된다.

나머지 장에서는 비선형 통계적 학습의 세계로 이동한다. 먼저 7장에서는 단일 입력변수가 있는 문제에 잘 작동하는 여러 비선형(nonlinear) 방법을 소개한다. 그런 다음 이런 방법들을 이용해 여러 개의 입력이 있는 비선형 가법모형을 적합할 수 있음을 보여 준다. 8장에서는 나무(tree)-기반 방법을, 배깅(bagging), 부스팅(boosting), 랜덤 포레스트(random forest)를 포함해 살펴본다. 선형 분류와 비선형 분류를 모두 수행하는 접근법인 서포트 벡터 머신(support vector machine)은 9

장에서 논의한다. 최근 많은 관심을 받고 있는 비선형회귀와 분류를 위한 접근법인 딥러닝(deep learning)은 10장에서 다룬다. 출력변수가 '중도절단'된, 즉 완전한 관측이 아닌 상황에 특화된 회귀 접근법인 생존분석(survival analysis)은 11장에서 살펴본다.

12장에서는 입력변수는 있지만 출력변수가 없는 '비지도학습' 상황을 다룬다. 특히 주성분분석(principal components analysis), K-평균 군집화(K-means clustering), 계층적 군집화(hierarchical clustering)를 소개한다. 마지막으로 13장에서는 다중가설검정(multiple hypothesis testing)이라는 매우 중요한 주제를 다룬다.

각 장 마지막에는 하나 이상의 파이썬 실습을 제시해, 해당 장에서 논의된 여러 방법의 응용 프로그램을 체계적으로 살펴볼 예정이다. 이 실습들은 다양한 접근법의 장단점을 보여 줄 뿐만 아니라, 다양한 방법을 구현할 때 필요한 구문에 대한 유용한 참고 자료를 제공한다. 독자는 자신의 속도에 맞춰 실습을 진행할 수 있다. 강의에서 실습을 진행하는 상황이라면 팀별 활동의 주제로 활용할 수 있다. 각각의 파이썬 실습에서 제시한 결과는 이 책을 쓰는 시점에 실습 코드를 실행했을 때 나온 결과다. 그러나 파이썬의 새로운 버전이 계속 출시되고 있으므로 시간이 지남에 따라 실습에서 호출하는 패키지도 업데이트된다. 따라서 향후에는 이 책의 실습에 표시된 결과와 독자가 실습을 통해 얻은 결과가 정확히 일치하지 않을 수 있다. 필요하다면 실습에 대한 업데이트 결과를 책 웹사이트에 게시할 예정이다.

1.7 실습과 연습문제의 데이터 세트

이 교재에서는 마케팅, 금융, 생물학 및 기타 분야의 응용 사례를 통해 통계적 학습 방법을 설명한다. `ISLP` 패키지는 이 책과 관련된 실습과 연습문제를 풀기 위해 필요한 여러 데이터 세트를 포함하고 있다. 기본 `R` 배포 버전에는 또 하나의 데이터 세트가 포함되어 있으며(`USArrests` 데이터), 12.5.1절에서 파이썬에서 어떻게 접근할 수 있는지 보여 준다. [표 1.1]에는 실습과 연습문제를 푸는 데 필요한 데이터 세트에 대한 요약을 실었다. 이 데이터 세트 중 몇 개는 2장에서 사용되며, 이 책의 웹사이트에서 텍스트 파일로도 제공된다.

이름	설명
Auto	자동차의 연비, 마력 등 정보
Bikeshare	워싱턴 DC 자전거 공유 프로그램의 시간별 사용량
Boston	보스턴 인구조사 지역에 대한 주택 가치 및 기타 정보
BrainCancer	뇌종양 진단을 받은 환자들의 생존시간
Carseats	400개 매장의 카시트 판매에 대한 정보
College	미국 대학의 인구학적 특성, 등록금 등
Credit	400명의 고객에 대한 신용카드 부채 정보
Default	신용카드 회사의 고객 채무 불이행 기록
Fund	2,000명의 헤지펀드 매니저의 50개월 간 수익률
Hitters	야구 선수들의 기록과 연봉
Khan	네 종류의 암에 대한 유전자 발현 측정
NCI60	64개 암 세포계에 대한 유전자 발현 측정
NYSE	뉴욕증권거래소의 수익률, 변동성, 거래량
OJ	시트러스 힐(Citrus Hill)과 미닛 메이드(Minute Maid) 오렌지 주스의 판매 정보
Portfolio	포트폴리오 할당에 사용되는 금융 자산의 과거 가치
Publication	244개 임상시험의 출판까지 걸린 시간
Smarket	5년 동안의 S&P 500의 일일 백분율 수익
USArrests	미국 50개 주의 주민 10만 명당 범죄 통계
Wage	미국 중부 대서양 지역 남성의 소득 조사 데이터
Weekly	21년간 1,089개의 주별 주식 시장 수익률

[표 1.1] 이 교재에 있는 실습과 연습문제를 풀기 위해 필요한 데이터 세트 목록. 모든 데이터 세트는 ISLP 패키지에서 사용할 수 있으며, USArrests만 예외적으로 기본 R 배포판에 포함되어 있지만 파이썬에서도 접근할 수 있다.

1.8 책 웹사이트

이 책의 웹사이트는 *www.statlearning.com*이다. 이 사이트에는 이 책과 관련된 파이썬 패키지와 일부 추가 데이터 세트를 포함한 자료가 있다.

1.9 감사의 글

이 책의 그래프 중 [그림 6.7], [그림 8.3], [그림 12.4]는 ESL에서 가지고 온 것이다.

그 외 모든 그래프는 ISL의 R 버전을 위해 만든 것이고, [그림 13.10]은 파이썬 소프트웨어로 만들어서 차이가 있다.

2장

An Introduction to Statistical Learning

통계적 학습

2.1 통계적 학습이란 무엇인가?

통계적 학습을 공부하는 데 동기를 부여하기 위해 간단한 예제로 시작하겠다. 어떤 고객의 통계 컨설턴트로 고용되어 특정 상품의 광고와 판매량 사이의 연관성을 조사한다고 생각해 보자. Advertising(광고) 데이터 세트는 서로 다른 200개 시장에서 제품의 판매량(sales)과 광고 예산으로 구성되어 있다. 광고 예산은 서로 다른 매체인 TV, radio, newspaper 셋으로 나누어진다. 데이터는 [그림 2.1]에 제시되어 있다. 고객이 제품의 판매량을 직접 증가시키는 것은 불가능하다. 반면에 세 가지 매체 각각에서 광고비 지출을 통제할 수는 있다. 따라서 광고와 판매량 간의 연

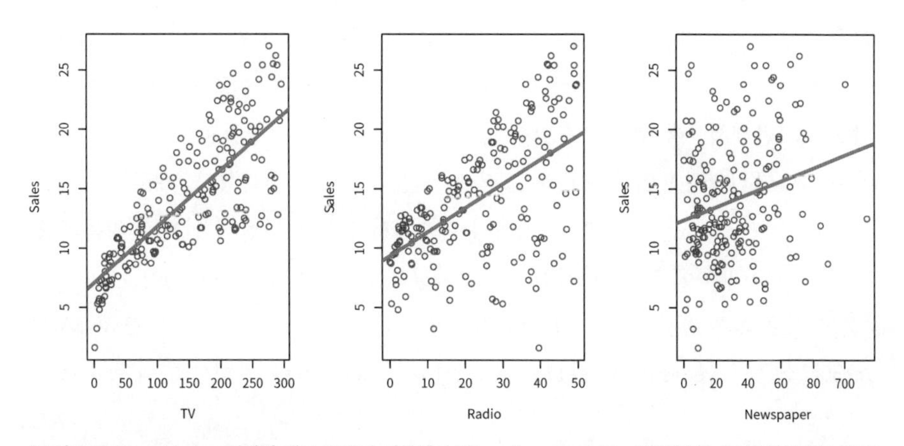

[그림 2.1] Advertising 데이터 세트. 200개 시장에서 TV, radio, newspaper 예산(단위: $1,000)의 함수로 나타낸 sales(단위: 1,000개) 그래프다. 각각의 그래프는 단순 최소제곱법으로 sales를 해당 변수에 적합한 결과를 보여 준다. 이 방법은 3장에서 설명한다. 즉, 파란색 선은 각각 TV, radio, newspaper를 이용해 sales를 예측하는 간단한 모형을 보여 준다.

관성을 밝힐 수 있다면, 고객에게 광고비를 어떻게 조정할지 알려 주어 간접적으로 판매량을 늘릴 수 있다. 즉, 우리의 목표는 세 가지 매체의 광고 예산에 기반해 판매량을 예측하는 정확한 모형을 개발하는 것이다.

광고 예산은 입력변수(input variable), 판매량은 출력변수(output variable)로 설정했다. 입력변수는 보통 X 기호로 표기하고 아래첨자를 붙여 구별한다. 따라서 X_1은 TV 예산, X_2는 radio 예산, X_3은 newspaper 예산을 나타낸다. 입력변수는 여러 다른 이름으로도 부르는데, 예측변수(predictor variable), 독립변수(independent variable), 특징(feature), 때로는 그냥 변수(variable)라고도 한다. sales와 같은 출력변수는 보통 반응변수(response variable)나 종속변수(dependent variable)라고 하며, 기호 Y로 표기한다. 책 전반에 걸쳐 이 용어들을 섞어서 사용할 예정이다.

좀 더 일반화해서 양적 반응변수 Y와 p개의 서로 다른 예측변수 $X_1, X_2, ..., X_p$를 관측한다고 생각해 보자. 여기서 Y와 $X = (X_1, X_2, ..., X_p)$ 사이에 모종의 관계가 있다고 가정하면, 그 관계는 다음과 같이 매우 일반적인 형태로 쓸 수 있다.

$$Y = f(X) + \epsilon \tag{2.1}$$

여기서 f는 $X_1, ..., X_p$에 대한 함수로 고정된 미지의[1] 함수다. ϵ은 랜덤한 오차항(error term)으로, X와 독립이며 평균은 0이다. 이 공식에서 f는 체계적(systematic) 정보로 X가 Y에 대해 제공하는 정보를 나타낸다.

다른 예로 [그림 2.2]의 왼쪽 그림을 살펴보자. Income(소득) 데이터 세트에 있는 30명의 개인별 income(소득) 대 years of education(교육 연수)의 그래프다. 그림은 교육 연수를 이용해 소득을 예측할 수 있음을 시사한다. 하지만 입력변수를 출력변수로 연결하는 함수 f는 일반적으로 우리가 모르는 함수다. 이런 상황에서는 관측점들에 기반해서 f를 추정할 수밖에 없다. Income은 모의생성한 데이터이므로 f는 아는 함수다. [그림 2.2]의 오른쪽 그림에 파란 곡선으로 제시했다. 세로선들은 오차항(error terms) ϵ을 나타낸다. 30개의 관측에서 일부는 파란색 선보다 위쪽에 있고, 일부는 아래쪽에 있다. 전체적으로 오차들은 근사적으로 평균이 0이 된다.

일반적으로 함수 f는 하나 이상의 입력변수를 수반할 수 있다. [그림 2.3]에서는 income(소득)을 years of education(교육 연수)과 seniority(연공서열)의 함수로 나

1 (옮긴이) 원문은 fixed but unknown이다. 여기서 고정된(fixed)이라는 표현은 통계학에서 랜덤(random)에 대비되는 용어로 자주 사용된다. 즉, 고정된 함수는 오차(error)가 없는 함수 또는 결정론적(deterministic) 함수로 이해할 수 있다. 정해져 있지만 모르는 것과 랜덤한 것은 다르다.

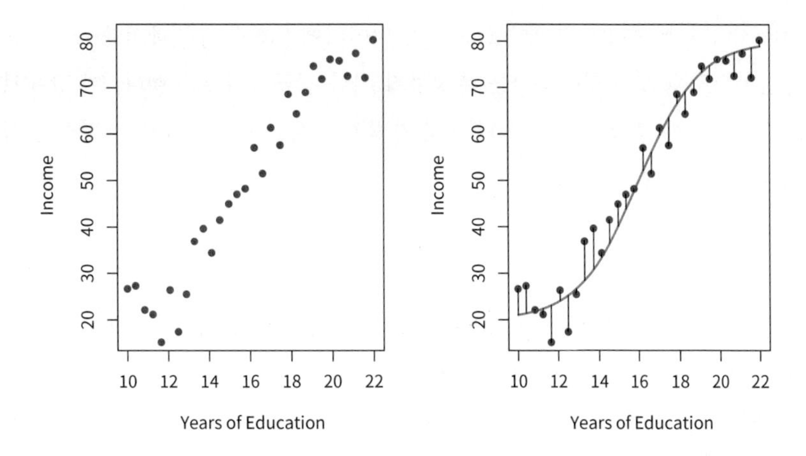

[그림 2.2] 소득(Income) 데이터 세트. 왼쪽: 빨간색 점은 관측값이다. 30명의 개인별 소득(income)과 교육 연수(years of education)를 나타낸다. 소득은 $1,000 단위로, 교육 연수는 연 단위로 표시했다. 오른쪽: 파란색 곡선은 소득과 교육 연수 사이의 숨어 있는 진짜 관계를 나타내며, 보통은 알 수 없다. 이 예제는 모의생성한 데이터이므로 이미 알고 있는 것이다. 검은색 선은 각각의 관측과 연관된 오차를 나타낸다. 어떤 오차는 양수(관측이 파란색 곡선 위쪽에 있는 경우)이고, 어떤 오차는 음수(관측이 파란 곡선 아래쪽에 있는 경우)라는 점에 주목하자. 전체적으로 이 오차들은 근사적으로 평균이 0이 된다.

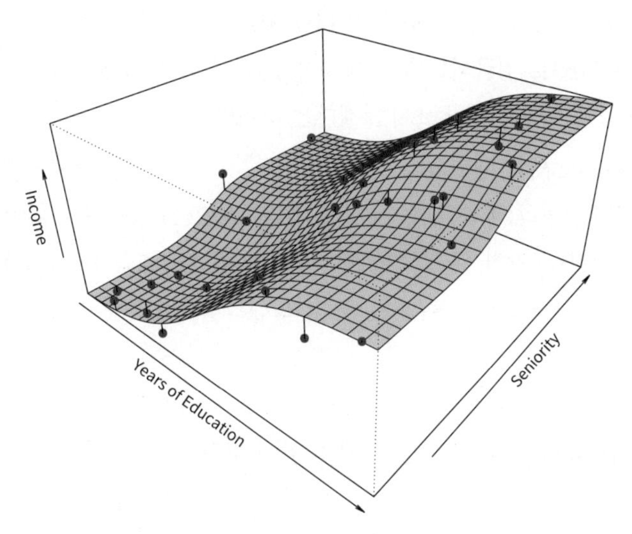

[그림 2.3] 이 그래프는 소득(Income) 데이터 세트에서 소득(income)을 교육 연수(years of education)와 연공서열(seniority)의 함수로 보여 주고 있다. 파란색 곡면은 소득과 교육 연수 및 연공서열 간의 기저의 참 관계를 나타내는데, 모의생성 데이터이기 때문에 이 관계를 알 수 있다. 빨간색 점은 개인 30명에 대한 세 수량의 관측을 표시한다.

타낸다.[2] 여기서 f는 2차원 곡면으로 관측 데이터에 기반해 추정해야 한다.

본질적으로 통계적 학습은 f를 추정하기 위한 접근법의 모음이다. 이 장에서는 f를 추정하는 데 필요한 핵심이 되는 몇 가지 이론적인 개념과 구한 추정값을 평가하기 위한 도구들을 설명한다.

2.1.1 왜 f를 추정하는가?

우리가 f를 추정하려는 이유는 두 가지다. 바로 예측(prediction)과 추론(inference)이다. 차례대로 각각 살펴보자.

예측

대체로 입력 집합 X는 손쉽게 확보할 수 있지만, 출력 Y는 쉽게 얻을 수 없다. 이런 상황에서 오차항은 평균이 0이기 때문에 Y를 다음과 같이 예측할 수 있다.

$$\hat{Y} = \hat{f}(X) \tag{2.2}$$

$\hat{f}$은 f의 추정값[3], $\hat{Y}$은 그 결과 얻은 Y에 대한 예측을 나타낸다. 이 경우 $\hat{f}$은 보통 블랙박스(black box)로 취급되는데, Y에 대한 정확한 예측을 내놓기만 하면 일반적으로 $\hat{f}$의 정확한 형태는 신경 쓰지 않겠다는 의미다.

예를 들어 $X_1, ..., X_p$는 실험실에서 쉽게 측정할 수 있는 환자 혈액 샘플의 특성을 나타내는 변수들이고, Y는 특정한 약에 대한 심각한 부작용의 위험(risk)을 코딩한 변수라고 하자. 문제가 되는 약에 대한 부작용 위험이 높은 환자, 즉 Y의 추정값이 큰 환자에게 약을 주는 것을 피할 수 있으므로 X를 이용해서 Y를 예측할 방법을 찾는 것은 당연한 일이다.

Y에 대한 예측으로서 $\hat{Y}$의 정확도는 축소가능 오차(reducible error)와 축소불가능 오차(irreducible error)라고 하는 두 가지 양에 따라 달라진다. 일반적으로 $\hat{f}$은

2 (옮긴이) 이 데이터는 `Python ISLP` 패키지에는 포함되어 있지 않다. 이 책의 웹사이트 *https://www.statlearning.com*의 Resources 페이지에서 Income1.csv와 Income2.csv 파일을 다운로드할 수 있다. 교육 연수, 연공서열, 소득이 실제로 어떤 식의 값인지 알고 싶다면, Income2.csv 파일을 보면 된다. 1번 데이터의 경우 Education이 21.5862068965517, Seniority가 113.103448275862, Income이 99.9171726114381이다. 현실적인 값이라기보다는 곡면 그래프를 그리기 위해 적절하게 생성한 값으로 보인다.

3 (옮긴이) $\hat{f}$이 f의 추정값(estimate for f)이라는 말은 f가 함수이므로 '어떤 함수의 추정값'이라는 말이다. '함수의 추정값'이라는 표현이 다소 오해의 가능성이 있다. 이 말을 함숫값과 혼동해서는 안 된다. 이 책에서는 estimate를 '추정값'으로 번역했으며, 이 말은 '추정된 것'을 의미한다. 즉, $\hat{f}$은 f를 추정한 결과로 얻은 함수라는 뜻이다. 이 함수에 특정값 X를 넣어서 $\hat{f}(X)$를 계산한 값이 함숫값이다. 즉, $\hat{f}$은 함수를 추정한 것이고, $\hat{f}(X)$는 함숫값을 추정한 것이다.

f에 대한 완벽한 추정값이 아니기 때문에 부정확성으로 인한 오차가 어느 정도 생긴다. 이 오차는 축소가능(reducible)한데, f를 추정하기 위한 가장 적절한 통계적 학습 방법을 사용한다면 $\hat{f}$의 정확도를 잠재적으로 향상시킬 수 있다. 그러나 f에 대한 완벽한 추정값을 만들고 추정한 반응변수가 $\hat{Y} = f(X)$의 형태가 됐다 해도 예측은 여전히 오차를 포함한다. 왜냐하면 Y는 또한 ϵ의 함수이기 때문이다. ϵ은 정의상 X를 이용해 예측할 수 없다. 따라서 ϵ과 연관된 변동 또한 예측의 정확도에 영향을 미친다. 이를 축소불가능(irreducible) 오차라고 한다. 아무리 f를 잘 추정해도 ϵ으로 도입된 오차는 줄일 방법이 없다.

왜 축소불가능 오차가 0보다 클까? ϵ이라는 수량에는 측정되지 않았지만 Y를 예측하는 데 유용한 변수들을 포함할 수 있다. 측정하지 않았기 때문에 f는 이 변수들을 예측에 이용할 수 없다. 또한 ϵ에는 측정할 수 없는 변동도 포함될 수 있다. 예를 들어 부작용 반응의 위험은 약 제조 과정의 변동이나 환자의 건강 상태에 따라 특정 환자, 특정 날마다 달라질 수 있다.

주어진 추정값 $\hat{f}$과 예측변수 집합 X가 예측값 $\hat{Y} = \hat{f}(X)$를 산출하는 경우를 생각해 보자. 일단 $\hat{f}$과 X는 고정되어 있어서, 유일한 변동은 ϵ에서만 나온다고 가정하자. 이때 다음 식이 성립함을 쉽게 알 수 있다.

$$\begin{aligned} E(Y - \hat{Y})^2 &= E[f(X) + \epsilon - \hat{f}(X)]^2 \\ &= \underbrace{[f(X) - \hat{f}(X)]^2}_{\text{축소가능}} + \underbrace{\mathrm{Var}(\epsilon)}_{\text{축소불가능}} \end{aligned} \tag{2.3}$$

$E(Y - \hat{Y})^2$은 Y의 실젯값과 예측값 사이의 차의 제곱에 대한 기댓값(expected value) 또는 평균을 나타내고, $\mathrm{Var}(\epsilon)$은 오차항 ϵ과 연관된 분산(variance)을 나타낸다.

이 책은 축소가능 오차를 최소화하는 f의 추정 기법에 초점을 맞추고 있다. 축소불가능 오차는 Y에 대한 예측 정확도에 언제나 상계(upper bound)를 제공한다는 점을 기억할 필요가 있다. 이 상계는 실제에서는 거의 대부분 알려져 있지 않다.

추론

우리는 종종 Y와 $X_1, ..., X_p$ 사이의 연관성을 이해하는 데 관심이 있다. 이 상황에서 f를 추정하려고 하지만, 목표가 Y를 예측하는 게 아닐 수 있다. 이제 $\hat{f}$을 블랙박스로 취급할 수는 없다. 왜냐하면 정확한 형태를 알아야 하기 때문이다. 이 상황에서는 다음과 같은 질문의 답에 관심이 있을 것이다.

- **어떤 예측변수가 반응변수와 연관성이 있는가?** 보통 사용 가능한 예측변수의 일부만이 Y와 실질적으로 연관되어 있다. 응용 사례에 따라 다를 수는 있지만, 소수의 '중요한' 예측변수를 매우 많은 사용 가능한 변수 집합에서 식별하는 일은 정말 중요하다.
- **반응변수와 예측변수 사이에는 어떤 관계가 있을까?** 어떤 예측변수들은 Y와 양(positive)의 관계에 있을 수 있는데, 양의 관계란 예측변수의 값이 커질수록 Y의 값도 커진다는 뜻이다. 어떤 예측변수는 상반된 관계에 놓이기도 한다. f의 복잡성에 따라서 반응변수와 예측변수 사이의 관계는 나머지 다른 예측변수의 값에 따라 달라지기도 한다.
- **Y와 각 예측변수 사이의 관계를 선형식(1차식)으로 적절하게 요약할 수 있을까? 아니면 보다 복잡한 관계일까?** 역사적으로 f를 추정하는 대다수 방법은 선형 형태를 취했다. 어떤 상황에서는 이러한 가정이 합리적이고 심지어 더 바람직하다. 그러나 참 관계는 복잡한 경우가 흔하며, 이 경우 선형모형은 입력변수와 출력변수 사이의 관계를 정확하게 표현하지 못할 수도 있다.

이 책에서는 예측 상황, 추론 상황 또는 이 두 상황을 조합한 다수의 예제를 살펴볼 예정이다.

예를 들어 직접 마케팅 전략을 세우는 데 관심이 있는 회사를 생각해 보자. 목표는 개인별로 측정된 인구통계학적 변수들에 기반해, 메일(우편)에 긍정적으로 반응할 것 같은 개인을 식별하는 것이다. 인구통계학적 변수들은 예측변수 역할을 하고, 이 마케팅 전략에 대한 (긍정 또는 부정) 반응은 결과 역할을 한다. 회사는 개별 예측변수와 반응변수 사이의 관계에 대한 심도 있는 이해에는 관심이 없다. 대신 단순히 예측변수를 이용해 반응을 정확히 예측하기를 원한다. 이것이 예측을 위한 모형화의 한 예다.

대조적으로 [그림 2.1]에서 제시한 `Advertising` 데이터를 생각해 보자. 다음과 같은 질문에 대한 답에 관심이 생길 것이다.

- **어떤 매체가 판매량과 연관이 있을까?**
- **어떤 매체가 판매량을 가장 크게 늘릴까?**
- **TV 광고가 일정 정도 증가하면 판매량은 얼마나 많이 증가할까?**

이 상황은 추론 패러다임에 속한다. 또 다른 예로 고객이 구입할 제품의 브랜드를 가격, 매장 위치, 할인 수준, 경쟁 가격 등의 변수에 기반해 모형화하는 경우를 생각해 볼 수 있다. 이 상황에서는 각각의 변수와 구매 확률 사이의 연관성이 가장 큰 관심사일 것이다. 예를 들어 **제품 가격은 판매량과 어느 정도 연관되어 있을까?** 이것이 추론을 위한 모형화의 예다.

마지막으로 어떤 모형화는 예측과 추론 모두를 위해 수행될 수도 있다. 예를 들어 부동산과 관련해 주택 가격을 범죄율, 구역, 강에서의 거리, 공기질, 학교, 지역의 소득 수준, 주택 규모 등의 입력과 연관시키려고 할 수 있다. 이 경우는 개별 입력변수와 주택 가격 사이의 연관성에 관심이 있을 것이다. 예를 들어 **강이 보이는 주택의 추가적인 가치는 얼마일까?** 이것은 추론 문제다. 대신에 단순하게 주택의 특징이 주어졌을 때 주택의 가격을 예측하는 데 관심이 있을 수 있다. **이 주택의 가격이 과소평가됐을까 아니면 과대평가됐을까?**[4] 이것은 예측 문제다.

궁극적인 목표가 예측인지, 추론인지, 또는 둘의 조합인지에 따라 서로 다른 방법으로 f를 추정하는 것이 적절할 수 있다. 예를 들어 선형모형은 상대적으로 단순하고 해석 가능한 추론을 할 수 있게 해주지만, 다른 방법만큼 정확한 예측을 산출하지 못할 수도 있다. 대조적으로 고도로 비선형적인 접근법 중 이 책의 이후 장에서 다룰 접근법들은 Y를 상당히 정확하게 예측할 수 있는 잠재적 가능성이 있지만, 그 대가로 모형은 해석 가능성이 적어지고 추론은 더 도전적인 일이 된다.

2.1.2 어떻게 f를 추정하는가?

이 책 전반에 걸쳐 f를 추정하기 위해 다양한 선형 접근법과 비선형 접근법을 탐구한다. 이 방법들은 일반적으로 모종의 특성을 공유한다. 이번 절에서는 이런 공통의 특성에 대한 개요를 제공한다. 우리는 항상 n개의 서로 다른 데이터 점(point) 집합을 관찰했다고 가정할 것이다. 예를 들어 [그림 2.2]는 $n = 30$개의 데이터 점을 관측한 그래프다. 이 관측 데이터를 훈련 데이터(training data)라고 하는데, 이 데이터를 이용해 f의 추정 방법을 훈련하거나 가르치기 때문이다. x_{ij} 데이터는 i번째 관측에서 j번째 예측변수 또는 입력값을 나타내며, 이때 $i = 1, 2, ..., n$이고 $j =$

4 (옮긴이) 원문은 'under- or over-valued'이다. 이 책에서 'overestimate'와 'underestimate'는 '과대추정'과 '과소추정'으로 번역했다. 이 두 단어가 통계학 용어가 아닌 일상적인 맥락에서 쓰이는 경우에는 '과대평가'와 '과소평가'로 번역할 수도 있을 것이다.

$1, 2, ..., p$이다. 이에 대응되는 y_i는 i번째 관측의 반응변수를 나타낸다. 그러면 훈련 데이터는 $\{(x_1, y_1), (x_2, y_2), ..., (x_n, y_n)\}$으로 구성되며, 여기서 $x_i = (x_{i1}, x_{i2}, ..., x_{ip})^T$이다.

우리의 목표는 통계적 학습 방법을 훈련 데이터에 적용해서 미지의 함수 f를 추정하는 것이다. 즉, 임의의 관측 (X, Y)에 대해 $Y \approx \hat{f}(X)$인 함수 $\hat{f}$을 찾고자 한다. 넓게 보면 이런 작업을 위한 대부분의 통계적 학습 방법은 모수적(parametric) 방법 또는 비모수적(non-parametric) 방법으로 특성을 나눌 수 있다. 이제 간략하게 이 두 가지 유형의 접근법을 논의해 보자.

모수적 방법

모수적 방법은 두 단계의 모형 기반 접근법을 수반한다.

1. 먼저 할 일은 f의 함수 형태나 모양에 대해 가정을 세운다. 예를 들어 매우 단순한 가정 중의 하나는 f가 X의 선형함수라는 가정이다.

$$f(X) = \beta_0 + \beta_1 X_1 + \beta_2 X_2 + \cdots + \beta_p X_p \tag{2.4}$$

   이것은 선형모형(linear model)으로 3장에서 폭넓게 다룰 것이다. 이렇게 f가 선형이라고 가정하면 f를 추정하는 문제는 매우 단순화된다. 완전히 임의적인 p차원 함수 $f(X)$를 추정하는 대신에, $p+1$개의 계수(coefficients) $\beta_0, \beta_1, ..., \beta_p$만 추정하면 된다.

2. 모형을 선택한 후에는 훈련 데이터를 이용해 모형을 적합(fit)하거나 훈련(train)하는 절차가 필요하다. 선형모형 (2.4)에서는 모수 $\beta_0, \beta_1, ..., \beta_p$를 추정해야 한다. 즉, 다음과 같은 식이 성립하는 모수를 찾아야 한다.

$$Y \approx \beta_0 + \beta_1 X_1 + \beta_2 X_2 + \cdots + \beta_p X_p$$

   모형 (2.4)를 적합하는 가장 흔한 접근법은 (보통) 최소제곱법((ordinary) least squares)이라고 하는 통계 기법으로, 이에 대해서는 3장에서 논의한다. 하지만 최소제곱법은 선형모형을 적합하는 여러 가능한 방법의 하나일 뿐이다. 3장에서는 식 (2.4)의 모수를 추정하는 다른 방법들도 논의한다.

방금 설명한 모형 기반 접근법을 모수적(parametric) 방법이라고 한다. 이 방법은 함수 f를 추정하는 문제를 모수의 집합을 추정하는 문제로 축소한다. f의 모수 형태를 가정하면 f를 추정하는 문제가 단순해지는데, 일반적으로 모수의 집합, 예를 들어 선형모형 (2.4)에 있는 $\beta_0, \beta_1, ..., \beta_p$를 추정하는 작업은 완전히 임의의 함수 f를 적합하는 것보다 쉽기 때문이다. 모수적 방법은 선택한 모형이 대개는 함수 f의 미지의 참(진짜) 형태와 일치하지 않는다는 잠재적인 단점이 있다. 선택된 모형이 참 f와 너무 다르면 추정값이 정확하지 않을 것이다. f에 대해 여러 가지 다른 가능한 함수 형태를 적합할 수 있는 유연한(flexible) 모형을 선택해 이 문제를 해결하려고 할 수 있다. 하지만 일반적으로 더 유연한 모형에 적합하기 위해서는 보다 많은 수의 모수를 추정해야 한다. 더 복잡한 모형은 데이터에 과적합(overfitting)되는 현상을 초래할 수 있다. 과적합은 본질적으로 오차 또는 소음(noise)을 지나치게 따라가는 현상을 의미한다. 이 문제는 이 책 전체에 걸쳐 논의될 예정이다.

[그림 2.4]는 [그림 2.3]의 `Income` 데이터에 적용한 모수적 접근법의 예를 보여 준다. 다음과 같은 형태의 선형모형을 적합했다.

$$\texttt{income} \approx \beta_0 + \beta_1 \times \texttt{education} + \beta_2 \times \texttt{seniority}$$

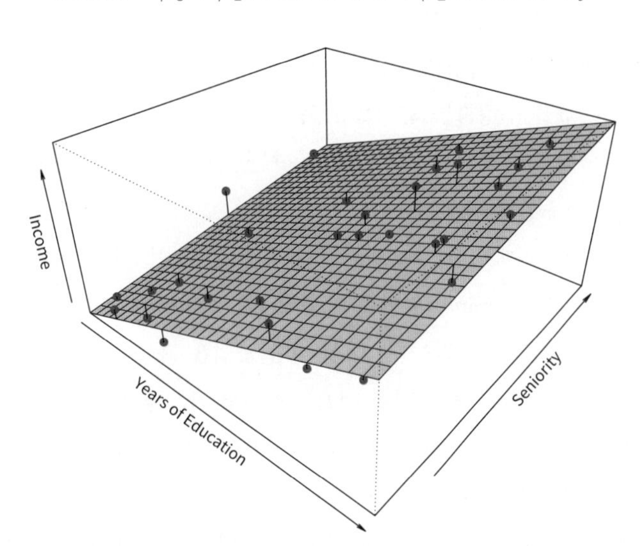

[그림 2.4] 선형모형 적합 결과. [그림 2.3]의 Income 데이터에 최소제곱법으로 선형모형을 적합했다. 관측값은 빨간색 점으로 표시하고 노란색 평면으로 최소제곱 적합 결과를 표시했다.

반응변수와 두 예측변수 사이에 선형 관계가 있다고 가정했기 때문에 전체 적합 문제는 최소제곱 선형회귀를 이용해 $\beta_0, \beta_1, \beta_2$를 추정하는 문제로 축소되었다. [그림 2.3]과 [그림 2.4]를 비교하면, [그림 2.4]에서 주어진 선형 적합 결과가 완전히 딱 들어맞는 것은 아니라는 것을 알 수 있다. 참(진짜) f에는 선형 적합으로는 정확히 포착할 수 없는 곡선 부분이 있다. 하지만 선형 적합은 여전히 `years of education`과 `income` 사이의 양의 관계뿐 아니라 `seniority`와 `income` 사이의 상대적으로 다소 덜한 양의 관계도 포착하고 있다. 아마도 이런 적은 수의 관측으로는 이것이 우리가 할 수 있는 최선일 수 있다.

비모수적 방법

비모수적 방법은 f의 함수 형태에 대해 명시적인 가정을 하지 않는다. 대신 비모수적 방법은 데이터 점들에 가능한 가까우면서도 지나치게 거칠거나 구불구불하지 않은 f의 추정값을 구하려고 한다. 모수적 방법에 비해 이 접근법은 f가 특정 함수 형태라는 가정을 피하기 때문에, f의 가능한 모양을 더 넓은 범위에서 정확하게 적합할 수 있는 잠재력이 있다. 모수적 접근법에서는 f를 추정하는 데 사용한 함수 형태가 참(진짜) f와 매우 다를 가능성이 있는데, 이 경우 결과 모형이 데이터를 잘 적합하지 않을 수 있다. 반면에 비모수적 접근법은 이런 위험을 완전히 피해 간다. 본질적으로 f의 형태를 가정하지 않기 때문이다. 하지만 비모수적 접근법도 중대한 단점이 있다. f를 추정하는 문제를 적은 수의 모수로 축소하지 않기 때문에, 매우 많은 수(모수적 접근법에서 보통 필요로 하는 것보다 훨씬 많은 수)의 관측이 있어야 f를 정확히 추정할 수 있다.

비모수적 접근법의 예로 `Income` 데이터의 적합 결과를 [그림 2.5]에 제시했다. 박판 스플라인(thin-plate spline) 기법을 이용해 f를 추정했다. 이 접근법은 f에 대한 어떤 모형도 미리 지정하지 않는다. 대신 이 접근법은 가능한 한 관측 데이터에 가깝게, 즉 [그림 2.5]의 노란색 표면이 매끄러운(smooth) 곡면을 적합하는 f의 추정값을 얻으려고 시도한다. 이 경우 비모수적 적합은 [그림 2.3]에서 제시한 참(진짜) f를 놀랄 만큼 정확하게 추정한다. 박판 스플라인(thin-plate spline)을 적합하려면 데이터 분석가는 평활도(smoothness) 수준을 선택해야 한다. [그림 2.6]에서 보듯이 동일한 박판 스플라인 적합에서 낮은 수준의 평활도를 사용하면 더 거친 적합이 허용된다. 이 결과로 얻은 추정값은 관측 데이터에 완벽하게 맞는다. 하지만 [그림 2.6]의 스플라인 적합은 [그림 2.3]의 참 함수 f에 비해 변이가 훨씬 더 크다. 이것이 앞에서 언급했던 데이터 과적합의 예다. 이렇게 구한 적합 결과는 원래 훈련

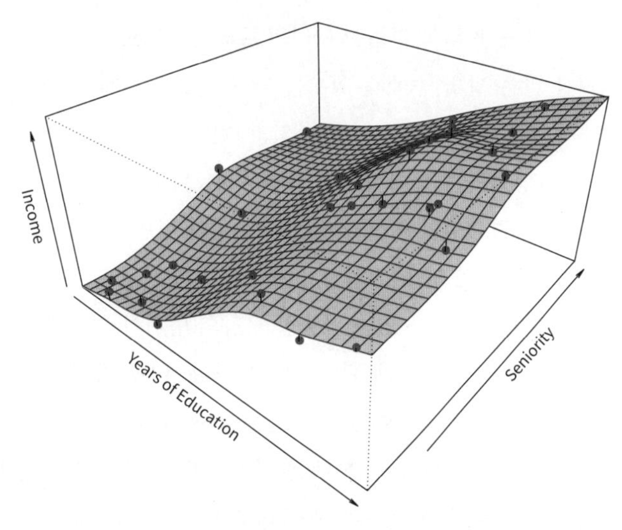

[그림 2.5] [그림 2.3]의 Income 데이터 세트에 평활 박판 스플라인(smooth thin-plate spline)을 적합해 그 결과를 노란색으로 표시했다. 관측값은 빨간색으로 표시했다. 스플라인은 7장에서 다룬다.

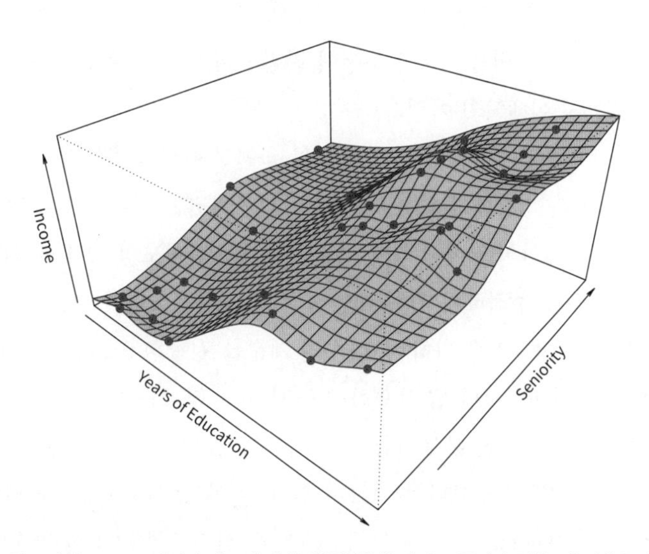

[그림 2.6] [그림 2.3]의 Income 데이터 세트에 대한 울퉁불퉁한 박판 스플라인 적합. 이 적합은 훈련 데이터에 대한 오차가 0이다.

데이터 세트에는 없는 새로운 관측값들에 대한 반응변수를 정확히 추정하지 못하므로 바람직하지 않다. '올바른' 평활도의 양을 선택하는 방법은 5장에서 논의한다. 스플라인은 7장에서 논의한다.

지금까지 살펴본 것처럼 통계적 학습을 위한 모수적 방법과 비모수적 방법에는 장단점이 있다. 이 두 유형을 이 책 전반에 걸쳐 탐구할 예정이다.

2.1.3 예측 정확도와 모형 해석 가능성 사이의 트레이드오프

이 책에서 살펴볼 많은 방법 중에서 일부는 덜 유연한, 즉 제약이 더 많은 방법이다. f를 추정하기 위해 상대적으로 작은 범위의 (함수) 모양만 산출할 수 있다는 뜻이다. 예를 들어 선형회귀는 상대적으로 유연하지 않은 방법으로서 선형함수밖에 생성할 수 없는데, [그림 2.1]의 직선들과 [그림 2.4]의 평면을 보면 그렇다. 박판 스플라인 같은 방법은 [그림 2.5]와 [그림 2.6]에서 보듯이 상당히 유연해서 이 방법으로 f를 추정하기 위해 생성할 수 있는 가능한 모양의 범위가 훨씬 더 넓다.

아마도 다음과 같이 질문하는 게 합리적일 듯하다. **아주 유연한 접근법을 쓰지 않고, 도대체 왜 상대적으로 제약이 많은 방법을 사용할까?** 몇 가지 이유로 제약이 더 많은 모형을 선택하기도 한다. 추론에 관심이 있다면 제약이 많은 모형이 해석 가능성을 더 높인다. 예를 들어 추론이 목표라면 선형모형은 좋은 선택이다. Y와 $X_1, X_2, ..., X_p$의 관계를 꽤 쉽게 이해할 수 있기 때문이다. 대조적으로 [그림 2.5]와 [그림 2.6]에 제시하고 7장에서 다룰 스플라인과 8장에서 다룰 부스팅(boosting) 같은 매우 유연한 접근법들은 f의 추정이 복잡해서 개별 예측변수가 반응변수와 어떻게 연관되는지 이해하기 어렵다.

[그림 2.7]은 이 책에서 다룰 일부 방법들의 유연성과 해석 가능성 사이의 트레이드오프를 보여 준다. 3장에서 다룰 최소제곱 선형회귀는 상대적으로 덜 유연하지만 해석 가능성은 높다. 6장에서 다룰 라쏘(lasso)는 선형모형 (2.4)에 의존하지만, 계수 $\beta_0, \beta_1, ..., \beta_p$를 추정하기 위해 대안적 적합 절차를 이용한다. 새로운 절차는 계수 추정에 더 많은 제약을 가하며, 다수의 계수를 정확히 0으로 만든다. 이런 의미에서 라쏘는 선형회귀보다 덜 유연한 접근법이다. 라쏘는 최종 모형에서 반응변수가 예측변수의 일부 작은 부분집합, 즉 계수 추정값이 0이 아닌 예측변수들과 관련을 맺기 때문에 선형회귀보다 해석하기 쉽다. 이와 달리 7장에서 논의할 일반화 가법모형(GAMs, Generalized additive models)은 선형모형 (2.4)를 확장해 일정 정도 비선형 관계를 허용한다. 따라서 GAM은 선형회귀보다 더 유연하다. 또한 GAM은 선형회귀보다 다소 해석 가능성이 낮은데, 각 예측변수와 반응변수의 사이의 관계가 곡선을 이용해 모형화되기 때문이다. 마지막으로 8장, 9장, 10장에서 논의할 배깅(bagging), 부스팅(boosting), 비선형 커널을 이용한 서포트 벡터 머신(support vector machine), 신경망(neural networks)(딥러닝) 같은 완전히 비선형적인 방법들은 고도로 유연한 접근법이지만 해석하기는 어렵다.

추론이 목표라면 단순하고 상대적으로 덜 유연한 통계적 학습 방법을 사용하는

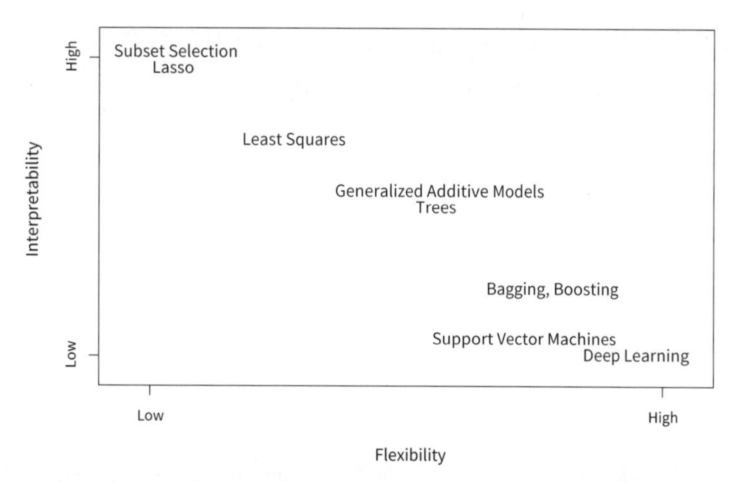

[그림 2.7] 유연성과 해석 가능성 사이의 트레이드오프를 여러 가지 다른 통계적 학습 방법을 사용해 제시했다. 일반적으로 유연성이 증가하면 해석 가능성은 감소한다.

것이 분명한 장점이 있다. 하지만 어떤 상황에서는 예측에 관심이 있을 뿐 예측 모형의 해석 가능성에는 관심이 없다. 예를 들어 주가를 예측하는 알고리즘을 개발한다면, 알고리즘에 대한 유일한 요구사항은 정확하게 예측하는 것이지 해석 가능성은 관심사가 아니다. 이런 상황에서는 가장 유연한 모형을 사용하는 것이 최선이라고 예상할 수 있다. 놀랍게도 항상 그렇지는 않다. 덜 유연한 방법을 이용해 더 정확히 예측하는 일은 흔하다. 이 현상은 언뜻 보기에는 직관에 반하지만, 고도로 유연한 방법에 잠재된 과적합 가능성과 관계가 있다. 과적합의 예는 [그림 2.6]에서 보았다. 중요한 이 개념은 나중에 2.2절 그리고 이 책 전체에 걸쳐 더 논의할 예정이다.

2.1.4 지도학습 대 비지도학습

통계적 학습 문제는 대부분 지도학습과 비지도학습, 두 가지 범주 중 하나에 속한다. 이번 장에서 지금까지 다룬 예제들은 모두 지도학습 영역에 속한다. 예측변수 측정값(들)의 각 관측[5] $x_i, i = 1, ..., n$마다 연관된 반응 측정값 y_i가 있다. 미래 관측에 대한 반응을 정확히 예측하거나(예측) 반응변수와 예측변수 사이의 관계를 더 잘 이해하기 위해(추론), 우리는 반응을 예측변수에 관련시키는 모형을 적합하려고 한다. 선형회귀와 로지스틱 회귀(logistic regression)(4장)와 같은 고전적인 통계적

5 (옮긴이) 여기에서 x_i는 하나의 관측을 나타내고 각 관측 x_i는 예측변수의 하나의 측정값인 스칼라일 수도, 여러 개의 예측변수의 측정값으로 이루어진 벡터일 수도 있기 때문에 '예측변수 측정값(들)'이라고 표현한 것이다

학습 방법뿐만 아니라 GAM, 부스팅, 서포트 벡터 머신 같은 더 현대적인 접근법도 지도학습 영역에서 작동한다. 이 책의 방법은 대부분 예측이나 추론 상황을 위한 것이다.

대조적으로 비지도학습은 어느 정도 좀 더 도전적인 상황을 다룬다. 이 상황에서는 $i = 1, ..., n$에 해당하는 모든 관측에서 측정값 벡터 x_i만 관측되고 그와 연관된 반응 y_i는 없다. 예측할 반응변수가 없기 때문에 선형회귀를 적합하는 일은 불가능하다. 어떤 의미에서는 눈이 먼 채로 일하는 상황이다. 이 상황을 비지도(unsupervised)라고 한다. 왜냐하면 분석을 지도할 수 있는 반응변수가 없기 때문이다. 분석을 지도할 수 있는 반응변수가 없는 경우에는 어떤 종류의 통계 분석이 가능할까? 변수 사이의 관계 또는 관측 사이의 관계를 이해하려고 시도할 수 있다. 이때 사용하는 통계적 학습 도구의 하나가 군집분석(cluster analysis) 또는 군집화다. 군집분석의 목표는 $x_1, ..., x_n$을 기반으로 관측들이 서로 상대적으로 구별되는 집단에 속하는지 확인하는 것이다. 예를 들어 시장 세분화 연구에서는 잠재 고객을 우편번호, 가구 소득, 쇼핑 습관 같은 다수의 특성(변수)으로 관찰할 수 있다. 고객이 지출이 많은 사람과 적은 사람, 두 집단으로 나뉜다고 믿는 경우를 생각해 보자. 각 고객의 소비 패턴에 대한 정보를 구한다면 지도 분석도 가능할 것이다. 하지만 이런 정보를 구하지 못한다면 각각의 잠재 고객이 지출이 많은 사람인지 아닌지 알 수 없다. 이런 상황에서는 측정된 변수를 기반으로 고객을 군집화하여 서로 구별되는 잠재 고객 집단을 확인할 수 있다. 집단을 식별하는 일은 집단의 차이가 소비 습관처럼 몇몇 관심 속성에 따라 다를 수 있기 때문에 관심 대상이 될 수 있다.

[그림 2.8]은 군집화 문제의 간단한 예시다. 150개의 관측을 두 변수 X_1과 X_2의 측정값을 이용해 표시했다. 각각의 관측은 세 가지 서로 구별되는 집단 중 하나에 해당한다. 설명을 위해 각 집단에 속하는 구성원을 서로 다른 색깔과 기호로 표시했다. 하지만 실제로는 각각의 관측이 어떤 집단에 속하는지는 모르고, 각 관측을 어떤 집단에 속하는지 결정하는 것이 목표다. [그림 2.8]의 왼쪽 그림은 집단이 잘 분리되어 있어 상대적으로 쉬운 과제다. 반면에 오른쪽 그림은 집단 사이에 일부 겹침이 있어 더 어려운 상황이다. 겹치는 지점을 모두 올바른 집단(파랑, 초록, 빨강)에 할당하는 군집화 방법을 기대할 수는 없다.

[그림 2.8]에 보인 예시에서는 변수가 두 개밖에 없기 때문에 관측값의 산점도를 단순히 눈으로 검토하는 것만으로도 군집을 확인할 수 있다. 하지만 실제 상황에서

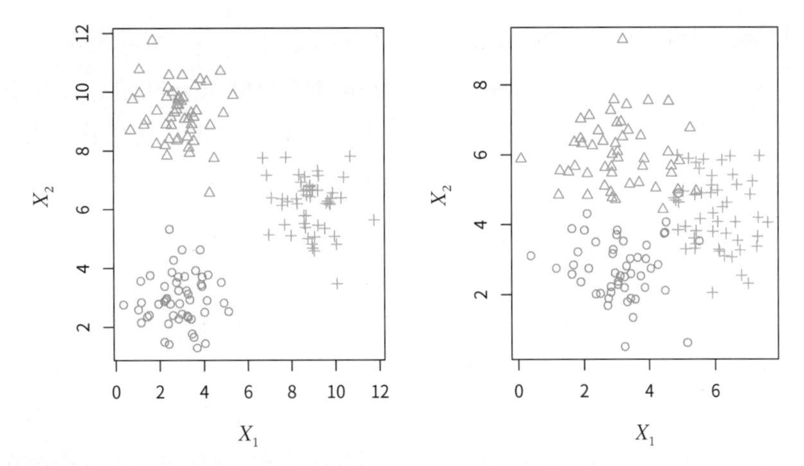

[그림 2.8] 세 집단으로 이루어진 데이터 세트의 군집화. 각각의 집단은 서로 다른 색깔과 기호를 이용해 표시했다. 왼쪽: 세 집단이 잘 구분됐다. 이 상황에서는 군집화 접근법으로 성공적으로 세 집단을 구분할 수 있다. 오른쪽: 집단 사이에 일부 겹침이 있다. 이제 군집화 과제는 더 도전적인 일이 된다.

자주 접하는 데이터 세트는 둘 이상의 많은 변수를 포함한다. 이때는 관측을 쉽게 그래프로 그릴 수 없다. 예를 들어 데이터 세트에 p개의 변수가 있다면, $p(p-1)/2$개의 서로 다른 산점도를 그릴 수 있기 때문에 군집을 확인하기 위한 시각적인 검토는 실행 불가능한 방법이 되고 만다. 이런 까닭에 자동화된 군집화 방법이 중요하다. 군집화와 기타 비지도학습은 12장에서 논의한다.

많은 문제들이 자연스럽게 지도학습과 비지도학습 패러다임으로 구분된다. 하지만 경우에 따라서는 어떤 분석을 지도학습으로 할지 아니면 비지도학습으로 할지가 불분명할 때도 있다. 예를 들어 n개 관측의 집합이 있다고 해보자. 이 관측 데이터 중 $m < n$개는 예측변수와 반응변수 측정이 모두 있다. 남은 $n - m$개의 관측은 예측변수 측정만 있고 반응변수 측정은 없다. 이런 시나리오가 발생할 수 있는 상황은 예측변수는 상대적으로 적은 비용으로 측정할 수 있는 반면, 대응하는 반응변수는 수집에 훨씬 많은 비용이 드는 경우다. 이런 상황을 준지도학습(semi-supervised learning) 문제라고 한다. 이때는 반응변수 측정값을 이용하는 m개의 관측뿐만 아니라 그렇지 않은 $n - m$개의 관측도 포함하는 통계적 학습 방법을 사용하려고 할 것이다. 이는 흥미로운 주제지만 이 책에서 다루는 범위를 넘어선다.

2.1.5 회귀 문제 대 분류 문제

변수는 특성에 따라 양적(quantitative) 변수 또는 질적(qualitative) 변수(범주형(categorical)이라고도 한다) 중 하나로 설명할 수 있다. 양적 변수들은 수칫값을 가진다. 예를 들어 사람의 나이, 키, 소득, 주택 가격, 주가가 있다. 이와 달리 질적 변수는 K개의 서로 다른 부류(classes) 또는 범주 중 하나의 값을 가진다. 질적 변수의 예로는 한 사람의 결혼 상태(기혼 또는 미혼), 구매한 제품의 브랜드(브랜드 A, B, C), 한 사람의 채무 불이행 여부(예 또는 아니오), 암 진단(급성 골수성 백혈병, 급성 림프아구성 백혈병, 백혈병 아님) 등이 있다. 보통 양적 반응변수가 있는 문제를 회귀(regression) 문제라고 하고, 질적 반응변수가 포함된 문제를 분류(classification) 문제라고 한다. 하지만 이 구분이 항상 그렇게 산뜻한 것은 아니다. 최소제곱 선형회귀(3장)는 양적 반응변수가 있을 때 사용되고, 로지스틱 회귀(4장)는 보통 질적(두 부류 또는 이진) 반응변수가 있을 때 사용된다. 그러므로 그 이름이 회귀임에도 로지스틱 회귀는 분류 방법이다. 하지만 로지스틱 회귀는 각 부류의 확률을 추정한다는 점에서 회귀 방법으로 생각할 수도 있다. 일부 통계적 방법들, K-최근접이웃(2장과 4장), 부스팅(8장) 같은 방법들은 양적 반응과 질적 반응에 모두 사용될 수 있다.

통계적 학습 방법은 반응변수가 양적 변수인지 질적 변수인지를 근거로 선택하는 경향이 있다. 즉, 양적 반응변수면 선형회귀를 사용하고, 질적 반응변수면 로지스틱 회귀를 사용한다. 하지만 '예측변수'는 양적이든 질적이든 일반적으로 별로 중요하게 고려되지 않는다. 이 책에서 다룰 대다수 통계적 학습 방법은 예측변수의 유형과는 무관하게 사용할 수 있다. 어떤 질적 예측변수라도 분석을 수행하기 전에 적절하게 '코딩'되어 있으면 된다. 이 점에 대해서는 3장에서 논의한다.

2.2 모형의 정확도 평가

이 책의 핵심 목표 중 하나는 표준적인 선형회귀를 훨씬 넘어서는 넓은 범위의 통계적 학습 방법들을 소개하는 일이다. '가장 좋은' 방법 하나만 소개하면 됐지, 그렇게 많은 통계적 학습 방법을 소개할 필요가 있을까? **통계학에는 공짜 점심이 없다.** 모든 가능한 데이터 세트에 대해 모든 방법 위에 군림하는 단 하나의 방법은 없다. 특정 데이터 세트에서는 특정한 방법이 가장 잘 작동하지만, 유사한 다른 데이터 세트에서는 또 다른 방법이 더 잘 작동할 수 있다. 따라서 어떤 데이터이든 가장 좋은 결과를 내는 방법을 정하는 일은 중요하다. 가장 좋은 접근법을 선택하는 일은 실제로 통계적 학습을 수행하는 데 가장 어려운 문제 중 하나다.

이번 절에서는 특정 데이터 세트에서 통계적 학습 절차를 선택할 때 생기는 가장 중요한 몇 가지 개념을 살펴본다. 앞으로 이 책에서는 여기에 소개한 개념들이 실제에서 어떻게 응용되는지 설명하게 될 것이다.

2.2.1 적합도 측정

데이터 세트에 대한 통계적 학습 방법의 성능을 평가하기 위해서는 예측 결과가 실제 관측 데이터에 얼마나 잘 부합하는지 측정하는 방법이 필요하다. 즉, 주어진 관측에서 예측된 반응변수 값과 참 반응변수 값의 가까운 정도를 수량화해야 한다. 회귀 상황에서 가장 일반적으로 사용되는 측도는 평균제곱오차(MSE, mean squared error)로 다음과 같이 주어진다.

$$\mathrm{MSE} = \frac{1}{n}\sum_{i=1}^{n}(y_i - \hat{f}(x_i))^2 \tag{2.5}$$

여기서 $\hat{f}(x_i)$는 $\hat{f}$이 i번째 관측에서 제공하는 예측값이다. 예측의 반응값이 참 반응값에 매우 가까우면 MSE는 작아지고, 일부 관측의 예측값과 참값이 상당히 다르면 MSE는 커진다.

식 (2.5)의 MSE는 모형을 적합하는 데 사용된 훈련 데이터를 이용해 계산된다. 따라서 좀 더 정확하게는 훈련 평균제곱오차(training MSE)라고 해야 한다. 그런데 일반적으로 훈련 데이터에서 해당 방법이 얼마나 잘 작동하는지는 별로 신경 쓰지 않는다. 그보다 **관심을 두는 것은 예측의 정확도, 즉 이전에 보지 않은 테스트 데이터에 방법을 적용했을 때 얻는 정확도다.** 왜 여기에 신경을 써야 할까? 예를 들어 지난 주식 수익률(stock return)을 기반으로 주가를 예측하는 알고리즘을 하나 개발하는 데 관심이 있다고 가정하자. 지난 6개월 간의 주식 수익률을 이용해 이 방법을 훈련할 수 있다. 하지만 이 방법이 지난 주의 주가를 얼마나 잘 예측하는지는 별로 관심이 없다. 대신 내일의 주가나 다음 달의 주가를 이 방법이 얼마나 잘 예측하는지에 관심이 있다. 비슷한 맥락에서 환자들의 임상 측정값(예를 들어 몸무게, 혈압, 키, 나이, 가족력)과 함께 해당 환자에게 당뇨가 있는지 여부에 관한 정보가 있다고 가정해 보자. 이 환자 기록을 통계적 학습 방법으로 훈련해 임상 측정값에 기반한 당뇨 위험을 예측할 수 있다. 실제 응용에서는 이 방법이 임상 측정값에 기반해 '미래 환자'의 당뇨 위험을 정확히 예측하기를 원한다. 이 모형을 학습할 때 이용한 환자들의 당뇨 위험을 이 모형이 정확하게 예측하는지 아닌지는 별로 관심이 없다. 해당 환자들에게 당뇨가 있는지 없는지는 이미 알고 있기 때문이다.

좀 더 수학적으로 서술해 보자. 통계적 학습 방법을 적합하는 데 사용한 훈련 관측값이 $\{(x_1, y_1), (x_2, y_2), ..., (x_n, y_n)\}$이고, 추정값 $\hat{f}$을 얻었다고 가정해 보자. 그럼 $\hat{f}(x_1), \hat{f}(x_2), ..., \hat{f}(x_n)$을 계산할 수 있다. 이 값들이 근사적으로 $y_1, y_2, ..., y_n$과 같다면, 식 (2.5)에서 주어진 훈련 MSE는 작을 것이다. 하지만 우리가 정말 관심 있는 것은 $\hat{f}(x_i) \approx y_i$ 여부가 아니다. 알고 싶은 것은 $\hat{f}(x_0)$이 근사적으로 y_0과 같은지 여부다. 여기에서 (x_0, y_0)은 **통계적 학습 방법을 훈련하는 데 사용하지 않은, 이전에 보지 않은 테스트 관측**이다. 우리는 가장 낮은 훈련 MSE가 아니라 가장 낮은 '테스트 MSE'를 제공하는 방법을 선택하길 원한다. 즉, 테스트 관측의 수가 많다면 다음을 계산할 수 있다.

$$\mathrm{Ave}(y_0 - \hat{f}(x_0))^2 \tag{2.6}$$

이 식은 테스트 관측 (x_0, y_0)에 대한 제곱예측오차의 평균이다. 우리는 제곱예측오차를 가장 작게 만드는 모형을 선택하길 바란다.

테스트 MSE를 최소화하는 방법을 선택하려면 어떻게 해야 할까? 어떤 상황에서는 테스트 데이터 세트를 사용할 수 있다. 즉, 통계적 학습 방법을 훈련하는 데 사용하지 않은 관측 모음에 접근할 수 있다. 그러면 테스트 관측에 대해 식 (2.6)을 계산하고, 테스트 MSE가 가장 작은 학습 방법을 선택하면 된다. 하지만 사용 가능한 테스트 관측 데이터가 없다면 어떻게 할까? 그런 경우에는 아마도 식 (2.5)의 훈련 MSE를 최소화하는 통계적 학습 방법을 선택하는 것을 떠올릴 수 있다. 훈련 MSE와 테스트 MSE는 밀접하게 연관된 것처럼 보이기 때문에 합리적인 접근법처럼 보인다. 불행하게도 이 전략에는 근본적인 문제가 있다. 훈련 MSE가 가장 낮은 방법이 테스트 MSE도 가장 낮다는 보장이 없기 때문이다. 거칠게 말해 많은 통계적 방법들이 계수를 추정하기 위해 훈련 세트 MSE를 최소화한다는 데 문제가 있다. 이런 방법들의 경우 훈련 세트 MSE는 꽤 작지만, 테스트 MSE는 대개의 경우 훨씬 크다.

[그림 2.9]에 이 현상을 보여 주는 간단한 예가 제시되어 있다. [그림 2.9]의 왼쪽 그래프에는 검은색 곡선으로 표시된 참 함수 f와 식 (2.1)로 생성한 데이터가 제시되어 있다. 주황색, 파란색, 녹색 선은 f에 대한 세 가지 가능한 추정값을 보여 준다. 추정값은 방법의 유연성 수준을 높이면서 얻었다. 주황색 선은 선형회귀 적합 결과로 상대적으로 유연하지 않은 방법이다. 파란색 선과 녹색 선은 평활 스플라인

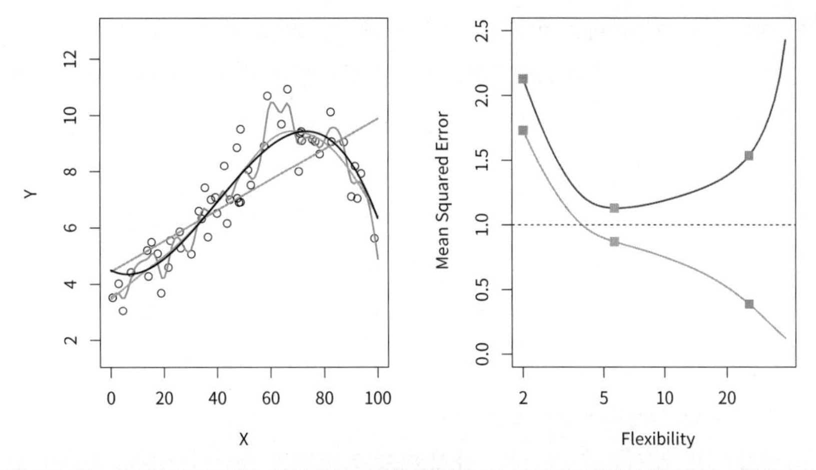

[그림 2.9] 왼쪽: 검은색으로 표시된 f에서 모의 생성한 데이터. f의 세 가지 추정값이 제시됐다. 선형회귀 직선(주황색)과 두 가지 평활 스플라인 적합 결과(파란색과 녹색). 오른쪽: 훈련 MSE (회색), 테스트 MSE(빨간색), 가능한 모든 방법에서 가장 작은 테스트 MSE(파선). 왼쪽 그림에 제시된 세 가지 적합 결과에 대한 훈련 및 테스트 MSE는 사각형으로 표시했다.

(smoothing spline)을 이용해 만들어졌다. 두 선은 평활도의 수준이 다르다. 평활 스플라인에 대해서는 7장에서 논의한다. 분명한 것은 유연성 수준이 증가함에 따라, 곡선은 관측 데이터에 더 가깝게 적합된다. 녹색 곡선이 가장 유연하며 데이터에도 가장 잘 일치한다. 하지만 너무 구불구불하기 때문에 검은 색으로 표시된 진짜 f와는 잘 맞지 않는다. 평활 스플라인의 유연성 수준을 조정하면 이 데이터에서 다양한 적합 결과를 만들 수 있다.

이제 [그림 2.9]의 오른쪽 그림으로 넘어가 보자. 회색 곡선은 평균적인 훈련 MSE를 평활 스플라인에 대한 유연성의 함수, 또는 더 형식적으로 자유도(degree of freedom)의 함수로 보여 준다. 자유도는 곡선의 유연성을 요약하는 수치다. 자유도는 7장에서 충분히 더 논의할 예정이다. 주황색, 파란색, 녹색 사각형은 왼쪽 그림 각각의 선에 대응하는 MSE 값을 표시한다. 더 제약됨에 따라 더 매끄러운 곡선은 꾸불꾸불한 곡선에 비해 자유도가 낮다. [그림 2.9]에서 볼 수 있듯이 선형회귀는 가장 제약이 많은 쪽에 속하는데, 자유도가 2이다. 훈련 MSE는 유연성이 증가함에 따라 단조적으로 감소한다. 이 예에서 참 f는 비선형이므로 주황색 선형 적합은 f를 잘 추정할 만큼 충분히 유연하지 않다. 녹색 선은 왼쪽 그림에서 적합한 세 가지 곡선 중 가장 유연한 곡선에 해당하며, 세 방법 가운데 훈련 MSE가 가장 낮다.

이 예제에서는 참 함수 f를 알고 있기 때문에 매우 큰 테스트 세트에 대한 테스트 MSE도 유연성의 함수로 계산할 수 있다(물론 일반적으로 f는 알 수 없으므로 이런 계산은 불가능하다). 테스트 MSE는 [그림 2.9]의 오른쪽 그림에 빨간색 선으로 표시되어 있다. 훈련 MSE와 마찬가지로 유연성이 증가하면 테스트 MSE도 감소한다. 하지만 어떤 지점에서 테스트 MSE는 수평으로 움직이다가 다시 증가하기 시작한다. 결과적으로 주황색과 녹색 선은 테스트 MSE가 모두 높다. 파란색 선이 테스트 MSE를 최소화한다는 사실은 놀랄 일이 아니다. [그림 2.9]의 왼쪽 그림을 보면 파란색 선이 시각적으로 f를 가장 잘 추정하는 것으로 드러난다. 수평의 파선은 $\mathrm{Var}(\epsilon)$, 즉 식 (2.3)의 축소불가능 오차(irreducible error)를 나타낸다. 축소불가능 오차는 가능한 모든 방법에서 테스트 MSE가 도달할 수 있는 가장 작은 값이다. 따라서 파란색 선으로 표시된 평활 스플라인이 최적에 가까운 방법이다.

[그림 2.9]의 오른쪽 그림에서는 통계적 학습 방법의 유연성이 증가하면서 훈련 MSE는 단조감소하고 테스트 MSE는 'U-자형'을 띤다는 점이 관찰된다. 이는 특정 데이터 세트가 무엇인지, 어떤 방법이 사용되는지와 무관하게 성립되는 통계적 학습의 기본 성질이다. 모형의 유연성이 증가함에 따라 훈련 MSE는 감소하지만 테스트 MSE는 그렇지 않을 수 있다. 주어진 방법이 훈련 MSE는 작지만 테스트 MSE는 클 때, 데이터를 과적합(overfitting)했다고 한다. 이는 통계적 학습 절차가 훈련 데이터에 존재하는 패턴을 찾기 위해 너무 열심히 일한 결과, 미지의 함수 f의 참(진짜) 성질이 아닌 단지 우연에 의해 생긴 패턴을 골라낼 때 발생하는 문제다. 훈련 데이터를 과적합하면 테스트 MSE는 매우 커진다. 훈련 데이터에서 찾아냈다고 생각한 패턴이 테스트 데이터에는 없는 패턴이기 때문이다. 주의할 점은 과적합이 발생했는지 여부와 관계없이 거의 언제나 훈련 MSE가 테스트 MSE보다 작으리라 생각해야 한다는 것이다. 대다수 통계적 학습 방법은 직간접적으로 훈련 MSE를 최소화하려고 한다. 과적합이라고 특정하여 지칭하는 경우는 그보다 덜 유연한 모형이 더 작은 테스트 MSE를 산출할 것이라 생각되는 경우다.

[그림 2.10]에 제시된 또 다른 예에서 참 f는 직선에 가깝다. 모형의 유연성이 증가함에 따라 훈련 MSE는 단조감소하고, 테스트 MSE에서는 U-자형이 나타남을 다시 관찰할 수 있다. 하지만 참값이 직선에 가깝기 때문에 테스트 MSE는 살짝 감소했다 다시 증가하며, 따라서 주황색의 최소제곱 적합 결과는 유연한 녹색 곡선보다도 상당히 좋다. 마지막으로 [그림 2.11]에 제시된 예제에서는 f가 고도로 비선형적이다. 훈련 MSE와 테스트 MSE 곡선은 여전히 일반적인 패턴을 동일하게 보여 주지만, 두 곡선 모두 빠르게 감소했다가 이후에 테스트 MSE는 천천히 증가한다.

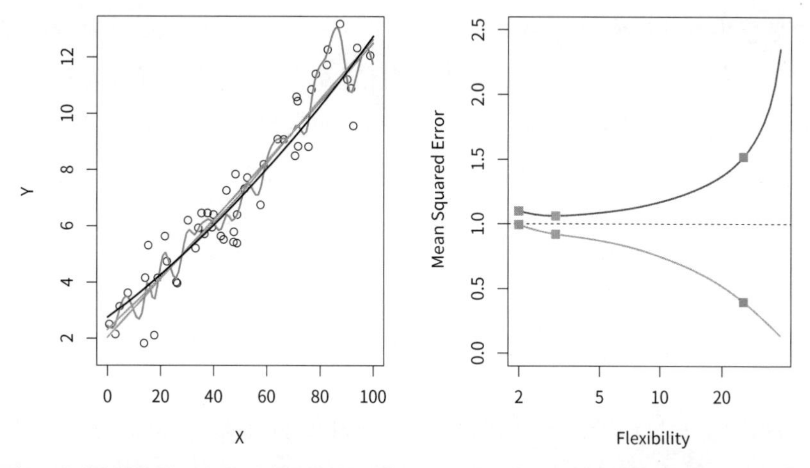

[그림 2.10] 상세 설명은 [그림 2.9]와 같으며 직선에 훨씬 가까운 참 f를 이용했다. 이런 상황에서는 선형회귀가 데이터에 매우 잘 맞는 결과를 제공한다.

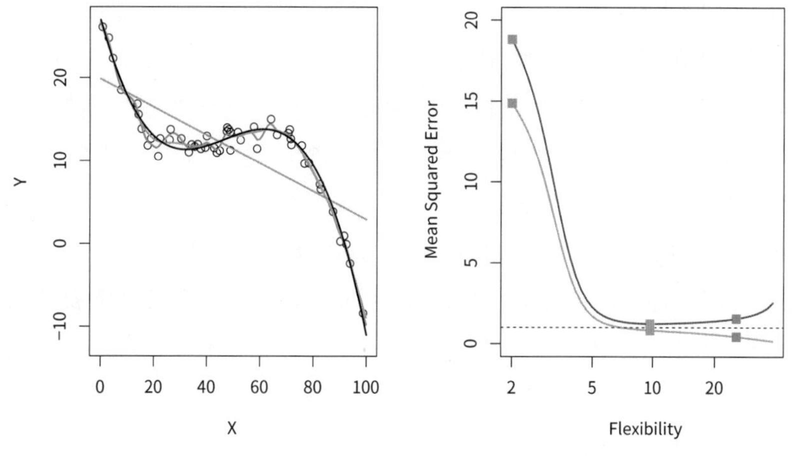

[그림 2.11] 상세 설명은 [그림 2.9]와 같으며 직선과는 거리가 먼 f를 이용했다. 이런 상황에서는 선형회귀가 데이터에 매우 좋지 못한 적합 결과를 제공한다.

실제 응용에서 훈련 MSE는 보통 상대적으로 쉽게 계산할 수 있지만 테스트 MSE를 추정하는 일은 상당히 어렵다. 보통 사용 가능한 테스트 데이터가 존재하지 않기 때문이다. 앞서 세 예제에서 보았듯이 테스트 MSE가 최소인 모형에 대응되는 유연성 수준은 데이터 세트에 따라 상당히 달라질 수 있다. 이 책 전체에 걸쳐, 우리는 실제 상황에서 이런 최소 지점을 추정하는 데 이용할 수 있는 다양한 접근법을 논의할 예정이다. 한 가지 중요한 방법이 5장에서 다룰 교차검증(cross-validation)인데, 이 방법은 훈련 데이터를 이용해 테스트 MSE를 추정한다.

2.2.2 편향-분산 트레이드오프

테스트 MSE 곡선([그림 2.9]~[그림2.11])에서 관찰된 U-자형은 통계적 학습 방법의 두 가지 경쟁적 성질에서 나온 결과로 알려져 있다. 수학적 증명은 이 책의 범위를 벗어나지만, 주어진 값 x_0에 대한 테스트 MSE의 기댓값은 다음과 같이 항상 $\hat{f}(x_0)$의 분산(variance), $\hat{f}(x_0)$ 편향(bias)의 제곱, 오차항 ϵ의 분산과 같은 세 가지 기본적인 수량의 합으로 분해(decomposition)된다.

$$E\left(y_0 - \hat{f}(x_0)\right)^2 = \text{Var}(\hat{f}(x_0)) + [\text{Bias}(\hat{f}(x_0))]^2 + \text{Var}(\epsilon) \tag{2.7}$$

여기서 $E\big(y_0 - \hat{f}(x_0)\big)^2$은 x_0의 기대 테스트 MSE(expected test MSE)를 정의한 것으로, 많은 훈련 세트를 사용해 f를 반복적으로 추정하고 x_0에서 각각 테스트해 구할 수 있는 평균 테스트 MSE(average test MSE)를 말한다. 총체적 기대 테스트 MSE(overall expected test MSE)는 테스트 세트의 가능한 모든 x_0 값에서 $E\big(y_0 - \hat{f}(x_0)\big)^2$을 평균 내어 계산할 수 있다.

식 (2.7)은 기대 테스트의 오차를 최소화하려면 '낮은 분산'과 '낮은 편향'을 동시에 달성하는 통계적 학습 방법을 선택해야 함을 알려 준다. 분산은 본질적으로 음이 아닌 양이고, 편향의 제곱 또한 음수가 아니다. 그러므로 기대 테스트 MSE는 $\text{Var}(\epsilon)$, 즉 식 (2.3)의 축소불가능 오차보다 결코 작을 수 없다.

통계적 학습 방법에서 분산(variance)과 편향(bias)은 무엇을 뜻하는 것일까? 분산(variance)은 다른 훈련 데이터 세트를 사용해 $\hat{f}$을 추정했을 때 $\hat{f}$이 얼마나 변하는지를 나타낸다. 훈련 데이터는 통계적 학습 방법을 적합할 때 사용하므로, 훈련 데이터 세트에 따라 $\hat{f}$은 달라질 것이다. 이상적으로 f의 추정값은 훈련 세트 간에 너무 많이 달라지지 않아야 한다. 그러나 특정 방법에서 분산이 높은 경우, 훈련 데이터의 작은 변화가 $\hat{f}$의 큰 변화를 초래할 수 있다. 일반적으로 유연한 통계적 방법일수록 분산은 더 높다. [그림 2.9]의 녹색과 주황색 곡선을 살펴보자. 유연한 녹색 곡선은 관측값을 매우 가까이서 따라가고 있다. 여기서는 분산이 높다. 왜냐하면 데이터 점들 중 어느 하나를 변경하면 $\hat{f}$의 추정이 상당히 변할 수 있기 때문이다. 반면에 주황색의 최소제곱 선은 상대적으로 유연하지 않고 분산이 낮다. 왜냐하면 임의의 단일한 관측을 이동시키는 것은 선의 위치를 약간만 변화시키기 때문이다.

다른 한편 편향(bias)이란 복잡할 수 있는 현실 세계의 문제를 더 단순한 문제로 근사하기 때문에 발생하는 오차를 말한다. 예를 들어 선형회귀는 Y와 $X_1, X_2, \ldots, X_p$ 사이에 선형 관계가 있다고 가정한다. 어떤 실제 문제도 이렇게 단순한 선형 관계에 있을 가능성은 거의 없으므로, 선형회귀를 수행하면 f의 추정에서 의심할 여지 없이 일정 정도의 편향이 발생한다. [그림 2.11]에서 참 f는 상당히 비선형적이므로, 훈련 관측값이 아무리 많이 주어져도 선형회귀를 사용해서는 정확한 추정값을 만들 수 없다. 이 예에서 선형회귀는 높은 편향을 초래한다. 그러나 [그림 2.10]에서는 참(진짜) f가 선형에 매우 가깝기 때문에, 데이터가 충분하다면 선형회귀를 사용해 정확한 추정값을 만들 수 있다. 일반적으로 유연한 방법일수록 편향은 더 적다.

대체로 더 유연한 방법을 사용할수록 분산은 증가하고 편향은 감소한다. 이 두 수량의 상대적인 변화율에 따라 테스트 MSE가 증가하는지 감소하는지 결정된다. 어떤 한 부류의 방법에서 유연성을 증가시키면, 초기에는 분산이 증가하는 것보다 편향이 더 빨리 감소하는 경향을 보인다. 따라서 기대 테스트 MSE는 감소한다. 그러나 어느 지점에서는 유연성을 증가시키는 것이 편향에는 별다른 영향을 주지 않지만 분산을 유의하게 증가시킨다. 이때 테스트 MSE가 증가한다. [그림 2.9]~[그림 2.11] 의 오른쪽 그림을 보면 테스트 MSE가 감소하다가 다시 증가하는 패턴을 관찰할 수 있다.

[그림 2.12]의 세 개의 그림에서는 [그림 2.9]~[그림 2.11]의 예제들에 대해 식 (2.7)을 그래프로 설명하고 있다. 파란색 곡선은 서로 다른 유연성 수준에 대한 편향의 제곱을, 주황색 곡선은 분산을 나타낸다. 수평 파선은 축소불가능 오차인 $\mathrm{Var}(\epsilon)$을 나타낸다. 마지막으로 테스트 세트 MSE에 해당하는 빨간색 곡선은 이 세 수량의 합이다. 세 경우 모두 방법의 유연성이 증가함에 따라 분산은 증가하고 편향은 감소한다. 하지만 최적의 테스트 MSE에 해당하는 유연성 수준은 세 데이터 세트 사이에서 상당히 차이가 나는데, 편향의 제곱과 분산이 각 데이터 세트에서 변하는 속도가 다르기 때문이다. [그림 2.12]의 왼쪽 그림에서, 편향은 초기에 빠르게 감소하고 그 결과로 기대 테스트 MSE는 초기에 급격히 감소한다. 다른 한편 [그림 2.12]의 가운데 그림에서는 참 f가 선형에 가깝기 때문에 유연성이 증가할 때 편향은 약간만 감소하고, 분산이 증가함에 따라 테스트 MSE는 약간 감소한 후에 급격히 증가한다. 마지막으로 [그림 2.12]의 오른쪽 그림에서는 유연성이 증가함에 따라 편향이 극적으로 감소하는데, 참 f가 매우 비선형적이기 때문이다. 또한 유연

성이 증가함에도 분산의 증가는 매우 적다. 따라서 모형의 유연성이 증가함에 따라 테스트 MSE는 상당히 감소한 후에 약간 증가한다.

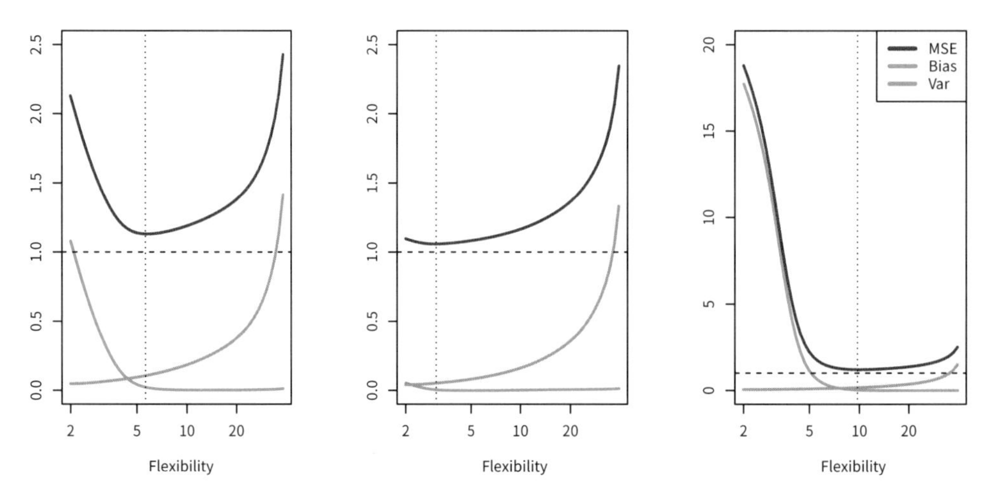

[그림 2.12] 편향의 제곱(파란색 곡선), 분산(주황색 곡선), $\mathrm{Var}(\epsilon)$(파선), 테스트 MSE(빨간색 곡선)을 [그림 2.9]~[그림 2.11]의 세 데이터 세트에 대해 나타낸 것이다. 수직 점선은 테스트 MSE가 가장 작은 경우의 유연성 수준을 표시한다.

편향, 분산, 테스트 세트 MSE 사이의 관계를 식 (2.7)에 제시하고 [그림 2.12]에 그래프로 제시했는데, 이것을 편향-분산 트레이드오프(bias-variance trade-off)라고 한다. 통계적 학습 방법의 테스트 세트 성능이 좋으려면, 분산이 낮을 뿐만 아니라 편향제곱 또한 낮아야 한다. 이를 트레이드오프라고 하는 까닭은 편향이 극단적으로 낮지만 분산이 높은 방법(예를 들어 모든 개별 훈련 관측을 관통하는 곡선을 그리는 경우)이나, 분산은 매우 낮지만 편향이 매우 높은 방법(데이터에 수평선을 적합하는 경우)을 쉽게 얻을 수 있기 때문이다. 분산과 편향제곱을 모두 낮출 방법을 찾는 것은 어렵다. 트레이드오프는 이 책에서 반복적으로 등장하는 가장 중요한 주제 중 하나다.

f가 관찰되지 않는 실제 상황에서는 일반적으로 통계적 학습 방법에 대한 테스트 MSE, 편향, 또는 분산을 명시적으로 계산할 수 없다. 그럼에도 항상 편향-분산 트레이드오프를 염두에 두어야 한다. 이 책에서 탐색할 방법들 중에는 극단적으로 유연해서 본질적으로 편향을 제거할 수 있는 방법이 있다. 하지만 그 방법이 선형회귀와 같은 훨씬 더 단순한 방법을 능가하리라는 보장은 없다. 극단적인 예로 참 f가 선형이라고 가정해 보자. 이런 경우 선형회귀는 편향이 없으므로 더 유연한 방

법으로 경쟁하기가 매우 어렵다. 반면에 참 f가 매우 비선형적이고 충분한 수의 훈련 관측값이 있다면, [그림 2.11]과 같이 매우 유연한 접근법을 사용해 더 나은 결과를 도출할 수 있다. 5장에서는 훈련 데이터를 사용해 테스트 MSE를 추정하는 방법인 교차검증(cross-validation)에 대해 논의한다.

2.2.3 분류 상황

지금까지 모형의 정확도에 대한 논의는 회귀에 초점이 맞추어져 있었다. 그러나 앞에서 다뤘던 많은 개념, 예를 들어 편향-분산 트레이드오프(bias-variance trade-off) 같은 개념은 분류 상황으로도 전이될 수 있는데, y_i가 더 이상 양적 변수가 아니므로 몇 가지는 수정해야 한다. 훈련 관측값 $\{(x_1, y_1), ..., (x_n, y_n)\}$에서 $y_1, ..., y_n$이 질적 변수라고 가정하고 f를 추정해 보자. 추정값 $\hat{f}$의 정확성을 수량화하는 가장 일반적인 접근법은 훈련 오류율(error rate), 즉 추정한 $\hat{f}$을 훈련 관측에 적용했을 때 발생하는 실수의 비율이다.

$$\frac{1}{n}\sum_{i=1}^{n} I(y_i \neq \hat{y}_i) \tag{2.8}$$

여기서 $\hat{y}_i$은 $\hat{f}$을 사용해 i번째 관측에서 예측된 부류 레이블(class label)이다. 그리고 $I(y_i \neq \hat{y}_i)$는 지시 변수(indicator variable)로 $y_i \neq \hat{y}_i$이면 1이 되고, $y_i = \hat{y}_i$이면 0이 된다. $I(y_i \neq \hat{y}_i) = 0$이라면 i번째 관측은 분류 방법에 의해 올바르게 분류된 것이며, 그렇지 않다면 오분류된 것이다. 식 (2.8)로 올바르지 않은 분류 비율을 계산할 수 있다.

식 (2.8)은 분류기를 훈련시킬 때 사용된 데이터를 기반으로 계산하기 때문에 훈련 오류율(training error rate)이라고 한다. 회귀와 마찬가지로 우리는 훈련에 사용하지 않은 관측값, 즉 테스트 관측에 분류기를 적용한 결과로 발생하는 오류율에 관심이 있다. (x_0, y_0) 형태의 테스트 관측 집합과 관련된 테스트 오류율(test error rate)은 다음과 같이 주어진다.

$$\text{Ave}\left(I(y_0 \neq \hat{y}_0)\right) \tag{2.9}$$

여기서 $\hat{y}_0$은 예측변수가 x_0인 테스트 관측에 분류기를 적용해 얻은 예측 부류의 레이블이다. '좋은' 분류기는 테스트 오류(식 (2.9))가 가장 작은 분류기다.

베이즈 분류기

(증명은 이 책의 범위를 벗어나지만) 식 (2.9)의 테스트 오류율을 평균적으로 최소화하는 것은 매우 단순한 분류기로 각 관측을 주어진 예측변수 값에 대해 가장 가능도가 높은 부류에 할당하는 분류기임을 보일 수 있다. 즉, 예측변수 벡터가 x_0인 테스트 관측을 단순히 다음 확률이 가장 큰 부류 j에 할당하기만 하면 된다.

$$\Pr(Y = j|X = x_0) \tag{2.10}$$

식 (2.10)은 조건부 확률(conditional probability)이라는 점에 주의한다. 즉, 관측된 예측변수 벡터 x_0이 주어졌을 때, $Y = j$일 확률이다. 이렇게 '단순한' 분류기를 베이즈 분류기(Bayes classifier)라고 한다. 부류가 2개뿐인 문제에서는 가능한 반응값이 '부류 1' 또는 '부류 2' 두 가지밖에 없으므로, 베이즈 분류기는 $\Pr(Y = 1 \mid X = x_0) > 0.5$이면 부류 1, 그렇지 않으면 부류 2로 예측하는 것에 해당한다.

[그림 2.13]은 예측변수 X_1과 X_2로 이루어진 2차원 공간에서 시뮬레이션된 데이터 세트를 사용한 예제다. 주황색과 파란색 원은 두 개의 서로 다른 부류에 속하는 훈련 관측에 해당한다. X_1과 X_2 각각의 값에 대한 반응이 주황색이나 파란색이 될 확률은 다르다. 시뮬레이션 데이터이므로, 데이터가 어떻게 생성됐는지 알고 있어 X_1과 X_2 각각의 값에 대한 조건부 확률을 계산할 수 있다. 주황색 음영 영역은

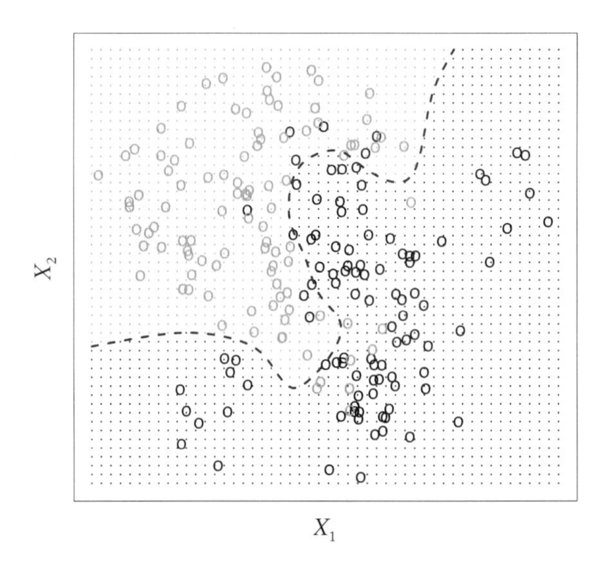

[그림 2.13] 파란색과 주황색으로 표시된 두 그룹은 각각 100개의 관측으로 구성된 시뮬레이션 데이터 세트다. 보라색 파선은 베이즈 결정경계를 나타낸다. 주황색의 바탕 격자점이 나타내는 영역은 테스트 관측이 주황색 부류에 할당될 영역이고, 파란색의 바탕 격자점은 테스트 관측이 파란색 부류에 할당될 영역을 나타낸다.

$\Pr(Y = \text{orange} \mid X)$가 50%보다 큰 점의 집합을 반영하고, 파란색 음영 영역은 확률이 50% 미만인 점의 집합을 나타낸다. 보라색 파선은 확률이 정확히 50%인 점의 집합을 나타낸다. 이를 베이즈 결정경계(Bayes decision boundary)라고 한다. 베이즈 분류기의 예측을 결정하는 것이 베이즈 결정경계다. 경계의 주황색 쪽에 떨어지는 관측은 주황색 부류에 할당되고, 마찬가지로 경계의 파란색 쪽에 떨어지는 관측은 파란색 부류에 할당된다.

베이즈 분류기는 베이즈 오류율(Bayes error rate)이라는 가능한 가장 낮은 테스트 오류율을 만든다. 베이즈 분류기는 항상 식 (2.10)이 가장 큰 부류를 선택하기 때문에, 오류율은 $X = x_0$에서 $1 - \max_j \Pr(Y = j \mid X = x_0)$가 된다. 일반적으로 전체 베이즈 오류율(overall Bayes error rate)은 다음과 같이 주어진다.

$$1 - E\left(\max_j \Pr(Y = j|X)\right) \tag{2.11}$$

여기서 기댓값은 X의 가능한 모든 값에 대한 확률을 평균 낸 것이다. 이 시뮬레이션 데이터의 베이즈 오류율은 0.133이다. 이 값은 참 모집단에서 두 부류가 겹치기 때문에 0보다 크다. 이는 어떤 x_0 값에 대해 $\max_j \Pr(Y = j \mid X = x_0) < 1$임을 의미한다. 베이즈 오류율은 이전에 논의된 축소불가능 오차와 유사하다.

K-최근접이웃

이론적으로 질적 반응을 예측할 때는 항상 베이즈 분류기를 사용하려고 할 것이다. 하지만 현실 데이터에서는 X가 주어졌을 때 Y의 조건부 분포를 알지 못하므로 베이즈 분류기를 계산하는 일은 불가능하다. 따라서 베이즈 분류기의 역할은 다른 방법들이 비교 기준으로 삼을 수 있는 도달 불가능한 황금 표준의 역할을 한다. 많은 접근법이 X가 주어졌을 때 Y의 조건부 분포를 추정한 다음, 주어진 관측값으로 '추정'될 확률이 가장 높은 부류로 분류한다. 이런 방법의 하나가 K-최근접이웃(KNN, K-nearest neighbors) 분류기다. 양의 정수 K와 테스트 관측 x_0이 주어지면 KNN 분류기는 먼저 훈련 데이터에서 x_0에 가장 가까운 K개의 점을 찾아내고, 이것을 $\mathcal{N}_0$으로 나타낸다. 그런 다음 부류 j에 대한 조건부 확률을 $\mathcal{N}_0$에 있는 점들 중 반응값이 j인 점들의 비율로 추정한다.

$$\Pr(Y = j | X = x_0) = \frac{1}{K} \sum_{i \in \mathcal{N}_0} I(y_i = j) \tag{2.12}$$

마지막으로 KNN은 테스트 관측 x_0을 식 (2.12)에서 가장 확률이 큰 부류로 분류한다.

[그림 2.14]는 KNN 접근법의 예를 설명한다. 왼쪽 그림에서는 파란색 6개, 주황색 6개로 구성된 작은 데이터 훈련 세트를 표시했다. ×자로 표시한 검은색 점을 예측하는 게 목표다. $K = 3$을 선택한다고 가정해 보자. 그러면 KNN은 우선 ×자에 가장 가까운 세 개의 관측을 찾아낼 것이다. 이 이웃은 원으로 표시된다. 원에는 두 개의 파란색 점과 하나의 주황색 점이 있으므로 파란색 부류는 추정 확률이 2/3, 주황색 부류는 1/3이다. 따라서 KNN은 검은색 ×자가 파란색 부류에 속한다고 예측할 것이다. [그림 2.14]의 오른쪽 그림에서는 $K = 3$인 KNN 접근법을 X_1과 X_2의 가능한 모든 값에 적용하고 그에 대응하는 KNN의 결정경계를 그렸다.

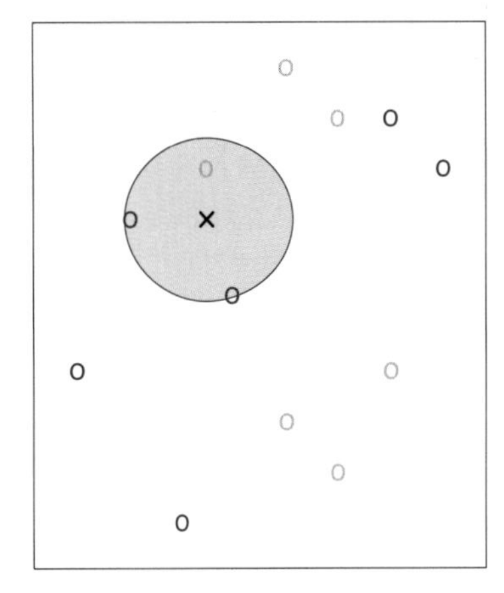

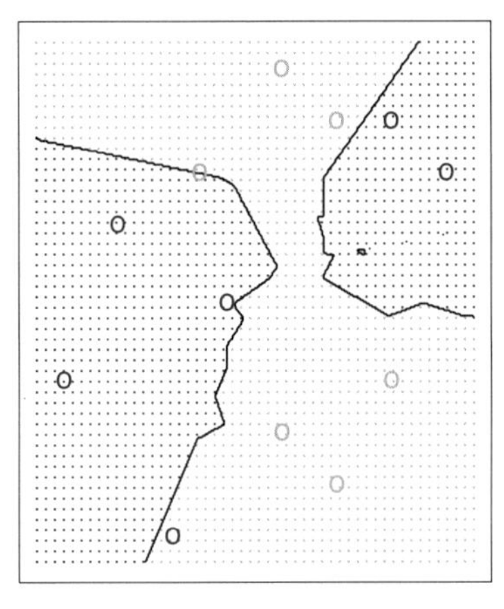

[그림 2.14] $K = 3$이고, 파란색 6개, 주황색 6개의 관측으로 이루어진 단순한 상황에서 KNN 접근법을 설명하는 예다. 왼쪽: 검은색 십자로 표시된 테스트 관측 지점에서 부류 레이블을 예측하려고 한다. 테스트 관측에 가장 가까운 점 세 개를 찾아내어 가장 많이 나타나는 부류에 테스트 관측을 할당하는 방법을 취하면, 이 예에서 테스트 관측은 파란색에 할당된다. 오른쪽: 이 예제의 KNN 결정경계가 검은색으로 표시된다. 파란색 격자점은 테스트 관측이 파란색 부류에 할당되는 영역을, 주황색 격자점은 주황색 부류에 할당되는 영역을 나타낸다.

매우 단순한 접근법임에도 KNN은 놀라울 정도로 최적의 베이즈 분류기에 가까운 분류기를 만들곤 한다. [그림 2.15]에 있는 KNN 결정경계는 $K = 10$을 사용해 [그림 2.13]에 있는 더 큰 시뮬레이션 데이터 세트에 적용한 결과다. KNN 분류기가 참 분포를 알지 못하는 데도 불구하고, KNN 결정경계가 베이즈 분류기의 결정경계와 매우 가깝다는 점은 주목할 만하다. KNN을 사용한 테스트 오류율은 0.1363으로, 베이즈 오류율 0.1304에 가깝다.

K의 선택은 KNN 분류기에 극적인 영향을 준다. [그림 2.16]은 $K = 1$과 $K = 100$을 사용해 [그림 2.13]의 시뮬레이션 데이터에 적합한 두 가지 KNN을 보여 준다. $K = 1$일 때, 결정경계는 지나치게 유연해 데이터에서 베이즈 결정경계에 해당

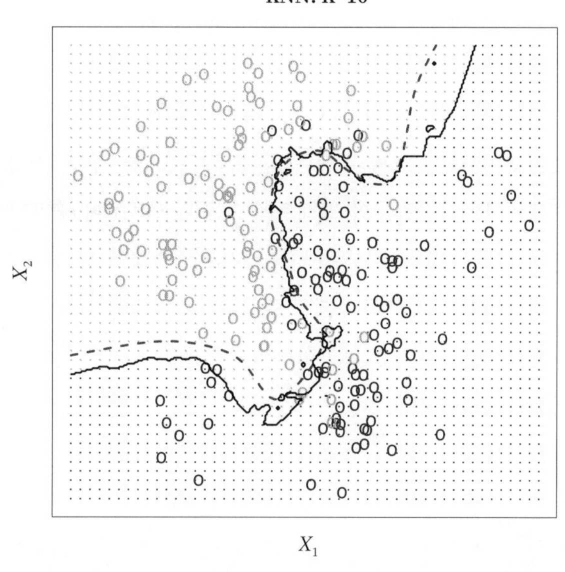

[그림 2.15] 검은색 곡선은 [그림 2.13]의 데이터에 $K = 10$을 사용한 KNN 결정경계를 나타낸다. 베이즈 결정경계는 보라색 파선으로 표시된다. KNN과 베이즈 결정경계는 매우 유사하다.

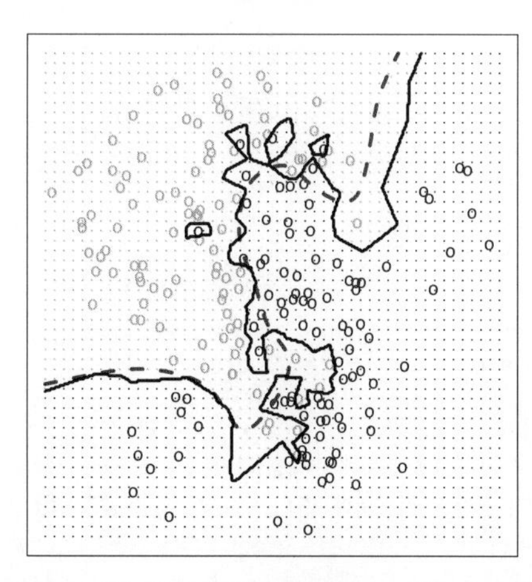

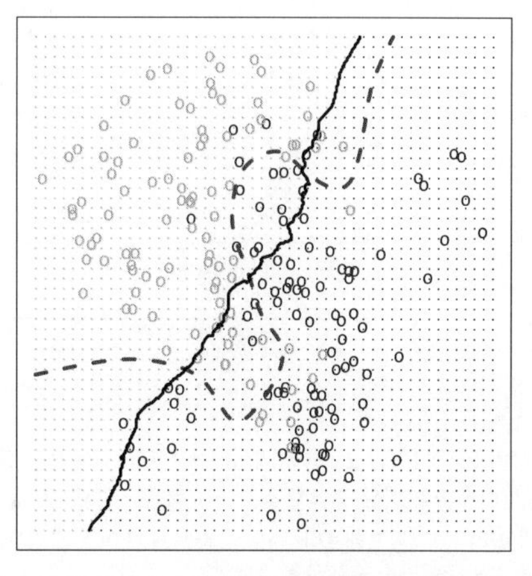

[그림 2.16] [그림 2.13]의 데이터에 $K = 1$과 $K = 100$을 사용해 구한 KNN 결정경계(실선 검은 곡선) 비교. $K = 1$일 때 결정경계는 지나치게 유연하며, $K = 100$일 때는 유연하지 못하다. 베이즈 결정경계는 보라색 파선으로 표시된다.

하지 않는 패턴을 찾는다. 이 분류기는 편향은 낮지만 분산은 매우 높다. K가 커짐에 따라 이 방법은 덜 유연해져 거의 선형에 가까운 결정경계를 만든다. 이 분류기는 분산은 낮지만 편향은 높다. 이 시뮬레이션 데이터 세트에서 $K=1$과 $K=100$ 모두 좋은 예측을 제공하지 못한다. 각각의 테스트 오류율은 0.1695와 0.1925이다.

회귀 상황에서와 마찬가지로 훈련 오류(training error)와 테스트 오류(test error) 사이에 강한 관계는 없다. $K=1$일 때 KNN 훈련 오류율은 0이지만 테스트 오류율은 꽤 높을 수 있다. 일반적으로 더 유연한 분류 방법을 사용할수록 훈련 오류율은 감소하지만 테스트 오류율은 그렇지 않을 수 있다. [그림 2.17]에서 $1/K$의 함수로서 KNN 테스트 오류와 훈련 오류의 그래프를 그렸다. $1/K$이 증가함에 따라 이 방법은 더 유연해진다. 회귀 상황에서와 마찬가지로 유연성이 증가함에 따라 훈련 오류율은 지속적으로 감소한다. 그러나 테스트 오류는 특유의 U-자형을 보여 주는데, 처음에는 감소하다가(근사적으로 $K=10$에서 최소가 됨) 이 방법이 과도하게 유연해지고 과적합되면 다시 증가한다.

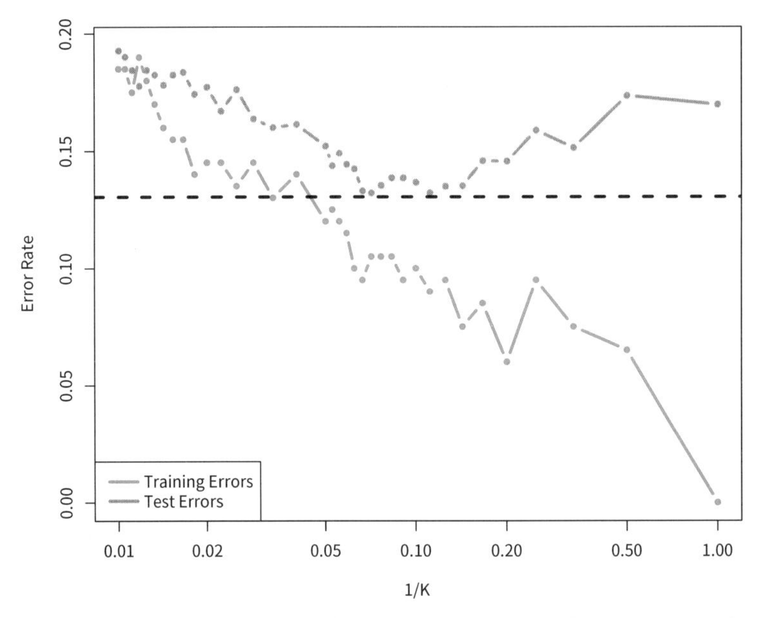

[그림 2.17] [그림 2.13]의 데이터에 대해 KNN 훈련 오류율(파란색, 200개 관측값)과 테스트 오류율(주황색, 5,000개 관측값)을 유연성 수준($1/K$을 로그 척도로 사용해 평가)이 증가함에 따라, 또는 이웃의 수 K가 감소함에 따라 나타낸 그래프다. 검은색 파선은 베이즈 오류율을 나타낸다. 곡선이 들쭉날쭉한 이유는 훈련 데이터 세트의 크기가 작기 때문이다.

모든 회귀와 분류 상황에서 올바른 수준의 유연성을 선택하는 일은 통계적 학습 방법의 성공을 위해 매우 중요하다. 편향-분산 트레이드오프(bias-variance trade-off)와 테스트 오류에서 나오는 U-자형은 이 작업을 어렵게 만들 수 있다. 5장에서 이 주제로 돌아와 테스트 오류율을 추정하고, 그에 따라 주어진 통계적 학습 방법에서 최적 수준의 유연성을 선택하는 다양한 방법을 논의할 생각이다.

2.3 실습: 파이썬 기초

2.3.1 시작하기

이 책의 실습을 따라하기 위해서는 두 가지가 필요하다.

1. Python3 설치. 실습에서 사용할 파이썬 버전이다.
2. Jupyter. 아주 인기 있는 파이썬 인터페이스다. notebook이라는 파일로 코드를 실행한다.

Python3를 다운로드하고 *anaconda.com*에 있는 안내를 참고해 설치한다.

Jupyter에 접근하는 방법은 여러 가지다. 몇 가지 제시하면 다음과 같다.

1. 구글의 Colaboratory 서비스를 이용한다. *colab.research.google.com/*
2. JupyterHub를 이용한다. *jupyter.org/hub*
3. 자신의 컴퓨터에 jupyter를 설치해 사용한다. 설치 방법은 다음 참조: *jupyter.org/install*

이 책의 웹사이트 *statlearning.com*에서 파이썬 관련 자료 페이지가 있다. Python3와 Jupyter를 컴퓨터에서 작동하는 방법에 관한 최신 정보를 얻을 수 있다.

`ISLP` 패키지를 설치할 필요가 있다. 데이터 세트와 맞춤형으로 제작한 함수들을 제공한다. macOS나 Linux 터미널에서 `pip install ISLP`라고 입력하면 된다. 실습에 필요한 다른 패키지들도 대부분 다 설치된다. 파이썬 자원 페이지에 가면 `ISLP` 문서 웹사이트 링크가 있다.

이번 실습을 위해 파이썬 자원 페이지에서 Ch2-statlearn-lab.ipynb 파일을 다운로드하자. 그리고 명령 행에서 다음 코드를 실행하면 된다.

```
jupyter lab Ch2-statlearn-lab.ipynb
```

Windows 사용자라면 시작 메뉴를 사용해 anaconda에 접근할 수 있다. *https://www.anaconda.com/download* 링크를 따라가면 된다. 예를 들어 ISLP를 설치하고 이번 실습을 따라하려면 anaconda 셸(shell)에서 앞의 코드를 실행하면 된다.

2.3.2 기본 명령어

이번 실습에서는 몇 가지 간단한 파이썬 명령어를 소개하려고 한다. 파이썬에 관한 일반적인 더 많은 자료가 필요하다면 다음 주소에 있는 튜토리얼을 참고하자.

docs.python.org/3/tutorial/

대다수 프로그래밍 언어가 그렇듯이 파이썬도 함수(function)로 작업을 수행한다. `fun`이라는 함수를 실행하려면 `fun(input1, input2)`이라고 입력하면 된다. 여기서 입력(또는 인자) `input1`과 `input2`는 파이썬에게 함수를 어떻게 실행할지 알려 준다. 함수가 가질 수 있는 입력값의 개수는 몇 개라도 된다. 예를 들어 `print()` 함수는 모든 인자의 텍스트 표현을 콘솔에 출력한다.

In[1]:
```
print('fit a model with', 11, 'variables')
```

Out[1]:
```
fit a model with 11 variables
```

다음 명령은 `print()` 함수에 관한 정보를 제공해 준다.

In[2]:
```
print?
```

파이썬에서 두 정수를 더하는 것은 아주 직관적이다.

In[3]:
```
3 + 5
```

Out[3]:
```
8
```

파이썬에서 텍스트 데이터는 문자열(string)을 이용해 처리된다. 예를 들어 `"hello"`와 `'hello'`가 문자열이다. 더하기 `+` 기호를 이용해 문자열을 이어 붙일 수 있다.

In[4]:
```
"hello" + " " + "world"
```

Out[4]:
```
'hello world'
```

문자열은 실제로는 시퀀스(sequence)의 한 유형이다. 시퀀스는 순서가 있는 목록을 총칭해서 부르는 용어다. 시퀀스의 가장 중요한 유형 세 가지는 리스트, 튜플, 문자열이다. 리스트를 소개하겠다.

다음 명령은 파이썬에게 숫자 3, 4, 5를 함께 합쳐서 x라는 이름의 리스트(list)로 저장하라는 명령이다. x라고 치면 리스트를 돌려 준다.

```
In[5]:   x = [3, 4, 5]
         x
```

```
Out[5]:  [3, 4, 5]
```

대괄호 []를 사용해 리스트를 만든다는 점에 유의하자.

두 세트의 숫자를 더하고 싶을 때가 자주 있다. 다음 코드처럼 실행해 보는 것은 타당한 생각이지만 원하는 결과가 나오지는 않는다.

```
In[6]:   y = [4, 9, 7]
         x + y
```

```
Out[6]:  [3, 4, 5, 4, 9, 7]
```

결과는 약간 직관에 반하는 것처럼 보인다. 왜 파이썬은 리스트에 입력된 항목들을 원소 대 원소로 더하지 않았을까? 파이썬에서 리스트는 '임의'의 객체를 담으며, 접합(concatenation) 연산을 이용해 덧셈을 한다. 사실 접합의 작동 방식은 앞서 "hello" + " " + "world"를 입력할 때 이미 보았다.

이 예는 파이썬이 범용 목적의 프로그램 언어라는 사실을 보여 준다. 파이썬의 데이터 관련 특수 기능은 많은 부분이 numpy, pandas 같은 다른 패키지에서 나온다. 다음 절에서는 numpy 패키지를 소개할 예정이다. numpy에 대한 더 많은 정보는 *docs.scipy.org/doc/numpy/user/quickstart.html*을 참고하자.

2.3.3 Numerical Python 소개

앞서 언급했듯이 이 책에서 사용하는 기능은 numpy라는 라이브러리(library) 또는 패키지(package)에 포함되어 있다. 패키지란 모듈을 모아 놓은 것, 즉 기본 파이썬 배포판에는 반드시 포함될 필요가 없는 모듈의 모음이다. numpy라는 이름은 numerical Python의 줄임말이다.

numpy에 접근하려면 먼저 numpy를 가져와야(import) 한다.

```
In[7]:   import numpy as np
```

이 명령에서 numpy 모듈(module)에 np라고 이름을 붙였다. 좀 더 쉽게 부르려고 줄인 것이다.

numpy에서 배열(array)은 숫자의 다차원 모음을 가리키는 제네릭(generic) 용어다. np.array() 함수를 이용해 x와 y를 정의할 것이다. 이들은 1차원 배열, 즉 벡터다.

```
In[8]:   x = np.array([3, 4, 5])
         y = np.array([4, 9, 7])
```

앞에서 import numpy as np 명령을 내리지 않았다면, np.array() 함수를 호출할 때 에러가 발생한다. np.array()라는 문법은 호출함수가 numpy 패키지의 일부라는 것을 보여 준다. np는 numpy를 축약해서 쓴 것이다.

이제 x와 y를 np.array()를 이용해 정의했기 때문에, 둘을 더했을 때 납득할 만한 결과를 얻게 된다. 이 결과를 앞 절에서 numpy를 이용하지 않고 두 리스트를 더했을 때의 결과와 비교해 보자.

```
In[9]:   x + y
```

```
Out[9]:  array([ 7, 13, 12])
```

numpy에서 행렬은 보통 2차원 배열로 표현되고 벡터는 1차원 배열로 표현된다.[6] 2차원 배열은 다음과 같이 생성한다.

```
In[10]:  x = np.array([[1, 2], [3, 4]])
         x
```

```
Out[10]: array([[1, 2],
                [3, 4]])
```

객체 x에는 몇 가지 속성(attribute) 또는 연관된 객체가 있다. x의 속성에 접근하려면 x.attribute라고 입력한다. attribute 부분을 속성의 이름으로 바꾸어 쓰면 된다. 예컨대 다음과 같이 x의 ndim 속성에 접근할 수 있다.

6 행렬을 np.matrix()를 이용해 생성할 수도 있지만 이 책을 실습하는 동안에는 계속해서 np.array()를 이용할 예정이다.

```
In[11]: x.ndim
```

```
Out[11]: 2
```

출력에서 보듯이 x는 2차원 배열이다. 유사하게 x.dtype은 x 객체의 자료형(data type) 속성이다. 이 속성은 x가 64비트 정수형임을 알려 준다.

```
In[12]: x.dtype
```

```
Out[12]: dtype('int64')
```

왜 x가 정수로만 구성되어 있을까? 그 이유는 x를 생성할 때 np.array() 함수에 정수만 배타적으로 전달했기 때문이다. 만약 소수점을 포함한 숫자를 전달했다면 부동소수점 수(floating point number, 실수)로 이루어진 배열을 얻었을 것이다.

```
In[13]: np.array([[1, 2], [3.0, 4]]).dtype
```

```
Out[13]: dtype('float64')
```

fun?을 입력하면 파이썬은 함수 fun과 관련된 도움말이 있으면 이것을 보여 준다. np.array()에 대해 시도해 보자.

```
In[14]: np.array?
```

이 도움말은 부동소수점 배열을 생성하려면 dtype 인자를 np.array()에 전달하면 된다고 알려 준다.

```
In[15]: np.array([[1, 2], [3, 4]], float).dtype
```

```
Out[15]: dtype('float64')
```

배열 x는 2차원이다. 행과 열의 개수를 알아내려면 shape 속성을 살펴보면 된다.

```
In[16]: x.shape
```

```
Out[16]: (2, 2)
```

메소드(method)는 객체와 연관된 함수다. 예를 들어 배열 x가 주어졌을 때 식 x.sum()은 배열의 sum() 메소드를 사용해 모든 원소를 합한다. x.sum() 호출은 자동으로 x를 sum() 메소드의 첫 번째 인자로 제공한다.

In[17]:
```
x = np.array([1, 2, 3, 4])
x.sum()
```

Out[17]:
```
10
```

x를 np.sum() 함수의 인자로 전달해 x의 원소를 합할 수도 있다.

In[18]:
```
x = np.array([1, 2, 3, 4])
np.sum(x)
```

Out[18]:
```
10
```

또 다른 예로 reshape() 메소드는 x와 원소는 동일하지만 형태는 다른 새로운 배열을 반환한다. reshape()를 호출할 때 튜플(tuple)을 전달하면 된다. 다음 예에서는 (2, 3)을 전달했는데, 2행 3열의 2차원 배열을 만들겠다는 뜻이다.[7]

계속해서 \n 문자가 개행(newline) 문자라는 것도 함께 살펴본다.

In[19]:
```
x = np.array([1, 2, 3, 4, 5, 6])
print('beginning x:\n', x)
x_reshape = x.reshape((2, 3))
print('reshaped x:\n', x_reshape)
```

Out[19]:
```
beginning x:
 [1 2 3 4 5 6]
reshaped x:
 [[1 2 3]
  [4 5 6]]
```

출력에서 보듯이 numpy 배열은 행(row)의 시퀀스로 지정된다. 이것을 행 우선 순서(row-major ordering)라고 하며, 이는 열 우선 순서(column-major ordering)와 대비된다.

7 리스트와 마찬가지로 튜플은 객체의 시퀀스(sequence)를 표현한다. 왜 시퀀스를 생성하는 데 한 가지 이상의 방법이 필요한가? 튜플과 리스트 사이에는 몇 가지 차이점이 있지만 아마도 가장 중요한 차이는 튜플의 원소는 수정할 수 없지만 리스트의 원소는 수정할 수 있다는 점일 것이다.

파이썬은 0 기반 인덱스를 사용한다(따라서 numpy도). 이는 x_reshape의 왼쪽 상단 원소에 접근하려면 x_reshape[0, 0]을 입력해야 한다는 뜻이다.

In[20]:
```
x_reshape[0, 0]
```

Out[20]:
```
1
```

마찬가지로 x_reshape[1, 2]는 x_reshape의 두 번째 행과 세 번째 열에 있는 원소를 내놓는다.

In[21]:
```
x_reshape[1, 2]
```

Out[21]:
```
6
```

마찬가지로 x[2]는 x의 세 번째 항목을 제공한다.

이제 x_reshape의 왼쪽 상단 원소를 수정해 보자. 놀랍게도 x의 첫 번째 원소도 수정되었음을 발견한다.

In[22]:
```
print('x before we modify x_reshape:\n', x)
print('x_reshape before we modify x_reshape:\n', x_reshape)
x_reshape[0, 0] = 5
print('x_reshape after we modify its top left element:\n', x_reshape)
print('x after we modify top left element of x_reshape:\n', x)
```

Out[22]:
```
x before we modify x_reshape:
 [1 2 3 4 5 6]
x_reshape before we modify x_reshape:
 [[1 2 3]
  [4 5 6]]
x_reshape after we modify its top left element:
 [[5 2 3]
  [4 5 6]]
x after we modify top left element of x_reshape:
 [5 2 3 4 5 6]
```

x_reshape를 수정하면 x도 수정되는 이유는 두 객체가 메모리에서 같은 공간을 차지하기 때문이다.

방금 보았듯이 배열의 원소는 수정할 수 있다. 튜플도 수정할 수 있을까? 수정할 수 없다. 수정하면 예외(exception) 또는 오류가 발생한다.

In[23]:
```
my_tuple = (3, 4, 5)
my_tuple[0] = 2
```

Out[23]:
```
TypeError: 'tuple' object does not support item assignment
```

이제 배열의 몇 가지 유용한 속성을 간략히 언급하겠다. 배열의 shape 속성에는 차원 정보가 들어 있으며, 언제나 튜플의 형태다. ndim 속성은 차원의 수를 제공하고 T는 전치(transpose)를 나타낸다.

In[24]:
```
x_reshape.shape, x_reshape.ndim, x_reshape.T
```

Out[24]:
```
((2, 3),
2,
array([[5, 4],
       [2, 5],
       [3, 6]]))
```

유의할 점은 세 개의 개별적인 출력 (2, 3), 2, array([[5, 4],[2, 5], [3, 6]]) 자체가 하나의 튜플로 출력된다는 것이다.

배열에 함수를 적용하고 싶을 때가 많다. 예를 들어 np.sqrt() 함수를 사용해 항목의 제곱근을 계산할 수 있다.

In[25]:
```
np.sqrt(x)
```

Out[25]:
```
array([2.24, 1.41, 1.73, 2., 2.24, 2.45])
```

원소를 제곱할 수도 있다.

In[26]:
```
x**2
```

Out[26]:
```
array([25, 4, 9, 16, 25, 36])
```

제곱근을 계산할 수도 있다. 동일한 표기법을 사용해 2의 거듭제곱 대신 1/2의 거듭제곱을 하면 된다.

In[27]:
```
x**0.5
```

Out[27]:
```
array([2.24, 1.41, 1.73, 2., 2.24, 2.45])
```

이 책 전체에 걸쳐, 랜덤 데이터를 생성하는 경우가 자주 있다. np.random.normal() 함수는 랜덤한 정규변수의 벡터를 생성한다. 이 함수에 관해 자세히 알고 싶다면 np.random.normal?을 호출해 도움말 페이지를 보면 된다. 도움말 페이지의 첫 줄은 normal(loc = 0.0, scale = 1.0, size = None)이다. 이 시그니처(signature) 줄은 함수의 인자가 loc, scale, size라고 알려 준다. 이들은 키워드 인자(keyword argument)로 함수에 전달될 때 (순서와 상관없이) 이름으로 참조될 수 있다.[8] 기본적으로 이 함수는 평균(loc)이 0이고 표준편차(scale)가 1인 임의의 정규변수(들)를 생성한다. 그리고 size 인자를 변경하지 않으면 랜덤변수 하나만 생성한다.

이제 $N(0, 1)$ 분포에서 50개의 독립 확률변수를 생성한다.

In[28]:
```
x = np.random.normal(size=50)
x
```

Out[28]:
```
array([-1.19,  0.41, 0.9 , -0.44, -0.9 , -0.38,  0.13,  1.87,
       -0.35,  1.16, 0.79, -0.97, -1.21,  0.06, -1.62, -0.6 ,
       -0.77, -2.12, 0.38, -1.22, -0.06, -1.97, -1.74, -0.56,
        1.7 , -0.95, 0.56,  0.35,  0.87,  0.88, -1.66, -0.32,
       -0.3 , -1.36, 0.92, -0.31,  1.28, -1.94,  1.07,  0.07,
        0.79, -0.46, 2.19, -0.27, -0.64,  0.85,  0.13,  0.46,
       -0.09,  0.7])
```

배열 y를 생성하기 위해 x의 각 원소에 독립인 $N(50, 1)$ 확률변수를 더한다.

In[29]:
```
y = x + np.random.normal(loc=50, scale=1, size=50)
```

np.corrcoef() 함수는 x와 y 사이의 상관행렬을 계산한다. 비대각(off-diagonal) 원소는 x와 y 사이의 상관관계를 알려 준다.

In[30]:
```
np.corrcoef(x, y)
```

Out[30]:
```
array([[1.  , 0.69],
       [0.69, 1.  ]])
```

8 파이썬은 위치 인자(positional argument)도 사용한다. 위치 인자는 키워드를 사용하지 않아도 된다. 예를 보려면 np.sum?을 입력해 보자. a는 위치 인자이며, 이 함수는 자신이 받는 첫 번째 이름 없는 인자를 합산할 배열로 가정한다. 이와 달리 axis와 dtype은 키워드 인자다. 이 인자들은 np.sum()에서 입력되는 위치는 중요하지 않다.

자신의 Jupyter notebook에서 따라하고 있다면 아마도 앞선 몇 개의 명령을 실행했을 때 다른 결과 세트가 출력되었을 것이다. 특히 np.random.normal()을 호출할 때마다 다른 답이 나오는데, 다음에 이어지는 것이 그 예시다.

In[31]:
```
print(np.random.normal(scale=5, size=2))
print(np.random.normal(scale=5, size=2))
```

Out[31]:
```
[4.28  2.59]
[4.62 -2.54]
```

코드를 실행할 때마다 정확히 동일한 결과를 제공하기 위해, np.random.default_rng() 함수를 사용하여 랜덤 시드(random seed)를 설정할 수 있다. 이 함수는 임의의 사용자 지정 정수 인자를 받는다. 랜덤 데이터를 생성하기 전에 랜덤 시드를 설정하면 코드를 다시 실행해도 동일한 결과가 나온다. 객체 rng에는 본질적으로 np.random의 난수 생성 메소드가 모두 포함되어 있다. 그러므로 정규분포 데이터를 생성하기 위해 rng.normal()을 사용하자.

In[32]:
```
rng = np.random.default_rng(1303)
print(rng.normal(scale=5, size=2))
rng2 = np.random.default_rng(1303)
print(rng2.normal(scale=5, size=2))
```

Out[32]:
```
[4.09 -1.07 ]
[4.09 -1.07 ]
```

이 책의 실습 전체에서 numpy에서 랜덤한 양들을 포함하는 계산을 수행할 때마다 np.random.default_rng()를 사용한다. 원칙적으로 이 함수는 독자가 이 책에 나오는 결과를 정확히 재현하도록 해준다. 하지만 numpy의 새로운 버전이 나옴에 따라 실습에 있는 출력과 numpy에서 나온 출력 사이에 일부 작은 차이가 있을 수 있다.

np.mean(), np.var(), np.std() 함수를 사용해 배열의 평균, 분산, 표준편차를 계산할 수 있다. 이 함수들도 배열 메소드로 제공된다.

In[33]:
```
rng = np.random.default_rng(3)
y = rng.standard_normal(10)
np.mean(y), y.mean()
```

Out[33]:
```
(-0.11, -0.11)
```

In[34]:
```
np.var(y), y.var(), np.mean((y - y.mean())**2)
```

Out[34]:
```
(2.72, 2.72, 2.72)
```

기본 설정으로 np.var()는 표본 크기 n으로 나누는 대신 $n-1$로 나눈다는 점에 주의한다. np.var?에서 ddof 인자를 참고하라.

In[35]:
```
np.sqrt(np.var(y)), np.std(y)
```

Out[35]:
```
(1.65, 1.65)
```

np.mean(), np.var(), np.std() 함수는 행렬의 행과 열에도 적용할 수 있다. 이를 확인하기 위해 $N(0,1)$ 확률변수의 10×3 행렬을 구성하고 그 행의 합을 계산하는 것을 생각해 보자.

In[36]:
```
X = rng.standard_normal((10, 3))
X
```

Out[36]:
```
array([[ 0.23, -0.35, -0.28],
       [-0.67, -1.06, -0.39],
       [ 0.48, -0.24,  0.96],
       [-0.2 ,  0.02,  1.55],
       [ 0.55, -0.51, -0.18],
       [ 0.54,  1.94, -0.27],
       [-0.24,  1.  , -0.89],
       [-0.29,  0.88,  0.58],
       [ 0.09,  0.67, -2.83],
       [ 1.02, -0.96, -1.67]])
```

배열이 행 우선 순서로 되어 있으므로 첫 번째 축, 즉 axis = 0은 행을 나타낸다. 이 인자를 객체 X의 mean() 메소드에 넘겨 준다.

In[37]:
```
X.mean(axis=0)
```

Out[37]:
```
array([0.15, 0.14, -0.34])
```

다음은 동일한 결과를 제공한다.

In[38]:
```
X.mean(0)
```

Out[38]:
```
array([0.15, 0.14, -0.34])
```

2.3.4 그래픽스

파이썬에서는 일반적으로 그래픽을 위해 `matplotlib` 라이브러리를 사용한다. 하지만 파이썬이 데이터 분석을 염두에 두고 작성된 것은 아니기 때문에, 그래프 그리기라는 개념은 이 언어에 내재되어 있지 않다. `matplotlib.pyplot`의 `subplots()` 함수를 사용해 그림을 생성하고 데이터를 그래프로 그릴 축을 생성할 것이다. 파이썬에서 그래프를 그리는 방법에 관해 더 많은 예제를 보고 싶은 독자는 *matplotlib.org/stable/gallery/*를 방문하길 권장한다.

`matplotlib`에서 그래프(plot)는 하나의 그림(figure)과 하나 이상의 축(axes)으로 구성된다.[9] 그림(figure)은 빈 캔버스로 생각할 수 있다. 그 위에 하나 이상의 그래프(plot)가 표시된다. 캔버스는 그래프가 그려지는 전체 창(window)이다. '축'은 각 그래프(plot)에 대한 중요한 정보, 예를 들어 x축과 y축 레이블, 제목 등을 담고 있다(주의할 점은 `matplotlib`에서 'axes'이라는 단어는 'axis'의 복수형이 아니다. 그래프(plot)의 'axes'는 단순 x축과 y축에 비해 훨씬 더 많은 정보를 담고 있다).

`matplotlib`에서 `subplots()` 함수를 가져오는 것부터 시작해 보자. 이 함수는 그림을 생성할 때마다 자주 사용한다. 이 함수는 길이가 2인 튜플을 반환한다. 하나는 그림 객체이고 다른 하나는 연관된 축 객체다. 일반적으로 키워드 인자로 `figsize`를 전달한다. 축을 생성했다면 `plot()` 메소드를 사용해 첫 번째 그래프를 그려 보자. 더 알아보려면 `ax.plot?`를 입력한다.

In[39]:
```
from matplotlib.pyplot import subplots
fig, ax = subplots(figsize=(8, 8))
x = rng.standard_normal(100)
y = rng.standard_normal(100)
ax.plot(x, y);
```

9 (옮긴이) 이 책의 실습에서 'plot'과 'figure'라는 용어는 기본적으로 `matplotlib`의 용어를 따르고 있다. 번역에서 혼동을 피하기 위해 '그래프(plot)', '그림(figure)'으로 번역하고 가능한 괄호 안에 영어를 병기했다. 본문의 설명에도 있듯이 '그림(figure)'은 그래프를 그리기 위한 빈 공간, 즉 캔버스 또는 창을 가리키는 말이다. 이 빈 공간에 하나 이상의 '그래프(plot)'를 그릴 수 있다. '그래프(plot)'는 보통 통계에서 생각하듯이 축이 있는 도표를 뜻한다.

여기서 잠깐, subplots()이 반환한 길이 2인 튜플을 '풀어서' 별개의 두 변수 fig와 ax에 넣었다는 사실에 주목하자. 다음과 같이 결과는 같지만 코드를 길게 쓰는 것보다 튜플을 풀어 (간단하게) 쓰는 것을 보통 선호한다.

In[40]:
```
output = subplots(figsize=(8, 8))
fig = output[0]
ax = output[1]
```

앞 셀에서 선 그래프가 생성되는 것을 볼 수 있는데, 이것이 기본 설정값이다. 원을 표시하는 추가 인자를 ax.plot()에 제공해 산점도를 생성한다.

In[41]:
```
fig, ax = subplots(figsize=(8, 8))
ax.plot(x, y, 'o');
```

추가 인자로 다른 값을 제공하면 색상과 스타일이 다른 선을 만들 수 있다.

다른 방법으로 ax.scatter() 함수를 사용해도 산점도를 생성할 수 있다.

In[42]:
```
fig, ax = subplots(figsize=(8, 8))
ax.scatter(x, y, marker='o');
```

앞 셀에서는 마지막 줄을 세미콜론으로 끝냈다. 이는 ax.plot(x, y)가 notebook에 텍스트를 출력하는 것을 방지하기 위함이다. 하지만 이것으로 그래프 생성이 방지되지는 않는다. 만약 마지막 세미콜론을 생략하면 다음과 같은 출력을 얻게 된다.

In[43]:
```
fig, ax = subplots(figsize=(8, 8))
ax.scatter(x, y, marker='o')
```

Out[43]:
```
<matplotlib.collections.PathCollection at 0x7fb3d9c8f310>
Figure(432x288)
```

앞으로 논의와 관련 없는 텍스트를 출력할 경우에만 세미콜론을 덧붙여 사용할 예정이다.

그래프에 레이블을 붙이기 위해 ax의 set_xlabel(), set_ylabel(), set_title() 메소드를 사용한다.

In[44]:
```
fig, ax = subplots(figsize=(8, 8))
ax.scatter(x, y, marker='o')
ax.set_xlabel("this is the x-axis")
```

```
ax.set_ylabel("this is the y-axis")
ax.set_title("Plot of X vs Y");
```

그림 객체 fig 자체에 접근할 수 있다는 것은 객체 내부의 일부 측면을 변경하고 다시 그릴 수 있다는 의미다. 여기서는 크기를 (8, 8)에서 (12, 3)으로 변경한다.

```
In[45]:  fig.set_size_inches(12,3)
         fig
```

가끔은 하나의 그림(figure)에 여러 개의 그래프(plot)를 생성해야 할 수도 있다. subplots()에 추가 인자를 전달하면 원하는 결과를 얻을 수 있다. 다음 예에서 2×3의 그래프(plot) 격자를 한 그림(figure) 안에 생성해 보자. 그림의 크기는 figsize 인자로 결정된다. 이런 상황에서는 종종 그래프의 축들 사이에 관계가 있는 경우가 많다. 예를 들어 모든 그래프가 공통의 x축을 가질 수 있다. subplots() 함수는 키워드 인자 sharex = True가 전달되면 이런 상황을 자동으로 처리할 수 있다. 다음의 axes 객체는 그림에서 서로 다른 그래프를 가리키는 배열이다.

```
In[46]:  fig, axes = subplots(nrows=2,
                             ncols=3,
                             figsize=(15, 5))
```

이제 산점도 하나는 첫 번째 행의 두 번째 열에 'o'를 이용해 생성하고, 하나는 두 번째 행의 세 번째 열에 '+'를 이용해 생성한다.

```
In[47]:  axes[0,1].plot(x, y, 'o')
         axes[1,2].scatter(x, y, marker='+')
         fig
```

subplots()을 더 알아보려면, subplots?를 입력한다.

fig의 출력을 저장하려면 savefig() 메소드를 호출한다. 인자 dpi는 인치당 도트로 픽셀 단위의 그림 크기를 결정하는 데 사용한다.

```
In[48]:  fig.savefig("Figure.png", dpi=400)
         fig.savefig("Figure.pdf", dpi=200);
```

계속해서 fig를 수정해서 단계적으로 갱신할 수 있다. 예를 들면 x축의 범위를 수정해 다시 저장하거나 화면에 표시할 수도 있다.

In[49]:
```
axes[0,1].set_xlim([-1,1])
fig.savefig("Figure_updated.jpg")
fig
```

좀 더 정교한 그래프를 생성해 보자. ax.contour() 메소드는 등고선 그래프(contour plot)를 생성하는데, 지형도와 유사한 3차원 데이터를 표현한다. 이 메소드는 세 개의 인자를 받는다.

- x값의 벡터(첫 번째 차원),
- y값의 벡터(두 번째 차원),
- 각 (x, y) 좌표 쌍에 대한 z값(세 번째 차원)에 대응되는 원소로 이루어진 행렬.

x와 y를 생성하기 위해 np.linspace(a, b, n) 명령어를 사용한다. 이 명령어는 a에서 시작해 b에서 끝나는 n개의 숫자 벡터를 반환한다.

In[50]:
```
fig, ax = subplots(figsize=(8, 8))
x = np.linspace(-np.pi, np.pi, 50)
y = x
f = np.multiply.outer(np.cos(y), 1 / (1 + x**2))
ax.contour(x, y, f);
```

해상도를 높이려면 이미지에 더 많은 수준(levels)을 추가하면 된다.

In[51]:
```
fig, ax = subplots(figsize=(8, 8))
ax.contour(x, y, f, levels=45);
```

ax.contour() 함수의 출력을 미세 조정하려면 ?plt.contour를 입력해 도움말 파일을 살펴보면 된다.

ax.imshow() 메소드는 ax.contour()와 유사하지만 z값에 따라 색상이 달라지는 색상 코드 그래프를 생성한다는 차이가 있다. 이 그래프를 열지도(heatmap)라고 하는데, 일기 예보에서 온도 그래프를 그리는 데 사용되곤 한다.

In[52]:
```
fig, ax = subplots(figsize=(8, 8))
ax.imshow(f);
```

2.3.5 시퀀스와 슬라이스 표기법

앞서 살펴보았듯이 np.linspace() 함수를 사용해 숫자의 시퀀스를 생성할 수 있다.

In[53]:
```
seq1 = np.linspace(0, 10, 11)
seq1
```

Out[53]:
```
array([ 0., 1., 2., 3., 4., 5., 6., 7., 8., 9., 10.])
```

np.arange() 함수는 step 간격으로 배치된 숫자의 시퀀스를 반환한다. step을 지정하지 않으면 기본값으로 1이 사용된다. 0에서 시작해 10에서 끝나는 시퀀스를 생성한다.

In[54]:
```
seq2 = np.arange(0, 10)
seq2
```

Out[54]:
```
array([0, 1, 2, 3, 4, 5, 6, 7, 8, 9])
```

왜 여기서는 10이 출력되지 않을까? 파이썬의 슬라이스(slice) 표기법과 관련이 있다. 슬라이스 표기법은 리스트, 튜플, 배열과 같은 시퀀스를 인덱싱하는 데 사용된다. 특정 문자열의 네 번째에서 여섯 번째(포함)까지의 항목을 찾는다고 해보자. 이렇게 문자열의 슬라이스를 얻으려면 인덱싱 표기법 [3:6]을 사용한다.

In[55]:
```
"hello world"[3:6]
```

Out[55]:
```
'lo '
```

이 셀에서 3:6 표기법은 slice(3,6)의 축약형으로 대괄호([]) 안에서 사용된다.

In[56]:
```
"hello world"[slice(3,6)]
```

Out[56]:
```
'lo '
```

아마도 (파이썬은 인덱싱을 0부터 시작한다는 것을 떠올리면서) slice(3,6) 명령이 텍스트 문자열의 네 번째부터 일곱 번째 문자까지 출력하리라 기대하겠지만 네 번째부터 여섯 번째 문자까지만 출력했다. 이는 이전의 np.arange(0, 10) 명령어가 0부터 9까지의 정수만 출력한 이유도 설명한다. 슬라이스를 생성하는 데 유용한 옵션에 관해서는 slice? 도움말을 보자.

2.3.6 데이터 인덱싱

2차원 numpy 배열을 생성하는 것에서 시작해 보자.

In[57]:
```
A = np.array(np.arange(16)).reshape((4, 4))
A
```

Out[57]:
```
array([[ 0,  1,  2,  3],
       [ 4,  5,  6,  7],
       [ 8,  9, 10, 11],
       [12, 13, 14, 15]])
```

A[1,2]를 입력하면 2행, 3열에 해당하는 원소를 뽑아낼 수 있다(늘 그렇듯이 파이썬은 0부터 인덱싱한다).

In[58]:
```
A[1,2]
```

Out[58]:
```
6
```

여는 대괄호 [뒤의 첫 번째 숫자는 행을 나타내고 두 번째 숫자는 열을 나타낸다.

행, 열, 부분행렬 인덱싱

한 번에 여러 행을 선택하려면 선택한 행이 무엇인지 리스트로 만들어 전달한다. 예를 들어 [1,3]을 전달하면 두 번째와 네 번째 행을 추출한다.

In[59]:
```
A[[1,3]]
```

Out[59]:
```
array([[ 4,  5,  6,  7],
       [12, 13, 14, 15]])
```

첫 번째와 세 번째 열을 선택하기 위해 대괄호의 두 번째 인자로 [0,2]를 전달한다. 이때 첫 번째 인자로 :을 제공해야 행 전체를 선택할 수 있다.

In[60]:
```
A[:,[0,2]]
```

Out[60]:
```
array([[ 0,  2],
       [ 4,  6],
       [ 8, 10],
       [12, 14]])
```

이제 두 번째, 네 번째 행과 첫 번째, 세 번째 열로 이루어진 부분행렬을 선택한다. 이 부분의 인덱싱이 약간 까다롭다. 자연스럽게 리스트를 사용해 행과 열을 뽑아내려 한다.

```
In[61]:  A[[1,3],[0,2]]

Out[61]: array([ 4, 14])
```

이게 어떻게 된 일인가? 길이가 2인 1차원 배열을 구했다. 다음과 똑같다.

```
In[62]:  np.array([A[1,0],A[3,2]])

Out[62]: array([ 4, 14])
```

마찬가지로 다음 코드도 두 번째, 네 번째 행과 첫 번째, 세 번째, 네 번째 열로 이루어진 부분행렬을 추출하는 데 실패한다.

```
In[63]:  A[[1,3],[0,2,3]]

Out[63]: IndexError: shape mismatch: indexing arrays could not be broadcast
                    together with shapes (2,) (3,)
```

무엇이 잘못되었는지 여기서 알 수 있다. 두 개의 인덱싱 리스트가 제공되면 numpy는 인덱스 쌍 i, j에 대응되는 항목들을 모아서 연쇄(series)를 만들라는 의미로 해석한다. 그래서 리스트의 쌍은 길이가 같아야 한다. 그러나 부분행렬을 찾고 있었으니까 의도는 그게 아니었다.

부분행렬을 찾는 한 가지 쉬운 방법은 다음과 같다. 먼저 A의 행 일부를 선택해서 부분행렬을 만들고 바로 이어서 열의 일부를 선택해서 또 다른 부분행렬을 만든다.

```
In[64]:  A[[1,3]][:,[0,2]]

Out[64]: array([[ 4,  6],
                [12, 14]])
```

더 효율적인 방법으로 동일한 결과를 얻을 수 있다.

편의(convenience) 함수 np.ix_()를 사용하면 리스트를 사용해 부분행렬을 추출할 수 있는데, 이때는 중간에 메시(mesh) 객체를 생성한다.

In[65]:
```
idx = np.ix_([1,3],[0,2,3])
A[idx]
```

Out[65]:
```
array([[ 4,  6,  7],
       [12, 14, 15]])
```

효율적으로 행렬의 부분집합을 구하기 위한 또 다른 방법으로 슬라이스를 사용하는 방법이 있다. 슬라이스 `1:4:2`는 시퀀스의 두 번째와 네 번째 항목을 추출하고, 슬라이스 `0:3:2`는 첫 번째와 세 번째 항목을 추출한다(슬라이스 시퀀스의 세 번째 원소는 간격의 크기다).

In[66]:
```
A[1:4:2,0:3:2]
```

Out[66]:
```
array([[ 4,  6],
       [12, 14]])
```

슬라이스를 사용하면 부분행렬을 직접 추출할 수 있는데, 리스트를 사용하면 안 되는 까닭은? 파이썬 타입이 달라 `numpy`에서는 다르게 처리되기 때문이다. 슬라이스는 문자열, 리스트, 튜플과 같은 임의의 시퀀스에서 객체를 추출할 때 사용하는 반면, 리스트를 인덱싱할 때는 제한이 더 많다.

논리값 인덱싱

`numpy`에서 불(Boolean) 타입은 `True` 또는 `False` 값을 가진다(각각 1과 0으로 표현하기도 한다). 다음 코드는 `A`의 첫 번째 차원과 길이가 동일한 0으로 된 벡터를 생성하는데, 논리값(Boolean)으로 표현된다.

In[67]:
```
keep_rows = np.zeros(A.shape[0], bool)
keep_rows
```

Out[67]:
```
array([False, False, False, False])
```

이제 원소 2개를 `True`로 설정한다.

In[68]:
```
keep_rows[[1,3]] = True
keep_rows
```

Out[68]:
```
array([False, True, False, True])
```

keep_rows의 원소가 정수일 때는 np.array([0,1,0,1])의 값과 같다는 점에 주의한다. 다음에서 ==를 사용해 원소의 값이 동등한지 검증한다. == 연산을 두 배열에 적용하면 원소별로 적용된다.

```
In[69]:  np.all(keep_rows == np.array([0,1,0,1]))
```

```
Out[69]: True
```

여기서 np.all()은 배열의 모든 항목이 True인지 확인하는 함수다. 비슷한 함수인 np.any() 역시 배열의 어떤 항목이라도 True가 있는지 확인하는 데 사용한다.

하지만 np.array([0,1,0,1])과 keep_rows가 ==에 의해 동등하다고 해도, 둘이 인덱싱하는 것은 다른 행들로 이루어진 집합이다. 전자는 A의 첫 번째, 두 번째, 첫 번째, 두 번째 행을 뽑아낸다.

```
In[70]:  A[np.array([0,1,0,1])]
```

```
Out[70]: array([[0, 1, 2, 3],
                [4, 5, 6, 7],
                [0, 1, 2, 3],
                [4, 5, 6, 7]])
```

대조적으로 keep_rows는 논리값(Boolean)이 TRUE인 행, 즉 A의 두 번째와 네 번째 행만 뽑아낸다.

```
In[71]:  A[keep_rows]
```

```
Out[71]: array([[ 4,  5,  6,  7],
                [12, 13, 14, 15]])
```

이 예제는 numpy가 논리값(Booleans)과 정수를 다르게 처리한다는 사실을 보여준다.

다시 한번 np.ix_() 함수를 사용해 두 번째, 네 번째 행과 첫 번째, 세 번째, 네 번째 열을 담고 있는 메시(mesh)를 생성한다. 이번에는 리스트 대신 논리값(Booleans)을 함수에 적용한다.

```
In[72]:  keep_cols = np.zeros(A.shape[1], bool)
         keep_cols[[0, 2, 3]] = True
```

```
idx_bool = np.ix_(keep_rows, keep_cols)
A[idx_bool]
```

Out[72]:
```
array([[ 4,  6,  7],
       [12, 14, 15]])
```

np.ix_()의 인자로 리스트와 논리값(Booleans) 배열을 섞어 사용할 수도 있다.

In[73]:
```
idx_mixed = np.ix_([1,3], keep_cols)
A[idx_mixed]
```

Out[73]:
```
array([[ 4,  6,  7],
       [12, 14, 15]])
```

numpy의 인덱싱에 관한 더 자세한 내용은 앞서 언급한 numpy 튜토리얼을 참고한다.

2.3.7 데이터 로딩

데이터 세트는 다양한 유형의 데이터를 포함하는 경우가 많은데, 행이나 열과 연관된 이름들이 있을 수 있다. 이러한 이유로 일반적으로 데이터프레임(data frame)을 사용하는 것이 가장 적절하다. 데이터프레임은 길이가 동일한 배열의 시퀀스로 생각할 수 있다. 각각의 배열은 열에 해당한다. 서로 다른 배열의 항목들을 묶어서 행을 만든다. pandas 라이브러리를 사용하면 데이터프레임 객체를 생성하고 작업할 수 있다.

데이터 세트 읽기

대다수 데이터 분석의 첫 번째 단계는 데이터 세트를 파이썬으로 불러오는 작업이다. 데이터 세트 로딩을 시도하기 전에 파이썬에게 파일이 포함된 위치를 찾도록 알려 주어야 한다. 파일이 notebook 파일과 같은 위치에 있다면 준비가 되었다. 그렇지 않다면, os.chdir() 명령을 사용해 '디렉토리를 변경'할 수 있다(os.chdir()를 호출하기 전에 import os를 호출해야 한다).

Auto.csv를 읽어 오는 것으로 시작하자. 이 파일은 이 책의 웹사이트에 있으며 쉼표로 구분되어 있다. pd.read_csv()를 사용해 읽는다.

```
In[74]:  import pandas as pd
         Auto = pd.read_csv('Auto.csv')
         Auto
```

책 웹사이트에는 이 데이터를 공백으로 구분한 버전인 Auto.data도 있다. 다음과 같이 읽어 들일 수 있다.

```
In[75]:  Auto = pd.read_csv('Auto.data', delim_whitespace=True)
```

Auto.csv와 Auto.data는 그냥 텍스트 파일이다. 파이썬으로 데이터를 로딩하기 전에 텍스트 편집기나 Microsoft Excel과 같은 다른 소프트웨어를 사용해 내용을 열어 보는 것도 좋은 생각이다.

이제 Auto에서 horsepower 변수에 대응되는 열을 살펴본다.

```
In[76]:  Auto['horsepower']
```

```
Out[76]: 0      130.0
         1      165.0
         2      150.0
         3      150.0
         4      140.0
         ...
         392    86.00
         393    52.00
         394    84.00
         395    79.00
         396    82.00
         Name: horsepower, Length: 397, dtype: object
```

앞서 보았듯이 이 열의 dtype은 object이다. 그런데 실은 데이터를 읽으면서 horsepower 열의 모든 값은 문자열로 해석된다. 고유한 값들의 목록을 살펴보면 그 이유를 알 수 있다.

```
In[77]:  np.unique(Auto['horsepower'])
```

지면을 절약하기 위해 앞 셀의 출력은 생략했다. 출력을 보면 결측값을 코딩하기 위해 사용된 값 ? 때문에 문제가 생겼다는 것을 알 수 있다.

이 문제를 고치려면 pd.read_csv()에 na_values라는 인자를 넣어 주어야 한다.

이제 파일의 모든 ? 인스턴스는 np.nan으로 대체된다. 이것은 not a number, 즉 숫자가 아니라는 뜻이다.

```
In[78]:  Auto = pd.read_csv('Auto.data',
                          na_values=['?'],
                          delim_whitespace=True)
         Auto['horsepower'].sum()
```

```
Out[78]: 40952.0
```

Auto.shape 속성은 데이터에 397개의 관측(또는 행)과 9개의 변수(또는 열)가 있음을 알려 준다.

```
In[79]:  Auto.shape
```

```
Out[79]: (397, 9)
```

다양한 방법으로 결측 데이터(missing data)를 다룰 수 있다. 이 예에서는 결측된 관측이 5행밖에 없으므로 Auto.dropna() 메소드를 사용해 이 행들을 제거한다.

```
In[80]:  Auto_new = Auto.dropna()
         Auto_new.shape
```

```
Out[80]: (392, 9)
```

행과 열 선택하기 기초

Auto.columns를 사용하면 변수 이름을 확인할 수 있다.

```
In[81]:  Auto = Auto_new # 이전 값을 덮어씀
         Auto.columns
```

```
Out[81]: Index(['mpg', 'cylinders', 'displacement', 'horsepower',
                'weight', 'acceleration', 'year', 'origin', 'name'],
                dtype='object')
```

데이터프레임의 행과 열에 접근하는 방식은 배열의 행과 열에 접근하는 것과 유사하지만 동일하지는 않다. 배열에서 [] 메소드의 첫 번째 인자는 항상 배열의 행에

적용된다는 점을 상기하자. 마찬가지로 슬라이스를 [] 메소드에 넘겨 주면 슬라이스에 의해 '행'이 결정된 데이터프레임이 생성된다.

In[82]:
```
Auto[:3]
```

Out[82]:
```
    mpg  cylinders  displacement  horsepower  weight  ...
0  18.0          8         307.0       130.0  3504.0  ...
1  15.0          8         350.0       165.0  3693.0  ...
2  18.0          8         318.0       150.0  3436.0  ...
```

비슷하게 논리값(Boolean) 배열을 사용하면 행의 부분집합을 얻을 수 있다.

In[83]:
```
idx_80 = Auto['year'] > 80
Auto[idx_80]
```

하지만 문자열 리스트를 [] 메소드에 전달하면 그 문자열에 대응하는 '열' 집합으로 구성된 데이터프레임을 얻게 된다.

In[84]:
```
Auto[['mpg', 'horsepower']]
```

Out[84]:
```
           mpg   horsepower
0         18.0   130.0
1         15.0   165.0
2         18.0   150.0
3         16.0   150.0
4         17.0   140.0
...       ...    ...
392       27.0   86.0
393       44.0   52.0
394       32.0   84.0
395       28.0   79.0
396       31.0   82.0
392 rows x 2 columns
```

데이터프레임은 로딩할 때 '인덱스' 열을 지정하지 않기 때문에 행에는 0부터 396까지 정수로 된 레이블이 붙는다.

In[85]:
```
Auto.index
```

Out[85]:
```
Int64Index([  0,   1,   2,   3,   4,   5,   6,   7,   8,   9,
            ...
            387, 388, 389, 390, 391, 392, 393, 394, 395, 396],
           dtype='int64', length=392)
```

set_index() 메소드를 사용하면 Auto['name']의 내용을 이용해 행의 이름을 다시 붙일 수 있다.

In[86]:
```
Auto_re = Auto.set_index('name')
Auto_re
```

Out[86]:
```
                            mpg  cylinders  displacement  ...
                     name
chevrolet chevelle Malibu  18.0          8         307.0  ...
        buick skylark 32  15.0          8         350.0  ...
       plymouth satellite  18.0          8         318.0  ...
           amc rebel sst  16.0          8         304.0  ...
```

In[87]:
```
Auto_re.columns
```

Out[87]:
```
Index(['mpg', 'cylinders', 'displacement', 'horsepower',
       'weight', 'acceleration', 'year', 'origin'],
      dtype='object')
```

이제 열 'name'은 더 이상 존재하지 않는다.

인덱스가 name으로 설정되었으므로 데이터프레임의 행에 name으로 접근할 수 있다. Auto의 loc[] 메소드를 사용하면 된다.

In[88]:
```
rows = ['amc rebel sst', 'ford torino']
Auto_re.loc[rows]
```

Out[88]:
```
                mpg  cylinders  displacement  horsepower  ...
         name
amc rebel sst  16.0          8         304.0       150.0  ...
  ford torino  17.0          8         302.0       140.0  ...
```

인덱스 이름 대신에 Auto의 4, 5번째 행을 추출하려면 iloc[] 메소드를 사용하면 된다.

In[89]:
```
Auto_re.iloc[[3,4]]
```

또 이 메소드로 Auto_re의 1, 3, 4번째 열을 추출할 수도 있다.

```
In[90]:  Auto_re.iloc[:,[0,2,3]]
```

그리고 iloc[]를 단 한 번 호출해서 4, 5번째 행, 1, 3, 4번째 열을 추출할 수도 있다.

```
In[91]:  Auto_re.iloc[[3,4],[0,2,3]]
```

```
Out[91]:
                 mpg  displacement  horsepower
         name
amc rebel sst   16.0         304.0       150.0
  ford torino   17.0         302.0       140.0
```

인덱스 항목이 고유할 필요는 없다. 이 데이터프레임에는 ford galaxie 500이라는 이름의 차량이 여러 대 있다.

```
In[92]:  Auto_re.loc['ford galaxie 500', ['mpg', 'origin']]
```

```
Out[92]:
                    mpg  origin
            name
ford galaxie 500   15.0       1
ford galaxie 500   14.0       1
ford galaxie 500   14.0       1
```

행과 열 선택에 대한 추가 설명

weight와 origin으로 구성되어 있고 year가 80보다 큰 차, 즉 1980년 이후에 생산된 차들의 부분집합을 뽑는 데이터프레임을 만든다고 가정하자. 먼저 행을 인덱싱하는 논리값(Boolean) 배열을 생성한다. loc[] 메소드는 문자열뿐만 아니라 논리값을 넣는 것도 허용한다.

```
In[93]:  idx_80 = Auto_re['year'] > 80
         Auto_re.loc[idx_80, ['weight', 'origin']]
```

더 간결하게 하려면 lambda라고 하는 익명함수를 사용하면 된다.

```
In[94]:  Auto_re.loc[lambda df: df['year'] > 80, ['weight', 'origin']]
```

이 lambda 호출은 함수를 생성하는데, 이 함수는 하나의 인자(여기서는 df)를 받아서 df['year'] > 80을 반환한다. 이 함수는 Auto_re 데이터프레임의 loc[] 메소드 내부에서 생성되어 데이터프레임의 인자로 제공된다. lambda를 사용하는 또 다른 예로 1980년 이후에 제작된 차에서 갤런당 30마일 이상에 도달한 차를 모두 뽑는 경우를 생각해 보자.

In[95]:
```
Auto_re.loc[lambda df: (df['year'] > 80) & (df['mpg'] > 30),
            ['weight', 'origin']
           ]
```

기호 &는 원소별로 '논리곱'(and) 연산을 해준다. 또 다른 예로 displacement가 300 미만인 Ford와 Datsun 차를 모두 뽑는 경우를 생각해 보자. 각각의 name 항목이 문자열 ford나 Datsun을 포함하는지는 확인해야 한다. 데이터프레임 index 속성에서 str.contains() 메소드를 사용하면 된다.

In[96]:
```
Auto_re.loc[lambda df: (df['displacement'] < 300)
                       & (df.index.str.contains('ford')
                       | df.index.str.contains('datsun')),
           ['weight', 'origin']
          ]
```

여기서, 기호 |는 원소별로 '논리합'(or) 연산을 해준다.

요약하면 데이터프레임의 행과 열을 인덱싱하는 강력한 연산 모음이 있다. 정수 기반의 쿼리를 하려면 iloc[] 메소드를 사용한다. 문자열과 논리값으로 선택하려면 loc[] 메소드를 사용한다. 함수형 쿼리로 행을 필터링하려면 loc[] 메소드를 사용하고 행 인자에 함수(전형적으로 lambda)를 사용하면 된다.

2.3.8 for 루프

여러 프로그래밍 언어에서 for 루프는 표준적인 도구인데, 특정 코드 덩어리 내부에 있는 서로 다른 값들을 변화시키며 반복적으로 평가한다. 예를 들어 리스트의 원소를 순회하며 합을 계산하는 경우를 생각해 보자.

In[97]:
```
total = 0
for value in [3,2,19]:
    total += value
print('Total is: {0}'.format(total))
```

Out[97]:
```
Total is: 24
```

for 문이 있는 행 바로 아래에 들여쓰기한 코드는 for 문에서 지정한 시퀀스의 각 값을 실행한다. 루프는 셀이 끝나거나 코드가 원래 for 문 수준으로 들여쓰기될 때 종료된다. 마지막 행에서 보듯이 for 루프가 종료된 후에 총합을 출력한다. 추가적으로 들여쓰기하면 루프는 중첩될 수 있다.

In[98]:
```
total = 0
for value in [2,3,19]:
    for weight in [3, 2, 1]:
        total += value * weight
print('Total is: {0}'.format(total))
```

Out[98]:
```
Total is: 144
```

코드에서는 value와 weight 각 조합의 합을 계산했다. 또한 파이썬의 증가(increment) 표기법을 사용했다. a += b 식은 a = a + b와 동일하다. 이 표기법은 편리할뿐만 아니라, 중간값 a + b를 명시적으로 생성할 필요가 없어 계산이 많은 작업에서 시간을 절약할 수 있다.

아마도 더 흔한 작업은 (value, weight) 쌍의 합을 계산하는 일일 것이다. 예를 들어 가능한 값 2, 3, 19의 확률이 각각 0.2, 0.3, 0.5인 확률변수의 평균값을 계산하기 위해서는 가중합을 계산할 필요가 있다. 이런 작업은 튜플들의 시퀀스를 순회하는 zip() 함수를 사용해 수행하는 경우가 많다.

In[99]:
```
total = 0
for value, weight in zip([2,3,19],
                         [0.2,0.3,0.5]):
    total += weight * value
print('Weighted average is: {0}'.format(total))
```

Out[99]:
```
Weighted average is: 10.8
```

문자열 서식

앞의 코드에서 합계를 보여 주는 문자열을 출력했다. 하지만 total 객체는 정수이지 문자열은 아니다. 문자열 안에 무언가 값을 삽입하는 일은 흔한데, 파이썬의 강력한 문자열 서식 도구를 사용하면 간단하다. 많은 데이터 정제 작업이 문자열을 조작하고 프로그램을 짜서 규칙적으로 만들어 내는 과정을 수반한다.

예를 들어 데이터프레임의 열을 순회하며 각 열의 결측 비율을 출력하려고 한다. 20%의 항목이 결측된(np.nan으로 설정됨) 열로 이루어진 데이터프레임 D를 생성해 보자. D의 값들은 평균이 0이고 분산이 1인 정규분포로부터 생성한다. rng.standard_normal()을 사용하면 된다. 그런 다음 랜덤하게 일부 항목을 rng.choice()를 사용해 덮어쓴다.

In[100]:
```
rng = np.random.default_rng(1)
A = rng.standard_normal((127, 5))
M = rng.choice([0, np.nan], p=[0.8,0.2], size=A.shape)
A += M
D = pd.DataFrame(A, columns=['food',
                             'bar',
                             'pickle',
                             'snack',
                             'popcorn'])
D[:3]
```

Out[100]:
```
       food       bar    pickle     snack   popcorn
0  0.345584  0.821618  0.330437 -1.303157       NaN
1       NaN -0.536953  0.581118  0.364572  0.294132
2       NaN  0.546713       NaN -0.162910 -0.482119
```

In[101]:
```
for col in D.columns:
  template = 'Column "{0}" has {1:.2%} missing values'
  print(template.format(col,
   np.isnan(D[col]).mean()))
```

Out[101]:
```
Column "food" has 16.54% missing values
Column "bar" has 25.98% missing values
Column "pickle" has 29.13% missing values
Column "snack" has 21.26% missing values
Column "popcorn" has 22.83% missing values
```

여기서 template.format() 메소드는 {0}과 {1: .2%} 두 개의 인자를 기대하며, 후자에는 어떤 서식 정보가 들어 있다. 특히 두 번째 인자는 소수점 이하 두 자리의 퍼센트로 표현되어야 함을 지정하고 있다.

참고 자료 웹사이트 *https://docs.python.org/3/library/string.html*에는 유용하고 더 복잡한 예제가 많이 있다.

2.3.9 추가적인 그래픽과 수치 요약

ax.plot() 또는 ax.scatter() 함수를 사용해 양적 변수를 보여 줄 수 있다. 그러나 그냥 변수 이름만 입력하면 오류 메시지가 나타나는데, 파이썬이 해당 변수들을 Auto 데이터 세트에서 찾아야 한다는 것을 알지 못하기 때문이다.

In[102]:
```
fig, ax = subplots(figsize=(8, 8))
ax.plot(horsepower, mpg, 'o');
```

Out[102]:
```
NameError: name 'horsepower' is not defined
```

이 문제를 해결하기 위해서는 열에 직접 접근하면 된다.

In[103]:
```
fig, ax = subplots(figsize=(8, 8))
ax.plot(Auto['horsepower'], Auto['mpg'], 'o');
```

다른 방법으로 Auto.plot()을 호출해도 plot() 메소드를 사용할 수 있다. 이 메소드를 사용하면 변수들을 이름으로 접근할 수 있다. 데이터프레임의 plot 메소드는 친숙한 객체인 축(axes)을 반환한다. 이 메소드를 사용하면 앞서 했던 것처럼 그래프를 업데이트할 수 있다.

In[104]:
```
ax = Auto.plot.scatter('horsepower', 'mpg')
ax.set_title('Horsepower vs. MPG');
```

주어진 축에 해당하는 그림을 저장하고 싶다면 관련 그림을 찾은 다음 figure의 속성으로 접근하면 된다.

In[105]:
```
fig = ax.figure
fig.savefig('horsepower_mpg.png');
```

더 나아가 데이터프레임의 그래프를 특정 축 객체에 그리도록 지시할 수 있다. 이 경우 해당 plot() 메소드는 인자로 넘겨준 대로 축을 변형해 반환한다.[10] 1차원 격자 그래프를 요청하면 axes 객체도 마찬가지로 1차원이 된다는 점에 유의한다. 한 행이 3개의 그래프로 이루어진 그림에서 가운데 그래프에 산점도를 배치한다.

10 (옮긴이) 설명에는 plot()으로 되어 있지만 실제 코드에는 subplot()을 사용하고 있다. nolcs = 3을 인자로 주고 있는데, 이것으로 1행 3열의 격자 그래프를 그릴 수 있다.

```
In[106]: fig, axes = subplots(ncols=3, figsize=(15, 5))
         Auto.plot.scatter('horsepower', 'mpg', ax=axes[1]);
```

데이터프레임의 열을 속성으로도 접근할 수 있다는 점에 유의한다. Auto.horsepower라고 입력한다.

이제 cylinders 변수를 살펴보자. Auto.cylinders.dtype을 입력하면 양적 변수로 처리하고 있음이 드러난다. 하지만 이 변수는 가능한 값의 개수가 적기 때문에 질적 변수로 처리할 수도 있다. 다음과 같이 cylinders 열을 Auto.cylinders의 범주형 버전으로 바꾼다. pd.Series() 함수는 pandas가 시계열 응용 프로그램에서 자주 사용하기 때문에 그렇게 이름이 지어졌다.

```
In[107]: Auto.cylinders = pd.Series(Auto.cylinders, dtype='category')
         Auto.cylinders.dtype
```

cylinders가 이제 질적 변수이기 때문에 boxplot() 메소드를 사용해 상자그림(boxplot)을 그릴 수 있다.

```
In[108]: fig, ax = subplots(figsize=(8, 8))
         Auto.boxplot('mpg', by='cylinders', ax=ax);
```

hist() 메소드를 이용하면 히스토그램(histogram)을 그릴 수 있다.

```
In[109]: fig, ax = subplots(figsize=(8, 8))
         Auto.hist('mpg', ax=ax);
```

막대의 색깔과 구간의 개수도 바꿀 수 있다.

```
In[110]: fig, ax = subplots(figsize=(8, 8))
         Auto.hist('mpg', color='red', bins=12, ax=ax);
```

Auto.hist?를 보면 더 자세한 그래프 옵션을 볼 수 있다.

pd.plotting.scatter_matrix() 함수를 사용해 산점도행렬(scatterplot matrix)을 만들면, 데이터프레임에 있는 모든 열 사이의 쌍별 관계를 시각화할 수 있다.

```
In[111]: pd.plotting.scatter_matrix(Auto);
```

변수의 부분집합에 대한 산점도도 생성할 수 있다.

In[112]:
```
pd.plotting.scatter_matrix(Auto[['mpg',
                                 'displacement',
                                 'weight']]);
```

describe() 메소드로 데이터프레임에 있는 각 열의 수치 요약을 만들 수 있다.

In[113]:
```
Auto[['mpg', 'weight']].describe()
```

단일 열에 대한 요약만 만들 수도 있다.

In[114]:
```
Auto['cylinders'].describe()
Auto['mpg'].describe()
```

Jupyter를 종료하려면 File / Close and Halt를 선택한다.

2.4 연습문제

개념

1. 다음 (a)에서 (d)까지 각각에 대해 일반적으로 유연한 통계적 학습 방법이 유연하지 않은 방법에 비해 성능이 좋은지 나쁜지 밝히고 그렇게 답한 이유를 설명하라.

   a) 표본 크기 n은 극단적으로 크고 예측변수의 개수 p는 작다.
   b) 예측변수의 개수 p는 극단적으로 크고 관측 개수 n은 작다.
   c) 예측변수와 반응변수 사이의 관계에서 비선형성이 매우 높다.
   d) 오차항의 분산, 즉 $\sigma^2 = \text{Var}(\epsilon)$이 매우 크다.

2. 다음 각 시나리오가 분류 문제인지 회귀 문제인지 설명하고 가장 관심 있는 것이 추론인지 예측인지 명시하라. 그리고 n과 p도 제시하라.

   a) 미국 내 상위 500대 기업의 데이터 세트를 수집한다. 기업별로 수익, 직원 수, 업종, CEO 연봉을 기록한다. 우리가 관심 있는 것은 CEO 연봉에 영향을 주는 요인이다.

b) 신제품 출시를 고려하고 있다. 이 제품이 성공할지 실패할지 알고 싶다. 이미 출시된 20개의 유사 제품에 대한 데이터를 수집한다. 제품에 대해 '성공' 또는 '실패' 여부, 제품 가격, 마케팅 비용, 경쟁 가격, 그리고 기타 10개의 변수를 각각 기록했다.

c) 우리는 USD/Euro 환율의 백분율 변화를 세계 주식 시장의 주가 변화와 관계 지어서 예측하는 데 관심이 있다. 이런 이유로 2012년 전체의 주간 데이터를 수집한다. 매주 USD/Euro의 백분율(%) 변화, 미국 시장에서 백분율(%) 변화, 영국 시장에서 백분율(%) 변화, 독일 시장에서 백분율(%) 변화를 기록한다.

3. 이번에는 편향-분산 분해를 다시 살펴보자.

a) 유연하지 못한 통계적 학습 방법에서 더 유연한 접근법으로 가면서, 편향(제곱), 분산, 훈련 오차, 테스트 오차, 베이즈 (또는 축소불가능) 오차 곡선의 개형을 하나의 그래프에 그려 보자. x축은 방법의 유연성 정도를, y축은 각 곡선의 값을 나타낸다. 다섯 개의 곡선을 그려야 한다. 각 곡선이 무엇인지 표시를 반드시 붙인다.

b) 왜 다섯 가지 곡선이 (a) 그래프에 그린 것과 같은 모양이 되었는지 설명하라.

4. 이제 통계적 학습의 현실 속 응용을 생각해 보자.

a) 현실 속 응용으로 '분류'가 유용하다고 생각하는 세 가지 사례를 설명해 보라. 반응변수와 함께 예측변수에 대해서도 서술한다. 각 응용 사례의 목표가 추론인가 예측인가? 왜 그렇게 생각하는지 설명한다.

b) 현실 속 응용으로 '회귀'가 유용할 것이라고 생각되는 세 가지 사례를 설명해 보라. 반응변수와 함께 예측변수에 대해서도 서술한다. 각 응용 사례의 목표가 추론인가 예측인가? 왜 그렇게 생각하는지 설명한다.

c) 현실 속 응용으로 '군집분석'이 유용할 것이라고 생각되는 세 가지 사례를 설명해 보라.

5. 회귀와 분류를 위해서 아주 유연한 접근법을 사용할 때 (덜 유연한 경우와 비교해) 장점과 단점은 무엇인가? 어떤 환경에서 더 유연한 접근법이 덜 유연한 접근법에 비해 좋을까? 덜 유연한 접근법이 더 좋을 때는 언제인가?

6. 통계적 학습에서 모수적 접근법과 비모수적 접근법의 차이를 설명하라. 모수적 접근법을 회귀 또는 분류에 사용할 때 (비모수적 접근법과 반대되는 측면에서) 장점은 무엇인가? 단점은 무엇인가?

7. 아래 표에 제시된 훈련 데이터 세트는 6개의 관측, 3개의 예측변수, 1개의 질적 반응변수를 포함하고 있다.

Obs.	X_1	X_2	X_3	Y
1	0	3	0	Red
2	2	0	0	Red
3	0	1	3	Red
4	0	1	2	Green
5	−1	0	1	Green
6	1	1	1	Red

이 데이터 세트를 이용해 $X_1 = X_2 = X_3 = 0$일 때 Y를 예측하길 원한다. K-최근접이웃을 이용하자.

a) 각 관측과 $X_1 = X_2 = X_3 = 0$인 점 사이의 유클리드 거리를 계산한다.
b) $K = 1$일 때 예측은? 이유는?
c) $K = 3$일 때 예측은? 이유는?
d) 이 문제에서 베이즈 결정경계가 매우 비선형적이면 예상되는 '가장 좋은' K 값은 커야 할까 작아야 할까? 이유는 무엇인가?

응용

8. 이번 연습문제는 `College` 데이터 세트와 관련된다. 책의 웹사이트에서 College.csv 파일을 받을 수 있다. 이 데이터는 미국 내 777개 대학에 대한 변수를 담고 있다. 변수는 다음과 같다.

- `Private`: 공립/사립 구분
- `Apps`: 지원서 접수 건수
- `Accept`: 합격자 수
- `Enroll`: 등록 학생 수
- `Top10perc`: 고등학교 상위 10%의 신입생
- `Top25perc`: 고등학교 상위 25%의 신입생
- `F.Undergrad`: 전일제 학부생 수
- `P.Undergrad`: 시간제 학부생 수
- `Outstate`: 다른 주 출신 학생의 학비
- `Room.Board` : 숙식 비용
- `Books`: 도서 비용 추정액
- `Personal`: 개인 지출 추정액
- `PhD`: 박사 학위 보유 교수진 비율
- `Terminal`: 최종 학위 보유 교수진 비율
- `S.F.Ratio`: 학생/교수진 비율
- `perc.alumni`: 졸업생 기부자 비율
- `Expend`: 학생당 교육비 지출
- `Grad.Rate`: 졸업률

데이터를 파이썬으로 읽어 들이기 전에 Excel이나 텍스트 편집기에서 열어 볼 수 있다.

a) `pd.read_csv()` 함수를 이용해 데이터를 파이썬으로 읽어 들인다. 불러들인 데이터를 'college'라고 이름 붙이자. 디렉토리를 데이터가 있는 곳으로 제대로 지정했는지 확인한다.

b) notebook에서 데이터를 살펴보자. 새로운 셀을 만들고 `college`라고 코드를 입력한 후 실행하면 된다. 첫 번째 열은 각 대학의 이름인데, 열 이름으로 `Unnamed: 0`이 붙어 있다. 우리는 `pandas`가 이 열을 실제 데이터로 취급하길 원하지 않는다. 하지만 나중을 위해서 이 대학명 데이터를 갖고 있으면 유용하다. 다음 명령어를 실행해 보고, 마찬가지로 결과로 나오는 데이터프레임들을 살펴보자.

```
college2 = pd.read_csv('College.csv', index_col=0)
college3 = college.rename({'Unnamed: 0': 'College'}, axis=1)
college3 = college3.set_index('College')
```

코드에서는 파일의 첫 번째 열을 데이터프레임의 인덱스로 사용한다. 이는 pandas가 각 행의 이름으로 해당 대학의 이름을 사용하겠다는 뜻이다. 이제 첫 번째 데이터 열은 Private이 된다. 학교 이름은 표 왼편에 나타난다. 또 이 코드에서는 사전(dictionary)이라는 파이썬 객체가 새롭게 등장하는데, 사전은 (key, value) 쌍으로 명세되는 객체다. 데이터를 변형된 버전으로 계속 사용하기 위해 다음 명령어를 실행해 보자.

```
college = college3
```

c) college에서 describe() 메소드를 이용해 데이터 세트 변수들의 수치 요약을 만들어 보자.

d) pd.plotting.scatter_matrix() 함수를 이용해 세 열 [Top10perc, Apps, Enroll]의 산점도행렬을 그려 보자. 데이터프레임 A에서 열들의 리스트 C를 참조하기 위해 A[C]를 사용할 수 있다.

e) boxplot() 메소드를 이용해 college의 Outstate와 Private의 상자그림을 좌우로 나란히 그려라.

f) 새로운 질적 변수 Elite를 만들어 보자. Top10perc 변수의 구간을 둘로 나누자. 고등학교 학급 상위 10%인 학생의 비율이 50%를 초과하는지 아닌지를 기준으로 나누면 된다.

```
college['Elite'] = pd.cut(college['Top10perc']/100,
                          [0,0.5,1],
                          labels=['No', 'Yes'])
```

college['Elite']의 value_counts() 메소드를 이용해 엘리트 대학이 몇 개나 되는지 살펴본다. 마지막으로 boxplot() 메소드를 다시 한번 사용해서 Outstate와 Elite의 상자그림을 좌우로 나란히 그려 보자.

g) plot.hist() 메소드를 이용해 college의 히스토그램을 그려 보자. 양적 변수 몇 개를 구간의 수를 달리하며 히스토그램을 그려 보자. plt.subplots(2, 2) 명령어를 사용하면, 그래프 창을 4개의 영역으로 나누기 때문에 그래프

4개를 동시에 그릴 수 있다. 인자를 바꾸면 다른 조합으로 화면을 나눌 수 있다.

h) 데이터 탐색을 계속하고 발견한 것에 대한 짧은 요약을 제시해 보자.

9. 이번 연습문제는 실습에서 보았던 `Auto` 데이터 세트와 관련된다. 데이터에서 결측값을 제거했는지 확인하자.

   a) 어떤 예측변수가 양적 변수이고 어떤 변수가 질적 변수인가?
   b) 각 양적 변수의 범위(range)를 구하라. 범위를 구하는 데 `numpy`의 `min()`과 `max()` 메소드를 사용할 수 있다.
   c) 각 양적 변수의 평균과 표준편차를 구하라.
   d) 이번에는 10번째와 85번째 관측을 제거한다. 남아 있는 부분집합 데이터에서 각 예측변수의 범위, 평균, 표준편차를 구해 보자.
   e) 전체 데이터 세트를 대상으로 예측변수들을 그래픽으로 살펴보자. 이때 산점도를 사용하거나 여러분이 원하는 다른 도구를 사용할 수 있다. 예측변수 사이의 관계를 잘 드러내는 그래프를 만들어 본다. 무엇을 발견했는지 자신의 생각을 밝혀라.
   f) 우리는 다른 변수들에 기반해 연비(`mpg`)를 예측하려고 한다. 자신이 그린 그래프에서 어떤 변수가 `mpg`를 예측하는 데 유용하다고 생각하는가? 왜 그렇게 생각하는지 설명하라.

10. 이번 연습문제는 `Boston` 주택 데이터 세트와 관련된다.

   a) 우선 `Boston` 데이터 세트를 읽어 들이자. 이것은 `ISLP` 라이브러리의 일부로 제공된다. 다음 코드를 이용한다.[11]

```
from ISLP import load_data
Boston = load_data('Boston')
```

11 (옮긴이) 코드는 역자가 추가한 것이다. 원서에서는 이 코드를 여기에서 제공하지 않고 나중에 3장의 실습에서 설명한다. `Boston` 데이터 세트에 관한 설명은 다음 웹페이지에서 찾아볼 수 있다. *https://islp.readthedocs.io/en/latest/datasets/Boston.html*

b) 데이터 세트에 들어 있는 행과 열의 개수는 각각 얼마인가? 행과 열이 나타내는 것은 각각 무엇인가?

c) 이 데이터 세트에 들어 있는 예측변수(열)를 둘씩 짝지어 산점도를 만들어 본다. 살펴본 결과를 설명하라.

d) 예측변수 중에 1인당 범죄율과 연관성을 보이는 변수가 있는가? 있다면 어떤 관계인지 설명하라.

e) 보스턴 교외 지역 중 특별히 범죄율이 높게 나타나는 곳이 있는가? 세율은? 학생-교사 비율은? 각 예측변수의 범위에 대한 견해를 제시하라.

f) 이 데이터 세트의 교외 지역 중 찰스 강에 붙어 있는 곳은 몇 개인가?

g) 이 데이터 세트에서 학생-교사 비율의 중앙값은?

h) 보스턴 교외 지역들 중 소유주 거주 주택 가격의 중앙값(medv)이 가장 낮은 곳은? 그 지역의 다른 예측변수들의 값은 무엇인가? 이 값들을 각 예측변수의 전체 범위와 비교하면 어떠한가? 알아낸 결과에 대한 견해를 제시하라.

i) 이 데이터 세트에서 주택당 방의 개수가 평균 7개를 초과하는 지역의 수는? 주택당 방의 개수가 8개를 초과하는 경우는? 주택당 방의 개수가 평균 8개를 초과하는 지역에 대한 견해를 제시하라.

3장

An Introduction to Statistical Learning

선형회귀

이번 장에서는 선형회귀(linear regression)를 다룬다. 선형회귀는 매우 단순한 지도학습 방법으로, 특히 양적 반응(quantitative response)을 예측하는 데 유용한 도구다. 선형회귀는 오래전부터 존재했으며, 수많은 교과서의 주제이기도 하다. 선형회귀는 이후 장에서 설명할 현대의 통계적 학습에 비하면 다소 따분할 수 있지만 여전히 유용하고 널리 사용되는 통계적 학습 방법이다. 게다가 선형회귀는 새로운 접근법을 위한 좋은 발판이 된다. 이후 장에서 보겠지만 많은 화려한 통계적 학습 접근법은 선형회귀의 일반화나 확장으로 볼 수 있다. 따라서 복잡한 다른 학습 방법을 공부하기 전에 선형회귀를 잘 이해하는 것이 무엇보다 중요하다. 이번 장에서는 선형회귀모형에 깔려 있는 핵심 아이디어와 이 모형을 적합할 때 가장 일반적으로 사용하는 최소제곱 접근법을 살펴본다.

2장의 광고(`Advertising`) 데이터를 다시 살펴보자. [그림 2.1]은 특정 제품의 `sales`(판매량, 단위: 1,000개)를, `TV`, `radio`, `newspaper` 매체의 광고 예산(단위: $1,000)의 함수로 보여 준다. 우리가 통계 컨설턴트라고 가정하고 이 데이터를 바탕으로 제품의 판매량을 늘리기 위한 내년도 마케팅 계획을 제안해 보자. 어떤 정보가 마케팅 계획을 제안하는 데 유용할까? 다음과 같은 몇 가지 중요한 질문들을 검토할 필요가 있다.

1. 광고 예산과 판매량 사이에 관계가 있을까?
   첫 번째 목표는 데이터가 광고 지출과 판매량 사이에 연관성이 있다는 증거를 제공하는지 확인하는 일이다. 증거가 약하다면 광고에 돈을 쓰지 말아야 한다고 주장할 수 있을 것이다.

2. 광고 예산과 판매량 사이의 관계는 얼마나 강할까?
   광고와 판매량 사이에 관계가 있다고 가정하면 관계의 강도에 관심이 생길 것이다. 광고 예산 정보가 제품 판매량에 대해 많은 정보를 제공하는가?

3. 어떤 매체가 판매량과 관련되어 있을까?
   TV, 라디오, 신문 세 매체가 모두 판매량과 관련이 있을까? 아니면 그중 하나 또는 둘만 관련이 있을까? 이 질문에 답하기 위해서는 세 매체에 모두 돈을 썼을 때, 각각의 매체가 판매량에 미치는 영향을 알아야 한다.

4. 각각의 매체와 판매량 사이에는 얼마나 큰 연관성이 있을까?
   특정 매체 광고에 1달러를 더 쓸 때마다 판매량은 얼마나 늘어날까? 이 증가량을 얼마나 정확히 예측할 수 있을까?

5. 미래의 판매량을 얼마나 정확하게 예측할 수 있을까?
   TV, 라디오, 신문 광고의 수준이 주어졌을 때, 판매량에 대한 예측은 얼마이고 예측의 정확도는 어느 정도인가?

6. 선형 관계가 존재하는가?
   다양한 매체의 광고 지출과 판매량 사이의 관계가 거의 직선에 가깝다면, 선형회귀분석이 적절한 도구다. 직선에 가깝지 않더라도 예측변수나 반응변수를 변환해 선형회귀분석을 사용할 가능성이 있다.

7. 광고 매체 사이에 시너지 효과가 있을까?
   TV나 라디오 둘 중 하나에 100,000달러를 쓰기보다 TV 광고에 50,000달러, 라디오 광고에 50,000달러를 쓰는 게 아마도 판매량을 늘리는 효과가 있을 것이다. 마케팅에서는 이것을 시너지(synergy) 효과, 통계학에서는 상호작용(interaction) 효과라고 한다.

이런 각각의 질문에 답하는 데 선형회귀를 이용할 수 있다. 우선 이 모든 질문을 일반적인 상황에서 논의한 다음, 3.4절에서 바로 이 특정 예제의 맥락으로 돌아올 예정이다.

3.1 단순선형회귀

단순선형회귀는 이름처럼 매우 간단한 접근법으로 단일한 예측변수 X를 기반으로 양적 반응 Y를 예측하는 방법이다. 이 방법은 X와 Y 사이에 근사적으로 선형 관계가 있다고 가정한다. 수학적으로 이 선형 관계는 다음과 같이 쓸 수 있다.

$$Y \approx \beta_0 + \beta_1 X \tag{3.1}$$

여기서 '$\approx$'는 "**근사적으로 다음과 같은 모형이다**"라는 의미다. 식 (3.1)을 설명할 때 Y를 X에 대해(또는 Y를 X로) 회귀한다고 말할 것이다.[1] 예를 들어 X가 TV 광고, Y가 매출(sales)을 나타내면 모형을 적합해 sales를 TV 광고에 대해 회귀분석할 수 있다.

$$\texttt{sales} \approx \beta_0 + \beta_1 \times \texttt{TV}$$

식 (3.1)에서 β_0과 β_1은 미지의 상수로 선형모형에서 절편(intercept)과 기울기(slope) 항을 나타낸다. β_0과 β_1을 함께 모형 계수(coefficient)나 모수(parameter)라고도 한다. 훈련 데이터로 모형 계수의 추정값 $\hat{\beta}_0$과 $\hat{\beta}_1$을 얻으면 다음과 같은 계산을 이용해 TV 광고 변수의 특정 값에 기반한 미래의 판매량을 예측할 수 있다.

$$\hat{y} = \hat{\beta}_0 + \hat{\beta}_1 x \tag{3.2}$$

여기서 $\hat{y}$은 $X = x$일 때 Y의 예측값이다. 모자(hat) 기호 ^은 미지의 모수 또는 계수의 추정값을 표시하거나 반응변수의 예측값을 표시할 때 사용한다.

3.1.1 계수 추정하기

실제로 β_0과 β_1은 미지의 값이다. 따라서 식 (3.1)을 사용해 예측하기 전에 데이터를 이용해 계수를 추정해야 한다. 다음과 같이 n개의 관측 쌍을 나타내기로 하자.

$$(x_1, y_1),\ (x_2, y_2), \ldots,\ (x_n, y_n)$$

각각의 쌍은 X의 측정값과 Y의 측정값으로 구성되어 있다. 광고(Advertising) 예제에서 이 데이터 세트는 $n = 200$개인 서로 다른 시장에서의 TV 광고 예산과 제품 판매량으로 구성되어 있다(데이터는 [그림 2.1]에 제시되어 있다).

1 (옮긴이) 원문에는 'regress Y on X(or Y onto X)'로 표현되어 있다.

우리의 목표는 계수 추정값 $\hat{\beta}_0$과 $\hat{\beta}_1$을 구해서 선형모형 (3.1)이 주어진 데이터에 잘 맞도록 하는 것이다. 즉, $i = 1, ..., n$에 대해 $y_i \approx \hat{\beta}_0 + \hat{\beta}_1 x_i$가 되도록 하는 것이다. 다시 말해 우리는 절편 $\hat{\beta}_0$과 기울기 $\hat{\beta}_1$을 찾아 결과로 얻은 직선이 최대한 $n = 200$개의 데이터 관측점과 가깝게 되기를 원한다. 이때 가까움(closeness)의 정도를 측정하는 방법은 여러 가지가 있지만, 가장 일반적인 접근법은 최소제곱(least squares) 기준을 최소화하는 것이다. 이번 장에서는 이 방법을 사용하며, 다른 대안 접근법들은 6장에서 살펴볼 예정이다.

이제 $\hat{y}_i = \hat{\beta}_0 + \hat{\beta}_1 x_i$를 X의 i번째 값을 기반으로 한 Y의 예측값이라고 하자. 그러면 $e_i = y_i - \hat{y}_i$은 i번째 잔차(residual)를 나타낸다. 잔차는 i번째 관측된 반응값과 선형모형으로 예측된 i번째 반응값의 차이다. 그리고 잔차제곱합(RSS, residual sum of squares)은 다음과 같이 정의한다.

$$\text{RSS} = e_1^2 + e_2^2 + \cdots + e_n^2$$

또는 다음과 같이 나타내도 값은 동일하다.

$$\text{RSS} = (y_1 - \hat{\beta}_0 - \hat{\beta}_1 x_1)^2 + (y_2 - \hat{\beta}_0 - \hat{\beta}_1 x_2)^2 + \cdots + (y_n - \hat{\beta}_0 - \hat{\beta}_1 x_n)^2 \quad (3.3)$$

최소제곱법은 RSS를 최소화하는 $\hat{\beta}_0$과 $\hat{\beta}_1$을 선택하는 방법이다. 미적분을 좀 사용하면 최소화하는 값이 다음과 같다는 것을 보일 수 있다.

$$\begin{aligned} \hat{\beta}_1 &= \frac{\sum_{i=1}^n (x_i - \bar{x})(y_i - \bar{y})}{\sum_{i=1}^n (x_i - \bar{x})^2} \\ \hat{\beta}_0 &= \bar{y} - \hat{\beta}_1 \bar{x} \end{aligned} \quad (3.4)$$

여기서 $\bar{y} \equiv \frac{1}{n}\sum_{i=1}^n y_i$와 $\bar{x} \equiv \frac{1}{n}\sum_{i=1}^n x_i$는 표본평균이다. 즉, 식 (3.4)는 단순선형회귀의 최소제곱 계수 추정값을 정의한다.

[그림 3.1]은 $\hat{\beta}_0 = 7.03$, $\hat{\beta}_1 = 0.0475$인 `Advertising` 데이터에 대한 단순선형회귀 적합을 보여 준다. 즉, 이 근사에 따르면 TV 광고에 \$1,000을 추가로 지출하는 것과 제품을 추가로 47.5 단위 더 판매하는 것이 연관되어 있다. [그림 3.2]에서는 `sales`를 반응변수, TV를 예측변수로 하는 광고 데이터를 사용해 β_0과 β_1의 여러 가지 값에 대한 RSS를 계산했다. 각각의 그래프에서 빨간색 점은 식 (3.4)에 의해 주어진 최소제곱 추정값의 쌍 $(\hat{\beta}_0, \hat{\beta}_1)$을 나타낸다. 이 값들은 명확히 RSS를 최소화한다.

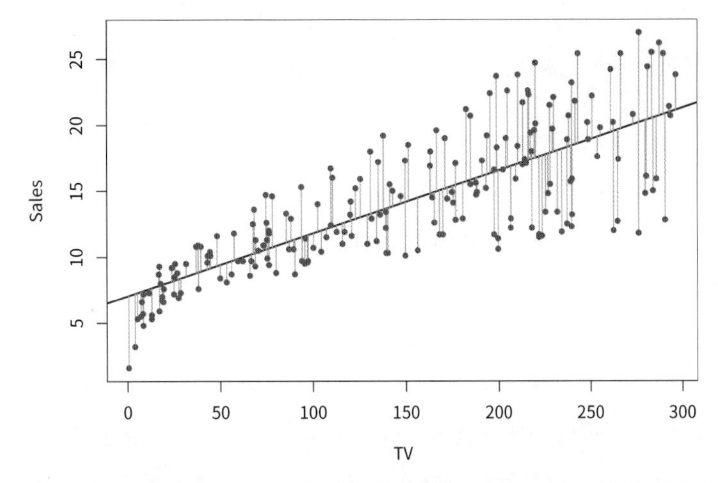

[그림 3.1] Advertising 데이터에서 TV에 대한 sales의 회귀모형을 최소제곱법으로 적합한 결과를 보여 준다. 적합 결과는 잔차제곱합을 최소화해 찾을 수 있다. 각각의 회색 선분이 잔차를 나타낸다. 이 예제의 선형 적합은 그래프 왼쪽 부분이 경향을 과대평가하고는 있지만 관계의 핵심을 잘 잡아내고 있다.

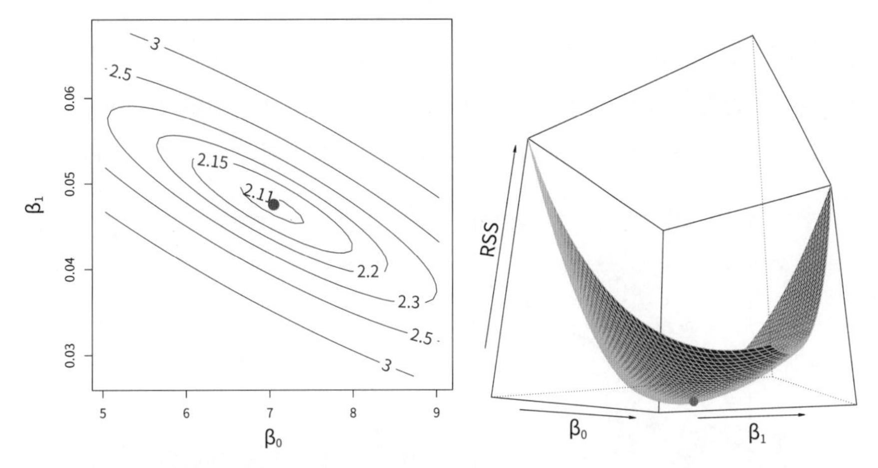

[그림 3.2] Advertising 데이터에서 sales를 반응변수, TV를 예측변수로 사용한 RSS의 등고선 그래프와 3차원 그래프. 빨간색 점은 식 (3.4)에 의해 주어진 최소제곱 추정값 $\hat{\beta}_0$과 $\hat{\beta}_1$이다.

3.1.2 회귀계수 추정값의 정확도 평가하기

식 (2.1)을 다시 살펴보자. 가정에 따르면 X와 Y 사이의 '참' 관계는 $Y = f(X) + \epsilon$의 형태를 취한다. 여기서 f는 미지의 함수이고, ϵ은 평균이 0인 랜덤한 오차항이다. f를 선형함수로 근사한다면[2] 이 관계를 다음과 같이 쓸 수 있다.

2 (옮긴이) f에 가까운 선형함수를 찾는다는 의미다. 원문은 'approximate'이다.

$$Y = \beta_0 + \beta_1 X + \epsilon \tag{3.5}$$

여기서 β_0은 절편(intercept) 항이다. 즉, $X=0$일 때 Y의 기댓값이다. β_1은 기울기(slope)로 X의 1단위 증가와 연관된 Y의 평균 증가량이다. 오차항은 이 단순 모형이 놓친 것을 모두 모아 놓은 잡동사니다. 참 관계는 아마도 선형이 아닐 수도 있고 Y에 변동을 일으키는 다른 변수가 있거나 측정 오차가 있을 수도 있다. 일반적으로 오차항은 X와 독립이라고 가정한다.

식 (3.5)에 주어진 모형은 모집단 회귀선(population regression line)을 정의하고 있다. 이 모형은 X와 Y 사이의 참 관계를 직선으로 가장 잘 근사한다.[3] 최소제곱 회귀계수의 추정값 식 (3.4)는 최소제곱선(least squares line) 식 (3.2)의 특성을 결정한다. [그림 3.3]의 왼쪽 그림은 간단한 시뮬레이션 예제에서 이 두 선을 보여 준다. 100개의 랜덤한 X를 생성하고 100개에 대응하는 Y를 다음 모형으로부터 생성했다.

$$Y = 2 + 3X + \epsilon \tag{3.6}$$

여기서 ϵ은 평균이 0인 정규분포에서 생성한 것이다. [그림 3.3] 왼쪽 그림의 빨간색 선은 '참' 관계인 $f(X) = 2 + 3X$를 나타내는 반면, 파란색 선은 관측 데이터를 기반으로 한 최소제곱 추정값을 나타낸다. 실제 데이터에서의 참 관계는 일반적으

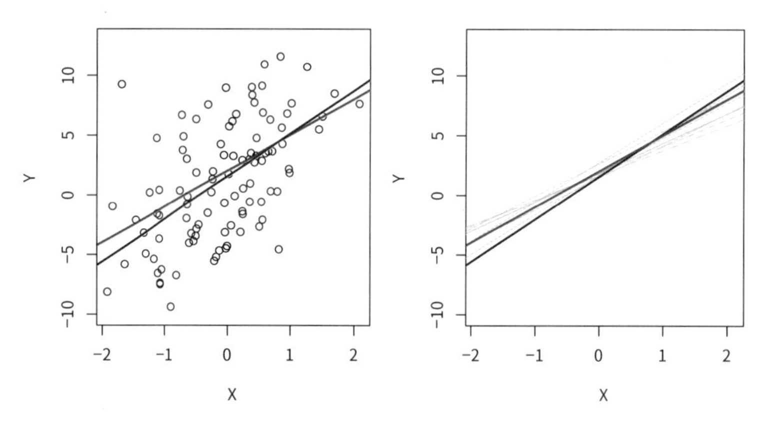

[그림 3.3] 시뮬레이션 데이터 세트. 왼쪽: 빨간색 선은 참 관계인 $f(X) = 2 + 3X$를 나타낸다. 이것을 모집단 회귀라고 한다. 파란색 선은 최소제곱선으로, 검은색으로 표시된 관측 데이터에 기반한 $f(X)$의 최소제곱 추정의 결과다. 오른쪽: 모집단 회귀선은 여기서도 빨간색으로 표시했다. 최소제곱선은 어두운 파란색으로 표시했다. 연한 하늘색으로 열 개의 최소제곱선을 표시했다. 각각의 최소제곱선은 서로 별개의 랜덤한 관측값의 집합을 기반으로 계산한다. 최소제곱선은 각각 다르지만 평균적으로 최소제곱선들은 모집단 회귀선에 상당히 가깝다.

3 선형성이라는 가정은 종종 유용한 작업 모형이 된다. 하지만 많은 교과서에서 이야기하는 것과는 달리 참 관계가 선형이라고 믿는 경우는 거의 없다.

로 알 수 없지만, 최소제곱선은 언제나 식 (3.4)에 주어진 계수 추정값을 이용해 계산할 수 있다. 즉, 실제 분석에서는 관측 세트를 이용해 최소제곱선을 계산할 수 있지만 모집단 회귀선은 관측할 수 없다. [그림 3.3]의 오른쪽 그림에서는 모형으로부터 열 개의 서로 다른 데이터 세트를 식 (3.6)을 이용해 생성하고 각각의 데이터 세트에 대응하는 열 개의 최소제곱선을 표시했다. 동일한 참 모형에서 생성된 서로 다른 데이터 세트는 최소제곱선이 조금씩 다르지만, 관측되지 않은 모집단 회귀선은 변하지 않는다는 점에 유의하자.

언뜻 보기에 모집단 회귀선과 최소제곱선의 차이가 미묘하고 혼란스러울 수 있다. 단 하나의 데이터 세트만 있는데, 예측변수와 반응변수의 관계를 두 개의 다른 선이 나타낸다는 것이 무슨 의미일까? 기본적으로 이 두 선의 개념은 표본에서 얻은 정보를 이용해 대규모 모집단의 특성을 추정하는 표준적인 통계 접근법의 자연스러운 확장이다. 예를 들어 어떤 확률변수 Y의 모평균 μ를 알고 싶다고 해보자. 안타깝게도 μ는 알 수 없지만, Y로부터 나온 n개의 관측 $y_1, \ldots, y_n$에는 접근할 수 있고 이것을 이용해 μ를 추정할 수 있다. 합리적인 추정값은 $\hat{\mu} = \bar{y}$이다. 여기서 $\bar{y} = \frac{1}{n} \sum_{i=1}^{n} y_i$는 표본평균이다. 표본평균과 모평균은 다르지만, 일반적으로 표본평균은 모평균에 대해 좋은 추정값을 제공한다. 같은 방식으로 미지의 선형회귀의 계수 β_0 및 β_1은 모집단 회귀선을 정의한다. 이 미지의 계수를 추정하기 위해서 식 (3.4)에 주어진 $\hat{\beta}_0$ 및 $\hat{\beta}_1$을 이용할 것이다. 이 계수 추정값이 최소제곱선을 정의한다.

선형회귀를 확률변수의 평균 추정과 유사하게 이해하는 것은 편향(bias)이라는 개념을 기반으로 보면 타당하다. 표본평균 $\hat{\mu}$을 사용해 모평균 μ를 추정할 때 이 추정값은 비편향추정값(unbiased estimate)이다. 비편향은 평균적으로 기대하는 $\hat{\mu}$이 μ와 같다는 의미다. 이게 정확히 무슨 뜻일까? 어떤 특정 관측 집합 $y_1, \ldots, y_n$을 기반으로 하면 $\hat{\mu}$은 μ를 과대추정할 수 있고 다른 관측 집합을 기반으로 하면 μ를 과소추정할 수 있지만, 대단히 많은 관측 집합에서 얻은 대단히 많은 μ 추정값을 평균한다면 이 평균은 '정확히' μ와 같을 것이다. 따라서 비편향추정량(unbiased estimator)은 참 모수를 '체계적으로' 과대추정 또는 과소추정하지 않는다. 이런 비편향(unbiasedness)이라는 성질은 식 (3.4)의 최소제곱 계수 추정값에서도 성립한다. β_0과 β_1을 추정할 때 특정 데이터 세트에 기반하면 추정값은 β_0과 β_1이 정확히 동일하지 않을 것이다. 하지만 엄청난 수의 데이터 세트에서 얻은 추정값을 평균한다면 이 추정값들의 평균은 정확히 일치할 것이다. 실제로 [그림 3.3]의 오른쪽 그림에서 볼 수 있는 것처럼 각각의 개별적인 데이터 집합에서 추정된 여러 개의 최소제곱선의 평균은 참 모집단의 회귀선과 상당히 가깝다.

확률변수 Y의 모평균 μ 추정에 대한 비유를 계속해 보자. 자연스럽게 다음과 같이 질문할 수 있다. 표본평균 $\hat{\mu}$이 μ를 얼마나 정확히 추정할까? 많은 데이터 세트에서 구한 $\hat{\mu}$의 평균은 μ에 매우 가까울 것이라는 점을 확인했지만, 단일한 추정값 $\hat{\mu}$은 μ를 상당히 과소추정 또는 과대추정할 수 있음도 확인했다. 단일 추정값 $\hat{\mu}$은 얼마나 멀리 벗어나는 걸까? 일반적으로 이 질문에 대답하기 위해서는 $\hat{\mu}$의 표준오차(SE, standard error)를 계산해야 한다. 표준오차는 $\mathrm{SE}(\hat{\mu})$으로 표기하며 다음과 같은 공식으로 잘 알려져 있다.

$$\mathrm{Var}(\hat{\mu}) = \mathrm{SE}(\hat{\mu})^2 = \frac{\sigma^2}{n} \tag{3.7}$$

여기서 σ는 확률변수 Y의 실현값 y_i 각각의 표준편차다.[4] 대략 표준오차를 통해 추정값 $\hat{\mu}$이 μ의 실젯값과 차이 나는 정도의 평균적인 양을 알 수 있다. 식 (3.7)을 보면 이 편차가 n에 따라 어떻게 축소되는지도 알 수 있다. 관측값이 많아질수록 $\hat{\mu}$의 표준오차는 작아진다. 비슷한 맥락에서 $\hat{\beta}_0$과 $\hat{\beta}_1$이 참값 β_0과 β_1에 얼마나 가까운지도 궁금할 것이다. $\hat{\beta}_0$, $\hat{\beta}_1$과 관련된 표준오차를 계산하기 위해서는 다음 공식을 사용한다.

$$\mathrm{SE}(\hat{\beta}_0)^2 = \sigma^2\left[\frac{1}{n} + \frac{\bar{x}^2}{\sum_{i=1}^{n}(x_i - \bar{x})^2}\right], \quad \mathrm{SE}(\hat{\beta}_1)^2 = \frac{\sigma^2}{\sum_{i=1}^{n}(x_i - \bar{x})^2} \tag{3.8}$$

여기서 $\sigma^2 = \mathrm{Var}(\epsilon)$이다. 이 공식이 엄밀하게 유효하려면 각각의 관측에 대한 오차 ϵ_i들의 분산이 σ^2으로 동일하고 무상관(uncorrelated)이라는 가정이 필요하다. 이런 가정은 [그림 3.1]에서는 참이 아니지만, 이 공식은 여전히 좋은 근사다. 이 식에서 $\mathrm{SE}(\hat{\beta}_1)$은 x_i가 더 퍼져 있을수록 더 작아진다. 직관적으로 이 경우에 더 많은 지렛값(leverage)으로 기울기를 추정하게 된다. 또한 $\bar{x}$가 0이라면 $\mathrm{SE}(\hat{\beta}_0)$은 $\mathrm{SE}(\hat{\mu})$과 같게 될 것이다(이 경우 $\hat{\beta}_0$이 $\bar{y}$와 같게 된다). 일반적으로 σ^2은 알 수 없지만 데이터에서 추정할 수 있다. 이 σ의 추정값을 잔차표준오차(RSE, residual standard error)라고 하는데, $\mathrm{RSE} = \sqrt{\mathrm{RSS}/(n-2)}$로 구할 수 있다. 엄격하게 말하면 데이터에서 σ^2을 추정할 때 추정값이라는 것을 나타내기 위해 $\widehat{\mathrm{SE}}(\hat{\beta}_1)$으로 표기하는 것

4 이 공식은 n개의 관측값이 무상관(uncorrelated)일 때 성립한다.

이 좋지만, 표기법의 간소화를 위해 이 추가적인 모자 기호(hat)는 생략할 수 있다.

표준오차는 신뢰구간(confidence interval)을 계산하는 데 사용될 수 있다. 95% 신뢰구간은 95%의 확률로 모수의 알려지지 않은 참값이 포함되는 범위로 정의된다. 이 범위는 데이터의 표본에서 계산된 하한(lower limit)과 상한(upper limit)으로 정의된다. 95% 신뢰구간의 특성은 다음과 같다. 반복적으로 표본을 추출하고 각각의 표본에 대해 신뢰구간을 계산하면 그 구간들 중 95%는 알려지지 않은 모수의 참값을 포함할 것이다. 선형회귀의 경우 β_1에 대한 95% 신뢰구간은 근사적으로 다음과 같은 형태를 취한다.

$$\hat{\beta}_1 \pm 2 \cdot \mathrm{SE}(\hat{\beta}_1) \tag{3.9}$$

즉, 근사적으로 95%의 확률로 구간이 β_1의 참값을 포함한다.[5]

$$\left[\hat{\beta}_1 - 2 \cdot \mathrm{SE}(\hat{\beta}_1),\ \hat{\beta}_1 + 2 \cdot \mathrm{SE}(\hat{\beta}_1)\right] \tag{3.10}$$

마찬가지로 β_0의 신뢰구간은 근사적으로 다음과 같은 형태를 취한다.

$$\hat{\beta}_0 \pm 2 \cdot \mathrm{SE}(\hat{\beta}_0) \tag{3.11}$$

광고 데이터의 경우 β_0의 95% 신뢰구간은 [6.130, 7.935]이고 β_1의 95% 신뢰구간은 [0.042, 0.053]이다. 따라서 광고가 전혀 없다면 판매량은 평균적으로 6,130에서 7,935개 사이에 떨어질 것으로 결론지을 수 있다. 또한 TV 광고가 $1,000 증가할 때마다 판매량은 평균 42개에서 53개 사이에서 증가할 것이다.

표준오차는 계수에 대한 가설검정(hypothesis test)을 수행하는 데도 사용될 수 있다. 가장 일반적인 가설검정은 다음과 같은 귀무가설(null hypothesis)과 대립가설(alternative hypothesis)로 이루어진다.

귀무가설

$$H_0 : X\text{와 } Y\text{ 사이에 관계가 없다} \tag{3.12}$$

대립가설

$$H_a : X\text{와 } Y\text{ 사이에 어떤 관계가 있다} \tag{3.13}$$

5 여러 가지 이유 때문에 '근사적'이다. 식 (3.10)은 오차가 가우스 분포를 따른다는 가정에 의존하고 있다. 또한 $\mathrm{SE}(\hat{\beta}_1)$ 항 앞에 있는 2라는 인수는 선형회귀에서 관측 개수 n에 따라 약간 달라질 수 있다. 정확하게 하자면 숫자 2가 아니라 식 (3.10)이 자유도가 $n-2$인 t-분포의 97.5% 분위수를 포함해야 한다. 파이썬에서 95% 신뢰구간을 정확하게 계산하는 방법은 이 장 뒷부분에서 제공된다.

수학적으로 이것은

$$H_0 : \beta_1 = 0$$

대

$$H_a : \beta_1 \neq 0$$

을 검정한다. 만약 $\beta_1 = 0$이라면 모형 (3.5)는 $Y = \beta_0 + \epsilon$으로 축소되고 X는 Y와 관련이 없다. 귀무가설을 검정하려면 β_1에 대한 추정값 $\hat{\beta}_1$이 0으로부터 충분히 멀리 떨어져 있어 β_1은 0이 아니라고 확신할 수 있어야 한다. 얼마나 멀리 떨어져 있어야 충분할까? 당연히 $\hat{\beta}_1$의 정확도, 즉 $\mathrm{SE}(\hat{\beta}_1)$에 따라 달라진다. $\mathrm{SE}(\hat{\beta}_1)$이 작으면 비록 $\hat{\beta}_1$의 값이 비교적 작더라도 $\beta_1 \neq 0$이라는 증거, 즉 X와 Y 사이에 관계가 있다는 증거를 제공할 수 있다. 반면에 $\mathrm{SE}(\hat{\beta}_1)$이 크면 $\hat{\beta}_1$의 절댓값이 충분히 커야 β_1에 대한 귀무가설을 기각할 수 있다. 실제 분석에서는 다음과 같은 t-통계량(t-statistics)이 주어진다.

$$t = \frac{\hat{\beta}_1 - 0}{\mathrm{SE}(\hat{\beta}_1)} \tag{3.14}$$

이 식은 표준편차의 개수[6]로 $\hat{\beta}_1$이 0에서 얼마나 멀리 떨어져 있는지 측정한다. 실제로 X와 Y 사이에 관계가 없다면 식 (3.14)는 자유도가 $n-2$인 t-분포를 따를 것으로 예상할 수 있다. t-분포(t-distribution)는 종 모양이고, n이 대략 30 이상이면 표준정규분포와 매우 유사하다. 따라서 $\beta_1 = 0$이라고 가정했을 때 어떤 수의 절댓값이 $|t|$보다 크거나 같을 확률을 계산하는 것은 간단한 일이다. 이 확률을 p-값(p-value)이라고 한다. 대략 p-값은 다음과 같이 해석된다. p-값이 작다는 의미는 예측변수와 반응변수 사이에 실제 연관성이 없음에도, 우연에 의해 그런 상당한 연관성이 관찰될 가능성이 낮다는 뜻이다. 따라서 작은 p-값이 나왔다면 예측변수와 반응변수 사이에는 연관성이 있다고 추론하는 것이 합리적이다. p-값이 충분히 작다면 '귀무가설을 기각'하고 X와 Y 사이에 관계가 있다고 선언한다. 귀무가설을 기각하기 위한 일반적인 p-값의 기준은 5% 또는 1%이지만, 이 주제는 13장에서 훨씬 더 자세히 다룰 예정이다. $n = 30$일 때 p-값 5%와 1%는 각각 t-통계량 약 2와 2.75에 해당한다(식 (3.14)).

6 (옮긴이) $\hat{\beta}_1$과 0 사이에 표준편차가 몇 개 들어가는지 측정한다는 의미다. 달리 말하면 $\hat{\beta}_1$이 0에서 떨어진 거리가 표준편차의 몇 배인지 측정한다는 의미다.

[표 3.1]은 Advertising 데이터에서 TV 광고 예산에 대한 판매 대수의 회귀를 위한 최소제곱모형의 세부 정보를 보여 준다. 계수 $\hat{\beta}_0$과 $\hat{\beta}_1$의 값이 표준오차에 비해 상대적으로 매우 크다. 따라서 t-통계량 또한 매우 크다. H_0가 참일 때 이런 값들이 관찰될 확률은 거의 0이다. 따라서 $\beta_0 \neq 0$이고 $\beta_1 \neq 0$라는 결론을 내릴 수 있다.[7]

	Coefficient	Std. error	t-static	p-value
Intercept	7.0325	0.4578	15.36	<0.0001
TV	0.0475	0.0027	17.67	<0.0001

[표 3.1] Advertising 데이터에서 TV 광고 예산에 대한 회귀의 최소제곱모형의 계수. TV 광고 예산이 $1,000 증가하면 판매량은 약 50대 증가한다(판매량 변수인 sales는 1,000 단위이고, TV 변수는 $1,000 단위임을 떠올려 보자).

3.1.3 모형의 정확도 평가하기

귀무가설 (3.12)를 기각하고 대립가설 (3.13)을 지지하고 나면 자연스럽게 모형이 얼마나 데이터에 잘 적합하는지 수량화하고 싶어진다. 선형회귀 적합의 품질은 보통 서로 관련 있는 두 가지 수량으로 평가된다. 잔차표준오차(RSE, residual standard error)와 R^2 통계량이다.

[표 3.2]는 TV 광고 예산에 대한 판매 대수 선형회귀의 RSE, R^2 통계량, 그리고 F-통계량(3.2.2절에서 설명함)을 보여 준다.

Quantity	Value
Residual standard error	3.26
R^2	0.612
F-statistic	312.1

[표 3.2] Advertising 데이터에서 TV 광고 예산에 대한 판매 대수 회귀의 최소제곱모형에 대한 더 상세한 정보다.

7 [표 3.1]에서 절편의 p-값이 작으므로 $\beta_0 = 0$이라는 귀무가설을 기각할 수 있고, TV의 p-값도 작으므로 $\beta_1 = 0$이라는 귀무가설을 기각할 수 있다. 후자의 귀무가설을 기각하면 TV와 sales 사이에 관계가 있다고 결론지을 수 있다. 전자의 귀무가설을 기각하면 TV 광고 지출이 없을 때 sales가 0이 아니라고 결론 내릴 수 있다.

잔차표준오차

모형 (3.5)를 다시 살펴보면 각각의 관측과 관련된 것은 오차항 ϵ이다. 이런 오차항이 존재하기 때문에 참 회귀선을 알고 있어도(즉, β_0 및 β_1이 알려져 있어도) Y를 X에서 완벽하게 예측할 수는 없다. RSE는 ϵ의 표준편차 추정값이다. 대체로 표준편차 추정값은 반응이 참 회귀선에서 벗어난 평균적인 양을 나타낸다. 다음 공식으로 계산할 수 있다.

$$\text{RSE} = \sqrt{\frac{1}{n-2}\text{RSS}} = \sqrt{\frac{1}{n-2}\sum_{i=1}^{n}(y_i - \hat{y}_i)^2} \tag{3.15}$$

참고로 RSS는 3.1.1절에서 정의했으며 다음과 같은 공식으로 주어진다.

$$\text{RSS} = \sum_{i=1}^{n}(y_i - \hat{y}_i)^2 \tag{3.16}$$

광고 데이터의 경우 [표 3.2]의 선형회귀를 분석한 출력 결과에서 RSE가 3.26임을 알 수 있다. 즉, 각각의 시장에서 실제 판매량은 평균적으로 참 회귀선에서 대략 3,260개만큼 벗어나 있다. 이를 다른 관점에서 생각해 보면 모형이 올바르고 미지의 계수 β_0과 β_1의 참값이 정확히 알려져 있어도, TV 광고를 기반으로 한 판매 예측은 여전히 평균적으로 약 3,260개만큼 떨어져 있다는 의미다. 물론 3,260개가 수용할 만한 예측오차인지 여부는 문제 상황에 따라 다르다. 광고 데이터 세트에서 모든 시장에 걸친 `sales`의 평균값은 대략 14,000개이므로 퍼센트 오차는 $3{,}260/14{,}000 = 23\%$이다.

RSE는 데이터에 대한 모형 (3.5)의 적합 결여(lack of fit)의 측도로 간주된다. 모형을 사용해 얻은 예측값이 참 결괏값에 매우 가깝다면, 즉 $i = 1, \ldots, n$일 때 $\hat{y}_i \approx y_i$라면 식 (3.15)는 작을 것이므로 모형이 데이터를 매우 잘 적합한다고 결론 내릴 수 있다. 반면에 $\hat{y}_i$이 하나 이상의 관측에서 y_i로부터 아주 멀리 떨어져 있다면 RSE는 꽤 클 것이고 모형이 데이터에 잘 적합하지 않았다는 것을 알려 준다.

R^2 통계량

RSE는 데이터에 대한 모형 (3.5)의 적합 결여의 절대 측도를 제공한다. 그러나 Y 단위로 측정되기 때문에 어떤 것이 좋은 RSE인지 언제나 명확하지는 않다. R^2 통계량은 적합의 정도에 대한 대안적인 측도를 제공한다. 비율(proportion)의 형태(설명된 분산의 비율)를 취하므로 항상 0에서 1 사이의 값을 가지며 Y의 척도에 의존하지 않는다.

R^2을 계산하기 위해서 다음 공식을 사용한다.

$$R^2 = \frac{\text{TSS} - \text{RSS}}{\text{TSS}} = 1 - \frac{\text{RSS}}{\text{TSS}} \tag{3.17}$$

여기서 $\text{TSS} = \sum (y_i - \bar{y})^2$은 총제곱합(TSS, total sum of squares)이다. RSS(잔차제곱합)는 식 (3.16)에 정의되어 있다. TSS는 반응변수 Y의 총분산을 측정하며 회귀분석을 하기 전에 반응에 내재된 변동의 양으로 생각할 수 있다. 반면 RSS는 회귀분석을 수행한 후에도 설명되지 않고 남아 있는 변동의 양을 측정한다. 따라서 TSS − RSS는 회귀분석을 수행함으로써 설명된(또는 제거된) 반응변수의 변동 양을 측정하며, R^2은 **X를 사용해 설명할 수 있는 Y의 변동 비율**을 측정한다. R^2 통계량이 1에 가까우면 반응변수의 변동에서 많은 부분을 회귀로 설명할 수 있다. 0에 가까우면 반응변수의 변동에서 많은 부분을 회귀분석으로 설명하지 못하는데, 선형모형이 잘못되었거나 오차분산 σ^2이 클 때 또는 둘 다일 때 이런 상황이 생긴다. [표 3.2]에서 R^2은 0.61이므로 `TV`에 대한 선형회귀분석으로 `sales` 변동의 약 2/3 정도가 설명된다.

R^2 통계량 식 (3.17)은 RSE 식 (3.15)와는 달리 항상 0과 1 사이에 값이 있기 때문에 해석의 이점이 있다. 그러나 여전히 어떤 것이 '좋은' R^2 값인지 결정하기는 어려운데, 실제로 어디에 응용하는지에 따라 달라진다. 예를 들어 어떤 물리학 문제에서 데이터가 잔차가 작은 선형모형에서 나온다는 것이 참이라는 사실을 알고 있다고 해보자. 이 경우 R^2 값이 1에 극단적으로 가까울 것으로 기대되며, R^2 값이 상당히 작다면 데이터를 생성한 실험에 심각한 문제가 있음을 뜻할 것이다. 반면에 생물학, 심리학, 마케팅 영역의 일반적인 응용에서 선형모형 (3.5)는 잘 해봐야 데이터를 대략적으로 근사할 뿐, 측정되지 않은 다른 요인으로 인해 잔차가 매우 큰 경우가 많다. 이런 상황에서는 반응변수의 분산 중 매우 작은 부분만이 예측변수로 설명되며, 0.1 보다 작은 R^2 값이 더 현실적일 수 있다.

R^2 통계량은 X와 Y 사이의 선형 관계를 나타내는 측도다. 다음과 같이 정의되는 상관관계(correlation)도 X와 Y 사이의 선형 관계를 나타내는 측도다.[8]

$$\mathrm{Cor}(X,Y) = \frac{\sum_{i=1}^{n}(x_i - \overline{x})(y_i - \overline{y})}{\sqrt{\sum_{i=1}^{n}(x_i - \overline{x})^2}\sqrt{\sum_{i=1}^{n}(y_i - \overline{y})^2}} \tag{3.18}$$

이제 R^2 대신 $r = \mathrm{Cor}(X, Y)$를 사용해 선형모형의 적합도를 평가할 수 있다. 실제로 단순선형회귀모형 상황에서 $R^2 = r^2$임을 보일 수 있다. 즉, 상관계수의 제곱과 R^2 통계량은 동일하다. 그러나 다음 절에서 다룰 다중선형회귀 문제에서는 여러 개의 예측변수를 동시에 사용해 반응을 예측한다. 예측변수와 반응 사이의 상관관계 개념은 자동으로 이런 상황으로까지 확장되지 않는다. 왜냐하면 상관관계는 단일한 변수 쌍의 연관성을 수량화하는 것이지 여러 변수 사이의 연관성을 수량화하는 것은 아니기 때문이다. R^2이 이런 역할을 하는 것을 보게 된다.

3.2 다중선형회귀

단순선형회귀(simple linear regression)는 단일 예측변수를 기반으로 반응을 예측하는 유용한 방법이다. 그러나 예측변수가 하나 이상 있는 경우가 실제로 많다. 예를 들어 `Advertising` 데이터에서 판매량과 TV 광고 간의 관계를 살펴보았다. 그런데 데이터에는 라디오 및 신문 광고에 사용한 비용도 있기 때문에 이 두 매체가 판매량과 연관이 있는지 알고 싶을 수 있다. 어떻게 광고 데이터 분석을 확장해 이 두 가지 추가 예측변수도 포함시킬 수 있을까?

하나의 선택지는 개별적으로 분리된 세 개의 단순선형회귀를 돌리는 방법이다. 각각의 회귀는 다른 광고 매체를 예측변수로 사용한다. 예를 들어 라디오 광고에 지출된 금액을 기반으로 판매량을 예측하는 단순선형회귀를 적합할 수 있다. 결과는 [표 3.3] 상단의 표에 제시되어 있다. 라디오 광고에 지출된 금액이 $1,000 증가하면 판매량은 약 203개 증가하는 것으로 나타났다. [표 3.3]의 아래쪽 표에는 신문 광고 예산에서 판매량에 대한 단순선형회귀의 최소제곱 계수가 포함되어 있다. 신문 광고 예산이 $1,000 증가하면 판매량은 약 55개 증가한다.

8 사실 식 (3.18)의 우변은 표본 상관관계라는 점에 주의하자. 따라서 $\widehat{\mathrm{Cor}(X,Y)}$로 쓰는 것이 더 올바른 표기이지만 편의상 '모자' 기호는 생략한다.

Simple regression of sales on radio

	Coefficient	Std. error	t-statistic	p-value
Intercept	9.312	0.563	16.54	<0.0001
radio	0.203	0.020	9.92	<0.0001

Simple regression of sales on newspaper

	Coefficient	Std. error	t-statistic	p-value
Intercept	12.351	0.621	19.88	<0.0001
newspaper	0.055	0.017	3.30	0.00115

[표 3.3] Advertising 데이터에 대한 추가적인 단순선형회귀모형. 매체별 판매량의 단순선형회귀모형 계수. 상단은 라디오 광고 예산이며, 하단은 신문 광고 예산이다. 라디오 광고에 지출된 금액이 $1,000 증가할 때 판매량은 평균적으로 약 203개가 증가하며, 같은 금액을 신문 광고에 지출할 경우 판매량은 평균적으로 약 55개가 증가한다(주의: sales 변수는 1,000개 단위로 표시되어 있으며, radio 및 newspaper 변수는 $1,000 단위로 표시된다).

그러나 각각의 예측변수를 별도의 단순선형회귀모형으로 적합하는 접근법은 완전히 만족스럽지는 않다. 우선 판매량에 대한 단일한 예측이 3가지 광고 예산을 바탕으로 어떻게 가능한지 불분명하다. 왜냐하면 3개의 광고 매체 예산은 각각 분리된 개별 회귀식과 관련되어 있기 때문이다. 다음으로 세 가지 회귀식은 각각 회귀계수를 추정할 때 서로 다른 두 매체를 고려하지 않는다. 곧 보게 되겠지만 데이터 세트에서 200개 시장의 광고 매체 예산들이 서로 상관관계가 있다면, 각각의 매체 예산과 판매의 연관성에서 오해의 소지가 다분히 있는 추정 결과를 낳을 수 있다.

예측변수마다 별개의 단순선형회귀모형을 적합하는 것보다 단순선형회귀모형 (3.5)를 확장해 여러 개의 예측변수를 직접 수용하는 방법이 더 낫다. 이를 위해서 하나의 모형 안에서 각 예측변수에 기울기 계수를 개별적으로 부여한다. 일반적으로 p개의 서로 다른 예측변수가 있다고 가정하자. 다중선형회귀모형은 다음과 같은 형식을 취한다.

$$Y = \beta_0 + \beta_1 X_1 + \beta_2 X_2 + \cdots + \beta_p X_p + \epsilon \tag{3.19}$$

여기서 X_j는 j번째 예측변수를 나타내고, β_j는 해당 변수와 반응변수 사이의 연관성을 수량화한다. β_j는 **다른 모든 예측변수가 고정된 상태에서** X_j가 1단위 증가할 때 Y에 미치는 '평균' 효과로 해석된다. Advertising 예제에서 식 (3.19)는 다음과 같이 표현된다.

$$\texttt{sales} = \beta_0 + \beta_1 \times \texttt{TV} + \beta_2 \times \texttt{radio} + \beta_3 \times \texttt{newspaper} + \epsilon \tag{3.20}$$

3.2.1 회귀계수 추정하기

단순선형회귀모형과 마찬가지로 식 (3.19)의 회귀계수 $\beta_0, \beta_1, ..., \beta_p$는 추정이 필요한 미지의 수치들이다. 추정값 $\hat{\beta}_0, \hat{\beta}_1, ..., \hat{\beta}_p$은 다음 공식으로 예측할 수 있다.

$$\hat{y} = \hat{\beta}_0 + \hat{\beta}_1 x_1 + \hat{\beta}_2 x_2 + \cdots + \hat{\beta}_p x_p \tag{3.21}$$

이 모수들은 단순선형회귀에서 보았던 것과 동일하게 최소제곱법을 사용해 추정한다. 이때 다음 주어진 식과 같이 잔차제곱합(residual sum of squares)을 최소화하는 $\beta_0, \beta_1, ..., \beta_p$를 선택한다.

$$\begin{aligned} \text{RSS} &= \sum_{i=1}^{n}(y_i - \hat{y}_i)^2 \\ &= \sum_{i=1}^{n}(y_i - \hat{\beta}_0 - \hat{\beta}_1 x_{i1} - \hat{\beta}_2 x_{i2} - \cdots - \hat{\beta}_p x_{ip})^2 \end{aligned} \tag{3.22}$$

식 (3.22)를 최소화하는 값 $\hat{\beta}_0, \hat{\beta}_1, ..., \hat{\beta}_p$은 다중 최소제곱 회귀계수 추정값이다. 식 (3.4)에 주어진 단순선형회귀계수 추정값과는 달리 다중회귀계수 추정값은 다소 복잡한 형태인데, 행렬대수를 쓰면 아주 쉽게 표현할 수 있다. 이 때문에 여기에서 그 값들을 제시하지 않았다. 어떤 통계 소프트웨어 패키지를 쓰더라도 이 계수 추정값은 쉽게 계산할 수 있다. 이번 장 뒷부분에서 파이썬으로 계수를 추정하는 방법을 보일 예정이다. [그림 3.4]에서는 예측변수가 $p = 2$개 있는 간단한 예제 데이터 세트의 최소제곱 적합 예를 보여 준다.

[표 3.4]는 `Advertising` 데이터에서 TV, 라디오, 신문 광고 예산을 이용해 제품 판매량을 예측할 때의 다중회귀계수 추정값을 보여 준다. 표의 결과는 TV와 신문 광고량이 주어졌을 때 라디오 광고에 $1,000 추가 지출이 대략 189개의 추가 판매와 연관되어 있다고 해석할 수 있다. 이 계수 추정값들을 [표 3.1]과 [표 3.3]에 제시된 추정값과 비교해 보면 `TV`와 `radio`의 다중회귀계수 추정값은 단순선형회귀계수 추정값과 상당히 유사하다는 점을 알 수 있다. 그러나 `newspaper`의 회귀계수 추정값은 [표 3.3]에서는 유의하게 0이 아니었지만, 다중회귀모형에서 `newspaper`의 계수 추정값은 0에 가깝고 그에 해당하는 p-값(p-value)은 대략 0.86으로 더 이상 유의하지 않다. 이로써 단순회귀와 다중회귀의 계수가 상당히 다를 수 있다는 점을 알게 되었다. 이 차이는 단순회귀의 경우 기울기 항이 `TV`와 `radio`와 같은 다른 예측변수를 무시하고 신문 광고비 $1,000 증가와 연관된 제품 판매의 평균적인 증가를 나타

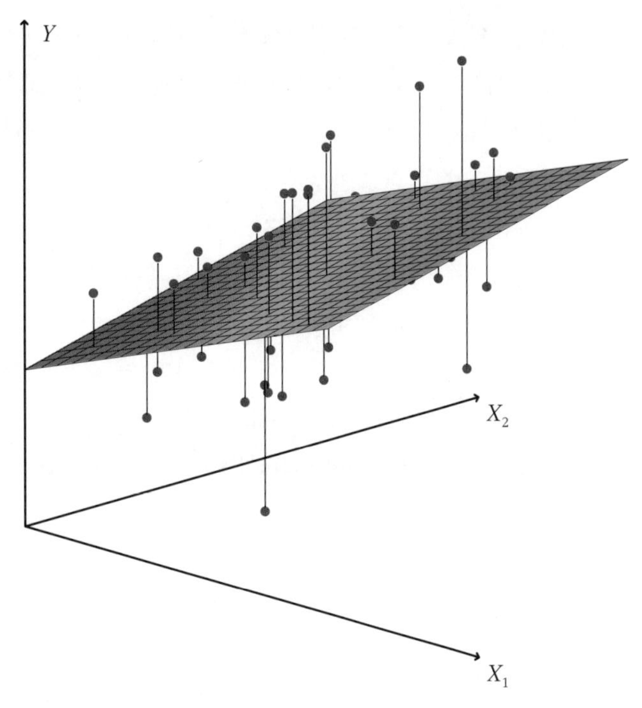

[그림 3.4] 3차원으로 두 개의 예측변수와 하나의 반응변수로 설정했을 때 최소제곱 회귀선은 평면이 된다. 평면은 각각의 관측값(빨간색 표시)과 평면 사이에서 세로 방향 거리의 제곱의 합을 최소화하도록 선택된다.

내기 때문에 발생한다. 이와 대조적으로 다중회귀 상황에서 newspaper의 계수는 TV와 radio를 고정한 상태에서 신문 광고 지출 \$1,000 증가와 연관된 제품 판매의 평균적인 증가를 나타낸다.

	Coefficient	Std. error	t-statistic	p-value
Intercept	2.939	0.3119	9.42	<0.0001
TV	0.046	0.0014	32.81	<0.0001
radio	0.189	0.0086	21.89	<0.0001
newspaper	−0.001	0.0059	−0.18	0.8599

[표 3.4] Advertising 데이터에서 TV, 라디오, 신문 광고 예산에 대한 제품 판매 대수의 다중선형회귀 최소제곱 계수 추정값.

다중회귀는 sales와 newspaper 사이에 관계가 없다는 결론을 내렸는데, 단순선형회귀는 그 반대의 결과를 암시하는 것이 타당할까? 사실 충분히 타당하다. [표 3.5]

에서 제시된 세 예측변수와 반응변수의 상관행렬(correlation matrix)을 생각해 보자. radio와 newspaper 사이의 상관계수는 0.35라는 점에 주목할 필요가 있다. 이것은 신문 광고를 많이 하는 시장일수록 라디오 광고도 많이 하는 경향이 있음을 나타낸다. 이제 다중회귀의 결과가 맞아 신문 광고는 판매와 관련이 없지만 라디오 광고는 판매에 영향을 미친다고 가정해 보자. 그러면 라디오에 지출을 많이 하는 시장은 판매량이 더 높을 것이고 상관행렬에서 볼 수 있듯이 신문 광고에도 더 많이 지출하는 경향이 나타날 것이다. 따라서 sales와 newspaper만을 검토하는 단순선형회귀에서는 신문 광고와 판매량 사이에 직접적인 연관성이 없더라도, 높은 newspaper의 값이 높은 sales의 값과 연관되는 경향을 관찰하게 될 것이다. 즉, newspaper 광고는 radio 광고를 대신하여 radio와 sales 사이의 연관성에 대한 '공로'를 가져간다.

	TV	radio	newspaper	sales
TV	1.0000	0.0548	0.0567	0.7822
radio		1.0000	0.3541	0.5762
newspaper			1.0000	0.2283
sales				1.0000

[표 3.5] Advertising 데이터의 TV, radio, newspaper, sales의 상관행렬.

이런 결과가 직관적으로 보이지는 않겠지만 실제 상황에서는 자주 발생한다. 비합리적인 예를 통해 이 문제의 포인트를 짚어 보겠다. 한 바닷가 마을에서 일정 기간 동안 수집한 데이터로 상어의 공격과 아이스크림 판매량 간에 회귀분석을 했더니 양의 관계가 나타났다. sales와 newspaper 사이에서 보이는 관계도 이와 유사하다. 물론 아직 해변에서 아이스크림 판매를 금지하면 상어의 공격을 줄일 수 있다고 제안한 사람은 아무도 없다. 실제로 기온이 높으면 더 많은 사람들이 해변을 찾게 되고 이어서 아이스크림 판매량이 늘고 상어의 공격도 늘게 된다. 이때 아이스크림 판매량과 기온에 대한 상어 공격의 다중회귀분석 결과는 직관적으로 알 수 있듯이, 기온변수를 조정하고 나면 아이스크림 판매량은 더 이상 유의한 예측변수가 아니라는 게 드러난다.

3.2.2 몇 가지 중요한 질문들

다중선형회귀를 수행할 때 보통 관심을 갖고 답하는 몇 가지 중요한 질문은 다음과 같다.

- 예측변수 $X_1, X_2, ..., X_p$ 중 적어도 하나는 반응변수 예측에 유용한가?
- 모든 예측변수가 Y를 설명하는 데 도움이 될까, 아니면 예측변수의 일부 집합만이 유용한가?
- 모형이 데이터를 얼마나 잘 적합할까?
- 예측변수의 값이 주어졌을 때 반응변수의 예측값은 무엇인가? 예측은 얼마나 정확한가?

이제 이 질문들을 차례대로 살펴보자.

하나: 반응변수와 예측변수는 관련되어 있을까?

앞서 본 것처럼 단순선형회귀에서 반응변수와 예측변수 사이의 관계 여부를 결정하려면 $\beta_1 = 0$인지만 확인하면 된다. p개의 예측변수가 있는 다중회귀에서는 회귀계수가 모두 0인지, 즉 $\beta_1 = \beta_2 = ... = \beta_p = 0$인지 물어볼 필요가 있다. 단순선형회귀와 마찬가지로 이 질문에 답하기 위해서 가설검정(hypothesis test)을 사용한다. 검정할 귀무가설은

$$H_0 : \beta_1 = \beta_2 = \cdots = \beta_p = 0$$

이고, 대립가설은

$$H_a : \text{적어도 하나의 } \beta_j\text{는 0이 아니다}$$

이다. 가설검정을 수행하기 위해서 계산해야 할 F-통계량(F-statistics)은 다음과 같다.

$$F = \frac{(\text{TSS} - \text{RSS})/p}{\text{RSS}/(n-p-1)} \tag{3.23}$$

단순선형회귀와 마찬가지로 $\text{TSS} = \sum (y_i - \bar{y})^2$이고 $\text{RSS} = \sum (y_i - \hat{y}_i)^2$이다. 선형모형 가정이 올바르다면 다음과 같이 나타낼 수 있다.

$$E\{\text{RSS}/(n-p-1)\} = \sigma^2$$

그리고 H_0가 참인 경우,

$$E\{(\text{TSS} - \text{RSS})/p\} = \sigma^2$$

이 된다. 따라서 반응변수와 예측변수 사이에 아무런 관계도 없다면 F-통계량의 값은 1에 가까울 것으로 기대할 수 있다. 반면에 H_a가 참인 경우,

$$E\{(\text{TSS} - \text{RSS})/p\} > \sigma^2$$

이므로 F가 1보다 클 것으로 기대된다.

[표 3.6]에서 sales를 radio, TV, newspaper로 회귀분석해 얻은 다중선형회귀모형의 F-통계량을 제시했다. 이 예에서 F-통계량은 570이다. 값이 1보다 훨씬 크기 때문에 귀무가설 H_0에 반하는 강력한 증거라고 볼 수 있다. 즉, F-통계량이 크다는 것은 광고 매체 중 적어도 하나가 sales와 관련이 있어야 함을 시사한다. 하지만 만약 F-통계량이 1에 가깝다면 어떻게 될까? F-통계량이 얼마나 커야 H_0를 기각하고 관련이 있다는 결론을 내릴 수 있을까? 그 답은 n과 p의 값에 달려 있다. n이 크다면 F-통계량이 1보다 약간만 커도 여전히 H_0에 반하는 증거가 될 수 있다. 대조적으로 n이 작으면 H_0를 기각하기 위해서는 더 큰 F-통계량이 필요하다. H_0가 참이고 오차항 ϵ_i가 정규분포를 따르면 F-통계량은 F-분포를 따른다.[9] 어떤 n과 p의 값이 주어지더라도, 모든 통계 소프트웨어 패키지는 F-분포를 이용해 F-통계량과 관련된 p-값을 계산할 수 있다. 그리고 이 p-값을 기반으로 H_0를 기각할지 여부를 결정한다. 광고 데이터의 경우 [표 3.6]에서 F-통계량에 해당하는 p-값이 사실상 0인 것은 적어도 하나의 매체는 sales 증가와 연관이 있을 것이라는 강력한 증거가 된다.

Quantity	Value
Residual standard error	1.69
R^2	0.897
F-statistic	570

[표 3.6] Advertising 데이터에 있는 TV, 신문, 라디오 광고 예산과 판매 수량 회귀분석의 최소제곱모형에 대한 자세한 정보. 이 모형에 대한 다른 정보는 [표 3.4]에 제시되어 있다.

9 오차가 정규분포를 따르지 않더라도 표본 크기 n이 크면 F-통계량은 근사적으로 F-분포를 따른다.

식 (3.23)에서 검정하는 H_0는 모든 계수가 0이라는 귀무가설이다. 때로는 q개의 일부 계수로 된 부분집합이 0이라는 것을 검정하고 싶을 때가 있다. 이는 다음과 같은 귀무가설에 해당한다.

$$H_0 : \beta_{p-q+1} = \beta_{p-q+2} = \cdots = \beta_p = 0$$

여기서는 제외할 변수들을 편의상 목록의 끝에 넣었다. 이 경우 마지막 q개를 '제외한' 모든 변수를 사용해 두 번째 모형을 적합하게 된다. 이 모형의 잔차제곱합을 RSS_0이라고 가정해 보자. 그러면 F-통계량은 다음과 같다.

$$F = \frac{(\text{RSS}_0 - \text{RSS})/q}{\text{RSS}/(n-p-1)} \tag{3.24}$$

[표 3.4]에 개별 예측변수마다 t-통계량과 p-값이 보고되어 있다는 점에 주목하자. 이 정보로 다른 예측변수들을 조정한 후에 개별 예측변수와 반응변수의 관련성을 알 수 있다. 개별 예측변수의 t-통계량과 p-값은 그 변수 하나만 모형에서 제거하고 다른 변수는 모두 포함하는 F-검정, 즉 식 (3.24)에서 $q = 1$인 검정과 완전히 동일하다.[10] 따라서 이 검정은 해당 변수를 모형에 추가하는 편효과(partial effect)를 보여 준다. 예를 들어 앞서 논의했듯이 p-값을 통해 TV와 radio는 sales와 관련이 있지만, TV와 radio가 고정되었을 때 newspaper가 sales와 연관이 있다는 증거는 없음을 알 수 있다.

각각의 변수에 대한 개별 p-값이 주어졌을 때 전체 F-통계량을 살펴봐야 하는 이유는 무엇일까? 결국 개별 변수의 p-값 중 어느 하나라도 매우 작으면 예측변수 중 적어도 하나는 반응과 관련이 있을 가능성이 높다는 생각이 그럴듯하게 보일 것이다. 하지만 이 논리는 특히 예측변수의 개수 p가 클 때 결함이 있다.

예를 들어 $p = 100$이고 $H_0 : \beta_1 = \beta_2 = \ldots = \beta_p = 0$이 참인 경우를 생각해 보자. 즉, 어떤 변수도 반응과 연관이 없다는 것이 참이다. 이 상황에서는 각각의 변수와 연관된 p-값([표 3.4]에 제시된 유형) 중 약 5%는 우연에 의해 0.05 미만이 되었을 것이다. 즉, 예측변수와 반응변수 사이에 어떤 참 연관성이 없어도 다섯 개 정도는 '작은' p-값이 나오게 될 것이라고 기대할 수 있다.[11] 사실 우연에 의해 0.05 미만의 p-값을 적어도 하나는 관찰하게 될 가능성이 높다. 따라서 개별 t-통계량과 p-값으

10 각 t-통계량의 제곱은 해당 F-통계량과 일치한다.
11 이 부분은 13장에서 중요하게 다룰 '다중검정'과 관련되어 있다.

로 해당 변수와 반응변수 사이의 연관성 여부를 판단하면 관련성이 있다고 결론을 잘못 내릴 가능성이 높다. 하지만 F-통계량은 예측변수의 수에 따라 조정되기 때문에 이런 문제가 생기지 않는다. 따라서 H_0가 참일 경우 예측변수의 수나 관측 수에 관계없이 F-통계량이 0.05 이하의 p-값을 초래할 가능성은 5%에 불과하다.

F-통계량을 사용해 예측변수와 반응변수 사이의 연관성을 검정하는 접근법은 p가 상대적으로 작고 n에 비해서는 확실히 작을 때 잘 작동한다. 하지만 변수의 수가 매우 많을 때가 있다. 만약 $p > n$이라면 추정해야 할 계수 β_j가 추정에 사용할 관측 수보다 더 많다. 이 경우 최소제곱을 사용해 다중선형회귀모형을 적합할 수 없으므로 F-통계량을 사용할 수 없다. 그리고 이번 장에서 지금까지 살펴본 다른 개념들도 대부분 사용할 수 없다. p가 클 때는 다음 절에서 설명하는 단계적 전진선택법(forward stepwise selection)과 같은 접근법을 사용할 수 있다. 이런 고차원(high-dimensional) 상황은 6장에서 더 자세히 다룬다.

둘: 중요한 변수 결정하기

이전 절에서 논의했듯이 다중회귀분석의 첫 번째 단계는 F-통계량을 계산하고 그에 해당하는 p-값을 검토하는 일이다. 만약 p-값을 기반으로 적어도 하나의 예측변수가 반응변수와 관련이 있다고 결론을 내린다면, 자연스럽게 '어떤 변수'가 범인인지 궁금할 것이다. [표 3.4]의 개별 p-값을 살펴볼 수도 있지만, 앞서 논의했듯이(그리고 13장에서 자세히 살펴볼 예정이지만) p[12]가 크면 발견이 잘못되었을 가능성이 높다.

모든 예측변수가 반응변수와 연관될 수도 있지만 반응변수가 일부 예측변수와만 연관된 경우가 더 많다. 어떤 예측변수가 반응변수와 연관되어 있는지 결정해 오직 그 예측변수들만 포함한 단일 모형을 적합하는 작업을 변수선택(variable selection)이라고 한다. 변수선택 문제는 6장에서 폭넓게 배우므로 여기서는 일부 고전적 접근법에 대한 간략한 개요만 제시한다.

이상적으로는 변수선택을 수행할 때 다양한 모형을 시도하고 각각의 모형은 서로 다른 예측변수의 부분집합을 포함하도록 하고 싶을 것이다. 예를 들어 $p = 2$인 경우 (1) 변수가 없는 모형 (2) X_1만 포함한 모형 (3) X_2만 포함한 모형 (4) X_1과 X_2 모두를 포함한 모형, 네 가지 모형을 고려할 수 있다. 그런 다음 고려한 모든 모

12 (옮긴이) 여기서 p는 예측변수의 개수를 뜻한다. 통계량의 p-값과 혼동하지 않도록 주의하자.

형에서 '가장 좋은' 모형을 선택할 수 있다. 어떤 모형이 가장 좋은지 어떻게 결정할 수 있을까? 여러 통계량을 사용해 모형의 품질을 평가할 수 있다. 통계량으로는 맬로우즈 C_p(Mallows' C_p), AIC(Akaike Information Criterion), BIC(Bayesian Information Criterion), 수정된 R^2(adjusted R^2) 등이 있다. 6장에서 더 자세히 다룰 예정이다. 또 어떤 모형이 가장 좋은지 결정하기 위해 잔차와 같은 다양한 모형 출력을 그래프로 그려서 패턴을 살펴볼 수도 있다.

안타깝게도 p개 변수의 부분집합을 포함하는 모형은 총 2^p가지다. 따라서 보통의 p에서조차 예측변수의 모든 가능한 부분집합을 시도하는 것이 불가능하다. 예를 들어 앞서 보았듯이 $p = 2$이면 고려할 모형이 2^2=4가지다. 하지만 $p = 30$이라면 $2^{30} = 1{,}073{,}741{,}824$가지 모형을 고려해야 하지만 현실적으로 불가능하다. 따라서 p가 아주 작지 않는 한 모든 2^p개 모형을 고려할 수 없으며, 대신 고려할 모형 집합을 더 작은 규모로 선택하는 자동화되고 효율적인 접근법이 필요하다. 이 작업을 위한 세 가지 고전적인 접근법을 살펴보자.

- **전진선택**(forward selection). 영모형(null model)에서 시작한다. 영모형은 예측변수가 없고 절편만 있는 모형이다. 다음으로 p개의 단순선형회귀모형을 적합하고 RSS가 가장 작은 변수를 영모형에 추가한다. 다음으로 그 모형에 RSS가 가장 낮은 변수를 추가해 새로운 두 변수 모형을 얻는다. 중지 규칙이 만족될 때까지 이 접근법을 반복한다.
- **후진선택**(backward selection). 모든 변수가 포함된 모형에서 시작한다. p-값이 가장 큰 변수를 제거한다. 즉, 통계적으로 가장 유의하지 않은 변수를 제거한다. 새로운 $(p - 1)$-변수 모형을 적합하고 p-값이 가장 큰 변수를 제거한다. 이 절차를 중지 규칙에 도달할 때까지 계속한다. 예를 들어 남아 있는 모든 변수의 p-값이 특정 임곗값 아래로 내려가면 중지할 수 있다.
- **혼합선택**(mixed selection). 전진선택과 후진선택을 조합한 접근법이다. 변수가 없는 상태에서 모형을 시작하고 전진선택처럼 가장 좋은 적합을 제공하는 변수를 추가한다. 변수는 한 번에 하나씩 계속 추가한다. `Advertising` 예제에서 언급했듯이 모형에 새로운 예측변수가 추가됨에 따라 변수의 p-값은 커질 수 있다. 따라서 모형 내의 변수 중 하나의 p-값이 특정 임곗값보다 커지는 순간 그 변수를 모형에서 제거한다. 계속해서 전진과 후진 단계를 수행한다. 모형에 있는 모든 변수의 p-값이 충분히 낮아지고 모형 밖의 모든 변수는 모형에 추가하면 p-값이 커질 때까지 계속한다.

후진선택은 $p > n$일 경우에는 사용할 수 없지만 전진선택은 항상 사용할 수 있다. 전진선택은 탐욕적인 접근법으로 초기에 포함한 변수가 나중에는 불필요하게 추가된 변수가 될 수 있다. 혼합선택으로 이 문제를 해결할 수 있다.

셋: 모형 적합도

모형 적합도의 가장 일반적인 수치형 측도 두 가지는 RSE와 분산 설명의 비율인 R^2이다. 이 수치들은 단순선형회귀와 동일한 방식으로 계산하고 해석한다.

단순회귀에서 R^2은 반응변수와 변수의 상관계수의 제곱이었음을 떠올려 보자. 다중선형회귀에서는 R^2이 반응변수와 적합된 선형모형 사이의 상관계수 제곱인 $\mathrm{Cor}(Y, \hat{Y})^2$과 같다는 것이 밝혀져 있다. 사실 적합된 선형모형의 설정 중 하나는 모든 가능한 선형모형에서 이 상관관계를 최대화한다는 점이다.

R^2 값이 1에 가까우면 모형은 반응변수 분산의 많은 부분을 설명한다. 예를 들어 [표 3.6]의 Advertising 데이터에서 세 가지 광고 매체를 모두 사용해 sales를 예측하는 모형은 R^2이 0.8972이었다. 반면에 TV와 radio만을 사용해 sales를 예측하는 모형은 R^2 값이 0.89719이다. [표 3.4]에서 신문 광고의 p-값이 유의하지 않다는 것을 봤지만, 그럼에도 TV와 라디오 광고를 포함하는 모형에 신문 광고를 포함하면 R^2이 '조금' 증가한다. 실제로 R^2은 변수들이 반응변수와 약하게 관련되어 있더라도 더 많은 변수가 모형에 추가될 때마다 항상 증가한다. 왜냐하면 추가된 변수가 항상 (테스트 데이터는 꼭 그렇지 않지만) 훈련 데이터의 잔차제곱합을 감소시키기 때문이다. 따라서 훈련 데이터에서 계산되는 R^2은 반드시 증가한다. TV와 라디오 광고만 포함하는 모형에서 신문 광고를 추가하면 R^2이 아주 조금밖에 증가하지 않는다는 사실은 newspaper를 모형에서 제외할 수 있는 추가적인 증거가 된다. 본질적으로 newspaper는 훈련 표본에 대한 모형 적합도를 실질적으로 개선하지 못하며, 이를 포함하면 과적합(overfitting)으로 인해 독립적인[13] 테스트 표본에서는 좋지 않은 결과를 초래할 가능성이 있다.

반면에 TV만 예측변수로 포함하는 모형은 R^2이 0.61이다([표 3.2]). radio를 모형에 추가하면 R^2이 상당히 개선된다. 이것은 TV와 라디오 지출을 사용해 판매량을

13 (옮긴이) 'independent test samples'를 '독립적인'으로 번역했다. 여기서 독립적이라는 말은 훈련 데이터와는 관련이 없는 다른 테스트 표본을 뜻한다. 통계학에서 사용하는 '독립'과 의미가 통하므로 이를 살려서 번역했다.

예측하는 모형이 TV 광고만을 사용하는 것보다 상당히 좋은 모형임을 의미한다. 여기서 이 개선을 더 수량화하려면 TV와 radio만 예측변수로 포함하는 모형에서 radio 계수의 p-값을 살펴볼 수 있다.

TV와 radio만 예측변수로 포함하는 모형의 RSE는 1.681이고 newspaper도 예측변수로 포함하는 모형의 RSE는 1.686이다([표 3.6]). 반면에 TV만 포함하는 모형의 RSE는 3.26이다([표 3.2]). 이것은 모형이 TV와 라디오 지출을 사용해 판매량을 예측하는 것이 TV 지출만을 사용하는 것보다 (훈련 데이터에서) 훨씬 더 정확하다는 이전 결론을 재확인해 준다. 더 나아가 TV와 라디오 지출을 예측변수로 사용하는 경우에 신문 지출도 예측변수로 사용하는 것은 무의미하다. 관찰력이 좋은 독자라면 newspaper를 모형에 추가할 때 RSS는 감소해야 함에도 어떻게 RSE가 증가하는지 궁금할 수 있다. 일반적으로 RSE는 다음과 같이 정의된다.

$$\mathrm{RSE} = \sqrt{\frac{1}{n-p-1}\mathrm{RSS}} \tag{3.25}$$

이 식은 단순선형회귀에서는 식 (3.15)로 단순화된다. 따라서 RSS 감소가 p 증가에 비해 상대적으로 작으면 변수가 더 많은 모형의 RSE는 커질 수 있다.

방금 논의한 RSE와 R^2 통계량을 살펴보는 것에 외에 데이터를 그래프로 그리는 것도 유용할 수 있다. 그림 요약은 수치 통계에서는 보지 못한 모형의 문제점을 드러낼 수 있다. 예를 들어 [그림 3.5]는 TV와 radio 대 sales의 3차원 그래프다. 일부 관측값은 최소제곱 회귀평면보다 위쪽에 있고 일부는 아래쪽에 있다. 특히 이 선형모형은 광고 비용 대부분이 TV 또는 radio 어느 한쪽에만 주로 지출된 경우 sales를 과대추정하는 것으로 보인다. 예산이 두 매체에 나누어진 경우에는 sales를 과소추정하고 있다. 이 뚜렷한 비선형 패턴은 광고 매체 사이에 '시너지' 또는 상호작용(interaction) 효과가 있음을 나타낸다. 이는 매체를 함께 사용하면 단일 매체를 사용할 때보다 판매량이 더 크게 증가한다는 것을 의미한다. 3.3.2절에서는 선형모형을 확장해 시너지(synergistic) 효과를 수용하는 방법을 살펴볼 예정이다.

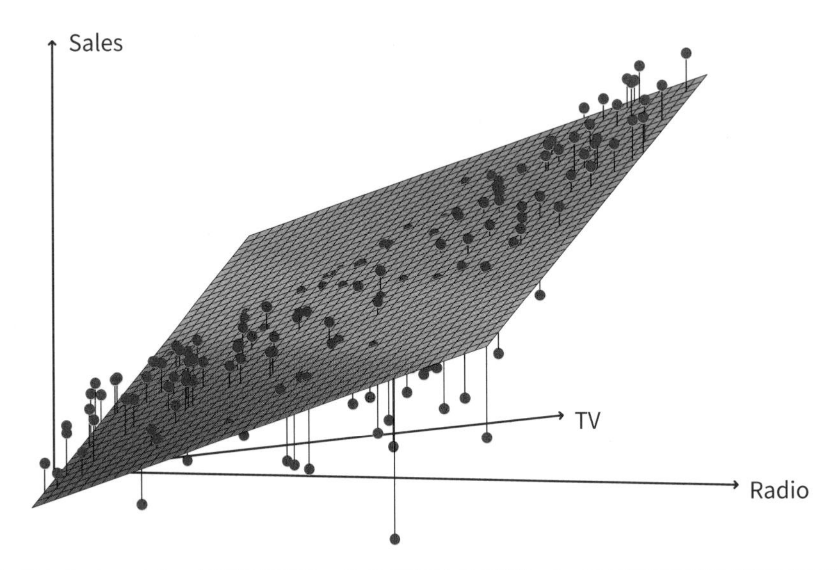

[그림 3.5] Advertising 데이터에서 TV와 radio를 예측변수로 사용해 sales에 선형회귀모형을 적합한 결과다. 잔차의 패턴으로 데이터에 뚜렷한 비선형 관계가 있음을 알 수 있다. 양의 잔차(평면 위쪽에 보이는 것들)는 TV와 Radio 예산이 균등하게 분할되는 45도 선을 따라 놓여 있는 경향이 있다. 음의 잔차(대부분 보이지 않음)는 이 선에서 멀리 떨어진, 즉 예산이 더 편중된 곳에 위치하는 경향이 있다.

넷: 예측

다중회귀모형을 적합한 후 식 (3.21)을 적용해 예측변수 $X_1, X_2, ..., X_p$의 값 집합을 기반으로 반응 Y를 예측하는 일은 단순하다. 그러나 이 예측과 관련해서 세 가지 종류의 불확실성이 있다.

1. 계수 추정값 $\hat{\beta}_0, \hat{\beta}_1, ..., \hat{\beta}_p$은 $\beta_0, \beta_1, ..., \beta_p$의 추정값이다. 즉, 최소제곱평면

$$\hat{Y} = \hat{\beta}_0 + \hat{\beta}_1 X_1 + \cdots + \hat{\beta}_p X_p$$

   은 참 모집단 회귀평면

$$f(X) = \beta_0 + \beta_1 X_1 + \cdots + \beta_p X_p$$

   의 추정일 뿐이다. 계수 추정값의 부정확성은 2장의 축소가능 오차(reducible error)와 관련이 있다. 신뢰구간(confidence interval)을 계산해 $\hat{Y}$이 $f(X)$와 얼마나 가까운지 결정할 수도 있다.

2. 물론 실제로 $f(X)$가 선형모형이라고 가정하는 것은 거의 언제나 현실의 근사이므로 모형 편향(model bias)이라고 하는 잠재적 축소가능 오차가 추가될 가

능성이 있다. 따라서 선형모형을 사용하면 실제의 참 표면에 대한 가장 좋은 선형 근사를 추정하게 된다. 그러나 여기서는 이런 차이를 무시하고 선형모형이 올바르다고 가정하겠다.

3. 비록 $f(X)$, 즉 $\beta_0, \beta_1, ..., \beta_p$의 참값을 알고 있다고 해도 모형의 랜덤한 오차 ϵ 때문에 반응변수 값을 완벽하게 예측할 수 없다(모형 (3.20)). 2장에서는 이것을 축소불가능 오차(irreducible error)라고 했다. Y와 $\hat{Y}$이 얼마나 다를까? 예측구간(prediction interval)으로 이 질문에 답할 수 있다. 예측구간은 $f(X)$ 추정값의 오차(축소가능 오차)와 개별 점이 모집단 회귀평면에서 얼마나 벗어나 있는지의 불확실성(축소불가능 오차)을 모두 포함하고 있기 때문에 신뢰구간보다 언제나 넓다.

'신뢰구간'을 사용해 많은 도시의 '평균적인' sales의 불확실성을 수량화할 수 있다. 예를 들어 각 도시에서 TV 광고에 \$100,000, radio 광고에 \$20,000을 지출하면 95% 신뢰구간은 [10,985, 11,528]이다. 이 구간에서는 95%가 $f(X)$의 참값을 포함한다고 해석할 수 있다.[14] 반면에 예측구간(prediction interval)을 이용하면 '특정' 도시의 sales를 둘러싼 불확실성을 수량화할 수 있다. 해당 도시에서 TV 광고에 \$100,000, radio 광고에 \$20,000을 지출했다고 가정할 때 95% 예측구간은 [7,930, 14,580]이다. 이런 형태의 구간에서는 95%가 그 도시에 대한 Y의 참값을 포함한다고 해석할 수 있다. 두 가지 구간 모두 중심은 11,256이지만 신뢰구간에 비해 예측구간이 훨씬 넓다는 점에 주목할 필요가 있다. 이는 많은 지역의 평균 sales에 비해 특정 도시의 sales에 대한 불확실성이 증가했음을 반영한다.

3.3 회귀모형에서 생각할 다른 문제들

3.3.1 질적 예측변수

지금까지 논의에서는 선형회귀모형의 모든 변수를 양적 변수(quantitative variable)라고 가정했다. 그러나 실제 상황에서는 꼭 그렇지는 않으며 일부 예측변수는 질적 변수(qualitative variable)인 경우가 많다.

14 Advertising과 같은 데이터 세트를 여러 개 수집하고 각각의 데이터 세트에서 TV 광고에 \$100,000, radio 광고에 \$20,000이 지출됐을 때 평균 sales에 대한 신뢰구간을 구성한다면, 이런 신뢰구간들 중 95%가 평균 sales의 참값을 포함할 것이다.

예를 들어 [그림 3.6]에서 제시된 Credit 데이터 세트는 신용카드 소유자들의 변수를 기록한 것이다. 반응변수는 balance(각 개인의 평균 신용카드 부채)이며 양적 예측변수로는 age(나이), cards(신용카드 수), education(교육 연수), income(달러 단위의 수입), limit(신용 한도), rating(신용 등급) 등 여러 가지가 있다. [그림 3.6]은 변수 쌍의 산점도행렬로, 행과 열에 대응되는 변수는 대각선상에 표시되어 있다. 예를 들어 'Balance'라는 단어 오른쪽에 있는 산점도는 balance 대 age를 나타내고, 'Age'의 오른쪽은 age 대 cards를 나타낸다. 양적 변수 외에도 own(주택 소유), student(학생 상태), status(결혼 상태), region(동부, 서부, 남부)과 같은 네 가지 질적 변수가 있다.

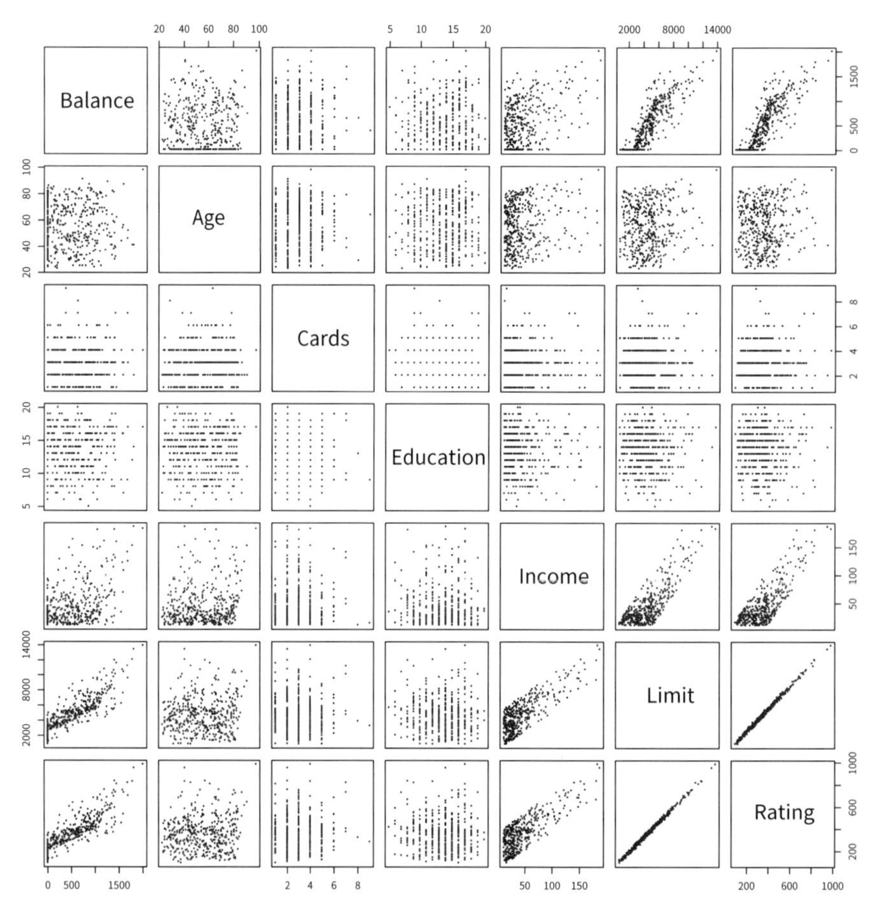

[그림 3.6] Credit 데이터 세트는 잠재 고객의 balance, age, cards, education, income, limit, rating 등의 정보를 담고 있다.

두 수준으로 이루어진 예측변수

주택 소유 여부에 따라 신용카드 잔액의 차이를 조사하는 경우를 생각해 보자. 다른 변수들은 잠시 무시한다. 질적 예측변수(요인(factor)이라고도 함)가 단지 두 수준(level), 즉 가능한 값이 두 개뿐이라면 변수를 회귀모형에 포함하는 일은 매우 간단하다. 단순히 두 가지 수치형 값을 취할 수 있는 표시자(indicator) 또는 가변수(dummy variable)를 만들면 된다.[15] 예를 들어 own 변수를 기반으로 다음과 같이 새로운 형태의 변수를 만들 수 있다.

$$x_i = \begin{cases} 1 & i\text{번째 사람이 주택을 소유한 경우} \\ 0 & i\text{번째 사람이 주택을 소유하지 않은 경우} \end{cases} \tag{3.26}$$

그리고 이 변수를 회귀식에서 예측변수로 사용한다. 결과는 다음과 같은 모형이 된다.

$$y_i = \beta_0 + \beta_1 x_i + \epsilon_i = \begin{cases} \beta_0 + \beta_1 + \epsilon_i & i\text{번째 사람이 주택을 소유한 경우} \\ \beta_0 + \epsilon_i & i\text{번째 사람이 주택을 소유하지 않은 경우} \end{cases} \tag{3.27}$$

이제 β_0은 주택을 소유하지 않는 사람들의 평균 신용카드 잔액, $\beta_0 + \beta_1$은 주택을 소유한 사람들의 평균 신용카드 잔액, β_1은 소유자와 비소유자 사이의 평균 신용카드 잔액의 차이로 해석될 수 있다.

[표 3.7]은 모형 (3.27)과 관련된 계수 추정값과 기타 정보를 보여 준다. 비소유자의 평균 신용카드 부채는 \$509.80로 추정되며, 소유자는 추가 부채 \$19.73이 있어서 총 \$509.80 + \$19.73 = \$529.53로 추정된다. 그런데 가변수에 대한 p-값이 매우 높다. 이는 주택 소유 여부에 따른 평균 신용카드 잔액의 차이에 통계적 증거가 없음을 나타낸다.

	Coefficient	Std. error	t-statistic	p-value
Intercept	509.80	33.13	15.389	<0.0001
own[Yes]	19.73	46.05	0.429	0.6690

[표 3.7] Credit 데이터 세트에서 own에 대한 balance의 회귀 관련 최소제곱 계수 추정값. 이 선형모형은 식 (3.27)에 있다. 즉, 주택 소유 여부는 식 (3.26)과 같이 가변수로 인코딩되어 있다.

15 기계학습 커뮤니티에서는 가변수를 만들어 질적 예측변수를 다루는 것을 원-핫 인코딩(one-hot encoding)이라고 한다.

식 (3.27)에서 소유자를 1, 비소유자를 0으로 코드화하는 결정은 임의적인 것으로 회귀 적합 자체에는 영향을 미치지 않지만 계수 해석은 달라진다. 비소유자를 1, 소유자를 0으로 코드화했다면 β_0과 β_1의 추정값은 각각 529.53과 −19.73이 되어, 비소유자의 신용카드 부채 예측은 $\$529.53 - \$19.73 = \$509.80$이고 소유자의 예측은 \$529.53이 된다. 0/1 코드화 체계 대신 다른 방법으로 가변수

$$x_i = \begin{cases} 1 & i\text{번째 사람이 주택을 소유한 경우} \\ -1 & i\text{번째 사람이 주택을 소유하지 않은 경우} \end{cases}$$

를 만들고 이 변수를 회귀식에 사용할 수도 있다. 결과는 다음과 같은 모형이 된다.

$$y_i = \beta_0 + \beta_1 x_i + \epsilon_i = \begin{cases} \beta_0 + \beta_1 + \epsilon_i & i\text{번째 사람이 주택을 소유한 경우} \\ \beta_0 - \beta_1 + \epsilon_i & i\text{번째 사람이 주택을 소유하지 않은 경우} \end{cases}$$

이제 β_0은 주택 소유 효과를 무시한 전체 평균 신용카드 잔액으로 해석될 수 있고, β_1은 주택 소유자와 비소유자의 신용카드 잔액이 평균보다 높은지 아니면 낮은지를 나타낸다.[16] 이 예시에서 β_0의 추정값은 \$519.665로 소유자와 비소유자의 평균인 \$509.80과 \$529.53의 중간값이다. β_1의 추정값은 \$9.865로 소유자와 비소유자 간 평균의 차이인 \$19.73의 절반이다. 소유자와 비소유자의 신용 잔액에 대한 최종 예측이 어떤 코드화 체계를 사용하느냐에 관계없이 동일하다는 점에 주목할 필요가 있다. 유일한 차이는 계수를 해석하는 방식에 있다.

수준이 여러 개인 질적 변수

질적 예측변수의 수준이 2개보다 많을 때 단일 가변수로는 모든 가능한 값을 나타낼 수 없다. 이 경우 추가 가변수를 생성하는 방법이 있다. 예를 들어 `region` 변수에서 두 개의 가변수를 생성한다. 첫 번째 가변수는 다음과 같다.

$$x_{i1} = \begin{cases} 1 & i\text{번째 사람이 남부 출신인 경우} \\ 0 & i\text{번째 사람이 남부 출신이 아닌 경우} \end{cases} \tag{3.28}$$

그리고 두 번째 변수는 다음과 같다.

16 엄밀히 말해서 β_0은 주택 소유자의 평균 부채와 비소유자의 평균 부채를 합한 값의 절반이다. 따라서 β_0이 총체적 평균과 정확히 일치하는 경우는 두 그룹의 구성원 수가 동일할 때뿐이다.

$$x_{i2} = \begin{cases} 1 & i\text{번째 사람이 서부 출신인 경우} \\ 0 & i\text{번째 사람이 서부 출신이 아닌 경우} \end{cases} \tag{3.29}$$

그리고 이 두 변수를 회귀식에 사용하면 다음 모형을 얻을 수 있다.

$$y_i = \beta_0+\beta_1 x_{i1}+\beta_2 x_{i2}+\epsilon_i = \begin{cases} \beta_0+\beta_1+\epsilon_i & i\text{번째 사람이 남부 출신인 경우} \\ \beta_0+\beta_2+\epsilon_i & i\text{번째 사람이 서부 출신인 경우} \\ \beta_0+\epsilon_i & i\text{번째 사람이 동부 출신인 경우} \end{cases} \tag{3.30}$$

이제 β_0은 동부 출신 개인들의 평균 신용카드 잔액으로 해석될 수 있으며, β_1은 남부 출신과 동부 출신 사이의 평균 잔액 차이로, β_2는 서부 출신과 동부 출신 사이의 평균 잔액 차이로 해석될 수 있다. 가변수의 개수는 항상 수준의 개수보다 하나 적다. 가변수가 없는 수준, 즉 이 예제에서는 동부를 기준범주(baseline)라고 한다.

[표 3.8]에서 기준범주인 동부에서 추정된 `balance` 값은 $531.00이다. 서부 사람들은 동부 사람보다 부채가 $18.69, 남부 사람들은 동부 사람보다 부채가 $12.50 적을 것으로 추정된다. 하지만 두 가변수의 계수 추정값인 p-값이 매우 큰데, 이것은 남부와 동부 또는 서부와 동부 사이에 실제 평균 신용카드 잔액의 차이에 대한 통계적 근거가 없다는 뜻이다.[17] 다시 말해 하나의 수준을 기준범주로 임의로 선택할 수 있으며 어떤 집단을 선택하든 각 집단에 대한 최종 예측은 동일하다. 하지만 계수와 p-값은 가변수 코딩의 선택에 따라 달라진다. 개별 계수에 의존하는 대신에 $H_0: \beta_1 = \beta_2 = 0$을 검정하는 F-검정을 사용할 수 있는데, 이것은 코딩에 의존하지 않는다. 이 F-검정은 p-값이 0.96이므로 `balance`와 `region` 사이에 관계가 없다는 귀무가설을 기각할 수 없다.

	Coefficient	Std. error	t-statistic	p-value
`Intercept`	531.00	46.32	11.464	<0.0001
`region[South]`	−12.50	56.68	−0.221	0.8260
`region[West]`	−18.69	65.02	−0.287	0.7740

[표 3.8] `Credit` 데이터 세트에서 `balance`를 `region`으로 회귀분석한 최소제곱 추정값. 선형모형은 식 (3.30)에 제시되어 있다. 즉, 지역은 식 (3.28)과 식 (3.29)의 두 개의 가변수로 코드화된다.

17 이론적으로는 남부와 서부 사이에 차이가 있을 수 있지만, 이 데이터에서는 어떠한 차이도 보여 주지 않는다.

가변수 접근법을 사용하면 양적 예측변수와 질적 예측변수를 모두 포함할 때 어려움이 없다. 예를 들어 balance를 income과 같은 양적 변수와 student와 같은 질적 변수 모두에 대해 회귀하려면, student에 대한 가변수를 생성한 다음 income과 가변수를 신용카드 잔액의 예측변수로 사용해 다중회귀모형을 적합하면 된다.

여기서 사용한 가변수 접근법 외에도 질적 변수를 코딩하는 다른 방법이 많이 있다. 이런 접근법들로 도출되는 모형 적합은 모두 동치지만 계수가 서로 다르고 해석이 달라지며 특정한 대비(contrast)를 측정하도록 설계된다. 이 주제는 이 책의 범위를 넘어선다.

3.3.2 선형모형의 확장

표준 선형회귀모형 (3.19)는 해석 가능한 결과를 제공하며 많은 실세계 문제에서 꽤 잘 작동한다. 그러나 몇 가지 매우 제한적인 가정이 필요한데, 이 가정들은 실제 응용에서는 위반되는 일이 많다. 예측변수와 반응변수 사이의 관계에 대한 가장 중요한 가정 두 가지는 가법성(additivity)과 선형성(linearity)이다. 가법성 가정은 예측변수 X_j와 반응 Y 사이의 연관성이 다른 예측변수의 값에 의존하지 않는다는 것을 의미한다. 선형성 가정은 X_j의 한 단위 변화와 연관된 반응변수 Y의 변화가 X_j 값에 관계없이 일정하다는 것이다. 이 책 뒷부분에서 이 두 가정을 완화하는 여러 가지 정교한 방법을 검토할 예정이다. 여기서는 간략하게 몇 가지 고전적인 접근법을 이용해 선형모형을 확장하는 방법을 살펴본다.

가법성 가정 제거하기

Advertising 데이터의 이전 분석에서 TV와 radio가 sales와 관련이 있다고 결론지었다. 결론의 기초가 된 선형모형에서는 한 광고 매체의 비용 증가가 판매량에 미치는 효과는 다른 매체에 지출한 비용과 독립이라고 가정했다. 예를 들어 선형모형 (3.20)은 TV가 한 단위 증가할 때 sales의 평균 증가는 radio에 지출된 금액과 관계없이 항상 β_1이라고 명시한다.

하지만 이 단순 모형이 틀릴 수도 있다. 라디오 광고에 돈을 쓰면 실제로 TV 광고의 효과성이 증가해 TV의 기울기 항이 radio 증가에 따라 증가하는 경우를 생각해 보자. $100,000의 고정 예산이 있을 때, 이 경우 radio와 TV에 절반씩 지출하면 TV 또는 radio에 전액 할당하는 것보다 sales를 더 많이 늘릴 수 있다. 마케팅에서는 이것을 시너지(synergy) 효과라고 하고 통계학에서는 상호작용(interaction) 효과라고 한다. [그림 3.5]를 보면 광고 데이터에서도 이런 효과가 존재하는 것으로 보인다. TV 또는 radio의 수준이 낮을 때는 sales의 참값이 선형모형이 예측한 것보다 더 낮다. 하지만 광고를 두 매체로 분할했을 때는 모형이 sales를 과소평가하는 경향을 보인다.

변수가 두 개 있는 표준 선형회귀모형을 생각해 보자.

$$Y = \beta_0 + \beta_1 X_1 + \beta_2 X_2 + \epsilon$$

이 모형에 따르면 X_1의 한 단위 증가는 Y의 평균이 β_1만큼 증가하는 것과 연관되어 있다. X_2의 존재가 이 진술을 변경하지 않는다는 점에 주목하자. 즉, X_2의 값에 관계없이 X_1의 한 단위 증가는 Y에서 β_1만큼 증가하는 것과 연관이 있다. 이 모형을 확장하는 한 가지 방법은 '상호작용 항'이라고 하는 세 번째 예측변수를 포함하는 방법이다. 이 변수는 X_1과 X_2의 곱으로 만들어진다. 그 결과로 모형은 다음과 같이 된다.

$$Y = \beta_0 + \beta_1 X_1 + \beta_2 X_2 + \beta_3 X_1 X_2 + \epsilon \tag{3.31}$$

상호작용 항을 포함하는 것이 어떻게 가법성 가정을 완화할까? 식 (3.31)은 다음과 같이 다시 쓸 수 있다.

$$\begin{aligned} Y &= \beta_0 + (\beta_1 + \beta_3 X_2) X_1 + \beta_2 X_2 + \epsilon \\ &= \beta_0 + \tilde{\beta}_1 X_1 + \beta_2 X_2 + \epsilon \end{aligned} \tag{3.32}$$

여기서 $\tilde{\beta}_1 = \beta_1 + \beta_3 X_2$이다. 이제 $\tilde{\beta}_1$는 X_2의 함수이므로 X_1과 Y 사이의 연관성은 더 이상 상수가 아니다. X_2의 값이 변하면 X_1과 Y 사이의 연관성도 바뀐다. 비슷한 논리로 X_1의 값이 변하면 X_2와 Y 사이의 연관성도 바뀐다.

예를 들어 공장의 생산성을 연구하는 데 관심이 있다고 가정해 보자. 생산 lines의 수와 총 workers의 수를 기반으로 생산된 units의 수를 예측하고 싶다. 생산 라인 수 증가의 효과가 근로자의 수에 따라 달라진다는 생각은 그럴듯해 보이는데, 라인을 운영할 근로자가 없다면 라인 수를 늘려도 생산량은 증가하지 않을 것이기 때문이다. 이는 lines와 workers 사이의 상호작용 항을 선형모형에 포함하는 것이 units를 예측하는 데 적절할 수 있음을 알려 준다. 모형에 적합했을 때 다음과 같은 결과를 얻었다고 가정해 보자.

$$\begin{aligned} \texttt{units} &\approx 1.2 + 3.4 \times \texttt{lines} + 0.22 \times \texttt{workers} + 1.4 \times (\texttt{lines} \times \texttt{workers}) \\ &= 1.2 + (3.4 + 1.4 \times \texttt{workers}) \times \texttt{lines} + 0.22 \times \texttt{workers} \end{aligned}$$

즉, 라인을 추가하면 생산된 units의 수는 $3.4 + 1.4 \times$ workers만큼 증가한다. 따라서 workers가 더 많을수록 lines의 효과는 더 강해진다.

이제 Advertising 예제로 돌아가자. radio, TV, 그리고 두 변수의 상호작용을 사용해 sales를 예측하는 선형모형은 다음과 같은 형태를 취한다

$$\begin{aligned} \texttt{sales} &= \beta_0 + \beta_1 \times \texttt{TV} + \beta_2 \times \texttt{radio} + \beta_3 \times (\texttt{radio} \times \texttt{TV}) + \epsilon \\ &= \beta_0 + (\beta_1 + \beta_3 \times \texttt{radio}) \times \texttt{TV} + \beta_2 \times \texttt{radio} + \epsilon \end{aligned} \quad (3.33)$$

β_3을 라디오 광고가 한 단위 증가할 때 TV 광고 효과의 증가로(또는 그 반대로) 해석할 수 있다. 모형 (3.33)을 적합한 결과로 나온 계수는 [표 3.9]에 제시되어 있다.

	Coefficient	Std. error	t-statistic	p-value
Intercept	6.7502	0.248	27.23	<0.0001
TV	0.0191	0.002	12.70	<0.0001
radio	0.0289	0.009	3.24	0.0014
TV×radio	0.0011	0.000	20.73	<0.0001

[표 3.9] Advertising 데이터에서 식 (3.33)과 같이 상호작용 항을 포함해 TV와 radio로 sales를 회귀분석한 최소제곱 계수 추정값.

[표 3.9]에 제시한 결과는 상호작용 항을 포함하는 모형이 주효과(main effect)만 포함하는 모형보다 확실히 우월함을 보여 준다. 상호작용 항 TV×radio의 p-값이 극도로 작은 것은 $H_a : \beta_3 \neq 0$에 대해 강력한 증거가 있음을 나타낸다. 즉, 참 관계가 가법적이지 않음을 분명하게 보여 준다. 모형 (3.33)의 R^2은 96.8%로 상호작용 항 없이 TV와 radio만 사용해 sales를 예측하는 모형의 89.7%와 비교된다. 이것은 가법 모형을 적용한 후 남아 있는 sales 변동의 $(96.8 - 89.7)/(100 - 89.7) = 69\%$가 상호작용 항으로 설명됐다는 의미다. [표 3.9]의 계수 추정값은 TV 광고의 $1,000 증가가 $(\hat{\beta}_1 + \hat{\beta}_3 \times \texttt{radio}) \times 1{,}000 = 19 + 1.1 \times \texttt{radio}$만큼의 판매량 증가와 연관되어 있음을 보여 준다. 그리고 라디오 광고의 $1,000 증가는 $(\hat{\beta}_2 + \hat{\beta}_3 \times \texttt{TV}) \times 1{,}000 = 29 + 1.1 \times \texttt{TV}$만큼의 판매량 증가와 연관이 있을 것이다.

이 예제에서 TV, radio, 그리고 상호작용과 연관된 p-값은 모두 통계적으로 유의하므로([표 3.9]) 세 변수를 모두 모형에 포함해야 한다. 하지만 상호작용 항의 p-값은 매우 작지만 관련된 주효과(여기서는 TV와 radio)는 그렇지 않은 경우가 있다. 계층 원칙(hierarchical principle)에 따르면 **상호작용을 모형에 포함하면 주효과의**

계수와 연관된 p-값이 유의하지 않더라도 주효과도 포함해야 한다. 즉, X_1과 X_2 사이의 상호작용이 중요하다면 X_1과 X_2의 계수에 연관된 p-값이 크더라도 모형에 두 변수를 모두 포함해야 한다. 이러한 원칙은 $X_1 \times X_2$가 반응변수와 관련이 있다면 X_1이나 X_2의 계수가 정확히 0인지 아닌지는 중요 관심사가 아니라는 논리를 근거로 한다. 또 $X_1 \times X_2$는 일반적으로 X_1과 X_2와 상관관계에 있으므로 이 둘을 제외하면 상호작용의 의미가 변경되는 경향이 있다.

이전 예시에서 TV와 radio 사이의 상호작용을 고려했는데, 이 둘은 모두 양적 변수다. 하지만 상호작용의 개념은 질적 변수 또는 양적 변수와 질적 변수의 조합에도 마찬가지로 적용된다. 사실 질적 변수와 양적 변수 사이의 상호작용이 특히 더 해석이 잘 된다. 3.3.1절의 Credit 데이터 세트를 생각해 보자. 양적 변수(quantitative variable) income과 질적 변수(qualitative variable) student를 사용해 balance를 예측하는 경우를 가정해 보자. 상호작용 항이 없는 경우 모형은 다음과 같은 형태를 취한다

$$\begin{aligned}
\texttt{balance}_i &\approx \beta_0 + \beta_1 \times \texttt{income}_i + \begin{cases} \beta_2 & i\text{번째 사람이 학생인 경우} \\ 0 & i\text{번째 사람이 학생이 아닌 경우} \end{cases} \\
&= \beta_1 \times \texttt{income}_i + \begin{cases} \beta_0 + \beta_2 & i\text{번째 사람이 학생인 경우} \\ \beta_0 & i\text{번째 사람이 학생이 아닌 경우} \end{cases}
\end{aligned} \tag{3.34}$$

이 모형은 학생 집단과 비학생 집단에 대해 두 개의 평행선을 적합한다는 점에 주목하자. 학생 집단과 비학생 집단의 직선은 절편이 $\beta_0 + \beta_2$와 β_0로 다르지만 기울기는 β_1로 같다. 이는 [그림 3.7] 왼쪽 그림에 표현되어 있다. 직선이 평행하다는 사실은 income에서 한 단위 증가가 balance에 미치는 평균 효과는 개인이 학생인지

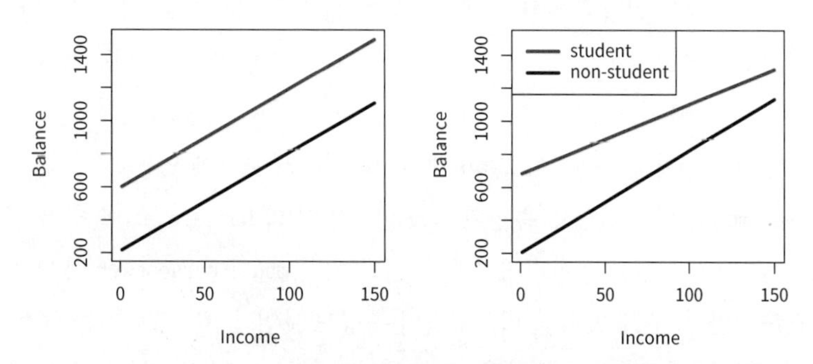

[그림 3.7] Credit 데이터에 대한 최소제곱선. 직선은 학생 집단과 비학생 집단에서 income을 이용한 balance의 예측을 보여 준다. 왼쪽: 모형 (3.34)가 적합됐다. income과 student 사이에 상호작용이 없다. 오른쪽: 모형 (3.35)가 적합됐다. income과 student 사이에 상호작용 항이 있다.

아닌지에 따라 달라지지 않는다는 것을 의미한다. 실제로 income의 변화가 학생과 비학생의 신용카드 잔액에 매우 다른 영향을 줄 수 있기 때문에 모형은 잠재적으로 심각한 한계를 나타낸다.

이 한계는 income과 student의 가변수를 곱해 만든 상호작용 변수를 추가하면 해결할 수 있다. 이제 우리 모형은 다음과 같이 된다

$$\begin{aligned}\texttt{balance}_i &\approx \beta_0 + \beta_1 \times \texttt{income}_i + \begin{cases}\beta_2 + \beta_3 \times \texttt{income}_i & \text{학생인 경우}\\ 0 & \text{학생이 아닌 경우}\end{cases}\\ &= \begin{cases}(\beta_0 + \beta_2) + (\beta_1 + \beta_3) \times \texttt{income}_i & \text{학생인 경우}\\ \beta_0 + \beta_1 \times \texttt{income}_i & \text{학생이 아닌 경우}\end{cases}\end{aligned} \quad (3.35)$$

다시 한번 학생과 비학생을 위한 두 개의 다른 회귀선을 얻었다. 하지만 이번에는 이 회귀선들의 절편이 $\beta_0 + \beta_2$와 β_0이고, 기울기가 $\beta_1 + \beta_3$과 β_1로 다르다. 이는 수입의 변화가 학생과 비학생의 신용카드 잔액에 다르게 영향을 미칠 수 있는 가능성을 허용한다. [그림 3.7]의 오른쪽 그림은 모형 (3.35)에서 학생과 비학생의 income과 balance 사이의 추정 결과를 보여 준다. 학생의 기울기가 비학생의 기울기보다 낮다는 점에 주목하자. 수입의 증가가 비학생에 비해 학생에서 더 적은 신용카드 잔액의 증가와 연관되어 있음을 보여 준다.

비선형 관계

앞서 논의했듯이 선형회귀모형 (3.19)는 반응변수와 예측변수 사이에서 선형 관계를 가정한다. 그러나 경우에 따라 반응변수와 예측변수 사이의 참 관계가 비선형일 수 있다. 여기서는 다항회귀(polynomial regression)를 사용해 비선형 관계를 포함하도록 선형모형을 직접 확장하는 매우 간단한 방법을 제시한다. 뒤쪽 장에서는 보다 일반적인 설정으로 비선형 적합을 수행하는 더 복잡한 접근 방법을 소개할 예정이다.

[그림 3.8]을 생각해 보자. 이 그림에는 Auto 데이터 세트에 있는 여러 대의 자동차에 대한 mpg(갤런당 마일로 측정된 가스 마일리지)와 horsepower(마력)가 표시되어 있다. 오렌지색 선은 선형회귀 적합을 나타낸다. mpg와 horsepower 사이는 관계가 뚜렷하지만 이 관계가 사실 비선형임이 분명해 보인다. 즉, 데이터는 곡선 관계임을 시사한다. 선형모형에 비선형 연관성을 포함하는 간단한 접근법은 예측변수의 변환 버전을 포함하는 방법이다. 예를 들어 [그림 3.8]의 점들은 이차(quadratic)

형태인 것처럼 보이므로 다음과 같은 형태의 모형 (3.36)이 더 나은 적합임을 시사한다.

$$\texttt{mpg} = \beta_0 + \beta_1 \times \texttt{horsepower} + \beta_2 \times \texttt{horsepower}^2 + \epsilon \quad (3.36)$$

식 (3.36)은 horsepower의 비선형함수를 사용해 mpg를 예측하고 있다. **그러나 이 식은 여전히 선형모형이다.** 즉, 식 (3.36)은 $X_1 =$ horsepower와 $X_2 =$ horsepower^{2}을 가진 단순한 다중선형회귀모형이다. 따라서 표준적인 선형회귀 소프트웨어로 β_0, β_1, β_2를 추정해 비선형 적합을 산출할 수 있다. [그림 3.8]의 파란색 곡선은 데이터에 이차 적합한 결과를 보여 준다. 이차 적합은 선형 항만 포함해 얻은 적합보다 상당히 나아 보인다. 이차 적합의 R^2은 0.688인데 비해 선형 적합은 0.606이다. 그리고 p-값은 [표 3.10]에서 보듯이 이차항에서 매우 유의하게 나온다.

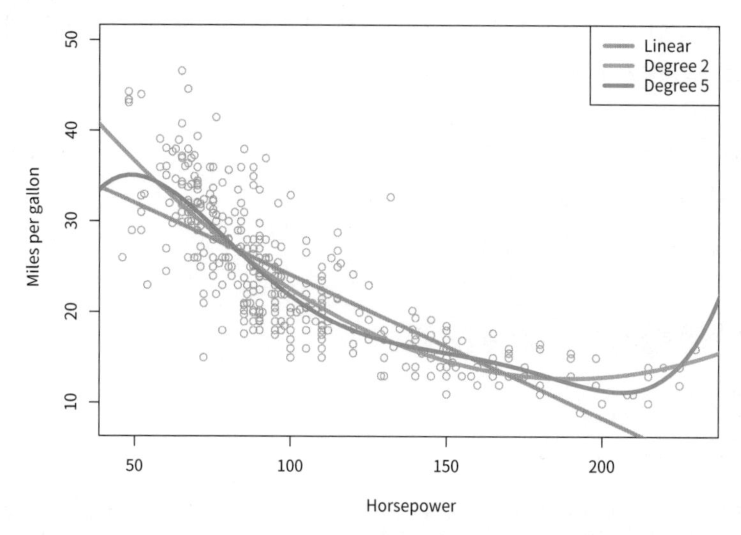

[그림 3.8] Auto 데이터 세트. 여러 대의 자동차에 대한 mpg와 horsepower가 표시되어 있다. 선형회귀 적합은 오렌지색으로 표시했다. horsepower^{2}을 포함하는 모형의 선형회귀 적합은 파란색 곡선으로 표시했다. 5차 항까지 horsepower의 모든 항을 포함하는 모형의 선형회귀 적합은 녹색으로 표시했다.

	Coefficient	Std. error	t-statistic	p-value
Intercept	56.9001	1.8004	31.6	<0.0001
horsepower	−0.4662	0.0311	−15.0	<0.0001
horsepower^2	0.0012	0.0001	10.1	<0.0001

[표 3.10] Auto 데이터 세트에서 horsepower와 horsepower^{2}에 대한 mpg의 회귀에 해당하는 최소제곱 계수 추정값이다.

horsepower^{2}을 포함하는 것이 모형을 크게 개선한다면 horsepower^3, horsepower^4, 심지어 horsepower^{5}를 포함하지 않는 이유는 무엇일까? [그림 3.8]의 녹색 곡선은 모형 (3.36)에 5차에 이르는 모든 항을 포함한 결과로 얻어진 적합을 보여 준다. 결과적으로 얻어진 적합은 불필요하게 구불구불해 보인다. 즉, 추가 항을 포함하는 것이 실제로 데이터에 대한 더 나은 적합으로 이어지는지는 분명하지 않다.

방금 설명한 방식으로 선형모형을 비선형 관계에 맞게 확장하는 접근법을 다항회귀(polynomial regression)라고 하는데, 예측변수의 다항함수를 선형모형에 포함하기 때문이다. 이 접근법과 선형모형의 다른 비선형 확장은 7장에서 더 살펴볼 예정이다.

3.3.3 잠재적인 문제들

특정 데이터 세트에 선형회귀모형을 적합할 때 여러 문제가 발생할 수 있다. 이 중 가장 흔한 문제들은 다음과 같다.

1. 반응-예측변수 관계의 비선형성
2. 오차항 사이의 상관성
3. 오차항의 분산이 상수가 아님
4. 이상점
5. 높은 영향력을(높은 지렛값을) 가지는 점들
6. 공선성

실제로 이런 문제들을 식별하고 극복하는 방법은 과학이며 예술이다. 셀 수 없이 많은 책에서 이 주제에 대해 많은 페이지를 할애하고 있다. 여기서는 선형회귀모형이 주된 관심사가 아니므로 주요 사항에 대한 몇 가지 간략한 요점만을 제공한다.

1. 데이터의 비선형성

선형회귀모형은 예측변수와 반응변수 사이에 직선 관계가 있다고 가정한다. 만약 참 관계가 선형에서 크게 벗어난다면 적합으로 도출한 모든 결론이 사실상 의심스럽다. 이에 더하여 모형의 예측 정확도도 크게 감소될 수 있다.

잔차 그래프(residual plot)는 비선형성을 식별하는 유용한 그래픽 도구다. 단순 선형회귀모형이 있으면 잔차 $e_i = y_i - \hat{y}_i$ 대 예측변수 x_i의 그래프를 그릴 수 있다.

다중회귀모형은 예측변수가 여러 개이므로 대신에 잔차 대 예측값(또는 적합값(fitted value)) $\hat{y}_i$ 그래프를 그린다. 이상적이라면 잔차 그래프에서 눈에 띄는 패턴이 나타나지 않는다. 패턴이 있다는 것은 선형모형의 일부 측면에 문제가 있다는 뜻이다.

[그림 3.9]의 왼쪽 그림에는 `Auto` 데이터 세트에서 `mpg`를 `horsepower`에 대해 선형회귀한 결과 얻은 잔차 그래프를 제시했다. 선형회귀는 [그림 3.8]에 제시되어 있다. 빨간색 선은 잔차에 대한 평활 적합(smooth fit)으로 쉽게 추세를 식별하기 하기 위해 표시했다. 잔차는 분명한 U-자형을 보여 준다. 이는 데이터의 비선형성을 뚜렷하게 드러내는 것이다. 이와 대조해 [그림 3.9]의 오른쪽에는 이차항을 포함하는 모형 (3.36)에서 나온 잔차 그래프를 제시했다. 잔차에서 거의 패턴이 나타나지 않는다. 이것은 이차항이 데이터에 대한 적합을 개선한다는 것을 보여 준다.

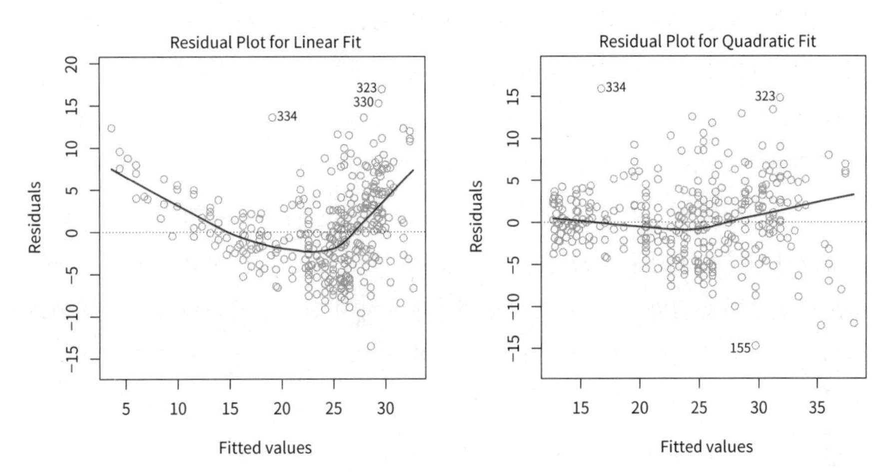

[그림 3.9] `Auto` 데이터 세트의 잔차 대 예측(또는 적합)값 그래프. 각각의 그래프에서 빨간색 선은 잔차에 대한 매끄러운(평활) 적합이다. 추세를 더 쉽게 식별할 수 있도록 표시한다. 왼쪽: `mpg`의 `horsepower`에 대한 선형회귀. 잔차에서 뚜렷한 패턴이 나타나는 것은 데이터의 비선형성을 의미한다. 오른쪽: `mpg`의 `horsepower`와 `horsepower`^{2}에 대한 선형회귀. 잔차에서 패턴이 약하다.

잔차 그래프가 데이터에 비선형 연관성이 있음을 보여 줄 때 단순하게는 예측변수의 비선형 변환, 예를 들면 $\log X$, $\sqrt{X}$, X^2과 같은 변환을 회귀모형에서 사용하는 방법이 있다. 이 책의 뒷부분에서 이 문제를 다루기 위한 더 고급 비선형 접근법을 논의할 예정이다.

2. 오차항 사이의 상관관계

선형회귀모형의 중요한 가정은 오차항 $\epsilon_1, \epsilon_2, \ldots, \epsilon_n$이 무상관(uncorrelated)이라는 가정이다. 이것이 어떤 의미일까? 예를 들어 오차들이 무상관이라면 ϵ_i가 양수라는 사실이 ϵ_{i+1}의 부호에 대해 거의 또는 전혀 정보를 제공하지 않는다. 추정된 회귀계수나 적합값에 대해 계산된 표준오차(standard error)는 무상관 오차항 가정에 기반한다. 실제로 오차항 사이에 상관관계가 있다면 추정된 표준오차는 실제 표준오차를 과소추정하는 경향이 있다. 결과적으로 신뢰구간과 예측구간은 실제보다 좁을 것이다. 예를 들어 95% 신뢰구간은 실제로 참값을 포함할 확률이 0.95보다 훨씬 낮을 수 있다. 또한 모형과 관련된 p-값은 실제보다 낮을 것이고 이로 인해 모수가 통계적으로 유의하다는 잘못된 결론을 내릴 수 있다. 요약하면 오차항들이 상관되어 있다면 모형은 신뢰할 수 없다.

극단적인 예로 실수로 데이터를 두 배 늘려 관측값과 오차항 쌍을 얻었다고 가정해 보자. 이 사실을 무시한다면 실제로 표본은 n개뿐인데, 마치 표본이 $2n$개인 것처럼 표준오차를 계산하게 된다. 추정한 모수는 크기가 $2n$인 표본이나 n인 표본이나 같겠지만 신뢰구간은 $\sqrt{2}$의 비율로 좁아진다.

오차항 사이에 상관관계가 발생하는 이유는 무엇일까? 상관관계는 시계열(time series) 데이터에서 자주 나타난다. 시계열 데이터는 이산적인 시점에서 얻은 관측값으로 이루어져 있다. 많은 경우에 인접한 시점에서 얻은 관측들의 오차 사이에는 양의 상관관계가 있다. 주어진 데이터 세트가 이러한 경우인지 결정하기 위해 모형에서 나온 잔차를 시간의 함수로 그릴 수 있다. 오차 사이에 상관관계가 없다면 뚜렷한 패턴이 나타나지 않을 것이다. 반면에 오차항 사이에 양의 상관관계가 있다면 잔차에서 트래킹(tracking)을 관찰할 수 있다. 즉, 인접한 잔차들이 비슷한 값을 갖는 경향이 나타난다. [그림 3.10]은 이것을 보여 주는 예제다. 맨 위 그림은 무상관 오차항으로 생성된 데이터에 대한 선형회귀적합의 잔차가 제시되어 있다. 잔차에서 시간과 관련된 추세 증거는 없다. 이와 대조적으로 맨 아래 그림의 잔차는 인접 오차항이 0.9의 상관관계를 보이는 데이터 세트에서 나온 것이다. 여기서는 잔차에 뚜렷한 패턴이 있다. 인접한 잔차들은 비슷한 값을 가지는 경향을 보인다. 마지막으로 가운데 그림은 잔차가 0.5의 상관관계에 있는 중간적인 경우다. 트래킹의 증거는 관찰할 수 있지만 패턴은 덜 명확하다.

시계열 데이터에서 오차항의 상관관계를 적절히 고려하기 위해 많은 방법이 개발됐다. 오차항 사이의 상관관계는 시계열 데이터 외에도 발생할 수 있다. 예를 들

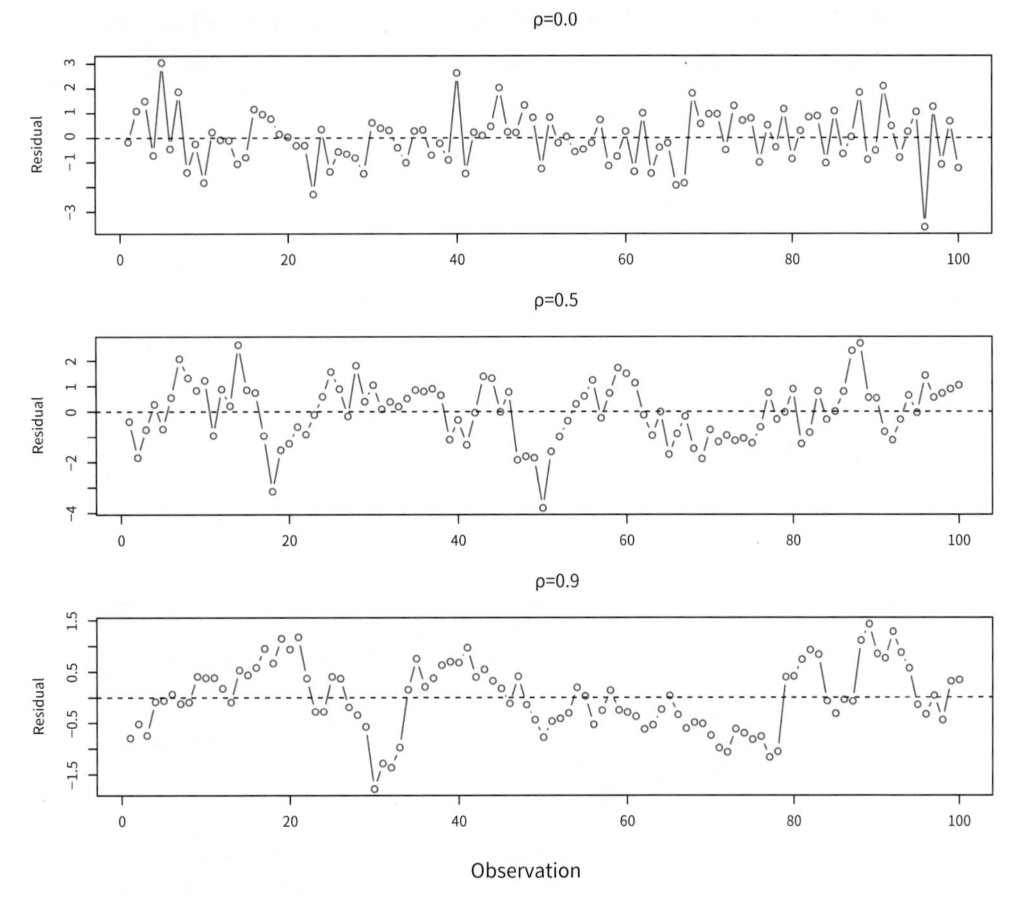

[그림 3.10] 인접한 시점에서 오차항의 상관관계. ρ의 정도를 다르게 해 모의생성한 시계열 데이터 세트에서 나온 잔차 그래프.

어 개인의 체중에서 키를 예측하는 연구를 고려해 보자. 연구 대상자의 일부가 같은 가족의 일원이거나 같은 식단을 먹거나 같은 환경 요인에 노출된 경우라면 오차항 사이에 상관관계가 없다는 가정에 위반될 수 있다. 일반적으로 오차항 사이에 상관관계가 없다는 가정은 선형회귀뿐 아니라 다른 통계 방법에서도 매우 중요하며, 이런 상관관계의 위험을 완화하기 위해서는 좋은 실험 설계가 필수적이다.

3. 이분산 오차항

선형회귀모형의 또 다른 중요한 가정은 오차항들의 분산 $\mathrm{Var}(\epsilon_i) = \sigma^2$이 일정하다는 점이다. 선형모형과 관련된 표준오차, 신뢰구간, 가설검정은 이 가정에 의존한다.

불행하게도 오차항들의 분산이 일정하지 않은 경우도 많다. 예를 들어 오차항들의 분산이 반응변수 값의 크기에 따라 증가하는 경우가 있다. 비상수 분산 또는 이분산성(heteroscedasticity)을 확인하려면 잔차 그래프에서 '깔때기 모양'이 존재하는지 보면 된다. [그림 3.11] 왼쪽 그림에 제시된 예제에서는 적합값에 따라 잔차의 크기가 증가하는 경향을 보인다. 이런 문제에 직면했을 때 가능한 해결책 중 하나로 반응변수 Y를 $\log Y$나 $\sqrt{Y}$와 같은 오목함수를 사용해 변환하는 방법이 있다. 이 변환은 반응변수가 클수록 더 많이 축소해 이분산성을 감소시킨다. [그림 3.11]의 오른쪽 그림에서 반응변수를 $\log Y$를 사용해 변환한 잔차 그래프를 제시했다. 잔차는 이제 일정한 분산을 가지는 것처럼 보인다. 다만 데이터에 약간의 비선형성이 있다는 증거가 다소 있다.

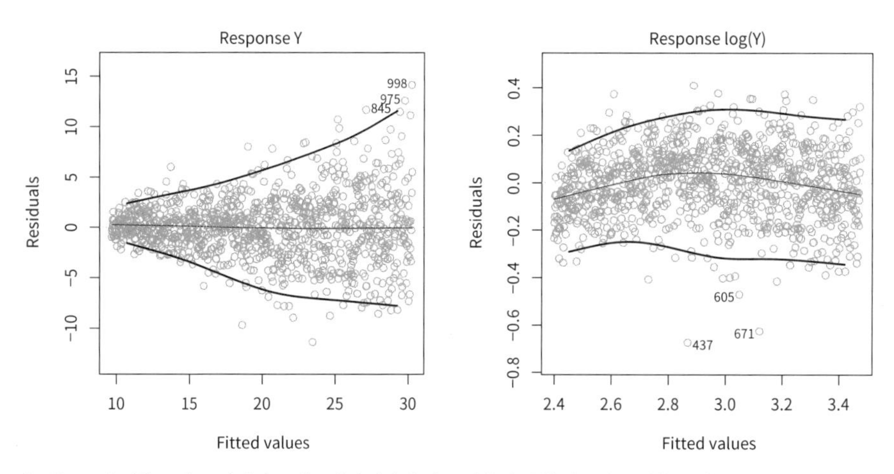

[그림 3.11] 잔차 그래프. 각각의 그래프에서 빨간색 선은 잔차에 대한 매끄러운(평활) 적합으로 추세를 쉽게 식별하기 위해 표시했다. 파란색 선은 잔차의 바깥쪽 분위수를 따라가는 선으로 패턴을 강조하기 위해 표시했다. 왼쪽: 깔때기 모양은 이분산성을 나타낸다. 오른쪽: 반응이 로그 변환됐으며 이제 이분산성의 증거가 없다.

때때로 각 반응의 분산에 대해 괜찮은 아이디어를 적용할 수 있다. 예를 들어 i번째 반응변수가 n_i개인 원시 관측값의 평균인 경우가 있다. 이 각각의 원시 관측값이 분산 σ^2과 무상관(uncorrelated)이라면 그 평균은 분산이 $\sigma_i^2 = \sigma^2/n_i$이 된다. 이 경우 간단한 해결책은 모형을 적합할 때 가중최소제곱(weighted least squares)을 이용하는 방법이 있다. 가중최소제곱은 분산의 역수에 비례해 가중치를 주는 방법으로 이 경우에는 $w_i = n_i$를 가중치로 줄 수 있다. 선형회귀 소프트웨어는 대부분 관측 가중치를 허용한다.

4. 이상점

이상점(outlier)은 y_i가 모형으로 예측한 값과 크게 다른 경우다. 이상점은 데이터 수집 과정에서 관측값을 잘못 기록하는 등 다양한 이유로 발생할 수 있다.

[그림 3.12]의 왼쪽 그림에서 빨간색 점(관측값 20번)은 전형적인 이상점의 예시다. 빨간색 실선은 최소제곱 회귀 적합 결과이고 파란색 파선은 이상점 제거 후 최소제곱 적합 결과다. 이 경우는 이상점을 제거해도 최소제곱선에 거의 영향을 미치지 않는다. 기울기는 거의 변하지 않으며 절편은 미미하게 감소한다. 이상점이 특이한 예측변수 값을 갖지 않는 한 최소제곱 적합에 거의 영향을 미치지 않는 것이 일반적이다. 하지만 이상점이 최소제곱 적합에 큰 영향을 주지 않더라도 다른 문제를 일으킬 수 있다. 예를 들어 이 예제에서 이상점을 회귀에 포함하면 RSE가 1.09이지만, 이상점을 제거하면 0.77이 된다. RSE는 모든 신뢰구간과 p-값을 계산하는 데 사용되므로 이런 극적 증가는 단 하나의 데이터 점으로 인해 발생했지만 적합 결과 해석에 영향을 줄 수 있다. 마찬가지로 이상점을 포함하면 R^2이 0.892에서 0.805로 감소한다.

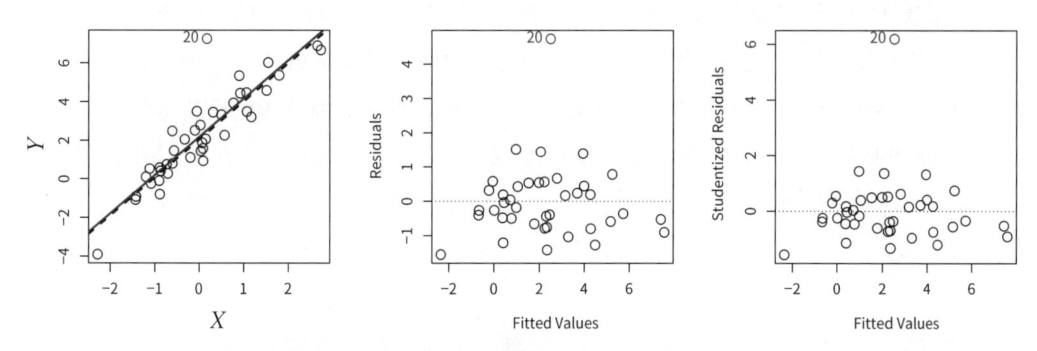

[그림 3.12] 왼쪽: 최소제곱 회귀선은 빨간색으로 표시된다. 이상점을 제거한 후의 회귀선은 파란색으로 표시된다. 가운데: 잔차 그래프는 이상점을 분명하게 식별한다. 오른쪽: 이상점의 스튜던트화 잔차는 6인데, 보통은 −3과 3 사이의 값을 기대한다.

잔차 그래프는 이상점을 식별하는 데 사용될 수 있다. 이 예제에서 이상점은 [그림 3.12] 가운데 그림에 제시한 잔차 그래프에서 분명하게 보인다. 그러나 실제 상황에서는 얼마나 큰 잔차가 있어야 그 점을 이상점으로 간주할지 결정하기 어려울 수 있다. 이 문제를 해결하기 위해 잔차를 그리는 대신, 각각의 잔차 e_i를 표준오차 추정값으로 나누어 계산한 스튜던트화 잔차(studentized residual)를 그릴 수 있다. 스튜던트화 잔차의 절댓값이 3보다 큰 관측은 이상점일 가능성이 있다. [그림 3.12]

오른쪽 그림에서 이상점의 스튜던트화 잔차는 6을 초과하는 반면, 다른 모든 관측은 스튜던트화 잔차가 −2와 2 사이에 있다.

이상점이 데이터 수집이나 기록의 오류로 발생했다고 믿는다면 한 가지 간단한 해결책은 관측값을 제거하는 것이다. 다만 이상점은 예측변수의 누락 같은 모형의 결함을 나타낼 수도 있기 때문에 주의해야 한다.

5. 높은 지렛점

앞서 살펴보았듯이 이상점은 예측변수 x_i가 있을 때 반응 y_i가 특이한 관측이다. 반면에 높은 지렛값(high leverage) 관측은 x_i의 값이 특이한 관측이다. 예를 들어 [그림 3.13]의 왼쪽 그림에서 41번 관측은 다른 관측에 비해 예측변수의 값이 크기 때문에 지렛값도 높다(데이터는 [그림 3.12]에서 제시한 데이터와 같지만, 지렛값이 높은 관측이 하나 추가됐다는 점이 다르다). 빨간색 실선은 데이터의 최소제곱 적합 결과다. 파란색 파선은 41번 관측을 제거했을 때 만들어지는 적합 결과다. [그림 3.12]와 [그림 3.13]의 왼쪽 그림을 비교하면 지렛값이 높은 관측을 제거하는 게 이상점을 제거하는 것보다 최소제곱선에 훨씬 더 큰 영향을 미친다는 것을 알 수 있다. 실제로 지렛값이 높은 관측은 회귀선 추정에 상당한 영향을 미치는 경향이 있다. 이것에 신경을 써야 하는 이유는 몇 개의 관측만으로 최소제곱선이 크게 영향을 받는다면, 이런 점들에 문제가 있을 때 전체 적합이 근거 없는 것이 될 수 있기 때문이다. 지렛값이 높은 관측을 식별하는 게 중요한 이유다.

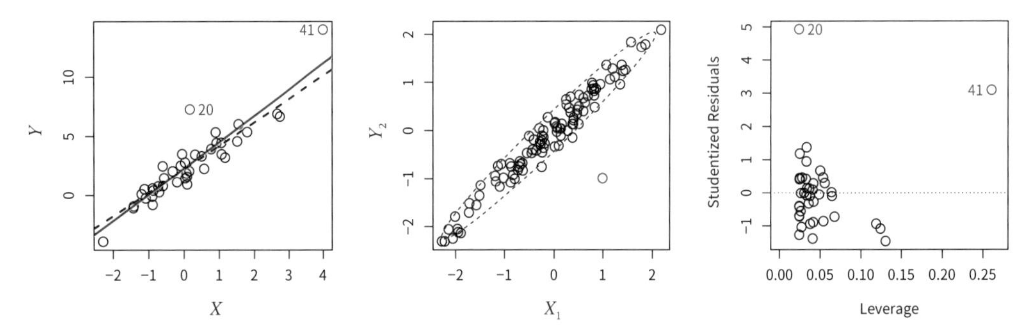

[그림 3.13] 왼쪽: 41번 관측은 높은 지렛점이지만 20번은 그렇지 않다. 빨간색 선은 모든 데이터를 적합한 것이고 파란색 선은 관측값 41번을 제거한 상태의 적합이다. 가운데: 빨간색 관측은 X_1 값이나 X_2 값에 있어서는 특이하지 않지만, 여전히 데이터 덩어리 바깥쪽에 위치해 있어서 지렛값이 크다. 오른쪽: 관측값 41번은 지렛값과 잔차가 모두 크다.

단순선형회귀에서는 지렛값이 높은 관측을 상당히 쉽게 식별할 수 있다. 왜냐하면 그저 예측변수 값이 정상적인 관측 범위를 벗어나는 관측을 찾으면 되기 때문이다. 그러나 예측변수가 많은 다중회귀에서는 어떤 관측이 각각의 개별 예측변수의 값 범위에는 잘 들어가 있지만, 전체 예측변수 세트라는 차원에서는 특이한 관측일 수 있다. 예를 들어 두 예측변수 X_1과 X_2가 있는 데이터 세트에 대한 예를 [그림 3.13]의 가운데에 제시했다. 관측의 예측값은 대부분 파란색 파선 타원 내에 떨어지지만, 빨간색 관측은 이 범위를 크게 벗어나 있다. 그러나 X_1이나 X_2에 대해서는 그 값이 특이하지 않다. 따라서 X_1만 검사하거나 X_2만 검사한다면 이 지렛점이 높다는 것을 눈치채지 못할 수 있다. 이 문제는 두 개 이상의 예측변수가 있는 다중회귀 상황에서 더 두드러지는데, 데이터의 모든 차원을 동시에 그릴 수 있는 간단한 방법이 없기 때문이다.

한 관측의 지렛값을 계산하기 위해 지렛값 통계량(leverage statistics)을 이용한다. 이 통계량이 크면 지렛값이 높은 관측이라는 뜻이다. 단순선형회귀의 경우에는 다음과 같다.

$$h_i = \frac{1}{n} + \frac{(x_i - \bar{x})^2}{\sum_{i'=1}^{n}(x_{i'} - \bar{x})^2} \tag{3.37}$$

이 식에서 h_i는 x_i가 $\bar{x}$로부터 멀어질수록 증가하는 것이 명확하다. 여기서는 공식을 제공하지 않지만, h_i를 여러 예측변수가 있는 경우로 간단히 확장할 수 있다. 지렛값 통계량 h_i는 항상 $1/n$과 1 사이의 값이며 모든 관측에 대한 평균 지렛값은 항상 $(p+1)/n$과 같다. 그러므로 주어진 관측의 지렛값 통계량이 $(p+1)/n$을 크게 초과한다면 해당 점이 높은 지렛값을 가지는 점이라고 의심해볼 수 있다.

[그림 3.13] 오른쪽 그림에는 스튜던트화 잔차 대 h_i의 그래프를 제시했다. 해당 데이터는 [그림 3.13]의 왼쪽 그림에 있다. 41번 관측의 지렛값 통계량과 스튜던트화 잔차가 높은 것이 눈에 띈다. 즉, 이 관측값은 지렛값이 높을 뿐만 아니라 이상점이기도 하다. 이는 특히 위험한 조합이다. 이 그래프는 또한 20번 관측이 [그림 3.12]의 최소제곱 적합에서 상대적으로 적은 영향을 미친 이유도 밝혀 준다. 이 경우는 지렛값이 낮다.

6. 공선성

공선성(collinearity)은 두 개 이상의 예측변수가 서로 밀접하게 관련되어 있는 상황을 말한다. 공선성의 개념은 Credit 데이터 세트를 사용해 [그림 3.14]에 제시했다. [그림 3.14]의 왼쪽 그림을 보면 두 예측변수 limit와 age는 뚜렷한 관계가 없어 보인다. 반면에 [그림 3.14] 오른쪽 그림의 예측변수 limit와 rating은 매우 높은 상관을 보이기 때문에 '공선성'이 있다고 할 수 있다. 공선성이 있으면 공선변수(collinear variable)들의 개별적인 효과를 반응변수와 분리하기 어렵기 때문에 회귀분석 상황에서 문제를 일으킬 수 있다. limit와 rating이 함께 증가하거나 감소하는 경향이 있으므로 각각의 변수가 반응변수 balance와 어떻게 개별적으로 연관되어 있는지 결정하기 어려울 수 있다.

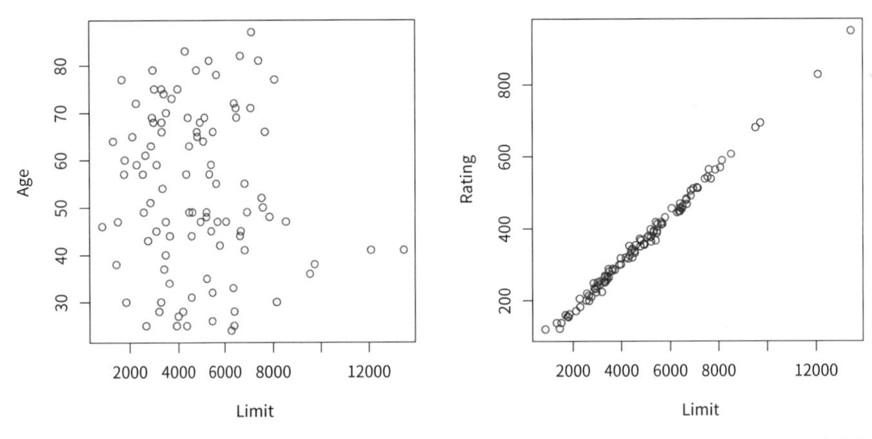

[그림 3.14] Credit 데이터 세트에서 관측값의 산점도. 왼쪽: age 대 limit의 그래프다. 이 두 변수는 공선적이지 않다. 오른쪽: rating 대 limit의 그래프다. 공선성이 높다.

[그림 3.15]는 공선성으로 발생할 수 있는 몇 가지 어려움을 보여 준다. [그림 3.15]의 왼쪽 그림은 balance를 limit와 age로 회귀한 서로 다른 가능한 계수 추정값에 대한 RSS(식 (3.22)) 등고선 그래프다. 각각의 타원은 RSS 값이 같은 계수 집합을 나타내며 중심에 가장 가까운 타원은 RSS 값이 가장 낮다. 검은색 점과 이와 연결된 파선들은 가능한 가장 작은 RSS를 결과로 내는 계수 추정값을 나타낸다. 즉, 최소제곱 추정값이다. limit와 age의 축은 최소제곱 추정값 양쪽으로 최대 표준오차의 네 배까지 가능한 계수 추정값을 포함하도록 그렸다. 따라서 이 그래프는 계수에 대한 모든 가능한 값을 포함한다. 예를 들어 참 limit 계수는 거의 틀림없이 0.15와 0.20 사이 어딘가에 있을 것이다.

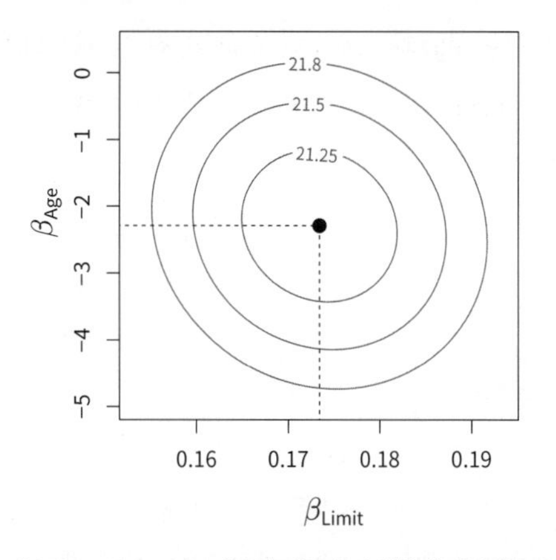

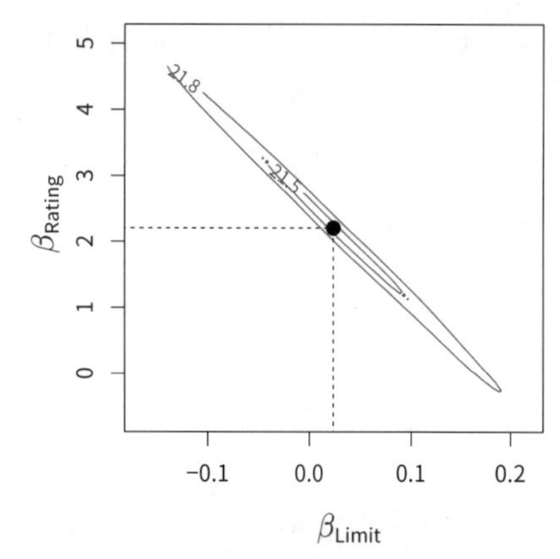

[그림 3.15] Credit 데이터 세트에 다양한 회귀분석을 수행할 때 모수 β의 함수로 표현되는 RSS 값의 등고선 그래프다. 각각의 그래프에서 검은색 점은 최소 RSS에 해당하는 계수의 값을 나타낸다. 왼쪽: balance를 age와 limit에 대해 회귀한 RSS의 등고선 그래프다. 최솟값이 잘 정의된다. 오른쪽: balance를 rating과 limit에 대해 회귀한 RSS의 등고선 그래프다. 공선성으로 인해 RSS 값이 유사한 쌍 $(\beta_{Limit}, \beta_{Rating})$이 많다.

반면에 [그림 3.15]의 오른쪽에는 balance를 limit와 rating으로 회귀한 서로 다른 가능한 계수 추정값에 대한 RSS 등고선 그래프를 제시했다. 우리는 이 두 변수의 공선성이 매우 높다는 것을 알고 있다. 등고선은 좁은 계곡을 따라 흐르고 계수 추정값의 범위가 넓어 RSS에 대해 동일한 값을 얻게 된다. 따라서 데이터에서 작은 변화만 생겨도 최소 RSS를 제공하는 계수 값 쌍, 즉 최소제곱 추정값은 이 계곡을 따라 어디로든 움직일 수 있다. 따라서 계수 추정값의 불확실성이 크다. limit 계수의 척도는 이제 대략 -0.2에서 0.2까지 변한다. 이는 age와 함께 회귀한 경우의 limit 계수의 가능한 범위보다 8배 증가한 것이다. 흥미롭게도 limit와 rating 계수의 개별적인 불확실성은 더 커졌지만, 거의 확실히 이 등고선 계곡 어딘가에 위치할 것이다. 예를 들어 limit와 rating 계수 각각에 대해 개별적으로는 -0.1과 1이 그럴듯한 값이지만, 참값이 (동시에) 각각 -0.1과 1이라고 기대하지는 않을 것이다.

공선성은 회귀계수 추정값의 정확도를 감소시키기 때문에 $\hat{\beta}_j$의 표준오차를 증가시킨다. 각 예측변수의 t-통계량은 $\hat{\beta}_j$을 그 표준오차로 나누어 계산한다는 점을 기억할 필요가 있다. 공선성은 t-통계량을 감소시킨다. 결과적으로 공선성이 있으면 $H_0 : \beta_j = 0$을 기각하지 못할 수 있다. 다시 말해 가설검정의 검정력(power), 즉 '영이 아닌' 계수를 정확히 찾아낼 확률이 공선성으로 감소된다.

[표 3.11]은 두 개의 개별적인 다중회귀모형에서 얻은 계수 추정값을 비교하고 있다. 첫 번째는 age와 limit에 대한 balance의 회귀이고 두 번째는 rating과 limit에

대한 balance의 회귀이다. 첫 번째 회귀에서는 age와 limit의 p-값이 작기 때문에 매우 유의하다고 할 수 있다. 두 번째에서는 limit와 rating 사이의 공선성이 limit 계수 추정값의 표준오차를 12배 증가시키고 p-값을 0.701로 증가시켰다. 즉, limit 변수의 중요성이 공선성으로 인해 가려진 것이다. 이런 상황을 피하기 위해서는 모형을 적합할 때 잠재적으로 공선성 문제가 있는지 확인하고 해결하는 것이 좋다.

		Coefficient	Std. error	t-statistic	p-value
Model 1	Intercept	−173.411	43.828	−3.957	<0.0001
	age	−2.292	0.672	−3.407	0.0007
	limit	0.173	0.005	34.496	<0.0001
Model 2	Intercept	−377.537	45.254	−8.343	<0.0001
	rating	2.202	0.952	2.312	0.0213
	limit	0.025	0.064	0.384	0.7012

[표 3.11] Credit 데이터 세트와 관련된 두 개의 다중회귀모형에 대한 결과다. Model 1은 age와 limit에 대한 balance의 회귀모형 결과이고, Model 2는 rating과 limit에 대한 balance의 회귀모형의 결과다. 공선성으로 인해 두 번째 회귀에서 $\hat{\beta}_{\text{limit}}$의 표준오차가 12배 증가한다.

공선성을 감지하는 간단한 방법은 예측변수들의 상관행렬을 보는 것이다. 이 행렬의 어떤 원소가 절댓값이 크다면 상관관계가 높은 변수 쌍이라는 뜻으로 데이터에 공선성 문제가 있음을 알 수 있다. 안타깝게도 모든 공선성 문제가 상관행렬을 검토해서 찾아낼 수 있는 것은 아니다. 변수 쌍 사이에는 상관관계가 특별히 높지 않더라도 세 개 이상의 변수 사이에 공선성이 존재할 수 있다. 이런 상황을 다중공선성(multicollinearity)이라고 한다. 상관행렬을 검사하는 대신, 다중공선성을 평가하는 더 나은 방법은 분산팽창인자(VIF, variance inflation factor)를 계산하는 것이다. VIF는 전체 모형을 적합할 때 $\hat{\beta}_j$의 분산을 $\hat{\beta}_j$ 단독으로 적합했을 때의 분산으로 나눈 값이다. VIF의 가능한 최솟값은 1이며 이는 공선성이 전혀 없음을 나타낸다. 보통 실제 예측변수 사이에는 약간의 공선성이 있다. 경험적으로 VIF 값이 5 또는 10을 초과하면 문제가 있음을 나타낸다. 각 변수의 VIF는 다음 공식을 사용해 계산할 수 있다.

$$\text{VIF}(\hat{\beta}_j) = \frac{1}{1 - R^2_{X_j|X_{-j}}}$$

여기서 $R^2_{X_j|X_{-j}}$는 X_j를 다른 모든 예측변수로 회귀할 때의 R^2이다. 만약 $R^2_{X_j|X_{-j}}$가 1에 가까우면 공선성이 존재하며 따라서 VIF는 크다.

Credit 데이터에서 age, rating, limit에 대한 balance 회귀의 예측변수 VIF 값은 1.01, 160.67, 160.59이다. 의심했던 대로 데이터에는 상당한 공선성이 있다.

공선성 문제에 직면했을 때는 두 가지 간단한 해결책이 있다. 먼저 문제가 되는 변수 중 하나를 회귀에서 제외하는 방법이다. 공선성이 존재하면 변수가 반응변수에 제공하는 정보가 다른 변수에도 중복되어 있다는 의미이기 때문에 이 방법을 사용해도 회귀 적합 결과가 크게 나빠지지 않는다. 예를 들어 rating 예측변수 없이 balance를 age와 limit에 대해 회귀하면 결과적인 VIF 값이 최소 가능값인 1에 가까워지고, R^2은 0.754에서 0.75로 작아진다. 따라서 rating을 예측변수 세트에서 제외하면 적합 결과는 나쁘게 만들지 않으면서 공선성 문제를 효과적으로 해결할 수 있다. 두 번째는 공선성 변수들을 하나의 예측변수로 결합하는 방법이다. 예를 들어 limit와 rating의 표준화된 버전에서 평균을 취해 '신용 가치'를 측정하는 새 변수를 만들 수 있다.

3.4 마케팅 계획

이제 잠시 이번 장의 시작 부분으로 돌아가서 Advertising 데이터에서 답하고자 했던 일곱 가지 질문을 살펴보자.

1. 광고 예산과 판매량 사이에 관계가 있을까?
   이 질문은 sales를 식 (3.20)과 같이 TV, radio, newspaper에 대한 다중회귀모형에 적합하고, 가설 $H_0 : \beta_{\text{TV}} = \beta_{\text{radio}} = \beta_{\text{newspaper}} = 0$을 검정함으로써 답할 수 있다. 3.2.2절에서 이 귀무가설의 기각 여부를 결정하기 위해 F-통계량을 사용할 수 있다고 설명했다. 이 경우 [표 3.6]의 F-통계량에 해당하는 p-값이 매우 작아 광고와 판매량이 명백하게 관련되어 있음을 알 수 있다.

2. 관계의 강도는 얼마나 되나?
   3.1.3절에서 모형 정확도의 두 가지 측도를 논의했다. 첫째, RSE는 모집단 회귀선에서 반응변수의 표준편차를 추정한다. Advertising 데이터의 RSE는 1.69 단위이며 반응변수의 평균값은 14.022로 대략 12%의 백분율 오차를 보여 준다. 둘째, R^2 통계량은 예측변수로 설명된 반응변수 변동의 백분율을 알려 준다. 예

측변수는 sales 분산의 거의 90%를 설명한다. RSE와 R^2 통계량은 [표 3.6]에 제시되어 있다.

3. 어떤 매체가 판매량과 관련이 있을까?
   이 질문에 답하기 위해서는 각 예측변수의 t-통계량에 해당하는 p-값을 살펴보아야 한다(3.1.2절 참조). [표 3.4]에 제시된 다중선형회귀에서 TV와 radio의 p-값은 작지만, newspaper의 p-값은 그렇지 않다. 이로써 TV와 radio만 sales와 관련이 있다는 것을 알 수 있다. 6장에서 이 질문을 더 자세히 살펴볼 예정이다.

4. 각 매체와 판매량 사이에는 얼마나 큰 연관성이 있을까?
   3.1.2절에서 보았듯이 $\hat{\beta}_j$의 표준오차는 β_j에 대한 신뢰구간을 계산할 때 사용할 수 있다. Advertising 데이터에 대한 [표 3.4]의 결과를 사용해 세 가지 매체의 예산을 예측변수로 사용하는 다중회귀모형 계수의 95% 신뢰구간을 계산할 수 있다. 신뢰구간은 다음과 같다. TV는 $(0.043, 0.049)$, radio는 $(0.172, 0.206)$, newspaper는 $(-0.013, 0.011)$이다. TV와 radio의 신뢰구간은 좁고 0에서 멀기 때문에 이 매체들이 sales와 관련이 있다는 증거를 제공한다. 그러나 newspaper의 신뢰구간은 0을 포함하기 때문에 TV와 radio의 값들이 주어진 경우에는 통계적으로 유의하지 않다.
   3.3.3절에서 보았듯이 공선성(collinearity)은 매우 큰 표준오차를 초래할 수 있다. newspaper에 해당하는 신뢰구간이 매우 넓은 이유가 공선성 때문일까? VIF 점수는 TV, radio, newspaper가 각각 1.005, 1.145, 1.145이므로 공선성의 증거는 없다.
   각각의 매체와 판매량의 개별적인 연관성을 평가하기 위해 세 개의 개별적인 단순선형회귀를 할 수 있다. 결과는 [표 3.1]과 [표 3.3]에 제시되어 있다. TV와 sales, radio와 sales 사이에는 매우 강한 연관성이 있다는 증거가 존재한다. TV와 radio의 값을 무시했을 때 newspaper와 sales 사이에는 약한 연관성의 증거가 존재한다.

5. 미래의 판매량을 얼마나 정확히 예측할 수 있을까?
   반응변수는 식 (3.21)을 사용해 예측할 수 있다. 이 추정값과 관련된 정확도는 개별 반응변수 $Y = f(X) + \epsilon$ 또는 평균 반응 $f(X)$ 중 어느 것을 예측하고 싶은지에 따라 달라진다(3.2.2절 참조). 전자는 '예측구간', 후자는 '신뢰구간'을 사용한다. 예측구간은 불확실성을 고려하기 때문에 항상 신뢰구간보다 넓다. 이 불확실성은 '축소불가능 오차'인 ϵ과 연관되어 있다.

6. 선형 관계가 존재하는가?

   3.3.3절에서는 잔차 그래프를 사용해 비선형성을 식별할 수 있다는 것을 살펴보았다. 만약 관계가 선형이라면 잔차 그래프는 어떠한 패턴도 보여서는 안 된다. Advertising 데이터의 경우 [그림 3.5]에서 비선형 효과를 관찰할 수 있는데, 이 효과는 잔차 그래프에서도 관찰된다. 3.3.2절에서는 비선형 관계를 수용하기 위해 예측변수를 변환해 선형회귀모형에 포함하는 방법을 논의했다.

7. 광고 매체 사이에 시너지 효과가 있을까?

   표준 선형회귀모형은 예측변수와 반응변수 사이의 가법적 관계를 가정한다. 가법 모형에서는 각 예측변수와 반응변수 사이의 연관성이 다른 예측변수의 값과 무관하기 때문에 해석이 쉽다. 하지만 가법성 가정은 어떤 데이터 세트에서는 비현실적일 수 있다. 3.3.2절에서 비가법적 관계를 수용하기 위해 회귀모형에 상호작용 항을 포함하는 방법을 알아보았다. 상호작용 항에 해당하는 p-값이 작다는 것은 이런 관계가 존재함을 보여 준다. [그림 3.5]는 Advertising 데이터가 가법적이지 않을 수 있음을 보여 준다. 모형에 상호작용 항을 포함하면 R^2이 약 90%에서 거의 97%까지 크게 증가한다.

3.5 선형회귀와 K-최근접이웃의 비교

2장에서 논의했듯이 선형회귀는 $f(X)$에 대해 선형함수 형태를 가정하기 때문에 '모수적' 접근법의 하나이다. 모수적 방법은 여러 가지 장점이 있다. 적합이 쉬운 경우가 많은데, 추정해야 할 계수의 수가 적을 때 그렇다. 선형회귀는 계수 해석이 단순하고 통계적 유의성 검정을 쉽게 수행할 수 있다. 그러나 모수적 방법은 구조적으로 $f(X)$의 형태에 대해 강한 가정을 한다는 단점이 있다. 지정된 함수가 참에서 멀고 원하는 목표가 예측 정확도라면 모수적 방법은 성능이 좋지 않을 것이다. 예를 들어 X와 Y 사이에 선형 관계를 가정하지만 참 관계가 선형과 거리가 있다면, 결과 모형의 데이터 적합 결과는 나쁘며 어떤 결론이 나오든 의심스러울 것이다.

반면에 '비모수적' 방법은 $f(X)$에서 모수적 형태를 명시적으로 가정하지 않으며 회귀를 수행하기 위한 대안적이고 더 유연한 접근법을 제공한다. 이 책에서는 다양한 비모수적 방법을 논의한다. 가장 단순하고 잘 알려진 비모수적 방법 중 하나인 K-최근접이웃 회귀(KNN, K-nearest neighbors regression)에 대해 생각해 보자. KNN 회귀 방법은 2장에서 논의한 KNN 분류기와 밀접하게 관련되어 있다. K 값과 예측 지점 x_0이 있으면 KNN 회귀는 먼저 x_0에 가장 가까운 K개의 훈련 관측들을 식별하며, 이것을 $\mathcal{N}_0$으로 표기한다. 그런 다음 $\mathcal{N}_0$에 있는 모든 훈련 반응의 평균을 이용해 $f(x_0)$을 추정한다.

$$\hat{f}(x_0) = \frac{1}{K} \sum_{x_i \in \mathcal{N}_0} y_i$$

[그림 3.16]에는 예측변수가 $p = 2$개인 데이터 세트에 대해 두 가지 KNN을 적합한 결과를 예시했다. $K = 1$인 적합은 왼쪽에 제시되어 있고 오른쪽 그림은 $K = 9$인 적합이다. $K = 1$일 때 KNN 적합은 훈련 관측값을 완벽하게 보간하고 결과적으로 계단함수의 형태를 취한다. $K = 9$일 때 KNN 적합은 여전히 계단함수지만 9개 관측에 대해 평균을 낸 결과, 훨씬 더 작은 영역에서 상수 예측을 하고 결과적으로 더 매끄러운 적합이 나온다. 일반적으로 K의 최적값은 2장에서 소개한 '편향-분산 트레이드오프'에 의존한다. K 값이 작으면 가장 유연한 적합을 제공하는데, 편향은 낮고 분산은 높게 될 것이다. 분산이 높은 이유는 주어진 영역에서 분산이 오직 하나의 관측에 전적으로 의존하기 때문이다. 반대로 K의 값이 더 크면 더 매끄럽고 변동이 덜한 적합을 제공한다. 한 영역의 예측은 여러 점들의 평균이므로 관측값이 하나 변경되어도 미치는 영향은 더 적다. 그러나 이 매끄러움(평활)은 $f(X)$의 일

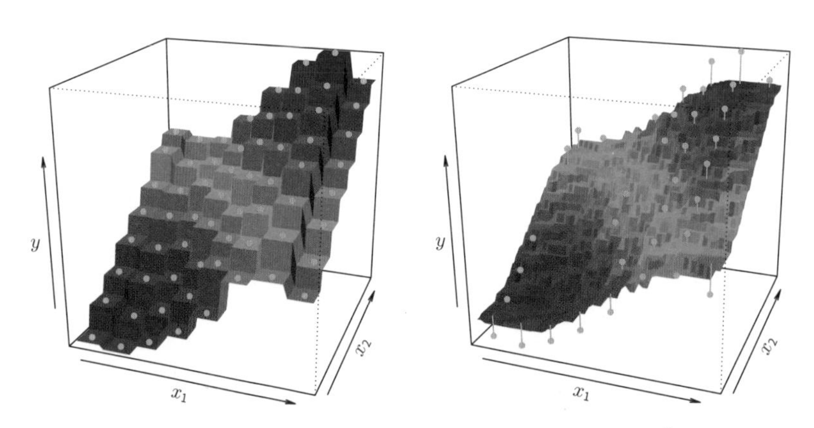

[그림 3.16] 64개의 관측값(주황색 점)이 있는 2차원 데이터 세트에 KNN 회귀를 사용한 $\hat{f}(X)$ 그래프다. 왼쪽: $K = 1$의 결과는 거친 계단함수 적합이 된다. 오른쪽: $K = 9$는 훨씬 더 매끄럽게 적합되었다.

부 구조를 가리기 때문에 편향의 원인이 될 수 있다. 5장에 테스트 오류율을 추정하기 위한 여러 접근법이 소개되어 있다. 이 방법들은 KNN 회귀에서 K의 최적값을 식별하는 데 사용된다.

최소제곱 선형회귀와 같은 모수적 접근법이 KNN 회귀와 같은 비모수적 접근법보다 우수한 성능을 보이는 상황은 언제일까? 답은 간단하다. **모수적 접근법이 비모수적 접근법보다 우수한 성능을 보이는 경우는 선택된 모수 형태가 f의 참 형태에 가까운 경우다.** [그림 3.17]은 1차원 선형회귀모형에서 생성된 데이터를 예제로 제공하고 있다. 검은색 실선은 $f(X)$를 나타내며, 파란색 곡선은 $K = 1$과 $K = 9$를 사용한 KNN 적합이다. 이 경우 $K = 1$ 예측은 너무 변동이 심하고, 더 매끄러운 $K = 9$ 적합이 $f(X)$에 훨씬 더 가깝다. 그러나 참 관계가 선형인 경우에는 비모수적 접근법이 선형회귀와 경쟁하기 어렵다. 비모수적 접근법은 분산에서 비용이 발생하는데, 이것은 편향 감소로 상쇄되지 않는다. [그림 3.18]의 왼쪽 그림에 있는 파란색 파선은 같은 데이터에 대한 선형회귀 적합을 나타낸다. 거의 완벽하다. [그림 3.18]의 오른쪽 그림은 선형회귀가 이 데이터에서 KNN보다 성능이 우수하다는 것을 보여 준다. $1/K$의 함수로 표시된 녹색 실선은 KNN의 테스트 세트 평균제곱오차(MSE)를 나타낸다. KNN 오차는 선형회귀의 테스트 MSE인 검은 파선보다 훨씬 위에 있다. K 값이 크면 KNN은 MSE 측면에서 성능이 최소제곱 회귀보다 약간 나쁠 뿐이다. K가 작으면 성능이 훨씬 더 나빠진다.

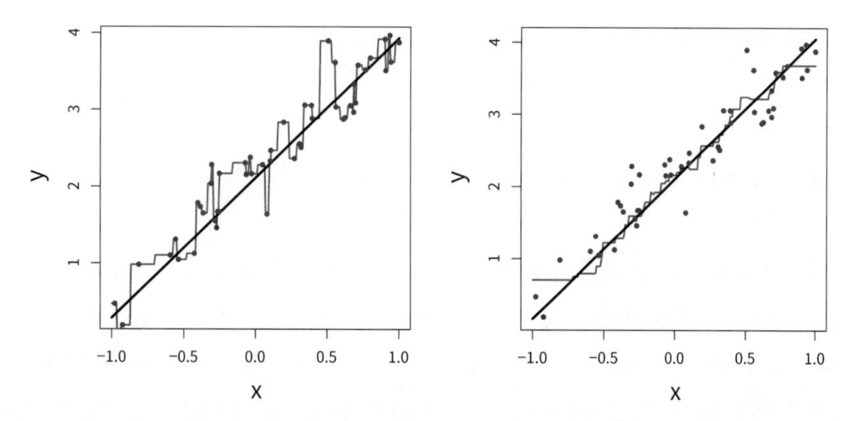

[그림 3.17] 50개의 관측값이 있는 1차원 데이터 세트에서 KNN 회귀를 사용한 $\hat{f}(X)$의 그래프다. 참 관계는 검은색 실선으로 표시된다. 왼쪽: 파란색 곡선은 $K = 1$에 해당하며 훈련 데이터를 보간한다(즉, 데이터를 직접 관통한다). 오른쪽: 파란셱 곡선은 $K = 9$에 해당하며 더 매끄럽게 적합되었다.

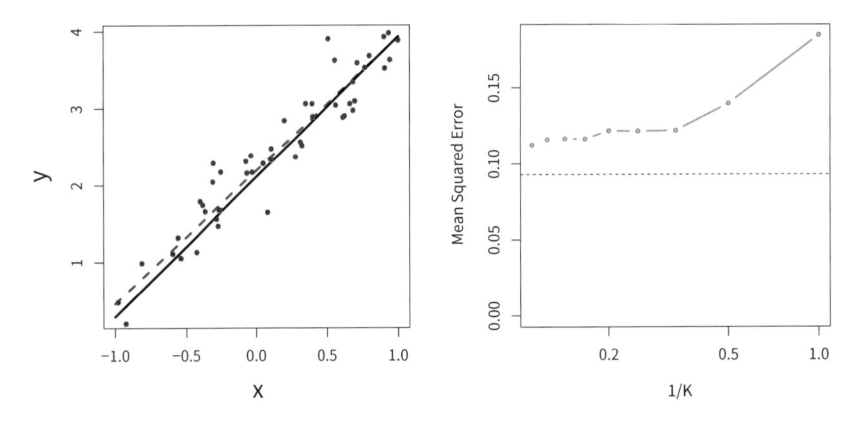

[그림 3.18] [그림 3.17]에 제시된 것과 동일한 데이터 세트에 대한 추가 조사. 왼쪽: 파란색 파선은 데이터에 대한 최소제곱 적합이다. $f(X)$가 실제로 선형인 경우(검은색 선으로 표시됨) 최소제곱 회귀선은 $f(X)$에 대해 매우 좋은 추정값을 제공한다. 오른쪽: 수평 파선은 최소제곱 테스트 세트 MSE를 나타내며, 반면 녹색 실선은 $1/K$의 (로그 척도) 함수로 KNN의 MSE를 나타낸다. 선형회귀는 $f(X)$가 선형이기 때문에 KNN 회귀보다 테스트 MSE가 낮다. KNN 회귀는 K 값이 매우 클 때, 즉 $1/K$의 값이 작을 때 결과가 가장 좋다.

실제 응용에서 X와 Y 사이의 참 관계가 정확히 선형인 경우는 매우 드물다. [그림 3.19]에서는 X와 Y 사이의 관계에서 비선형성 정도가 증가함에 따른 최소제곱 회귀와 KNN의 상대적 성능을 검사하고 있다. 위 행에서는 참 관계가 거의 선형이다. 이 경우 선형회귀의 테스트 MSE는 K가 작은 KNN보다 여전히 우수하다는 것을 알 수 있다. 그러나 $K \geq 4$인 KNN은 선형회귀보다 우수한 성능을 보인다. 두 번째 행은 선형성에서 더 멀리 떨어진 예시다. 이 상황에서는 모든 K 값에서 KNN이 선형회귀를 크게 능가한다. 비선형성의 정도가 증가함에 따라 비모수적인 KNN 방법의 테스트 세트 MSE는 거의 변하지 않지만, 선형회귀의 테스트 세트 MSE는 크게 증가한다.

[그림 3.18]과 [그림 3.19]는 변수 사이의 관계가 선형일 때는 KNN의 성능이 선형회귀보다 다소 떨어지지만 비선형 상황에서는 훨씬 우수하다는 것을 보여 준다. 실세계 상황에서는 참 관계가 알려져 있지 않다. 참 관계를 모르는 상황에서는 아마도 KNN을 선형회귀보다 선호해야 한다고 생각할 수도 있다. 참 관계가 선형일 경우에는 KNN이 선형회귀에 비해 약간 열등하지만 비선형일 경우에는 상당히 더 나은 결과를 줄 수 있기 때문이다. 그러나 현실에서는 참 관계가 매우 비선형적일 때도 KNN이 선형회귀에 비해 여전히 열등한 결과를 낼 수 있다. 특히 [그림 3.18]과 [그림 3.19]는 둘 다 $p = 1$인 예측변수를 사용한 상황을 보여 준다. 그러나 더 높은 차원에서는 KNN이 선형회귀보다 성능이 떨어지는 경우가 종종 발생한다.

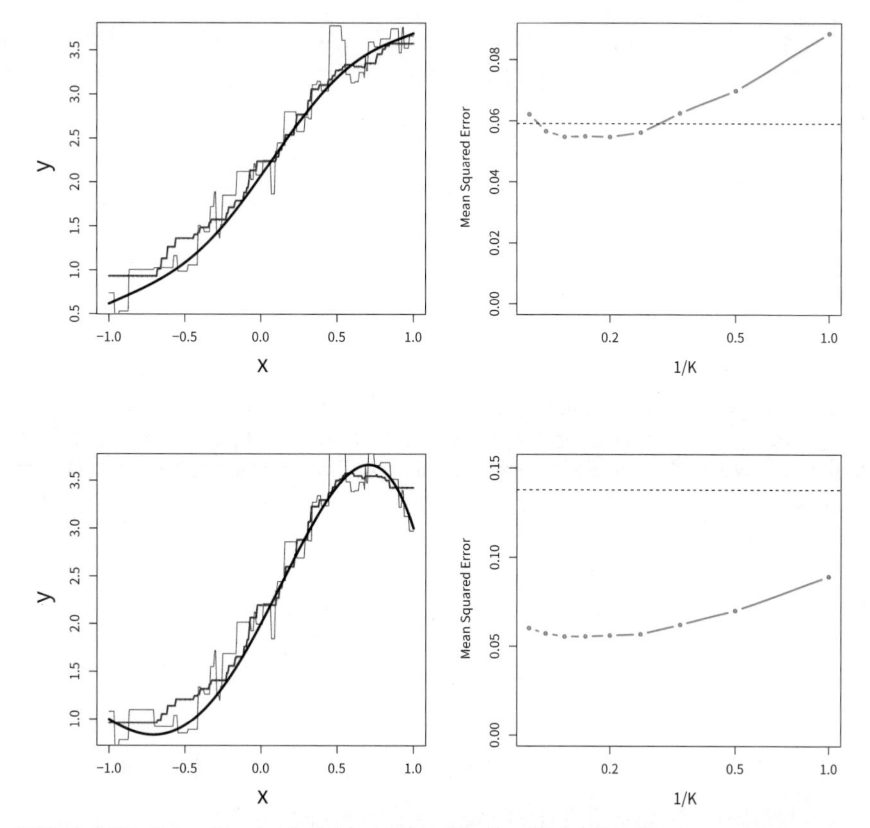

[그림 3.19] 왼쪽 상단: X와 Y 사이에 약간의 비선형 관계가 있는 상황에서(검은색 실선) $K=1$(파란색)과 $K=9$(빨간색)에 대한 KNN 적합을 제시했다. 오른쪽 상단: 약간 비선형적인 데이터에서 최소제곱 회귀의 테스트 세트 MSE(검정색 수평선)와 다양한 $1/K$ 값에 대한 KNN(녹색 선)을 보여 준다. 왼쪽 하단 및 오른쪽 하단: 상단 그림과 같은 방식으로 X와 Y 사이에 강한 비선형 관계가 있음을 보여 준다.

[그림 3.20]은 [그림 3.19]의 두 번째 행과 같이 강한 비선형 상황을 고려한 것이지만 반응변수와 관련 없는 '소음' 예측변수를 추가했다. $p=1$ 또는 $p=2$일 때는 KNN이 선형회귀보다 우수하다. 그러나 $p=3$에서는 결과가 뒤섞이고 $p \geq 4$에서는 선형회귀가 KNN보다 우수하다. 실제로 차원 증가로 선형회귀 테스트 세트의 MSE는 소폭 악화되었지만 KNN의 MSE는 10배 이상 증가했다. 차원 증가에 따른 성능 감소는 KNN에서 흔한 문제인데, 높은 차원에서는 표본 크기가 실질적으로 감소한다는 사실에서 비롯된다. 이 데이터 세트에는 50개의 훈련 관측 데이터가 있는데, $p=1$일 때 $f(X)$를 정확히 추정하기에 충분한 정보를 제공한다. 그러나 50개의 관측을 $p=20$ 차원에 흩어 놓게 되면 주어진 관측의 근접 이웃이 없는 현상을 초래한다. 이것을 소위 **차원의 저주**라고 한다. 즉, 주어진 테스트 관측 x_0에서 가장 가

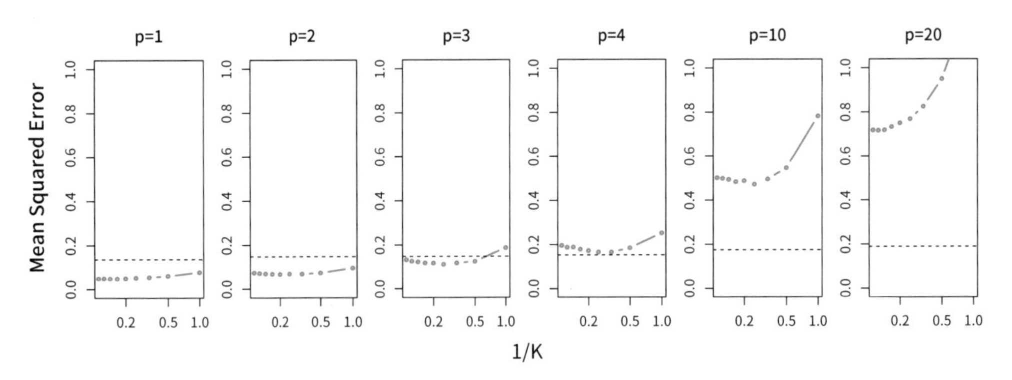

[그림 3.20] 선형회귀(검은 파선)와 KNN(녹색 곡선)의 테스트 MSE를 변수의 개수 p의 증가에 따라 제시했다. 참 함수는 [그림 3.19]의 하단 그림과 같이 첫 번째 변수에서 비선형이며 추가적인 변수들에 의존하지 않는다. 이 추가적인 노이즈 변수가 있으면 선형회귀의 성능은 천천히 악화되지만, p가 증가하면 KNN의 성능은 훨씬 더 빠르게 저하된다.

까운 K개의 관측은 p가 클 때의 p차원 공간에서는 x_0에서 매우 멀리 떨어져 있으므로, $f(x_0)$의 예측은 매우 나빠지고 KNN 적합도도 떨어질 수 있다. 일반적으로 예측변수당 관측 수가 적을 때는 모수적 방법이 비모수적 접근법보다 우수한 성능을 낸다.

차원이 낮을 때도 해석 가능성 측면에서 선형회귀를 KNN보다 선호할 수 있다. KNN의 테스트 MSE가 선형회귀보다 약간 작을 뿐이라면, 약간의 예측 정확도를 기꺼이 포기하고 단 몇 개의 계수만으로 설명하고 p-값을 이용할 수 있는 단순한 모형을 선택할 것이다.

3.6 실습: 선형회귀

3.6.1 패키지 가져오기

여기 최상위 셀에서 표준 라이브러리들을 가져온다.

In[1]:
```
import numpy as np
import pandas as pd
from matplotlib.pyplot import subplots
```

새로운 라이브러리 가져오기

이번 실습을 하면서 새로운 함수와 라이브러리를 소개하려고 한다. 여기서 임포트

(import)를 소개하는 이유는 이번 실습에 사용할 새로운 코드 객체라는 점을 강조하기 위해서다. notebook 맨 위에 import 명령어를 두는 것이 코드를 더 읽기 쉽게 해준다. 처음 몇 줄만 살펴보아도 어떤 라이브러리가 사용되는지 알 수 있기 때문이다.

In[2]:
```
import statsmodels.api as sm
```

이 기능에 관련된 상세 정보는 추후에 필요할 때마다 제공할 예정이다.

모듈을 통째로 가져오는 방법 외에 주어진 모듈에서 몇 가지 항목만 가져올 수도 있다. 이렇게 하면 이름공간(namespace)을 깨끗하게 유지하는 데 도움이 된다. 여기서는 statsmodels 패키지에서 몇 가지 특정 객체를 사용하려고 한다.

In[3]:
```
from statsmodels.stats.outliers_influence \
     import variance_inflation_factor as VIF
from statsmodels.stats.anova import anova_lm
```

import 문 중 하나가 상당히 길기 때문에 가독성을 높이기 위해 줄바꿈 문자 \를 삽입했다.

이 책의 실습에서 사용하기 위해 작성한 함수들은 ISLP 패키지에 포함되어 있다.

In[4]:
```
from ISLP import load_data
from ISLP.models import (ModelSpec as MS,
                         summarize,
                         poly)
```

객체와 이름공간 들여다보기

dir() 함수는 한 이름공간 내에 있는 객체의 목록을 보여 준다.

In[5]:
```
dir()
```

Out[5]:
```
['In',
 'MS',
 '_',
 '__',
 '___',
 '__builtin__',
 '__builtins__',
 ...
```

```
'poly',
'quit',
'sm',
'summarize']
```

이 목록은 파이썬의 최상위 수준에서 찾을 수 있는 객체를 모두 보여 준다. 여기에는 print()와 같은 내장함수의 참조를 포함하는 __builtins__와 같은 특정 객체가 있다.

모든 파이썬 객체는 dir()로 접근할 수 있는 자체적인 이름공간이 있다. 여기에는 객체의 속성뿐만 아니라 속성과 관련된 메소드도 모두 포함된다. 예를 들어 배열(array)에 대해 출력한 목록에서 'sum'이 그 예다.

In[6]:
```
A = np.array([3,5,11])
dir(A)
```

Out[6]:
```
...
'strides',
'sum',
'swapaxes',
...
```

이 코드로 A.sum이라는 객체가 있음을 알 수 있다. A.sum?을 입력하면 배열 A의 합을 계산하는 데 사용하는 메소드(method)임을 확인할 수 있다.

In[7]:
```
A.sum()
```

Out[7]:
```
19
```

3.6.2 단순선형회귀

이번 절에서는 ISLP.models의 ModelSpec() 변환을 사용해 모형행렬(model matrix)을 만든다(모형행렬은 설계행렬(design matrix)이라고도 한다).

ISLP 패키지에 포함된 Boston 주택 데이터 세트를 사용할 것이다. Boston 데이터 세트는 보스턴 주변 506개 지역의 medv(주택 중앙 가격)를 기록한 것이다. rmvar(주택당 방의 평균 개수), age(1940년 이전에 지은 자가 점유의 비율), lstat(저소득층 가구의 비율)과 같은 13개의 예측변수를 사용해 medv를 예측하기 위한 회귀모형을 구축한다. 이 작업에는 statsmodels를 사용한다. 이 모듈은 일반적으로 사용되는 몇 가지 회귀 방법을 구현한 파이썬 패키지다.

ISLP 패키지에 load_data() 함수를 만들어서 로딩을 쉽게 하도록 했다.

In[8]:
```
Boston = load_data("Boston")
Boston.columns
```

Out[8]:
```
Index(['crim', 'zn', 'indus', 'chas', 'nox', 'rm', 'age', 'dis',
       'rad', 'tax', 'ptratio', 'black', 'lstat', 'medv'],
      dtype='object')
```

Boston?이라고 입력하면 이 데이터의 더 많은 정보를 찾아볼 수 있다.

우선 sm.OLS() 함수를 이용해 간단한 선형회귀모형을 적합하는 작업부터 시작해 보자. 반응변수는 medv, lstat은 단일 예측변수가 될 것이다. 이 모형의 경우에는 모형행렬을 직접 생성할 수도 있다.

In[9]:
```
X = pd.DataFrame({'intercept': np.ones(Boston.shape[0]),
                  'lstat': Boston['lstat']})
X[:4]
```

Out[9]:
```
   intercept  lstat
0        1.0   4.98
1        1.0   9.14
2        1.0   4.03
3        1.0   2.94
```

반응변수를 추출하고 모형을 적합한다.

In[10]:
```
y = Boston['medv']
model = sm.OLS(y, X)
results = model.fit()
```

sm.OLS()는 모형을 적합하지 않는다는 점에 주의한다. 이 함수는 모형을 특정만 하고 model.fit()이 실제 적합을 수행한다.

ISLP의 summarize() 함수는 모수 추정값, 표준오차, t-통계량 및 p-값을 간단한 표로 만들어 준다. 이 함수는 fit 메소드에서 반환된 results 객체 같은 단일 인자를 받아 요약을 반환한다.

In[11]:
```
summarize(results)
```

Out[11]:
```
                coef  std err        t  P>|t|
intercept  34.5538    0.563   61.415    0.0
lstat      -0.9500    0.039  -24.528    0.0
```

적합된 모형을 다루는 다른 방법을 설명하기 전에 모형행렬 X를 만들기 위한 더 유용하고 일반적인 틀을 간단히 설명한다.

변환 이용하기: 적합과 변환

모형에 예측변수가 하나밖에 없으면 X를 만드는 일은 간단하다. 실제에서는 종종 배열이나 데이터프레임에서 선택된 여러 개의 예측변수로 모형을 적합해야 한다. 모형을 적합하기 전에 변수에 변환을 도입하거나 변수 사이의 상호작용을 지정하거나 특정 변수를 변수의 집합(예: 다항식)으로 확장할 수도 있다. `sklearn` 패키지에는 이런 유형의 작업을 위한 변환(transform)이라는 특별한 개념이 있다. 변환은 일부 모수를 인자로 받아 생성되는 객체다. 이 객체에는 `fit()`과 `transform()` 두 가지 주요 메소드가 있다.

일반적으로 `ISLP` 라이브러리의 변환 `ModelSpec()`을 통해 모형을 지정하고 모형행렬을 구성한다. `ModelSpec()`(셀 4에서 `MS()`로 이름 변경)은 변환 객체를 생성한 다음에 메소드 쌍인 `transform()`과 `fit()`을 사용해 해당 모형행렬을 만든다.

먼저 `Boston` 데이터프레임에서 단일 예측변수 `lstat`을 사용하는 단순한 회귀모형에서 이 과정을 설명하지만, 이 책 다른 실습의 더 복잡한 작업에서도 이 과정은 반복적으로 사용될 것이다. 이번 변환은 식 `design = MS(['lstat'])`으로 생성된다.

`fit()` 메소드는 원본 배열을 받아 변환 객체에 지정된 대로 일부 초기 계산을 실행한다. 예를 들어 중심화(centering)와 척도화(scaling)를 위한 평균과 표준편차를 계산할 수 있다. `transform()` 메소드는 적합된 변환을 데이터 배열에 적용해 모형행렬을 생성한다.

In[12]:
```
design = MS(['lstat'])
design = design.fit(Boston)
X = design.transform(Boston)
X[:4]
```

Out[12]:
```
   intercept  lstat
0        1.0   4.98
1        1.0   9.14
```

```
2        1.0   4.03
3        1.0   2.94
```

이 단순한 경우에는 fit() 메소드는 거의 하는 일이 없다. 단순히 design에서 지정한 변수 'lstat'이 Boston에 존재하는지 확인하는 게 전부다. 그다음 transform()이 만드는 모형행렬은 두 개의 열로 구성된다. 절편 intercept와 변수 lstat이다.

이 두 연산은 fit_transform() 메소드로 결합될 수 있다.

In[13]:
```
design = MS(['lstat'])
X = design.fit_transform(Boston)
X[:4]
```

Out[13]:
```
   intercept  lstat
0        1.0   4.98
1        1.0   9.14
2        1.0   4.03
3        1.0   2.94
```

두 단계에 걸쳐 별도로 수행했던 이전 코드 덩어리와 마찬가지로 fit() 연산의 결과로 design 객체가 변경되었음에 주의한다. 이 파이프라인(pipeline)의 강점은 상호작용과 변환을 포함하는 더 복잡한 모형을 적합할 때 더 분명해진다.

적합된 회귀모형을 다시 보자. results 객체에는 추론에 사용할 수 있는 여러 메소드가 있다. 이미 소개한 summarize()는 적합 결과의 핵심을 보여 주는 함수다. 전체 적합 결과의 다소 포괄적인 요약을 보려면 summary() 메소드를 사용할 수 있다(출력은 생략함).

In[14]:
```
results.summary()
```

results의 params 속성을 이용하면 적합된 계수를 확인할 수 있다.

In[15]:
```
results.params
```

Out[15]:
```
intercept  34.553841
lstat      -0.950049
dtype: float64
```

get_prediction() 메소드로 예측할 수 있고, lstat의 주어진 값에 대한 medv 예측의 신뢰구간과 예측구간을 생성할 수도 있다.

우선 예측을 수행하려는 변수의 값이 주어지면 lstat 변수만 포함하는 새로운 데이터프레임을 생성한다. 그다음에 design의 transform() 메소드를 사용해 해당 모형행렬을 만든다.

In[16]:
```
new_df = pd.DataFrame({'lstat':[5, 10, 15]})
newX = design.transform(new_df)
newX
```

Out[16]:
```
   intercept  lstat
0        1.0      5
1        1.0     10
2        1.0     15
```

다음으로 newX에서 예측을 계산하고 predicted_mean 속성을 추출해 확인한다.

In[17]:
```
new_predictions = results.get_prediction(newX);
new_predictions.predicted_mean
```

Out[17]:
```
array([29.80359411, 25.05334734, 20.30310057])
```

예측값들을 위한 신뢰구간의 생성 방법은 다음과 같다.

In[18]:
```
new_predictions.conf_int(alpha=0.05)
```

Out[18]:
```
array([[29.00741194, 30.59977628],
       [24.47413202, 25.63256267],
       [19.73158815, 20.87461299]])
```

obs = True로 예측구간을 계산할 수 있다.

In[19]:
```
new_predictions.conf_int(obs=True, alpha=0.05)
```

Out[19]:
```
array([[17.56567478, 42.04151344],
       [12.82762635, 37.27906833],
       [ 8.0777421 , 32.52845905]])
```

예를 들어 lstat 값이 10일 때 관련된 95% 신뢰구간은 (24.47, 25.63)이고, 95% 예측구간은 (12.82, 37.28)이다. 예상대로 신뢰구간과 예측구간은 같은 점(lstat이 10일 때 medv의 예측값인 25.05)을 중심으로 이루어지지만, 후자가 훨씬 더 넓다.

다음으로 DataFrame.plot.scatter()를 사용해 medv와 lstat의 그래프를 그리고 그 결과로 나오는 그래프에 회귀선을 추가한다.

함수 정의하기

ISLP 패키지에 있는 함수 중에 기존 그래프에 선을 추가하는 함수가 있지만, 이번 기회에 처음으로 함수를 정의해 그 작업을 수행해 보자.

In[20]:
```
def abline(ax, b, m):
    "Add a line with slope m and intercept b to ax"
    xlim = ax.get_xlim()
    ylim = [m * xlim[0] + b, m * xlim[1] + b]
    ax.plot(xlim, ylim)
```

몇 가지 예시가 제시되어 있다. 먼저 함수를 정의하는 구문 def funcname(...)이 있다. 이 함수에는 ax, b, m이라는 인자가 있는데, ax는 기존 그래프의 축 객체이고 b는 그리려는 직선의 절편, m은 기울기다. 다른 그래프 옵션은 다음과 같이 선택 인자를 추가로 포함하면 ax.plot에 전달될 수 있다.

In[21]:
```
def abline(ax, b, m, *args, **kwargs):
    "Add a line with slope m and intercept b to ax"
    xlim = ax.get_xlim()
    ylim = [m * xlim[0] + b, m * xlim[1] + b]
    ax.plot(xlim, ylim, *args, **kwargs)
```

*args를 추가하면 abline 함수에 이름을 붙이지 않은 인자를 수에 제한 없이 허용하고, *kwargs는 이름을 붙인 인자를 수에 제한 없이 허용한다(예: linewidth = 3). 함수에서는 이 인자들을 그대로 ax.plot에 전달한다. 함수에 관해 더 알고 싶은 독자는 *docs.python.org/tutorial*의 함수의 정의 절을 참조하길 바란다.

새로 만든 함수를 사용해 이 회귀선을 medv와 lstat의 그래프에 추가한다.

In[22]:
```
ax = Boston.plot.scatter('lstat', 'medv')
abline(ax,
       results.params[0],
       results.params[1],
       'r--',
       linewidth=3)
```

따라서 ax.plot()의 최종 호출은 ax.plot(xlim, ylim, 'r--', linewidth = 3)이 된

다. 인자 'r--'를 사용해 빨간색 파선을 생성했고 너비를 3으로 만드는 인자를 추가했다. lstat과 medv 사이의 관계에서 비선형성의 증거가 일부 존재한다. 실습 뒷부분에서 이 문제를 살펴보겠다.

앞서 언급했듯이 기존 함수 중에 그래프에 선을 추가하는 함수로 ax.axline()이 있다. 함수를 작성하는 방법을 알게 되면 더 잘 표현할 수 있는 그래프를 그릴 수 있다.

다음으로 3.3.3절에서 논의한 몇 가지 진단 그래프를 검토한다. 적합 결과에서 적합된 값과 잔차는 results 객체의 속성으로 찾을 수 있다. 회귀모형을 설명하는 다양한 영향력 측도들은 get_influence() 메소드로 계산할 수 있다. subplots()에서 첫 번째 값으로 반환되는 fig 구성 요소를 사용하지 않을 것이기 때문에, 단순하게 다음의 ax에서 두 번째 반환값을 받는다.

```
In[23]:  ax = subplots(figsize=(8,8))[1]
         ax.scatter(results.fittedvalues, results.resid)
         ax.set_xlabel('Fitted value')
         ax.set_ylabel('Residual')
         ax.axhline(0, c='k', ls='--');
```

수평선을 0에 추가해 참고선을 만든다. ax.axhline() 메소드를 사용해 검은색(c = 'k'), 파선 스타일(ls = '--')로 그리면 된다.

잔차 그래프(제시되지 않음)에 기반했을 때 비선형성을 나타내는 몇 가지 증거가 있다. 지렛값 통계량은 get_influence() 메소드가 반환하는 값의 hat_matrix_diag 속성을 사용하면 임의의 수에 대한 예측변수를 계산할 수 있다.

```
In[24]:  infl = results.get_influence()
         ax = subplots(figsize=(8,8))[1]
         ax.scatter(np.arange(X.shape[0]), infl.hat_matrix_diag)
         ax.set_xlabel('Index')
         ax.set_ylabel('Leverage')
         np.argmax(infl.hat_matrix_diag)
```

```
Out[24]: 374
```

np.argmax() 함수는 배열에서 가장 큰 원소의 인덱스를 찾아 주고 선택적으로 배열의 축을 따라 계산한다. 여기서는 전체 배열에 대한 최대화를 수행해 어떤 관측의 지렛값 통계량이 가장 큰지 결정했다.

3.6.3 다중선형회귀

최소제곱으로 다중선형회귀모형을 적합하기 위해서 다시 ModelSpec() 변환을 사용해 필요한 모형행렬과 반응변수를 만들어 보자. ModelSpec()에 주는 인자는 꽤 일반적일 수 있지만 이번에는 열 이름 리스트로 충분하다. 여기서는 lstat과 age 두 변수에 대한 적합을 생각해 보자.

In[25]:
```
X = MS(['lstat', 'age']).fit_transform(Boston)
model1 = sm.OLS(y, X)
results1 = model1.fit()
summarize(results1)
```

Out[25]:
```
               coef  std err        t  P>|t|
intercept   33.2228    0.731   45.458  0.000
    lstat   -1.0321    0.048  -21.416  0.000
      age    0.0345    0.012    2.826  0.005
```

얼마나 첫 행을 압축적으로 작성해 X의 구성을 간결하게 표현했는지 주의해서 살펴본다.

Boston 데이터 세트에는 12개의 변수가 있는데, 예측변수로 회귀를 수행하기 위해 변수를 모두 입력해야 한다면 번거로울 것이다. 대신 다음과 같은 짧은 표현을 사용할 수 있다.

In[26]:
```
terms = Boston.columns.drop('medv')
terms
```

Out[26]:
```
Index(['crim', 'zn', 'indus', 'chas', 'nox', 'rm', 'age', 'dis',
       'rad', 'tax', 'ptratio', 'lstat'],
      dtype='object')
```

이제 같은 모형행렬 빌더를 사용해 terms의 모든 변수로 된 모형을 적합할 수 있다.

In[27]:
```
X = MS(terms).fit_transform(Boston)
model = sm.OLS(y, X)
results = model.fit()
summarize(results)
```

Out[27]:
```
               coef  std err       t  P>|t|
intercept   41.6173    4.936   8.431  0.000
crim        -0.1214    0.033  -3.678  0.000
zn           0.0470    0.014   3.384  0.001
```

```
indus      0.0135   0.062    0.217  0.829
chas       2.8400   0.870    3.264  0.001
nox      -18.7580   3.851   -4.870  0.000
rm         3.6581   0.420    8.705  0.000
age        0.0036   0.013    0.271  0.787
dis       -1.4908   0.202   -7.394  0.000
rad        0.2894   0.067    4.325  0.000
tax       -0.0127   0.004   -3.337  0.001
ptratio   -0.9375   0.132   -7.091  0.000
lstat     -0.5520   0.051  -10.897  0.000
```

만약 하나를 제외하고 모든 변수를 사용해 회귀를 수행하고 싶다면 어떨까? 예를 들어 이 회귀 출력에서 age는 높은 p-값을 가진다. 그래서 이 예측변수를 제외한 회귀를 실행하고 싶을 수 있다. 다음 구문에서 age를 제외하고 모든 변수를 사용하는 회귀가 결과로 나온다(출력은 생략함).

In[28]:
```
minus_age = Boston.columns.drop(['medv', 'age'])
Xma = MS(minus_age).fit_transform(Boston)
model1 = sm.OLS(y, Xma)
summarize(model1.fit())
```

3.6.4 다변량 적합도

results의 개별 구성 요소에 이름으로 접근할 수 있다(dir(results)로 무엇이 사용 가능한지 볼 수 있다). 그래서 results.rsquared는 R^2을, np.sqrt(results.scale)은 RSE를 제공한다.

분산팽창인자(variance inflation factor)(3.3.3절)는 회귀모형의 모형행렬에서 공선성의 영향을 평가하는 데 종종 유용하다. 다중회귀 적합에서 VIF를 계산하면서 리스트 컴프리헨션(list comprehension)의 개념을 소개한다.

리스트 컴프리헨션

때때로 다른 작업을 위해 객체의 시퀀스(sequence)를 변형하고 싶을 수 있다. 다음에는 X 행렬의 각 특징에 대한 VIF를 계산하고 데이터프레임을 만들어서 인덱스가 X의 열과 일치하도록 만들 것이다. 리스트 컴프리헨션의 개념은 종종 이런 작업을 더 쉽게 해준다.

리스트 컴프리헨션은 파이썬 객체의 리스트를 만드는 아주 간단하고 강력한 방법이다. 파이썬은 또 사전(dictionary)과 '제너레이터' 컴프리헨션도 지원하는데, 범위를 벗어나므로 여기서는 다루지 않는다. 예를 하나 보자. 함수 variance_inflation_factor()를 사용해 모형행렬 X의 변수마다 VIF를 계산한다.

In[29]:
```
vals = [VIF(X, i)
        for i in range(1, X.shape[1])]
vif = pd.DataFrame({'vif':vals},
                   index=X.columns[1:])
vif
```

Out[29]:
```
           vif
crim     1.767
zn       2.298
indus    3.987
chas     1.071
nox      4.369
rm       1.913
age      3.088
dis      3.954
rad      7.445
tax      9.002
ptratio  1.797
lstat    2.871
```

함수 VIF()는 두 개의 인자를 받는다. 데이터프레임 또는 배열 하나 그리고 변수 열 인덱스다. 이 코드로 X의 모든 열에 대해 VIF()를 그 자리에서 호출한다. 이 코드에서 관심이 없는 0번 열(절편)은 제외했다. 이번 예에서 VIF들은 그다지 흥미롭지 않다.

객체 vals는 다음과 같이 for 루프를 사용해 구성할 수도 있다.

In[30]:
```
vals = []
for i in range(1, X.values.shape[1]):
    vals.append(VIF(X.values, i))
```

리스트 컴프리헨션을 사용하면 이런 반복 작업을 더 직관적인 방식으로 실행할 수 있다.

3.6.5 상호작용 항

ModelSpec()을 사용해 선형모형에 상호작용 항을 쉽게 포함할 수 있다. 튜플 ("lstat","age")을 사용하면 모형행렬 빌더에게 lstat과 age 사이의 상호작용 항을 포함하도록 지시한다.

In[31]:
```
X = MS(['lstat',
        'age',
        ('lstat', 'age')]).fit_transform(Boston)
model2 = sm.OLS(y, X)
summarize(model2.fit())
```

Out[31]:
```
              coef  std err       t  P>|t|
intercept  36.0885    1.470  24.553  0.000
    lstat  -1.3921    0.167  -8.313  0.000
      age  -0.0007    0.020  -0.036  0.971
lstat:age   0.0042    0.002   2.244  0.025
```

3.6.6 예측변수의 비선형 변환

모형행렬 빌더는 열 이름과 상호작용 항뿐만 아니라 이것을 넘어서는 항도 포함할 수 있다. 예를 들어 ISLP에서 제공되는 poly() 함수는 그 첫 번째 인자의 다항함수를 표현하기 위한 열들을 모형행렬에 추가하도록 지정한다.

In[32]:
```
X = MS([poly('lstat', degree=2), 'age']).fit_transform(Boston)
model3 = sm.OLS(y, X)
results3 = model3.fit()
summarize(results3)
```

Out[32]:
```
                             coef  std err        t  P>|t|
                intercept   17.7151    0.781   22.681  0.000
poly(lstat, degree=2)[0]  -179.2279    6.733  -26.620  0.000
poly(lstat, degree=2)[1]    72.9908    5.482   13.315  0.000
                      age    0.0703    0.011    6.471  0.000
```

사실상 영인 p-값이 이차항(즉, 출력 결과의 세 번째 행)에 있다는 것은 이차항이 모형을 개선한다는 사실을 알려 준다.

기본적으로 poly()는 모형행렬에 포함될 기저행렬을 생성하는데, 이 행렬의 열들은 안정적인 최소제곱 계산을 위해 설계된 직교다항식(orthogonal polynomial)들이다.[18] 또는 앞에서 poly()를 호출할 때 raw = True 인자를 포함했다면 기저행렬은 단순하게 lstat과 lstat**2로 이루어진다. 이 기저들은 모두 2차 다항식을 나타내기 때문에 적합값은 변경되지 않고 다항식의 계수만 변경된다. 또한 poly()로 생성된 열에는 절편 열을 포함하지 않는다. MS()가 자동으로 추가하기 때문이다.

18 사실 poly()는 모형행렬을 만드는 실제적인 중추면서 독립적인 함수인 Poly()를 위한 래퍼(wrapper)다.

이차 적합이 선형 적합보다 우수한 정도를 수량화하기 위해 anova_lm() 함수를 사용한다.

In[33]:
```
anova_lm(results1, results3)
```

Out[33]:
```
   df_resid       ssr  df_diff  ss_diff       F     Pr(>F)
0     503.0  19168.13      0.0      NaN     NaN        NaN
1     502.0  14165.61      1.0  5002.52  177.28  7.47e-35
```

여기서 results1은 예측변수 lstat과 age를 포함하는 선형 하위모형을 나타내고, results3은 lstat의 이차항을 포함하는 더 큰 모형에 대응된다. anova_lm() 함수는 두 모형을 비교하는 가설검정을 수행한다. 귀무가설은 더 큰 모형의 이차항이 필요하지 않다는 것이고, 대립가설은 더 큰 모형이 우수하다는 것이다. 여기서 F-통계량은 177.28이고 해당 p-값은 0이다. 이 경우 F-통계량은 results3 선형모형 요약 정보에서 이차항에 대한 t-통계량의 제곱인데, 내포모형(nested model)들이 자유도가 1 차이 나기 때문이다. 이것은 lstat에서 2차 다항식이 선형모형을 개선한다는 매우 뚜렷한 증거를 제공한다. 별로 놀라운 일은 아닌데, 앞서 medv와 lstat 사이의 비선형 관계에 대한 증거를 보았기 때문이다.

함수 anova_lm()은 두 개 이상의 내포모형을 입력으로 받을 수 있으며, 이 경우 연속된 모든 모형 쌍을 비교한다. 첫 번째 모형은 비교할 이전 모형이 없기 때문에 첫 번째 행의 경우 NaN으로 표시된다.

In[34]:
```
ax = subplots(figsize=(8,8))[1]
ax.scatter(results3.fittedvalues, results3.resid)
ax.set_xlabel('Fitted value')
ax.set_ylabel('Residual')
ax.axhline(0, c='k', ls='--');
```

이차항을 모형에 적합했을 때 잔차에서 식별 가능한 패턴이 거의 없다는 것을 볼 수 있다. 삼차항이나 그 이상의 다항식 적합을 생성하려면 단지 poly()에 있는 degree 인자를 변경하면 된다.

3.6.7 질적 변수들

여기서는 ISLP 패키지에 포함된 Carseats 데이터를 사용한다. 다양한 예측변수를 기반으로 400개 지역의 Sales(어린이 카시트 판매)를 예측하려고 한다.

```
In[35]: Carseats = load_data('Carseats')
        Carseats.columns
```

```
Out[35]: Index(['Sales', 'CompPrice', 'Income', 'Advertising',
                'Population', 'Price', 'ShelveLoc', 'Age', 'Education',
                'Urban', 'US'],
                dtype='object')
```

Carseats 데이터에는 자동차 시트가 전시되는 매장 내 공간인 선반 위치의 품질을 나타내는 ShelveLoc과 같은 질적 예측변수가 포함되어 있다. 예측변수 ShelveLoc에는 Bad, Medium, Good 세 가지 값이 있다. ShelveLoc과 같은 질적 변수가 제공되면 ModelSpec()은 자동으로 가변수를 생성한다. 이 변수들은 범주형 특징의 원-핫 인코딩(one-hot encoding)이라고도 한다. 그 열의 합은 1이므로 절편과의 공선성을 피하기 위해 첫 번째 열은 제거한다. 다음에서는 ShelveLoc의 첫 번째 수준이 Bad이기 때문에 ShelveLoc[Bad] 열이 제거되었음을 볼 수 있다. 일부 상호작용 항을 포함하는 다중회귀모형을 적합해 보자.

```
In[36]: allvars = list(Carseats.columns.drop('Sales'))
        y = Carseats['Sales']
        final = allvars + [('Income', 'Advertising'),
                           ('Price', 'Age')]
        X = MS(final).fit_transform(Carseats)
        model = sm.OLS(y, X)
        summarize(model.fit())
```

```
Out[36]:                       coef  std err        t  P>|t|
                intercept   6.5756    1.009    6.519  0.000
                CompPrice   0.0929    0.004   22.567  0.000
                   Income   0.0109    0.003    4.183  0.000
              Advertising   0.0702    0.023    3.107  0.002
               Population   0.0002    0.000    0.433  0.665
                    Price  -0.1008    0.007  -13.549  0.000
          ShelveLoc[Good]   4.8487    0.153   31.724  0.000
        ShelveLoc[Medium]   1.9533    0.126   15.531  0.000
                      Age  -0.0579    0.016   -3.633  0.000
                Education  -0.0209    0.020   -1.063  0.288
               Urban[Yes]   0.1402    0.112    1.247  0.213
                  US[Yes]  -0.1576    0.149   -1.058  0.291
       Income:Advertising   0.0008    0.000    2.698  0.007
                Price:Age   0.0001    0.000    0.801  0.424
```

첫 번째 줄에서는 allvars를 리스트로 만들어 두 줄 아래에서 상호작용 항을 추가할 수 있게 했다. 모형행렬 빌더는 진열 위치가 좋으면 값이 1, 그렇지 않으면 값이 0인 가변수 `ShelveLoc[Good]`을 생성했다. 또 진열 위치가 중간이면 값이 1, 그렇지 않으면 값이 0인 가변수 `ShelveLoc[Medium]`을 생성했다. 나쁜 진열 위치는 두 가변수가 모두 0인 경우에 해당한다. 회귀 결과 출력에서 `ShelveLoc[Good]`의 계수가 양수라는 사실은 좋은 진열 위치가 (나쁜 위치에 비해) 높은 판매량과 관련이 있음을 나타낸다. 그리고 `ShelveLoc[Medium]`의 양의 계수는 더 작은데, 이는 중간 진열 위치가 나쁜 진열 위치보다는 높은 판매량으로, 좋은 진열 위치보다는 낮은 판매량으로 이어짐을 나타낸다.

3.7 연습문제

개념

1. [표 3.4]에 제시된 p-값들에 해당하는 귀무가설을 설명하라. 이 p-값들을 바탕으로 어떤 결론을 도출할 수 있는지 설명하라. 설명할 때 선형모형의 계수 측면이 아니라 `sales`, `TV`, `radio`, `newspaper`의 측면에서 서술되어야 한다.

2. KNN 분류기와 KNN 회귀 방법의 차이를 자세히 설명하라.

3. 데이터 세트에는 예측변수가 $X_1 = \text{GPA}$, $X_2 = \text{IQ}$, $X_3 = \text{Level}$(1은 대학, 0은 고등학교), $X_4 =$ GPA와 IQ의 상호작용, 그리고 $X_5 =$ GPA와 Level의 상호작용으로 다섯 개 있다. 반응변수는 졸업 후 초봉(단위: 천 달러)이다. 최소제곱법을 사용해 모형을 적합하고 $\hat{\beta}_0 = 50, \hat{\beta}_1 = 20, \hat{\beta}_2 = 0.07, \hat{\beta}_3 = 35, \hat{\beta}_4 = 0.01, \hat{\beta}_5 = -10$을 얻었다고 가정해 보자.

   a) 어떤 것이 올바른지 찾고 이유를 설명하라.
      i. IQ와 GPA의 값이 고정됐을 때 평균적으로 고등학교 졸업생이 대학 졸업생보다 더 많은 수입을 얻는다.
      ii. IQ와 GPA의 값이 고정됐을 때 평균적으로 대학 졸업생이 고등학교 졸업생보다 더 많은 수입을 얻는다.
      iii. IQ와 GPA의 값이 고정됐을 때 GPA가 충분히 높다면 평균적으로 고등학교 졸업생이 대학 졸업생보다 더 많은 수입을 얻는다.

iv. IQ와 GPA의 값이 고정됐을 때 GPA가 충분히 높다면 평균적으로 대학 졸업생이 고등학교 졸업생보다 더 많은 수입을 얻는다.

b) IQ가 110이고 GPA가 4.0인 대학 졸업생의 임금을 예측하라.

c) 참일까 거짓일까? GPA/IQ 상호작용 항의 계수가 매우 작기 때문에 상호작용 효과에 대한 증거가 거의 없다. 그렇게 답한 이유를 설명하라.

4. 내가 수집한 데이터 세트(관측값 $n = 100$)에는 예측변수 하나와 양적 반응변수가 있다. 그리고 이 데이터에 선형회귀모형을 적합하고 별도로 3차 회귀, 즉 $Y = \beta_0 + \beta_1 X + \beta_2 X^2 + \beta_3 X^3 + \epsilon$도 적합했다.

a) X와 Y 사이의 참 관계가 선형이라고 가정한다. 즉, $Y = \beta_0 + \beta_1 X + \epsilon$이다. 선형회귀의 훈련 잔차제곱합(RSS)과 세제곱 회귀의 훈련 RSS를 생각해 보자. 하나가 다른 것보다 낮다고 기대할 수 있을까? 아니면 같을까? 아니면 판단할 수 있는 정보가 충분하지 않은가? 그렇게 답한 이유를 설명하라.

b) (a)를 훈련 RSS가 아닌 테스트 RSS를 사용해 답하라.

c) X와 Y 사이의 참 관계가 선형은 아니지만 선형에서 얼마나 멀리 떨어져 있는지 모른다고 가정한다. 선형회귀의 훈련 RSS와 세제곱 회귀의 훈련 RSS를 생각해 보자. 하나가 다른 것보다 작거나 같다고 기대할 수 있을까? 아니면 판단할 충분한 정보가 없는가? 그렇게 답한 이유도 설명하라.

d) (c)를 훈련 RSS가 아닌 테스트 RSS를 사용해 답하라.

5. 절편 없는 선형회귀를 수행할 때 나오는 적합값을 생각해 보자. 이 상황에서 i번째 적합값은 다음의 형태를 취한다.

$$\hat{y}_i = x_i \hat{\beta}$$

여기서 $\hat{\beta}$은 다음과 같다.

$$\hat{\beta} = \left(\sum_{i=1}^{n} x_i y_i \right) / \left(\sum_{i'=1}^{n} x_{i'}^2 \right) \tag{3.38}$$

다음과 같이 쓸 수 있음을 보여라.

$$\hat{y}_i = \sum_{i'=1}^{n} a_{i'} y_{i'}$$

$a_{i'}$는 무엇일까?

NOTE 이 결과를 해석하면 선형회귀에서 나온 적합값들이 반응값들의 선형결합(linear combination)이라는 말이다.

6. 식 (3.4)를 사용해 단순선형회귀의 경우 최소제곱선이 항상 점 $(\bar{x}, \bar{y})$를 통과한다는 것을 논의하라.

7. 본문의 내용에 따르면 Y를 X로 단순선형회귀하는 경우 R^2 통계량(식 (3.17))은 X와 Y 사이 상관관계의 제곱(식 (3.18))과 같다. 이것을 증명하라. 단순성을 위해 $\bar{x} = \bar{y} = 0$이라고 가정해도 좋다.

응용

8. 이 문제는 `Auto` 데이터 세트의 단순선형회귀에 관한 것이다.

   a) `sm.OLS()` 함수를 사용해 `mpg`를 반응변수, `horsepower`를 예측변수로 하는 단순선형회귀를 수행한다. 결과를 출력하기 위해서는 `summarize()` 함수를 사용한다. 출력에 대해 예를 들어 설명하라.
      i. 예측변수와 반응변수 사이에 관계가 있을까?
      ii. 예측변수와 반응변수 사이의 관계는 얼마나 강할까?
      iii. 예측변수와 반응변수 사이의 관계는 양의 관계일까? 음의 관계일까?
      iv. `horsepower`가 98일 때 예측되는 `mpg`는? 이에 대한 95% 신뢰구간과 예측구간은?

   b) 반응변수와 예측변수를 새로운 축 `ax`에 표시하라. 최소제곱 회귀선을 표시하기 위해 `axline()` 메소드 또는 실습에서 정의한 `abline()` 함수를 사용하라.

   c) 실습에서 설명한 최소제곱 회귀 적합의 몇 가지 진단 그래프(diagnostic plots)를 생성하라. 적합에 문제가 있다고 보이는 점에 대해 설명하라.

9. `Auto` 데이터 세트의 다중선형회귀에 관한 문제이다.

   a) 데이터 세트의 모든 변수를 포함해 산점도행렬을 생성하라.

b) `DataFrame.corr()` 메소드를 사용해 변수 간의 상관행렬을 계산하라.

c) `sm.OLS()` 함수를 사용해 `mpg`를 반응변수로 하고 `name`을 제외한 모든 다른 변수를 예측변수로 하는 다중선형회귀를 수행하라. 결과를 출력하기 위해 `summarize()` 함수를 사용한다. 출력에 대해 예를 들어 설명하라.

   i. 예측변수들과 반응변수 사이에 관계가 있는가? `statsmodels`의 `anova_lm()` 함수를 사용해 이 질문에 답하라.

   ii. 어느 예측변수가 반응변수와 통계적으로 유의한 관계에 있는 것으로 나타나는가?

   iii. `year` 변수의 계수가 알려 주는 것은 무엇인가?

d) 실습에서 설명한 대로 선형회귀 적합의 몇 가지 진단 그래프를 생성한다. 적합에 문제가 있다고 보이는 점을 설명하라. 잔차 그래프가 평소보다 큰 이상점을 알려 주는가? 지렛값 그래프(leverage plot)가 지렛값이 특별히 높은 관측을 확인해 주는가?

e) 실습에서 설명한 대로 상호작용을 포함하는 모형을 몇 가지 적합하라. 어떤 상호작용이 통계적으로 유의함을 보이는가?

f) 변수에서 몇 가지 다른 변환을 시도하라. 예를 들어 $\log X$, $\sqrt{X}$, X^2과 같은 변환들이다. 발견한 사항을 설명하라.

10. 이 문제는 `Carseats` 데이터 세트를 사용해 답해야 한다.

a) 다중회귀모형을 적합해 `Sales`를 예측하라. `Price`, `Urban`, `US`를 사용한다.

b) 모형의 각 계수에 대한 해석을 제시하라. 모형의 일부 변수가 질적 변수라는 점에 주의한다.

c) 모형의 식을 작성하라. 질적 변수를 적절히 처리할 수 있도록 주의한다.

d) 어떤 예측변수에서 귀무가설 $H_0 : \beta_j = 0$을 기각할 수 있는가?

e) 이전 질문에 대한 답변을 바탕으로 결과와 연관된 증거가 있는 예측변수만 사용해 더 작은 모형을 적합하라.

f) (a)와 (e)의 모형은 데이터에 얼마나 잘 적합하는가?

g) (e)의 모형을 사용해 계수들에 대한 95% 신뢰구간을 구하라.

h) (e)의 모형에 이상점이나 높은 지렛값 관측이 있다는 증거가 있는가?

11. 이 문제에서는 절편 없는 단순선형회귀에서 $H_0 : \beta = 0$에 대한 t-통계량을 조사한다. 시작하기 위해 다음과 같이 예측변수 x와 반응변수 y를 생성한다

```
rng = np.random.default_rng(1)
x = rng.normal(size=100)
y = 2 * x + rng.normal(size=100)
```

a) y의 x에 대한 단순선형회귀를 '절편 없이' 수행하라. 계수 추정값 $\hat{\beta}$, 이 계수 추정값의 표준오차 그리고 $H_0 : \beta = 0$에 대한 t-통계량과 p-값을 보고하라. 이 결과에 대해 설명하라(절편 없는 회귀를 수행하기 위해 `ModelSpec()`에 `intercept = False` 키워드 인자를 사용할 수 있다).

b) 이제 x의 y에 대한 단순선형회귀를 절편 없이 수행하고 계수 추정값, 그 표준오차, 그리고 $H_0 : \beta = 0$에 대한 해당 t-통계량과 p-값을 보고하라. 이 결과에 대해 설명하라.

c) (a)와 (b)에서 얻은 결과 사이의 관계는 무엇일까?

d) 절편 없이 Y를 X에 대해 회귀할 때 $H_0 : \beta = 0$에 대한 t-통계량은 $\hat{\beta}/\mathrm{SE}(\hat{\beta})$의 형태를 취한다. $\hat{\beta}$은 식 (3.38)에서 주어진 것이다(이 공식들은 3.1.1절과 3.1.2절에서 제공된 공식과 약간 다르다. 절편 없이 회귀를 수행하기 때문이다).

$$\mathrm{SE}(\hat{\beta}) = \sqrt{\frac{\sum_{i=1}^{n}(y_i - x_i\hat{\beta})^2}{(n-1)\sum_{i'=1}^{n} x_{i'}^2}}$$

대수적인 방법으로 t-통계량을 아래와 같이 쓸 수 있음을 보이고 파이썬에서 수치적으로 확인하라.

$$\frac{(\sqrt{n-1})\sum_{i=1}^{n} x_i y_i}{\sqrt{(\sum_{i=1}^{n} x_i^2)(\sum_{i'=1}^{n} y_{i'}^2) - (\sum_{i'=1}^{n} x_{i'} y_{i'})^2}}$$

e) (d)의 결과를 사용해 y를 x에 대해 회귀했을 때의 t-통계량이 x를 y에 대해 회귀했을 때의 t-통계량과 동일함을 논증하라.

f) 파이썬에서 '절편이 있는' 회귀를 수행할 때 $H_0 : \beta_1 = 0$에 대한 t-통계량이 y를 x에 대해 회귀분석할 때와 x를 y에 대해 회귀분석할 때 동일함을 나타내라.

12. 이 문제는 절편 없는 단순선형회귀에 관한 것이다.

 a) 절편 없이 Y를 X에 대해 선형회귀할 때 계수 추정값 $\hat{\beta}$은 식 (3.38)에 주어져 있다. 어떤 상황에서 X를 Y에 대해 회귀할 때의 계수 추정값이 Y를 X에 대해 회귀할 때의 계수 추정값과 동일한가?
 b) X를 Y에 대해 회귀할 때의 계수 추정값이 Y를 X에 대해 회귀할 때의 계수 추정값과 '다른', $n = 100$개의 관측값이 있는 예제를 파이썬에서 생성하라.
 c) X를 Y에 대해 회귀할 때의 계수 추정값이 Y를 X에 대해 회귀할 때의 계수 추정값과 '동일한', $n = 100$개의 관측값이 있는 예제를 파이썬에서 생성하라.

13. 이번 연습문제에서는 시뮬레이션 데이터를 생성하고 단순선형회귀모형을 적합한다. (a)를 시작하기 전에 일관된 결과를 보장하기 위해 기본 난수 생성기의 시드(seed)를 1로 설정하자.

 a) 난수 생성기의 `normal()` 메소드를 사용해 벡터 `x`를 생성하라. $N(0, 1)$ 분포에서 추출된 100개의 관측값을 넣어라. 이 벡터는 특징 X를 나타낸다.
 b) `normal()` 메소드를 사용해 벡터 `eps`를 생성하라. $N(0, 0.25)$ 분포에서 추출된 100개의 관측값을 넣어라. 평균이 0이고 분산이 0.25인 정규분포이다.
 c) `x`와 `eps`를 사용해 다음 모형에 따라 벡터 `y`를 생성하라.

$$Y = -1 + 0.5X + \epsilon \tag{3.39}$$

 벡터 `y`의 길이는 얼마일까? 이 선형모형에서 β_0과 β_1의 값은 무엇일까?
 d) `x`와 `y` 사이의 관계를 보여 주는 산점도를 생성한다. 관찰한 내용에 대해 설명하라.
 e) 최소제곱선형모형을 적합해 `x`를 사용해 `y`를 예측하라. 얻은 모형에 대해 설명하라. $\hat{\beta}_0$, $\hat{\beta}_1$을 β_0, β_1과 비교하면 어떤가?
 f) (d)에서 얻은 최소제곱선을 산점도에 표시하라. 다른 색상을 사용해 모집단 회귀선을 그래프에 그려라. 축의 `legend()` 메소드를 사용해 적절한 범례를 생성한다.
 g) 이제 다항회귀모형을 적합하고 `x`와 `x²`을 사용해 `y`를 예측하라. 이차항이 모형 적합을 개선하는 데 유의한 증거가 있을까? 왜 그렇게 답했는지 설명하라.
 h) 데이터 생성 과정을 변형해 (a)~(f)를 반복해 보자. 데이터에 '더 적은' 소음

(노이즈)이 존재하게 만들자. 모형 (3.39)는 동일하게 유지돼야 한다. (b)에서 오차항 ϵ을 생성하는 데 사용된 정규분포의 분산을 작게 하면 된다. 결과를 설명하라.

i) 데이터 생성 과정을 변형해 (a)~(f)를 반복해 보자. 데이터에 '더 많은' 소음(노이즈)이 존재하게 만들자. 모형 (3.39)는 동일하게 유지되어야 한다. (b)에서 오차항 ϵ을 생성하는 데 사용된 정규분포의 분산을 크게 하면 된다. 결과를 설명하라.

j) 원본 데이터 세트, 더 많은 노이즈가 있는 데이터 세트, 그리고 더 적은 노이즈가 있는 데이터 세트를 기반으로 한 β_0과 β_1에 대한 신뢰구간은 무엇일까? 결과에 대해 설명하라.

14. 이 문제는 '공선성' 문제에 초점을 맞춘 것이다.

a) 파이썬에서 다음 명령을 실행하라.

```
rng = np.random.default_rng(10)
x1 = rng.uniform(0, 1, size=100)
x2 = 0.5 * x1 + rng.normal(size=100) / 10
y = 2 + 2 * x1 + 0.3 * x2 + rng.normal(size=100)
```

마지막 줄은 y가 x1과 x2의 함수인 선형모형 생성에 대응되는 코드다. 이 선형모형의 형태를 써라. 회귀계수는 무엇일까?

b) x1과 x2 사이의 상관관계는 어떠한가? 변수 사이의 관계를 보여 주는 산점도를 생성하라.

c) 이 데이터에서 x1과 x2를 사용해 y를 예측하는 최소제곱 회귀를 적합하라. 구한 결과를 설명하라. $\hat{\beta}_0$, $\hat{\beta}_1$, $\hat{\beta}_2$은 무엇일까? 이들은 참값 β_0, β_1, β_2와 어떻게 관련이 있는가? 귀무가설 $H_0 : \beta_1 = 0$을 기각할 수 있는가? $H_0 : \beta_2 = 0$에 대해서는 어떤가?

d) 이제 x1만을 사용해 y를 예측하기 위한 최소제곱 회귀를 적합하라. 결과를 설명하라. $H_0 : \beta_1 = 0$의 귀무가설을 기각할 수 있는가?

e) 이제 x2만을 사용해 y를 예측하기 위한 최소제곱 회귀를 적합하라. 결과를 설명하라. $H_0 : \beta_1 = 0$의 귀무가설을 기각할 수 있는가?

f) (c)부터 (e)까지 얻은 결과가 서로 모순되는가? 왜 그런지 설명하라.

g) 추가적인 관측값 하나를 얻었는데 불행하게도 측정이 잘못된 값이었다고 가정해 보자. np.concatenate() 함수를 사용해 이 추가 관측값을 x1, x2, 그리고 y에 각각 추가하라.

```
x1 = np.concatenate([x1, [0.1]])
x2 = np.concatenate([x2, [0.8]])
y = np.concatenate([y, [6]])
```

새로운 데이터를 사용해 (c)부터 (e)까지 선형모형을 다시 적합하라. 이 새로운 관측값이 각 모형에 어떤 영향을 미칠까? 각 모형에서 이 관측값은 이상점일까? 높은 지렛점일까? 둘 다일까? 왜 그런지 설명하라.

15. 이 문제는 이번 장의 실습에서 본 Boston 데이터 세트와 관련이 있다. 이 데이터 세트의 다른 변수들을 사용해 1인당 범죄율을 예측하려고 한다. 즉, 1인당 범죄율이 반응변수이며 다른 변수들이 예측변수다.

a) 각각의 예측변수에 대해 반응변수를 예측하는 단순선형회귀모형을 적합하라. 결과를 설명하라. 어느 모형에서 예측변수와 반응변수 사이에 통계적으로 유의한 관계가 있는가? 주장을 뒷받침하기 위한 몇 가지 그래프를 생성하라.

b) 모든 예측변수를 사용해 반응변수를 예측하는 다중회귀모형을 적합하라. 결과를 설명하라. 어떤 예측변수에 대해 귀무가설 $H_0 : \beta_j = 0$을 기각할 수 있는가?

c) (a)의 결과를 (b)의 결과와 비교하면 어떤가? (a)의 단변량 회귀계수를 x축에, (b)의 다중회귀계수를 y축에 나타내는 그래프를 생성하라. 즉, 각각의 예측변수는 그래프에서 단일 점으로 표시된다. 단순선형회귀모형의 계수는 x축에, 다중선형회귀모형의 계수 추정값은 y축에 표시된다.

d) 반응변수와 예측변수 사이에 비선형 관계의 증거가 있는가? 이 질문에 답하기 위해 각각의 예측변수 X에 대해 다음 형태의 모형을 적합해 보자.

$$Y = \beta_0 + \beta_1 X + \beta_2 X^2 + \beta_3 X^3 + \epsilon$$

4장

An Introduction to Statistical Learning

분류

3장에서 논의한 선형회귀모형에서는 반응변수 Y를 양적(quantitative)이라고 가정했다. 그러나 반응변수가 질적(qualitative)인 상황도 많다. 예를 들어 눈 색깔은 질적 변수다. 흔히 질적 변수를 범주형(categorical)이라고도 한다. 이 책에서는 두 용어를 같은 의미로 사용할 것이다. 이번 장에서는 질적 반응을 예측하기 위한 접근법, 즉 분류(classification)의 처리 과정을 공부한다. 한 관측에 대해 질적 반응을 예측하는 일은 그 관측을 어떤 범주(category)나 부류(class)에 할당하는 과정을 수반하기 때문에 '분류하기'라고 할 수 있다. 한편 분류를 위해 사용되는 방법은 그 관측이 질적 변수의 각 범주에 속할 확률을 우선 예측하고 이 확률을 기초로 분류하는 경우가 많다. 이런 의미에서 분류도 회귀 방법처럼 동작한다고 볼 수 있다.

질적 반응변수를 예측하는 데 사용할 수 있는 분류 기법 또는 분류기(classifier)는 여러 종류가 있다. 이 중 일부를 2.1.5절과 2.2.3절에서 간략히 언급한 적이 있다. 이번 장에서는 로지스틱 회귀(logistic regression), 선형판별분석(linear discriminant analysis), 이차판별분석(quadratic discriminant analysis), 나이브 베이즈(naive Bayes), K-최근접이웃(K-nearest neighbors) 등 널리 사용되는 분류기들을 논의한다. 로지스틱 회귀에 대한 논의는 일반화선형모형(generalized linear model), 특히 포아송 회귀(Poisson regression)를 논의하기 위한 도약점이 된다. 더 컴퓨터 집약적인 분류 방법들은 나중에 뒷장에서 다룬다. 여기에 포함되는 방법으로는 일반화가법모형(generalized additive model)(7장), 나무-기반, 랜덤 포레스트, 부스팅(8장), 서포트 벡터 머신(9장) 등이 있다.

4.1 분류의 개요

분류 문제는 회귀 문제보다 훨씬 더 빈번하게 발생한다. 몇 가지 예를 들면 다음과 같다.

1. 어떤 사람이 세 가지 질환 중 하나일 가능성을 보이며 응급실에 도착한다. 이 사람은 세 가지 질환 중 어떤 질환을 앓고 있을까?
2. 온라인 뱅킹 서비스는 사용자의 IP 주소와 과거 거래 이력을 기반으로 웹사이트에서 이루어지는 거래가 사기인지 아닌지 결정할 수 있어야 한다.
3. 질병이 있는 환자와 없는 환자의 DNA 서열 데이터에 기반해 생물학자가 어떤 DNA 변이가 해로운 변이(질병 유발)이고 어떤 변이가 그렇지 않은지 파악하려고 한다.

회귀와 마찬가지로 분류도 훈련 데이터 세트 $(x_1, y_1), ..., (x_n, y_n)$으로 분류기를 만들 수 있다. 이 분류기가 훈련 데이터뿐 아니라 훈련하는 데 사용하지 않은 테스트 관측에서도 잘 작동하기를 바란다.

이번 장에서는 분류 개념을 예로 들어 설명하기 위해 모의생성한 `Default`(연체) 데이터 세트를 사용한다. 연소득과 월별 신용카드 잔액에 기반해, 한 개인의 신용카드 대금 결제의 연체 여부를 예측하려고 한다. 이 데이터 세트는 [그림 4.1]에 제시되어 있다. [그림 4.1]의 왼쪽 그림은 10,000명 중 일부 부분집합의 `income`(연소득)과 `balance`(월별 신용카드 잔액)를 나타낸 그래프다. 특정 달에 연체한 사람은 주황색, 그렇지 않은 사람은 파란색으로 표시했다(전체 연체율이 약 3%이므로 연체하지 않은 사람은 일부만 그래프에 표시했다). 연체한 사람은 그렇지 않은 사람보다 신용카드 잔액이 더 높은 경향을 보인다. [그림 4.1]의 가운데와 오른쪽 그림에는 두 쌍의 상자그림을 제시했다. 첫 번째 상자그림은 이진변수 `default`(연체 여부)에 따라 분리된 `balance`의 분포를 나타낸다. 두 번째 상자그림은 `default`에 따라 분리된 `income`의 분포를 보여 준다. 이번 장에서는 `balance`(X_1)과 `income`(X_2)의 임의의 값에 대해 `default`(Y)를 예측하기 위한 모형을 구축하는 방법을 배운다. Y는 양적 변수가 아니기 때문에 3장의 단순선형회귀모형은 좋은 선택이 아닌데, 이는 4.2절에서 자세히 다룰 예정이다.

[그림 4.1]에서 볼 수 있는 것처럼 예측변수 `balance`와 반응변수 `default` 사이의 관련성이 매우 확연하다는 점에 주목할 필요가 있다. 대부분 현실에 적용할 때는

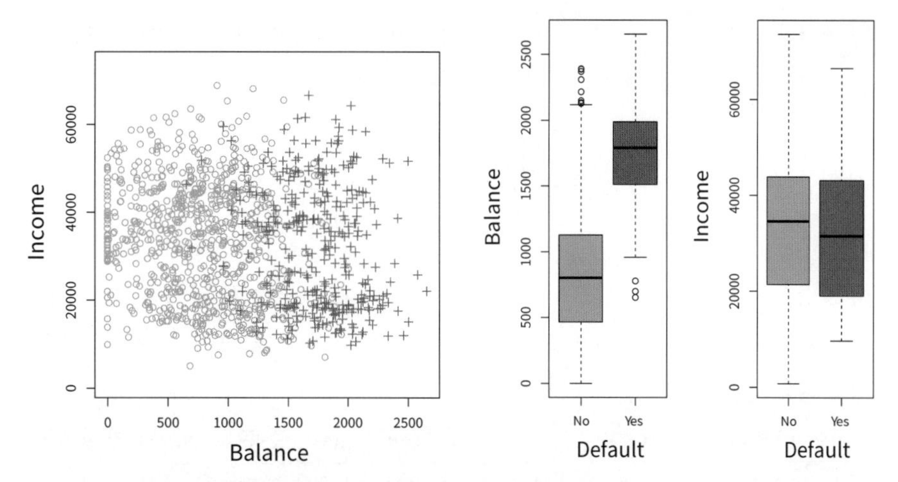

[그림 4.1] `Default` 데이터 세트. 왼쪽: 다수 개인의 연간 소득과 월별 신용카드 잔액. 신용카드 대금을 연체한 개인은 주황색으로, 그렇지 않은 개인은 파란색으로 표시되어 있다. 가운데: `default` 상태의 함수로서 `balance`의 상자그림. 오른쪽: `default` 상태의 함수로서 `income`의 상자그림.

예측변수와 반응변수 사이의 관련성이 그렇게 강한 경우가 거의 없다. 하지만 이번 장에서 논의할 분류 절차들을 그래프로 쉽게 설명하기 위해 예측변수와 반응변수 사이의 관련성을 다소 과장한 예제를 사용하고자 한다.

4.2 왜 선형회귀를 사용하지 않는가

앞서 언급했듯이 선형회귀는 질적 반응에는 적합하지 않다. 왜 적합하지 않을까?

응급실에서 환자의 증상을 기반으로 환자의 질환을 예측하는 경우를 생각해 보자. 이번 예제는 단순화해서 가능한 진단은 '뇌졸중', '약물 남용', '간질 발작' 세 가지뿐이라고 하자. 이 세 가지 값을 다음처럼 양적 반응변수 Y로 코딩하는 경우를 생각해 보자.

$$Y = \begin{cases} 1 & \text{뇌졸중인 경우} \\ 2 & \text{약물 남용인 경우} \\ 3 & \text{간질 발작인 경우} \end{cases}$$

이 식을 이용하면 최소제곱을 이용해 예측변수 $X_1, ..., X_p$의 집합을 기반으로 Y를 예측하는 선형회귀모형을 적합할 수 있다. 안타깝게도 이렇게 코딩하면 관측 결과에 순서가 있다는 뜻이 된다. 약물 남용을 뇌졸중과 간질 발작 사이에 놓고, 뇌졸중과 약물 남용 사이의 차이가 약물 남용과 간질 발작 사이의 차이와 같다고 주장하는 셈이다. 실제로 이래야 할 특별한 근거는 없다. 예를 들어 똑같은 논리로 다음과 같이 코딩하는 방법을 선택할 수도 있을 것이다.

$$Y = \begin{cases} 1 & \text{간질 발작인 경우} \\ 2 & \text{뇌졸중인 경우} \\ 3 & \text{약물 남용인 경우} \end{cases}$$

이 코딩은 세 가지 질환 사이의 관계에 전혀 다른 의미를 부여할 것이다. 이 각각의 두 코딩이 만드는 선형모형은 근본적으로 서로 다르며 궁극적으로 테스트 관측에 대한 예측 세트도 서로 달라질 것이다.

만약 반응변수의 값이 경증(mild), 중등도(moderate), 중증(severe)과 같이 원래부터 순서가 있는 값이고, 경증과 중등도 사이의 간격이 중등도와 중증 사이의 간격과 유사하다면 1, 2, 3 코딩이 합리적일 수 있다. 안타깝게도 일반적으로 2개 이상의 수준으로 이루어진 질적 반응변수를 양적 반응으로 변환해 선형회귀가 가능하도록 해주는 자연스러운 변환 방법은 없다.

이진(binary, 두 수준) 질적 반응변수의 경우는 상황이 낫다. 예를 들어 어떤 때는 환자의 질환이 두 가지 가능성, 즉 '뇌졸중'과 '약물 남용'밖에 없는 경우가 있다. 그러면 3.3.1절의 가변수(dummy variable) 접근법을 사용해 다음과 같이 반응변수를 코딩할 수 있는 가능성이 생긴다.

$$Y = \begin{cases} 0 & \text{뇌졸중인 경우} \\ 1 & \text{약물 남용인 경우} \end{cases}$$

이렇게 만들어진 이진 반응에 선형회귀를 적합하고 $\hat{Y} > 0.5$이면 약물 남용으로 예측하고 그렇지 않으면 뇌졸중으로 예측할 수 있다. 이진 반응인 경우에 어렵지 않게 증명할 수 있는데, 이 코딩을 뒤바꾸어도 선형모형의 최종 예측 결과는 동일하다.

이진 반응을 0/1로 코딩한 경우에는 최소제곱법에 의한 회귀가 완전히 불합리하지는 않다. 이진 반응인 경우 선형회귀를 사용해 구한 $X\hat{\beta}$은 사실은 특수한 경우에서 $\Pr(\textbf{약물 남용} \mid X)$의 추정값임을 보일 수 있다. 하지만 선형회귀를 사용하면 추정값 중 일부가 [0, 1] 구간 밖에 위치할 수 있어서([그림 4.2] 참조), 추정값을 확률로 해석하기 어렵게 만든다. 그럼에도 예측값들은 크기 순서가 정해지며 대략적으로 확률 추정값으로 해석될 수 있다. 흥미롭게도 선형회귀를 사용해 이진 반응을 예

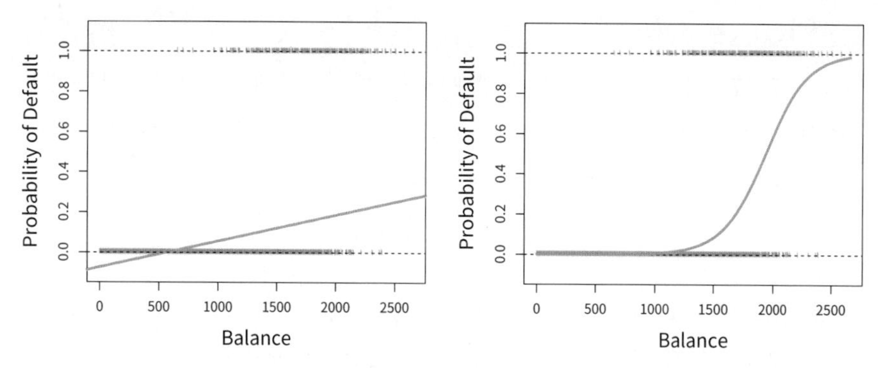

[그림 4.2] Default 데이터를 사용한 분류. 왼쪽: 선형회귀를 사용한 default의 추정 확률이다. 일부 추정 확률은 음수다. 주황색 표시는 default('No' 또는 'Yes')를 0/1로 코딩한 값이다. 오른쪽: 로지스틱 회귀를 사용한 default의 예측 확률. 모든 확률은 0과 1 사이에 있다.

측하면 얻게 되는 분류 결과는 4.4절에서 논의하는 선형판별분석(LDA, linear discriminat analysis) 절차의 결과와 같다고 알려져 있다.

요약하면 최소한 두 가지 이유로 분류를 수행할 때 회귀모형을 이용하지 않는다. (a) 회귀 방법은 둘 이상의 부류로 이루어진 질적 반응을 수용하지 못한다. (b) 회귀 방법은 두 부류만 있는 경우에도 $\Pr(Y \mid X)$의 의미 있는 추정값을 제공하지 못한다. 따라서 질적 반응값에 잘 어울리는 분류 방법을 사용하는 것이 좋다. 다음 절에서 제시할 로지스틱 회귀는 이진 질적 반응에 잘 어울리는 방법이다. 이후 절에서 다룰 분류 방법은 질적 반응이 둘 이상의 부류를 가진 경우에 적합한 방법들이다.

4.3 로지스틱 회귀

다시 한번 Default 데이터 세트를 살펴보자. 이 데이터 세트에서 반응변수 default는 'Yes' 또는 'No' 두 가지 범주 중 하나에 해당한다. 반응변수 Y(default)를 직접 모형화하는 대신, 로지스틱 회귀는 Y가 특정 범주에 속할 '확률'을 모형화한다. 예를 들어 balance 값이 주어졌을 때 연체 확률은 다음과 같이 나타낼 수 있다.

$$\Pr(\texttt{default} = \texttt{Yes} \mid \texttt{balance})$$

$\Pr(\texttt{default} = \texttt{Yes} \mid \texttt{balance})$ 값을 간략하게 $p(\texttt{balance})$로 표기하자. 이 값은 범위가 0과 1 사이에 있다. 그런 다음 이 확률을 이용해 임의의 balance 값이 주어지면 default에 대한 예측이 이루어질 수 있다. 예를 들어 어떤 개인의 $p(\texttt{balance}) > 0.5$인 경우 default = Yes로 예측할 수 있다. 그렇지 않고 회사가 보수적으로 연체 위험을 예측하려는 경우에는 $p(\texttt{balance}) > 0.1$과 같이 더 낮은 임곗값을 사용할 수도 있다.

4.3.1 로지스틱 모형

$p(X) = \Pr(Y = 1 \mid X)$와 X 사이의 관계를 어떻게 모형화해야 할까(편의상 반응변수에는 일반적인 0/1 코딩을 사용한다)? 4.2절에서는 이 확률을 표현하기 위해 아래 선형회귀모형을 사용했다.

$$p(X) = \beta_0 + \beta_1 X \tag{4.1}$$

이 접근법으로 `balance`를 사용해 `default` = `Yes`를 예측하면 [그림 4.2] 왼쪽 그림에 제시된 모형을 얻게 된다. 이 그래프에서 이 접근법의 한계를 확인할 수 있다. 카드 잔액(`balance`)이 0에 가까울 때는 연체(`default`) 확률 예측값이 음수가 되고 카드 잔액이 매우 클 때는 1보다 큰 값을 얻게 된다. 남아 있는 카드 잔액과 관계없이 참 연체 확률은 반드시 0과 1 사이에 있어야 하므로 이런 예측은 합리적이지 않다. 문제는 신용카드 연체 데이터에만 국한되지 않는다. 0 또는 1로 코딩된 이진 반응변수에 직선을 적합하면, 원론적으로 (X의 범위를 제한하지 않는 한) 항상 X의 일부 값은 $p(X) < 0$으로 예측하고 일부 값은 $p(X) > 1$로 예측하게 된다.

이 문제를 피하기 위해서는 항상 0과 1 사이의 값을 반환하는 함수를 사용해 $p(X)$를 모형화해야 한다. 이런 성질을 만족하는 함수는 많다. 로지스틱 회귀에서는 로지스틱 함수(logistic function)를 사용한다.

$$p(X) = \frac{e^{\beta_0 + \beta_1 X}}{1 + e^{\beta_0 + \beta_1 X}} \tag{4.2}$$

모형 (4.2)를 적합하기 위해 사용하는 최대가능도(maximum likelihood)라는 방법은 다음 절에서 논의한다. [그림 4.2]의 오른쪽 그림은 로지스틱 회귀모형을 `Default` 데이터에 적합한 예시다. 잔액(`balance`)이 적은 경우에 연체(`default`) 확률이 0에 가깝지만 절대로 0 아래로 내려가지는 않는다. 마찬가지로 잔액이 많은 경우 연체 확률이 1에 가깝지만 절대로 1을 넘지는 않는다. 로지스틱 함수는 항상 이런 형태의 'S자형' 곡선을 생성하므로 X의 값에 상관없이 합리적인 예측을 할 수 있다. 또한 로지스틱 모형이 왼쪽 그림의 선형회귀모형보다 확률 범위를 더 잘 포착하는 것도 볼 수 있다. 두 경우 모두 평균 적합 확률은 0.0333(훈련 데이터의 평균)인데, 데이터 세트의 전체 연체자 비율과 같다.

식 (4.2)를 일부 조작을 거친 후의 결과는 다음과 같다.

$$\frac{p(X)}{1 - p(X)} = e^{\beta_0 + \beta_1 X} \tag{4.3}$$

$p(X)/[1-p(X)]$는 오즈(odds)라고 하며 0에서 ∞ 사이의 어떤 값을 취할 수 있다. 오즈가 0에 가까우면 연체 확률이 매우 낮고 ∞에 가까우면 연체 확률이 매우 높다는 뜻이다. 예를 들어 오즈가 1/4이면 평균적으로 5명 중 1명이 연체할 것이다. $p(X)=0.2$가 $\frac{0.2}{1-0.2}=1/4$의 오즈를 의미하기 때문이다. 마찬가지로 오즈가 9이면 10명 중 9명이 평균적으로 연체할 것이다. 이는 $p(X)=0.9$가 $\frac{0.9}{1-0.9}=9$의 오즈를 의미하기 때문이다. 경마에서는 전통적으로 확률 대신 오즈를 사용하는데, 오즈를 사용하는 것이 베팅 전략과 더 자연스럽게 연결되기 때문이다

식 (4.3)의 양변에 로그를 취하면 다음 식을 얻는다.

$$\log\left(\frac{p(X)}{1-p(X)}\right)=\beta_0+\beta_1X \tag{4.4}$$

좌변은 로그 오즈(log odds) 또는 로짓(logit)이라고 한다. 로지스틱 회귀모형 (4.2)에서 로짓은 X에 대해 선형이다.

3장을 떠올려 보면 선형회귀모형에서 β_1은 X가 1단위 증가할 때 Y의 평균 변화량을 나타낸다. 반면 로지스틱 회귀모형에서는 X가 1단위 증가하면 로그 오즈가 β_1만큼 변한다(식 (4.4)). 이는 오즈에 e^{β_1}만큼 곱하는 것과 동일하다(식 (4.3)). 하지만 식 (4.2)에서 $p(X)$와 X의 관계는 직선이 아니므로 β_1은 X가 1단위 증가함에 따른 $p(X)$의 변화와 일치하지 않는다. $p(X)$가 X의 1단위 변화로 어떻게 변하는지는 현재 X의 값에 따라 달라진다. 그러나 X의 값에 상관없이 β_1이 양수면 X가 증가함에 따라 $p(X)$도 증가하고, β_1이 음수면 X가 증가함에 따라 $p(X)$가 감소한다. $p(X)$와 X 사이에 직선 관계가 없고 X의 단위 변화당 $p(X)$의 변화율이 X의 현잿값에 따라 다르다는 사실은 [그림 4.2]의 오른쪽 그림을 살펴보면 알 수 있다.

4.3.2 회귀계수 추정하기

식 (4.2)의 계수 β_0과 β_1을 모르므로 사용 가능한 훈련 데이터를 기반으로 추정해야 한다. 3장에서 미지의 선형회귀계수를 추정하기 위해 최소제곱(least squares) 접근법을 사용했다. 모형 (4.4)에 비선형 최소제곱을 사용할 수도 있지만 더 나은 통계적 성질을 보이는 '최대가능도' 방법이 일반적으로 더 선호된다. 로지스틱 회귀모형에 최대가능도를 사용하는 이유를 직관적으로 설명하면 다음과 같다. 식 (4.2)를 사용해 각 개인의 연체 예측 확률 $\hat{p}(x_i)$가 실제 관찰된 연체 상태와 최대한 일치하도록 β_0과 β_1의 추정값을 구하려 한다. 즉, 식 (4.2)에 주어진 $p(X)$ 모형에 이 추정

값을 넣었을 때 연체한 개인은 모두 1에 가까운 값을, 그렇지 않은 개인은 모두 0에 가까운 값을 제공하는 $\hat{\beta}_0$과 $\hat{\beta}_1$을 찾으려고 한다. 이 직관을 가능도함수(likelihood function)라는 수학 공식을 사용해 나타내면 다음과 같다.

$$\ell(\beta_0, \beta_1) = \prod_{i:y_i=1} p(x_i) \prod_{i':y_{i'}=0} (1 - p(x_{i'})) \tag{4.5}$$

이 가능도함수를 최대화하는 추정값 $\hat{\beta}_0$과 $\hat{\beta}_1$을 선택한다.

최대가능도는 이 책에서 살펴보는 많은 비선형모형을 적합할 때 사용하는 매우 일반적인 접근법이다. 선형회귀에서 최소제곱(least squares) 접근법은 실제로 최대가능도의 특수한 경우다. 최대가능도의 수학적 세부 사항은 이 책의 범위를 벗어나지만 일반적으로 로지스틱 회귀와 기타 모형들은 R과 같은 통계 소프트웨어를 사용해 쉽게 적합할 수 있으므로, 최대가능도 적합 절차의 세부 사항에 대해서는 크게 신경 쓸 필요가 없다.

[표 4.1]은 `balance`를 이용해 `default` = `Yes`인 확률을 예측하기 위해 `Default` 데이터에 로지스틱 회귀모형을 적합한 결과로 나오는 계수 추정값과 관련 정보들이다. 결과는 $\hat{\beta}_1 = 0.0055$로 `balance`의 증가가 `default`의 확률 증가와 관련이 있음을 알 수 있다. 정확히 말하면 `balance`가 1단위 증가할 때 `default`의 로그 오즈는 0.0055단위 증가한다.

	Coefficient	Std. error	z-statistic	p-value
`Intercept`	−10.6513	0.3612	−29.5	<0.0001
`balance`	0.0055	0.0002	24.9	<0.0001

[표 4.1] `Default` 데이터에서 `balance`로 `default` 확률을 예측하는 로지스틱 회귀모형의 추정 계수다. `balance`가 1단위 증가할 때 `default`의 로그 오즈가 0.0055 단위 증가하는 것과 관련이 있다.

[표 4.1]에 나타난 로지스틱 회귀분석 결과의 많은 측면은 3장의 선형회귀분석 결과와 유사하다. 예를 들어 계수 추정값의 정확도는 그 표준오차를 계산해 측정할 수 있다. [표 4.1]의 z-통계량은 예를 들어 95쪽에 있는 [표 3.1] 선형회귀분석 결과의 t-통계량과 같은 역할을 한다. 즉, β_1과 관련된 z-통계량은 $\hat{\beta}_1/\mathrm{SE}(\hat{\beta}_1)$과 같으므로 z-통계량의 큰(절댓값) 값은 귀무가설 $H_0 : \beta_1 = 0$에 대한 반대 증거를 나타낸다. 이 귀무가설에 따르면 $p(X) = \frac{e^{\beta_0}}{1+e^{\beta_0}}$이고, 즉 `default`의 확률은 `balance`에 의존하지 않는다는 뜻이다. [표 4.1]에서 `balance`와 관련된 p-값이 아주 작으므로 H_0를 기

각할 수 있다. 즉, balance와 default의 확률 사이에는 실제로 연관이 있다는 결론을 내릴 수 있다. [표 4.1]의 추정 절편은 일반적으로 관심 대상이 아닌데, 추정 절편의 주요 목적은 데이터에서 평균 적합 확률을 1의 비율(이 경우 전체 연체 비율)에 맞추는 것이다.

4.3.3 예측하기

계수들이 추정되면 주어진 신용카드 잔액에 대한 연체 확률을 계산할 수 있다. 예를 들어 [표 4.1]에서 제시한 계수 추정값(coefficient estimates)을 사용하면 balance가 \$1,000인 개인의 연체 확률은 다음과 같이 예상할 수 있다.

$$\hat{p}(X) = \frac{e^{\hat{\beta}_0+\hat{\beta}_1 X}}{1+e^{\hat{\beta}_0+\hat{\beta}_1 X}} = \frac{e^{-10.6513+0.0055\times 1{,}000}}{1+e^{-10.6513+0.0055\times 1{,}000}} = 0.00576$$

반대로 balance가 \$2,000인 개인의 예측 연체 확률은 훨씬 높아 0.586 또는 58.6%이다.

3.3.1절에서 소개한 가변수 접근법으로 로지스틱 회귀모형에 질적 예측변수를 사용할 수 있다. 예를 들어 Default 데이터 세트에는 질적 변수 student가 포함되어 있다. 학생 상태를 예측변수로 사용하는 모형을 적합하려면 학생은 1, 비학생은 0의 값을 갖는 가변수를 생성하면 된다. 학생 여부에 따라 연체 확률을 예측하는 로지스틱 회귀모형은 [표 4.2]에서 볼 수 있다. 이 가변수와 연관된 계수는 양수이며 해당 p-값은 통계적으로 유의하다. 이로써 학생이 비학생보다 연체 확률이 더 높음을 알 수 있다.

$$\widehat{\Pr}(\texttt{default=Yes}|\texttt{student=Yes}) = \frac{e^{-3.5041+0.4049\times 1}}{1+e^{-3.5041+0.4049\times 1}} = 0.0431$$
$$\widehat{\Pr}(\texttt{default=Yes}|\texttt{student=No}) = \frac{e^{-3.5041+0.4049\times 0}}{1+e^{-3.5041+0.4049\times 0}} = 0.0292$$

	Coefficient	Std. error	z-statistic	p-value
Intercept	−3.5041	0.0707	−49.55	<0.0001
student[Yes]	0.4049	0.1150	3.52	0.0004

[표 4.2] Default 데이터에서 학생 상태를 사용해 default의 확률을 예측하는 로지스틱 회귀모형의 추정 계수다. 학생 상태는 가변수로 인코딩되어 학생은 1, 비학생은 0의 값을 할당하며 student[Yes] 변수로 표시된다.

4.3.4 다중 로지스틱 회귀

이제 여러 예측변수를 사용해 이진 반응변수를 예측하는 문제를 살펴보겠다. 3장의 단순선형회귀에서 다중선형회귀로의 확장을 유추하면 식 (4.4)를 다음과 같이 일반화할 수 있다.

$$\log\left(\frac{p(X)}{1-p(X)}\right) = \beta_0 + \beta_1 X_1 + \cdots + \beta_p X_p \tag{4.6}$$

여기서 $X = (X_1, ..., X_p)$는 p개의 예측변수다. 식 (4.6)은 다음과 같이 다시 쓸 수 있다.

$$p(X) = \frac{e^{\beta_0+\beta_1 X_1+\cdots+\beta_p X_p}}{1+e^{\beta_0+\beta_1 X_1+\cdots+\beta_p X_p}} \tag{4.7}$$

4.3.2절과 같이 최대가능도법(maximum likelihood method)으로 $\beta_0, \beta_1, ..., \beta_p$를 추정한다.

[표 4.3]은 `balance`, `income`($1,000 단위), 그리고 `student` 상태로 `default`의 확률을 예측하는 로지스틱 회귀모형의 계수 추정값을 보여 준다. 이 방법으로 놀라운 결과를 볼 수 있다. `balance`와 학생 여부를 나타내는 가변수의 p-값이 매우 작은데, 이것으로 각 변수가 `default` 확률과 연관되어 있음을 알 수 있다. 어쨌든 가변수의 계수가 음수이므로 학생들이 비학생보다 연체 가능성이 낮다고 할 수 있다. 반대로 [표 4.2]에서는 가변수의 계수가 양수다. 어떻게 학생 상태가 [표 4.2]에서는 연체 확률의 증가와 [표 4.3]에서는 연체 확률의 감소와 연관되는 걸까? [그림 4.3]의 왼쪽 그림은 이 명백한 역설을 그래프로 보여 준다. 주황색과 파란색 실선은 각각 신용카드 잔액에 따른 학생과 비학생의 평균 연체율을 나타낸다. 다중 로지스틱 회귀에서 `student` 계수는 음수이기 때문에 `balance`와 `income`이 고정된 상황에서는 학생이 비학생보다 연체 가능성이 낮음을 알 수 있다. 실제로 [그림 4.3] 왼쪽 그림의 모든 `balance` 값에서 학생의 연체율은 비학생의 연체율보다 낮거나 같다. 그러나 그래프 아래 부분의 수평 파선은 모든 `balance`와 `income` 값에 대해 학생과 비학생의 연체율을 평균 낸 값인데, 정반대의 효과를 시사한다. 전체적으로 학생의 연체율은 비학생 연체율보다 높다. 결과적으로 [표 4.2]에서 나타나듯이 단일 변수 로지스틱 회귀 결과에서는 학생의 계수가 양수다.

이 불일치는 [그림 4.3]의 오른쪽 그림으로 설명할 수 있다. 학생 변수와 잔액 변수는 상관성이 있다. 학생의 부채가 더 많은 경향이 연체율과 관련되어 있다. 즉, 학생이 지불해야 할 신용카드 대금이 더 많을 가능성이 높고 이 때문에 [그림 4.3]

	Coefficient	Std. error	z-statistic	p-value
`Intercept`	−10.8690	0.4923	−22.08	<0.0001
`balance`	0.0057	0.0002	24.74	<0.0001
`income`	0.0030	0.0082	0.37	0.7115
`student[Yes]`	−0.6468	0.2362	−2.74	0.0062

[표 4.3] `Default` 데이터에서 `balance`, `income` 그리고 학생 여부에 따라 `default`의 확률을 예측하는 로지스틱 회귀모형의 추정 계수다. 학생 여부에 따라 가변수 `student[Yes]`를 사용해 학생은 1, 학생이 아니면 0의 값으로 인코딩한다. 이 모형 적합에 사용한 `income`의 측정 단위는 $1,000이다.

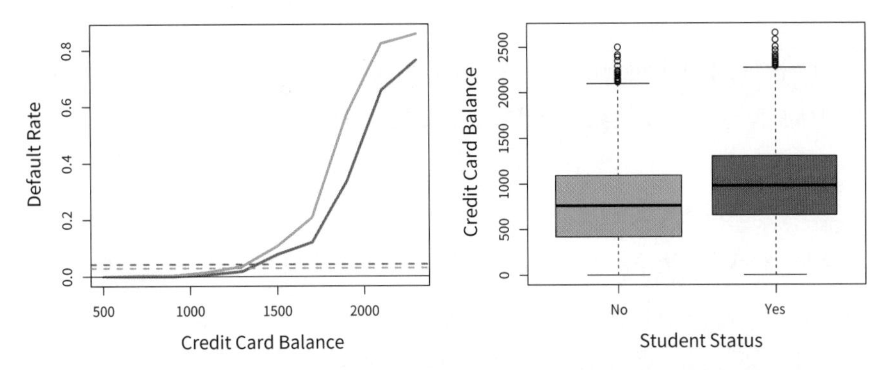

[그림 4.3] `Default` 데이터의 중첩(Confounding). 왼쪽: 학생(주황색)과 비학생(파란색)의 연체율을 보여 준다. 실선은 연체율을 `balance`의 함수로 보여 주고 수평 파선은 전체 연체율이다. 오른쪽: 학생(주황색)과 비학생(파란색)의 `balance` 상자그림이다.

의 왼쪽 그림에서 볼 수 있는 것처럼 높은 연체율과 관련을 맺고 있는 것이다. 따라서 갚아야 할 신용카드 잔액이 동일할 때는 개별 학생이 비학생보다 연체율이 낮지만, 학생 전체가 갚아야 할 신용카드 잔액이 더 높은 경향이 있어서 전반적으로 학생들이 비학생들보다 연체율이 더 높은 경향을 보인다. 이 경향성은 누구에게 신용카드를 발행해야 할지 결정하려는 신용카드 회사에게는 중요한 차이다. 학생의 신용카드 잔액에 대한 정보가 없는 경우 학생은 비학생보다 더 연체 위험이 높다. 그러나 신용카드 잔액이 같은 경우 학생은 비학생보다 연체 위험이 낮다.

이 간단한 예시는 다른 예측변수도 관련이 있을 수 있는 상황에서 단일 예측변수만을 사용해 회귀분석을 수행할 때 발생할 수 있는 위험성과 미묘한 차이를 보여 준다. 선형회귀와 마찬가지로 하나의 예측변수만을 사용해 얻은 결과는 여러 예측변수를 사용할 때와 상당히 다를 수 있으며, 특히 예측변수 사이에 상관관계가 있을 때는 더 그렇다. 일반적으로 [그림 4.3]에서 관찰되는 현상은 중첩(confounding)이라고 알려져 있다.

[표 4.3]의 회귀계수 추정값을 식 (4.7)에 대입해 예측할 수 있다. 예를 들어 신용카드 잔액이 \$1,500이고 소득이 \$40,000인 학생의 연체 확률은 다음과 같이 추정된다.

$$\hat{p}(X) = \frac{e^{-10.869+0.00574\times 1,500+0.003\times 40-0.6468\times 1}}{1+e^{-10.869+0.00574\times 1,500+0.003\times 40-0.6468\times 1}} = 0.058 \quad (4.8)$$

동일한 잔액과 소득을 가진 비학생의 연체 확률은 다음과 같다.

$$\hat{p}(X) = \frac{e^{-10.869+0.00574\times 1,500+0.003\times 40-0.6468\times 0}}{1+e^{-10.869+0.00574\times 1,500+0.003\times 40-0.6468\times 0}} = 0.105 \quad (4.9)$$

(여기서는 [표 4.3]의 `income` 계수 추정값에 40,000이 아닌 40을 곱한다. 해당 테이블에서 모형은 \$1,000 단위로 측정된 `income`으로 적합했기 때문이다).

4.3.5 다항 로지스틱 회귀

가끔 두 개 이상의 범주로 이루어진 반응변수를 분류할 때가 있다. 예를 들어 4.2절에서는 응급실에서 뇌졸중, 약물 남용, 간질 발작이라는 의학 조건이 세 가지인 범주를 다루었다. 그러나 이 절에서 살펴본 로지스틱 회귀 접근법은 반응변수에 $K = 2$ 부류만을 허용했다.

부류가 2개인 로지스틱 회귀 방법을 $K > 2$인 부류로 확장하는 것이 가능하다. 이 확장을 다항 로지스틱 회귀(multinomial logistic regression)라고도 한다. 이를 위해 하나의 부류를 기준범주(baseline)로 선택한다. 일반성을 잃지 않고 이 역할로 k번째 부류를 선택한다. 그런 다음 모형 (4.7)을 $k = 1, \ldots, K-1$일 때 모형

$$\Pr(Y=k|X=x) = \frac{e^{\beta_{k0}+\beta_{k1}x_1+\cdots+\beta_{kp}x_p}}{1+\sum_{l=1}^{K-1} e^{\beta_{l0}+\beta_{l1}x_1+\cdots+\beta_{lp}x_p}} \quad (4.10)$$

와 모형

$$\Pr(Y=K|X=x) = \frac{1}{1+\sum_{l=1}^{K-1} e^{\beta_{l0}+\beta_{l1}x_1+\cdots+\beta_{lp}x_p}} \quad (4.11)$$

로 대체한다. $k = 1, \ldots, K-1$일 때 다음을 보이는 것은 어렵지 않다.

$$\log\left(\frac{\Pr(Y=k|X=x)}{\Pr(Y=K|X=x)}\right) = \beta_{k0}+\beta_{k1}x_1+\cdots+\beta_{kp}x_p \quad (4.12)$$

식 (4.12)가 식 (4.6)과 매우 유사하다는 점에 주목하자. 식 (4.12)는 모든 부류 쌍 사

이의 로그 오즈(log odds)가 특징(feature)에 대해 선형임을 다시 한번 확인할 수 있다.

알려진 바에 따르면 식 (4.10)~(4.12)에서 K번째 부류를 기준으로 정한 것은 중요하지 않다. 예를 들어 응급실 방문을 '뇌졸중', '약물 남용', '간질 발작'으로 분류할 때 두 가지 다항 로지스틱 회귀모형을 적합한다고 가정한다. 하나는 뇌졸중을 기준 부류로 다른 하나는 약물 남용을 기준 부류로 취급한다. 기준 부류의 선택이 다르기 때문에 두 모형 간의 계수 추정값은 달라질 수 있지만 적합된 값(예측), 즉 어떤 두 부류 간의 로그 오즈, 그리고 다른 주요 모형 출력들은 동일하게 유지된다.

그럼에도 다항 로지스틱 회귀모형에서 계수를 해석할 때는 주의가 필요하다. 이는 기준 부류의 선택과 밀접하게 연관되어 있기 때문이다. 예를 들어 간질 발작을 기준 부류로 선택한 상황이라면 $\beta_{\text{뇌졸중}0}$은 $x_1 = ... = x_p = 0$일 때 뇌졸중 대 간질 발작의 로그 오즈로 해석할 수 있다. 더 나아가 X_j의 한 단위 증가는 뇌졸중 대 간질 발작의 로그 오즈의 $\beta_{\text{뇌졸중}j}$만큼의 증가와 연관되어 있다. 환언하면 X_j가 한 단위 증가할 때

$$\frac{\Pr(Y = \text{뇌졸중} \,|X = x)}{\Pr(Y = \text{간질 발작} \,|X = x)}$$

는 $e^{\beta_{\text{뇌졸중}j}}$배 증가한다.

이제 소프트맥스(softmax) 코딩으로 알려진 다항 로지스틱 회귀의 대체 코딩 방식을 간략히 소개한다. 소프트맥스 코딩은 적합된 값, 부류 간의 로그 오즈, 그리고 다른 주요 모형 출력들이 코딩 방식에 관계없이 동일하게 유지된다는 점에서 앞서 설명한 코딩과 동일하다. 하지만 소프트맥스 코딩은 기계학습 문헌의 일부 영역에서 광범위하게 사용되므로 이를 알 필요가 있다(10장에서도 다시 제시한다). 소프트맥스 코딩에서는 특정 부류를 기준으로 선택하는 대신 모든 K 부류를 대칭적으로 취급하며 $k = 1, ..., K$에 대해 계수를 추정한다.

$$\Pr(Y = k|X = x) = \frac{e^{\beta_{k0}+\beta_{k1}x_1+\cdots+\beta_{kp}x_p}}{\sum_{l=1}^{K} e^{\beta_{l0}+\beta_{l1}x_1+\cdots+\beta_{lp}x_p}} \tag{4.13}$$

따라서 $K-1$ 부류에 대한 계수를 추정하는 것이 아니라 실제로는 모든 K 부류에 대한 계수를 추정한다. 식 (4.13)의 결과로 k번째 부류와 k'번째 부류 간의 로그 오즈 비는 다음과 같다는 것을 어렵지 않게 알 수 있다.

$$\log\left(\frac{\Pr(Y = k|X = x)}{\Pr(Y = k'|X = x)}\right) = (\beta_{k0} - \beta_{k'0}) + (\beta_{k1} - \beta_{k'1})x_1 + \cdots + (\beta_{kp} - \beta_{k'p})x_p \tag{4.14}$$

4.4 생성모형을 이용한 분류

로지스틱 회귀는 두 반응변수 부류가 있을 때 식 (4.7)로 정의한 로지스틱 함수를 사용해 $\Pr(Y = k \mid X = x)$를 직접 모형화한다. 통계 용어로 예측변수 X가 주어졌을 때 반응변수 Y의 조건부 분포를 모형화하는 것이다. 이제 이 확률을 추정하는 또 다른 대안이면서 덜 직접적인 방법을 고려한다. 이 새로운 접근법에서는 예측변수 X의 분포를 반응변수 부류마다 개별적으로 나누어 모형화한다(즉, Y 각각의 값에 대해). 그런 다음 베이즈 정리(Bayes' theorem)를 사용해 이를 $\Pr(Y = k \mid X = x)$의 추정값으로 전환한다. 각각의 부류 내에서 X의 분포가 정규분포로 가정될 때 이 모형은 로지스틱 회귀와 매우 유사한 형태가 된다.

이미 로지스틱 회귀가 있음에도 다른 방법이 필요한 이유는 무엇일까? 몇 가지 이유가 있다.

- 두 부류 사이에 상당한 분리가 있을 때 로지스틱 회귀모형의 모수 추정값은 놀랍도록 불안정하다. 이 절에서 고려하는 방법들은 그런 문제를 겪지 않는다.
- 각각의 부류에서 예측변수 X의 분포가 대략 정규분포를 따르고 표본 크기가 작다면 이 절의 접근법은 로지스틱 회귀보다 더 정확할 수 있다.
- 이 절의 방법들은 반응변수가 두 개 이상인 부류로 자연스럽게 확장될 수 있다(반응변수 부류가 두 개 이상이면 4.3.5절의 다항 로지스틱 회귀도 사용할 수 있다).

$K \geq 2$인 K개의 부류 중 하나로 관측을 분류한다고 가정하자. 즉, 질적 반응변수 Y는 서로 다르고 순서가 없는 K개의 값에서 하나를 선택할 수 있다. 이때 π_k를 랜덤하게 선택한 관측이 k번째 부류에 속할 전체 또는 사전확률(prior probability)이라고 해보자. $f_k(X) \equiv \Pr(X \mid Y = k)$[1]는 k번째 부류에서 나온 관측에 대한 X의 밀도함수(density function)를 나타낸다. 즉, $f_k(x)$는 k번째 부류에 있는 관측값이 $X \approx x$일 확률이 높으면 상대적으로 크고, k번째 부류에 있는 관측값이 $X \approx x$일 확률이 매우 낮으면 작다. 그러면 '베이즈 정리'를 다음과 같이 정의할 수 있다.

$$\Pr(Y = k|X = x) = \frac{\pi_k f_k(x)}{\sum_{l=1}^{K} \pi_l f_l(x)} \tag{4.15}$$

1 기술적으로 이 정의는 X가 질적 확률변수일 경우에만 정확하다. X가 양적이면 $f_k(x)dx$는 X가 x 주변의 작은 영역 dx에 있을 확률을 나타낸다.

이전 표기법에 따라 $p_k(x) = \Pr(Y = k \mid X = x)$라는 약어를 사용한다. 이는 관측값 $X = x$가 k번째 부류에 속할 사후확률(posterior probability)을 의미한다. 즉, 해당 관측에 대한 예측값이 '주어졌을 때' 그 관측이 k번째 부류에 속할 확률이다.

식 (4.15)는 4.3.1절처럼 사후확률 $p_k(x)$를 직접 계산하는 대신, π_k와 $f_k(x)$의 추정값을 식 (4.15)에 적용할 수 있음을 제안한다. 일반적으로 모집단에서 추출한 랜덤표본이 있다면 π_k를 추정하는 일은 쉽다. 단지 k번째 부류에 속하는 훈련 관측의 비율을 계산하면 된다. 그러나 밀도함수 $f_k(x)$를 추정하는 일은 훨씬 어렵다. 앞으로 보겠지만 $f_k(x)$를 추정하려면 일반적으로 몇 가지 단순화 가정을 해야 한다.

2장에서 논의했듯이 관측값 x를 $p_k(x)$가 최대가 되는 부류로 분류하는 베이즈 분류기(Bayes classifier)가 모든 분류기 중에서 가장 오류율이 낮다(이는 식 (4.15)의 모든 항이 정확히 지정된 경우에만 해당한다). 따라서 $f_k(x)$를 추정하는 방법을 찾을 수 있다면 이를 식 (4.15)에 적용해 베이즈 분류기를 근사할 수 있다.

다음 절에서는 식 (4.15)에서 사용되는 서로 다른 $f_k(x)$의 추정값을 이용해 베이즈 분류기를 근사하는 세 가지 분류기 선형판별분석(linear discriminant analysis), 이차판별분석(quadratic discriminant analysis), 나이브 베이즈(naive Bayes)에 대해 논의한다.

4.4.1 $p = 1$인 선형판별분석

우선 예측변수가 하나뿐인 경우($p = 1$)를 가정해 보자. $p_k(x)$를 추정하기 위해 식 (4.15)에 적용할 $f_k(x)$의 추정값을 구하려고 한다. 그런 다음 $p_k(x)$가 최대가 되는 부류로 관측을 분류할 것이다. $f_k(x)$를 추정하려면 우선 그 형태에 대해 몇 가지 가정을 해야 한다.

$f_k(x)$가 정규분포(normal distribution) 또는 가우스 분포(Gaussian distribution)의 형태라고 가정해 보자. 1차원 상황이라면 정규분포 밀도함수의 형태는 다음과 같다.

$$f_k(x) = \frac{1}{\sqrt{2\pi}\sigma_k} \exp\left(-\frac{1}{2\sigma_k^2}(x - \mu_k)^2\right) \tag{4.16}$$

여기서 k번째 부류에 대한 평균과 분산은 μ_k와 σ_k^2이다. 이제부터는 가정을 추가해 $\sigma_1^2 = ... = \sigma_K^2$이라고 하자. 즉 모든 K 부류가 동일한 분산을 공유한다(간단히 σ^2으로 표현할 수 있다). 식 (4.16)을 식 (4.15)에 대입하면 다음과 같은 결과를 얻게 된다.

$$p_k(x) = \frac{\pi_k \frac{1}{\sqrt{2\pi}\sigma} \exp\left(-\frac{1}{2\sigma^2}(x-\mu_k)^2\right)}{\sum_{l=1}^{K} \pi_l \frac{1}{\sqrt{2\pi}\sigma} \exp\left(-\frac{1}{2\sigma^2}(x-\mu_l)^2\right)} \tag{4.17}$$

(식 (4.17)에서 π_k는 관측이 k번째 부류에 속할 사전확률을 나타내는데, 이것을 수학 상수인 $\pi \approx 3.14159$와 혼동해서는 안 된다). 베이즈 분류기(Bayes classifier)[2]는 식 (4.17)이 최대가 되는 부류에 관측값 $X = x$를 할당하는 과정을 포함한다. 식 (4.17)에 로그를 취하고 항을 재배열하면 관측을 값이 최대가 되는 부류에 할당하는 방법과 동일하다는 것을 어렵지 않게 알 수 있다.[3]

$$\delta_k(x) = x \cdot \frac{\mu_k}{\sigma^2} - \frac{\mu_k^2}{2\sigma^2} + \log(\pi_k) \tag{4.18}$$

예를 들어 $K = 2$이고 $\pi_1 = \pi_2$인 경우, 베이즈 분류기는 $2x(\mu_1 - \mu_2) > \mu_1^2 - \mu_2^2$일 때 관측을 부류 1에 할당하고 그렇지 않으면 부류 2에 할당한다. 베이즈 결정경계는 $\delta_1(x) = \delta_2(x)$가 되는 지점이며, 이는 $x = \frac{\mu_1^2 - \mu_2^2}{2(\mu_1 - \mu_2)}$와 같다.

$$x = \frac{\mu_1^2 - \mu_2^2}{2(\mu_1 - \mu_2)} = \frac{\mu_1 + \mu_2}{2} \tag{4.19}$$

[그림 4.4]의 왼쪽 그림에 예시가 나와 있다. 표시된 두 개의 정규 밀도함수 $f_1(x)$와 $f_2(x)$는 서로 다른 두 부류를 나타낸다. 이 두 밀도함수의 평균과 분산은 $\mu_1 = -1.25$, $\mu_2 = 1.25$, $\sigma_1^2 = \sigma_2^2 = 1$이다. 두 밀도함수가 겹쳐 있으므로 $X = x$라고 가정했을 때 관측이 어느 부류에 속해 있을지 불확실한 부분이 있다. 관측이 두 부류 중 어느 한 쪽에 속해 있을 확률이 동일하면, 즉 $\pi_1 = \pi_2 = 0.5$라고 가정하면 식 (4.19)에 의해 베이즈 분류기는 $x < 0$인 경우 부류 1에, 그렇지 않은 경우 부류 2에 할당한다. 이 경우에는 각각의 부류 내에서 X가 가우스 분포를 따르고 관련된 모든 모수를 알고 있기 때문에 베이즈 분류기를 계산할 수 있었다. 실제 상황에서는 베이즈 분류기로 계산하는 것이 쉽지 않다.

실제로 각 부류 내에서 X가 가우스 분포를 따른다는 가정이 확실하더라도 베이즈 분류기를 적용하기 위해서는 모수 $\mu_1, \ldots, \mu_K, \pi_1, \ldots, \pi_K, \sigma^2$을 추정해야 한다. 선형판별분석(LDA, linear discriminant analysis) 방법은 π_k, μ_k, σ^2에 대한 추정값

2 베이즈 분류기는 $p_k(x)$가 최대가 되는 부류에 관측을 할당한다. 식 (4.15)의 '베이즈 정리'와는 다른 개념으로, 베이즈 정리는 조건부 분포를 조작할 때 사용한다.

3 이 장 말미에 있는 연습문제 2번 참조.

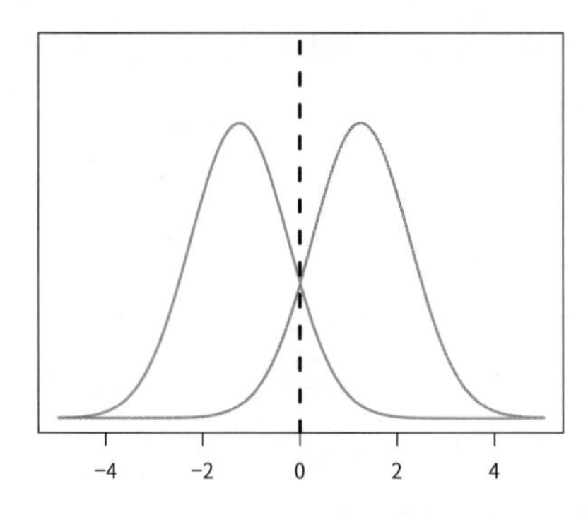

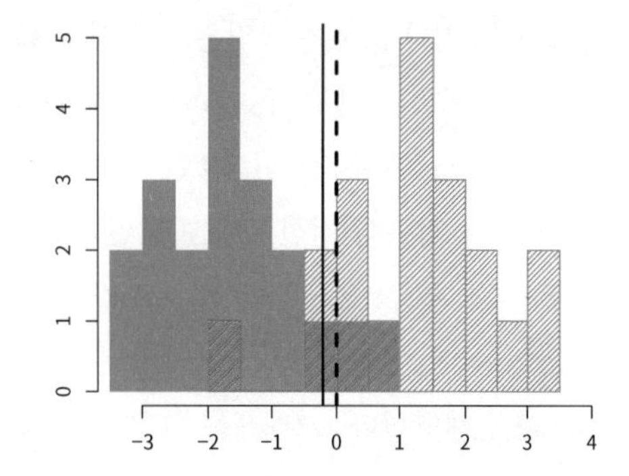

[그림 4.4] 왼쪽: 두 개의 1차원 정규 밀도함수를 볼 수 있다. 파선으로 표시된 수직선은 베이즈 결정경계를 나타낸다. 오른쪽: 두 부류에서 각각 20개의 관측값이 추출되어 히스토그램으로 표시되어 있다. 여기서도 베이즈 결정경계는 파선의 수직선으로 나타내고 실선의 수직선은 훈련 데이터에서 추정된 LDA 결정경계를 나타낸다.

을 식 (4.18)에 적용해 베이즈 분류기를 근사한다. 특히 다음과 같은 추정값이 사용된다.

$$
\begin{aligned}
\hat{\mu}_k &= \frac{1}{n_k}\sum_{i:y_i=k} x_i \\
\hat{\sigma}^2 &= \frac{1}{n-K}\sum_{k=1}^{K}\sum_{i:y_i=k}(x_i-\hat{\mu}_k)^2
\end{aligned}
\tag{4.20}
$$

여기서 n은 훈련 관측의 총 개수이고 n_k는 k번째 부류의 훈련 관측 개수다. μ_k에 대한 추정값은 k번째 부류의 모든 훈련 관측값의 평균인 반면, $\hat{\sigma}^2$은 각각의 K 부류에 대한 표본분산의 가중평균으로 볼 수 있다. 때때로 부류 소속 확률 $\pi_1, \ldots, \pi_K$에 대한 지식이 있으며 이를 직접 사용할 수 있다. 추가 정보가 없는 경우 LDA는 k번째 부류에 속하는 훈련 관측 비율을 사용해 다음과 같이 π_k를 추정한다.

$$\hat{\pi}_k = n_k/n \tag{4.21}$$

LDA 분류기는 식 (4.20)과 식 (4.21)에 주어진 추정값을 식 (4.18)에 대입해 다음 식이 최대가 되는 부류에 관측값 $X=x$를 할당한다.

$$\hat{\delta}_k(x) = x\cdot\frac{\hat{\mu}_k}{\hat{\sigma}^2} - \frac{\hat{\mu}_k^2}{2\hat{\sigma}^2} + \log(\hat{\pi}_k) \tag{4.22}$$

분류기 이름의 '선형'이라는 단어는 식 (4.22)의 판별함수(discriminant function) $\hat{\delta}_k(x)$가 (더 복잡한 x의 함수와는 대조적으로) x의 선형함수라는 사실에서 유래한다.

[그림 4.4]의 오른쪽 그림은 각각의 부류에서 랜덤하게 추출한 20개 관측 표본의 히스토그램을 보여 준다. LDA를 구현하기 위해 먼저 식 (4.20)과 식 (4.21)을 사용해 π_k, μ_k, σ^2을 추정했다. 그런 다음 식 (4.22)가 최대가 되는 부류에 관측값을 할당한 결과 검은색 실선으로 표시된 결정경계를 계산했다. 이 경계선 왼쪽의 모든 점은 녹색 부류, 오른쪽의 점은 보라색 부류에 할당된다. 이 경우 $n_1 = n_2 = 20$이므로 $\hat{\pi}_1 = \hat{\pi}_2$이다. 따라서 결정경계는 두 부류의 표본평균 사이의 중점, 즉 $(\hat{\mu}_1 + \hat{\mu}_2)/2$에 해당한다. 그래프는 LDA 결정경계가 최적의 베이즈 결정경계, 즉 $(\mu_1 + \mu_2)/2 = 0$보다 약간 왼쪽에 위치함을 나타낸다. 이 데이터에서 LDA 분류기는 얼마나 잘 작동하는가? 이것은 시뮬레이션 데이터이므로 베이즈 오류율과 LDA 테스트 오류율을 계산하기 위해 많은 수의 테스트 관측값을 생성할 수 있다. 이들은 각각 10.6%와 11.1%이다. 즉, LDA 분류기의 오류율은 가능한 최소 오류율보다 겨우 0.5% 높다. 이는 LDA가 이 데이터 세트에서 상당히 잘 작동하고 있음을 나타낸다.

다시 강조하지만 LDA 분류기는 각 부류 내의 관측값이 부류별 평균과 공통 분산 σ^2을 가진 정규분포에서 나온다고 가정하고, 이 모수들에 대한 추정값을 베이즈 분류기에 적용해 결과를 도출한 것이다. 4.4.3절에서는 k번째 부류의 관측값이 부류별 분산 σ_k^2을 갖도록 허용하는 덜 엄격한 가정 세트를 고려할 예정이다.

4.4.2 $p > 1$ 선형판별분석

이제 LDA 분류기를 여러 예측변수들의 상황에 맞게 확장한다. 이를 위해 $X = (X_1, X_2, ..., X_p)$가 각 부류별 평균 벡터와 공통의 공분산행렬을 가지는 다변량 가우스 분포(multivariate Gauss distribution)(또는 다변량정규분포)에서 추출된다고 가정한다. 이 분포에 대한 간략한 검토로 시작한다.

다변량 가우스 분포는 각각의 개별 예측변수가 1차원 정규분포를 따르며 예측변수 쌍 사이에는 일정한 상관관계가 있다고 가정한다(식 (4.16)). $p = 2$인 다변량 가우스 분포의 두 예시는 [그림 4.5]에서 확인할 수 있다. 어떤 특정 지점의 표면 높이는 X_1과 X_2가 그 지점 주변의 작은 영역 내에 들어갈 확률을 나타낸다. 어느 그래프에서든 표면을 X_1 축 또는 X_2 축을 따라 자르면 결과로 나타나는 단면은 1차원 정규분포의 형태를 띤다. [그림 4.5]의 왼쪽 그림은 $\mathrm{Var}(X_1) = \mathrm{Var}(X_2)$이고 $\mathrm{Cor}(X_1, X_2) = 0$인 경우이며, 표면은 '종 모양' 특성을 보인다. 하지만 예측변수들이 상관관계에 있거나 분산이 다를 경우 종 모양은 왜곡될 수 있다. 이 모양

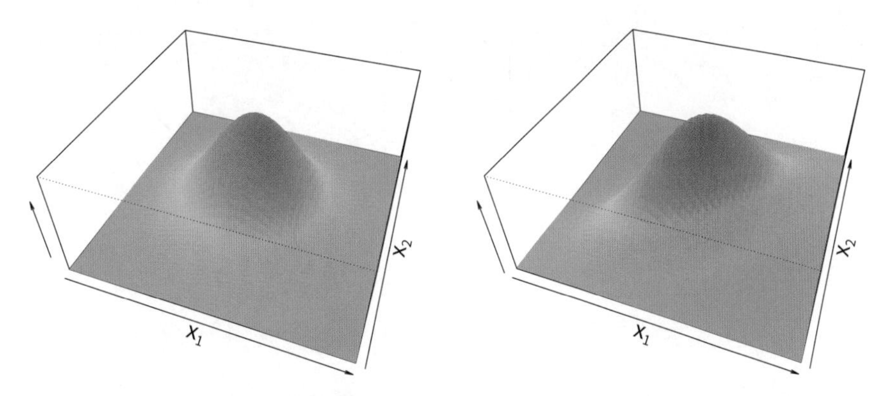

[그림 4.5] 두 개의 다변량 가우스 밀도함수는 $p = 2$로 표시된다. 왼쪽: 두 예측변수는 상관관계가 없다. 오른쪽: 두 변수의 상관관계는 0.7이다

은 [그림 4.5]의 오른쪽 그림에서 볼 수 있는데, 이때 종의 밑면은 원형이 아닌 타원형이다. p차원 확률변수 X가 다변량 가우스 분포를 따른다는 것을 나타내려면 $X \sim N(\mu, \Sigma)$라고 쓴다. 여기서 $\mathrm{E}(X) = \mu$는 X(p 성분을 가진 벡터)의 평균이고, $\mathrm{Cov}(X) = \Sigma$는 X의 $p \times p$ 공분산행렬이다. 공식적으로 다변량 가우스 밀도는 다음과 같이 정의한다.

$$f(x) = \frac{1}{(2\pi)^{p/2}|\mathbf{\Sigma}|^{1/2}} \exp\left(-\frac{1}{2}(x-\mu)^T \mathbf{\Sigma}^{-1}(x-\mu)\right) \tag{4.23}$$

예측변수의 개수가 $p > 1$인 경우 LDA 분류기는 k번째 부류의 관측값들이 다변량 가우스 분포 $N(\mu_k, \Sigma)$에서 추출된 것이라고 가정한다. 여기서 μ_k는 부류별 평균 벡터이고, Σ는 모든 K 부류에 공통인 공분산행렬이다. k번째 부류의 밀도함수 $f_k(X = x)$를 식 (4.15)에 대입하고 정리하면 베이즈 분류기는 관측값 $X = x$를 다음 식이 최대가 되는 부류에 할당한다.

$$\delta_k(x) = x^T \mathbf{\Sigma}^{-1}\mu_k - \frac{1}{2}\mu_k^T \mathbf{\Sigma}^{-1}\mu_k + \log \pi_k \tag{4.24}$$

이것이 식 (4.18)의 벡터/행렬 버전이다.

예시는 [그림 4.6]의 왼쪽 그림에서 볼 수 있다. 크기가 동일한 세 개의 가우스 부류가 부류별 평균 벡터와 공통 공분산행렬로 표시되어 있다. 세 개의 타원은 각 부류의 확률이 95%인 영역을 나타낸다. 파선은 베이즈 결정경계를 나타낸다. 즉, 이 파선들은 $\delta_k(x) = \delta_\ell(x)$인 x값들의 집합을 나타낸다.

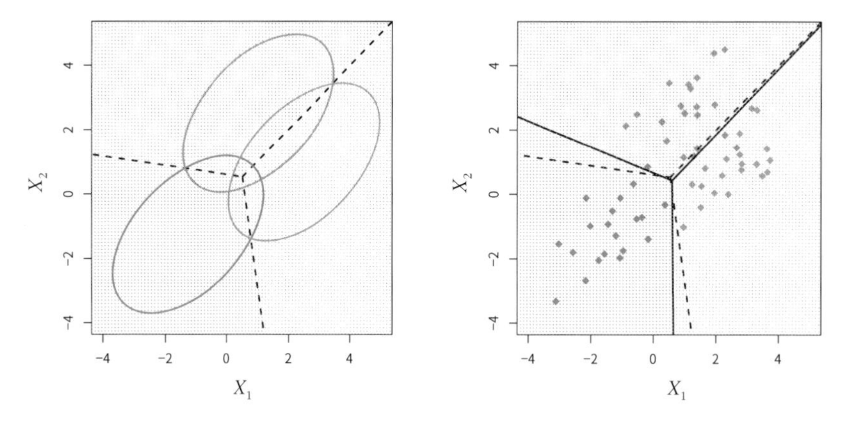

[그림 4.6] 세 개의 부류가 있는 예제. 부류별 평균 벡터와 공통의 공분산행렬을 가지는 $p = 2$인 다변량 가우스 분포에서 각 부류의 관측값을 추출했다. 왼쪽: 세 개의 타원은 각 부류의 확률이 95%인 영역을 나타낸다. 파선은 베이즈 결정경계다. 오른쪽: 각각의 부류에서 20개의 관측값을 생성했으며 해당 LDA 결정경계는 검은색 실선으로 표시했다. 베이즈 결정경계는 다시 한번 파선으로 표시된다.

$$x^T \mathbf{\Sigma}^{-1} \mu_k - \frac{1}{2} \mu_k^T \mathbf{\Sigma}^{-1} \mu_k = x^T \mathbf{\Sigma}^{-1} \mu_l - \frac{1}{2} \mu_l^T \mathbf{\Sigma}^{-1} \mu_l \tag{4.25}$$

$k \neq l$의 경우에 식 (4.24)의 $\log \pi_k$ 항은 사라진다. 이는 세 부류 모두 훈련 관측값의 수가 동일하기 때문이다. 즉, 각 부류의 π_k는 동일하다. '부류의 쌍'이 3개가 있기 때문에 베이즈 결정경계를 나타내는 선이 세 개가 있다는 점에 유의한다. 즉, 하나의 베이즈 결정경계는 부류 1과 부류 2를 구분하고 다른 하나는 부류 1과 부류 3을 구분하며 또 다른 하나는 부류 2와 부류 3을 구분한다. 이 세 개의 베이즈 결정경계는 예측변수 공간을 세 개의 영역으로 나눈다. 베이즈 분류기는 관측값이 위치한 영역에 따라 관측값을 분류한다.

다시 한번 미지의 모수 $\mu_1, ..., \mu_K, \pi_1, ..., \pi_K, \Sigma$를 추정해야 한다. 공식은 식 (4.20)에 제시된 1차원 사례에서 사용된 공식과 유사하다. 새로운 관측 $X = x$를 할당하기 위해 LDA는 이 추정값들을 식 (4.24)에 적용해 $\hat{\delta}_k(x)$의 양을 구하고, $\hat{\delta}_k(x)$가 최대가 되는 부류로 분류한다. 식 (4.24)에서 $\delta_k(x)$는 x의 선형함수라는 점을 유념하자. LDA는 x 원소들의 선형결합을 통해 결정을 내린다.[4] 앞서 말했듯이 이것이 LDA에 선형(linear)이라는 말이 들어 있는 이유다.

[그림 4.6]의 오른쪽 그림에서는 세 부류 각각에서 추출한 20개의 관측값과 그에

4 (옮긴이) LDA는 입력변수에 대해 어떠한 비선형 변환도 수행하지 않고 선형결합만을 사용한다는 뜻이다. LDA는 선형결합만을 사용하기 때문에 각 입력변수의 영향을 쉽게 해석할 수 있다는 장점이 있다.

따른 LDA 결정경계가 검은색 실선으로 표시되어 있다. 전반적으로 LDA 결정경계는 파선으로 표시된 베이즈 결정경계와 매우 가깝다. 베이즈 분류기와 LDA 분류기의 테스트 오류율은 각각 0.0746과 0.0770이다. 이 데이터에서 LDA가 잘 작동하고 있음을 보여 준다.

`Default` 데이터에서 신용카드 잔액과 학생 여부에 기반해 개인의 연체 여부를 예측하는 LDA를 수행할 수 있다.[5] 10,000개의 훈련 표본에 적용된 LDA 모형은 '훈련' 오류율이 2.75%로 나타났다. 오류율이 낮아 보이지만 두 가지 주의할 점이 있다.

- 먼저 훈련 오류율은 보통 테스트 오류율보다 낮다. 이는 실제 관심 대상인 테스트 오류율이 더 중요함을 의미한다. 즉, 새로운 세트의 개인들의 연체 여부를 예측하기 위해 이 분류기를 사용할 경우 성능은 더 나빠질 수 있다. 이유는 모형의 모수를 특정하게 조정해 훈련 데이터에서 잘 수행되도록 만들기 때문이다. 모수의 개수 p 대 표본 개수 n의 비율이 높을수록 과적합(overfitting)이 나타날 가능성이 높다. 이 데이터는 $p = 2$이고 $n = 10{,}000$이므로 이런 문제가 발생할 것으로 예상되지 않는다.
- 훈련 표본에서 단지 3.33%만 연체한 경우에 신용카드 잔액이나 학생 여부와 관계없이 항상 연체하지 않을 것이라고 예측하는 단순하지만 쓸모없는 분류기는 3.33%의 오류율을 초래한다. 즉, 이 뻔한 영분류기(null classifier)는 LDA 훈련 세트 오류율보다 약간 높은 오류율을 보인다.

실제로 이와 같은 이진 분류기는 두 가지 유형의 오류를 범할 수 있다. 연체한 개인을 연체 없음(no default) 범주에 잘못 할당하거나 연체하지 않은 개인을 연체(default) 범주에 잘못 할당할 수 있다. 두 유형의 오류 중 어떤 유형이 발생하는지 파악하는 일은 종종 관심의 대상이 된다. [표 4.4]에서 `Default` 데이터에 대해 제시된 혼동행렬(confusion matrix)은 이러한 정보를 표시하는 편리한 방법이다. 이 표에 따르면 LDA는 총 104명이 연체할 것으로 예측했다. 이 중 81명이 실제로 연체했고 23명은 연체하지 않았다. 따라서 연체하지 않은 9,667명 중 단 23명이 잘못 라벨링됐다. 이것은 매우 낮은 오류율처럼 보인다. 하지만 연체한 333명 중에서 LDA는

5 주의 깊은 독자라면 학생 여부가 질적 변수임을 알아차렸을 것이다. 즉, LDA 정규성 가정이 이 예제에서 명백히 위배됐음을 의미한다. 그러나 이 예제에서 보여 주듯이 LDA는 모형 위배에 놀랄 만큼 로버스트하다. 4.4.4절에서 논의할 나이브 베이즈는 정규분포 예측변수를 가정하지 않는 LDA의 대안을 제공한다.

252명(즉, 75.7%)을 놓쳤다. 그래서 전체 오류율은 낮지만 연체한 개인에서 오류율은 매우 높다. 고위험 개인을 식별하려는 신용카드 회사의 관점에서는 연체한 개인의 오류율 252명/333명 = 75.7%는 용납할 수 없다.

		실제 연체 상태		
		No	Yes	Total
예측 연체 상태	No	9644	252	9896
	Yes	23	81	104
	Total	9667	333	10000

[표 4.4] 혼동행렬은 Default 데이터 세트의 10,000개 훈련 관측에 대한 LDA 예측을 실제 연체 여부와 비교한다. 행렬의 대각원소는 연체 여부가 올바르게 예측된 개인을 나타내며, 비대각원소는 잘못 분류된 개인을 나타낸다. LDA는 연체하지 않은 23명의 개인과 연체한 252명의 개인에 대해 잘못된 예측을 했다.

의학과 생물학 분야에서는 민감도(sensitivity)와 특이도(specificity)라는 용어가 분류기나 선별 테스트의 성능을 특징짓는데, 이때 부류별 성능이 중요하다. 이 경우 민감도는 실제 연체자를 식별하는 비율로 24.3%에 해당한다. 특이도는 연체하지 않은 사람들이 올바르게 식별되는 비율로 $(1-23/9667)=99.8\%$이다.

LDA는 왜 연체한 고객을 제대로 분류하지 못할까? 왜 그렇게 민감도가 낮은 것일까? 이유는 지금까지 살펴보았듯이 LDA는 모든 분류기 중에서 '전체' 오류율이 가장 낮은 베이즈 분류기를 근사하려고 하기 때문이다. 즉, 베이즈 분류기는 발생 가능한 오류의 출처에 관계없이 오분류된 관측의 총수를 최소화할 것이다. 어떤 오분류는 연체하지 않은 고객을 연체 부류에 잘못 할당하고, 어떤 오류는 연체한 고객을 비연체 부류에 잘못 할당해 발생한다. 반면 신용카드 회사는 연체할 고객을 잘못 분류하는 것을 특히 피하고 싶을 것이다. 연체하지 않을 고객을 잘못 분류하는 일도 피해야겠지만 상대적으로 문제가 덜 된다. 이제 LDA를 수정해 신용카드 회사의 요구를 더 잘 충족하는 분류기의 개발 방법을 살펴볼 것이다.

베이즈 분류기는 사후확률 $p_k(X)$가 최대가 되는 부류에 관측값을 할당하는 방식으로 작동한다. 부류가 두 가지인 경우 $\Pr(\texttt{default}=\texttt{Yes}\mid X=x)>0.5$일 때 관측값을 default 부류에 할당한다는 것을 의미한다.

$$\Pr(\texttt{default} = \texttt{Yes}|X = x) > 0.5 \tag{4.26}$$

따라서 베이즈 분류기와 LDA는 관측값을 default 부류에 할당하기 위해 사후 연체 확률에 대해 50%의 임곗값을 사용한다. 그러나 연체한 개인의 연체 상태를 잘못 예측하는 것이 우려된다면 이 임곗값을 낮출 수 있다. 예를 들어 사후 연체 확률이 20% 이상인 모든 고객을 `default` 부류로 레이블할 수 있다. 즉, 식 (4.26)이 성립하면 관측값을 `default` 부류에 할당하는 대신 다음과 같이 관측값을 이 부류에 할당할 수 있다.

$$\Pr(\texttt{default} = \texttt{Yes}|X = x) > 0.2 \tag{4.27}$$

이 방법을 취했을 때 발생하는 오류율을 [표 4.5]에서 보여 준다. 이제 LDA의 결과는 430명의 개인이 연체한다고 예측한다. LDA는 연체한 333명의 개인 중 138명, 즉 41.4%를 제외한 모든 개인을 올바르게 예측한다. 이는 임곗값을 50%로 했을 때의 오류율 75.7%보다 크게 개선된 수치다. 그러나 이 개선은 대가를 수반한다. 이제 연체하지 않은 235명의 개인이 잘못 분류된다. 결과적으로 전체 오류율은 약간 증가해 3.73%가 된다. 그러나 신용카드 회사는 전체 오류율이 소폭 증가하는 것을 실제로 연체한 개인을 더 정확히 식별하기 위한 작은 대가라고 여길 수 있다.

		실제 연체 상태		
		No	Yes	Total
예측 연체 상태	No	9432	138	9570
	Yes	235	195	430
	Total	9667	333	10000

[표 4.5] 혼동행렬은 사후 연체 확률이 20%를 초과하는 개인을 `default`로 예측하는 수정된 임곗값을 사용해 `Default` 데이터 세트 10,000개의 훈련 관측에 대한 LDA 예측과 실제 연체 상태를 비교한다.

[그림 4.7]은 사후 연체 확률의 임곗값을 수정함으로써 발생하는 트레이드오프를 보여 준다. 다양한 오류율이 임곗값의 함수로 표시된다. 식 (4.26)과 같이 임곗값을 0.5로 사용하면 검은색 실선으로 표시된 전체 오류율이 최소화된다. 베이즈 분류기는 0.5의 임곗값을 사용하고 전체 오류율이 가장 낮다고 알려져 있으므로 이는 예상 가능한 결과다. 그러나 임곗값을 0.5로 하면 연체한 개인 사이의 오류율은 상당히 높다(파란색 파선). 임곗값을 낮추면 연체한 개인의 오류율은 점차 감소하지만 연체하지 않은 개인의 오류율은 증가한다. 어떤 임곗값이 최적인지 어떻게 결정할 수 있을까? 이런 결정은 연체와 관련된 상세한 비용 정보 같은 '도메인 지식'을 바탕으로 해야 한다.

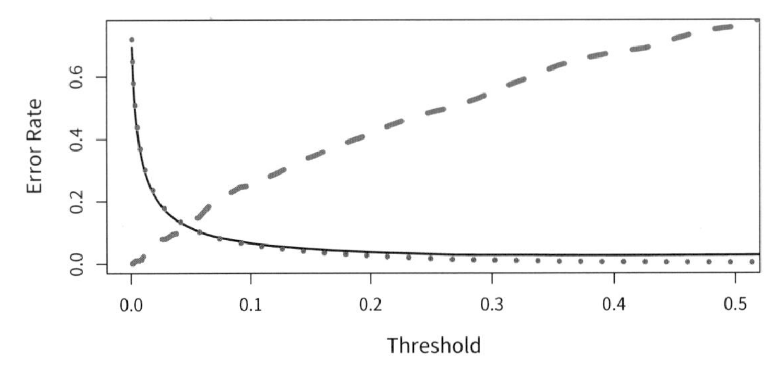

[그림 4.7] `Default` 데이터 세트에서 할당을 수행하는 데 사용되는 사후확률의 임곗값의 함수로 오류율을 보여 준다. 검은색 실선은 전체 오류율을 보여 준다. 파란색 파선은 잘못 분류된 연체 고객의 비율을 나타내며 주황색 점선은 연체하지 않은 고객의 오류 비율을 나타낸다.

'ROC 곡선'은 가능한 모든 임곗값에 대해 두 가지 유형의 오류를 동시에 표시하는 데 널리 사용되는 그래프다. ROC라는 이름은 역사적으로 통신 이론에서 유래한 것으로 수신자 조작 특성(ROC, receiver operating characteristics)의 약어다. [그림 4.8]은 훈련 데이터에 대한 LDA 분류기의 ROC 곡선을 보여 준다. 가능한 모든 임곗값에 대해 요약된 분류기의 전반적인 성능은 곡선아래면적(AUC, area under the curve)으로 주어진다. 이상적인 ROC 곡선은 왼쪽 상단 모서리를 감싸고 있으므로

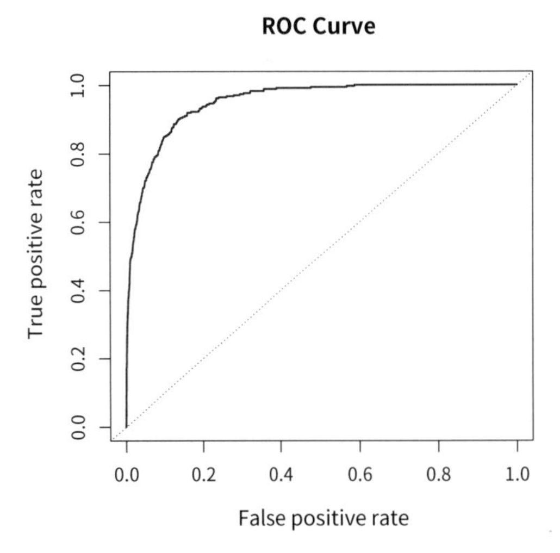

[그림 4.8] `Default` 데이터에 대한 LDA 분류기의 ROC 곡선이다. 이 곡선으로 연체의 사후확률에 대한 임곗값을 변경하면 두 가지 유형의 오류를 추적한다. 실제 임곗값은 표시되지 않는다. 참 양성(률)은 민감도로, 주어진 임곗값으로 올바르게 식별한 연체자의 비율이다. 거짓 양성(률)은 1-특이도로, 동일한 임곗값으로 연체자가 아닌 사람들을 연체자로 잘못 분류한 비율이다. 이상적인 ROC 곡선은 왼쪽 상단 모서리에 근접해 있는데, 이를 통해 높은 참 양성(률)과 낮은 거짓 양성(률)을 나타낸다. 점선은 '정보가 없는' 분류기를 나타내는데, 학생 상태와 신용카드 연체 확률이 연관이 없을 것으로 기대될 때 나타나는 결과다.

AUC가 클수록 분류기의 성능이 더 우수하다. 이 데이터의 AUC는 0.95로 최댓값인 1.0에 가깝기 때문에 매우 좋은 것으로 간주된다. 우연보다 나은 성능을 보이지 않는 분류기는 AUC가 0.5(모형 훈련에 사용하지 않은 독립적인 테스트 세트에서 평가했을 때)일 것으로 기대된다. ROC 곡선은 가능한 모든 임곗값을 고려하기 때문에 다양한 분류기를 비교하는 데 유용하다. 이 데이터에 적합한 4.3.4절의 로지스틱 회귀모형의 ROC 곡선은 LDA 모형의 곡선과 거의 구분할 수 없으므로 여기서는 표시하지 않는다.

앞서 살펴보았듯이 분류기의 임곗값을 변경하면 참 양성률(true positive)과 거짓 양성률(false positive)이 달라진다. 이를 민감도(sensitivity)라고도 하는데, 분류기의 특이도(specificity)에서 1을 뺀 값이다. 혼란스럽게 다양한 용어를 사용했지만 요약해서 설명하면 [표 4.6]은 분류기(또는 진단 테스트)를 모집단에 적용했을 때 나타나는 결과다. 역학(epidemiology) 문헌이라면 '+'를 탐지해야 할 '질병'으로, '−'를 '질병이 아닌' 상태로 생각해 볼 수 있다. 고전적인 가설검정에서는 '−'를 귀무가설로, '+'를 대립가설(귀무가설이 아닌)로 생각한다. `Default` 데이터에서 '+'는 연체한 사람을, '−'는 연체하지 않은 사람을 나타낸다.

		실제 부류		
		− 또는 영(Null)	+ 또는 비영(Non-null)	합계
예측된 부류	− 또는 영(null)	참 음성(TN)	거짓 음성(FN)	N*
	+ 또는 비영(Non-null)	거짓 양성(FP)	참 양성(TP)	P*
	합계	N	P	

[표 4.6] 분류기 또는 진단 검사를 모집단에 적용했을 때 나올 수 있는 결과다.

[표 4.7]에는 이 맥락에서 많이 사용되는 성능 측정 지표들이 나열되어 있다. 거짓 양성(률)과 참 양성(률)의 분모는 각 부류의 실제 모집단 수다. 반대로 양성 예측값과 음성 예측값의 분모는 각 부류별 총 예측 수다.

이름	정의	동의어
거짓 양성(률)	FP/N	제1종 오류, 1−특이도
참 양성(률)	TP/P	1−제2종 오류, 검정력, 민감도, 재현율
양성 예측값	TP/P*	정밀도, 1−거짓발견비율
음성 예측값	TN/N*	

[표 4.7] 분류와 진단 테스트를 위한 중요한 측정값들. [표 4.6]에 예시된 수량을 이용해 계산할 수 있는 값이다.

4.4.3 이차판별분석

앞서 논의했듯이 LDA는 각 부류 내의 관측값이 부류별 평균 벡터와 모든 K 부류에 공통적인 공분산행렬이 있는 다변량 가우스 분포에서 추출된다고 가정한다. 이차판별분석(QDA, quadratic discriminant analysis)은 또 다른 접근법을 제공한다. LDA와 마찬가지로 QDA 분류기는 각각의 부류에서 추출된 관측값이 가우스 분포를 따른다고 가정하고, 예측을 수행하기 위해 모수의 추정값을 베이즈 정리에 대입한다. 그러나 LDA와는 달리 QDA는 각각의 부류가 자체 공분산행렬을 갖는다고 가정한다. 즉, k번째 부류의 관측값이 $X \sim N(\mu_k, \Sigma_k)$ 형태라고 가정하며 여기서 Σ_k는 k번째 부류의 공분산행렬이다. 이런 가정 하에 베이즈 분류기는 관측값이 최대가 되는 부류에 $X = x$를 할당한다.

$$\begin{aligned}
\delta_k(x) &= -\frac{1}{2}(x-\mu_k)^T \boldsymbol{\Sigma}_k^{-1}(x-\mu_k) - \frac{1}{2}\log|\boldsymbol{\Sigma}_k| + \log \pi_k \\
&= -\frac{1}{2}x^T \boldsymbol{\Sigma}_k^{-1} x + x^T \boldsymbol{\Sigma}_k^{-1}\mu_k - \frac{1}{2}\mu_k^T \boldsymbol{\Sigma}_k^{-1}\mu_k - \frac{1}{2}\log|\boldsymbol{\Sigma}_k| + \log \pi_k \quad (4.28)
\end{aligned}$$

따라서 QDA 분류기는 Σ_k, μ_k, π_k에 대한 추정값을 식 (4.28)에 대입하고 그 결과가 최대가 되는 부류에 관측값 $X = x$를 할당한다. 식 (4.24)와는 달리 식 (4.28)에서 양적 변수 x는 이차(quadratic)함수로 나타나기 때문에 QDA라는 이름을 얻었다. LDA에서는 이 이차항이 모든 부류에서 같기 때문에(Σ_k가 각각의 부류별로 같다고 가정되므로) 무시할 수 있다. 그러나 QDA에서는 이 이차항을 무시할 수 없기 때문에 QDA라 부르게 되었다.

K 부류가 공통 공분산행렬을 공유하는지 여부가 왜 중요할까? 즉, LDA를 QDA보다 선호하거나 반대로 QDA를 LDA보다 선호하는 까닭은 무엇일까? 답은 편향-분산 트레이드오프(bias-variance trade-off)에 있다. 예측변수가 p개일 경우 공분산행렬을 추정하려면 $p(p+1)/2$개의 모수를 추정하는 게 필요하다. QDA는 부류마다 별도의 공분산행렬을 추정해야 하기 때문에 총 $Kp(p+1)/2$개의 모수를 추정해야 한다. 예측변수가 50개라면 1,275의 배수로[6] 이는 상당한 수의 모수다. 반면 K 부류가 공통 공분산행렬을 공유한다고 가정하면 LDA 모형은 x에 대해 선형이 되고, 이는 Kp개의 선형 계수를 추정해야 한다는 것을 의미한다. 따라서 LDA

6 (옮긴이) $p = 50$이므로 $p(p+1)/2 = 1{,}275$이다. 따라서 모수의 개수가 $1{,}275K$개이므로 1,275의 배수라고 한 것이다.

는 QDA보다 훨씬 유연성이 떨어지는 분류기로 분산이 훨씬 낮다. 이는 잠재적으로 예측 성능의 향상으로 이어질 수 있다. 그러나 K 부류가 공통 공분산행렬을 공유한다는 LDA의 가정을 크게 벗어난다면 LDA는 높은 편향을 가질 수 있다. 대체로 훈련 관측값이 상대적으로 적고 분산을 줄이는 것이 중요하다면 LDA가 QDA보다 더 나은 선택이 될 수 있다. 반면에 훈련 세트가 매우 크고 분류기의 분산이 주요 문제가 아니거나 K개의 부류가 공통의 공분산행렬을 공유한다는 가정이 명확히 불가능하다면 QDA를 권장한다.

[그림 4.9]는 두 가지 상황에서 LDA와 QDA의 성능을 보여 준다. 왼쪽 그림을 보면 두 가우스 부류는 X_1과 X_2 사이에 0.7의 공통 상관관계가 있다. 따라서 베이즈 결정경계는 선형이며 LDA의 결정경계로 정확하게 근사화된다. 반면 QDA의 결정경계는 편향은 감소되지 않고 분산은 높기 때문에 더 열등한 방법처럼 보인다. 반면에 오른쪽 그림은 주황색 부류가 변수 사이에 0.7의 상관관계를, 파란색 부류가 −0.7의 상관관계가 있는 상황을 보여 준다. 이제 베이즈 결정경계는 이차이며 그래서 QDA가 LDA보다 이 경계를 더 정확하게 근사한다.

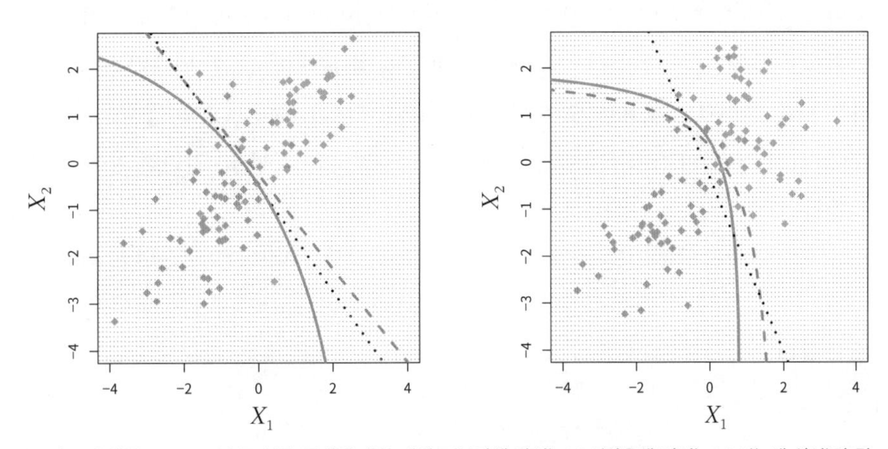

[그림 4.9] 왼쪽: $\Sigma_1 = \Sigma_2$인 두 부류 문제에 대한 베이즈(보라색 파선), LDA(검은색 점선), QDA(녹색 실선)의 결정경계이다. 음영 부분은 QDA의 결정 규칙을 나타낸다. 베이즈 결정경계가 선형이므로 LDA가 QDA보다 더 정확하게 근사한다. 오른쪽: 왼쪽 그림의 내용과 같지만 $\Sigma_1 \neq \Sigma_2$인 경우이다. 베이즈 결정경계가 비선형이므로 이때는 QDA가 LDA보다 더 정확하게 근사한다.

4.4.4 나이브 베이즈

이전 절에서는 베이즈 정리 (4.15)를 사용해 LDA와 QDA 분류기를 개발했다. 여기서는 베이즈 정리를 사용해 만들어진 '나이브 베이즈' 분류기를 다룬다.

베이즈 정리 (4.15)는 $\pi_1, ..., \pi_K$와 $f_1(x), ..., f_K(x)$의 관점에서 사후확률 $p_k(x) = \Pr(Y = k \mid X = x)$에 대한 식을 제공한다는 점을 기억할 필요가 있다. 실제로 식 (4.15)를 사용하려면 $\pi_1, ..., \pi_K$와 $f_1(x), ..., f_K(x)$에 대한 추정값이 필요하다. 이전 절에서 보았듯이 사전확률 $\pi_1, ..., \pi_K$를 추정하는 방법은 일반적으로 간단하다. 예를 들어 $k = 1, ..., K$의 경우 k번째 부류에 속하는 훈련 관측의 비율로 $\hat{\pi}_k$을 추정할 수 있다.

그러나 $f_1(x), ..., f_K(x)$를 추정하는 방법은 좀 더 미묘하다. $f_k(x)$는 k번째 부류의 관측에 대한 p차원 밀도함수임을 기억할 필요가 있다. 일반적으로 p차원 밀도함수를 추정하는 것은 어렵다. LDA에서는 작업을 크게 단순화하기 위해 매우 강력한 가정을 한다. 즉, f_k가 부류별 평균 μ_k와 공통 공분산행렬 Σ가 있는 다변량 정규 확률변수에 대한 밀도함수라고 가정한다. 이와 대조적으로 QDA에서는 f_k가 부류별 평균 μ_k와 부류별 공분산행렬 Σ_k가 있는 다변량 정규 확률변수에 대한 밀도함수라고 가정한다. 이런 매우 강력한 가정을 통해 K개의 p차원 밀도함수를 추정하는 매우 까다로운 문제를, K개의 p차원 평균 벡터와 하나(LDA의 경우) 또는 K개(QDA의 경우)의 $(p \times p)$차원 공분산행렬을 추정하는 훨씬 더 간단한 문제로 대체할 수 있다.

나이브 베이즈 분류기는 $f_1(x), ..., f_K(x)$를 추정하는 데 다른 접근법을 취한다. 이 함수들이 특정 분포족(예: 다변량정규분포)에 속한다고 가정하는 대신 단일 가정을 한다.

k번째 부류 내에서 예측변수 p는 독립이다.

수학으로 표현하면 $k = 1, ..., K$라고 가정했을 때 다음과 같다.

$$f_k(x) = f_{k1}(x_1) \times f_{k2}(x_2) \times \cdots \times f_{kp}(x_p) \tag{4.29}$$

여기서 f_{kj}는 k번째 부류의 관측값에서 j번째 예측변수의 밀도함수다.

이 가정이 왜 그렇게 강력할까? 기본적으로 p차원 밀도함수를 추정하는 일은 각 예측변수의 주변분포(marginal distribution)뿐 아니라 예측변수의 결합분포(joint distribution), 즉 서로 다른 예측변수 사이의 연관성을 고려해야 하기 때문에 어렵다. 다변량정규분포의 경우 서로 다른 예측변수 사이의 연관성은 공분산행렬의 비대각원소로 요약된다. 그러나 일반적으로 이런 연관성은 특성화하기 매우 어렵고 추정하기도 까다롭다. 그러나 p 공변량이 각 부류 내에서 독립이라고 가정하면 예측변수 사이의 연관성을 걱정할 필요가 없어진다. 왜냐하면 예측변수 사이에 어떠한 연관성도 '없다'고 가정했기 때문이다. 실제로 식 (4.29)에 따르면 $f_k(x)$를 추정하기 위해서는 각각의 1차원 밀도 $f_{k1}, \ldots, f_{kp}$만 추정하면 충분하다. 따라서 훨씬 더 쉬운 문제가 된다.

진정으로 각 부류 내에서 p개의 공변량이 서로 독립이라는 나이브 베이즈의 가정을 믿을 수 있을까? 대다수 상황에서는 그렇지 않다. 그러나 이 모형화 가정을 편의상 만들었음에도 꽤 괜찮은 결과를 보이는 경우가 종종 있는데, 특히 n이 p와 비교해 충분히 크지 않아서 각 부류 내 예측변수들의 결합분포를 효과적으로 추정할 수 없는 경우에 그렇다. 실제로 결합분포를 추정하기 위해서는 엄청난 양의 데이터가 필요하므로 나이브 베이즈는 다양한 상황에서 좋은 선택일 수 있다. 기본적으로 나이브 베이즈 가정은 약간의 편향을 도입하지만 분산을 감소시키기 때문에 편향-분산 트레이드오프(bias-variance trade-off)의 결과로 실제로 매우 잘 작동하는 분류기를 만든다.

나이브 베이즈 가정하에 이제 식 (4.29)를 식 (4.15)에 대입해 $k = 1, \ldots, K$에 대해 사후확률을 계산하는 식을 얻을 수 있다.

$$\Pr(Y = k|X = x) = \frac{\pi_k \times f_{k1}(x_1) \times f_{k2}(x_2) \times \cdots \times f_{kp}(x_p)}{\sum_{l=1}^{K} \pi_l \times f_{l1}(x_1) \times f_{l2}(x_2) \times \cdots \times f_{lp}(x_p)} \tag{4.30}$$

훈련 데이터 $x_{1j}, \ldots, x_{nj}$를 사용해 1차원 밀도함수 f_{kj}를 추정하기 위한 몇 가지 옵션이 있다.

- X_j가 양적이라면 $X_j \mid Y = k \sim N(\mu_{jk}, \sigma_{jk}^2)$이라고 가정할 수 있다. 즉, 각 부류 내에서 j번째 예측변수가 (단변량) 정규분포에서 추출된다고 가정한다. 이것이 QDA와 비슷하게 들릴 수 있지만 예측변수들이 독립이라고 가정한다는 점에서 중요한 차이가 있다. 따라서 부류별 공분산행렬이 대각행렬[7]이라는 추가 가정이 있는 QDA에 해당한다.

7 (옮긴이) 대각행렬(diagonal matrix)이란 비대각원소가 모두 0인 행렬이다. 서로 독립인 두 확률변수의 공분산은 0이다. 따라서 예측변수들이 서로 독립이라고 가정하면 공분산행렬은 대각행렬이 된다.

- X_j가 양적이라면 다른 옵션으로는 f_{kj}에 대한 비모수 추정을 사용하는 것이다. 이를 시행하는 매우 간단한 방법은 각 부류의 j번째 예측변수 관측값에 대한 히스토그램을 만드는 것이다. 그러면 x_j와 동일한 히스토그램 구간에 속하는 k번째 부류에서 훈련 관측값의 비율로 $f_{kj}(x_j)$를 추정할 수 있다. 또 다른 방법으로 히스토그램의 평활화 버전인 '커널 밀도 추정기'를 사용할 수 있다.
- 만약 X_j가 질적 변수라면 간단하게 각 부류에 해당하는 j번째 예측변수의 훈련 관측 비율을 계산할 수 있다. 예를 들어 $X_j \in \{1, 2, 3\}$이고 k번째 부류에 100개의 관측치가 있는 경우를 생각해 보자. 그리고 j번째 예측변수가 각각 32, 55, 13개의 관측에서 1, 2, 3의 값을 가진다고 하자. 그러면 f_{kj}를 다음과 같이 추정할 수 있다.

$$\hat{f}_{kj}(x_j) = \begin{cases} 0.32 & \text{if } x_j = 1 \\ 0.55 & \text{if } x_j = 2 \\ 0.13 & \text{if } x_j = 3 \end{cases}$$

이제 예측변수가 $p = 3$개이고 부류가 $K = 2$인 토이 예제로 나이브 베이즈 분류기를 살펴보겠다. 처음 두 예측변수는 양적 예측변수이고 세 번째 예측변수는 수준이 세 가지인 질적 예측변수다. 좀 더 나아가 $\hat{\pi}_1 = \hat{\pi}_2 = 0.5$라고 가정해 보자. $k = 1, 2$이고 $j = 1, 2, 3$일 때 추정 밀도함수 $\hat{f}_{kj}$은 [그림 4.10]에 제시되어 있다. 이제 새로운 관측값 $x^* = (0.4, 1.5, 1)^T$를 분류한다고 해보자. 이 예제에서는 $\hat{f}_{11}(0.4) = 0.368$, $\hat{f}_{12}(1.5) = 0.484$, $\hat{f}_{13}(1) = 0.226$ 그리고 $\hat{f}_{21}(0.4) = 0.030$, $\hat{f}_{22}(1.5) = 0.130$, $\hat{f}_{23}(1) = 0.616$이다. 이 추정값을 식 (4.30)에 대입하면 $\Pr(Y = 1 \mid X = x^*) = 0.944$와 $\Pr(Y = 2 \mid X = x^*) = 0.056$이라는 사후확률 추정값을 구할 수 있다.

[표 4.8]은 `Default` 데이터 세트에 나이브 베이즈 분류기를 적용한 결과 만들어진 혼동행렬이다. 여기서 사후확률, 즉 $P(Y = \texttt{default} \mid X = x)$가 0.5를 초과하면 연체(default)라고 예측한다. [표 4.4]의 LDA 결과와 비교하면 결과는 혼합적이다. LDA는 전체 오류율이 약간 낮은 반면, 나이브 베이즈는 연체자(defaulters)를 더 높은 비율로 올바르게 예측한다. 나이브 베이즈의 이 구현에서는 각각의 양적 예측변수가 가우스 분포에서 도출된다고 가정한다(물론 각 부류에서 각각의 예측변수는 독립이라고 가정한다).

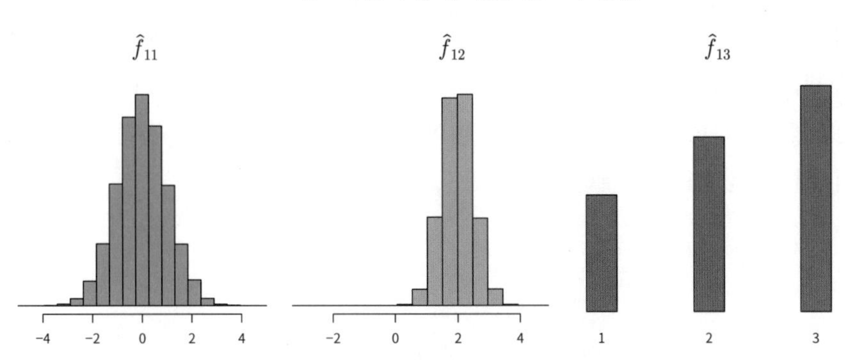

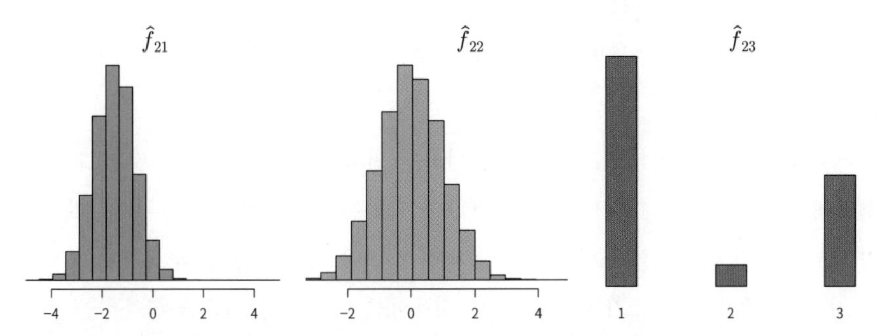

[그림 4.10] 4.4.4절의 토이 예제에서 $p=3$개의 예측변수와 $K=2$개의 부류로 데이터를 생성한다. 처음 두 예측변수는 양적 변수이고, 세 번째 예측변수는 수준이 세 개인 질적 변수다. 각 부류에서 세 예측변수 각각의 추정 밀도를 보여 주고 있다. 두 부류의 사전확률이 같다면 관측값 $x^*=(0.4, 1.5, 1)^T$는 첫 번째 부류에 속할 사후확률이 94.4%이다.

		실제 연체 상태		
		No	Yes	Total
예측 연체 상태	No	9621	244	9865
	Yes	46	89	135
	Total	9667	333	10000

[표 4.8] `Default` 데이터 세트의 10,000개 훈련 관측값에 대한 나이브 베이즈의 예측과 실제 연체 상태를 비교한다. 여기서는 $P(Y=\texttt{default} \mid X=x) > 0.5$면 모든 관측을 연체로 판정한다.

LDA와 마찬가지로 연체로 예측하기 위한 확률 임곗값을 쉽게 조정할 수 있다. 예를 들어 [표 4.9]는 $P(Y = \texttt{default} \mid X = x) > 0.2$이면 연체로 예측했을 때 얻게 되는 결과의 혼동행렬을 제공한다. 이 결과 역시 같은 임곗값을 사용한 LDA([표 4.5])와 비교하면 혼합적이다. 나이브 베이즈는 오류율이 더 높으나 실제 연체의 거의 3분의 2를 정확하게 예측한다.

		실제 연체 상태		
		No	Yes	Total
예측 연체 상태	No	9339	130	9469
	Yes	328	203	531
	Total	9667	333	10000

[표 4.9] Default 데이터 세트의 10,000개 훈련 관측에 대한 나이브 베이즈 예측과 참 연체 상태의 비교. $P(Y = \texttt{default} \mid X = x) > 0.2$인 모든 관측을 연체라고 예측하는 경우다.

이 예제에서 나이브 베이즈가 LDA를 납득할 만큼 능가하지 못하는 것은 그리 놀라운 일은 아니다. 이 데이터 세트는 $n = 10{,}000$이고 $p = 2$이므로 나이브 베이즈 가정으로 생긴 분산의 감소가 반드시 유익한 것만은 아니다. p가 더 크거나 n이 더 작은 경우, 즉 분산 감소가 매우 중요한 경우에는 나이브 베이즈를 사용하는 것이 LDA나 QDA에 비해 더 큰 이점을 보인다.

4.5 분류 방법 비교

4.5.1 해석적 비교

이제 LDA, QDA, 나이브 베이즈, 로지스틱 회귀를 '해석적'(또는 수학적) 비교를 한다. K개의 부류가 있는 설정에서 이런 접근법들을 고려하므로 $\Pr(Y = k \mid X = x)$를 최대화하는 부류에 관측값을 할당한다. 동일하게 K를 '기준' 부류로 설정하고 $\Pr(Y = k \mid X = x)$를 최대화하는 부류에 관측값을 할당할 수 있다.

$$\log\left(\frac{\Pr(Y = k|X = x)}{\Pr(Y = K|X = x)}\right) \tag{4.31}$$

여기서 $k = 1, \ldots, K$이다. 각 방법에 대한 식 (4.31)의 특정 형태를 살펴보면 그 유사점과 차이점을 명확히 이해할 수 있다.

우선 LDA는 베이즈 정리 (4.15)를 활용하고 각 부류 내의 예측변수들이 부류별 평균과 공통 공분산행렬을 가지는 다변량 정규 밀도 (4.23)에서 추출된다는 가정에서 다음과 같은 결론을 내릴 수 있다.

$$\begin{aligned}
\log\left(\frac{\Pr(Y=k|X=x)}{\Pr(Y=K|X=x)}\right) &= \log\left(\frac{\pi_k f_k(x)}{\pi_K f_K(x)}\right) \\
&= \log\left(\frac{\pi_k \exp\left(-\frac{1}{2}(x-\mu_k)^T\boldsymbol{\Sigma}^{-1}(x-\mu_k)\right)}{\pi_K \exp\left(-\frac{1}{2}(x-\mu_K)^T\boldsymbol{\Sigma}^{-1}(x-\mu_K)\right)}\right) \\
&= \log\left(\frac{\pi_k}{\pi_K}\right) - \frac{1}{2}(x-\mu_k)^T\boldsymbol{\Sigma}^{-1}(x-\mu_k) \\
&\quad + \frac{1}{2}(x-\mu_K)^T\boldsymbol{\Sigma}^{-1}(x-\mu_K) \\
&= \log\left(\frac{\pi_k}{\pi_K}\right) - \frac{1}{2}(\mu_k+\mu_K)^T\boldsymbol{\Sigma}^{-1}(\mu_k-\mu_K) \\
&\quad + x^T\boldsymbol{\Sigma}^{-1}(\mu_k-\mu_K) \\
&= a_k + \sum_{j=1}^{p} b_{kj}x_j
\end{aligned} \tag{4.32}$$

여기서 $a_k = \log\left(\frac{\pi_k}{\pi_K}\right) - \frac{1}{2}(\mu_k+\mu_K)^T\Sigma^{-1}(\mu_k-\mu_K)$이고, b_{kj}는 $\Sigma^{-1}(\mu_k-\mu_K)$의 j번째 성분이다. 따라서 LDA는 로지스틱 회귀처럼 사후확률의 로그 오즈가 x에 대해 선형이라고 가정한다.

유사한 계산을 사용하면 QDA에서 식 (4.31)은 다음과 같다.

$$\log\left(\frac{\Pr(Y=k|X=x)}{\Pr(Y=K|X=x)}\right) = a_k + \sum_{j=1}^{p} b_{kj}x_j + \sum_{j=1}^{p}\sum_{l=1}^{p} c_{kjl}x_jx_l \tag{4.33}$$

여기서 a_k, b_{kj}, c_{kjl}은 π_k, π_K, μ_k, μ_K, Σ_k, Σ_K의 함수다. 다시 말하지만 이름에서 알 수 있듯이 QDA는 사후확률의 로그 오즈가 x의 이차식이라고 가정한다.[8]

마지막으로 나이브 베이즈 설정 상황에서 식 (4.31)을 살펴본다. 여기서는 $f_k(x)$가 $j=1, ..., p$에 대해 p개의 1차원 함수 $f_{kj}(x_j)$의 곱으로 모형화된다는 사실을 기억하자.

8 (옮긴이) QDA는 이차판별분석(Quadratic Discriminant Analysis)의 약어다.

$$
\begin{aligned}
\log\left(\frac{\Pr(Y=k|X=x)}{\Pr(Y=K|X=x)}\right) &= \log\left(\frac{\pi_k f_k(x)}{\pi_K f_K(x)}\right) \\
&= \log\left(\frac{\pi_k \prod_{j=1}^{p} f_{kj}(x_j)}{\pi_K \prod_{j=1}^{p} f_{Kj}(x_j)}\right) \\
&= \log\left(\frac{\pi_k}{\pi_K}\right) + \sum_{j=1}^{p} \log\left(\frac{f_{kj}(x_j)}{f_{Kj}(x_j)}\right) \\
&= a_k + \sum_{j=1}^{p} g_{kj}(x_j) \qquad (4.34)
\end{aligned}
$$

여기서 $a_k = \log\left(\frac{\pi_k}{\pi_K}\right)$이며 $g_{kj}(x_j) = \log\left(\frac{f_{kj}(x_j)}{f_{Kj}(x_j)}\right)$이다. 결국 식 (4.34)의 오른쪽은 일반화선형모형(generalized linear model)의 형태를 취하는데, 이와 관련해서는 7장에서 자세히 설명한다.

식 (4.32), (4.33), (4.34)를 검토한 결과 LDA, QDA, 나이브 베이즈에 대한 다음과 같은 관찰 결과를 얻을 수 있다.

- LDA는 모든 $j = 1, ..., p, l = 1, ..., p, k = 1, ..., K$에 대해 $c_{kjl} = 0$인 QDA의 특수한 경우다(물론 이것은 놀라운 일이 아니다. 왜냐하면 LDA는 간단히 말해 $\Sigma_1 = ... = \Sigma_K = \Sigma$인 QDA의 제한된 버전이기 때문이다).
- 선형 결정경계를 이용하는 모든 분류기는 $g_{kj}(x_j) = b_{kj}x_j$인 나이브 베이즈의 특수한 경우다. 특히 이 말은 LDA가 나이브 베이즈의 특수한 경우라는 것인데, 이번 장의 앞선 LDA와 나이브 베이즈에 대한 설명만으로는 두 방법이 매우 다른 가정을 하기 때문에 이 사실을 명백하게 알 수 없다. LDA는 특징들이 정규분포를 따르고 부류 내 공분산행렬이 공통이라고 가정하는 반면, 나이브 베이즈는 특징들의 독립성을 가정한다.
- 나이브 베이즈 분류기에서 $f_{kj}(x_j)$를 1차원 가우스 분포 $N(\mu_{kj}, \sigma_j^2)$을 사용해 모형화할 때, $b_{kj} = (\mu_{kj} - \mu_{Kj})/\sigma_j^2$이면 $g_{kj}(x_j) = b_{kj}x_j$가 된다. 이때 나이브 베이즈는 실제로 LDA에 Σ가 대각행렬이고 j번째 대각원소가 σ_j^2인 제약이 있는 특수한 경우다.
- QDA와 나이브 베이즈는 서로의 특수한 경우가 아니다. 나이브 베이즈는 $g_{kj}(x_j)$에 대해 다양한 선택을 할 수 있기 때문에 더 유연한 적합을 만들어 낸다. 그러나 식 (4.34)에서 x_j의 함수는 $j \neq l$에 대해 x_l의 함수에 '더해진다'. 그러나 이런 항들은 결코 곱해지지 않는다. 반면 QDA는 $c_{kjl}x_jx_l$ 형태의 곱셈 항을 포함한

다. 따라서 부류를 구분하는 데 예측변수 사이의 상호작용이 중요한 상황에서는 QDA가 더 정확할 수 있다.

이 방법들 중 어느 것도 다른 방법보다 우월하지 않다. 어떤 상황에서든 방법의 선택은 각각의 K개의 부류에서 예측변수의 참 분포와 함께 n, p의 값 등 다른 고려 사항에 따라 달라질 것이다. 후자는 편향-분산 트레이드오프와 관련이 있다.

로지스틱 회귀는 이 이야기와 어떤 관련이 있을까? 식 (4.12)를 떠올려 보면 다항 로지스틱 회귀(multinomial logistic regression)는 다음과 같은 형태를 취한다.

$$\log\left(\frac{\Pr(Y=k|X=x)}{\Pr(Y=K|X=x)}\right) = \beta_{k0} + \sum_{j=1}^{p} \beta_{kj} x_j$$

이 식은 LDA의 선형 형태 식 (4.32)와 동일하다. 두 경우 모두 $\log\left(\frac{\Pr(Y=k\,|\,X=x)}{\Pr(Y=K\,|\,X=x)}\right)$는 예측변수의 선형함수다. LDA에서 이 선형함수의 계수들은 각 부류 내에서 X_1, ..., X_p가 정규분포를 따른다고 가정해 얻은 π_k, π_K, μ_k, μ_K, Σ의 추정값의 함수이다. 반면 로지스틱 회귀에서는 계수들이 가능도함수 (4.5)를 최대화하도록 선택된다. 따라서 정규성 가정이 (대략) 맞을 때는 LDA가 로지스틱 회귀보다 더 나은 성능을 발휘하고 그렇지 않을 때는 로지스틱 회귀가 더 나은 성능을 발휘할 것이라 예상된다.

2장에서 소개한 K-최근접이웃(KNN, K-nearest neighbors)에 대한 간략한 논의로 마무리하려고 한다. KNN은 이 장에서 살펴본 분류기들과는 전혀 다른 접근법을 취한다는 점을 기억하자. 관측 $X=x$를 예측하기 위해 x와 가장 가까운 훈련 관측들을 식별한다. 그 후 X를 이 관측들 중 다수에 속한 부류에 할당한다. KNN은 완전히 비모수적인 접근법이므로 결정경계의 형태를 가정하지 않는다. KNN은 다음과 같은 방법이라고 할 수 있다.

- KNN은 완전히 비모수적이기 때문에 결정경계가 매우 비선형적이고, n이 매우 크고 p가 작은 경우라면 LDA와 로지스틱 회귀를 능가할 것으로 기대할 수 있다.
- 정확한 분류를 위해 KNN은 예측변수의 수에 비해 '많은' 관측값을 필요로 한다. 즉, p보다 훨씬 큰 n이 필요하다. 이는 KNN이 비모수적이라는 사실과 관련이 있으며 이로 인해 편향은 줄지만 분산은 크게 느는 경향이 있다.
- 결정경계는 비선형이지만 n이 적당하거나 p가 매우 작지 않은 상황에서는 KNN보다 QDA를 선호할 수 있다. QDA가 비선형 결정경계를 제공하면서도 모수적

형태의 이점을 취할 수 있기 때문인데, KNN에 비해 상대적으로 더 작은 표본 크기로도 정확한 분류가 가능하다.

- 로지스틱 회귀와 달리 KNN은 어떤 예측변수가 중요한지 알려주지 않는다. [표 4.3]과 같은 계수 표를 제공하지 않는다.

4.5.2 경험적 비교

이제 로지스틱 회귀, LDA, QDA, 나이브 베이즈, KNN의 '경험적인'(실제적인) 성능을 비교해 보겠다. 이진(두 부류) 분류 문제를 포함하는 6개의 서로 다른 시나리오 데이터를 생성했다. 이 중 세 가지 시나리오는 베이즈 결정경계가 선형이고 나머지 시나리오는 비선형이다. 시나리오마다 100개의 무작위 훈련 데이터 세트를 생성했다. 이 훈련 세트들에서 각각의 방법을 데이터에 적합하고 대규모 테스트 세트에서 결과적인 테스트 오류율을 계산했다. 선형 시나리오에 대한 결과는 [그림 4.11]에, 비선형 시나리오에 대한 결과는 [그림 4.12]에 나와 있다. KNN 방법은 이웃의 수인 K를 선택해야 한다(이 장 앞부분에서 나오는 부류 수와 혼동하지 않도록 주의해야 한다). $K = 1$과 교차검증(cross-validation)이라는 접근법을 사용해 자동으로 선택된 K 두 가지 값으로 KNN을 수행했는데, 이에 대해서는 5장에서 더 자세히 설명한다. 각 부류 내의 특징들에 대해 단변량 가우스 밀도(univariate Gaussian densities)를 가정해 나이브 베이즈를 적용했다(당연하지만 나이브 베이즈의 핵심 특성인 개별 특징의 독립성은 가정했다).

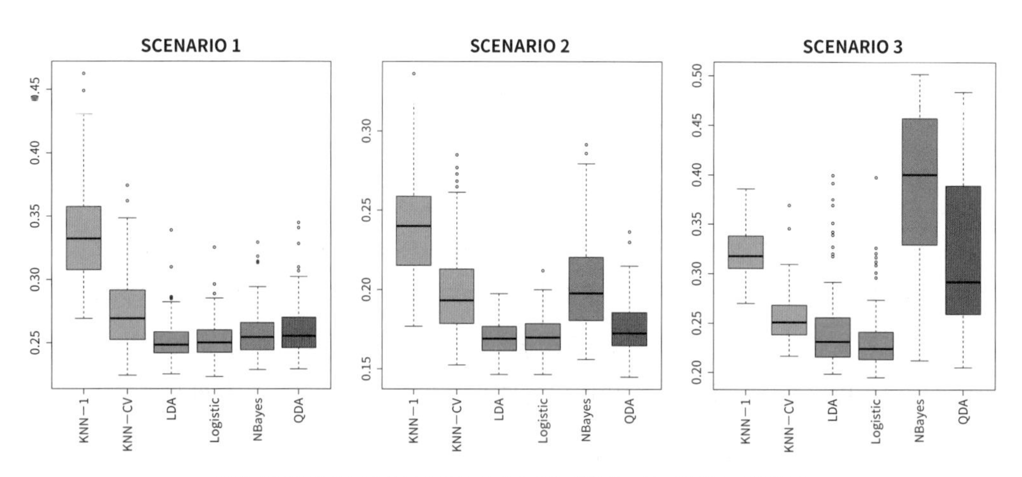

[그림 4.11] 본문에 설명된 각 선형 시나리오에 대한 테스트 오류율의 상자그림.

각 시나리오에서는 $p = 2$의 양적 예측변수가 있다. 시나리오는 다음과 같다.

시나리오 1: 두 부류 각각에 20개의 훈련 관측값이 있다. 각 부류 내의 관측값은 서로 상관관계가 없고 정규분포를 따르는 확률변수로, 부류마다 평균이 다르다. [그림 4.11]의 왼쪽 그림은 LDA가 이 상황에서 잘 수행됐음을 보여 주는데, 이는 LDA가 가정하는 모형과 일치하기 때문이다. 로지스틱 회귀도 선형 결정경계를 가정하기 때문에 상당히 좋은 성능을 보였다. KNN은 편향 감소로 상쇄되지 않는 분산이라는 측면에서 비용을 지불해 성능이 낮다. QDA도 LDA보다 더 유연한 분류기를 적합하므로 성능이 떨어진다. 나이브 베이즈는 예측변수가 독립이라는 가정이 올바르므로 QDA보다 약간 더 나은 성능을 보인다.

시나리오 2: 세부 사항은 시나리오 1과 같으나 각 부류 내의 두 예측변수에는 -0.5의 상관관계가 있다는 점이 다르다. [그림 4.11]의 가운데 그림은 대다수 방법이 이전 시나리오와 유사함을 나타낸다. 주목할 만한 예외는 나이브 베이즈인데, 예측변수가 독립이라는 나이브 베이즈의 가정을 위반하기 때문에 매우 나쁜 성능을 보인다.

시나리오 3: 이전 시나리오와 마찬가지로 각 부류 내의 예측변수 간에 상당한 음의 상관관계가 있다. 그러나 이번에는 X_1과 X_2를 t-분포(t-distribution)에서 생성했고 각 부류마다 50개의 관측을 만들었다. t-분포는 정규분포와 유사한 형태지만 평균에서 멀리 떨어진 극단적인 점들을 더 많이 생성하는 경향이 있다. 이 상황에서는 결정경계가 여전히 선형이므로 로지스틱 회귀 프레임워크가 적합하다. 이 상황은 관측값이 정규분포에서 도출되지 않았기 때문에 LDA의 가정을 위반했다. [그림 4.11]의 오른쪽 그림은 두 방법 모두 다른 접근법에 비해 우수했지만 로지스틱 회귀가 LDA보다 더 나은 성능을 보여 준다. QDA의 결과가 상당히 나빠진 것은 비정규성의 결과이고 나이브 베이즈의 성능이 저조한 것은 독립성 가정을 위반했기 때문이다.

시나리오 4: 데이터는 정규분포에서 생성했으며 첫 번째 부류의 예측변수 사이에는 0.5의 상관관계, 두 번째 부류에서는 -0.5의 상관관계가 있다. 이 상황은 QDA 가정에 부합하며 이차 결정경계를 도출했다. [그림 4.12]의 왼쪽 그림은 QDA가 다른 모든 접근법보다 우수한 성능을 보였음을 보여 준다. 예측변수가 서로 독립이라는 나이브 베이즈 가정을 위반했기 때문에 나이브 베이즈의 성능이 떨어진다.

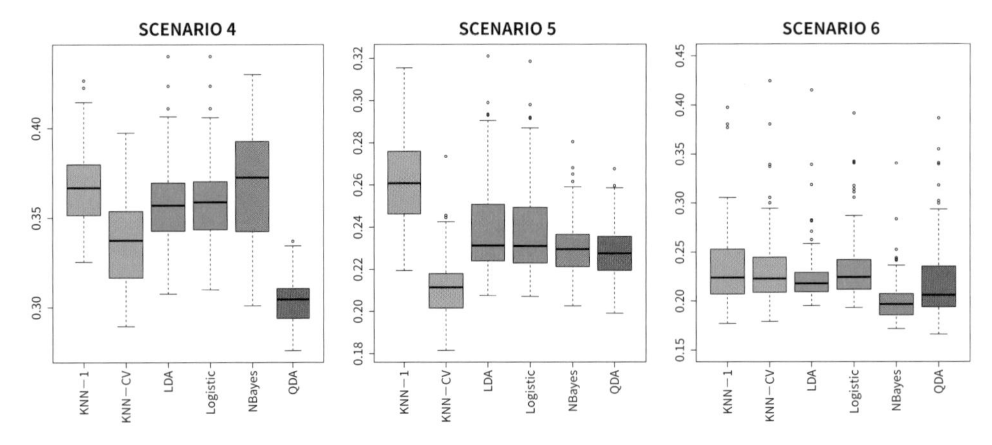

[그림 4.12] 본문에 설명된 각 비선형 시나리오에 대한 테스트 오류율의 상자그림

시나리오 5: 데이터는 정규분포에서 예측변수 사이에 상관관계가 없도록 생성했다. 그런 다음 예측변수의 복잡한 비선형함수에 로지스틱 함수를 적용해 반응변수 표본을 생성했다. [그림 4.12]의 가운데 그림은 QDA와 나이브 베이즈 모두 선형 방법보다 약간 더 나은 결과를 제공한 반면, 훨씬 더 유연한 KNN-CV 방법이 가장 좋은 결과를 제공했음을 보여 준다. 그러나 $K = 1$의 KNN은 모든 방법 중에서 가장 나쁜 결과를 가져왔다. 데이터가 복잡한 비선형 관계를 나타내더라도 평활도 수준을 바르게 선택하지 않으면, KNN과 같은 비모수적 방법이 여전히 좋지 않은 결과를 제공할 수 있음을 알려 준다.

시나리오 6: 관측값은 부류마다 다른 대각 공분산행렬을 가지는 정규분포에서 생성됐다. 그러나 각 부류의 표본 크기는 매우 작은 $n = 6$이다. 나이브 베이즈는 가정을 충족하기 때문에 매우 우수한 성능을 보였다. LDA와 로지스틱 회귀의 성능이 나쁜 이유는 참 결정경계가 비선형이기 때문이고 이는 공분산행렬이 다른 데에 기인한다. QDA가 나이브 베이즈보다 성능이 약간 나쁜 이유는, 표본 크기가 매우 작을 때 QDA의 경우 각 부류 내에서 예측변수 사이의 상관관계 추정에 너무 큰 분산이 발생하기 때문이다. KNN의 성능이 떨어지는 이유도 표본 크기가 너무 작기 때문이다.

이 여섯 가지 예는 단 하나의 방법이 나머지 방법보다 모든 상황에서 우월할 수는 없음을 보여 준다. 실제 결정경계가 선형이라면 LDA와 로지스틱 회귀 접근법이 잘 작동하는 경향이 있다. 경계가 어느 정도 비선형이라면 QDA나 나이브 베이즈가 더 나은 결과를 제공할 수 있다. 마지막으로 훨씬 더 복잡한 결정경계에는 KNN과 같은 비모수적 접근법이 우수할 수 있다. 하지만 비모수적 접근법에서 평활도 수준은 신중하게 선택해야 한다. 다음 장에서는 적절한 평활도 수준을 선택하고 일반적으로 전체에서 가장 좋은 방법을 선정하기 위한 다양한 접근법을 검토한다.

마지막으로 3장에서 배운 바와 같이 회귀를 사용하는 상황에서는 예측변수를 변환해 회귀를 수행함으로써 예측변수와 반응 간의 비선형 관계를 다룰 수 있다. 분류를 사용하는 상황에서도 비슷한 접근 방법을 적용할 수 있다. 예를 들어 X^2, X^3, 심지어 X^4을 예측변수로 포함해 로지스틱 회귀의 더 유연한 버전을 만들 수 있다. 이때 로지스틱 회귀의 성능은 개선될 수도 있고 아닐 수도 있는데, 이는 유연성의 추가로 인한 분산의 증가가 편향의 충분한 감소로 상쇄되는지에 달려 있다. LDA도 같은 방법을 적용할 수 있다. 가능한 모든 이차항과 교차 곱을 LDA에 추가하면 모수의 추정값은 다를지라도 모형의 형태는 QDA 모형과 동일할 것이다. 이 방법을 사용하면 LDA와 QDA 모형 사이의 어딘가로 이동할 수 있다.

4.6 일반화선형모형

3장에서는 반응변수 Y가 양적이라고 가정하고 최소제곱 선형회귀를 사용해 Y를 예측하는 방법을 탐구했다. 이 장에서는 지금까지 Y가 질적이라고 가정했다. 그러나 때때로 Y가 질적이지도 양적이지도 않은 상황에 직면할 수 있는데, 이때는 3장의 선형회귀나 이 장에서 다룬 분류 접근법이 모두 적용되지 않는다.

구체적으로 `Bikeshare` 데이터 세트를 예로 들 수 있다. 반응변수는 워싱턴 DC에서 자전거 공유 프로그램의 시간당 사용자 수인 `bikers`이다. 이 반응변수 값은 질적이지도 양적이지도 않으며 음수가 아닌 정숫값인 계수(count)를 나타낸다. 한 해의 월을 나타내는 `mnth`, 하루의 시간(0에서 23까지)을 나타내는 `hr`, 주말이나 휴일이 아니면 1이 되는 지시 변수 `workingday`, 정규화된 섭씨 온도인 `temp`, 그리고 맑음, 안개나 흐림, 가벼운 비나 가벼운 눈, 혹은 폭우나 폭설 등 가능한 값이 네 가지인 질적 변수 `weathersit`을 공변량으로 사용해 `bikers`를 예측해 본다.

이어지는 분석에서는 `mnth`, `hr`, `weathersit`을 질적 변수로 취급한다.

4.6.1 자전거 공유 데이터에 대한 선형회귀

먼저 선형회귀를 사용해 `bikers`를 예측한다. 결과는 다음 [표 4.10]과 같다.

	Coefficient	Std. error	t-statistic	p-value
Intercept	73.60	5.13	14.34	0.00
workingday	1.27	1.78	0.71	0.48
temp	157.21	10.26	15.32	0.00
weathersit[cloudy/misty]	−12.89	1.96	−6.56	0.00
weathersit[light rain/snow]	−66.49	2.97	−22.43	0.00
weathersit[heavy rain/snow]	−109.75	76.67	−1.43	0.15

[표 4.10] Bikeshare 데이터에 최소제곱 선형모형을 적합해 bikers를 예측한 결과다. 공간 제약 때문에 예측변수 mnth와 hr을 표에서 생략했지만 [그림 4.13]에서 확인할 수 있다. 질적 변수 weathersit에서 기준은 맑은 하늘이다.

예를 들어 날씨가 맑은 상태에서 흐린 상태로 바뀌면 시간당 자전거 이용자 수는 평균 12.89명 감소한다. 하지만 날씨가 더 나빠져 비나 눈으로 바뀌면 시간당 자전거 이용자 수는 추가로 53.60명 감소한다.[9] [그림 4.13]은 mnth, hr과 관련된 계수를 보여 준다. 자전거 사용량이 봄과 가을에 가장 높고 겨울철에 가장 낮다는 것을 확인할 수 있다. 또한 자전거 사용량은 출퇴근 시간대인 오전 9시와 오후 6시에 가장 높고 밤에는 가장 낮다. 따라서 얼핏 보면 Bikeshare 데이터 세트에 선형회귀모형을 적용하면 합리적이고 직관적인 결과를 얻을 수 있는 것처럼 보인다.

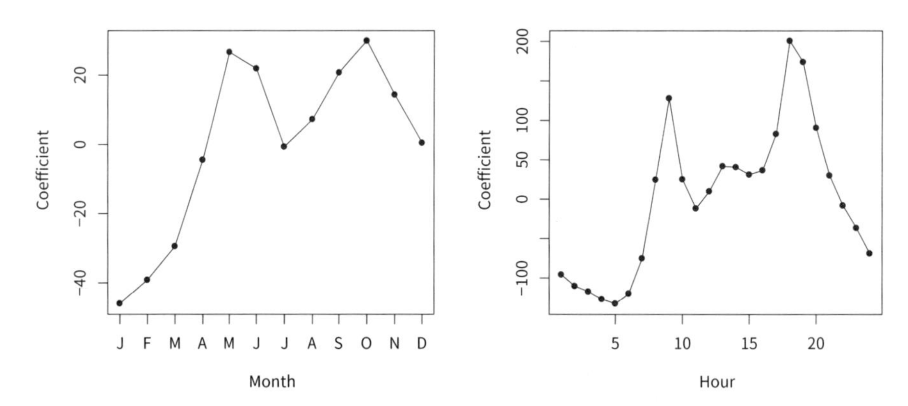

[그림 4.13] Bikeshare 데이터에 최소제곱 선형모형을 적합해 bikers를 예측한 결과다. 왼쪽: 월과 연관된 계수들이 있다. 자전거 사용량은 봄과 가을에 가장 높고 겨울에는 가장 낮다. 오른쪽: 하루 중 시간과 연관된 계수들이다. 자전거 사용량은 출퇴근 시간대에 가장 높고 심야에 가장 낮다.

9 (옮긴이) [표 4.10]에서 weathersit[cloudy/misty](흐림)의 계수가 −12.89이므로 12.89명이 감소한다. weathersit[light rain/snow](눈비)의 계수가 −66.49이므로 66.49 − 12.89 = 53.60명 더 감소한다.

하지만 좀 더 자세히 살펴보면 몇 가지 문제가 있다. Bikeshare 데이터 세트의 적합값 중 9.6%가 음수다. 즉, 선형회귀모형은 데이터 세트에서 9.6%의 시간 동안 사용자 수를 '음수'로 예측했다. 이는 데이터에서 의미 있는 예측을 수행하려는 우리의 능력에 의문을 제기하며 회귀모형의 계수 추정값, 신뢰구간, 그리고 다른 결과물들의 정확성에 대한 우려를 불러일으킨다.

또한 bikers의 기댓값이 작을 때는 bikers의 분산도 역시 작을 것이라고 생각하는 것이 합리적이다. 예를 들어 12월에 폭설이 내리는 새벽 2시는 자전거를 이용하는 사람이 극히 적을 것이고, 더욱이 이런 조건에서는 사용자 수의 분산도 매우 작을 것으로 기대된다. 데이터에서도 이 사실을 확인할 수 있다. 12월, 1월, 2월 오전 1시에서 4시 사이에 비가 내릴 때 평균 사용자 수는 5.05명이고 표준편차는 3.73이다. 반대로 하늘이 맑은 4월, 5월, 6월 오전 7시에서 10시 사이에는 평균 사용자 수가 243.59명이고 표준편차는 131.7이다. 이런 평균-분산 관계는 [그림 4.14]의 왼쪽에 나타나 있다. 이것은 선형모형 가정에 대한 주요한 위반이다. 즉, $Y = \sum_{j=1}^{p} X_j \beta_j + \epsilon$의 가정은 오차항 ϵ의 평균이 0이고 분산 σ^2은 상수이며 공변량의 함수가 아니라는 가정이다. 따라서 데이터의 이분산성(heteroscedasticity)은 선형회귀모형의 적합성에 의문을 제기한다.

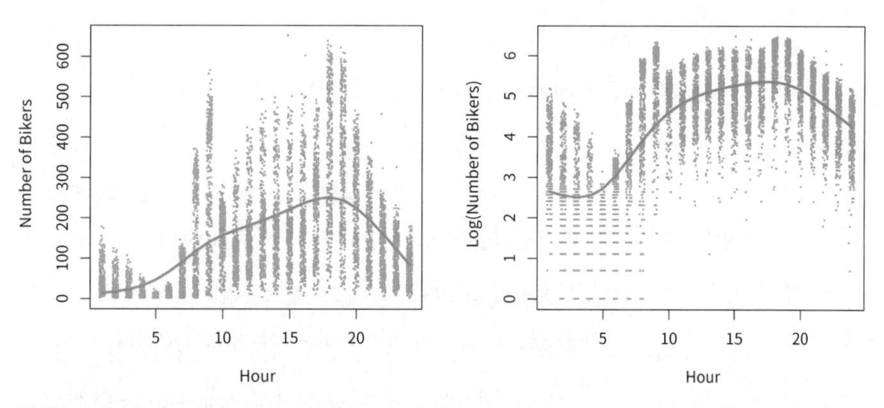

[그림 4.14] 왼쪽: Bikeshare 데이터 세트에서 자전거 이용자 수는 y축에 표시되고 하루를 기준으로 시간은 x축에 표시된다. 시각화의 용이성을 위해 지터(jitter)를 적용했다. 대부분 평균 자전거 이용자 수가 증가함에 따라 자전거 이용자 수의 분산도 증가한다. 초록색으로 표시된 것은 평활 스플라인 적합이다. 오른쪽: 이제 y축에는 자전거 이용자 수의 로그값이 표시된다.

마지막으로 bikers는 정숫값이다. 하지만 선형모형에서는 $Y = \beta_0 + \sum_{j=1}^{p} X_j \beta_j + \epsilon$이며, 여기서 ϵ은 연속형 오차항을 나타낸다. 이것은 선형모형에서 반응변수 Y

가 반드시 연속(양적) 변수라는 것을 의미한다. 따라서 반응변수 bikers의 정수라는 성격은 이 데이터 세트에서 선형회귀모형의 선택이 완전히 만족스럽지는 않다는 것을 시사한다.

Bikeshare 데이터에 선형회귀모형을 적합할 때 발생하는 몇몇 문제는 반응변수를 변환하면 극복할 수 있다. 예를 들어 모형을 다음과 같이 적합할 수 있다.

$$\log(Y) = \sum_{j=1}^{p} X_j\beta_j + \epsilon$$

반응을 변환하면 음수 예측의 가능성을 피할 수 있고 [그림 4.14]의 오른쪽 그림처럼 변환되지 않은 데이터의 이분산성을 상당 부분 극복할 수 있다. 그러나 예측과 추론이 반응 자체가 아닌 반응의 로그나 제곱근으로 이루어지기 때문에 완전히 만족스러운 해결책이라고 볼 수는 없다. 예를 들어 **X_j의 한 단위 증가가 Y의 로그 평균의 β_j만큼의 증가와 연관되어 있다** 등과 같은 해석의 어려움이 생긴다. 또한 반응의 값이 0일 때는 반응의 로그 변환을 적용할 수 없다. 따라서 선형모형을 반응변수를 변환해 적합하는 방법은 일부 계수(count) 데이터 세트에서는 적절한 접근법일 수 있지만 개선의 여지가 많다. 다음 절에서는 포아송 회귀모형이 이 작업에 훨씬 더 자연스럽고 우아한 접근법임을 보게 될 것이다.

4.6.2 자전거 공유 데이터에 대한 포아송 회귀분석

Bikeshare 데이터 세트를 분석하기 위한 선형회귀의 불충분함을 극복하기 위해 포아송 회귀(Poisson regression)라는 대체 접근 방법을 사용한다. 포아송 회귀를 논의하기 전에 먼저 포아송 분포(Poission distribution)를 소개해야 한다.

확률변수 Y가 음이 아닌 정숫값을 취하는 경우, 즉 $Y \in \{0, 1, 2, \dots\}$인 경우를 생각해 보자. 만약 Y가 포아송 분포(Poisson distribution)를 따른다면 다음과 같다.

$$\Pr(Y = k) = \frac{e^{-\lambda}\lambda^k}{k!} \quad \text{for } k = 0, 1, 2, \dots. \tag{4.35}$$

여기서 $\lambda > 0$은 Y의 기댓값, 즉 E(Y)이다. λ는 또한 Y의 분산과 같다는 사실, 즉 $\lambda = \text{E}(Y) = \text{Var}(Y)$라는 사실이 알려져 있다. 이는 Y가 포아송 분포를 따른다면 Y의 평균이 클수록 그 분산도 커진다는 것을 의미한다(식 (4.35)에서 'k 계승(factorial)'은 $k! = k\times(k-1)\times(k-2)\times\dots\times3\times2\times1$로 정의된다).

포아송 분포는 일반적으로 '발생 횟수'를 모형화하는 데 사용된다. 이는 포아송 분포처럼 횟수가 음이 아닌 정숫값을 취한다는 사실을 포함해 여러 가지 이유로 자연스러운 선택이다. 포아송 분포를 실제로 어떻게 사용할 수 있는지 알아보기 위해 Y를 하루의 특정 시간, 특정 기상 조건, 특정 월 동안의 자전거 공유 프로그램 이용자 수라고 하자. Y를 평균이 $\mathrm{E}(Y) = \lambda = 5$인 포아송 분포로 모형화할 수 있다. 이는 특정 시간 동안 이용자가 없을 확률이 $\Pr(Y=0) = \frac{e^{-5}5^0}{0!} = e^{-5} = 0.0067$임을 의미한다(관례에 따라 $0! = 1$이다). 이용자가 정확히 한 명일 확률은 $\Pr(Y=1) = \frac{e^{-5}5^1}{1!} = 5e^{-5} = 0.034$, 이용자가 두 명일 확률은 $\Pr(Y=2) = \frac{e^{-5}5^2}{2!} = 0.084$ 등이다.

물론 현실에서 자전거 공유 프로그램의 평균 이용자 수 $\lambda = \mathrm{E}(Y)$는 하루 중 시간, 월, 날씨 상태 등의 함수로서 달라질 것으로 기대된다. 그러므로 자전거 이용자의 수 Y를 $\lambda = 5$와 같이 평균값이 고정된 포아송 분포로 모형화하기보다는 평균을 공변량인 함수로서 달라지도록 허용하는 것이 좋다. 특히 평균 $\lambda = \mathrm{E}(Y)$에 대한 다음 모형을 고려하며, 이제부터 $\lambda(X_1, ..., X_p)$로 표기해 λ가 $X_1, ..., X_p$의 함수임을 강조하자.

$$\log(\lambda(X_1, \ldots, X_p)) = \beta_0 + \beta_1 X_1 + \cdots + \beta_p X_p \tag{4.36}$$

또는 다음과 같이 써도 동일하다.

$$\lambda(X_1, \ldots, X_p) = e^{\beta_0 + \beta_1 X_1 + \cdots + \beta_p X_p} \tag{4.37}$$

여기서 $\beta_0, \beta_1, ..., \beta_p$는 추정될 모수들이다. 식 (4.35)와 (4.36)을 함께 사용해 포아송 회귀모형을 정의한다. 식 (4.36)에서 $\lambda(X_1, ..., X_p)$ 자체가 $X_1, ..., X_p$에 대해 선형인 것이 아니라, $\lambda(X_1, ..., X_p)$의 '로그'를 $X_1, ..., X_p$에 대해 선형으로 가정한다는 점에 주목하자. 이로써 $\lambda(X_1, ..., X_p)$가 공변량의 모든 값에 대해 음수가 아닌 값을 취하도록 보장할 수 있다.

계수 $\beta_0, \beta_1, ..., \beta_p$를 추정하기 위해 4.3.2절의 로지스틱 회귀에서 채택한 것과 동일한 최대가능도(maximum likelihood) 접근법을 사용한다. 구체적으로 포아송 회귀모형에서 n개의 서로 독립인 관측이 주어지면 가능도는 다음과 같은 형태를 취한다.

$$\ell(\beta_0, \beta_1, \ldots, \beta_p) = \prod_{i=1}^{n} \frac{e^{-\lambda(x_i)} \lambda(x_i)^{y_i}}{y_i!} \tag{4.38}$$

식 (4.37)에 따라 $\lambda(x_i) = e^{\beta_0+\beta_1 x_{i1}+\ldots+\beta_p x_{ip}}$이므로 관찰된 데이터를 가능한 한 높은 확률로 만드는, 즉 가능도 $\ell(\beta_0, \beta_1, \ldots, \beta_p)$를 최대화하는 계수들을 추정할 수 있다.

이제 Bikeshare 데이터 세트에 포아송 회귀모형을 적합한다. 결과는 [표 4.11]과 [그림 4.15]에서 확인할 수 있다. 질적으로 이 결과들은 4.6.1절에서 살펴본 선형회귀 결과와 유사하다. 다시 한번 봄과 가을, 출퇴근 시간대에 자전거 사용량이 가장 높고 겨울과 이른 아침 시간에 가장 낮음을 확인한다. 또한 기온이 상승함에 따라 자전거 사용량이 증가하고 날씨가 나빠짐에 따라 감소한다. 흥미롭게도 workingday와 관련된 계수는 포아송 회귀모형에서는 통계적으로 유의하지만 선형회귀모형에서는 그렇지 않다.

	Coefficient	Std. error	z-statistic	p-value
Intercept	4.12	0.01	683.96	0.00
workingday	0.01	0.00	7.5	0.00
temp	0.79	0.01	68.43	0.00
weathersit[cloudy/misty]	−0.08	0.00	−34.53	0.00
weathersit[light rain/snow]	−0.58	0.00	−141.91	0.00
weathersit[heavy rain/snow]	−0.93	0.17	−5.55	0.00

[표 4.11] Bikeshare 데이터에서 bikers를 예측하기 위한 포아송 회귀모형의 적합 결과다. 예측변수 mnth와 hr은 공간 제약으로 인해 이 표에서 생략했으며 [그림 4.15]에서 확인할 수 있다. 질적 변수 weathersit에서 기준은 맑은 하늘이다.

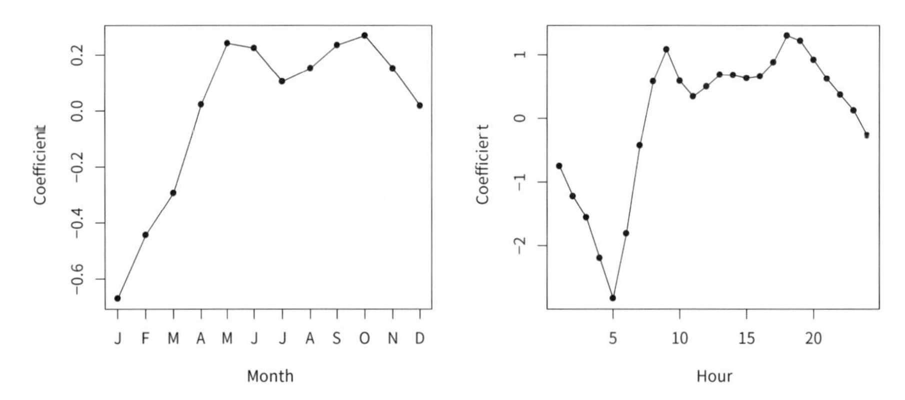

[그림 4.15] Bikeshare 데이터 세트의 bikers를 예측하기 위해 포아송 회귀모형이 적용됐다. 왼쪽: 한 해의 월과 관련된 계수들. 자전거 사용량은 봄과 가을에 가장 높고 겨울에는 가장 낮다. 오른쪽: 하루의 시간과 관련된 계수들. 자전거 사용량은 출퇴근 시간에 가장 높고 밤 시간에는 가장 낮다.

포아송 회귀모형과 선형회귀모형 간의 몇 가지 중요한 차이점은 다음과 같다.

- 해석: 포아송 회귀모형의 계수를 해석하기 위해서는 식 (4.37)을 주의 깊게 살펴봐야 하는데, X_j의 1단위 증가는 $E(Y) = \lambda$의 $\exp(\beta_j)$배 변화와 연관되어 있다. 예를 들어 날씨가 맑은 하늘에서 흐린 하늘로 바뀌면 평균 자전거 사용량은 $\exp(-0.08) = 0.923$배 변화하는데, 평균적으로 맑은 날에 비해 흐린 날에는 92.3%의 사람들이 자전거를 사용한다는 의미다. 날씨가 더 안 좋아져서 비가 내리기 시작하면 평균 자전거 사용량은 $\exp(-0.5) = 0.607$배 더 변한다. 즉, 흐린 날에 비해 비가 올 때는 자전거를 이용하는 사람이 평균 60.7%에 불과하다.
- 평균-분산 관계: 앞서 언급했듯이 포아송 모형에서는 $\lambda = E(Y) = \mathrm{Var}(Y)$이다. 따라서 포아송 회귀를 사용해 자전거 사용량을 모형화하면 주어진 시간의 평균 자전거 사용량은 해당 시간 자전거 사용량의 분산과 같다고 암묵적으로 가정한다. 반면 선형회귀모형에서는 자전거 사용량의 분산은 항상 값이 일정하다. `Bikeshare` 데이터에서 볼 수 있듯이 자전거 이용 조건이 좋으면 평균과 분산이 모두 높아지는 것을 [그림 4.14]에서 확인할 수 있다. 따라서 포아송 회귀모형은 `Bikeshare` 데이터에서 보이는 평균-분산 관계를 선형회귀모형은 하지 못한 방식으로 다룰 수 있다.[10]
- 음수가 아닌 적합값: 포아송 회귀모형을 사용하면 음수 예측값이 나오지 않는다. 이는 포아송 모형 자체가 음수가 아닌 값만 허용하기 때문이다(식 (4.35) 참조). 반면 선형회귀모형을 `Bikeshare` 데이터 세트에 적용하면 예측값의 약 10%가 음수였다.

4.6.3 더 일반적인 일반화선형모형

지금까지 세 가지 유형의 회귀모형, 즉 선형, 로지스틱, 그리고 포아송 회귀모형을 논의했다. 이 접근법들은 몇 가지 공통적인 특성을 공유한다.

1. 각각의 접근법은 예측변수 $X_1, ..., X_p$를 사용해 반응변수 Y를 예측한다. $X_1, ..., X_p$에 대해 조건부 Y가 특정 분포족에 속한다고 가정한다. 선형회귀에서는

10 `Bikeshare` 데이터에서 분산이 평균보다 훨씬 높은 상황을 '과분산'이라고 한다. 이는 [표 4.11]에서 Z값을 부풀리게 한다. 보다 정확한 Z값을 얻기 위해서는 이런 과분산을 고려해야 하며 이를 위한 다양한 방법이 있지만 이 책의 범위를 벗어난다.

일반적으로 Y가 가우스 분포(Gaussian distribution) 또는 정규분포(normal distribution)를 따른다고 가정한다. 로지스틱 회귀에서는 Y가 베르누이 분포(Bernoulli distribution)를 따른다고 가정한다. 마지막으로 포아송 회귀에서는 Y가 포아송 분포(Poisson distribution)를 따른다고 가정한다.

2. 각각의 접근법은 Y의 평균을 예측변수의 함수로 모형화한다. 선형회귀에서는 Y의 평균은 다음과 같은 형식을 취한다.

$$\mathrm{E}(Y|X_1,\ldots,X_p) = \beta_0 + \beta_1 X_1 + \cdots + \beta_p X_p \tag{4.39}$$

즉, 예측변수의 선형함수다. 로지스틱 회귀에서 평균은 다음과 같은 형식을 취한다.

$$\begin{aligned} \mathrm{E}(Y|X_1,\ldots,X_p) &= \Pr(Y=1|X_1,\ldots,X_p) \\ &= \frac{e^{\beta_0+\beta_1 X_1+\cdots+\beta_p X_p}}{1+e^{\beta_0+\beta_1 X_1+\cdots+\beta_p X_p}} \end{aligned} \tag{4.40}$$

한편 포아송 회귀에서는 다음과 같은 형식을 취한다.

$$\mathrm{E}(Y|X_1,\ldots,X_p) = \lambda(X_1,\ldots,X_p) = e^{\beta_0+\beta_1 X_1+\cdots+\beta_p X_p} \tag{4.41}$$

식 (4.39)~(4.41)은 연결함수(link function) η를 이용해 표현할 수 있는데, 이는 평균 $\mathrm{E}(Y \mid X_1, \ldots, X_p)$를 변환해 변환된 평균이 예측변수의 선형함수가 되도록 만든다.

$$\eta(\mathrm{E}(Y|X_1,\ldots,X_p)) = \beta_0 + \beta_1 X_1 + \cdots + \beta_p X_p \tag{4.42}$$

선형, 로지스틱, 포아송 회귀의 연결함수는 각각 $\eta(\mu)=\mu$, $\eta(\mu)=\log(\mu/(1-\mu))$, $\eta(\mu)=\log(\mu)$이다.

가우스, 베르누이, 포아송 분포는 모두 지수족(exponential family)에 속한다. 또한 지수분포(exponential distribution), 감마 분포(Gamma distribution), 음이항분포(negative binomial distribution) 등도 이 분포족에 속한다. 일반적으로 회귀분석을 수행할 때 반응변수 Y가 지수족의 특정 하나의 분포에 해당한다고 모형화하고 식 (4.42)를 통해 반응변수의 평균을 변환해 변환된 평균이 예측변수들의 선형함수가 되도록 한다. 이런 매우 일반적인 절차를 따르는 회귀 접근법을 모두 일반화 선형모형(GLM, generalized linear model)이라고 한다. 따라서 선형회귀, 로지스틱 회귀, 포아송 회귀는 GLM의 세 가지 예다. 여기서 다루지 않은 다른 예로는 '감마 회귀'와 '음이항회귀'가 있다.

4.7 실습: 로지스틱 회귀, LDA, QDA, KNN

4.7.1 주식 시장 데이터

이 실습에서는 ISLP 라이브러리의 일부인 Smarket 데이터를 검토한다. 이 데이터 세트는 2001년 초부터 2005년 말까지 1,250일 동안의 S&P 500 주가 지수 수익률로 구성되어 있다. 각 날짜에 대해 이전 5 거래일의 백분율 수익률을 Lag1부터 Lag5로 기록했다. 또한 Volume(전날의 주식 거래량, 십억 단위), Today(해당 날짜의 수익률), Direction(해당 날짜의 주식 시장이 Up인지 Down인지)을 기록했다.

먼저 최상위 셀에서 라이브러리를 가져오는 것으로 시작하자. 모두 이전 실습에서 이미 본 적이 있는 라이브러리들이다

In[1]:
```
import numpy as np
import pandas as pd
from matplotlib.pyplot import subplots
import statsmodels.api as sm
from ISLP import load_data
from ISLP.models import (ModelSpec as MS,
                         summarize)
```

또한 이 실습에 필요한 새로운 라이브러리도 가져온다.

In[2]:
```
from ISLP import confusion_table
from ISLP.models import contrast
from sklearn.discriminant_analysis import \
     (LinearDiscriminantAnalysis as LDA,
      QuadraticDiscriminantAnalysis as QDA)
from sklearn.naive_bayes import GaussianNB
from sklearn.neighbors import KNeighborsClassifier
from sklearn.preprocessing import StandardScaler
from sklearn.model_selection import train_test_split
from sklearn.linear_model import LogisticRegression
```

이제 Smarket 데이터를 불러올 준비가 됐다.

In[3]:
```
Smarket = load_data('Smarket')
Smarket
```

이 코드는 중간이 생략된 데이터 목록을 제공하지만 이 책에서는 보여 주지 않는다. 이 목록으로 변수의 이름을 확인할 수 있다.

In[4]:
```
Smarket.columns
```

Out[4]:
```
Index(['Year', 'Lag1', 'Lag2', 'Lag3', 'Lag4', 'Lag5', 'Volume',
       'Today', 'Direction'],
      dtype='object')
```

데이터프레임의 corr() 메소드를 사용해 상관행렬을 계산한다. 이 메소드는 변수 간의 쌍별 상관관계를 모두 포함하는 행렬을 생성한다(여기서는 출력을 생략했다). pandas에 숫자형 변수만 사용하도록 지시하면 corr() 메소드는 질적 변수인 Direction 변수에 대한 상관관계를 보고하지 않는다.

In[5]:
```
Smarket.corr(numeric_only=True)
```

예상대로 이전 수익률 변수들과 오늘의 수익률 사이의 상관관계는 거의 0에 가깝다. 유일하게 Year와 Volume 사이만 어느 정도 상관관계가 있다. 데이터를 그래프로 그려 보면 Volume이 시간이 지남에 따라 증가한다는 것을 볼 수 있다. 다시 말해 2001년부터 2005년까지 매일 거래되는 주식의 평균 수량이 증가했다.

In[6]:
```
Smarket.plot(y='Volume');
```

4.7.2 로지스틱 회귀

다음으로 Lag1부터 Lag5 및 Volume을 사용해 Direction을 예측하기 위해 로지스틱 회귀모형을 적합한다. sm.GLM() 함수는 로지스틱 회귀를 포함하는 모형들의 한 부류인 '일반화선형모형'을 적합한다. 또는 sm.Logit() 함수로 로지스틱 회귀모형을 직접 적합할 수도 있다. sm.GLM() 문법은 sm.OLS() 문법과 유사하지만, statsmodels에 다른 유형의 일반화선형모형이 아닌 로지스틱 회귀를 실행하도록 지시하기 위해 family = sm.families.Binomial() 인자를 전달해야 한다는 점이 다르다.

In[7]:
```
allvars = Smarket.columns.drop(['Today', 'Direction', 'Year'])
design = MS(allvars)
X = design.fit_transform(Smarket)
y = Smarket.Direction == 'Up'
glm = sm.GLM(y,
             X,
             family=sm.families.Binomial())
results = glm.fit()
summarize(results)
```

Out[7]:

```
             coef  std err       z  P>|z|
intercept -0.1260    0.241  -0.523  0.601
Lag1      -0.0731    0.050  -1.457  0.145
Lag2      -0.0423    0.050  -0.845  0.398
Lag3       0.0111    0.050   0.222  0.824
Lag4       0.0094    0.050   0.187  0.851
Lag5       0.0103    0.050   0.208  0.835
Volume     0.1354    0.158   0.855  0.392
```

여기서 가장 작은 p-값은 Lag1에 관련되어 있다. 이 예측변수의 음의 계수는 어제 시장이 양의 수익률을 보였다면 오늘 상승할 가능성이 낮음을 시사한다. 그러나 p-값이 0.15로 상대적으로 크므로 Lag1과 Direction 사이의 실제 연관성에 대한 명확한 증거는 없다.

이 적합 모형에서 계수에만 접근하려면 results의 params 속성을 사용한다.

In[8]:

```
results.params
```

Out[8]:

```
intercept   -0.126000
Lag1        -0.073074
Lag2        -0.042301
Lag3         0.011085
Lag4         0.009359
Lag5         0.010313
Volume       0.135441
dtype: float64
```

마찬가지로 pvalues 속성을 사용해 계수의 p-값에 접근할 수 있다(출력은 생략).

In[9]:

```
results.pvalues
```

results에 메소드 predict()를 사용하면 주어진 예측변수의 값에 따라 시장이 상승할 확률을 예측할 수 있다. 이 메소드는 확률 척도로 예측을 반환한다. predict()에 데이터 세트를 제공하지 않을 때는 로지스틱 회귀모형을 적합하는 데 사용한 훈련 데이터에 대한 확률을 계산한다. 선형회귀와 마찬가지로 원한다면 설계행렬(design matrix)과 일치하는 선택적 exog 인자를 전달할 수 있다. 여기서는 처음 10개의 확률만 출력한다.

In[10]:

```
probs = results.predict()
probs[:10]
```

```
Out[10]: array([0.5070841, 0.4814679, 0.4811388, 0.5152223, 0.5107812,
                0.5069565, 0.4926509, 0.5092292, 0.5176135, 0.4888378])
```

특정 날짜에 시장이 상승할지 하락할지 예측하기 위해서 부류 레이블인 Up 혹은 Down으로 이 예측 확률들을 변환해야 한다. 다음 두 명령어는 시장 상승의 예측 확률이 0.5보다 크거나 작은지에 따라 부류 예측 벡터를 생성한다.

```
In[11]: labels = np.array(['Down']*1250)
        labels[probs>0.5] = "Up"
```

ISLP 패키지의 confusion_table() 함수는 이들 예측을 요약해 얼마나 많은 관측값이 바르게 또는 잘못 분류됐는지 보여 준다. 이 함수는 sklearn.metrics 모듈에 있는 유사한 함수에서 변형한 것으로, 결과 행렬을 전치하고 행과 열 레이블을 포함한다. confusion_table() 함수는 첫 번째 인자로 예측된 레이블을, 두 번째 인자로 실제 레이블을 받는다.

```
In[12]: confusion_table(labels, Smarket.Direction)
```

```
Out[12]:     Truth  Down   Up
         Predicted
              Down   145  141
                Up   457  507
```

혼동행렬의 대각원소는 올바른 예측, 비대각원소는 잘못된 예측을 나타낸다. 따라서 모형은 507일 동안 시장이 상승하고 145일 동안 하락한다고 올바르게 예측했으므로 총 507 + 145 = 652일 동안은 예측이 맞았다. np.mean() 함수를 이용해 올바른 예측을 한 날의 비율을 계산할 수 있다. 이 경우 로지스틱 회귀는 52.2%의 시간 동안 시장의 움직임을 정확히 예측했다.

```
In[13]: (507+145)/1250, np.mean(labels == Smarket.Direction)
```

```
Out[13]: (0.5216, 0.5216)
```

언뜻 보기에 로지스틱 회귀모형이 무작위 추측보다 조금 더 잘 작동하는 것 같다. 그러나 동일한 1,250개 관측값으로 모형을 훈련하고 테스트했기 때문에 이 결과는 오해의 소지가 있다. 즉, 100 − 52.2 = 47.8%는 '훈련' 오류 비율이다. 이전에 살펴본 것처럼 훈련 오류율은 종종 지나치게 낙관적이어서 테스트 오류율을 과소평가하는 경향이 있다. 이 상황에서 로지스틱 회귀모형의 정확도를 더 잘 평가하기 위해 데이터의 일부를 사용해 모형을 적합한 다음, '보류된' 데이터를 얼마나 잘 예측하는지 검토할 수 있다. 실제로 관심이 있는 것은 모형을 적합하는 데 사용된 데이터가 아니라, 오히려 시장의 움직임이 알려지지 않은 미래 특정한 날의 모형 성능이기 때문에 보류된 데이터로 평가해 모형의 오류율을 제공하는 것이 더 현실적인 결과라고 할 수 있다.

이 전략을 실행하기 위해 먼저 2001년부터 2004년까지 관측값에 해당하는 불 벡터를 생성한다. 그런 다음 이 벡터를 사용해 2005년 관측값의 보류 데이터 집합을 만든다.

In[14]:
```
train = (Smarket.Year < 2005)
Smarket_train = Smarket.loc[train]
Smarket_test = Smarket.loc[~train]
Smarket_test.shape
```

Out[14]:
```
(252, 9)
```

train 객체는 데이터 세트의 관측값에 해당하는 1,250개 원소의 벡터다. 2005년 이전 관측값에 해당하는 벡터의 원소들은 True, 2005년 관측값에 해당하는 원소들은 False로 설정된다. 따라서 train은 '불' 배열이며 원소는 True와 False다. 불 배열은 loc 메소드와 함께 사용해 데이터프레임의 행이나 열의 하위 집합을 얻을 수 있다. 예를 들어 Smarket.loc[train] 명령어는 주식 시장 데이터 세트에서 날짜가 2005년 이전에 해당하는 부분행렬만 뽑아내는데, 이 날짜는 train의 원소가 True인 날짜들이다. ~ 기호는 불 벡터의 모든 원소를 반전하는 데 사용할 수 있다. 즉, ~train은 train과 유사한 벡터지만 train에서 True인 원소들이 ~train에서는 False로 바뀐다. 그 반대도 마찬가지다. 따라서 Smarket.loc[~train]은 주식 시장 데이터의 데이터프레임에서 train이 False인 관측값만을 포함하는 행의 하위 집합을 생성한다. 이 코드의 출력 결과는 이런 관측값이 252개가 있음을 나타낸다.

이제 2005년 이전 날짜에 해당하는 관측값의 하위 집합을 사용해 로지스틱 회귀모형을 적합한다. 그런 다음 테스트 세트에 있는 각각의 날짜, 즉 2005년의 날짜에서 주식 시장이 상승할 확률을 예측한다.

```
In[15]: X_train, X_test = X.loc[train], X.loc[~train]
        y_train, y_test = y.loc[train], y.loc[~train]
        glm_train = sm.GLM(y_train,
                           X_train,
                           family=sm.families.Binomial())
        results = glm_train.fit()
        probs = results.predict(exog=X_test)
```

모형을 훈련하고 테스트하기 위해 완전히 분리된 두 개의 데이터 세트를 사용했다는 점에 주목할 필요가 있다. 훈련은 2005년 이전의 날짜만을 사용해 수행했고 테스트는 2005년의 날짜만을 사용해 수행했다.

마지막으로 2005년의 예측을 그 시기 실제 시장의 움직임과 비교한다. 먼저 테스트와 훈련 레이블을 저장한다(y_test가 이진임을 기억하자).

```
In[16]: D = Smarket.Direction
        L_train, L_test = D.loc[train], D.loc[~train]
```

이제 예측 레이블을 형성하기 위해 적합 확률을 50%로 임곗값을 설정한다.

```
In[17]: labels = np.array(['Down']*252)
        labels[probs>0.5] = 'Up'
        confusion_table(labels, L_test)
```

```
Out[17]:     Truth  Down  Up
         Predicted
              Down    77  97
                Up    34  44
```

테스트 정확도는 약 48%, 오류율은 약 52%이다.

```
In[18]: np.mean(labels == L_test), np.mean(labels != L_test)
```

```
Out[18]: (0.4802, 0.5198)
```

!= 표기는 '같지 않다'는 뜻이며 따라서 마지막 명령은 테스트 세트 오류율을 계산한다. 결과는 다소 실망스러운데, 테스트 오류율은 52%로서 무작위 추측보다 못하다. 물론 이 결과는 전혀 놀랍지 않다. 일반적으로 이전 날들의 수익률을 이용해 미래 시장의 성과를 예측할 수 있다고 기대하지는 않을 것이다(이런 예측이 가능했다면 이 책의 저자들은 통계 교과서를 집필하는 대신 부자가 됐을 것이다).

로지스틱 회귀모형에서 모든 예측변수에 대한 p-값이 매우 미흡했는데, 가장 작은 p-값이 그리 작지 않음에도 Lag1에 해당한다는 점을 기억할 필요가 있다. 따라서 Direction을 예측하는 데 도움이 되지 않는 변수를 제거하면 더 효과적인 모형을 얻을 수 있을지도 모른다. 결국 반응변수와 상관없는 예측변수를 사용하면 테스트 오류율을 악화시키므로(그런 예측변수들은 편향의 감소 없이 분산을 증가시키기 때문에), 이런 예측변수를 제거하면 결과적으로 개선이 이루어질 수 있다. 다음은 원래 로지스틱 회귀모형에서 가장 높은 예측력을 보였던 Lag1과 Lag2만을 사용해 로지스틱 회귀를 다시 적합한 것이다.

In[19]:
```
model = MS(['Lag1', 'Lag2']).fit(Smarket)
X = model.transform(Smarket)
X_train, X_test = X.loc[train], X.loc[~train]
glm_train = sm.GLM(y_train,
                   X_train,
                   family=sm.families.Binomial())
results = glm_train.fit()
probs = results.predict(exog=X_test)
labels = np.array(['Down']*252)
labels[probs>0.5] = 'Up'
confusion_table(labels, L_test)
```

Out[19]:
```
    Truth  Down   Up
Predicted
     Down    35   35
       Up    76  106
```

이제 로지스틱 회귀가 상승을 예측한 날의 정확도뿐만 아니라 전체 정확도를 평가해 보자.

In[20]:
```
(35+106)/252,106/(106+76)
```

Out[20]:
```
(0.5595, 0.5824)
```

이제 결과가 약간 나아졌다. 일일 변동량의 56%가 올바르게 예측됐다. 이 경우 시장이 매일 상승한다고 예측하는 매우 단순한 전략도 56%의 날짜에서 올바르다는 점은 주목할 가치가 있다. 따라서 전체 오류율 측면에서 로지스틱 회귀 방법이 이 단순한 접근법보다 나을 게 없다. 그러나 혼동행렬을 보면 로지스틱 회귀가 시장 상승을 예측하는 날에는 58%의 정확도를 가진다는 것을 보여 준다. 이는 모형이 시장 상승을 예측하는 날에는 매수하고 하락을 예측하는 날에는 거래를 피하는 가능한 트레이딩 전략을 제안한다. 물론 이 작은 개선이 현실적인 것인지 아니면 단지 무작위 기회 때문인지를 더 신중하게 조사할 필요가 있다.

Lag1과 Lag2의 특정 값에 대응하는 수익률을 예측한다고 가정하자. 특히 Lag1과 Lag2가 각각 1.2와 1.1일 때와 1.5와 −0.8일 때의 Direction을 예측하고 싶다. 이를 위해 predict() 메소드를 사용한다.

In[21]:
```
newdata = pd.DataFrame({'Lag1':[1.2,  1.5],
                        'Lag2':[1.1, -0.8]});
newX = model.transform(newdata)
results.predict(newX)
```

Out[21]:
```
0    0.4791
1    0.4961
dtype: float64
```

4.7.3 선형판별분석

LinearDiscriminantAnalysis() 함수로 Smarket 데이터에 대한 LDA를 수행한다. 2005년 이전의 관측값으로 모형을 적합한다.

In[22]:
```
lda = LDA(store_covariance=True)
```

LDA 추정기가 자동으로 절편을 추가하기 때문에 X_train과 X_test에서 절편에 해당하는 열을 제거해야 한다. 또한 불 벡터 y_train 대신 레이블을 직접 사용할 수도 있다.

In[23]:
```
X_train , X_test = [M.drop(columns=['intercept'])
                    for M in [X_train , X_test]]
lda.fit(X_train, L_train)
```

Out[23]:
```
LinearDiscriminantAnalysis(store_covariance=True)
```

여기서는 3.6.4절에서 소개한 리스트 컴프리헨션을 사용했다. 코드의 첫 번째 줄을 보면 오른쪽 부분이 길이가 2인 리스트임을 알 수 있다. 이는 for M in [X_train, X_test] 코드가 길이가 2인 리스트를 순회하기 때문이다. 여기서는 리스트를 순회하지만 리스트 컴프리헨션 방식은 어떤 이터러블(iterable) 객체를 순환할 때도 작동한다. 그런 다음 반복되는 각 원소에 drop() 메소드를 적용하고 결과를 리스트에 모은다. 좌변은 파이썬에게 길이가 2인 리스트를 풀어서 각각의 원소를 X_train과 X_test에 할당하라는 뜻이다. 물론 그렇게 되면 기존의 X_train과 X_test 값들을 덮어쓰게 된다.

모형을 적합하면 means_ 속성을 사용해 두 부류에서 평균을 추출할 수 있다. 이 값들은 각각의 부류 내에서 각 예측변수의 평균이며 LDA에서 μ_k의 추정값으로 사용된다. 이는 시장이 상승하는 날에는 이전 2일의 수익률이 음의 경향을, 시장이 하락하는 날에는 이전 일의 수익률이 양의 경향이 있음을 시사한다.

```
In[24]:  lda.means_
```

```
Out[24]: array([[ 0.04,  0.03],
               [-0.04, -0.03]])
```

추정된 사전확률은 priors_ 속성에 저장된다. sklearn 패키지는 일반적으로 fit() 메소드를 이용해 추정한 수량을 표시할 때 뒤에 _을 붙인다. classes_ 속성을 보면 어떤 항목이 어떤 레이블에 해당하는지 명확히 알 수 있다.

```
In[25]:  lda.classes_
```

```
Out[25]: array(['Down', 'Up'], dtype='<U4')
```

LDA 출력은 $\hat{\pi}_{\text{Down}} = 0.492$ 및 $\hat{\pi}_{\text{Up}} = 0.508$을 나타낸다.

```
In[26]:  lda.priors_
```

```
Out[26]: array([0.492, 0.508])
```

선형판별 벡터는 scalings_ 속성에서 찾을 수 있다.

```
In[27]:  lda.scalings_
```

```
Out[27]: array([[-0.642],
               [-0.513]])
```

이 값들은 LDA 결정 규칙을 형성하는 데 사용되는 Lag1과 Lag2의 선형결합을 제공한다. 즉, 식 (4.24)에서 $X = x$의 원소에 대한 곱셈 계수에 해당한다. 만약

$-0.64\times$Lag1 $-$ $0.51\times$Lag2가 크다면 LDA 분류기는 시장 상승을 예측하고 작다면 시장 하락을 예측한다.

```
In[28]:  lda_pred = lda.predict(X_test)
```

분류 방법 비교(4.5절)에서 관찰했듯이 LDA와 로지스틱 회귀는 예측이 거의 동일하다.

```
In[29]:  confusion_table(lda_pred, L_test)
```

```
Out[29]:     Truth  Down   Up
         Predicted
              Down    35   35
                Up    76  106
```

훈련 세트 각각의 점에서 각 부류의 확률도 추정할 수 있다. 부류 하나에 속할 사후확률에 50%의 임곗값을 적용하면 lda_pred에 있는 예측을 재생산할 수 있다.

```
In[30]:  lda_prob = lda.predict_proba(X_test)
         np.all(
                np.where(lda_prob[:,1] >= 0.5, 'Up','Down') == lda_pred
               )
```

```
Out[30]: True
```

앞 코드에서 np.where() 함수를 이용해 배열을 생성하는데, lda_prob의 두 번째 열(즉, Up의 추정된 사후확률)이 0.5보다 큰 인덱스에 대해 원소의 값이 Up이 되도록 한다. 두 개 이상의 부류가 있는 문제에서는 사후확률이 가장 높은 부류를 레이블로 선택하자.

```
In[31]:  np.all(
                [lda.classes_[i] for i in np.argmax(lda_prob, 1)] == lda_pred
               )
```

```
Out[31]: True
```

50% 외에 다른 사후확률 임곗값을 사용해 예측하고 싶다면 쉽게 그렇게 할 수 있다. 예를 들어 해당 일에 시장이 실제로 하락한다고 확신할 때(말하자면 사후확률

이 최소 90% 이상일 때)만 시장 하락을 예측하겠다고 가정해 보자. lda_prob의 첫 번째 열이 Down 라벨임을 classes_ 속성으로 알고 있으므로 앞서 작성했던 1이 아닌 0열 인덱스를 사용한다.

In[32]:
```
np.sum(lda_prob[:,0] > 0.9)
```

Out[32]:
```
0
```

2005년에는 그러한 임곗값을 충족하는 날이 없다. 실제로 2005년 전체에서 하락의 가장 큰 사후확률은 52.02%였다.

앞의 LDA 분류기는 sklearn 라이브러리의 첫 번째 분류기다. 이 라이브러리에서 여러 다른 객체를 사용할 것이다. 이 객체들은 교차검증과 같은 작업을 단순화하는 공통 구조를 따르며 이는 5장에서 살펴볼 예정이다. 구체적으로 메소드들은 먼저 어떠한 데이터도 참조하지 않고 일반 분류기를 생성한다. 이 분류기는 그 후 fit() 메소드로 데이터를 적합하고 예측은 언제나 predict() 메소드로 생성한다. 분류기를 먼저 인스턴스화한 후 적합하고 그런 다음에 예측을 생성하는 패턴은 sklearn의 명시적인 설계 선택이다. 이런 일관성 덕분에 분류기를 깔끔하게 복사해 다양한 다른 데이터, 예를 들면 교차검증에서 나오는 훈련 세트 등에 적합할 수 있다. 또한 이런 표준 패턴은 작업 흐름의 구성을 예측 가능하게 해준다.

4.7.4 이차판별분석

Smarket 데이터에 QDA 모형을 적합한다. QDA는 sklearn 패키지에서 QuadraticDiscriminantAnalysis()로 구현하며 QDA()로 줄여 사용한다. 문법은 LDA()와 매우 유사하다.

In[33]:
```
qda = QDA(store_covariance=True)
qda.fit(X_train, L_train)
```

Out[33]:
```
QuadraticDiscriminantAnalysis(store_covariance=True)
```

QDA() 함수로 다시 means_와 priors_를 계산한다.

In[34]:
```
qda.means_, qda.priors_
```

Out[34]:
```
(array([[ 0.04279022,  0.03389409],
        [-0.03954635, -0.03132544]]),
 array([0.49198397, 0.50801603]))
```

QDA() 분류기는 부류당 하나의 공분산을 추정한다. 다음은 첫 번째 부류의 공분산 추정값이다.

In[35]:
```
qda.covariance_[0]
```

Out[35]:
```
array([[ 1.50662277, -0.03924806],
       [-0.03924806,  1.53559498]])
```

출력에는 그룹 평균이 포함되어 있다. 그러나 QDA 분류기는 예측변수의 선형함수가 아닌 이차함수를 다루기 때문에 선형판별 계수는 포함되지 않는다. predict() 메소드는 LDA와 정확히 같은 방식으로 작동한다.

In[36]:
```
qda_pred = qda.predict(X_test)
confusion_table(qda_pred, L_test)
```

Out[36]:
```
    Truth  Down   Up
Predicted
     Down    30   20
       Up    81  121
```

흥미롭게도 모형을 적합하는 데 2005년 데이터를 사용하지 않았음에도 QDA는 거의 60%의 날짜에 대해 올바르게 예측했다.

In[37]:
```
np.mean(qda_pred == L_test)
```

Out[37]:
```
0.599
```

정확하게 모형화하기 매우 어렵다고 알려진 주식 시장 데이터에서 이런 정도의 정확도를 보인 것은 상당히 인상적이다. QDA가 가정하는 이차 형태가 LDA와 로지스틱 회귀가 가정하는 선형 형태보다 실제 관계를 더 정확히 포착할 수 있음을 시사한다. 그러나 이 접근법이 시장에서 지속적으로 승리할 것이라고 배팅하기 전에 더 큰 테스트 세트로 이 방법의 성능을 평가하기를 권장한다.

4.7.5 나이브 베이즈

다음으로 Smarket 데이터에 나이브 베이즈 모형을 적합한다. 문법은 LDA(), QDA()와 유사하다. 기본적으로 나이브 베이즈 분류기의 구현인 GaussianNB()는 각각의 정량적 특징을 가우스 분포를 이용해 모형화한다. 하지만 커널 밀도 방법도 분포 추정에 사용될 수 있다.

```
In[38]:  NB = GaussianNB()
         NB.fit(X_train, L_train)

Out[38]: GaussianNB()
```

부류는 classes_로 저장된다.

```
In[39]:  NB.classes_

Out[39]: array(['Down', 'Up'], dtype='<U4')
```

부류 사전확률은 class_prior_ 속성에 저장된다.

```
In[40]:  NB.class_prior_

Out[40]: array([0.49, 0.51])
```

특정 특징의 모수는 theta_와 var_ 속성에서 찾을 수 있다. 행 수는 부류의 수와 열 수는 특징의 수와 동일하다. 다음 코드로 Down 부류에서 Lag1 특징의 평균이 0.043임을 볼 수 있다.

```
In[41]:  NB.theta_

Out[41]: array([[ 0.043,  0.034],
                [-0.040, -0.031]])
```

분산은 1.503이다.

```
In[42]:  NB.var_

Out[42]: array([[1.503, 1.532],
                [1.514, 1.487]])
```

이 특징들의 이름을 어떻게 알 수 있을까? NB?(또는 ?NB)를 사용한다.

평균 계산은 쉽게 확인할 수 있다.

In[43]:
```
X_train[L_train == 'Down'].mean()
```

Out[43]:
```
Lag1    0.042790
Lag2    0.033894
dtype: float64
```

분산도 마찬가지다.

In[44]:
```
X_train[L_train == 'Down'].var(ddof=0)
```

Out[44]:
```
Lag1    1.503554
Lag2    1.532467
dtype: float64
```

GaussianNB() 함수는 $1/n$ 공식을 사용해 분산을 계산한다.[11] NB()는 sklearn 라이브러리를 사용해 분류하기 때문에 예측할 때는 LDA(), QDA()와 같은 구문을 사용한다.

In[45]:
```
nb_labels = NB.predict(X_test)
confusion_table(nb_labels, L_test)
```

Out[45]:
```
    Truth  Down   Up
Predicted
     Down    29   20
       Up    82  121
```

나이브 베이즈는 이 데이터에서 59%의 날짜에서 올바른 예측을 제공하므로 성능이 좋다. QDA보다 약간 못하지만 LDA보다는 훨씬 좋다.

LDA에서는 predict_proba() 메소드로 각 관측값이 특정 부류에 속할 확률을 추정한다.

In[46]:
```
NB.predict_proba(X_test)[:5]
```

11 n개의 관측값 $x_1, ..., x_n$의 표본분산을 계산하는 데는 $\frac{1}{n}\sum_{i=1}^{n}(x_i - \bar{x})^2$과 $\frac{1}{n-1}\sum_{i=1}^{n}(x_i - \bar{x})^2$ 두 가지 공식이 있다. 여기서 $\bar{x}$는 표본평균이다. 대부분 이 구분은 중요하지 않다.

```
Out[46]: array([[0.4873, 0.5127],
                [0.4762, 0.5238],
                [0.4653, 0.5347],
                [0.4748, 0.5252],
                [0.4902, 0.5098]])
```

4.7.6 K-최근접이웃

이제 `KNeighborsClassifier()` 함수를 사용해 KNN을 실행한다. 이 함수는 지금까지 살펴본 다른 모형-적합 함수들과 유사하게 동작한다.

LDA와 QDA의 경우처럼 `fit` 메소드를 사용해 분류기를 맞춘다. 새로운 예측은 `fit()`에서 반환된 객체의 `predict` 메소드를 사용해 생성한다.

```
In[47]: knn1 = KNeighborsClassifier(n_neighbors=1)
        X_train, X_test = [np.asarray(X) for X in [X_train, X_test]]
        knn1.fit(X_train, L_train)
        knn1_pred = knn1.predict(X_test)
        confusion_table(knn1_pred, L_test)
```

```
Out[47]:     Truth  Down  Up
         Predicted
              Down    43  58
                Up    68  83
```

$K = 1$을 사용한 결과는 좋지 않다. 관측값의 50%만 바르게 예측했기 때문이다. 물론 $K = 1$을 사용한 결과, 데이터에 지나치게 유연하게 적합된 결과일 수 있다.

```
In[48]: (83+43)/252, np.mean(knn1_pred == L_test)
```

```
Out[48]: (0.5, 0.5)
```

다음에서 $K = 3$을 사용해 분석을 반복한다.

```
In[49]: knn3 = KNeighborsClassifier(n_neighbors=3)
        knn3_pred = knn3.fit(X_train, L_train).predict(X_test)
        np.mean(knn3_pred == L_test)
```

```
Out[49]: 0.532
```

결과는 약간 개선됐다. 하지만 'K'를 더 늘려도 추가적인 개선은 없다. 이 데이터와 훈련/테스트 분할에서 지금까지 검토한 방법 중 QDA가 가장 좋은 결과를 보였다.

KNN은 Smarket 데이터에서는 성능이 좋지 않았지만 종종 인상적인 결과를 낼 때도 있다. 그 예로 ISLP 라이브러리의 일부인 Caravan 데이터 세트에 KNN 방법을 적용해 볼 것이다. 이 데이터 세트는 개인 5,822명의 인구통계학적 특성을 측정한 85개의 예측변수를 포함하고 있다. 반응변수는 Purchase로 특정 개인이 캐러밴 보험에 가입했는지 여부를 나타낸다. 이 데이터 세트에는 오직 6%의 사람만이 캐러밴 보험에 가입했다.

In[50]:
```
Caravan = load_data('Caravan')
Purchase = Caravan.Purchase
Purchase.value_counts()
```

Out[50]:
```
No     5474
Yes     348
Name: Purchase, dtype: int64
```

value_counts() 메소드는 pd.Series나 pd.DataFrame을 받아 고유 원소 각각의 개수를 포함하는 pd.Series를 반환한다. Purchase에는 Yes와 No 값만 있는데, 이때 이 메소드가 각각의 값이 몇 개 있는지 반환한다.

In[51]:
```
348 / 5822
```

Out[51]:
```
0.0598
```

Purchase를 제외한 모든 열의 특징을 사용한다.

In[52]:
```
feature_df = Caravan.drop(columns=['Purchase'])
```

KNN 분류기는 주어진 테스트 관측값의 부류를 가장 가까운 관측값을 식별해 예측하기 때문에 변수의 척도가 중요하다. 척도가 큰 변수는 척도가 작은 변수보다 관측값 사이의 '거리'에 훨씬 더 큰 영향을 미치며, 따라서 KNN 분류기에서도 큰 영향을 미친다. 예를 들어 달러와 년 단위로 측정된 salary와 age라는 두 변수를 포함하는 데이터 세트를 상상해 보라. KNN에서는 연봉의 $1,000 차이가 나이 50년의 차이보다 크다. 그 결과 salary가 KNN 분류 결과를 주도하며 age는 거의 영향을 미치지 않는다. 연봉 $1,000의 차이는 나이 50년의 차이에 비하면 상당히 작은 것이라는 일반적인 직관에 반하는 결과다. 또한 KNN 분류기에서 척도의 중요성은 다른 문제와 연결된다. 만약 salary를 일본 엔화(yen), age를 분(minute)으로 측정한다면 두 변수를 달러(dollar)나 년(year) 단위로 측정됐을 때의 분류 결과와 상당히 달라진다.

이 문제를 처리하는 좋은 방법은 모든 변수를 평균이 0, 표준편차는 1이 되도록 데이터를 '표준화'하는 것이다. 그러면 모든 변수는 비교 가능한 척도가 생기게 된다. 이 작업은 StandardScaler() 변환을 사용해 수행할 수 있다.

In[53]:
```
scaler = StandardScaler(with_mean=True,
                        with_std=True,
                        copy=True)
```

with_mean 인자는 평균을 제외할지 여부를 나타내며, with_std는 열을 표준편차가 1이 되도록 척도화할지 여부를 나타낸다. 마지막으로 copy = True 인자는 가능한 한 제자리에서 계산하지 않고 항상 데이터를 복사하겠다는 뜻이다.

이 변환은 임의의 데이터에 적용하기 전에 적합할 수 있다. 다음 코드 첫 번째 줄에서는 척도화 모수가 계산되어 scaler에 저장되며, 두 번째 줄에서는 실제로 표준화된 특징 집합을 구성한다.

In[54]:
```
scaler.fit(feature_df)
X_std = scaler.transform(feature_df)
```

이제 feature_std의 모든 열은 표준편차가 1이고 평균은 0이다.

In[55]:
```
feature_std = pd.DataFrame(
                 X_std,
                 columns=feature_df.columns);
feature_std.std()
```

Out[55]:
```
MOSTYPE   1.000086
MAANTHUI  1.000086
MGEMOMV   1.000086
MGEMLEEF  1.000086
MOSHOOFD  1.000086
            ...
AZEILPL   1.000086
```

```
APLEZIER  1.000086
AFIETS    1.000086
AINBOED   1.000086
ABYSTAND  1.000086
Length: 85, dtype: float64
```

여기서 표준편차가 정확히 1은 아니라는 점에 주목할 필요가 있다. 왜냐하면 분산을 계산할 때 일부 절차(이 경우에는 scaler())는 $1/n$ 규칙을 사용하는 반면, 다른 절차는 $1/(n-1)$(std() 메소드)을 사용하기 때문이다. 222쪽의 각주에서 참고할 수 있다. 변수들이 모두 동일한 척도이므로 문제가 되지 않는다.

이제 train_test_split() 함수를 사용해 테스트 세트에는 1,000개의 관측값이, 훈련 세트에는 나머지 관측값이 포함되도록 테스트 세트와 훈련 세트로 나눈다. random_state = 0 인자는 코드를 다시 실행할 때마다 같은 분할을 얻게 해준다.

In[56]:
```
(X_train,
X_test,
y_train,
y_test) = train_test_split(np.asarray(feature_std),
                           Purchase,
                           test_size=1000,
                           random_state=0)
```

?train_test_split으로 조회하면 키워드가 아닌 인자로 lists, arrays, pandas dataframes 등을 입력으로 받을 수 있으며, 모두 길이(shape[0])가 같아야 '색인이 가능'하다. 이 예에서는 데이터프레임 feature_std와 반응변수 Purchase가 해당된다.[12] $K = 1$을 사용해 훈련 데이터에 KNN 모형을 적합하고 테스트 데이터에서 그 성능을 평가한다.

In[57]:
```
knn1 = KNeighborsClassifier(n_neighbors=1)
knn1_pred = knn1.fit(X_train, y_train).predict(X_test)
np.mean(y_test != knn1_pred), np.mean(y_test != "No")
```

Out[57]:
```
(0.111, 0.067)
```

12 (옮긴이) sklearn의 버그를 해결하기 위해 feature_std를 ndarray로 변환했다는 점에 주의해야 한다.

1,000개의 테스트 관측값에서 KNN의 오류율은 약 11%이다. 첫눈에는 꽤 좋아 보일 수 있다. 하지만 6% 이상의 고객이 보험에 가입했으므로 예측변수 값과 상관없이 항상 `No`라고 예측한다면 오류율을 거의 6%까지 낮출 수 있다. 이를 영 비율(null rate)이라고 한다.

특정 개인에게 보험을 판매하려고 할 때 적지 않은 비용이 든다고 가정하자. 예를 들어 영업사원이 각각의 잠재 고객을 직접 방문해야 할 수도 있다. 회사가 무작위로 선정한 고객에게 보험을 판매하려고 하면 성공률은 오직 6%에 불과한데, 이는 관련 비용을 고려할 때 턱없이 낮을 수 있다. 대신 회사는 보험을 구매할 가능성이 높은 고객에게만 보험을 판매하려고 한다. 그래서 전체 오류율은 관심사가 아니다. 대신 보험을 구매할 것으로 올바르게 예측된 개인의 비율에 관심이 있다.

In[58]:
```
confusion_table(knn1_pred, y_test)
```

Out[58]:
```
     Truth    No  Yes
Predicted
       No    880   58
      Yes     53    9
```

보험을 구매할 것으로 예측된 고객 사이에서 $K = 1$인 KNN이 무작위 추측보다 훨씬 더 우수한 성과를 보인다. 이런 고객 62명 중 9명, 즉 14.5%가 실제로 보험에 가입한다. 이는 무작위 추측으로 얻을 수 있는 비율의 두 배다.

In[59]:
```
9/(53+9)
```

Out[59]:
```
0.145
```

모수 조정

KNN에서 이웃 수는 '튜닝 파라미터' 또는 '하이퍼파라미터'라고 한다. 어떤 값을 사용해야 할지 사전에 알 수 없다. 그래서 파라미터(parameter)를 변화시키면서 분류기가 테스트 데이터에서 성능을 어떻게 나타내는지 보는 것이 중요하다. 이는 2.3.8절에서 설명된 `for` 반복문으로 이룰 수 있다.

`for` 반복문으로 이웃 수를 1에서 5까지 변화시키면서 보험 가입이 예측된 그룹에서 분류기의 정확도를 살펴볼 것이다.

In[60]:
```
for K in range(1,6):
    knn = KNeighborsClassifier(n_neighbors=K)
    knn_pred = knn.fit(X_train, y_train).predict(X_test)
    C = confusion_table(knn_pred, y_test)
    templ = ('K={0:d}: # predicted to rent: {1:>2},' +
             ' # who did rent {2:d}, accuracy {3:.1%}')
    pred = C.loc['Yes'].sum()
    did_rent = C.loc['Yes','Yes']
    print(templ.format(
          K,
          pred,
          did_rent,
          did_rent / pred))
```

Out[60]:
```
K=1: # predicted to rent: 62, # who did rent 9, accuracy 14.5%
K=2: # predicted to rent: 6, # who did rent 1, accuracy 16.7%
K=3: # predicted to rent: 20, # who did rent 3, accuracy 15.0%
K=4: # predicted to rent: 3, # who did rent 0, accuracy 0.0%
K=5: # predicted to rent: 7, # who did rent 1, accuracy 14.3%
```

여기서 변동을 목격할 수 있는데, K = 4일 때의 수치는 나머지와 크게 다르다.

로지스틱 회귀와의 비교

비교를 위해 데이터에 로지스틱 회귀모형을 적합할 수도 있다. 기본적으로 6장에서 소개할 로지스틱 회귀의 능형회귀(ridge regression) 버전을 적합하는 방법과 유사한데, sklearn으로도 수행할 수 있다. 다음 코드에서 C 인자를 적절히 설정해 수정할 수 있다. 기본값은 1이지만 매우 큰 숫자로 설정하면 알고리즘은 앞에서 논의한 일반적인(비정규화된) 로지스틱 회귀 추정값과 같은 해로 수렴한다.

statsmodels 패키지와 달리 sklearn은 추론보다는 분류에 더 초점을 맞춘다. 따라서 statsmodels에서 볼 수 있는 summary 메소드나 summarize를 사용하는 단순화 버전은 sklearn의 분류기에서 일반적으로 사용할 수 없다.

In[61]:
```
logit = LogisticRegression(C=1e10, solver='liblinear')
logit.fit(X_train, y_train)
logit_pred = logit.predict_proba(X_test)
logit_labels = np.where(logit_pred[:,1] > .5, 'Yes', 'No')
confusion_table(logit_labels, y_test)
```

```
Out[61]:      Truth   No  Yes
          Predicted
                 No  931   67
                Yes    2    0
```

기본 영 비율(null rate)을 사용할 경우 알고리즘이 수렴하지 않았음을 알리는 경고가 뜨기 때문에 이를 피하기 위해 `solver = 'liblinear'` 인자를 사용했다.

분류기의 예측 확률 임곗값으로 0.5를 사용하면 문제가 발생해 테스트 관측값 중 보험 가입을 정확하게 예측한 경우는 없다.[13] 그러나 반드시 0.5의 임곗값을 사용할 필요는 없다. 예측 구매 확률이 0.25를 초과할 때 구매를 예측하게 하면 훨씬 더 좋은 결과를 얻는다. 29명이 보험에 가입할 것으로 예측했는데, 이 중 약 31%가 올바른 예측이었다.

이는 무작위 추측보다 거의 다섯 배 더 나은 성과다.

```
In[62]:   logit_labels = np.where(logit_pred[:,1]>0.25, 'Yes', 'No')
          confusion_table(logit_labels, y_test)
```

```
Out[62]:      Truth   No  Yes
          Predicted
                 No  913   58
                Yes   20    9
```

```
In[63]:   9/(20+9)
```

```
Out[63]:  0.310
```

4.7.7 자전거 공유 데이터에 대한 선형 및 포아송 회귀분석

여기서는 4.6절에서 설명했듯이 `Bikeshare` 데이터에 선형 및 포아송 회귀모형을 적합한다. 반응변수 `bikers`는 2010년에서 2012년까지의 기간 동안 워싱턴 DC에서 시간당 자전거 대여 횟수를 측정한다.

```
In[64]:   Bike = load_data('Bikeshare')
```

이 데이터프레임에 있는 변수의 차원과 이름을 살펴본다.

13 (옮긴이) 모형이 'Yes'라고 예측했는데, 실제로 'Yes'였던 경우는 없다는 뜻이다

In[65]:
```
Bike.shape, Bike.columns
```

Out[65]:
```
((8645, 15),
Index(['season', 'mnth', 'day', 'hr', 'holiday', 'weekday',
       'workingday', 'weathersit', 'temp', 'atemp', 'hum',
       'windspeed', 'casual', 'registered', 'bikers'],
       dtype='object'))
```

선형회귀

데이터에 선형회귀모형을 적합하는 것으로 시작한다.

In[66]:
```
X = MS(['mnth',
        'hr',
        'workingday',
        'temp',
        'weathersit']).fit_transform(Bike)
Y = Bike['bikers']
M_lm = sm.OLS(Y, X).fit()
summarize(M_lm)
```

Out[66]:
```
                coef  std err        t  P>|t|
intercept   -68.6317    5.307  -12.932  0.000
mnth[Feb]     6.8452    4.287    1.597  0.110
mnth[March]  16.5514    4.301    3.848  0.000
mnth[April]  41.4249    4.972    8.331  0.000
mnth[May]    72.5571    5.641   12.862  0.000
mnth[June]   67.8187    6.544   10.364  0.000
mnth[July]   45.3245    7.081    6.401  0.000
mnth[Aug]    53.2430    6.640    8.019  0.000
mnth[Sept]   66.6783    5.925   11.254  0.000
mnth[Oct]    75.8343    4.950   15.319  0.000
mnth[Nov]    60.3100    4.610   13.083  0.000
mnth[Dec]    46.4577    4.271   10.878  0.000
hr[1]       -14.5793    5.699   -2.558  0.011
hr[2]       -21.5791    5.733   -3.764  0.000
hr[3]       -31.1408    5.778   -5.389  0.000
.....        .......    .....    .....  .....
```

hr에는 24개의 수준이 있고 전체에는 40개의 행이 있다. 그래서 요약을 생략했다. M_lm에서 첫 번째 수준인 hr[0]과 mnth[Jan]은 기준값으로 취급하므로 이들의 계수 추정값은 제공되지 않는다. 암묵적으로 계수 추정값은 0이고 다른 모든 수준은 기준값에서 상대적으로 측정된다. 예를 들어 2월의 계수 6.845는 다른 모든 변수가 일정할 때 2월이 1월보다 평균 약 7명의 라이더가 더 많음을 의미한다. 비슷하게 3월은 1월보다 약 16.5명의 라이더가 더 많다.

4.6.1절에서 본 결과는 다음과 같이 변수 hr 및 mnth의 코딩을 약간 다르게 사용했다.

In[67]:
```
hr_encode = contrast('hr', 'sum')
mnth_encode = contrast('mnth', 'sum')
```

다시 한번 적합한다.

In[68]:
```
X2 = MS([mnth_encode,
         hr_encode,
         'workingday',
         'temp',
         'weathersit']).fit_transform(Bike)
M2_lm = sm.OLS(Y, X2).fit()
S2 = summarize(M2_lm)
S2
```

Out[68]:
```
                  coef  std err        t  P>|t|
intercept      73.5974    5.132   14.340  0.000
mnth[Jan]     -46.0871    4.085  -11.281  0.000
mnth[Feb]     -39.2419    3.539  -11.088  0.000
mnth[March]   -29.5357    3.155   -9.361  0.000
mnth[April]    -4.6622    2.741   -1.701  0.089
mnth[May]      26.4700    2.851    9.285  0.000
mnth[June]     21.7317    3.465    6.272  0.000
mnth[July]     -0.7626    3.908   -0.195  0.845
mnth[Aug]       7.1560    3.535    2.024  0.043
mnth[Sept]     20.5912    3.046    6.761  0.000
mnth[Oct]      29.7472    2.700   11.019  0.000
mnth[Nov]      14.2229    2.860    4.972  0.000
hr[0]         -96.1420    3.955  -24.307  0.000
hr[1]        -110.7213    3.966  -27.916  0.000
hr[2]        -117.7212    4.016  -29.310  0.000
.....          .......    .....   ......  .....
```

두 코딩의 차이점은 무엇인가? M2_lm에서는 hr의 수준 23과 mnth의 수준 Dec를 제외하고 모든 수준의 계수 추정값이 보고된다. 중요한 것은 M2_lm에서 mnth 마지막 수준의 (보고되지 않은) 계수 추정값은 0이 아니라 다른 모든 수준의 계수 추정값에 대한 합의 음수와 같다는 점이다. 마찬가지로 M2_lm에서 hr의 마지막 수준의 계수 추정값도 다른 모든 수준의 계수 추정값에 대한 합의 음수다. 결국 M2_lm에서 hr

과 mnth 계수의 합도 항상 0이 되는데, 이는 평균 수준과의 차이로 해석될 수 있다는 의미다. 예를 들어 1월의 계수가 −46.087인 것은 다른 모든 변수가 일정하다고 가정할 때 보통 1월에는 연평균 대비 46명의 라이더가 적다는 의미다.

사용된 코딩에 비추어 모형 출력을 바르게 해석한다면 코딩의 선택은 실제로 중요하지 않다는 점을 인식하는 것이 중요하다. 예를 들어 선형모형의 예측은 코딩에 관계없이 동일하다는 것을 알 수 있다.

In[69]:
```
np.sum((M_lm.fittedvalues - M2_lm.fittedvalues)**2)
```

Out[69]:
```
1.53e-20
```

제곱 차이의 합이 0이다. np.allclose() 함수를 사용해서도 차이를 확인할 수 있다.

In[70]:
```
np.allclose(M_lm.fittedvalues, M2_lm.fittedvalues)
```

Out[70]:
```
True
```

[그림 4.13]의 왼쪽 부분을 재현하려면 먼저 mnth에 해당하는 계수 추정값을 얻어야 한다. 1월에서 11월까지의 계수는 M2_lm 객체에서 직접 얻을 수 있다. 12월의 계수는 다른 모든 달의 계수의 음수 합으로 명시적으로 계산해야 한다. 먼저 M2_lm의 계수 중에서 월별 계수를 추출한다.

In[71]:
```
coef_month = S2[S2.index.str.contains('mnth')]['coef']
coef_month
```

Out[71]:
```
mnth[Jan]     -46.0871
mnth[Feb]     -39.2419
mnth[March]   -29.5357
mnth[April]   -4.6622
mnth[May]     26.4700
mnth[June]    21.7317
mnth[July]    -0.7626
mnth[Aug]      7.1560
mnth[Sept]     20.5912
mnth[Oct]      29.7472
mnth[Nov]      14.2229
Name: coef, dtype: float64
```

다음으로 다른 모든 월의 합의 음수로 Dec를 추가한다.

In[72]:
```
months = Bike['mnth'].dtype.categories
coef_month = pd.concat([
                       coef_month,
                       pd.Series([-coef_month.sum()],
                                  index=['mnth[Dec]'
                                  ])
                        ])
coef_month
```

Out[72]:
```
mnth[Jan]     -46.0871
mnth[Feb]     -39.2419
mnth[March]   -29.5357
mnth[April]    -4.6622
mnth[May]      26.4700
mnth[June]     21.7317
mnth[July]     -0.7626
mnth[Aug]       7.1560
mnth[Sept]     20.5912
mnth[Oct]      29.7472
mnth[Nov]      14.2229
mnth[Dec]       0.3705
Name: coef, dtype: float64
```

마지막으로 그래프를 더 깔끔하게 만들기 위해 각 달의 첫 글자만 사용할 텐데, 이는 각 레이블의 6번째 항목이다.

In[73]:
```
fig_month, ax_month = subplots(figsize=(8,8))
x_month = np.arange(coef_month.shape[0])
ax_month.plot(x_month, coef_month, marker='o', ms=10)
ax_month.set_xticks(x_month)
ax_month.set_xticklabels([l[5] for l in coef_month.index], fontsize=20)
ax_month.set_xlabel('Month', fontsize=20)
ax_month.set_ylabel('Coefficient', fontsize=20);
```

[그림 4.13]의 오른쪽 그래프를 재현하는 방법도 비슷한 과정을 따른다.

In[74]:
```
coef_hr = S2[S2.index.str.contains('hr')]['coef']
coef_hr = coef_hr.reindex(['hr[{0}]'.format(h) for h in range(23)])
coef_hr = pd.concat([coef_hr,
                     pd.Series([-coef_hr.sum()], index=['hr[23]'])
                    ])
```

이제 시간에 따른 그래프를 만든다.

In[75]:
```
fig_hr, ax_hr = subplots(figsize=(8,8))
x_hr = np.arange(coef_hr.shape[0])
ax_hr.plot(x_hr, coef_hr, marker='o', ms=10)
ax_hr.set_xticks(x_hr[::2])
ax_hr.set_xticklabels(range(24)[::2], fontsize=20)
ax_hr.set_xlabel('Hour', fontsize=20)
ax_hr.set_ylabel('Coefficient', fontsize=20);
```

포아송 회귀

이제 Bikeshare 데이터에 포아송 회귀모형을 적합한다. 변한 것은 거의 없으나 이제 sm.GLM() 함수를 사용하기 위해 포아송족을 지정한다.

In[76]:
```
M_pois = sm.GLM(Y, X2, family=sm.families.Poisson()).fit()
```

[그림 4.15]를 재현하기 위해 mnth와 hr에 관련된 계수를 그래프로 나타낼 수 있다. 먼저 이전과 같이 이 계수들을 완성한다.

In[77]:
```
S_pois = summarize(M_pois)
coef_month = S_pois[S_pois.index.str.contains('mnth')]['coef']
coef_month = pd.concat([coef_month,
                        pd.Series([-coef_month.sum()],
                                  index=['mnth[Dec]'])])
coef_hr = S_pois[S_pois.index.str.contains('hr')]['coef']
coef_hr = pd.concat([coef_hr,
                     pd.Series([-coef_hr.sum()],
                     index=['hr[23]'])])
```

그래프는 이전과 동일하다

In[78]:
```
fig_pois, (ax_month, ax_hr) = subplots(1, 2, figsize=(16,8))
ax_month.plot(x_month, coef_month, marker='o', ms=10)
ax_month.set_xticks(x_month)
ax_month.set_xticklabels([l[5] for l in coef_month.index], fontsize=20)
ax_month.set_xlabel('Month', fontsize=20)
ax_month.set_ylabel('Coefficient', fontsize=20)
ax_hr.plot(x_hr, coef_hr, marker='o', ms=10)
ax_hr.set_xticklabels(range(24)[::2], fontsize=20)
ax_hr.set_xlabel('Hour', fontsize=20)
ax_hr.set_ylabel('Coefficient', fontsize=20);
```

두 모형의 적합값을 비교한다. 적합값은 선형회귀와 포아송 적합 모두 fit() 메소드에서 반환되는 fittedvalues 속성에 저장된다. 선형 예측값은 lin_pred 속성에 저장된다.

In[79]:
```
fig, ax = subplots(figsize=(8, 8))
ax.scatter(M2_lm.fittedvalues,
           M_pois.fittedvalues,
           s=20)
ax.set_xlabel('Linear Regression Fit', fontsize=20)
ax.set_ylabel('Poisson Regression Fit', fontsize=20)
ax.axline([0,0], c='black', linewidth=3,
          linestyle='--', slope=1);
```

포아송 회귀모형에서 예측값은 선형모형의 예측값과 상관성이 있지만 전자는 음수가 아니다. 결과적으로 포아송 회귀모형의 예측값은 이용자 수가 매우 높거나 낮은 경우 선형모형의 예측값보다 크게 나타나는 경향이 있다.

이 장에서는 sm.GLM() 함수와 인자 family = sm.families.Poisson()을 사용해 포아송 회귀모형을 적합하는 방법을 배웠다. 이 실습 앞부분에서는 로지스틱 회귀를 수행하기 위해 sm.GLM() 함수와 family = sm.families.Binomial()을 사용했다. family 인자에서 다른 선택사항을 사용하면 다른 유형의 일반화선형모형(GLM)을 적합할 수 있다. 예를 들어 family = sm.families.Gamma()는 감마 회귀모형을 적합하는 데 사용된다.

4.8 연습문제

개념

1. 대수학을 사용해 식 (4.2)가 식 (4.3)과 동일하다는 것을 증명하라. 다시 말해 로지스틱 회귀모형을 로지스틱 함수로 표현하는 것과 로짓으로 표현하는 것이 동일하다는 것을 증명하라.

2. 식 (4.17)이 관측값을 가장 큰 부류로 분류하는 것은 식 (4.18)이 가장 큰 부류로 분류하는 것과 같다고 본문에서 언급했었는데, 이것이 사실임을 증명하라. 즉, k번째 부류의 관측값이 $N(\mu_k, \sigma^2)$ 분포를 따른다는 가정 하에 베이즈 분류기는 판별함수가 최대가 되는 부류에 관측값을 할당한다.

3. 이 문제는 각 부류 내의 관측값이 부류별 평균 벡터와 공분산행렬이 있는 정규분포에서 추출된다는 QDA 모형과 관련이 있다. 여기서는 $p = 1$, 즉 단 하나의 특성만 있는 간단한 경우를 고려한다.

   K개의 부류가 있고 만약 관측값이 k번째 부류에 속한다면 X는 1차원 정규분포 $X \sim N(\mu_k, \sigma_k^2)$에서 추출된다고 가정한다. 1차원 정규분포의 밀도함수는 식 (4.16)이다. 이 경우 베이즈 분류기가 '비선형'임을 증명하고, 실제로는 2차원임을 논증하라.

   HINT 이 문제는 $\sigma_1^2 = ... = \sigma_K^2$이라는 가정 없이 4.4.1절에서 제시된 논증을 따라야 한다.

4. 변수의 개수 p가 커질수록 일반적으로 KNN과 같은 '국소적' 접근법은 성능이 저하된다. 이 접근법은 예측이 필요한 테스트 관측값에 '가까운' 관측값만을 사용해 예측을 수행한다. 이 현상을 '차원의 저주'라고 하며 p가 클 때 비모수적 접근법이 종종 성능이 저하되는 현상과 관련이 있다. 이제 이 차원의 저주에 대해 살펴보자.

   a) $p = 1$개의 특징 X를 가진 관측값 집합이 있다. 또한 X가 $[0, 1]$ 구간에 균등하게 분포되어 있다. 각각의 관측값은 반응변수 값과 관련되어 있다. 테스트 관측값에서 가장 가까운 X의 범위 10% 이내에 있는 관측값만을 사용해 테스트 관측값의 반응변수 값을 예측하려고 한다. 예를 들어 $X = 0.6$인 테스트 관측값에 대한 반응변수 값을 예측하기 위해서 $[0.55, 0.65]$ 범위의 관측값을 사용할 것이다. 평균적으로 사용 가능한 관측값 중 어느 정도의 비율을 예측에 사용하게 될까?

   b) 이제 $p = 2$인 변수 X_1과 X_2를 가진 관측값 집합이 있다. (X_1, X_2)가 $[0, 1]\times[0, 1]$ 구간에 균일하게 분포되어 있다고 가정한다. 테스트 관측값의 반응을 예측하기 위해 테스트 관측값에서 가장 가까운 X_1의 범위 10% 이내이면서 동시에 X_2의 범위 10% 이내에 있는 관측값만을 사용한다. 예를 들어 $X_1 = 0.6$이면서 $X_2 = 0.35$인 테스트 관측값의 반응변수 값을 예측하기 위해서는 X_1은 $[0.55, 0.65]$, X_2는 $[0.3, 0.4]$ 범위의 관측값을 사용할 수 있다. 평균적으로 사용 가능한 관측값 중 어느 정도의 비율을 예측에 사용하게 될까?

c) 이제 $p = 100$개의 특징을 가진 관측값 집합이 있다. 여기서도 각각의 특징은 0에서 1 사이의 값으로 균등하게 분포되어 있다고 가정한다. 각각의 특징 범위 10% 이내에 있는 관측값만을 사용해 테스트 관측값의 반응을 예측하려고 한다. 예측을 위해 사용 가능한 관측값 중 어느 정도의 비율을 사용하게 될까?

d) (a)부터 (c)까지의 답을 바탕으로 p가 클 때 KNN의 단점 중 하나인 주어진 테스트 관측값에 '가까운' 훈련 관측값이 매우 적다는 점에 대해서 논의하라.

e) 이제 평균적으로 훈련 관측값의 10%를 포함하는 p차원 초입방체를 중심으로 테스트 관측값에 대해 예측하려고 한다. $p = 1, 2, 100$일 때 초입방체 각 변의 길이는 얼마일까?

NOTE 초입방체(hypercube)는 입방체(cube)를 임의의 차원으로 일반화한다. $p = 1$일 때 초입방체는 단순히 선분이고 $p = 2$일 때는 정사각형이며 $p = 100$일 때는 100차원의 입방체다.

5. 이제 LDA와 QDA의 차이점을 살펴보자.

a) 베이즈 결정경계가 선형이면 훈련 세트에서 LDA와 QDA 중 어느 방법이 더 성능이 좋을 것으로 예상하는가? 테스트 세트에서는 어떤가?

b) 베이즈 결정경계가 비선형이면 훈련 세트에서 LDA와 QDA 중 어느 방법이 더 성능이 좋을 것으로 예상하는가? 테스트 세트에서는 어떤가?

c) 일반적으로 표본 크기 n이 증가하면 QDA의 예측 정확도는 LDA에 비해 향상될까, 저하될까 아니면 변함이 없을까? 그 이유는 무엇인가?

d) 참일까 거짓일까? 주어진 문제에서 베이즈 결정경계가 선형일지라도 QDA는 선형 결정경계를 모형화할 수 있을 만큼 유연하기 때문에 LDA보다 QDA를 사용하면 테스트 오류율이 더 우수할 것이다. 이렇게 답할 수 있는 이유를 설명하라.

6. $X_1 =$ 공부한 시간, $X_2 =$ 학부 평점, $Y =$ A학점 취득 여부의 변수를 가진 통계 수업 학생 그룹에 대한 데이터를 수집한다고 가정하자. 로지스틱 회귀분석으로 적합하고 $\hat{\beta}_0 = -6, \hat{\beta}_1 = 0.05, \hat{\beta}_2 = 1$의 추정 계수를 구하라.

a) 40시간을 공부하고 학부 평점이 3.5인 학생이 이 수업에서 A를 받을 확률을 추정하라.

b) (a)에서 언급한 학생이 이 수업에서 A를 받을 확률이 50%가 되려면 몇 시간을 공부해야 될까? 단순히 숫자를 방정식에 대입하는 방식으로 답하지 않아야 한다는 점에 유의한다.

7. 올해 주식 배당을 실시할지 여부('예' 또는 '아니오')를 지난해 수익률 X를 바탕으로 예측하려고 한다. 많은 기업을 조사한 결과 배당을 실시한 기업의 X 평균값은 $\bar{X} = 10$, 그렇지 않은 기업의 평균값은 $\bar{X} = 0$이었다. 또한 이 두 기업의 X 분산은 $\hat{\sigma}^2 = 36$이었고 최종 80%의 기업이 배당을 주었다. X가 정규분포를 따른다고 가정할 때 작년 백분율 수익률이 $X = 4$인 기업이 올해 배당을 실시할 확률을 예측해 보자.

HINT 정규분포의 확률밀도함수는 $f(x) = \frac{1}{\sqrt{2\pi\sigma^2}}e^{-(x-\mu)^2/2\sigma^2}$이다. 베이즈 정리가 필요할 것이다.

8. 수집한 데이터 세트를 같은 크기의 훈련 세트와 테스트 세트로 나누고 두 가지 다른 분류 절차를 시도한다고 가정하자. 먼저 로지스틱 회귀를 사용해 훈련 데이터에서 20%의 오류율을, 테스트 데이터에서 30%의 오류율을 구했다. 그런 다음 1-최근접이웃($K = 1$)을 사용해 18%의 평균 오류율(훈련 및 테스트 데이터 세트의 평균)을 구했다. 이 결과를 바탕으로 새로운 관측값을 분류할 때 어떤 방법을 쓰는 것이 좋을지 그리고 그 이유를 설명하라.

9. 다음 문제는 오즈(odds)와 관련이 있다.

a) 신용카드 지불을 연체할 오즈가 0.37인 사람 중 실제로 연체할 비율은 평균적으로 얼마나 될까?

b) 한 개인의 신용카드 연체 가능성이 16%인 경우를 생각해 보자. 이 사람이 연체할 오즈는 얼마일까?

10. 식 (4.32)는 $\log\left(\frac{\Pr(Y=k \mid X=x)}{\Pr(Y=K \mid X=x)}\right)$ 식을 유도한 것이다. 여기서 $p > 1$일 때 k번째 부류의 평균 μ_k는 p차원 벡터이며, 공분산 Σ는 $p \times p$ 행렬이 된다. 그러나 p

$=1$일 때 식 (4.32)는 더 단순한 형태를 취한다. 평균 $\mu_1, ..., \mu_K$와 분산 σ^2이 스칼라 값을 취하기 때문이다. 이 간단한 설정에서 식 (4.32)의 계산을 반복한 후 $\pi_k, \pi_K, \mu_k, \mu_K, \sigma^2$을 이용해 a_k와 b_{kj}에 대한 식을 제공하라.

11. 식 (4.33)에서 a_k, b_{kj}, b_{kjl}의 상세한 형태를 작성하라. 답에는 π_k, π_K, μ_k, μ_K, Σ_k, Σ_K를 포함해야 한다.

12. 관측값 $X \in \mathbb{R}$을 apples와 oranges로 분류하려고 한다. 로지스틱 회귀모형을 적용해 다음과 같은 결과를 얻었다.

$$\widehat{\Pr}(Y = \texttt{orange} \,|\, X = x) = \frac{\exp(\hat{\beta}_0 + \hat{\beta}_1 x)}{1 + \exp(\hat{\beta}_0 + \hat{\beta}_1 x)}$$

여러분의 친구가 식 (4.13)의 소프트맥스 공식을 사용해 동일한 데이터로 로지스틱 회귀모형을 적합해 다음과 같은 결과를 얻었다.

$$\widehat{\Pr}(Y = \texttt{orange} \,|\, X = x) = \frac{\exp(\hat{\alpha}_{\texttt{orange}\,0} + \hat{\alpha}_{\texttt{orange}\,1} x)}{\exp(\hat{\alpha}_{\texttt{orange}\,0} + \hat{\alpha}_{\texttt{orange}\,1} x) + \exp(\hat{\alpha}_{\texttt{apple}\,0} + \hat{\alpha}_{\texttt{apple}\,1} x)}$$

a) 여러분의 모형에서 orange와 apple의 로그 오즈는 얼마인가?

b) 친구의 모형에서 orange와 apple의 로그 오즈는 얼마인가?

c) 여러분의 모형에서 $\hat{\beta}_0 = 2$와 $\hat{\beta}_1 = -1$이라고 가정하자. 여러분 친구의 모형에서 계수 추정값은 얼마일까? 가능한 한 구체적으로 설명하라.

d) 이제 여러분과 여러분의 친구가 서로 다른 데이터 세트에 동일한 두 모형을 적합한다고 가정해 보자. 여러분의 친구는 계수 추정값 $\hat{\alpha}_{\text{orange}0} = 1.2$, $\hat{\alpha}_{\text{orange}1} = -2$, $\hat{\alpha}_{\text{orange}0} = 3$, $\hat{\alpha}_{\text{orange}1} = 0.6$을 얻었다. 여러분의 모형에서 계수 추정값은 얼마인가?

e) 마지막으로 (d)에서 언급된 두 모형을 2,000개의 테스트 관측값이 있는 데이터 세트에 적용한다고 가정해 보자. 여러분의 모형에서 예측된 부류 레이블이 친구의 모형에서 예측된 부류 레이블과 얼마나 자주 일치할 것으로 예상하는가? 여러분의 답을 설명해 보자.

응용

13. 이번 문제는 ISLP 패키지에 포함된 Weekly 데이터 세트를 사용해 답해야 한다. 이 데이터는 이 장의 실습에서 사용된 Smarket 데이터와 성격이 유사한데, 1990년 초부터 2010년 말까지 21년 동안의 주간 수익률 1,089개를 포함하고 있다.

    a) Weekly 데이터에 대한 수치 그래프 요약을 생성한다. 어떤 패턴이 보이는가?
    b) 전체 데이터 세트를 사용해 Direction을 반응변수, 5개의 시차(lag) 변수와 Volume 변수를 예측변수로 하는 로지스틱 회귀분석을 수행한다. summary 함수를 사용해 결과를 출력한다. 예측변수 중 통계적으로 유의한 것이 있는가? 있다면 어느 변수인가?
    c) 혼동행렬과 전체 예측 정확도를 계산해 보자. 로지스틱 회귀에서 발생하는 오류 유형에서 혼동행렬이 무엇을 알려주는지 설명하라.
    d) 1990년부터 2008년까지 기간의 훈련 데이터를 사용해 Lag2를 유일한 예측변수로 하는 로지스틱 회귀모형을 적합해 보자. 나머지 데이터(즉, 2009년과 2010년 데이터)에 대한 혼동행렬과 전체 예측 정확도를 계산하라.
    e) LDA를 사용해 (d)를 반복하라.
    f) QDA를 사용해 (d)를 반복하라.
    g) $K=1$인 KNN을 사용해서 (d)를 반복하라.
    h) 나이브 베이즈를 사용해 (d)를 반복하라.
    i) 이 데이터에서 가장 좋은 결과를 제공하는 방법은 무엇인가?
    j) 가능한 변환 및 상호작용을 포함해 각각의 방법에서 다양한 예측변수의 조합으로 실험해 보자. 나머지 데이터에서 최상의 결과를 제공하는 변수, 방법 및 관련 혼동행렬을 보고하라. KNN 분류기는 K 값으로도 실험해야 한다.

14. 이 문제에서는 Auto 데이터 세트를 기반으로 주어진 차량의 연비가 높은지 낮은지 예측하는 모형을 개발할 예정이다.

    a) mpg가 중앙값보다 값이 높다면 1, 중앙값보다 값이 낮다면 0이 되는 이진 변수 mpg01을 생성한다. 데이터프레임의 median() 메소드를 사용해 중앙값

을 계산할 수 있을 것이다. 데이터프레임에 `mpg01` 열을 추가하는 것이 유용하다. `Auto` 데이터프레임에 저장했다고 가정할 때 다음과 같이 수행될 것이다.

```
Auto['mpg01'] = mpg01
```

b) 데이터를 그래프로 탐색해 `mpg01`과 다른 특징 사이의 연관성을 조사한다. `mpg01`을 예측하는 데 가장 유용해 보이는 다른 특징에는 어떤 것이 있는가? 이 질문에 답하기 위해 산점도와 상자그림이 유용한 도구가 될 수 있다. 발견한 것을 설명하라.

c) 데이터를 훈련 세트와 테스트 세트로 분할한다.

d) (b)에서 `mpg01`과 가장 연관성이 높아 보이는 변수들을 사용해 `mpg01`을 예측하기 위한 훈련 데이터에 LDA를 수행한다. 얻은 모형의 테스트 오류는 얼마인가?

e) (b)에서 `mpg01`과 가장 연관성이 높아 보이는 변수를 사용해 `mpg01`을 예측하기 위한 훈련 데이터에 QDA를 수행한다. 얻은 모형의 테스트 오류는 얼마인가?

f) (b)에서 `mpg01`과 가장 연관성이 높아 보이는 변수를 사용해 `mpg01`을 예측하기 위한 훈련 데이터에 로지스틱 회귀를 수행한다. 얻은 모형의 테스트 오류는 얼마인가?

g) (b)에서 `mpg01`과 가장 연관성이 높아 보이는 변수를 사용해 `mpg01`을 예측하기 위한 훈련 데이터에 나이브 베이즈를 수행한다. 얻은 모형의 테스트 오류는 얼마인가?

h) K를 사용해 여러 값으로 훈련 데이터에 KNN을 수행해 `mpg01`을 예측해 보자. (b)에서 `mpg01`과 가장 연관성이 높아 보이는 변수를 사용한다. 어떤 테스트 오류를 보이는가? 이 데이터 세트에서 어떤 K 값이 가장 좋은 성능을 보이는가?

15. 이번 문제는 함수의 작성과 관련이 있다.

a) 2를 세제곱해 출력하는 `Power()` 함수를 작성한다. 즉, 이 함수는 2^3을 계산하고 그 결과를 출력해야 한다.

HINT x**a는 x를 a번 거듭제곱한다는 점을 기억하라. 결과를 표시하려면 print() 함수를 사용해야 한다.

b) 두 숫자 x와 a를 받아 x**a의 값을 출력하는 새로운 함수 Power2() 함수를 만든다. 다음과 같이 시작하면 함수를 작성할 수 있다.

```
def Power2(x, a):
```

예컨대 명령 줄(command line)에서 다음과 같이 입력하면 앞서 만든 함수를 호출할 수 있다.

```
Power2(3, 8)
```

이 코드는 3^8, 즉 6,561의 값을 출력한다.

c) 방금 작성한 Power2() 함수를 사용해 10^3, 8^{17}, 131^3을 계산하라.

d) 이제 결괏값 x**a를 단순히 화면에 출력하는 대신 실제로 파이썬 객체로 '반환하는' 새로운 함수 Power3()을 만든다. 즉, 값 x**a를 함수 내에서 result라는 객체에 저장하면 다음 코드로 이 결과를 반환(return)할 수 있다.

```
return result
```

NOTE 이 줄은 함수의 마지막 줄이어야 하며 4칸 들여쓰기를 해야 한다는 점을 잊지 말자.

e) 이제 Power3() 함수를 사용해 다음과 같이 $f(x) = x^2$ 그래프를 만든다. x축은 1부터 10까지의 정수 범위를 표시하고, y축은 x^2을 표시해야 한다. 축에 적절한 레이블을 붙이고 그래프에도 적절한 제목을 사용한다. x축, y축 또는 둘 다 로그 척도로 표시한다. 이 과정은 그래프를 그릴 때 축의 ax.set_xscale()과 ax.set_yscale() 메소드를 사용해 수행할 수 있다.

f) 고정된 a와 x값들의 시퀀스에 대해 x 대 x**a의 그래프를 생성하는 PlotPower() 함수를 작성해 보자. 예를 들어 다음과 같이 호출한다.

```
PlotPower(np.arange(1, 11), 3)
```

x축은 1, 2, ..., 10 값을 취하고, y축은 $1^3, 2^3, ..., 10^3$ 값을 취하는 그래프를 만들어야 한다.

16. `Boston` 데이터 세트로 분류 모형을 적합해 주어진 교외 지역의 범죄율이 중앙값보다 높은지 낮은지 예측해 보자. 예측변수의 다양한 부분집합을 사용해 로지스틱 회귀, LDA, 나이브 베이즈, 그리고 KNN 모형을 탐색한 후 발견한 점을 설명하라.

    HINT `Boston` 데이터 세트에 포함된 변수를 사용해 반응변수를 직접 만들어야 한다.

5장

An Introduction to Statistical Learning

재표집법

재표집법(resampling method)은 현대 통계학에서 없어서는 안 될 도구다. 이 방법은 훈련 세트에서 반복적으로 표본을 추출하고 각각의 표본에 대해 관심 모형을 다시 적합하는 과정을 통해 적합된 모형에 대한 추가 정보를 구한다. 예를 들어 선형회귀 적합의 변동을 추정하기 위해서 훈련 데이터에서 반복적으로 서로 다른 표본을 추출하고 각각의 새로운 표본에 선형회귀를 적합한 다음, 결과로 나온 적합들이 어느 정도 서로 다른지 검토할 수 있다. 이런 접근법은 원래의 훈련 표본을 사용해 모형을 단 한 번 적합해서는 이용할 수 없는 정보를 구할 수 있게 해준다.

재표집 접근법은 계산량이 많을 수 있는데, 훈련 데이터에서 서로 다른 부분집합을 사용해 동일한 통계적 방법을 여러 번 적합하는 과정을 거치기 때문이다. 하지만 최근에는 컴퓨터 성능이 발전해서 재표집법에 요구되는 계산량이 대개 엄두도 못 낼 정도는 아니다. 이번 장에서는 가장 일반적으로 사용되는 두 가지 재표집법으로 교차검증(cross-validation)과 부트스트랩(bootstrap)을 다룬다. 두 방법 모두 많은 통계적 학습 방법을 실제로 적용할 때 중요한 도구이다. 예를 들어 교차검증은 통계적 학습 방법에 연관된 테스트 오류를 추정해 성능을 평가하거나 적절한 유연성 수준을 선택하는 데 사용할 수 있다. 모형의 성능을 평가하는 과정은 모형평가(model assessment), 모형에서 적절한 유연성 수준을 선택하는 과정은 모형선택(model selection)이라고 한다. 부트스트랩은 여러 상황에서 사용되는데, 가장 일반적으로 모수 추정값의 정확도나 주어진 통계적 학습 방법의 정확도를 제공하는 데 사용된다.

5.1 교차검증

2장에서 테스트 오류율(test error rate)과 훈련 오류율(training error rate)의 차이를 논의했다. 테스트 오류는 어떤 통계적 학습 방법을 사용해 새로운 관측에 대한 반응을 예측할 때 결과로 나오는 평균 오류다. 여기서 새로운 관측값이란 통계적 학습 방법을 훈련시킬 때 사용하지 않은 측정값을 말한다. 특정한 통계적 학습 방법을 주어진 데이터 세트에 사용한 결과 테스트 오류가 낮다면 그 방법은 정당성이 보장된다. 테스트 오류는 지정된 테스트 세트가 확보되어 있다면 쉽게 계산할 수 있다. 안타깝게도 보통은 그렇지 않다. 반면에 훈련 오류는 훈련에 사용된 관측에 통계적 학습 방법을 적용하면 쉽게 계산할 수 있다. 하지만 2장에서 보았듯이 훈련 오류율은 테스트 오류율과 매우 다른 경우가 많으며, 특히 훈련 오류율은 테스트 오류율을 대단히 과소추정할 수 있다.

아주 큰 규모의 테스트 세트가 없어 직접 테스트 오류율을 추정할 수 없는 경우 몇 가지 기법을 사용하면 이용 가능한 훈련 데이터를 사용해 이 값을 추정할 수 있다. 일부 방법은 훈련 오류율을 수학적으로 조정해 테스트 오류율을 추정한다. 이런 접근법은 6장에서 논의할 예정이다. 대신 이번 절에서는 훈련 관측값의 부분집합을 적합 과정에서 빼놓았다가(hold out) 나중에 빼놓았던 관측값에 통계적 학습 방법을 적용해 테스트 오류율을 추정하는 부류의 방법을 살펴본다.

5.1.1~5.1.4절에서는 문제를 단순화하는 차원에서 양적 반응을 가지고 회귀를 수행하려고 한다. 5.1.5절에서는 질적 반응이 있는 분류를 살펴볼 예정이다. 앞으로 보겠지만 핵심 개념은 반응이 양적이든 질적이든 동일하게 유지된다.

5.1.1 검증 세트 접근법

어떤 관측 집합에서 특정 통계적 학습 방법의 적합과 연관된 테스트 오류를 추정하는 경우를 생각해 보자. [그림 5.1]에서 제시한 검증 세트 접근법(validation set approach)은 이 작업을 위한 매우 단순한 전략이다. 이 방법은 사용 가능한 관측값 집합을 무작위로 두 부분, 훈련 세트(training set)와 검증 세트(validation set) 또는 보류 세트(hold-out set)로 나누는 과정을 거친다. 훈련 세트에 모형을 적합하고 적합된 모형은 검증 세트에 있는 관측의 반응을 예측하는 데 사용된다. 결과로 나오

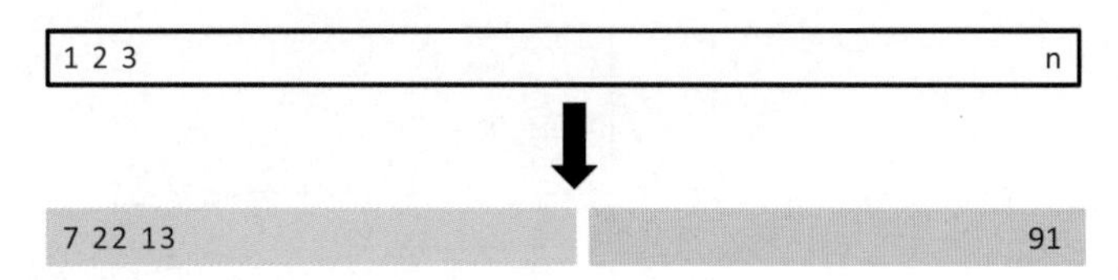

[그림 5.1] 검증 세트 접근법의 개요도. n개의 관측값 집합을 훈련 세트(파란색으로 표시, 7, 22, 13번 등의 관측값 포함)와 검증 세트(베이지색으로 표시, 91번 등의 관측값 포함)로 무작위로 나눈다. 훈련 세트에 통계적 학습 방법을 적합하고, 성능은 검증 세트에서 평가한다.

는 검증 세트 오류율(error rate)은 테스트 오류율의 추정값을 제공한다. 양적 반응의 경우에는 대개 평균제곱오차(MSE)를 사용해 평가한다.[1]

검증 세트 접근법을 `Auto` 데이터 세트를 예로 들어 설명해 보자. 3장에서 보았듯이 `mpg`(연비)와 `horsepower`(마력) 사이에는 비선형 관계가 있고, `horsepower`와 $\texttt{horsepower}^2$을 사용해 `mpg`를 예측하는 모형이 선형 항만 사용하는 모형보다 더 좋은 결과가 나왔다. 자연스럽게 이런 의문이 들 것이다. 삼차 또는 더 높은 차수로 적합하면 결과가 더 좋을까? 3장에서는 이 질문에 대한 답으로 삼차항 그리고 더 높은 고차 다항식의 항과 연관된 p-값을 살펴보았다.[2] 그러나 이 질문에 대한 답으로 검증(validation)하는 방법을 사용할 수도 있다. 392개의 관측을 무작위로 두 세트로 나눈다. 196개의 데이터 점을 포함하는 훈련 세트와 나머지 196개의 관측을 포함하는 검증 세트로 나눈다. 훈련 표본에 다양한 회귀모형을 적합하고 검증 표본에서 그 성능을 평가한 결과로 검증 세트 오류율이 나온다. 여기서는 MSE를 검증 세트 오차의 측도로 이용했는데, [그림 5.2]의 왼쪽 그래프에 제시했다. 이차 적합의 검증 세트 MSE는 선형 적합에 비해 상당히 작다. 하지만 삼차 적합의 검증 세트 MSE는 이차 적합보다 실제로 약간 더 크다. 회귀에 삼차항을 포함하는 것이 단순히 이차항을 사용하는 경우에 비해 예측이 더 좋아지지 않는다는 뜻이다.

1 (옮긴이) 오류율(error rate)은 식 (2.8)에서 설명했듯이 예측 결과의 실수 비율이다. 질적 반응을 예측할 때, 즉 분류를 할 때는 오분류의 비율이다. 양적 반응에 대한 예측 결과를 평가할 때는 '오류율'을 계산할 수 없다. 여기서의 설명대로 양적 반응에서는 관측값과 예측값 사이의 오차(error)를 계산할 수 있으므로 평균제곱오차(MSE)를 사용해 평가할 수 있다. 하지만 이 책은 양적 반응의 검증 세트 오차(validation set error)와 검증 세트 오류율(validation set error rate)이라는 용어를 섞어 사용하고 있다.

2 (옮긴이) 다항회귀를 `Auto` 데이터에 적용하는 예제는 3.3.2절 120쪽부터 설명이 나온다. 하지만 이차항에 대한 p-값만 제시되어 있고 삼차 이상에 대한 정보는 없다. 직접 계산해 보고 싶다면 이번 장의 실습 5.3절 맨 끝부분의 코드를 참고할 수 있다. 다항회귀에 관한 좀 더 자세한 설명은 7.1절에서 찾아볼 수 있고 관련 파이썬 코드는 7.8.1절 실습에서 볼 수 있다. 또는 다음과 같이 간결하게 고차항을 $I(x**4)$와 같은 형식으로 추가할 수 있다.

```
from ISLP import load_data
import statsmodels.formula.api as smf
Auto = load_data('Auto')
df = Auto.rename(columns={'mpg' : 'y', 'horsepower' : 'x'})
smf.ols("y ~ x + I(x**2) + I(x**3)", data=df).fit().summary()
```

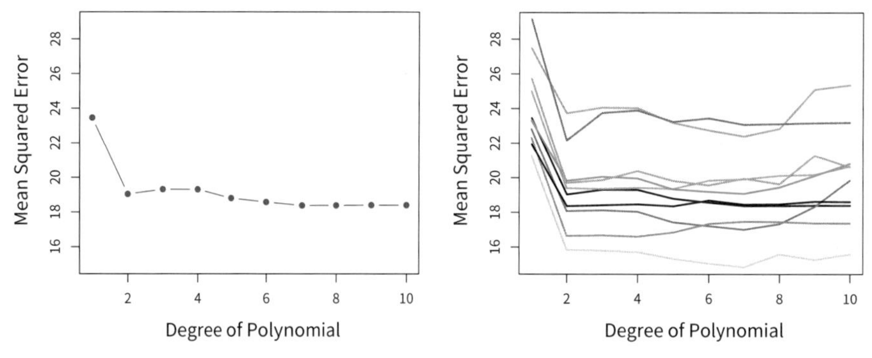

[그림 5.2] Auto 데이터 세트에 검증 세트 접근법을 사용해 horsepower의 다항함수를 이용한 mpg 예측에서 발생하는 테스트 오류를 추정했다. 왼쪽: 훈련 데이터 세트와 검증 데이터 세트로 한 번 나누었을 때의 검증 오류 추정값. 오른쪽: 검증 방법을 10회 반복해 실행했는데, 관측을 무작위로 분할해 사용했기에 훈련 세트와 검증 세트는 매번 달랐다. 그래프는 이 접근법의 결과로 추정된 테스트 MSE의 변동을 보여 준다.

[그림 5.2]의 왼쪽 그림을 생성하기 위해서 데이터 세트를 훈련 세트와 검증 세트 두 부분으로 무작위로 나누었다. 다시 한번 표본 세트를 두 부분으로 무작위로 분할하는 과정을 반복하면 테스트 MSE의 추정값이 약간 다르게 나올 것이다. 예를 들어 [그림 5.2]의 오른쪽 그림에서는 Auto 데이터 세트에서 나온 10개의 서로 다른 검증 세트 MSE 곡선을 보여 주는데, 이는 관측을 10가지로 서로 다르게 무작위로 분할해 훈련 세트와 검증 세트를 사용해 만들어진 결과다. 그림에서 보듯이 이 곡선 10개 모두 이차항이 있는 모형이 선형 항만 있는 모형보다 검증 세트 MSE가 훨씬 작다. 더 나아가 곡선 10개 모두 삼차 이상의 고차항을 모형에 포함한다고 해서 큰 이득이 없음을 보여 준다. 그러나 10개의 곡선마다 10개의 고려 대상 회귀모형 각각에서 서로 다른 MSE 추정값을 결과로 내고 있다는 점은 눈여겨볼 필요가 있다. 그리고 어느 모형 검증 세트 MSE의 결과가 가장 작은지 곡선 간의 합의가 이루어지지 않았다. 이 곡선 사이에 존재하는 변동에 근거할 때 신뢰할 수 있는 결론은 이 데이터에는 선형 적합이 적절하지 않다는 것뿐이다.

검증 세트 접근법은 개념적으로 간단하고 실행하기 쉽다. 그러나 두 가지 잠재적인 단점이 있다.

1. [그림 5.2]의 오른쪽 그림에서 볼 수 있듯이 테스트 오류율의 검증 추정값은 변동이 매우 심할 수 있다. 검증 추정값은 정확히 어느 관측이 훈련 세트에 포함됐고 어느 관측이 검증 세트에 포함됐는지에 따라 달라진다.

2. 검증 세트 접근법에서 모형을 적합할 때는 관측의 특정 부분집합만 이용한다. 훈련 세트에 포함된 관측만 이용하고 검증 세트는 이용하지 않는다. 통계적 방법은 관측 개수가 적을 때 성능이 나빠지는 경향이 있다. 즉, 검증 세트 오류율이 전체 데이터 세트에 대해 적합한 모형의 테스트 오류율을 '과대추정'할 수 있다는 뜻이다.

이어지는 소절에서 소개하는 '교차검증'은 이 두 가지 문제를 해결해 검증 세트 접근법을 개선한다.

5.1.2 LOOCV

하나 빼고 교차검증(LOOCV, leave-one-out cross-validation)은 5.1.1절의 검증 세트 접근법과 밀접한 관련이 있지만 그 방법의 결점을 해결하려는 접근법이다.

검증 세트 접근법과 마찬가지로 LOOCV는 관측 집합을 두 부분으로 나누는 과정을 거친다. 그러나 비슷한 크기의 두 부분집합을 만드는 대신 단 하나의 관측 (x_1, y_1)을 검증 세트로 사용하고 나머지 관측 $\{(x_2, y_2), ..., (x_n, y_n)\}$을 훈련 세트로 사용한다. $n - 1$개의 훈련 관측에 통계적 학습 방법을 적합하고 제외됐던 한 관측의 x_1 값을 사용해 예측값 $\hat{y}_1$을 내놓는다. (x_1, y_1)은 적합 과정에 사용되지 않았기 때문에 $\text{MSE}_1 = (y_1 - \hat{y}_1)^2$이 제공하는 값은 테스트 오차에 대해 근사적으로 비편향 추정값을 제공한다. 그러나 MSE_1은 테스트 오차에 대해 비편향이더라도 하나의 관측 (x_1, y_1)에 기반하기 때문에 변동이 심해서 매우 나쁜 추정값이다.

이 절차를 반복할 수 있다. 검증 데이터로 (x_2, y_2)를 선택하고 $n - 1$개의 관측 $\{(x_1, y_1), (x_3, y_3), ..., (x_n, y_n)\}$에 통계적 학습 절차를 훈련시키고 $\text{MSE}_2 = (y_2 - \hat{y}_2)^2$을 계산한다. 이 접근법을 n번 반복하면 n개의 제곱오차 $\text{MSE}_1, ..., \text{MSE}_n$이 만들어진다. 테스트 MSE에 대한 LOOCV 추정값은 이 n개의 테스트 오차 추정값의 평균이다.

$$\text{CV}_{(n)} = \frac{1}{n}\sum_{i=1}^{n}\text{MSE}_i \tag{5.1}$$

LOOCV 접근법의 개요도는 [그림 5.3]에 제시했다.

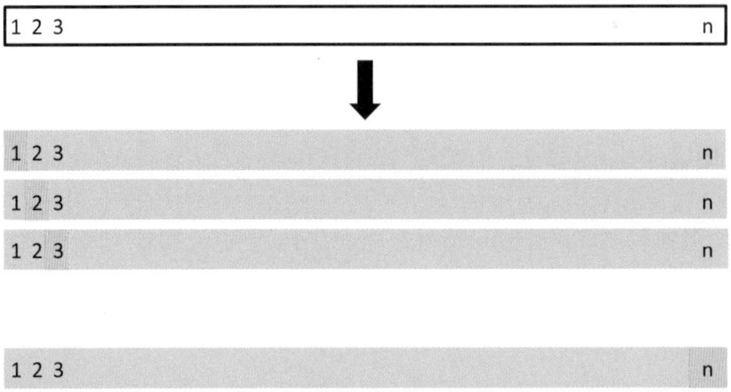

1 2 3 n

1 2 3 n
1 2 3 n
1 2 3 n

1 2 3 n

[그림 5.3] LOOCV의 개요도. n개의 데이터 점 집합을 분할해 훈련 세트(파란색 표시)는 하나의 관측값을 제외한 모든 것을 포함하도록 하고 검증 세트(베이지색 표시)는 제외된 그 관측값만 포함하도록 하는 절차를 반복한다. 그리고 테스트 오류를 추정할 때는 결과로 나오는 n개 MSE의 평균을 낸다. 첫 번째 훈련 세트는 1번 관측값을 제외한 모든 관측값을 포함하고 두 번째 훈련 세트는 2번 관측값을 제외한 모든 관측값을 포함하는 식으로 계속된다.

LOOCV는 검증 세트 접근법에 비해 몇 가지 주요한 장점이 있다. 첫째, 편향이 훨씬 적다. LOOCV에서는 거의 전체 데이터 세트만큼 많은 $n-1$개의 관측을 포함하는 훈련 세트를 사용해 통계적 학습 방법을 반복적으로 적합한다. 이와 대조적으로 검증 세트 접근법에서는 훈련 세트가 원 데이터 세트 절반 정도의 크기다. 따라서 LOOCV 접근법은 검증 세트 접근법만큼 테스트 오류율을 과대추정하지 않는다. 둘째, 검증 세트 접근법은 훈련/검증 세트 분할의 무작위성 때문에 반복할 때마다 다른 결과를 초래하는 반면, LOOCV는 훈련/검증 세트 분할에 무작위성이 없기 때문에 여러 번 수행해도 항상 동일한 결과를 얻을 수 있다.

`Auto` 데이터 세트에서 LOOCV를 사용해 테스트 세트 MSE를 구해 보자. [그림 5.4]의 왼쪽 그림은 `horsepower`의 다항함수를 이용해 `mpg`를 예측하는 선형회귀모형을 적합할 때 나오는 결과다.

LOOCV는 모형을 n번 적합해야 하므로 구현에 비용이 많이 들 수 있다. n이 크고 각각의 모형 적합이 느리다면 시간이 매우 많이 소요될 수 있다. 최소제곱 선형회귀 또는 다항회귀의 경우에는 LOOCV의 비용을 단일 모형 적합 비용과 동일하게 만드는 놀라운 방법이 있다. 다음 공식을 보자.

$$\mathrm{CV}_{(n)} = \frac{1}{n}\sum_{i=1}^{n}\left(\frac{y_i - \hat{y}_i}{1-h_i}\right)^2 \tag{5.2}$$

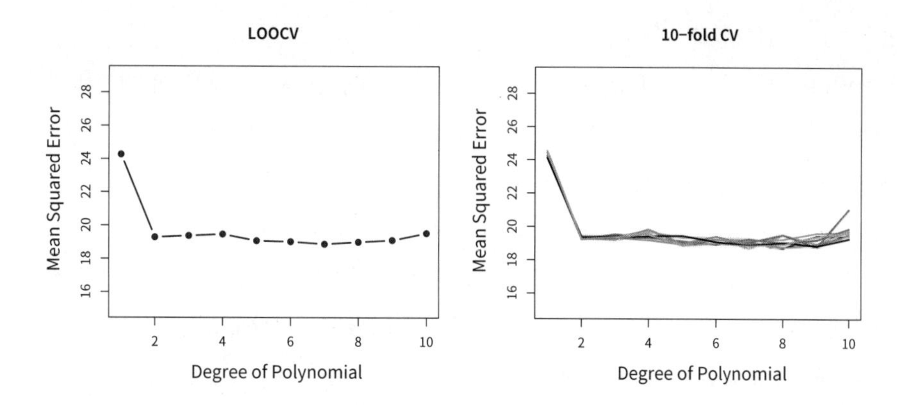

[그림 5.4] Auto 데이터 세트에 교차검증을 사용해 horsepower의 다항함수를 이용한 mpg의 예측에서 발생하는 테스트 오류를 추정했다. 왼쪽: LOOCV 오류 곡선. 오른쪽: 10-겹 CV는 9번 따로 실행했으며 매번 다르게 무작위로 데이터를 10 부분으로 나누었다. 그림은 약간씩 서로 다른 9개의 CV(cross-validation) 오류 곡선을 보여 준다.

여기서 $\hat{y}_i$은 원래 최소제곱 적합에서 i번째 적합값이고, h_i는 지렛값(leverage)으로 129쪽의 식 (3.37)에서 정의했다.[3] 이 식은 일반적인 MSE와 유사하지만 i번째 잔차를 $1-h_i$로 나눈 점이 다르다. 지렛값은 $1/n$과 1 사이의 값으로 하나의 관측이 자신의 적합에 얼마만큼 영향을 미치는지를 반영한다.[4] 그러므로 이 공식에서 지렛점이 높은(high-leverage point) 잔차는 정확하게 이 등식을 성립시키기에 적합할 만큼 팽창된다.[5]

LOOCV는 매우 일반적인 방법으로 어떤 종류의 예측 모형에도 사용할 수 있다. 예를 들어 로지스틱 회귀나 선형판별분석 또는 이어지는 장에서 논의할 방법들과 함께 사용할 수 있다. 마법의 공식 (5.2)는 일반적으로 성립하지 않는다. 이때는 모형을 n번 다시 적합해야 한다.

3 다중선형회귀에서 지렛값은 식 (3.37)보다 약간 더 복잡한 형태지만 식 (5.2)는 여전히 성립한다.

4 (옮긴이) 최소제곱 회귀에서 적합값 $\hat{y}_i$, 지렛값 h_{ii}, 관측값 y_i일 때 $\hat{y}_i = h_{ii}y_i + \sum_{j\neq i} h_{ij}y_j$가 성립한다. 즉, 적합값은 반응값들의 선형결합으로 표현될 수 있다. 따라서 h_{ii}가 크면 $\hat{y}_i$이 주로 y_i에 의해서 결정된다. 이런 의미에서 h_{ii}를 y_i가 $\hat{y}_i$에 얼마나 영향을 미치는지를 반영하는 값이라고 한 것이다. 이 책에는 소개되지 않은 개념인데, 여기서 h_{ij}는 모자행렬(hat matrix)에서 i행 j열의 원소이다. 모형행렬이 $\mathbf{X}$일 때 모자행렬은 $\mathbf{X}(\mathbf{X}^T\mathbf{X})^{-1}\mathbf{X}^T$이고 그 대각원소 h_{ii}가 지렛값이다. 이 책에서는 간략하게 h_i라고 표기하고 있다. 행렬 연산에 대해서는 1.1절, 모형행렬에 대해서는 3.6.2절을 참고할 수 있다. 적합값을 반응값들의 선형결합으로 표현하는 식은 3.7절 연습문제 5번에서 확인할 수 있다.

5 (옮긴이) 여기서 잔차는 $e_i = y_i - \hat{y}_i$을 말한다. 높은 지렛점은 h_i 값이 큰 데이터 점을 뜻한다. 즉, h_i가 1에 가까운 경우다. 따라서 $1-h_i$는 0에 가까운 작은 값이고 $e_i/(1-h_i)$는 원래 잔차보다 커지는데, 이것을 팽창(inflated)이라고 한다. 식 (5.2)는 정의가 아닌 등식이라는 점에 주의하자. 이 식 좌변의 $\mathrm{CV}_{(n)}$은 앞의 식 (5.1)에서 정의하고 있다. 우변에서 그냥 잔차제곱 e_i^2의 평균을 계산한다면 $\mathrm{CV}_{(n)}$보다 작은 값이 나올텐데, 잔차를 $1-h_i$로 나누어 팽창시키면 정확하게 $\mathrm{CV}_{(n)}$과 같은 값이 된다는 설명이다.

5.1.3 k-겹 교차검증

LOOCV의 대안으로 k-겹 교차검증(k-fold crosss-validation)이 있다. 이 접근법에서는 관측값 집합을 대략 동일한 크기의 k개 그룹 또는 k-겹으로 무작위로 나눈다. 첫 번째 분할은 검증 세트로 취급하고 나머지 $k-1$개 분할에 통계적 방법을 적합한다. 그런 다음 보류한 분할에서 관측에 대해 평균제곱오차 MSE_1을 계산한다. 이 절차를 k번 반복한다. 매번 다른 관측값 그룹을 검증 세트로 처리한다. 이 과정에서 k개의 테스트 오류 추정값 $\text{MSE}_1, \text{MSE}_2, \ldots, \text{MSE}_k$가 결과로 나온다. k-겹 CV 추정값은 이 값들을 평균 내어 계산한다.

$$\text{CV}_{(k)} = \frac{1}{k}\sum_{i=1}^{k}\text{MSE}_i \tag{5.3}$$

[그림 5.5]에서 k-겹 CV 접근법을 설명했다.

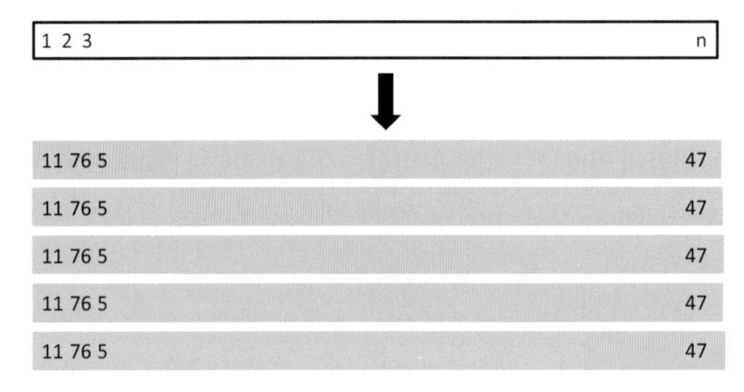

[그림 5.5] 5-겹 CV의 개요도다. n개의 관측값 집합을 다섯 개의 겹치지 않는 그룹으로 랜덤하게 나눈다. 이 다섯 부분이 각각 검증 세트(베이지색으로 표시) 역할을 하고 나머지는 훈련 세트(파란색으로 표시) 역할을 한다. 테스트 오류는 다섯 개 결과 MSE의 추정값을 평균 내어 추정한다.

LOOCV가 k-겹 CV에서 $k=n$으로 설정된 특별한 경우임을 어렵지 않게 알 수 있다. 실제에서는 일반적으로 $k=5$ 또는 $k=10$을 사용해 k-겹 CV을 수행한다. $k=n$이 아닌 $k=5$ 또는 $k=10$을 사용할 때의 장점은 무엇인가? 계산상의 장점이 가장 두드러진다. LOOCV는 통계적 학습 방법을 n번 적합해야 하므로 계산 비용이 많이 들 수 있다(선형모형을 최소제곱으로 적합하는 경우는 예외로 식 (5.2)를 사용할 수 있다). 그러나 교차검증은 거의 모든 통계적 학습 방법에 적용되는 매우 일반적인 접근법이다. 통계적 학습 방법 중에는 적합 절차가 계산 집약적인 경우가 있다. 특히 n이 극단적으로 클 때 LOOCV를 수행하면 계산상의 문제를 야기할 수 있다. 반면 10-겹 CV를 수행하면 학습 절차를 단 10번만 적합하면 되므로 현실성이 훨씬 높다. 5.1.4절에서 살펴보겠지만 5-겹 또는 10-겹 CV를 수행하면 편향-분산 트레이드오프와 관련해 비계산적인 장점도 있다.

[그림 5.4]의 오른쪽 그림은 `Auto` 데이터 세트에 대한 9가지의 서로 다른 10-겹 CV 추정값을 보여 준다. 이 추정값 각각은 서로 다르게 무작위로 관측을 10-겹으로 분할해 계산한 결과다. 그림에서 볼 수 있듯이 CV 추정값에 다소 변동이 있는데, 이는 관측을 10-겹으로 나누는 방법에서 변동이 있기 때문이다. 그러나 이 변동은 일반적으로 검증 세트 접근법([그림 5.2]의 오른쪽 그림)에서 나오는 테스트 오류 추정값의 변동보다 훨씬 작다.

현실 데이터를 검토할 때는 테스트 MSE의 '참값'을 모르기 때문에 교차검증 추정값의 정확도를 결정하기 어렵다. 그러나 시뮬레이션 데이터를 검토한다면 테스트 MSE의 참값을 계산할 수 있으므로 교차검증 결과의 정확도를 평가할 수 있다. [그림 5.6]은 교차검증 추정값과 테스트 오류율의 참값 그래프다. 2장의 [그림 2.9]~[그림 2.11]에 예시된 시뮬레이션 데이터 세트에 평활 스플라인을 적용해 구했다. 테스트 MSE의 참값은 파란색으로 표시했다. 검은색 파선과 주황색 실선은 각각 LOOCV 추정값과 10-겹 CV 추정값이다. 세 그래프에서 모두 두 개의 교차검증 추정값은 매우 유사하다. [그림 5.6]의 오른쪽 그림에서 테스트 MSE 참값과 교차검증 곡선은 거의 동일하다. [그림 5.6]의 가운데 그림에서 두 세트의 곡선은 유연성 정도가 낮을 때는 유사하지만 유연성 정도가 높을 때는 CV 곡선이 테스트 세

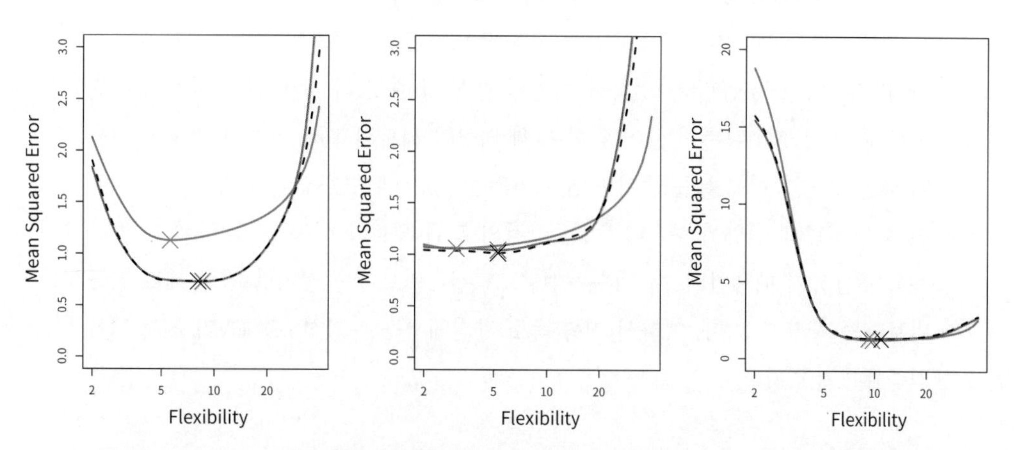

[그림 5.6] 시뮬레이션 데이터 세트의 테스트 MSE의 참값과 추정값. [그림 2.9](왼쪽), [그림 2.10](가운데), [그림 2.11](오른쪽)의 데이터를 이용했다. 테스트 MSE의 참값은 파란색으로, LOOCV의 추정값은 검은색 파선으로, 10-겹 CV 추정값은 주황색으로 표시했다. ×자는 각 MSE 곡선의 최솟값이다.

트 MSE를 과대추정한다. [그림 5.6]의 왼쪽 그림에서 CV 곡선은 전반적으로 모양은 올바르지만 테스트 MSE의 참값을 과소추정한다.

교차검증을 수행할 때 주어진 통계적 학습 절차가 독립적인[6] 데이터에서 얼마나 잘 수행될 수 있는지를 정하는 게 목표일 수 있다. 이 경우 테스트 MSE의 실제 추정값이 관심사다. 그러나 어떤 때는 **추정된 테스트 MSE 곡선의 최솟점**의 위치에만 관심이 있다. 이는 여러 통계적 학습 방법에 대해 교차검증을 수행하거나 서로 다른 수준의 유연성이 있는 하나의 방법에 교차검증을 수행해 테스트 오류가 가장 작은 방법을 찾으려고 할 때에 그렇다. 이런 목적을 위해서는 추정된 테스트 MSE 곡선의 최솟점의 위치가 추정된 테스트 MSE의 실젯값보다 중요하다. [그림 5.6]에서 보듯이 테스트 MSE의 참값을 과소추정하는 면이 있지만 CV 곡선은 거의 대부분 올바른 유연성 수준, 즉 가장 작은 테스트 MSE의 유연성 수준을 찾아내는 데 성공하고 있다.

5.1.4 k-겹 교차검증의 편향-분산 트레이드오프

5.1.3절에서 언급했듯이 $k < n$인 k-겹 교차검증은 LOOCV에 비해 계산상의 이점이 있다. 그러나 계산 문제는 제쳐 두더라도 k-겹 교차검증의 다소 불분명하지만 잠재적으로 더 중요한 이점은 LOOCV보다 테스트 오류율에서 더 정확한 추정값을 내는 때가 많다는 점이다. 이것은 편향-분산 트레이드오프와 관련이 있다.

5.1.1절에서 언급했듯이 검증 세트 접근법은 전체 데이터 세트 관측의 절반만을 포함하는 훈련 세트를 사용해 통계적 학습 방법을 적합하기 때문에 테스트 오류율을 과대추정할 수 있다. 이 논리를 사용하면 LOOCV가 근사적으로 테스트 오차의 비편향추정값을 제공할 수 있음을 어렵지 않게 알 수 있다. 왜냐하면 각각의 훈련 세트에 $n-1$개의 관측이 들어 있어 전체 데이터 세트의 관측 개수와 거의 동일하기 때문이다. 그리고 예를 들어 k-겹 교차검증을 $k=5$ 또는 $k=10$에 대해 수행하면 중간 수준의 편향이 나온다. 이는 각각의 훈련 세트가 대략 $(k-1)n/k$개의 관측을 포함하기 때문인데, 이 개수는 LOOCV 접근법보다는 적지만 검증 세트 접근법보다는 훨씬 더 많다. 따라서 편향 축소 관점에서는 분명히 LOOCV가 k-겹 교차검증보다 선호된다.

6 (옮긴이) 원문은 'indepdent data'이다. 학습에 사용되지 않은 데이터를 가리킨다.

그러나 편향만이 추정 절차의 유일한 우려 사항은 아니다. 추정 절차의 분산도 고려해야 한다. 그런데 LOOCV는 $k < n$인 k-겹 교차검증보다 분산이 더 크다. 왜 그럴까? LOOCV를 돌릴 때는 거의 동일한 관측 집합에 대해 각각 훈련한 n개의 적합 모형에서 나온 출력을 평균 내기 때문이다. 따라서 이 출력에는 서로 매우 강한 (양의) 상관관계가 있다. 반면에 $k < n$인 k-겹 교차검증을 수행할 때 평균 내는 k개의 적합 모형들은 상관관계가 다소 적다. 각 모형의 훈련 세트 사이에 겹치는 부분이 더 작기 때문이다. 상관관계가 높은 수량 여러 개의 평균은 그보다 상관관계가 높지 않은 수량 여러 개의 평균보다 분산이 크기 때문에,[7] 테스트 오류 추정값은 LOOCV에서 나온 결과가 k-겹 교차검증에서 나온 결과보다 분산이 큰 경향이 있다.

요약하면 k-겹 교차검증에서 k의 선택과 연관된 편향-분산 트레이드오프가 있다. 이와 같은 경우는 보통 $k = 5$나 $k = 10$을 사용해 k-겹 교차검증을 수행하는데, 경험적으로 이 값으로 산출된 테스트 오류율의 추정값은 편향이나 분산이 지나치게 높거나 하는 문제 등은 발생하지 않았다.

5.1.5 분류 문제에서의 교차검증

이번 장에서 지금까지는 Y가 양적 변수인 회귀분석 상황에서 교차검증을 사용하는 경우를 설명했고 따라서 MSE를 사용해서 테스트 오류를 수량화했다. 그러나 교차검증은 Y가 질적 변수인 분류 상황에서도 매우 유용하게 사용할 수 있다. 분류 상황에서 교차검증은 앞서 설명한 것과 마찬가지로 작동하는데, 차이점이 있다면 MSE를 사용해 테스트 오류를 수량화하는 대신 오분류 관측의 개수를 사용한다. 예를 들어 분류 상황에서 LOOCV 오류율은 다음과 같은 형태를 취한다.

$$\mathrm{CV}_{(n)} = \frac{1}{n}\sum_{i=1}^{n}\mathrm{Err}_i \tag{5.4}$$

여기서 $\mathrm{Err}_i = I(y_i \neq \hat{y}_i)$이다. k-겹 교차검증 오류율과 검증 세트 오류율도 유사하게 정의된다.

7 (옮긴이) 변수가 2개만 있는 단순한 상황을 생각해 보자. X_1, X_2가 서로 독립이고 각각의 분산이 σ^2으로 같다고 하면, 상관계수는 0이고 평균의 분산은 $\mathrm{Var}\left(\frac{X_1+X_2}{2}\right) = \frac{\sigma^2}{2}$이 된다. 상관계수가 $\rho > 0$이면 $\mathrm{Var}\left(\frac{X_1+X_2}{2}\right) = \frac{1}{2}\sigma^2 + \frac{1}{4}\rho\sigma^2$으로 평균의 분산이 커진다. 이 문제와 유사한 논의는 3.3.3절 124쪽 오차항 사이의 상관관계에 관한 설명을 참조할 수 있다. 상관관계에 관한 기본적인 논의는 3장 전반에 걸쳐 자세히 다루고 있다.

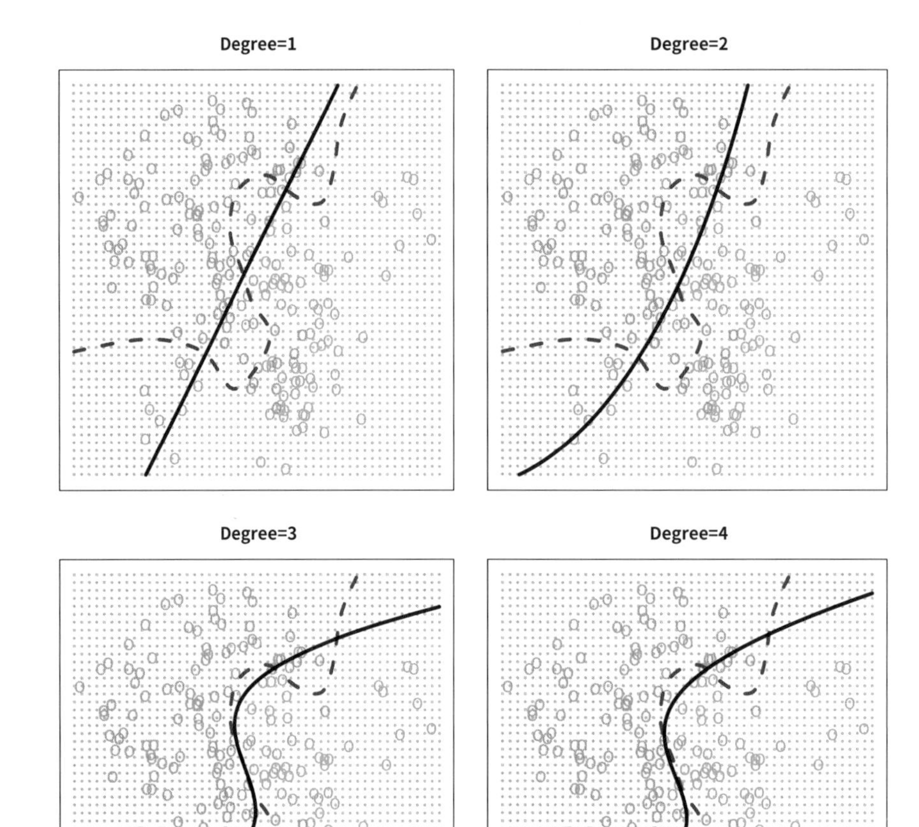

[그림 5.7] [그림 2.13]에서 제시한 2차원 분류 데이터의 로지스틱 회귀 적합 결과. 베이즈 결정경계는 보라색 파선으로 표시했다. 선형, 2차, 3차, 4차(1~4 degree) 로지스틱 회귀에서 추정된 결정경계들은 검은색으로 표시했다. 4가지 로지스틱 회귀 적합의 테스트 오류율은 각각 0.201, 0.197, 0.160, 0.162이며, 베이즈 오류율은 0.133이다.

예를 들어 [그림 2.13]에서 제시한 2차원 분류 데이터에 다양한 로지스틱 회귀모형을 적합해 보자. [그림 5.7] 왼쪽 상단 그림의 검은 실선은 이 데이터 세트에 표준 로지스틱 회귀모형을 적합한 결과로 나온 결정경계를 보여 준다. 이 데이터는 시뮬레이션 데이터이므로 '참' 테스트 오류율을 계산할 수 있는데, 값은 0.201로 베이즈 오류율 0.133보다 상당히 큰 값이다. 로지스틱 회귀가 이 상황에서 베이즈 결정경계를 모형화하기에 유연성이 충분하지 않다는 점은 분명하다. 로지스틱 회귀를 확장해 비선형 결정경계를 구하는 방법은 쉽다. 3.3.2절의 회귀 상황에서 했던 것처럼 예측변수의 다항함수를 사용하면 된다. 예를 들어 다음과 같이 '2차' 로지스틱 회귀모형을 적합할 수 있다.

$$\log\left(\frac{p}{1-p}\right) = \beta_0 + \beta_1 X_1 + \beta_2 X_1^2 + \beta_3 X_2 + \beta_4 X_2^2 \tag{5.5}$$

이제 [그림 5.7] 오른쪽 상단 그림에서 보듯이 결과로 나온 결정경계가 곡선이 된다. 하지만 테스트 오류율은 0.197로 별로 개선되지 않았다. [그림 5.7]의 왼쪽 하단 그림에서는 예측변수의 3차 다항식을 포함하는 로지스틱 회귀모형을 적합해 크게 개선된 결과를 보여 준다. 이제 테스트 오류율은 0.160으로 감소했다. 4차 다항식(오른쪽 하단)으로 가면 테스트 오류가 약간 증가한다.

실제 현실 데이터의 베이즈 결정경계와 테스트 오류율은 알 수 없다. 그렇다면 [그림 5.7]에 제시된 네 가지 로지스틱 회귀모형 중에서 어느 모형을 선택할지 어떻게 결정할 수 있을까? 교차검증으로 이 결정을 내릴 수 있다. [그림 5.8] 왼쪽 그림에는 검은색으로 10-겹 교차검증 오류율을 제시했다. 예측변수의 다항함수를 10차까지 사용해 10개의 로지스틱 회귀모형을 데이터에 적합한 결과다. 참 테스트 오류는 갈색으로, 훈련 오류는 파란색으로 표시했다. 이전에 보았듯이 적합의 유연성이 증가함에 따라 훈련 오류는 감소하는 경향이 있다(그림에서 보듯이 훈련 오류율은 단조적으로 감소하지 않지만 전체적으로 볼 때 모형 복잡도가 증가함에 따라 감소하는 경향이 있다). 반면 테스트 오류는 특징적인 U-자형을 보여 준다. 10-겹 교차검증 오류율은 테스트 오류율에 대한 꽤 좋은 근사값을 제공한다. 오류율을 다소 과소추정하지만 4차 다항식을 사용했을 때 최소에 도달하는데, 3차 다항식을 사용

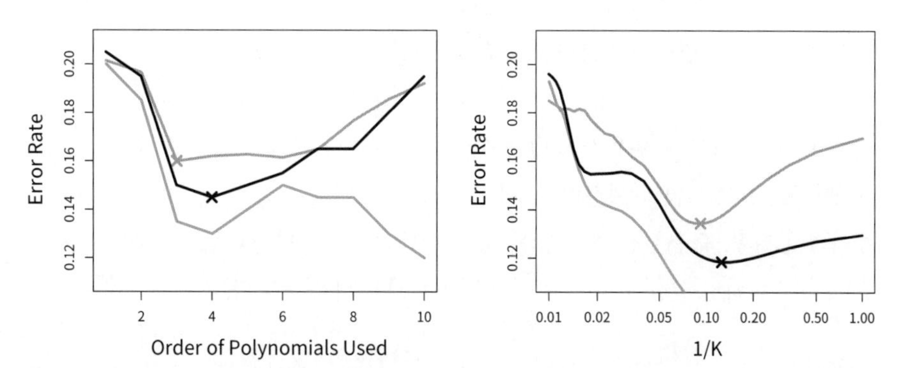

[그림 5.8] 테스트 오류(갈색), 훈련 오류(파란색), 10-겹 교차검증 오류(검정색). 데이터는 [그림 5.7]에서 제시된 2차원 분류 데이터다. 왼쪽: 예측변수의 다항함수를 사용한 로지스틱 회귀. 사용된 다항식의 차수가 x축에 표시되어 있다. 오른쪽: 서로 다른 K 값을 이용한 KNN 분류기. K는 KNN 분류기에서 사용된 이웃의 수다.

했을 때 테스트 곡선이 최소가 되는 것과 매우 근접한 결과다. 사실 3차, 4차, 5차, 6차 다항식에서 참 테스트 오류율은 근사적으로 같기 때문에 4차 다항식을 사용하면 좋은 테스트 세트 성능을 이끌어 낼 가능성이 높다.

[그림 5.8]의 오른쪽 그림에서는 KNN 접근법으로 분류하여 얻은 동일한 세 개의 곡선을 K 값의 함수로 제시했다(여기서 K는 KNN 분류기에서 사용된 이웃의 수를 나타낸다. 교차검증 겹의 수가 아니다). 이번에도 훈련 오류율은 통계적 방법이 더 유연해짐에 따라 감소한다. 따라서 훈련 오류율은 K의 최적값을 선택하는 데 사용할 수 없음을 알 수 있다. 교차검증 오류 곡선은 테스트 오류율을 약간 과소추정하지만 최소가 되는 위치는 K의 가장 좋은 값에 가장 가깝다.

5.2 부트스트랩

부트스트랩(bootstrap)은 광범위하게 적용 가능한 매우 강력한 통계적 도구로서 주어진 추정량이나 통계적 학습 방법과 연관된 불확실성을 수량화할 때 사용할 수 있다. 간단한 예로 부트스트랩은 선형회귀 적합에서 계수의 표준오차를 추정하는 데 사용할 수 있다. 특정한 경우의 선형회귀에서는 별로 유용하지 않은데, 3장에서 보았듯이 R과 같은 표준적인 통계 소프트웨어가 이런 표준오차를 자동으로 출력해 주기 때문이다. 하지만 부트스트랩의 강점은 광범위한 통계적 학습 방법에 쉽게 적용할 수 있고, 통계적 방법의 일부는 변동의 측도를 다른 방법으로 구하기 어렵고 통계 소프트웨어도 자동으로 출력해 주지 않는다는 사실에서 나온다.

이번 절에서는 단순한 모형으로 가장 좋은 투자 배분을 결정하는 토이 예제에 부트스트랩을 적용하며 설명한다. 5.3절에서는 부트스트랩을 이용한 선형모형 적합에서 회귀계수의 변동을 평가하는 방법을 탐색한다.

각각 X와 Y의 수익을 내는 두 금융 자산에 고정된 총금액을 투자하는 상황을 생각해 보자. 여기서 X와 Y는 랜덤한 수량이다. 비율 α만큼의 돈은 X에, 나머지 $1-\alpha$만큼은 Y에 투자할 예정이다. 이 두 자산의 수익에 연관된 변동이 존재하므로 투자의 총위험, 즉 분산을 최소화하는 α를 선택하고자 한다. 즉, $\mathrm{Var}(\alpha X + (1-\alpha)Y)$를 최소화하길 원한다. 위험을 최소화하는 값은 다음과 같다.

$$\alpha = \frac{\sigma_Y^2 - \sigma_{XY}}{\sigma_X^2 + \sigma_Y^2 - 2\sigma_{XY}} \tag{5.6}$$

여기서 $\sigma_X^2 = \text{Var}(X), \sigma_Y^2 = \text{Var}(Y), \sigma_{XY} = \text{Cov}(X, Y)$이다.

현실에서는 $\sigma_X^2, \sigma_Y^2, \sigma_{XY}$와 같은 수량은 알지 못한다. 이 수량의 추정값 $\hat{\sigma}_X^2, \hat{\sigma}_Y^2, \hat{\sigma}_{XY}$을 계산하기 위해 X와 Y의 과거 측정값이 들어 있는 데이터 세트를 사용할 수 있다. 그런 다음 다음 식을 이용해 투자의 분산을 최소화하는 α 값을 추정한다.

$$\hat{\alpha} = \frac{\hat{\sigma}_Y^2 - \hat{\sigma}_{XY}}{\hat{\sigma}_X^2 + \hat{\sigma}_Y^2 - 2\hat{\sigma}_{XY}} \tag{5.7}$$

[그림 5.9]는 이 접근법으로 시뮬레이션 데이터 세트에서 α를 추정하는 과정을 보여 준다. 각각의 그림은 투자 X와 Y에 대한 100쌍의 수익을 시뮬레이션한 결과다. 이 수익을 사용해 $\sigma_X^2, \sigma_Y^2, \sigma_{XY}$를 추정한 다음, 식 (5.7)에 대입해 α의 추정값을 구했다. 각 시뮬레이션 데이터 세트에서 결과로 나온 $\hat{\alpha}$ 값의 범위는 0.532에서 0.657이다.

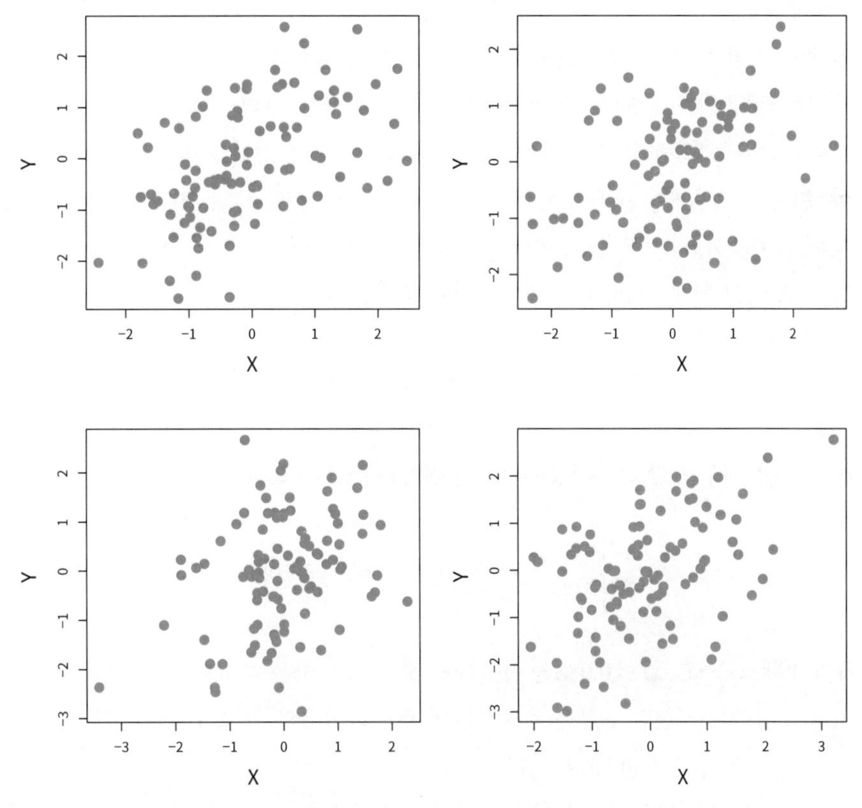

[그림 5.9] 각각의 그림은 투자 수익 X와 Y에 대한 100번의 시뮬레이션 결과를 보여 준다. 왼쪽에서 오른쪽, 위에서 아래의 순서로 α의 결과 추정값은 각각 0.576, 0.532, 0.657, 0.651이다.

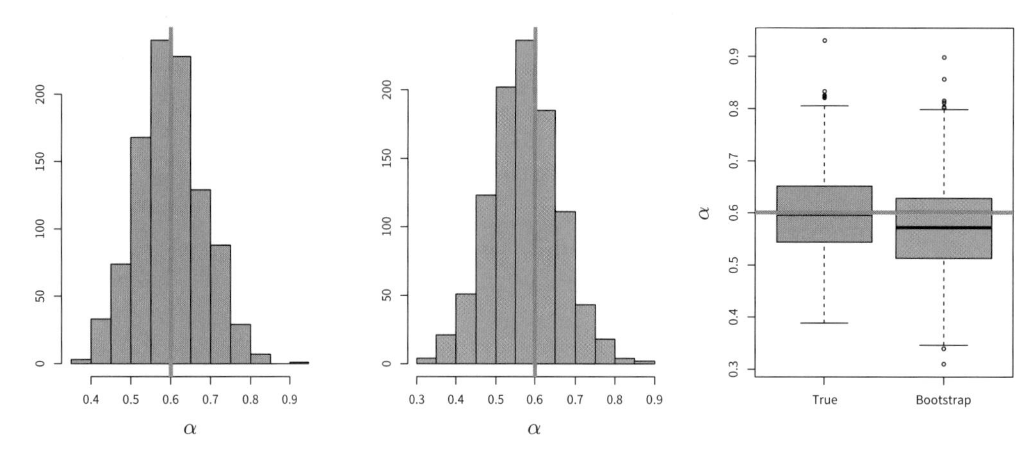

[그림 5.10] 왼쪽: α 추정값의 히스토그램이다. 참 모집단에서 1,000개의 시뮬레이션 데이터 세트를 생성해 구했다. 가운데: α 추정값의 히스토그램이다. 단일 데이터 세트에서 1,000개의 부트스트랩 표본을 생성해 구했다. 오른쪽: 왼쪽과 가운데 그림의 α 추정값을 상자그림으로 보여 준다. 각각의 그림에서 분홍색 선은 α의 참값이다.

α 추정값의 정확도를 수량화하려는 작업은 자연스럽다. $\hat{\alpha}$의 표준편차를 추정하기 위해 X와 Y의 관측값 100쌍을 모의생성하고, 식 (5.7)을 사용해 α를 추정하는 과정을 1,000번 반복했다. 이 과정에서 α에 대해 구한 1,000개의 추정값은 $\hat{\alpha}_1$, $\hat{\alpha}_2$, ..., $\hat{\alpha}_{1,000}$이다. [그림 5.10]의 왼쪽 그림은 결과로 나온 추정값들의 히스토그램을 보여 준다. 이 시뮬레이션에서는 모수를 $\sigma_X^2 = 1, \sigma_Y^2 = 1.25, \sigma_{XY} = 0.5$로 설정했으므로 α의 참값이 0.6임을 알고 있다. 이 값은 히스토그램에서 수직 실선으로 표시했다. α에 대해 전체 1,000개 추정값의 평균은 다음과 같다.

$$\bar{\alpha} = \frac{1}{1000} \sum_{r=1}^{1000} \hat{\alpha}_r = 0.5996$$

$\alpha = 0.6$에 매우 가깝고 추정값들의 표준편차는 다음과 같다.

$$\sqrt{\frac{1}{1000-1} \sum_{r=1}^{1000} (\hat{\alpha}_r - \bar{\alpha})^2} = 0.083$$

$\hat{\alpha}$의 정확도로 $\text{SE}(\hat{\alpha}) \approx 0.083$을 사용하는 것은 매우 좋은 아이디어다. 거칠게 표현하면 모집단에서 랜덤 표본을 추출한다면 평균 $\hat{\alpha}$이 α와 근사적으로 0.08 정도 차이가 날 것으로 기대된다는 뜻이다.

현실 데이터의 경우에는 원래 모집단에서 새로운 표본을 생성할 수 없기 때문에

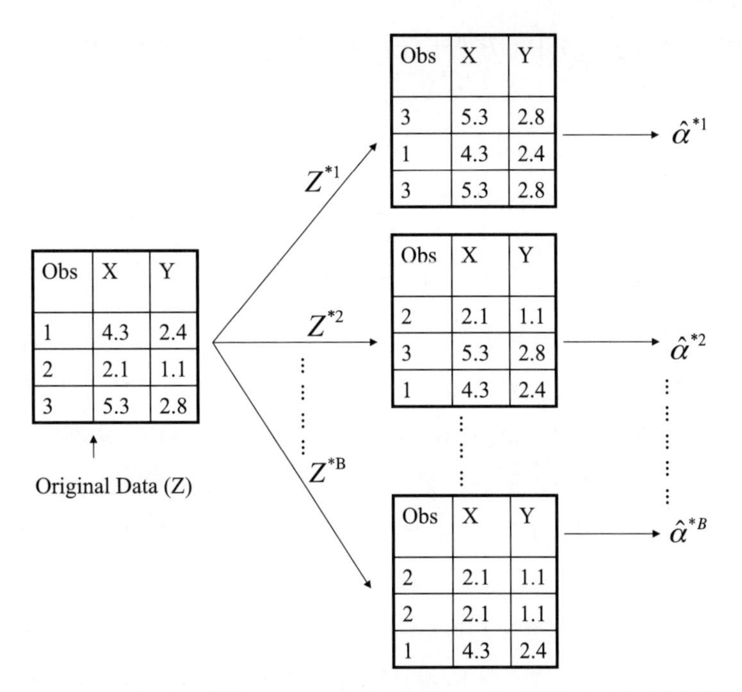

[그림 5.11] $n = 3$개의 관측값을 포함하는 소규모 표본에 대한 부트스트랩 접근법을 도표를 이용해 설명한다. 각각의 부트스트랩 데이터 세트에는 원본 데이터 세트에서 복원추출한 n개의 관측값이 들어 있다. 각각의 부트스트랩 데이터 세트는 α의 추정값을 구하는 데 사용된다.

앞서 설명한 것처럼 SE($\hat{\alpha}$)을 추정하는 절차를 적용할 수 없다. 하지만 부트스트랩 접근법은 새로운 표본 세트를 얻는 과정을 컴퓨터를 사용해 모방할 수 있게 해주므로 추가적인 표본을 생성하지 않고도 $\hat{\alpha}$의 변동을 추정할 수 있다. 모집단에서 반복적으로 독립적인 데이터 세트를 얻는 대신, **원래 데이터 세트에서** 관측값을 반복적으로 표집해 서로 다른 데이터 세트를 얻는다.

이 접근법을 설명하는 [그림 5.11]의 도식에서는 간단하게 $n = 3$개의 관측값이 들어 있는 Z라는 데이터 세트를 예로 사용하고 있다. 데이터 세트에서 n개의 관측값을 랜덤하게 선택해 부트스트랩 데이터 세트 Z^{*1}을 생성한다. 표집은 복원추출(with replacement)로 실행하는데, 이는 동일한 관측값이 부트스트랩 데이터 세트에 한 번 이상 나타날 수 있음을 의미한다. 이 예에서 Z^{*1}에는 세 번째 관측이 두 번, 첫 번째 관측이 한 번 들어가고, 두 번째 관측은 들어가지 않는다. Z^{*1}에 하나의 관측이 들어 있으면 그 관측의 X와 Y의 값이 모두 포함된다는 점에 주의하자. Z^{*1}을 사용해 α의 새로운 부트스트랩 추정값인 $\hat{\alpha}^{*1}$을 만들 수 있다. 이 절차는 어떤 큰 값 B에 대해 B번 반복하며, B개의 서로 다른 부트스트랩 데이터 세트 $Z^{*1}, Z^{*2}, \ldots,$ Z^{*B}와 그에 대응하는 B개의 α 추정값 $\hat{\alpha}^{*1}, \hat{\alpha}^{*2}, \ldots, \hat{\alpha}^{*B}$을 생성한다. 다음 공식으로 이 부트스트랩 추정값의 표준오차를 계산할 수 있다.

$$\mathrm{SE}_B(\hat{\alpha}) = \sqrt{\frac{1}{B-1}\sum_{r=1}^{B}\left(\hat{\alpha}^{*r} - \frac{1}{B}\sum_{r'=1}^{B}\hat{\alpha}^{*r'}\right)^2} \tag{5.8}$$

이 값을 원본 데이터 세트에서 추정된 $\hat{\alpha}$의 표준오차 추정값으로 쓸 수 있다.

[그림 5.10]의 가운데 그림은 부트스트랩 접근법의 실례를 보여 준다. 이 그림은 각각 서로 구별되는 부트스트랩 데이터 세트를 사용해 계산한 α의 부트스트랩 추정값 1,000개의 히스토그램이다. 이 그래프는 단일 데이터 세트를 기반으로 구성되므로 현실 데이터를 사용해서도 생성할 수 있다. 이 히스토그램이 왼쪽 그림과 매우 비슷하게 보인다는 것은 주목할 만하다. 왼쪽 그림은 이상적인 히스토그램으로서, 참 모집단에서 생성된 1,000개의 시뮬레이션 데이터 세트에서 얻은 α 추정값의 히스토그램이다. 특히 식 (5.8)에서 나온 부트스트랩 추정값 $\mathrm{SE}(\hat{\alpha})$은 0.087로 1,000개의 시뮬레이션 데이터 세트를 사용해 얻은 0.083의 추정값에 매우 가깝다. 오른쪽 그림은 가운데 그림과 왼쪽 그림의 정보를 상자그림 형식으로 다르게 보여 준다. α 추정값의 상자그림인데, 하나는 참 모집단에서 생성된 1,000개의 시뮬레이션 데이터 세트를 사용하고 하나는 부트스트랩 접근법을 사용한다. 두 상자그림의 산포(spread)가 유사하므로 부트스트랩 접근법을 사용해 $\hat{\alpha}$에 연관된 변동을 효과적으로 추정할 수 있다는 것을 알 수 있다.

5.3 실습: 교차검증과 부트스트랩

이번 실습에서는 본문에서 다룬 재표집 기법들을 탐색해 보자. 몇몇 명령어는 개인 컴퓨터에서 실행하는 데 시간이 좀 걸릴 수 있다.

다시 한번 여기 최상위 셀에서 라이브러리를 가져오는 것으로 시작한다.

In [1]:
```
import numpy as np
import statsmodels.api as sm
from ISLP import load_data
from ISLP.models import (ModelSpec as MS,
                         summarize,
                         poly)
from sklearn.model_selection import train_test_split
```

이번 실습에서 사용할 새로운 라이브러리도 가져온다.

In [2]:
```
from functools import partial
from sklearn.model_selection import \
     (cross_validate,
      KFold,
      ShuffleSplit)
from sklearn.base import clone
from ISLP.models import sklearn_sm
```

5.3.1 검증 세트 접근법

Auto 데이터 세트에 다양한 선형모형을 적합해서 얻은 테스트 오류율을 추정하기 위해 검증 세트(validation set) 방법을 사용한다. 데이터를 훈련 세트와 검증 세트로 나누기 위해 train_test_split() 함수를 사용한다. 관측값이 392개 있으므로 test_size = 196 인자를 사용해 크기가 196개인 세트 두 개로 동등하게 나눈다. 이처럼 무작위성을 포함하는 작업을 수행할 때는 나중에 결과를 똑같이 재현할 수 있도록 랜덤 시드를 설정하는 것이 좋다. 분할기의 랜덤 시드는 random_state = 0 인자로 설정한다.

In [3]:
```
Auto = load_data('Auto')
Auto_train, Auto_valid = train_test_split(Auto,
                                          test_size=196,
                                          random_state=0)
```

이제 훈련 세트 Auto_train에 해당하는 관측만 사용해 선형회귀를 적합할 수 있다.

In [4]:
```
hp_mm = MS(['horsepower'])
X_train = hp_mm.fit_transform(Auto_train)
y_train = Auto_train['mpg']
model = sm.OLS(y_train, X_train)
results = model.fit()
```

이제 results의 predict() 메소드로 검증 데이터 세트에서 생성된 모형의 행렬을 평가한다. 또한 모형의 검증 MSE도 계산한다.

In [5]:
```
X_valid = hp_mm.transform(Auto_valid)
y_valid = Auto_valid['mpg']
valid_pred = results.predict(X_valid)
np.mean((y_valid - valid_pred)**2)
```

```
Out[5]:  23.6166
```

선형회귀 적합의 검증 MSE 추정값은 23.62이다.

고차 다항회귀의 검증 오차도 추정할 수 있다. 먼저 모형 문자열과 훈련 세트, 테스트 세트를 받아서 테스트 세트의 MSE 값을 반환하는 함수 evalMSE()를 작성한다.

```
In [6]:  def evalMSE(terms,
                     response,
                     train,
                     test):

             mm = MS(terms)
             X_train = mm.fit_transform(train)
             y_train = train[response]

             X_test = mm.transform(test)
             y_test = test[response]
             results = sm.OLS(y_train, X_train).fit()
             test_pred = results.predict(X_test)

             return np.mean((y_test - test_pred)**2)
```

이 함수로 선형, 이차, 삼차 적합을 사용한 다항회귀의 검증 MSE를 추정한다. 여기서 사용하는 enumerate() 함수는 for 루프를 반복할 때 객체의 값과 인덱스를 함께 제공한다.

```
In [7]:  MSE = np.zeros(3)
         for idx, degree in enumerate(range(1, 4)):
             MSE[idx] = evalMSE([poly('horsepower', degree)],
                                'mpg',
                                Auto_train,
                                Auto_valid)
         MSE
```

```
Out[7]:  array([23.62, 18.76, 18.80])
```

오류율은 각각 23.62, 18.76, 18.80이다. 다른 훈련/검증 분할을 대신 선택하면 검증 세트에서 다소 다른 오류를 기대할 수 있다.

In [8]:
```
Auto_train, Auto_valid = train_test_split(Auto,
                                          test_size=196,
                                          random_state=3)
MSE = np.zeros(3)
for idx, degree in enumerate(range(1, 4)):
    MSE[idx] = evalMSE([poly('horsepower', degree)],
                       'mpg',
                       Auto_train,
                       Auto_valid)
MSE
```

Out[8]:
```
array([20.76, 16.95, 16.97])
```

훈련 세트와 검증 세트로 분할해 살펴보면 선형, 이차, 삼차항이 있는 모형의 검증 세트 오류율이 각각 20.76, 16.95, 16.97로 나타난다.

앞서 알게 된 결과와 일치한다. mpg를 예측할 때 horsepower의 이차함수를 사용하는 모형이 horsepower의 선형함수만 포함하는 모형보다 성능이 더 좋지만 horsepower의 삼차함수를 사용했을 때 더 개선된다는 증거는 없다.

5.3.2 교차검증

이론적으로 모든 일반화선형모형에 대해 교차검증 추정값을 계산할 수 있다. 하지만 실제로 파이썬에서 교차검증을 수행하는 가장 간단한 방법은 sklearn을 사용하는 방법으로, GLM을 적합하기 위해 사용했던 statsmodels와는 다른 인터페이스 또는 API를 사용한다.

데이터 과학자들은 종종 다음과 같은 문제에 직면한다. "나에게는 작업 A를 수행하는 함수가 있고 그 함수를 작업 B를 수행하는 무언가에 집어넣어야 한다. 그래야 내 데이터 D에서 $B(AD)$를 계산할 수 있다". A와 B가 자연스럽게 소통하지 않는다면 래퍼(wrapper)를 사용할 필요가 있다. ISLP 패키지에서는 statsmodels로 적합된 모형과 함께 sklearn의 교차검증 도구를 쉽게 사용할 수 있도록 sklearn_sm() 래퍼를 제공한다.

sklearn_sm() 클래스는 첫 번째 인자로 statsmodels에서 나온 모형을 받는다. 추가로 두 개의 선택적 인자를 받을 수 있다. model_str은 수식을 지정하는 데 사용하고 model_args는 모형을 적합할 때 사용하는 추가 인자의 사전(dictionary)이다. 예를 들어 로지스틱 회귀모형을 적합하려면 family 인자를 지정해야 한다. 이것은 model_args = {'family':sm.families.Binomial()}로 전달된다.

여기 래퍼를 실제로 사용해 보자.

In [9]:
```
hp_model = sklearn_sm(sm.OLS,
                      MS(['horsepower']))
X, Y = Auto.drop(columns=['mpg']), Auto['mpg']
cv_results = cross_validate(hp_model,
                            X,
                            Y,
                            cv=Auto.shape[0])
cv_err = np.mean(cv_results['test_score'])
cv_err
```

Out[9]:
```
24.2315
```

cross_validate() 함수는 적절한 fit(), predict(), score() 메소드가 있는 객체와 특징들의 배열인 X 그리고 반응변수 Y를 인자로 받는다. 또 cross_validate()는 cv라는 추가 인자도 포함하는데, 이 인자는 정수 K를 지정하면 K-겹 교차검증을 수행한다. 관측값 전체 개수에 해당하는 값을 제공하면 결과로 LOOCV가 나온다. cross_validate() 함수는 구성 요소가 여러 개인 사전(dictionary)을 만든다. 여기서 교차검증 테스트 점수(MSE)를 확인해 보면 24.23으로 추정된다.

점차 복잡한 다항 적합에 이 절차를 반복할 수 있다. 이 과정을 자동화하기 위해 이번에도 for 루프를 사용해 1~5차에 이르는 다항회귀를 반복적으로 적합하고, 교차검증 오류를 계산해 cv_error 벡터의 i번째 요소에 저장한다. for 루프의 변수 d는 다항식의 차수를 나타낸다. 벡터를 초기화하는 것으로 시작한다. 이 명령을 실행하는 데 몇 초 걸릴 수 있다.

In [10]:
```
cv_error = np.zeros(5)
H = np.array(Auto['horsepower'])
M = sklearn_sm(sm.OLS)
for i, d in enumerate(range(1,6)):
    X = np.power.outer(H, np.arange(d+1))
    M_CV = cross_validate(M,
                          X,
                          Y,
                          cv=Auto.shape[0])
    cv_error[i] = np.mean(M_CV['test_score'])
cv_error
```

Out[10]:
```
array([24.2315, 19.2482, 19.3350, 19.4244, 19.0332])
```

[그림 5.4]에서 볼 수 있듯이 선형과 이차 적합 사이에서 테스트 MSE 추정값이 급격히 감소하지만 그 이상의 고차 다항식에서는 뚜렷한 개선이 없다.

앞에서 outer() 메소드와 np.power() 함수를 소개했다. outer() 메소드는 인자가 두 개인 연산에 적용된다. 예를 들어 add(), min(), power()와 같은 연산이다. 이 메소드는 두 배열을 인자로 받아 두 배열의 각 원소 쌍에 연산을 적용해 더 큰 배열을 형성한다.

```
In [11]:  A = np.array([3, 5, 9])
          B = np.array([2, 4])
          np.add.outer(A, B)
```

```
Out[11]:  array([[ 5,  7],
                 [ 7,  9],
                 [11, 13]])
```

앞의 교차검증 예제에서는 $K = n$을 사용했지만 당연히 $K < n$을 사용할 수도 있다. 코드는 앞의 코드와 매우 유사하지만 훨씬 더 빠르다. 여기서는 KFold()로 데이터를 $K = 10$개의 랜덤 그룹으로 나눈다. random_state로 랜덤 시드를 설정하고 1~5차에 이르는 다항식 적합에 해당하는 교차검증 오류를 저장할 벡터 cv_error를 초기화한다.

```
In [12]:  cv_error = np.zeros(5)
          cv = KFold(n_splits=10,
                     shuffle=True,
                     random_state=0) # 동일한 분할을 각 차수에 사용
          for i, d in enumerate(range(1,6)):
              X = np.power.outer(H, np.arange(d+1))
              M_CV = cross_validate(M,
                                    X,
                                    Y,
                                    cv=cv)
              cv_error[i] = np.mean(M_CV['test_score'])
          cv_error
```

```
Out[12]:  array([24.2077, 19.1853, 19.2763, 19.4785, 19.1372])
```

LOOCV에 비해 계산 시간이 훨씬 짧다는 점에 주목할 필요가 있다(원칙적으로 최소제곱 선형모형에 대한 LOOCV의 계산 시간은 K-겹 교차검증보다 빨라야 한다. LOOCV를 위한 식 (5.2)를 사용할 수 있기 때문이다. 하지만 제네릭(generic) 함수

인 cross_validate()는 이 공식을 사용하지 않는다). 3차 또는 그 이상의 다항식을 사용한다고 해서 단순한 이차 적합을 사용하는 것보다 테스트 오류를 낮춘다는 증거는 거의 찾아볼 수 없다.

cross_validate() 함수는 유연하여 다양한 분할 메커니즘을 인자로 받을 수 있다. 예를 들어 ShuffleSplit() 함수를 사용하면 검증 세트 접근법을 K-겹 교차검증만큼 쉽게 구현할 수 있다.

```
In [13]:  validation = ShuffleSplit(n_splits=1,
                                    test_size=196,
                                    random_state=0)
          results = cross_validate(hp_model,
                                   Auto.drop(['mpg'], axis=1),
                                   Auto['mpg'],
                                   cv=validation);
          results['test_score']
```

```
Out[13]:  array([23.6166])
```

다음을 실행해 테스트 오차의 변동을 추정할 수 있다.

```
In [14]:  validation = ShuffleSplit(n_splits=10,
                                    test_size=196,
                                    random_state=0)
          results = cross_validate(hp_model,
                                   Auto.drop(['mpg'], axis=1),
                                   Auto['mpg'],
                                   cv=validation)
          results['test_score'].mean(), results['test_score'].std()
```

```
Out[14]:  (23.8022, 1.4218)
```

이 표준편차는 평균 테스트 점수나 개별 점수의 표집 변동(sampling variability)에 대한 유효한 추정값이 아니라는 점에 유의한다. 무작위로 선택된 훈련 표본들이 겹치면서 상관관계를 유발하기 때문이다. 그렇긴 하지만 서로 다른 무작위 분할(fold) 선택에서 발생하는 몬테카를로 변동이라는 발상을 제공한다.

5.3.3 부트스트랩

5.2절의 간단한 예제로 부트스트랩을 설명한다. Auto 데이터에서 선형회귀모형의 정확도를 추정하는 예제도 함께 볼 예정이다.

관심 통계량의 정확도 추정하기

부트스트랩 접근법의 가장 큰 장점은 거의 모든 상황에 적용할 수 있다는 점이다. 복잡한 수학적 계산을 요구하지 않는다. 파이썬에는 부트스트랩의 구현체가 여러 개 있지만, 표준오차를 추정하기 위해 부트스트랩을 사용하는 것은 매우 간단하기 때문에 여기서는 데이터가 데이터프레임에 저장되어 있는 경우에 대해 직접 작성한 함수를 사용한다.

부트스트랩을 설명하기 위해 간단한 예제로 시작해 보자. `ISLP` 패키지의 `Portfolio` 데이터 세트는 5.2절에 설명되어 있다. 식 (5.7)에 주어진 모수 α의 표본분산을 추정하는 것이 목표다. `alpha_func()` 함수를 생성한다. 이 함수는 데이터프레임 `D`를 입력으로 받는데, 이 데이터프레임에 `X`와 `Y` 열이 있다고 가정한다. 이와 함께 α를 추정할 때 어떤 관측값을 사용할지 알려 주는 벡터 `idx`도 받는다. 그런 다음 함수는 선택된 관측값에 기반해 α의 추정값을 출력한다.

In [15]:
```
Portfolio = load_data('Portfolio')
def alpha_func(D, idx):
    cov_ = np.cov(D[['X','Y']].loc[idx], rowvar=False)
    return ((cov_[1,1] - cov_[0,1]) /
            (cov_[0,0]+cov_[1,1]-2*cov_[0,1]))
```

이 함수는 인자 `idx`로 인덱싱한 관측값에 최소 분산 공식(식 (5.7))을 적용해 α의 추정값을 반환한다. 예를 들어 다음 명령어는 100개의 관측값을 모두 사용해 α를 추정한다.

In [16]:
```
alpha_func(Portfolio, range(100))
```

Out[16]:
```
0.5758
```

다음으로 `range(100)`에서 복원추출로 100개의 관측을 무작위로 선택한다. 이는 새로운 부트스트랩 데이터 세트를 구성하고 새 데이터 세트를 기반으로 $\hat{\alpha}$을 다시 계산하는 것과 동치이다.

In [17]:
```
rng = np.random.default_rng(0)
alpha_func(Portfolio,
           rng.choice(100,
                      100,
                      replace=True))
```

```
Out[17]: 0.6074
```

이 과정을 일반화해 데이터프레임만 받는 임의의 함수에서 부트스트랩 표준오차를 계산하는 간단한 함수 boot_SE()를 작성할 수 있다.

```
In [18]: def boot_SE(func,
                     D,
                     n=None,
                     B=1000,
                     seed=0):
             rng = np.random.default_rng(seed)
             first_, second_ = 0, 0
             n = n or D.shape[0]
             for _ in range(B):
                 idx = rng.choice(D.index,
                                  n,
                                  replace=True)
                 value = func(D, idx)
                 first_ += value
                 second_ += value**2
             return np.sqrt(second_ / B - (first_ / B)**2)
```

for _ in range(B)에서 루프 변수로 _를 사용한 점에 주의한다. 카운터의 값이 중요하지 않고 단지 루프가 B번 실행되기만 하면 충분할 때 자주 사용된다.

$B = 1{,}000$번 부트스트랩을 반복할 때 α에 대한 추정값의 정확도를 평가하는 함수를 사용해 보자.

```
In [19]: alpha_SE = boot_SE(alpha_func,
                            Portfolio,
                            B=1000,
                            seed=0)
         alpha_SE
```

```
Out[19]: 0.0912
```

최종 출력을 보면 $\mathrm{SE}(\hat{\alpha})$의 부트스트랩 추정값은 0.0912이다.

선형회귀모형의 정확도 추정

부트스트랩 접근법으로 통계적 학습 방법에서 나온 계수 추정값과 예측값의 변동을 평가할 수 있다. 여기서는 부트스트랩 접근법을 이용해 Auto 데이터 세트에서

horsepower를 사용해 mpg를 예측하는 선형회귀모형의 절편 β_0과 기울기 β_1에 대한 추정값의 변동을 평가한다. 부트스트랩을 사용해 얻은 추정값을 $\mathrm{SE}(\hat{\beta}_0)$과 $\mathrm{SE}(\hat{\beta}_1)$의 공식을 사용해 얻은 추정값과 비교한다. 후자는 3.1.2절에서 설명했다.

boot_SE() 함수를 사용하기 위해서는 데이터프레임 D와 인덱스 idx만을 인자로 받는(첫 번째 인자인) 함수를 작성할 필요가 있다. 그러나 여기서는 모형식과 데이터를 지정한 특정 회귀모형에 부트스트랩을 수행하려고 한다. 간단한 몇 단계를 살펴보자.

회귀모형을 부트스트랩하는 제네릭 함수 boot_OLS()를 작성한다. 공식(formula)을 받아서 그에 대응하는 회귀를 정의한다. clone() 함수를 사용해 새로운 데이터프레임에 재적합할 수 있도록 공식(formula)의 복제본을 만든다. 어떤 파생 특징이라도, 예를 들어 poly()와 같이 정의된 것들도 (곧바로 보게 될 텐데) 재표집된 데이터프레임에 재적합할 수 있다.

In [20]:
```
def boot_OLS(model_matrix, response, D, idx):
    D_ = D.loc[idx]
    Y_ = D_[response]
    X_ = clone(model_matrix).fit_transform(D_)
    return sm.OLS(Y_, X_).fit().params
```

이 함수는 boot_SE()의 첫 번째 인자로 딱 맞는 것은 아니다. 모형을 지정하는 첫 두 인자는 부트스트랩 과정에서 변경되지 않기 때문에 '동결'하는 것이 좋겠다. functools 모듈의 partial() 함수에서는 함수를 인자로 받아 왼쪽부터 시작해서 함수의 인자 중 일부를 동결한다. boot_OLS()의 첫 두 모형-수식 인자를 동결한다.

In [21]:
```
hp_func = partial(boot_OLS, MS(['horsepower']), 'mpg')
```

hp_func?을 입력하면 인자가 D와 idx 두 개임을 볼 수 있다. 첫 두 인자가 동결된 boot_OLS()의 한 버전이다. 따라서 boot_SE()의 첫 번째 인자로 딱 알맞다.

이제 hp_func() 함수를 사용해 절편과 기울기 항에 대한 부트스트랩 추정값을 만들 수 있다. 관측값 중에서 복원으로 랜덤하게 표본추출해 진행한다. 먼저 사용법을 보여 주는 차원에서 부트스트랩 표본 10개를 만들어 보자.

In [22]:
```
rng = np.random.default_rng(0)
np.array([hp_func(Auto,
          rng.choice(392,
```

```
                    392,
                    replace=True)) for _ in range(10)])
```

```
Out[22]: array([[39.8806, -0.1568],
                [38.733 , -0.147 ],
                [38.3173, -0.1444],
                [39.9145, -0.1578],
                [39.4335, -0.1507],
                [40.3663, -0.1591],
                [39.6233, -0.1545],
                [39.0581, -0.1495],
                [38.6669, -0.1452],
                [39.6428, -0.1556]])
```

다음으로 boot_SE() 함수를 사용해 절편과 기울기 항에 대한 1,000개의 부트스트랩 추정값의 표준오차를 계산한다.

```
In [23]: hp_se = boot_SE(hp_func,
                         Auto,
                         B=1000,
                         seed=10)
         hp_se
```

```
Out[23]: intercept     0.8488
         horsepower    0.0074
         dtype: float64
```

$\mathrm{SE}(\hat{\beta}_0)$의 부트스트랩 추정값은 0.85이고 $\mathrm{SE}(\hat{\beta}_1)$의 부트스트랩 추정값은 0.0074이다. 3.1.2절에서 논의했듯이 표준 공식을 이용해 선형모형에서 회귀계수의 표준오차를 계산할 수 있다. ISLP.sm의 summarize() 함수를 사용한다.

```
In [24]: hp_model.fit(Auto, Auto['mpg'])
         model_se = summarize(hp_model.results_)['std err']
         model_se
```

```
Out[24]: intercept     0.717
         horsepower    0.006
         Name: std err, dtype: float64
```

3.1.2절의 공식을 이용해 $\hat{\beta}_0$과 $\hat{\beta}_1$의 표준오차 추정값을 구하면 절편은 0.717이고 기울기는 0.006이다. 흥미롭게도 이 결과는 부트스트랩으로 구한 추정값과 다소

차이가 있다. 이것이 부트스트랩에 문제가 있음을 나타내는 걸까? 실제로는 그 반대다. 92쪽 식 (3.8)에서 제시된 표준 공식들은 특정 가정에 의존한다는 사실을 떠올려 보자. 예를 들어 먼저 이 공식들은 미지의 모수 σ^2, 즉 소음 분산에 의존한다. 그런 다음 RSS를 사용해 σ^2을 추정한다. 이제 표준오차의 공식은 선형모형이 옳다는 가정에 의존하지 않지만 σ^2의 추정값에는 의존한다. 121쪽 [그림 3.8]에서 볼 수 있듯이 데이터에 비선형 관계가 있으므로 선형 적합에서 나온 잔차들은 부풀려지고, 따라서 $\hat{\sigma}^2$도 부풀려질 것이다. 다음으로 표준 공식들은 (다소 비현실적으로) x_i는 고정되어 있고 모든 변동은 오차 ϵ_i에서 비롯된다고 가정한다. 부트스트랩 접근법은 이런 가정에 의존하지 않으므로 $\hat{\beta}_0$과 $\hat{\beta}_1$의 표준오차에 대해 sm.OLS보다 더 정확한 추정값을 낼 가능성이 높다.

다음에서는 부트스트랩 표준오차 추정값과 데이터에 2차 모형을 적합해서 얻은 표준 선형회귀 추정값을 계산한다. 이 모형은 데이터에 잘 적합했기 때문에([그림 3.8]), 이제 SE($\hat{\beta}_0$), SE($\hat{\beta}_1$), SE($\hat{\beta}_2$)의 부트스트랩 추정값과 표준 추정값은 더 유사하다.

```
In [25]: quad_model = MS([poly('horsepower', 2, raw=True)])
         quad_func = partial(boot_OLS,
                             quad_model,
                             'mpg')
         boot_SE(quad_func, Auto, B=1000)
```

```
Out[25]: intercept                          2.067840
         poly(horsepower, 2, raw=True)[0]   0.033019
         poly(horsepower, 2, raw=True)[1]   0.000120
         dtype: float64
```

이 결과를 sm.OLS()를 이용해 계산한 표준오차와 비교해 보자.

```
In [26]: M = sm.OLS(Auto['mpg'],
                    quad_model.fit_transform(Auto))
         summarize(M.fit())['std err']
```

```
Out[26]: intercept                          1.800
         poly(horsepower, 2, raw=True)[0]   0.031
         poly(horsepower, 2, raw=True)[1]   0.000
         Name: std err, dtype: float64
```

5.4 연습문제

개념

1. 분산의 기본적인 통계적 성질과 일변수 미적분을 사용해 식 (5.6)을 유도하라. 즉, 식 (5.6)에 주어진 α가 실제로 $\mathrm{Var}(\alpha X + (1 - \alpha)Y)$를 최소화한다는 것을 증명하라.

2. 이제 주어진 관측이 부트스트랩 표본의 일부가 될 확률을 유도해 보자. n개의 관측 집합에서 부트스트랩 표본을 얻는 경우를 생각해 보자.

   a) 첫 번째 부트스트랩 관측이 원래 표본의 j번째 관측이 '아닐' 확률은 얼마인가? 그렇게 답한 이유를 설명하라.

   b) 두 번째 부트스트랩 관측이 원래 표본의 j번째 관측이 '아닐' 확률은 얼마인가?

   c) j번째 관측이 부트스트랩 표본에 포함되지 '않을' 확률이 $(1 - 1/n)^n$임을 논증하라.

   d) $n = 5$일 때 j번째 관측이 부트스트랩 표본에 포함될 확률은 얼마인가?

   e) $n = 100$일 때 j번째 관측이 부트스트랩 표본에 포함될 확률은 얼마인가?

   f) $n = 10{,}000$일 때 j번째 관측이 부트스트랩 표본에 포함될 확률은 얼마인가?

   g) $n = 1$에서 100,000까지의 정수 n에서 j번째 관측이 부트스트랩 표본에 포함될 확률을 보여 주는 그래프를 그려라. 관찰한 내용을 설명하라.

   h) 이제 크기가 $n = 100$인 부트스트랩 표본이 j번째 관측을 포함할 확률을 수치로 조사한다. 여기서 $j = 4$로 하자. 우선 배열 store를 생성하고 함수 np.empty()를 사용해 초기화한다. 초기화 값은 다음 단계에서 덮어쓰게 될 것이다. 그런 다음 반복적으로 부트스트랩 표본을 생성하고 매번 다섯 번째 관측이 부트스트랩 표본에 포함되어 있는지를 기록한다.

```
rng = np.random.default_rng(10)
store = np.empty(10000)
for i in range(10000):
    store[i] = np.sum(rng.choice(100, replace=True) == 4) > 0
np.mean(store)
```

얻은 결과를 설명하라.

3. 이제 k-겹 교차검증을 복습해 보자.

   a) k-겹 교차검증이 어떻게 구현되는지 설명하라.
   b) 상대적인 k-겹 교차검증의 장단점은 무엇인가?
      i. 검증 세트 접근법에 비해서는 어떠한가?
      ii. LOOCV에 비해서는 어떠한가?

4. 어떤 통계적 학습 방법을 사용해 예측변수 X의 특정 값에 대한 반응변수 Y를 예측한다고 생각해 보자. 예측의 표준편차를 어떻게 추정할 수 있는지 자세히 설명하라.

응용

5. 4장에서는 `Default` 데이터 세트의 `income`(소득)과 `balance`(잔액)에 대한 로지스틱 회귀로 `default`(연체) 확률을 예측했다. 이제 이 로지스틱 회귀모형의 테스트 오차를 추정하기 위해 검증 세트 접근법을 사용해 보자. 분석을 시작하기 전에 랜덤 시드의 설정을 잊지 말자.

   a) `income`과 `balance`를 사용해 `default`를 예측하기 위한 로지스틱 회귀모형을 적합하라.
   b) 검증 세트 접근법을 사용해 이 모형의 테스트 오차를 추정하라. 이를 위해서는 다음 단계를 수행해야 한다.
      i. 표본 세트를 훈련 세트와 검증 세트로 분할한다.
      ii. 훈련 관측만을 사용해 다중 로지스틱 회귀모형을 적합한다.
      iii. 검증 세트에서 개인별로 연체 상태를 예측한다. 해당 개인의 사후 연체 확률을 계산하고 사후확률이 0.5보다 크면 개인을 `default` 범주로 분류한다.
      iv. 검증 세트의 오류를 계산한다. 검증 세트의 관측에서 잘못 분류된 관측의 비율이다.

c) (b)의 과정을 세 번 반복하되, 관측을 훈련 세트와 검증 세트로 나누는 방식을 세 번 모두 다르게 수행한다. 얻은 결과를 설명하라.

d) 이제 `income`과 `balance` 그리고 `student`에서 가변수를 사용해 `default` 확률을 예측하는 로지스틱 회귀모형을 생각해 보자. 검증 세트 접근법을 사용해 이 모형의 테스트 오류를 추정한다. `student`의 가변수를 포함하는 것이 테스트 오류율을 줄이는 데 도움이 되는지 논의하라.

6. 계속해서 로지스틱 회귀모형을 사용해 `Default` 데이터 세트에서 `income`과 `balance`를 사용해 `default` 확률을 예측하는 문제를 생각해 보자. 특히 `income`과 `balance` 로지스틱 회귀계수의 표준오차 추정값을 다음과 같은 두 가지 다른 방법으로 계산해 볼 것이다. (1) 부트스트랩을 사용하는 방법 (2) `sm.GLM()` 함수에서 표준오차를 계산하는 표준 공식을 사용하는 방법. 분석을 시작하기 전에 랜덤 시드의 설정을 잊지 말자.

a) `summarize()`와 `sm.GLM()` 함수를 사용해 두 예측변수를 모두 사용하는 다중 로지스틱 회귀모형에서 `income`과 `balance`에 해당하는 계수의 표준오차 추정값을 결정한다.

b) 함수 하나를 `boot_fn()`이라는 이름으로 작성하라. 이 함수는 `Default` 데이터 세트와 관측의 인덱스를 입력으로 받아 다중 로지스틱 회귀모형에서 `income`과 `balance`의 계수 추정값을 출력한다.

c) 실습에 있는 부트스트랩 예시를 따라서, 방금 작성한 `boot_fn()` 함수를 사용해 `income`과 `balance`의 로지스틱 회귀계수의 표준오차를 추정한다.

d) `sm.GLM()` 함수를 사용해 구한 표준오차 추정값과 부트스트랩을 사용해 구한 추정값을 논의하라.

7. 5.1.2절과 5.1.3절에서 `cross_validate()` 함수를 사용해 LOOCV 테스트 오류의 추정값을 계산할 수 있었다. 다른 방법으로 이런 수량들의 계산은 `for` 루프 내에서 `sm.GLM()`과 적합 모형의 `predict()` 메소드를 쓰는 것만으로도 가능하다. 이제 이 접근법을 사용해 `Weekly` 데이터 세트에서 간단한 로지스틱 회귀모형에 대한 LOOCV 오류의 추정값을 계산할 것이다. 기억하겠지만 분류 문제 맥락에서 LOOCV 오류의 추정값은 식 (5.4)에 있다.

a) Lag1과 Lag2를 사용해 Direction을 예측하는 로지스틱 회귀모형을 적합한다.

b) Lag1과 Lag2를 사용해 Direction을 예측하는 로지스틱 회귀모형을 적합하는데, '첫 번째 관측을 제외한' 모든 관측을 사용한다.

c) (b)의 모형을 사용해 첫 번째 관측의 방향을 예측한다. 이를 위해서 첫 번째 관측이 $P($Direction = "Up" | Lag1, Lag2$) > 0.5$이면 상승할 것으로 예측하면 된다. 이 관측을 올바르게 분류했는가?

d) 루프를 작성해 $i = 1$에서 $i = n$까지 다음 각각의 단계를 수행하라. 여기서 n은 데이터 세트의 관측 개수다.

   i. i번째 관측을 제외한 모든 관측을 사용해 Lag1과 Lag2를 사용해 Direction을 예측하는 로지스틱 회귀모형을 적합하라.
   ii. i번째 관측에서 시장이 상승할 사후확률을 계산한다.
   iii. i번째 관측의 사후확률을 사용해 시장이 상승할지 예측한다.
   iv. i번째 관측의 방향을 예측하는 데 오류가 있었는지 결정한다. 오류가 있었다면 이를 1로 표시하고, 그렇지 않으면 0으로 표시한다.

e) (d)iv에서 구한 n개 숫자의 평균을 내서 테스트 오류의 LOOCV 추정값을 구한다. 결과를 논의하라.

8. 이제 시뮬레이션 데이터 세트에서 교차검증을 수행해 보자.

a) 다음과 같이 시뮬레이션 데이터 세트를 생성한다.

```
rng = np.random.default_rng(1)
x = rng.normal(size=100)
y = x - 2 * x**2 + rng.normal(size=100)
```

이 데이터 세트에서 n과 p는 무엇인가? 데이터 생성에 사용된 모형을 등식의 형태로 적어라.

b) X에 대한 Y의 산점도를 그려라. 발견한 내용을 논하라.

c) 랜덤 시드를 설정하고 최소제곱을 사용해 다음 네 가지 모형을 적합할 때 발생하는 LOOCV 오류를 계산한다.

i. $Y = \beta_0 + \beta_1 X + \epsilon$

ii. $Y = \beta_0 + \beta_1 X + \beta_2 X^2 + \epsilon$

iii. $Y = \beta_0 + \beta_1 X + \beta_2 X^2 + \beta_3 X^3 + \epsilon$

iv. $Y = \beta_0 + \beta_1 X + \beta_2 X^2 + \beta_3 X^3 + \beta_4 X^4 + \epsilon$

하나 덧붙이자면 `data.frame()` 함수를 사용해 X와 Y를 모두 포함하는 단일 데이터 세트를 생성하는 것이 도움이 될 수 있다.

d) 다른 랜덤 시드를 사용해 (c)를 반복하고 결과를 보고한다. (c)에서 얻은 결과와 같은가? 왜 그런가?

e) (c)의 모형 중 어떤 모형이 LOOCV 오류가 가장 작은가? 이것은 기대한 것인가? 왜 그렇게 답했는지 설명하라.

f) 최소제곱을 사용해 (c)의 각 모형을 적합한 결과로 나온 계수 추정값의 통계적 유의성을 논하라. 이 결과는 교차검증 결과를 바탕으로 한 결론과 일치하는가?

9. `ISLP` 라이브러리의 `Boston` 주택 데이터 세트를 살펴보자.

a) 이 데이터 세트를 기반으로 `medv`의 모평균에 대한 추정값을 제공한다. 이 추정값을 $\hat{\mu}$이라고 하자.

b) $\hat{\mu}$의 표준오차에 대한 추정값을 제공한다. 이 결과를 해석하라.

HINT 관측 개수의 제곱근으로 표본표준편차를 나누어 표본평균의 표준오차를 계산할 수 있다.

c) 이제 부트스트랩을 사용해 $\hat{\mu}$의 표준오차를 추정한다. 이것을 (b)의 답과 비교하면 어떠한가?

d) (c)의 부트스트랩 추정값을 기반으로 `medv`의 평균에 대한 95% 신뢰구간을 제공한다. 이것을 `Boston['medv'].std()`와 두 표준오차 규칙 식 (3.9)를 사용해 얻은 결과와 비교하라.

HINT $[\hat{\mu} - 2\mathrm{SE}(\hat{\mu}), \hat{\mu} + 2\mathrm{SE}(\hat{\mu})]$ 공식을 사용해 95% 신뢰구간을 근사할 수 있다.

e) 이 데이터 세트를 기반으로 모집단에서 `medv`의 중앙값에 대한 추정값 $\hat{\mu}_{med}$을 제공하라.

f) 이제 $\hat{\mu}_{med}$의 표준오차를 추정하려고 한다. 안타깝게도 중앙값의 표준오차를 계산하기 위한 간단한 공식은 없다. 대신 부트스트랩을 사용해 중앙값의 표준오차를 추정한다. 무엇을 알게 됐는지 논의하라.

g) 이 데이터 세트를 기반으로 보스턴 인구조사 표준지역에서 `medv`의 10번째 백분위수[8]에 대한 추정값을 제공한다. 이 수량을 $\hat{\mu}_{0.1}$이라고 한다(`np.percentile()` 함수를 사용할 수 있다).

h) 부트스트랩을 사용해 $\hat{\mu}_{0.1}$의 표준오차를 추정한다. 무엇을 알게 됐는지 논의하라.

8 (옮긴이) 10번째 백분위수는 제1십분위수, 즉 첫 번째 십분위수다.

6장

An Introduction to Statistical Learning

선형모형선택과 규제

회귀분석은 일반적으로 다음과 같은 표준 선형모형을 사용해 반응변수 Y와 변수 집합 $X_1, X_2, ..., X_p$ 사이의 관계를 기술한다.

$$Y = \beta_0 + \beta_1 X_1 + \cdots + \beta_p X_p + \epsilon \tag{6.1}$$

3장에서 보았듯이 이 모형은 보통 최소제곱법(least squares)으로 적합한다.

다음 장에서는 선형모형의 틀을 확장하기 위한 몇 가지 접근법을 살펴본다. 7장에서는 식 (6.1)의 선형모형을 일반화해 비선형이면서도 가법적(additive)인[1] 관계를 수용하는 모형을 살펴보고, 이어서 8장과 10장에서는 좀 더 일반적인 비선형모형을 살펴본다. 선형모형은 추론 면에서 분명한 장점이 있으며 실세계 문제에 적용할 경우 비선형 방법에 비해 경쟁력이 뚜렷하게 있다. 그래서 비선형 세계로 넘어가기 전에 이번 장에서는 일반 최소제곱 적합을 일부 대체 적합 절차로 바꿔서 단순선형모형을 개선하는 몇 가지 방법을 논의한다.

최소제곱법 대신 다른 적합 절차를 사용하는 이유는 무엇일까? 대안적인 적합 절차가 더 나은 예측 정확도(prediction accuracy)와 모형 해석 가능성(model interpretability)을 제공할 수 있기 때문이다.

1 (옮긴이) 가법성(additivity)에 대한 설명은 3.3.2절에 있다. 7장에서 설명하는 일반화가법모형(GAM, generalized additive model)은 이미 2.1.3절과 4.5.1절의 식 (4.34)에서 간략히 언급되었다. 그리고 8.2.4절에서는 베이즈 가법회귀나무(Bayesian additive regression trees)를 설명한다.

- 예측 정확도(prediction accuracy): 반응변수와 예측변수 사이의 참 관계가 근사적으로 선형이면 최소제곱 추정값의 편향은 작을 것이다. 만약 $n \gg p$, 즉 관측 개수 n이 변수의 개수 p보다 훨씬 크면 최소제곱 추정값의 분산이 작아지는 경향이 있으므로 테스트 관측의 성능은 좋아진다. 그러나 n이 p보다 아주 크지 않으면 최소제곱 적합에 변동이 많을 수 있는데, 결과적으로 과적합을 초래해 모형 훈련에 사용하지 않은 미래 관측에 대한 예측 성능이 저하될 것이다. 그리고 $p > n$이라면 더 이상 유일한 최소제곱 계수 추정값이 존재하지 않으므로 해가 무한히 많게 된다. 이러한 각각의 최소제곱 해는 훈련 데이터에서 오차가 0이지만 극단적으로 높은 분산 때문에 일반적으로 테스트 세트 성능은 좋지 않다.[2] 추정되는 계수를 제약(constraining)하거나 축소(shrinking)하면 분산의 상당량을 줄이면서 편향은 무시할 수 있을 정도만 증가시킬 수 있다. 이로써 모형 훈련에 사용하지 않은 관측의 반응변수에 대한 예측을 상당히 개선할 수 있다.
- 모형 해석 가능성(model interpretability): 다중회귀모형에 사용된 변수 중 몇 개 또는 많은 수가 실제 반응과 연관되지 않은 경우가 있다. 이렇게 '관련 없는' 변수를 포함하면 결과 모형에 불필요한 복잡성이 추가된다. 이런 변수의 제거, 즉 해당 변수의 계수 추정값을 0으로 설정하면 좀 더 해석하기 쉬운 모형을 얻을 수 있다. 그런데 최소제곱법이 계수 추정값을 정확히 0으로 내놓을 가능성은 극히 낮다. 이번 장에서는 자동으로 특징선택(feature selection) 또는 변수선택(variable selection)을 수행하는 접근법, 즉 다중회귀모형에서 관련 없는 변수를 제외하는 몇 가지 접근법을 살펴본다.

식 (6.1)을 적합하기 위해 최소제곱법 대신 사용할 수 있는 고전적 또는 현대적인 대안은 많다. 이 장에서는 세 부류의 중요한 방법을 논의한다.

- 부분집합선택(subset selection). p개의 예측변수에서 반응변수와 관련이 있다고 생각되는 예측변수의 부분집합을 찾아내는 접근법이다. 그리고 축소된 변수 집합은 최소제곱법을 사용해 모형을 적합한다.
- 축소(shrinkage). 예측변수 p개를 모두 포함해 모형을 적합하는 방법이다. 그러나 추정된 계수들은 최소제곱 추정값에 비해 상대적으로 0의 방향으로 축소된

2 다만 $p \gg n$일 때 최소제곱 해 중에서 계수 제곱의 합이 가장 작은 경우는 상당히 성능이 좋아진다. 더 자세한 논의는 10.8절에서 참고할 수 있다.

다. 축소(또는 규제(regularization)라고도 한다)는 분산을 감소시키는 효과가 있다. 어떤 유형의 축소를 수행하느냐에 따라 일부 계수의 추정이 정확히 0이 될 수도 있다. 따라서 축소 방법을 사용해 변수선택을 할 수도 있다.

- 차원축소(dimension reduction). p개의 예측변수를 $M < p$인 M-차원 부분공간으로 투영(projection)하는 접근법이다. 먼저 변수의 M가지 서로 다른 선형결합(linear combination), 즉 투영을 계산한다. 그리고 M가지 투영을 예측변수로 사용해 최소제곱법으로 선형회귀모형을 적합한다.

다음 절에서는 이 접근법들의 장단점을 좀 더 자세히 설명한다. 이번 장에서 3장에서 살펴본 회귀를 위한 선형모형의 확장과 변형을 설명하지만 4장에서 본 분류 모형과 같은 별도의 방법에도 동일한 개념이 적용될 수 있다.

6.1 부분집합선택

이번 절에서는 예측변수의 부분집합을 선택하는 몇 가지 방법을 자세히 살펴본다. 여기에는 최량부분집합선택(best subset selection)과 단계적 모형선택(stepwise model selection) 절차를 포함한다.

6.1.1 최량부분집합선택

최량부분집합선택(best subset selection)을 수행하기 위해서 예측변수 p개의 가능한 조합 각각에 대해 별개의 최소제곱 회귀를 적합해야 한다. 즉, 단 하나의 예측변수만 포함하는 p개의 모형 전부, 두 개의 예측변수를 포함하는 $\binom{p}{2} = p(p-1)/2$개의 모형 전부 등으로 나아가며 적합한다. 그런 다음 최량(best) 모형을 찾아내는 것을 목표로 결과로 나온 모형들을 모두 살펴본다.

최량부분집합선택에서 고려된 2^p가지 가능성 중에서 '가장 좋은 모형(최량 모형)'을 선택하는 문제는 그렇게 간단하지 않다. 따라서 [알고리즘 6.1]의 설명처럼 보통 두 단계로 나누어 처리한다.

알고리즘 6.1 최량부분집합선택

1. $\mathcal{M}_0$을 예측변수가 없는 영모형(null model)이라고 하자. 이 모형은 각 관측에 대해 단순히 표본평균으로 예측을 한다.
2. $k = 1, 2, \ldots p$에 대해,
   (a) 정확히 k개의 예측변수를 포함하는 $\binom{p}{k}$개의 모형을 모두 적합한다.
   (b) 이 $\binom{p}{k}$개의 모형에서 '가장 좋은' 모형을 선택하고 이것을 $\mathcal{M}_k$라고 한다. 여기서 '가장 좋다'라는 말은 RSS가 가장 작거나 R^2이 가장 크다는 것과 같은 뜻으로 정의된다.
3. $\mathcal{M}_0, \ldots, \mathcal{M}_p$ 중에서 단일한 가장 좋은 모형을 선택한다. 검증 세트에서의 예측 오차, C_p (AIC), BIC, 또는 수정된 R^2을 사용하거나 교차검증(cross-validation) 방법을 사용한다.

[알고리즘 6.1]에서 2단계는 부분집합 크기별로 (훈련 데이터에서) 가장 좋은 모형을 찾음으로써, 2^p 가능한 모형에서 하나를 찾는 문제를 $p+1$개의 가능한 모형에서 하나를 찾는 문제로 줄인다. [그림 6.1]에서 이 모형들이 형성하는 경계를 아래쪽에 빨간색 선으로 그려 놓았다.

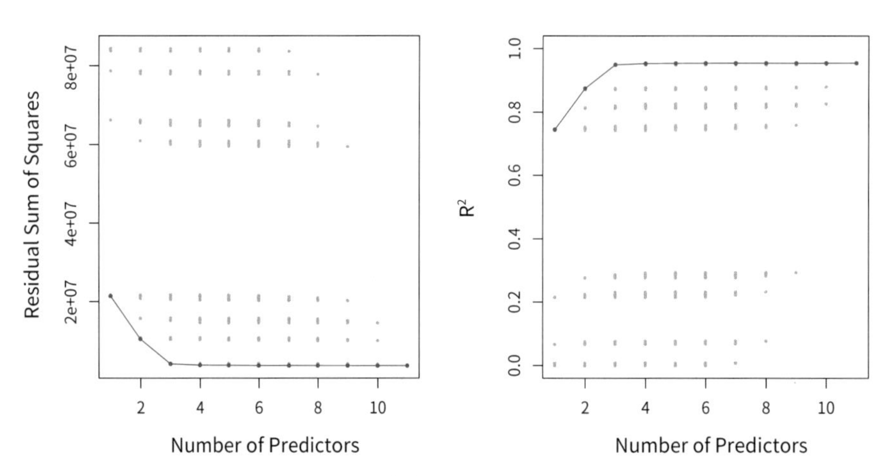

[그림 6.1] Credit 데이터 세트에서 10개의 예측변수로 구성이 가능한 모든 부분집합을 포함하는 각 모형의 RSS와 R^2을 표시한다. 빨간색 경계선은 주어진 예측변수의 개수에 대해 RSS와 R^2의 측면에서 '가장 좋은' 모형을 추적한다. 비록 이 데이터 세트의 예측변수는 열 개뿐이지만 그중 하나가 값이 세 가지인 범주형 변수이기 때문에 두 개의 가변수가 생성되었다. x축의 범위는 1에서 11까지다.

이제 단 하나의 가장 좋은 모형을 선택하기 위해서 $p+1$개의 선택지 중에서 하나를 고르기만 하면 된다. 이 작업을 수행할 때는 주의해야 한다. 왜냐하면 이 $p+1$개 모형의 RSS는 단조감소하고, R^2은 모형에 포함된 특징(feature)의 수가 증가함에 따라 단조증가하기 때문이다. 따라서 이와 같은 통계량을 이용해 가장 좋은 모형을 선택한다면 항상 모든 변수를 포함하는 모형을 선택하게 될 것이다. 문제는 낮은 RSS나 높은 R^2이 훈련(training) 오차가 작은 모형을 나타내지만 우리는 '테스트' 오차가 낮은 모형을 선택하려 한다는 점이다(2장의 [그림 2.9]~[그림 2.11]에서 보았듯이 훈련 오차는 테스트 오차보다 훨씬 작은 경향이 있어 훈련 오차가 낮다고 해서 테스트 오차 역시 낮다는 보장이 없다). 따라서 3단계에서는 검증 세트에서 나온 오차와 C_p, BIC, 또는 수정된 R^2을 사용해 모형 $\mathcal{M}_0, \mathcal{M}_1, \ldots, \mathcal{M}_p$ 중에서 선택한다. 가장 좋은 모형을 선택하는 데 교차검증을 사용하는 경우, 각각의 훈련 세트 분할(fold)에서 2단계를 반복하고 검증 오차들을 평균 내어 가장 좋은 k 값을 선택한다. 그리고 선택된 k에 해당하는 모형 $\mathcal{M}_k$를 전체 훈련 세트에 대해 적합한 결과를 산출한다. 이런 접근법은 6.1.3절에서 살펴본다.

최량부분집합선택의 적용 사례는 [그림 6.1]에서 제시했다. 그래프에서 각각의 점은 10개의 예측변수 중 서로 다른 부분집합을 사용해 적합한 최소제곱 회귀모형에 대응한다. 사용된 데이터 세트는 3장에서 논의한 `Credit` 데이터다. 여기서 변수 `region`은 수준이 3인 질적 변수이므로 두 개의 가변수로 표현된다. 따라서 모형에 포함될 수 있는 변수는 모두 11개다. 그래프에서는 각 모형의 RSS와 R^2 통계량을 변수 개수의 함수로 나타냈다. 빨간색 곡선은 각각의 모형 크기에서 RSS 또는 R^2에 따라 가장 좋은 모형들을 연결한 것이다. 그림에서 볼 수 있듯이 예상대로 변수의 수가 증가함에 따라 통계량도 개선되지만, 3-변수 모형부터는 예측변수를 추가로 포함해도 RSS와 R^2의 개선은 거의 없다.

여기서는 최량부분집합선택을 최소제곱 회귀에 적용하는 방법을 소개했지만 같은 아이디어를 로지스틱 회귀와 같은 다른 유형의 모형에도 적용할 수 있다. 로지스틱 회귀의 경우 [알고리즘 6.1]의 2단계에서 모형을 순서대로 배열할 때 RSS를 사용하는 대신 이탈도(deviance)를 사용한다. 이탈도는 유형이 더 많은 모형에서 RSS의 역할을 하는 측도다. 이탈도는 최대 로그 가능도에 -2를 곱한 값으로 이탈도가 작을수록 더 잘된 적합이다.

최량부분집합선택은 단순하면서 개념적으로 매력적인 방법이지만 계산에서 한계가 있다. p가 증가하면 고려해야 할 가능한 모형의 수가 급격히 증가한다. 일반적으로 p개의 예측변수가 있으면 부분집합의 하나로 가능한 모형의 수는 2^p개이다. 따라서 $p = 10$이라면 대략 1,000개의 모형을 고려해야 하고, $p = 20$이라면 백만 개가 넘을 가능성이 있다. 결과적으로 최량부분집합선택은 p가 약 40을 넘는 값에서는 매우 빠른 최신 컴퓨터를 사용하더라도 계산할 수 없다. 계산의 지름길, 소위 분기한정(branch-and-bound) 기법으로 일부 선택사항을 제거하는 방법이 있기는 하다. 그러나 이런 방법도 p가 더 커지면 한계에 도달한다. 게다가 이 기법들은 최소제곱 선형회귀에서만 작동한다. 최량부분집합선택에서 계산적으로 효율적인 대안들을 다음 소절에서 소개한다.

6.1.2 단계적 선택

계산상의 이유로 최량부분집합선택은 p가 매우 크면 사용할 수 없다. 또한 최량부분집합선택은 p가 크면 통계적 문제를 겪을 수도 있다. 검색 공간이 클수록 훈련 데이터에서는 좋아 보이는 모형이 미래 데이터에 대한 예측력은 전혀 없을 가능성이 높아진다. 따라서 거대한 검색 공간은 과적합(overfitting)을 일으키고 계수 추정값의 분산을 크게 만들 수 있다.

이런 이유로 훨씬 더 제한된 모형 집합을 탐색하는 '단계적' 방법은 최량부분집합선택의 매력적인 대안이다.

단계적 전진선택법

단계적 전진선택법(forward stepwise selection)은 계산 측면에서 최량부분집합선택의 효율적인 대안이다. 최량부분집합선택은 p개 예측변수의 부분집합 중 하나를 담고 있는(하나로 이루어진) 가능한 모형 2^p개를 모두 고려하는 반면, 단계적 전진선택법은 훨씬 더 작은 모형 집합을 고려한다. 단계적 전진선택법은 예측변수가 없는 모형에서 시작해 모든 예측변수가 모형에 포함될 때까지 한 번에 하나씩 예측변수를 모형에 추가하는 과정을 되풀이한다. 특히 각각의 단계에서 적합을 가장 많이 '추가로' 개선하는 변수를 모형에 추가한다. 좀 더 형식적으로 단계적 전진선택법 절차를 [알고리즘 6.2]에 제시했다.

2^p개의 모형을 적합하는 최량부분집합선택과는 달리 단계적 전진선택법은 하나의 영모형과 $k = 0, ..., p - 1$인 k번째 반복에서 $p - k$개의 모형을 적합한다. 총 $1 +$

알고리즘 6.2 단계적 전진선택법

1. $\mathcal{M}_0$으로 예측변수가 없는 '영모형'을 나타낸다.
2. $k = 0, \ldots, p-1$에 대해,
   (a) $\mathcal{M}_k$에 예측변수를 하나 더 추가한 모형 $p-k$개를 모두 살펴본다.
   (b) 이 $p-k$ 모형 중에서 '가장 좋은' 모형을 선택한다. 선택된 모형을 $\mathcal{M}_{k+1}$이라 하자. 여기서 '가장 좋은' 모형은 RSS가 가장 작은 모형 또는 R^2이 가장 큰 모형으로 정의한다.
3. 검증 세트에서의 예측오차, C_p (AIC), BIC, 또는 수정된 R^2을 사용해 $\mathcal{M}_0, \ldots, \mathcal{M}_p$에서 단일한 가장 좋은 모형을 선택한다. 또는 교차검증 방법을 사용한다.

$\sum_{k=0}^{p-1}(p-k) = 1 + p(p+1)/2$개의 모형을 적합하게 되므로 결과적으로 상당한 차이가 있다. $p = 20$일 때 최량부분집합선택은 1,048,576개의 모형을 적합해야 하는 반면, 단계적 전진선택법은 단 211개의 모형만 적합하면 된다.[3]

[알고리즘 6.2]의 2(b) 단계에서 해야 할 일은 $\mathcal{M}_k$에 추가적인 예측변수를 하나 더 더한 $p-k$개 모형 중에서 '가장 좋은' 모형을 찾아내는 것이다. 단순하게는 RSS가 가장 작거나 R^2이 가장 큰 모형을 선택할 수 있다. 그러나 3단계에서는 변수의 개수가 서로 다른 모형 집합에서 가장 좋은 모형을 찾아내야 한다. 이것은 더 어려운 일로 6.1.3절에서 논의한다.

단계적 전진선택법이 최량부분집합선택법에 비해 계산에서 이점이 있는 것은 분명하다. 단계적 전진선택법은 실제 활용에서 잘 작동하기는 하지만 p개 예측변수의 부분집합 중 하나로 구성된 모형 2^p개 전체 중에서 가장 좋은 모형을 찾는 것을 보장하지 않는다. 예를 들어 예측변수가 $p = 3$개인 데이터 세트가 주어졌을 때, 가장 좋은 1-변수 모형이 X_1을 포함하고 가장 좋은 2-변수 모형은 대신 X_2와 X_3을 포함한다고 가정해 보자. 그러면 단계적 전진선택법은 가장 좋은 2-변수 모형을 선택하는 데 실패한다. 왜냐하면 $\mathcal{M}_1$이 X_1을 포함하므로 $\mathcal{M}_2$도 X_1을 반드시 포함하면서 추가 변수를 하나 더 포함해야 하기 때문이다.

3 단계적 전진선택법은 $p(p+1)/2+1$개의 모형을 살펴보기는 하지만 모형 공간에 대한 유도 탐색(guided search)을 수행하기 때문에 실효적인(effective) 모형 공간은 $p(p+1)/2+1$개보다 훨씬 많은 모형을 포함한다.

이 현상을 설명하기 위해 [표 6.1]에 Credit 데이터 세트에서 최량부분집합과 단계적 전진선택법을 사용해 선택된 처음 네 개의 모형을 제시했다. 최량부분집합선택법과 단계적 전진선택법 둘 다 가장 좋은 1-변수 모형으로 rating을 선택하고 2-변수 모형과 3-변수 모형에서는 income과 student를 포함한다. 그러나 최량부분집합선택법은 4-변수 모형에서 rating을 cards로 대체하는데, 단계적 전진선택법은 4-변수 모형에서 rating을 유지할 수밖에 없다. 이 예에서 [그림 6.1]은 RSS 측면에서 3-변수 모형과 4-변수 모형 사이에 큰 차이가 없기 때문에 4-변수 모형에서 하나를 선택하는 것이 적절할 것 같다.

변수 개수	최량부분집합선택법	단계적 전진선택법
1	rating	rating
2	rating, income	rating, income
3	rating, income, student	rating, income, student
4	cards, income student, limit	rating, income student, limit

[표 6.1] 최량부분집합선택법과 단계적 전진선택법으로 Credit 데이터 세트에서 선택된 처음 네 개의 모형. 처음 세 개의 모형은 동일하지만 네 번째 모형은 다르다.

단계적 전진선택법은 $n < p$인 고차원(high-dimensional) 상황에서도 적용될 수 있다. 그러나 이때는 부분모형을 $\mathcal{M}_0, \ldots, \mathcal{M}_{n-1}$, 즉 n개 밖에 만들지 못한다. 왜냐하면 각각의 부분모형은 최소제곱법을 이용해 적합하는데, 최소제곱법에서는 $p \geq n$이면 유일한 해가 나오지 않기 때문이다.

단계적 후진선택법

단계적 전진선택법과 마찬가지로 단계적 후진선택법(backward stepwise selection)은 최량부분집합선택의 효율적인 대안이다. 단계적 전진선택법과는 달리 단계적 후진선택법은 예측변수 p개를 모두 포함하는 완전 최소제곱모형에서 시작해 한 번에 하나씩 유용성이 가장 떨어지는 예측변수를 제거하는 과정을 반복한다. 자세한 내용은 [알고리즘 6.3]에 제시했다.

알고리즘 6.3 단계적 후진선택법

1. $\mathcal{M}_p$를 예측변수 p개를 모두 포함하는 완전(full) 모형이라고 하자.
2. $k = p, p-1, \ldots, 1$에 대해,
   (a) $\mathcal{M}_k$에 있는 예측변수에서 하나를 제거해 총 $k-1$개의 예측변수가 있는 모형 k개를 모두 살펴본다.
   (b) 이 k개의 모형에서 '가장 좋은' 모형을 선택하고 이것을 $\mathcal{M}_{k-1}$이라고 한다. 여기서 '가장 좋은' 모형은 RSS가 가장 작은 모형 또는 R^2이 가장 큰 모형을 의미한다.
3. 검증 세트에서의 예측오차, C_p (AIC), BIC 또는 수정된 R^2을 사용해 $\mathcal{M}_0, \ldots, \mathcal{M}_p$에서 단일한 가장 좋은 모형을 선택한다. 또는 교차검증 방법을 사용한다.

단계적 전진선택법처럼 후진선택법은 $1 + p(p+1)/2$개의 모형만 탐색하므로 p가 너무 커 최량부분집합선택을 적용하기 어려울 때 사용할 수 있다.[4] 또한 단계적 전진선택법처럼 후진선택법도 p개 예측변수의 부분집합을 포함하는 '가장 좋은' 모형을 산출한다는 보장은 없다.

단계적 후진선택법에서는 표본 개수 n이 변수의 개수 p보다 커야 한다(그래서 완전 모형을 적합할 수 있다). 반면에 단계적 전진선택법은 $n < p$일 때도 사용할 수 있어서 p가 매우 클 때 실행이 가능한 유일한 부분집합 방법이다.

하이브리드 접근법

최량부분집합선택, 단계적 전진선택법, 단계적 후진선택법에서 제공하는 모형은 일반적으로 비슷하지만 완전히 동일하지 않다. 다른 대안으로 단계적 전진선택과 단계적 후진선택의 하이브리드 버전이 있다. 이 방법에서는 변수를 순차적으로 모형에 추가한다는 점에서 단계적 전진선택과 유사하다. 그러나 새로운 변수를 추가한 후에 더 이상 모형 적합을 개선하지 않는 변수는 어느 것이든 제거될 수도 있다. 이 접근법으로 최량부분집합선택을 거의 모방하면서도 동시에 단계적 전진선택과 단계적 후진선택의 계산 효율성을 유지한다.

4 단계적 전진선택법처럼 후진선택법은 모형 공간에 대한 유도(guided) 탐색을 수행하므로 실질적으로는 $1 + p(p+1)/2$개보다 훨씬 많은 모형을 고려하게 된다.

6.1.3 최적 모형 선택하기

최량부분집합선택, 전진선택, 후진선택의 결과로 모형의 집합이 생성되는데, 각각의 모형에는 p개 예측변수의 부분집합 중 하나가 들어 있다. 이 방법을 적용하기 위해서는 어느 방법을 사용한 모형이 '가장 좋은' 모형인지 결정해야 한다. 6.1.1절에서 논의했듯이 모든 예측변수를 포함하는 모형은 항상 RSS가 가장 작고 R^2이 가장 큰데, RSS와 R^2은 훈련 오차와 관련이 있기 때문이다. 우리는 테스트 오차가 작은 모형을 만들려고 한다. 2장에서 보았듯이 훈련 오차로는 테스트 오차를 잘 추정하지 못할 수 있다. 따라서 RSS와 R^2은 예측변수의 개수가 다른 모형 사이에서 가장 좋은 모형을 선택할 때는 적합하지 않다.

테스트 오차에 따라 '가장 좋은' 모형을 선택하기 위해서는 테스트 오차를 추정할 필요가 있다. 다음은 일반적인 두 가지 접근법이다.

1. 테스트 오차를 간접적으로 추정하는 방법으로 과적합으로 인한 편향을 고려해 훈련 오차를 조정(adjustment)하는 방법이 있다.
2. 5장에서 논의했듯이 테스트 오차를 '직접' 추정하는 방법으로는 검증 세트 접근법이나 교차검증 접근이 있다.

다음에서 이 두 가지 접근법을 모두 살펴본다.

C_p, AIC, BIC, 수정된 R^2

2장에서 보았듯이 훈련 세트 MSE는 일반적으로 테스트 MSE를 과소추정한다 ($\text{MSE} = \text{RSS}/n$임을 떠올려 보자). 이유는 최소제곱법을 사용해 훈련 데이터에 모형을 적합할 때, 좀 더 구체적으로 말하자면 회귀계수를 추정할 때 (테스트 RSS가 아니라) 훈련 RSS를 가능한 한 작게 만들기 때문이다. 특히 훈련 오차는 모형에 변수들이 더 많이 포함될수록 감소하지만 테스트 오차는 그렇지 않을 수 있다. 따라서 훈련 세트 RSS와 훈련 세트 R^2은 변수의 개수가 다른 모형 사이에서 선택하는 데 사용하기에는 적합하지 않다.

그러나 모형 크기를 고려해 훈련 오차를 조정(adjust)하는 기법이 몇 가지 있다. 이런 접근법은 변수의 개수가 다른 모형에서 선택할 때 사용될 수 있다. 그중 네 가지 접근법 C_p, AIC(Akaike information criterion), BIC(Bayesian information criterion), 수정된 R^2을 살펴본다. [그림 6.2]에는 C_p, BIC, 수정된 R^2이 예시되어 있다.

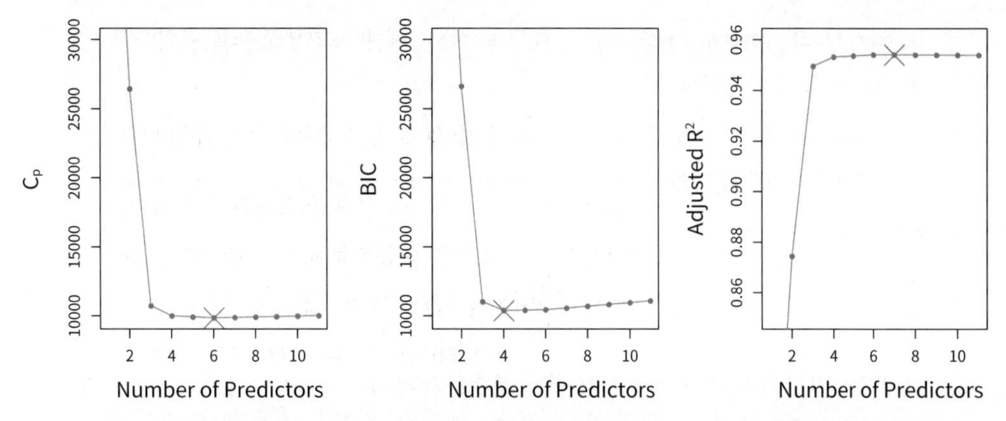

[그림 6.2] Credit 데이터 세트에서 크기별로 가장 좋은 모형의 C_p, BIC, 수정된 R^2을 보여 준다([그림 6.1]의 아래쪽 경계). C_p와 BIC는 테스트 MSE의 추정값이다. 가운데 그래프에서 네 개의 변수를 선택한 후 테스트 오차의 BIC 추정값이 증가하는 것을 볼 수 있다. 다른 두 개의 그래프는 네 개의 변수를 포함한 후 상대적으로 평평해졌다.

Credit 데이터 세트에 최량부분집합선택을 적용해 각각의 크기에서 가장 좋은 모형을 산출해 계산했다.

예측변수 d개를 포함하는 최소제곱모형을 적합했을 때 테스트 MSE의 C_p 추정값은 다음 식과 같이 계산할 수 있다.

$$C_p = \frac{1}{n}\left(\text{RSS} + 2d\hat{\sigma}^2\right) \tag{6.2}$$

여기서 $\hat{\sigma}^2$은 식 (6.1)의 각 반응 측정에 연관된 오차 ϵ의 분산 추정값이다.[5] 일반적으로 $\hat{\sigma}^2$을 추정할 때는 모든 예측변수를 포함하는 전체 모형을 사용한다. 본질적으로 C_p 통계량은 벌점(penalty) $2d\hat{\sigma}^2$을 훈련 RSS에 추가해 훈련 오차가 테스트 오차를 과소추정하는 경향이 있다는 사실을 감안해 보정한다. 분명히 모형의 예측변수 개수가 증가함에 따라 벌점이 증가한다. 훈련 RSS의 감소에 대응해서 조정하려는 의도다. 이 책의 범위를 벗어나지만 식 (6.2)에서 $\hat{\sigma}^2$이 σ^2의 비편향추정값이라면 C_p는 테스트 MSE의 비편향추정값임을 보일 수 있다. 결과적으로 C_p 통계량은 테스트 오차가 낮은 모형에서 값이 작은 경향이 있으므로 모형 집합에서 가장 좋은 모형을 결정할 때는 C_p 값이 최저인 모형을 선택하게 된다. [그림 6.2]에서 C_p는

5 맬로우즈 C_p는 어떤 때는 $C'_p = \text{RSS}/\hat{\sigma}^2 + 2d - n$으로 정의하기도 한다. $C_p = \frac{1}{n}\hat{\sigma}^2(C'_p + n)$이므로 C_p가 가장 작은 모형이 C'_p도 가장 작다는 의미에서 이 정의는 식 (6.2)의 정의와 등가이다.

income, limit, rating, cards, age 그리고 student 예측변수를 포함하여 변수가 여섯 개인 모형을 선택한다.

AIC 기준은 최대가능도로 적합된 모형의 큰 부류에 대해 정의된다. 가우스 오차를 포함하는 모형 (6.1)의 경우 최대가능도와 최소제곱법이 동일하다. 이 경우 AIC는 다음과 같이 주어진다.

$$\mathrm{AIC} = \frac{1}{n}\left(\mathrm{RSS} + 2d\hat{\sigma}^2\right)$$

여기서는 간단하게 하기 위해 관련 없는 상수들은 생략했다.[6] 따라서 최소제곱모형에서는 C_p와 AIC가 서로 비례 관계에 있으므로 [그림 6.2]에서는 C_p만을 표시했다.

BIC는 베이지안 관점에서 유도되었지만 C_p(및 AIC)와 유사하다. 최소제곱모형에 예측변수가 d개일 때 관련 없는 상수를 제외한 BIC는 다음과 같이 주어진다.

$$\mathrm{BIC} = \frac{1}{n}\left(\mathrm{RSS} + \log(n)d\hat{\sigma}^2\right) \tag{6.3}$$

C_p와 마찬가지로 BIC는 테스트 오차가 작은 모형에서 값이 작은 경향이 있다. 따라서 일반적으로 BIC 값이 가장 작은 모형을 선택한다. 주의해서 보면 BIC는 C_p에서 사용된 $2d\hat{\sigma}^2$을 $\log(n)d\hat{\sigma}^2$ 항으로 대체하는데, 여기서 n은 관측 개수다. 모든 $n > 7$에 대해 $\log n > 2$이므로, BIC 통계량은 일반적으로 변수가 많은 모형에 더 무거운 벌점을 부과하게 되고 그 결과 C_p보다 더 작은 모형을 선택한다. [그림 6.2]의 Credit 데이터 세트에서 실제로 이런 결과를 볼 수 있다. BIC는 income, limit, cards, student만 포함하는 모형을 선택한다. 이 예제에서 곡선은 매우 평탄해서 4-변수 모형과 6-변수 모형 사이에 정확도는 그다지 차이가 없어 보인다.

수정된 R^2 통계량은 변수의 개수가 다른 모형에서 선택해야 할 때 사용되는 또 다른 인기 있는 접근법이다. 3장의 내용을 떠올려 보자.[7] 일반적인 R^2은 $1 - \mathrm{RSS}/\mathrm{TSS}$로 정의되며 여기서 $\mathrm{TSS} = \sum (y_i - \bar{y})^2$은 반응의 총제곱합(total sum of

6 최소제곱 회귀를 위한 AIC에는 두 가지 공식이 있다. 여기에 제시된 공식에서는 σ^2에 대한 식이 필요하다. 이 식은 모든 예측변수를 포함하는 완전 모형을 이용해 구할 수 있다. 두 번째 공식은 σ^2을 알 수 없고 명시적으로 추정하고 싶지 않은 경우에도 활용할 수 있다. 이 공식은 RSS 항 대신 log(RSS) 항을 사용한다. 이 두 공식의 상세한 유도는 이 책의 범위를 벗어난다.

7 (옮긴이) 97쪽의 식 (3.17)에서 자세히 설명하고 있다. 총제곱합 TSS는 예측변수나 모형과 관계없이 반응 관측값 $y_1, \dots, y_n$에 따라 결정된다. 즉, 데이터가 정해지면 고정되는 값이다. 따라서 RSS가 커지면 R^2은 작아지고 RSS가 작아지면 R^2은 커진다.

squares)이다. RSS는 모형에 변수를 추가하면 항상 감소하기 때문에 R^2은 변수가 추가될 때마다 항상 증가한다. 변수가 d개 있는 최소제곱모형에서 수정된 R^2 통계량은 다음과 같이 계산한다.

$$\text{수정된 } R^2 = 1 - \frac{\text{RSS}/(n-d-1)}{\text{TSS}/(n-1)} \tag{6.4}$$

C_p, AIC, BIC의 경우에는 값이 '작으면' 테스트 오차가 작은 모형을 의미하지만 수정된 R^2은 값이 '크면' 테스트 오차가 작은 모형이다. 수정된 R^2을 최대화하는 것은 $\frac{\text{RSS}}{n-d-1}$를 최소화하는 것과 동일하다. 모형에 있는 변수의 수가 증가함에 따라 RSS는 항상 감소하지만 분모에 d가 포함되어 있기 때문에 $\frac{\text{RSS}}{n-d-1}$는 증가할 수도 감소할 수도 있다.

수정된 R^2이라는 아이디어의 밑바탕에는 올바른 변수가 모두 모형에 포함되면 '소음'변수를 추가하더라도 RSS가 매우 적게 감소할 것이라는 직관이 있다. 소음변수를 추가하면 d가 증가하기 때문에 이런 변수들은 $\frac{\text{RSS}}{n-d-1}$의 증가를 초래하고, 결과적으로 수정된 R^2의 감소를 초래한다. 따라서 이론적으로 수정된 R^2이 가장 큰 모형에는 올바른 변수만 있고 소음변수는 포함되지 않는다. R^2 통계량과 달리 수정된 R^2 통계량은 모형에 불필요한 변수를 포함하면 **대가를 치른다**. [그림 6.2]는 `Credit` 데이터 세트에서 수정된 R^2을 보여 준다. 이 통계량을 사용한 결과 C_p와 AIC로 선택된 모형에 `own`을 추가해 7-변수 모형이 선택됐다.

C_p, AIC, BIC는 모두 이 책의 범위를 넘어서는 엄격한 이론적 정당성이 있다. 그 근거는 점근적 논리(표본 크기 n이 매우 큰 경우)에 의존한다. 수정된 R^2은 인기 있고 직관적이지만 AIC, BIC, C_p만큼 통계의 이론적 근거가 있는 것은 아니다. 이 측도들은 모두 사용과 계산이 쉽다. 여기서는 최소제곱법을 사용한 선형모형 적합에 대한 공식을 제시했지만 AIC와 BIC는 더 일반적인 유형의 모형에 대해서도 정의할 수 있다.

검증과 교차검증

직전에 논의한 접근법들의 대안으로 5장에서 논의한 검증 세트와 교차검증 방법으로 테스트 오차를 직접 추정할 수 있다. 고려 중인 각 모형에서 검증 세트 오차나 교차검증 오차를 계산한 다음, 그 결과로 추정된 테스트 오차에서 가장 작은 모형을 선택한다. 이 절차는 AIC, BIC, C_p, 수정된 R^2에 비해 테스트 오차를 직접 추정하고 밑바탕의 참 모형에 대한 가정을 더 적게 한다는 장점이 있다. 또한 더 넓은 범위의 모형선택 작업에 사용될 수 있는데, 심지어 모형의 자유도(예: 모형 예측변수의 개수)를 명확히 지정하기 어렵거나 오차분산 σ^2을 추정하기 어려운 경우에도 사용할 수 있다. 교차검증을 할 때는 [알고리즘 6.1]~[알고리즘 6.3]의 모형 열(sequence) $\mathcal{M}_k$가 훈련 분할(fold)마다 별도로 정해지고, 검증 오차는 모형 크기 k마다 모든 분할에 대해 평균을 내어 계산한다는 점에 주의해야 한다. 최량부분집합 회귀를 예로 들면 크기가 k인 최량부분집합 $\mathcal{M}_k$는 분할마다 다를 수 있다는 의미다. 가장 좋은 크기 k가 선택되면 전체 데이터 세트 중 해당 크기에서 가장 좋은 모형을 찾는다.[8]

과거에는 p와(또는) n이 큰 많은 문제에서 교차검증을 수행하는 일이 계산상 불가능했기 때문에 AIC, BIC, C_p, 수정된 R^2 모형 집합 중에서 선택하는 것이 더 매력적으로 다가왔다. 그러나 요즘에는 빠른 컴퓨터 덕분에 교차검증을 수행하는 데 요구되는 계산이 거의 문제가 되지 않는다. 따라서 교차검증은 여러 개의 고려 대상 모형 중에서 선택이 필요할 때 매우 매력적인 접근법이다.

[그림 6.3]은 `Credit` 데이터에서 가장 좋은 d-변수 모형에 대한 BIC, 검증 세트 오차, 교차검증 오차를 d의 함수로 나타낸 그래프다. 검증 오차는 관측의 4분의 3을 훈련 세트로 무작위로 선택하고, 나머지를 검증 세트로 사용해 계산됐다. 교차검증 오차는 $k = 10$ 분할로 계산됐다. 이 경우 검증과 교차검증 방법 모두 6-변수 모형을 선택했다. 그러나 세 가지 접근법 모두 4-변수, 5-변수, 6-변수 모형이 테스트 오차 측면에서는 거의 등가이다.

실제로 [그림 6.3]의 가운데와 오른쪽 그래프에 표시된 테스트 오차 추정 곡선은 꽤 평탄하다. 3-변수 모형이 분명히 2-변수 모형보다 테스트 오차의 추정은 낮지만 3-변수 모형부터 11-변수 모형에서 테스트 오차의 추정들은 상당히 유사하다. 더욱이 훈련 세트와 검증 세트를 다르게 분할해 검증 세트 접근법을 반복하거나 다른 세트의 교차검증 분할을 사용해 교차검증을 반복한다면, 테스트 오차의

8 (옮긴이) 예를 들어 $k = 2$일 때 예측변수가 2개인 모형에서 가장 좋은 모형을 $\mathcal{M}_2$라고 하자. 10-겹 교차검증을 하는 경우 분할마다 $\mathcal{M}_2$는 다를 수 있다. 예를 들어 1번 분할에서는 X_1과 X_2를 포함한 모형이 $\mathcal{M}_2$로 선택되고, 2번 분할에서는 X_1과 X_3을 포함한 모형이 선택될 수 있다. 이렇게 선택된 변수는 다를 수 있지만 각각의 분할에서 $\mathcal{M}_2$의 검증 오차를 평균한다는 점에 주의해야 한다. 만약 이때 가장 좋은 크기로 $k = 2$를 선택했다면 $\mathcal{M}_2$가 서로 다른데 최종적으로 어떤 변수를 선택해야 할까? 이 문제를 해결하기 위해 전체 데이터 세트에서 가장 좋은 모형을 찾는 것이다.

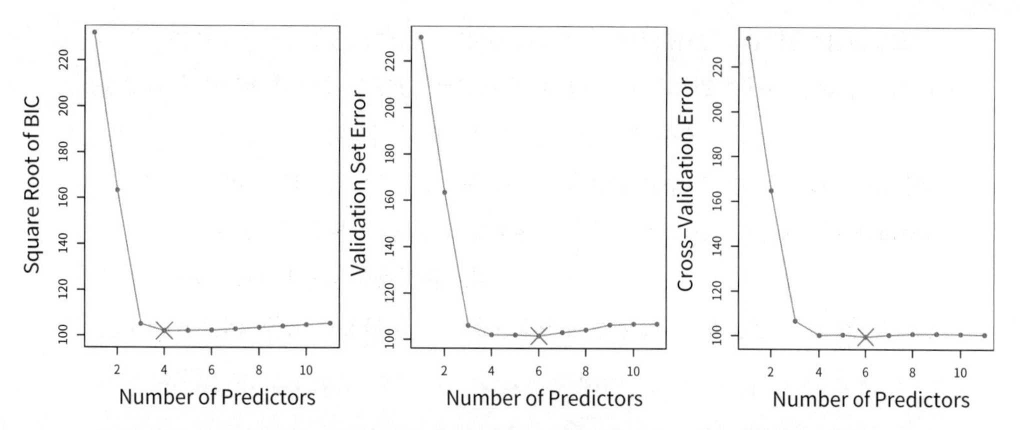

[그림 6.3] Credit 데이터 세트에서 예측변수 d개를 포함하는 가장 좋은 모형의 세가지 측도를 d를 1에서 11까지 변화시키며 표시했다. 이 측도에 기반해 전체적으로 '가장 좋은' 모형은 파란색 십자로 표시했다. 왼쪽: BIC의 제곱근. 가운데: 검증 세트 오차. 오른쪽: 교차검증 오차.

추정이 가장 작은 정확한 모형은 반드시 바뀔 수 있다. 이 상황에서 1-표준오차 규칙(one-standard-error rule)을 사용해 모형을 선택할 수 있다. 먼저 추정된 테스트 MSE의 표준오차를 모형의 크기마다 계산한 다음, 테스트 오차의 추정이 곡선의 가장 낮은 점에서 1-표준오차 이내인 가장 작은 모형을 선택한다. 만약 한 세트의 모형들이 대체로 거의 동일하게 좋아 보인다면 가장 단순한 모형 즉, 예측변수의 수가 가장 적은 모형을 선택할 것이라는 논리다. 이때 1-표준오차 규칙을 검증 세트나 교차검증 접근법에 적용하면 3-변수 모형이 선택된다.

6.2 축소 방법

6.1절에서 설명한 부분집합선택법은 예측변수의 일부 부분집합만 포함하는 선형 모형을 최소제곱법으로 적합하는 방법이다. 대안으로 예측변수 p개를 모두 포함하는 모형을 적합하면서 계수 추정값을 제약(constraint) 또는 규제(regularization)하거나 이와 동등하게 계수 추정값을 0 방향으로 축소(shrinkage)하는 기법을 사용할 수 있다. 이런 제약이 왜 적합을 향상시키는지 처음에는 명확하지 않겠지만 계수 추정값을 축소하면 분산을 상당히 줄일 수 있다. 계수 추정값을 0으로 축소하는 가장 잘 알려진 두 가지 기법은 능형회귀(ridge regression)와 라쏘(lasso)다.

6.2.1 능형회귀

3장을 다시 떠올려 보면 최소제곱 적합 절차는 $\beta_0, \beta_1, ..., \beta_p$의 추정값으로 다음을 최소화하는 값을 이용한다.

$$\mathrm{RSS} = \sum_{i=1}^{n}\left(y_i - \beta_0 - \sum_{j=1}^{p}\beta_j x_{ij}\right)^2$$

능형회귀(ridge regression)는 최소제곱법과 매우 유사하지만 계수를 추정할 때 약간 다른 수량을 최소화한다는 점에서 다르다. 특히 능형회귀계수 추정값 $\hat{\beta}^R$은 다음을 최소화하는 값이다.

$$\sum_{i=1}^{n}\left(y_i - \beta_0 - \sum_{j=1}^{p}\beta_j x_{ij}\right)^2 + \lambda\sum_{j=1}^{p}\beta_j^2 = \mathrm{RSS} + \lambda\sum_{j=1}^{p}\beta_j^2 \tag{6.5}$$

여기서 $\lambda \geq 0$은 별도로 결정해야 하는 조율모수(tuning parameter)다. 식 (6.5)는 두 가지 서로 다른 기준 사이에서 균형을 유지한다. 최소제곱법과 마찬가지로 능형회귀는 RSS를 작게 해 데이터에 잘 맞는 계수 추정값을 찾는다. 그러나 두 번째 항인 $\lambda\sum_j \beta_j^2$, 즉 축소 벌점(shrinkage penalty)은 $\beta_1, ..., \beta_p$가 0에 가까울 때 작아지므로 β_j의 추정값을 0 방향으로 축소하는 효과가 있다. 조율모수 λ는 이 두 항이 회귀계수 추정값에 미치는 상대적인 영향을 제어한다. $\lambda = 0$일 때 벌점 항은 효과가 없으며 능형회귀는 최소제곱 추정값을 생성한다. 그러나 $\lambda \to \infty$로 갈수록 축소 벌점의 영향이 커지고 능형회귀의 계수 추정값은 0에 접근한다. 최소제곱법은 하나의 계수 추정값 세트만 생성하는 반면, 능형회귀는 λ 각각의 값에 대해 다른 세트의 계수 추정값 $\hat{\beta}_\lambda^R$을 생성한다. λ 값을 적절하게 선택하는 것이 중요하다. 이에 대해서는 교차검증 방법을 사용하는 6.2.3절에서 논의한다.

식 (6.5)에서 축소 벌점은 $\beta_1, ..., \beta_p$에는 적용되지만 절편 β_0에는 적용되지 않는다는 점에 주목한다. 축소하려는 것은 각 변수와 반응변수의 연관성 추정이지 절편의 축소는 아니다. 절편은 다만 $x_{i1} = x_{i2} = ... = x_{ip} = 0$일 때 반응변수의 평균값을 측정할 뿐이다. 만약 변수들, 즉 데이터 행렬 $\mathbf{X}$의 열을 능형회귀를 수행하기 전에 평균이 0이 되도록 중심화했다고 가정하면 추정 절편은 $\hat{\beta}_0 = \bar{y} = \sum_{i=1}^{n} y_i/n$의 형태를 취할 것이다.

Credit 데이터에 적용 사례

[그림 6.4]는 `Credit` 데이터 세트에 대한 능형회귀계수 추정값을 보여 준다. 왼쪽 그래프에서 λ의 함수로 표시된 각각의 곡선은 10개의 변수 중 하나의 능형회귀계수 추정값에 대응된다. 예를 들어 검은색 실선은 λ가 변함에 따라 `income` 계수의 능형회귀 추정값을 나타낸다. 그래프 맨 왼쪽에서 λ는 사실상 0이므로 해당 능형 계수 추정값은 일반적인 최소제곱 추정값과 동일하다. 그러나 λ가 증가함에 따라 능형 계수 추정값은 0 방향으로 축소된다. λ가 매우 크면 능형 계수 추정값은 기본적으로 모두 0이 되는데, 이는 예측변수를 포함하지 않는 '영모형'에 해당한다. 이 그래프에서 `income`, `limit`, `rating`, `student` 변수는 계수 추정값이 훨씬 큰 경향을 보이기 때문에 구별되는 색깔로 표시했다. 능형 계수 추정값은 λ가 증가함에 따라 전반적으로 감소하는 경향이 있지만 `rating`과 `income` 같은 개별 계수는 λ가 증가하면 때때로 증가할 수도 있다.

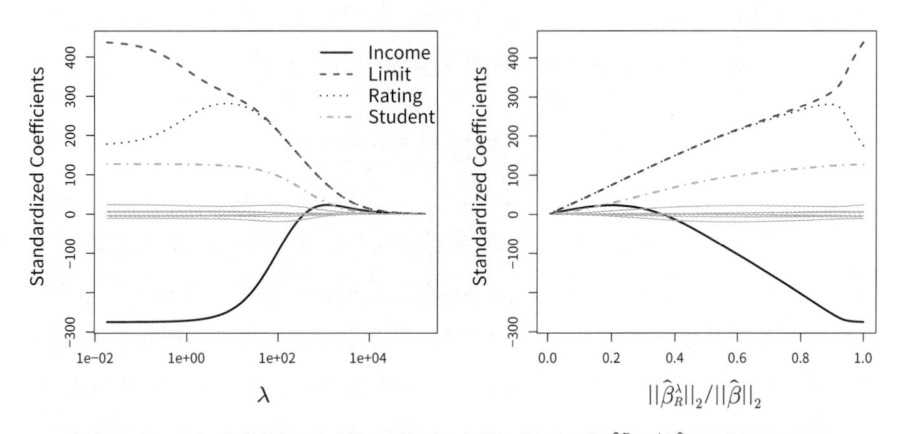

[그림 6.4] `Credit` 데이터 세트에 대한 표준화된 능형회귀계수를 λ와 $\|\hat{\beta}_\lambda^R\|_2 / \|\hat{\beta}\|_2$의 함수로 그렸다.

[그림 6.4]의 오른쪽 그래프는 왼쪽 그래프와 동일한 능형 계수 추정값을 보여 주는데, 다만 x축에 λ 대신 $\|\hat{\beta}_\lambda^R\|_2 / \|\hat{\beta}\|_2$를 사용했다. 여기서 $\hat{\beta}$은 최소제곱 계수 추정값의 벡터를 나타낸다. $\|\beta\|_2$ 표기는 벡터의 ℓ_2 노름(ℓ_2 norm)을 나타내며 $\|\beta\|_2 = \sqrt{\sum_{j=1}^p \beta_j{}^2}$로 정의되는데, $\|\beta\|_2$는 β가 0에서 떨어진 거리의 측도다. λ가 증가함에 따라 $\hat{\beta}_\lambda^R$의 ℓ_2 노름은 '항상' 감소하므로 $\|\hat{\beta}_\lambda^R\|_2 / \|\hat{\beta}\|_2$도 감소한다. 후자의 크기는 1($\lambda = 0$인 경우다. 이때 능형회귀계수 추정값은 최소제곱 추정값과 동일하며 따라서 둘의 ℓ_2 노름이 같다)에서 0($\lambda = \infty$인 경우다. 이때 능형회귀계수 추정값은 0 벡터이며 ℓ_2 노름은 0이다) 사이이다. 따라서 [그림 6.4] 오른쪽 그래프의 x축은 능형회

귀계수 추정값이 0 방향으로 얼마나 축소됐는지 나타내는 값으로 생각할 수 있다. 작은 값은 0에 매우 가깝게 축소됐다는 의미다.

3장에서 살펴본 표준 최소제곱 계수 추정값에는 척도 등변성(scale equivariance)이라는 성질이 있어 X_j에 상수 c를 곱하면 최소제곱 계수 추정값을 $1/c$의 비율로 척도화(scaling)하게 된다. 즉, j번째 예측변수를 어떻게 척도화하든 $X_j\hat{\beta}_j$은 동일하게 유지된다. 반면에 주어진 능형회귀계수 추정값은 예측변수에 상수를 곱하면 '상당히' 변할 수 있다. 예를 들어 달러로 측정된 `income` 변수를 생각해 보자. 수입을 $1,000 단위로 측정하는 것도 합리적일 수 있는데, `income`의 관측값을 1,000으로 나누는 것과 같은 결과를 초래한다. 이제 능형회귀 공식 (6.5)에서 제곱 계수 합의 항 때문에 척도가 변한다고 해서 단순하게 `income`의 능형회귀계수 추정값을 1,000의 비율로 변경하지는 않는다. 즉, $X_j\hat{\beta}^R_{j,\lambda}$은 λ의 값뿐만 아니라 j번째 예측변수의 척도화(scaling)에도 의존한다. 사실 $X_j\hat{\beta}^R_{j,\lambda}$의 값은 '다른' 예측변수의 척도화에도 의존할 수 있다. 따라서 '예측변수를 표준화'하고 나서 능형회귀를 적용하는 것이 가장 좋은 방법이다. 다음 공식을 사용해 척도를 일치시킨다.

$$\tilde{x}_{ij} = \frac{x_{ij}}{\sqrt{\frac{1}{n}\sum_{i=1}^{n}(x_{ij} - \overline{x}_j)^2}} \tag{6.6}$$

식 (6.6)에서 분모는 j번째 예측변수의 추정 표준편차다. 결과적으로 표준화된 예측변수는 모두 표준편차가 1이 된다. 결과적으로 최종 적합은 예측변수가 측정한 측도에 의존하지 않게 된다. [그림 6.4]에서 y축은 표준화된 능형회귀계수 추정값, 즉 표준화된 예측변수를 사용해 능형회귀를 수행해 얻은 계수 추정값을 보여 준다.

왜 능형회귀가 최소제곱 회귀보다 나아지는가?

최소제곱법에 비해 능형회귀의 장점은 '편향-분산 트레이드오프'에 기인한다. λ가 증가함에 따라 능형회귀 적합의 유연성이 감소하면서 분산은 줄어들지만 편향은 증가한다. 이는 [그림 6.5]의 왼쪽 그림에서 설명하고 있는데, $p = 45$개의 예측변수와 $n = 50$개의 관측으로 이루어진 시뮬레이션 데이터 세트를 사용하고 있다. [그림 6.5] 왼쪽 그림의 초록색 곡선은 λ의 함수로서 능형회귀 예측의 분산을 보여 준다. 최소제곱 계수 추정값은 $\lambda = 0$일 때의 능형회귀에 해당하는데, 분산은 크지만 편향은 없다. 그러나 λ가 증가함에 따라 능형 계수 추정값의 축소는 예측의 분산을 상당히 줄이는 결과를 낳고 그 대가로 편향이 약간 증가한다. 보라색으로 그려진 테스트 평균제곱오차(MSE)가 분산과 편향제곱의 합과 밀접히 관련되어 있음을 기억해 보자. λ의 값이 대략 10까지 분산은 급격히 감소하고 검은색으로 그려진 편향은 거의 증가하지 않는다. 따라서 λ가 0에서 10으로 증가함에 따라 MSE는 상당히 감소한다. 이 지점을 넘어서 λ가 증가하면 분산의 감소가 느려지고 계수에 대한 축소는 이들 계수를 과소추정하게 만들어 편향이 크게 증가한다. 최소 MSE는 대략 $\lambda = 30$에서 달성된다. 흥미롭게도 $\lambda = 0$일 때는 최소제곱 적합에 해당되는데, 높은 분산 때문에 MSE가 $\lambda = \infty$(모든 계수 추정값이 0인 영모형)인 경우만큼 높아진다. 그러나 λ가 중간 정도의 값일 때는 MSE가 상당히 낮다.

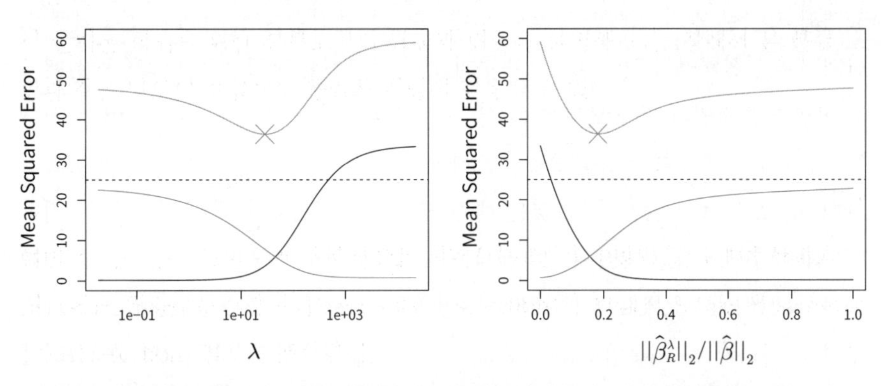

[그림 6.5] 시뮬레이션 데이터 세트에서 능형회귀 예측에 대한 편향제곱(검은색), 분산(초록색), 그리고 테스트 평균제곱오차(자주색)를 λ의 함수, $\|\hat{\beta}_\lambda^R\|_2/\|\hat{\beta}\|_2$의 함수로 나타낸 그래프다. 수평 파선은 가능한 최소 MSE를 나타낸다. 보라색 십자 표시는 MSE가 가장 작은 능형회귀모형을 나타낸다

[그림 6.5]의 오른쪽 그래프는 왼쪽 그래프와 동일한 곡선이다. 이번에는 능형회귀계수 추정값의 ℓ_2 노름을 최소제곱 추정값의 ℓ_2 노름으로 나눈 값을 가로축에 그렸다. 이제 왼쪽에서 오른쪽으로 이동함에 따라 적합이 더 유연해지고 따라서 편향이 감소하고 분산이 증가한다.

일반적으로 반응변수와 예측변수 간의 관계가 선형에 가까운 상황에서 최소제곱 추정값은 편향은 낮지만 분산은 높다. 따라서 훈련 데이터의 작은 변화가 최소제곱 계수 추정값에서 큰 변화를 초래할 수 있다. 특히 [그림 6.5]의 예제처럼 변수의 개수 p가 관측의 개수 n과 거의 같은 경우 최소제곱 추정값의 변동은 매우 커질 수 있다. 그리고 $p > n$인 경우에는 최소제곱 추정값은 유일한 해조차 없지만 능형회귀는 편향의 작은 증가와 분산의 큰 감소를 서로 교환(trade off)함으로 여전히 잘 수행할 수 있다. 따라서 능형회귀는 최소제곱 추정값의 분산이 높은 상황에서 가장 잘 작동한다고 할 수 있다.

능형회귀는 2^p개의 모형을 검색해야 하는 최량부분집합선택에 비해 상당한 계산상의 이점이 있다. 이전에 논의했듯이 p-값이 어느 정도의 크기만 되어도 계산적으로 검색은 실행 불가능할 수 있다. 반면에 능형회귀는 λ의 임의의 고정된 값에 대해 단 하나의 모형만 적합하며 모형 적합 절차는 매우 빠르게 수행될 수 있다. 실제로 **동시에 모든 λ 값에 대해** 식 (6.5)를 푸는 데 필요한 계산은 최소제곱을 사용해 모형을 적합하는 데 필요한 계산과 거의 동일함을 보일 수 있다.

6.2.2 라쏘

능형회귀는 한 가지 명백한 단점이 있다. 최량부분집합선택, 단계적 전진선택법, 단계적 후진선택법이 일반적으로 변수의 일부 부분집합만 포함하는 모형을 선택하는 반면 능형회귀의 최종 모형은 예측변수 p개를 모두 포함한다. 식 (6.5)의 벌점 $\lambda \sum \beta_j^2$은 모든 계수를 0 방향으로 축소하지만 $\lambda = \infty$가 아닌 이상 어느 계수도 정확히 0으로 만들지 않는다. 이것은 예측 정확도에는 문제가 되지 않을 수 있지만 변수의 개수 p가 상당히 많은 상황에서는 모형의 해석에 어려움을 줄 수 있다. 예를 들어 `Credit` 데이터 세트에서 가장 중요한 변수는 `income`, `limit`, `rating`, `student`로 보인다. 따라서 이 예측변수들만 포함하는 모형을 구축하고 싶을 수 있다. 그러나 능형회귀는 항상 10개의 예측변수를 모두 포함하는 모형을 생성한다. λ의 값을 증가시키면 계수의 크기는 줄어들겠지만 어떤 변수도 제외되지 않는다.

라쏘(lasso)는 능형회귀의 이런 단점을 극복하기 위해 상대적으로 최근에 나온 대안이다. 라쏘 계수 $\hat{\beta}_\lambda^L$은 다음 값을 최소화한다.

$$\sum_{i=1}^{n}\left(y_i - \beta_0 - \sum_{j=1}^{p}\beta_j x_{ij}\right)^2 + \lambda\sum_{j=1}^{p}|\beta_j| = \mathrm{RSS} + \lambda\sum_{j=1}^{p}|\beta_j| \qquad (6.7)$$

식 (6.7)과 식 (6.5)를 비교해 보면 라쏘와 능형회귀의 공식이 유사하다는 것을 알 수 있다. 유일한 차이점은 식 (6.5)의 능형회귀 벌점 β_j^2 항이 식 (6.7)에서는 라쏘 벌점 $|\beta_j|$로 바뀌었다는 점이다. 통계학 용어로 라쏘는 ℓ_2 벌점 대신 ℓ_1 노름(ℓ_1 norm) 벌점을 사용한다고 한다. 계수 벡터 β의 ℓ_1 노름은 $\|\beta\|_1 = \sum|\beta_j|$로 주어진다.

능형회귀와 마찬가지로 라쏘는 계수 추정값을 0 방향으로 축소한다. 그러나 라쏘의 경우 ℓ_1 벌점은 조율모수(tuning parameter) λ가 충분히 클 때 일부 계수 추정값을 정확히 0으로 만드는 효과가 있다. 따라서 라쏘는 최량부분집합선택과 같은 방법으로 변수선택(variable selection)을 한다. 결과적으로 라쏘로 생성한 모형은 능형회귀로 생성한 모형보다 훨씬 해석하기 쉽다. 라쏘는 희소성(sparsity) 모형, 즉 변수의 일부 부분집합만 포함하는 모형을 생성한다. 능형회귀와 마찬가지로 라쏘도 좋은 λ 값을 선택하는 것이 중요하다. 이 논의는 교차검증을 사용하는 6.2.3절에서 후술한다.

예를 들어 `Credit` 데이터 세트에 라쏘를 적용해 생성된 [그림 6.6]의 계수 그래프를 살펴보자. $\lambda = 0$일 때 라쏘는 단순히 최소제곱 적합을 제공하지만 λ가 충분히 커지면 계수 추정값이 모두 0인 영모형(null model)을 제공한다. 그러나 이 양끝 사이에서는 능형회귀와 라쏘 모형이 서로 상당히 다르다. [그림 6.6]의 오른쪽 그래프를 왼쪽에서 오른쪽으로 이동하면서 관찰하면 처음에는 라쏘 모형의 결과가 `rating` 예측변수만 포함하고 있다. 그다음으로 `student`와 `limit`가 거의 동시에 모형에 들어가고 곧이어 `income`이 뒤따른다. 결국 나머지 변수들도 모형에 포함된다. 따라서 λ의 값에 따라 라쏘는 임의 개수의 변수를 포함하는 모형을 생성할 수 있다. 반면 능형회귀는 계수 추정값의 크기가 λ에 의존하지만 모든 변수를 항상 모형에 포함한다.

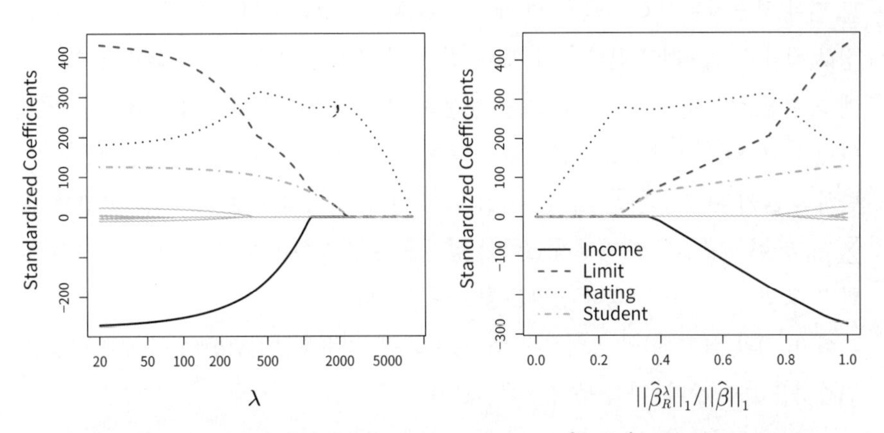

[그림 6.6] `Credit` 데이터 세트에 대한 표준화 라쏘 계수를 λ 및 $\|\hat{\beta}^L_\lambda\|_1 / \|\hat{\beta}\|_1$의 함수로 보여 준다.

능형회귀와 라쏘의 또 다른 공식

라쏘와 능형회귀계수 추정값은 각각 다음 문제의 해가 된다.

$$\underset{\beta}{\text{minimize}} \left\{ \sum_{i=1}^{n} \left(y_i - \beta_0 - \sum_{j=1}^{p} \beta_j x_{ij} \right)^2 \right\} \quad \text{subject to} \quad \sum_{j=1}^{p} |\beta_j| \leq s \tag{6.8}$$

와

$$\underset{\beta}{\text{minimize}} \left\{ \sum_{i=1}^{n} \left(y_i - \beta_0 - \sum_{j=1}^{p} \beta_j x_{ij} \right)^2 \right\} \quad \text{subject to} \quad \sum_{j=1}^{p} \beta_j^2 \leq s \tag{6.9}$$

즉, λ의 모든 값에 대해 식 (6.7)과 식 (6.8)에서 동일한 라쏘 계수 추정값이 나오게 하는 s가 있다. 유사하게 λ의 모든 값에 대해 식 (6.5)와 식 (6.9)에서 동일한 능형회귀계수 추정값이 나오게 하는 s가 있다. $p = 2$라면 식 (6.8)은 라쏘 계수 추정값이 $|\beta_1| + |\beta_2| \leq s$로 정의된 다이아몬드 영역 내부에 위치한 모든 점에서 RSS가 가장 작다는 것을 뜻한다. 유사하게 능형회귀 추정값은 $\beta_1^2 + \beta_2^2 \leq s$로 정의된 원 내부에 위치한 모든 점에서 RSS가 가장 작다.[9]

식 (6.8)을 다음과 같이 생각할 수 있다. 라쏘를 수행하면서 $\sum_{j=1}^{p} |\beta_j|$가 어느 정도 커야 하는지에 대한 '예산' s의 제약 조건 하에서 RSS가 가장 작게 되는 계수 추정값 집합을 찾으려고 한다. s가 매우 클 때 이 예산은 별로 제약이 되지 않으므로 계수 추정값이 클 수 있다. 사실 s가 충분히 커서 최소제곱 해가 예산 내에 들어간다면 식 (6.8)은 그냥 최소제곱 해를 산출할 수 있다. 반면에 s가 작으면 예산을 위반하지 않기 위해서는 $\sum_{j=1}^{p} |\beta_j|$가 작아야 한다. 유사하게 능형회귀를 수행할 때 $\sum_{j=1}^{p} \beta_j^2$이 예산 s를 초과하지 않아야 한다는 요구 사항이 있으므로 RSS를 가능한 한 작게 만드는 계수 추정값 집합을 찾으려고 한다.

식 (6.8)과 식 (6.9)의 공식은 라쏘, 능형회귀, 최량부분집합선택 사이에 밀접한 연관성을 보여 준다. 다음 문제를 살펴보자.

$$\underset{\beta}{\text{minimize}} \left\{ \sum_{i=1}^{n} \left(y_i - \beta_0 - \sum_{j=1}^{p} \beta_j x_{ij} \right)^2 \right\} \quad \text{subject to} \quad \sum_{j=1}^{p} I(\beta_j \neq 0) \leq s \tag{6.10}$$

9 (옮긴이) 여기서 설명하고 있는 다이아몬드와 원은 [그림 6.7]에 있다.

여기서 $I(\beta_j \neq 0)$는 지시 변수(indicator variable)로 $\beta_j \neq 0$이면 값이 1이고, 그렇지 않으면 0이다. 식 (6.10)은 0이 아닌 계수가 s개 이하라는 제약 하에서 RSS를 가능한 한 작게 만드는 계수 추정값의 집합을 찾는 것에 해당한다. 식 (6.10) 문제는 최량부분집합선택과 동치다. 안타깝게도 p가 클 때는 식 (6.10)을 계산하는 것이 현실적으로 불가능하다. 왜냐하면 s개의 예측변수를 포함해 $\binom{p}{s}$개의 모형을 모두 고려해야 하기 때문이다. 따라서 능형회귀와 라쏘를 최량부분집합선택에 대한 계산적으로 실행 가능한 대안으로 해석할 수 있다. 식 (6.10)에서 예산은 아주 다루기 힘든 형태인데, 능형회귀와 라쏘는 이것을 훨씬 쉽게 풀 수 있는 형태로 대체한다. 물론 식 (6.8)에서 s가 충분히 작으면 라쏘는 특징선택을 수행하는 데 반해 능형회귀는 그렇지 못하므로 라쏘가 최량부분집합선택에 훨씬 더 밀접하게 연관되어 있다.

라쏘의 변수선택 성질

라쏘는 능형회귀와 달리 계수 추정값을 정확히 0으로 만드는 이유가 무엇일까? 식 (6.8)과 식 (6.9) 공식을 사용해 이 문제를 밝힐 수 있다. [그림 6.7]은 이 상황을 설명해 준다. 최소제곱 해는 $\hat{\beta}$으로 표시됐고 파란색 다이아몬드와 원은 각각 식 (6.8)과 식 (6.9)에 따른 라쏘와 능형회귀의 제약을 나타낸다. s가 충분히 크면 제약 영역은 $\hat{\beta}$을 포함하고 그에 따라 능형회귀와 라쏘 추정값은 최소제곱 추정값과 같게 될 것이다(이런 큰 s 값은 식 (6.5)와 식 (6.7)에서 $\lambda = 0$에 해당한다). 그런데

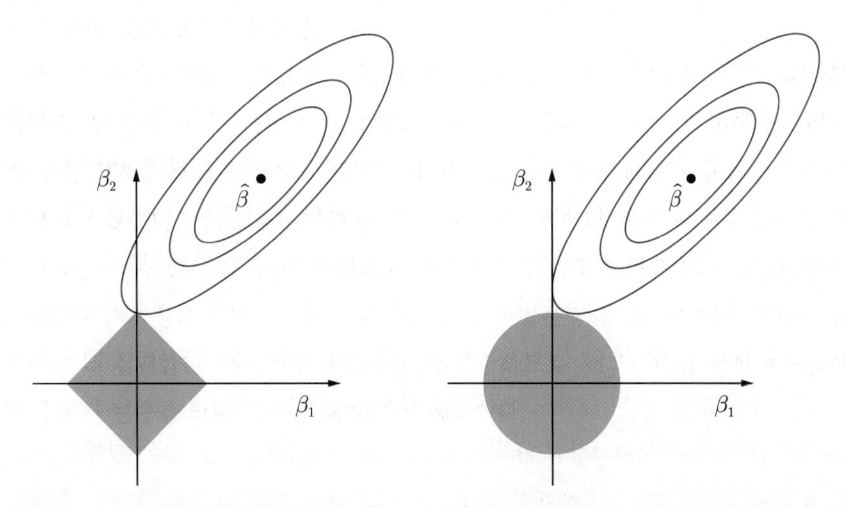

[그림 6.7] 라쏘(왼쪽)와 능형회귀(오른쪽)에 대한 오차와 제약 함수의 등고선. 파란색으로 칠해진 영역은 제약 영역인 $|\beta_1| + |\beta_2| \le s$와 $\beta_1^2 + \beta_2^2 \le s$이다. 빨간색 타원은 RSS의 등고선이다.

[그림 6.7]에서 최소제곱 추정값은 다이아몬드와 원 밖에 위치하므로 최소제곱 추정값은 라쏘와 능형회귀 추정값과 같지 않다.

$\hat{\beta}$을 중심으로 하는 각각의 타원은 등고선(contour)으로 나타낸다. 이는 한 타원 위의 점은 RSS 값이 모두 같다는 뜻이다. 타원이 최소제곱 계수 추정값에서 멀리 확장될수록 RSS는 증가한다. 식 (6.8)과 식 (6.9)는 라쏘와 능형회귀계수 추정값이 타원이 제약 영역에 처음 접촉하는 지점에서 주어진다는 것을 나타낸다. 능형회귀에는 날카로운 점이 없는 원형 제약이 있으므로 이 교차점은 일반적으로 축 위에서 발생하지 않으며, 따라서 능형회귀계수 추정값의 값도 0이 아니다. 그러나 라쏘 제약은 각 축에 '모서리'가 있기 때문에 타원이 축에서 제약 영역과 교차하는 일이 흔하다. 이런 경우에는 계수 중 하나가 0이 될 수 있다. 더 높은 차원에서는 계수 추정값 여러 개가 동시에 0이 될 수 있다. [그림 6.7]에서 교차점은 $\beta_1 = 0$에서 발생하므로 결과 모형은 β_2만을 포함한다.

[그림 6.7]에서는 $p = 2$개인 간단한 경우를 살펴보았다. $p = 3$일 때는 능형회귀의 제약 영역은 구가 되고 라쏘의 제약 영역은 다면체(polyhedron)가 된다. $p > 3$이면 능형회귀의 제약은 초구(hypersphere)가 되고 라쏘의 제약은 다포체(polytope)가 된다. 그러나 [그림 6.7]에서 그린 핵심 아이디어는 여전히 유효하다. 특히 $p > 2$일 때 라쏘는 다면체(polyhedron)나 다포체(polytope)의 날카로운 모서리 덕분에 특징선택을 하게 된다.

라쏘와 능형회귀 비교

라쏘는 예측변수의 일부 부분집합만 포함하는 더 단순하고 해석하기 쉬운 모형을 생성한다는 점에서 능형회귀에 비해 분명히 큰 장점이 있다. 그런데 어느 방법의 예측 정확도가 더 높을까? [그림 6.8]은 [그림 6.5]와 동일한 시뮬레이션 데이터에 라쏘를 적용했을 때의 분산, 편향제곱, 테스트 MSE를 보여 준다. 분명히 라쏘는 λ가 증가함에 따라 분산이 감소하고 편향이 증가한다는 점에서 능형회귀와 유사하다. [그림 6.8]의 오른쪽 그림에서 점선은 능형회귀 적합을 나타낸다. 여기서는 훈련 데이터의 R^2을 둘 다 그래프에 나타냈다. 이는 모형의 색인(index)을 만들기 위한 유용한 방법으로 지금처럼 규제(regularization) 유형이 서로 다른 모형을 비교할 때 사용될 수 있다. 이 예에서 라쏘와 능형회귀는 거의 동일한 편향을 보인다.

그런데 능형회귀의 분산이 라쏘의 분산보다 약간 작다. 따라서 능형회귀의 최소 MSE는 라쏘보다 약간 작다.

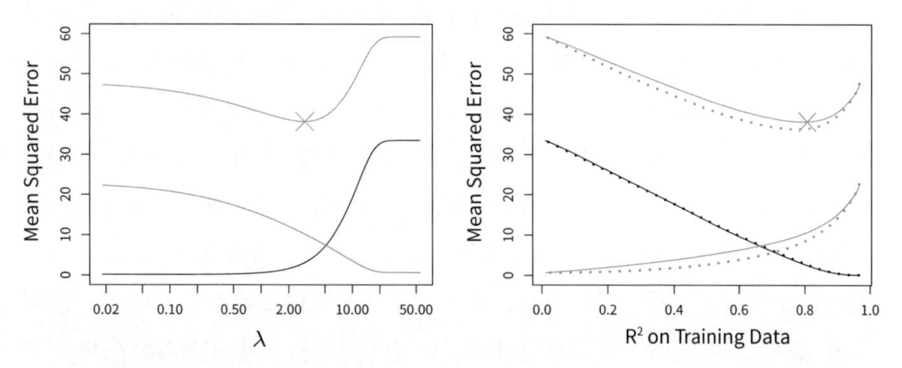

[그림 6.8] 왼쪽: 시뮬레이션 데이터 세트에서 라쏘의 편향제곱(검정색), 분산(초록색), 테스트 MSE(보라색)의 그래프. 오른쪽: 라쏘(실선)와 능형회귀(점선)의 편향제곱, 분산, 테스트 MSE의 비교. 두 가지 모두 훈련 데이터의 R^2을 공통 인덱스로 가로축에 그렸다. 두 그래프에서 교차점은 MSE가 가장 작은 라쏘 모형을 나타낸다.

그러나 [그림 6.8]의 데이터는 45개의 예측변수가 모두 반응과 관련되도록, 즉 참 계수 $\beta_1, \ldots, \beta_{45}$ 중 어느 것도 0이 되지 않게 생성되었다. 라쏘는 암묵적으로 여러 계수의 참값이 0이라고 가정한다. 따라서 이런 상황에서 라쏘가 예측오차 측면에서 능형회귀를 능가하지 못하는 것이 놀라운 일은 아니다. [그림 6.9]는 유사한 상황이지만 이번에는 반응변수가 45개의 예측변수 중 단 2개인 함수다. 이제 라쏘가 편향, 분산, 그리고 MSE 측면에서 능형회귀를 능가하는 경향을 보인다.

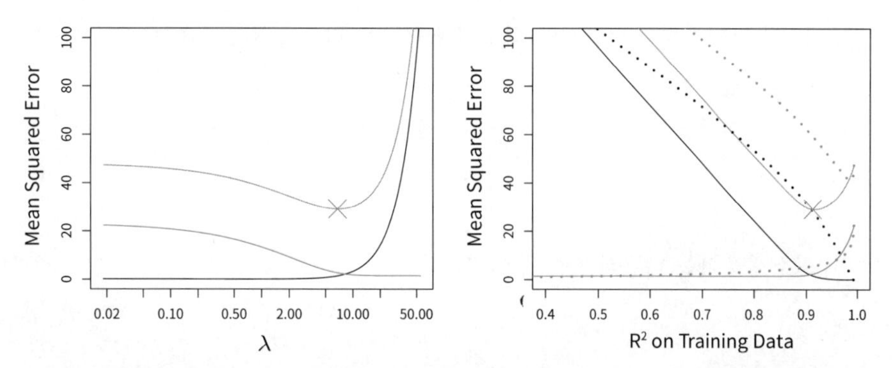

[그림 6.9] 왼쪽: 라쏘에 대한 편향제곱(검정색), 분산(초록색), 테스트 MSE(보라색)의 그래프. 시뮬레이션 데이터는 [그림 6.8]과 유사하지만 이제 예측변수 단 두 개만 반응변수와 관련이 있다. 오른쪽: 라쏘(실선)와 능형(점선) 사이의 편향제곱, 분산, 테스트 MSE 비교. 두 그래프 모두 훈련 데이터의 R^2을 공통 인덱스로 그렸다. 두 그래프에서 교차점은 MSE가 가장 작은 라쏘 모형을 나타낸다.

이 두 예제로 능형회귀와 라쏘 중 어느 방법이 다른 방법에 비해 월등히 우세하지는 않음을 알 수 있다. 일반적으로 라쏘는 상대적으로 적은 수의 예측변수가 상당히 큰 계수를 포함하고 나머지 예측변수의 계수는 매우 작거나 0일 때 성능이 더 낫다고 기대할 수 있다. 능형회귀는 반응변수가 많은 예측변수의 함수이고 그 계수들이 대략 동일한 크기일 때 더 나은 성능을 발휘한다. 그러나 실제 데이터 세트에서 반응과 관련된 예측변수의 수는 '선험적으로'(a priori) 알 수 없다. 교차검증과 같은 기법을 사용해 특정 데이터 세트에서 어떤 접근법이 더 나은지 결정할 수 있다.

능형회귀와 마찬가지로 최소제곱 추정값의 분산이 과도하게 높을 때, 라쏘 해는 편향을 소량 증가시키는 대신 분산을 감소시킬 수 있으며 결과적으로 더 정확한 예측을 할 수 있다. 능형회귀와는 달리 라쏘는 변수선택을 수행해 해석하기 더 쉬운 모형을 만든다.

능형회귀와 라쏘 모형을 적합하는 매우 효율적인 알고리즘들이 있다. 두 경우 모두 전체 계수 경로를 단일 최소제곱 적합과 거의 같은 양의 작업으로 계산할 수 있다. 이번 장의 실습에서 이에 대해 더 자세히 살펴본다.

능형회귀와 라쏘의 단순한 특수 사례

능형회귀와 라쏘가 어떻게 작동하는지 더 잘 이해하기 위해, $n = p$이고 $\mathbf{X}$가 대각행렬(대각원소가 1, 비대각원소가 0인 행렬)인 경우를 이용해 단순하면서도 특수한 사례를 살펴보자. 문제를 더 단순화하기 위해 절편 없이 회귀를 수행한다고 가정한다. 이 가정하에서 일반적인 최소제곱 문제는 다음을 최소화하는 $\beta_1, ..., \beta_p$를 찾는 문제로 단순화된다.

$$\sum_{j=1}^{p}(y_j - \beta_j)^2 \tag{6.11}$$

이때 최소제곱 해는 다음과 같이 주어진다.

$$\hat{\beta}_j = y_j$$

이 상황에서 능형회귀는 다음을 최소화하는 $\beta_1, ..., \beta_p$를 찾는 문제와 같다.

$$\sum_{j=1}^{p}(y_j - \beta_j)^2 + \lambda\sum_{j=1}^{p}\beta_j^2 \tag{6.12}$$

그리고 라쏘는 다음을 최소화하는 계수를 찾는 문제와 같다.

$$\sum_{j=1}^{p}(y_j - \beta_j)^2 + \lambda \sum_{j=1}^{p} |\beta_j| \tag{6.13}$$

여기서 능형회귀 추정값은 다음과 같은 형태를 취한다.

$$\hat{\beta}_j^R = y_j/(1+\lambda) \tag{6.14}$$

그리고 라쏘 추정값은 다음과 같은 형태를 취한다.

$$\hat{\beta}_j^L = \begin{cases} y_j - \lambda/2 & \text{if } y_j > \lambda/2 \\ y_j + \lambda/2 & \text{if } y_j < -\lambda/2 \\ 0 & \text{if } |y_j| \le \lambda/2 \end{cases} \tag{6.15}$$

[그림 6.10]에서 이 상황을 제시했다. 능형회귀와 라쏘가 매우 다른 두 유형의 축소를 수행한다는 것을 확인할 수 있다. 능형회귀에서는 각각의 최소제곱 계수 추정값이 동일한 비율로 축소된다. 반면 라쏘는 각각의 최소제곱 계수를 일정량 $\lambda/2$만큼 0 방향으로 축소한다. 절댓값이 $\lambda/2$보다 작은 최소제곱 계수는 완전히 0으로 축소된다. 이 단순한 설정 (6.15)에서 라쏘에 의해 이루어지는 축소 유형은 소프트-임곗값 처리(soft-thresholding)라고 알려져 있다. 일부 라쏘 계수가 완전히 0으로 축소된다는 사실에서 왜 라쏘가 특징선택을 수행하는지 설명할 수 있다.

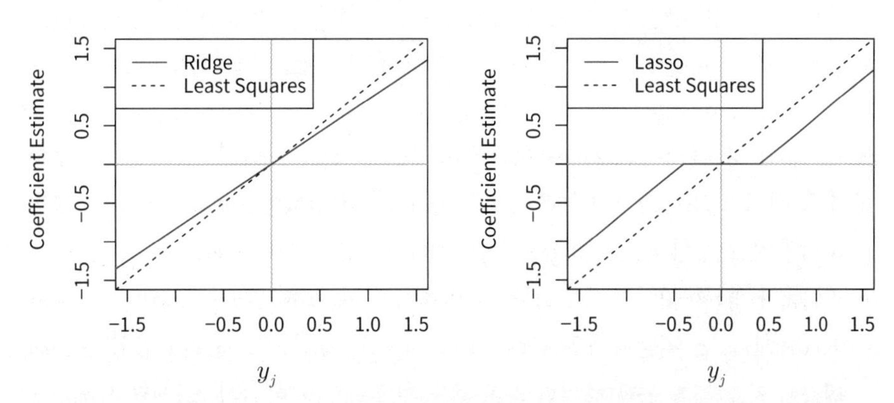

[그림 6.10] $n = p$이고 대각원소가 1인 대각행렬 $\mathbf{X}$를 이용한 단순한 상황에서의 능형회귀와 라쏘 계수 추정값. 왼쪽: 능형회귀계수 추정값은 최소제곱 추정값에 비해 상대적으로 0 방향으로 비례해서 축소된다. 오른쪽: 라쏘 계수 추정값은 0 방향으로 소프트-임곗값(soft-thresholded) 처리된다.

보다 일반적인 데이터 행렬 **X**는 [그림 6.10]에 나타난 것보다 이야기가 좀 더 복잡하지만 주요 아이디어는 대체로 유지된다. 능형회귀는 데이터의 모든 차원을 거의 동일한 비율로 축소하는 반면, 라쏘는 모든 계수를 비슷한 양만큼 0 방향으로 축소하며 충분히 작은 계수는 전부 0으로 축소된다.

능형회귀와 라쏘의 베이즈 해석

이제 능형회귀와 라쏘를 베이즈 관점에서 살펴보겠다. 베이즈 관점에서 회귀는 계수 벡터 β, 즉 $\beta = (\beta_0, \beta_1, ..., \beta_p)^T$가 어떤 사전분포(prior distribution) $p(\beta)$를 따른다고 가정한다. 데이터의 가능도는 $f(Y \mid X, \beta)$로 표현될 수 있고 여기서 $X = (X_1, ..., X_p)$이다. 사전분포와 가능도를 (비례 상수까지) 곱하면 사후분포(posterior distribution)를 얻게 되며 다음과 같은 형태를 취한다.

$$p(\beta|X,Y) \propto f(Y|X,\beta)p(\beta|X) = f(Y|X,\beta)p(\beta)$$

이 식에서 비례 관계는 베이즈 정리에서 나온다. 또한 이 등식은 X가 고정되었다는 가정에서 나온다.

일반적인 선형모형을 가정해 보자.

$$Y = \beta_0 + X_1\beta_1 + \cdots + X_p\beta_p + \epsilon$$

그리고 오차들은 독립이고 정규분포에서 추출되었다고 생각해 보자. 더 나아가 어떤 밀도함수 g에 대해 $p(\beta) = \prod_{j=1}^{p} g(\beta_j)$라고 가정하자. 실은 능형회귀와 라쏘는 g의 두 가지 특수한 경우로부터 자연스럽게 나온다.

- 만약 g가 평균이 0이고 표준편차가 λ의 함수인 가우스 분포라면 데이터가 주어졌을 때 β의 가장 가능성 높은 값, 즉 β의 사후 최빈값(posterior mode)이 능형회귀의 해로 주어진다(사실 능형회귀 해는 사후평균이기도 하다).
- 만약 g가 평균이 0이고 척도모수가 λ의 함수인 이중지수분포(double-exponential distribution, 라플라스 분포(Laplace distribution)라고도 함)라면 β의 사후 최빈값이 라쏘 해가 된다(하지만 라쏘 해는 사후평균이 '아니며', 실제로 사후평균은 희소 계수 벡터를 산출하지 않는다).

가우스 사전분포와 이중지수 사전분포는 [그림 6.11]에 제시되어 있다. 따라서 베이즈 관점에서 능형회귀와 라쏘는 정규 오차를 가지는 일반적인 선형모형과 함께

β에 대한 단순한 사전분포를 가정함으로써 직접 도출된다. 라쏘 사전분포는 0에서 급격히 정점을 이루는 반면, 가우스 사전분포는 0에서 더 평평하고 넓다. 따라서 라쏘는 선험적으로 많은 계수가 (정확히) 0이 될 것이라고 기대하는 반면, 능형회귀는 계수들이 0 주변에 랜덤하게 분포한다고 가정한다.

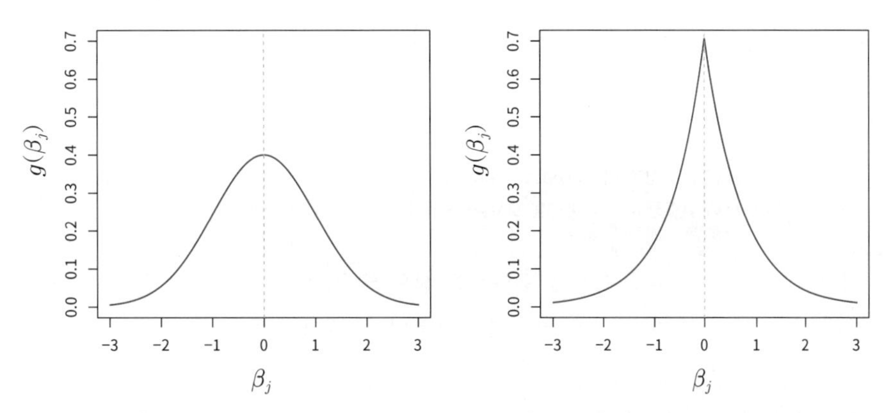

[그림 6.11] 왼쪽: 능형회귀는 가우스 사전분포에서 β의 사후 최빈값(mode)이다. 오른쪽: 라쏘는 이중지수 사전분포에서 β의 사후 최빈값이다.

6.2.3 조율모수 선택하기

6.1절에서 살펴본 부분집합선택법이 고려 대상 모형 중 어느 것이 가장 좋은지 결정하는 방법을 필요로 하는 것처럼, 능형회귀와 라쏘를 구현하려면 식 (6.5)와 식 (6.7)의 조율모수 값 λ 또는 식 (6.9)와 식 (6.8)의 제약값 s를 선택하는 방법이 필요하다. 교차검증(cross-validation)이 이 문제를 다루는 간단한 방법을 제공한다. λ 값의 그리드를 선택하고 5장에서 설명한 대로 각각의 λ 값에 대해 교차검증 오차를 계산한다. 그런 다음 교차검증 오차가 가장 작은 조율모수 값을 선택한다. 마지막으로 사용 가능한 모든 관측과 선택된 조율모수 값을 이용해 모형을 다시 적합한다.

[그림 6.12]는 `Credit` 데이터 세트에 대한 능형회귀 적합에 LOOCV(leave-one-out CV)를 수행한 결과 얻은 λ의 선택을 보여 준다. 수직 파선은 선택된 λ 값이다. 이 예에서 선택된 값은 상대적으로 작은데, 그 때문에 최적 적합이 최소제곱 해에 비해 개입되는 축소의 양이 상대적으로 적다. 게다가 차이가 그다지 뚜렷하지 않아서 유사한 오차를 내는 값의 범위가 꽤 넓다. 이때는 최소제곱 해를 사용하는 것이 유용할 수도 있다.

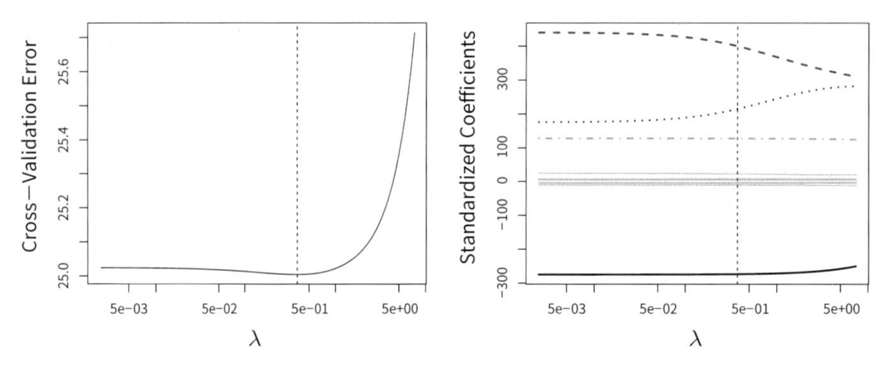

[그림 6.12] 왼쪽: 다양한 λ 값에 대해 Credit 데이터 세트에 능형회귀를 적용한 결과 발생한 교차검증 오차. 오른쪽: λ의 함수로서 계수 추정값. 수직 파선은 교차검증으로 선택된 λ 값을 나타낸다.

[그림 6.13]은 10-겹 교차검증의 예시를 보여 준다. [그림 6.9]의 희소(sparse) 시뮬레이션 데이터에 대한 라쏘 적합에 적용했다. [그림 6.13]의 왼쪽 그림은 교차검증 오차를, 오른쪽 그림은 계수 추정값을 보여 준다. 수직 파선은 교차검증 오차가 가장 작은 지점을 나타낸다. [그림 6.13]의 오른쪽 그림에서 색이 있는 두 선은 반응변수와 관련이 있는 두 예측변수를 나타내며 회색 선들은 관련이 없는 예측변수를 나타낸다. 보통 이 변수들을 각각 신호(signal)와 소음(noise)변수라고 한다. 라쏘는 두 신호 예측변수에 훨씬 더 큰 계수 추정값을 올바르게 부여할 뿐만 아니라 최소 교차검증 오차에 대응되는 계수 추정값 집합에서도 신호변수만 0이 아니다. 따라서 교차검증과 라쏘는 변수 $p = 45$개에 관측이 $n = 50$개만 있는 어려운 상황에서도 모형의 두 신호변수를 정확히 식별했다. 반면 [그림 6.13] 오른쪽 그림에서 맨

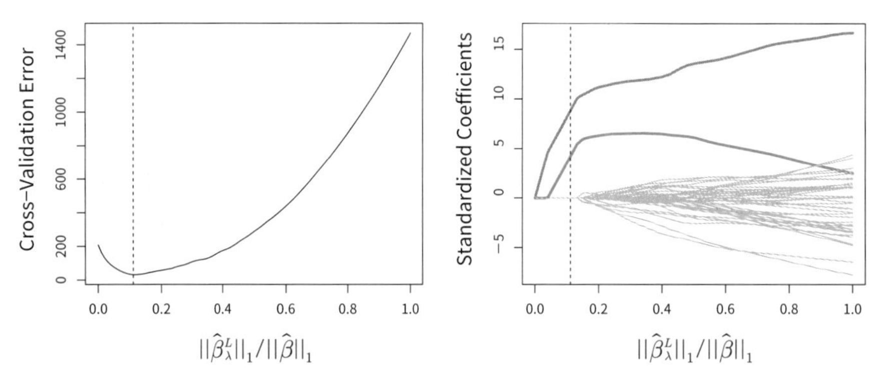

[그림 6.13] 왼쪽: [그림 6.9]의 희소 시뮬레이션 데이터 세트에 적용한 라쏘에 대한 10-겹 교차검증 MSE. 오른쪽: 라쏘 계수 추정값을 보여 준다. 두 신호변수는 컬러로 소음변수는 회색으로 보여 준다. 수직 파선은 교차검증 오차가 가장 작은 라쏘 적합을 나타낸다.

오른쪽에 표시된 최소제곱 해는 두 신호변수 중 하나에만 계수 추정값을 크게 할당한다.

6.3 차원축소법

이번 장에서 지금까지 논의한 방법들은 원래 변수의 일부 부분집합을 사용하거나 그 계수를 0 방향으로 축소하는 두 가지 다른 방식으로 분산을 제어했다. 이런 방법은 모두 원래의 예측변수, $X_1, X_2, ..., X_p$를 사용해 정의된다. 이제 예측변수들을 변환(transform)한 다음 변환된 변수를 사용해 최소제곱모형을 적합하는 또 한 부류의 접근법을 살펴본다. 이 기법을 차원축소(dimension reduction) 방법이라고 한다.

원래의 p개 예측변수의 $M < p$개[10]의 선형결합(linear combination)을 $Z_1, Z_2, ...,$ Z_M으로 표현하자. 즉, 어떤 상수 $\phi_{1m}, \phi_{2m}..., \phi_{pm}, m = 1, ..., M$에서

$$Z_m = \sum_{j=1}^{p} \phi_{jm} X_j \tag{6.16}$$

이다. 그리고 최소제곱을 사용해 다음과 같은 형태의 선형회귀모형을 적합할 수 있다.

$$y_i = \theta_0 + \sum_{m=1}^{M} \theta_m z_{im} + \epsilon_i, \quad i = 1, \ldots, n \tag{6.17}$$

식 (6.17)에서 회귀계수가 $\theta_0, \theta_1, ..., \theta_M$이라는 점에 주목하자. 상수 $\phi_{1m}, \phi_{2m}, ...,$ ϕ_{pm}을 현명하게 선택하면 차원축소법이 최소제곱 회귀보다 성능이 나을 때가 많다. 즉, 최소제곱을 사용해 식 (6.17)을 적합하면 식 (6.1)을 최소제곱으로 적합할 때보다 더 좋은 결과가 나올 수 있다.

차원축소(dimension reduction)라는 용어는 이 접근법이 $p + 1$개의 계수 $\beta_0, \beta_1,$ $..., \beta_p$를 추정하는 문제를, $M < p$인 $M + 1$개의 계수 $\theta_0, \theta_1, ..., \theta_M$을 추정하는 더 단순한 문제로 축소한다는 사실에서 유래되었다. 즉, 문제의 차원이 $p + 1$에서 $M + 1$로 축소된 것이다.

10 (옮긴이) M개인데 $M < p$라는 뜻이다. 즉, p보다 작은 수의 M개라는 뜻이다.

식 (6.16)에서[11]

$$\sum_{m=1}^{M} \theta_m z_{im} = \sum_{m=1}^{M} \theta_m \sum_{j=1}^{p} \phi_{jm} x_{ij} = \sum_{j=1}^{p} \sum_{m=1}^{M} \theta_m \phi_{jm} x_{ij} = \sum_{j=1}^{p} \beta_j x_{ij}$$

이라는 사실에 주목한다. 여기서

$$\beta_j = \sum_{m=1}^{M} \theta_m \phi_{jm} \tag{6.18}$$

이다. 그러므로 식 (6.17)은 원래의 선형회귀모형인 식 (6.1)의 특별한 경우로 생각할 수 있다. 이제 계수들이 식 (6.18)의 형태를 취해야 하므로 차원축소는 추정된 β_j 계수를 제약하는 역할을 한다. 계수 형태에 제약을 주면 계수 추정값을 편향시킬 잠재적 가능성이 있다. 하지만 p가 n에 비해 큰 상황에서 $M \ll p$의 값을 선택하면 적합 계수의 분산을 상당히 줄일 수 있다. 만약 $M = p$이고 모든 Z_m이 선형독립이라면 식 (6.18)은 어떠한 제약도 가하지 않는다. 이때는 차원축소가 발생하지 않으며, 따라서 식 (6.17)을 적합하는 것은 원래의 p개 예측변수에 최소제곱을 수행하는 일과 동일하다.

차원축소법은 모두 두 단계로 작동한다. 첫째, 변환된 예측변수 $Z_1, Z_2, ..., Z_M$을 구한다. 둘째, 이 M개의 예측변수를 사용해 모형을 적합한다. 그런데 $Z_1, Z_2, ..., Z_M$을 선택하는 것 또는 이와 등가인 ϕ_{jm}을 선택하는 것은 여러 가지 다른 방법으로 달성할 수 있다. 이번 장에서 이 작업을 위한 두 가지 접근법, 주성분(principal components)과 편최소제곱(partial least squares)을 살펴본다.

6.3.1 주성분회귀

주성분분석(PCA, principal components analysis)은 대규모 변수 집합에서 저차원의 특징 집합을 도출하기 위한 인기 있는 접근법이다. PCA는 12장에서 비지도학습(unsupervised learning) 도구로서 더 상세히 논의한다. 여기서는 회귀에서 사용하는 차원축소 기법으로 설명한다.

11 (옮긴이) 식 (6.16)에서 대문자로 표현된 변수를 소문자로 표현하면 $z_{im} = \sum_{j=1}^{p} \phi_{jm} x_j$이다. 이것을 식 (6.17)에 있는 $\sum_{m=1}^{M} \theta_m z_{im}$에 대입해 정리하면 된다.

주성분분석 개요

PCA는 $n \times p$ 데이터 행렬 $\mathbf{X}$의 차원을 줄이는 기법이다. 데이터의 '첫 번째 주성분' 방향은 관측이 **가장 많이 변동하는** 방향이다. 예를 들어 [그림 6.14]를 살펴보자. 이 그래프는 10만 명 단위의 인구 크기(pop)와 특정 회사의 광고 지출(ad)을 $1,000 단위로 나타낸 100개의 도시를 보여 준다.[12] 초록색 실선은 데이터의 첫 번째 주성분 방향을 나타낸다. 육안으로도 이 방향이 데이터에서 변동이 가장 큰 방향임을 알 수 있다. 즉, 100개 관측을 이 선 위에 '투영'하면([그림 6.15]의 왼쪽 그래프에서 표시된 것처럼) 투영된 관측은 가능한 가장 큰 분산을 갖게 될 것이다. 관측을 다른 선 위에 투영하면 투영된 관측은 더 낮은 분산을 갖게 될 것이다. 점을 선 위에 투영한다는 것은 단순히 점에 가장 가까운 직선상의 위치를 찾는다는 의미다.

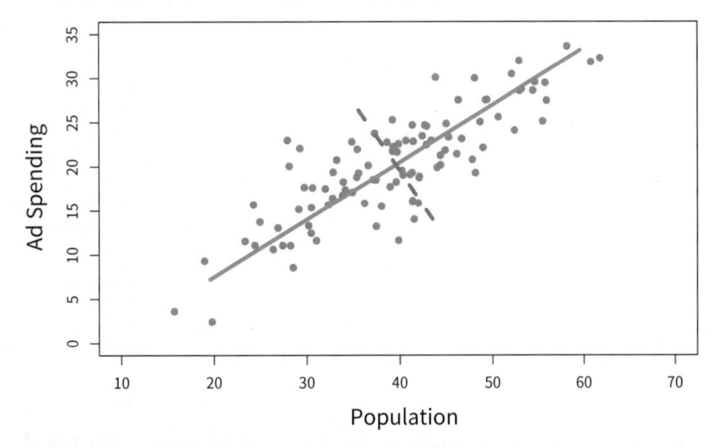

[그림 6.14] 100개의 서로 다른 도시의 인구 크기(pop)와 광고 지출(ad)을 보라색 원으로 표시했다. 초록색 실선은 첫 번째 주성분을 나타내고 파란색 파선은 두 번째 주성분을 나타낸다.

[그림 6.14]에서 제시한 첫 번째 주성분은 수학적으로 어떻게 요약할 수 있을까? 첫 번째 주성분의 식은 다음과 같이 주어진다.

$$Z_1 = 0.839 \times (\mathsf{pop} - \overline{\mathsf{pop}}) + 0.544 \times (\mathsf{ad} - \overline{\mathsf{ad}}) \tag{6.19}$$

여기서 $\phi_{11} = 0.839$와 $\phi_{21} = 0.544$는 앞에서 언급한 방향을 정의하는 주성분 적재값(principal component loading)이다. 식 (6.19)에서 $\overline{\mathsf{pop}}$은 이 데이터 세트의 모든 pop 값의 평균을 나타내고 $\overline{\mathsf{ad}}$는 모든 광고 지출의 평균을 나타낸다. 이것은 $\phi_{11}^2 +$

12 이 데이터 세트는 3장에서 논의한 `Advertising` 데이터와는 차이가 있다.

$\phi_{21}^2 = 1$을 만족하는 pop과 ad의 모든 가능한 '선형결합' 중에서 바로 이 결합이 가장 높은 분산을 산출하는 결합이라는 아이디어, 즉 $\mathrm{Var}(\phi_{11} \times (\mathsf{pop} - \overline{\mathsf{pop}}) + \phi_{21} \times (\mathsf{ad} - \overline{\mathsf{ad}}))$가 최대화되는 선형결합이라는 아이디어를 바탕으로 한다. ϕ_{11}과 ϕ_{21}을 임의로 증가시키면 분산을 확대할 수 있기 때문에 $\phi_{11}^2 + \phi_{21}^2 = 1$ 형태의 선형결합만 고려할 필요가 있다. 식 (6.19)에서 두 적재값은 모두 양수고 크기가 비슷하기 때문에 Z_1은 두 변수의 '평균'에 가깝다.

$n = 100$일 때 식 (6.19)에서 pop과 ad는 길이가 100인 벡터이고 Z_1도 마찬가지다. 예를 들면 다음과 같다.

$$z_{i1} = 0.839 \times (\mathsf{pop}_i - \overline{\mathsf{pop}}) + 0.544 \times (\mathsf{ad}_i - \overline{\mathsf{ad}}) \tag{6.20}$$

$z_{11}, \ldots, z_{n1}$의 값들을 주성분점수(principal component score)라고 하며 [그림 6.15]의 오른쪽 그림에서 볼 수 있다.

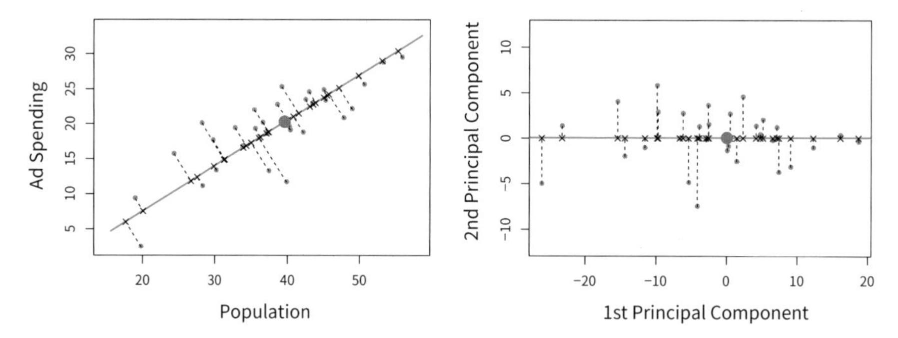

[그림 6.15] 광고 데이터의 부분집합. pop과 ad 예산의 평균은 파란색 원으로 표시되어 있다. 왼쪽: 첫 번째 주성분 방향이 초록색으로 표시되어 있다. 데이터가 가장 많이 변하는 차원이며 또한 모든 n개 관측에서 가장 가까운 선을 정의한다. 검은색 파선은 각각의 관측에서 주성분까지의 거리를 나타낸다. 파란색 점은 $(\overline{\mathsf{pop}}, \overline{\mathsf{ad}})$를 표시한 것이다. 오른쪽: 왼쪽 그림을 회전해 첫 번째 주성분 방향이 x축과 일치하도록 했다.

주성분분석(PCA)의 또 다른 해석은 다음과 같다. 첫 번째 주성분 벡터는 데이터에 '가능한 한 가까운' 선을 정의한다. 예를 들어 [그림 6.14]에서 첫 번째 주성분 선은 각 점과 선 사이에서 수직 거리의 제곱합을 최소화한다. 이 거리들은 [그림 6.15]의 왼쪽 그림에서 파선으로 표시되어 있고 ×자 표시는 각각의 점이 첫 번째 주성분 선 위로 '투영'된 것을 나타낸다. 첫 번째 주성분은 투영된 관측이 원래 관측에 **가능한 한 가깝게 되도록** 선택된다.

[그림 6.15]의 오른쪽 그림은 왼쪽 그림을 회전해 첫 번째 주성분 방향을 x축과 일치시켰다. 식 (6.20)에 주어진 i번째 관측의 '첫 번째 주성분점수'는 i번째 ×자 표시가 0에서 x 방향으로 떨어진 거리임을 보일 수 있다. 예를 들어 [그림 6.15] 왼쪽 그림에서 왼쪽 하단 모서리에 있는 점은 큰 음의 주성분점수 $z_{i1} = -26.1$을 나타내고 오른쪽 상단 모서리에 있는 점은 큰 양의 점수 $z_{i1} = 18.7$을 나타낸다. 이 점수들은 식 (6.20)을 사용해 직접 계산할 수 있다.

주성분 Z_1의 값은 각각의 위치에서 pop과 ad 예산을 결합해 하나의 수치로 요약한다고 생각할 수 있다. 이 예에서 $z_{i1} = 0.839 \times (\text{pop}_i - \overline{\text{pop}}) + 0.544 \times (\text{ad}_i - \overline{\text{ad}}) < 0$이면 인구 크기와 광고 지출이 평균 이하인 도시를 나타낸다. 양의 점수는 반대의 경우를 나타낸다. 하나의 수치가 pop과 ad를 얼마나 잘 대표할 수 있을까? 이 경우에 [그림 6.14]에 나타나듯이 pop과 ad가 근사적으로 선형 관계이므로 단일 수치 요약이 잘 작동할 것이라 기대된다. [그림 6.16]은 z_{i1} 대비 pop과 ad 각각의 그래프다.[13] 이 그래프에서 첫 번째 주성분과 두 특징 사이에 강한 관계를 보여 준다. 즉, 첫 번째 주성분은 pop과 ad 예측변수에 포함된 정보를 대부분 잘 포착하는 것으로 보인다.

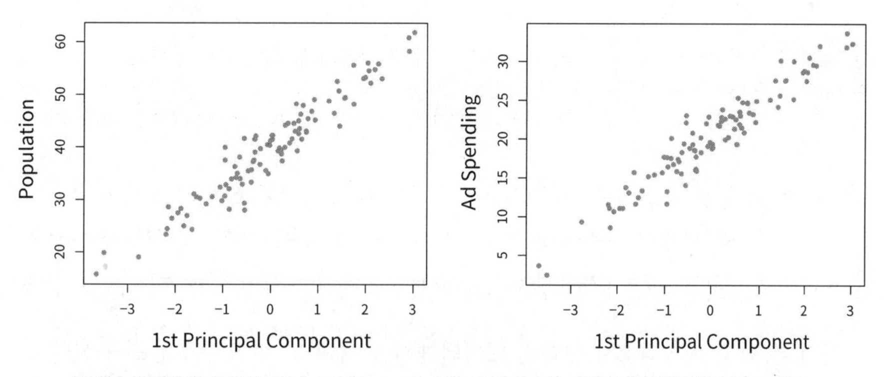

[그림 6.16] 첫 번째 주성분점수 z_{i1} 대비 pop과 ad의 그래프로 둘 사이에 강한 관계를 보이고 있다.

지금까지는 첫 번째 주성분에 집중했다. 일반적으로 최대 p개의 서로 다른 주성분을 구성할 수 있다. 두 번째 주성분 Z_2는 Z_1과 상관관계가 없고 제약 조건을 지키면서 가장 큰 분산을 갖는 변수들의 선형결합이다. 두 번째 주성분의 방향은 [그림 6.14]에서 파란색 파선으로 표시했다. Z_1과 Z_2의 영상관(zero-correlation)이라

13 일반적으로 주성분은 pop과 ad를 먼저 표준화한 후에 계산된다. 따라서 [그림 6.15]와 [그림 6.16]의 x축은 같은 척도가 아니다.

는 조건은 두 번째 주성분의 방향이 첫 번째 주성분의 방향에 수직(perpendicular) 또는 직교(orthogonal)[14]해야 한다는 조건과 동치임이 알려져 있다. 두 번째 주성분은 다음과 같다.

$$Z_2 = 0.544 \times (\mathsf{pop} - \overline{\mathsf{pop}}) - 0.839 \times (\mathsf{ad} - \overline{\mathsf{ad}})$$

광고 데이터에는 두 개의 예측변수가 있으므로 첫 두 주성분이 pop과 ad에 있는 모든 정보를 포함한다. 그러나 구성상 첫 번째 성분이 가장 많은 정보를 포함한다. 예를 들어 [그림 6.15]의 오른쪽 그림에서 z_{i2}(y축)에 비해 z_{i1}(x축)의 변동이 훨씬 크다는 것을 생각해 보자. 두 번째 주성분점수가 훨씬 0에 가깝다는 사실은 이 성분이 훨씬 적은 정보를 포착한다는 것을 나타낸다. 또 다른 예로 [그림 6.17]은 z_{i2} 대비 pop과 ad를 보여 준다. 두 번째 주성분과 이 두 예측변수 사이에는 거의 관계가 없는데, 이 예로 첫 번째 주성분만 있어도 pop과 ad 예산을 정확하게 나타내기에 충분함을 다시 한번 알 수 있다.

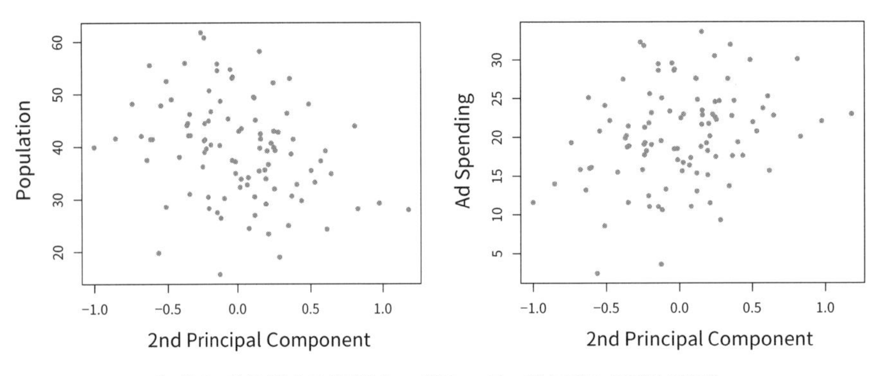

[그림 6.17] 두 번째 주성분점수 z_{i2} 대비 pop과 ad의 그래프. 관계가 약하다.

앞서 본 광고 예제와 같은 2차원 데이터에서는 최대 두 개의 주성분을 구성할 수 있다. 그러나 인구 연령, 소득 수준, 교육 등 다른 예측변수가 있다면 성분을 추가적으로 구성할 수 있다. 추가 성분은 선행 성분과 상관관계가 없다는 제약 조건을 충족하면서 차례대로 분산을 최대화할 것이다.

14 (옮긴이) 직교(orthogonality)라는 개념은 수직(perpendicularity)이라는 기하학의 개념을 선형대수로 확장한 것이다. 좁은 의미로 두 벡터의 내적(inner product)이 0일 때 직교라고 한다. 예를 들어 벡터 $\mathbf{x}^T = (x_1, x_2, ..., x_n)$과 $\mathbf{y}^T = (y_1, y_2, ..., y_n)$의 내적은 $\mathbf{x}^T\mathbf{y} = x_1y_1 + x_2y_2 + ... + x_ny_n$이다. 이 값이 0일 때 두 벡터가 직교한다고 한다. 벡터 표기법은 1.1절에서 참고할 수 있다. 내적 개념은 9장에 빈번하게 등장하며 식 (9.17)에서 설명할 예정이다. 이 책에서 수직과 직교 개념은 이번 장과 12장의 식 (12.4)의 주성분 설명에서만 등장한다.

주성분회귀 방법

주성분회귀(PCR, principal components regression) 접근법은 첫 M개의 주성분 $Z_1, ..., Z_M$을 구성하고 이 성분을 선형회귀모형의 예측변수로 사용해 최소제곱법으로 적합하는 과정으로 이루어진다. 핵심 아이디어는 소수의 주성분만으로 데이터의 변동을 대부분 설명할 뿐만 아니라 반응과의 관계를 설명하기에도 충분한 경우가 많다는 것이다. 즉, **$X_1, ..., X_p$가 가장 큰 변동(variation)을 보여 주는 방향이 Y와 연관된 방향**이라고 가정한다. 이 가정이 반드시 참이라는 보장은 없지만 종종 합리적인 근사값을 제공하므로 좋은 결과를 얻을 수 있다.

PCR의 기본 가정이 성립한다면 $Z_1, ..., Z_M$에 최소제곱모형을 적합하는 게 $X_1, ..., X_p$에 최소제곱모형을 적합하는 것보다 더 결과가 좋을 수 있다. 왜냐하면 데이터에서 반응변수와 관련된 전부 또는 대다수 정보가 $Z_1, ..., Z_M$에 포함되어 있어 $M \ll p$개의 계수만 추정하는 것으로 과적합을 완화할 수 있기 때문이다. 광고 데이터에서 첫 번째 주성분은 pop과 ad의 분산 대부분을 설명하므로 이 단일 변수를 사용해 관심 있는 반응변수, 예를 들어 sales를 예측하는 주성분회귀는 성능이 꽤 좋을 가능성이 있다.

[그림 6.18]은 [그림 6.8]과 [그림 6.9]의 시뮬레이션 데이터 세트에 대한 PCR 적합을 보여 준다. 두 데이터 세트 모두 $n = 50$개의 관측과 $p = 45$개의 예측변수를 사용해 생성됐다. 그러나 첫 번째 데이터 세트의 반응변수는 모든 예측변수의 함수였던 반면, 두 번째 데이터 세트의 반응변수는 두 예측변수만을 사용해 생성됐다. 곡선은 회귀모형에서 예측변수로 사용된 주성분의 수 M의 함수로 그린 것이다. 회귀모형에서 더 많은 주성분을 사용할수록 편향은 감소하지만 분산은 증가한다. 결

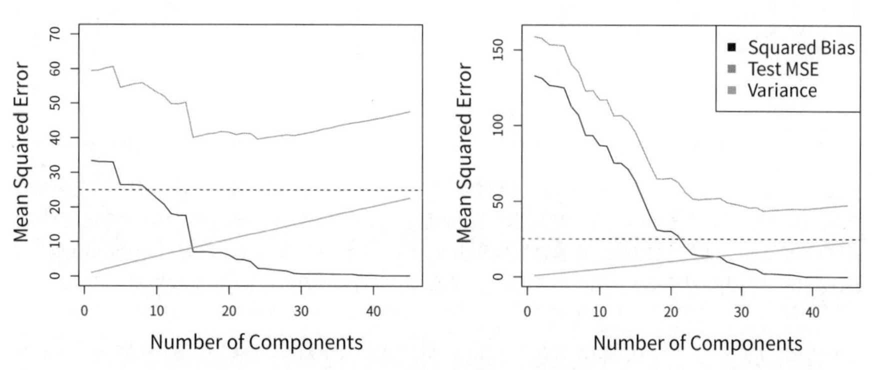

[그림 6.18] PCR을 두 개의 시뮬레이션 데이터 세트에 적용했다. 각 그림에서 수평 파선은 축소가능 오차를 나타낸다. 왼쪽: [그림 6.8]에서 시뮬레이션한 데이터. 오른쪽: [그림 6.9]에서 시뮬레이션한 데이터.

과는 평균제곱오차의 전형적인 U-자형이 된다. $M = p = 45$일 때 PCR은 그냥 원래 예측변수를 모두 사용하는 최소제곱 적합이 되어 버린다. 이 그림은 적절한 M을 선택해 PCR을 수행하면 최소제곱에 비해 성능을 상당히 개선할 수 있음을 보여 준다. 특히 왼쪽 그림에서 그렇다. 그러나 [그림 6.5], [그림 6.8], [그림 6.9]에서 능형회귀와 라쏘 결과를 검토해 보면 PCR이 이 예제에서 두 축소 방법과 마찬가지로 성능이 좋지 않음을 알 수 있다.

[그림 6.18]에서 PCR이 상대적으로 더 나쁜 성능을 보이는 것은 반응변수의 적절한 모형으로 많은 주성분이 필요하도록 데이터가 생성됐기 때문이다. 반면에 처음 주성분 몇 개만으로 예측변수의 대다수 변동(variation)과 반응변수와의 관계를 포착할 수 있는 경우에는 PCR의 성능이 좋다. [그림 6.19] 왼쪽 그림은 PCR에 더 유리하게 설계된 또 다른 시뮬레이션 데이터 세트의 결과를 보여 준다. 여기서 반응변수는 처음 다섯 개의 주성분에만 전적으로 의존해 생성했다. 이제 PCR에서 사용된 주성분의 개수 M이 증가함에 따라 편향은 급격히 0으로 떨어진다. 평균제곱오차는 $M = 5$에서 분명한 최솟값을 보여 준다. [그림 6.19]의 오른쪽 그림은 같은 데이터에 대해 능형회귀와 라쏘를 사용해 얻은 결과다. 세 방법 모두 최소제곱에 비해 상당히 개선된 결과를 보인다. PCR과 능형회귀가 라쏘보다 약간 더 성능이 좋다.

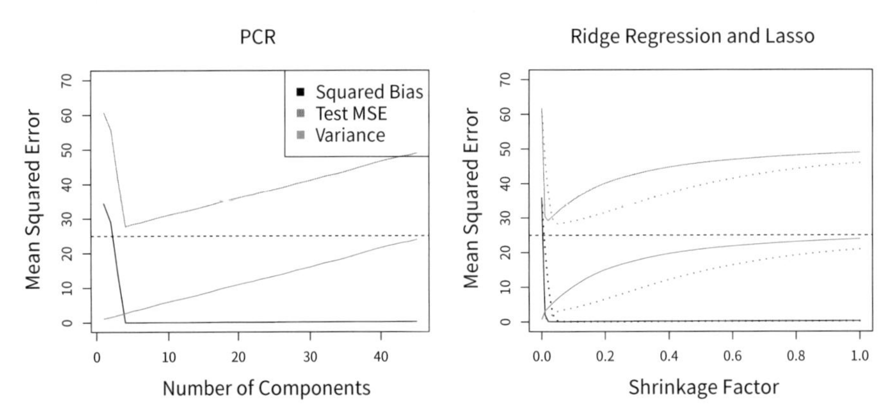

[그림 6.19] X의 처음 다섯 개의 주성분이 반응변수 Y에 대한 모든 정보를 포함하는 시뮬레이션 데이터 세트에 PCR, 능형회귀, 라쏘를 적용했다. 각각의 그림에서 축소불가능 오차 $\text{Var}(\epsilon)$는 수평 파선으로 표시되어 있다. 왼쪽: PCR의 결과. 오른쪽: 라쏘(실선)와 능형회귀(점선)의 결과. x축은 계수 추정값의 축소 인자(shrinkage factor)를 표시하는데, 이것은 축소된 계수 추정값의 ℓ_2 노름을 최소제곱 추정값의 ℓ_2 노름으로 나눈 값으로 정의된다.

PCR이 $M < p$개의 예측변수를 사용해 회귀를 수행하는 간단한 방법을 제공하더라도 그것은 특징선택 방법이 '아니다'. 이것은 회귀에 사용된 M개의 주성분 각각

이 '원래' 특징 p개 전부의 선형결합이기 때문이다. 예를 들어 식 (6.19)에서 Z_1은 두 변수 pop과 ad의 선형결합이었다. 따라서 PCR은 실제 상황에서 상당히 성능이 좋은 경우가 많지만 원래 특징의 일부 작은 집합에 의존하는 모형의 개발로 귀결되지는 않는다. 이런 의미에서 PCR은 라쏘보다 능형회귀에 더 가깝다. 사실 PCR과 능형회귀가 매우 가까운 관계임을 보일 수 있다. PCR은 능형회귀의 연속형 버전으로 생각할 수도 있다.[15]

PCR에서 주성분의 수 M은 일반적으로 교차검증으로 선택된다. `Credit` 데이터 세트에 PCR을 적용해 구한 결과는 [그림 6.20]에 제시했다. 오른쪽 그림은 교차검증 오차를 구한 값을 M의 함수로 보여 준다. 이 데이터에서 가장 작은 교차검증 오차는 $M = 10$개의 성분이 있을 때 발생한다. 이는 차원축소가 전혀 없는데, PCR을 $M = 11$로 수행하는 것은 단순하게 최소제곱을 수행하는 것과 동치이기 때문이다.

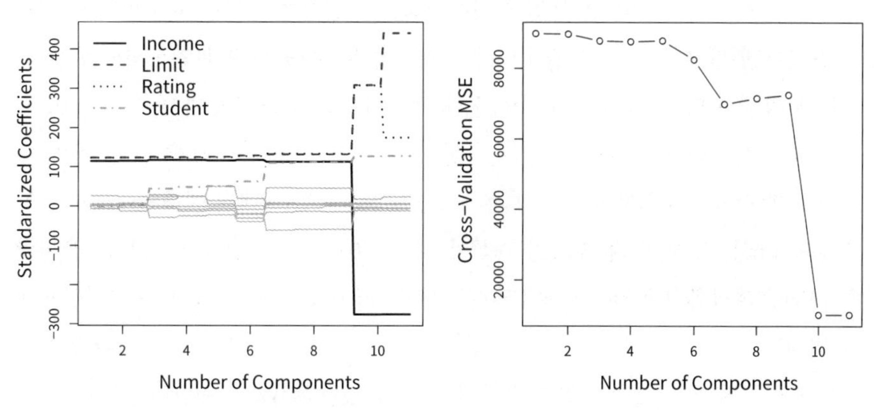

[그림 6.20] 왼쪽: `Credit` 데이터 세트에서 다양한 M 값에 대한 PCR 표준화 계수 추정값. 오른쪽: PCR로 얻은 10-겹 교차검증 MSE를 M의 함수로 나타냈다.

PCR을 수행할 때 일반적으로 주성분을 생성하기 전에 식 (6.6)을 사용해 각각의 예측변수를 '표준화'하기를 권장한다. 표준화는 모든 변수가 동일한 척도에 있음을 보장해 준다. 표준화를 하지 않으면 분산이 큰 변수가 결과로 얻은 주성분에서 더 큰 역할을 한다. 변수를 측정하는 데 사용된 척도가 최종 PCR 모형에 궁극적으로 영향을 미치게 될 것이다. 그러나 만약 변수들이 모두 같은 단위(예를 들어 킬로그램 또는 인치)로 측정됐다면 그것들을 표준화하지 않을 수도 있다.

15 더 자세한 내용은 헤이스티, 팁시라니, 프리드먼 공저인 《통계학으로 배우는 머신러닝 The Elements of Statistical Learning》(에이콘출판, 2020) 3.5절에서 찾을 수 있다.

6.3.2 편최소제곱법

방금 설명한 PCR 접근법은 예측변수 $X_1, ..., X_p$를 가장 잘 대표하는 신형결합이나 '방향'을 찾아내는 과정을 필요로 한다. 이런 방향을 찾아내는 일은 비지도학습(unsupervised learning) 방식으로 이루어진다. 즉, 반응변수가 주성분의 식별을 지도(supervise)하지 않는다. 따라서 PCR에는 예측변수를 가장 잘 설명하는 방향이 반응변수를 예측하기 가장 좋은 방향이라는 보장이 없다는 결점이 있다. 비지도 방법은 12장에서 더 자세히 설명한다.

이제 PCR의 대안 지도학습(supervised learning)으로 편최소제곱법(PLS, partial least squares)을 소개한다. PCR과 마찬가지로 PLS 역시 차원축소 방법으로 원래 특징의 선형결합인 새로운 특징 집합 $Z_1, ..., Z_M$을 먼저 찾아낸 다음, 이 M개의 새로운 특징을 사용해 최소제곱법으로 선형모형을 적합한다. 그러나 PCR과 달리 PLS는 지도 방식으로 이 새로운 특징을 찾아낸다. 즉, 반응변수 Y를 사용해 새로운 특징을 찾아낼 때 기존 특징을 잘 근사할 뿐만 아니라 **반응변수와 연관되도록** 한다. 거칠게 말해서 PLS 접근법은 반응변수와 예측변수 모두를 설명하는 데 도움이 되는 방향을 찾으려는 방법이다.

이제 첫 번째 PLS 방향이 어떻게 계산되는지 설명한다. p개의 예측변수를 표준화한 다음 PLS는 첫 번째 방향 Z_1을 계산할 때, 식 (6.16)에서 각각의 ϕ_{j1}을 Y에 대한 X_j의 단순선형회귀계수와 동일하게 설정한다. 이 계수가 Y와 X_j 사이의 상관관계에 비례함을 보일 수 있다. 그러므로 $Z_1 = \sum_{j=1}^{p} \phi_{j1}X_j$를 계산할 때 PLS는 반응변수와 가장 강하게 연관되어 있는 변수에 가장 높은 가중치를 부여한다.

[그림 6.21]은 100개 지역의 판매량을 반응변수로 하고 인구 크기와 광고 지출을 예측변수로 하는 합성 데이터 세트에 PLS를 적용한 예를 보여 준다. 초록색 실선은 첫 번째 PLS 방향을 나타내며 점선은 첫 번째 주성분 방향을 보여 준다. PLS가 선택한 방향은 PCA에 비해 pop 차원에서 단위 변화당 ad 차원의 변화가 적은 방향이다. 따라서 pop이 ad보다 반응변수와 상관관계가 더 높다는 것을 알 수 있다. PLS 방향은 PCA처럼 예측변수에 밀착되진 않지만 반응변수를 설명할 때는 더 성능이 좋다.

두 번째 PLS 방향을 찾아내려면 먼저 각각의 변수를 Z_1에 회귀하고 잔차(residual)를 취해 Z_1에 대해 각 변수를 조정(adjust)한다. 이 잔차는 첫 번째 PLS 방향으로 설명되지 않았던 나머지 정보로 해석될 수 있다. 그런 다음 원래 데이터를 기반으

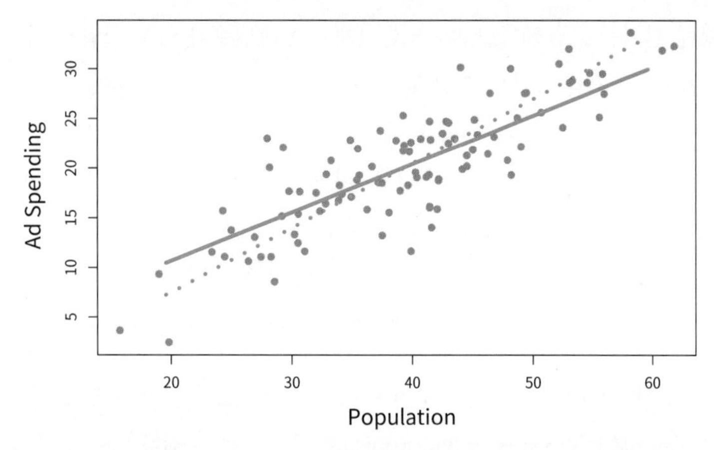

[그림 6.21] 광고 데이터에서 첫 번째 PLS 방향(실선)과 첫 번째 PCR 방향(점선)을 보여 준다.

로 Z_1을 계산할 때와 정확히 똑같은 방식으로 직교화된(orthogonalized) 데이터를 사용해 Z_2를 계산한다. 이 반복 접근법은 여러 개의 PLS 성분 $Z_1, ..., Z_M$을 찾기 위해 M번 반복될 수 있다. 최종적으로 이 절차의 마지막 단계에서는 PCR과 정확히 똑같은 방식으로 $Z_1, ..., Z_M$을 사용해 Y를 예측하기 위한 선형모형을 최소제곱법으로 적합한다.

PCR과 마찬가지로 PLS에서 사용되는 편최소제곱 방향의 개수 M은 일반적으로 교차검증으로 선택되는 조율모수(tuning parameter)다. 보통 PLS를 수행하기 전에 예측변수와 반응변수를 표준화한다.

PLS는 디지털 분광계 신호에서 많은 변수가 나오는 계량화학 분야에서 인기가 있다. 실제로 PLS의 성능은 능형회귀나 PCR보다 낫은 경우가 많다. PLS의 지도를 받는 차원축소는 편향을 줄일 수 있지만 분산을 증가시킬 잠재적인 가능성이 있다. 그래서 PLS의 PCR 대비 전체 이득은 사라진다.

6.4 고차원에서 생각할 점

6.4.1 고차원 데이터

회귀와 분류를 위한 전통적인 통계 기법은 대부분 관측 개수 n이 특징 개수 p보다 훨씬 큰 저차원(low-dimensional) 상황을 위해 만들어졌다. 통계가 필요한 과학적 문제가 대부분 저차원이었기 때문이다. 예를 들어 환자의 나이, 성별, 체질량지수(BMI)를 바탕으로 환자의 혈압을 예측하는 모형을 개발하는 작업을 생각해 보

자. 모형에 절편을 포함한다면 3개 또는 4개의 예측변수가 있고 혈압과 나이, 성별, BMI가 알려진 환자가 아마도 수천 명 있을 것이다. 따라서 $n \gg p$이므로 저차원 문제에 해당한다(여기서 차원은 p의 크기를 의미한다).

지난 20년 동안 새로운 기술들이 금융, 마케팅, 의학 등 다양한 분야에서 데이터 수집 방식을 변모시켰다. 지금은 특징 측정값(p가 매우 큼)을 거의 무제한으로 수집하는 것이 일반적이다. p는 매우 클 수 있지만 비용, 표본 가용성 또는 기타 고려 사항으로 인해 관측 개수 n은 종종 제한적이다. 다음 두 가지 예를 보자.

1. 나이, 성별, BMI만으로 혈압을 예측하는 대신 오십만 개의 단일염기다형성(SNPs, single nucleotide polymorphisms) 측정값을 수집해 예측모형에 포함할 수 있다(SNPs는 모집단에서 비교적 흔한 개별 DNA 변이다). 그러면 $n \approx 200$이고 $p \approx 500{,}000$이다.
2. 온라인 쇼핑 패턴을 이해하려는 마케팅 분석가는 검색엔진 사용자가 입력한 모든 검색어를 특징으로 취급할 수 있다. 이 방법은 종종 단어 가방(bag-of-words) 모형으로 알려져 있다. 같은 연구자는 자신의 정보를 공유하기로 동의한 수백 또는 수천 명의 검색엔진 사용자들에 한정해 검색 기록에 접근할 수 있다. 한 사용자에 대해 p개의 검색어 각각은 존재하지 않음(0) 또는 존재함(1)으로 점수가 매겨져 커다란 이진 특징 벡터를 생성한다. 그러면 $n \approx 1{,}000$이고 p는 훨씬 더 크다.

관측 개수보다 특징 개수가 더 많은 데이터 세트를 보통 고차원(high-dimensional)이라고 한다. 최소제곱 선형회귀 같은 고전적 접근법은 고차원 상황에 적절하지 않다. 고차원 데이터 분석에서 발생하는 많은 문제들은 $n > p$일 때도 적용되기 때문에 이 책의 앞부분에서 논의됐다. 이 논의에는 편향-분산 트레이드오프(bias-variance trade-off)의 영향과 과적합의 위험이 포함된다. 이 문제는 항상 따져볼 필요가 있지만 특징 개수가 관측 개수보다 매우 클 때 특히 중요하다.

'고차원 상황'을 특징 개수 p가 관측 개수 n보다 큰 경우로 정의했다. 그러나 앞으로 논의할 문제는 p가 n보다 약간 작은 경우일 때도 틀림없이 적용되며 지도학습을 수행할 때 항상 염두에 두는 것이 좋다.

6.4.2 고차원에서는 무엇이 문제인가?

$p > n$일 때 회귀와 분류를 수행하려면 주의와 특수한 기법이 추가적으로 필요함을 설명하기 위해 고차원 환경에 맞지 않는 통계 기법을 적용했을 때 나타나는 문제들로 시작한다. 최소제곱 회귀를 예로 들어 살펴보자. 그러나 동일한 개념이 로지스틱 회귀, 선형판별분석 등 다른 전통적인 통계 방법에도 동일하게 적용된다.

특징 개수 p가 관측 개수 n과 같거나 더 크다면 3장에서 설명한 최소제곱은 실행 불가능하다('실행하면 안 된다'가 더 적절하다). 왜냐하면 특징과 반응 사이의 실제 관계와 상관없이 최소제곱의 결과는 데이터에 완벽하게 적합된 계수 추정값이 되고 잔차(residuals)는 0이 되기 때문이다.

예를 들어 [그림 6.22]에는 $p = 1$개의 특징(더하기 절편)이 있을 때 관측이 20개인 경우와 단 2개인 경우 두 가지를 제시했다. 20개의 관측이 있을 때는 $n > p$이고 최소제곱 회귀선은 데이터에 완벽하게 적합하지 않는다. 대신 회귀선은 20개의 관측을 가능한 한 잘 근사하려고 한다. 반면 단 두 개의 관측만 있을 때는 관측값이 무엇이든 관계없이 회귀선은 데이터에 정확히 적합한다. 완벽한 적합은 거의 틀림없이 데이터의 과적합으로 이어지기 때문에 문제가 된다. 즉, 고차원 상황에서 훈련 데이터에 완벽하게 적합할 수는 있지만 결과로 얻은 선형모형은 독립 테스트 세트에서는 성능이 매우 나빠 유용한 모형이 되지 못한다. 실제로 [그림 6.22]에서 이런 현상이 발생하고 있음을 볼 수 있다. 오른쪽 그림에서 구한 최소제곱선은 테스트 세트에서 성능이 매우 낮다. 테스트 세트는 왼쪽 그림에 있는 관측들로 구성된

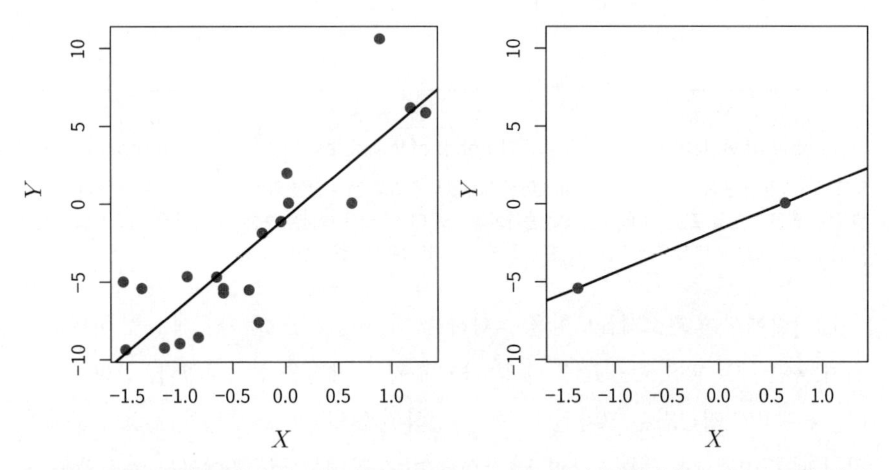

[그림 6.22] 왼쪽: 저차원 상황의 최소제곱 회귀. 오른쪽: $n = 2$개의 관측과 추정해야 할 두 개의 모수(절편과 계수)가 있는 최소제곱 회귀.

다. 문제는 간단하다. $p > n$ 또는 $p \approx n$일 때 단순 최소제곱 회귀선은 너무 유연해서(flexible) 데이터에 과적합된다.

[그림 6.23]은 특징 p의 수가 클 때 최소제곱을 부주의하게 적용할 위험을 추가로 보여 준다. 데이터는 $n = 20$개의 관측으로 시뮬레이션을 만들고 1개에서 20개의 특징을 사용해 회귀를 수행했다. 각각의 특징은 반응과 전혀 관련이 없다. 그림에서 보듯이 모형에 포함된 특징의 수가 증가함에 따라 모형 R^2은 1까지 증가하고 훈련 세트 MSE는 **특징이 반응과 전혀 관련이 없는데도** 0으로 감소한다. 반면에 독립적인 테스트 세트의 MSE는 모형에 포함된 특징의 수가 증가함에 따라 극단적으로 커지는데, 추가 예측변수를 포함하면 계수 추정값의 분산이 크게 증가하기 때문이다. 테스트 세트 MSE를 살펴보면 분명히 가장 좋은 모형은 많아도 변수 몇 개만을 포함한다. 그러나 누군가가 부주의하게 R^2이나 훈련 세트 MSE만 검토한다면 변수가 가장 많은 모형이 가장 좋은 모형이라는 잘못된 결론을 내릴 수 있다. 이로써 변수가 많은 데이터 세트를 분석할 때는 특별한 주의가 필요하며 항상 모형 성능은 독립적인 테스트 세트에서 평가하는 것이 중요하다.

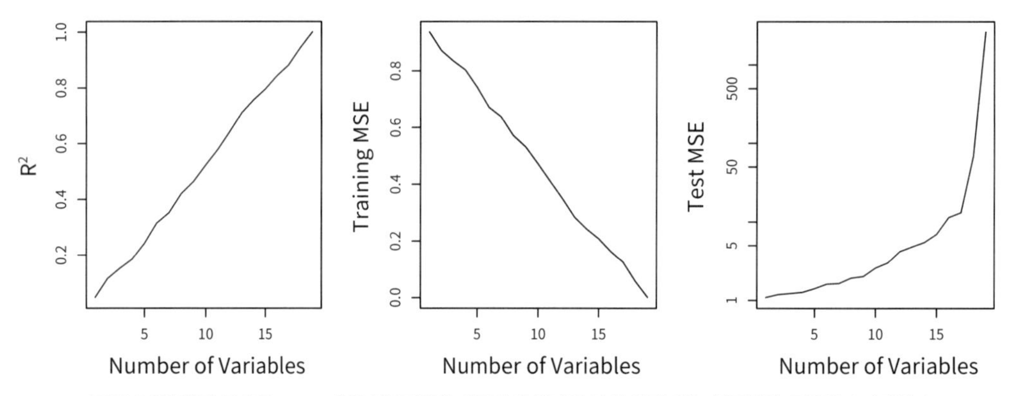

[그림 6.23] 훈련 관측이 $n = 20$개인 시뮬레이션 예제에서 결과와 전혀 관련 없는 특징들이 모형에 추가되었다. 왼쪽: 더 많은 특징을 포함할수록 R^2은 1로 증가한다. 가운데: 더 많은 특징을 포함할수록 훈련 세트 MSE는 0으로 감소한다. 오른쪽: 더 많은 특징을 포함할수록 테스트 세트 MSE는 증가한다.

6.1.3절에서는 최소제곱모형을 적합하는 데 사용되는 변수의 개수를 설명하기 위해 훈련 세트 RSS 또는 R^2을 수정하는 몇 가지 방법을 살펴보았다. 안타깝게도 C_p, AIC, BIC 접근법은 고차원에서는 적절하지 않다. $\hat{\sigma}^2$을 추정하는 것이 문제가 많기 때문이다(예를 들어 3장의 $\hat{\sigma}^2$ 공식은 이 상황에서 $\hat{\sigma}^2 = 0$이라는 추정값을 내놓는다). 마찬가지로 고차원 상황에서 수정된 R^2을 적용할 때도 문제가 발생하는

데, 수정된 R^2 값이 1인 모형이 나오기 쉽기 때문이다. 분명히 고차원 상황에 더 잘 맞는 대안 접근법이 필요하다.

6.4.3 고차원 회귀분석

이번 장에서 살펴본 단계적 전진선택법, 능형회귀, 라쏘, 주성분회귀와 같이 '덜 유연하게' 최소제곱모형을 적합하는 방법들은 고차원 상황에서 회귀를 수행하는 데 특히 유용하다고 알려져 있다. 본질적으로 이 접근법들은 최소제곱보다 덜 유연한 적합 접근법을 사용하기 때문에 과적합을 피한다.

[그림 6.24]는 간단한 시뮬레이션 예제에서 라쏘의 성능을 보여 준다. $p = 20, 50,$ 2,000개의 특징이 있으며 이 가운데 20개가 실제 결과와 관련되어 있다. $n = 100$개의 훈련 관측에서 라쏘가 수행됐고 독립 테스트 세트에서 평균제곱오차가 평가됐다. 특징 수가 증가함에 따라 테스트 세트 오차가 증가한다. $p = 20$일 때는 식 (6.7)의 λ가 작을 때 가장 작은 검증 세트 오차를 달성했지만, p가 더 클 때는 더 큰 λ 값을 사용해 가장 작은 검증 세트 오차를 달성했다. 각각의 상자그림에 λ로 사용된 값 대신 라쏘 해의 결괏값 자유도(degrees of freedom)가 표시되어 있다. 자유도는 단순히 라쏘 해에서 영이 아닌 계수 추정값의 개수이며 라쏘 적합의 유연성을 나타내는 척도다. [그림 6.24]가 강조하는 세 가지 중요한 사항은 다음과 같다. (1) 고

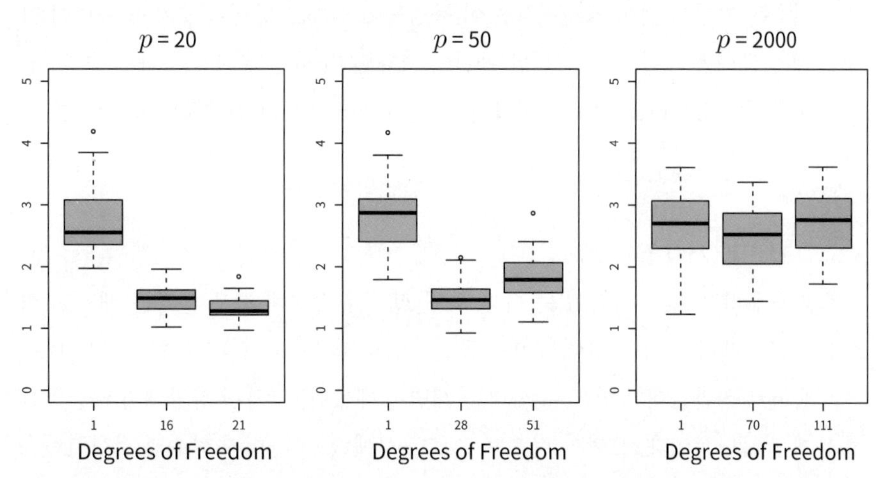

[그림 6.24] 라쏘는 $n = 100$개의 관측과 세 가지 p-값, 즉 특징 수로 수행됐다. p개의 특징 중 20개가 반응과 관련이 있었다. 상자그림은 식 (6.7)의 조율모수 λ의 값을 세 가지로 다르게 해 얻은 테스트 MSE를 나타낸다. 쉽게 해석하기 위해 λ를 보고하는 대신 자유도(degree of freedom)를 보고했다. 라쏘의 경우에 단순하게 영이 아닌 추정된 계수의 개수가 된다. $p = 20$일 때 가장 적은 양의 규제로 가장 작은 테스트 MSE를 얻었다. $p = 50$일 때는 상당한 양의 규제가 있을 때 가장 작은 테스트 MSE를 달성했다. $p = 2{,}000$일 때는 2,000개의 특징 중 단지 20개만이 실제 결과와 관련이 있기 때문에 규제의 양과 관계없이 라쏘의 성능이 좋지 않았다.

차원 문제에서 규제 또는 축소가 핵심적인 역할을 한다. (2) 좋은 예측 성능을 위해 적절한 조율모수 선택이 중요하다. (3) 추가 특징이 반응과 참 연관성이 없는 한, 문제의 차원(즉, 특징 또는 예측변수의 개수)이 증가함에 따라 테스트 오차는 증가하는 경향이 있다.

앞에서 3번은 실제로 고차원 데이터 분석의 핵심 원칙이며 '차원의 저주'로 알려져 있다. 모형을 적합하는 데 사용되는 특징 수가 증가함에 따라 적합 모형의 품질이 향상될 것이라고 생각할 수 있다. 그러나 [그림 6.24]의 왼쪽 그림과 오른쪽 그림을 비교해 보면 반드시 그렇지는 않다는 것을 알 수 있다. 이 예제에서 p가 20에서 2,000으로 증가함에 따라 테스트 세트 MSE는 거의 두 배가 된다. 일반적으로 **실제 반응과 참 연관성이 있는 추가 신호 특징을 추가하면 테스트 세트 오차가 감소로 이어지기 때문에 적합 모형이 개선**된다. 그러나 반응과 참 연관성이 없는 소음 특징을 추가하면 적합 모형은 악화되고 결과적으로 테스트 세트 오차가 증가한다. 왜냐하면 소음 특징은 문제의 차원을 증가시키고(소음 특징이 훈련 세트의 반응변수와의 우연한 연관성 때문에 소음 특징에 영이 아닌 계수가 할당될 수 있으므로) 과적합의 위험을 악화시키므로 테스트 세트를 개선한다는 측면에서는 어떤 잠재적 장점도 없다.

따라서 수천 또는 수백만 개의 특징에 대한 측정값을 수집할 수 있게 해주는 새로운 기술은 양날의 검이 될 수 있다. 이 특징들이 실제로 당면한 문제와 관련이 있다면 예측 모형을 개선할 수 있지만 관련이 없다면 더 나쁜 결과를 초래할 수 있다. 심지어 관련이 있더라도 계수를 적합할 때 발생하는 분산이 편향 감소를 상쇄할 수 있다.

6.4.4 고차원에서의 결과 해석

고차원에서 라쏘, 능형회귀 또는 다른 회귀 절차를 수행해 얻은 결과는 매우 조심스럽게 보고해야 한다. 3장에서 다중공선성(multicollinearity), 즉 회귀에서 변수 사이에 서로 상관관계가 있을 수 있다는 개념을 배웠다. 고차원 상황에서 다중공선성 문제는 극단적이다. 모형의 변수는 모두 모형에 있는 나머지 변수의 선형결합으로 표현할 수 있다. 이는 본질적으로 어느 변수가 결과(반응)의 참 예측변수인지 절대로 알 수 없고 회귀에서 사용할 수 있는 '가장 좋은' 계수도 찾아낼 수 없다는 의미다. 기껏해야 결과를 실제로 예측하는 변수와 상관관계에 있는 변수에 큰 회귀계수를 할당할 수 있을 뿐이다.

예를 들어 오십만 개의 SNP를 바탕으로 혈압을 예측하기 위하여 단계적 전진선택법을 이용하는데, 훈련 데이터에서 SNP중 17개를 사용한 모형이 좋은 예측 모형이라는 결과가 나온 경우를 생각해 보자. 이 17개의 SNP가 모형에 포함되지 않은 다른 SNP보다 혈압을 더 효과적으로 예측한다고 결론 내리는 것은 올바르지 않다. 선택된 모형만큼 혈압을 잘 예측하는 17개의 SNP 세트가 많을 수 있기 때문이다. 독립적인 데이터 세트를 얻어 그 데이터 세트에서 단계적 전진선택을 수행한다면 아마도 다른, 어쩌면 전혀 겹치지 않는 SNP 세트로 이루어진 모형을 얻게 될 수 있다. 이 결과가 얻은 모형의 가치를 떨어뜨리지는 않는다. 예를 들어 이 모형은 독립적인 환자 집단에서 혈압을 예측하는 데 매우 효과적이고 의사에게 임상적으로 유용할 수 있다. 그러나 얻은 결과를 과대평가하지 않도록 주의해야 하며, 단지 혈압을 예측하기 위한 '많은 가능한 모형 중 하나'를 찾은 것이며, 독립적인 데이터 세트에서 추가적인 입증이 필요하다고 명확히 해야 한다.

고차원 상황에서 오차와 모형 적합도 측정값을 보고할 때도 주의해야 한다. 이전에 살펴본 것처럼 $p > n$일 때 잔차가 0인 쓸모없는 모형이 나오기 쉽다. 따라서 훈련 데이터의 오차제곱합, p-값, R^2 통계량 또는 다른 전통적인 모형 적합도 측정값을 고차원 상황에서 좋은 모형 적합의 증거로 사용해서는 '절대' 안 된다. 예를 들어 [그림 6.23]에서 볼 수 있듯이 $p > n$일 때 $R^2 = 1$인 모형이 나오기 쉽다. 이 사실을 보고하면 다른 사람들이 통계적으로 유효하고 유용한 모형을 얻었다고 잘못 생각할 수 있는데, 실제로 설득력 있는 모형이라는 증거는 되지 못한다. 대신 독립적인 테스트 세트의 결과나 교차검증 오차를 보고하는 것이 중요하다. 예를 들어 독립적인 테스트 세트의 MSE 또는 R^2은 모형 적합도의 유효한 측정값이지만 훈련 세트의 MSE는 분명 유효하지 않다.

6.5 실습: 선형모형과 규제 방법들

이번 실습에서는 이번 장에서 논의된 많은 기법들을 구현한다. 여기 최상위 셀에서 라이브러리를 몇 개 가져온다.

In[1]:
```
import numpy as np
import pandas as pd
from matplotlib.pyplot import subplots
from statsmodels.api import OLS
import sklearn.model_selection as skm
```

```
import sklearn.linear_model as skl
from sklearn.preprocessing import StandardScaler
from ISLP import load_data
from ISLP.models import ModelSpec as MS
from functools import partial
```

이번 실습에서 사용할 새로운 라이브러리도 가져온다.

In[2]:
```
from sklearn.pipeline import Pipeline
from sklearn.decomposition import PCA
from sklearn.cross_decomposition import PLSRegression
from ISLP.models import \
     (Stepwise,
      sklearn_selected,
      sklearn_selection_path)
!pip install l0bnb
from l0bnb import fit_path
```

패키지 `l0bnb`를 설치한다. 이스케이프로 표시된 `!pip install`은 시스템 명령이다.

6.5.1 부분집합선택법

여기서는 입력변수의 일부 부분집합으로 모형을 제한해 모형에서 모수의 개수를 줄이는 방법을 구현한다.

전진선택법

`Hitters` 데이터에 전진선택법을 적용한다. 야구 선수의 `Salary`를 전년도 실적과 연관된 다양한 통계에 기초해 예측해 본다.

먼저 일부 선수의 `Salary` 변수가 누락됐다는 점에 주의할 필요가 있다. `np.isnan()` 함수는 누락된 관측값을 찾는 데 사용한다. 이 함수는 입력 벡터와 동일한 형태의 배열을 반환하는데, 누락 요소에는 `True`, 누락되지 않은 요소에는 `False`를 반환한다. 그런 다음 `sum()` 메소드를 사용하면 누락 요소의 전체 개수를 계산할 수 있다.

In[3]:
```
Hitters = load_data('Hitters')
np.isnan(Hitters['Salary']).sum()
```

Out[3]:
```
59
```

여기서 Salary가 누락된 선수는 59명임을 알 수 있다. 데이터프레임의 dropna() 메소드는 어떤 변수든 누락값이 있다면 행 전체를(기본 설정으로 Hitters.dropna? 참조) 제거한다

In[4]:
```
Hitters = Hitters.dropna();
Hitters.shape
```

Out[4]:
```
(263, 20)
```

우선 식 (6.2)의 C_p를 기반으로 전진선택법을 사용해 가장 좋은 모형을 선택한다. 이 점수는 sklearn에 측정항목(metric)으로 내장되어 있지 않다. 따라서 스스로 계산 함수를 정의하고 점수를 부여해야 한다. 기본적으로 sklearn은 점수를 최대화하려고 하기 때문에 점수 함수가 음의 C_p 통계량을 계산하도록 작성한다.

In[5]:
```
def nCp(sigma2, estimator, X, Y):
    "Negative Cp statistic"
    n, p = X.shape
    Yhat = estimator.predict(X)
    RSS = np.sum((Y - Yhat)**2)
    return -(RSS + 2 * p * sigma2) / n
```

점수 함수의 첫 번째 인자인 잔차분산 σ^2을 추정해야 한다. 모든 변수를 사용하는 가장 큰 모형을 적합하고 이 모형의 MSE에 기반해 σ^2을 추정한다.

In[6]:
```
design = MS(Hitters.columns.drop('Salary')).fit(Hitters)
Y = np.array(Hitters['Salary'])
X = design.transform(Hitters)
sigma2 = OLS(Y,X).fit().scale
```

sklearn_selected() 함수는 세 개의 인자만 있는 점수부여기(scorer)를 기대하는데, 그 인자는 바로 위의 nCp()의 정의에서 마지막 세 개이다. 5.3.3절에서 처음 본 partial() 함수를 사용해 첫 번째 인자를 σ^2의 추정값으로 고정한다.

In[7]:
```
neg_Cp = partial(nCp, sigma2)
```

이제 neg_Cp()를 모형선택을 위한 점수부여기로 사용한다.

점수와 함께 검색 전략을 지정해야 한다. ISLP.models 패키지의 Stepwise() 객체로 수행한다. Stepwise.first_peak() 메소드는 모형에 추가 항목을 더해도 평가 점

수가 개선되지 않을 때까지 단계적으로 전진을 실행한다. 마찬가지로 Stepwise.fixed_steps() 메소드는 단계적 검색의 단계 개수를 고정해 실행한다.

```
In[8]:  strategy = Stepwise.first_peak(design,
                                      direction='forward',
                                      max_terms=len(design.terms))
```

이제 전진선택을 사용해 Salary를 출력으로 하는 선형회귀모형을 적합한다. 이를 위해 ISLP.models 패키지의 sklearn_selected() 함수를 사용한다. 이 함수는 검색 전략에 따라 statsmodels에서 모형을 받고 fit 메소드로 모형을 선택한다. scoring 인자를 지정하지 않으면 점수는 기본적으로 MSE로 설정되며 그 결과 19개 변수가 모두 선택된다(출력 생략).

```
In[9]:  hitters_MSE = sklearn_selected(OLS,
                                      strategy)
        hitters_MSE.fit(Hitters, Y)
        hitters_MSE.selected_state_
```

neg_Cp를 사용하면 예상대로 더 작은 모형이 결과로 나오며 단 10개 변수만 선택된다.

```
In[10]:  hitters_Cp = sklearn_selected(OLS,
                                      strategy,
                                      scoring=neg_Cp)
         hitters_Cp.fit(Hitters, Y)
         hitters_Cp.selected_state_
```

```
Out[10]:  ('Assists',
           'AtBat',
           'CAtBat',
           'CRBI',
           'CRuns',
           'CWalks',
           'Division',
           'Hits',
           'PutOuts',
           'Walks')
```

검증 세트 접근법과 교차검증을 사용한 모형선택

C_p를 사용하는 대신 전진선택에서 모형을 선택하기 위해 교차검증을 시도해 볼 수

있다. 이를 위해서는 전진선택에서 찾은 모형의 전체 경로를 저장하고 이들 모형 각각을 예측할 방법이 필요하다. 이는 ISLP.models의 sklearn_selection_path() 추정기(estimator)를 사용해 수행할 수 있다. ISLP.models의 cross_val_predict() 함수는 경로를 따라 각각의 모형에서 교차검증된 예측을 계산하는데, 이를 사용하면 경로를 따라 교차검증 MSE를 평가할 수 있다.

여기서 전체 전진선택 경로에 맞는 전략을 정의해 보자. sklearn_selection_path()를 위한 다양한 매개변수 선택지가 있지만 여기서는 기본값을 사용해 RSS 감소가 가장 큰 모형을 단계마다 선택한다.

In[11]:
```
strategy = Stepwise.fixed_steps(design,
                                len(design.terms),
                                direction='forward')
full_path = sklearn_selection_path(OLS, strategy)
```

이제 Hitters 데이터에 전체 전진선택 경로를 적합하고 적합된 값을 계산한다.

In[12]:
```
full_path.fit(Hitters, Y)
Yhat_in = full_path.predict(Hitters)
Yhat_in.shape
```

Out[12]:
```
(263, 20)
```

적합된 값의 배열을 얻고 나면 영모형에 대한 평균 적합값을 포함해 총 20단계에서 표본 내 MSE(in-sample MSE)를 평가할 수 있다. 예상대로 단계마다 표본 내 MSE는 개선되므로 단계의 개수를 선택하기 위해 검증 또는 교차검증 접근법을 사용해야 한다. 교차검증과 검증 세트 MSE를 비교하기 위해 그리고 능형회귀, 라쏘, 주성분회귀와 같은 다른 방법들과 비교하기 위해 y축을 50,000에서 250,000의 범위로 고정한다.

In[13]:
```
mse_fig, ax = subplots(figsize=(8,8))
insample_mse = ((Yhat_in - Y[:,None])**2).mean(0)
n_steps = insample_mse.shape[0]
ax.plot(np.arange(n_steps),
        insample_mse,
        'k', # 검은색
        label='In-sample')
ax.set_ylabel('MSE',
              fontsize=20)
```

```
ax.set_xlabel('# steps of forward stepwise',
              fontsize=20)
ax.set_xticks(np.arange(n_steps)[::2])
ax.legend()
ax.set_ylim([50000,250000]);
```

코드 중 Y[:,None]에서 None이라는 표현에 주목하자. 이렇게 하면 1차원 배열 Y에 축(차원)을 추가하며, 2차원 Yhat_in에서 뺄 때 재사용할 수 있게 해준다

이제 모형 경로를 따라 테스트 오차를 추정하기 위해 교차검증을 사용할 준비가 됐다. 변수선택을 포함해 모형 적합의 모든 측면을 수행하기 위해서는 '오직 훈련 관측 데이터만' 사용해야 한다. 따라서 주어진 크기에서 어떤 모형이 가장 좋은지 결정하는 것도 각 훈련 분할에서 '오직 훈련 관측 데이터만' 사용해 이루어져야 한다. 이 점은 미묘하지만 중요하다. 전체 데이터 세트를 사용해 각각의 단계에서 가장 좋은 부분집합을 선택하면 검증 세트 오차와 교차검증 오차는 테스트 오차의 정확한 추정값이 되지 않는다.

이제 5-겹 교차검증을 사용해 교차검증 예측값을 계산한다.

```
In[14]:  K = 5
         kfold = skm.KFold(K,
                           random_state=0,
                           shuffle=True)
         Yhat_cv = skm.cross_val_predict(full_path,
                                         Hitters,
                                         Y,
                                         cv=kfold)
         Yhat_cv.shape
```

```
Out[14]: (263, 20)
```

예측 행렬 Yhat_cv는 Yhat_in과 동일한 형태다. 차이점이 있다면 특정 표본 인덱스에 대응하는 각 행에 대한 예측은 해당 행을 포함하지 않는 훈련 분할을 적합한 모형에서 만들어졌다는 점이다.

경로에 있는 각각의 모형에서 교차검증 분할마다 MSE를 계산한다. 이를 평균해 평균 MSE를 얻고, 개별 값을 사용해 대략적인 평균의 표준오차 추정값도 계산할 수 있다.[16] 이런 이유로 각 교차검증 분할에 대한 테스트 인덱스를 알아야 한다. 테스

16 대략적인 추정값이다. 왜냐하면 다섯 개의 오차 추정값은 중첩된 훈련 세트에 기반하기 때문에 독립이 아니다.

트 인덱스는 kfold의 split() 메소드를 사용해 알아낼 수 있다. 앞에서 난수 상태를 고정했기 때문에 Y와 행의 개수가 같은 배열은 어떤 것을 분할하더라도 같은 훈련 인덱스와 테스트 인덱스를 복원할 수 있지만, 다음에서는 훈련 인덱스는 제외한다.

In[15]:
```
cv_mse = []
for train_idx, test_idx in kfold.split(Y):
    errors = (Yhat_cv[test_idx] - Y[test_idx,None])**2
    cv_mse.append(errors.mean(0)) # 열 평균
cv_mse = np.array(cv_mse).T
cv_mse.shape
```

Out[15]:
```
(20, 5)
```

이제 교차검증 오차 추정값을 MSE 그래프에 추가한다. 다섯 개 분할에 대한 평균 오차와 평균의 표준오차 추정값을 포함한다.

In[16]:
```
ax.errorbar(np.arange(n_steps),
            cv_mse.mean(1),
            cv_mse.std(1) / np.sqrt(K),
            label='Cross-validated',
            c='r') # 빨간색
ax.set_ylim([50000,250000])
ax.legend()
mse_fig
```

검증 세트 접근법을 사용해 이 과정을 반복하기 위해서는 cv 인자를 검증 세트로 변경하면 된다. 하나의 랜덤 분할로 데이터를 테스트와 훈련으로 나눈다. 5-겹 교차검증의 각 테스트 세트 크기와 유사한 20%의 테스트 크기를 선택한다.

In[17]:
```
validation = skm.ShuffleSplit(n_splits=1,
                              test_size=0.2,
                              random_state=0)
for train_idx, test_idx in validation.split(Y):
    full_path.fit(Hitters.iloc[train_idx],
                  Y[train_idx])
    Yhat_val = full_path.predict(Hitters.iloc[test_idx])
    errors = (Yhat_val - Y[test_idx,None])**2
    validation_mse = errors.mean(0)
```

표본 내 MSE와 마찬가지로 검증 세트 접근법은 표준오차를 제공하지 않는다.

```
In[18]:  ax.plot(np.arange(n_steps),
                 validation_mse,
                 'b--', # 파란색, 파선
                 label='Validation')
         ax.set_xticks(np.arange(n_steps)[::2])
         ax.set_ylim([50000,250000])
         ax.legend()
         mse_fig
```

최량부분집합선택

단계적 전진선택은 '탐욕적' 선택 절차다. 각 단계에서 현재 집합에 하나의 추가 변수를 포함해 확장한다. 이제 Hitters 데이터에 최량부분집합선택을 적용한다. 모든 부분집합 크기에서 가장 좋은 예측변수 집합을 찾는다.

l0bnb라는 패키지를 사용해 최량부분집합선택을 수행할 것이다. 이 패키지는 주어진 부분집합의 크기를 제약 조건으로 하는 대신 벌칙으로 사용해 해의 경로를 생성한다. 이 구별은 미묘하지만 교차검증할 때 차이가 난다.

```
In[19]:  D = design.fit_transform(Hitters)
         D = D.drop('intercept', axis=1)
         X = np.asarray(D)
```

여기서 절편에 해당하는 첫 번째 열을 제외했는데, l0bnb는 절편을 별도로 적합하기 때문이다. fit_path() 함수를 사용해 경로를 찾을 수 있다.

```
In[20]:  path = fit_path(X,
                         Y,
                         max_nonzeros=X.shape[1])
```

fit_path() 함수는 적합된 계수들을 B로, 절편을 B0으로 포함하고 사용된 특정 경로 알고리즘과 관련된 몇 가지 다른 속성을 포함하는 리스트를 반환한다. 세부 사항은 이 책의 범위를 벗어난다.

```
In[21]:  path[3]
```

```
Out[21]: {'B': array([0.      , 3.254844, 0.      , 0.      , 0.      ,
                      0.      , 0.      , 0.      , 0.      , 0.      ,
                      0.      , 0.677753, 0.      , 0.      , 0.      ,
                      0.      , 0.      , 0.      , 0. ]),
```

```
'B0': -38.98216739555494,
'lambda_0': 0.011416248027450194,
'M': 0.5829861733382011,
Time_exceeded': False}
```

이 예를 보면 경로의 네 번째 단계에서 B에 0이 아닌 계수가 두 개 있고 이에 대응되는 벌점모수 lambda_0의 값은 0.0114이다. 검증 세트에 대한 이 일련의 적합을 lambda_0의 함수로 사용해 예측하거나 교차검증을 이용해 더 많은 작업을 할 수 있다.

6.5.2 능형회귀와 라쏘

sklearn.linear_model 패키지를 사용해(아래서는 skl로 줄여 표현함) Hitters 데이터에 능형회귀와 라쏘 규제 선형모형을 적합한다. 이전 절의 최량부분집합회귀에서 계산한 절편이 없는 모형행렬 X로 시작하자.

능형회귀

능형회귀와 라쏘 둘 다 적합할 수 있는 skl.ElasticNet() 함수를 사용할 예정이다. 능형회귀모형의 '경로'를 적합하기 위해 skl.ElasticNet.path()를 사용한다. 이 함수는 능형회귀와 라쏘뿐만 아니라 하이브리드 혼합도 적합할 수 있다. 능형회귀는 l1_ratio = 0에 해당한다. 변수가 다른 단위로 측정되는 이런 응용 사례에서는 X의 열을 표준화하는 것이 좋은 습관이다. skl.ElasticNet()은 정규화(normalization)를 수행하지 않으므로 직접 처리해야 한다. 표준화를 먼저 하기 때문에 원래 척도에서 계수 추정값을 찾으려면 계수 추정값을 '비표준화'해야 한다. 식 (6.5)와 식 (6.7)의 모수 λ는 sklearn에서 alphas라고 한다. 이 장의 다른 부분과 일관성을 유지하기 위해 alphas 대신 lambdas를 사용할 것이다.

In[22]:
```
Xs = X - X.mean(0)[None,:]
X_scale = X.std(0)
Xs = Xs / X_scale[None,:]
lambdas = 10**np.linspace(8, -2, 100) / Y.std()
soln_array = skl.ElasticNet.path(Xs,
                                 Y,
                                 l1_ratio=0.,
                                 alphas=lambdas)[1]
soln_array.shape
```

```
Out[22]:  (19, 100)
```

여기서는 규제 경로를 따라 해에 대응하는 계수의 배열을 추출한다. 기본적으로 skl.ElasticNet.path 메소드는 자동으로 선택된 λ 값의 범위를 따라 경로를 적합하는데, l1_ratio = 0인 능형회귀는 예외다(이 예제가 여기에 해당함).[17] 따라서 λ = 10^8에서 λ = 10^{-2}까지의 값을 y의 표준편차로 척도화(scale)한 격자(grid)에 함수를 구현한다. 기본적으로 절편만 포함하는 영모형부터 최소제곱 적합까지 시나리오의 전 범위를 다룰 수 있다.

λ의 각 값에 연관된 능형회귀계수의 벡터는 soln_array의 각 열로 접근할 수 있다. 이 예제에서 soln_array는 19×100 행렬이며 19행(예측변수마다 한 행)과 100열(λ의 각 값마다 한 열)이 있다.

이 행렬을 전치(transpose)하고, 보기 쉽고 그래프로 그리기도 쉽게 데이터프레임으로 변환한다.

```
In[23]:  soln_path = pd.DataFrame(soln_array.T,
                                 columns=D.columns,
                                 index=-np.log(lambdas))
         soln_path.index.name = 'negative log(lambda)'
         soln_path
```

```
Out[23]:
                  AtBat      Hits     HmRun      Runs  ...
   negative
log(lambda)
 -12.310855  0.000800  0.000889  0.000695  0.000851  ...
 -12.078271  0.001010  0.001122  0.000878  0.001074  ...
 -11.845686  0.001274  0.001416  0.001107  0.001355  ...
 -11.613102  0.001608  0.001787  0.001397  0.001710  ...
 -11.380518  0.002029  0.002255  0.001763  0.002158  ...
        ...       ...       ...       ...       ...  ...
100 rows × 19 columns
```

경로를 그려서 계수가 λ와 함께 어떻게 변하는지 의미를 이해하도록 하자. 범례의 위치를 제어하기 위해 먼저 plot 메소드에서 legend를 False로 설정하고 나중에 ax의 legend() 메소드로 추가한다.

17 기술적으로 능형회귀를 제외한 모든 모형은 계수가 모두 0이 되는 λ의 최솟값을 찾을 수 있다. 능형회귀는 이 값이 ∞이다.

In[24]:
```
path_fig, ax = subplots(figsize=(8,8))
soln_path.plot(ax=ax, legend=False)
ax.set_xlabel('$-\log(\lambda)$', fontsize=20)
ax.set_ylabel('Standardized coefficients', fontsize=20)
ax.legend(loc='upper left');
```

(그리스 문자 λ의 서식을 적절하게 만들기 위해 수평축 라벨에 `latex` 형식을 사용했다). ℓ_2 노름 측면에서 계수 추정값은 큰 λ 값이 사용되면 작은 λ 값이 사용될 때보다 훨씬 작아질 것으로 예상된다(ℓ_2 노름은 계수 제곱합의 제곱근이다). λ가 25.535인 40번째 단계의 계수를 표시한다.

In[25]:
```
beta_hat = soln_path.loc[soln_path.index[39]]
lambdas[39], beta_hat
```

Out[25]:
```
(25.535,
 AtBat     5.433750
 Hits      6.223582
 HmRun     4.585498
 Runs      5.880855
 RBI       6.195921
 Walks     6.277975
 Years     5.299767
 ...       ...
```

표준화된 계수의 ℓ_2 노름을 계산해 보자.

In[26]:
```
np.linalg.norm(beta_hat)
```

Out[26]:
```
24.17
```

대조적으로 여기에 λ가 $2.44e-01$일 때 ℓ_2 노름이 있다. 이렇게 작은 λ 값에 연관된 계수의 ℓ_2 노름이 훨씬 크다는 점에 주목하라.

In[27]:
```
beta_hat = soln_path.loc[soln_path.index[59]]
lambdas[59], np.linalg.norm(beta_hat)
```

Out[27]:
```
(0.2437, 160.4237)
```

앞서 `X`를 미리 정규화(normalize)하고 `Xs`를 사용해 능형모형을 적합했다. `sklearn`의 `Pipeline()` 객체는 특징 정규화를 능형모형 자체의 적합에서 분리하는 분명한 방법을 제공한다.

```
In[28]:  ridge = skl.ElasticNet(alpha=lambdas[59], l1_ratio=0)
         scaler = StandardScaler(with_mean=True, with_std=True)
         pipe = Pipeline(steps=[('scaler', scaler), ('ridge', ridge)])
         pipe.fit(X, Y)
```

이 코드가 표준화된 데이터에 대한 이전 적합과 동일한 ℓ_2 노름을 제공하는지 확인해 보자.

```
In[29]:  np.linalg.norm(ridge.coef_)
```

```
Out[29]: 160.4237
```

앞서 `pipe.fit(X, Y)` 연산은 `ridge` 객체를 변경했는데, 특히 이전에 없던 `coef_`와 같은 속성을 추가했다는 점에 주의한다.

능형회귀의 테스트 오차 추정

능형회귀에 대한 선험적(a prioir) λ 값을 선택하는 일은 어렵거나 불가능하다. 조율모수를 선택하기 위해 검증 방법이나 교차검증을 사용하려고 할 것이다. 아마도 독자는 `Pipeline()` 접근법을 검증 방법(즉, `validation`)이나 k-겹 교차검증과 함께 `skm.cross_validate()`에서 사용한다는 사실에 놀라지 않을 수 있다.

결과를 재현할 수 있도록 분할기(splitter)의 랜덤 상태를 고정한다.

```
In[30]:  validation = skm.ShuffleSplit(n_splits=1,
                                       test_size=0.5,
                                       random_state=0)
         ridge.alpha = 0.01
         results = skm.cross_validate(ridge,
                                      X,
                                      Y,
                                      scoring='neg_mean_squared_error',
                                      cv=validation)
         -results['test_score']
```

```
Out[30]: array([134214.0])
```

테스트 MSE는 1.342e+05이다. 단순히 절편만 있는 모형을 적합했다면 훈련 관측 데이터의 평균을 사용해 각각의 테스트 관측값을 예측했을 것이다. λ 값이 매우 큰 능형회귀모형을 적합하면 같은 결과를 얻을 수 있다. 1e10이 10^{10}을 의미한다는 점에 유의한다.

In[31]:
```
ridge.alpha = 1e10
results = skm.cross_validate(ridge,
                             X,
                             Y,
                             scoring='neg_mean_squared_error',
                             cv=validation)
-results['test_score']
```

Out[31]:
```
array([231788.32])
```

분명 $\lambda = 0.01$을 선택하는 것은 임의적이므로 교차검증이나 검증 세트 접근법을 사용해 조율모수 λ를 선택한다. GridSearchCV() 객체는 이런 모수를 선택하기 위한 완전 그리드 검색을 허용한다.

우선 검증 세트 방법을 이용해 λ를 선택한다.

In[32]:
```
param_grid = {'ridge__alpha': lambdas}
grid = skm.GridSearchCV(pipe,
                        param_grid,
                        cv=validation,
                        scoring='neg_mean_squared_error')
grid.fit(X, Y)
grid.best_params_['ridge__alpha']
grid.best_estimator_
```

Out[32]:
```
Pipeline(steps=[('scaler', StandardScaler()),
   ('ridge', ElasticNet(alpha=0.005899, l1_ratio=0))])
```

다른 방법으로 5-겹 교차검증을 이용할 수 있다.

In[33]:
```
grid = skm.GridSearchCV(pipe,
                        param_grid,
                        cv=kfold,
                        scoring='neg_mean_squared_error')
grid.fit(X, Y)
grid.best_params_['ridge__alpha']
grid.best_estimator_
```

322쪽에서 5-겹 교차검증을 위해 `kfold` 객체를 설정했던 것을 상기하자. 이제 축소(shrinkage)가 왼쪽에서 오른쪽으로 갈수록 감소하는 $-\log(\lambda)$의 함수로 교차검증 MSE를 그려 본다.

```
In[34]:  ridge_fig, ax = subplots(figsize=(8,8))
         ax.errorbar(-np.log(lambdas),
                     -grid.cv_results_['mean_test_score'],
                     yerr=grid.cv_results_['std_test_score'] / np.sqrt(K))
         ax.set_ylim([50000,250000])
         ax.set_xlabel('$-\log(\lambda)$', fontsize=20)
         ax.set_ylabel('Cross-validated MSE', fontsize=20);
```

다양한 측정항목(metric)을 교차검증해 모수를 선택할 수 있다. `skl.ElasticNet()`의 기본 측정항목은 테스트 R^2이다. 여기서 R^2과 MSE를 교차검증 방법으로 비교해 보자.

```
In[35]:  grid_r2 = skm.GridSearchCV(pipe,
                                   param_grid,
                                   cv=kfold)
         grid_r2.fit(X, Y)
```

마지막으로 교차검증 R^2의 결과를 그려 본다.

```
In[36]:  r2_fig, ax = subplots(figsize=(8,8))
         ax.errorbar(-np.log(lambdas),
                     grid_r2.cv_results_['mean_test_score'],
                     yerr=grid_r2.cv_results_['std_test_score'] / np.sqrt(K))
         ax.set_xlabel('$-\log(\lambda)$', fontsize=20)
         ax.set_ylabel('Cross-validated $R^2$', fontsize=20);
```

해 경로를 위한 빠른 교차검증

능형회귀, 라쏘, 엘라스틱넷은 λ 값의 시퀀스를 따라 효율적으로 적합될 수 있으며, 이를 통해 이른바 해 경로(solution path) 또는 규제 경로(regularization path)가 생성된다. 따라서 이런 경로를 적합하고 교차검증을 사용해 적절한 λ 값을 선택하기 위한 전용 코드가 있다. 심지어 동일하게 분할하더라도 결과는 앞에서 작성한 `grid`와 '정확히' 일치하지 않는다. 왜냐하면 `grid`에서 각 특징의 표준화는 각각의 분할에서 수행되는 반면, 다음의 `pipeCV`에서는 한 번만 수행되기 때문이다. 그럼에도 정규화(normalization)는 분할 전반에 걸쳐 상대적으로 안정적이기 때문에 결과는 유사하다.

```
In[37]:  ridgeCV = skl.ElasticNetCV(alphas=lambdas,
                                   l1_ratio=0,
                                   cv=kfold)
         pipeCV = Pipeline(steps=[('scaler', scaler),
                                  ('ridge', ridgeCV)])
         pipeCV.fit(X, Y)
```

다시 교차검증 오차 그래프를 그려 skm.GridSearchCV의 사용과 유사한지 확인해 보자.

```
In[38]:  tuned_ridge = pipeCV.named_steps['ridge']
         ridgeCV_fig, ax = subplots(figsize=(8,8))
         ax.errorbar(-np.log(lambdas),
                     tuned_ridge.mse_path_.mean(1),
                     yerr=tuned_ridge.mse_path_.std(1) / np.sqrt(K))
         ax.axvline(-np.log(tuned_ridge.alpha_), c='k', ls='--')
         ax.set_ylim([50000,250000])
         ax.set_xlabel('$-\log(\lambda)$', fontsize=20)
         ax.set_ylabel('Cross-validated MSE', fontsize=20);
```

결과적으로 가장 작은 교차검증 오차가 나오는 λ 값이 $1.19e-02$임을 알 수 있다. 이 λ 값에 해당하는 테스트 오차는 얼마일까?

```
In[39]:  np.min(tuned_ridge.mse_path_.mean(1))
```

```
Out[39]: 115526.71
```

이 방법은 $\lambda = 4$를 사용해 얻은 테스트 오차보다 더 개선되었다. 결국 tuned_ridge.coef_는 이 λ 값에서 전체 데이터 세트에 대해 적합한 계수를 갖게 된다.

```
In[40]:  tuned_ridge.coef_
```

```
Out[40]: array([-222.80877051,  238.77246614,    3.21103754,   -2.93050845,
                   3.64888723,  108.90953869,  -50.81896152, -105.15731984,
                 122.00714801,   57.1859509,   210.35170348,  118.05683748,
                -150.21959435,   30.36634231,  -61.62459095,   77.73832472,
                  40.07350744,  -25.02151514,  -13.68429544])
```

예상대로 계수에는 0이 없다. 능형회귀는 변수선택을 수행하지 않는다.

교차검증 능형회귀의 테스트 오차 평가

교차검증을 사용해 λ를 선택하면 단일한 회귀추정기(estimator)를 제공하는데, 3장에서 선형회귀모형을 적합했던 것과 유사하다. 따라서 테스트 오차를 추정하는 것이 합리적이다. 그런데 교차검증이 λ를 선택하는 과정에서 모든 데이터를 '건드리기' 때문에 테스트 오차를 추정할 추가 데이터가 없다는 문제가 있다. 훈련 세트와 테스트 세트처럼 초기 데이터를 서로소인 두 개의 집합으로 나누면 문제를 해결할 수 있다. 그런 다음 훈련 세트에 교차검증으로 조정된 능형회귀를 적합하고 성능을 테스트 세트에서 평가한다. 이 평가 방법을 검증 세트 접근법 내에서 중첩된 교차검증이라고 한다. 선험적으로 검증에서 두 세트 각각에 데이터의 절반을 사용할 이유는 없다. 다음 예제는 훈련에 75%, 테스트에 25%를 사용한다. 추정기(estimator)는 5-겹 교차검증을 사용해 조정된 능형회귀다. 다음 코드로 실행할 수 있다.

In[41]:
```
outer_valid = skm.ShuffleSplit(n_splits=1,
                               test_size=0.25,
                               random_state=1)
inner_cv = skm.KFold(n_splits=5,
                     shuffle=True,
                     random_state=2)
ridgeCV = skl.ElasticNetCV(alphas=lambdas,
                           l1_ratio=0,
                           cv=inner_cv)
pipeCV = Pipeline(steps=[('scaler', scaler),
                         ('ridge', ridgeCV)]);
```

In[42]:
```
results = skm.cross_validate(pipeCV,
                             X,
                             Y,
                             cv=outer_valid,
                             scoring='neg_mean_squared_error')
-results['test_score']
```

Out[42]:
```
array([132393.84])
```

라쏘

Hitters 데이터 세트에서 λ를 현명하게 선택하면 능형회귀가 최소제곱법과 영모형보다 우수한 성능을 낼 수 있음을 확인할 수 있다. 이제 라쏘가 능형회귀보다 더 정확하거나 해석 가능한 모형을 제공할 수 있는지 의문이 생길 것이다. 라쏘 모형을 적합하기 위해 다시 ElasticNetCV() 함수를 사용한다. 하지만 이번에는 l1_ratio = 1 인자를 사용한다. 그 외에는 변경사항 없이 능형모형을 적합했던 것처럼 진행한다.

In[43]:
```
lassoCV = skl.ElasticNetCV(n_alphas=100,
                           l1_ratio=1,
                           cv=kfold)
pipeCV = Pipeline(steps=[('scaler', scaler),
                         ('lasso', lassoCV)])
pipeCV.fit(X, Y)
tuned_lasso = pipeCV.named_steps['lasso']
tuned_lasso.alpha_
```

Out[43]:
```
3.147
```

In[44]:
```
lambdas, soln_array = skl.Lasso.path(Xs,
                                     Y,
                                     l1_ratio=1,
                                     n_alphas=100)[:2]
soln_path = pd.DataFrame(soln_array.T,
                         columns=D.columns,
                         index=-np.log(lambdas))
```

표준화된 계수의 계수 그래프에서 조율모수의 선택에 따라 일부 계수는 정확히 0이 됨을 확인할 수 있다.

In[45]:
```
path_fig, ax = subplots(figsize=(8,8))
soln_path.plot(ax=ax, legend=False)
ax.legend(loc='upper left')
ax.set_xlabel('$-\log(\lambda)$', fontsize=20)
ax.set_ylabel('Standardized coefficiients', fontsize=20);
```

가장 작은 교차검증 오차는 영모형의 테스트 세트와 최소제곱의 MSE보다 작고, 교차검증으로 선택된 λ를 이용한 능형회귀(341쪽)의 테스트 MSE 115526.71과 매우 유사하다.

In[46]:
```
np.min(tuned_lasso.mse_path_.mean(1))
```

Out[46]:
```
114690.73
```

다시 교차검증 오차의 그래프를 생성해 보자.

In[47]:
```
lassoCV_fig, ax = subplots(figsize=(8,8))
ax.errorbar(-np.log(tuned_lasso.alphas_),
            tuned_lasso.mse_path_.mean(1),
            yerr=tuned_lasso.mse_path_.std(1) / np.sqrt(K))
ax.axvline(-np.log(tuned_lasso.alpha_), c='k', ls='--')
ax.set_ylim([50000,250000])
ax.set_xlabel('$-\log(\lambda)$', fontsize=20)
ax.set_ylabel('Cross-validated MSE', fontsize=20);
```

그런데 라쏘는 결과로 얻은 계수 추정값이 희소하다는 점에서 능형회귀보다 상당한 이점이 있다. 여기서는 19개의 계수 추정값 중 6개가 정확히 0임을 볼 수 있다. 그래서 교차검증으로 선택된 λ를 이용한 라쏘 모형은 단지 13개의 변수만을 포함한다.

In[48]:
```
tuned_lasso.coef_
```

Out[48]:
```
array([-210.01008773, 243.4550306 ,   0.        ,   0.        ,
          0.        ,  97.69397357, -41.52283116,  -0.        ,
          0.        ,  39.62298193, 205.75273856, 124.55456561,
       -126.29986768,  15.70262427, -59.50157967,  75.24590036,
         21.62698014, -12.04423675,  -0.        ])
```

교차검증을 실행해 교차검증 라쏘의 테스트 오차를 평가할 수 있다. 추후에 연습문제에서 다룬다.

6.5.3 PCR과 PLS 회귀

주성분회귀

주성분회귀(PCR)는 `sklearn.decomposition` 모듈의 `PCA()`를 사용해 수행할 수 있다. 이제 `Hitters` 데이터에 PCR을 적용해 `Salary`를 예측한다. 앞서 6.5.1절에서 설명한 대로 데이터에서 결측값이 제거됐는지 다시 확인한다.

`LinearRegression()`을 사용해 회귀모형을 적합한다. 이 함수는 기본적으로 절편을 적합하는데, 앞서 6.5.1절에서 본 `OLS()` 함수와 다르다는 점에 유의할 필요가 있다.

In[49]:
```
pca = PCA(n_components=2)
linreg = skl.LinearRegression()
pipe = Pipeline([('pca', pca),
                 ('linreg', linreg)])
pipe.fit(X, Y)
pipe.named_steps['linreg'].coef_
```

Out[49]:
```
array([0.09846131, 0.4758765 ])
```

데이터의 '표준화' 여부에 따라 PCA를 수행할 때 결과가 달라진다. 앞의 예제처럼 파이프라인(pipeline)에 추가 단계를 포함해 수행할 수 있다.

In[50]:
```
pipe = Pipeline([('scaler', scaler),
                 ('pca', pca),
                 ('linreg', linreg)])
pipe.fit(X, Y)
pipe.named_steps['linreg'].coef_
```

Out[50]:
```
array([106.36859204, -21.60350456])
```

물론 CV를 사용해 성분의 수를 선택할 수 있다. 이 예에서는 skm.GridSearchCV를 사용하고 매개변수를 고쳐서 n_components를 변화시켰다.

In[51]:
```
param_grid = {'pca__n_components': range(1, 20)}
grid = skm.GridSearchCV(pipe,
                        param_grid,
                        cv=kfold,
                        scoring='neg_mean_squared_error')
grid.fit(X, Y)
```

다른 방법들처럼 결과를 그래프로 그려 보자.

In[52]:
```
pcr_fig, ax = subplots(figsize=(8,8))
n_comp = param_grid['pca__n_components']
ax.errorbar(n_comp,
            -grid.cv_results_['mean_test_score'],
            grid.cv_results_['std_test_score'] / np.sqrt(K))
ax.set_ylabel('Cross-validated MSE', fontsize=20)
ax.set_xlabel('# principal components', fontsize=20)
ax.set_xticks(n_comp[::2])
ax.set_ylim([50000,250000]);
```

17개의 성분을 사용했을 때 가장 작은 교차검증 오차가 발생한다는 것을 알 수 있다. 하지만 그래프에서 모형에 성분이 하나밖에 없을 때 교차검증 오류가 대략 같다는 것도 알 수 있다. 이는 적은 수의 성분을 사용하는 모형으로도 충분할 수 있음을 시사한다.

CV 점수는 1에서 19까지 가능한 성분의 개수 각각에 대해 제공된다. `PCA()` 메소드는 `n_components = 0` 옵션만 써서 절편을 적합하면 불평하므로 이 분할을 이용해 영모형의 MSE도 계산한다.

In[53]:
```
Xn = np.zeros((X.shape[0], 1))
cv_null = skm.cross_validate(linreg,
                             Xn,
                             Y,
                             cv=kfold,
                             scoring='neg_mean_squared_error')
-cv_null['test_score'].mean()
```

Out[53]:
```
204139.31
```

`PCA` 객체의 `explained_variance_ratio_` 속성은 다양한 개수의 성분을 사용해 예측변수와 반응변수에서 '설명된 분산의 비율'을 제공한다. 이 개념은 12.2절에서 더 자세히 논의한다.

In[54]:
```
pipe.named_steps['pca'].explained_variance_ratio_
```

Out[54]:
```
array([0.3831424 , 0.21841076])
```

간단히 말해서 이 결과는 M개의 주성분을 사용해 포착한 예측변수에 대한 정보의 양으로 생각할 수 있다. 예를 들어 $M = 1$은 분산의 38.31%만 포착하는 반면, $M = 2$는 추가적으로 21.84%를 포착해서 총 60.15%의 분산을 포착한다. $M = 6$에서는 88.63%까지 증가한다. 이후 분산의 100%를 포착하는 $M = p = 19$ 성분을 모두 사용할 때까지 이 증가량은 계속 감소한다.

편최소제곱법

편최소제곱(PLS)은 `PLSRegression()` 함수에 구현되어 있다.

In[55]:
```
pls = PLSRegression(n_components=2,
                    scale=True)
pls.fit(X, Y)
```

PCR과 마찬가지로 성분의 수를 선택하기 위해 CV를 사용한다.

In[56]:
```
param_grid = {'n_components':range(1, 20)}
grid = skm.GridSearchCV(pls,
                        param_grid,
                        cv=kfold,
                        scoring='neg_mean_squared_error')
grid.fit(X, Y)
```

다른 방법들처럼 MSE의 그래프를 그린다.

In[57]:
```
pls_fig, ax = subplots(figsize=(8,8))
n_comp = param_grid['n_components']
ax.errorbar(n_comp,
            -grid.cv_results_['mean_test_score'],
            grid.cv_results_['std_test_score'] / np.sqrt(K))
ax.set_ylabel('Cross-validated MSE', fontsize=20)
ax.set_xlabel('# principal components', fontsize=20)
ax.set_xticks(n_comp[::2])
ax.set_ylim([50000,250000]);
```

CV 오차는 12에서 최소화되지만, 이 지점과 2 또는 3 성분과 같이 훨씬 낮은 수치 사이에 눈에 띄는 차이는 거의 없다.

6.6 연습문제

개념

1. 어떤 단일 데이터 세트에서 최량부분집합선택, 단계적 전진선택법, 단계적 후진선택법을 수행하고 있다. 각각의 접근법에서 $0, 1, 2, \ldots, p$개의 예측변수를 포함하는 $p+1$ 모형을 구한다. 다음에 답하고 그렇게 답한 이유를 설명하라.

   a) 예측변수가 k개인 세 모형 중 '훈련' RSS가 가장 작은 모형은 무엇인가?
   b) 예측변수가 k개인 세 모형 중 '테스트' RSS가 가장 작은 모형은 무엇인가?
   c) 다음은 참인가? 거짓인가?

i. 단계적 전진선택법으로 찾아낸 k-변수 모형의 예측변수는 단계적 전진 선택법으로 찾아낸 $(k+1)$-변수 모형의 예측변수의 부분집합이다.
ii. 단계적 후진선택법으로 찾아낸 k-변수 모형의 예측변수는 단계적 후진 선택법으로 찾아낸 $(k+1)$-변수 모형의 예측변수의 부분집합이다.
iii. 단계적 후진선택법으로 찾아낸 k-변수 모형의 예측변수는 단계적 전진 선택법으로 찾아낸 $(k+1)$-변수 모형의 예측변수의 부분집합이다.
iv. 단계적 전진선택법으로 찾아낸 k-변수 모형의 예측변수는 단계적 후진 선택법으로 찾아낸 $(k+1)$-변수 모형의 예측변수의 부분집합이다.
v. 최량부분집합선택으로 찾아낸 k-변수 모형의 예측변수는 최량부분집합 선택으로 찾아낸 $(k+1)$-변수 모형의 예측변수의 부분집합이다.

2. (a)에서 (c)까지 문제에서, i.~ iv. 중 올바른 것을 고르고 그렇게 답한 이유를 설명하라.

a) 라쏘는 최소제곱법에 비해,

i. 더 유연하므로 편향의 증가가 분산의 감소보다 작을 때 예측 정확도를 향상시킨다.
ii. 더 유연하므로 분산의 증가가 편향의 감소보다 작을 때 예측 정확도를 향상시킨다.
iii. 덜 유연하므로 편향의 증가가 분산의 감소보다 작을 때 예측 정확도를 향상시킨다.
iv. 덜 유연하므로 분산의 증가가 편향의 감소보다 작을 때 예측 정확도를 향상시킨다.

b) 능형회귀는 최소제곱법에 비해, (a) 문제를 반복하라.
c) 비선형 방법은 최소제곱법에 비해, (a) 문제를 반복하라.

3. 특정한 s 값에 대해 다음을 최소화해 선형회귀모형의 회귀계수를 추정하고 있다.

$$\sum_{i=1}^{n}\left(y_i-\beta_0-\sum_{j=1}^{p}\beta_j x_{ij}\right)^2 \quad \text{subject to} \quad \sum_{j=1}^{p}|\beta_j| \leq s$$

(a)에서 (e)까지 문제에서, i.~ v. 중 올바른 것을 고르고 그렇게 답한 이유를 설명하라.

a) s를 0에서 시작해 증가시킬 때 훈련 RSS는,

   i. 처음에는 증가하다가 나중에는 뒤집어진 U-자형으로 감소하기 시작한다.
   ii. 처음에는 감소하다가 나중에는 U-자형으로 증가하기 시작한다.
   iii. 꾸준히 증가한다.
   iv. 꾸준히 감소한다.
   v. 일정하게 유지된다.

b) 테스트 RSS에 대해, (a) 문제를 반복하라.
c) 분산에 대해, (a) 문제를 반복하라.
d) 편향(또는 편향제곱)에 대해, (a) 문제를 반복하라.
e) 축소불가능 오차(irreducible error)에 대해, (a) 문제를 반복하라.

4. 선형회귀모형의 회귀계수를 추정하고 있다. 특정한 λ 값에 대해 다음을 최소화하는 방법을 사용하고 있다.

$$\sum_{i=1}^{n}\left(y_i - \beta_0 - \sum_{j=1}^{p}\beta_j x_{ij}\right)^2 + \lambda\sum_{j=1}^{p}\beta_j^2$$

(a)부터 (e)까지 문제에서, i.~ v. 중 올바른 것을 고르고 그렇게 답한 이유를 설명하라.

a) λ를 0에서 시작해 증가시킬 때 훈련 RSS는,

   i. 처음에는 증가하다가 나중에는 뒤집어진 U-자형으로 감소하기 시작한다.
   ii. 처음에는 감소하다가 나중에는 U-자형으로 증가하기 시작한다.
   iii. 꾸준히 증가한다.
   iv. 꾸준히 감소한다.
   v. 일정하게 유지된다.

b) 테스트 RSS에 대해, (a) 문제를 반복하라.

c) 분산에 대해, (a) 문제를 반복하라.

d) 편향(또는 편향제곱)에 대해, (a) 문제를 반복하라.

e) 축소불가능 오차(irreducible error)에 대해, (a) 문제를 반복하라.

5. 잘 알려져 있는 것처럼 능형회귀는 상관관계가 있는 변수들에 비슷한 계수의 값을 주는 경향이 있다. 반면에 라쏘는 상관관계가 있는 변수들에 매우 다른 계수의 값을 부여할 수 있다. 이제 아주 단순한 상황에서 이 속성을 살펴본다.
$n = 2, p = 2, x_{11} = x_{12}, x_{21} = x_{22}$인 경우를 생각해 보자. 또 $y_1 + y_2 = 0, x_{11} + x_{21} = 0, x_{12} + x_{22} = 0$이라고 생각해 보자. 따라서 최소제곱법, 능형회귀, 라쏘 모형에서 절편의 추정값은 0이다. 즉, $\hat{\beta}_0 = 0$이다.

a) 이 설정에서 능형회귀 최적화 문제를 써라.

b) 이 설정에서 능형 계수 추정값이 $\hat{\beta}_1 = \hat{\beta}_2$을 만족함을 논증하라.

c) 이 설정에서 라쏘 최적화 문제를 써라.

d) 이 설정에서 라쏘 계수 $\hat{\beta}_1$과 $\hat{\beta}_2$이 유일하지 않음을 논증하라. 즉 (c)의 최적화 문제에는 가능한 해가 많다. 이 해들이 무엇인지 기술하라.

6. 이제 식 (6.12)와 식 (6.13)을 더 살펴본다.

a) 식 (6.12)에서 $p = 1$인 경우를 생각해 보자. 어떤 y_1과 $\lambda > 0$을 선택했을 때 β_1의 함수로서 식 (6.12)를 그래프로 그려라. 이 그래프로 식 (6.12)가 식 (6.14)에 의해 풀린다는 것을 확인해야 한다.

b) 식 (6.13)에서 $p = 1$인 경우를 생각해 보자. 어떤 y_1과 $\lambda > 0$을 선택했을 때 β_1의 함수로서 식 (6.13)을 그래프로 그려라. 이 그래프로 식 (6.13)이 식 (6.15)에 의해 풀린다는 것을 확인해야 한다.

7. 이제 6.2.2절에서 논의한 베이즈 통계와 라쏘, 능형회귀의 연결을 유도한다.

a) $y_i = \beta_0 + \sum_{j=1}^{p} x_{ij}\beta_j + \epsilon_i$이고, 이때 $\epsilon_1, ..., \epsilon_n$은 독립이며 동일한 분포 $N(0, \sigma^2)$을 따른다. 데이터에 대한 가능도를 써라.

b) β에 대해 다음과 같은 사전분포를 가정한다. $\beta_1, ..., \beta_p$는 독립이고, 동일하

게 평균이 0이고 공통 척도모수(scale parameter)가 b인 이중지수분포를 따른다. 즉, $p(\beta) = \frac{1}{2b}\exp(-|\beta|/b)$이다. 이때 β의 사후분포를 써라.

c) 이 사후분포에서 라쏘 추정값이 β의 '최빈값'임을 논증하라.

d) 이제 β에 대해 다음과 같은 사전분포를 가정한다. $\beta_1, ..., \beta_p$는 독립이고, 동일하게 평균이 0이고 분산이 c인 정규분포를 따른다. 이때 β의 사후분포를 써라.

e) 이 사후분포에서 능형회귀 추정값이 β의 '최빈값'이면서 '평균'임을 논증하라.

응용

8. 이번 연습문제에서는 시뮬레이션 데이터를 생성하고 이 데이터를 사용해 단계적 전진선택법과 단계적 후진선택법을 수행한다.

a) 난수 생성기를 만들고 `normal()` 메소드를 사용해 길이가 $n = 100$인 예측변수 X와 길이가 $n = 100$인 소음(noise) 벡터 ϵ을 생성하라.

b) 모형 $Y = \beta_0 + \beta_1 X + \beta_2 X^2 + \beta_3 X^3 + \epsilon$에 따라 길이가 $n = 100$인 반응 벡터 Y를 생성하라. 여기서 $\beta_0, \beta_1, \beta_2, \beta_3$은 상수로 자유롭게 선택하라.

c) 단계적 전진선택법을 사용해 예측변수 $X, X^2, ..., X^{10}$을 포함하는 모형을 선택하라. C_p에 따라 구한 모형은 무엇인가? 구한 모형의 계수를 보고하라.

d) 단계적 후진선택법을 사용해서 (c)를 반복하라. 답을 (c)의 결과와 비교하면 어떤가?

e) 이제 시뮬레이션 데이터에 라쏘 모형을 적합하라. 예측변수로 $X, X^2, ...,$ X^{10}을 다시 사용하라. 교차검증을 사용해 λ의 최적값을 선택하라. λ의 함수로 교차검증 오차의 그래프를 생성하라. 결과로 얻은 계수 추정값을 보고하고 결과에 대해 논의하라.

f) 이제 모형

$$Y = \beta_0 + \beta_7 X^7 + \epsilon$$

에 따라 반응 벡터 Y를 생성하고 단계적 전진선택법과 라쏘를 수행하라. 구한 결과에 대해 논의하라.

9. 이번 연습문제에서는 `College` 데이터 세트의 다른 변수들을 사용해 받은 지원서의 개수를 예측한다.

    a) 데이터 세트를 훈련 세트와 테스트 세트로 분할하라.
    b) 훈련 세트에서 최소제곱을 사용해 선형모형을 적합하고 테스트 오차를 보고하라.
    c) 훈련 세트에서 교차검증으로 선택한 λ로 능형회귀모형을 적합하고 테스트 오차를 보고하라.
    d) 훈련 세트에서 교차검증으로 선택한 λ로 라쏘 모형을 적합하고 테스트 오차와 0이 아닌 계수 추정값의 개수를 보고하라.
    e) 훈련 세트에서 교차검증으로 선택한 M으로 PCR 모형을 적합하고 테스트 오차와 교차검증으로 선택한 M의 값을 보고하라.
    f) 훈련 세트에서 교차검증으로 선택한 M으로 PLS 모형을 적합하고 테스트 오차와 교차검증으로 선택한 M의 값을 보고하라.
    g) 구한 결과에 대해 논의하라. 대학 지원서의 개수를 얼마나 정확하게 예측할 수 있는가? 이 다섯 가지 접근법에서 나온 테스트 오차 사이에는 큰 차이가 있는가?

10. 이미 살펴보았듯이 모형에 사용된 특징의 개수가 증가함에 따라 훈련 오차는 반드시 감소하지만, 테스트 오차는 그렇지 않을 수 있다. 이제 시뮬레이션 데이터 세트에서 이것을 살펴본다.

    a) $p = 20$개의 특징, $n = 1{,}000$개의 관측으로 이루어진 데이터 세트를 생성하고,

    $$Y = X\beta + \epsilon$$

    모형에 따라 관련 양적 반응 벡터를 생성하라. β의 원소 몇 개는 정확히 0이 되도록 한다.
    b) 데이터 세트를 100개의 관측을 포함하는 훈련 세트와 900개의 관측을 포함하는 테스트 세트로 분할하라.
    c) 훈련 세트에서 최량부분집합선택을 수행하고 각각의 크기에서 가장 좋은 모형에 해당하는 훈련 세트 MSE의 그래프를 그려라.

d) 각각의 모형 크기에서 가장 좋은 모형에 해당하는 테스트 세트 MSE의 그래프를 그려라.

e) 모형의 크기가 얼마일 때 테스트 세트 MSE가 최솟값을 갖는가? 결과를 논의하라. 만약 절편만 있는 모형 또는 특징을 모두 포함하는 모형에서 테스트 세트 MSE가 최솟값을 갖는다면, 중간 크기의 모형에서 테스트 세트 MSE가 최소화되는 시나리오가 나올 때까지 (a)에서 데이터 생성 방식을 바꿔 가며 해보자.

f) 테스트 세트 MSE가 최소화되는 모형을 데이터를 생성하는 데 사용한 참 모형과 비교하면 어떤가? 계수의 값에 대해 논의하라.

g) r 값에 따라 $\sqrt{\sum_{j=1}^{p}(\beta_j - \hat{\beta}_j^r)^2}$ 를 보여 주는 그래프를 생성하라. 여기서 $\hat{\beta}_j^r$은 r개의 계수가 있는 가장 좋은 모형의 j번째 계수 추정값이다. 무엇을 관찰했는지 논의하라. (d)의 테스트 MSE 그래프와 비교하면 어떤가?

11. 이번에는 `Boston` 데이터 세트에서 1인당 범죄율을 예측한다.

a) 이번 장에서 살펴본 몇 가지 회귀 방법을 시도해 보자. 예를 들면 최량부분집합선택, 라쏘, 능형회귀, PCR 등이 있다. 살펴본 접근법의 결과를 제시하고 논의하라.

b) 이 데이터 세트에서 성능이 좋아 보이는 모형(또는 모형의 집합)을 제안하고 그렇게 답한 이유를 설명하라. 반드시 훈련 오차가 아니라 테스트 세트 오차, 교차검증 또는 다른 합리적인 대안을 사용해 모형 성능을 평가해야 한다.

c) 선택한 모형이 데이터 세트의 모든 특징을 포함하는가? 왜 그렇게 됐을까? 또는 왜 그렇게 되지 않았을까?

7장

An Introduction to Statistical Learning

선형을 넘어서

지금까지 이 책에서는 주로 선형모형에 초점을 맞췄다. 선형모형은 상대적으로 설명하기 쉽고 구현하기 간단하며 다른 접근법과 비교했을 때 해석과 추론 면에서 이점이 있다. 하지만 표준 선형회귀는 예측력이라는 측면에서 상당한 제한이 있을 수 있다. 선형성 가정은 거의 대부분 근사(approximation)이고, 어떤 때에는 나쁜 근사이기 때문이다. 6장에서 보았듯이 능형회귀, 라쏘, 주성분회귀 그리고 다른 몇 가지 기법을 사용해 최소제곱을 개선할 수 있었다. 6장에서 다룬 몇 가지 기법에서는 개선을 위해 선형모형의 복잡성을 줄이고 그에 따라 추정값의 분산을 줄이는 방법을 이용했다. 그러나 이 방법은 여전히 선형모형을 사용하기 때문에 그 이상으로는 개선될 수 없다. 이번 장에서는 선형성 가정을 완화하면서도 동시에 해석 가능성을 가능한 한 많이 유지하려고 한다. 다항회귀와 계단함수와 같은 선형모형의 아주 간단한 확장에서 스플라인(spline), 국소회귀(local regression), 일반화가법모형(generalized additive model)과 같은 더 정교한 접근법까지 검토한다.

- 다항회귀(polynomial regression)는 원래의 예측변수 각각을 거듭제곱해 구한 여분의 예측변수를 추가해 선형모형을 확장한다. 예를 들어 세제곱(cubic) 회귀는 세 개의 변수 X, X^2, X^3을 예측변수로 사용한다. 이 접근법은 데이터에 비선형 적합을 가능하게 하는 단순한 방법을 제공한다.
- 계단함수(step function)는 변수의 범위를 K개의 별개 영역으로 나누어 질적 변수를 생성한다. 이로써 조각별 상수함수(piecewise constant function)를 적합하는 효과가 있다.

- 회귀 스플라인(regression spline)은 다항함수나 계단함수보다 유연한데, 사실은 둘의 확장이다. X의 범위를 K개의 서로 구별되는 영역으로 나누고 각각의 영역에서 다항함수를 데이터에 적합한다. 하지만 이 다항함수들을 제약해서 영역 경계, 즉 매듭(knot)에서 매끄럽게 이어지도록 한다. 구간을 충분히 많은 영역으로 나누면 매우 유연한 적합을 만들어 낸다.
- 평활 스플라인(smoothing spline)은 회귀 스플라인과 유사하지만 약간 다르다. 평활 스플라인은 평활도(smoothmess) 벌점 제약이 있는 잔차제곱합 기준을 최소화함으로써 얻는다.
- 국소회귀(local regression)는 스플라인과 유사하지만 중요한 지점에서 차이가 있다. 국소회귀 방법은 영역이 겹칠 수 있고 실제로 매우 매끄러운 방식으로 겹친다.
- 일반화가법모형(generalized additive model)은 앞의 방법들을 확장해 여러 예측변수를 다룰 수 있게 해준다.

7.1~7.6절에서는 반응변수 Y와 단일 예측변수 X 사이의 관계를 유연하게 모형화하기 위한 다양한 접근법을 소개한다. 7.7절에서는 이 접근법들을 원활하게 통합해 여러 예측변수 $X_1, ..., X_p$의 함수로서 반응 Y를 모형화할 수 있음을 보여 줄 것이다.

7.1 다항회귀

역사적으로 예측변수와 반응변수 사이의 관계가 비선형인 상황에서 선형회귀를 확장하는 표준적인 방법은

$$y_i = \beta_0 + \beta_1 x_i + \epsilon_i$$

와 같은 표준 선형모형을 다음과 같이 다항함수로 대체하는 것이었다.

$$y_i = \beta_0 + \beta_1 x_i + \beta_2 x_i^2 + \beta_3 x_i^3 + \cdots + \beta_d x_i^d + \epsilon_i \tag{7.1}$$

여기서 ϵ_i는 오차항이다. 이 접근법을 다항회귀(polynomial regression)라고 하며 이 방법의 예제를 3.3.2절에서 이미 보았다. 차수 d가 충분히 크면 다항회귀는 극단적인 비선형 곡선을 만들 수 있다. 주목할 점은 식 (7.1)의 계수들은 최소제곱 선형회귀를 이용해 쉽게 추정할 수 있는데, 이 식은 다만 $x_i, x_i^2, x_i^3, ..., x_i^d$과 같은 예

측변수로 이루어진 표준 선형모형이기 때문이다. 일반적으로 d를 3이나 4보다 큰 값을 이용하는 경우는 흔하지 않다. d의 값이 크면 다항곡선은 지나치게 유연해져 아주 이상한 모양이 될 수 있기 때문이다. 특히 X 변수의 경계 근처에서 그런 일이 벌어진다.

[그림 7.1] 왼쪽 그림은 Wage 데이터 세트에서 wage 대 age의 그래프다. 이 데이터 세트에는 미국 중앙 대서양 지역에 거주하는 남성들의 소득과 인구통계 정보가 들어 있다. 이 그래프는 최소제곱으로 4차 다항식을 적합한 결과(실선 파란색 곡선)를 보여 준다. 이 모형은 다른 경우와 마찬가지로 선형회귀모형이지만 개별 계수들은 별로 관심의 대상이 아니다. 대신 18세에서 80세까지 63개 age 값의 격자를 가로지르며 적합된 함수 전체를 살펴보면서 age와 wage 사이의 관계를 이해한다.

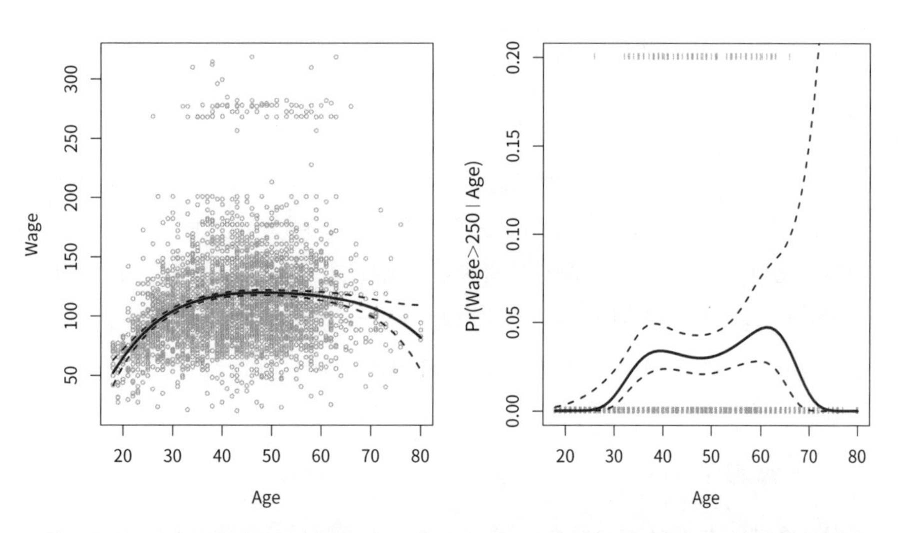

[그림 7.1] Wage 데이터. 왼쪽: 파란색 실선 곡선은 age의 함수로 wage(단위는 천 달러)의 4차 다항식을 최소제곱법으로 적합한 것이다. 파선 곡선은 추정된 95% 신뢰구간을 표시한 것이다. 오른쪽: wage > 250이라는 이진 사건을 로지스틱 회귀를 사용해 모형화하는데, 여기서도 4차 다항식을 사용한다. wage가 $250,000을 초과할 사후 확률의 적합 결과를 파란색으로 표시하고 이와 함께 95% 신뢰구간을 추정한 결과를 표시했다.

[그림 7.1]에 적합 결과와 함께 표시된 한 쌍의 파선 곡선은 (2×) 표준오차 곡선이다. 이 곡선이 어떻게 나오는지 살펴보자. 특정 age 값 x_0에서 적합을 계산했다고 가정한다.

$$\hat{f}(x_0) = \hat{\beta}_0 + \hat{\beta}_1 x_0 + \hat{\beta}_2 x_0^2 + \hat{\beta}_3 x_0^3 + \hat{\beta}_4 x_0^4 \tag{7.2}$$

이 적합의 분산, 즉 $\mathrm{Var}\hat{f}(x_0)$은 무엇일까? 최소제곱은 적합 계수 $\hat{\beta}_j$의 분산 추정값뿐만 아니라 계수 추정값 쌍 사이의 공분산도 반환한다. 이 추정값들을 이용해 $\hat{f}(x_0)$의 분산 추정값을 계산할 수 있다.[1] $\hat{f}(x_0)$의 점별(pointwise) 표준오차 추정값은 분산의 제곱근이다. 이 계산을 각각의 참조점 x_0에서 반복해 적합 곡선과 적합 곡선의 양쪽에 표준오차의 2배를 그린다. 표준오차의 2배를 그리는 이유는 정규분포 오차항을 생각할 때 이 값이 대략 95% 신뢰구간에 해당하기 때문이다.

[그림 7.1]의 임금(wage)은 두 개의 구별된 인구 집단에서 나온 것처럼, 즉 연간 \$250,000 이상을 벌고 있는 '고소득자' 집단과 '저소득자' 집단이 존재하는 것처럼 보인다. wage를 이 두 그룹으로 나누어 이진변수로 처리할 수 있다. 그런 다음 로지스틱 회귀를 사용해 이 이진 반응을 예측하는 데 age의 다항함수를 예측변수로 사용할 수 있다. 즉, 다음과 같이 모형을 적합한다.

$$\Pr(y_i > 250|x_i) = \frac{\exp(\beta_0 + \beta_1 x_i + \beta_2 x_i^2 + \cdots + \beta_d x_i^d)}{1 + \exp(\beta_0 + \beta_1 x_i + \beta_2 x_i^2 + \cdots + \beta_d x_i^d)} \tag{7.3}$$

결과는 [그림 7.1]의 오른쪽 그림에 표시했다. 그림 상단과 하단의 회색 표시는 고소득자와 저소득자의 나이를 나타낸다. 파란색 실선 곡선은 고소득자가 될 확률을 age의 함수로 나타낸 것이다. 추정된 95% 신뢰구간(confidence interval)도 함께 표시되어 있다. 여기서 신뢰구간이 특히 오른쪽에서 상당히 넓다는 것을 알 수 있다. 이 데이터 세트의 표본 크기는 상당히 크지만($n = 3{,}000$), 고소득자는 단 79명뿐이어서 추정 계수의 분산이 크고 따라서 신뢰구간이 넓다.

7.2 계단함수

선형모형에서 특징의 다항함수를 예측변수로 사용하면 X의 비선형함수에 전역(global) 구조를 부과한다. 대신에 계단함수(step function)를 사용하면 전역 구조가

1 $\hat{\mathbf{C}}$이 $\hat{\beta}_j$의 5×5 공분산행렬이고 $\ell_0^T = (1, x_0, {x_0}^2, {x_0}^3, {x_0}^4)$이면, $\mathrm{Var}\hat{f}(x_0) = \ell_0^T \hat{\mathbf{C}} \ell_0$이다.
(옮긴이 덧붙임) 공분산행렬은 분산-공분산행렬이라고도 한다. 대각원소는 분산이고 비대각원소는 공분산이기 때문이다. 공분산행렬 $\hat{\mathbf{C}}$의 i행 j열의 원소를 c_{ij}라고 하면 c_{ii}는 분산이고 $i \neq j$인 c_{ij}는 공분산이다. 따라서 본문의 설명처럼 분산과 공분산의 추정값을 구하는 것은 결국 공분산행렬 $\hat{\mathbf{C}}$을 구하는 것이다. 예를 들어 c_{11}은 첫 번째 계수(이 예제에서는 절편)에 대한 추정량 $\hat{\beta}_0$의 분산의 추정값이다. c_{12}는 $\hat{\beta}_0$과 $\hat{\beta}_1$의 공분산의 추정값이다. 계수 추정값의 벡터를 $\hat{\beta}^T = (\hat{\beta}_0, \hat{\beta}_1, ..., \hat{\beta}_4)$이라 하면 $\hat{\mathbf{C}} = \mathrm{Cov}(\hat{\beta})$이다. 계수 추정값 벡터와 공분산의 개념과 표기는 6.2.2절과 4.4.3절에 등장한다. 식 (7.1)을 벡터로 표현하면 $f(x_0) = \ell_0^T \hat{\beta}$이다. 따라서 $\mathrm{Var}(\ell_0^T \hat{\beta}) = \{\ell\}_0^T \mathrm{Cov}(\hat{\beta}) \ell_0$이다. 이것은 분산의 기본 성질에 의한 것인데, 두 확률변수 X와 Y만 있는 간단한 경우로 설명하면 $\mathrm{Var}(aX + bY) = a^2 \mathrm{Var}X + b^2 \mathrm{Var}Y + 2ab\,\mathrm{Cov}(X, Y)$라는 성질이다.

부과되는 것을 피할 수 있다. 여기서는 X의 범위를 구간(bin)으로 나누고 구간마다 다른 상수를 적합한다. 이로써 연속 변수를 순서범주형(ordered categorical) 변수로 변환하는 셈이 된다.

더 자세히 말하면 X의 범위에서 절단점 $c_1, c_2, \ldots, c_K$를 생성한 후, 다음과 같이 $K+1$개의 새로운 변수를 구성한다

$$\begin{array}{lcl} C_0(X) & = & I(X < c_1), \\ C_1(X) & = & I(c_1 \leq X < c_2), \\ C_2(X) & = & I(c_2 \leq X < c_3), \\ & \vdots & \\ C_{K-1}(X) & = & I(c_{K-1} \leq X < c_K), \\ C_K(X) & = & I(c_K \leq X) \end{array} \tag{7.4}$$

여기서 $I(\cdot)$는 조건이 참이면 1을 반환하고 그렇지 않으면 0을 반환하는 지시 함수(indicator function)다. 예를 들어 $I(c_K \leq X)$는 $c_K \leq X$이면 1이 되고 그렇지 않으면 0이 된다. 이것들을 종종 가변수(dummy variable)라고도 한다. 주의해서 볼 점은 X의 어떤 값도 $C_0(X)+C_1(X)+\ldots+C_K(X)=1$이라는 점이다. X는 반드시 $K+1$ 구간 중 하나에 속해야 하기 때문이다. 그런 다음 $C_1(X), C_2(X), \ldots, C_KX$를 예측변수로 사용하는 선형모형을 최소제곱법으로 적합한다.[2]

$$y_i = \beta_0 + \beta_1 C_1(x_i) + \beta_2 C_2(x_i) + \cdots + \beta_K C_K(x_i) + \epsilon_i \tag{7.5}$$

주어진 X값에 대해 $C_1, C_2, \ldots, C_K$ 중 최대 하나만 0이 아닐 수 있다. 주목할 점은 $X < c_1$일 때는 식 (7.5)의 모든 예측변수가 0이므로, β_0은 $X < c_1$인 경우에 대한 Y의 평균값으로 해석할 수 있다. 이와 비교해 식 (7.5)는 $c_j \leq X < c_{j+1}$인 경우에 대해 $\beta_0 + \beta_j$로 반응을 예측하므로, β_j는 $X < c_1$인 경우에 비해 $c_j \leq X < c_{j+1}$인 경우에 X에 대한 반응이 평균적으로 얼마나 증가했는지를 나타낸다.

Wage 데이터에 계단함수를 적합한 예는 [그림 7.2] 왼쪽 그림에 나타나 있다. 또 로지스틱 회귀모형을 적합해 age를 기반으로 특정 개인이 고소득자일 확률을 예측한다.

2 식 (7.5)에서 $C_0(X)$를 예측변수에서 제외한다. 절편과 중복되므로 잉여적이기 때문이다. 모형에 절편이 있다면 세 수준의 질적 변수를 코드화하기 위해서는 두 개의 가변수만 필요하다는 사실과 유사하다. 식 (7.5)에서 다른 C_kX 대신 $C_0(X)$를 제외한 것은 임의적인 결정이다. 이와 달리 $C_0(X), C_1(X), \ldots, C_K(X)$를 포함하고 절편을 제외해도 된다.
(옮긴이 덧붙임) 이 설명에서 '다른 C_kX'는 $k=0$ 이외의 다른 경우, 즉 $C_1(X), C_2(X), \ldots, C_K(X)$ 중 아무거나 하나를 의미한다.

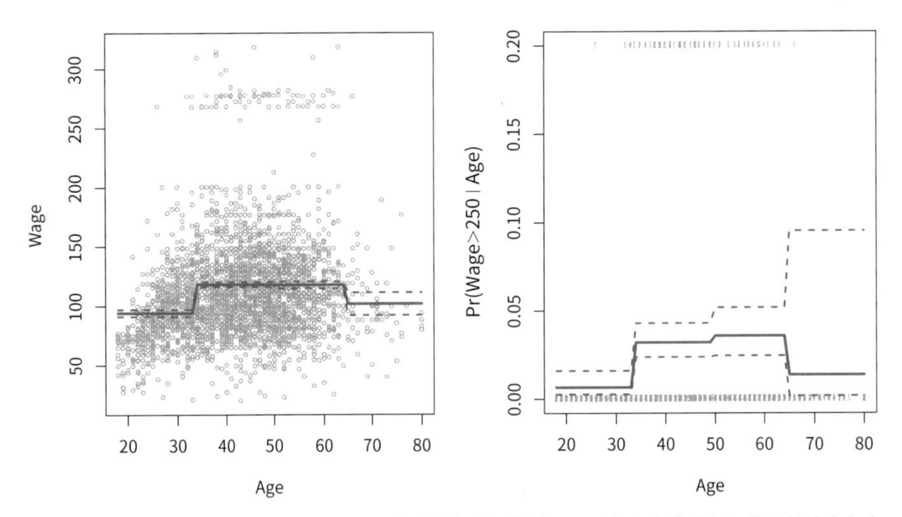

[그림 7.2] Wage 데이터. 왼쪽: 실선 곡선은 age의 계단함수를 사용한 wage(달러 단위)의 최소제곱 회귀에서 나온 적합값을 보여 준다. 파선 곡선은 추정된 95% 신뢰구간을 나타낸다. 오른쪽: 이진 사건 wage > 250을 로지스틱 회귀를 사용해 모형화한 다음 다시 age의 계단함수를 사용한다. wage가 $250,000을 초과할 사후확률의 적합 결과를 95% 신뢰구간의 추정과 함께 표시한다.

$$\Pr(y_i > 250|x_i) = \frac{\exp(\beta_0 + \beta_1 C_1(x_i) + \cdots + \beta_K C_K(x_i))}{1 + \exp(\beta_0 + \beta_1 C_1(x_i) + \cdots + \beta_K C_K(x_i))} \tag{7.6}$$

[그림 7.2]의 오른쪽 그림은 이 접근법을 사용해 구한 사후확률 적합값을 보여 준다.

안타깝게도 예측변수에 자연적인 단락점(breakpoint)이 없다면 조각별 상수함수(piecewise constant function)는 추세를 놓칠 수 있다. 예를 들어 [그림 7.2] 왼쪽 그림에서 첫 번째 구간은 연령에 따라 임금이 증가하는 추세를 명백히 놓치고 있다. 그럼에도 계단함수 접근법은 생물통계학과 역학(epidemiology)을 포함해 여러 분야에서 매우 널리 사용된다. 예를 들면 5세 연령 집단은 구간을 정의하는 데 자주 사용된다.

7.3 기저함수

다항회귀모형과 조각별 상수 회귀모형은 사실 기저함수(basis function) 접근법의 특별한 경우다. 이 아이디어는 변수 X에 적용할 수 있는 함수족(family of functions)이나 변환족, 즉 $b_1(X), b_2(X), \ldots, b_K(X)$을 이용하려는 것이다. X의 선형모형을 적합하는 대신 다음 모형을 적합한다.

$$y_i = \beta_0 + \beta_1 b_1(x_i) + \beta_2 b_2(x_i) + \beta_3 b_3(x_i) + \cdots + \beta_K b_K(x_i) + \epsilon_i \quad (7.7)$$

기저함수 $b_1(\cdot), b_2(\cdot), ..., b_K(\cdot)$는 고정된 아는 함수라는 점에 주의하자(다시 말해 함수를 사전에 선택한다). 다항회귀에서 기저함수는 $b_j(x_i) = x_i^j$이고 조각별 상수함수에서는 $b_j(x_i) = I(c_j \leq x_i < c_{j+1})$이다. 식 (7.7)을 예측변수로 $b_1(x_i), b_2(x_i), ...,$ $b_K(x_i)$를 이용하는 표준 선형모형이라고 생각할 수 있다. 따라서 최소제곱법을 사용해 식 (7.7)의 미지의 회귀계수를 추정할 수 있다. 중요한 점을 지적하면 이렇게 할 수 있다는 것(최소제곱을 사용해 식 (7.7)의 미지의 회귀계수를 추정할 수 있다는 것)은 3장에서 논의한 선형모형의 모든 추론 도구들, 예를 들어 계수 추정값에 대한 표준오차와 모형의 총체적인 유의성에 대한 F-통계량 등을 이 상황에서 사용할 수 있다는 뜻이다.

지금까지 기저함수로 다항함수와 조각별 상수함수의 사용을 살펴보았다. 하지만 많은 다른 대안이 있다. 예를 들어 웨이블릿(wavelet)[3]이나 푸리에 급수를 사용해 기저함수를 구성할 수도 있다. 다음 절에서는 기저함수의 매우 일반적인 선택인 회귀 스플라인(regression spline)을 살펴본다.

7.4 회귀 스플라인

이제 유연한 부류의 기저함수를 이용해 앞서 본 다항회귀와 조각별 상수회귀 접근법을 확장하는 방법을 논의하자.

7.4.1 조각별 다항회귀

X의 전체 범위에 고차 다항식을 적합하는 대신, 조각별 다항회귀(piecewise polynomial regression)는 개별적인 저차원 다항식을 X의 서로 다른 영역에 적합하는 과정을 거친다. 예를 들어 조각별 3차 다항식은 다음과 같은 형태의 3차 회귀모형을 적합함으로써 작동한다.

$$y_i = \beta_0 + \beta_1 x_i + \beta_2 x_i^2 + \beta_3 x_i^3 + \epsilon_i \quad (7.8)$$

여기서 계수 β_0, β_1, β_2와 β_3은 X가 어느 범위에 속하느냐에 따라 달라진다. 계수가 변하는 지점을 매듭(knot)이라고 한다.

3 (옮긴이) 영어 wavelet은 보통 '웨이블릿'으로 번역한다. 통계학회 용어집에서는 '잔물결'로 번역되어 있어 이 자리에 소개한다. 웨이블릿과 푸리에 급수는 이 책 전체에 걸쳐 여기서만 언급되고 있다.

예를 들어 매듭이 없는 조각별 3차 다항식은 바로 표준 3차 다항식이며, 식 (7.1)에서 $d = 3$인 경우와 같다. 한 점 c에서 단일 매듭이 있는 조각별 3차 다항식은 다음과 같은 형태를 취한다.

$$y_i = \begin{cases} \beta_{01} + \beta_{11}x_i + \beta_{21}x_i^2 + \beta_{31}x_i^3 + \epsilon_i & \text{if } x_i < c \\ \beta_{02} + \beta_{12}x_i + \beta_{22}x_i^2 + \beta_{32}x_i^3 + \epsilon_i & \text{if } x_i \geq c \end{cases}$$

다시 말해 $x_i < c$인 관측 부분집합과 $x_i \geq c$인 관측 부분집합에 서로 다른 두 다항함수를 적합한다. 첫 번째 다항함수의 계수는 $\beta_{01}, \beta_{11}, \beta_{21}, \beta_{31}$이고, 두 번째 다항함수의 계수는 $\beta_{02}, \beta_{12}, \beta_{22}, \beta_{32}$이다. 다항함수 각각은 원래 예측변수의 단순한 함수에 최소제곱법을 적용해 적합할 수 있다.

매듭을 더 많이 사용하면 조각별 다항식이 더 유연해진다. 일반적으로 X의 범위에 K개의 서로 다른 매듭을 배치하면 $K + 1$개의 서로 다른 3차 다항식을 적합하게 된다. 3차 다항식을 사용할 필요는 없다는 점에 주의하자. 예를 들어 조각별 선형함수를 대신 적합할 수 있다. 실제로 7.2절의 조각별 상수함수들은 조각별 0차 다항식이다.

[그림 7.3] 왼쪽 상단 그림은 `Wage` 데이터의 일부 부분집합에 적합된 조각별 3차 다항식으로 `age = 50`에 단일 매듭이 있는 경우다. 그런데 함수가 불연속이고 터무니없어 보이는 문제가 있다. 각각의 다항식은 모수가 네 개이므로 이 조각별 다항 모형을 적합하는 데 총 8개의 자유도(degree of freedom)를 사용하고 있다.

7.4.2 제약과 스플라인

[그림 7.3]의 왼쪽 상단 그림이 잘못된 것처럼 보이는 이유는 적합된 곡선이 너무 유연하기 때문이다. 이 문제를 해결하기 위해 조각별 다항식을 적합할 때 적합된 곡선이 연속이어야 한다는 제약(constraints)을 줄 수 있다. 즉, `age = 50`일 때 점프가 있어서는 안 된다. [그림 7.3]의 오른쪽 상단 그림은 그 결과를 보여 준다. 이 결과는 왼쪽 상단의 그림보다 나아 보이지만 V자 형태의 접합부가 자연스럽지 않다.

왼쪽 하단 그림에서는 두 가지 추가적인 제약을 더했다. 이제 `age = 50`에서 조각별 다항식의 일계도함수와 이계도함수가 연속이다. 즉, 조각별 다항식이 `age = 50`에서 연속일 뿐만 아니라 매우 매끄러울(smooth) 것을 요구한다. 조각별 3차 다항식에 부과하는 각각의 제약은 결과적으로 조각별 다항식 적합의 복잡성을 줄이고 실질적으로 자유도(degrees of freedom)를 하나씩 놓아 준다. 따라서 왼쪽 상단 그

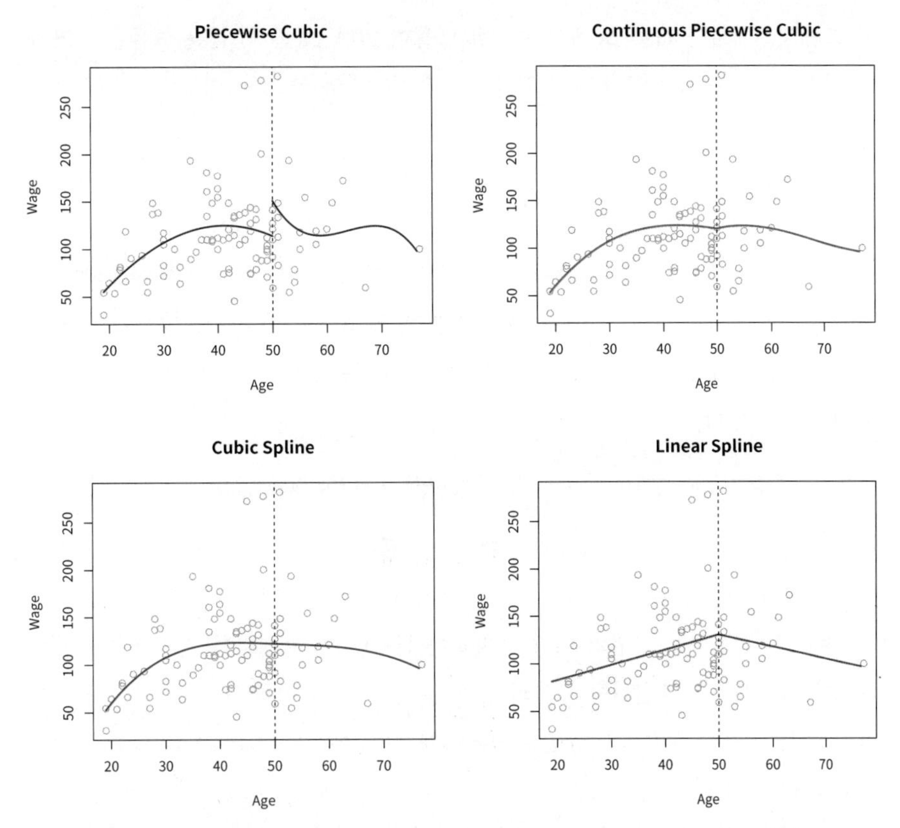

[그림 7.3] Wage 데이터의 일부 부분집합에 다양한 조각별 다항식을 적합했으며, age = 50에서 매듭이 있다. 왼쪽 상단: 3차 다항식을 제약 없이 적합했다. 오른쪽 상단: 3차 다항식을 age = 50에서 연속되도록 제약했다. 왼쪽 하단: 3차 다항식이 연속이고 일계도함수와 이계도함수가 연속이 되도록 제약했다. 오른쪽 하단: 연속되도록 제약한 선형 스플라인을 보여 준다.

림에서는 자유도를 8개 사용하지만, 왼쪽 하단 그림은 세 가지 제약(연속성, 일계도함수의 연속성, 이계도함수의 연속성)을 부과해 결과적으로 5개의 자유도를 사용한다. 왼쪽 하단 그림의 곡선을 3차 스플라인(cubic splin)이라고 한다.[4] 일반적으로 K개의 매듭이 있는 3차 스플라인은 총 $4 + K$개의 자유도를 사용한다.

[그림 7.3] 오른쪽 하단 그림은 age = 50에서 연속인 선형 스플라인(linear spline)이다. d차 스플라인은 일반적으로 각각의 매듭에서 $d - 1$계도함수까지 연속인 조각별 d차 다항식이라고 정의한다. 따라서 선형 스플라인은 매듭에 의해 정의된 예측변수 공간의 각 영역에서 직선을 적합해 구하는데, 이때 각각의 매듭에서 연속성이 요구된다.

4 3차 스플라인은 대부분 육안으로는 매듭의 불연속성을 감지할 수 없기 때문에 널리 사용된다.

[그림 7.3]에서는 `age = 50`에서 단일한 매듭이 있다. 물론 더 많은 매듭을 추가하고 각각에서 연속성을 부과할 수 있다.

7.4.3 스플라인 기저 표현

이전 절에서 본 회귀 스플라인은 다소 복잡해 보일 수 있다. 어떻게 조각별 d차 다항식을 연속이라는 (그리고 가능하다면 그것의 첫 $d-1$계도함수까지 연속이라는) 제약 조건하에서 적합할 수 있을까? 알려진 바에 따르면 기저모형 (7.7)을 사용해 회귀 스플라인을 표현할 수 있으며, 매듭이 K개 있는 3차 스플라인은 다음과 같이 모형화할 수 있다.

$$y_i = \beta_0 + \beta_1 b_1(x_i) + \beta_2 b_2(x_i) + \cdots + \beta_{K+3} b_{K+3}(x_i) + \epsilon_i \tag{7.9}$$

여기서 $b_1, b_2, ..., b_{K+3}$은 적절하게 선택된 기저함수다. 그러면 모형 (7.9)는 최소제곱을 사용해 적합할 수 있다.

다항식을 표현하는 방법이 여러 가지듯이 식 (7.9)에서도 다른 기저함수를 사용해 3차 스플라인을 표현하는 등가의 방법이 많다. 식 (7.9)를 사용해 3차 스플라인을 표현하는 가장 직접적인 방법은 3차 다항식에 대한 기저 x, x^2, x^3으로 시작해 매듭(knot)마다 하나의 절단 멱 기저함수(truncated power basis function)를 추가하는 것이다. 절단 멱 기저함수는 다음과 같이 정의한다.

$$h(x, \xi) = (x - \xi)^3_+ = \begin{cases} (x-\xi)^3 & \text{if } x > \xi \\ 0 & \text{otherwise} \end{cases} \tag{7.10}$$

여기서 ξ는 매듭이다. 3차 다항모형 (7.8)에 $\beta_4 h(x, \xi)$ 형태의 항을 추가하면 ξ에서 삼계도함수에서만 불연속이 나올 것이다. 함수는 각 매듭에서 여전히 연속이며 일계도함수와 이계도함수도 연속일 것이다.

다시 말해 K개의 매듭을 가지고 데이터 세트를 3차 스플라인으로 적합하기 위해 절편과 $3+K$ 예측변수를 $X, X^2, X^3, h(X, \xi_1), h(X, \xi_2), ..., h(X, \xi_K)$의 형태로 최소제곱 회귀를 수행한다. 여기서 $\xi_1, ..., \xi_K$는 매듭이다. 이는 총 $K+4$개의 회귀계수를 추정하는 것이 된다. 이런 이유로 K개의 매듭이 있는 3차 스플라인의 적합은 $K+4$개의 자유도를 사용한다.

불행히도 스플라인은 예측변수의 바깥쪽 범위, 즉 X의 값이 매우 작거나 클 때 분산이 높아진다. [그림 7.4]는 Wage 데이터를 세 개의 매듭으로 적합한 것이다. 경계 영역에 있는 신뢰대(confidence band)가 상당히 거친 모습이다. 자연 스플라인(natural spline)은 추가적인 경계 제약(boundary contraint)이 있는 회귀 스플라인이다. 함수는 경계 영역(즉, X가 가장 작은 매듭보다 작거나 가장 큰 매듭보다 큰 영역에서)에서 선형이어야 한다. 이러한 추가 제약은 자연 스플라인이 경계에서 더 안정적인 추정값을 생성하는 경향이 있음을 의미한다. [그림 7.4]에는 자연 3차 스플라인도 빨간색 선으로 표시되어 있다. 해당 신뢰구간이 더 좁다는 점에 주목하자.

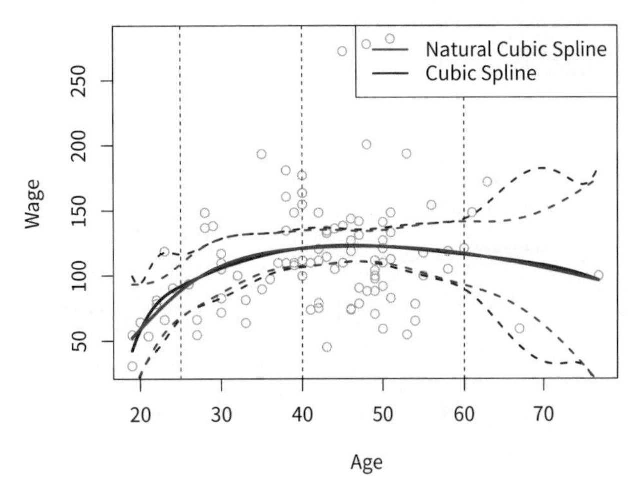

[그림 7.4] Wage 데이터의 부분집합에 적합된 세 개의 매듭이 있는 3차 스플라인과 자연 3차 스플라인. 파선은 매듭의 위치를 나타낸다.

7.4.4 매듭의 개수와 위치 선택하기

스플라인을 적합할 때 매듭을 어디에 배치해야 할까? 회귀 스플라인은 매듭이 많은 영역에서 가장 유연하다. 이 영역에서 다항 계수가 빠르게 변할 수 있기 때문이다. 따라서 선택할 수 있는 한 가지 방법은 함수가 가장 빠르게 변할 것 같은 곳에는 매듭을 더 많이 배치하고 더 안정적으로 보이는 곳에는 매듭을 적게 배치하는 방법이다. 이 선택지가 잘 작동할 수 있긴 하지만 실제 상황에서는 매듭을 균일한 방식으로 배치하는 것이 일반적이다. 균일하게 배치하는 한 가지 방법으로 원하는 자유도를 지정한 다음, 소프트웨어가 자동으로 그에 대응하는 개수의 매듭을 데이터의 균일한 분위수에 배치하게 하는 방법이 있다.[5]

[그림 7.5]는 Wage 데이터에 적용한 예다. [그림 7.4]처럼 매듭이 세 개인 자연 3차 스플라인을 적합했다. 이번에는 매듭 위치(location)가 자동으로 age의 25번째, 50번째, 그리고 75번째 백분위수로 선택됐다는 점만 다르다. 4개의 자유도를 요청하면 이렇게 지정된다. 4개의 자유도가 세 개의 내부 매듭으로 이어지는 논리는 다소 기술적이다.[6]

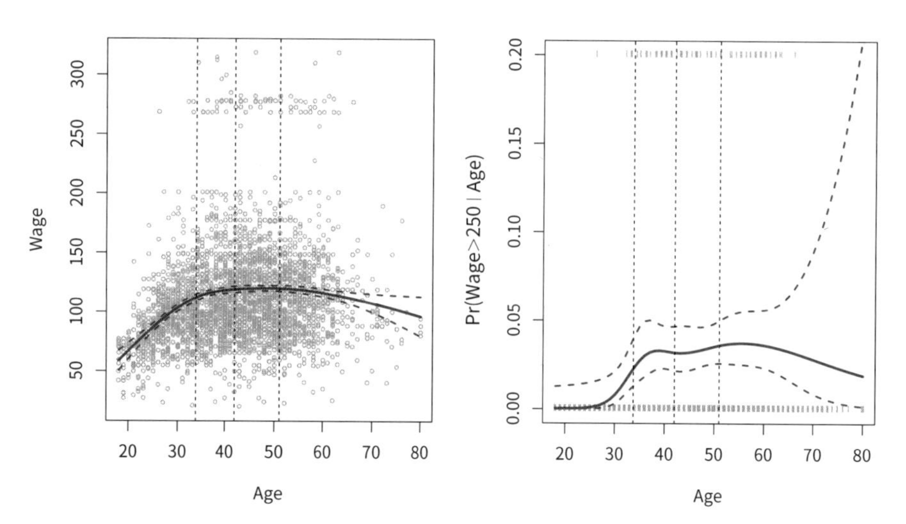

[그림 7.5] 자유도가 4인 자연 3차 스플라인 함수를 Wage 데이터에 적합했다. 왼쪽: 스플라인을 age의 함수로서 wage(단위는 천 달러)에 적합했다. 오른쪽: 로지스틱 회귀를 이용해 age의 함수로서 이진 사건 wage > 250을 모형화했다. wage가 $250,000을 초과할 사후확률 적합값이 표시됐다. 파선은 매듭 위치를 나타낸다.

몇 개의 매듭을 사용해야 할까? 또는 같은 의미로 스플라인이 포함해야 할 자유도의 수는 몇일까? 한 가지 선택할 수 있는 방법은 매듭의 개수를 서로 다르게 여러

5 (옮긴이) 균일한 분위수(uniform quantiles)에서 분위수는 데이터를 여러 구간으로 나눌 때 경곗값으로 사용하는 값이다. '균일'하다는 것은 (데이터를 여러 구간으로 나눌 때) 각각의 구간에 속하는 데이터의 개수가 동일하다는 뜻이다. 즉, 매듭과 매듭 사이에 데이터의 개수가 동일하도록 매듭을 배치하겠다는 뜻이다.

6 실제로 두 개의 경계 매듭까지 포함하면 5개의 매듭이 있다. 5개의 매듭이 있는 3차 스플라인은 자유도가 9이다. 그러나 자연 3차 스플라인은 두 개의 추가적인 '자연' 제약을 추가해 양쪽 경계에서 선형성을 강제한다. 결과적으로 자유도는 $9 - 4 = 5$가 된다. 이것은 상수를 포함한 것인데, 상수는 절편에 흡수되므로 자유도를 4로 계산한다.

가지로 시도해 보고 어떤 방법이 가장 좋아 보이는 곡선을 만드는지 확인하는 것이다. 좀 더 객관적인 접근법은 교차검증을 하는 것인데, 5장과 6장에서 논의했다. 교차검증을 사용해 데이터의 일부(예를 들어 10%)를 제외한 남은 데이터에 특정 개수의 매듭이 있는 스플라인을 적합한 다음, 남겨 둔 부분에 대해 그 스플라인을 사용해 예측한다. 이 과정을 각각의 관측이 한 번씩 제외될 때까지 여러 번 반복한 다음, 총체적 교차검증 RSS를 계산한다. 이 절차는 매듭의 개수 K를 달리하며 반복할 수 있다. 그리고 가장 작은 RSS를 내는 K 값을 선택한다.

[그림 7.6]에서는 자유도가 다양한 스플라인을 Wage 데이터에 적합할 때 10-겹 교차검증 평균제곱오차를 보여 준다. 왼쪽 그림은 자연 3차 스플라인이고 오른쪽 그림은 3차 스플라인이다. 두 방법은 거의 동일한 결과를 생성하는데, 1-도 적합(선형 회귀)이[7] 적절하지 않다는 명확한 증거를 보여 준다. 두 곡선은 빠르게 평탄해지며 자연 스플라인에서는 자유도 3, 3차 스플라인에서는 자유도 4가 상당히 적절해 보인다.

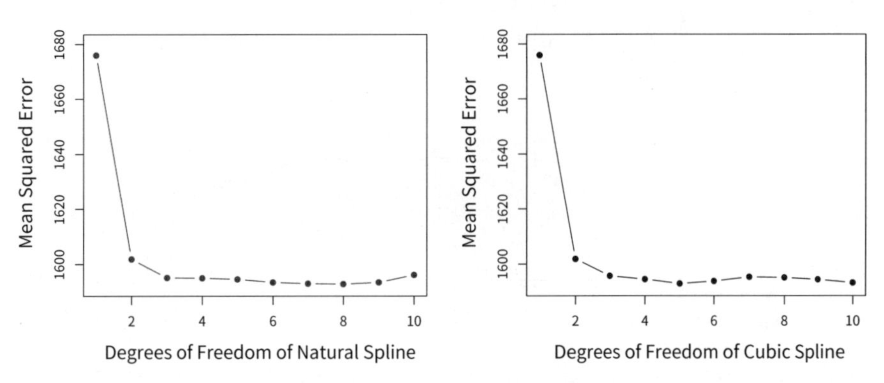

[그림 7.6] Wage 데이터에 스플라인을 적합할 때 자유도를 선택하기 위한 10-겹 교차검증 평균제곱오차. 반응변수는 wage, 예측변수는 age이다. 왼쪽: 자연 3차 스플라인. 오른쪽: 3차 스플라인.

7.7절에서는 한 번에 여러 변수에 동시에 가법 스플라인 모형을 적합한다. 이때는 변수마다 자유도를 선택할 필요가 있을 수 있다. 이 경우에는 일반적으로 더 실용적인 접근법을 채택하는데, 모든 항에서 자유도를 고정된 숫자, 예를 들면 4로 설정한다.

7 (옮긴이) 원문에는 'one-degree fit'로 표현되어 있다. 자유도가 1이라는 의미다. 그래프에서 가로축이 자유도이므로 x축의 값이 1인 경우를 말한다.

7.4.5 다항회귀와 비교

[그림 7.7]에서는 Wage 데이터 세트에서 자유도가 15인 자연 3차 스플라인(spline)과 15차 다항식을 비교했다. 다항식의 추가적인 유연성은 경계에서 원하지 않는 결과를 초래한 반면, 자연 3차 스플라인은 여전히 데이터에서 합리적인 적합을 제공한다. 회귀 스플라인은 다항회귀보다 우수한 결과를 내는 일이 많다. 다항식이 유연한 적합을 생성하려면 높은 차수(최고차항의 지수부, 예: X^{15})를 사용해야 하는 반면, 스플라인은 차수는 고정하고 매듭의 수는 늘리는 식으로 유연성을 도입하기 때문이다. 일반적으로 이러한 접근법이 더 안정적인 추정값을 내놓는다. 또한 스플라인은 함수 f가 빠르게 변하는 것처럼 보이는 영역에 더 많은 매듭(유연성)을 배치하고, f가 더 안정적으로 보이는 곳에는 더 적은 매듭을 배치할 수 있게 해준다.

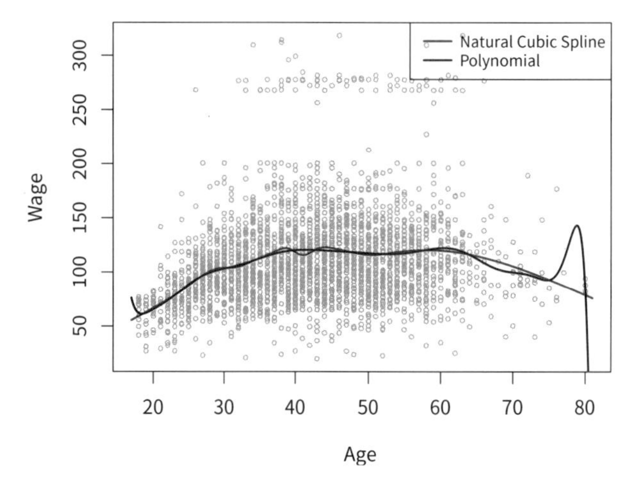

[그림 7.7] Wage 데이터 세트에서 자유도가 15인 자연 3차 스플라인과 15차 다항식을 비교했다. 다항식은 특히 꼬리 부분에서 변덕스러운 행동을 보일 수 있다.

7.5 평활 스플라인

앞 절에서 살펴본 회귀 스플라인은 매듭의 집합을 지정하고 일련의 기저함수를 만들고 이어서 최소제곱법을 사용해 스플라인 계수를 추정해 생성한다. 이번에는 역시 스플라인을 생성하지만 다소 다른 접근법을 소개한다.

7.5.1 평활 스플라인 개요

데이터 세트에 매끄러운 곡선을 적합할 때 우리가 정말로 원하는 것은 어떤 함수 $g(x)$를 찾아서 관측 데이터에 잘 맞추는 것이다. 즉, $\text{RSS} = \sum_{i=1}^{n}(y_i - g(x_i))^2$을 작게 만들고 싶다. 그러나 이 접근법에는 문제가 있다. 만일 $g(x_i)$에 어떤 제약을 두지 않고, 모든 y_i를 보간(interpolate)하는 g를 선택하기만 하면 언제든지 RSS를 0으로 만들 수 있다. 그런 함수는 데이터를 한심하게 과적합하며 결과적으로 지나치게 유연해진다. 따라서 함수 g는 RSS를 작게 만들면서도 매끄러워(smooth)야 한다.

어떻게 g가 매끄럽다는 것을 보장할 수 있을까? 이를 보장하는 방법은 여러 가지가 있다. 자연스러운 접근법은 다음과 같은 함수 g를 찾는 것이다.

$$\sum_{i=1}^{n}(y_i - g(x_i))^2 + \lambda \int g''(t)^2 dt \tag{7.11}$$

여기서 λ는 비음수(nonnegative) 조율모수(tuning parameter)다. 식 (7.11)을 최소화하는 함수 g를 평활 스플라인(smoothing spline)이라고 한다.

식 (7.11)의 의미는 무엇인가? 식 (7.11)은 능형회귀와 라쏘의 맥락에서 만나는 '손실+벌점' 형식을 취한다. $\sum_{i=1}^{n}(y_i - g(x_i))^2$ 항은 손실함수(loss function)로 g가 데이터에 잘 맞도록 장려하는 역할을 한다. $\lambda \int g''(t)^2\, dt$는 벌점 항(penalty term)으로 g의 변동을 '벌점화'하는 역할을 한다. $g''(t)$라는 표기법은 함수 g의 이계도함수를 나타낸다. 일계도함수 $g'(t)$는 t에서 함수의 기울기를 측정하며, 이계도함수는 기울기가 변하는 양에 대응된다. 따라서 대략적으로 말해 한 함수의 이계도함수는 그 함수의 거칠기(roughness) 측도다. $g(t)$가 t 근처에서 매우 꾸불거릴 경우 절댓값이 크고 그렇지 않은 경우에는 0에 가깝다(직선의 이계도함수는 0이다. 직선은 완벽하게 매끈하다). $\int$은 적분(integral) 표기로 t 범위의 합산으로 생각할 수 있다. 즉, $\int g''(t)^2\, dt$는 단지 함수 $g'(t)$의 전체 범위에 걸친 총 변화의 척도다. 만약 g가 매우 매끄럽다면 $g'(t)$는 거의 상수에 가깝고 $\int g''(t)^2\, dt$의 값은 작을 것이다. 반대로 g가 들쭉날쭉하고 변동이 심하다면 $g'(t)$는 상당히 변동할 것이며 $\int g''(t)^2\, dt$의 값은 클 것이다. 따라서 식 (7.11)에서 $\lambda \int g''(t)^2\, dt$는 g가 매끄러워지도록 장려한다. λ의 값이 클수록 g는 더 매끄러워진다.

$\lambda = 0$일 때 식 (7.11)의 벌점 항은 아무런 효과가 없으므로 함수 g는 매우 들쭉날쭉한 모양으로 훈련 관측값들을 정확하게 보간한다. $\lambda \to \infty$일 때 g는 완벽하게 매끄러워지며, 직선이 되어 훈련 점들에 가능한 한 가깝게 지나갈 것이다. 사실 이 경우에 g는 선형 최소제곱선이 되는데, 식 (7.11)의 손실함수가 잔차제곱합 최소화에 해당하기 때문이다. λ가 중간 정도면 g는 훈련 관측값들에 근사하면서 어느 정도 매끄러울 것이다. λ가 평활 스플라인의 편향-분산 트레이드오프(bias-variance trade-off)를 제어한다는 사실을 알 수 있다.

식 (7.11)을 최소화하는 함수 $g(x)$는 몇 가지 특별한 성질이 있음을 보일 수 있다. 이 함수는 조각별 3차 다항식으로 그 매듭은 고유한 값 $x_1, \dots, x_n$에 위치하고 각각의 매듭에서 일계도함수와 이계도함수는 연속이다. 또한 양끝 매듭의 바깥쪽 영역에서는 선형이다. 즉, **식 (7.11)을 최소화하는 함수 $g(x)$는 $x_1, \dots, x_n$에 매듭이 있는 자연 3차 스플라인이다.** 하지만 이 함수는 7.4.3절에서 설명했던 기저함수 접근법을 $x_1, \dots, x_n$에 매듭을 두고 적용했을 때 얻을 수 있는 것과 동일한 자연 3차 스플라인은 아니다. 오히려 지금 이 함수는 그런 자연 3차 스플라인의 축소(shrunken) 버전으로, 식 (7.11)의 조율모수 λ의 값이 수축의 수준을 제어한다.

7.5.2 평활모수 λ 선택하기

평활 스플라인은 고유한 모든 x_i 값에 매듭이 있는 자연 3차 스플라인일 뿐이다. 평활 스플라인이 너무 많은 자유도를 가져간다고 생각할 수 있다. 데이터의 점마다 매듭이 있다 함은 유연성을 아주 많이 허용하는 것이기 때문이다. 하지만 조율모수 λ는 평활 스플라인의 거칠기를 제어하고 따라서 유효 자유도(effective degree of freedom)를 제어한다. λ가 0에서 ∞로 증가함에 따라 유효 자유도 df_λ는 n에서 2로 감소한다.

평활 스플라인에서 자유도 대신 '유효 자유도'를 이야기하는 이유는 무엇일까? 보통 자유도는 자유모수의 개수, 예를 들어 다항식이나 3차 스플라인에서 적합한 계수의 개수를 가리킨다. 평활 스플라인은 모수가 n개이므로 명목상 자유도가 n이지만, 이 n개의 모수는 아주 많이 제약되거나 축소된다. 그래서 유효 자유도 df_λ를 평활 스플라인 유연성의 척도로 쓴다. 유효 자유도가 클수록 평활 스플라인은 더 유연한 (저편향 고분산) 평활 스플라인이 된다. 유효 자유도의 정의는 다소 기술적이다. 우선 다음과 같이 쓸 수 있다.

$$\hat{\mathbf{g}}_\lambda = \mathbf{S}_\lambda \mathbf{y} \tag{7.12}$$

여기서 $\hat{\mathbf{g}}_\lambda$은 특정 λ를 선택했을 때 식 (7.11)의 해다. 즉, 훈련 지점 $x_1, ..., x_n$에서 평활 스플라인의 적합값을 담고 있는 n차원 벡터다. 식 (7.12)는 데이터에 평활 스플라인을 적용할 때, 적합값 벡터를 $n \times n$ 행렬 $\mathbf{S}_\lambda$(이에 대한 공식이 있음)와 반응 벡터 $\mathbf{y}$의 곱으로 쓸 수 있음을 보여 준다. 그리고 유효 자유도는 다음과 같이 정의된다.

$$df_\lambda = \sum_{i=1}^{n} \{\mathbf{S}_\lambda\}_{ii} \tag{7.13}$$

즉, 행렬 $\mathbf{S}_\lambda$의 대각원소의 합이다.

평활 스플라인을 적합할 때는 매듭의 수나 위치를 선택할 필요가 없다. 훈련 관측값 $x_1, ..., x_n$마다 매듭이 위치하기 때문이다. 대신 λ의 값을 선택해야 하는 다른 문제가 있다. 놀랍게도 이 문제를 해결하는 한 가지 방법이 교차검증이다. 즉, 교차검증 RSS를 가능한 한 작게 만드는 λ의 값을 찾으면 된다. 다음 공식을 사용하면 평활 스플라인에 대한 LOOCV(leave-one-out cross validation) 오차를 단일 적합 계산과 본질적으로 동일한 비용으로 매우 효율적으로 계산할 수 있다.

$$\mathrm{RSS}_{cv}(\lambda) = \sum_{i=1}^{n} (y_i - \hat{g}_\lambda^{(-i)}(x_i))^2 = \sum_{i=1}^{n} \left[\frac{y_i - \hat{g}_\lambda(x_i)}{1 - \{\mathbf{S}_\lambda\}_{ii}} \right]^2$$

여기서 $\hat{g}_\lambda^{(-i)}(x_i)$라는 표기는 평활 스플라인을 x_i에서 평가할 때의 적합값이다. x_i에서는 적합할 때 i번째 관측 (x_i, y_i)를 제외하고 모든 훈련 관측을 사용한다. 이와 대조적으로 $\hat{g}_\lambda(x_i)$는 평활 스플라인 함수를 모든 훈련 관측값에 적합하고 x_i에서 평가한 것이다. 이 놀라운 공식에 따르면 LOO(leave-one-out) 적합들의 각 값을 $\hat{g}_\lambda$, 즉 데이터 전체에 대한 원래의 적합만 이용해서 계산할 수 있다.[8] 매우 비슷한 식 (5.2)를 5장의 250쪽에서 최소제곱 선형회귀를 위해 제시했다. 식 (5.2)를 사용하면 이번 장에서 앞서 논의한 회귀 스플라인뿐만 아니라 임의의 기저함수를 사용하는 최소제곱 회귀도 LOOCV로 매우 빠르게 수행할 수 있다.

8 $\hat{g}(x_i)$와 $\mathbf{S}_\lambda$를 계산하는 정확한 공식들은 매우 전문적이지만 수치 계산을 위한 효율적인 알고리즘이 따로 있다.

[그림 7.8]은 Wage 데이터에 평활 스플라인을 적합한 결과를 보여 준다. 유효 자유도가 16인 평활 스플라인을 만들려고 사전에 지정해 얻은 적합은 빨간색 곡선으로 나타냈다. 파란색 곡선은 LOOCV를 사용해 λ를 선택했을 때 얻은 평활 스플라인으로, 이때 선택된 λ 값의 유효 자유도는 6.8이다(식 (7.13)을 사용해 계산함). 이 데이터에서는 자유도가 16인 곡선이 약간 더 구불거리기는 하지만, 두 평활 스플라인 사이에 눈에 띄는 차이는 거의 없다. 두 적합 사이에 큰 차이가 없으므로 단순한 모형이 더 낫다는 일반적인 원칙에 따라 자유도가 6.8인 평활 스플라인 적합이 선호된다.

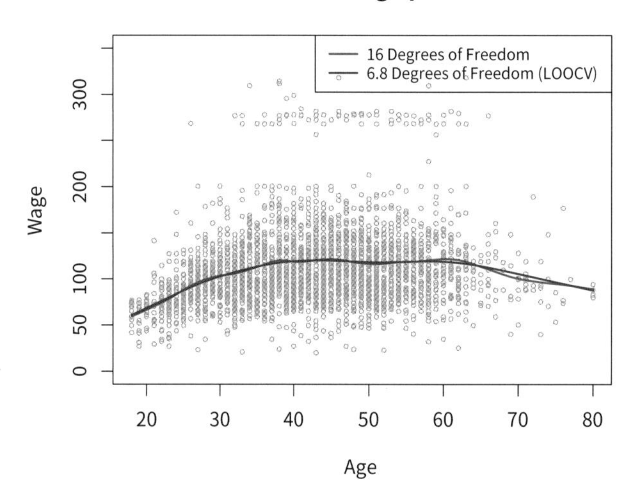

[그림 7.8] Wage 데이터에 평활 스플라인을 적합. 빨간색 곡선은 16의 유효 자유도를 지정해 얻은 결과다. 파란색 곡선에서 λ는 LOOCV를 통해 자동으로 찾으며 결과로 6.8의 유효 자유도가 된다.

7.6 국소회귀

국소회귀(local regression)는 유연한 비선형함수를 적합하는 또 다른 접근법으로, 목표점 x_0에서 적합을 계산할 때 근처의 훈련 관측값만을 사용하는 방법이다. [그림 7.9]에서는 이 아이디어를 설명하기 위해 시뮬레이션 데이터를 예시하고 있다. 한 목표점은 0.4 근처에, 다른 하나는 경계 가까이 0.05에 있다. 이 그림에서 파란색 선은 데이터를 생성하는 데 사용한 함수 $f(x)$를 나타낸다. 밝은 주황색 선은 국소회귀 추정값 $\hat{f}(x)$에 해당한다. 국소회귀는 [알고리즘 7.1]에 설명되어 있다.

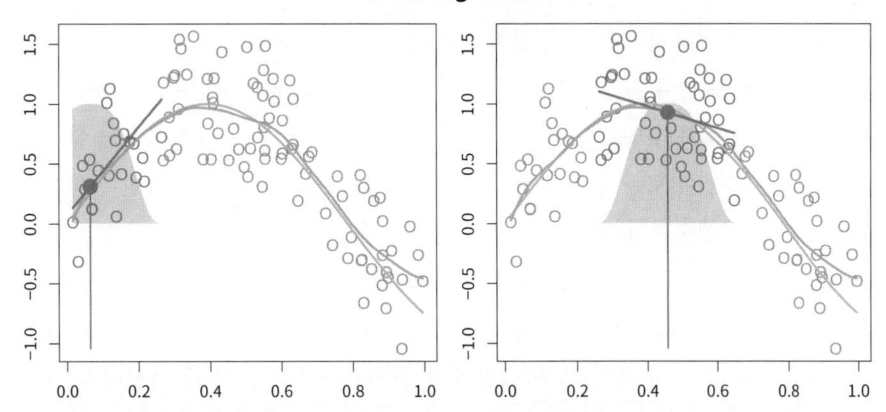

[그림 7.9] 시뮬레이션 데이터에 대한 국소회귀 예시로 파란색 곡선은 데이터가 생성된 $f(x)$를 나타내며, 밝은 주황색 곡선은 국소회귀 추정값 $\hat{f}(x)$와 대응된다. 주황색 수직선으로 표시된 것은 목표점(target point) x_0이다. 주황색 점들은 목표점에 국소적인(근처에 있는) 점들을 나타낸다. 그래프 위에 겹쳐 그린 노란색 종 모양은 각각의 점에 부여된 가중치를 나타내는데, 대상 점에서 거리가 멀어질수록 0으로 줄어든다. x_0에서 적합 $\hat{f}(x_0)$을 구하기 위해서는 우선 가중선형회귀(주황색 선분)를 적합하고, x_0에서의 적합값(주황색 채워진 점)을 추정값 $\hat{f}(x_0)$으로 이용한다.

알고리즘 7.1 $X = x_0$에서 국소회귀

1. 훈련 점 중 x_i가 x_0에 가장 가까운 것부터 $s = k/n$의 비율만큼 모은다.
2. 이 근방에 있는 각각의 점에 대해 가중치 $K_{i0} = K(x_i, x_0)$을 부여한다. x_0에서 가장 먼 점은 가중치가 0이 되고 가장 가까운 점은 가중치가 가장 크다. 이 k개의 가장 가까운 이웃을 제외한 모든 점에 가중치 0을 부여한다.
3. 앞서 언급한 가중치를 사용해 x_i에 대한 y_i의 가중최소제곱(weighted least squares) 회귀를 적합한다. 다음을 최소화하는 $\hat{\beta}_0$ 및 $\hat{\beta}_1$을 찾아야 한다.

$$\sum_{i=1}^{n} K_{i0}(y_i - \beta_0 - \beta_1 x_i)^2 \tag{7.14}$$

4. x_0의 적합값은 $\hat{f}(x_0) = \hat{\beta}_0 + \hat{\beta}_1 x_0$으로 주어진다.

[알고리즘 7.1]의 3단계에서 가중치 K_{i0}은 x_0의 값마다 다르다는 점에 주목할 필요가 있다. 즉, 새로운 점에서 국소회귀 적합을 얻기 위해서는 새로운 가중치 세트에서 식 (7.14)를 최소화하는 새로운 가중최소제곱 회귀모형을 적합해야 한다. 국소회귀는 '메모리 기반' 절차라고도 하는데, 최근접이웃처럼 예측값을 계산하려고

할 때마다 훈련 데이터 전체가 필요하기 때문이다. 국소회귀의 기술적 세부 사항은 여기서 자세히 다루지는 않겠다. 찾아보면 이 주제에 관한 책이 꽤 있다.

국소회귀를 수행하기 위해서는 가중치 함수 K를 정의하는 방법과 3단계에서 선형, 상수 또는 이차회귀를 적합할지 등 여러 선택을 해야 한다(식 (7.14)는 선형회귀에 해당한다). 이 모든 선택이 어느 정도 차이를 만들지만 가장 중요한 선택은 1단계에서 정의했듯이 x_0에서 국소회귀를 계산하는 데 사용한 점의 비율인 범위(span) s이다. 범위는 평활 스플라인의 조율모수 λ와 같은 역할을 하는 것으로 비선형 적합의 유연성을 제어한다. s의 값이 작을수록 적합은 더 '국소적'이 되고 구불거린다. 반대로 s의 값이 매우 크면 훈련 관측을 모두 사용하는 데이터의 전역(global) 적합이 된다. s를 선택하기 위해 역시 교차검증을 사용할 수 있다. 또는 직접 지정할 수도 있다. [그림 7.10]은 s 값으로 0.7과 0.2를 사용한 Wage 데이터의 국소선형회귀 적합을 보여 준다. 예상대로 $s = 0.7$을 사용해 얻은 적합은 $s = 0.2$를 사용해 얻은 적합보다 더 매끄럽다.

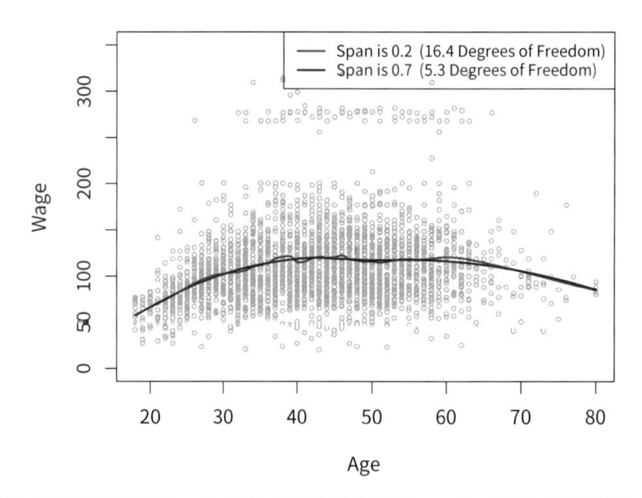

[그림 7.10] 국소선형회귀 적합을 Wage 데이터에 적용한 결과. 범위(span)는 각각의 목표점에서 적합값을 계산하는 데 사용하는 데이터의 비율을 지정한 것이다.

국소회귀의 아이디어는 다른 방식으로 많이 일반화할 수 있다. 여러 특징 X_1, X_2, ..., X_p가 있는 상황에서, 일부 변수에서는 전역이지만 시간과 같은 다른 변수에서는 국소적인 다중선형회귀모형을 적합하는 방법이 매우 유용한 일반화의 하나다. 가변계수모형(varying coefficient model)은 가장 최근에 수집된 데이터에 모형을 적용하는 유용한 방법이다. 국소회귀는 또한 변수 하나가 아니라 X_1과 X_2의 쌍에 국소모형을 적합할 때도 매우 자연스럽게 일반화할 수 있다. 단순히 2차원 근방을 사용할 수 있고 2차원 공간에서 각 목표점 주변의 관측을 사용해 이변량 선형회귀모형을 적합할 수 있다. 이론적으로 같은 접근법을 더 높은 차원으로도 구현할 수 있는데, p차원 근방에서 선형회귀 적합을 사용하면 된다. 그러나 p가 약 3이나 4보다 훨씬 클 경우 국소회귀의 성능이 좋지 않을 수 있는데, 일반적으로 x_0에 가까운 훈련 관측값이 별로 없기 때문이다. 최근접이웃 회귀를 3장에서 살펴볼 때도 고차원에서 비슷한 문제를 겪은 적이 있다.

7.7 일반화가법모형

7.1절~7.6절에서는 단일 예측변수 X를 기반으로 반응변수 Y를 유연하게 예측하기 위한 여러 접근법을 소개했다. 이 접근법들은 단순선형회귀의 확장으로 볼 수 있다. 여기서는 여러 예측변수 $X_1, ..., X_p$를 기반으로 Y를 유연하게 예측하는 문제를 탐색한다. 이는 다중선형회귀의 확장에 해당한다.

일반화가법모형(GAM, generalized additive model)은 표준 선형모형을 확장하는 일반적인 틀을 제공하는 방법으로, 각 변수의 비선형함수를 허용하면서 가법성(additivity)은 유지한다. 선형모형과 마찬가지로 GAM은 양적 반응변수와 질적 반응변수를 모두 적용할 수 있다. 먼저 7.7.1절에서 양적 반응변수 GAM을 살펴보고 그런 다음 7.7.2절에서 질적 반응변수를 살펴본다.

7.7.1 회귀 문제를 위한 GAM

다중선형회귀모형

$$y_i = \beta_0 + \beta_1 x_{i1} + \beta_2 x_{i2} + \cdots + \beta_p x_{ip} + \epsilon_i$$

를 자연스럽게 확장해 각각의 특징과 반응변수 사이의 비선형 관계를 허용하게 하는 방법은 각 선형 성분 $\beta_j x_{ij}$를 (매끄러운) 비선형함수 $f_j(x_{ij})$로 대체하는 것이다. 그러면 모형을 다음과 같이 쓸 수 있다.

$$\begin{aligned} y_i &= \beta_0 + \sum_{j=1}^{p} f_j(x_{ij}) + \epsilon_i \\ &= \beta_0 + f_1(x_{i1}) + f_2(x_{i2}) + \cdots + f_p(x_{ip}) + \epsilon_i \end{aligned} \quad (7.15)$$

이 식은 GAM의 한 예다. 가법모형(additivity model)이라고 하는 이유는 각각의 X_j에 대해 별도의 f_j를 계산한 다음 기여분을 모두 더하기 때문이다.

7.1~7.6절에서는 단일 변수에 함수를 적합하기 위한 여러 가지 방법을 논의했다. GAM의 아름다움은 이 방법들을 가법모형을 적합하기 위한 구성 요소로 사용할 수 있다는 데 있다. 실제로 지금까지 본 방법들은 대부분 이번 장에서 상당히 쉽게 수행할 수 있다. 예를 들어 자연 스플라인으로 다음과 같이 Wage 데이터에 모형을 적합하는 작업을 생각해 보자.

$$\texttt{wage} = \beta_0 + f_1(\texttt{year}) + f_2(\texttt{age}) + f_3(\texttt{education}) + \epsilon \tag{7.16}$$

여기서 year와 age는 양적 변수고, 변수 education은 다섯 수준으로 이루어진 질적 변수다. < HS, HS, < Coll, Coll, > Coll은 개인이 고등학교 또는 대학 교육을 얼마나 받았는지 나타낸다. 첫 번째 함수와 두 번째 함수는 자연 스플라인을 사용해 적합한다. 세 번째 함수는 3.3.1절의 일반적인 가변수 접근법으로 각각의 수준에 별도의 상수를 사용해 적합한다.

[그림 7.11]은 최소제곱을 사용해 모형 (7.16)을 적합한 결과다. 이 결과는 쉽게 얻을 수 있다. 7.4절에서 논의했듯이 자연 스플라인은 적절하게 선택된 기저함수 집합을 사용해 구성할 수 있기 때문이다. 그러므로 전체 모형은 스플라인 기저변수와 가변수를 하나의 큰 회귀행렬에 담아 넣은 하나의 큰 회귀일 뿐이다.

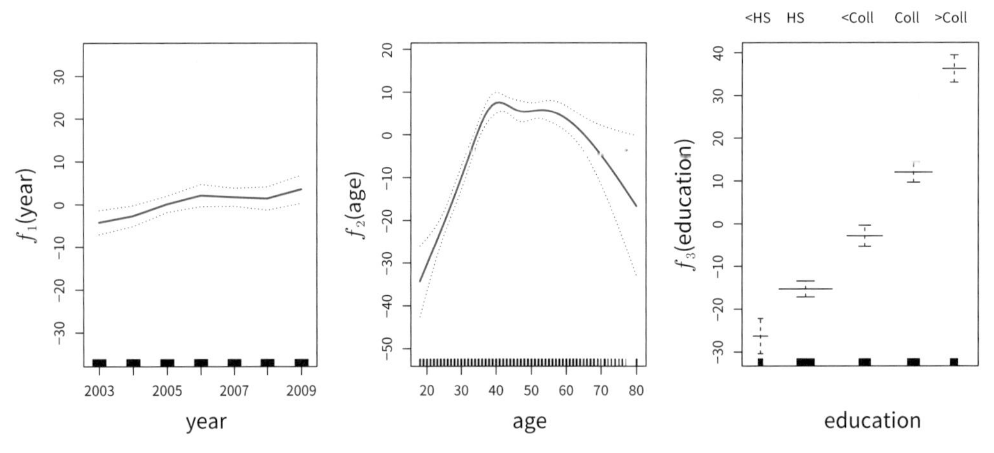

[그림 7.11] Wage 데이터의 예. 적합된 모형 (7.16)에서 각각의 특징과 반응변수 wage 사이의 관계를 나타내는 그래프들. 각각의 그래프는 적합된 함수와 점별 표준오차를 보여 준다. 첫 번째와 두 번째 함수는 각각 year와 age의 자연 스플라인으로 자유도가 4와 5이다. 세 번째 함수는 질적 변수 education에 적합된 계단함수다.

[그림 7.11]은 쉽게 해석할 수 있다. 왼쪽 그림은 age와 education을 고정한 상태에서 wage가 year에 따라 약하게 증가하는 경향을 나타내는데, 이는 인플레이션 때문일 수 있다. 가운데 그림은 education과 year를 고정한 상태에서 wage는 age의 중간값에서 가장 높고 아주 젊거나 아주 나이가 많은 사람에서는 가장 낮은 경향을 보여 준다. 오른쪽 그림은 year와 age를 고정한 상태에서 wage가 education에 따라 증가하는 경향을 나타낸다. 사람이 더 교육을 많이 받을수록 평균적으로 급여가 높다는 의미다. 이 모두를 직관적으로 찾아낼 수 있다.

[그림 7.12]에 제시한 그래프는 유사하지만, 이번에는 f_1과 f_2가 각각 자유도가 4와 5인 평활 스플라인이다. 평활 스플라인을 사용해 GAM을 적합하는 일은 자연 스플라인을 사용해 GAM을 적합하는 것만큼 그렇게 간단하지 않다. 왜냐하면 평활 스플라인에서는 최소제곱을 사용할 수 없기 때문이다. 하지만 파이썬 패키지 pygam과 같은 표준 소프트웨어를 사용하면 역적합(backfitting)으로 알려진 접근법으로 평활 스플라인을 사용해 GAM을 적합할 수 있다. 이 방법은 여러 예측변수를 포함하는 모형을 적합하기 위해 각 예측변수에 대한 적합을 번갈아 가며 갱신하는 과정을 반복하는데, 이때 나머지 변수들은 고정된 상태로 유지한다. 이 접근법의 아름다움은 함수를 갱신하는 각각의 반복에서 해당 변수에 대한 적합 방법을 단순히 편잔차(partial residual)에 적용한다는 데 있다.[9]

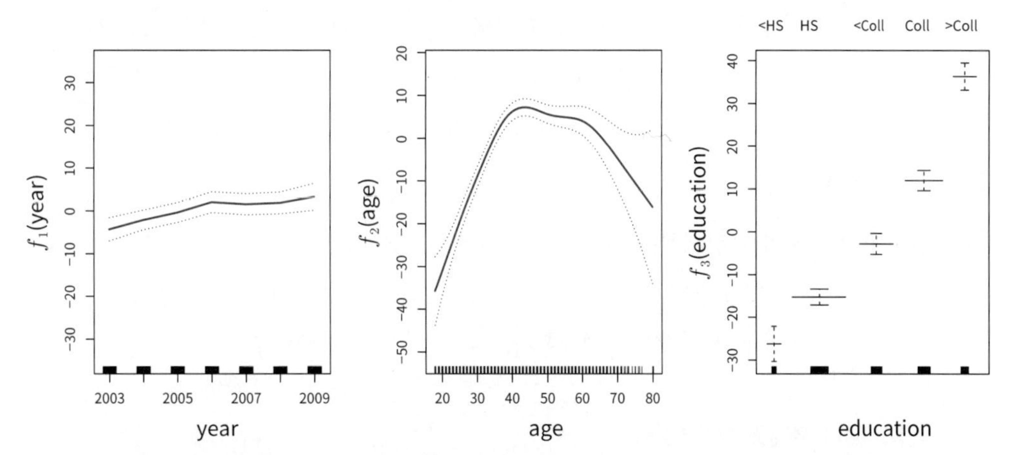

[그림 7.12] 세부 사항은 [그림 7.11]과 동일하다. 하지만 이번에는 f_1과 f_2가 각각 자유도가 4와 5인 평활 스플라인이다.

9 예를 들어 X_3의 편잔차는 $r_i = y_i - f_1(x_{i1}) - f_2(x_{i2})$의 형태가 된다. f_1과 f_2를 알고 있다면 이 잔차를 X_3에 대한 비선형회귀의 반응변수로 취급해 f_3을 적합할 수 있다.

[그림 7.11]과 [그림 7.12]의 적합된 함수들은 상당히 유사하다. 대다수 상황에서 평활 스플라인과 자연 스플라인을 사용해 얻은 GAM의 차이는 작다.

GAM의 구성 요소로 반드시 스플라인을 사용할 필요는 없다. 국소회귀, 다항회귀 또는 앞서 이번 장에서 살펴본 접근법의 어떤 조합도 GAM을 생성할 수 있다. GAM은 이 장 끝에 있는 실습에서 더 자세히 살펴본다.

GAM의 장단점

계속하기 전에 GAM의 장점과 한계를 요약해 보자.

- ▲ GAM은 각각의 X_j에 비선형 f_j를 적합할 수 있어 표준 선형회귀에서 놓칠 수 있는 비선형 관계를 자동으로 모형화할 수 있다. 이는 개별 변수마다 다양한 변환을 수동으로 시도할 필요가 없음을 의미한다.
- ▲ 비선형 적합은 반응변수 Y를 더 정확하게 예측할 수 있는 잠재력이 있다.
- ▲ 모형이 가법적이므로 다른 모든 변수를 고정한 상태에서 각각의 X_j가 Y에 미치는 영향을 개별적으로 검토할 수 있다.
- ▲ 변수 X_j에서 함수 f_j의 평활도(매끄러움)는 자유도를 이용해 요약될 수 있다.
- ◆ GAM의 주요 한계는 모형이 가법적으로 제한된다는 점이다. 변수가 많으면 중요한 상호작용(interaction)을 놓칠 수 있다. 그러나 선형회귀와 마찬가지로 $X_j \times X_k$ 형태의 추가 예측변수를 포함해 GAM 모형에 수동으로 상호작용 항을 추가할 수 있다. 또한 $f_{jk}(X_j, X_k)$ 형태의 저차원 상호작용 함수를 모형에 추가할 수 있는데, 이 항은 국소회귀나 2차원 스플라인과 같은 2차원 평활기(smoother)로 적합될 수 있다.

완전히 일반적인 모형을 위해서는 8장의 랜덤 포레스트(random forest)와 부스팅(boosting) 같은 더 유연한 접근법을 찾아야 한다. GAM은 선형모형과 완전 비모수 모형 사이에서 유용한 절충안을 제공한다.

7.7.2 분류 문제를 위한 GAM

GAM은 Y가 질적 변수일 때도 사용할 수 있다. 여기서는 단순화를 위해 Y의 값이 0 또는 1이라 가정하고 $p(X) = \Pr(Y = 1 \mid X)$를 (주어진 예측변수에 대한) 반응변수가 1과 동일한 조건부 확률이라고 하자. 로지스틱 회귀모형 (4.6)을 다시 떠올려 보자.

$$\log\left(\frac{p(X)}{1-p(X)}\right) = \beta_0 + \beta_1 X_1 + \beta_2 X_2 + \cdots + \beta_p X_p \tag{7.17}$$

좌변은 $P(Y=1\,|\,X)$ 대 $P(Y=0\,|\,X)$의 오즈(odds)의 로그이며, 식 (7.17)은 오즈를 예측변수의 선형함수로 나타낸 것이다. 비선형 관계를 허용하기 위해 식 (7.17)을 확장하는 자연스러운 방법은 다음 모형을 사용하는 것이다.

$$\log\left(\frac{p(X)}{1-p(X)}\right) = \beta_0 + f_1(X_1) + f_2(X_2) + \cdots + f_p(X_p) \tag{7.18}$$

식 (7.18)은 로지스틱 회귀 GAM이다. 이 모형은 이전 절의 양적 반응변수에서 논의한 것과 동일한 장단점이 있다.

GAM을 `Wage` 데이터에 적합해 보자. 개인의 소득이 연간 \$250,000을 초과할 확률을 예측한다. 이때 적합하는 GAM은 다음과 같은 형태를 취한다.

$$\log\left(\frac{p(X)}{1-p(X)}\right) = \beta_0 + \beta_1 \times \texttt{year} + f_2(\texttt{age}) + f_3(\texttt{education}) \tag{7.19}$$

여기서

$$p(X) = \Pr(\texttt{wage} > 250 | \texttt{year}, \texttt{age}, \texttt{education})$$

이다. 다시 한번 f_2는 자유도가 5인 평활 스플라인을 사용해 적합하고 f_3은 각각의 교육 수준에서 가변수를 생성해 계단함수로 적합한다. 그 결과로 나오는 적합은 [그림 7.13]에 제시하였다. 마지막 그림은 미심쩍은 부분이 있다. 교육 수준 `< HS`에서 신뢰구간이 매우 넓다. 사실 해당 범주에서는 반응변수 값이 1인 경우가 없다. 고등학교 미만의 교육을 받은 개인에서는 연간 \$250,000 이상을 벌어들이는 사람이 없다는 말이다. 따라서 고등학교 미만의 교육을 받은 개인을 제외하고 GAM을 다시 적합했다. 결과 모형은 [그림 7.14]에 제시되어 있다. [그림 7.11]과 [그림 7.12]와 마찬가지로 세 그림 모두 수직 척도가 비슷하다. 이로써 각 변수의 상대적 기여도를 시각적으로 평가할 수 있다. 결과적으로 `age`와 `education`이 `year`보다 고소득자가 될 확률에 훨씬 더 큰 영향을 미친다는 것을 알 수 있다.

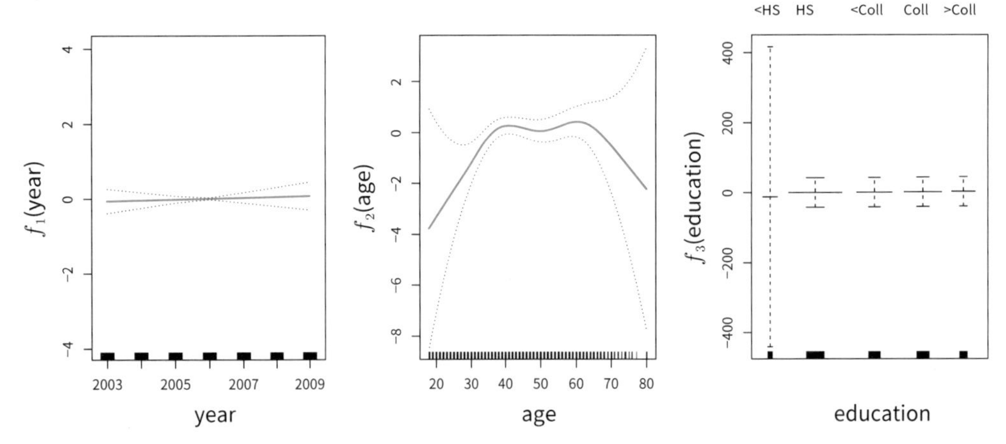

[그림 7.13] Wage 데이터에서 식 (7.19)에 제시된 로지스틱 회귀 GAM을 이진 반응 I(wage > 250)에 적합했다. 각각의 그래프는 적합된 함수와 점별 표준오차를 보여 준다. 첫 번째 함수는 year에서 선형이고 두 번째 함수는 age에서 자유도가 5인 평활 스플라인이며 세 번째는 education에서 계단함수다. education의 첫 번째 수준 < HS에서 표준오차가 매우 크다.

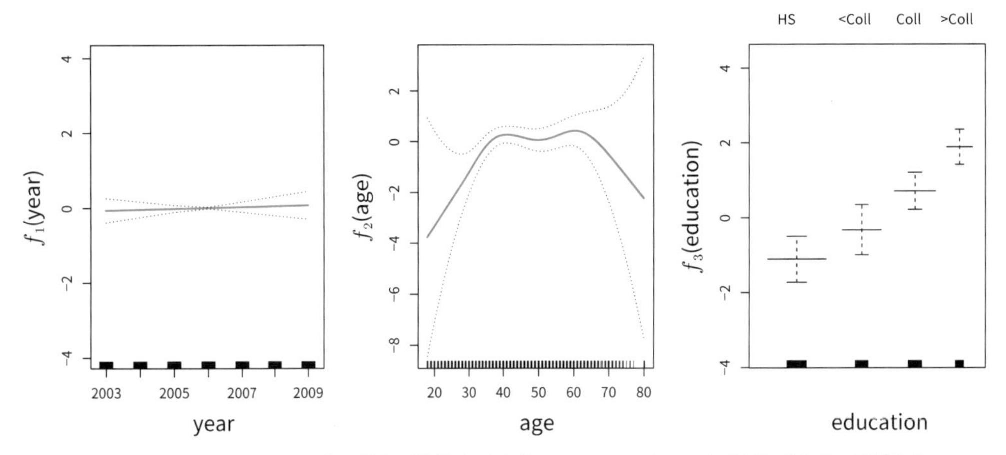

[그림 7.14] [그림 7.13]과 동일한 모형을 적합했다. 이번에는 education이 < HS인 관측을 제외하고 적합했다. 이제 높은 교육 수준이 고소득과 관련 있음을 알 수 있다.

7.8 실습: 비선형모형

실습에서는 이번 장에서 논의한 비선형모형 중 몇 가지의 사용법을 살펴본다. Wage 데이터를 실행 예제로 사용해 논의한 여러 가지 복잡한 비선형 적합 절차를 파이썬으로 쉽게 구현할 수 있다는 것을 보이려 한다.

늘 그래 왔듯이 라이브러리를 가져오는 것에서 시작하자.

In[1]:
```
import numpy as np, pandas as pd
from matplotlib.pyplot import subplots
import statsmodels.api as sm
from ISLP import load_data
from ISLP.models import (summarize,
                         poly,
                         ModelSpec as MS)
from statsmodels.stats.anova import anova_lm
```

이번 실습에 필요한 새로운 라이브러리도 가져온다. ISLP 패키지를 위해 특별히 개발된 것이 많다.

In[2]:
```
from pygam import (s as s_gam,
                   l as l_gam,
                   f as f_gam,
                   LinearGAM,
                   LogisticGAM)
from ISLP.transforms import (BSpline,
                             NaturalSpline)
from ISLP.models import bs, ns
from ISLP.pygam import (approx_lam,
                        degrees_of_freedom,
                        plot as plot_gam,
                        anova as anova_gam)
```

7.8.1 다항회귀와 계단함수

[그림 7.1]을 어떻게 재현할 수 있는지 보여 주는 것에서 시작한다. 먼저 데이터를 불러온다.

In[3]:
```
Wage = load_data('Wage')
y = Wage['wage']
age = Wage['age']
```

이번 실습 대부분에서 반응변수는 앞에서 y로 저장한 Wage['wage']이다. 3.6.6절처럼 poly() 함수를 사용해 age에 4차 다항식을 적합하도록 모형행렬을 생성할 예정이다.

In[4]:
```
poly_age = MS([poly('age', degree=4)]).fit(Wage)
M = sm.OLS(y, poly_age.transform(Wage)).fit()
summarize(M)
```

Out[4]:
```
                             coef  std err        t  P>|t|
            intercept   111.7036    0.729  153.283  0.000
poly(age, degree=4)[0]  447.0679   39.915   11.201  0.000
poly(age, degree=4)[1] -478.3158   39.915  -11.983  0.000
poly(age, degree=4)[2]  125.5217   39.915    3.145  0.002
poly(age, degree=4)[3] -77.9112    39.915   -1.952  0.051
```

이 다항식은 poly() 함수를 이용해 구성할 수 있다. poly()는 특별한 변환기(transformer, sklearn 용어로 특징 변환을 이렇게 부른다. 6.5.3절에서 본 PCA()와 마찬가지다) Poly()를 생성하는데, 새로운 데이터 점에서 다항식 계산을 쉽게 할 수 있게 해준다. 여기서 poly()는 도우미(helper) 함수라고 하여 변환을 설정하며 Poly()는 변환의 실제 계산을 담당한다. 3.6.2절 144쪽의 변환에 대한 논의도 참조한다.

이 코드에서 첫 번째 행은 데이터프레임 Wage를 사용해 fit() 메소드를 실행한다. 이로써 훈련 데이터에서 Poly()로 필요한 모든 모수를 다시 계산해 속성으로 저장한다. 그리고 이 결과는 transform() 메소드의 모든 후속 계산에서 사용된다. 예를 들어 이 결과는 두 번째 행은 물론 다음에 만들 그래프 그리기 함수에서 사용된다.

이제 예측하려는 age 값들의 그리드를 생성한다.

In[5]:
```
age_grid = np.linspace(age.min(),
                       age.max(),
                       100)
age_df = pd.DataFrame({'age': age_grid})
```

마지막으로 데이터를 그래프로 그리고 4차 다항식의 적합 결과를 추가한다. 다음에 여러 비슷한 그래프를 그릴 예정이므로 먼저 모든 재료를 생성하고 그래프를 그리는 함수를 작성한다. 작성한 함수는 모형 설정(여기서는 변환으로 지정된 기저)과 age 값들의 그리드를 입력으로 받는다. 이 함수는 적합된 곡선과 95% 신뢰구간을 만들어 준다. basis 인자를 사용함으로써 여러 다른 변환을 사용한 결과를 생성하고 그래프로 그릴 수 있다. 곧 스플라인을 보게 될 것이다.

In[6]:
```
def plot_wage_fit(age_df,
                  basis,
                  title):

    X = basis.transform(Wage)
    Xnew = basis.transform(age_df)
```

```
    M = sm.OLS(y, X).fit()
    preds = M.get_prediction(Xnew)
    bands = preds.conf_int(alpha=0.05)
    fig, ax = subplots(figsize=(8,8))
    ax.scatter(age,
               y,
               facecolor='gray',
               alpha=0.5)
    for val, ls in zip([preds.predicted_mean,
                        bands[:,0],
                        bands[:,1]],
                       ['b','r--','r--']):
        ax.plot(age_df.values, val, ls, linewidth=3)
    ax.set_title(title, fontsize=20)
    ax.set_xlabel('Age', fontsize=20)
    ax.set_ylabel('Wage', fontsize=20);
    return ax
```

ax.scatter()에 alpha 인자를 포함해 점들에 약간의 투명도를 추가한다. 이 방법은 밀도를 시각적으로 보이도록 해준다. for 반복문에서 zip() 함수를 사용했음에 주목하자(2.3.8절 참조). 선을 3개 그려야 하는데, 서로 다른 색상과 모양으로 그려야 한다. 여기서 zip()은 반복문에 있는 반복자(iterator)로서 이들을 편리하게 사용할 수 있게 함께 묶어 준다.[10]

이제 이 함수를 사용해 4차 다항식의 적합 결과를 그래프로 그려 본다.

```
In[7]:  plot_wage_fit(age_df,
                      poly_age,
                      'Degree-4 Polynomial');
```

다항회귀에서는 사용할 다항식의 차수를 결정해야 한다. 때때로 1차 또는 2차 다항식을 사용하기로 임기응변적으로 결정하고 그냥 비선형 적합을 구한다. 그러나 이런 결정을 더 체계적인 방법으로 할 수 있다. 이를 수행하는 한 가지 방법은 가설검정을 이용하는 방법으로, 여기서 보여 준다. 이제 선형(1차)에서 5차 다항식에 이르는 일련의 모형을 적합하고 wage와 age 사이의 관계를 설명하기에 충분한 가장 단순한 모형을 결정하려고 한다. anova_lm() 함수를 사용할 텐데, 이 함수는 일련의 ANOVA 검정을 수행한다. 분산분석(ANOVA, analysis of variance)은 모형 $\mathcal{M}_1$

10 파이썬에서 반복자(iterator)는 개수의 값이 유한한 객체로 각각의 값은 루프(loop)에서 반복될 수 있다.

이 데이터를 설명하기에 충분하다는 귀무가설과 더 복잡한 모형 $\mathcal{M}_2$가 필요하다는 대립가설을 검정한다. 이 결정은 F-검정에 기반한다. 검정을 수행하려면 모형 $\mathcal{M}_1$과 $\mathcal{M}_2$는 중첩(nested)되어야 한다. $\mathcal{M}_1$의 예측변수에 의해 생성된 공간은 $\mathcal{M}_2$의 예측변수에 의해 생성된 공간의 부분공간이어야 한다. 이 경우 5가지 서로 다른 다항모형을 적합하고 더 단순한 모형과 더 복잡한 모형을 순차적으로 비교한다.

In[8]:
```
models = [MS([poly('age', degree=d)])
          for d in range(1, 6)]
Xs = [model.fit_transform(Wage) for model in models]
anova_lm(*[sm.OLS(y, X_).fit()
           for X_ in Xs])
```

Out[8]:

	df_resid	ssr	df_diff	ss_diff	F	Pr(>F)
0	2998.0	5.022e+06	0.0	NaN	NaN	NaN
1	2997.0	4.793e+06	1.0	228786.010	143.593	2.364e-32
2	2996.0	4.778e+06	1.0	15755.694	9.889	1.679e-03
3	2995.0	4.772e+06	1.0	6070.152	3.810	5.105e-02
4	2994.0	4.770e+06	1.0	1282.563	0.805	3.697e-01

코드에서 anova_lm() 행의 *에 주목하자. 이런 함수는 개수가 가변적인 비키워드 인자를 받는다. 이 함수는 적합된 모형들을 받는다. 이 모형들을 리스트로 제공할 때는 (이 코드처럼) *를 앞에 붙여 써야 한다.

선형모형 models[0]을 2차 모형 models[1]과 비교하는 p-값은 사실상 0이 나왔는데, 선형 적합이 충분하지 않음을 나타낸다.[11] 마찬가지로 2차 모형 models[1]과 3차 모형 models[2]를 비교하는 p-값은 매우 작다(0.0017). 따라서 이차 적합도 불충분하다. 3차 모형 models[2]와 4차 모형 models[3]을 비교하는 p-값은 약 5%이며, 5차 다항모형 models[4]는 p-값이 0.37로 불필요해 보인다. 따라서 3차 또는 4차 다항식은 데이터에 합리적인 적합을 제공하는 것으로 보이지만, 더 낮거나 높은 차수의 모형은 정당하지 않다.

이 경우 anova() 함수를 사용하는 대신 poly()가 직교다항식을 생성한다는 사실을 활용해 p-값을 더 간결하게 얻을 수 있다.

In[9]:
```
summarize(M)
```

11 인덱스를 0에서 시작하기 때문에 다항식의 차수 예제는 혼란스럽다. models[1]은 선형이 아닌 이차식이다.

Out[9]:
```
                         coef  std err        t  P>|t|
intercept            111.7036    0.729  153.283  0.000
poly(age, degree=4)[0]  447.0679   39.915   11.201  0.000
poly(age, degree=4)[1] -478.3158   39.915  -11.983  0.000
poly(age, degree=4)[2]  125.5217   39.915    3.145  0.002
poly(age, degree=4)[3]  -77.9112   39.915   -1.952  0.051
```

주목해서 보면 p-값들이 동일하게 나타난다. 사실 t-통계량의 제곱은 anova_lm() 함수에서 나온 F-통계량과 같다. 다음 예를 보자.

In[10]:
```
(-11.983)**2
```

Out[10]:
```
143.59228
```

어쨌든 ANOVA 방법은 모형이 중첩되어 있으면 직교다항식을 사용했는지 여부와 상관없이 작동한다. 예를 들어 education에서 선형 항을 포함하고 age의 다양한 차수의 다항식을 포함하는 다음 세 모형을 anova_lm()을 사용해 비교할 수 있다.

In[11]:
```
models = [MS(['education', poly('age', degree=d)])
          for d in range(1, 4)]
XEs = [model.fit_transform(Wage)
       for model in models]
anova_lm(*[sm.OLS(y, X_).fit() for X_ in XEs])
```

Out[11]:
```
   df_resid        ssr  df_diff     ss_diff        F     Pr(>F)
0    2997.0  3.902e+06      0.0         NaN      NaN        NaN
1    2996.0  3.759e+06      1.0  142862.701  113.992  3.838e-26
2    2995.0  3.754e+06      1.0    5926.207    4.729  2.974e-02
```

가설검정과 ANOVA를 사용하는 대신 교차검증을 사용해 다항식의 차수를 선택할 수 있는데, 이것은 5장에서 논의했다.

다음으로 개인이 연간 $250,000 이상 벌고 있는지 예측하는 작업을 생각해 보자. 이전과 마찬가지로 진행할 텐데, 다만 먼저 적절한 반응변수를 생성하고 이항분포를 사용하는 glm() 함수를 적용해 다항 로지스틱 회귀모형을 적합한다.

In[12]:
```
X = poly_age.transform(Wage)
high_earn = Wage['high_earn'] = y > 250 # 짧은 이름 부여
glm = sm.GLM(y > 250,
             X,
             family=sm.families.Binomial())
```

```
B = glm.fit()
summarize(B)
```

Out[12]:

```
                           coef  std err        z  P>|z|
intercept               -4.3012    0.345  -12.457  0.000
poly(age, degree=4)[0]  71.9642   26.133    2.754  0.006
poly(age, degree=4)[1] -85.7729   35.929   -2.387  0.017
poly(age, degree=4)[2]  34.1626   19.697    1.734  0.083
poly(age, degree=4)[3] -47.4008   24.105   -1.966  0.049
```

다시 한번 get_prediction() 메소드를 사용해 예측한다.

In[13]:

```
newX = poly_age.transform(age_df)
preds = B.get_prediction(newX)
bands = preds.conf_int(alpha=0.05)
```

이제 추정된 관계를 그래프로 그린다.

In[14]:

```
fig, ax = subplots(figsize=(8,8))
rng = np.random.default_rng(0)
ax.scatter(age +
           0.2 * rng.uniform(size=y.shape[0]),
           np.where(high_earn, 0.198, 0.002),
           fc='gray',
           marker='|')
for val, ls in zip([preds.predicted_mean,
                    bands[:,0],
                    bands[:,1]],
                   ['b','r--','r--']):
    ax.plot(age_df.values, val, ls, linewidth=3)
ax.set_title('Degree-4 Polynomial', fontsize=20)
ax.set_xlabel('Age', fontsize=20)
ax.set_ylim([0,0.2])
ax.set_ylabel('P(Wage > 250)', fontsize=20);
```

wage 값이 250 이상인 관측값에 대응하는 age 값을 그래프 상단에 회색으로 표시하고, wage 값이 250 미만인 관측값은 그래프 하단에 회색으로 표시했다. age 값이 동일한 관측이 서로 가려지지 않도록 age 값에 약간의 노이즈를 추가했다. 이런 유형의 그래프를 보통 깔개그림(rug plot)이라고 한다.

7.2절에서 논의했듯이 계단함수를 적합하려면 먼저 pd.qcut() 함수를 사용해 age를 분위수에 기반해 이산화한다. 그런 다음 pd.get_dummies()를 사용해 이 범주형

변수를 위한 모형행렬의 열을 생성한다. 이 함수는 수준 중 하나를 제외하는 일반적인 접근법과는 달리 주어진 범주형 변수를 위한 열을 '모두' 포함한다는 점에 주의한다.

In[15]:
```
cut_age = pd.qcut(age, 4)
summarize(sm.OLS(y, pd.get_dummies(cut_age)).fit())
```

Out[15]:
```
                      coef  std err       t  P>|t|
(17.999, 33.75]    94.1584    1.478  63.692    0.0
  (33.75, 42.0]   116.6608    1.470  79.385    0.0
   (42.0, 51.0]   119.1887    1.416  84.147    0.0
   (51.0, 80.0]   116.5717    1.559  74.751    0.0
```

여기서 pd.qcut()은 25%, 50%, 75% 분위를 기반으로 절단점을 자동으로 선택해 네 영역을 만든다. 4라는 인자 대신에 원하는 분위수를 직접 지정할 수도 있었다. 절단을 분위수에 기반하지 않으려면 pd.cut() 함수를 사용하면 된다. pd.qcut()(그리고 pd.cut()) 함수는 순서가 있는 범주형 변수를 반환한다. 다음으로 회귀모형이 생성하는 것은 회귀분석에 사용될 가변수 집합이다. 모형에서 age가 유일한 변수이기 때문에 값 $94,158.40은 33.75세 미만 사람들의 평균 임금이고 다른 계수들은 다른 연령 집단의 평균 임금이다. 다항식 적합 사례에서 적합했던 것처럼 예측하고 그래프를 그릴 수 있다.

7.8.2 스플라인

스플라인 회귀를 적합하기 위해 ISLP 패키지에서 변환을 사용해 보자. 실제 스플라인 평가 함수들은 scipy.interpolate 패키지에 있는데, 이 함수들을 Poly() 그리고 PCA()와 유사한 변환으로 감싸(wrap) 보았다.

7.4절에서 회귀 스플라인은 기저함수의 행렬을 구성해 적합할 수 있음을 보았다. BSpline() 함수는 지정된 매듭 집합과 함께 스플라인 기저함수의 전체 행렬을 생성한다. 기본으로 생성된 B-스플라인은 3차다. 차수를 변경하고 싶다면 degree 인자를 사용하면 된다.

In[16]:
```
bs_ = BSpline(internal_knots=[25,40,60], intercept=True).fit(age)
bs_age = bs_.transform(age)
bs_age.shape
```

```
Out[16]: (3000, 7)
```

7열 행렬이 결과로 나오는데, 3개의 내부 매듭이 있는 3차 스플라인 기저에서 예상되는 바이다. 동일한 행렬을 bs() 객체를 사용해 구성할 수도 있다. 이 객체는 7.8.1절에서 설명한 모형행렬 빌더(poly() 대비 그 핵심 일꾼인 Poly()의 관계처럼)에 이 행렬을 추가하는 작업을 쉽게 할 수 있도록 해준다.

이제 Wage 데이터에 3차 스플라인 모형을 적합한다.

```
In[17]:  bs_age = MS([bs('age', internal_knots=[25,40,60])])
         Xbs = bs_age.fit_transform(Wage)
         M = sm.OLS(y, Xbs).fit()
         summarize(M)
```

```
Out[17]:                                        coef  std err ...
                                  intercept  60.494    9.460 ...
         bs(age, internal_knots=[25, 40, 60])[0]  3.9805   12.538 ...
         bs(age, internal_knots=[25, 40, 60])[1]  44.631    9.626 ...
         bs(age, internal_knots=[25, 40, 60])[2]  62.839   10.755 ...
         bs(age, internal_knots=[25, 40, 60])[3]  55.991   10.706 ...
         bs(age, internal_knots=[25, 40, 60])[4]  50.688   14.402 ...
         bs(age, internal_knots=[25, 40, 60])[5]  16.606   19.126 ...
```

열 이름이 조금 번거로워 요약(summary) 출력 끝부분이 잘렸다. 만들 때 name 인자를 사용해 다음과 같이 설정할 수 있다.

```
In[18]:  bs_age = MS([bs('age',
                         internal_knots=[25,40,60],
                         name='bs(age)')])
         Xbs = bs_age.fit_transform(Wage)
         M = sm.OLS(y, Xbs).fit()
         summarize(M)
```

```
Out[18]:                coef  std err      t  P>|t|
               intercept  60.494    9.460  6.394  0.000
         bs(age, knots)[0]   3.981   12.538  0.317  0.751
         bs(age, knots)[1]  44.631    9.626  4.636  0.000
         bs(age, knots)[2]  62.839   10.755  5.843  0.000
         bs(age, knots)[3]  55.991   10.706  5.230  0.000
         bs(age, knots)[4]  50.688   14.402  3.520  0.000
         bs(age, knots)[5]  16.606   19.126  0.868  0.385
```

스플라인 계수가 7개가 아니라 6개라는 점에 주의하자. 모형에 총체적 절편(overall intercept)을 포함하는 것이 일반적이어서 bs()에 intercept = False가 기본값으로 설정되어 있기 때문이다. 그래서 주어진 매듭으로 스플라인 기저를 생성하고 절편을 고려해 기저함수 중 하나를 제거한다.

또한 df(자유도) 옵션을 사용해 스플라인의 복잡성을 지정할 수 있다. 앞서 보았듯이 3개의 매듭이 있으면 스플라인 기저는 6개의 열 또는 자유도를 가지게 된다. 실제 매듭 대신 df = 6을 지정하면 bs()는 훈련 데이터의 균일 분위수에서 선택된 3개 매듭의 스플라인을 생성한다. Bspline()을 사용하면 선택된 매듭을 쉽게 볼 수 있다.

In[19]:
```
BSpline(df=6).fit(age).internal_knots_
```

Out[19]:
```
array([33.75, 42.0, 51.0])
```

6개의 자유도를 요청하면 변환할 때는 33.75, 42.0, 51.0의 나이에서 매듭을 선택하는데, 이는 age의 25번째, 50번째, 75번째 백분위에 해당한다.

B-스플라인을 사용할 때는 반드시 3차 다항식(degree = 3)으로 제한할 필요는 없다. 예를 들어 degree = 0을 사용하면 결과로 조각별 상수함수가 나온다. 앞서 pd.qcut()을 사용한 예제처럼 말이다.

In[20]:
```
bs_age0 = MS([bs('age',
                 df=3,
                 degree=0)]).fit(Wage)
Xbs0 = bs_age0.transform(Wage)
summarize(sm.OLS(y, Xbs0).fit())
```

Out[20]:
```
                             coef  std err       t  P>|t|
                 intercept 94.158    1.478  63.687    0.0
bs(age, df=3, degree=0)[0] 22.349    2.152  10.388    0.0
bs(age, df=3, degree=0)[1] 24.808    2.044  12.137    0.0
bs(age, df=3, degree=0)[2] 22.781    2.087  10.917    0.0
```

이 적합은 셀 [15]와 비교해야 한다. 셀 [15]에서는 qcut()을 사용해 age의 25%, 50%, 75% 분위에서 잘라 4개의 구간을 생성했다. 여기서는 0차 스플라인에 df = 3을 지정했으므로 역시 동일한 세 분위에 매듭이 있을 것이다. 계수가 다르게 보이지만 이는 코딩 방식의 차이에서 비롯된 결과다. 예를 들어 첫 번째 계수는 두 경우 모두 동일하며 첫 번째 구간의 평균 반응이다. 두 번째 계수는 $94.158 + 22.349 = 116.507 \approx 116.611$이고 후자는 셀 [15] 두 번째 구간의 평균이다. 여기서 절편은 1로 채워진 열로 코딩되므로 두 번째, 세 번째, 네 번째 계수는 해당 구간에 대한 증분이 된다. 합계가 정확히 같지 않은 이유는 무엇일까? qcut()은 $\leq$를 사용하는 반면 bs()는 $<$를 사용해 구간의 소속을 결정하기 때문이다.

자연 스플라인을 적합하려면 NaturalSpline() 변환과 해당하는 도우미 ns()를 사용한다. 여기서는 5개의 자유도(절편 제외)가 있는 자연 스플라인을 적합하고 결과를 그래프로 그려 보자.

In[21]:
```
ns_age = MS([ns('age', df=5)]).fit(Wage)
M_ns = sm.OLS(y, ns_age.transform(Wage)).fit()
summarize(M_ns)
```

Out[21]:

	coef	std err	t	P>|t|
intercept	60.475	4.708	12.844	0.000
ns(age, df=5)[0]	61.527	4.709	13.065	0.000
ns(age, df=5)[1]	55.691	5.717	9.741	0.000
ns(age, df=5)[2]	46.818	4.948	9.463	0.000
ns(age, df=5)[3]	83.204	11.918	6.982	0.000
ns(age, df=5)[4]	6.877	9.484	0.725	0.468

이제 우리가 작성한 그래프 함수를 사용해 자연 스플라인을 그린다.

In[22]:
```
plot_wage_fit(age_df,
              ns_age,
              'Natural spline, df=5');
```

7.8.3 평활 스플라인과 GAM

평활 스플라인은 제곱오차손실과 단일 특징을 이용하는 GAM의 특수한 사례다. 파이썬에서 GAM을 적합하기 위해 pygam 패키지를 사용한다. 이 패키지는 pip install pygam으로 설치할 수 있다. 추정기(estimator) LinearGAM()은 제곱오차손실을 사용한다. GAM을 명세하기 위해 모형행렬의 각 열을 특정 평활 연산과 연결한다. s는 평활 스플라인, l은 선형, f는 요인 또는 범주형 변수를 위해 사용된다. 다음 코드에서 s에 전달된 0 인자는 이 평활기가 특징 행렬의 첫 번째 열에 적용된다는 뜻이다. 다음 코드에서 열이 하나인 행렬 X_age를 넘겨주고 있다. lam 인자는 7.5.2절에서 논의했듯이 벌점모수 λ이다.

In[23]:
```
X_age = np.asarray(age).reshape((-1,1))
gam = LinearGAM(s_gam(0, lam=0.6))
gam.fit(X_age, y)
```

Out[23]:
```
LinearGAM(callbacks=[Deviance(), Diffs()], fit_intercept=True,
          max_iter=100, scale=None, terms=s(0) + intercept, tol=0.0001,
          verbose=False)
```

pygam 라이브러리는 일반적으로 특징 행렬을 요구하므로 age를 벡터(즉, 1차원 배열) 대신 행렬(2차원 배열)로 재구성한다. reshape() 메소드 호출에서 -1은 numpy에게 모양 튜플의 나머지 항목을 기반으로 해당 차원의 크기를 자동으로 맞추도록 한다.[12]

평활모수 lam에 따라 적합이 어떻게 변하는지 조사한다. np.logspace() 함수는 np.linspace()와 유사하지만 점을 로그 척도에 균등하게 배치한다. 다음에서는 lam을 10^{-2}에서 10^{6}까지 변화시킨다.

In[24]:
```
fig, ax = subplots(figsize=(8,8))
ax.scatter(age, y, facecolor='gray', alpha=0.5)
for lam in np.logspace(-2, 6, 5):
    gam = LinearGAM(s_gam(0, lam=lam)).fit(X_age, y)
    ax.plot(age_grid,
            gam.predict(age_grid),
            label='{:.1e}'.format(lam),
            linewidth=3)
ax.set_xlabel('Age', fontsize=20)
ax.set_ylabel('Wage', fontsize=20);
ax.legend(title='$\lamda$');
```

pygam 패키지는 최적의 평활모수를 찾기 위한 탐색을 수행할 수 있다.

In[25]:
```
gam_opt = gam.gridsearch(X_age, y)
ax.plot(age_grid,
        gam_opt.predict(age_grid),
        label='Grid search',
        linewidth=4)
```

12 (옮긴이) 여기에서 모양 튜플(shape tuple)은 reshape()의 인자 (-1, 1)을 가리키는 말이다. 모양 튜플은 배열의 모양을 지정하는 기능으로 (3, 4)라면 배열의 모양이 3행 4열임을 나타낸다. 예를 들어 arr = numpy.array([1, 2, 3, 4, 5, 6])이라는 1차원 배열이 있을 때, arr.reshape((-1, 2))는 2열로 이루어진 2차원 배열로 모양을 바꾸라는 뜻이다. 이때 -1은 행의 수를 자동으로 계산하라는 뜻이다. 원소가 6개이고 열이 2개이므로 행의 수는 자동으로 3이 된다.

```
ax.legend()
fig
```

다른 방법으로 ISLP.pygam 패키지에 포함된 함수를 사용해 평활 스플라인의 자유도를 고정할 수 있다. 다음에서는 대략 4개의 자유도를 주는 λ 값을 찾는다. 이 자유도에는 평활 스플라인의 벌점 없는 절편과 선형 항이 포함되어 있으므로 최소한 2개의 자유도는 있는 셈이다.

In[26]:
```
age_term = gam.terms[0]
lam_4 = approx_lam(X_age, age_term, 4)
age_term.lam = lam_4
degrees_of_freedom(X_age, age_term)
```

Out[26]:
```
4.000000100004728
```

앞서 유사한 그래프에서 자유도를 달리해 보자. 이 평활 스플라인에는 항상 절편 항이 있다는 사실을 고려해 원하는 자유도에 하나를 더한 값을 자유도로 선택한다. df에 대한 값이 1이면 그냥 선형 적합이다.

In[27]:
```
fig, ax = subplots(figsize=(8,8))
ax.scatter(X_age,
           y,
           facecolor='gray',
           alpha=0.3)
for df in [1,3,4,8,15]:
    lam = approx_lam(X_age, age_term, df+1)
    age_term.lam = lam
    gam.fit(X_age, y)
    ax.plot(age_grid,
            gam.predict(age_grid),
            label='{:d}'.format(df),
            linewidth=4)
ax.set_xlabel('Age', fontsize=20)
ax.set_ylabel('Wage', fontsize=20);
ax.legend(title='Degrees of freedom');
```

여러 항을 가진 가법모형

일반화가법모형의 강점은 선형모형보다 더 유연하게 다변량 회귀모형을 적합할 수 있다는 데 있다. 여기서는 두 가지 접근법을 실제로 해본다. 첫 번째는 자연 스플라인과 조각별 상수함수를 사용하는 좀 더 수동적인 방식이고 두 번째는 pygam 패키지와 평활 스플라인을 사용하는 방식이다.

이번에는 GAM을 수동으로 적합해 wage를 예측한다. year와 age의 자연 스플라인 함수를 사용하고 education을 질적 예측변수로 처리한다. 식 (7.16)에 있는 것처럼 하면 된다. 그냥 커다란 선형회귀모형에서 적절한 기저함수를 선택해 사용하므로 sm.OLS() 함수로 간단히 수행할 수 있다.

여기서 모형행렬을 구축할 때 더 수동적인 방식을 사용한다. 조각들에 개별적으로 접근해 편의존성그림(partial dependence plot)을 그리려고 하기 때문이다.

In[28]:
```
ns_age = NaturalSpline(df=4).fit(age)
ns_year = NaturalSpline(df=5).fit(Wage['year'])
Xs = [ns_age.transform(age),
      ns_year.transform(Wage['year']),
      pd.get_dummies(Wage['education']).values]
X_bh = np.hstack(Xs)
gam_bh = sm.OLS(y, X_bh).fit()
```

여기서 NaturalSpline() 함수는 도우미 함수 ns()를 지원하는 핵심 일꾼이다. 범주형 변수 education에 지시 행렬(indicator matrix)의 모든 열을 사용하는 방식을 택했고 절편은 잉여적인 것이 된다. 마지막으로 세 개의 성분 행렬을 수평으로 쌓아 모형행렬 X_bh를 만들었다.

이제 앞서 만든 아주 기초적인 GAM에서 각각의 항에 편의존성그림을 그리는 방법을 알아본다. age와 year에 대한 그리드가 주어지면 수동으로 할 수 있다. 단순하게 새로운 행렬 X로 예측해 본다. 한 번에 하나의 특징만 제외하고 모두 고정하면 된다.

In[29]:
```
age_grid = np.linspace(age.min(),
                       age.max(),
                       100)
X_age_bh = X_bh.copy()[:100]
X_age_bh[:] = X_bh[:].mean(0)[None,:]
X_age_bh[:,:4] = ns_age.transform(age_grid)
preds = gam_bh.get_prediction(X_age_bh)
bounds_age = preds.conf_int(alpha=0.05)
partial_age = preds.predicted_mean
center = partial_age.mean()
partial_age -= center
bounds_age -= center
```

```
fig, ax = subplots(figsize=(8,8))
ax.plot(age_grid, partial_age, 'b', linewidth=3)
ax.plot(age_grid, bounds_age[:,0], 'r--', linewidth=3)
ax.plot(age_grid, bounds_age[:,1], 'r--', linewidth=3)
ax.set_xlabel('Age')
ax.set_ylabel('Effect on wage')
ax.set_title('Partial dependence of age on wage', fontsize=20);
```

이 코드로 수행한 작업을 자세히 살펴보자. 아이디어는 age에 속하는 열을 제외하고 모든 열이 상수(훈련 데이터의 평균으로 설정)인 새로운 예측 행렬을 생성한다는 데 있다. age에 대한 4개 열은 age_grid의 100개 값에서 평가된 자연 스플라인 기저로 채워진다.

1. age에 길이 100인 그리드를 만들고, X_bh와 열 수가 동일하고 행 수가 100인 행렬 X_age_bh를 생성했다.
2. 이 행렬의 모든 행을 원본의 열 평균으로 대체했다.
3. 그런 다음 age를 나타내는 첫 4개 열만 age_grid의 값에서 계산된 자연 스플라인 기저로 교체했다.

이제 나머지 단계는 익숙할 것이다.

또 year가 wage에 미치는 영향도 살펴본다. 과정은 동일하다.

In[30]:
```
year_grid = np.linspace(2003, 2009, 100)
year_grid = np.linspace(Wage['year'].min(),
                        Wage['year'].max(),
                        100)
X_year_bh = X_bh.copy()[:100]
X_year_bh[:] = X_bh[:].mean(0)[None,:]
X_year_bh[:,4:9] = ns_year.transform(year_grid)
preds = gam_bh.get_prediction(X_year_bh)
bounds_year = preds.conf_int(alpha=0.05)
partial_year = preds.predicted_mean
center = partial_year.mean()
partial_year -= center
bounds_year -= center
fig, ax = subplots(figsize=(8,8))
ax.plot(year_grid, partial_year, 'b', linewidth=3)
ax.plot(year_grid, bounds_year[:,0], 'r--', linewidth=3)
ax.plot(year_grid, bounds_year[:,1], 'r--', linewidth=3)
ax.set_xlabel('Year')
ax.set_ylabel('Effect on wage')
ax.set_title('Partial dependence of year on wage', fontsize=20);
```

이제 자연 스플라인 대신 평활 스플라인을 사용해 모형 (7.16)을 적합한다. 모형 (7.16)의 모든 항은 동시에 적합되며 서로를 고려해 반응을 설명한다. pygam 패키지는 행렬만을 대상으로 하기 때문에 범주형 연쇄 education을 배열 표현으로 변환해야 한다. 배열 표현은 education의 cat.codes 속성으로 찾을 수 있다. year에는 고유한 값이 7가지밖에 없으므로 기저함수를 7개만 사용하면 된다.

In[31]:
```
gam_full = LinearGAM(s_gam(0) +
                     s_gam(1, n_splines =7) +
                     f_gam(2, lam=0))
Xgam = np.column_stack([age ,
                        Wage['year'],
                        Wage['education'].cat.codes])
gam_full = gam_full.fit(Xgam , y)
```

두 s_gam() 항의 결과는 평활 스플라인 적합이 된다. λ에 기본값(lam = 0.6)을 사용하는데, 이것은 다소 임의적이다. 범주형 항 education은 f_gam() 항을 사용해 지정하는데, 축소를 피하기 위해 lam = 0으로 지정한다. age에 편의존성그림을 생성해 이 선택이 어떤 영향을 주는지 살펴본다.

그래프를 그릴 값들은 pygam 패키지로 생성된다. ISLP.pygam에서 제공하는 plot_gam()으로 편의존성그림을 그릴 수 있는데, 앞의 자연 스플라인 예제보다 이 작업을 더 쉽게 할 수 있게 해준다.

In[32]:
```
fig, ax = subplots(figsize=(8,8))
plot_gam(gam_full, 0, ax=ax)
ax.set_xlabel('Age')
ax.set_ylabel('Effect on wage')
ax.set_title('Partial dependence of age on wage - default lam=0.6',
             fontsize=20);
```

함수가 좀 구불거리는 것을 볼 수 있다. lam 값을 지정하는 것보다 df를 지정하는 것이 더 자연스럽다. age와 year 각각에서 자유도 4를 사용해 GAM을 다시 적합한다. 평활 스플라인의 절편을 고려해 하나를 더하는 것을 잊지 말자.

In[33]:
```
age_term = gam_full.terms[0]
age_term.lam = approx_lam(Xgam, age_term, df=4+1)
year_term = gam_full.terms[1]
year_term.lam = approx_lam(Xgam, year_term, df=4+1)
gam_full = gam_full.fit(Xgam, y)
```

위에서 주목할 점은 age_term.lam을 업데이트하면 gam_full.terms[0]에서도 업데이트된다. year_term.lam도 마찬가지다.

age의 그래프를 다시 그려 보면 더 매끄러운 것을 볼 수 있다. 그리고 year의 그래프도 생성한다.

```
In[34]:  fig, ax = subplots(figsize=(8,8))
         plot_gam(gam_full,
                  1,
                  ax=ax)
         ax.set_xlabel('Year')
         ax.set_ylabel('Effect on wage')
         ax.set_title('Partial dependence of year on wage', fontsize=20)
```

마지막으로 범주형 변수인 education의 그래프를 그린다. 이 편의존성그림은 (앞의 수치형 변수를 위한 선 그래프와) 다른데, 범주형 변수의 각 수준에 대해 적합된 상수들의 집합을 표현하기 위해서는 이런 (막대 그래프) 형태가 더 적절하다.

```
In[35]:  fig, ax = subplots(figsize=(8, 8))
         ax = plot_gam(gam_full, 2)
         ax.set_xlabel('Education')
         ax.set_ylabel('Effect on wage')
         ax.set_title('Partial dependence of wage on education',
                      fontsize=20);
         ax.set_xticklabels(Wage['education'].cat.categories, fontsize=8);
```

가법모형을 위한 ANOVA 검정

앞서 만든 모든 모형에서 year의 함수는 상당히 선형적으로 보인다. 연쇄적으로 ANOVA 검정을 수행해 다음 세 모형, 즉 year를 배제한 GAM($\mathcal{M}_1$), year의 선형함수를 사용하는 GAM($\mathcal{M}_2$), year의 스플라인 함수를 사용하는 GAM($\mathcal{M}_3$) 가운데 어느 모형이 가장 좋은지 결정할 수 있다..

```
In[36]:  gam_0 = LinearGAM(age_term + f_gam(2, lam=0))
         gam_0.fit(Xgam, y)
         gam_linear = LinearGAM(age_term +
                                l_gam(1, lam=0) +
                                f_gam(2, lam=0))
         gam_linear.fit(Xgam, y)
```

Out[36]:
```
LinearGAM(callbacks=[Deviance(), Diffs()], fit_intercept=True,
    max_iter=100, scale=None, terms=s(0) + l(1) + f(2) + intercept,
    tol=0.0001, verbose=False)
```

이 식에서 주목할 것은 age_term을 사용하고 있다는 점이다. 이렇게 하는 이유는 앞서 이 항의 lam 값을 설정해서 자유도 4를 달성하도록 했기 때문이다.

year의 효과를 직접 평가하기 위해 앞에서 적합한 세 모형에 대한 ANOVA를 실행한다.

In[37]:
```
anova_gam(gam_0, gam_linear, gam_full)
```

Out[37]:
```
      deviance        df  deviance_diff  df_diff       F  pvalue
0  3714362.366  2991.004            NaN      NaN     NaN     NaN
1  3696745.823  2990.005      17616.543    0.999  14.265   0.002
2  3693142.930  2987.007       3602.894    2.998   0.972   0.436
```

여기서 year의 선형함수를 포함한 GAM이 year를 포함하지 않은 GAM보다 더 낫다는 강력한 증거를 발견할 수 있다(p-값 $= 0.002$). 하지만 year의 비선형함수가 필요하다는 증거는 없다(p-값 $= 0.435$). 즉, 이 ANOVA의 결과에 기반하면 $\mathcal{M}_2$가 선호된다. age도 같은 과정을 반복할 수 있다. age를 위해 비선형 항이 필요하다는 매우 명확한 증거를 볼 수 있다.

In[38]:
```
gam_0 = LinearGAM(year_term +
                  f_gam(2, lam=0))
gam_linear = LinearGAM(l_gam(0, lam=0) +
                       year_term +
                       f_gam(2, lam=0))
gam_0.fit(Xgam, y)
gam_linear.fit(Xgam, y)
anova_gam(gam_0, gam_linear, gam_full)
```

Out[38]:
```
      deviance        df  deviance_diff  df_diff        F  pvalue
0  3975443.045  2991.001            NaN      NaN      NaN     NaN
1  3850246.908  2990.001     125196.137    1.000  101.270   0.000
2  3693142.930  2987.007     157103.978    2.993   42.448   0.000
```

GAM 적합에 대한 (상세한) summary() 메소드가 있다(여기서는 재현하지 않는다).

In[39]:
```
gam_full.summary()
```

gam 객체에서 예측을 수행할 때 lm 객체에서 했던 것처럼 클래스 gam을 위한 pre dict() 메소드를 사용할 수 있다. 여기서는 훈련 세트에 예측을 수행한다.

In[40]:
```
Yhat = gam_full.predict(Xgam)
```

로지스틱 회귀 GAM을 적합하려면 pygam의 LogisticGAM()을 사용한다.

In[41]:
```
gam_logit = LogisticGAM(age_term +
                        l_gam(1, lam=0) +
                        f_gam(2, lam=0))
gam_logit.fit(Xgam, high_earn)
```

Out[41]:
```
LogisticGAM(callbacks=[Deviance(), Diffs(), Accuracy()],
fit_intercept=True, max_iter=100,
terms=s(0) + l(1) + f(2) + intercept, tol=0.0001, verbose=False)
```

In[42]:
```
fig, ax = subplots(figsize=(8, 8))
ax = plot_gam(gam_logit, 2)
ax.set_xlabel('Education')
ax.set_ylabel('Effect on wage')
ax.set_title('Partial dependence of wage on education',
             fontsize=20);
ax.set_xticklabels(Wage['education'].cat.categories, fontsize=8);
```

모형이 아주 평평해 보인다. 특히 첫 번째 범주에서 오차 막대가 크다. 데이터를 조금 더 자세히 살펴보자.

In[43]:
```
pd.crosstab(Wage['high_earn'], Wage['education'])
```

교육의 첫 번째 범주에 고소득자가 없다는 것을 확인할 수 있다. 따라서 모형을 적합하기 어려울 수 있다. 이 범주에 속하는 모든 관측값을 제외하고 로지스틱 회귀 GAM을 적합한다. 좀 더 납득할 만한 결과를 제공받을 수 있다.

모형행렬의 부분집합을 만들어 수행할 수 있지만 이것으로 Xgam에서 열을 제거하지는 못한다. 어떤 열이 이 특징에 대응되는지 알 수 있지만 재현 가능성을 위해 이 부분집합에서 모형행렬을 다시 만든다.

In[44]:
```
only_hs = Wage['education'] == '1. < HS Grad'
Wage_ = Wage.loc[~only_hs]
Xgam_ = np.column_stack([Wage_['age'],
```

```
                         Wage_['year'],
                         Wage_['education'].cat.codes-1])
high_earn_ = Wage_['high_earn']
```

pygam의 버그로 인해 이 코드 끝 두 번째 줄에서 범주 코드 중 하나를 뺐다. 교육 값들의 라벨을 다시 붙이기만 한 것이어서 적합에는 영향을 미치지 않는다.

이제 모형을 적합한다.

In[45]:
```
gam_logit_ = LogisticGAM(age_term +
                         year_term +
                         f_gam(2, lam=0))
gam_logit_.fit(Xgam_, high_earn_)
```

Out[45]:
```
LogisticGAM(callbacks=[Deviance(), Diffs(), Accuracy()],
  fit_intercept=True, max_iter=100,
  terms=s(0) + s(1) + f(2) + intercept, tol=0.0001, verbose=False)
```

이제 해당 관측값을 제거한 다음 고소득자 상태에 대한 education, year, age의 효과를 살펴보자.

In[46]:
```
fig, ax = subplots(figsize=(8, 8))
ax = plot_gam(gam_logit_, 2)
ax.set_xlabel('Education')
ax.set_ylabel('Effect on wage')
ax.set_title('Partial dependence of high earner status on education',
             fontsize=20);
ax.set_xticklabels(Wage['education'].cat.categories[1:],
                   fontsize=8);
```

In[47]:
```
fig, ax = subplots(figsize=(8, 8))
ax = plot_gam(gam_logit_, 1)
ax.set_xlabel('Year')
ax.set_ylabel('Effect on wage')
ax.set_title('Partial dependence of high earner status on year',
             fontsize=20);
```

In[48]:
```
fig, ax = subplots(figsize=(8, 8))
ax = plot_gam(gam_logit_, 0)
ax.set_xlabel('Age')
ax.set_ylabel('Effect on wage')
ax.set_title('Partial dependence of high earner status on age',
             fontsize=20);
```

7.8.4 국소회귀

국소회귀를 사용하는 예시로 sm.nonparametric의 lowess() 함수를 사용한다. GAM의 구현에 따라 국소회귀 연산자 항을 허용하기도 하지만 pygam에서는 그렇지 않다.

여기서는 국소회귀모형을 적합할 때 범위(span) 0.2와 0.5를 사용한다. 즉, 각 이웃이 관측의 20% 또는 50%로 구성된다는 뜻이다. 예상대로 범위를 0.5로 하는 것이 0.2로 하는 경우보다 더 매끄럽다.

In[49]:
```
lowess = sm.nonparametric.lowess
fig, ax = subplots(figsize=(8,8))
ax.scatter(age, y, facecolor='gray', alpha=0.5)
for span in [0.2, 0.5]:
    fitted = lowess(y,
                    age,
                    frac=span,
                    xvals=age_grid)
    ax.plot(age_grid,
            fitted,
            label='{:.1f}'.format(span),
            linewidth=4)
ax.set_xlabel('Age', fontsize=20)
ax.set_ylabel('Wage', fontsize=20);
ax.legend(title='span', fontsize=15);
```

7.9 연습문제

개념

1. 이번 장에서 언급했듯이 ξ에 매듭이 하나 있는 3차 회귀 스플라인은 x, x^2, x^3, $(x-\xi)_+^3$ 형태의 기저를 사용해 얻을 수 있다. 여기서 $x > \xi$이면 $(x-\xi)_+^3 = (x-\xi)^3$이고 그렇지 않으면 0이다. 이제 다음 형태의 함수가 β_0, β_1, β_2, β_3, β_4의 값에 관계없이 정말로 3차 회귀 스플라인임을 보일 것이다.

$$f(x) = \beta_0 + \beta_1 x + \beta_2 x^2 + \beta_3 x^3 + \beta_4 (x-\xi)_+^3$$

   a) 모든 $x \leq \xi$에 대해 $f(x) = f_1(x)$인 3차 다항식

$$f_1(x) = a_1 + b_1 x + c_1 x^2 + d_1 x^3$$

   을 찾아라. a_1, b_1, c_1, d_1을 $\beta_0, \beta_1, \beta_2, \beta_3, \beta_4$로 표현하라.

b) 모든 $x > \xi$에 대해 $f(x) = f_2(x)$인 3차 다항식

$$f_2(x) = a_2 + b_2x + c_2x^2 + d_2x^3$$

을 찾아라. a_2, b_2, c_2, d_2를 $\beta_0, \beta_1, \beta_2, \beta_3, \beta_4$로 표현하라. 이제 $f(x)$가 조각별 다항식이라는 것을 입증했다.

c) $f_1(\xi) = f_2(\xi)$임을 보여라. 즉, $f(x)$는 ξ에서 연속이다.

d) $f'_1(\xi) = f'_2(\xi)$임을 보여라. 즉, $f'(x)$는 ξ에서 연속이다.

e) $f''_1(\xi) = f''_2(\xi)$임을 보여라. 즉, $f''(x)$는 ξ에서 연속이다.

따라서 $f(x)$는 3차 스플라인이다.

HINT 이 문제의 (d)와 (e)는 일변수 미적분 지식을 요구한다. 3차 다항식

$$f_1(x) = a_1 + b_1x + c_1x^2 + d_1x^3$$

의 일계도함수는 다음 형태를 취한다.

$$f'_1(x) = b_1 + 2c_1x + 3d_1x^2$$

이계도함수는 다음 형태를 취한다.

$$f''_1(x) = 2c_1 + 6d_1x$$

2. 곡선 $\hat{g}$을 계산해 n개의 점 집합에 매끄럽게 적합하도록 다음 공식을 사용하려고 한다.

$$\hat{g} = \arg\min_g \left(\sum_{i=1}^{n} (y_i - g(x_i))^2 + \lambda \int \left[g^{(m)}(x) \right]^2 dx \right)$$

여기서 $g^{(m)}$은 g의 m계도함수를 나타낸다($g^{(0)} = g$). 다음 시나리오에서 각각 $\hat{g}$의 개형을 예시하라.

a) $\lambda = \infty, m = 0$.

b) $\lambda = \infty, m = 1$.

c) $\lambda = \infty, m = 2$.

d) $\lambda = \infty, m = 3$.

e) $\lambda = 0, m = 3$.

3. 곡선을 적합할 때 기저함수 $b_1(X) = X$, $b_2(X) = (X-1)^2 I(X \geq 1)$을 사용하는 경우를 떠올려 보자(단, $I(X \geq 1)$은 $X \geq 1$일 때 1이고 그렇지 않으면 0이다). 선형회귀모형

$$Y = \beta_0 + \beta_1 b_1(X) + \beta_2 b_2(X) + \epsilon$$

을 적합하고 계수 추정값 $\hat{\beta}_0 = 1, \hat{\beta}_1 = 1, \hat{\beta}_2 = -2$를 얻었다. $X = -2$에서 $X = 2$까지 구간에서 추정된 곡선의 개형을 그려라. 절편, 기울기 등 관련 정보를 언급하라.

4. 곡선을 적합할 때 기저함수 $b_1(X) = I(0 \leq X \leq 2) - (X-1)I(1 \leq X \leq 2)$, $b_2(X) = (X-3)I(3 \leq X \leq 4) + I(4 < X \leq 5)$를 사용한다고 가정하자. 선형회귀모형

$$Y = \beta_0 + \beta_1 b_1(X) + \beta_2 b_2(X) + \epsilon$$

을 적합하고 계수 추정값 $\hat{\beta}_0 = 1, \hat{\beta}_1 = 1, \hat{\beta}_2 = 3$을 얻었다. $X = -2$에서 $X = 6$까지 구간에서 추정된 곡선의 개형을 그리고, 절편, 기울기 등 관련 정보를 언급하라.

5. 다음과 같이 정의된 두 곡선 $\hat{g}_1$과 $\hat{g}_2$을 생각해 보자.

$$\hat{g}_1 = \arg\min_g \left(\sum_{i=1}^{n} (y_i - g(x_i))^2 + \lambda \int \left[g^{(3)}(x) \right]^2 dx \right)$$

$$\hat{g}_2 = \arg\min_g \left(\sum_{i=1}^{n} (y_i - g(x_i))^2 + \lambda \int \left[g^{(4)}(x) \right]^2 dx \right)$$

여기서 $g^{(m)}$은 g의 m계도함수를 나타낸다.

a) $\lambda \to \infty$일 때 $\hat{g}_1$과 $\hat{g}_2$ 중 어느 것의 훈련 RSS가 더 작을까?

b) $\lambda \to \infty$일 때 $\hat{g}_1$과 $\hat{g}_2$ 중 어느 것의 테스트 RSS가 더 작을까?

c) $\lambda = 0$일 때 $\hat{g}_1$과 $\hat{g}_2$ 중 어느 것의 훈련 RSS와 테스트 RSS가 더 작을까?

응용

6. 이 문제에서는 이번 장에서 살펴보았던 `Wage` 데이터 세트를 더 분석한다.

   a) `age`를 이용해 `wage`를 예측하기 위한 다항회귀를 수행하라. 교차검증을 사용해 다항식에서 최적의 차수 d를 선택하라. 어떤 차수가 선택됐나? ANOVA를 사용한 가설검정의 결과와 비교하면 어떠한가? 데이터에 대한 다항식 적합의 결과를 그래프로 그려라.

   b) `age`를 이용해 `wage`를 예측하기 위한 계단함수를 적합하라. 교차검증을 이용해 최적의 절단 수(number of cuts)를 선택하고, 구한 적합 결과를 그래프로 표시하라.

7. `Wage` 데이터 세트에는 이번 장에서 탐색하지 않은 다양한 특징들이 포함되어 있다. 예를 들면 결혼 유무(`maritl`), 직업 부류(`jobclass`) 등이 여기에 해당한다. 이런 다른 예측변수와 `wage` 사이의 관계를 탐색하라. 비선형 적합 기법을 사용해 유연한 모형을 데이터에 적합한다. 구한 결과를 그래프로 생성하고 무엇을 발견했는지 요약해서 기술하라.

8. 이번 장에서 살펴본 비선형모형 중 몇 가지를 `Auto` 데이터 세트에 적합하라. 이 데이터 세트에 비선형 관계의 증거가 있는가? 답의 정당성을 확보하기 위해 유용한 정보가 담긴 그래프를 생성하라.

9. 이 문제에서는 `Boston` 데이터의 변수 `dis`(5개 보스턴 고용 센터까지 거리의 가중평균)와 `nox`(천만 분의 일 단위의 질소 산화물 농도)를 사용한다. `dis`를 예측변수로 `nox`를 반응변수로 다룬다.

   a) `ISLP.models` 모듈의 `poly()` 함수를 사용한다. `dis`를 사용해 `nox`를 예측하기 위한 3차 다항회귀를 적합하라. 회귀분석 출력 결과를 보고하고 결과 데이터와 다항 적합 결과를 그래프로 그린다.

   b) 다항식 차수를 다양하게 해서(예를 들어 1에서 10까지) 적합한 다항회귀의 그래프를 그려라. 각각의 해당 잔차제곱합을 보고한다.

   c) 교차검증 또는 다른 접근법을 사용해 다항식의 최적 차수를 선택하고 결과를 설명하라.

d) `ISLP.models` 모듈의 `bs()` 함수를 사용한다. `dis`를 사용해 `nox`를 예측하기 위한 회귀 스플라인을 적합하라. 자유도가 4일 때 적합 결과를 보고한다. 매듭을 어떻게 선택했는가? 적합 결과를 그래프로 그린다.

e) 이제 회귀 스플라인을 다양한 자유도에서 적합한다. 적합 결과를 그래프로 그리고 각각의 해당 RSS를 보고한다. 구한 결과를 설명하라.

f) 교차검증 또는 다른 접근법으로 이 데이터에서 회귀 스플라인의 최적 자유도를 선택하라. 결과를 설명한다.

10. 이번 문제는 `College` 데이터 세트와 관련되어 있다.

a) 데이터를 훈련 세트와 테스트 세트로 분할한다. 다른 주 출신 학생의 학비(out-of-state tuition)를 반응변수로 하고 나머지 변수를 예측변수로 사용해, 훈련 세트에 대해 단계별 전진선택법을 수행하고 예측변수의 일부 부분집합만 사용하면서 만족스러운 모형을 찾아내라.

b) 훈련 데이터에 GAM을 적합하라. 다른 주의 학비를 반응변수로 하고 이전 단계에서 선택한 특징들을 예측변수로 사용한다. 결과를 그래프로 그리고 무엇을 발견했는지 설명하라.

c) 테스트 세트에서 구한 모형을 평가하고 구한 결과를 설명하라.

d) 반응변수와 비선형 관계의 증거가 있는 변수에는 어떤 것들이 있는가?

11. 7.7절에서 언급했듯이 GAM은 일반적으로 역적합(backfitting) 접근법을 사용해 적합한다. 역적합의 바탕이 되는 아이디어는 매우 간단하다. 이제 다중선형회귀의 맥락에서 역적합을 살펴보자. 다중선형회귀를 수행하고 싶지만 그렇게 할 소프트웨어가 없는 경우를 생각해 보자. 대신 가지고 있는 것은 단순선형회귀를 수행할 수 있는 소프트웨어뿐이다. 따라서 다음과 같은 '반복' 접근법을 취한다. 하나의 계수 추정값을 제외한 모든 계수 추정값을 현재의 값에 고정하고, 단순선형회귀를 사용해 그 계수 추정값만 업데이트한다. 이 과정을 '수렴'할 때까지 계속한다. 즉, 계수 추정값이 '변하기'를 멈출 때까지 계속한다.
이제 간단한 토이 예제로 시도해 보자.

a) 반응변수 Y와 두 예측변수 X_1, X_2를 $n = 100$개 생성한다.

b) 두 인자 `outcome`과 `feature`를 받아 결과(outcome)와 특징(feature)으로 단순

선형회귀모형을 적합하고, 추정된 절편과 기울기를 반환하는 함수 simple_reg()를 작성한다.

c) beta1의 값을 선택해 초기화한다. 어떤 값을 선택하든 상관없다.

d) beta1을 고정한 상태에서 함수 simple_reg()를 사용해 다음 모형을 적합한다.

$$Y - \texttt{beta1} \cdot X_1 = \beta_0 + \beta_2 X_2 + \epsilon$$

결괏값을 beta0과 beta2로 저장한다.

e) beta2를 고정하고 모형을 적합한다.

$$Y - \texttt{beta2} \cdot X_2 = \beta_0 + \beta_1 X_1 + \epsilon$$

결과를 beta0과 beta1로 저장한다(이전 값을 덮어쓴다).

f) (c)와 (d)를 1,000번 반복하는 for 반복문을 작성한다. for 반복문 각각의 반복에서 beta0, beta1, beta2의 추정값을 보고한다. 이 값들을 표시하는 그래프를 생성한다. beta0, beta1, beta2의 값을 그린다.

g) Y를 X_1과 X_2를 사용해 예측하기 위해 그냥 다중선형회귀를 수행한 결과와 (e)의 답을 비교하라. axline() 메소드를 사용해 (e)에서 얻은 그래프에 다중선형회귀계수 추정값을 겹쳐 그려라.

h) 이 데이터 세트에서 역적합 반복을 몇 번이나 해야 다중회귀계수 추정값의 '좋은' 근사치를 구할 수 있었나?

12 이전 연습문제와 연결되는 문제다. $p = 100$인 토이 예제에서 역적합 절차로 단순선형회귀를 반복적으로 수행해 다중선형회귀계수 추정값을 근사할 수 있음을 보여라. 다중회귀계수 추정값의 '좋은' 근사치를 얻기 위해 몇 번의 역적합 반복이 필요한가? 그렇게 대답한 이유를 그래프를 그려 설명하라.

8장

A n I n t r o d u c t i o n t o S t a t i s t i c a l L e a r n i n g

나무-기반의 방법

이번 장에서는 회귀와 분류를 위한 나무-기반의 방법(tree-based method)을 설명한다. 이 방법들은 예측변수 공간을 몇 개의 단순 영역으로 층화(stratifying)하거나 분할(segmenting)한다. 주어진 관측에 따라 예측하기 위해서 일반적으로 그 관측이 속한 영역에 있는 훈련 관측들의 평균 반응값이나 최빈 반응값을 사용하기도 한다. 예측변수 공간을 분할하는 데 사용되는 분할 규칙 집합이 나무(tree) 형태로 요약이 가능하기 때문에 의사결정나무(decision tree) 방법이라고 한다.

나무-기반의 방법은 단순하며 해석할 때 유용하다. 하지만 이 방법들은 일반적으로 예측 정확도 면에서 6장과 7장에서 본 가장 좋은 지도학습 접근법들과는 경쟁이 되지 않는다. 그러므로 이번 장에서는 배깅(bagging), 랜덤 포레스트(random forest), 부스팅(boosting), 베이즈 가법회귀나무(Bayesian additive regression trees)도 함께 소개할 예정이다. 이 접근법 각각은 다중의 나무를 생성한 다음 이를 결합해 단일하게 합의된 예측을 산출하는 과정을 수반한다. 앞으로 많은 수의 나무를 결합하면 예측 정확도를 극적으로 향상시키지만 그 대가로 해석상 일부 손실이 생기는 결과를 보게 될 것이다.

8.1 의사결정나무의 기초

의사결정나무는 회귀 문제와 분류 문제에 모두 적용할 수 있다. 먼저 회귀 문제를 다룬 다음 분류로 넘어가자.

8.1.1 회귀나무

회귀나무(regression tree)에 대한 동기를 부여하기 위해 간단한 예제에서 시작한다.

회귀나무를 활용한 야구 선수의 연봉 예측

Hitters 데이터 세트로 야구 선수의 salary(연봉)를 years(메이저리그에서 뛴 햇수)와 hits(전년도에 기록한 안타 수)를 기반으로 예측해 보자. 우선 연봉(salary) 값이 결측된 관측을 제거하고 연봉(salary)을 로그 변환하면 분포가 좀 더 전형적인 종 모양을 띠게 된다(기억하겠지만 연봉(salary)은 $1,000 단위로 측정되어 있다).

[그림 8.1]에서 이 데이터에 적합한 회귀나무를 볼 수 있다. 회귀나무는 나무 상단에서 시작하는 일련의 분할 규칙들로 구성되어 있다. 최상단 분할은 Years < 4.5를 만족하는 관측들을 왼쪽 가지에 할당한다.[1] 이 선수들의 예측 연봉은 Years < 4.5인 데이터 세트에서 선수들의 평균 반응값으로 주어진다. 이 선수들의 평균 로그 연봉이 5.107이므로 연봉은 $e^{5.107}$, 계산하면 $165,174로 예측한다. Years >= 4.5인 선수들은 오른쪽 가지에 할당되며 해당 집단은 안타 수(hits)에 따라 다시 더 작게 나뉜다. 종합하면 이 나무는 선수들을 예측변수 공간의 세 영역으로 층화, 즉 분할한다. 즉, 4년 이하의 기간을 뛴 선수들, 5년 이상 뛰면서 전년도에 118개 미만의 안타를 친 선수들, 5년 이상 뛰면서 전년도에 적어도 118개의 안타를 친 선수들이다. 이 세 영역은 $R_1 = \{X \mid \texttt{Years < 4.5}\}$, $R_2 = \{X \mid \texttt{Years >= 4.5, Hits < 117.5}\}$와 $R_3 = \{X \mid \texttt{Years >= 4.5, Hits >= 117.5}\}$로 나타낼 수 있다. [그림 8.2]는 years와 hits의 함수로 이들 영역을 나타낸다. 이 세 집단에 대한 예측 연봉은 각각 $\$1,000 \times e^{5.107} = \$165,174$, $\$1,000 \times e^{5.999} = \$402,834$, 그리고 $\$1,000 \times e^{6.740} = \$845,346$이다.

'나무'의 비유를 계속하면 R_1, R_2, R_3 영역은 말단 마디(terminal node) 또는 잎(leaf)이라고 한다. [그림 8.1]의 경우처럼 의사결정나무는 보통 거꾸로(upside down) 그려지는데, 그래서 잎이 나무의 바닥에 위치한다. 나무를 따라 예측변수 공간이 분할되는 지점들을 내부 마디(internal node)라고 한다. [그림 8.1]에서 두 내부 마디는 Years < 4.5와 Hits < 117.5라는 텍스트로 표시되어 있다. 마디들을 연결하는 나무의 선분을 가지(branch)라고 한다.

1 이 데이터에서 햇수(years)와 안타 수(hits)는 모두 정수이며, 이 나무를 적합하는 데 사용된 함수는 인접한 두 값 사이의 중간 지점에서 분할을 레이블링한다.

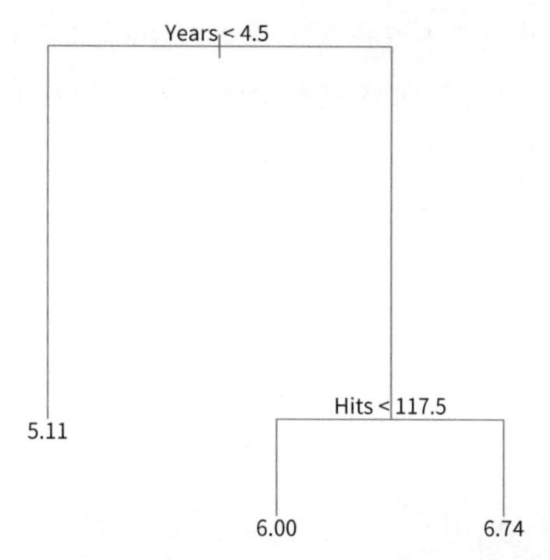

[그림 8.1] Hitters 데이터의 회귀나무로 메이저리그에서 뛴 햇수와 전년도 안타 수 기록을 바탕으로 야구 선수의 로그 연봉을 예측한다. 주어진 내부 마디에서 ($X_j < t_k$ 형태의) 레이블은 마디가 갈라지며 나온 왼쪽 가지를 가리키고 오른쪽 가지는 $X_j \geq t_k$에 해당한다. 예를 들어 나무 최상단에서 분할의 결과로 두 개의 큰 가지가 나온다. 왼쪽 가지는 Years < 4.5이고 오른쪽 가지는 Years >= 4.5이다. 이 나무는 두 개의 내부 마디와 세 개의 말단 마디, 즉 잎이 있다. 각각의 잎에 표시된 숫자는 거기에 속한 관측들에 대한 반응변수의 평균값이다.

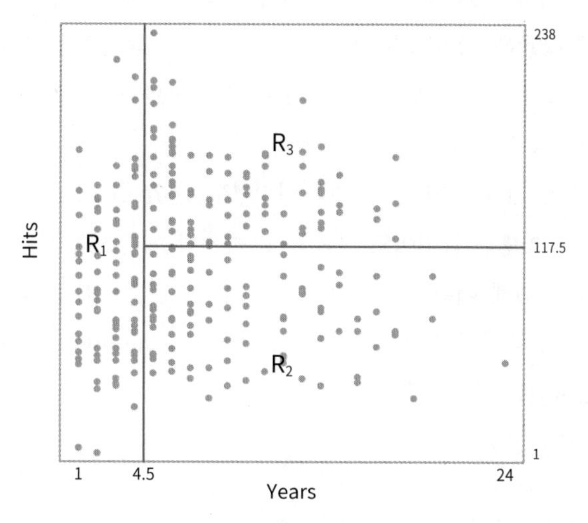

[그림 8.2] [그림 8.1]에 묘사된 회귀나무에서 Hitters 데이터 세트에 대한 세 영역 분할.

[그림 8.1]에 제시된 회귀나무는 다음과 같이 해석할 수 있다. 햇수(years)는 연봉(salary)을 결정하는 가장 중요한 요인으로 경험이 적은 선수들은 경험이 많은 선수보다 낮은 연봉을 받는다. 선수의 경험이 적다는 조건이 주어지면 전년도 안타 수는 그 선수의 연봉에 큰 역할을 하지 않는다. 그러나 메이저리그에서 5년 이상 뛴 선수들에게는 전년도에 친 안타 수가 연봉에 영향을 미치며 지난해에 더 많은

안타를 친 선수들은 더 높은 연봉을 받는 경향이 있다. [그림 8.1]에서 살펴본 회귀나무는 안타 수(hits), 햇수(years), 연봉(salary) 간의 참 관계를 과도하게 단순화한 것일 수 있다. 그러나 다른 유형의 회귀모형(예: 3장과 6장에서 본 모형들)보다 해석하기 쉬우며 멋진 그래프로 표현할 수 있다는 장점이 있다.

특징 공간 층화로 예측

이제 회귀나무를 구축하는 절차를 논의해 보자. 거칠게 말하면 다음 두 단계를 거친다고 할 수 있다.

1. 예측변수 공간, 즉 $X_1, X_2, ..., X_p$의 가능한 값의 집합을 J개의 명확하고 겹치지 않는 영역 $R_1, R_2, ..., R_J$로 나눈다.
2. R_j 영역에 속하는 모든 관측에 대해 동일한 예측을 하는데, 이때 예측은 단순히 R_j에 있는 훈련 관측들의 반응값 평균이다.

예를 들어 1단계에서 R_1과 R_2 두 영역을 구한다고 생각해 보자. 첫 번째 영역의 훈련 관측의 반응 평균은 10이고 두 번째 영역의 훈련 관측의 반응 평균은 20이라고 하자. 그러면 관측 $X = x$일 때 $x \in R_1$이면 10이라는 값을 예측하고 $x \in R_2$이면 20이라는 값을 예측할 것이다.

이제 1단계를 좀 더 자세히 살펴보자. 영역 $R_1, ..., R_J$를 어떻게 구성할까? 이론적으로 이 영역은 어떤 모양이어도 상관없다. 하지만 예측 모형의 결과를 단순화하고 쉽게 해석하기 위해 예측변수 공간을 고차원 직사각형 또는 상자(box)로 나눈다. 목표는 다음에 주어진 잔차제곱합(RSS, Residual Sum of Squares)을 최소화하는 상자 $R_1, ..., R_J$를 찾는 것이다.

$$\sum_{j=1}^{J} \sum_{i \in R_j} (y_i - \hat{y}_{R_j})^2 \tag{8.1}$$

여기서 $\hat{y}_{R_j}$은 j번째 상자에서 훈련 관측의 평균 반응이다. 안타깝게도 J개 상자로 모든 특징 공간을 분할(partition)[2]하는 것은 계산상 실현 불가능하다. 따라서 재귀적 이진 분할(recursive binary splitting)이라고 알려진 하향식(top-down), 탐욕적(greedy) 접근법을 취할 것이다. 이 접근법을 '하향식'이라고 하는 이유는 나무의

2 (옮긴이) 여기서 분할은 상자가 서로 겹치지 않고 상자를 모두 합치면 전체 특징 공간이 된다는 것을 뜻하는 용어다.

최상단(모든 관측이 단일 영역에 속해 있는 지점)에서 시작해 예측변수 공간을 연속적으로 분할하기 때문이다. 각각의 분할은 나무 아래로 뻗어 나가는 두 개의 새로운 가지로 표시된다. '탐욕적'이라고 하는 이유는 나무 구축 과정의 각 단계부터 미래 어떤 단계에서 더 좋은 나무가 될 분할을 내다보고 고르는 것이 아니라 바로 그 단계에서 '가장 좋은' 분할을 선택하기 때문이다.

먼저 예측변수 X_j와 절단점(cutpoint) s를 적절히 선택해 예측공간을 $\{X \mid X_j < s\}$와 $\{X \mid X_j \geq s\}$로 분할함으로써 RSS를 가능한 최대로 감소시켜야 한다($\{X \mid X_j < s\}$라는 표기는 **X_j가 s보다 작은 값을 가지는 예측변수 공간의 영역**을 의미한다). 즉, 모든 예측변수 $X_1, ..., X_p$와 각 예측변수에서 절단점의 모든 가능한 값 s를 고려한 다음, 결과로 나오는 나무의 RSS가 가장 작은 예측변수와 절단점을 선택한다. 좀 더 자세히 설명하면 어떤 j와 s에 대해 다음과 같이 한 쌍의 반평면(half-planes)을 정의할 수 있다.

$$R_1(j, s) = \{X|X_j < s\} \text{ and } R_2(j, s) = \{X|X_j \geq s\} \tag{8.2}$$

그리고 다음 방정식을 최소화하는 j와 s의 값을 찾는다.

$$\sum_{i:\, x_i \in R_1(j,s)} (y_i - \hat{y}_{R_1})^2 + \sum_{i:\, x_i \in R_2(j,s)} (y_i - \hat{y}_{R_2})^2 \tag{8.3}$$

여기서 $\hat{y}_{R_1}$은 $R_1(j, s)$에 있는 훈련 관측의 평균 반응이며 $\hat{y}_{R_2}$은 $R_2(j, s)$에 있는 훈련 관측의 평균 반응이다. 식 (8.3)을 최소화하는 j와 s의 값을 찾는 일은 특별히 특징 개수 p가 너무 많지 않다면 매우 빠르게 끝낼 수 있다.

다음으로 가장 좋은 예측변수와 가장 좋은 절단점을 찾아서 데이터를 더 분할해 각 결과 영역 내에서 RSS를 최소화한다. 하지만 이번에는 전체 예측변수 공간을 분할하는 대신 이전에 식별된 두 영역 중 하나를 분할한다. 이제 영역이 세 개다. 다시 이 세 영역 중 하나를 더 분할해 RSS를 최소화하려 한다. 이 과정은 정지 기준에 도달할 때까지 계속되는데, 예를 들어 어떤 영역도 5개 이상의 관측을 포함하지 않을 때까지 계속될 수 있다.

영역 $R_1, ..., R_J$가 한번 만들어지면 주어진 테스트 관측이 속한 영역에서 훈련 관측의 평균을 사용해 해당 테스트 관측의 반응변수 값을 예측한다.

이 접근법에 따른 다섯 개 영역의 예시가 [그림 8.3]에 제시되어 있다.

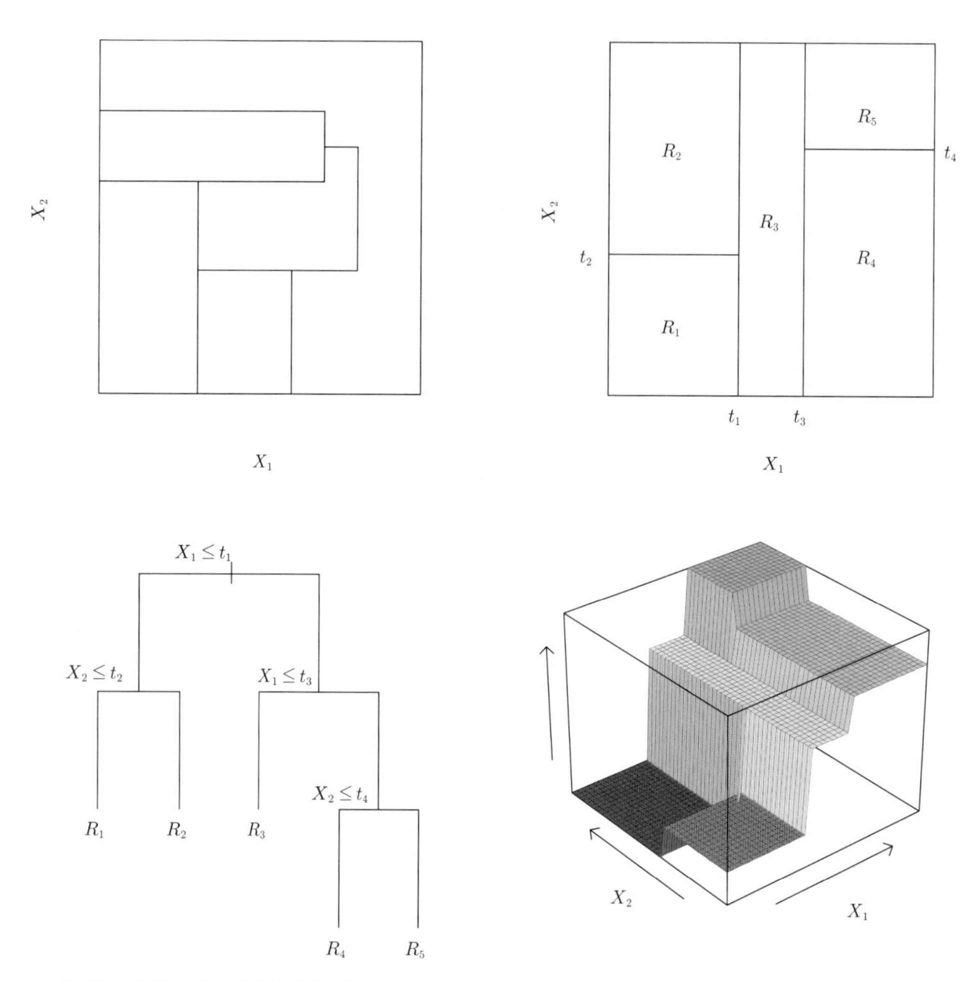

[그림 8.3] 왼쪽 상단: 재귀적 이진 분할로는 만들 수 없는 2차원 특징 공간의 분할. 오른쪽 상단: 2차원 예시에 대한 재귀적 이진 분할의 결과. 왼쪽 하단: 그림 오른쪽 상단 분할에 해당하는 나무. 오른쪽 하단: 그 나무에 대응하는 예측 표면의 투시도.

나무 가지치기

앞에서 설명한 절차는 훈련 데이터 세트에서는 예측 성능이 좋을 수 있으나 데이터에 과적합되어 테스트 데이터 세트에서는 성능이 저하될 가능성이 높다. 결과로 나오는 나무가 너무 복잡하기 때문이다. 분할이 더 적은(즉, 영역 $R_1, \ldots, R_J$가 더 적은) 나무는 편향을 약간 감수하면서도 분산을 낮추고 해석을 용이하게 할 수 있다는 점에서 편향-분산 트레이드오프의 좋은 예가 될 수 있다. 앞서 설명한 과정에 대한 한 가지 대안은 각각의 분할로 인한 RSS 감소가 어떤 (높은) 임곗값을 초과할 때만 나무를 구축하는 방법이다. 그런데 초기 나무에서 별 의미 없어 보이던 분할이 나중에 RSS를 크게 줄이는 매우 좋은 분할로 이어질 수 있기 때문에, 이 전략으로 더 작은 나무를 만드는 것이 때로는 너무 근시안적인 관점이 될 수도 있다.

따라서 좀 더 나은 전략은 매우 큰 나무 T_0을 성장시킨 다음 가지치기(prune)를 해서 부분 나무(subtree)로 만드는 전략이다. 나무를 가지치기하는 가장 좋은 방법을 어떻게 결정할까? 직관적으로 판단하면 목표에 따라 테스트 오류율을 최소화하는 부분 나무를 선택하면 된다. 주어진 부분 나무에 대해 교차검증 또는 검증 세트 접근법을 사용해 그 테스트 오류를 추정할 수 있다. 그러나 가능한 모든 부분 나무에 교차검증 오류를 추정하는 일은 그 수가 극도로 많기 때문에 너무 번거로운 작업이다. 대신 고려할 부분 나무의 작은 집합을 선택하는 방법이 필요하다.

비용복잡도 가지치기(cost complexity pruning) 또는 가장 약한 연결 가지치기(weakest link pruning)를 수행해 보자. 모든 가능한 부분 나무를 고려하는 대신 음이 아닌 조율모수(tuning parameter) α로 색인화된 일련의 나무들을 고려한다. α의 각 값에 대응하여

$$\sum_{m=1}^{|T|} \sum_{i:\ x_i \in R_m} (y_i - \hat{y}_{R_m})^2 + \alpha|T| \tag{8.4}$$

를 가장 작게 하는 부분 나무 $T \subset T_0$이 있다. 여기서 $|T|$는 나무 T의 말단 마디 수를 나타내며 R_m은 m번째 말단 마디에 대응하는 사각형(즉, 예측변수 공간의 부분집합)이고 $\hat{y}_{R_m}$은 R_m에 해당하는 예측된 반응, 즉 R_m에서 훈련 관측값의 평균이다. 조율모수 α는 부분 나무의 복잡성과 훈련 데이터에 대한 적합 사이에서 트레이드오프를 조절한다. $\alpha = 0$일 때 부분 나무 T는 단순히 T_0과 동일한데, 식 (8.4)가 훈련 오차만 측정하기 때문이다. 하지만 α가 증가함에 따라 말단 마디가 많은 나무를 유지하는 비용이 발생하기 때문에 비용복잡도 식 (8.4)는 더 작은 부분 나무에서 최소화되는 경향이 있다. 식 (8.4)는 선형모형의 복잡도를 조절하기 위해 유사한 식을 사용하는 6장의 라쏘(식 (6.7))를 연상하게 한다.

식 (8.4)에서 α를 0부터 증가시킴에 따라 가지들이 내포되면서 예측 가능한 방식으로 나무에서 제거된다는 것을 알 수 있다. 따라서 α 함수로 부분 나무의 전체 시퀀스를 쉽게 얻을 수 있다. 검증 세트를 사용하거나 교차검증으로 α 값을 선택할 수 있다. 그런 다음 전체 데이터 세트로 돌아가 α에 해당하는 부분 나무를 얻는다. 이 과정은 [알고리즘 8.1]에 요약되어 있다.

알고리즘 8.1 회귀나무 구축하기

1. 재귀적 이진 분할(recursive binary splitting)을 사용해 훈련 데이터에 큰 나무를 생성하되, 각 말단 마디의 관측 개수가 어떤 최솟값보다 적어질 때만 중단한다.
2. 비용복잡도 가지치기를 큰 나무에 적용해 α의 함수로서 가장 좋은 부분 나무의 시퀀스를 얻는다.
3. K-겹 교차검증을 사용해 α를 선택한다. 즉, 훈련 관측을 K개의 집단으로 나눈다. 각 $k=1,\ldots,K$에 대해서,
   (a) 훈련 데이터의 k번째 집단을 제외한 모든 집단에서 1단계와 2단계를 반복한다.
   (b) 제외된 k번째 집단에서 α의 함수로 평균제곱예측오차를 평가한다.
   α의 각 값에 대한 결과를 평균 내어 평균오차를 최소화하는 α를 선택한다.
4. 2단계에서 선택한 α 값에 해당하는 부분 나무를 반환한다.

[그림 8.4]와 [그림 8.5]는 9개의 특징을 사용해 `Hitters` 데이터에 회귀나무를 적합하고 가지치기한 결과를 보여 준다. 먼저 데이터 세트를 무작위로 반으로 나누어 훈련 세트에서 132개, 테스트 세트에서 131개의 관측 결과를 얻었다. 그런 다음 훈련 데이터에 큰 회귀나무를 구축하고 식 (8.4)에서 α를 변화시켜 말단 마디의 수가 다른 하위 나무들을 생성했다. 마지막으로 α의 함수로서 나무들의 교차검증 MSE를 추정하기 위해 6-겹 교차검증을 수행했다(132가 정확히 6의 배수이기 때문에 6-겹 교차검증을 선택했다). 가지치기가 되지 않은 회귀나무는 [그림 8.4]에 나와 있다. [그림 8.5]의 초록색 곡선은 나뭇잎 개수의 함수로서 CV 오차를 나타내며,[3] 주황색 곡선은 테스트 오차를 나타낸다. 또한 추정된 오차 주변에 표준오차 막대가 표시된다. 참고로 훈련 오차 곡선은 검정색으로 나타낸다. CV 오차는 테스트 오차의 합리적인 근사치이다. 즉, CV 오차는 3-마디 나무에서 최솟값을 취하고 테스트 오차도 3-마디 나무에서 감소한다(비록 10-마디 나무에서 최젓값을 취하지만). 세 개의 말단 마디를 포함해 가지치기된 나무를 [그림 8.1]에서 확인할 수 있다.

3 CV 오차는 α의 함수로 계산되지만 결과는 나뭇잎의 수인 $|T|$의 함수로 표시하는 것이 편리하다. 이는 (나뭇잎의 수인 $|T|$의 함수로 표시하는 것은) 모든 훈련 데이터까지 성장한 원본 나무에서 α와 $|T|$ 사이의 관계에 기반한 것이다.

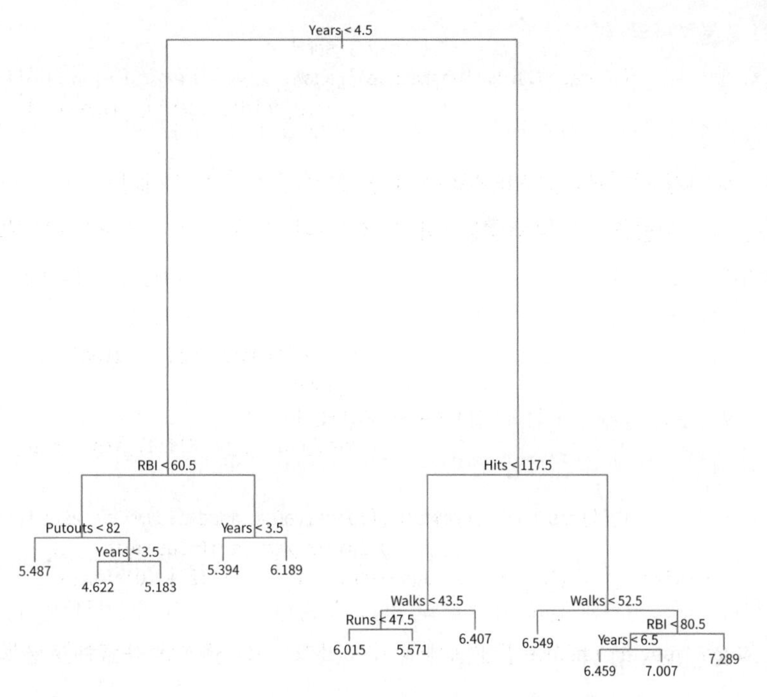

[그림 8.4] Hitters 데이터에 대한 회귀나무 분석. 훈련 데이터에 하향식 탐욕 분할을 한 결과 가지치기되지 않은 나무가 표시됐다.

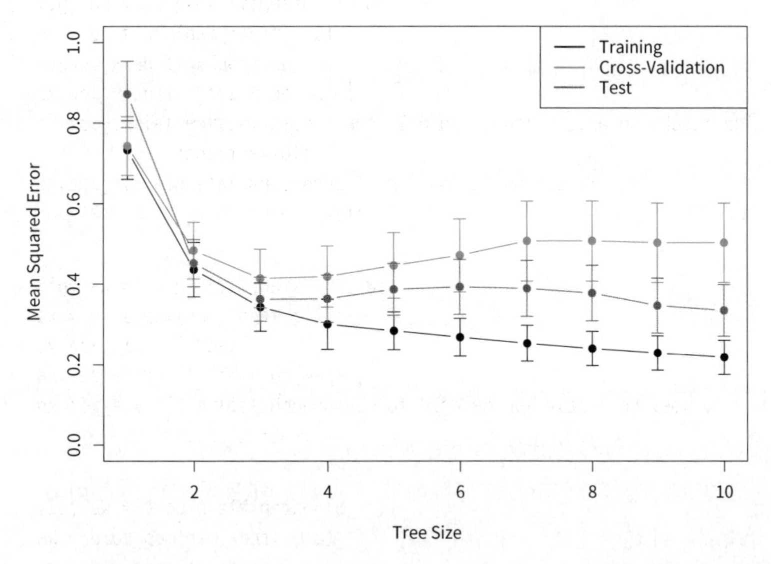

[그림 8.5] Hitters 데이터에 대한 회귀나무 분석. 훈련(training), 교차검증(cross-validation) 및 테스트(Test) MSE는 가지치기된 나무의 말단 마디 수에 대한 함수로 표시된다. 나무가 3개일 때 발생하는 최소 교차검증 오차(minimum cross-validation error)는 표준오차의 범위로 확인할 수 있다.

8.1.2 분류나무

분류나무(classification tree)는 회귀나무와 매우 유사하지만 양적 반응이 아닌 질적 반응을 예측하는 데 사용한다는 점에서 차이가 있다. 회귀나무의 경우 관측에 대한 예측 반응은 동일한 말단 마디에 속하는 훈련 관측의 평균 반응에 의해 주어진다는 점을 기억하자. 이와 대조적으로 분류나무에서는 각각의 관측 대상이 자신이 속한 영역의 훈련 관측 결과 중 **가장 흔히 발생하는 부류**에 속한다고 예측한다. 분류나무의 결과를 해석할 때는 특정 말단 마디 영역에 해당하는 부류 예측뿐만 아니라, 그 영역에 속하는 훈련 관측 결과 사이의 '부류 비율'에도 보통 관심이 있다.

분류나무를 성장시키는 작업은 회귀나무를 성장시키는 작업과 매우 유사하다. 회귀 설정처럼 재귀적 이진 분할(recursive binary splitting)을 사용해 분류나무를 성장시킨다. 그러나 분류 설정에서는 RSS를 이진 분할을 결정하는 기준으로 사용할 수 없다. RSS의 자연스러운 대안으로 분류 오류율(classification error rate)을 사용한다. 특정 영역의 관측 대상을 그 영역 내 훈련 관측 결과 중 '가장 흔히 발생하는 부류'에 할당할 계획이기 때문에, 분류 오류율은 단순히 그 영역 내의 훈련 관측 결과 중 가장 흔한 부류에 속하지 않는 비율로 정의된다.

$$E = 1 - \max_k(\hat{p}_{mk}) \tag{8.5}$$

$\hat{p}_{mk}$은 m번째 영역의 훈련 관측 중 k번째 부류에서 나온 비율을 나타낸다. 그러나 분류 오류는 나무가 성장하는 데 충분히 민감하게 반응하지 않기 때문에 실제로는 다른 두 방법이 더 바람직하다고 알려져 있다.

지니 지수(Gini index)는 다음과 같이 정의되며 K 부류에 걸친 총분산의 측도다.

$$G = \sum_{k=1}^{K} \hat{p}_{mk}(1 - \hat{p}_{mk}) \tag{8.6}$$

모든 $\hat{p}_{mk}$이 0 또는 1에 가까우면 지니 지수가 작은 값을 가지는 것은 어렵지 않게 이해할 수 있다. 이런 이유로 지니 지수를 마디 순도(purity)의 측도라고 하는데, 값이 작으면 대부분 한 마디에 한 부류에서 나온 관측이 들어 있다는 뜻이다.

지니 지수의 대안으로 제시되는 것이 엔트로피(entropy)로 식은 다음과 같다.

$$D = -\sum_{k=1}^{K} \hat{p}_{mk} \log \hat{p}_{mk} \tag{8.7}$$

$0 \leq \hat{p}_{mk} \leq 1$임을 고려할 때 $0 \leq -\hat{p}_{mk} \log \hat{p}_{mk}$임을 알 수 있다. $\hat{p}_{mk}$이 모두 0에 가깝거나 1에 가까우면 엔트로피는 0에 가까운 값이 된다. 따라서 지니 지수와 마찬가지로 m번째 마디의 순도가 높으면 엔트로피 또한 값이 작다. 실제로 지니 지수와 엔트로피는 수치 면에서 상당히 유사하다.

분류나무를 구축할 때 보통 지니 지수 또는 엔트로피는 특정 분할의 품질을 평가하는 데 사용된다. 이 두 방법이 분류 오류율보다 마디 순도에 더 민감하기 때문이다. 나무를 '가지치기'할 때 이 세 가지 방법 중 어느 것이든 사용할 수 있으나, 최종 가지치기된 나무의 예측 정확도가 목표라면 분류 오류율이 더 좋다. [그림 8.6]은 Heart 데이터 세트의 예시다. 이 데이터는 가슴 통증을 호소한 환자 303명의 이진 결과 HD를 포함하고 있다. Yes 결괏값은 혈관 조영 검사를 바탕으로 한 심장 질환의

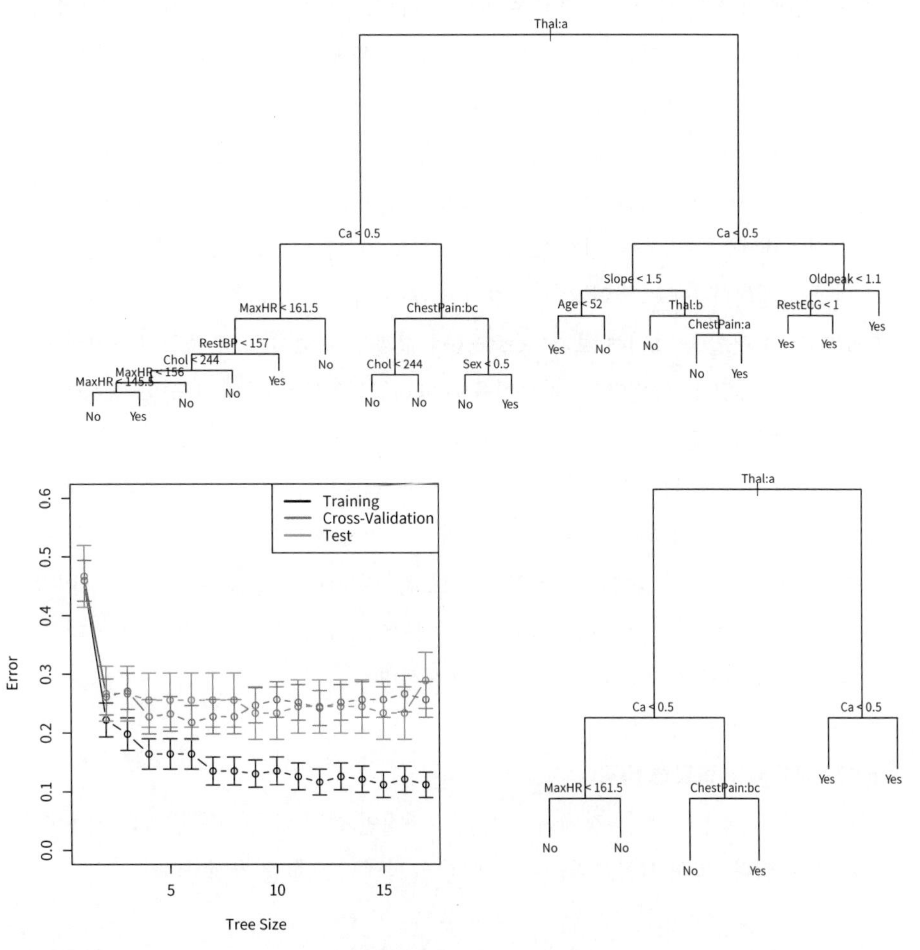

[그림 8.6] Heart 데이터. 상단: 가지치기를 하지 않은 나무. 왼쪽 하단: 가지치기된 나무의 다양한 크기에 대한 교차검증 오류, 훈련과 테스트 오류. 오른쪽 하단: 최소 교차검증 오류에 해당하는 가지치기된 나무

존재를 나타내며, No는 심장 질환이 없음을 의미한다. Age, Sex, Chol(콜레스테롤 측정값)을 포함한 13개의 예측변수가 있으며 기타 심장 및 폐 기능 측정값도 포함된다. 교차검증의 결과는 6개의 말단 마디가 있는 나무로 이루어져 있다.

지금까지 논의에서 예측변수는 연속적인 값을 갖는다고 가정했다. 그러나 질적 예측변수에도 의사결정나무를 구축할 수 있다. 예를 들어 Heart 데이터에서 Sex, Thal(탈륨 스트레스 검사, Thallium stress test), ChestPain 같은 일부 예측변수는 질적이다. 따라서 이 변수들 중 하나를 분할하는 것은 일부 질적 값을 한쪽 가지에, 나머지 값을 다른 가지에 할당하는 것에 해당한다. [그림 8.6]에서 몇몇 내부 마디는 질적 변수를 분할하는 것에 해당한다. 예를 들어 최상단 내부 마디는 Thal 분할에 해당한다. 텍스트 Thal:a는 해당 마디에서 나온 왼쪽 가지가 Thal 변수의 첫 번째 값(정상)이 있는 관측이고 오른쪽 마디는 나머지 관측들(고정된 손상 또는 가역적 손상)로 구성되어 있음을 나타낸다. 나무의 왼쪽에서 두 번째 아래 분할 텍스트 ChestPain:bc는 이 마디에서 나오는 왼쪽 가지가 ChestPain 변수의 두 번째와 세 번째 값을 가지는 관측으로 구성됨을 표시한다. 이 변수의 가능한 값은 정형협심증(typical angina), 부정형협심증(atypical angina), 비협심증 흉통, 무증상이다.

[그림 8.6]에는 놀라운 특성이 있다. 일부 분할은 '예측값이 동일한' 두 개의 말단 마디를 생성한다. 예를 들어 가지치기되지 않은 나무의 오른쪽 하단 근처에 있는 RestECG < 1 분할을 고려해 보자. RestECG의 값과 상관없이 그 관측들에서 반응값이 Yes로 예측된다. 그렇다면 왜 분할을 수행하는가? 분할은 '마디 순도'를 증가시키기 때문에 수행된다. 즉, 오른쪽 잎에 해당하는 9개의 관측 모두 반응값이 Yes인데 비해 왼쪽 잎에 해당하는 관측은 7/11의 반응값이 Yes이다. 마디 순도가 왜 중요할까? 오른쪽 잎에 속하는 테스트 관측이 있다면 반응값이 Yes라고 꽤 확신할 수 있다. 반면 왼쪽 잎에 속하는 영역의 테스트 관측이라면 반응값은 아마도 Yes이겠지만 확신은 훨씬 낮다. RestECG < 1 분할이 분류 오류를 줄이지는 않지만 마디 순도에 더 민감한 지니 지수와 엔트로피를 개선한다.

8.1.3 나무와 선형모형 비교

회귀와 분류나무는 3장과 4장에서 소개된 고전적인 회귀 및 분류 방법과는 매우 다른 특징이 있다. 특히 선형회귀는 다음과 같은 형태의 모형을 가정한다.

$$f(X) = \beta_0 + \sum_{j=1}^{p} X_j \beta_j \tag{8.8}$$

반면 회귀나무는 다음과 같은 형태의 모형을 가정한다.

$$f(X) = \sum_{m=1}^{M} c_m \cdot 1_{(X \in R_m)} \tag{8.9}$$

여기서 $R_1, ..., R_M$은 [그림 8.3]과 같이 특징 공간의 분할을 나타낸다.

어떤 모형이 더 낫다고 할 수 있을까? 이는 당면한 문제가 무엇이냐에 달려 있다. 만약 특징과 반응변수 사이의 관계를 식 (8.8)처럼 선형모형으로 잘 근사할 수 있다면 선형회귀와 같은 접근법이 잘 작동할 것이며, 선형 구조를 활용하지 않는 회귀나무와 같은 방법보다 더 우수한 성능을 보일 가능성이 높다. 반면에 특징과 반응 사이의 관계가 모형 (8.9)가 나타내는 것처럼 고도로 비선형적이고 복잡하다면 의사결정나무가 고전적인 접근법보다 더 우수한 성능을 낼 수 있다. 이 예시는 [그림 8.7]에 나와 있다. 나무-기반 접근법과 전통적인 접근법의 상대적인 성능은 교차검증이나 검증 세트 접근법(5장)으로 테스트 오류를 추정해 평가할 수 있다.

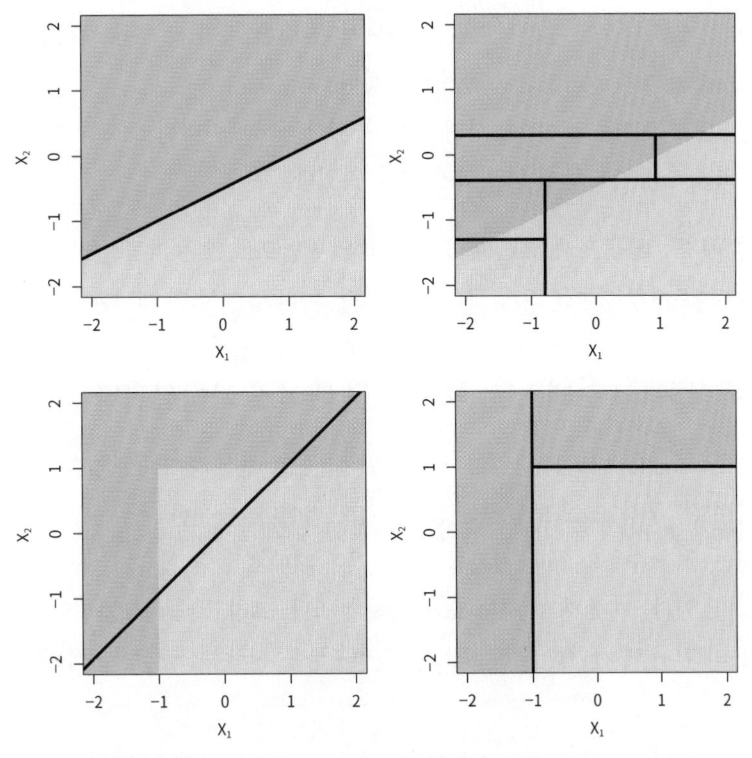

[그림 8.7] 상단 행: 참 의사결정경계가 선형인 분류 예제. 색이 있는 음영으로 영역을 구분해 표시했다. (왼쪽의) 선형 경계를 가정하는 고전적 접근법은 (오른쪽의) 축에 평행한 분할을 수행하는 의사결정나무보다 우수하다. 하단 행: 이 경우 참 의사결정경계가 비선형이다. (왼쪽의) 선형모형은 참 의사결정경계를 포착할 수 없는 반면 (오른쪽의) 의사결정나무는 성공적이다.

물론 통계적 학습 방법을 선택하는 과정에서 테스트 오류 외에도 다른 고려 사항이 중요할 수 있다. 예를 들어 특정 상황에서는 해석 가능성과 시각화를 위해 나무를 사용한 예측을 선호할 수 있다.

8.1.4 나무의 장점과 단점

회귀 및 분류를 위한 의사결정나무는 3장과 4장에서 본 고전적인 접근법에 비해 여러 가지 장점이 더 있다.

▲ 나무는 사람들에게 설명하기 쉽다. 실제로 선형회귀보다 설명하기 더 쉽다.
▲ 어떤 사람들은 의사결정나무가 이전 장에서 본 회귀 및 분류 접근법보다 인간의 의사결정 과정을 더 잘 반영한다고 믿는다.
▲ 나무는 그래픽으로 나타낼 수 있으며 전문가가 아니어도 쉽게 해석할 수 있다(특히 작을 때는 더 그렇다).
▲ 나무는 가변수를 생성할 필요 없이 질적 예측변수를 쉽게 처리할 수 있다.
▼ 안타깝게도 나무는 일반적으로 이 책에서 본 다른 회귀 및 분류 접근법들과 같은 수준의 예측 정확도를 제공하지 못한다.
▼ 또한 나무는 매우 로버스트하지 않을 수 있다. 즉, 데이터의 소소한 변경만으로도 최종 추정된 나무에 큰 변화가 생길 수 있다.

하지만 '배깅', '랜덤 포레스트', '부스팅'과 같은 방법으로 많은 의사결정나무를 결합하면 나무의 예측 성능을 크게 개선할 수 있다. 다음 절에서 이 개념들을 소개한다.

8.2 배깅, 랜덤 포레스트, 부스팅 및 베이즈 가법회귀나무

앙상블(ensemble) 방법은 단일하면서도 잠재적으로 매우 강력한 모형을 얻기 위해 많은 단순한 '구성 요소' 모형을 결합하는 접근법이다. 단순한 구성 요소 모형들은 혼자서는 중간 수준의 예측 결과를 낼 수 있어 때때로 약한 학습자(weak learner)로 알려져 있다. 이제 배깅, 랜덤 포레스트, 부스팅, 그리고 베이즈 가법회귀나무에 대해 논의한다. 이 간단한 구성 요소로 회귀나 분류나무에서 앙상블 방법을 수행할 수 있다.

8.2.1 배깅

5장에서 소개한 부트스트랩(bootstrap)은 매우 강력한 개념이다. 관심이 있는 수량의 표준편차를 직접 계산하기 어렵거나 심지어 불가능한 많은 상황에서 사용된다. 여기서 부트스트랩은 의사결정나무와 같은 통계적 학습 방법을 향상하기 위해 완전히 다른 맥락에서 사용할 수 있음을 알게 된다.

8.1절에서 논의한 의사결정나무에는 '분산이 크다'는 문제가 있다. 따라서 훈련 데이터를 무작위로 두 부분으로 나누고 각각의 절반에 의사결정나무를 적용했을 때 얻는 결과가 상당히 다를 수 있다. 반면 '분산이 낮은' 절차는 서로 다른 데이터 세트에 여러 번 반복 적용해도 유사한 결과를 도출한다. 선형회귀는 n 대 p의 비율이 적당히 크면 분산이 낮은 경향이 있기 때문이다. 부트스트랩 집계(bootstrap aggregation) 또는 배깅은 통계적 학습 방법에서 분산을 줄이는 일반적인 절차로, 의사결정나무에서 특별히 유용하게 사용되므로 여기서 소개한다.

n개의 서로 독립인 관측값 $Z_1, ..., Z_n$의 집합이 주어졌을 때 각각의 분산이 σ^2이라고 하면, 관측값의 평균 $\bar{Z}$의 분산은 σ^2/n으로 주어졌던 것을 떠올려 보자. 즉, 관측값 집합의 평균을 구하면 분산은 줄어든다. 따라서 통계적 학습 방법으로 분산을 줄이고 테스트 세트 정확도를 높이는 자연스러운 방법은 모집단에서 여러 훈련 세트를 취해 훈련 세트마다 별도의 예측 모형을 구축하고 그 결과 예측들의 평균을 내는 것이다. 다시 말해 B개의 별도 훈련 세트를 사용해 $\hat{f}^1(x), \hat{f}^2(x), ..., \hat{f}^B(x)$를 계산하고 이들을 평균해 하나의 저분산 통계적 학습 모형을 얻을 수 있다.

$$\hat{f}_{\text{avg}}(x) = \frac{1}{B}\sum_{b=1}^{B}\hat{f}^b(x)$$

물론 일반적으로 여러 훈련 세트에 접근할 수 없기 때문에 이 방법은 현실적이지 않다. 대신 반복적으로 (단일) 훈련 데이터 세트에서 표본을 추출하는 부트스트랩 방법을 사용할 수 있다. 이 접근법에서는 B개의 다른 부트스트랩된 훈련 데이터 세트를 생성한다. 그런 다음 b번째 부트스트랩된 훈련 세트에서 방법을 훈련해 $\hat{f}^{*b}(x)$를 얻고 마지막으로 모든 예측값의 평균을 내어 다음을 얻는다.

$$\hat{f}_{\text{bag}}(x) = \frac{1}{B}\sum_{b=1}^{B}\hat{f}^{*b}(x)$$

이를 배깅이라고 한다.

배깅은 많은 회귀 방법에서 예측을 개선하는 데 사용할 수 있으나 의사결정나무에 특히 유용하다. 회귀나무에 배깅을 적용하려면 B개의 부트스트랩된 훈련 세트를 사용해 B개의 회귀나무를 구축하고 결과 예측의 평균을 내면 된다. 이 나무들은 깊게 자라며 가지치기되지 않는다. 따라서 각각의 개별 나무는 분산이 높지만 편향은 낮다. 이 B개 나무의 평균을 내면 분산이 감소한다. 배깅은 수백 혹은 수천 개의 나무를 하나의 절차로 결합해 정확도를 인상적으로 향상한다는 것이 입증됐다.

지금까지는 회귀 맥락에서 양적 결과 Y를 예측하기 위한 배깅 절차를 설명해 왔다. 그렇다면 Y가 질적인 분류 문제에서 배깅을 어떻게 확장할 수 있을까? 이 상황에서 몇 가지 접근법이 있지만 가장 단순한 방법은 다음과 같다. 주어진 테스트 관측에 대해 B개의 나무 각각에서 예측한 부류를 기록한 다음 다수결(majority vote)로 가장 많이 나타난 부류를 전체 예측으로 취하는 방법이 있다.

Heart 데이터에 나무를 배깅한 결과는 [그림 8.8]에서 볼 수 있다. 테스트 오류율은 부트스트랩된 훈련 데이터 세트를 사용해 구성된 나무의 수인 B의 함수로 나타낸다. 이 경우 배깅으로 인해 테스트 오류율이 단일 나무에서 얻은 테스트 오류율보다 다소 낮은 것을 확인할 수 있다. 나무의 수 B는 배깅에서 결정적인 특징이 아

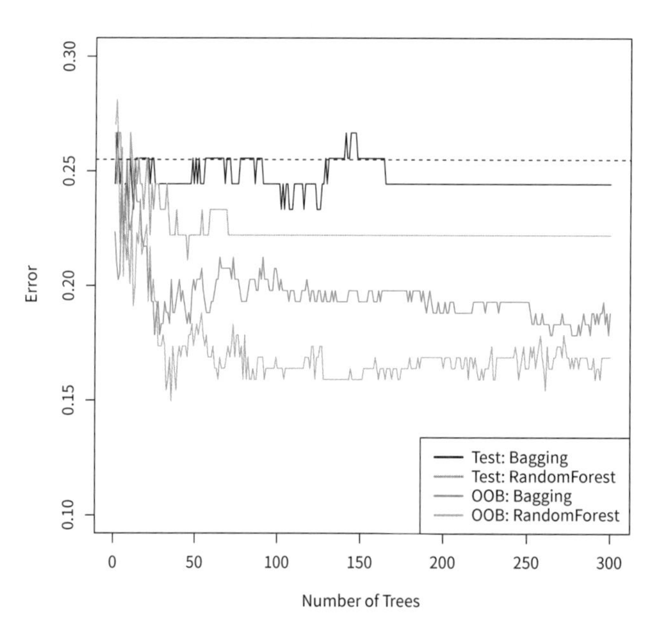

[그림 8.8] Heart 데이터에 배깅 및 랜덤 포레스트를 적용한 결과를 살펴보자. 테스트 오류(검은색과 주황색)는 부트스트랩된 훈련 세트의 수인 B의 함수로 나타낸다. 랜덤 포레스트는 $m = \sqrt{p}$를 사용해 적용됐다. 파선은 단일 분류나무의 테스트 오류를 나타낸다. 초록색과 파란색 선은 OOB(out-of-bag) 오류를 보여 주는데, 이 경우에는 우연하게도 상당히 낮다.

니며 매우 큰 B 값을 사용해도 과적합을 초래하지 않는다. 실제로 오류가 안정될 정도로 충분히 큰 B 값을 사용한다. 이 예제에서는 $B = 100$으로도 좋은 성능을 내기에 충분하다고 할 수 있다.

OOB 오류 추정

교차검증이나 테스트 세트와 같은 접근법 없이도 배깅 모형(bagged model)에는 테스트 오류를 추정할 수 있는 매우 직관적인 방법이 있다. 배깅의 핵심은 나무를 관측의 부트스트랩 부분집합에 반복적으로 적합하는 것이다. 평균적으로 각각의 배깅 나무(bagged tree)는 관측의 약 3분의 2를 활용한다.[4] 주어진 배깅 나무에 적합되지 않은 나머지 3분의 1의 관측을 비포함(OOB, out-of-bag) 관측이라고 한다. i번째 관측의 반응을 예측하기 위해 해당 관측이 OOB인 나무들을 이용할 수 있다. 이렇게 하면 i번째 관측에 대해 대략 $B/3$개의 예측을 생성할 수 있다. i번째 관측에서 단일한 예측을 하기 위해 이 예측된 반응들을 (회귀의 경우) 평균을 내거나 또는 (분류의 경우) 다수결을 취할 수 있다. 이렇게 하면 i번째 관측에서 단일 OOB 예측이 이루어진다. 이 방식으로 n개의 관측 각각에서 OOB 예측을 얻을 수 있으며, 이로써 (회귀 문제의 경우) 전체 OOB MSE 또는 (분류 문제의 경우) 분류 오류를 계산할 수 있다. 결과로 나오는 OOB 오차는 배깅 모형에 대한 테스트 오차의 유효한 추정값인데, 각 관측에 대한 반응을 예측할 때 해당 관측을 사용하지 않고 적합한 나무만 사용하기 때문이다. [그림 8.8]은 `Heart` 데이터에 대한 OOB 오차를 나타낸다. B가 충분히 크다면 OOB 오차는 LOOCV(하나 빼고 교차검증) 오차와 거의 동일하다. 테스트 오류를 추정하기 위한 OOB 접근법은 교차검증 계산이 복잡한 대규모 데이터 세트에서 배깅을 수행할 때 특히 편리하다.

변수 중요성 측도

앞서 논의했듯이 배깅은 일반적으로 나무 하나를 사용한 예측보다 정확도가 향상된다. 그러나 유감스럽게도 결과 모형의 해석은 더 어려울 수 있다. 의사결정나무의 장점 중 하나가 [그림 8.1]처럼 매력적이고 쉽게 해석할 수 있는 다이어그램이라는 점을 떠올려 보자. 그러나 많은 수의 나무를 배깅할 경우 결과로 얻은 통계적 학습 절차를 더 이상 나무 하나로 나타낼 수 없으며 어떤 변수가 이 절차에서 가장 중

4 이 내용은 5장 연습문제 2와 연관되어 있다.

요한지도 명확하지 않게 된다. 따라서 배깅은 해석 가능성을 희생하면서 예측 정확도를 개선한다.

배깅된 나무들은 하나의 나무보다 해석하기 어려우나 RSS(회귀나무를 배깅하는 경우) 또는 지니 지수(분류나무를 배깅하는 경우)를 사용해 각 예측변수의 중요성에 대한 전반적인 요약을 얻을 수 있다. 회귀나무 배깅의 경우 주어진 예측변수에 대한 분할에 의해 RSS(식 (8.1))가 감소한 총량을 기록하고 B개 나무 모두에 대해 평균을 낼 수 있다. 감소하는 값이 크다면 중요한 예측변수임을 나타낸다. 마찬가지로 분류나무 배깅의 경우에도 주어진 예측변수에 대한 분할로 지니 지수(식 (8.6))가 감소한 총량을 더하고 B개 나무 모두에 대해 평균을 낼 수 있다.

`Heart` 데이터에서 변수 중요도(variable importance)의 그래프 표현은 [그림 8.9]에서 볼 수 있다. 가장 큰 평균 감소를 기준으로 각 변수에 대한 지니 지수의 평균 감소를 볼 수 있다. 지니 지수에서 평균 감소가 가장 큰 변수는 `Thal`, `Ca`, `ChestPain`이다.

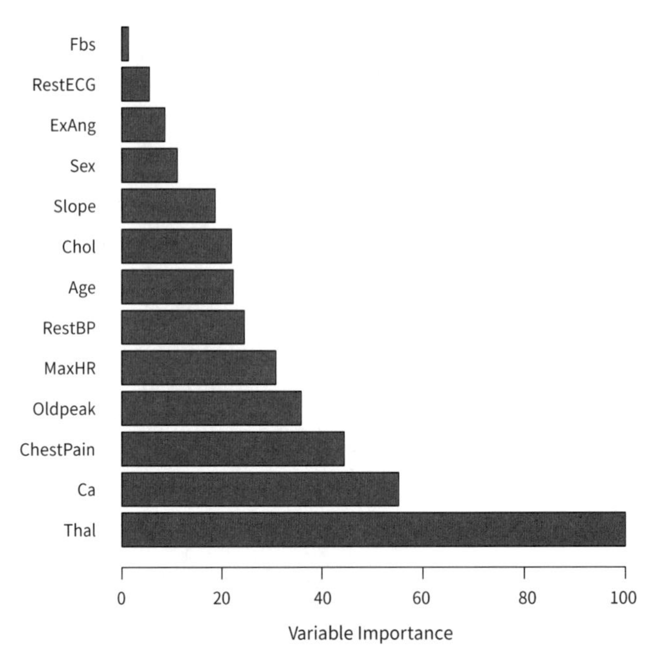

[그림 8.9] Heart 데이터에서 변수 중요도 그림. 변수 중요도는 지니 지수의 평균 감소로 계산되며 최댓값을 기준으로 표시된다.

8.2.2 랜덤 포레스트

랜덤 포레스트(Random forests)는 나무 간의 '상관관계를 제거하는' 작은 조정 방법으로, 배깅 나무보다 더 좋은 성능을 낸다. 배깅과 같이 부트스트랩된 훈련 표본들에 다수의 의사결정나무를 구축한다. 그러나 이 의사결정나무들을 구축할 때 나무에서 분할이 고려될 때마다 전체 p개의 예측변수 중에서 'm 예측변수의 랜덤 표본'이 분할 후보로 선택된다. 분할은 이러한 m개의 예측변수 중 하나만을 사용할 수 있다. 분할할 때마다 새로운 m개의 예측변수 표본을 취하는데, 일반적으로 $m \approx \sqrt{p}$를 선택한다. 즉, 각 분할에서 고려되는 예측변수의 수는 대략 총 예측변수 수의 제곱근에 해당한다(Heart 데이터의 경우 13개 중 4개).

즉, 랜덤 포레스트를 구축할 때 나무의 각 분할에서 알고리즘은 사용 가능한 예측변수 대다수를 '고려'할 수조차 없다. 헛소리처럼 들리겠지만 근거가 있다. 데이터 세트에 아주 강력한 예측변수가 하나 있고 그 외에도 여러 개 중간 정도의 강력한 예측변수가 있다고 가정해 보자. 그러면 배깅된 나무의 모음에서 대부분 또는 모든 나무들이 최상위 분할에서 이 강력한 예측변수를 사용할 것이다. 결과적으로 배깅된 나무는 모두 서로 매우 유사해 보인다. 따라서 배깅된 나무의 예측은 상관관계가 매우 높다. 불행히도 다수의 고상관 수량을 평균한다고 해서 다수의 무상관 수량을 평균하는 것만큼 분산을 크게 줄이지 못한다. 특히 이 설정에서 배깅은 단일 나무에 비해 분산을 크게 줄이지 못할 것이다.

랜덤 포레스트는 각각의 분할에서 예측변수의 일부만 고려하도록 강제해 이 문제를 해결한다. 따라서 평균적으로 $(p - m)/p$ 비율의 분할은 강력한 예측변수를 고려하지 않게 되므로 다른 예측변수들이 더 많은 기회를 가질 수 있다. 이 과정을 나무 사이의 상관관계를 줄이는 것으로 생각할 수 있으며 이로 인해 결과로 나온 나무들의 평균은 분산이 더 적으므로 그 결과를 더 신뢰할 수 있다.

배깅과 랜덤 포레스트 사이의 주된 차이는 예측변수 부분집합의 크기 m을 선택하는 것이다. 예를 들어 $m = p$로 랜덤 포레스트를 구축하면 이는 사실상 배깅과 같다. Heart 데이터에서 랜덤 포레스트를 사용할 때 $m = \sqrt{p}$로 설정하면 배깅보다 테스트 오류와 OOB 오류가 모두 감소하는 것을 확인할 수 있다([그림 8.8] 참고).

랜덤 포레스트를 구축하는 데 값이 작은 m을 사용하면 상관관계가 있는 예측변수가 많을 때 특히 도움이 된다. 349명의 환자 조직 표본에서 측정된 4,718개 유전자의 발현 측정값을 포함하는 고차원 생물학적 데이터 세트에 랜덤 포레스트를 적용했다. 인간에게는 약 20,000개의 유전자가 있으며 각각의 유전자는 특정 세포, 조직 및 생물학적 상황에서 다른 활동 수준 또는 발현을 보인다. 이 데이터 세트에서 각 환자 표본은 정상 또는 14가지 다른 암 유형 중 하나가 있는 15개의 서로 다른 수준에 질적 레이블로 표현되어 있다. 훈련 세트에서 분산이 가장 큰 500개의 유전자를 기반으로 랜덤 포레스트를 사용해 암 유형을 예측하는 것이 목표다. 관측을 무작위로 훈련 세트와 테스트 세트로 나누고 분할 변수의 수인 m의 값을 세 가지로 다르게 해 훈련 세트에 랜덤 포레스트를 적용했다. 결과는 [그림 8.10]에서 참고할 수 있다. 단일 나무의 오류율은 45.7%, 영 비율(null rate)은 75.4%이다.[5] 400개의 나무를 사용하는 것으로 충분한 성능을 얻을 수 있으며 이 예에서 $m = \sqrt{p}$ 선택은 배깅($m = p$)에 비해 테스트 오류를 소폭 개선했다. 배깅과 마찬가지로 랜덤 포레스트는 B를 증가시켜도 과적합하지 않으므로 실제로는 오류율이 안정될 때까지 충분히 큰 B 값을 사용한다.

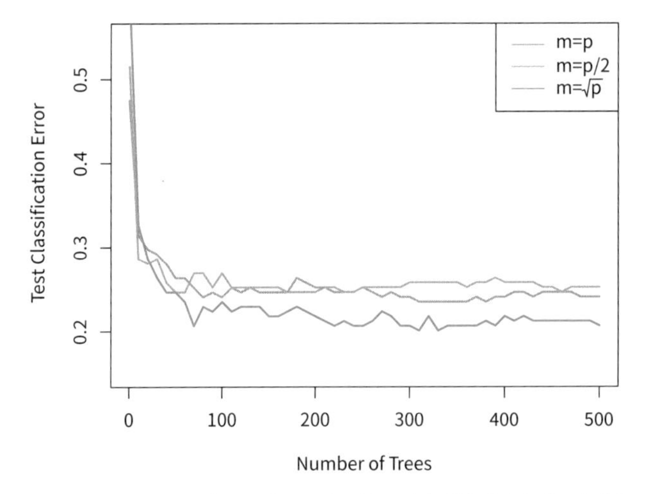

[그림 8.10] $p = 500$개의 예측변수를 포함하고 있는 15개 부류 유전자 발현 데이터 세트의 랜덤 포레스트 결과. 테스트 오류는 나무 수의 함수로 나타낸다. 색깔 있는 선은 각각의 내부 나무 마디에서 분할에 사용 가능한 예측변수의 수인 m이 다른 값이다. 랜덤 포레스트($m < p$)는 배깅($m = p$)보다 약간의 개선을 보인다. 단일 분류나무의 오류율은 45.7%이다.

5 영 비율(null rate)은 각각의 관측을 전반적으로 우세한 부류(이 경우 정상 부류)로 단순 분류하기 때문에 발생한다.

8.2.3 부스팅

이제 의사결정나무에서 나오는 예측을 개선하는 또 다른 방법인 부스팅(boosting)을 논의한다. 배깅처럼 부스팅은 회귀나 분류를 위한 다양한 통계적 학습 방법에 적용될 수 있는 일반적인 접근법이다. 여기서는 부스팅에 대한 논의를 의사결정나무 맥락으로 제한한다.

배깅에서는 부트스트랩을 사용해 원본 훈련 데이터 세트의 여러 복사본을 만들고 복사본마다 별도의 의사결정나무를 적용한 다음, 이 모든 나무를 결합하는 단일 예측 모형을 생성하는 절차가 포함된다는 점을 떠올려 보자. 특히 각각의 나무는 부트스트랩 데이터 세트 위에 독립적으로 구축된다. 부스팅은 유사한 방식으로 작동하지만 나무가 '순차적으로' 성장한다는 점에서 차이가 있다. 각각의 나무는 이전에 성장한 나무의 정보를 사용해 성장한다. 부스팅은 부트스트랩 표집을 포함하지 않으며 대신 각각의 나무는 원본 데이터 세트의 수정된 버전에 적합한다.

회귀 설정을 먼저 고려해 보자. 배깅과 마찬가지로 부스팅은 많은 수의 의사결정나무, $\hat{f}^1, \ldots, \hat{f}^B$을 결합하는 과정을 포함한다. 부스팅은 [알고리즘 8.2]에서 설명된다.

알고리즘 8.2 회귀나무를 위한 부스팅

1. 모든 훈련 세트를 $\hat{f}(x) = 0$과 $r_i = y_i$로 초기화한다.
2. $b = 1, 2, \ldots, B$를 반복한다.
   a) d개의 분할($d+1$개의 말단 마디)이 있는 나무 $\hat{f}^b$을 훈련 데이터 (X, r)에 적합한다.
   b) 새로운 나무에 축소된 버전을 더해 $\hat{f}$을 업데이트한다.
   $$\hat{f}(x) \leftarrow \hat{f}(x) + \lambda \hat{f}^b(x) \tag{8.10}$$
   c) 잔차를 업데이트한다.
   $$r_i \leftarrow r_i - \lambda \hat{f}^b(x_i) \tag{8.11}$$
3. 부스팅된 모형을 출력한다.
$$\hat{f}(x) = \sum_{b=1}^{B} \lambda \hat{f}^b(x) \tag{8.12}$$

이 과정에 적용된 아이디어는 무엇일까? 데이터에 하나의 큰 의사결정나무를 적합하는 것은 데이터를 단단하게 적합(fitting the data hard)하기 때문에 잠재적으로 과적합할 수 있는 데 반해, 부스팅 접근법은 '천천히 학습'한다. 주어진 상태에서 현재 모형은 잔차에 의사결정나무를 적합한다. 즉, 반응변수 Y가 아닌 현재 잔차를 사용해 나무를 적합한다. 그런 다음 잔차를 업데이트하기 위해 이 새로운 의사결정나무를 적합된 함수에 추가한다. 이때 각각의 나무는 알고리즘의 모수 d로 결정되는 몇 개의 말단 마디만 있는 상당히 작은 나무일 수 있다. 잔차에 작은 나무들을 적합해 $\hat{f}$이 잘 수행되지 않는 영역을 천천히 개선한다. 축소모수 λ는 이 과정을 더욱 느리게 만들어 더 많고 다양한 형태의 나무가 잔차에 접근할 수 있게 한다. 일반적으로 '천천히 학습'하는 통계적 학습 방식은 잘 수행되는 경향이 있다. 다만 배깅과는 달리 부스팅에서는 각 나무의 구축이 이미 성장한 나무들에 강하게 의존한다는 점에 유의하자.

회귀나무 부스팅의 과정을 설명했다. 분류나무 부스팅도 유사한 방식으로 진행되지만 약간 더 복잡하기 때문에 여기서는 그 세부 사항을 생략한다.

부스팅에는 세 가지 조율모수가 있다

1. 나무의 개수 B. 배깅이나 랜덤 포레스트와는 달리 부스팅은 B가 지나치게 크면 과적합될 수 있지만 매우 천천히 일어난다. B를 선택하기 위해 교차검증을 사용한다.
2. 축소모수 λ는 작은 양수로 부스팅이 학습하는 속도를 조절한다. 일반적으로 0.01 또는 0.001 정도의 값으로 무엇이 적절한 선택인가는 문제에 따라 다르다. 매우 작은 λ가 좋은 성능을 내기 위해 매우 큰 B 값을 사용해야 할 수도 있다.
3. 각 나무를 분할할 개수 d는 부스팅된 앙상블의 복잡성을 조절한다. 종종 $d = 1$이 잘 작동하는데, 이 경우 나무는 하나의 분할로 구성된 그루터기(stump)가 된다. 이 경우 각각의 항은 단일 변수만을 포함하기 때문에 부스팅된 앙상블은 가법모형을 적합한다. 보다 일반적으로 d는 상호작용 깊이(interaction depth)이며 d 분할에는 최대 d개의 변수가 개입되기 때문에 상호작용의 차수를 조절한다.

[그림 8.11]에서 15개의 부류가 있는 암 유전자 발현 데이터 세트에 부스팅을 적용

해 정상 부류와 14가지 암 부류를 구별할 수 있는 분류기를 개발했다. 테스트 오류를 총 나무 수와 상호작용 깊이 d에 따라 나타냈다. 상호작용 깊이가 1인 단순 그루터기들이 개수가 충분히 많으면 잘 작동하는 것을 볼 수 있다. 이 모형은 깊이가 2인 모형을 능가하며 두 모형 모두 랜덤 포레스트보다도 우수하다. 이 결과로 부스팅과 랜덤 포레스트 사이의 차이점 중 하나를 강조하려고 한다. 부스팅에서는 특정 나무의 성장이 이미 성장한 다른 나무들을 고려해 이루어지기 때문에 일반적으로 작은 나무만으로도 충분하다. 작은 나무를 사용하는 것은 해석 가능성을 높이는 데에도 도움이 될 수 있는데, 예를 들어 그루터기를 사용하면 가법모형을 만들 수 있다.

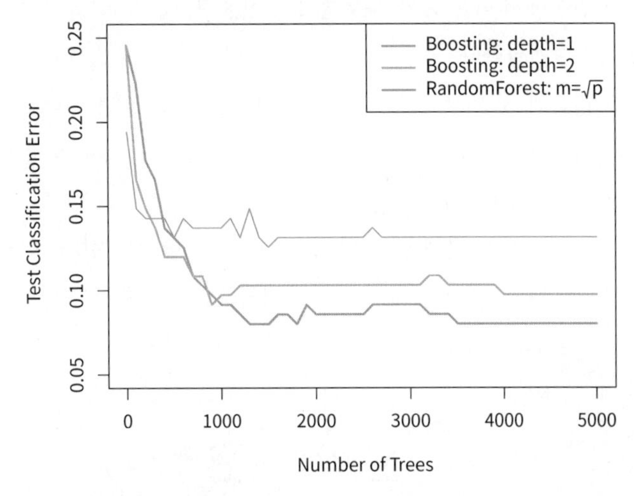

[그림 8.11] 15개 부류 유전자 발현 데이터 세트에서 암과 정상 유전자를 예측하기 위해 부스팅 및 랜덤 포레스트를 수행한 결과다. 테스트 오류는 나무 수의 함수로 나타난다. 두 부스팅 모형에서 $\lambda = 0.01$이다. 깊이가 1인 나무는 깊이가 2인 나무보다 더 잘 수행했으며 두 모형 모두 랜덤 포레스트보다 우수하다. 표준오차가 약 0.02인데, 이 차이는 통계적으로 유의하지 않다. 단일 나무의 테스트 오류율은 24%이다.

8.2.4 베이즈 가법회귀나무

마지막으로 의사결정나무를 구성 요소로 사용하는 또 하나의 앙상블 방법인 베이즈 가법회귀나무(BART, Bayesian additive regression trees)를 다룬다. 간단히 하기 위해 (분류가 아닌) 회귀에 적용할 수 있는 BART를 소개한다.

배깅과 랜덤 포레스트가 데이터 그리고/또는 예측변수의 랜덤 표본을 사용해 구축된 회귀나무의 평균으로부터 예측을 만들어 낸 것을 기억해 보자. 각각의 나무는 다른 나무들과 별도로 구축된다. 반면에 부스팅은 각각의 나무가 현재 적합의 잔차에 나무를 적합하면서 구성되는 가중합의 나무들을 사용한다. 그래서 각각의 새로운 나무는 현재의 나무 집합으로 아직 설명되지 않은 신호를 포착하려 시도한다. BART는 이 두 접근법과 관련이 있다. 각각의 나무는 배깅과 랜덤 포레스트에서처럼 랜덤한 방식으로 구성되고 또 각각의 나무는 부스팅에서처럼 현재 모형으로 아직 처리하지 않은 신호를 포착하려 한다. BART의 참신함은 새로운 나무가 생성되는 방식에 있다.

BART 알고리즘을 소개하기 전에 몇 가지 표기법을 정의한다. 여기서 K는 회귀나무의 개수, B는 BART 알고리즘이 실행될 반복 횟수를 의미한다. 표기법 $\hat{f}_k^b(x)$는 b번째 반복에 사용된 k번째 회귀나무가 x에서 내놓은 예측을 나타낸다. 각 반복의 끝에서 그 반복에서 나온 K개 나무들을 합산한다. 즉, $b=1, \ldots, B$에 대해 $\hat{f}^b(x) = \sum_{k=1}^K \hat{f}_k^b(x)$를 계산한다.

BART 알고리즘의 첫 번째 반복에서 모든 나무는 단일 뿌리 마디로 시작하며 $\hat{f}_k^1(x) = \frac{1}{nK}\sum_{i=1}^n y_i$로 설정된다. 이는 반응값들의 평균을 총 나무 수로 나눈 값이다. 따라서 $\hat{f}^1(x) = \sum_{k=1}^K \hat{f}_k^1(x) = \frac{1}{n}\sum_{i=1}^n y_i$이다.

이후 반복에서 BART는 한 번에 하나씩 K개의 나무를 갱신한다. b번째 반복에서 k번째 나무를 갱신하기 위해 각각의 반응값에서 k번째 나무를 제외한 모든 나무의 예측을 빼서 편잔차(partial residual)를 구한다. i번째 관측값에 대한 편잔차는 다음과 같다($i=1, \ldots, n$).

$$r_i = y_i - \sum_{k'<k} \hat{f}_{k'}^b(x_i) - \sum_{k'>k} \hat{f}_{k'}^{b-1}(x_i)$$

편잔차에 새로운 나무를 적합하는 대신 BART는 이전 반복에서 나무($\hat{f}_k^{b-1}$)에 대한 가능한 교란 중 하나를 무작위로 선택한다. 이때 편잔차에 대한 적합도를 개선하는 교란을 선호한다. 이 교란에는 두 가지 성분이 있다.

1. 가지를 추가하거나 가지치기하여 나무의 구조를 변경할 수 있다.
2. 나무의 각 말단 마디에서 예측을 변경할 수 있다.

[그림 8.12]는 나무의 교란 가능한 예를 보여 준다.

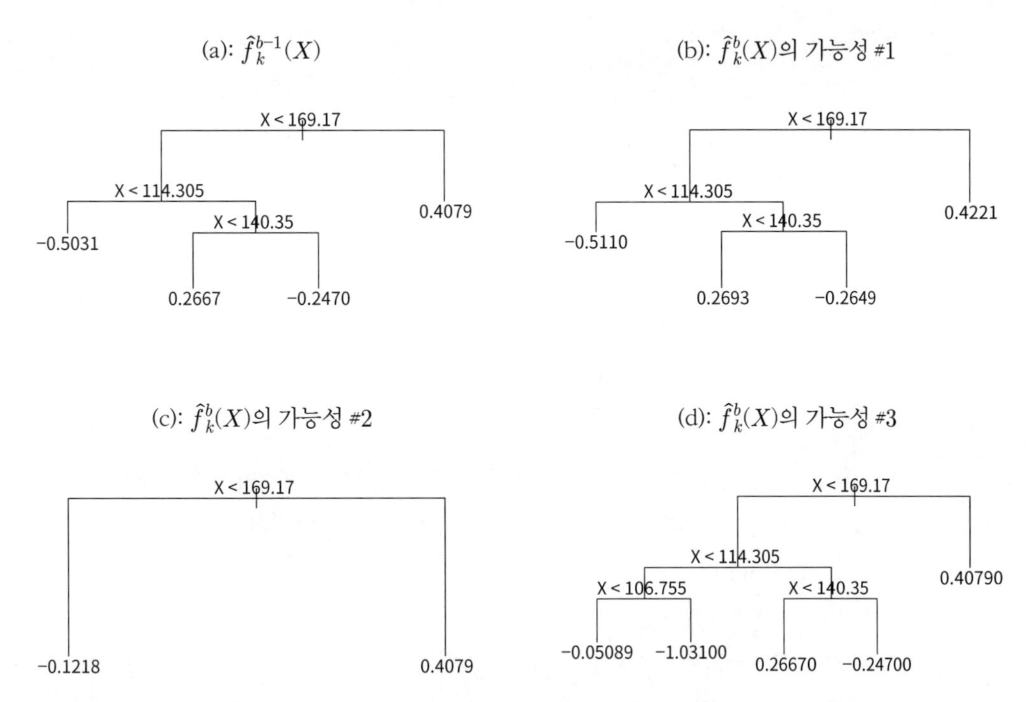

[그림 8.12] BART 알고리즘에서 교란된 나무들의 개략도. (a): $(b-1)$번째 반복에서 k번째 나무, $\hat{f}_k^{b-1}(X)$를 보여 준다. 그림 (b)~(d)는 $\hat{f}_k^{b-1}(X)$의 형태가 주어졌을 때 $\hat{f}_k^{b}(X)$에 대한 여러 가능성 중 세 가지를 보여 준다. (b): 하나의 가능성은 $\hat{f}_k^{b}(X)$가 $\hat{f}_k^{b-1}(X)$와 같은 구조이지만 말단 마디의 예측은 다른 경우다. (c): 또 다른 가능성은 $\hat{f}_k^{b}(X)$가 $\hat{f}_k^{b-1}(X)$의 가지치기 결과로 나타나는 경우다. (d): 또는 $\hat{f}_k^{b}(X)$가 $\hat{f}_k^{b-1}(X)$보다 더 많은 말단 마디가 있을 수도 있다.

BART의 출력은 예측 모형의 집합이다.

$$\hat{f}^b(x) = \sum_{k=1}^{K} \hat{f}_k^b(x), \text{ for } b = 1, 2, \ldots, B$$

초기 반복에서 얻은 모형들, 즉 번인(burn-in) 기간으로 알려진 시기에는 그다지 좋은 결과를 제공하지 않는 경향이 있어 일반적으로 이 예측 모형 중 처음 몇 개는 제외한다. 번인 반복의 수는 L로 표기하는데, 예를 들어 $L = 200$과 같이 나타낼 수 있다. 그런 다음 단일 예측을 얻기 위해 번인 반복 이후의 평균을 취하면 $\hat{f}(x) = \frac{1}{B-L}\sum_{b=L+1}^{B}\hat{f}^b(x)$가 된다. 하지만 평균 외에도 다른 측정값을 계산할 수 있는데, 예를 들어 $\hat{f}^{L+1}(x)$, ..., $\hat{f}^{B}(x)$의 백분위수는 최종 예측의 불확실성을 측정하는 데 사용될 수 있다. 전체 BART 절차는 [알고리즘 8.3]에 요약되어 있다.

알고리즘 8.3 베이즈 가법회귀나무

1. $\hat{f}_1^1(x) = \hat{f}_2^1(x) = ... = \hat{f}_K^1(x) = \frac{1}{nK}\sum_{i=1}^n y_i$이다.
2. $\hat{f}^1(x) = \sum_{k=1}^K \hat{f}_k^1(x) = \frac{1}{n}\sum_{i=1}^n y_i$를 계산한다.
3. $b = 2, ..., B$이고
   a) $k = 1, 2, ..., K$일 때
      i. $i = 1, ..., n$일 때 현재 편잔차를 계산한다.

$$r_i = y_i - \sum_{k'<k} \hat{f}_{k'}^b(x_i) - \sum_{k'>k} \hat{f}_{k'}^{b-1}(x_i)$$

      ii. 이전 반복에서 k번째 나무인 $\hat{f}_k^{b-1}(x)$를 무작위로 교란시켜 r_i에 적합한 새로운 나무 $\hat{f}_k^b(x)$를 구성한다. 적합도를 향상시키는 교란이 우선적으로 고려된다.
   b) $\hat{f}^b(x) = \sum_{k=1}^K \hat{f}_k^b(x)$를 계산한다.
4. L개의 번인(burn-in) 샘플 이후의 평균을 계산한다.

$$\hat{f}(x) = \frac{1}{B-L}\sum_{b=L+1}^{B} \hat{f}^b(x)$$

BART 접근법의 핵심 요소 중 하나는 3(a)ii 단계에서 현재 편잔차에 새로운 나무를 적합하는 '대신', 이전 반복에서 얻은 나무를 약간 조정해 현재 편잔차의 적합도를 개선하려 시도한다는 점이다([그림 8.12] 참고). 거칠게 말하면 이는 각각의 반복에서 데이터에 '강하게' 적합하는 정도를 제한하므로 과적합을 방지한다. 또한 개별 나무는 일반적으로 매우 작다. 데이터를 과적합할 가능성이 있는 매우 큰 나무로 자라는 것을 피하기 위해 나무 크기를 제한한다.

[그림 8.13]은 반복 횟수를 10,000회로 증가시킬 때 $K = 200$개의 나무를 사용해 `Heart` 데이터에 BART를 적용한 결과를 보여 준다. 초기 반복 과정에서 테스트와 훈련 오류는 다소 불안정하게 변동한다. 이 초기 번인 기간이 지나면 오류율은 안정화된다. 훈련 오류와 테스트 오류 사이에는 약간의 차이만 있을 뿐이다. 이는 나무의 교란(perturbation) 과정이 과적합을 크게 방지한다는 것을 나타낸다.

[그림 8.13]에서 부스팅의 훈련 및 테스트 오류도 볼 수 있다. 부스팅의 테스트 오류는 BART에 근접하지만 반복 횟수가 증가함에 따라 다시 증가하기 시작한다. 또

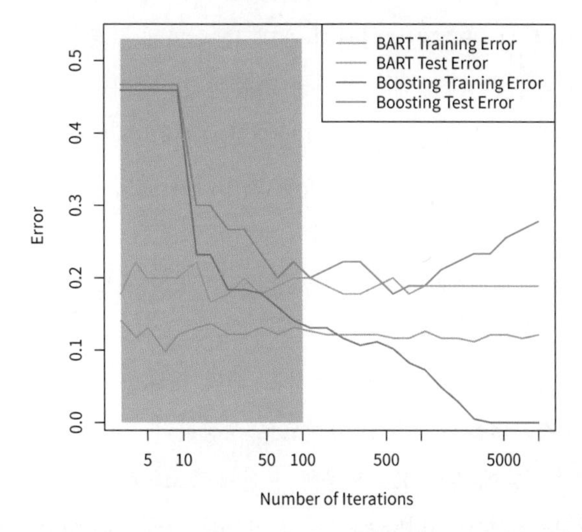

[그림 8.13] Heart 데이터에서 BART와 부스팅의 결과. 훈련 오류와 테스트 오류 모두 표시된다. 100회 반복의 번인 기간(회색으로 표시) 이후 BART의 오류율은 안정화된다. 반면 부스팅은 수백 회의 반복 이후에 과적합하기 시작한다

한 부스팅의 훈련 오류가 반복 횟수가 증가함에 따라 감소하는데, 이로써 데이터에 과적합됐는지를 알 수 있다.

비록 자세한 내용은 이 책의 범위를 벗어나지만 BART 방법은 나무의 앙상블을 적합하기 위한 베이즈 접근법(Bayesian approach)으로 볼 수 있다. 잔차를 적합하기 위해 나무를 무작위로 교란할 때마다 사실상 '사후분포'에서 새로운 나무를 추출해 왔다(베이즈와 연결되어 있기 때문에 자연스럽게 BART라고 명명한 것이다). 또한 [알고리즘 8.3]은 BART 모형을 적합하기 위한 마르코프 연쇄 몬테카를로(Markov chain Monte Carlo) 알고리즘으로 볼 수 있다.

BART를 적용할 때 나무의 수 K, 반복 횟수 B, 그리고 번인 반복 횟수 L을 선택해야 한다. 일반적으로 B와 K에 큰 값을, L에는 적당한 값을 선택한다. 예를 들어 $K = 200$, $B = 1{,}000$, $L = 100$은 합리적인 선택이다. BART는 바로 사용할 수 있을 정도로 성능이 매우 인상적이라고 알려져 있다. 즉, 최소한의 조율로도 잘 수행된다.

8.2.5 나무 앙상블 방법 요약

나무는 유연성과 혼합 유형의 예측변수(즉, 질적 및 양적)를 다루는 능력 등 다양한 이유로 앙상블 방법의 약한 학습자로서 매력적인 선택이다. 지금까지 나무에 앙상블을 적합하는 네 가지 접근법을 살펴보았다. 배깅, 랜덤 포레스트, 부스팅, 그리고 BART이다.

- '배깅'에서 나무는 관측된 데이터의 랜덤 표본 위에서 독립적으로 성장한다. 결과적으로 나무들은 서로 매우 유사한 경향이 있다. 따라서 배깅은 국소 최적해에 빠질 수 있고 모형 공간을 철저히 탐색하지 못할 수 있다.
- '랜덤 포레스트'의 나무도 역시 관측된 데이터의 랜덤 표본 위에서 독립적으로 성장한다. 그러나 각 나무에서 각각의 분할은 특징들의 무작위 부분집합을 사용해 수행되며, 그로 인해 나무 사이의 상관성이 없어지므로 배깅에 비해 모형 공간을 더 철저히 탐색한다.
- '부스팅'에서는 원본 데이터만 사용하고 랜덤 표본을 추출하지 않는다. 나무는 '느린' 학습 접근법을 사용해 축차적으로 성장한다. 새로운 나무는 이전 나무들에서 남겨진 신호에 적합하고 사용하기 전에 축소한다.
- 'BART'에서도 원본 데이터만 사용하고 나무를 차례대로 성장시킨다. 그러나 각 나무를 교란해 국소 최솟점을 피하고 모형 공간의 더 철저한 탐색을 달성한다.

8.3 실습: 나무-기반의 방법

여기 최상위 셀에서 평소 사용해 왔던 라이브러리들을 가져온다.

In[1]:
```
import numpy as np
import pandas as pd
from matplotlib.pyplot import subplots
from statsmodels.datasets import get_rdataset
import sklearn.model_selection as skm
from ISLP import load_data, confusion_table
from ISLP.models import ModelSpec as MS
```

또한 이 실습에 필요한 새로운 라이브러리들도 가져온다.

In[2]:
```
from sklearn.tree import (DecisionTreeClassifier as DTC,
                          DecisionTreeRegressor as DTR,
                          plot_tree,
                          export_text)
from sklearn.metrics import (accuracy_score,
                             log_loss)
from sklearn.ensemble import \
     (RandomForestRegressor as RF,
      GradientBoostingRegressor as GBR)
from ISLP.bart import BART
```

8.3.1 분류나무 적합하기

우선 분류나무를 사용해 Carseats 데이터 세트를 분석한다. 이 데이터에서 Sales는 연속형 변수이므로 이진변수로 변환한다. where() 함수를 사용해 Sales 변수가 8을 초과하는 경우 High 변수를 Yes로 설정하고 그렇지 않은 경우 No로 설정한다.

In[3]:
```
Carseats = load_data('Carseats')
High = np.where(Carseats.Sales > 8,
                "Yes",
                "No")
```

이제 DecisionTreeClassifier()로 분류나무를 적합하고 Sales를 제외한 모든 변수를 사용해 High를 예측한다. 회귀모형을 적합할 때와 마찬가지로 모형행렬을 구성해야 한다.

In[4]:
```
model = MS(Carseats.columns.drop('Sales'), intercept=False)
D = model.fit_transform(Carseats)
feature_names = list(D.columns)
X = np.asarray(D)
```

이후 분석 일부에서 필요한 데이터프레임 D를 배열 X로 변환한다. 또한 나중에 그래프에 주석을 달려면 feature_names도 필요하다.

분류기를 지정할 때 max_depth, min_samples_split, criterion과 같은 몇 가지 옵션이 필요하다. max_depth는 나무를 얼마나 깊게 성장시킬지 결정한다. min_samples_split은 분할이 가능한 마디가 가져야 하는 최소 관측 개수다. criterion 옵션은 분할 기준으로 지니 불순도(Gini impurity)를 사용할지 교차 엔트로피(cross-entropy)를 사용할지 결정한다. 또한 재현이 가능하도록 random_state를 설정한다. 분할 기준에서 동점이 발생할 경우 무작위로 결정한다.

In[5]:
```
clf = DTC(criterion='entropy',
          max_depth=3,
          random_state=0)
clf.fit(X, High)
```

Out[5]:
```
DecisionTreeClassifier(criterion='entropy', max_depth=3 …)
```

3.3절에서 질적 특징을 논의하면서 선형회귀모형에서는 이런 특징을 표현하기 위해 가변수행렬(원-핫 인코딩)을 모형행렬에 포함시킬 수 있고, 이때 statsmodels의

공식(formula) 표기법을 이용한다고 했다. 8.1절에서 언급했듯이 의사결정나무를 구축할 때는 가변수 없이 정성적 특징을 다루는 더 자연스러운 방법이 있다. 각각의 분할(split)은 수준을 두 그룹으로 분할(partition)하는 것과 같다. 그러나 sklearn의 의사결정나무 구현은 이 접근법을 활용하지 않고 대신 원-핫 인코딩 수준을 개별 변수로 간주한다.

```
In[6]:  accuracy_score(High, clf.predict(X))
```

```
Out[6]: 0.79
```

기본 인자만을 사용할 경우 훈련 오류율은 21%이다. 분류나무에서는 log_loss()를 사용해 이탈도(deviance) 값을 구할 수 있다.

$$-2\sum_m\sum_k n_{mk}\log\hat{p}_{mk}$$

여기서 n_{mk}는 m번째 말단 마디에 있는 관측 중 k번째 클래스에 속하는 관측의 개수다.

```
In[7]:  resid_dev = np.sum(log_loss(High, clf.predict_proba(X)))
        resid_dev
```

```
Out[7]: 0.4711
```

이는 식 (8.7)에서 정의한 '엔트로피'와 밀접하게 관련되어 있다. 이탈도(deviance)가 작다는 것은 (훈련) 데이터에 나무가 잘 적합했음을 의미한다. 나무의 매력적인 속성 중 하나는 그래프로 나타낼 수 있다는 점이다. plot() 함수를 사용해 나무 구조를 표시한다(출력은 생략).

```
In[8]:  ax = subplots(figsize=(12,12))[1]
        plot_tree(clf,
                  feature_names=feature_names,
                  ax=ax);
```

Sales의 가장 중요한 지표는 ShelveLoc인 것으로 보인다.

export_text()를 사용해 나무의 텍스트 표현을 볼 수 있는데, 이 함수는 각 분기의 분할 기준(예: Price <= 92.5)을 표시한다. 잎사귀 마디(leaf node)는 전체 예측

(Yes 또는 No)을 보여 준다. 또한 show_weights = True를 지정하면 해당 잎사귀에서 Yes와 No 값을 취하는 관측 수를 알 수 있다.

In[9]:
```
print(export_text(clf,
                  feature_names=feature_names,
                  show_weights=True))
```

Out[9]:
```
|--- ShelveLoc[Good] <= 0.50
|   |--- Price <= 92.50
|   |   |--- Income <= 57.00
|   |   |   |--- weights: [7.00, 3.00] class: No
|   |   |--- Income > 57.00
|   |   |   |--- weights: [7.00, 29.00] class: Yes
|   |--- Price > 92.50
|   |   |--- Advertising <= 13.50
|   |   |   |--- weights: [183.00, 41.00] class: No
|   |   |--- Advertising > 13.50
|   |   |   |--- weights: [20.00, 25.00] class: Yes
|--- ShelveLoc[Good] > 0.50
|   |--- Price <= 135.00
|   |   |--- US[Yes] <= 0.50
|   |   |   |--- weights: [6.00, 11.00] class: Yes
|   |   |--- US[Yes] > 0.50
|   |   |   |--- weights: [2.00, 49.00] class: Yes
|   |--- Price > 135.00
|   |   |--- Income <= 46.00
|   |   |   |--- weights: [6.00, 0.00] class: No
|   |   |--- Income > 46.00
|   |   |   |--- weights: [5.00, 6.00] class: Yes
```

이 데이터에서 분류나무의 성능을 제대로 평가하기 위해서는 단순히 훈련 오류를 계산하는 것이 아니라 테스트 오류를 추정해야 한다. 관측값을 훈련 세트와 테스트 세트로 분할하고 훈련 세트를 사용해 나무를 구축한 다음 테스트 데이터에서 성능을 평가할 것이다. 이런 패턴은 6장에서 사용한 패턴과 비슷하지만 여기서는 선형 모형이 의사결정나무로 대체된다. 검증을 위한 코드는 거의 동일하다. 이 접근법은 테스트 데이터 세트에서 위치(location)의 68.5%를 올바르게 예측하였다.

In[10]:
```
validation = skm.ShuffleSplit(n_splits=1,
                              test_size=200,
                              random_state=0)
results = skm.cross_validate(clf,
                             D,
                             High,
```

```
                                    cv=validation)
results['test_score']
```

Out[10]:
```
array([0.685])
```

다음으로 나무의 가지치기가 분류 성능을 향상시킬 수 있는지 고려한다. 먼저 데이터를 훈련 세트와 테스트 세트로 분할한다. 훈련 세트에서 교차검증을 사용해 나무를 가지치기하고 그런 다음 테스트 세트에서 가지치기된 나무의 성능을 평가한다.

In[11]:
```
(X_train,
X_test,
High_train,
High_test) = skm.train_test_split(X,
                                  High,
                                  test_size=0.5,
                                  random_state=0)
```

먼저 훈련 세트에 전체 나무를 다시 적합한다. 여기서는 교차검증으로 배우기 때문에 max_depth 매개변수를 설정하지 않는다.

In[12]:
```
clf = DTC(criterion='entropy', random_state=0)
clf.fit(X_train, High_train)
accuracy_score(High_test, clf.predict(X_test))
```

Out[12]:
```
0.735
```

다음으로 cost_complexity_pruning_path() 메소드를 사용해 clf에서 비용복잡도 값을 추출한다.

In[13]:
```
ccp_path = clf.cost_complexity_pruning_path(X_train, High_train)
kfold = skm.KFold(10,
                  random_state=1,
                  shuffle=True)
```

이것으로 불순도와 α 값의 집합이 산출되는데, 교차검증을 이용해 그중 최적의 값을 하나 추출할 수 있다.

In[14]:
```
grid = skm.GridSearchCV(clf,
                        {'ccp_alpha': ccp_path.ccp_alphas},
                        refit=True,
```

```
                    cv=kfold,
                    scoring='accuracy')
grid.fit(X_train, High_train)
grid.best_score_
```

Out[14]:
```
0.685
```

가지치기된 나무를 살펴보자.

In[15]:
```
ax = subplots(figsize=(12, 12))[1]
best_ = grid.best_estimator_
plot_tree(best_,
          feature_names=feature_names,
          ax=ax);
```

상당히 가지가 많은 나무다. 잎사귀[6]의 수를 세어 볼 수도 있지만 best_ 쿼리를 보내 확인할 수 있다.

In[16]:
```
best_.tree_.n_leaves
```

Out[16]:
```
30
```

30개의 말단 마디가 있는 나무에서 최저 교차검증 오류율이 나오고 68.5%의 정확도를 보였다. 가지치기된 나무는 테스트 데이터 세트에서 얼마나 잘 작동할까? 다시 한번 predict() 함수를 적용한다.

In[17]:
```
print(accuracy_score(High_test,
                     best_.predict(X_test)))
confusion = confusion_table(best_.predict(X_test),
                            High_test)
confusion
```

Out[17]:
```
0.72

    Truth  No  Yes
Predicted
       No  94   32
      Yes  24   50
```

6 (옮긴이) 잎사귀에 해당하는 잎사귀 마디를 뜻함

이제 테스트 관측의 72.0%가 올바르게 분류됐는데, 이 결과는 35개의 잎이 있는 전체 나무의 오류보다 약간 나쁜 결과다. 따라서 교차검증은 이 경우 크게 도움이 되지 않는다는 것을 알 수 있다. 단 5개의 잎만 제거했을 뿐, 그 대가로 오류를 약간 더 악화시켰다. 앞의 난수 시드를 변경하면 이 결과는 달라질 수 있는데, 교차검증이 모형선택에서 비편향 접근법을 제공하긴 하지만 분산이 있기 때문이다.

8.3.2 회귀나무 적합하기

여기서는 Boston 데이터 세트에 회귀나무를 적합할 예정이다. 각각의 단계는 분류나무의 경우와 유사하다.

In[18]:
```
Boston = load_data("Boston")
model = MS(Boston.columns.drop('medv'), intercept=False)
D = model.fit_transform(Boston)
feature_names = list(D.columns)
X = np.asarray(D)
```

먼저 데이터를 훈련 세트와 테스트 세트로 나누고 훈련 데이터에 의사결정나무를 적합한다. 여기서는 데이터의 30%를 테스트 세트로 사용한다.

In[19]:
```
(X_train,
 X_test,
 y_train,
 y_test) = skm.train_test_split(X,
                                Boston['medv'],
                                test_size=0.3,
                                random_state=0)
```

훈련 및 테스트 데이터 세트를 구성한 후 회귀나무에 적합한다.

In[20]:
```
reg = DTR(max_depth=3)
reg.fit(X_train, y_train)
ax = subplots(figsize=(12,12))[1]
plot_tree(reg,
          feature_names=feature_names,
          ax=ax);
```

변수 lstat는 사회경제적 지위가 낮은 개인의 비율을 측정한 값이다. 나무는 lstat의 값이 낮을수록 더 비싼 주택에 대응한다는 것을 나타낸다. 이 나무는 주민의 사회경제적 지위가 낮고(lstat > 14.4), 범죄율이 중간 수준(crim > 5.8)인 교외 지역에서 소규모 주택(`rm < 6.8`) 가격의 중앙값을 \$12,042로 예측한다.

이제 교차검증 함수를 사용해 나무를 가지치기하는 것이 성능을 향상시키는지 확인한다.

```
In[21]:  ccp_path = reg.cost_complexity_pruning_path(X_train, y_train)
         kfold = skm.KFold(5,
                           shuffle=True,
                           random_state=10)
         grid = skm.GridSearchCV(reg,
                                 {'ccp_alpha': ccp_path.ccp_alphas},
                                 refit=True,
                                 cv=kfold,
                                 scoring='neg_mean_squared_error')
         G = grid.fit(X_train, y_train)
```

교차검증 결과에 따라 가지치기된 나무를 사용해 테스트 세트에서 예측을 진행한다.

```
In[22]:  best_ = grid.best_estimator_
         np.mean((y_test - best_.predict(X_test))**2)
```

```
Out[22]: 28.07
```

회귀나무와 관련된 테스트 세트 MSE는 28.07이다. MSE의 제곱근은 약 5.30으로, 이 모형이 교외 지역 주택 가격의 참 중앙값에서 테스트 예측을 약 \$5,300 범위 내에서 제공한다는 사실을 나타낸다.

가장 좋은 의사결정나무를 시각화해 얼마나 해석 가능한지 살펴보자.

```
In[23]:  ax = subplots(figsize=(12,12))[1]
         plot_tree(G.best_estimator_,
                   feature_names=feature_names,
                   ax=ax);
```

8.3.3 배깅 및 랜덤 포레스트

여기서는 `sklearn.ensemble` 패키지의 `RandomForestRegressor()`를 사용해 `Boston` 데이터에 배깅과 랜덤 포레스트를 적용한다. 배깅은 단순히 $m = p$인 랜덤 포레스트의 특수한 경우임을 기억하라. 따라서 `RandomForestRegressor()` 함수는 배깅과 랜덤 포레스트를 모두 수행할 수 있다. 우선 배깅부터 시작하자.

```
In[24]:  bag_boston = RF(max_features=X_train.shape[1], random_state=0)
         bag_boston.fit(X_train, y_train)
```

```
Out[24]: RandomForestRegressor(max_features=12, random_state=0)
```

max_features 인자는 나무의 각 분할에서 12개의 예측변수를 모두 고려한다는 것을 의미한다. 다시 말해 배깅을 수행한다는 의미다. 배깅된 모형이 테스트 세트에서 얼마나 잘 수행될까?

```
In[25]:  ax = subplots(figsize=(8,8))[1]
         y_hat_bag = bag_boston.predict(X_test)
         ax.scatter(y_hat_bag, y_test)
         np.mean((y_test - y_hat_bag)**2)
```

```
Out[25]: 14.63
```

배깅된 회귀나무와 관련된 테스트 세트 MSE는 14.63으로, 최적으로 가지치기된 나무 하나를 사용했을 때 얻은 결과의 대략 절반 수준이다. n_estimators 인자를 사용해 기본값이 100에서 시작하는 나무의 수를 변경할 수 있다.

```
In[26]:  bag_boston = RF(max_features=X_train.shape[1],
                         n_estimators=500,
                         random_state=0).fit(X_train, y_train)
         y_hat_bag = bag_boston.predict(X_test)
         np.mean((y_test - y_hat_bag)**2)
```

```
Out[26]: 14.61
```

극적인 변화는 없다. 배깅과 랜덤 포레스트는 나무의 수를 증가시켜도 과적합하지 않지만 수가 너무 적으면 과소적합할 수 있다.

랜덤 포레스트를 구성하는 과정은 거의 동일하지만 max_features 인자의 값을 더 작게 사용하는 점이 다르다. 기본적으로 RandomForestRegressor()는 회귀나무의 랜덤 포레스트를 구축할 때 p 변수를 사용하며(즉, 기본적으로 배깅으로 설정됨), RandomForestClassifier()는 분류나무의 랜덤 포레스트를 구축할 때 $\sqrt{p}$의 변수를 사용한다. 여기서는 max_features = 6을 사용한다.

In[27]:

```
RF_boston = RF(max_features=6,
               random_state=0).fit(X_train, y_train)
y_hat_RF = RF_boston.predict(X_test)
np.mean((y_test - y_hat_RF)**2)
```

Out[27]:

```
20.04
```

테스트 세트의 MSE는 20.04로, 랜덤 포레스트가 배깅보다 다소 떨어지는 것으로 보인다. 적합된 모형에서 feature_importances_ 값을 추출해 각 변수의 중요도를 확인할 수 있다.

In[28]:

```
feature_imp = pd.DataFrame(
    {'importance':RF_boston.feature_importances_},
    index=feature_names)
feature_imp.sort_values(by='importance', ascending=False)
```

Out[28]:

	importance
lstat	0.368683
rm	0.333842
ptratio	0.057306
indus	0.053303
crim	0.052426
dis	0.042493
nox	0.034410
age	0.024327
tax	0.022368
rad	0.005048
zn	0.003238
chas	0.002557

이것은 해당 변수를 기준으로 분할했을 때 발생하는 마디 불순도의 총감소를 나타내는 상대적 측도로 모든 나무에 걸쳐 평균화된다(Heart 데이터에 적합한 모형은 [그림 8.9]에서 그래프로 표현됐다).

결과는 랜덤 포레스트에서 고려하고 있는 나무 전체에 걸쳐 커뮤니티의 부유함 정도(lstat)와 주택 크기(rm)가 가장 중요한 변수임을 보여 준다.

8.3.4 부스팅

여기서는 sklearn.ensemble의 GradientBoostingRegressor()를 사용해 Boston 데이터 세트에 부스팅된 회귀나무를 적합한다. GradientBoostingClassifier()를 사용해

분류를 진행한다. 인자 n_estimators = 5000은 5,000개의 나무를 사용한다는 것을 나타내며 옵션 max_depth = 3으로 각 나무의 깊이를 제한할 수 있다. 인자 learning_rate는 앞서 언급된 부스팅의 λ이다.

In[29]:
```
boost_boston = GBR(n_estimators=5000,
                   learning_rate=0.001,
                   max_depth=3,
                   random_state=0)
boost_boston.fit(X_train, y_train)
```

train_score_ 속성으로 훈련 오류가 어떻게 감소하는지 볼 수 있다. 테스트 오류가 어떻게 감소하는지 아이디어를 얻기 위해 staged_predict() 메소드를 사용하면 경로를 따라가며 예측값을 얻을 수 있다.

In[30]:
```
test_error = np.zeros_like(boost_boston.train_score_)
for idx, y_ in enumerate(boost_boston.staged_predict(X_test)):
    test_error[idx] = np.mean((y_test - y_)**2)

plot_idx = np.arange(boost_boston.train_score_.shape[0])
ax = subplots(figsize=(8,8))[1]
ax.plot(plot_idx,
        boost_boston.train_score_,
        'b',
        label='Training')
ax.plot(plot_idx,
        test_error,
        'r',
        label='Test')
ax.legend();
```

이제 부스트된 모형을 사용해 테스트 세트의 medv를 예측한다.

In[31]:
```
y_hat_boost = boost_boston.predict(X_test);
np.mean((y_test - y_hat_boost)**2)
```

Out[31]:
```
14.48
```

테스트 MSE의 결과는 14.48로, 배깅을 사용했을 때의 테스트 MSE와 유사하다. 필요하면 축소모수 λ에 다른 값을 사용해 부스팅을 수행할 수 있다(식 (8.10) 참조). 기본값은 0.001이지만 쉽게 수정할 수 있다. 여기서는 $\lambda = 0.2$를 사용한다.

In[32]:
```
boost_boston = GBR(n_estimators=5000,
                   learning_rate=0.2,
                   max_depth=3,
                   random_state=0)
boost_boston.fit(X_train,
                 y_train)
y_hat_boost = boost_boston.predict(X_test);
np.mean((y_test - y_hat_boost)**2)
```

Out[32]:
```
14.50
```

$\lambda = 0.2$를 사용하면 $\lambda = 0.001$을 사용할 때와 거의 동일한 결과를 얻을 수 있다.

8.3.5 베이즈 가법회귀나무

이 절에서는 BART의 파이썬 구현을 다룬다. `ISLP.bart` 패키지를 사용해 Boston 주택 데이터 세트에 모형을 적합할 예정이다. `BART()` 추정량은 양적 결과 변수를 위해 설계됐지만 범주형 결과에 로지스틱 및 확률모형을 적합하기 위한 다른 구현도 사용할 수 있다.

In[33]:
```
bart_boston = BART(random_state=0, burnin=5, ndraw=15)
bart_boston.fit(X_train, y_train)
```

Out[33]:
```
BART(burnin=5, ndraw=15, random_state=0)
```

데이터 세트를 테스트와 훈련 데이터로 나누면 BART의 테스트 오류가 랜덤 포레스트의 테스트 오류와 비슷하다는 것을 알 수 있다.

In[34]:
```
yhat_test = bart_boston.predict(X_test.astype(np.float32))
np.mean((y_test - yhat_test)**2)
```

Out[34]:
```
20.92
```

각각의 변수가 나무 집합에서 몇 번 나타났는지 확인할 수 있다. 부스팅과 랜덤 포레스트의 변수 중요도 그래프와 유사한 요약 정보를 얻을 수 있다.

In[35]:
```
var_inclusion = pd.Series(bart_boston.variable_inclusion_.mean(0),
                          index=D.columns)
var_inclusion
```

Out[35]:
```
     crim    25.333333
       zn    27.000000
    indus    21.266667
     chas    20.466667
      nox    25.400000
       rm    32.400000
      age    26.133333
      dis    25.666667
      rad    24.666667
      tax    23.933333
  ptratio    25.000000
    lstat    31.866667
    dtype: float64
```

8.4 연습문제

개념

1. 재귀적 이진 분할에서 나올 수 있는 2차원 특징 공간의 분할 예를 (스스로 고안해) 그려 보자. 예제에는 최소 여섯 개 이상의 영역을 포함해야 한다. 이 분할에 대응하는 의사결정나무를 그려라. 영역 $R_1, R_2, \ldots$, 분할점 $t_1, t_2, \ldots$ 등 그림의 모든 부분에 레이블이 표시되어 있어야 한다.

   HINT 결과는 [그림 8.1] 및 [그림 8.2]와 같아야 한다.

2. 8.2.3절에서 언급했듯이 깊이가 1인 나무(또는 그루터기(stump))를 사용한 부스팅은 '가법 모형', 즉 다음과 같은 형태의 모형을 생성한다.

$$f(X) = \sum_{j=1}^{p} f_j(X_j)$$

   왜 이와 같은 모형을 생성하는지 설명하라. [알고리즘 8.2]의 식 (8.12)에서 시작할 수 있다.

3. 두 개의 부류가 있는 단순 분류 상황에서 지니 지수(Gini index), 분류 오류, 엔트로피(entropy)를 고려해 보자. 세 종류의 수치를 각각 $\hat{p}_{m1}$의 함수로 하나의 그래프에 그려라. x축에는 $\hat{p}_{m1}$을 0에서 1까지 표시하고 y축에는 지니 지수, 분류 오류, 엔트로피 값을 표시해야 한다.

HINT 부류가 두 개인 경우 $\hat{p}_{m1} = 1 - \hat{p}_{m2}$이다. 이 그래프를 손으로 만들 수도 있지만 R에서 만드는 것이 훨씬 더 간편하다.

4. 이번 문제는 [그림 8.14]의 그래프와 관련이 있다.

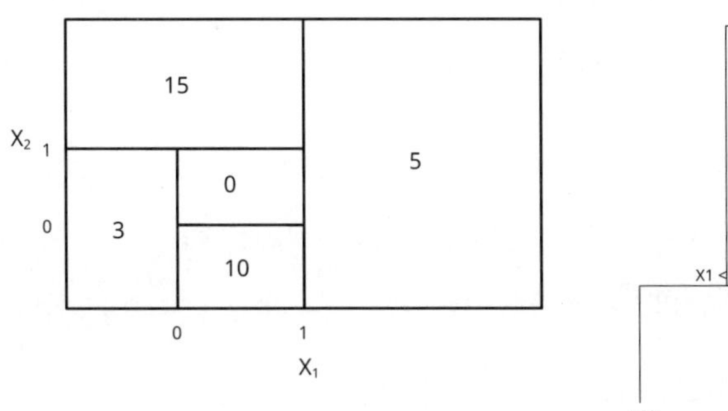

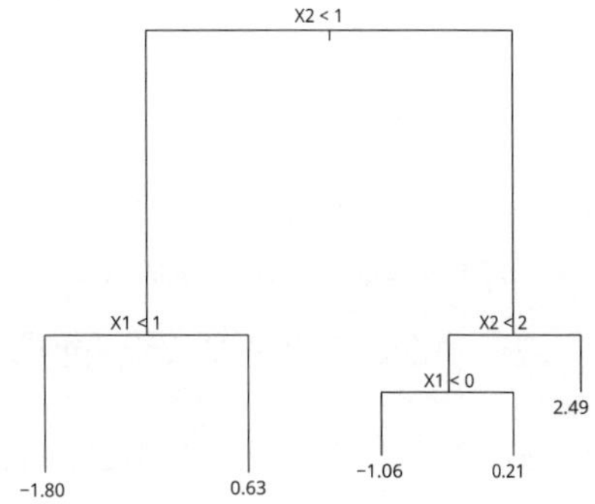

[그림 8.14] 왼쪽: 연습문제 4a에 대응하는 예측변수 공간의 분할. 오른쪽: 연습문제 4b에 대응하는 나무

a) [그림 8.14]의 왼쪽 그래프에서 나타낸 예측변수 공간 분할에 대응하는 나무를 그려 보자. 상자 안의 숫자는 각 영역 내 Y의 평균을 나타낸다.
b) 오른쪽 그래프에 그려진 나무를 [그림 8.14]의 왼쪽 그래프와 유사하게 그려 보자. 예측변수 공간을 올바른 영역으로 나누고 각 영역의 평균을 표시하라.

5. 빨간색과 초록색 부류가 들어 있는 데이터 세트에서 10개의 부트스트랩 표본을 산출한다고 가정하자. 각 부트스트랩 표본에 분류나무를 적용하고 특정값 X에 대해 $P(\text{Class is Red} \mid X)$의 10개 추정값을 생성하라.

$$0.1, 0.15, 0.2, 0.2, 0.55, 0.6, 0.6, 0.65, 0.7, \text{그리고 } 0.75.$$

이 결과를 함께 결합해 하나의 부류를 예측하는 두 가지 일반적인 방법이 있다. 하나는 이 장에서 논의된 다수결 방식이다. 두 번째는 평균 확률에 근거해 분류하는 방법이다. 이 예에서 두 가지 접근법으로 각각 분류하면 최종 분류는 어떻게 될까?

6. 회귀나무를 적합하는 데 사용되는 알고리즘에 대해 자세히 설명하라.

응용

7. 8.3.3절에서 max_features = 6과 n_estimators = 100 및 n_estimators = 500을 사용해 Boston 데이터에 랜덤 포레스트를 적용했다. max_features 및 n_estimators의 보다 포괄적인 값 범위에 대해 이 데이터 세트에서 랜덤 포레스트로 인한 테스트 오류를 보여 주는 그래프를 생성해 보자. 그래프는 [그림 8.10]을 참고해 모델링할 수 있다. 얻은 결과도 설명해 보자.

8. 실습에서 sales를 질적 반응변수로 변환한 후 Carseats 데이터 세트에 분류나무를 적용했다. 이제 회귀나무 및 관련 방법을 사용해 sales를 예측한다. 이때 반응변수는 양적 변수로 간주한다.

   a) 데이터 세트를 훈련 세트와 테스트 세트로 나눈다.
   b) 훈련 세트에 회귀나무를 적합한다. 나무를 그래프로 그리고 결과를 해석하라. 테스트 MSE는 얼마인가?
   c) 교차검증을 사용해 나무에서 최적의 복잡도 수준을 결정하라. 나무를 가지치기하는 것이 테스트 MSE를 개선하는가?
   d) 이번 데이터 분석에는 배깅 방법을 사용한다. 얻은 테스트 MSE는 얼마인가? feature_importance_ 값을 사용해 가장 중요한 변수를 결정하라.
   e) 랜덤 포레스트를 사용해 이 데이터를 분석한다. 얻은 테스트 MSE는 얼마인가? feature_importance_ 값을 사용해 가장 중요한 변수를 결정하라. 각각의 분할에서 고려된 변수의 수와 m이 오류율에 미치는 영향을 설명하라.
   f) 이제 BART를 사용해 데이터를 분석하고 결과를 보고하라.

9. 이 문제는 ISLP 패키지의 일부인 OJ 데이터 세트와 관련 있다.

   a) 800개 관측을 랜덤 표본으로 뽑아 훈련 세트를 생성하고 나머지 관측이 들어 있는 테스트 세트를 생성하라.
   b) Purchase를 반응변수로 다른 변수들을 예측변수로 사용해 훈련 데이터에서 나무를 적합하라. 훈련 오류율은 얼마인가?
   c) 나무의 그래프를 생성하고 결과를 해석하라. 이 나무에는 몇 개의 말단 마디가 있는가?

d) `export_tree()` 함수를 사용해 적합된 나무의 텍스트 요약을 작성한다. 말단 마디 중 하나를 선택하고 표시된 정보를 해석하라.
e) 테스트 데이터의 반응을 예측하고 테스트 레이블과 예측된 테스트 레이블을 비교하는 혼동행렬을 작성하라. 테스트 오류율은 얼마인가?
f) 학습 세트에 교차검증을 사용해 최적의 나무 크기를 결정하라.
g) x축에 나무 크기를, y축에 교차검증 분류 오류율을 나타내는 그래프를 작성하라.
h) 가장 낮은 교차검증 분류 오류율에 대응하는 나무 크기는 무엇인가?
i) 교차검증을 사용해 얻은 최적의 나무 크기에 대응하는 가지치기된 나무를 생성하라. 교차검증이 가지치기된 나무의 선택을 이끌지 않는 경우 다섯 개의 터미널 노드가 있는 가지치기된 나무를 생성하라.
j) 가지치기된 나무와 가지치기되지 않은 나무의 훈련 오류율을 비교하라. 어느 것이 더 높은가?
k) 가지치기된 나무와 가지치기되지 않은 나무의 테스트 오류율을 비교하라. 어느 것이 더 높은가?

10. 이제 `Hitters` 데이터 세트에서 `Salary`를 예측하기 위해 부스팅을 사용한다.

a) 급여 정보가 알려지지 않은 관측 결과를 제거한 다음 급여를 로그 변환하라.
b) 처음 200개의 관측으로 구성된 훈련 세트와 나머지 관측으로 구성된 테스트 세트를 생성하라.
c) 축소모수 λ의 값을 일정 범위에서 다르게 해 훈련 세트에 대한 부스팅을 나무 1,000개를 이용해 수행하라. 서로 다른 축소모수 값을 x축으로 하고 그에 대응하는 훈련 세트 MSE를 y축으로 하는 그래프를 생성하라.
d) 서로 다른 축소모수 값을 x축으로 하고 그에 대응하는 테스트 세트 MSE를 y축으로 하는 그래프를 생성하라.
e) 부스팅의 테스트 MSE와 3장 및 6장에서 본 두 가지 회귀 방법을 적용해 결과로 얻은 테스트 MSE를 비교하라.
f) 부스팅 모형에서 가장 중요한 예측변수는 무엇인가?
g) 이제 훈련 세트에 배깅을 적용하라. 이 접근법의 테스트 세트 MSE는 얼마인가?

11 이번 문제에서는 Insurance 데이터 세트를 사용한다.

a) 처음 1,000개의 관측으로 구성된 훈련 세트와 나머지 관측으로 구성된 테스트 세트를 생성하라.

b) Purchase를 반응변수로 하고 다른 변수들을 예측변수로 사용해 훈련 세트에 부스팅 모형을 적합한다. 1,000개의 나무와 축소모수 값 0.01을 사용하라. 어떤 예측변수가 가장 중요한가?

c) 부스팅 모형을 사용해 테스트 데이터의 반응을 예측하라. 구매 확률이 20%보다 크다면 구매할 것으로 예측하라. 혼동행렬을 작성하라. 예측된 구매자 중 실제로 구매하는 사람의 비율은 얼마인가? 이 결과는 이 데이터 세트에 KNN 또는 로지스틱 회귀를 적용한 결과와 비교하면 어떠한가?

12 원하는 데이터 세트에 부스팅, 배깅, 랜덤 포레스트 및 BART를 적합하라. 모형을 훈련 세트에 적합하고 테스트 세트에서 그 성능을 평가하라. 결과의 정확도가 선형 또는 로지스틱 회귀와 같은 간단한 방법과 비교하면 어떤가? 이런 접근법 중 어떤 방법이 가장 성능이 좋은가?

9장

An Introduction to Statistical Learning

서포트 벡터 머신

이번 장에서는 1990년대 컴퓨터과학 분야에서 개발됐고 그 이후로 인기가 높아지고 있는 분류 방법인 서포트 벡터 머신(SVM, support vector machine)[1]을 다룬다. SVM은 다양한 상황에서 좋은 성능을 보여 주므로 흔히 '바로 사용 가능한' 가장 좋은 분류기의 하나로 여겨진다.

서포트 벡터 머신은 9.1절에서 소개할 간단하고 직관적인 분류기인 최대 마진 분류기(maximal margin classifier)를 일반화한 것이다. 최대 마진 분류기는 우아하고 간단하지만, 각각의 부류가 선형 경계로 분리될 수 있어야 한다는 점 때문에 대다수 데이터 세트에 적용하기 어렵다. 9.2절에서는 최대 마진 분류기의 확장판이면서 보다 넓은 범위에서 적용 가능한 서포트 벡터 분류기(support vector classifier)를 소개한다. 9.3절에서 비선형의 부류 경계를 수용하기 위해 서포트 벡터 분류기를 더 확장한 '서포트 벡터 머신'을 소개한다. 서포트 벡터 머신은 부류가 두 개인 이진 분류 상황에서도 사용할 수 있다. 9.4절에서는 부류가 두 개 이상인 경우에 서포트 벡터 머신을 확장하는 방법을 논의한다. 9.5절에서는 서포트 벡터 머신과 로지스틱 회귀 등 다른 통계적 방법과의 긴밀한 연결을 논의한다.

사람들은 보통 최대 마진 분류기, 서포트 벡터 분류기, 서포트 벡터 머신을 '서포

1 (옮긴이) '지지 벡터 기계'라는 용어도 흔히 볼 수 있지만 이 책에서는 '서포트 벡터 머신'으로 번역했다. 본문의 설명에도 있듯이 'support vector'라는 용어는 경계를 '지지'하는 벡터라는 의미에서 이런 이름이 붙었다. 참고로 수학이나 통계학에서 'support'라는 개념에 해당하는 한국어는 '지지' 또는 '받침'인데, 'support vector'에서 'support'는 수학 개념은 아니다.

트 벡터 머신들'이라고 느슨하게 언급한다. 혼란을 방지하기 위해 이번 장에서는 이 세 개념을 주의 깊게 구분해 사용한다.

9.1 최대 마진 분류기

이번 절에서는 '초평면'을 정의하고 최적 분리 초평면(optimal separating hyperplane)의 개념을 소개한다.

9.1.1 초평면이란 무엇인가?

p차원 공간에서 초평면(hyperplane)은 차원이 $p-1$인 평탄한 아핀(affine) 부분공간을 의미한다.[2] 예를 들어 2차원에서 초평면은 평탄한 1차원 부분공간, 즉 선이다. 3차원에서 초평면은 평탄한 2차원 부분공간, 즉 평면이다. $p>3$차원에서는 초평면을 시각화하기 어렵지만 $(p-1)$차원의 평탄한 부분공간이라는 개념은 여전히 적용된다.

초평면의 수학적 정의는 매우 간단하다. 2차원에서 초평면은 모수 β_0, β_1, β_2에 대해 다음 방정식과 같이 정의된다.

$$\beta_0 + \beta_1 X_1 + \beta_2 X_2 = 0 \tag{9.1}$$

식 (9.1)이 초평면을 '정의한다'는 것은 식 (9.1)이 성립하는 모든 $X=(X_1, X_2)^T$가 초평면 위의 점이라는 뜻이다. 2차원에서 초평면은 직선이기 때문에 식 (9.1)은 그냥 직선의 방정식이라는 점에 유의해야 한다.

식 (9.1)은 p차원 상황으로 쉽게 확장할 수 있다.

$$\beta_0 + \beta_1 X_1 + \beta_2 X_2 + \cdots + \beta_p X_p = 0 \tag{9.2}$$

이 식은 p차원 초평면을 정의하는데, 여기서도 마찬가지로 p차원 공간(즉, 길이가 p인 벡터)의 한 점 $X=(X_1, X_2, \ldots, X_p)^T$가 (식 9.2)를 만족하면 X가 그 초평면 위에 놓인다는 뜻이다.

이제 X가 식 (9.2)를 만족하지 않고 대신에

$$\beta_0 + \beta_1 X_1 + \beta_2 X_2 + \cdots + \beta_p X_p > 0 \tag{9.3}$$

인 경우를 생각해 보면 X가 초평면의 한쪽에 위치해 있음을 알 수 있다. 반면에

2 아핀(affine)은 부분공간이 원점을 지나지 않아도 된다는 뜻으로 쓰였다.

$$\beta_0 + \beta_1 X_1 + \beta_2 X_2 + \cdots + \beta_p X_p < 0 \tag{9.4}$$

이라면 X는 초평면의 다른 쪽에 위치한다. 따라서 초평면이 p차원 공간을 이등분한다고 생각할 수 있다. 식 (9.2) 좌변의 부호를 계산하는 것만으로 점이 초평면의 어느 쪽에 있는지 쉽게 결정할 수 있다. 2차원 공간에서 초평면은 [그림 9.1]과 같이 나타낼 수 있다.

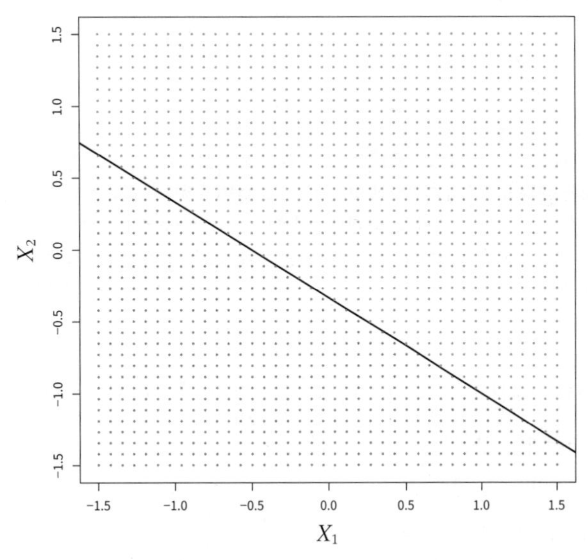

[그림 9.1] 초평면 $1 + 2X_1 + 3X_2 = 0$이 표시된다. 파란색 영역은 $1 + 2X_1 + 3X_2 > 0$을 만족하는 점의 집합이며, 보라색 영역은 $1 + 2X_1 + 3X_2 < 0$을 만족하는 점의 집합이다.

9.1.2 분리 초평면을 사용한 분류

이제 p차원 공간에 n개의 훈련 관측으로 구성된 $n \times p$ 데이터 행렬 $\mathbf{X}$가 있고 관측들이 두 부류로 나눠는 경우를 생각해 보자.

$$x_1 = \begin{pmatrix} x_{11} \\ \vdots \\ x_{1p} \end{pmatrix}, \ldots, x_n = \begin{pmatrix} x_{n1} \\ \vdots \\ x_{np} \end{pmatrix} \tag{9.5}$$

즉 $y_1, \ldots, y_n \in \{-1, 1\}$인데, 여기서 -1은 한 부류, 1은 다른 부류를 나타낸다. 그리고 테스트 관측은 관측된 특징의 p차원 벡터 $x^* = (x_1^* \ldots x_p^*)^T$이다. 목적은 훈련 데이터에 기반해 분류기를 개발하는 것으로 이 분류기는 특징 측정값을 이용해 테스트 관측을 올바르게 분류하게 된다. 분류 과제에는 이미 살펴본 여러 접근법 중에

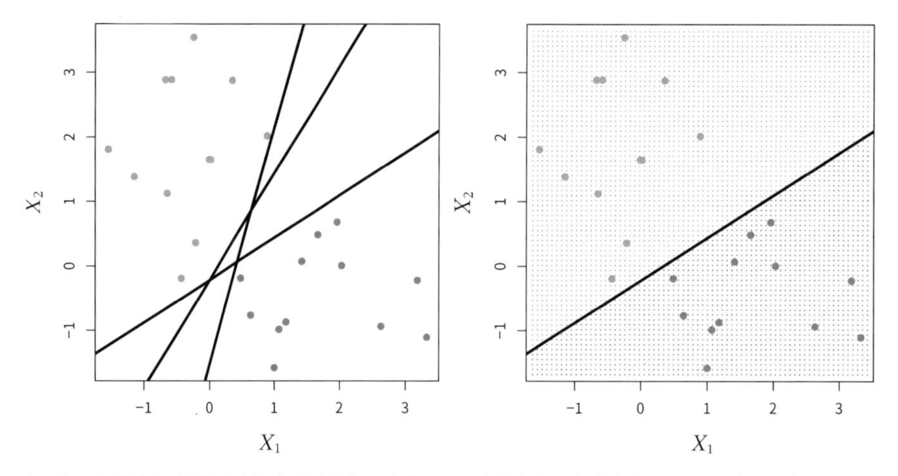

[그림 9.2] 왼쪽: 두 부류의 관측이 파란색과 보라색으로 표시되어 있으며 각각의 부류는 두 변수의 측정값을 나타낸다. 가능한 여러 가지 분리 초평면 중 세 개를 검은색으로 표시한 것이다. 오른쪽: 분리 초평면이 검은색으로 표시되어 있다. 파란색과 보라색 격자는 이 분리 초평면을 기반으로 한 분류기의 결정 규칙을 나타낸다. 격자의 파란색 부분에 속하는 테스트 관측은 파란색 부류에 할당되고 격자의 보라색 부분에 속하는 테스트 관측은 보라색 부류에 할당된다.

서 4장의 선형판별분석과 로지스틱 회귀, 8장의 분류나무, 배깅, 부스팅을 사용할 수 있다. 지금부터 살펴볼 새로운 접근법은 분리 초평면(separating hyperplane)이라는 개념에 기반하고 있다.

각 부류의 레이블에 따라 훈련 데이터의 관측을 완벽하게 분리하는 초평면을 만드는 경우를 생각해 보자. [그림 9.2]의 왼쪽 그림에는 '분리 초평면'의 세 가지 예가 있다. 파란색 부류의 관측들을 $y_i = 1$로 지정하고 보라색 부류의 관측들을 $y_i = -1$로 지정했다. 이때 분리 초평면의 성질은 다음과 같다.

$$\beta_0 + \beta_1 x_{i1} + \beta_2 x_{i2} + \cdots + \beta_p x_{ip} > 0 \text{ if } y_i = 1 \tag{9.6}$$

그리고

$$\beta_0 + \beta_1 x_{i1} + \beta_2 x_{i2} + \cdots + \beta_p x_{ip} < 0 \text{ if } y_i = -1 \tag{9.7}$$

이와 동일하게 분리 초평면은 모든 $i = 1, ..., n$에 대해 다음과 같은 성질이 있다.

$$y_i(\beta_0 + \beta_1 x_{i1} + \beta_2 x_{i2} + \cdots + \beta_p x_{ip}) > 0 \tag{9.8}$$

분리 초평면이 존재한다면 매우 자연스러운 분류기를 구성할 수 있을 것이다. 테스트 관측이 초평면의 어느 쪽에 위치하는지에 따라 부류를 할당하면 된다. [그림 9.2]의 오른쪽 그림은 그런 분류기의 예시를 보여 준다. 즉, 테스트 관측 x^*를 $f(x^*)$

$= \beta_0 + \beta_1 x_1^* + \beta_2 x_2^* + \ldots + \beta_p x_p^*$의 부호에 따라 분류한다. $f(x^*)$가 양수면 테스트 관측을 1 부류에 할당하고, $f(x^*)$가 음수면 -1 부류에 할당한다. 또한 $f(x^*)$의 '크기'를 활용할 수도 있다. $f(x^*)$가 0에서 멀다면 이는 x^*가 초평면에서 멀리 떨어져 있음을 의미하므로 x^*의 부류 할당을 신뢰할 수 있다. 반면 $f(x^*)$가 0에 가깝다면 x^*는 초평면 근처에 위치하므로 x^* 부류 할당을 완전히 신뢰하기 어렵다. 당연히 [그림 9.2]에서 볼 수 있듯이 분리 초평면을 기반으로 한 분류기에는 선형 결정경계가 있다.

9.1.3 최대 마진 분류기

일반적으로 초평면을 사용해 데이터를 완벽하게 분리할 수 있다면 실제로 무한한 수의 초평면이 존재할 것이다. 주어진 분리 초평면이 일반적으로 어떤 관측과도 접촉하지 않으면서 조금 위나 아래로 이동하거나 회전할 수 있기 때문이다. [그림 9.2] 왼쪽 그림에는 세 가지 가능한 분리 초평면이 나와 있다. 분리 초평면에 기반한 분류기를 구성하려면 무한히 많은 가능한 분리 초평면에서 어떤 것을 사용할지 결정하는 합리적인 방법이 있어야 한다.

자연스러운 선택 중 하나는 최대 마진 초평면(maximal margin hyperplane, 최적 분리 초평면(optimal separating hyperplane)이라고도 한다), 즉 훈련 관측으로부터 가장 멀리 떨어진 분리 초평면이다. 각각의 훈련 관측으로부터 주어진 분리 초평면까지의 수직 거리를 계산할 수 있는데, 그런 거리들 중 가장 작은 것을 관측에서 초평면까지의 최소 거리, 즉 마진(margin)이라고 한다. 최대 마진 초평면은 마진이 가장 큰 분리 초평면인데, 훈련 관측들까지의 거리 중 최솟값을 가장 크게 만드는 초평면이다.[3] 그런 다음 테스트 관측을 최대 마진 초평면의 어느 쪽에 위치하는지에 따라 분류할 수 있다. 이를 최대 마진 분류기(maximal margin classifier)라고 한다. 훈련 데이터에서 마진이 큰 분류기는 테스트 데이터에서도 마진이 클 것이므로 테스트 관측을 정확하게 분류하리라 기대할 수 있다. 그런데 최대 마진 분류기는 대체로 성공적이지만 p가 클 경우 과적합(overfitting)을 초래할 수도 있다.

최대 마진 초평면의 계수가 $\beta_0, \beta_1, \ldots, \beta_p$일 때, 최대 마진 분류기는 $f(x^*) = \beta_0 + \beta_1 x_1^* + \beta_2 x_2^* + \ldots + \beta_p x_p^*$의 부호에 기반해 테스트 관측 x^*를 분류한다

3 (옮긴이) 훈련 관측까지의 최소 거리가 가장 먼 초평면을 구하는 이유는 두 부류 간에 결정경계를 넓게 만들기 위해서다. 결정경계가 넓을수록 과적합할 위험이 적고 새로운 데이터에 대해서도 더 잘 일반화한다.

[그림 9.3]은 [그림 9.2]의 데이터 세트에서 최대 마진 초평면을 보여 준다. [그림 9.2]의 오른쪽 그림과 [그림 9.3]을 비교해 보면 [그림 9.3]에 나타난 최대 마진 초평면이 실제로 관측과 분리 초평면 사이의 최소 거리를 더 크게, 즉 마진을 더 크게 만들었음을 알 수 있다. 어떤 의미에서 최대 마진 초평면은 두 부류 사이에 삽입할 수 있는 가장 넓은 평판(slab)의 중앙선을 나타낸다.

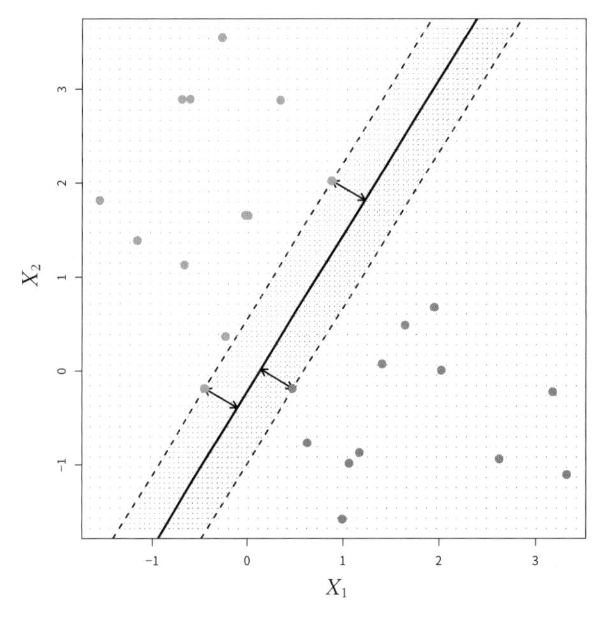

[그림 9.3] 파란색과 보라색으로 표시된 두 부류의 관측이 있다. 최대 마진 초평면은 실선으로 표시했다. 마진은 실선에서 두 개의 파선 중 하나까지의 거리다. 파선 위에 있는 두 개의 파란색 점과 보라색 점이 서포트 벡터이며 점에서 초평면까지의 거리는 화살표로 표시했다. 보라색과 파란색 격자는 이 분리 초평면을 기반으로 한 분류기로 만들어진 결정 규칙을 나타낸다.

[그림 9.3]을 살펴보면 세 개의 훈련 관측이 최대 마진 초평면에서 같은 거리에 있으며 마진의 폭을 나타내는 파선을 따라 위치하고 있음을 알 수 있다. 이 세 관측은 서포트 벡터(support vector)라고 하는 p차원 공간의 벡터인데([그림 9.3]에서 $p = 2$), 이 점들이 조금만 이동해도 최대 마진 초평면도 함께 이동한다는 의미에서 최대 마진 초평면을 지지(support)한다고 볼 수 있다. 흥미롭게도 최대 마진 초평면은 서포트 벡터에만 직접적으로 의존하며 다른 관측에는 의존하지 않는다. 관측의 이동이 마진으로 설정된 경계를 넘지 않는 한, 다른 관측의 이동은 분리 초평면에 영향을 주지 않는다. 최대 마진 초평면이 관측의 작은 부분집합에만 직접적으로

의존한다는 사실은 이 장 뒷부분에서 서포트 벡터 분류기와 서포트 벡터 머신을 논의할 때 중요한 성질로 다루어진다.

9.1.4 최대 마진 분류기의 구조

이제 n개의 훈련 관측 세트 $x_1, ..., x_n \in \mathbb{R}^p$와 연관된 부류 레이블 $y_1, ..., y_n \in \{-1, 1\}$을 기반으로 최대 마진 초평면을 구성하는 작업을 생각해 보자. 간단히 말하면 최대 마진 초평면은 다음 최적화 문제의 해다.

$$\underset{\beta_0,\beta_1,\ldots,\beta_p,M}{\text{maximize}} \; M \tag{9.9}$$

$$\text{subject to} \; \sum_{j=1}^{p} \beta_j^2 = 1 \tag{9.10}$$

$$y_i(\beta_0 + \beta_1 x_{i1} + \beta_2 x_{i2} + \cdots + \beta_p x_{ip}) \geq M \;\; \forall\, i = 1, \ldots, n \tag{9.11}$$

이 최적화 문제 (9.9)~(9.11)은 사실 보기보다 간단하다. 우선 식 (9.11)의 제약에서

$$y_i(\beta_0 + \beta_1 x_{i1} + \beta_2 x_{i2} + \cdots + \beta_p x_{ip}) \geq M \;\; \forall\, i = 1, \ldots, n$$

은 M이 양수라면 각각의 관측은 초평면의 올바른 쪽에 있다는 것을 보장한다(실제로 각각의 관측이 초평면의 올바른 쪽에 있으려면 $y_i(\beta_0 + \beta_1 x_{i1} + \beta_2 x_{i2} + ... + \beta_p x_{ip}) > 0$이기만 하면 되는데, 식 (9.11)의 제약은 사실 각 관측이 M이 양수인 경우 약간의 여유 공간을 두고 초평면의 올바른 쪽에 있어야 한다는 것을 의미한다).

다음으로 식 (9.10)은 실제로는 초평면에 대한 제약이 아니다. $\beta_0 + \beta_1 x_{i1} + \beta_2 x_{i2} + ... + \beta_p x_{ip} = 0$이 초평면을 정의하면, 모든 $k \neq 0$에 대해 $k(\beta_0 + \beta_1 x_{i1} + \beta_2 x_{i2} + ... + \beta_p x_{ip}) = 0$도 초평면을 정의하기 때문이다. 그러나 식 (9.10)은 식 (9.11)에 추가로 의미를 부여한다. 이 제약에서는 i번째 관측에서 초평면까지의 수직 거리가 다음과 같이 주어진다.

$$y_i(\beta_0 + \beta_1 x_{i1} + \beta_2 x_{i2} + \cdots + \beta_p x_{ip})$$

따라서 제약 식 (9.10)과 식 (9.11)은 각각의 관측이 초평면의 올바른 쪽에 위치하며 최소한 M의 거리만큼 초평면에서 떨어져 있음을 보장한다. 따라서 M은 초평면의 마진을 나타내며 이 최적화 문제는 M을 최대화하는 $\beta_0, \beta_1, ..., \beta_p$를 선택하는 문제가 된다. 이것이 바로 최대 마진 초평면의 정의다. 문제 (9.9)~(9.11)의 해를

효율적으로 구할 수 있지만 최적화에 대한 더 이상의 세부적인 설명은 이 책의 범위를 벗어난다.

9.1.5 분리할 수 없는 경우

최대 마진 분류기는 '분리 초평면이 존재하는 경우'에 분류를 수행하는 매우 자연스러운 방법이다. 그러나 앞서 언급했듯이 많은 경우에 분리 초평면이 존재하지 않으므로 최대 마진 분류기도 존재하지 않는다. 이 경우 최적화 문제 (9.9)~(9.11)에는 $M > 0$을 만족하는 해가 없다. [그림 9.4]에서 그 예를 볼 수 있다. 이 예에서는 두 부류를 '정확하게' 분리할 수 없다. 하지만 다음 절에서 다루는 것처럼 분리 초평면의 개념을 확장해 부류들을 '거의' 분리하는 초평면을 개발할 수 있는데, 이때 소위 소프트 마진(soft margin)을 사용한다. 따라서 최대 마진 분류기로 분리 불가능한 경우까지 일반화할 수 있는 것이 '서포트 벡터 분류기'라고 할 수 있다.

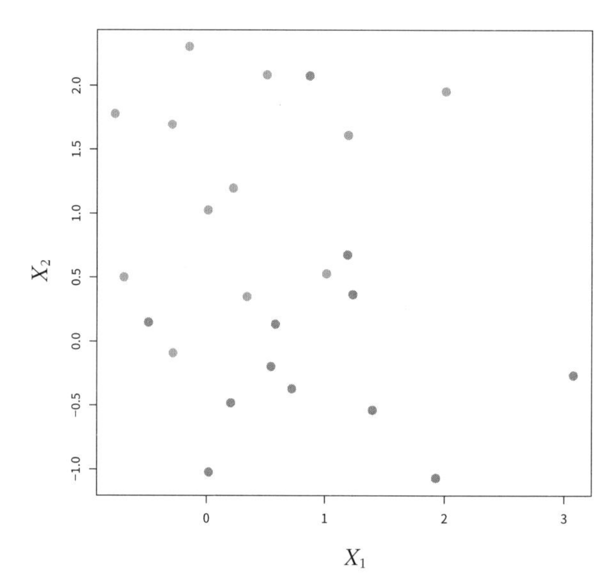

[그림 9.4] 관측은 파란색과 보라색으로 표시된 두 부류로 나뉜다. 이 경우 두 부류는 초평면으로 분리될 수 없으므로 최대 마진 분류기를 사용할 수 없다.

9.2 서포트 벡터 분류기

9.2.1 서포트 벡터 분류기 개요

[그림 9.4]에서 볼 수 있듯이 두 부류에 속하는 관측들이 반드시 하나의 초평면으로 분리될 수 있는 것은 아니다. 사실 분리 초평면이 존재하더라도 분리 초평면에 기반한 분류기에서 원하는 결과가 나오지 않을 수도 있다. 분리 초평면에 기반한 분류기는 필연적으로 모든 훈련 데이터를 완벽하게 분류하려고 하는데, 그로 인해 각각의 관측에 민감해진다. 그 한 예시를 [그림 9.5]에서 살펴볼 수 있다. [그림 9.5]의 오른쪽 그림에 추가된 단 하나의 관측이 최대 마진 초평면에 극적인 변화를 초래하고 있다. 결과로 나오는 초평면은 만족스럽지 않은데, 단 한 가지 이유는 마진이 아주 작기 때문이다. 이것이 (마진이 너무 작은 것이) 문제인 이유는 앞서 논의했듯이 한 관측의 초평면까지 거리를 해당 관측이 올바르게 분류했다는 확신(신뢰)의 척도로 볼 수 있기 때문이다. 게다가 최대 마진 초평면이 단일 관측의 변화에 극도로 민감하다는 사실은 (해당 초평면이) 훈련 데이터를 과적합했을 가능성을 시사한다.

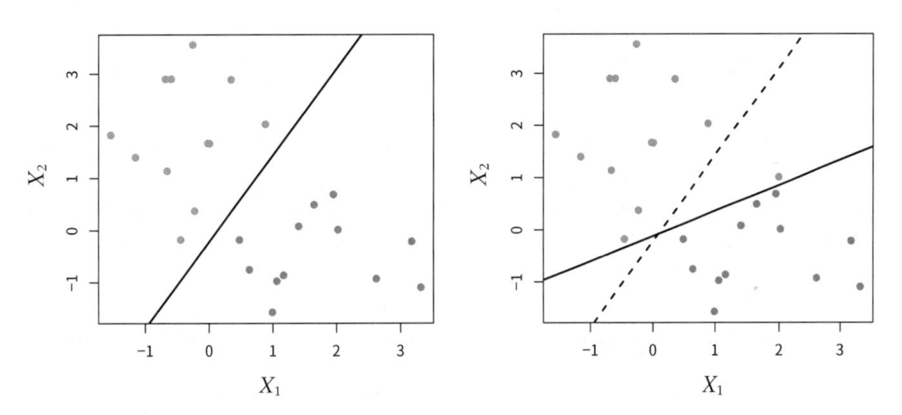

[그림 9.5] 왼쪽: 두 부류의 관측이 파란색과 보라색으로 표시되어 있으며 최대 마진 '초평면'도 함께 표시되어 있다. 오른쪽: 추가된 파란색 관측으로 인해 실선으로 표시된 최대 마진 초평면이 급격하게 이동했다. 파선은 이 추가적인 점이 없었을 때 구한 최대 마진 초평면을 나타낸다.

이런 경우에는 두 부류를 완벽하게 분리하지 않는 초평면 기반의 분류기를 고려하는 것이 좋은데, 구체적으로는 다음과 같은 이점이 있다.

- 개별 관측들에 더 로버스트(robust)하다.
- '대부분' 훈련 데이터를 더 잘 분류한다.

즉, 나머지 관측을 더 잘 분류하기 위해서 몇몇 훈련 관측을 잘못 분류하는 것이 가치가 있을 수 있다.

소프트 마진 분류기(soft margin classifier)라고도 하는 서포트 벡터 분류기(support vector classifier)가 정확히 이렇게 동작한다. 모든 관측이 초평면뿐만 아니라 마진의 올바른 쪽에 있도록 가능한 한 가장 큰 마진을 찾는 대신, 일부 관측이 마진의 잘못된 쪽이나 심지어 초평면의 잘못된 쪽에 있는 것을 허용한다(마진이 '소프트'인 이유는 일부 훈련 결과가 관측을 위반하기 때문이다). [그림 9.6]의 왼쪽 그림에서 그 한 예를 볼 수 있다. 관측은 대부분 마진의 올바른 쪽에 있다. 그러나 일부 소수의 관측은 마진의 잘못된 쪽에 있다.

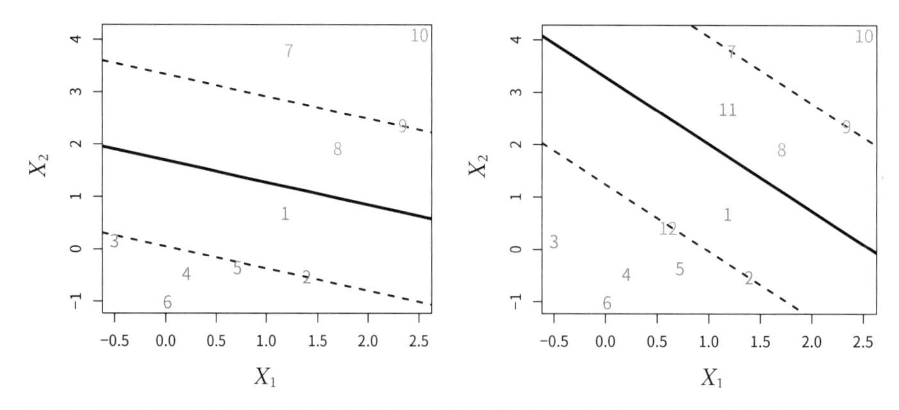

[그림 9.6] 왼쪽: 작은 데이터 세트에 서포트 벡터 분류기가 적합됐다. 초평면은 실선으로, 마진은 파선으로 표시되어 있다. 보라색 관측: 관측 3, 4, 5, 6은 마진의 올바른 쪽에 있으며 관측 2는 마진 위에 있고 관측 1은 마진의 잘못된 쪽에 있다. 파란색 관측: 관측 7과 10은 마진의 올바른 쪽에 있으며 관측 9는 마진 위에 있고 관측 8은 마진의 잘못된 쪽에 있다. 초평면의 잘못된 쪽에 있는 관측은 없다. 오른쪽: 왼쪽 그림과 동일하나 추가된 두 점, 11과 12가 있다. 이 두 관측은 초평면과 마진의 잘못된 쪽에 있다.

관측은 마진의 잘못된 쪽뿐만 아니라 초평면의 잘못된 쪽에도 있을 수 있다. 실제로 분리 초평면이 없는 경우 이런 상황은 불가피하다. 초평면의 잘못된 쪽에 있는 관측은 서포트 벡터 분류기가 잘못 분류한 훈련 관측에 대응한다. [그림 9.6]의 오른쪽 그림은 이 시나리오를 보여 준다.

9.2.2 서포트 벡터 분류기의 세부 사항

서포트 벡터 분류기는 테스트 관측이 초평면의 어느 쪽에 위치하는지에 따라 분류한다. 초평면은 훈련 관측을 대부분 두 개의 부류로 올바르게 분리할 수 있도록 선택되지만 몇몇 관측을 잘못 분류할 수 있다. 이것은 다음 최적화 문제의 해이다.

$$\underset{\beta_0,\beta_1,\ldots,\beta_p,\epsilon_1,\ldots,\epsilon_n,\,M}{\text{maximize}} \quad M \tag{9.12}$$

$$\text{subject to} \quad \sum_{j=1}^{p} \beta_j^2 = 1 \tag{9.13}$$

$$y_i(\beta_0 + \beta_1 x_{i1} + \beta_2 x_{i2} + \cdots + \beta_p x_{ip}) \geq M(1 - \epsilon_i), \tag{9.14}$$

$$\epsilon_i \geq 0, \quad \sum_{i=1}^{n} \epsilon_i \leq C \tag{9.15}$$

여기서 C는 음수가 아닌 조율모수(tuning parameter)다. 식 (9.11)과 같이 M은 마진의 폭이며 이 값을 가능한 한 크게 만들어야 한다. 식 (9.14)에서 $\epsilon_1, \ldots, \epsilon_n$은 개별 관측이 마진이나 초평면의 잘못된 쪽에 있을 수 있게 허용하는 슬랙변수(slack variable)다. 슬랙변수는 곧 더 자세히 설명한다. 식 (9.12)~(9.15)를 풀었다면 이전과 같이 테스트 관측 x^*이 단순히 초평면의 어느 쪽에 위치하는지를 결정함으로써 분류할 수 있다. 즉, $f(x^*) = \beta_0 + \beta_1 x_1^* + \ldots + \beta_p x_p^*$의 부호를 기반으로 테스트 관측을 분류한다.

식 (9.12)~(9.15)의 문제는 복잡해 보이지만 다음에 제시할 일련의 단순한 관찰로 그 동작을 이해할 수 있다. 우선 슬랙변수 ϵ_i는 i번째 관측의 초평면에 대한 상대적인 위치와 마진에 대한 상대적인 위치를 알려 준다. 만약 $\epsilon_i = 0$이라면 9.1.4절에서 살펴보았듯이 i번째 관측은 마진의 올바른 쪽에 위치한다. 만약 $\epsilon_i > 0$이라면 i번째 관측은 마진의 잘못된 쪽에 있으며 i번째 관측이 마진을 '위반'했다고 말한다. 만약 $\epsilon_i > 1$이면 관측은 초평면의 잘못된 쪽에 있다.

이제 조율모수 C의 역할을 알아보자. 식 (9.15)에서 C는 ϵ_i들의 합을 제한하므로 마진(및 초평면)을 위반한 개수와 심각함의 허용 정도를 결정한다. C는 n개 관측에서 마진이 위반될 수 있는 양을 위한 '예산'으로 생각할 수 있다. 만약 $C = 0$이라면 마진 위반에 대한 예산이 없으므로 $\epsilon_1 = \ldots = \epsilon_n = 0$이어야 한다. 이 경우 식 (9.12)~(9.15)는 단순히 최대 마진 초평면 최적화 문제로 식 (9.9)~(9.11)과 같아진다(물론 최대 마진 초평면은 두 부류가 분리 가능한 경우에만 존재한다). $C > 0$이라면 C보다 많은 관측이 초평면의 잘못된 쪽에 있을 수 없다. 관측이 초평면의 잘못된 쪽에 있는 경우 $\epsilon_i > 1$이 되고 식 (9.15)는 $\sum_{i=1}^{n} \epsilon_i \leq C$를 요구하기 때문이다. 예산 C가 증가함에 따라 마진 위반을 더 많이 허용하므로 마진이 넓어진다. 반대로 C가 감소함에 따라 마진 위반을 덜 허용하므로 마진이 좁아진다. 예시는 [그림 9.7]에서 확인할 수 있다.

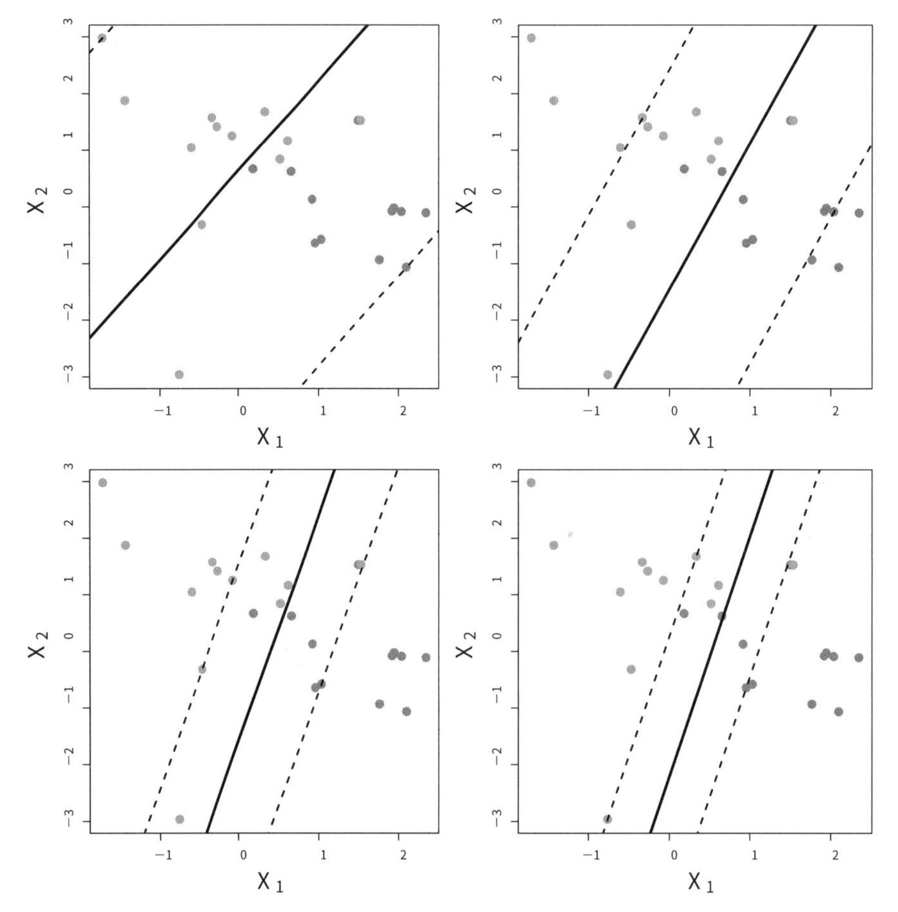

[그림 9.7] 식 (9.12)~(9.15)에서 조율모수 C의 네 가지 다른 값을 사용해 서포트 벡터 분류기를 적합했다. 가장 큰 C 값은 왼쪽 상단 그림에서 사용했고 오른쪽 상단, 왼쪽 하단, 오른쪽 하단 그림에는 점점 더 작은 값을 사용했다. C가 크면 관측이 마진의 잘못된 쪽에 있는 것을 많이 허용하기 때문에 마진이 넓어진다. C가 감소하면 관측이 마진의 잘못된 쪽에 있는 것을 덜 허용하기 때문에 마진이 좁아진다.

실제로 C는 일반적으로 교차검증을 통해 선택되는 조율모수로 다루어진다. 이 책 전반에 걸쳐 살펴본 조율모수와 마찬가지로 C는 통계적 학습 기법의 편향-분산 트레이드오프(bias-variance trade-off)를 제어한다. C가 작을 때는 거의 위반되지 않는 좁은 마진을 찾으려고 한다. 이 분류기는 데이터에 아주 잘 적합되어 있기 때문에 편향은 낮지만 분산이 높을 수 있다. 반면 C가 크면 마진이 넓어지고 위반을 더 많이 허용한다. 따라서 데이터에 덜 엄격하게 적합되어 있기 때문에 편향은 높지만 분산은 낮은 분류기를 만들 수 있다.

최적화 문제 (9.12)~(9.15)에는 매우 흥미로운 성질이 있다. 마진 위에 있거나 마진을 위반하는 관측만이 초평면과 분류기에 영향을 미친다. 다시 말해 마진의 올바른 쪽에 엄격하게 위치하는 관측은 서포트 벡터 분류기에 영향을 주지 않는다. 해당 관측의 위치를 변경해도 그 위치가 마진의 올바른 쪽에 남아 있다면 분류기는 전혀 변경되지 않는다. 마진 위에 직접 위치하거나 자신의 부류에서 마진의 잘못된 쪽에 있는 관측이 서포트 벡터(support vector)로 알려져 있다. 이 관측은 서포트 벡터 분류기에 영향을 준다.

서포트 벡터만이 분류기에 영향을 미친다는 사실은 C가 서포트 벡터 분류기의 편향-분산 트레이드오프를 제어한다는 앞의 주장과 일치한다. 조율모수 C가 클 때 마진은 넓고 많은 관측이 마진을 위반하며, 따라서 서포트 벡터가 많이 존재하게 된다. 이 경우 초평면을 결정하는 데 많은 관측이 관여한다. [그림 9.7]의 왼쪽 상단 그림은 이 상황을 보여 준다. 이 분류기는 많은 관측이 서포트 벡터이기 때문에 분산이 낮다(하지만 편향은 높을 수 있다). 반면 C가 작으면 서포트 벡터의 수가 적어지므로 결과로 얻은 분류기는 낮은 편향과 높은 분산을 보인다. [그림 9.7]의 오른쪽 하단 그림은 오직 8개의 서포트 벡터만 있는 상황을 나타낸다.

서포트 벡터 분류기의 결정 규칙이 잠재적으로 작은 훈련 관측의 부분집합(서포트 벡터)에만 기반한다는 사실은 초평면에서 멀리 떨어진 관측의 행동에 상당히 로버스트(robust)하다는 것을 의미한다. 이 성질은 이전 장에서 본 선형판별분석(LDA, linear discriminant analysis)과 같은 다른 분류 방법과는 구별된다. LDA 분류 규칙은 각 부류 내의 '모든' 관측의 평균뿐만 아니라 '모든' 관측을 사용해 계산한 부류 내 공분산행렬에도 의존한다는 점을 떠올려 보자. 반면 LDA와는 달리 로지스틱 회귀(logistic regression)는 결정경계에서 멀리 떨어진 관측에 대한 민감도가 매우 낮다. 실제로 서포트 벡터 분류기와 로지스틱 회귀가 밀접하게 관련되어 있다는 것을 9.5절에서 다룬다.

9.3 서포트 벡터 머신

먼저 선형 분류기를 비선형 결정경계를 생성하는 분류기로 변환하는 일반적인 메커니즘을 논의하려고 한다. 그런 다음에는 이 작업을 자동으로 수행하는 서포트 벡터 머신을 소개한다.

9.3.1 비선형 결정경계를 사용한 분류

서포트 벡터 분류기는 부류가 두 개이고 그 사이의 경계가 선형일 때 자연스럽게 분류하는 방법이다. 그러나 실제에서는 종종 비선형 부류 경계가 있다. 예를 들어 [그림 9.8]의 왼쪽 그림에 있는 데이터를 고려해 보자. 서포트 벡터 분류기는 물론 어떤 선형 분류기도 성능이 좋지 않을 것임이 명백하다. 실제로 [그림 9.8]의 오른쪽 그림에 표시된 서포트 벡터 분류기는 여기서 거의 쓸모가 없다.

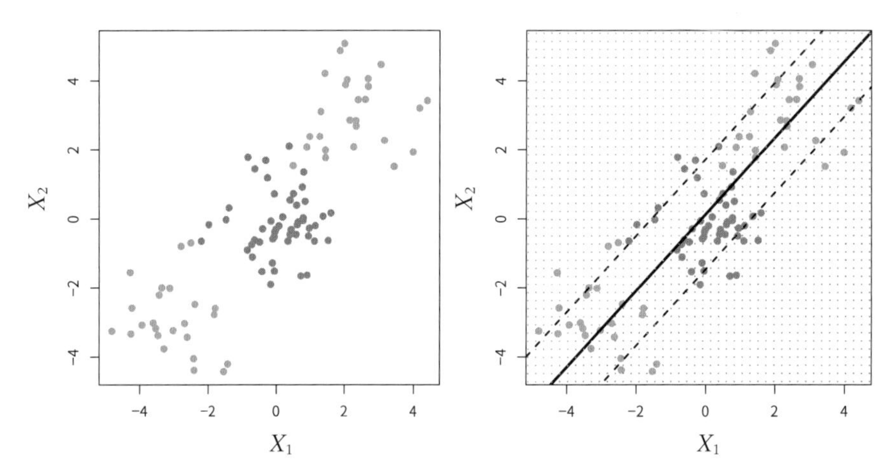

[그림 9.8] 왼쪽: 관측은 두 부류로 나뉘며 그 사이에 비선형 경계가 존재한다. 오른쪽: 서포트 벡터 분류기가 선형 경계를 찾으려 하기 때문에 결과적으로 성능이 매우 떨어진다.

7장에서도 유사한 상황에 직면했었다. 예측변수와 결과 사이에 비선형 관계가 있을 때 선형회귀의 성능이 저하되기도 했다. 이 경우 비선형성을 해결하기 위해 예측변수의 함수, 예를 들어 이차 및 삼차항을 사용해 특징 공간의 확장을 고려했다. 서포트 벡터 분류기의 경우에도 예측변수의 이차, 삼차, 심지어 고차 다항함수를 사용해 특징 공간을 확장함으로써 유사한 방식으로 부류 간의 가능한 비선형 경계 문제를 해결할 수 있다. 예를 들어 p 특징

$$X_1, X_2, \ldots, X_p$$

를 사용해 서포트 벡터 분류기를 적합하는 대신 $2p$개의 특징

$$X_1, X_1^2, X_2, X_2^2, \ldots, X_p, X_p^2$$

을 사용해 서포트 벡터 분류기를 적합할 수 있다. 그러면 식 (9.12)~(9.15)는 다음과 같이 될 것이다.

$$\underset{\beta_0,\beta_{11},\beta_{12},\ldots,\beta_{p1},\beta_{p2},\epsilon_1,\ldots,\epsilon_n,\,M}{\text{maximize}} \quad M \tag{9.16}$$

$$\text{subject to } y_i\left(\beta_0 + \sum_{j=1}^{p}\beta_{j1}x_{ij} + \sum_{j=1}^{p}\beta_{j2}x_{ij}^2\right) \geq M(1-\epsilon_i),$$

$$\sum_{i=1}^{n}\epsilon_i \leq C, \quad \epsilon_i \geq 0, \quad \sum_{j=1}^{p}\sum_{k=1}^{2}\beta_{jk}^2 = 1$$

왜 이 제약에서 비선형 결정경계가 나올까? 확대된 특징 공간에서 식 (9.16)의 결과로 나온 결정경계는 사실 선형이다. 그러나 원래의 특징 공간에서 결정경계는 $q(x)=0$의 형태이며, 여기서 q는 2차 다항식이고 그 해는 일반적으로 비선형이다. 또한 $j \neq j'$에 대한 $X_j X_{j'}$ 형태의 상호작용 항 또는 고차항으로 특징 공간을 확장하고자 할 수도 있다. 다항식 대신에 예측변수의 다른 함수들을 고려할 수도 있다. 어렵지 않게 알 수 있듯이 특징 공간을 확장할 수 있는 방법은 많으므로 주의하지 않으면 특징 수가 엄청나게 많아질 수 있다. 그렇게 되면 계산이 불가능해진다. 다음 절에 제시하는 서포트 벡터 머신을 사용하면 서포트 벡터 분류기가 사용하는 특징 공간을 효율적으로 계산할 수 있도록 확장할 수 있다.

9.3.2 서포트 벡터 머신

서포트 벡터 머신(SVM, support vector machine)은 서포트 벡터 분류기의 확장으로, 커널(kernel)을 사용해 특정 방식으로 특징 공간을 확장한다. 이제 이 확장을 논의할 텐데, 다소 복잡한 세부 사항은 이 책의 설명 범위를 벗어난다. 주요 아이디어는 9.3.1절에서 설명했다. 부류 사이의 비선형 경계를 수용하기 위해 특징 공간을 확장하려면 여기서 설명하는 커널 접근법이 이 아이디어를 실현하기 위한 효율적인 계산 방법이다.

서포트 벡터 분류기가 어떻게 계산되는지는 다소 기술적인 부분이기 때문에 구체적으로 설명하지 않았다. 그러나 서포트 벡터 분류기 문제 (9.12)~(9.15)의 해에는 (관측 자체가 아닌) 관측의 내적(inner product)만이 관여한다는 사실이 밝혀졌다. 두 r-벡터 a와 b의 내적은 $\langle a, b\rangle = \sum_{i=1}^{r} a_i b_i$로 정의된다. 그리고 두 관측 x_i, $x_{i'}$의 내적은 다음과 같이 주어진다.

$$\langle x_i, x_{i'} \rangle = \sum_{j=1}^{p} x_{ij} x_{i'j} \tag{9.17}$$

다음과 같이 보여 줄 수 있다.

- 이때 선형 서포트 벡터 분류기는 다음과 같이 표현된다.

$$f(x) = \beta_0 + \sum_{i=1}^{n} \alpha_i \langle x, x_i \rangle \tag{9.18}$$

  여기서 훈련 관측마다 하나씩 n개의 모수 $\alpha_i, i = 1, ..., n$이 있다.

- 모수 $\alpha_1, ..., \alpha_n$ 및 β_0을 추정하기 위해 모든 훈련 관측 쌍 사이의 $\binom{n}{2}$개의 내적 $\langle x_i, x_{i'} \rangle$만 필요하다($\binom{n}{2}$이라는 표현은 $n(n-1)/2$을 의미하며 n개 항목의 집합에서 가능한 쌍의 수를 나타낸다).

식 (9.18)에서 함수 $f(x)$를 평가하기 위해서는 새로운 점 x와 각각의 훈련 점 x_i 사이의 내적(inner product)을 계산해야 한다는 사실에 주목할 필요가 있다. 그러나 α_i의 해는 서포트 벡터에 대해서만 0이 아닌 것으로 밝혀져 있다. 즉, 훈련 관측이 서포트 벡터가 아니라면 해당 α_i는 0과 같다. 따라서 $\mathcal{S}$가 서포트 점들의 인덱스 집합이라면 식 (9.18) 형태의 모든 해를 나타내는 함수는 다음과 같이 다시 쓸 수 있다.

$$f(x) = \beta_0 + \sum_{i \in \mathcal{S}} \alpha_i \langle x, x_i \rangle \tag{9.19}$$

이 식은 일반적으로 식 (9.18)보다 훨씬 적은 항을 포함한다.[4]

요약하면 선형 분류기 $f(x)$를 표현하고 그 계수를 계산하는 데 필요한 것은 내적뿐이다.

이제 내적 (9.17)이 식 (9.18)에 나타나거나 서포트 벡터 분류기를 위한 해의 계산에 나타날 때마다 내적을 '일반화'해 다음과 같은 형태로 대체하는 경우를 생각해 보자.

$$K(x_i, x_{i'}) \tag{9.20}$$

4 식 (9.19)에서 각각의 내적을 전개하면 $f(x)$가 x 좌표의 선형함수임을 쉽게 알 수 있다. 또한 이렇게 하면 α_i와 원래 모수 β_j 사이의 대응 관계도 확립할 수 있다.

여기서 K는 커널함수(kernel functions)다. 커널은 두 관측의 유사성을 수량화하는 함수다. 예를 들어 단순히

$$K(x_i, x_{i'}) = \sum_{j=1}^{p} x_{ij} x_{i'j} \tag{9.21}$$

를 취할 수 있는데, 그 결과 서포트 벡터 분류기를 그대로 돌려준다. 식 (9.21)은 서포트 벡터 분류기의 특징이 선형이기 때문에 선형 커널(linear kernel)로 알려져 있다. 선형 커널은 기본적으로 피어슨(표준) 상관계수를 사용해 관측 쌍의 유사성을 수량화한다. 그러나 식 (9.20)을 위한 다른 형태를 선택할 수 있다. 예를 들어 $\sum_{j=1}^{p} x_{ij} x_{i'j}$가 나타나는 모든 경우를 다음으로 바꿀 수 있다.

$$K(x_i, x_{i'}) = (1 + \sum_{j=1}^{p} x_{ij} x_{i'j})^d \tag{9.22}$$

여기서 d는 양의 정수이고 이 커널을 d차 다항 커널(polynomial kernel)이라고 한다. 표준 선형 커널 식 (9.21) 대신 $d > 1$인 커널을 서포트 벡터 분류기 알고리즘에 사용하면 훨씬 더 유연한 결정경계를 생성한다. 이는 본질적으로 원래의 특징 공간이 아닌 d차 다항식을 포함하는 고차원 공간에서 서포트 벡터 분류기를 적합하는 것과 같다. 서포트 벡터 분류기가 식 (9.22)와 같은 비선형 커널과 결합될 때 그 결과로 생성되는 분류기를 서포트 벡터 머신이라고 한다. 이 경우 (비선형) 함수의 형태는 다음과 같다.

$$f(x) = \beta_0 + \sum_{i \in \mathcal{S}} \alpha_i K(x, x_i) \tag{9.23}$$

[그림 9.9]의 왼쪽 그림은 [그림 9.8]의 비선형 데이터에 다항 커널을 적용한 SVM의 예다. 선형 서포트 벡터 분류기에 비해 적합이 상당히 향상됐다. $d = 1$일 때 SVM은 이 장 앞부분에서 본 서포트 벡터 분류기가 된다.

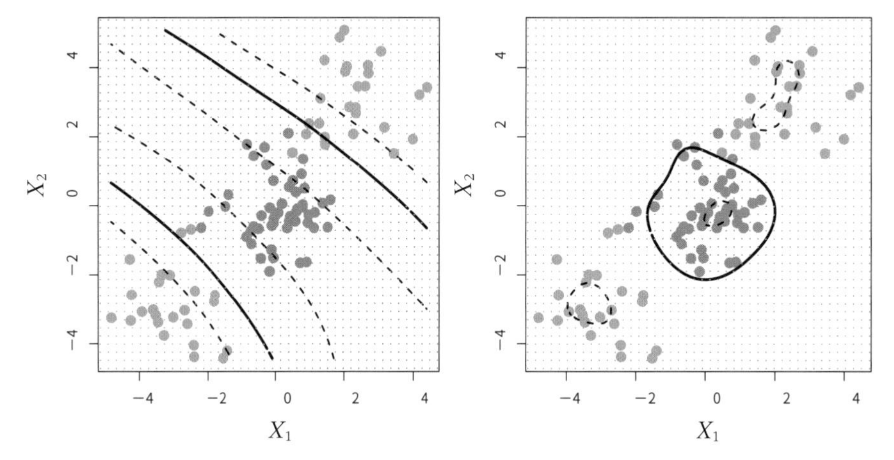

[그림 9.9] 왼쪽: 3차 다항 커널을 사용한 SVM을 [그림 9.8]의 비선형 데이터에 적용하면 훨씬 더 적절한 의사결정 규칙이 생성된다. 오른쪽: 방사형 커널(radial kernel)을 사용한 SVM이 적용됐다. 이 예시로 어느 커널이든 의사결정경계를 포착할 수 있다는 것을 알 수 있다.

식 (9.22)에 나타난 다항 커널은 가능한 비선형 커널의 한 예시지만 다른 대안도 많다. 인기가 있는 또 다른 선택지는 방사형 커널(radial kernel)인데, 다음 형태를 취한다.

$$K(x_i, x_{i'}) = \exp(-\gamma \sum_{j=1}^{p}(x_{ij} - x_{i'j})^2) \tag{9.24}$$

식 (9.24)에서 γ는 양의 상수다. [그림 9.9]의 오른쪽 그림은 이 비선형 데이터에 방사형 커널을 사용하는 SVM의 예를 보여 준다. 여기서도 두 부류를 잘 분리하고 있다.

방사형 커널 식 (9.24)는 실제로 어떻게 동작할까? 만약에 주어진 테스트 관측 x^* $= (x_1^*, ..., x_p^*)^T$가 유클리드 거리 측면에서 훈련 관측 x_i와 멀리 떨어져 있다면, $\sum_{j=1}^{p} (x_j^* - x_{ij})^2$은 클 것이고 그 결과 $K(x^*, x_i) = \exp\left(-\gamma \sum_{j=1}^{p} (x_j^* - x_{ij})^2\right)$은 매우 작아질 것이다. 이는 식 (9.23)에서 x_i는 $f(x^*)$에서 실질적으로 아무런 역할도 하지 못함을 의미한다. 테스트 관측 x^*에서 예측된 부류의 레이블은 $f(x^*)$의 부호에 기반하고 있다는 점을 기억하자. 다시 말해 x^*에서 멀리 떨어진 훈련 관측은 x^*에 대해 예측된 부류 레이블에 본질적으로 아무 역할도 하지 않는다. 오직 주변의 훈련 관측만이 테스트 관측의 레이블 부류에 영향을 미친다는 점에서 방사형 커널은 매우 '국소적인' 방식으로 동작한다는 사실을 알 수 있다.

식 (9.16)처럼 원래 특징의 함수를 사용해 특징 공간을 단순히 확장하는 대신 커널을 사용하는 이점은 무엇일까? 한 가지 이점은 계산적인 측면인데, 커널을 사용하면 모든 $\binom{n}{2}$개의 서로 다른 쌍 i, i'에 대해 $K(x_i, x_{i'})$만 계산하면 된다. 이 계산을 확장된 특징 공간에서 명시적으로 작업하지 않고도 수행할 수 있다는 점이 중요한데, SVM을 다양한 응용 프로그램에서 사용하기 때문에 확장된 특징 공간이 너무 크면 계산이 불가능할 정도로 어렵기 때문이다. 방사형 커널 식 (9.24)와 같은 일부 커널의 경우 특징 공간이 '암시적'이고 무한 차원이어서 계산을 할 수 없다.

9.3.3 심장 질환 데이터 응용

8장에서는 `Heart` 데이터에 의사결정나무 및 관련 방법을 적용했다. `Age`, `Sex`, `Chol` 등 13개의 예측변수로 개인의 심장 질환 여부를 예측하는 것이 목적이었다. 이제 SVM을 LDA와 비교하면서 이 데이터를 살펴보자. 6개의 결측 관측을 제거한 다음 데이터를 297명의 대상자로 구성해 무작위로 207개의 훈련 관측과 90개의 테스트 관측으로 나눈다.

우선 LDA와 서포트 벡터 분류기를 훈련 데이터에 적합한다. 서포트 벡터 분류기는 $d = 1$차 다항 커널을 사용하는 SVM과 등가라는 점에 유의하자. [그림 9.10]의 왼쪽 그림에는 훈련 세트 예측을 위한 ROC 곡선(4.4.2절에서 설명)을 그렸는데, LDA와 서포트 벡터 분류기를 함께 표시했다. 두 분류기 모두 각각의 관측에서 $\hat{f}(X) = \hat{\beta}_0 + \hat{\beta}_1 X_1 + \hat{\beta}_2 X_2 + \ldots + \hat{\beta}_p X_p$ 형태의 점수를 계산한다. 임곗값 t가 주어

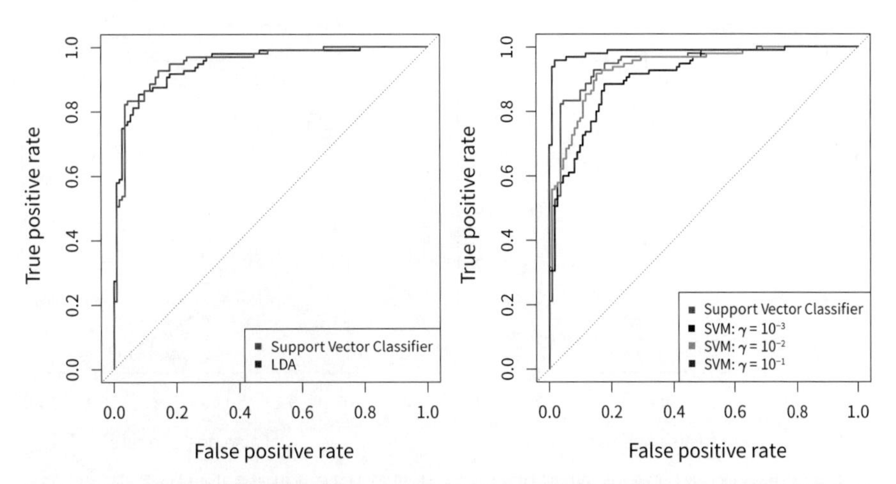

[그림 9.10] `Heart` 데이터 훈련 세트에 대한 ROC 곡선. 왼쪽: 서포트 벡터 분류기와 LDA를 비교한다. 오른쪽: 서포트 벡터 분류기를 $\gamma = 10^{-3}, 10^{-2}, 10^{-1}$의 방사형 기저 커널을 사용하는 SVM과 비교한다.

지면 $\hat{f}(X) < t$ 또는 $\hat{f}(X) \geq t$인지에 따라 관측을 '심장 질환' 또는 '심장 질환이 없음' 범주로 분류한다. ROC 곡선을 구하기 위해서 이 예측값들을 계산하고 일정 범위의 t에 대해 거짓 양성률과 참 양성률을 계산한다. 최적의 분류기는 ROC 그래프의 왼쪽 상단 구석을 따라간다. 이 경우 LDA와 서포트 벡터 분류기 모두 잘 수행되지만 서포트 벡터 분류기가 약간 더 우수하다.

[그림 9.10]의 오른쪽 그림에서는 γ 값이 다양한 방사형 커널을 사용해 SVM의 ROC 곡선을 표시한다. γ가 증가함에 따라 적합이 더 비선형으로 되면서 ROC 곡선이 개선된다. $\gamma = 10^{-1}$을 사용하면 거의 완벽한 ROC 곡선을 얻는 것처럼 보인다. 그러나 이 곡선들은 훈련 오류율을 나타내며 새로운 테스트 데이터의 성능 측면에서는 오해의 소지가 있다. [그림 9.11]은 90개의 테스트 관측에서 계산된 ROC 곡선을 보여 준다. 훈련 ROC 곡선과는 다른 몇 가지 차이점을 관찰할 수 있다. [그림 9.11]의 왼쪽 그림에서 서포트 벡터 분류기가 LDA보다 조금 더 우위에 있는 것으로 보인다(이 차이는 통계적으로 유의하지 않다). 오른쪽 그림에서 훈련 데이터에서 가장 좋은 결과를 보였던 $\gamma = 10^{-1}$을 사용한 SVM은 테스트 데이터에서 가장 나쁜 추정값을 생성한다. 이는 더 유연한 방법이 종종 훈련 오류율을 낮출 수 있지만 이것이 반드시 테스트 데이터에 대한 성능 향상으로 이어지는 것은 아니라는 또 다른 증거다. $\gamma = 10^{-2}$와 $\gamma = 10^{-3}$을 사용한 SVM들은 서포트 벡터 분류기와 비슷한 성능을 보이며, 이 세 가지 모두 $\gamma = 10^{-1}$을 사용한 SVM보다 더 우수한 성능을 보인다.

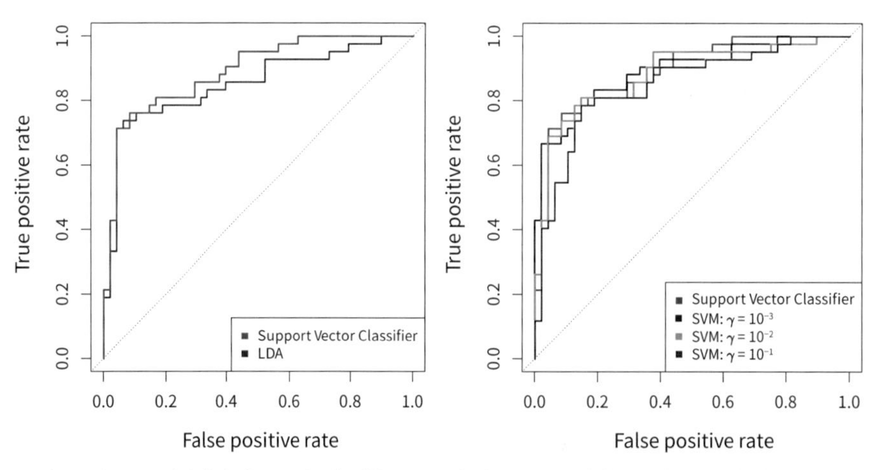

[그림 9.11] Heart 데이터의 테스트 세트에 대한 ROC 곡선. 왼쪽: 서포트 벡터 분류기와 LDA를 비교한다. 오른쪽: 서포트 벡터 분류기를 $\gamma = 10^{-3}, 10^{-2}, 10^{-1}$의 방사형 기저 커널을 사용하는 SVM과 비교한다.

9.4 2개 이상의 부류가 있는 SVM

지금까지 논의는 이진 분류, 즉 부류가 두 개인 경우로 한정했다. SVM을 임의 개수의 부류가 있는 보다 일반적인 경우로 확장하는 방법은 무엇일까? SVM의 기반이 되는 분리 초평면 개념은 두 개 이상의 부류에 자연스럽게 적용되지 않는다. SVM을 K 부류로 확장하기 위한 여러 제안이 있었으나, 가장 인기 있는 두 가지 방식은 일-대-일(one-versus-one)과 일-대-모두(one-versus-all) 접근법이다. 여기서 이 두 접근법을 간단히 논의한다.

9.4.1 일-대-일 분류

SVM을 사용해 분류를 수행하려 할 때 $K > 2$개의 부류가 있다고 가정해 보자. 일-대-일(one-versus-one) 또는 '모든 쌍' 접근법은 각각 한 쌍의 부류를 비교하는 $\binom{K}{2}$개의 SVM을 구축한다. 예를 들어 SVM 중 하나는 $+1$로 코드화된 k번째 부류와 -1로 코드화된 k'번째 부류를 비교할 것이다. 각각의 $\binom{K}{2}$ 분류기를 사용해 테스트 관측을 분류하고 테스트 관측이 각 K 부류에 할당된 횟수를 집계한다. 최종 분류는 이 $\binom{K}{2}$ 쌍별 분류에서 가장 자주 할당된 부류에 테스트 관측을 할당함으로써 이루어진다.

9.4.2 일-대-모두 분류

일-대-모두(one-versus-all) 접근법(일 대 나머지(one-versus-rest)라고도 함)은 $K > 2$ 부류일 때 SVM을 적용하는 대체 방법이다. K개의 SVM을 적합할 때마다 K 부류 중 하나를 나머지 $K - 1$ 부류와 비교한다. $\beta_{0k}, \beta_{1k}, ..., \beta_{pk}$는 k번째 부류($+1$로 코드화)를 다른 부류(-1로 코드화)와 비교하는 SVM을 적합했을 때 그 결과로 나오는 모수라고 하자. x^*는 테스트 관측으로 표시한다. 이 관측은 $\beta_{0k} + \beta_{1k}\, x_1^* + \beta_{2k}\, x_2^* + ... + \beta_{pk}\, x_p^*$가 가장 큰 부류에 할당된다. 이는 테스트 관측이 다른 어떤 부류보다 k번째 부류에 속할 가능성이 높은 신뢰 수준에 있기 때문이다.

9.5 로지스틱 회귀와의 관련성

1990년대 중반 SVM이 처음 도입됐을 때 통계 및 기계학습 커뮤니티에 큰 파장을 일으켰다. 부분적으로는 SVM의 뛰어난 성능과 효과적인 마케팅 덕분이었지만, 기반 접근법이 새롭고 미스터리해 보였기 때문이다. 데이터를 가능한 한 잘 분리하는 초평면을 찾는다는 아이디어와 이 분리에 위반을 허용한 것은 로지스틱 회귀나 선형판별분석과 같은 고전적인 분류 방법들과는 확연히 달랐다. 더욱이 커널(kernel)로 특징 공간을 확장해서 비선형 부류 경계를 수용하는 아이디어는 독특하고 가치 있는 특성으로 여겨졌다.

그러나 그 이후로 SVM과 다른 고전적인 통계 방법들 사이에 깊은 연결고리가 있음을 알게 됐다. 서포트 벡터 분류기 $f(X) = \beta_0 + \beta_1 X_1 + \ldots + \beta_p X_p$를 적합하는 데 사용되는 기준 식 (9.12)~(9.15)는 다음과 같이 다시 쓸 수 있다.

$$\underset{\beta_0, \beta_1, \ldots, \beta_p}{\text{minimize}} \left\{ \sum_{i=1}^{n} \max\left[0, 1 - y_i f(x_i)\right] + \lambda \sum_{j=1}^{p} \beta_j^2 \right\} \tag{9.25}$$

여기서 λ는 음이 아닌 조율모수다. λ가 클 때 $\beta_1, \ldots, \beta_p$는 작아지며 마진에 대한 위반을 더 많이 허용하고 분산은 낮지만 편향은 높은 분류기가 된다. λ가 작을 때는 마진에 대한 위반 사례가 적게 발생하며 따라서 분산은 높지만 편향은 낮은 분류기를 만들 수 있다. 따라서 식 (9.25)에서 λ가 작은 것은 식 (9.15)에서 C의 값이 작은 것에 해당한다. 식 (9.25)에서 $\lambda \sum_{j=1}^{p} \beta_j^2$ 항은 6.2.1절의 능형 벌점이며, 서포트 벡터 분류기에서 편향-분산 트레이드오프(bias-variance trade-off)를 제어할 때 비슷한 역할을 한다.

이제 식 (9.25)는 이 책 전체에서 반복해서 보았듯이 '손실+벌점' 형태를 취한다.

$$\underset{\beta_0, \beta_1, \ldots, \beta_p}{\text{minimize}} \left\{ L(\mathbf{X}, \mathbf{y}, \beta) + \lambda P(\beta) \right\} \tag{9.26}$$

식 (9.26)에서 $L(\mathbf{X}, \mathbf{y}, \beta)$는 일종의 손실함수로, 모형을 β로 모수화했을 때 데이터 $(\mathbf{X}, \mathbf{y})$를 얼마나 잘 적합하는지 수량화한다. $P(\beta)$는 모수 벡터에 대한 벌점함수로, 비음수인 조율모수 λ로 그 효과를 제어한다. 예를 들어 능형회귀와 라쏘는 모두 다음과 같은 형태를 취한다

$$L(\mathbf{X}, \mathbf{y}, \beta) = \sum_{i=1}^{n} \left(y_i - \beta_0 - \sum_{j=1}^{p} x_{ij} \beta_j \right)^2$$

능형회귀는 $P(\beta) = \sum_{j=1}^{p} \beta_j^2$, 라쏘는 $P(\beta) = \sum_{j=1}^{p} |\beta_j|$이다. 식 (9.25)의 경우 손실함수는 다음과 같은 형태를 취한다.

$$L(\mathbf{X}, \mathbf{y}, \beta) = \sum_{i=1}^{n} \max\left[0, 1 - y_i(\beta_0 + \beta_1 x_{i1} + \cdots + \beta_p x_{ip})\right]$$

이 손실함수는 힌지 손실(hinge loss)로 알려져 있으며 [그림 9.12]에서 설명한다. 그러나 힌지 손실함수는 로지스틱 회귀에서 사용되는 손실함수와 밀접한 관련이 있으며 [그림 9.12]에서도 볼 수 있다.

서포트 벡터 분류기의 흥미로운 특성은 오직 서포트 벡터(support vector)만이 분류기에서 역할을 한다는 것으로, 마진(margin)의 올바른 쪽에 있는 관측들은 분류기에 영향을 미치지 않는다. [그림 9.12]에 나타난 손실함수가 $y_i(\beta_0 + \beta_1 x_{i1} + \ldots + \beta_p x_{ip}) \geq 1$을 만족하는 관측에 대해 정확히 0이 되기 때문이다. 여기에는 마진의 올바른 쪽에 있는 관측들이 해당한다.[5] 반면 [그림 9.12]에 나타난 로지스틱 회귀의 손실함수는 어디에서도 정확히 0이 아니다. 하지만 의사결정경계에서 멀리 떨어진 관측의 경우 이 값이 매우 작다. 손실함수 간의 유사성으로 인해 로지스틱 회귀와 서포트 벡터 분류기는 종종 매우 유사한 결과를 낸다. 부류가 잘 분리되어 있을 때 SVM은 로지스틱 회귀보다 더 좋은 성능을 보이는 경향이 있다. 반면에 더 많이 겹치는 상황에서는 종종 로지스틱 회귀가 선호된다.

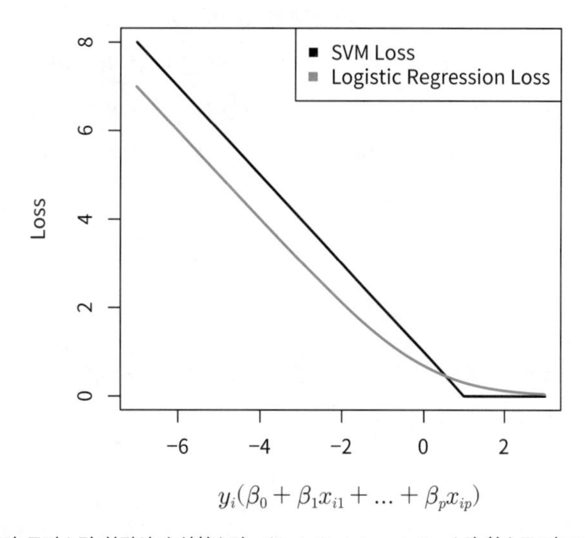

[그림 9.12] SVM과 로지스틱 회귀의 손실함수가 $y_i(\beta_0 + \beta_1 x_{i1} + \ldots + \beta_p x_{ip})$의 함수로 비교되고 있다. $y_i(\beta_0 + \beta_1 x_{i1} + \ldots + \beta_p x_{ip})$가 1보다 클 때 SVM의 손실은 0이 되는데, 이는 관측이 마진의 올바른 쪽에 있음을 의미한다. 전반적으로 두 손실함수는 상당히 유사한 행동을 보인다.

5 이 힌지 손실+벌점 표현에서 마진은 값 하나에 해당하며 마진의 너비는 $\sum \beta_j^2$으로 결정된다.

서포트 벡터 분류기와 SVM이 처음 소개됐을 때는 식 (9.15)의 조율모수 C는 중요하지 않은 장애모수(nuisance parameter)로 1과 같은 기본값으로 설정할 수 있다고 생각했다. 그러나 서포트 벡터 분류기의 '손실+벌점' 식 (9.25)를 통해 그렇지 않음을 알게 됐다. 조율모수의 선택은 매우 중요한데, 예를 들어 [그림 9.7]과 같이 모형이 데이터에 과소 적합하거나 과대 적합하는 정도를 결정한다.

이 장에서는 서포트 벡터 분류기가 로지스틱 회귀나 기존의 다른 통계 방법과 밀접한 관련이 있다는 것을 확인했다. SVM이 커널로 특징 공간을 확장해서 비선형 부류 경계를 수용한다는 점에서 독특한 것일까? 이 질문에 대한 답은 '아니오'이다. 로지스틱 회귀를 비롯해 이 책에서 다루는 나머지 분류 방법 중 다수도 역시 비선형 커널을 이용해 수행할 수 있다. 이와 밀접하게 관련된 몇 가지 비선형 접근법을 7장에서 보았다. 하지만 역사적인 이유로 비선형 커널은 로지스틱 회귀나 다른 방법보다 SVM에서 훨씬 더 널리 사용되고 있다.

여기서 언급하지는 않았지만 실제로 회귀(즉, 질적 반응변수가 아닌 양적 반응변수)를 위해 SVM을 확장하기도 하는데, 이를 서포트 벡터 회귀(SVR, support vector regression)라고 한다. 3장의 최소제곱 회귀에서는 잔차제곱합을 가능한 한 작게 만드는 계수 $\beta_0, \beta_1, \ldots, \beta_p$를 찾았다(3장에서 잔차는 $y_i - \beta_0 - \beta_1 x_{i1} - \ldots - \beta_p x_{ip}$로 정의됐음을 기억하자). 서포트 벡터 회귀에서는 대신 다른 유형의 손실을 최소화하기 위한 계수가 필요한데, 양의 상수보다 절댓값이 큰 잔차만이 손실함수에 기여할 수 있다. 이는 서포트 벡터 분류기에서 사용된 마진을 회귀 설정으로 확장한 것과 비슷하다.

9.6 실습: 서포트 벡터 머신

이 실습에서는 서포트 벡터 분류기와 서포트 벡터 머신을 시연하기 위해 `sklearn.svm` 라이브러리를 사용한다.

평소 사용하는 라이브러리 중 일부를 가져온다.

In[1]:
```
import numpy as np
from matplotlib.pyplot import subplots, cm
import sklearn.model_selection as skm
from ISLP import load_data, confusion_table
```

이제 이 실습에서 사용할 라이브러리들을 불러온다.

In[2]:
```
from sklearn.svm import SVC
from ISLP.svm import plot as plot_svm
from sklearn.metrics import RocCurveDisplay
```

RocCurveDisplay.from_estimator() 함수를 사용할 것이다. 또한 roc_curve를 사용해 ROC 그래프를 그리도록 하겠다.

In[3]:
```
roc_curve = RocCurveDisplay.from_estimator # 짧은 이름 부여
```

9.6.1 서포트 벡터 분류기

이제 주어진 모수 C 값에 서포트 벡터 분류기를 적합하기 위해 sklearn의 SupportVectorClassifier() 함수(약칭 SVC())를 사용한다. C 인자를 사용하면 마진 위반의 비용을 지정할 수 있다. C 인자가 작을 때 마진은 넓어지고 많은 서포트 벡터가 마진 위에 있거나 마진을 위반하게 된다. C 인자가 클 때 마진은 좁아지고 마진 위에 있는 서포트 벡터들이 적거나 마진을 위반하는 경우가 줄어든다.

여기서는 2차원 예제에 SVC()를 사용하며 결과로 생긴 결정경계를 그래프로 나타낸다. 먼저 두 부류에 속하는 관측을 생성하고 이 부류들이 선형적으로 분리 가능한지 확인해 보자.

In[4]:
```
rng = np.random.default_rng(1)
X = rng.standard_normal((50, 2))
y = np.array([-1]*25+[1]*25)
X[y==1] += 1
fig, ax = subplots(figsize=(8,8))
ax.scatter(X[:,0],
           X[:,1],
           c=y,
           cmap=cm.coolwarm);
```

불가능하다. 이제 분류기를 적합해 보자.

In[5]:
```
svm_linear = SVC(C=10, kernel='linear')
svm_linear.fit(X, y)
```

Out[5]:
```
SVC(C=10, kernel='linear')
```

두 개의 특징이 있는 서포트 벡터 분류기는 '결정 함수'의 값을 그래프로 표현해 시각화할 수 있다. ISLP 패키지에 관련 함수가 있다(sklearn 문서의 유사 예제에서 영감을 받았음을 밝혀 둔다).

In[6]:
```
fig, ax = subplots(figsize=(8,8))
plot_svm(X,
         y,
         svm_linear,
         ax=ax)
```

두 부류 사이의 결정경계는 선형이다(kernel='linear' 인자를 사용했기 때문이다). 서포트 벡터는 +로 표시되며 나머지 관측은 원으로 표시된다.

비용 모수의 값을 더 작게 사용하면 어떻게 될까?

In[7]:
```
svm_linear_small = SVC(C=0.1, kernel='linear')
svm_linear_small.fit(X, y)
fig, ax = subplots(figsize=(8,8))
plot_svm(X,
         y,
         svm_linear_small,
         ax=ax)
```

비용 모수의 값이 작아지면 마진이 넓어지므로 더 많은 수의 서포트 벡터를 얻게 된다. 선형 커널의 경우 선형 결정경계의 계수를 다음과 같이 추출할 수 있다.

In[8]:
```
svm_linear.coef_
```

Out[8]:
```
array([[1.173 , 0.7734]])
```

서포트 벡터 머신은 sklearn의 추정기이므로 평소처럼 조율(tune)을 위한 도구를 사용할 수 있다.

In[9]:
```
kfold = skm.KFold(5,
                  random_state=0,
                  shuffle=True)
grid = skm.GridSearchCV(svm_linear,
                        {'C':[0.001,0.01,0.1,1,5,10,100]},
                        refit=True,
                        cv=kfold,
                        scoring='accuracy')
```

```
grid.fit(X, y)
grid.best_params_
```

Out[9]:
```
{'C': 1}
```

각 모형의 교차검증 오류는 grid.cv_results_에서 쉽게 접근할 수 있다. 많은 세부 정보가 출력되므로 여기서는 정확도 결과만 추출한다.

In[10]:
```
grid.cv_results_[('mean_test_score')]
```

Out[10]:
```
array([0.46, 0.46, 0.72, 0.74, 0.74, 0.74, 0.74])
```

C = 1에서 교차검증 정확도가 0.74로 가장 높은 결과가 나오지만, C 값 몇 개에 대해 정확도가 동일하다. 분류기 grid.best_estimator_는 테스트 관측 집합에서 부류 레이블을 예측하는 데 사용할 수 있다. 이제 테스트 데이터 세트를 생성한다.

In[11]:
```
X_test = rng.standard_normal((20, 2))
y_test = np.array([-1]*10+[1]*10)
X_test[y_test==1] += 1
```

이제 이 테스트 관측의 부류 레이블을 예측한다. 여기서는 교차검증으로 선택된 가장 좋은 모형을 사용해 예측할 예정이다.

In[12]:
```
best_ = grid.best_estimator_
y_test_hat = best_.predict(X_test)
confusion_table(y_test_hat, y_test)
```

Out[12]:
```
    Truth  -1  1
Predicted
       -1   8  4
        1   2  6
```

C 값을 사용하면 테스트 관측의 70%가 올바르게 분류된다. C = 0.001을 사용했다면 어떻게 됐을까?

In[13]:
```
svm_ = SVC(C=0.001,
           kernel='linear').fit(X, y)
y_test_hat = svm_.predict(X_test)
confusion_table(y_test_hat, y_test)
```

Out[13]:
```
    Truth  -1   1
Predicted
       -1   2   0
        1   8  10
```

이번에는 테스트 관측의 60%가 올바르게 분류되었다.

이제 두 부류가 선형적으로 분리 가능한 상황을 고려해 보자. SVC() 추정기로 가장 적합한 분리 초평면을 찾을 수 있다. 먼저 시뮬레이션 데이터에서 두 개의 부류를 더 분리하여 선형으로 분리 가능하게 만든다.

In[14]:
```
X[y==1] += 1.9;
fig, ax = subplots(figsize=(8,8))
ax.scatter(X[:,0], X[:,1], c=y, cmap=cm.coolwarm);
```

이제 관측을 선형으로 분리하는 것은 거의 불가능하다.

In[15]:
```
svm_ = SVC(C=1e5, kernel='linear').fit(X, y)
y_hat = svm_.predict(X)
confusion_table(y_hat, y)
```

Out[15]:
```
    Truth  -1   1
Predicted
       -1  25   0
        1   0  25
```

오분류되는 관측이 없도록 매우 큰 C 값을 사용해 서포트 벡터 분류기를 적합하고 결과로 나오는 초평면의 그래프를 그린다.

In[16]:
```
fig, ax = subplots(figsize=(8,8))
plot_svm(X,
         y,
         svm_,
         ax=ax)
```

실제로 훈련 오류는 발생하지 않았으며 단 세 개의 서포트 벡터만이 사용됐다. 사실 C 값이 크다는 것은 이 세 서포트 점이 마진 '위에' 있으면서 마진을 정의함을 뜻한다. 단 세 개의 데이터 점에만 의존하는 테스트 데이터에서 분류기가 얼마나 잘 작동할 수 있을지 궁금할 수 있다. 이제 C 값을 더 작게 해본다.

In[17]:
```
svm_ = SVC(C=0.1, kernel='linear').fit(X, y)
y_hat = svm_.predict(X)
confusion_table(y_hat, y)
```

Out[17]:
```
    Truth  -1   1
Predicted
       -1  25   0
        1   0  25
```

C = 0.1을 사용해도 역시 훈련 관측을 오분류하지 않으나, 훨씬 더 넓은 마진을 얻고 12개의 서포트 벡터를 사용한다. 이 벡터들은 결정경계의 방향을 공동으로 정의하는데, 숫자가 많아진 만큼 이 경계는 더 안정적이다. 이 모형은 C = 1e5 모형보다 테스트 데이터에서 더 나은 성능을 보일 가능성이 있다(실제로 대규모 테스트 세트를 사용한 간단한 실험으로 이를 확인할 수 있다).

In[18]:
```
fig, ax = subplots(figsize=(8,8))
plot_svm(X,
         y,
         svm_,
         ax=ax)
```

9.6.2 서포트 벡터 머신

비선형 커널을 사용해 SVM을 적합하기 위해 다시 한번 SVC() 추정기를 사용한다. 하지만 이번에는 매개변수 kernel에 다른 값을 사용한다. 다항 커널로 SVM을 적합하려면 kernel = "poly"를 사용하고, 방사형 기저함수 커널로 SVM을 적합하려면 kernel = "rbf"를 사용한다. 전자는 다항 커널의 차수를 지정하기 위해 degree 인자를 사용하고(이는 식 (9.22)의 d에 해당), 후자는 방사형 기저함수 커널의 γ 값을 지정하기 위해 gamma를 사용한다(식 (9.24)).

먼저 비선형 부류 경계를 가진 일부 데이터를 다음과 같이 생성한다.

In[19]:
```
X = rng.standard_normal((200, 2))
X[:100] += 2
X[100:150] -= 2
y = np.array([1]*150+[2]*50)
```

데이터를 그래프로 나타내면 부류 경계가 실제로 비선형임을 알 수 있다.

In[20]:
```
fig, ax = subplots(figsize=(8,8))
ax.scatter(X[:,0],
           X[:,1],
           c=y,
           cmap=cm.coolwarm);
```

Out[20]:
```
<matplotlib.collections.PathCollection at 0x7faa9ba52eb0>
```

데이터는 무작위로 훈련 그룹과 테스트 그룹으로 나눈다. 그런 다음 $\gamma = 1$을 사용하는 방사형 커널과 함께 SVC() 추정기를 사용해 훈련 데이터를 적합한다.

In[21]:
```
(X_train,
 X_test,
 y_train,
 y_test) = skm.train_test_split(X,
                                y,
                                test_size=0.5,
                                random_state=0)
svm_rbf = SVC(kernel="rbf", gamma=1, C=1)
svm_rbf.fit(X_train, y_train)
```

SVM의 결과 그래프를 보면 확실히 비선형 경계가 있다.

In[22]:
```
fig, ax = subplots(figsize=(8,8))
plot_svm(X_train,
         y_train,
         svm_rbf,
         ax=ax)
```

그림을 통해 SVM 적합에는 상당수의 훈련 오류가 있음을 확인할 수 있다. C 값을 높이면 훈련 오류의 수를 줄일 수 있다. 하지만 데이터에 과적합할 위험이 있는 불규칙한 결정경계를 대가로 지불해야 한다.

In[23]:
```
svm_rbf = SVC(kernel="rbf", gamma=1, C=1e5)
svm_rbf.fit(X_train, y_train)
fig, ax = subplots(figsize=(8,8))
plot_svm(X_train,
         y_train,
         svm_rbf,
         ax=ax)
```

방사형 커널을 사용하는 SVM에서 가장 성능이 좋은 γ와 C를 선택하기 위해 skm.GridSearchCV()로 교차검증을 수행한다.

```
In[24]: kfold = skm.KFold(5,
                          random_state=0,
                          shuffle=True)
        grid = skm.GridSearchCV(svm_rbf,
                                {'C':[0.1,1,10,100,1000],
                                 'gamma':[0.5,1,2,3,4]},
                                refit=True,
                                cv=kfold,
                                scoring='accuracy');
        grid.fit(X_train, y_train)
        grid.best_params_
```

```
Out[24]: {'C': 1, 'gamma': 1}
```

5-겹 교차검증에서 최적의 파라미터 조합은 C = 1과 gamma = 0.5이지만, 다른 여러 값도 동일한 결과를 보였다.

```
In[25]: best_svm = grid.best_estimator_
        fig, ax = subplots(figsize=(8,8))
        plot_svm(X_train,
                 y_train,
                 best_svm,
                 ax=ax)
        y_hat_test = best_svm.predict(X_test)
        confusion_table(y_hat_test, y_test)
```

```
Out[25]:     Truth   1   2
         Predicted
                 1  69   6
                 2   6  19
```

이 SVM은 테스트 관측의 12%를 잘못 분류했다.

9.6.3 ROC 곡선

SVM과 서포트 벡터 분류기는 각각의 관측에 부류 레이블을 출력한다. 하지만 각 관측에 대한 부류 레이블을 구하는 데 사용하는 수치 점수인 적합값(fitted value)을 구할 수도 있다. 예를 들어 서포트 벡터 분류기의 경우 관측 $X = (X_1, X_2, ..., X_p)^T$에 대한 적합값은 $\hat{\beta}_0 + \hat{\beta}_1 X_1 + \hat{\beta}_2 X_2 + ... + \hat{\beta}_p X_p$ 형태를 취한다. 비선형 커널을 이용한 SVM의 적합값을 도출하는 방정식은 식 (9.23)에서 제시했다. 적합값의 부호는 관측이 결정경계의 어느 쪽에 위치하느냐에 따라 결정된다. 주어진 관측의 적합값과 부류 예측 사이의 관계는 단순하다. 적합값이 0을 초과하는 관측값을 한 부류에 할당하고 0보다 작은 값이면 다른 부류에 할당한다. 임곗값(threshold)을 0에서 양의 값으로 변경하면 한 부류가 다른 부류에 비해 왜곡된다. 임곗값의 범위(양성 및 음성)만 결정하면 ROC 그래프의 구성 요소를 모두 만들 수 있다. 이 값에 접근하려면 적합된 SVM 추정기의 `decision_function()` 메소드를 호출하면 된다.

`ROCCurveDisplay.from_estimator()` 함수(약칭, `roc_curve()`)로 ROC 곡선 그래프를 생성할 수 있다. 이 함수는 첫 번째 인자로 적합된 추정기를 취하며 이어서 모형 행렬 X와 레이블 y를 취한다. `name` 인자는 범례에 사용되며 `color`는 선의 색상에 사용된다. 결과는 축 객체 `ax`에 표시된다.

```
In[26]:  fig, ax = subplots(figsize=(8,8))
         roc_curve(best_svm,
                   X_train,
                   y_train,
                   name='Training',
                   color='r',
                   ax=ax);
```

이 예시에서 SVM은 정확히 예측하는 것으로 보인다. γ를 증가시켜 더 유연한 적합을 만들고 정확도 역시 더 개선할 수 있다.

```
In[27]:  svm_flex = SVC(kernel="rbf",
                        gamma=50,
                        C=1)
         svm_flex.fit(X_train, y_train)
         fig, ax = subplots(figsize=(8,8))
         roc_curve(svm_flex,
                   X_train,
                   y_train,
                   name='Training $\gamma=50$',
                   color='r',
                   ax=ax);
```

지금은 훈련 데이터의 ROC 곡선을 그렸다. 그러나 실제로 관심을 기울여야 할 것은 테스트 데이터의 예측 정확도다. 테스트 데이터에서 ROC 곡선을 계산할 때 $\gamma=0.5$를 사용한 모형이 가장 정확한 결과를 제공하는 것으로 보인다.

In[28]:
```
roc_curve(svm_flex,
          X_test,
          y_test,
          name='Test $\gamma=50$',
          color='b',
          ax=ax)
fig;
```

이제 조정한 SVM의 결과를 살펴보자.

In[29]:
```
fig, ax = subplots(figsize=(8,8))
for (X_, y_, c, name) in zip(
     (X_train, X_test),
     (y_train, y_test),
     ('r', 'b'),
     ('CV tuned on training',
      'CV tuned on test')):
    roc_curve(best_svm,
              X_,
              y_,
              name=name,
              ax=ax,
              color=c)
```

9.6.4 다중 부류를 위한 SVM

반응변수가 두 개 이상의 수준을 포함하는 인자(factor)일 경우 `SVC()` 함수는 `decision_function_shape == 'ovo'`일 때는 일-대-일(one-versus-one) 접근법을, `decision_function_shape == 'ovr'`일 때는 일-대-나머지(one-versus-rest)[6] 접근법을 사용해 다중 부류 분류를 수행한다. 여기에서는 세 번째 부류의 관측을 생성해 이 설정을 간략하게 살펴본다.

In[30]:
```
rng = np.random.default_rng(123)
X = np.vstack([X, rng.standard_normal((50, 2))])
y = np.hstack([y, [0]*50])
X[y==0,1] += 2
fig, ax = subplots(figsize=(8,8))
ax.scatter(X[:,0], X[:,1], c=y, cmap=cm.coolwarm);
```

6 일-대-나머지는 일-대-모두(one-versus-all)로도 알려져 있다.

이제 데이터에 SVM을 적합한다.

```
In[31]:  svm_rbf_3 = SVC(kernel="rbf",
                        C=10,
                        gamma=1,
                        decision_function_shape='ovo');
         svm_rbf_3.fit(X, y)
         fig, ax = subplots(figsize=(8,8))
         plot_svm(X,
                  y,
                  svm_rbf_3,
                  scatter_cmap=cm.tab10,
                  ax=ax)
```

sklearn.svm 라이브러리는 수치적 반응변수가 있는 서포트 벡터 회귀를 수행하기 위해 추정기 SupportVectorRegression()를 사용할 수도 있다.

9.6.5 유전자 발현 데이터에 적용

이제부터 다룰 Khan 데이터 세트를 구성하는 조직 샘플들은 각각 소원형청색세포 종양의 서로 구별되는 4가지 유형 중 하나에 대응된다. 각각의 조직 샘플에 대한 유전자 발현 측정값이 들어 있다. 이 데이터 세트는 훈련 데이터인 xtrain 및 ytrain 그리고 테스트 데이터인 xtest 및 ytest로 구성되어 있다.

이제 데이터의 차원에서 살펴보자.

```
In[32]:  Khan = load_data('Khan')
         Khan['xtrain'].shape, Khan['xtest'].shape
```

```
Out[32]: ((63, 2308), (20, 2308))
```

이 데이터 세트는 2,308개 유전자의 발현 측정값으로 구성되어 있다. 훈련 및 테스트 세트는 각각 63개와 20개 관측으로 구성된다.

유전자 발현 측정값을 사용해 암의 하위 유형을 예측하기 위해 서포트 벡터 접근법을 사용한다. 이 데이터 세트에는 관측 개수에 비해 변수가 매우 많다. 다항 커널이나 방사형 커널을 사용해 추가적인 유연성을 얻을 필요가 없기 때문에 선형 커널을 사용하는 것이 좋다.

```
In[33]:  khan_linear = SVC(kernel='linear', C=10)
         khan_linear.fit(Khan['xtrain'], Khan['ytrain'])
```

```
confusion_table(khan_linear.predict(Khan['xtrain']),
                Khan['ytrain'])
```

Out[33]:
```
    Truth  1   2   3   4
Predicted
        1  8   0   0   0
        2  0  23   0   0
        3  0   0  12   0
        4  0   0   0  20
```

훈련 오류가 '없음'을 확인할 수 있다. 관측 개수에 비해 변수의 수가 많다는 것은 부류를 완전히 분리하는 초평면을 찾기가 쉽다는 의미이므로 놀랄만한 일은 아니다. 더 관심을 기울여야 하는 것은 테스트 관측에서 서포트 벡터 분류기의 성능이다.

In[34]:
```
confusion_table(khan_linear.predict(Khan['xtest']),
                Khan['ytest'])
```

Out[34]:
```
    Truth  1  2  3  4
Predicted
        1  3  0  0  0
        2  0  6  2  0
        3  0  0  4  0
        4  0  0  0  5
```

`C = 10`을 사용하면 이 데이터에서 두 개의 테스트 세트 오류가 발생한다는 것을 알 수 있다.

9.7 연습문제

개념

1. 이 문제에서는 2차원에서 초평면을 다룬다.

   a) 초평면 $1 + 3X_1 - X_2 = 0$을 그린다. $1 + 3X_1 - X_2 > 0$인 점의 집합과 $1 + 3X_1 - X_2 < 0$인 점의 집합을 나타내라.

   b) 같은 그래프에 초평면 $-2 + X_1 + 2X_2 = 0$을 그린다. $-2 + X_1 + 2X_2 > 0$인 점의 집합과 $-2 + X_1 + 2X_2 < 0$인 점의 집합을 나타내라.

2. $p=2$차원에서 선형 결정경계는 $\beta_0 + \beta_1 X_1 + \beta_2 X_2 = 0$의 형태를 취한다는 것을 확인했다. 이제 비선형 결정경계를 살펴본다.

   a) 다음 곡선을 그려 보자.

   $$(1 + X_1)^2 + (2 - X_2)^2 = 4$$

   b) 곡선에 다음과 같은 점의 집합을 표시하라.

   $$(1 + X_1)^2 + (2 - X_2)^2 > 4$$
   $$(1 + X_1)^2 + (2 - X_2)^2 \leq 4$$

   c) 분류기가 다음과 같은 식을 만족할 때 관측을 파란색 부류에 할당하고 그렇지 않으면 빨간색 부류에 할당하는 경우를 생각해 보자.

   $$(1 + X_1)^2 + (2 - X_2)^2 > 4$$

   관측 $(0, 0)$은 어느 부류로 분류될까? $(-1, 1)$, $(2, 2)$, $(3, 8)$은 각각 어느 부류로 분류될까?

   d) (c)에서 결정경계가 X_1과 X_2에 대해서는 비선형이지만 X_1, X_1^2, X_2, X_2^2에 대해서는 선형임을 논증하라.

3. 여기서 최대 마진 분류기로 작은 데이터 세트를 분류한다.

   a) $p=2$차원에서 $n=7$개의 관측이 주어진다. 각각의 관측에는 해당하는 부류 레이블이 있다.

Obs.	X_1	X_2	Y
1	3	4	Red
2	2	2	Red
3	4	4	Red
4	1	4	Red
5	2	1	Blue
6	4	3	Blue
7	4	1	Blue

   관측들을 그림으로 그려 보자.

b) 최적 분리 초평면을 그리고 이 초평면의 방정식을 식 (9.1)의 형식으로 제시하라.

c) 최대 마진 분류기의 분류 규칙을 "$\beta_0 + \beta_1 X_1 + \beta_2 X_2 > 0$이면 빨간색으로, 그렇지 않으면 파란색으로 분류한다"와 같은 형식으로 서술하라. β_0, β_1, β_2의 값을 제시하라.

d) 그림에 최대 마진 초평면의 마진을 표시하라.

e) 최대 마진 분류기의 서포트 벡터(support vectors)를 표시하라.

f) 일곱 번째 관측에서 약간의 움직임이 최대 마진 초평면에 영향을 주지 않음을 논증하라.

g) 최적 분리 초평면이 아닌 다른 초평면을 그리고 이 초평면의 방정식을 제시하라.

h) 그래프에 추가 관측을 그려서 두 부류를 더 이상 초평면으로 분리할 수 없게 만들어라.

응용

4. 두 부류의 데이터 세트를 시뮬레이션한다. 관측의 개수는 100개, 특징은 2개로 하고 두 부류 사이의 분리는 뚜렷하지만 비선형이 되도록 한다. 이 설정에서 (1차보다 큰) 다항 커널 또는 방사형 커널을 사용하는 서포트 벡터 머신이 훈련 데이터에서 서포트 벡터 분류기보다 성능이 우수하다는 것을 보여라. 테스트 데이터에서는 어느 기법이 가장 좋은 성능을 보이는가? 주장을 뒷받침하기 위해 훈련 및 테스트 오류율을 포함한 도표를 만들고 보고하라.

5. 비선형 커널을 이용하는 SVM을 적합하면 비선형 결정경계를 사용해 분류를 수행할 수 있음을 확인했다. 이제 특징들의 비선형 변환을 사용해 로지스틱 회귀를 수행하면 비선형 결정경계를 얻을 수 있다는 것을 살펴본다.

   a) $n = 500$이고 $p = 2$인 데이터 세트를 생성하는데, 관측은 두 부류에 속하도록 하고 부류 사이에는 이차 결정경계를 사용한다. 예를 들어 다음과 같이 할 수 있다.

```
rng = np.random.default_rng(5)
x1 = rng.uniform(size=500) - 0.5
x2 = rng.uniform(size=500) - 0.5
y = x1**2 - x2**2 > 0
```

b) 부류 레이블에 따라 색상을 달리해 관측들을 그래프로 그린다. 그래프에서 X_1은 x축에, X_2는 y축에 나타낸다.

c) X_1 및 X_2를 예측변수로 사용해 데이터에 로지스틱 회귀모형을 적합하라.

d) 이 모형을 '훈련 데이터'에 적용해 훈련 관측마다 예측된 부류 레이블을 얻는다. 예측된 부류 레이블에 따라 색상을 달리해 관측들을 그래프로 그린다. 결정경계는 선형이어야 한다.

e) 이제 X_1과 X_2의 비선형함수(예: X_1^2, $X_1 \times X_2$, $\log(X_2)$ 등)를 예측변수로 사용해 데이터에 로지스틱 회귀모형을 적합하라.

f) 이 모형을 훈련 데이터에 적용해 각 훈련 관측에 대한 예측 부류 레이블을 구하라. 예측 부류 레이블에 따라 색상을 달리해 관측들의 그래프를 그려라. 결정경계는 뚜렷하게 비선형성을 보여야 한다. 그렇지 않다면 결정경계가 뚜렷하게 비선형성을 보이는 예제가 나올 때까지 (a)~(e)를 반복하라.

g) X_1과 X_2를 예측변수로 사용해 데이터에 대해 서포트 벡터 분류기를 적합한다. 각각의 훈련 관측에서 부류 예측을 얻는다. 관측을 그래프로 그리고 '예측된 부류 레이블'에 따라 색을 지정하라.

h) 비선형 커널을 사용해 데이터에 SVM을 적합한다. 각각의 훈련 관측에서 부류 예측을 얻는다. 관측을 그래프로 그리고 '예측된 부류 레이블'에 따라 색칠된 관측을 그려라.

i) 결과를 설명하라.

6. 9.6.1절 끝부분의 주장에 따르면 겨우 간신히 (아슬아슬하게) 선형 분리가 가능한 데이터의 경우, 훈련 데이터 몇 개의 관측을 잘못 분류하는 C 값이 작은 서포트 벡터 분류기가 훈련 관측 데이터 모두를 잘 분류하는 C 값이 큰 분류기보다 테스트 데이터에서 성능이 더 낫다는 주장이 제기됐다. 이제 이 주장을 조사한다.

a) $p = 2$인 부류가 두 개인 데이터를 생성해 부류가 겨우 간신히 선형 분리되도록 만든다.

b) 일정 범위의 C 값에 대해 서포트 벡터 분류기의 교차검증 오류율을 계산하라. 고려된 C의 값 각각에서 몇 개의 훈련 관측이 잘못 분류됐는지, 그리고 이것이 구한 교차검증 오류와 어떤 관련이 있는지 설명하라.
c) 적절한 테스트 데이터 세트를 생성하고 고려된 C 값 각각에서 테스트 오류를 계산한다. 테스트 오류가 가장 적은 C 값은 무엇이며 이는 훈련 오류와 교차검증 오류가 가장 적은 C 값과 어떻게 비교되는가?
d) 결과를 논의하라.

7. 이 문제에서는 Auto 데이터 세트를 기반으로 주어진 자동차의 연비가 높은지 낮은지를 예측하기 위해 서포트 벡터 접근법을 사용한다.

a) 연비가 중앙값을 초과하는 차량은 1, 중앙값 이하인 차량은 0을 취하는 이진변수를 생성하라.
b) 다양한 C 값으로 데이터에 서포트 벡터 분류기를 적합해 자동차의 연비가 높은지 낮은지 예측하라. 이 모수의 다양한 값에 따른 교차검증 오류를 보고하라. 결과를 논의하라. 타당한 결과를 얻으려면 연비 변수 없이 분류기를 적합해야 한다.
c) 이번에는 다양한 gamma, degree, C 값을 사용해 방사형 및 다항 기저 커널을 사용하는 SVM으로 (b)를 반복하라. 결과를 설명하라.
d) (b)와 (c)의 주장을 뒷받침하는 몇 가지 그래프를 만들어라.
HINT 실습에서는 plot_svm() 함수를 사용해 SVM을 적합했다. $p > 2$의 경우 features 키워드 인수를 사용해 한 번에 한 쌍의 변수를 보여 주는 그래프를 생성할 수 있다.

8. 이번 문제는 ISLP 패키지의 일부인 OJ 데이터 세트와 관련이 있다.

a) 800개 관측의 랜덤 표본으로 훈련 세트를 생성하고 나머지 관측으로 테스트 세트를 생성한다.
b) C = 0.01을 사용해 훈련 데이터에 서포트 벡터 분류기를 적합하고, Purchase를 반응변수로 나머지 변수들을 예측변수로 사용한다. 서포트 점은 몇 개인가?
c) 훈련 및 테스트 오류율은 얼마인가?

d) 교차검증을 사용해 최적의 C를 선택하라. 0.01에서 10까지의 값을 고려하라.
e) 이 새로운 C 값으로 훈련 및 테스트 오류율을 계산하라.
f) 방사형 커널로 서포트 벡터 머신을 사용해 (b)부터 (e)까지 반복하라. gamma의 기본값을 사용하라.
g) 다항 커널로 서포트 벡터 머신을 사용해 (b)부터 (e)까지 반복하라. degree = 2로 설정하라.
h) 전반적으로 이 데이터에서 어떤 접근법이 가장 좋은 결과를 제공하는가?

10장

An Introduction to Statistical Learning

딥러닝

이번 장에서는 딥러닝(deep learning)[1]의 주요 주제를 다룬다. 이 글을 쓰는 시점(2020)에 딥러닝은 기계학습 및 인공지능 커뮤니티에서 매우 활발히 연구되고 있는 분야다. 신경망(neural network)은 딥러닝에서 주춧돌에 해당한다.

신경망은 1980년대 후반에 명성을 날렸다. 당시 신경망의 등장으로 사람들은 많이 흥분했고 다소 과대 선전된 면이 있었는데, 이런 분위기에 떠밀려 신경정보처리시스템학회(NeurIPS(구 NIPS), Neural Information Processing System)는 해마다 열렸는데, 열린 곳이 스키 리조트 같이 이색적인 장소였다. 뒤이어 종합 단계에서 기계학습 연구자, 수학자, 통계학자가 신경망의 성질들을 분석함에 따라 알고리즘은 개선되고 방법론은 안정화됐다. 이후 SVM, 부스팅, 랜덤 포레스트가 등장하면서 신경망의 인기는 다소 시들해졌다. 이유는 부분적으로 신경망이 수많은 땜질을 필요로 하는 데 반해, 다른 새로운 방법들은 더 자동화되었기 때문이었다. 또한 많은 문제에서 새로운 방법들의 성능이 제대로 훈련되지 않은 신경망의 성능보다 뛰어났다. 이것이 새천년 첫 10년 동안의 현황(status quo)이었다.

그러나 이런 상황에서도 신경망을 열정적으로 연구하는 핵심 그룹은 어느 때보다 거대해진 컴퓨터 아키텍처와 데이터 세트를 사용해 자신들의 기술을 더욱 발전시키고 있었다. 신경망은 2010년 이후 '딥러닝'이라는 새로운 이름, 새로운 아키텍처, 유용하고 매력적인 부가 기능들과 함께 다시 부상했는데, 이미지와 영상 분류,

1 (옮긴이) '심층학습'이라고 번역하는 경우도 있고 '딥러닝'으로 표기하는 경우도 있다. 이 책에서는 '딥러닝'으로 통일했다.

음성과 텍스트 모델링 같은 여러 개의 틈새 문제에서 성공적인 모습을 보였다. 이 분야 사람 대다수는 딥러닝 성공의 주된 이유를 과학과 산업 분야에서 디지털화가 광범위하게 이루어지고, 훨씬 크고 거대한 훈련 데이터 세트를 사용할 수 있었기 때문이라고 믿는다.

이번 장에서는 신경망과 딥러닝의 기초를 논의한 다음 이미지 분류를 위한 합성곱 신경망(CNN), 시계열 등의 시퀀스를 처리하는 순환 신경망(RNN)과 같은 특정 문제의 전문화된 접근법도 살펴본다. 또한 이들 모형을 파이썬의 `torch` 패키지와 그 외 몇 가지 보조 패키지를 사용해 실습하면서 설명할 예정이다.

이번 장에서 다루는 내용은 이 책의 다른 부분보다 조금 더 도전적이다

10.1 단층 신경망

신경망은 p개의 변수로 이루어진 입력 벡터 $X = (X_1, X_2, \dots, X_p)$를 받아 비선형함수 $f(X)$를 만들어 반응변수 Y를 예측한다. 앞선 장에서 만들었던 비선형 예측 모형들은 나무-기반, 부스팅, 일반화가법모형을 이용했다. 신경망 모형은 특별한 '구조' 때문에 이들과 구별된다.

[그림 10.1]은 단순한 피드 포워드 신경망(feed-forward neural network)의 예로 양적 반응변수를 모형화하기 위해 $p = 4$개의 예측변수를 이용하고 있다. 신경망의

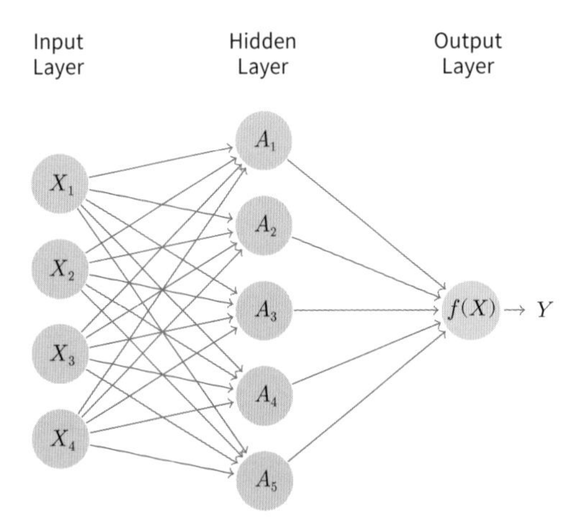

[그림 10.1] 단일 은닉층 신경망. 은닉층은 활성화 값 $A_k = h_k(X)$를 계산한다. 이것은 입력 $X_1, X_2, \dots, X_p$의 선형결합을 비선형적으로 변환한 결과다. 그러므로 A_k는 직접 관측되는 값은 아니다. 함수 $h_k(\cdot)$는 미리 고정된 것이 아니라 신경망의 훈련 과정에서 학습된다. 출력층에는 활성화 값 A_k를 입력으로 사용하는 선형모형이 있고 그 결과 함수 $f(X)$가 생성된다.

용어로는 4개의 특징 $X_1, ..., X_4$가 입력층(input layer)의 단위(unit)를 구성한다고 말한다. 화살표는 입력층에서 들어오는 각각의 입력값이 K개의 은닉 단위로 주입되는 것을 나타낸다(K 값은 선택할 수 있는데, 여기서는 5를 선택했다). 은닉 단위(hidden units) 신경망 모형은 다음과 같은 형태가 된다.

$$\begin{aligned} f(X) &= \beta_0 + \textstyle\sum_{k=1}^{K} \beta_k h_k(X) \\ &= \beta_0 + \textstyle\sum_{k=1}^{K} \beta_k g(w_{k0} + \sum_{j=1}^{p} w_{kj} X_j) \end{aligned} \tag{10.1}$$

구성은 두 단계로 이루어진다. 먼저 은닉층에 있는 K개의 활성화(activation) 값 $A_k, k = 1, ..., K$는 다음과 같이 입력 특징 $X_1, ..., X_p$의 함수로 계산된다.

$$A_k = h_k(X) = g(w_{k0} + \textstyle\sum_{j=1}^{p} w_{kj} X_j) \tag{10.2}$$

여기서 $g(z)$는 미리 지정된 비선형 활성화함수(activation function)이다. 각각의 A_k는 원래 특징의 서로 다른 변환 $h_k(X)$의 하나라고 생각할 수 있다. 7장의 기저함수와 매우 비슷하다. 은닉층에서 나온 이 K개의 활성화 값은 출력층으로 피드되어 그 결과로

$$f(X) = \beta_0 + \sum_{k=1}^{K} \beta_k A_k \tag{10.3}$$

즉, $K = 5$개의 활성화 값의 선형회귀모형이 된다. 모수 $\beta_0, ..., \beta_K$와 $w_{10}, ..., w_{Kp}$는 모두 데이터에서 추정해야 한다.

신경망의 초기 예에서는 시그모이드(sigmoid) 활성화함수가 선호됐다.

$$g(z) = \frac{e^z}{1 + e^z} = \frac{1}{1 + e^{-z}} \tag{10.4}$$

시그모이드 함수는 로지스틱 회귀에서 사용하는 것과 동일한 함수로, 선형함수를 0과 1 사이의 확률로 변환한다([그림 10.2] 참조). 최근 신경망에서 선호되는 선택은 ReLU(rectified linear unit) 활성화함수며 다음과 같은 형태를 띤다.

$$g(z) = (z)_+ = \begin{cases} 0 & \text{if } z < 0 \\ z & \text{otherwise} \end{cases} \tag{10.5}$$

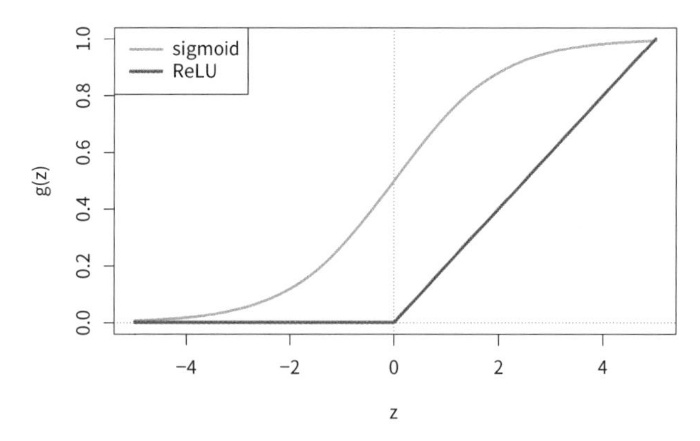

[그림 10.2] 활성화함수들. 효율성과 계산 가능성 때문에 조각별 선형(piecewise-linear) ReLU 함수가 널리 사용된다. 비교하기 쉽게 5분의 1로 축소했다.

ReLU 활성화함수는 시그모이드 활성화함수보다 계산과 저장 측면에서 더 효율적이다. 이 함수는 임곗값(threshold)이 0이지만, 선형함수 식 (10.2)에 적용하기 때문에 상수항 w_{k0}이 이 변곡점[2]을 이동시킨다.

즉, [그림 10.1]에 제시된 모형은 X의 다섯 가지 서로 다른 선형결합을 계산해 다섯 개의 새로운 특징을 도출한 다음, 각각을 활성화함수 $g(\cdot)$에 집어넣어 변환한다. 최종 모형은 이렇게 도출된 변수에 대해 선형이다.

신경망(neural network)이라는 이름은 원래 은닉 단위를 뇌의 신경세포(neuron)와 유사하게 생각한 데서 유래했다. 즉, (시그모이드 활성화함수를 사용해) 활성화값 $A_k = h_k(X)$가 1에 가까우면 발화(firing)하고 0에 가까우면 고요(silent)하다는 생각이다.

활성화함수 $g(\cdot)$의 비선형성은 필수적이다. 비선형성이 없으면 식 (10.1)의 모형 $f(X)$는 $X_1, ..., X_p$에 대한 단순 선형모형이 되기 때문이다. 게다가 비선형 활성화함수를 도입하면 모형에서 복잡한 비선형성과 상호작용 효과를 포착할 수 있다. $p = 2$인 입력변수 $X = (X_1, X_2)$와 $K = 2$인 은닉 단위 $h_1(X), h_2(X)$ 그리고 $g(z) = z^2$인 아주 간단한 예를 하나 살펴보자. 나머지 모수는 다음과 같이 지정한다.

2 (옮긴이) 수학(미적분학)에서는 변곡점(inflection point)을 함수의 곡률이 볼록과 오목 사이에서 바뀌는 지점을 뜻한다. 시그모이드 함수는 본질적으로 모든 점에서 기울기가 음이 아니고 단 하나의 변곡점이 존재한다. ReLU 함수에서는 이런 의미의 변곡점은 존재하지 않는다. ReLU(z) 함수는 $z = 0$인 지점에서 꺾이는데, '변곡점'은 이 꺾이는 지점을 가리킨다.

$$
\begin{array}{lll}
\beta_0 = 0, & \beta_1 = \frac{1}{4}, & \beta_2 = -\frac{1}{4}, \\
w_{10} = 0, & w_{11} = 1, & w_{12} = \ \ 1, \\
w_{20} = 0, & w_{21} = 1, & w_{22} = -1
\end{array} \tag{10.6}
$$

식 (10.2)에 이와 같이 모수를 지정하면 다음과 같다.

$$
\begin{array}{rcl}
h_1(X) & = & (0 + X_1 + X_2)^2, \\
h_2(X) & = & (0 + X_1 - X_2)^2
\end{array} \tag{10.7}
$$

그런 다음 식 (10.7)을 식 (10.1)에 대입하면 다음과 같다.

$$
\begin{array}{rcl}
f(X) & = & 0 + \frac{1}{4} \cdot (0 + X_1 + X_2)^2 - \frac{1}{4} \cdot (0 + X_1 - X_2)^2 \\
& = & \frac{1}{4} \left[(X_1 + X_2)^2 - (X_1 - X_2)^2 \right] \\
& = & X_1 X_2
\end{array} \tag{10.8}
$$

선형함수의 두 비선형 변환의 합으로 상호작용을 얻을 수 있다. 실제로 이차함수를 $g(z)$으로 사용하지는 않을 것이다. 항상 원래 좌표 $X_1, ..., X_p$에 대한 2차 다항식이 되어 버리기 때문이다. 시그모이드나 ReLU 활성화는 이런 제한이 없다.

신경망을 적합하기 위해서는 식 (10.1)의 미지의 모수들을 추정할 필요가 있다. 양적 반응변수의 경우에는 전형적으로 제곱오차손실을 이용하므로 다음 식을 최소화하는 모수가 선택된다.

$$
\sum_{i=1}^{n} (y_i - f(x_i))^2 \tag{10.9}
$$

최소화하는 방법에 대한 자세한 내용은 10.7절에서 설명한다.

10.2 다층 신경망

최근의 신경망에는 일반적으로 하나 이상의 은닉층이 있으며 층별로 여러 개의 단위가 있는 경우가 보통이다. 이론상으로 단일 은닉층에 단위 수가 많으면 대부분 함수를 근사할 수 있다. 하지만 각 층의 크기가 적당한 다층 신경망을 사용하면 좋은 해를 찾아내는 학습 과정이 훨씬 쉬워진다.

잘 알려져 있고 공개적으로 사용 가능한 MNIST 손글씨 숫자 데이터 세트[3]를 예로 들어 초밀집 신경망(large dense network)을 설명해 보겠다. [그림 10.3]에서 이 숫자의 예를 볼 수 있다. 목표는 이 이미지들을 올바른 숫자 부류 0~9로 분류하는 모형을 구축하는 것이다. 모든 이미지는 $p = 28 \times 28 = 784$개의 픽셀로 이루어져 있으며, 각각의 픽셀은 0에서 255 사이의 8비트 그레이스케일 값이다. 이 값은 작은 사각형 픽셀 안에서 손글씨 숫자가 차지하는 상대적인 양을 표현한다.[4] 이 픽셀은 입력 벡터 X에 (예를 들어 열 순서로) 저장된다. 출력은 10개의 가변수 벡터 $Y = (Y_0, Y_1, ..., Y_9)$로 표현되는 부류 레이블로서, 레이블에 해당하는 위치에서는 1, 그렇지 않으면 0을 가지고 있다. 기계학습 커뮤니티에서는 이를 원-핫 인코딩(one-hot encoding)이라고 한다. 60,000개의 훈련 이미지와 10,000개의 테스트 이미지가 있다.

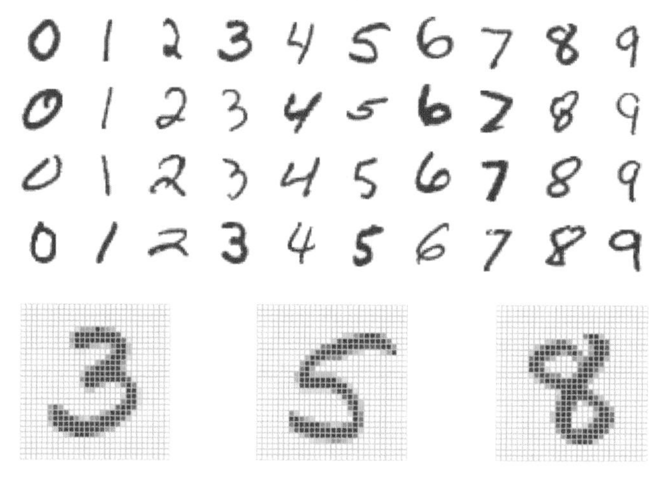

[그림 10.3] MNIST 코퍼스의 손글씨 숫자의 예. 각각의 그레이스케일 이미지는 28×28 픽셀로 구성되어 있으며, 각각의 픽셀은 8비트 숫자(0~255)로 어두운 정도를 나타냈다. 첫 번째 3, 5, 8은 784개의 개별 픽셀값을 보여 주기 위해 확대했다.

3 LeCun, Cortes, and Burges "The MNIST database of handwritten digits"(르쿤, 코르테스, 버지스의 〈손글씨로 쓰여진 숫자 MNIST 데이터베이스〉, 2010)은 *http://yann.lecun.com/exdb/mnist*에서 사용 가능하다. (옮긴이 덧붙임) 이 링크는 현재 로그인이 필요하다. 로그인하지 않고 각 픽셀이 0~255 사이의 숫자 행렬로 표시된 것을 확인하려면 다음 텐서플로우 튜토리얼 페이지를 참고하면 된다. *https://codetorial.net/tensorflow/mnist_classification.html*

4 아날로그-디지털 변환 처리 과정에서 손으로 쓴 숫자의 일부분만 특정 픽셀을 나타내는 사각형 안에 들어오는 일이 생길 수 있다. (옮긴이 덧붙임) 본문과 각주의 8비트 그레이스케일 이야기는 안티엘리어싱(anti-aliasing)을 설명한 것이다.

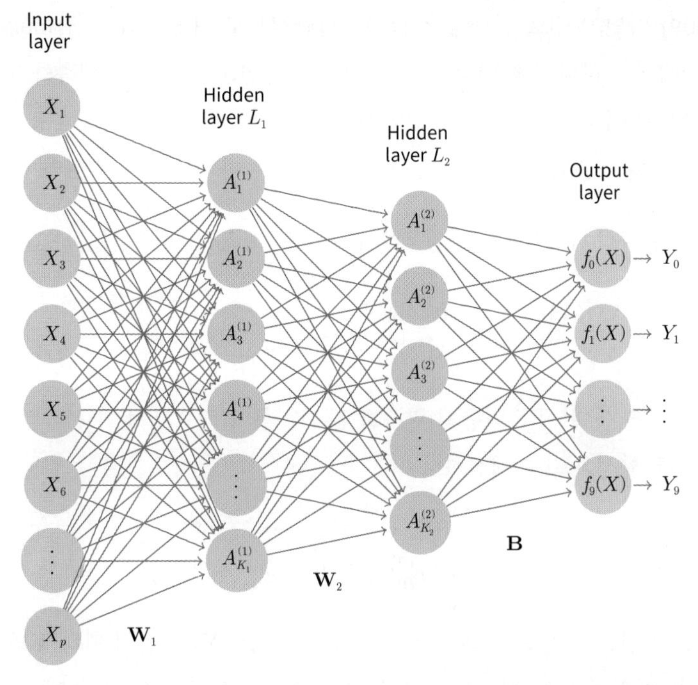

[그림 10.4] 두 개의 은닉층과 다중출력이 있는 신경망 다이어그램으로 MNIST 손글씨 숫자 문제에 적절하다. 입력층에는 $p = 784$개의 단위가 있다. 두 개의 은닉층에는 각각 $K_1 = 256$, $K_2 = 128$개의 단위가 있다. 출력층에는 10개의 단위가 있다. 이 신경망에는 절편(딥러닝 커뮤니티에서는 '편향'이라고 함)을 포함해 총 235,146개의 모수('가중치'라고도 함)가 있다.

역사적으로 볼 때 숫자 인식 문제는 1980년대 후반 AT&T 벨 연구소 등에서 신경망 기술 개발을 가속화한 촉매제 역할을 했다. 이런 유형의 패턴 인식 작업은 인간에게는 비교적 간단하다. 진화 과정에서 인간은 생존을 위해 시각계가 뇌의 많은 부분을 차지하게 되었고 이로 인해 뛰어난 시각적 인식 능력을 갖게 되었다. 이런 작업은 기계에게 그리 단순하지 않기 때문에 신경망 아키텍처를 인간의 능력에 필적하도록 개선하는 데만 30년 이상이 걸렸다.

[그림 10.4]에 제시된 다층 신경망 아키텍처는 숫자 분류 과제 해결을 위해 효과적으로 잘 작동하며 [그림 10.1]과는 몇 가지 방식에서 차이가 있다.

- 하나가 아닌 두 개의 은닉층 L_1(256 단위)과 L_2(128 단위)가 있는 신경망이다. 이후에는 7개의 은닉층이 있는 신경망을 보게 될 것이다.
- 출력변수도 한 개가 아닌 열 개다. 이때 실제로 열 개의 변수는 하나의 질적 변수를 표현하기 때문에 상당히 밀접한 관련이 있다(명확성을 위해 숫자의 집합

을 1~10이 아닌 0~9로 인덱싱했다). 더 일반적으로 다중작업 학습(multi-task learning)에서는 하나의 신경망이 서로 다른 반응변수를 동시에 예측하기 때문에 모든 반응변수가 은닉층 형성에 영향을 미친다.

- 신경망 훈련에 사용되는 손실함수는 다중부류 분류 과제에 맞춰져 있다.

첫 번째 은닉층은 식 (10.2)에 주어진 것처럼 $k = 1, \ldots, K_1$에 대해 다음과 같다.

$$\begin{aligned} A_k^{(1)} &= h_k^{(1)}(X) \\ &= g(w_{k0}^{(1)} + \sum_{j=1}^{p} w_{kj}^{(1)} X_j) \end{aligned} \tag{10.10}$$

두 번째 은닉층은 첫 번째 은닉층의 활성화 값 $A_k^{(1)}$를 입력으로 받아 $\ell = 1, \ldots, K_2$에 대해 새로운 활성화 값을 계산한다.

$$\begin{aligned} A_\ell^{(2)} &= h_\ell^{(2)}(X) \\ &= g(w_{\ell 0}^{(2)} + \sum_{k=1}^{K_1} w_{\ell k}^{(2)} A_k^{(1)}) \end{aligned} \tag{10.11}$$

한 가지 언급할 것은 두 번째 층의 각 활성화 $A_\ell^{(2)} = h_\ell^{(2)}(X)$가 입력 벡터 X의 함수라는 점이다. 이렇게 되는 이유는 $h_\ell^{(2)}(X)$가 겉보기에는 L_1 층에서 나온 활성화 $A_k^{(1)}$들의 함수지만, 이 $A_k^{(1)}$들이 결국은 X의 함수이기 때문이다. 은닉층이 더 많아도 상황은 마찬가지다. 이와 같은 변환의 연쇄로 신경망은 X에서 상당히 복잡한 변환을 만들어 낼 수 있고 이 변환 결과가 최종적으로 출력층에 특징으로 피드(feed)된다.

식 (10.10)과 식 (10.11)에서 추가적으로 위첨자 표기법을 도입해 $h_\ell^{(2)}(X)$와 $w_{\ell j}^{(2)}$와 같이 활성화 값과 가중치(weights, 계수)가 어느 층에 속하는지 표시했다. 이 경우는 2번째 층을 표시한다. [그림 10.4]의 $\mathbf{W}_1$ 표기는 입력층에서 첫 번째 은닉층 L_1로 피드하는 가중치의 전체 행렬을 나타낸다. 이 행렬에는 $785 \times 256 = 200{,}960$개의 원소가 있다. 절편 또는 '편향'을 고려해야 하므로 784가 아닌 785가 된다.[5]

각 원소 $A_k^{(1)}$가 두 번째 은닉층 L_2로 피드될 때 거치는 가중치 행렬 $\mathbf{W}_2$의 차원은 $257 \times 128 = 32{,}896$이다.

5 계수 대신 '가중치'라고 하고, 식 (10.2)의 w_{k0}을 절편 대신 '편향'이라고 하는 것은 기계학습 커뮤니티에서는 흔한 일이다. 편향을 이런 식으로 사용한다고 해서 이 책의 다른 곳에서 사용하는 '편향-분산'과 혼동해서는 안 된다.

이제 출력층에 도착했다면 여기서는 반응변수가 한 개가 아니라 10개다. 첫 단계는 단일 모형 (10.1)과 유사한 10개의 서로 다른 선형모형을 계산하는 것이다.

$$\begin{aligned} Z_m &= \beta_{m0} + \sum_{\ell=1}^{K_2} \beta_{m\ell} h_\ell^{(2)}(X) \\ &= \beta_{m0} + \sum_{\ell=1}^{K_2} \beta_{m\ell} A_\ell^{(2)} \end{aligned} \tag{10.12}$$

여기서 $m = 0, 1, ..., 9$이다. 행렬 $\mathbf{B}$는 $129 \times 10 = 1{,}290$개[6]의 가중치를 모두 저장한다.

이들이 모두 별개의 양적 반응이라면 단순하게 각각 $f_m(X) = Z_m$으로 설정하기만 하면 된다. 하지만 4.3.5절의 다항 로지스틱 회귀처럼 추정값이 부류 확률 $f_m(X) = \Pr(Y = m \mid X)$를 나타내려고 한다. 따라서 $m = 0, 1, ..., 9$에 대해 특별한 소프트맥스(softmax) 활성화함수를 사용한다(175쪽의 식 (4.13) 참조).

$$f_m(X) = \Pr(Y = m|X) = \frac{e^{Z_m}}{\sum_{\ell=0}^{9} e^{Z_\ell}} \tag{10.13}$$

이렇게 하면 10개의 숫자가 (음수가 아니고 합이 1인) 확률처럼 동작한다. 분류기를 만드는 게 목표지만 모형은 실제로 10개 부류 각각의 확률을 추정한다. 그런 다음 분류기는 확률이 가장 높은 부류에 이미지를 할당한다.

이 신경망을 훈련시키기 위해 반응변수가 질적 변수이므로 음의 다항 로그 가능도

$$-\sum_{i=1}^{n} \sum_{m=0}^{9} y_{im} \log(f_m(x_i)) \tag{10.14}$$

를 최소화하는 계수 추정값을 구하면 된다. 음의 다항 로그 가능도를 교차 엔트로피(cross-entropy)라고도 한다. 이는 2-부류 로지스틱 회귀를 위한 판정기준 식 (4.5)를 일반화한 것이다. 목적함수를 최소화하는 방법은 10.7절에서 상세하게 설명한다. 만약 양적 반응변수라면 대신에 식 (10.9)처럼 제곱오차손실을 최소화했을 것이다.

6 (옮긴이) $K_2 = 128$이고 β_{m0}이 하나 더 있기 때문에 식 하나마다 129개의 가중치가 있다. $m = 0, ..., 9$로 10개의 식이 있으므로 모두 $129 \times 10 = 1{,}290$개가 된다.

[표 10.1]은 신경망의 테스트 성능을 비교하고 있다. 비교 대상은 4장에 제시된 두 가지 단순한 모형으로, 선형 결정경계를 사용하는 다항 로지스틱 회귀와 선형판별분석이다. 이 두 선형 방법에 비해 신경망의 향상은 매우 극적이었는데, 드롭아웃 규제를 적용한 신경망은 10,000개의 테스트 이미지에서 2% 미만의 테스트 오류율을 달성한다(10.7.3절에서 드롭아웃 규제를 설명한다). 10.9.2절 실습에서 이 모형을 적합하는 코드를 제시하고 있다. 노트북 컴퓨터에서 이 코드를 실행하는 데 약 2분 정도의 시간이 걸린다.

방법	테스트 오류
신경망 + 능형 규제	2.3%
신경망 + 드롭아웃 규제	1.8%
다항 로지스틱 회귀	7.2%
선형판별분석	12.7%

[표 10.1] MNIST 데이터의 테스트 오류율. 두 가지 형태의 규제를 사용한 신경망과 함께 로지스틱 회귀, 선형판별분석을 대상으로 했다. 이 예제에서는 신경망에 복잡성을 추가함으로써 테스트 오류를 현저하게 개선했다.

$\mathbf{W}_1$, $\mathbf{W}_2$, $\mathbf{B}$ 계수의 개수를 더하면 총 235,146개이며, 이것은 다항 로지스틱 회귀에 필요한 개수 $785 \times 9 = 7{,}065$보다 33배 이상 많다. 훈련 세트에는 60,000개의 이미지가 있다는 점을 상기할 필요가 있다. 큰 훈련 세트로 보이겠지만, 신경망 모형 계수의 개수는 훈련 세트의 관측 개수보다 거의 네 배나 많다. 과적합을 피하기 위해서는 몇 가지 규제(regularization)가 필요하다. 이 예에서는 능형(ridge) 규제와 드롭아웃(dropout) 규제라는 두 가지 형태의 규제를 사용했는데, 능형 규제는 6장의 능형회귀와 유사하다. 10.7절에서 규제의 두 가지 형태를 논의한다.

10.3 합성곱 신경망

신경망은 2010년경 이미지 분류에서 큰 성공을 거두며 다시 주목받기 시작했다. 그 무렵 레이블링된 이미지의 방대한 데이터베이스가 축적되기 시작했고 부류의 수도 계속 늘어나고 있었다. [그림 10.5]는 CIFAR 데이터베이스에서 추출한 75개의 이미지를 보여 준다.[7] 이 데이터베이스는 20개의 상위 부류(예를 들면 수생 포

7 Krizhevsky, 《Learning multiple layers of features from tiny images》(2009) *https://www.cs.toronto.edu/~kriz/learning-features-2009-TR.pdf* 3장을 참조할 수 있다. 무료 배포를 위해 제작된 PDF 버전이다.

유류)와 상위 부류마다 5개의 부류(비버, 돌고래, 수달, 물개, 고래)를 레이블링한 60,000개의 이미지로 이루어져 있다. 이미지의 해상도는 각각 32×32 픽셀이며, 각 픽셀은 빨강, 초록, 파랑을 나타내는 세 개의 8비트 숫자로 되어 있다. 각 이미지에 대한 숫자들은 특징 맵(feature map)이라고 하는 3차원 배열로 정리되어 있다. 처음 두 축은 공간을 나타내고(둘 다 32차원이다),[8] 세 번째 축은 채널(channel)[9] 세 가지 색을 나타낸다. 지정된 훈련 세트에는 50,000개의 이미지, 테스트 세트에는 10,000개의 이미지가 있다.

[그림 10.5] CIFAR100 데이터의 이미지 표본: 100개의 서로 다른 부류로 표현된 일상 생활의 자연스러운 이미지 모음.

합성곱 신경망(CNN, convolutional neural networks)이라는 특별한 계열의 신경망이 이미지 분류를 위해 진화했고 다양한 문제에서 놀라운 성공을 거두었다. CNN은 어느 정도까지는 인간이 이미지를 분류하는 방식을 모방한다. 즉, 이미지에 있는 특정 특징이나 패턴을 인식해 각각의 특정 객체를 부류로 분류한다. 이번 절에서는 간단한 작동 방법을 살펴볼 예정이다.

[그림 10.6]은 합성곱 신경망의 밑바탕이 되는 아이디어를 설명하기 위해 호랑이 만화 그림의 실례를 보여 준다.[10]

8 (옮긴이) 이 데이터는 3차원(three-dimensional) 배열로 표현이 되는데, 첫 번째와 두 번째 축이 32차원(32-dimensional)이라고 해 약간의 혼동이 있을 수 있다. 3차원 배열이라는 것은 배열의 모양이 3차원이라는 뜻이다. 첫 번째 축이 32차원이라는 것은 크기가 32차원이라는 뜻이다. 즉, 32개의 원소가 들어간다는 뜻이다. 이 배열의 크기는 32×32×3이다.

9 '채널'이라는 용어는 신호처리 문헌에서 가져온 것이다. 각각의 채널은 서로 구별되는 정보원(source of information)이다.

10 다이어그램을 제작해 준 엘레나 투질리나(Elena Tuzhilina)와 호랑이 만화 그림을 사용하도록 허가해 준 *https://www.cartooning4kids.com/*에게 감사드린다.

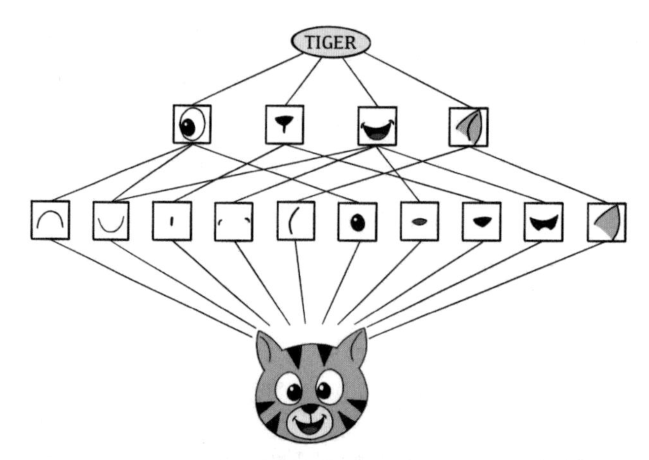

[그림 10.6] 합성곱 신경망이 호랑이 그림을 분류하는 방법을 보여 주는 도식. 이 신경망은 그림을 입력으로 받아 국소 특징을 식별한다. 그런 다음 이 국소 특징들을 결합해 합성 특징을 생성하는데, 이 예제에서는 눈과 귀가 여기에 포함된다. 이 합성 특징들은 '호랑이'라는 레이블을 출력하는 데 사용된다.

신경망이 먼저 입력 이미지에 있는 저수준 특징들, 예를 들어 작은 테두리선, 색깔 조각 등을 식별한다. 그리고 이런 저수준 특징은 결합되어 귀, 눈 등과 같은 고수준 특징을 형성한다. 결국 고수준 특징들의 존재 또는 부재가 임의의 주어진 출력 부류의 확률을 결정하는 원인이 된다.

합성곱 신경망은 이 계층 구조를 어떻게 구축할까? 합성곱 신경망은 합성곱(convolution)층과 풀링(pooling)층이라고 하는 두 가지 특수한 유형의 은닉층을 결합한다. 합성곱층은 이미지에서 작은 패턴의 사례를 검색하는 반면, 풀링층은 이를 다운샘플링해 눈에 띄는 부분집합을 선택한다. 최첨단 성능을 달성하기 위해서 현대의 신경망 아키텍처는 합성곱층과 풀링층을 많이 사용하고 있다. 다음에서 합성곱층과 풀링층을 설명할 예정이다.

10.3.1 합성곱층

합성곱층(convolution layer)은 다수의 합성곱 필터(convolution filter)로 구성되어 있다. 각각의 합성곱 필터는 이미지에 특정 국소 특징이 존재하는지 여부를 결정하는 템플릿이다. 합성곱 필터는 매우 간단한 연산인 합성곱에 의존하는데, 합성곱은 기본적으로 행렬 원소들을 차례대로 곱한 다음에 그 결과를 더하는 연산에 해당한다.

합성곱 필터가 어떻게 작동하는지 이해하기 위해 아주 단순한 예제로 4×3 이미지를 생각해 보자.

$$\text{원본 이미지} = \begin{bmatrix} a & b & c \\ d & e & f \\ g & h & i \\ j & k & l \end{bmatrix}$$

이제 이미지에 다음과 같은 형태의 2×2 필터를 생각해 보자.

$$\text{합성곱 필터} = \begin{bmatrix} \alpha & \beta \\ \gamma & \delta \end{bmatrix}$$

이미지와 필터를 '합성곱'하면 다음과 같은 결과를 얻게 된다.[11]

$$\text{합성곱 이미지} = \begin{bmatrix} a\alpha + b\beta + d\gamma + e\delta & b\alpha + c\beta + e\gamma + f\delta \\ d\alpha + e\beta + g\gamma + h\delta & e\alpha + f\beta + h\gamma + i\delta \\ g\alpha + h\beta + j\gamma + k\delta & h\alpha + i\beta + k\gamma + l\delta \end{bmatrix}$$

예를 들어 왼쪽 상단의 원소는 2×2 필터의 각 원소를 이미지의 왼쪽 상단 2×2 부분과 대응되는 원소와 곱하고 그 결과를 더해 얻을 수 있다. 다른 원소도 비슷한 방식으로 얻는다. 합성곱 필터를 원본 이미지의 모든 2×2 부분행렬에 적용해 합성곱 이미지를 얻을 수 있다. 원본 이미지의 2×2 부분행렬이 합성곱 필터와 유사하면 합성곱 이미지의 값이 '크고' 그렇지 않으면 값이 '작다'. 따라서 **합성곱 이미지는 원본 이미지 중 합성곱 필터와 유사한 영역을 강조 표시**한다. 여기서는 2×2를 예로 들었는데, 일반적으로 합성곱 필터는 작은 $\ell_1 \times \ell_2$ 배열이다. ℓ_1과 ℓ_2는 작은 양의 정수로 같지 않아도 된다.

[그림 10.7]은 왼쪽에 표시된 192×179 크기의 호랑이 이미지에 두 개의 합성곱 필터를 적용한 예시를 보여 준다.[12] 각각의 합성곱 필터는 15×15 크기의 이미지로 대부분 0(검은색)으로 구성되어 있고, 이미지 내에서 수직 또는 수평으로 배열된 좁은 1(흰색)띠가 있다. 호랑이 이미지에 합성곱 필터를 각각 적용하면 필터와 유사한 호랑이의 영역(즉, 수평 또는 수직 줄무늬나 테두리선이 있는 영역)에는 큰 값이, 호랑이의 영역의 특징과 유사하지 않은 영역에는 작은 값이 주어진다. 합성곱

11 합성곱 이미지는 원본 이미지보다 작은데, 그 이유는 원본 이미지에 들어가는 2×2 부분행렬의 개수로 합성곱 이미지의 차원이 결정되기 때문이다. 여기서 2×2는 합성곱 필터의 차원임에 유의하자. 만약 합성곱 이미지가 원본 이미지와 동일한 차원이 되기를 바란다면 패딩(padding)을 적용할 수 있다.

12 [그림 10.7]~[그림 10.9]에서 사용된 호랑이 이미지는 공개 도메인 *https://www.needpix.com/*에서 가져왔다.

이미지는 오른쪽에 표시되어 있다. 수평 줄무늬 필터는 원본 이미지에서 수평의 줄무늬와 테두리선을 골라내고 수직 줄무늬 필터는 원본 이미지에서 수직의 줄무늬와 테두리선을 골라내는 것을 볼 수 있다.

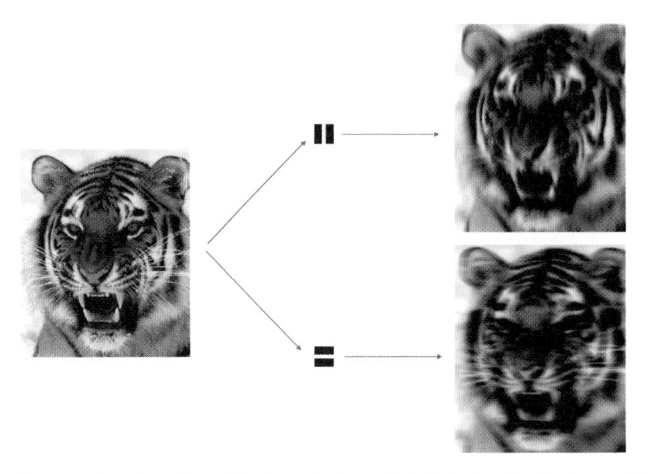

[그림 10.7] 합성곱 필터는 이미지에서 테두리선이나 작은 모양과 같은 국소 특징을 찾는다. 왼쪽에 제시된 호랑이 이미지에서 시작해 가운데에 있는 작은 합성곱 필터 두 개를 적용해 보자. 합성곱 이미지들은 원본 이미지에서 필터와 유사한 세부 사항이 발견된 영역을 강조 표시한다. 구체적으로 상단의 합성곱 이미지는 호랑이의 세로 줄무늬를 강조하고 하단의 합성곱된 이미지는 호랑이의 가로 줄무늬를 강조한다. 원본 이미지를 합성곱 신경망의 입력층으로, 합성곱 이미지를 첫 번째 은닉층에 있는 단위들로 생각할 수 있다.

[그림 10.7]에서는 설명을 위해 큰 이미지와 두 개의 큰 필터를 사용했다. `CIFAR` 데이터베이스의 경우 이미지당 32×32 색상 픽셀이 있으므로 3×3 합성곱 필터를 사용한다.

합성곱층에서는 이미지에서 다양한 방향의 테두리선과 모양을 찾기 위해 여러 종류의 필터를 사용한다. 이런 식으로 미리 정의된 필터를 사용하는 것은 이미지 처리에서 표준적인 관행이다. 반면에 CNN을 사용하면 필터는 특정한 분류 작업을 위해 '학습'된다. 필터 가중치를 입력층에서 은닉층으로 가는 모수로 생각할 수 있는데, 은닉층에는 합성곱 이미지의 픽셀마다 하나의 은닉 단위가 있다. 실제로 이 상황에서 모수는 고도로 구조화되고 제약된다(자세한 내용은 연습문제 4를 참조). 이 필터들은 입력 이미지의 국소화된 조각에 대해 연산되며(따라서 구조적으로 0이 많다), 주어진 한 필터의 동일한 가중치가 이미지 내의 모든 가능한 조각에 대해 재사용된다(따라서 가중치가 제약된다).[13]

13 신경망 초기에는 이를 가중치 공유(weight sharing)라고 했다.

다음은 몇 가지 추가적인 세부 사항을 제공한다.

- 입력 이미지에 색상이 있으므로 3차원 특징 맵(배열)으로 표현되는 세 개의 채널이 존재한다. 각각의 채널은 2차원 (32×32) 특징 맵으로 빨간색, 초록색, 파란색이 하나씩 있다. 단일 합성곱 필터 역시 색상마다 하나씩 3×3 크기의 채널 세 개가 있으며 필터 가중치는 서로 다를 수 있다. 세 개의 합성곱 결과를 합산해 2차원 출력 특징 맵을 형성한다. 이 지점까지 색상 정보가 사용되고, 합성곱에서의 역할을 통해 전달되는 것 이외의 정보는 후속 층으로는 전달되지 않는다는 점에 주의한다.
- 이 첫 번째 은닉층에서 K개의 서로 다른 합성곱 필터를 사용하면 K개의 2차원 출력 특징 맵을 얻게 되며, 이들은 함께 하나의 단일한 3차원 특징 맵으로 처리된다. K개의 출력 특징 맵 각각을 별개의 분리된 정보 채널로 본다면 이제 K개의 채널이 있는 것과 같다. 이는 원래의 입력 특징 맵에서 3개의 색상 채널이 있었던 것과 대비된다. 3차원 특징 맵은 단순 신경망 은닉층이 활성화하는 것과 비슷하지만, 공간적으로 구조화된 방식으로 구성되고 생성된다는 점에서 다르다.
- 일반적으로 합성곱 이미지에 ReLU 활성화함수 식 (10.5)를 적용한다. 이 단계는 때로는 합성곱 신경망에서 별도의 층으로 간주되는데, 그런 경우에는 탐지층(detector layer)이라고 한다.

10.3.2 풀링층

풀링(pooling)층에서는 큰 이미지를 작은 요약 이미지로 압축한다. 풀링을 수행하는 방법은 여러 가지가 있지만, '최대 풀링' 연산은 최댓값을 사용해서 이미지에서 각각의 서로 겹치지 않는 2×2 픽셀 블록을 요약한다. 이렇게 하면 이미지의 크기가 각 방향으로 2배씩 줄어들고 어느 정도 위치 불변성(location invariance)도 제공한다. 즉, 블록의 네 픽셀 중 하나에 큰 값이 있으면 그 블록 전체는 축소 이미지에서 큰 값을 등록한다.

다음은 최대 풀링의 간단한 예다.

$$\text{최대 풀링} \begin{bmatrix} 1 & 2 & 5 & 3 \\ 3 & 0 & 1 & 2 \\ 2 & 1 & 3 & 4 \\ 1 & 1 & 2 & 0 \end{bmatrix} \rightarrow \begin{bmatrix} 3 & 5 \\ 2 & 4 \end{bmatrix}$$

10.3.3 합성곱 신경망의 구조

지금까지 각각의 필터가 새로운 2차원 특징 맵을 생성하는 단일 합성곱층을 정의했다. 합성곱층에 있는 합성곱의 필터 수는 10.2절에서 완전 연결 신경망의 특정 은닉층의 단위 수와 유사하다. 이 수는 또한 결과적으로 3차원 특징의 채널 수를 정의한다. 또한 각 3차원 특징 맵의 첫 두 차원을 줄이는 풀링층에 대해서도 설명했다. 심층 CNN은 이와 같이 층이 많다. [그림 10.8]은 CIFAR 이미지 분류 작업을 위한 CNN의 전형적인 구조를 보여 준다.

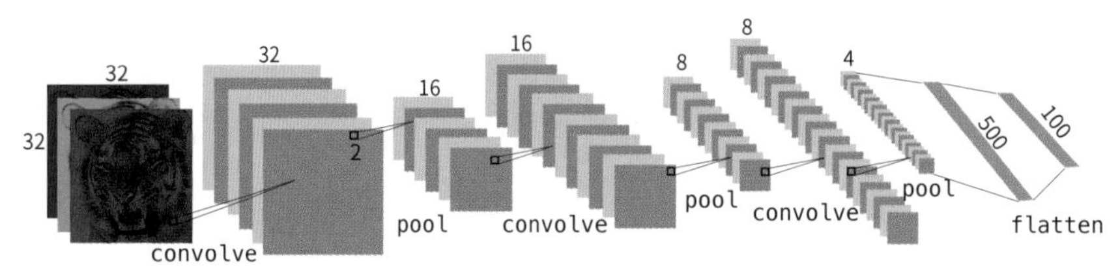

[그림 10.8] CIFAR 분류 작업을 위한 심층 CNN의 구조. 합성곱층은 2×2 최대 풀링층과 교차되어 있으며 이는 두 차원 모두에서 크기를 2배씩 줄인다.

입력층에서 색상 이미지의 3차원 특징 맵을 볼 수 있는데, 여기서 채널 축은 각 색상을 32×32의 2차원 픽셀 특징 맵으로 표현한다. 각각의 합성곱 필터는 첫 번째 은닉층에서 새로운 채널을 생성하며 각각은 (가장자리에서 약간의 패딩을 적용한 후에는) 32×32 특징 맵이 된다. 첫 번째 합성곱 라운드가 끝나면 이제 새로운 '이미지', 즉 세 개의 입력 색상 채널보다 채널이 훨씬 많은 특징 맵이 생긴다(그림에서는 여섯 개의 합성곱 필터를 사용했으므로 여섯 개). 그런 다음 최대 풀링(max-pool)층이 뒤따르는데, 여기서 각 채널 특징 맵의 크기를 각각의 차원에서 2씩, 총 4배 줄인다.

합성곱-풀링의 순서는 다음 두 층에서도 반복된다. 몇 가지 세부 사항은 다음과 같다.

- 이어지는 각각의 합성곱층은 첫 번째 층과 유사하다. 이전 층에서 나온 3차원 특징 맵을 입력으로 받아 하나의 다중채널 이미지처럼 취급한다. 학습된 각 합성곱 필터의 채널 수는 특징 맵의 채널 수와 일치한다.
- 풀링층을 지나면 채널 특징 맵의 크기가 줄어들기 때문에 일반적으로 다음 합성곱층에서 필터의 수를 늘려 이를 보정한다.

- 때때로 풀링층 이전에 여러 합성곱층을 반복하기도 한다. 이렇게 하면 필터의 크기가 효과적으로 증가한다.

풀링으로 차원별로 몇 픽셀만 남을 때까지 각 채널 특징 맵을 반복적으로 축소하면서 연산을 거듭한다. 여기서 3차원 특징 맵들은 '평탄화'된다. 즉, 픽셀들이 별개의 단위로 취급된다. 그리고 출력층에 도달하기 전에 하나 이상의 완전 연결 층으로 입력된다. 출력층은 식 (10.13)에서와 같이 100개 부류에 대한 '소프트맥스 활성화 함수'를 사용한다.

이런 신경망을 구성하려면 각 층의 수, 성질, 그리고 크기 외에도 선택해야 할 많은 조율모수(tuning parameter)가 있다. 각각의 층에서 드롭아웃 학습을 사용할 수 있으며 라쏘나 능형 규제도 적용할 수 있다(10.7절 참조). 합성곱 신경망을 구성하는 세부 사항이 다소 어려울 수 있으나 다행히도 방대한 예제와 매뉴얼이 포함된 훌륭한 소프트웨어가 있어 모수를 합리적으로 선택할 수 있는 지침을 제공한다. 이 글을 쓰는 시점에서 CIFAR 공식 테스트 세트의 경우 가장 높은 정확도가 75% 이상이지만, 의심할 여지 없이 이 성능은 계속 개선될 것이다.

10.3.4 데이터 증강

이미지 모델링에 사용되는 또 다른 중요한 기법이 데이터 증강이다. 기본적으로 각 훈련 이미지는 여러 번 복제되며, 각 복제본은 사람의 인식에 영향을 미치지 않도록 자연스럽게 무작위로 왜곡된다. [그림 10.9]는 몇 가지 예를 보여 준다. 일반적으로 왜곡에는 줌, 수평 및 수직 이동, 찌그러뜨리기, 일정 정도의 회전, 그리고 [그림 10.9] 이미지와 같은 좌우 반전이 있다

[그림 10.9] 데이터 증강. 원본 이미지(가장 왼쪽)를 자연스럽게 왜곡하면서 동일 부류 레이블에 속하는 다양한 이미지를 산출하는 방법이다. 왜곡은 사람을 속이지 않으면서 CNN을 적합할 때 일종의 규제처럼 작용한다.

10.7.2절에서 보게 될 딥러닝 모형을 적합하는 확률적 경사하강 알고리즘에서 무작위로 선택된 훈련 이미지를 한 번에 128개씩 배치 처리한다. 이 작업은 데이터 증강과 잘 어울리는데, 이미지를 실시간으로 왜곡하므로 새 이미지를 모두 저장할 필요가 없다.

10.3.5 사전 학습된 분류기를 사용한 결과

여기서는 업계 수준의 사전 훈련된 분류기를 사용해 몇몇 새 이미지의 부류를 예측한다. resnet50 분류기는 카테고리의 수가 계속 늘어나는 수백만 개 이미지가 포함된 imagenet 데이터 세트를 사용해 훈련된 합성곱 신경망이다.[14] [그림 10.10]은 여섯 장의 사진(저자 중 한 명의 개인 소장품)에서 resnet50의 성능을 보여 준다.[15] CNN은 두 번째 이미지에서 매를 분류하는 작업을 적절히 수행했다. 세 번째 이미

플라밍고		솔개		솔개	
플라밍고	0.83	솔개	0.60	분수	0.35
저어새	0.17	큰회색부엉이	0.09	손톱	0.12
황새	0.00	개똥지빠귀	0.06	갈고리	0.07

라사 압소		고양이		케이프 위버	
티베탄 테리어	0.56	올드 잉글리시 시프도그	0.82	자카마르	0.28
라사	0.32	시추	0.04	마코앵무새	0.12
코커스패니얼	0.03	페르시안 고양이	0.04	개똥지빠귀	0.12

[그림 10.10] imagenet 코퍼스로 훈련된 resnet50 CNN을 사용해 분류한 여섯 장의 사진. 이미지 아래 표에서는 각각의 그림 상단에 실제(의도한) 라벨을, 그리고 분류기의 상위 세 가지 선택(100점 만점)을 표시한다. 숫자는 각 선택의 추정값이다(솔개는 매와 같은 육식성 새지만 매는 아니다).

14 resnet50에 대한 자세한 정보는 He, Zhang, Ren, Sun, "Deep residual learning for image recognition", *https://arxiv.org/abs/1512.03385*에서 확인할 수 있다(허, 장, 런, 쑨의 〈이미지 인식을 위한 심층 잔차 학습〉, 2015). ResNet(Residual Network)으로 알려진 이 논문은 잔차 학습이라는 개념을 도입해서 그동안 신경망 학습의 난제로 여겨지던 그래디언트 소실 문제를 완화했다는 점에서 중요한 의의가 있다. imagenet에 관한 자세한 내용은 Russakovsky, Deng, et al. "ImageNet Large Scale Visual Recognition Challenge", International Journal of Computer Vision(루사콥스키, 덩 외 〈이미지넷 대규모 시각 인식 챌린지〉, 국제컴퓨터비전학회, 2015)에서 확인할 수 있다.

15 공개적으로 학습된 모형이 주기적으로 업데이트되므로 resnet의 결과는 시간이 지남에 따라 달라질 수 있다.

지처럼 축소한다면 혼란을 겪고 매 대신 분수를 선택한다. 마지막 이미지의 '자카마르'는 남미 및 중앙아메리카의 열대새로 남아프리카 케이프위버와 색깔이 비슷하다. 이 예시에 관한 더 자세한 내용은 10.9.4절에서 제공한다.

CNN을 적합하는 작업 대부분은 은닉층에서 합성곱 필터를 학습하는 데 있으며 이 필터들이 CNN의 계수가 된다. `imagenet`과 같이 부류가 많은 대규모 코퍼스에 적합한 모형의 경우 이 필터들의 출력은 일반 자연 이미지 분류 문제를 위한 특징으로 사용될 수 있다. 사전 훈련된 은닉층을 훈련 세트가 훨씬 작은 새로운 문제에 적용할 수 있는데(이 과정을 '가중치 고정'이라고 한다), 훨씬 적은 데이터가 필요한 신경망의 마지막 몇 층만을 훈련하면 된다. `keras` 패키지와 함께 제공되는 실행 예시 문서인 비네트(vignettes)와 책[16]은 이와 같은 응용에 관한 보다 자세한 내용을 제공한다.

10.4 문서 분류

이 절에서는 산업과 과학의 중요 응용 분야인 문서의 속성을 예측하는 새로운 유형의 예를 소개한다. 문서의 예로는 의학 저널의 논문, 로이터 뉴스 피드, 이메일, 트윗 등이 있다. 여기서는 관객들이 영화에 대해 짧게 쓴 비평인 `IMDB`(인터넷 영화 데이터베이스) 평점을 예로 사용한다.[17] 이때 반응변수는 영화평의 `sentiment`로, '긍정적' 또는 '부정적'일 수 있다.

다음은 상당히 재미있는 부정적 영화평의 시작 부분이다.

> This has to be one of the worst films of the 1990s. When my friends & I were watching this film (being the target audience it was aimed at) we just sat & watched the first half an hour with our jaws touching the floor at how bad it really was. The rest of the time, everyone else in the theater just started talking to each other, leaving or generally crying into their popcorn …[18]

16 F. Chollet and J.J. Allaire, 《Deep Learning with R》(Manning Publications, 2018). 한국에서는 《케라스 창시자의 딥러닝 with R》(제이펍, 2019)이라는 이름으로 번역 출간됨.

17 자세한 내용은 Maas et al, 〈Learning word vectors for sentiment analysis〉, Proceedings of the 49th Annual Meeting of the Association for Computational Linguistics: Human Language Technologies, 142-150(마스 외, 〈감성 분석을 위한 단어 벡터 학습〉, 전산언어학회 연례학술대회 논문집: 사람의 언어와 기술, 142~150, 2011)

18 (옮긴이) 영화평이 직접 인용된 부분이다. 번역하면 "이 영화는 1990년대 최악의 영화 중 하나임에 틀림없다. 나와 내 친구들은 (바로 이 영화가 겨냥한 타깃 관객이었다) 이 영화를 보면서 처음 30분 동안은 영화가 너무 재미없어서 입이 떡 벌어질 정도였다. 나머지 시간에는 극장에 있던 모든 사람들이 서로 이야기를 나누거나 자리를 뜨거나 전반적으로 팝콘에다 화를 푸는 분위기…" 정도로 매우 부정적 평임을 알 수 있다.

각각의 영화평은 길이가 다르고 속어나 단어로 보기 어려운 단어, 철자 오류 등을 포함하고 있다. 이런 문서를 특징화(featurize)하는 방법을 찾아야 한다. 특징화는 예측변수의 집합을 정의하는 현대적 표현이다.

가장 간단하고 일반적인 특징화 방법은 단어 가방(bag-of-words) 모형이다. 언어 사전(이 경우 영어 사전)에 각 단어가 존재하는지 여부에 따라 각 문서를 평가한다. 사전에 M개의 단어가 있다면 각 문서에 대해 길이 M인 이진 특징 벡터를 생성하고 문서에 나타난 단어는 1, 그렇지 않으면 0으로 점수를 준다. 특징 벡터가 너무 넓을 수 있으므로 25,000개의 영화평으로 이루어진 훈련 코퍼스에서 가장 자주 등장하는 10,000개의 단어로 제한을 둔다. 다행히 이 작업을 자동으로 수행할 수 있는 좋은 도구들이 있다. 다음은 이런 방식으로 간추린 긍정적 영화평의 시작 부분이다.

> (START) this film was just brilliant casting location scenery story direction everyone's really suited the part they played and you could just imagine being there robert (UNK) is an amazing actor and now the same being director (UNK) father came from the same scottish island as myself so i loved … [19]

여기서는 많은 단어가 생략됐고 일부 알 수 없는 단어(UNK)가 표시되어 있다. 축소되어 이진 특징 벡터의 길이는 10,000이 되며, 이 벡터를 구성하는 것은 대부분 0이고 문서에 나타난 단어에 대응되는 자리의 1은 드물다. 훈련 세트와 테스트 세트는 각각 25,000개의 예제로 구성되며 `sentiment`에 관련해 균형을 이룬다. 결과로 얻은 훈련 특징 행렬 **X**는 25,000×10,000 차원이지만, 0이 아닌 이진 항목은 단지 1.3%에 불과하다. 값 대부분이 같은 행렬(지금은 0으로)을 희소 행렬이라 한다. 이 '희소 행렬 형식'으로 효율적으로 저장할 수 있다.[20] 문서의 길이를 고려하는 방법은 다양하다. 여기서는 문서에 단어가 있느냐 없느냐로 점수를 매기지만, 예를 들어 단어의 상대적 빈도를 기록할 수도 있다. (모형 조율을 위해) 25,000개의 훈련 관측에서 2,000개 크기의 검증 세트를 분리했고 두 가지 모형 시퀀스를 적합했다.

19 (옮긴이) 영화평이 직접 인용된 부분이다. 번역하면 "이 영화는 정말 훌륭했습니다. 캐스팅, 촬영 장소, 풍경, 스토리, 연출 등 모든 것이 완벽했어요. 배우들은 자신이 맡은 역할에 정말 잘 어울렸는데, 마치 그 속에 있는 것 같은 느낌이 들었죠. 로버트 UNK는 배우로서 이제는 감독으로서 놀라운 모습을 보여 주고 있어요. UNK 아버지가 저처럼 스코틀랜드 출신이라 더 좋았습니다."라고 하여 매우 긍정적 영화평임을 알 수 있다.

20 전체 행렬을 저장하는 대신 0이 아닌 항목의 위치와 값을 저장할 수 있다. 이 경우 0이 아닌 항목은 모두 1이므로 위치만 저장한다.

- `glmnet` 패키지를 이용한 라쏘 로지스틱 회귀분석.
- ReLU 단위가 각각 16개이고 은닉층이 두 개인 이진 분류 신경망.

두 방법 모두 해의 시퀀스를 생성한다. 라쏘 시퀀스의 인덱스로 규제모수(regulation parameter) λ를 이용한다. 신경망 시퀀스는 적합에 사용되는 경사하강 반복 횟수로 인덱스하는데, 훈련 세트를 통과하는 훈련 에포크 또는 패스로 측정한다(10.7절 참조). [그림 10.11]의 훈련 정확도(검은색 점)가 모두 단조증가한다는 점에 주목하자. 검증 오류를 사용해 각 시퀀스에서 좋은 해를 선정(그래프의 파란색 점)한 다음, 테스트 데이터 세트를 예측하는 데 사용할 수 있다.

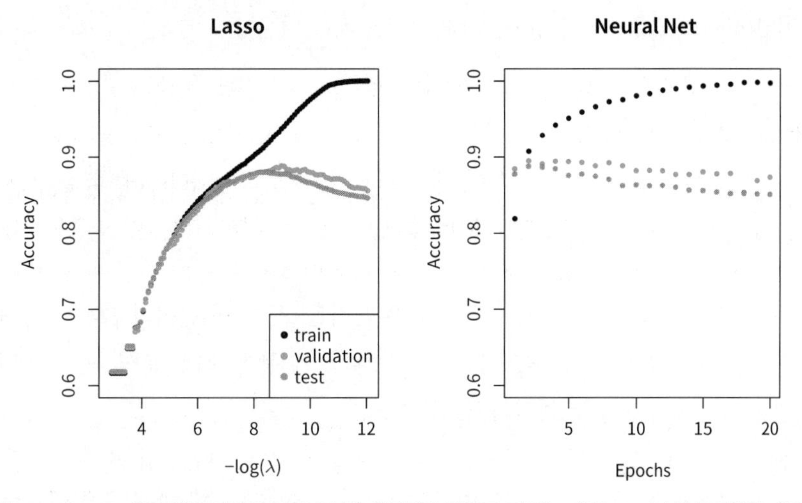

[그림 10.11] IMDB 데이터에서 라쏘와 이중 은닉층 신경망의 정확도. 라쏘는 x축이 $-\log(\lambda)$를 표시하며, 신경망은 에포크(훈련 세트를 통과하는 적합성 알고리즘의 횟수)를 표시한다. 두 모형 모두 과적합 경향을 보이며 거의 동일한 테스트 정확도를 달성했다.

이진 분류 신경망은 비선형 로지스틱 회귀모형에 해당한다. 식 (10.12) 및 식 (10.13)으로부터 다음을 알 수 있다.

$$\log\left(\frac{\Pr(Y=1|X)}{\Pr(Y=0|X)}\right) = Z_1 - Z_0 \tag{10.15}$$
$$= (\beta_{10}-\beta_{00}) + \sum_{\ell=1}^{K_2}(\beta_{1\ell}-\beta_{0\ell})A_\ell^{(2)}$$

(이 식은 소프트맥스 함수의 잉여성을 보여 준다. K 부류의 경우 실제로 $K-1$ 세트의 계수만 추정하면 된다. 4.3.5절 참조). [그림 10.11]에서 분류 오류(틀린 비율)가 아닌 정확도(accuracy, 맞은 비율)를 볼 수 있는데, 기계학습 커뮤니티에서는 후

자를 더욱 선호한다. 두 모형 모두 테스트 세트에서 약 88%의 정확도를 달성했다.

단어 가방 모형(bag-of-words model)은 문서를 단어의 존재 여부로 요약하고 문맥은 무시한다. 문맥을 고려하는 두 가지 인기 있는 방법은 다음과 같다.

- n-그램 가방(bag-of-n-grams) 모형. 예를 들어 2-그램 가방은 모든 개별 단어 쌍이 연달아 동시에 나타나는 것을 기록한다. 'Blissfully long'은 영화평에서 긍정적 표현으로, 'blissfully short'은 반대로 부정적 표현으로 간주될 수 있다.
- 문서를 시퀀스로 취급하면 모든 단어의 앞뒤 문맥을 모두 고려할 수 있다.

다음 절에서는 일기 예보, 음성 인식, 언어 번역, 시계열 예측 등에서 응용 가능한 데이터 시퀀스 모형을 탐구한다. `IMDB` 예제를 계속 다룬다.

10.5 순환 신경망

많은 데이터 소스가 본질적으로 시퀀스로 되어 있으므로 예측 모형을 구축할 때 특별한 처리가 필요하다. 예를 들면 다음과 같다.

- 서평 및 영화평, 신문 기사, 트윗과 같은 문서들. 문서 내 단어의 순서와 상대적 위치는 내러티브, 주제, 어조를 포착하는데, 주제 분류, 감성 분석, 언어 번역과 같은 작업에서 활용할 수 있다.
- 온도, 강우량, 풍속, 대기질 등의 시계열. 며칠 뒤의 날씨나 수십 년 후의 기후를 미리 예측할 수 있다.
- 시장 지수, 거래량, 주식 및 채권 가격, 환율을 추적하는 금융 시계열. 예측이 어려울 수 있지만 앞서 보았듯이 특정 지수는 적정 수준의 정확도로 예측할 수 있다.
- 녹음된 연설, 음악 녹음, 그 외의 사운드 녹음. 말소리의 텍스트 전사나 언어 번역을 제공할 수 있으며, 음악의 품질을 평가하거나 특정 속성을 부여할 수 있다.
- 의사 소견서와 같이 손으로 쓴 글씨나 우편번호 숫자. 손글씨를 디지털 텍스트로 변환하거나 숫자를 읽어 내길 원한다(광학 문자 인식).

순환 신경망(RNN, recurrent neural network)에서 입력 객체 X는 '시퀀스'다. `IMDB` 영화평 모음과 같은 문서 코퍼스를 생각해 보자. 각각의 문서는 L개의 단어 시퀀스로 표현될 수 있으므로 $X = \{X_1, X_2, ..., X_L\}$이고, 여기서 각 X_ℓ은 한 단어를 나타낸다. 단어의 순서와 문장에서 특정 단어의 근접성은 의미론적 의미(semantic meaning)를 전달한다. 합성곱 신경망이 이미지 입력의 공간 구조를 수용하는 것처럼 RNN은 입력 객체의 시퀀스 특징을 수용하고 활용하도록 설계됐다. 출력 Y는 (언어 번역처럼) 시퀀스일 수도 있지만, 종종 영화평 문서의 이진 감성 레이블과 같은 스칼라다.

[그림 10.12]는 입력으로 $X = \{X_1, X_2, ..., X_L\}$ 시퀀스, 단순한 출력 Y, 은닉층 시퀀스 $\{A_\ell\}_1^L = \{A_1, A_2, ..., A_L\}$로 이루어진 매우 기본적인 RNN 구조를 보여 준다. 각각의 X_ℓ은 벡터다. 문서 예시에서 X_ℓ은 해당 코퍼스 언어 사전에 기반한 ℓ번째 단어의 원-핫 인코딩을 나타낼 것이다(간단한 예시는 [그림 10.13] 그림 상단 참조). 시퀀스의 처리는 한 번에 벡터 X_ℓ 하나씩 이루어지므로, 신경망은 벡터 X_ℓ과 시퀀스 이전 단계의 활성화 벡터 $A_{\ell-1}$을 입력으로 받아 은닉층에서 활성화 A_ℓ을 갱신한다. 각각의 A_ℓ은 출력층으로 전달되어 Y에 대한 예측 O_ℓ을 생산한다. 이들 중 마지막 O_L이 가장 많이 관련되어 있다.

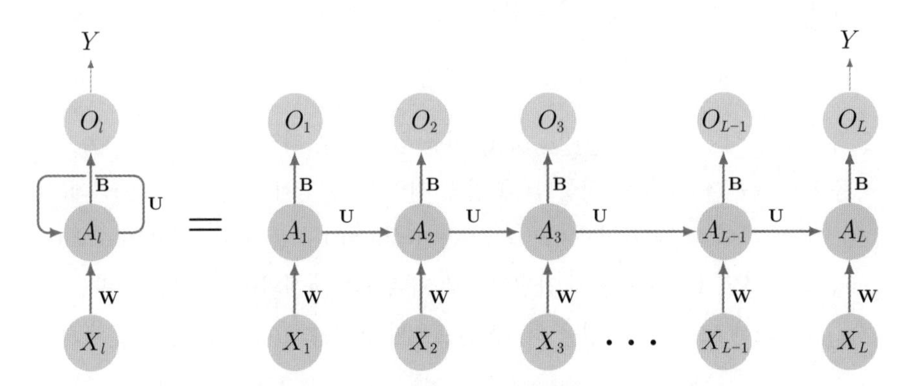

[그림 10.12] 간단한 순환 신경망의 구성도. 입력은 벡터의 시퀀스 $\{X_\ell\}_1^L$이며, 목표는 단일 반응을 구하는 것이다. 신경망은 입력 시퀀스 X를 순차적으로 처리한다. 각각의 X_ℓ은 은닉층으로 전달되는데, 이 층에서는 시퀀스의 이전 원소에서 온 활성화 벡터 $A_{\ell-1}$도 입력으로 받아 현재 활성화 벡터 A_ℓ을 생성한다. 시퀀스 각각의 원소를 처리할 때마다 같은 가중치 집합 $\mathbf{W}, \mathbf{U}, \mathbf{B}$가 사용된다. 출력층은 현재 활성화 A_ℓ로부터 예측 시퀀스 O_ℓ을 생성하지만, 일반적으로 이 중 마지막인 O_L만이 관련성이 있다. 등호 왼쪽에는 신경망의 간결한 표현이 있으며, 오른쪽에는 명시적으로 더 '펼쳐진' 버전이 있다.

구체적으로 입력 시퀀스의 각 벡터 X_ℓ에 p개의 성분 $X_\ell^T = (X_{\ell 1}, X_{\ell 2}, ..., X_{\ell p})$가 있으며, 은닉층은 K개의 단위 $A_\ell^T = (A_{\ell 1}, A_{\ell 2}, ..., A_{\ell K})$로 구성되어 있다고 가정해 보자. [그림 10.4]와 같이 입력층에 대한 $K \times (p+1)$개의 공유 가중치 w_{kj}의 모임을 행렬 $\mathbf{W}$로 표현하고, 은닉층 간의 가중치 u_{ks}의 $K \times K$ 행렬을 $\mathbf{U}$로, 그리고 출력층을 위한 가중치 β_k의 $K+1$ 벡터를 $\mathbf{B}$로 표현한다. 그러면

$$A_{\ell k} = g\Big(w_{k0} + \sum_{j=1}^{p} w_{kj}X_{\ell j} + \sum_{s=1}^{K} u_{ks}A_{\ell-1,s}\Big) \tag{10.16}$$

이고 출력 O_ℓ은 다음과 같이 계산된다.

$$O_\ell = \beta_0 + \sum_{k=1}^{K} \beta_k A_{\ell k} \tag{10.17}$$

양적 반응의 경우는 이와 같이 나타내지만 이진 반응의 경우 추가로 시그모이드 활성화함수를 사용할 수도 있다. 여기서 $g(\cdot)$는 ReLU와 같은 활성화함수다. 시퀀스 각각의 원소를 처리할 때 동일한 가중치 $\mathbf{W}$, $\mathbf{U}$ 및 $\mathbf{B}$가 사용된다는 점에 주목할 필요가 있다. 즉, 가중치는 ℓ의 함수가 아니다. RNN이 사용하는 가중치 공유의 한 형태이며, 합성곱 신경망의 필터 사용과 비슷하다(10.3.1절). 처음부터 끝까지 학습을 수행하면 활성화 A_ℓ은 이전에 본 내용의 이력을 축적하기 때문에 학습된 컨텍스트를 예측에 활용할 수 있다.

회귀 문제에서 관측 (X, Y)에 대한 손실함수는 다음과 같다.

$$(Y - O_L)^2 \tag{10.18}$$

오직 최종 출력 $O_L = \beta_0 + \sum_{k=1}^{K} \beta_k A_{Lk}$만을 참조한다. 따라서 $O_1, O_2, \ldots, O_{L-1}$은 사용되지 않는다. 모형을 적합할 때 입력 시퀀스 X 각각의 원소 X_ℓ은 연쇄(식 (10.16))를 통해 O_L에 기여하며, 따라서 손실(식 (10.18))을 통해 공유모수(shared parameter) $\mathbf{W}$, $\mathbf{U}$, $\mathbf{B}$ 학습에 간접적으로 기여한다. n개의 입력 시퀀스/반응 쌍 (x_i, y_i)에 대한 모수는 제곱합을 최소화함으로써 찾을 수 있다.

$$\sum_{i=1}^{n}(y_i - o_{iL})^2 = \sum_{i=1}^{n}\Big(y_i - \big(\beta_0 + \sum_{k=1}^{K}\beta_k g\big(w_{k0} + \sum_{j=1}^{p} w_{kj}x_{iLj} + \sum_{s=1}^{K} u_{ks}a_{i,L-1,s}\big)\big)\Big)^2 \tag{10.19}$$

관측된 y_i와 벡터 시퀀스 $x_i = \{x_{i1}, x_{i2}, \ldots, x_{iL}\}$[21] 그리고 파생된 활성화에 소문자를 사용한다.

사용하지 않는 중간 출력 O_ℓ이 왜 있는지 의문이 생길 수 있다. 먼저 중간 출력은 O_L을 산출할 때와 같은 출력 가중치 $\mathbf{B}$를 사용하기 때문에 별도의 비용 없이 더 나은 출력을 제공할 수 있다. 또한 일부 학습 과제에서는 반응 역시 시퀀스이므로 명시적으로 출력 시퀀스 $\{O_1, O_2, \ldots, O_L\}$이 필요하다.

21 벡터의 시퀀스이며 각 원소 $x_{i\ell}$은 p-벡터다.

순환 신경망을 모두 사용한다면 상당히 복잡해질 것이다. 두 가지 간단한 응용 사례로 그 사용 방법을 설명할 예정이다. 첫 번째로 이전의 IMDB 감성 분석을 이어가면서 영화평에 있는 단어들을 순차적으로 처리한다. 두 번째 응용 사례에서는 금융 시계열 예측 문제에서 순환 신경망을 어떻게 사용하는지 설명한다.

10.5.1 문서 분류를 위한 시퀀스 모형

IMDB 영화평 분류 작업으로 돌아간다. 10.4절에서는 단어 가방 모형을 사용해 접근했다. 여기서는 문서에서 발생하는 단어의 순서를 사용해 전체 문서의 레이블을 예측할 예정이다.

그러나 차원에 문제가 있다. 문서의 각 단어는 10,000개의 원소(사전의 단어당 하나씩)가 있는 원-핫 인코딩된 벡터(가변수)로 표현된다. 일반적으로 인기 있는 접근법은 각각의 단어를 보다 저차원의 임베딩(embedding) 공간에 표현하는 방법이다. 즉, 각각의 단어를 9,999개의 0과 어떤 위치에 단 하나의 1이 있는 이진 벡터로 표현하는 대신, 일반적으로 0이 아닌 실수 m개의 집합으로 표현한다. 여기서 m은 임베딩 차원으로, 100 초반이거나 혹은 더 적을 수도 있다. 이는 (우리의 경우) $m \times 10{,}000$차원 행렬 $\mathbf{E}$가 필요하다는 뜻이다. 이 행렬 각각의 열은 사전에 있는 10,000개의 단어 중 하나로 인덱싱되고 열에 들어 있는 값은 임베딩 공간에서 해당 단어의 m차원 좌표를 제공한다.

[그림 10.13]에서 이 아이디어(10,000개가 아니라 16개의 단어 사전과 $m = 5$)를 볼 수 있다. $\mathbf{E}$는 어디에서 오는 것일까? 레이블이 달린 대량의 문서 코퍼스가 있다면 신경망은 최적화 과정의 일부로 $\mathbf{E}$를 '학습'할 수 있다. 이 경우 $\mathbf{E}$는 임베딩층(embedding layer)이라고 하며 특정 작업을 위해 특화된 $\mathbf{E}$를 학습한다. 그렇지 않다면 미리 계산된 행렬 $\mathbf{E}$를 임베딩층에 삽입할 수 있는데, 이 과정을 가중치 고정(weight freezing)이라고 한다. word2vec과 GloVe와 같이 미리 훈련된 두 가지 임베딩이 널리 사용된다.[22] 이들은 주성분분석(12.2절)의 변형에 의해 매우 큰 문서 코퍼스로 구축되며, 임베딩 공간에서 단어의 위치가 의미론적 의미를 보존한다는 아이디어를 기반으로 한다. 예를 들어 동의어는 서로 가까워야 한다.

22 word2vec은 Mikolov, Chen, Corrado, Dean이 2013년에 만든 사이트 *https://code.google.com/archive/p/word2vec*에서 확인할 수 있다. GloVe는 Pennington, Socher, Manning이 2014년에 만든 사이트 *https://nlp.stanford.edu/projects/glove*에서도 확인할 수 있다.

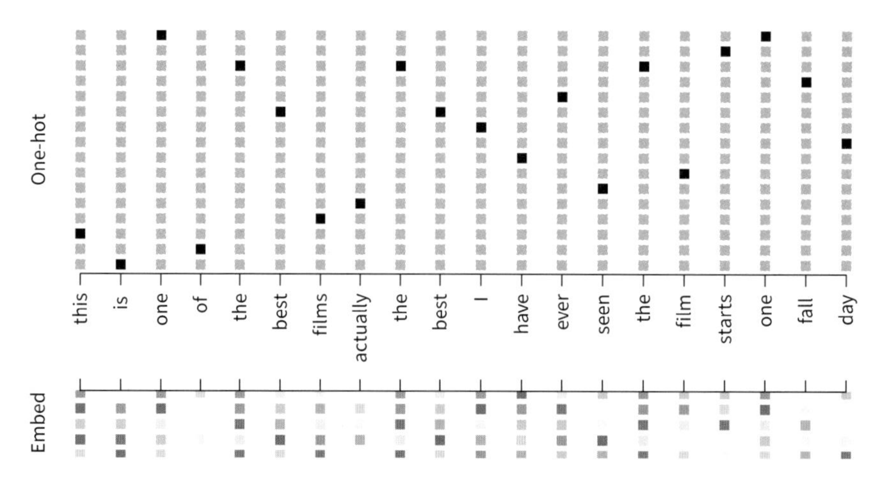

[그림 10.13] 단일 문서를 나타내는 20단어의 시퀀스 묘사. 16단어 사전을 사용해 원-핫 인코딩되고(그림 상단), $m = 5$인 m차원 공간에 포함된다(그림 하단).

지금까지는 잘 되고 있다. 이제 각각의 문서를 단어 시퀀스를 나타내는 m-벡터의 시퀀스로 표현할 차례다. 다음 단계는 각각의 문서를 마지막 L 단어로 제한하는 일이다. L보다 짧은 문서는 앞부분이 0으로 채워진다. 그러므로 이제 각각의 문서는 L개의 벡터 $X = \{X_1, X_2, ..., X_L\}$로 이루어진 시리즈로 표현되며, 시퀀스의 각 X_ℓ에는 m개의 성분이 포함된다.

이제 [그림 10.12]의 RNN 구조를 사용한다. 훈련 코퍼스는 길이가 L인 n개의 개별적인 시리즈(문서)로 구성되며, 각각은 왼쪽에서 오른쪽으로 순차적으로 처리된다. 이 과정에서 각 문서에 대해 식 (10.16)에 따라 은닉 활성화 벡터 시리즈 $A_\ell, \ell = 1, ..., L$이 생성된다. A_ℓ은 출력층으로 전달되어 더 나은 예측 O_ℓ을 생성한다. 최종값 O_L을 사용해 반응, 즉 영화평의 감성을 예측한다.

이것은 간단한 RNN이며 상대적으로 적은 모수를 지닌다. 은닉 단위가 K개일 경우 공통 가중치 행렬 $\mathbf{W}$는 $K \times (m+1)$개 모수를, 행렬 $\mathbf{U}$는 $K \times K$개 모수를, 그리고 $\mathbf{B}$는 식 (10.15)에 따른 2-부류 로지스틱 회귀를 위해 $2(K+1)$개 모수를 가진다. 시퀀스 $X = \{X_\ell\}_1^L$을 왼쪽에서 오른쪽으로 처리할 때 이 모수들을 반복적으로 사용하는데, 이미지의 각 패치를 처리하기 위해 단일 합성곱 필터를 사용하는 것과 유사하다(10.3.1절). 임베딩 $\mathbf{E}$가 학습되면 $m \times D$ 모수가 추가로 필요하므로 비용이 가장 많이 든다($D = 10{,}000$).

[그림 10.12]와 관련 텍스트에서 설명한 대로 `IMDB` 데이터에 RNN을 적합했다. 모형은 $m = 32$인 임베딩 행렬 $\mathbf{E}$(사전 계산된 것이 아니라 훈련으로 학습된)와 K

= 32개의 은닉 단위를 가진 단일 순환층을 포함했다. 이 모형은 지정된 훈련 세트에 있는 25,000개 영화평에 대해 드롭아웃 규제(dropout regularization)를 가지고 훈련되었고, IMDB 테스트 데이터에 대해 실망스럽게도 76%의 정확도를 달성했다. GloVe라는 사전 훈련된 임베딩 행렬 $\mathbf{E}$를 사용하는 신경망은 약간 더 나쁜 성능을 보였다.

설명의 편의를 위해 매우 간단한 RNN을 소개했다. 더 정교한 버전들은 '장기'와 '단기' 기억(LSTM, long short-term memory)을 사용한다. 은닉층 활성화의 두 트랙이 유지되므로 활성화 A_ℓ이 계산될 때 시간상 더 멀리 있는 단위와 더 가까이 있는 단위 양쪽 모두에서 입력을 받는다. 이것을 'LSTM RNN'이라 한다. 긴 시퀀스를 사용하므로 초기 신호가 최종 활성화 벡터 A_L로 전달될 때까지 희석되는 문제를 극복할 수 있다.

은닉층에 LSTM 아키텍처를 사용해 모형을 다시 적합하면 IMDB 테스트 데이터의 성능은 87%로 향상됐다. 10.4절에서 단어 가방 모형(bag-of-words model)으로 달성한 88%와 비견할 만한 수준이다. 이 모형 적합에 관한 자세한 내용은 10.9.6절에서 제시한다.

LSTM 복잡성이 추가됐음에도 RNN은 여전히 '입문 수준' 정도에 머물러 있다. 모형의 크기를 조정하고 규제를 변경하며 추가적인 은닉층을 포함하면 아마도 약간 더 나은 결과에 도달할 수 있을 것이다. 하지만 LSTM 모형은 훈련에 오랜 시간이 걸리기 때문에 다양한 아키텍처와 모수 최적화를 탐구하는 게 지루할 수도 있다.

RNN은 데이터 시퀀스 모형화를 위한 풍부한 프레임워크를 제공하며 계속해서 발전하고 있다. 아키텍처, 데이터 증강, 학습 알고리즘의 발전을 포함해 RNN 개발에 많은 진보가 있었다. 이 글을 쓰는 시점(2020년 초)에서 선도적인 RNN 구성은 IMDB 데이터에서 95% 이상의 정확도를 보고하고 있다. 자세한 내용은 이 책의 범위를 넘어선다.[23]

10.5.2 시계열 예측

뉴욕증권거래소의 과거 거래 통계를 보여 주는 [그림 10.14]는 1962년 12월 3일부터 1986년 12월 31일까지 기간의 세 가지 일일 시계열이 표시되어 있다.[24] 다음과 같은 내용을 포함한다.

23 IMDB 리더보드는 *https://paperswithcode.com/sota/sentiment-analysis-on-imdb*에서 찾을 수 있다.

24 이 데이터는 LeBaron, Weigend이 1998년에 수집한 것이다. 〈IEEE Transactions on Neural Networks〉, 9(1): 213~220.

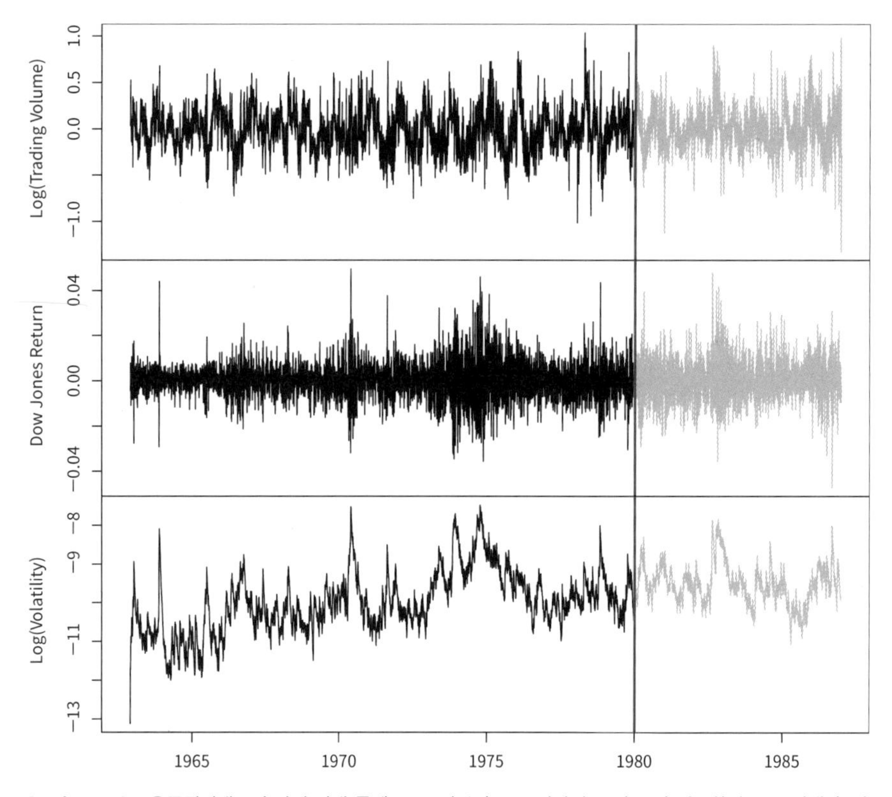

[그림 10.14] 뉴욕증권거래소의 과거 거래 통계. 1962년부터 1986년까지 24년 동안 정규화된 로그 거래량, 다우존스 산업평균지수(DJIA) 수익률, 로그 변동성에 대한 일일 값이 표시된다. 이전 날들의 모든 기록을 바탕으로 특정한 날의 거래량을 예측하려고 한다. 빨간색 막대의 왼쪽(1980년 1월 2일)은 훈련 데이터이고 오른쪽은 테스트 데이터다.

- 로그 거래량(log trading volume). 로그 거래량은 과거 거래량의 100일 이동 평균과 비교해 당일 거래된 모든 발행 주식의 비율을 로그 척도로 나타낸다.
- 다우존스 수익률(Dow Jones return). 다우존스 수익률은 연속 거래일에 대한 다우존스 산업지수의 로그 차다.
- 로그 변동성(Log volatility). 로그 변동성은 일일 가격 이동의 절댓값에 기반한다.

주가 예측은 어려운 문제로 악명이 높지만, 가까운 과거의 기록을 바탕으로 거래량을 예측하는 일은 다룰 만하다(거래 전략을 세우는 데 유용하다)는 점이 밝혀졌다.

여기서 관측은 t일에 대한 측정 (v_t, r_t, z_t)로 구성되는데, 이 경우는 `log_volume`, `DJ_return`, `log_volatility`의 값이다. 이 세 항목이 총 $T = 6{,}051$개 있는데, [그림

10.14]에서 각각 시계열로 표현되어 있다. 눈에 띄는 특징의 하나는 매일매일의 관측이 서로 독립이 아니라는 점이다. 자기상관(auto-correlation)이 있는 시계열이기 때문에 시간적으로 가까운 값들은 서로 비슷한 경향을 보인다. 이 점이 관측이 서로 독립이라고 가정하는 다른 데이터 세트의 시계열과 구별되는 특징이다. 명확히 하기 위해 ℓ일의 차이가 나는 관측 쌍$(v_t, v_{t-\ell})$, 즉 시차(lag)를 고려해 보자. v_t 시계열에서 시차가 ℓ인 모든 쌍을 취해 상관계수를 계산하면 시차 ℓ에서 자기상관을 얻을 수 있다. [그림 10.15]는 최대 37까지의 모든 시차에 대한 자기상관 함수로, 상당한 상관관계가 있음을 볼 수 있다.

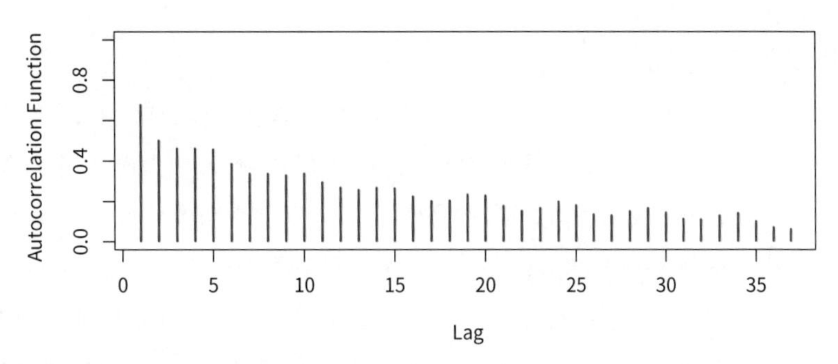

[그림 10.15] log_volume에 대한 자기상관 함수. 인접한 값들은 상당히 강한 상관관계가 있고 20일 떨어진 지점까지 상관계수가 0.2를 넘는다는 것을 알 수 있다.

이 예측 문제의 또 다른 흥미로운 특징은 반응변수 v_t(log_volume) 역시 예측변수라는 점이다. log_volume 과거의 값을 사용해 미래의 값을 예측할 예정이다.

RNN 예측 모형

과거 값 $v_{t-1}, v_{t-2}, \ldots$로 v_t 값을 예측하고, 또 다른 시계열 $r_{t-1}, r_{t-2}, \ldots$ 및 $z_{t-1}, z_{t-2}, \ldots$의 과거 값을 활용한다. 결합된 데이터는 6,051개의 거래일을 포함하는 꽤 긴 시계열이지만, 문제의 구조는 이전 문서 분류 예시와는 다르다.

- 25,000개가 아닌 단 하나의 데이터 시계열만 있다.
- v_t의 전체 '시계열'을 목표로 하며, 입력은 이 시계열의 과거 값을 포함한다.

이 문제를 [그림 10.12]에서 제시한 구조 측면에서 어떻게 표현할 수 있을까? 아이디어는 미리 정의된 길이가 L(여기에서는 시차(lag))인 입력 시퀀스 $X = \{X_1, X_2, \ldots, X_L\}$과 그에 대응되는 목표 Y의 짧은 시계열을 많이 추출하는 것이다. 그 형태는 다음과 같다.

$$X_1 = \begin{pmatrix} v_{t-L} \\ r_{t-L} \\ z_{t-L} \end{pmatrix}, \ X_2 = \begin{pmatrix} v_{t-L+1} \\ r_{t-L+1} \\ z_{t-L+1} \end{pmatrix}, \cdots, X_L = \begin{pmatrix} v_{t-1} \\ r_{t-1} \\ z_{t-1} \end{pmatrix}, \quad \text{and } Y = v_t \qquad (10.20)$$

따라서 여기서 목표 Y는 단일 시점 t에서 `log_volume` v_t 값이며, 입력 시퀀스 X는 $t-L, t-L+1$일부터 $t-1$일까지 `log_volume`, `DJ_return`, 그리고 `log_volatility`의 세 측정값으로 구성된 3차원 벡터 시계열 $\{X_\ell\}_1^L$이다. 각각의 t 값은 $L+1$부터 T까지 이어지며 별도의 (X, Y) 쌍을 형성한다. NYSE 데이터에서는 지난 5일 간의 거래를 사용해 다음 날의 거래량을 예측할 수 있다. 따라서 $L=5$를 사용한다. $T=$ 6,051이므로 이런 (X, Y) 쌍을 6,046개 생성할 수 있다. 분명히 L은 유효성 검증 데이터를 사용해 신중하게 선택해야 하는 모수다.

이 모형은 1980년 1월 2일 이전 데이터에서 얻은 4,281개의 훈련 시퀀스를 사용해 $K=12$개의 은닉 단위로 적합([그림 10.14] 참조)한 다음, 이 날짜 이후의 `log_volume` 1,770개의 값을 예측하는 데 사용했다. 테스트 데이터에서 $R^2=0.42$를 달성했다. 자세한 내용은 10.9.6절에 나와 있다. 허수아비[25]로 사용할 어제의 `log_volume` 값을 오늘의 예측에 사용하면 $R^2=0.18$이다. [그림 10.16]은 예측 결과를 보여 준다. 1980년부터 1986년까지 테스트 기간 동안 일별 `log_volume`의 관측값을 검은색으로, 예측된 시계열을 주황색으로 겹쳐서 표시했다. 상당히 잘 대응(correspondence)되고 있음을 확인할 수 있다.

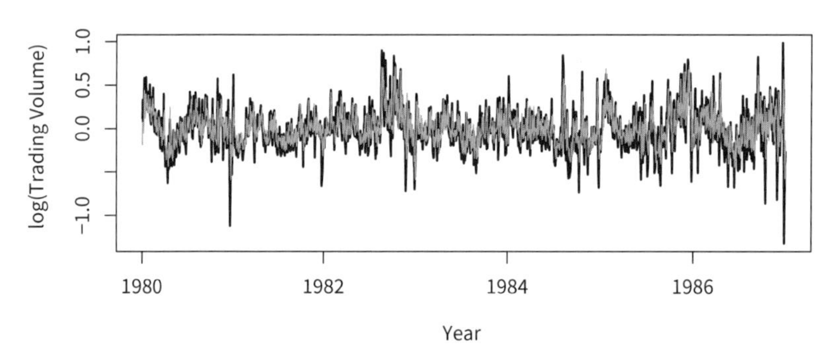

[그림 10.16] NYSE 테스트 데이터에서 `log_volume`에 대한 RNN 예측. 검은색 선은 실제 거래량이고 주황색 선은 예측값이다. 예측된 시계열은 `log_volume`의 분산 중 42%를 설명할 수 있다.

테스트 기간 동안 `log_volume` 값을 예측하는 과정에서 입력 시퀀스 X를 구성할 때 테스트 데이터를 그대로 사용해야 한다. 이것이 부정행위처럼 느껴질 수 있으

25 여기서 허수아비는 비교를 위한 기준선으로 사용할 수 있는 단순하고 합리적인 예측을 의미한다.

나 실제로는 그렇지 않다. 언제나 미래를 예측하기 위해 과거 데이터를 사용하고 있다.

자기회귀

방금 적합한 RNN은 전통적인 자기회귀(AR, autoregression) 선형모형과 많은 공통점이 있으므로 비교해 보자. 먼저 반응 시퀀스 v_t만을 고려하고 최소제곱 회귀를 위한 반응 벡터 $\mathbf{y}$와 예측변수의 행렬 $\mathbf{M}$을 다음과 같이 구성한다.

$$\mathbf{y} = \begin{bmatrix} v_{L+1} \\ v_{L+2} \\ v_{L+3} \\ \vdots \\ v_T \end{bmatrix} \qquad \mathbf{M} = \begin{bmatrix} 1 & v_L & v_{L-1} & \cdots & v_1 \\ 1 & v_{L+1} & v_L & \cdots & v_2 \\ 1 & v_{L+2} & v_{L+1} & \cdots & v_3 \\ \vdots & \vdots & \vdots & \ddots & \vdots \\ 1 & v_{T-1} & v_{T-2} & \cdots & v_{T-L} \end{bmatrix} \tag{10.21}$$

$\mathbf{M}$과 $\mathbf{y}$는 각각 $T - L$개의 행이 있으며, 각 행은 하나의 관측을 나타낸다. 특정 날짜 t에 주어진 반응 v_t에 대한 예측변수는 동일한 시계열의 이전 값 L개임을 알 수 있다. $\mathbf{M}$에 대해 $\mathbf{y}$의 회귀를 적합하는 것은 다음 모형을 적합하는 것에 해당한다.

$$\hat{v}_t = \hat{\beta}_0 + \hat{\beta}_1 v_{t-1} + \hat{\beta}_2 v_{t-2} + \cdots + \hat{\beta}_L v_{t-L} \tag{10.22}$$

이 식은 L차 자기회귀모형, 혹은 간단히 AR(L)이라고 한다. `NYSE` 데이터의 경우 예측변수 행렬 $\mathbf{M}$에 `DJ_return`과 `log_volatility`의 시차가 있는 버전 r_t와 z_t를 포함할 수 있는데, 결과적으로 $3L + 1$개의 열이 나온다. $L = 5$인 AR 모형은 테스트 R^2이 0.41로, RNN이 달성한 0.42보다 약간 낮다.

물론 RNN과 AR 모형은 매우 비슷하다. 이 경우에 둘 다 같은 반응 Y와 길이 $L = 5$, $p = 3$차원의 입력 시퀀스 X를 사용한다. RNN은 이 시퀀스를 왼쪽에서 오른쪽으로 동일한 가중치 $\mathbf{W}$(입력층에서)를 사용해 처리하는 반면, AR 모형은 시퀀스의 모든 L개 원소를 $L \times p$개인 예측변수의 벡터로 동등하게 취급한다. 이 과정을 신경망을 다루는 문헌에서는 평탄화(flattening)라고 한다. 물론 RNN에는 시퀀스를 따라 정보를 전달하는 은닉층 활성화 A_ℓ도 포함되어 있어 비선형성을 추가적으로 도입한다. $K = 12$개의 은닉 단위가 있는 식 (10.19)에서 RNN은 $13 + 12 \times (1 + 3 + 12) = 205$개의 모수가 있는데, 이는 AR(5) 모형의 16개와 비교되는 수치다.

AR 모형에서 당연히 생각할 수 있는 확장은 시차 예측변수의 집합을 일반 피드포워드 신경망 식 (10.1)의 입력 벡터로 사용하는 것인데, 이로써 유연성이 더 늘어나게 된다. 이 모형은 테스트 $R^2 = 0.42$를 달성해 선형 AR보다 약간 우수하며, RNN과 동일한 성능을 보였다.

목표 v_t의 t일에 대응되는 요일 `day_of_week` 변수를 (데이터와 함께 제공되는 달력 날짜를 보면 알 수 있는데) 포함하면 모든 모형이 개선될 수 있다. 거래량은 보통 월요일과 금요일에 더 높다. 거래일이 5일이므로 이는 5개의 이진변수로 원-핫 인코딩(one-hot encode)된다. AR 모형의 성능은 $R^2 = 0.46$으로 향상됐고 RNN도 마찬가지였으며 비선형 AR 모형은 $R^2 = 0.47$로 향상됐다.

10.9.6절에서 이 세 모형 모두를 어떻게 적합하는지 상세히 설명한다.

10.5.3 RNN 요약

지금까지 두 가지 간단한 사용 사례를 통해 겉핥기 식으로 RNN을 설명했다.

시퀀스 모형화에 사용된 간단한 RNN에는 많은 변형과 개선이 있다. 논의하지 않은 한 가지 접근 방법은 1차원 합성곱 신경망을 사용하는 것으로, 시퀀스의 벡터들(예: 임베딩 공간에서 표현된 단어들)을 이미지로 취급한다. 합성곱 필터는 1차원 방식으로 시퀀스를 따라 이동하므로 잠재적으로 학습 과제와 관련된 특정 구문이나 짧은 부분 시퀀스를 학습할 수 있다.

RNN에는 추가적인 은닉층도 있을 수 있다. 예를 들어 두 개의 은닉층이 있다면 시퀀스 A_ℓ은 자연스럽게 다음 은닉층의 입력 시퀀스로 취급된다.

RNN은 문서의 시작부터 끝까지 스캔하지만, 양방향으로 시퀀스를 스캔하는 양방향(bidirectional) RNN도 있다.

언어 번역도 입력 시퀀스와 다른 언어의 단어 시퀀스를 대상으로 한다. 입력 시퀀스와 대상 시퀀스는 모두 [그림 10.12]와 유사한 구조로 표현되며 은닉 단위를 공유한다. 소위 Seq2Seq 학습에서 은닉 단위는 문장의 의미론적 의미를 포착하는 것으로 여겨지며, 언어 모형을 사용한 번역의 주요 돌파구는 상당 부분 최근 RNN의 성능 개선에 힘입었다고 할 수 있다.

RNN을 적합하는 데 사용하는 알고리즘은 복잡하며 계산 비용이 많이 들 수 있다. 다행히 좋은 소프트웨어가 이런 복잡함을 어느 정도 완화하며 모형을 지정하고 적합하는 작업을 비교적 수월하게 만든다. 일상 생활에서 즐기는 많은 모형(예: '구글 번역')은 고도로 숙련된 엔지니어 팀이 개발한 최첨단 아키텍처를 사용하며, 방대한 계산 및 데이터 자원을 사용해 훈련되었다.

10.6 딥러닝을 사용할 때

이 장에서 다룬 딥러닝의 성능은 상당히 인상적이었다. 숫자 분류 문제를 정확히 해결했고, 딥 CNN은 정말로 이미지 분류를 혁명적으로 변화시켰다. 매일 딥러닝의 새로운 성공 사례를 듣고 있다. 이런 사례들은 대부분 이미지 분류 작업과 관련이 있는데, 유방조영술이나 디지털 엑스레이 이미지의 기계 진단, 안과의 안구 스캔, MRI 스캔의 주석 추가 등이 여기에 포함된다. 마찬가지로 음성 및 언어 번역, 예측, 문서 모형 등에서 RNN의 많은 성공 사례가 있다. 그러면 이제 답해야 할 질문은 **기존의 도구를 모두 버리고 데이터 문제는 모두 딥러닝을 사용해야 하는가?**이다. 이 질문에 답하기 위해 6장에서 다룬 `Hitters` 데이터 세트를 다시 살펴본다.

1986년의 성적 통계를 사용해 1987년 야구 선수의 `Salary`를 회귀 문제로 예측하는 것이 목표다. 반응이 누락된 선수들을 제외하고 나면 데이터에는 263명의 선수와 19개의 변수가 있다. 데이터를 176명의 선수(3분의 2)가 있는 훈련 세트와 87명의 선수(3분의 1)가 있는 테스트 세트로 무작위로 나누었다. 이 데이터에 회귀모형을 적합하기 위해 세 가지 방법을 사용했다.

- 선형모형을 사용해 훈련 데이터에 적합하고 테스트 데이터에서 예측을 수행했다. 이 모형의 모수는 20개다.
- 같은 선형모형을 라쏘 규제와 함께 적합했다. 조율모수는 훈련 데이터에서 10-겹 교차검증으로 선택되었다. 12개의 변수가 계수가 0이 아닌 모형을 선택했다.
- ReLU 단위가 64개인 하나의 은닉층으로 구성된 신경망을 데이터에 적합했다. 이 모형에는 1,345개의 모수가 있다.[26]

[표 10.2]에서 결과를 비교한다. 세 모형 모두 비슷한 성능을 보인다. 테스트 데이터에 대한 평균절대오차와 각 방법의 테스트 R^2을 보고한다. 모두 신뢰할 수 있는 수준이다(연습문제 5 참조). 이 결과에 도달하기 위해 신경망의 구성 모수를 조정하는 데 상당한 시간을 소모했다. 더 많은 시간을 할애하고 규제의 형태와 양을 정확히 조절한다면 선형회귀나 라쏘와 비교해 동등하거나 심지어 능가하는 성능을 낼 수도 있을 것이다. 그러나 큰 어려움 없이 잘 작동하는 선형모형을 얻었다. 선형모형

26 모형은 1,000 에포크 동안 배치 크기 32와 10% 드롭아웃 규제를 사용한 확률적 경사하강법으로 적합했다. 1,000 에포크 이후 테스트 오류 성능이 평탄해지고 서서히 증가하기 시작했다. 이 적합에 관한 자세한 내용은 10.7절에서 논의된다.

은 본질적으로 블랙박스인 신경망에 비해 표현하고 이해하기가 훨씬 쉽다. 라쏘는 예측을 위해 19개 변수 중 12개를 선택했다. 따라서 이런 경우 대략 동등한 성능을 제공하는 여러 방법 중에서 가장 간단한 방법을 선택하는 오컴의 면도날(Occam's razor) 원칙을 따르는 것이 훨씬 유리하다.

Model	# Parameters	Mean Abs. Error	Test Set R^2
선형회귀	20	254.7	0.56
라쏘	12	252.3	0.51
신경망	1345	257.4	0.54

[표 10.2] Hitters 테스트 데이터에 일반 최소제곱법과 라쏘로 적합한 선형모형의 예측 결과를, 드롭아웃 규제를 도입해 확률적 경사하강법으로 적합한 신경망의 결과와 비교한다.

라쏘 모형으로 더 탐색한 후 4개 변수만을 사용한 더욱 단순한 모형을 확인했다. 그런 다음 이 네 변수로 구성된 선형모형을 훈련 데이터에 다시 적합해(소위 완화된 라쏘(relaxed lasso)라고 함) 테스트 평균절대오차 224.8을 달성, 전체에서 가장 우수한 성과를 보였다. 이 적합으로부터 계수와 p-값을 포함한 요약표를 제시하면 좋겠지만, 모형이 훈련 데이터를 기반으로 선택됐으므로 선택 편향이 있을 수 있다. 대신 선택 과정에서 사용되지 않은 테스트 데이터에 모형을 다시 적합했다. [표 10.3]에서 이 결과를 보여 준다.

	Coefficient	Std. error	t-statistic	p-value
Intercept	−226.67	86.26	−2.63	0.0103
Hits	3.06	1.02	3.00	0.0036
Walks	0.181	2.04	0.09	0.9294
CRuns	0.859	0.12	7.09	<0.0001
PutOuts	0.465	0.13	3.60	0.0005

[표 10.3] Hitters 데이터 세트에서 라쏘로 선택된 4개 변수에 대한 Salary 회귀 관련 최소제곱 계수 추정값이다. 이 모형은 테스트 데이터에서 평균절대오차 224.8로 가장 좋은 성능을 달성했다. 여기서 보고된 결과는 라쏘 모형 적합에 사용되지 않은 테스트 데이터의 회귀분석으로 얻은 값이다.

신경망, 랜덤 포레스트, 부스팅, 서포트 벡터 머신, 일반화가법모형 등을 포함한 매우 강력한 도구들을 사용할 수 있다. 여기에 더해 선형모형과 그 간단한 변형도 사용할 수 있다. 새로운 데이터 모형과 예측 문제를 마주할 때 항상 새롭고 유행하는 방법을 시도하려는 유혹에 빠지기 쉽다. 종종 이 방법들은 데이터 세트가 매우 크고 고차원 비선형모형 적합을 지원할 수 있을 때 특히 인상적인 결과를 제공한다. 하지만 만약 더 단순한 도구들을 이용해 성능이 좋은 모형들을 산출할 수 있다면 더 복잡한 접근법보다 적합과 이해가 더 쉽고 모형이 깨질 가능성도 적을 것이다. 따라서 가능한 한 더 단순한 모형을 먼저 시도하고 성능/복잡도 트레이드오프에 기반해 선택하는 것이 합리적이다.

일반적으로 딥러닝 모형이 매력적일 것으로 기대되는 경우는 훈련 세트의 표본 크기가 극단적으로 크고 모형 해석 가능성의 우선순위가 높지 않을 때다.

10.7 신경망 적합

신경망에 적합하는 일은 다소 복잡하기 때문에 여기서는 간단한 개요를 제공한다. 이 개념은 훨씬 더 복잡한 신경망으로 일반화할 수 있다. 이 내용을 어려워하는 독자라면 안심하고 건너뛰어도 된다. 다행히 이 장 끝에 있는 실습에서 볼 수 있듯이 모형 적합 절차의 기술적 세부 사항을 걱정하지 않고도 신경망 모형을 비교적 자동화된 방식으로 적합할 수 있는 좋은 소프트웨어가 있다.

10.1절의 [그림 10.1]에 그림으로 제시한 단순한 신경망으로 시작해 보자. 모형 (10.1)에서 모수는 $\beta = (\beta_0, \beta_1, ..., \beta_K)$와 각각의 $k = 1, ..., K$인 $w_k = (w_{k0}, w_{k1}, ..., w_{kp})$이다. 관측 $(x_i, y_i), i = 1, ..., n$이 주어졌을 때 다음과 같은 비선형 최소제곱 문제를 풀 모형을 적합할 수 있다.

$$\underset{\{w_k\}_1^K,\ \beta}{\text{minimize}} \frac{1}{2} \sum_{i=1}^{n} (y_i - f(x_i))^2 \tag{10.23}$$

여기서 $f(x_i)$는 다음과 같다.

$$f(x_i) = \beta_0 + \sum_{k=1}^{K} \beta_k g\Big(w_{k0} + \sum_{j=1}^{p} w_{kj} x_{ij}\Big) \tag{10.24}$$

식 (10.23)의 목적함수는 간단해 보이지만 모수의 중첩된 배열과 은닉 단위의 대칭성으로 인해 간단히 최소화할 수 없다. 문제는 모수에 대해 비볼록(nonconvex)이기 때문에 여러 해가 존재한다는 것이다. 예를 들어 [그림 10.17]에서 단일 변수 θ에 대한 간단한 비볼록 함수를 볼 수 있는데, 해가 두 개다. 하나는 국소 최소(local minimum)이고, 다른 하나는 전역 최소(global minimum)이다. 게다가 식 (10.1)은 가장 단순한 신경망인데, 이번 장에서 소개한 훨씬 더 복잡한 신경망들에서는 이 문제들이 더 심각해진다. 이 문제들을 일부 극복하고 과적합을 방지하기 위해 일반적으로 두 가지 전략을 도입해 신경망을 적합한다.

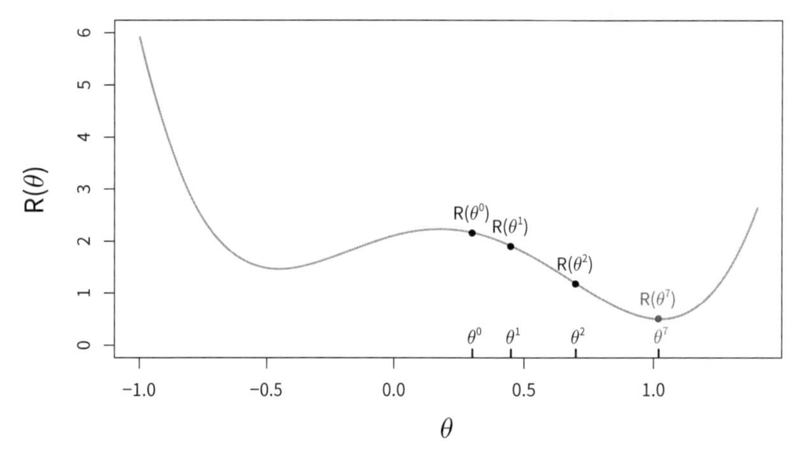

[그림 10.17] 1차원 θ에 대한 경사하강법의 예시. 목적함수 $R(\theta)$는 볼록하지 않으며 최솟값이 두 개다. 하나는 $\theta = -0.46$(국소 최소)이고, 다른 하나는 $\theta = 1.02$(전역 최소)이다. 어떤 값 θ^0(일반적으로 무작위로 선택)에서 시작해 각 θ 단계는 더 이상 내려갈 수 없을 때까지 경사의 반대 방향으로 내리막을 이동한다. 여기서는 경사하강법으로 7단계만에 전역 최솟값에 도달했다.

- 느린 학습(Slow Learning): 모형은 경사하강법(gradient descent)을 사용해 다소 느리게 반복적인 방식으로 적합한다. 적합 과정은 과적합이 감지될 때 중단된다.
- 규제(Regularization): 일반적으로 6.2절에서 논의된 바와 같이 모수에 벌점을 부과하는 라쏘(lasso)나 능형(ridge)의 방법을 사용한다.

모든 모수를 하나의 긴 벡터 θ로 표현한다고 가정하자. 식 (10.23)의 목적함수를 다음과 같이 다시 작성할 수 있다.

$$R(\theta) = \frac{1}{2}\sum_{i=1}^{n}(y_i - f_\theta(x_i))^2 \tag{10.25}$$

여기서 모수에 대한 f의 의존성을 명시적으로 나타낸다. 경사하강법의 아이디어는 매우 단순하다.

1. θ의 모든 모수에 대해 추정값 θ^0으로 시작하고 $t = 0$으로 설정한다.
2. 목적함수 식 (10.25)가 더 이상 감소하지 않을 때까지 반복한다.

a) θ에서 작은 변화를 반영하는 벡터 δ를 찾아 $\theta^{t+1} = \theta^t + \delta$가 목적함수를 '감소시키는' 방향으로 설정한다. 즉, $R(\theta^{t+1}) < R(\theta^t)$이 되도록 한다.

b) $t \leftarrow t+1$로 업데이트한다.

산악 지형에 서 있다고 상상해 보라([그림 10.17] 참조). 목표는 일련의 단계를 거쳐 바닥에 도달하는 것이다. 각 단계가 내리막길이면 결국 바닥에 도달한다. 운 좋게도 시작 추정값 θ^0으로 전역 최솟값에 도달하게 됐다. 일반적으로 (좋은) 국소 최솟값에 도달하리라 기대할 수 있게 되었다.

10.7.1 역전파

식 (10.25)에서 목적함수 $R(\theta)$를 감소시키기 위한 θ의 이동 방향을 어떻게 찾을까? 어떤 현재의 값 $\theta = \theta^m$에서 평가된 $R(\theta)$의 기울기는 그 지점에서의 편미분계수 벡터다.

$$\nabla R(\theta^m) = \frac{\partial R(\theta)}{\partial \theta}\bigg|_{\theta=\theta^m} \tag{10.26}$$

아래첨자 $\theta = \theta^m$은 도함수 벡터를 계산한 후 현재 추정값 θ^m에서 그것을 계산한다는 것을 의미한다. 이는 θ 공간에서 $R(\theta)$가 가장 빠르게 증가하는 방향을 제시한다. (내리막길로 가고자 하기 때문에) θ를 반대 방향으로 조금 이동시키려는 것이 경사하강법의 아이디어다.

$$\theta^{m+1} \leftarrow \theta^m - \rho \nabla R(\theta^m) \tag{10.27}$$

학습률 ρ의 값이 충분히 작으면 이 단계는 목적함수 $R(\theta)$를 감소시킨다. 즉, $R(\theta^{m+1}) \leq R(\theta^m)$이다. 기울기 벡터가 0이면 목적함수의 최솟점에 도달했을 수 있다.

식 (10.26)의 계산 복잡성은 어떻게 될까? 여기서는 계산이 훨씬 단순하며, 미분의 연쇄 법칙 덕분에 훨씬 더 복잡한 신경망에서도 단순하게 유지된다는 사실이 알려져 있다.

$R(\theta) = \sum_{i=1}^n R_i(\theta) = \frac{1}{2}\sum_{i=1}^n (y_i - f_\theta(x_i))^2$이 합으로 표현되므로 그 기울기도 n 관측에 대한 합으로 표현된다. 따라서 이 항들 중 하나를 검토할 것이다.

$$R_i(\theta) = \frac{1}{2}\Big(y_i - \beta_0 - \sum_{k=1}^K \beta_k g\big(w_{k0} + \sum_{j=1}^p w_{kj} x_{ij}\big)\Big)^2 \tag{10.28}$$

아래 이어지는 식을 단순화하기 위해 $z_{ik} = w_{k0} + \sum_{j=1}^{p} w_{kj} x_{ij}$라고 하자.

먼저 β_k에 대한 도함수를 구한다.

$$\begin{aligned} \frac{\partial R_i(\theta)}{\partial \beta_k} &= \frac{\partial R_i(\theta)}{\partial f_\theta(x_i)} \cdot \frac{\partial f_\theta(x_i)}{\partial \beta_k} \\ &= -(y_i - f_\theta(x_i)) \cdot g(z_{ik}) \end{aligned} \tag{10.29}$$

그리고 이제 w_{kj}에 대한 도함수를 구한다.

$$\begin{aligned} \frac{\partial R_i(\theta)}{\partial w_{kj}} &= \frac{\partial R_i(\theta)}{\partial f_\theta(x_i)} \cdot \frac{\partial f_\theta(x_i)}{\partial g(z_{ik})} \cdot \frac{\partial g(z_{ik})}{\partial z_{ik}} \cdot \frac{\partial z_{ik}}{\partial w_{kj}} \\ &= -(y_i - f_\theta(x_i)) \cdot \beta_k \cdot g'(z_{ik}) \cdot x_{ij} \end{aligned} \tag{10.30}$$

이 두 식 모두 잔차 $y_i - f_\theta(x_i)$를 포함한다는 점에 주목하라. 식 (10.29)에서는 $g(z_{ik})$의 값에 따라 그 잔차의 일부가 각각의 은닉 단위에 할당되는 것을 볼 수 있다. 그리고 식 (10.30)에서는 비슷하게 은닉 단위 k를 통해 입력 j에 유사하게 할당되는 것을 볼 수 있다. 따라서 미분하면 연쇄 법칙을 통해 각각의 모수에 잔차의 일부를 할당한다. 이 과정을 신경망 문헌에서는 역전파(backpropagation)라고 한다. 이 계산들은 직관적이지만, 모든 부분을 추적하기 위해서는 주의 깊게 기록을 관리해야 한다.

10.7.2 규제와 확률적 경사하강

경사하강법은 일반적으로 국소 최솟값에 도달하기까지 많은 단계를 필요로 한다. 실제로 이 과정을 가속화하기 위한 다양한 방법이 존재한다. 또한 n이 클 때 모든 n개의 관측을 모두 식 (10.29)~(10.30)을 이용해 합산하는 대신, 경사하강의 단계마다 작은 부분이나 미니배치(minibatch)로 표집할 수 있다. 이 과정을 확률적 경사하강(SGD, stochastic gradient descent)이라고 하며, 심층 신경망을 학습시키는 최신 방법이다. 다행히 딥러닝 모형을 설정하고 데이터에 적합하기 위한 매우 우수한 소프트웨어가 있어 기술적 세부 사항은 대부분 사용자에게 노출되지 않는다.

이제 숫자 인식 문제에 사용된 다층 신경망 [그림 10.4]로 넘어가겠다. 이 신경망은 훈련 예제의 약 4배에 해당하는 235,000개 이상의 가중치를 갖고 있다. 과적합을 방지하기 위한 규제는 필수적이다. [표 10.1]의 첫 번째 행은 가중치에 능형 규제를 사용한다. 목적함수 식 (10.14)에 벌점 항을 추가함으로써 달성할 수 있다.

$$R(\theta;\lambda) = -\sum_{i=1}^{n}\sum_{m=0}^{9} y_{im}\log(f_m(x_i)) + \lambda\sum_j \theta_j^2 \tag{10.31}$$

모수 λ는 종종 작은 값으로 미리 설정되거나 5.3.1절의 검증 세트 접근법을 사용해 찾는다. 다른 층의 가중치 그룹에 서로 다른 λ 값을 사용할 수도 있는데, 이 경우 $\mathbf{W}_1$과 $\mathbf{W}_2$에는 벌점을 적용했으나 비교적 수가 적은 출력층의 가중치 $\mathbf{B}$에는 벌점을 전혀 적용하지 않았다. 라쏘 규제도 추가적인 형태 또는 능형 규제의 대안으로 널리 사용된다.

[그림 10.18]은 MNIST 데이터에 대한 신경망 학습 과정에서 변화하는 몇 가지 지표를 보여 준다. SGD는 자연스럽게 이차 규제의 자체 형태를 적용하는 것으로 밝혀졌다.[27] 각 기울기를 업데이트할 때 미니배치의 크기는 128개로 설정했다. [그림 10.18]의 가로축에 표시된 에포크(epochs)라는 용어는 전체 훈련 세트에 상당하는 데이터가 처리된 횟수를 센 것이다. 현재의 신경망에서는 훈련을 언제 멈출지 결정하기 위해 60,000개의 훈련 관측 중 20%를 검증 세트로 사용했다. 따라서 실제로는 48,000개의 관측을 훈련에 사용했으며, 따라서 에포크당 $48{,}000/128 \approx 375$, 즉 약 375번의 미니배치 기울기 업데이트가 있었다. 검증 목적함수의 값이 실제로 30 에포크까지 증가하는 것을 볼 수 있으므로 규제의 추가적인 형식으로 조기 중단(early stopping)을 사용할 수도 있다.

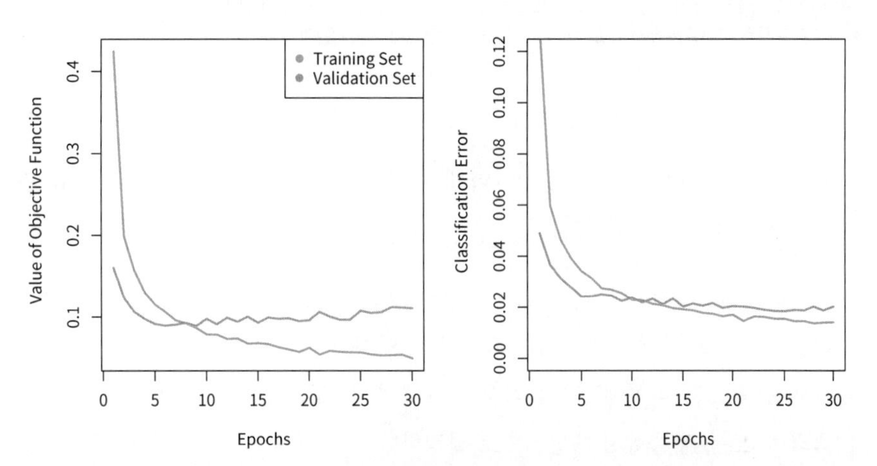

[그림 10.18] [그림 10.4]에 나타난 MNIST 신경망의 훈련 및 검증 오류의 변화를 훈련 에포크의 함수로 나타낸다. 목적함수는 로그 가능도 식 (10.14)로 나타낸다.

27 딥러닝을 위한 SGD의 이러저러한 성질들은 이 글을 쓰는 시점에 기계학습 문헌의 많은 연구 주제 중 하나다.

10.7.3 드롭아웃 학습

[표 10.1]의 두 번째 행은 드롭아웃(dropout)으로 표시되어 있다. 드롭아웃은 비교적 새롭고 효율적인 규제 방법으로, 어떤 면에서는 능형 규제와 유사하다. 랜덤 포레스트(8.2절)에서 영감을 받아 모형을 적합할 때 한 층에 있는 단위 중 일부를 일정 비율 ϕ로 무작위로 제거하는 아이디어가 제안됐다. [그림 10.19]에서 확인할 수 있다. 이 과정은 훈련 관측을 처리할 때마다 별도로 수행된다. 생존한 단위는 누락된 단위의 역할을 대신할 때마다 가중치가 $1/(1-\phi)$의 비율로 조정되어 보상된다. 이는 마디 부분이 과도하게 특화되는 것을 방지하는 규제의 한 형태라고 볼 수 있다. 실제 활용에서 '드롭아웃'을 할 때는 아키텍처는 그대로 두고 드롭아웃 단위를 위한 활성화를 무작위로 0으로 설정한다.

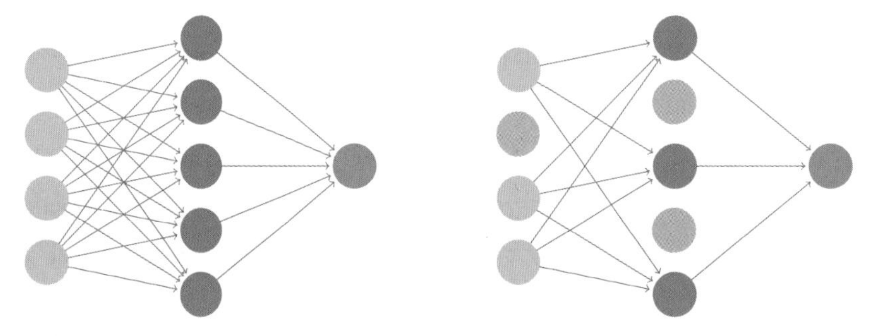

[그림 10.19] 드롭아웃 학습. 왼쪽: 완전히 연결된 신경망. 오른쪽: 입력층과 은닉층에 드롭아웃이 적용된 신경망. 회색으로 표시된 마디들은 무작위로 선택되어 학습 인스턴스에서 제외된다.

10.7.4 신경망 튜닝

[그림 10.4]의 신경망은 비교적 간단하게 여겨지지만, 그럼에도 성능에 영향을 미치는 몇 가지 선택이 필요하다.

- 은닉층의 수와 층별 단위 수: 최근에 올수록 은닉층당 단위 수가 많을 수 있으며, 다양한 형태의 규제로 과적합을 제어할 수 있다고 생각하게 됐다.
- 규제 조율모수: 여기에는 드롭아웃 비율 ϕ와 라쏘 및 능형 규제의 강도 λ가 포함되며, 보통 각 층에서 개별적으로 설정한다.
- 확률적 경사하강의 세부 사항: 여기에는 배치 크기, 에포크 수, 데이터 증강을 사용한다면 그 세부 정보(10.3.4절 참조)가 포함된다.

이와 같은 선택이 차이를 만들 수 있다. 이 MNIST 예제를 준비하면서 몇 번의 시행

착오 끝에 1.8%라는 훌륭한 오분류 오류를 달성했다. 유사한 신경망의 미세 조정과 훈련을 통해 이런 데이터에 대한 오류를 1% 미만으로 줄일 수 있지만, 조정 과정이 지루하며 부주의하게 수행하면 과적합을 초래할 수 있다.

10.8 보간과 이중 하강

2.2.2절에서 처음 소개한 편향-분산 트레이드오프를 이 책 전반에 걸쳐 반복적으로 논의해 왔다. 이 트레이드오프는 통계적 학습 방법의 모형 복잡도가 중간 수준일 때 테스트 세트 오차 측면에서 가장 우수한 성능을 발휘하는 경향이 있다. 특히 '유연성'을 x축에, 오차를 y축에 표시하면 일반적으로 테스트 오차는 U-자형을 보이겠지만, 훈련 오차는 단조감소하리라 기대할 수 있다. 이 동작의 '전형적인' 두 예시는 35쪽 [그림 2.9]의 오른쪽 그림과 46쪽 [그림 2.17]에서 볼 수 있다. 편향-분산 트레이드오프의 한 가지 함의는 훈련 데이터의 보간, 즉 훈련 오차를 0으로 만드는 것은 테스트 오차를 매우 높게 만들 수 있으므로 일반적으로 좋은 아이디어라고 볼 수 없다는 점이다.

그러나 특정 상황에서는 훈련 데이터를 보간하는 통계적 학습 방법이 잘 작동하거나, 적어도 데이터를 정확히 보간하지 않은 약간 덜 복잡한 모형보다 더 나은 성능을 낼 수 있다고 알려져 있다. 이 현상을 '이중 하강'이라고 하며 [그림 10.20]에서 보여 준다. 이중 하강은 보간 임곗값에 도달하기 전에 테스트 오차가 U자형을 보이

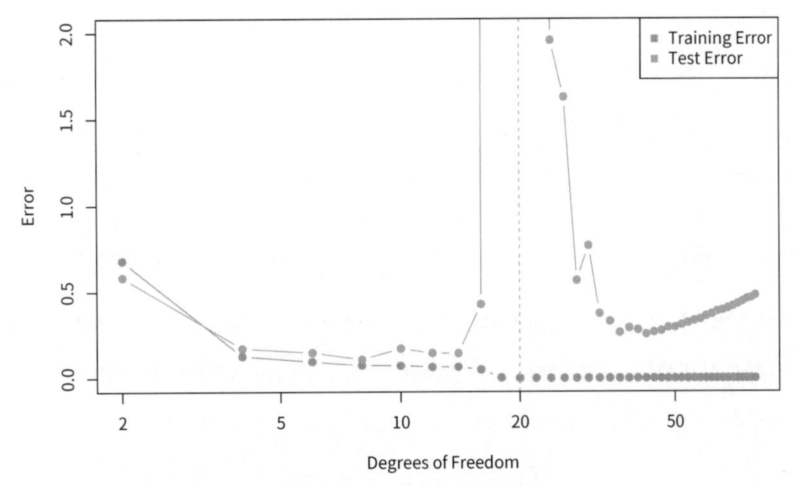

[그림 10.20] 1차원 자연 스플라인 예제의 오차 그래프를 사용해 설명한 이중 하강 현상. 가로축은 로그 척도에서 스플라인 기저함수의 수를 나타낸다. 훈련 오차는 자유도가 '보간 임곗값'인 표본 크기 $n = 20$과 일치할 때 0에 도달하고 그 이후에는 0을 유지한다. 테스트 오차는 이 임곗값에서 급격히 증가하지만, 다시 합리적인 값으로 내려간 다음 결국 다시 증가한다.

고, 그 후에는 점점 더 유연한 모형을 적합함에 따라 다시 하강(적어도 잠시 동안)한다는 사실에서 그 이름이 유래했다.

이제 [그림 10.20]에서 나타난 설정을 설명하겠다.

$$Y = \sin(X) + \epsilon$$

모형에서 $n = 20$개의 관측을 시뮬레이션했는데, 조건은 $X \sim U[-5, 5]$(균등 분포), $\epsilon \sim N(0, \sigma^2)$이고 $\sigma = 0.3$이었다. 그런 다음에 7.4절에서 설명한 대로 자유도가 d인 데이터에 자연 스플라인을 적합했다.[28] 7.4절을 되돌아 보면 d 자유도로 자연 스플라인을 적합하는 것은 d개의 기저함수 집합에 반응의 최소제곱 회귀를 적합하는 것과 같다. [그림 10.21]의 왼쪽 상단 그림에서 데이터, 참 함수 $f(X)$, 그리고 $d = 8$의 자유도로 적합된 자연 스플라인 $\hat{f}_8(X)$를 볼 수 있다.

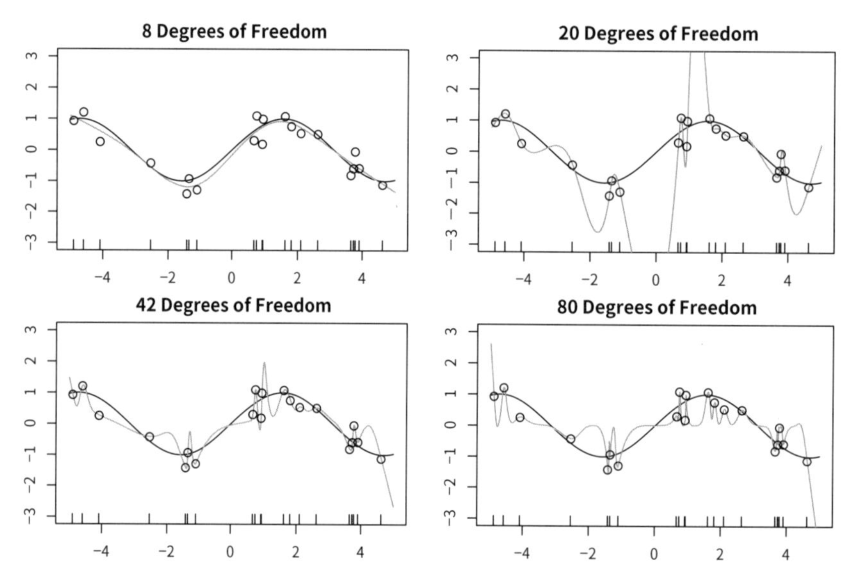

[그림 10.21] 적합된 함수 $\hat{f}_d(X)$(주황색), 참 함수 $f(X)$(검은색) 및 관측된 20개의 훈련 데이터 점. 각각의 그래프마다 다른 d(자유도) 값이 사용된다. $d \geq 20$이면 주황색 곡선은 훈련 점을 모두 보간하므로 훈련 오차가 0이 된다.

다음으로 자유도가 $d = 20$인 자연 스플라인을 적합한다. 이는 d 기저함수에 Y를 최소제곱 회귀하는 것과 같다. $n = 20$이므로 $n = d$이며 훈련 오차가 0이라는 의미다. 즉, 훈련 데이터를 보간했다. [그림 10.21]의 오른쪽 상단 그림에서 볼 수 있듯

28 이는 d개의 매듭을 선택한다는 의미인데, 여기서는 훈련 데이터에 d개의 등확률 분위수(equi-probability quantiles)를 선택했다. $d > n$일 때 분위수는 보간(interpolate)으로 찾을 수 있다.

이 $\hat{f}_{20}(X)$는 큰 폭으로 변화를 보이고 있으므로 테스트 오차도 클 것이다.

이제 d의 값을 증가시키면서 데이터에 자연 스플라인을 계속 적합한다. $d > 20$의 경우 Y에 대한 d개 기저함수의 최소제곱 회귀는 유일하지 않다. 오차가 0인 최소제곱 계수 추정값이 무한히 많다. 그중에서 계수의 제곱합, $\sum_{j=1}^{d} \hat{\beta}_j^2$이 가장 작은 것을 선택한다. 이를 최소-노름 해라고 한다.

[그림 10.21]의 아래 두 그림은 자유도가 $d = 42$와 $d = 80$인 최소-노름 자연 스플라인 적합을 보여 준다. 놀랍게도 $\hat{f}_{42}(X)$는 더 많은 자유도를 사용함에도 불구하고 $\hat{f}_{20}(X)$보다 훨씬 적은 변화를 보이고 있다. 그리고 $\hat{f}_{80}(X)$도 별로 다르지 않다. 어떻게 이것이 가능할까? 기본적으로 $\hat{f}_{20}(X)$는 $d = 20$개의 기저함수를 사용해 $n = 20$개 관측을 보간하는 방법이 단 하나뿐인데, 그 단 하나의 방법이 다소 극단적인 적합 함수를 초래하기 때문이다. 반면 $d = 42$ 또는 $d = 80$개의 기저함수를 사용해 $n = 20$개 관측값을 보간하는 방법은 무한히 많고 그중 가장 매끄러운 것, 즉 최소-노름 해는 $\hat{f}_{20}(X)$보다 훨씬 변화가 적다.

[그림 10.20]에서는 자유도 d의 범위에서 $\hat{f}_d(X)$와 관련된 훈련 오차와 테스트 오차를 보여 준다. $d = 20$ 이상이면 훈련 오차가 0으로 떨어지는데, 보간 임곗값에 도달한 것이다. 반면에 테스트 오차는 $d \leq 20$에서 U자 형태를 보이고 $d = 20$ 부근에서 매우 커진 후 $d > 20$에서 두 번째 하강 구간을 보인다. 이 예시에서 신호 대 소음비($\text{Var}(f(X))/\sigma^2$)는 5.9로 매우 높다(데이터의 점들이 참 곡선에 가깝다). 따라서 데이터를 보간해 관측된 데이터 점 사이에서 너무 멀리 벗어나지 않는 추정값이라면 잘 동작할 수 있다.

[그림 10.20] 및 [그림 10.21]에서는 자연 스플라인을 사용해 단순한 1차원 설정에서 이중 하강 현상을 설명했다. 그러나 딥러닝에서도 동일한 현상이 발생할 수 있다. 기본적으로 모수의 개수가 매우 많은 신경망을 적합하면 종종 훈련 오차가 없는 좋은 결과를 얻을 수 있다. 이는 자연 이미지 인식이나 언어 번역과 같이 신호 대 소음비가 높은 문제에서 더욱 그렇다. 확률적 경사하강법을 포함한 신경망 적합 기법들이 이런 종류의 문제의 경우 테스트 세트에서 좋은 성능을 보이는 '매끄러운' 보간 모형을 자연스럽게 선택하는 경향이 있기 때문이다.

몇 가지 사항을 강조할 필요가 있다.

- **이중 하강 현상은 2.2.2절에 제시한 편향-분산 트레이드오프와 모순되지 않는다.** 오히려 [그림 10.20] 오른쪽에 보이는 이중 하강 곡선은 x축이 사용된 스플

라인 기저함수의 수를 나타내는데, 이는 훈련 데이터를 보간하는 모형의 진짜 유연성(flexibility)을 제대로 포착하지 못해서 발생한다.

- **이 책에서 다룬 대부분의 통계적 학습 방법들은 이중 하강을 보이지 않는다.** 예를 들어 규제 방법은 일반적으로 훈련 데이터를 보간하지 않으므로 이중 하강이 발생하지 않는다. 이는 규제 방법의 단점이 아니라 데이터를 보간하지 않고도 훌륭한 결과를 낼 수 있음을 의미한다. 특히 이 예시에서 최소제곱법 대신 적절히 선택된 벌점이 있는 능형회귀를 사용해 자연 스플라인을 적합했다면 이중 하강은 없으며 실제 테스트 오차의 결과도 더 나아졌을 것이다.
- 그럼에도 **9장에서 훈련 오차가 0인 최대 마진 분류기와 SVM이 종종 매우 좋은 테스트 오차를 달성했다.** 해당 방법들이 매끄러운 최소-노름 해를 추구했기 때문이다. 이는 최소-노름 자연 스플라인이 훈련 오차가 0임에도 좋은 결과를 낼 수 있다는 사실과 유사하다.
- 이중 하강 현상은 기계학습 커뮤니티에서 과모수화된 신경망(많은 층과 다수의 은닉 단위 포함)을 사용하고 훈련 오차를 0으로 만드는 성공적인 방법을 설명하는 데 사용됐다. 그러나 오차를 0으로 적합하는 것이 항상 최적은 아니며, 이것이 바람직한지 여부는 신호 대 소음비에 따라 다르다. 예를 들어 식 (10.31)과 같이 능형 규제(ridge regularization)를 사용해 신경망의 과적합을 방지할 수 있다. 이 경우 조율모수 λ를 적절히 선택한다면 훈련 데이터를 보간하지 않게 되므로 이중 하강 현상을 경험하지 않게 된다. 확률적 경사하강에서 조기 중단을 하는 것도 훈련 데이터를 보간하는 것을 방지하는 규제화의 형태로 작용할 수 있으며, 여전히 테스트 데이터에서 매우 좋은 결과를 얻을 수 있다.

요약하면 비록 신경망에서 이중 하강 현상이 가끔 발생할 수는 있지만 일반적으로 이 현상에 의존하고 싶지는 않다. 대신 편향-분산 트레이드오프가 항상 성립한다는 것을 기억하는 것이 더 중요하다(비록 유연성의 함수로서 테스트 오차가 U-자형을 나타내지 않을 수도 있지만, 이는 '유연성'의 개념을 어떻게 모수화했느냐에 따라 다르다).

10.9 실습: 딥러닝

이 장에서는 본문에서 논의된 예제들을 어떻게 적합하는지 살펴본다. 파이썬의 `torch` 패키지와 함께 모형 적합 및 평가를 간소화하기 위해 유틸리티를 제공하는

pytorch_lightning 패키지를 사용한다. 이 코드는 특정 특수 프로세서, 예를 들어 애플의 새로운 M1 칩과 같은 경우에는 매우 빠르다고 느낄 수 있다. 이 패키지는 구조화가 잘 되어 있고 유연하며 파이썬 사용자에게 친숙하게 느껴진다. 사이트 *pytorch.org/tutorials*에서 좋은 참고 자료를 찾을 수 있다. 코드는 대부분 이 링크와 pytorch_lightning 문서에서 차용했다.[29] 이전과 같이 표준 라이브러리 중 일부를 가져오는 것으로 시작한다.

In[1]:
```
import numpy as np, pandas as pd
from matplotlib.pyplot import subplots
from sklearn.linear_model import \
     (LinearRegression,
      LogisticRegression,
      Lasso)
from sklearn.preprocessing import StandardScaler
from sklearn.model_selection import KFold
from sklearn.pipeline import Pipeline
from ISLP import load_data
from ISLP.models import ModelSpec as MS
from sklearn.model_selection import \
     (train_test_split,
      GridSearchCV)
```

별도로 torch 가져오기

torch에서 몇 가지 가져올 게 있다(ISLP에 포함되어 있지 않기 때문에 별도로 설치해야 한다). 먼저 기본 라이브러리와 순차적으로 구조화된 신경망을 지정하는 데 필요한 필수 도구들을 가져온다.

In[2]:
```
import torch
from torch import nn
from torch.optim import RMSprop
from torch.utils.data import TensorDataset
```

torch를 사용할 때 도움이 되는 패키지들도 있다. 예를 들어 torchmetrics 패키지는 모형을 적합할 때 성능 평가를 위해 다양한 평가지표(metric)를 계산하는 유틸리티를 제공한다. torchinfo 패키지는 모형의 각 층에 대한 유용한 요약 정보를 제

29 작성 시점에서 정확한 URL은 *https://pytorch.org/tutorials/beginner/basics/intro.html*과 다음 링크다. *https://pytorch-lightning.readthedocs.io/en/latest/*

공한다. 10.9.4절의 테스트 이미지를 로드할 때 read_image() 함수를 사용한다.[30]

In[3]:
```
from torchmetrics import (MeanAbsoluteError,
                          R2Score)
from torchinfo import summary
from torchvision.io import read_image
```

pytorch_lightning 패키지는 torch에 비해 고수준의 인터페이스로, 상용구(boiler-plate) 코드의 양을 줄여(torch만 사용하는 경우에 비해) 모형의 사양 설정이나 적합 과정을 단순화한다.

In[4]:
```
from pytorch_lightning import Trainer
from pytorch_lightning.loggers import CSVLogger
```

재현 가능한 결과를 구하기 위해서 seed_everything()을 사용한다. torch에 가능한 한 결정론적 알고리즘을 사용하도록 지시할 것이다.

In[5]:
```
from pytorch_lightning import seed_everything
seed_everything(0, workers=True)
torch.use_deterministic_algorithms(True, warn_only=True)
```

이미지 분류를 위해 사전 훈련된 신경망과 전처리에 사용되는 몇 가지 변환 예제로 torchvision에 포함된 여러 데이터 세트를 사용할 예정이다.

In[6]:
```
from torchvision.io import read_image
from torchvision.datasets import MNIST, CIFAR100
from torchvision.models import (resnet50,
                                ResNet50_Weights)
from torchvision.transforms import (Resize,
                                    Normalize,
                                    CenterCrop,
                                    ToTensor)
```

이 실습을 위해 ISLP에서 특별히 고안한 몇 가지 유틸리티를 제공받아 사용한다. SimpleDataModule과 SimpleModule은 torch 모형을 적합하기 위한 고수준 모듈인 pytorch_lightning에서 사용되는 객체의 간단한 버전이다. 이 모듈에서는 그래픽

30 (옮긴이) 코드를 실행하기 전에 pip install torchinfo와 같은 방법으로 torchinfo를 설치하고 코드를 실행하기를 바란다. torchinfo는 파이토치의 모형 구조를 볼 수 있는 라이브러리다.

처리 장치(GPUs)의 연산 능력과 병렬 데이터 처리와 같은 보다 고급한 사용이 가능하지만, 이번 실습에서는 이런 기능에 크게 초점을 맞추지 않는다. ErrorTracker는 검증 또는 테스트 단계에서 각각의 미니배치에 대한 타겟과 예측의 모음을 처리해 전체 검증 또는 테스트 데이터 세트에 대한 평가지표를 계산하도록 한다.

In[7]:
```
from ISLP.torch import (SimpleDataModule,
                        SimpleModule,
                        ErrorTracker,
                        rec_num_workers)
```

또한 IMDB 데이터베이스를 로드하는 몇 가지 도우미 함수와 데이터베이스의 특정 키에 정수를 매핑하는 조회 기능을 포함하겠다. 딥러닝 모형을 적합하는 별도의 패키지인 keras에서 가져온 전처리된 IMDB 데이터의 약간 수정된 복사본을 포함한다. 이로써 전처리 작업을 상당히 절약하고 모형 자체의 명세와 적합에 초점을 맞출 수 있다.

In[8]:
```
from ISLP.torch.imdb import (load_lookup,
                             load_tensor,
                             load_sparse,
                             load_sequential)
```

마지막으로 torch와 직접 관련은 없는 몇 가지 유틸리티를 가져와 소개하겠다. glob 모듈의 glob() 함수는 와일드카드 문자와 일치하는 파일을 모두 찾는데, 이미지에 ResNet50 모형을 적용하는 예제에서 사용한다. json 모듈은 ResNet50 예제에서 사진의 레이블을 식별하기 위해 클래스를 조회하는 JSON 파일을 로드할 때 사용된다.

In[9]:
```
from glob import glob
import json
```

10.9.1 타자 데이터의 단층 신경망

먼저 Hitters 데이터에 10.6절에서 논의된 모형을 적합하는 것으로 시작한다.

In[10]:
```
Hitters = load_data('Hitters').dropna()
n = Hitters.shape[0]
```

두 가지 선형모형(최소제곱법과 라쏘)을 적합하고 이들의 성능을 신경망의 성능과 비교할 것이다. 비교를 위해 검증 데이터 세트에서 평균절대오차를 사용한다.

$$\text{MAE}(y, \hat{y}) = \frac{1}{n}\sum_{i=1}^{n}|y_i - \hat{y}_i|$$

모형행렬과 반응변수를 설정한다.

In[11]:
```
model = MS(Hitters.columns.drop('Salary'), intercept=False)
X = model.fit_transform(Hitters).to_numpy()
Y = Hitters['Salary'].to_numpy()
```

to_numpy() 메소드는 pandas 데이터프레임이나 시리즈를 numpy 배열로 변환한다. 이 변환은 라쏘 모형을 적합하기 위해 sklearn을 사용할 때 필요하다. 또한 비교를 용이하게 하기 위해 3장에서 소개된 statsmodels 방법 대신 sklearn의 선형회귀 방법을 사용한다.

이제 데이터를 훈련 세트와 테스트 세트로 분할하기 전에 sklearn에서 랜덤 상태를 고정한다.

In[12]:
```
(X_train,
 X_test,
 Y_train,
 Y_test) = train_test_split(X,
                            Y,
                            test_size=1/3,
                            random_state=1)
```

선형모형

선형모형을 적합하도록 테스트 오류를 직접 평가한다.

In[13]:
```
hit_lm = LinearRegression().fit(X_train, Y_train)
Yhat_test = hit_lm.predict(X_test)
np.abs(Yhat_test - Y_test).mean()
```

Out[13]:
```
259.7153
```

다음으로 sklearn을 사용해 라쏘 모형을 적합한다. 평균제곱오차가 아닌 평균절대오차를 사용해 모형을 선택하고 평가한다. 6.5.2절에서 사용한 솔버(solver)는 평균제곱오차만 사용할 수 있다. 따라서 여기서는 약간의 추가 작업으로 교차검증 그리드를 생성하고 교차검증을 직접 수행한다. 두 단계의 파이프라인을 구성하자. 먼저 StandardScaler() 변환을 사용해 변수를 정규화하고 그런 다음 추가 정규화 없이 라쏘를 적합한다.

In[14]:
```
scaler = StandardScaler(with_mean=True, with_std=True)
lasso = Lasso(warm_start=True, max_iter=30000)
standard_lasso = Pipeline(steps=[('scaler', scaler),
                                 ('lasso', lasso)])
```

λ 값들의 그리드를 생성해야 한다. 관행처럼 사용되는 lam_max부터 0.01 * lam_max까지 로그 척도에 따라 균일한 100개의 λ 값으로 이루어진 그리드를 선택한다. 여기서 lam_max는 모든 예측변수의 해가 0인 λ의 최솟값이다. 이 값은 어떤 예측변수와 (중심화된) 반응변수 간의 가장 큰 절대 내적과 동일하다.[31]

In[15]:
```
X_s = scaler.fit_transform(X_train)
n = X_s.shape[0]
lam_max = np.fabs(X_s.T.dot(Y_train - Y_train.mean())).max() / n
param_grid = {'alpha': np.exp(np.linspace(0, np.log(0.01), 100))
              * lam_max}
```

변수의 척도가 λ의 선택에 영향을 미치므로 먼저 데이터를 변환해야 한다는 점에 유의하자. 이제 이 λ 값의 시퀀스를 사용해 교차검증을 수행한다.

In[16]:
```
cv = KFold(10,
           shuffle=True,
           random_state=1)
grid = GridSearchCV(lasso,
                    param_grid,
                    cv=cv,
                    scoring='neg_mean_absolute_error')
grid.fit(X_train, Y_train);
```

교차검증된 평균절대오차가 가장 낮은 라쏘 모형을 추출해 교차검증에 사용되지 않은 X_test와 Y_test에서의 성능을 평가한다.

31 이 결과를 유도하는 작업은 이 책의 범위를 넘어선다.

In[17]:
```
trained_lasso = grid.best_estimator_
Yhat_test = trained_lasso.predict(X_test)
np.fabs(Yhat_test - Y_test).mean()
```

Out[17]:
```
257.2382
```

결과는 최소제곱법으로 적합된 선형모형의 결과와 유사하다. 그러나 이 결과는 훈련/테스트 분할에 따라 크게 달라질 수 있으므로 셀 12에서 다른 시드를 사용해 보고 이 지점 이후의 후속 코드를 다시 실행해 보기를 권장한다.

신경망 지정: 클래스와 상속

신경망에 적합하기 위해서는 먼저 신경망을 설명하는 모형 구조를 설정해야 한다. 이를 수행하기 위해서 적합하는 모형에 특화된 새로운 클래스들을 정의한다. 일반적으로 pytorch에서는 신경망의 일반적인 표현을 상속하는 하위 클래스를 만들어 정의할 수 있다. 여기서는 이런 접근법을 취한다. 이 예제는 단순하지만 앞으로 나올 더 복잡한 예제를 대비하는 데 도움이 되므로 이 단계들을 자세히 설명하겠다.

In[18]:
```
class HittersModel(nn.Module):

    def __init__(self, input_size):
        super(HittersModel, self).__init__()
        self.flatten = nn.Flatten()
        self.sequential = nn.Sequential(
            nn.Linear(input_size, 50),
            nn.ReLU(),
            nn.Dropout(0.4),
            nn.Linear(50, 1))

    def forward(self, x):
        x = self.flatten(x)
        return torch.flatten(self.sequential(x))
```

class 문은 기본 클래스 nn.Module에서 상속받는 HittersModel 클래스를 선언한다고 코드 청크를 식별한다. 이 기본 클래스는 torch에서 신경망의 매핑을 나타낼 때 널리 사용하는 방법이다.

class 문 아래에 들여쓰기로 구분된 __init__와 forward는 이 클래스의 메소드들이다. 다음 셀에서 볼 수 있듯이 클래스의 인스턴스가 생성될 때 __init__ 메소드가 호출된다. 메소드에서 self는 항상 클래스의 인스턴스를 가리킨다. __init__ 메소드에서 self에 flatten과 sequential 두 객체를 속성으로 추가했다. 이 모듈이 구현하는 매핑을 forward 메소드를 사용해 설명한다.

__init__ 메소드에 추가된 한 줄은 super() 호출이다. 이 함수는 하위 클래스(예: HittersModel)가 상속한 클래스의 메소드에 접근할 수 있게 한다. 예를 들어 nn.Module 클래스는 자체에 __init__ 메소드가 있는데, 이는 앞에서 작성한 HittersModel.__init__() 메소드와 다르다. super()를 사용하면 기본 클래스의 메소드를 호출할 수 있다. torch 모형의 경우 torch가 모형을 올바르게 해석하는 데 필요하기 때문에 항상 super()를 호출할 것이다.

nn.Module 객체는 __init__와 forward 이외에도 더 많은 메소드가 있다. 상속 덕분에 HittersModel 인스턴스에서 이 메소드들에 직접 접근할 수 있다. 곧 보게 될 메소드 중 하나는 테스트 데이터에서 모형을 평가할 때 드롭아웃을 비활성화하기 위해 사용하는 eval() 메소드다.

In[19]:
```
hit_model = HittersModel(X.shape[1])
```

self.sequential 객체는 네 개의 맵으로 이루어진 합성층이다. 첫 번째 맵에서는 Hitters 데이터 세트의 19개 특징을 50차원으로 매핑한다. 이때 맵의 가중치와 절편(흔히 '편향'이라고 함)에 해당하는 $50 \times 19 + 50$개의 모수를 사용한다. 그런 다음 이 층을 ReLU 층에 매핑한다. 여기서 40%의 드롭아웃 층을 거쳐 마지막으로 다시 편향이 적용된 1차원 선형 매핑으로 이어진다. 따라서 훈련 가능한 모수의 총 개수는 $50 \times 19 + 50 + 50 + 1 = 1{,}051$개가 된다.

torchinfo 패키지는 필요한 정보를 깔끔하게 요약하는 summary() 함수를 제공한다. 이 패키지로 입력의 크기를 지정하고 입력이 신경망 각각의 층을 통과할 때 각 텐서의 크기를 볼 수 있다

In[20]:
```
summary(hit_model,
        input_size=X_train.shape,
        col_names=['input_size',
                   'output_size',
                   'num_params'])
```

```
Out[20]: ===================================================================
         Layer (type:depth-idx)   Input Shape   Output Shape   Param #
         ===================================================================
         HittersModel             [175, 19]     [175]          --
           Flatten: 1-1           [175, 19]     [175, 19]      --
           Sequential: 1-2        [175, 19]     [175, 1]       --
                Linear: 2-1       [175, 19]     [175, 50]      1,000
                ReLU: 2-2         [175, 50]     [175, 50]      --
                Dropout: 2-3      [175, 50]     [175, 50]      --
                Linear: 2-4       [175, 50]     [175, 1]       51
         ===================================================================
         Total params: 1,051
         Trainable params: 1,051
```

여기 그리고 이후 몇 군데에서 출력의 끝 일부를 생략했다.

이제 훈련 데이터를 torch에서 접근할 수 있는 형태로 변환해야 한다. torch의 기본 데이터 유형은 이전 장의 ndarray와 매우 유사한 tensor이다. 또한 torch는 64비트(배정밀도(double precision))가 아니라 주로 32비트(단정밀도(single precision)) 부동소수점을 사용한다. 그러므로 데이터를 텐서로 만들기 전에 np.float32로 변환한다. 그런 다음 TensorDataset()을 사용해 X와 Y 텐서를 torch가 인식할 수 있는 Dataset으로 배열한다

```
In[21]:  X_train_t = torch.tensor(X_train.astype(np.float32))
         Y_train_t = torch.tensor(Y_train.astype(np.float32))
         hit_train = TensorDataset(X_train_t, Y_train_t)
```

테스트 데이터도 동일하게 해보자.

```
In[22]:  X_test_t = torch.tensor(X_test.astype(np.float32))
         Y_test_t = torch.tensor(Y_test.astype(np.float32))
         hit_test = TensorDataset(X_test_t, Y_test_t)
```

마지막으로 이 데이터 세트는 DataLoader()를 거쳐 최종적으로 신경망에 데이터를 전달한다. 이 구조가 다소 번거로워 보일 수 있지만, 데이터가 여러 기계에 있거나 GPU로 데이터를 전달하는 더 복잡한 작업에서 유용하다. 표준 사용을 위한 작업을 쉽게 하기 위해 ISLP에서 도우미 함수(helper function) SimpleDataModule()을 제공한다. 이 함수의 인자 중에는 데이터를 로딩하는 데 사용하는 프로세스 수를 가리키는 num_workers가 있다. Hitters와 같은 소규모 데이터에는 큰 영향을 미

치지 않지만, 다음의 MNIST 및 CIFAR100 예제에는 사용하기 좋다. torch 패키지는 실행 중인 프로세스를 조사해 최대 작업자 수를 결정한다.[32] 적절한 작업자 수가 얼마나 되는지 알 수 있도록 rec_num_workers() 함수를 포함했다(여기서 최대는 16이다).

In[23]:
```
max_num_workers = rec_num_workers()
```

pytorch_lightning에서 일반적인 훈련 설정은 훈련, 검증, 그리고 테스트 데이터를 포함한다. 이들은 각각 다른 데이터 로더(data loader)로 표현된다. 각각의 에포크가 진행되는 동안 모형 학습을 위한 훈련 단계와 오류를 추적하기 위한 검증 단계를 수행한다. 테스트 데이터는 일반적으로 훈련이 종료된 후 모형을 평가하는 데 사용된다.

이 경우 테스트와 훈련 세트로만 분할했기 때문에 validation = hit_test 인자를 사용해 테스트 데이터를 검증 데이터로 사용할 것이다. validation 인자는 0과 1 사이의 실수, 정수, 또는 Dataset이 될 수 있다. 실수(또는 정수)인 경우 검증에 사용할 훈련 관측의 백분율(또는 숫자)로 해석된다. 만약 Dataset이라면 그 데이터 세트는 데이터 로더에 직접 전달된다.

In[24]:
```
hit_dm = SimpleDataModule(hit_train,
                          hit_test,
                          batch_size=32,
                          num_workers=min(4, max_num_workers),
                          validation=hit_test)
```

훈련 과정이 수행되는 동안 각 단계를 제어하는 pytorch_lightning 모듈을 제공해야 한다. 각 에포크의 끝에 손실함수의 값과 추가 평가지표를 기록하는 SimpleModule()의 메소드를 제공한다. 이 작업은 SimpleModule.[training/test/validation]_step() 메소드로 제어되지만 이 예제에서는 수정하지 않고 사용한다.

In[25]:
```
hit_module = SimpleModule.regression(hit_model,
                           metrics={'mae':MeanAbsoluteError()})
```

32 이는 컴퓨팅 하드웨어와 사용 가능한 코어 수에 따라 다르다.

SimpleModule.regression() 메소드를 사용하면 식 (10.23)처럼 제곱오차손실을 사용할 것임을 나타낸다. 또한 로그에 기록되는 평가지표에서 평균절대오차를 추적하도록 요청했다.

CSVLogger()를 통해 결과를 기록하는데, 지금은 logs/hitters 디렉토리에 있는 CSV 파일에 결과를 저장하겠다. 적합이 완료된 후에는 pd.DataFrame()으로 로드해 결과를 시각화할 수 있다. pytorch_lightning에서 결과를 기록하는 여러 방법이 있으나 여기서는 그 방법들을 자세히 다루지 않는다.

In[26]:
```
hit_logger = CSVLogger('logs', name='hitters')
```

이제 모형을 훈련하고 결과를 기록할 준비가 됐다. 이 작업은 pytorch_lightning의 Trainer() 객체를 사용해 수행한다. datamodule = hit_dm 인자는 트레이너에게 훈련/검증/테스트 로그가 어떻게 생성되는지 알려 주고, 첫 번째 인자 hit_module은 신경망 구조 및 훈련/검증/테스트 단계를 지정한다. callbacks 인자는 모형을 훈련하는 동안 다양한 지점에서 여러 작업을 수행할 수 있게 한다. 여기서 ErrorTracker() 콜백으로 훈련하는 동안 검증 오류를 계산하고 최종적으로 테스트 오류를 계산한다. 이제 50 에포크 동안 모형을 훈련한다.

In[27]:
```
hit_trainer = Trainer(deterministic=True,
                      max_epochs=50,
                      log_every_n_steps=5,
                      logger=hit_logger,
                      callbacks=[ErrorTracker()])
hit_trainer.fit(hit_module, datamodule=hit_dm)
```

확률적 경사하강(SGD)의 각 단계에서 알고리즘은 기울기를 계산하기 위해 32개의 훈련 관측값을 무작위로 선택한다. 10.7절을 돌아보면 에포크는 n개 관측값을 처리하는 데 필요한 SGD 단계의 수와 같다. 훈련 데이터 세트에는 $n = 175$개의 관측값이 있고, hit_dm을 구성할 때 batch_size를 32로 지정했으므로 한 에포크는 $175/32 = 5.5$ SGD 단계이다.

모형을 적합한 후 트레이너의 test() 메소드를 사용해 테스트 데이터에 대한 성능을 평가할 수 있다.

In[28]:

```
hit_trainer.test(hit_module, datamodule=hit_dm)
```

Out[28]:

```
[{'test_loss': 104098.5469, 'test_mae': 229.5012}]
```

적합된 결과가 CSV 파일에 저장됐다. 이 실행에 특정한 결과는 로거의 `experiment.metrics_file_path` 속성에서 찾을 수 있다. 모형을 적합할 때마다 로거는 `logs/hitters` 디렉토리 내 새 하위 디렉토리에 결과를 출력한다는 점에 유의해야 한다.

이제 에포크 수에 따른 평균절대오차(MAE)의 그래프를 만들어 보자. 우선 기록된 요약 정보를 검색한다.

```
hit_results = pd.read_csv(hit_logger.experiment.metrics_file_path)
```

후속 예제에서 유사한 그래프를 제작하기 때문에 이 그래프를 제작하는 간단한 범용 함수를 작성한다.

In[29]:

```
def summary_plot(results,
                 ax,
                 col='loss',
                 valid_legend='Validation',
                 training_legend='Training',
                 ylabel='Loss',
                 fontsize=20):
    for (column,
         color,
         label) in zip([f'train_{col}_epoch',
                        f'valid_{col}'],
                       ['black',
                        'red'],
                       [training_legend,
                        valid_legend]):
        results.plot(x='epoch',
                     y=column,
                     label=label,
                     marker='o',
                     color=color,
                     ax=ax)
    ax.set_xlabel('Epoch')
    ax.set_ylabel(ylabel)
    return ax
```

이제 축을 설정하고 함수를 사용해 평균절대오차 그래프를 만든다.

```
In[30]: fig, ax = subplots(1, 1, figsize=(6, 6))
        ax = summary_plot(hit_results,
                          ax,
                          col='mae',
                          ylabel='MAE',
                          valid_legend='Validation (=Test)')
        ax.set_ylim([0, 400])
        ax.set_xticks(np.linspace(0, 50, 11).astype(int));
```

최종 모형을 이용해 직접 예측하고 테스트 데이터에서 성능을 평가할 수 있다. 적합하기 전에 hit_module의 eval() 메소드를 호출한다. 이렇게 하면 torch가 이 모형을 이미 적합한 것으로 간주해 새로운 데이터를 예측하는 데 사용할 수 있다. 여기서 모형이 가장 크게 변경된 점은 드롭아웃 층을 비활성화한 것으로, 이로써 새로운 데이터를 예측할 때 가중치가 무작위로 드롭되지 않는다.

```
In[31]: hit_model.eval()
        preds = hit_module(X_test_t)
        torch.abs(Y_test_t - preds).mean()
```

```
Out[31]: tensor(229.5012, grad_fn=<MeanBackward0>)
```

정제

데이터 모듈을 설정하는 과정에서 계속 실행될 수 있는 여러 워커 프로세스를 초기화했다. 이 프로세스들이 종료되도록 보장하기 위해 torch 객체들에서 모든 참조를 제거한다.

```
In[32]: del(Hitters,
            hit_model, hit_dm,
            hit_logger,
            hit_test, hit_train,
            X, Y,
            X_test, X_train,
            Y_test, Y_train,
            X_test_t, Y_test_t,
            hit_trainer, hit_module)
```

10.9.2 MNIST 숫자 데이터에 대한 다층 신경망

torchvision 패키지는 MNIST 숫자 데이터를 포함한 다양한 예제 데이터 세트를 제공한다. 첫 번째는 훈련 및 테스트 데이터 세트를 가져오는 단계다. 이를 위해 torchvision.datasets에서는 MNIST() 함수를 제공한다. 데이터는 이 함수를 처음 실행했을 때 다운로드되며 data/MNIST 디렉토리에 저장된다.

In[33]:
```
(mnist_train,
mnist_test) = [MNIST(root='data',
                     train=train,
                     download=True,
                     transform=ToTensor())
               for train in [True, False]]
mnist_train
```

Out[33]:
```
Dataset MNIST
    Number of datapoints: 60000
    Root location: data
    Split: Train
    StandardTransform
Transform: ToTensor()
```

훈련 데이터에는 60,000개의 이미지가 있고, 테스트 데이터에는 10,000개의 이미지가 있다. 이미지는 28×28 크기이며 픽셀 행렬로 저장되어 있다. 각각의 이미지를 벡터로 변환해야 한다.

능형 규제와 라쏘 규제가 척도화에 영향을 받는 것과 마찬가지로 신경망은 입력의 척도에 상당히 민감하다. 여기서 입력은 0부터 255 사이의 8비트 그레이스케일 값이므로 이를 단위 구간으로 하여 재조정한다.[33] 이 변환은 축의 일부 재정렬과 함께 torchvision.transforms 패키지의 ToTensor()에서 작업할 수 있다.

Hitters 예제와 마찬가지로 훈련 및 테스트 데이터 세트에서 데이터 모듈을 형성하고 훈련 이미지의 20%를 검증용으로 따로 설정한다.

In[34]:
```
mnist_dm = SimpleDataModule(mnist_train,
                            mnist_test,
                            validation=0.2,
                            num_workers=max_num_workers,
                            batch_size=256)
```

33 참고: 8비트는 2^8을 의미하며 이는 256과 같다. 관례적으로 0에서 시작하므로 가능한 값의 범위는 0부터 255까지다.

신경망에 공급될 데이터를 한번 살펴보자. 테스트 데이터 세트의 처음 몇 개의 청크를 돌다가 배치 2 이후에 중단한다.

In[35]:
```
for idx, (X_ ,Y_) in enumerate(mnist_dm.train_dataloader()):
    print('X: ', X_.shape)
    print('Y: ', Y_.shape)
    if idx >= 1:
        break
```

Out[35]:
```
X: torch.Size([256, 1, 28, 28])
Y: torch.Size([256])
X: torch.Size([256, 1, 28, 28])
Y: torch.Size([256])
```

각 배치의 X는 크기가 1 x 28 x 28인 256개의 이미지로 구성되어 있다. 여기서 1은 단일 채널(그레이스케일)을 나타낸다. 다음의 CIFAR100과 같은 RGB 이미지의 경우 1은 세 개의 RGB 채널을 나타내는 3으로 대체된다.

이제 신경망을 정의할 준비가 됐다.

In[36]:
```
class MNISTModel(nn.Module):
    def __init__(self):
        super(MNISTModel, self).__init__()
        self.layer1 = nn.Sequential(
            nn.Flatten(),
            nn.Linear(28*28, 256),
            nn.ReLU(),
            nn.Dropout(0.4))
        self.layer2 = nn.Sequential(
            nn.Linear(256, 128),
            nn.ReLU(),
            nn.Dropout(0.3))
        self._forward = nn.Sequential(
            self.layer1,
            self.layer2,
            nn.Linear(128, 10))
    def forward(self, x):
        return self._forward(x)
```

첫 번째 층에서 각각의 1 x 28 x 28 이미지를 평탄화하고 256차원으로 매핑한 다음, 40% 드롭아웃을 적용한 ReLU 활성화함수를 사용한다. 두 번째 층은 첫 번째 층의 출력을 128차원으로 매핑하고 30% 드롭아웃을 적용한 ReLU 활성화함수를 사용한다. 마지막으로 128차원은 MNIST 데이터의 클래스 수인 10으로 매핑한다.

In[37]:
```
mnist_model = MNISTModel()
```

앞의 기존 배치 X_를 기준으로 모형이 예상하는 크기의 출력을 생성하는지 확인할 수 있다.

In[38]:
```
mnist_model(X_).size()
```

Out[38]:
```
torch.Size([256, 10])
```

모형의 요약을 살펴보겠다. input_size 대신 올바른 형태의 텐서를 전달할 수 있다. 이 경우 앞서 최종 배치된 X_를 전달한다.

In[39]:
```
summary(mnist_model,
        input_data=X_,
        col_names=['input_size',
                   'output_size',
                   'num_params'])
```

Out[39]:
```
======================================================================
Layer (type:depth-idx)     Input Shape        Output Shape   Param #
======================================================================
MNISTModel                 [256, 1, 28, 28]   [256, 10]      --
  Sequential: 1-1          [256, 1, 28, 28]   [256, 10]      --
       Sequential: 2-1     [256, 1, 28, 28]   [256, 256]     --
            Flatten: 3-1   [256, 1, 28, 28]   [256, 784]     --
            Linear: 3-2    [256, 784]         [256, 256]     200,960
            ReLU: 3-3      [256, 256]         [256, 256]     --
            Dropout: 3-4   [256, 256]         [256, 256]     --
       Sequential: 2-2     [256, 256]         [256, 128]     --
            Linear: 3-5    [256, 256]         [256, 128]     32,896
            ReLU: 3-6      [256, 128]         [256, 128]     --
            Dropout: 3-7   [256, 128]         [256, 128]     --
       Linear: 2-3         [256, 128]         [256, 10]      1,290
======================================================================
Total params: 235,146
Trainable params: 235,146
```

모형과 데이터 모듈을 모두 설정한 후 이 모형을 적합하는 과정은 Hitters 예제와 거의 동일하다. 회귀모형과는 달리 여기서는 평균제곱오차 대신 교차 엔트로피 손실함수를 사용하기 위해 SimpleModule.classification() 메소드를 사용한다. 이 메소드는 문제에 있는 클래스의 수를 입력으로 받는다.

In[40]:
```
mnist_module = SimpleModule.classification(mnist_model,
                                           num_classes=10)
mnist_logger = CSVLogger('logs', name='MNIST')
```

이제 준비가 됐다. 마지막 단계는 훈련 데이터를 제공하고 모형을 적합하는 일이다.

In[41]:
```
mnist_trainer = Trainer(deterministic=True,
                        max_epochs=30,
                        logger=mnist_logger,
                        callbacks=[ErrorTracker()])
mnist_trainer.fit(mnist_module,
                  datamodule=mnist_dm)
```

여기서는 모형 적합에 대한 진행 상황을 에포크별로 그룹화한 출력 결과를 생략했다. 대규모 데이터 세트에 모형을 적합하는 데는 시간이 걸리기 때문에 이 정보는 매우 유용하다. 모형을 적합하는 데 10코어와 16GB RAM을 갖춘 Apple M1 Pro 칩을 장착한 맥북 프로에서 245초가 소요됐다. 여기서는 검증 분할을 20%로 지정했으므로 실제 훈련은 훈련 세트의 60,000개 관측값 중 80%가 수행된 것이다. 이는 Hitters 데이터에서 했던 것처럼 실제로 검증 데이터를 제공하는 것에 대한 대안이다. SGD는 기울기를 계산하고 업데이트하는 데 256개의 관측값을 사용하는 배치를 사용한다. 계산을 해보면 한 에포크가 188개의 기울기 업데이트에 해당함을 알 수 있다.

SimpleModule.classification()은 기본적으로 정확도 평가지표를 포함하는데, torchmetrics에서 분류 평가지표를 추가할 수 있다. summary_plot() 함수를 사용해 에포크별 정확도를 표시한다.

In[42]:
```
mnist_results = pd.read_csv(mnist_logger.experiment.metrics_file_path)
fig, ax = subplots(1, 1, figsize=(6, 6))
summary_plot(mnist_results,
             ax,
             col='accuracy',
             ylabel='Accuracy')
ax.set_ylim([0.5, 1])
ax.set_ylabel('Accuracy')
ax.set_xticks(np.linspace(0, 30, 7).astype(int));
```

다시 한번 훈련기(trainer)의 `test()` 메소드를 사용해 정확도를 평가한다. 이 모형은 테스트 데이터에서 97%의 정확도를 보였다.

```
In[43]:  mnist_trainer.test(mnist_module,
                             datamodule=mnist_dm)
```

```
Out[43]: [{'test_loss': 0.1471, 'test_accuracy': 0.9681}]
```

[표 10.1]은 LDA(4장) 및 다중 부류 로지스틱 회귀의 오류율도 보고한다. LDA에 대해서는 4.7.3절을 참조한다. 다중 부류 로지스틱 회귀에 적합하기 위해 `sklearn`의 `LogisticRegression()` 함수를 사용할 수 있지만, 여기서는 `torch`를 사용해 해당 모형을 적합하도록 설정했다. 입력층과 출력층만 남기고 은닉층은 생략한다.

```
In[44]:  class MNIST_MLR(nn.Module):
             def __init__(self):
                 super(MNIST_MLR, self).__init__()
                 self.linear = nn.Sequential(nn.Flatten(),
                                             nn.Linear(784, 10))
             def forward(self, x):
                 return self.linear(x)

         mlr_model = MNIST_MLR()
         mlr_module = SimpleModule.classification(mlr_model,
                                                  num_classes=10)
         mlr_logger = CSVLogger('logs', name='MNIST_MLR')
```

```
In[45]:  mlr_trainer = Trainer(deterministic=True,
                               max_epochs=30,
                               callbacks=[ErrorTracker()])
         mlr_trainer.fit(mlr_module, datamodule=mnist_dm)
```

이전과 마찬가지로 모형을 적합하고 테스트 결과를 계산한다.

```
In[46]:  mlr_trainer.test(mlr_module,
                           datamodule=mnist_dm)
```

```
Out[46]: [{'test_loss': 0.3187, 'test_accuracy': 0.9241}]
```

꽤 간단한 모형임에도 정확도가 90% 이상이다.

`Hitters` 예제에서와 마찬가지로 앞에서 생성한 객체 중 일부를 삭제하겠다.

```
In[47]:  del(mnist_test,
             mnist_train,
             mnist_model,
             mnist_dm,
             mnist_trainer,
             mnist_module,
             mnist_results,
             mlr_model,
             mlr_module,
             mlr_trainer)
```

10.9.3 합성곱 신경망

이 절에서는 torchvision 패키지에서 제공되는 CIFAR 데이터에 CNN을 적합한다. 이는 MNIST 데이터와 유사하게 구성되어 있다.

```
In[48]:  (cifar_train,
          cifar_test) = [CIFAR100(root="data",
                                  train=train,
                                  download=True)
                         for train in [True, False]]
```

```
In[49]:  transform = ToTensor()
         cifar_train_X = torch.stack([transform(x) for x in
                                      cifar_train.data])
         cifar_test_X = torch.stack([transform(x) for x in
                                     cifar_test.data])
         cifar_train = TensorDataset(cifar_train_X,
                                     torch.tensor(cifar_train.targets))
         cifar_test = TensorDataset(cifar_test_X,
                                    torch.tensor(cifar_test.targets))
```

CIFAR 데이터 세트는 50,000개의 훈련 이미지로 구성되며 각각의 이미지는 3차원 텐서로 표현된다. 각각의 세 가지 색상 이미지는 32×32의 8비트 픽셀로 구성된 세 개의 채널 세트로 표현된다. 숫자 데이터에서 했던 것처럼 표준화하지만 배열 구조는 유지한다. 이 작업은 ToTensor() 변환으로 이루어진다.

데이터 모듈 생성은 MNIST 예제와 유사하다.

```
In[50]:  cifar_dm = SimpleDataModule(cifar_train,
                                     cifar_test,
                                     validation=0.2,
                                     num_workers=max_num_workers,
                                     batch_size=128)
```

다시 데이터 로더에서 일반적인 배치의 형태를 살펴보자.

In[51]:
```
for idx, (X_ ,Y_) in enumerate(cifar_dm.train_dataloader()):
    print('X: ', X_.shape)
    print('Y: ', Y_.shape)
    if idx >= 1:
        break
```

Out[51]:
```
X: torch.Size([128, 3, 32, 32])
Y: torch.Size([128])
X: torch.Size([128, 3, 32, 32])
Y: torch.Size([128])
```

시작하기 전에 몇몇 훈련 이미지를 살펴보자. 유사한 코드로 501쪽의 [그림 10.5]를 생성했다. 다음 예시에서 TensorDataset 객체들을 정수로 인덱싱할 수 있음을 알 수 있다. cifar_train을 인덱싱해 훈련 데이터에서 임의의 이미지들을 선택한다. 올바르게 표시하기 위해서는 np.transpose()를 사용해 차원을 재정렬해야 한다.

In[52]:
```
fig, axes = subplots(5, 5, figsize=(10,10))
rng = np.random.default_rng(4)
indices = rng.choice(np.arange(len(cifar_train)), 25,
                     replace=False).reshape((5,5))
for i in range(5):
    for j in range(5):
        idx = indices[i,j]
        axes[i,j].imshow(np.transpose(cifar_train[idx][0],
                                      [1,2,0]),
                                      interpolation=None)
        axes[i,j].set_xticks([])
        axes[i,j].set_yticks([])
```

여기서 imshow() 메소드는 인자의 모양으로부터 3차원 배열이고 마지막 차원이 RGB 3개의 색상 채널을 인덱싱한다는 것을 인식한다.

데모용으로 [그림 10.8]과 구조적으로 유사한 적당한 크기의 CNN을 지정한다. 여러 층으로 이루어져 있는데, 각각의 층은 합성곱, ReLU, 최대 풀링 단계로 구성된다. 먼저 이 층들 중 하나를 정의하는 모듈을 지정한다. 이전 예제와 같이 nn.Module의 __init__()와 forward() 메소드를 재정의한다. 이 사용자 정의 모듈은 이제 nn.Linear()나 nn.Dropout()처럼 사용할 수 있다.

In[53]:
```
class BuildingBlock(nn.Module):
```

```
    def __init__(self,
                 in_channels,
                 out_channels):

        super(BuildingBlock, self).__init__()
        self.conv = nn.Conv2d(in_channels=in_channels,
                              out_channels=out_channels,
                              kernel_size=(3,3),
                              padding='same')
        self.activation = nn.ReLU()
        self.pool = nn.MaxPool2d(kernel_size=(2,2))

    def forward(self, x):
        return self.pool(self.activation(self.conv(x)))
```

nn.Conv2d()의 padding = "same" 인자를 사용해 출력 채널과 입력 채널의 차원을 동일하게 했다는 점에 주목하자. 입력층의 채널이 3개라는 점과 대조적으로 첫 번째 은닉층에는 32개의 채널이 있다. 모든 층의 채널마다 3×3 합성곱 필터를 사용한다. 각각의 합성곱층 다음에 2×2 블록의 최대 풀링층이 이어진다.

CIFAR 데이터를 위한 딥러닝 모형을 구성하기 위해서는 여러 BuildingBlock() 모듈을 순차적으로 사용해야 한다. 지금은 간단한 예제로 torch의 강력함을 일부 보였다. 사용자는 자신의 모듈을 정의할 수 있고 이 모듈을 다른 모듈과 결합할 수 있다. 궁극적으로 일반적인 훈련기가 모든 것을 적합한다.

```
In[54]: class CIFARModel(nn.Module):

    def __init__(self):
        super(CIFARModel, self).__init__()
        sizes = [(3,32),
                 (32,64),
                 (64,128),
                 (128,256)]
        self.conv = nn.Sequential(*[BuildingBlock(in_, out_)
                                    for in_, out_ in sizes])

        self.output = nn.Sequential(nn.Dropout(0.5),
                                    nn.Linear(2*2*256, 512),
                                    nn.ReLU(),
                                    nn.Linear(512, 100))
    def forward(self, x):
        val = self.conv(x)
        val = torch.flatten(val, start_dim=1)
```

```
        return self.output(val)
```

모형을 구성하고 그 요약을 살펴본다(이전에 X_에 대한 예시를 만들었다).

In[55]:
```
cifar_model = CIFARModel()
summary(cifar_model,
        input_data=X_,
        col_names=['input_size',
                   'output_size',
                   'num_params'])
```

Out[55]:
```
=======================================================================
Layer (type:depth-idx)   Input Shape        Output Shape        Param #
=======================================================================
CIFARModel               [128, 3, 32, 32]   [128, 100]          --
  Sequential: 1-1        [128, 3, 32, 32]   [128, 256, 2, 2]    --
    BuildingBlock: 2-1   [128, 3, 32, 32]   [128, 32, 16, 16]   --
        Conv2d: 3-1      [128, 3, 32, 32]   [128, 32, 32, 32]   896
        ReLU: 3-2        [128, 32, 32, 32]  [128, 32, 32, 32]   --
        MaxPool2d: 3-3   [128, 32, 32, 32]  [128, 32, 16, 16]   --
    BuildingBlock: 2-2   [128, 32, 16, 16]  [128, 64, 8, 8]     --
        Conv2d: 3-4      [128, 32, 16, 16]  [128, 64, 16, 16]   18,496
        ReLU: 3-5        [128, 64, 16, 16]  [128, 64, 16, 16]   --
        MaxPool2d: 3-6   [128, 64, 16, 16]  [128, 64, 8, 8]     --
    BuildingBlock: 2-3   [128, 64, 8, 8]    [128, 128, 4, 4]    --
        Conv2d: 3-7      [128, 64, 8, 8]    [128, 128, 8, 8]    73,856
        ReLU: 3-8        [128, 128, 8, 8]   [128, 128, 8, 8]    --
        MaxPool2d: 3-9   [128, 128, 8, 8]   [128, 128, 4, 4]    --
    BuildingBlock: 2-4   [128, 128, 4, 4]   [128, 256, 2, 2]    --
        Conv2d: 3-10     [128, 128, 4, 4]   [128, 256, 4, 4]    295,168
        ReLU: 3-11       [128, 256, 4, 4]   [128, 256, 4, 4]    --
        MaxPool2d: 3-12  [128, 256, 4, 4]   [128, 256, 2, 2]    --
Sequential: 1-2          [128, 1024]        [128, 100]          --
        Dropout: 2-5     [128, 1024]        [128, 1024]         --
        Linear: 2-6      [128, 1024]        [128, 512]          524,800
        ReLU: 2-7        [128, 512]         [128, 512]          --
        Linear: 2-8      [128, 512]         [128, 100]          51,300
=======================================================================
Total params: 964,516
Trainable params: 964,516
```

훈련 가능한 모수의 총수는 964,516개이다. 모수의 크기를 살펴보면 최대 풀링 연산 후에 채널이 두 차원 모두 절반으로 줄어드는 것을 알 수 있다. 마지막 연산 후에는 2×2차원의 256 채널층이 있다. 나중에 1,024 크기의 밀집층에서 평탄화된다. 즉, 각각의 2×2 행렬이 4-벡터로 변환되어 한 층에 나란히 배치된다. 이어서 드롭아웃 규제층 그다음으로는 512 크기의 또 다른 밀집층이 있고 마지막에 출력층이 나온다.

지금까지 SimpleModule()의 기본 옵티마이저(optimizer)를 사용해 왔다. 이 데이터의 실험 결과, 학습률이 기본값 0.01보다 낮은 0.001일 때 더 나은 성능을 보이는 것으로 나타났다. 여기서는 학습률이 0.001인 사용자 정의 옵티마이저를 사용한다. 이 외에도 로깅과 훈련은 이전 예제들과 유사한 패턴을 따른다. 옵티마이저는 확률적 경사하강법(SGD)에 어떤 모수가 관여하는지 알려 주는 params 인자를 받는다.

앞서 모듈의 모수 항목이 텐서임을 확인했다. 모수를 옵티마이저에 전달할 때 단순히 배열을 전달하는 것 이상을 수행한다. 그래프 구조의 일부는 텐서 자체에 인코딩되어 있다.

```
In[56]:  cifar_optimizer = RMSprop(cifar_model.parameters(), lr=0.001)
         cifar_module = SimpleModule.classification(cifar_model,
                                                    num_classes=100,
                                                    optimizer=cifar_optimizer)
         cifar_logger = CSVLogger('logs', name='CIFAR100')
```

```
In[57]:  cifar_trainer = Trainer(deterministic=True,
                                 max_epochs=30,
                                 logger=cifar_logger,
                                 callbacks=[ErrorTracker()])
         cifar_trainer.fit(cifar_module,
                           datamodule=cifar_dm)
```

이 모형을 실행하는 데 10분 이상 소요되고 테스트 데이터에서 약 42%의 정확도를 달성했다. 100개 클래스 데이터에 대한 것이므로 (무작위 분류기의 정확도가 1%인 것에 비하면) 나쁘지 않지만, 웹을 검색해 보면 약 75% 정도의 정확도를 볼 수 있다. 일반적으로 이런 결과를 달성하기 위해서는 여러 아키텍처와 규제 조정 및 시간이 필요하다.

이제 에포크에 따른 검증 정확도와 훈련 정확도를 살펴본다.

```
In[58]:  log_path = cifar_logger.experiment.metrics_file_path
         cifar_results = pd.read_csv(log_path)
         fig, ax = subplots(1, 1, figsize=(6, 6))
         summary_plot(cifar_results,
                      ax,
```

```
             col='accuracy',
             ylabel='Accuracy')
ax.set_xticks(np.linspace(0, 10, 6).astype(int))
ax.set_ylabel('Accuracy')
ax.set_ylim([0, 1]);
```

마지막으로 테스트 데이터로 모형을 평가한다.

In[59]:
```
cifar_trainer.test(cifar_module,
                   datamodule=cifar_dm)
```

Out[59]:
```
[{'test_loss': 2.4238 'test_accuracy': 0.4206}]
```

하드웨어 가속기

딥러닝이 기계학습에서 일반화됨에 따라 하드웨어 제조사들은 경사하강법 단계를 가속화할 수 있는 특별한 라이브러리를 개발해 왔다.

예를 들어 M1 칩을 탑재한 Mac OS 기기는 'Metal' 프로그래밍 프레임워크를 사용하기 때문에 torch 계산을 가속화할 수 있다. 여기서는 가속화를 사용하는 방법을 예시로 설명한다.

주요 변경사항은 Trainer() 호출과 데이터에서 평가될 평균절대오차에 있다. 이 평가지표는 평가 시간에 데이터가 어디에 위치할지 지정해 주어야 한다. 평가지표의 to() 메소드를 호출하여 수행한다.

In[60]:
```
try:
    for name, metric in cifar_module.metrics.items():
        cifar_module.metrics[name] = metric.to('mps')
    cifar_trainer_mps = Trainer(accelerator='mps',
                                deterministic=True,
                                max_epochs=30)
    cifar_trainer_mps.fit(cifar_module,
                          datamodule=cifar_dm)
    cifar_trainer_mps.test(cifar_module,
                           datamodule=cifar_dm)
except:
    pass
```

이 과정을 통해 에포크마다 대략 2배 또는 3배의 가속을 제공받을 수 있다. 이 코드는 try: 및 except: 구문을 사용해 보호되고 있어 작동하면 속도가 향상되고 실패해도 아무런 일이 발생하지 않는다.

10.9.4 사전 훈련된 CNN 모형 사용

이제 imagenet 데이터베이스에서 사전 훈련된 CNN을 사용해 자연 이미지를 분류하는 방법과 [그림 10.10]을 생성하는 방법을 시연한다. 디지털 사진 앨범에서 6개의 JPEG 이미지를 book_images 디렉토리로 복사했다. 이 이미지들은 ISLP 책 웹사이트인 *www.statlearning.com*의 데이터에서 다운로드할 수 있다. book_images.zip을 다운로드해서 클릭하면 book_images 디렉토리가 생성된다.

사전 훈련된 신경망 모형은 resnet50이라고 하며, 웹에서 세부 사양을 찾아볼 수 있다. 이미지를 읽고 torch 소프트웨어가 예상하는 배열 형식으로 변환해 resnet50 사양에 맞출 것이다. 변환 과정에는 리사이즈, 크롭, 그리고 세 개의 채널 각각에서 사전 정의된 표준화가 포함된다.

이제 이미지들을 읽어 들이고 전처리할 차례다.

```
In[61]:  resize = Resize((232,232), antialias=True)
         crop = CenterCrop(224)
         normalize = Normalize([0.485,0.456,0.406],
                               [0.229,0.224,0.225])
         imgfiles = sorted([f for f in glob('book_images/*')])
         imgs = torch.stack([torch.div(crop(resize(read_image(f))), 255)
                             for f in imgfiles])
         imgs = normalize(imgs)
         imgs.size()
```

```
Out[61]: torch.Size([6, 3, 224, 224])
```
[34]

이제 셀 6에서 읽은 가중치로 훈련된 신경망을 설정한다. 이 모형은 50개의 층으로 이루어진 상당히 복잡한 모형이다.

```
In[62]:  resnet_model = resnet50(weights=ResNet50_Weights.DEFAULT)
         summary(resnet_model,
                 input_data=imgs,
                 col_names=['input_size',
                            'output_size',
                            'num_params'])
```

모형이 새 데이터를 예측할 준비가 되었는지 확인하기 위해 모드를 eval()로 설정한다.

34 (옮긴이) 현재는 book_images.zip을 다운로드하면 이미지 파일이 5개로 변경되었다. 따라서 셀 61의 결괏값은 약간 다르지만 실습하는 데는 문제가 없다.

```
In[63]:  resnet_model.eval()
```

출력을 검토해보면 resnet_model을 설정한 저자들이 BuildingBlock 모듈과 유사한 Bottleneck을 정의했다는 것을 알 수 있다.

이제 6개의 이미지를 적합된 신경망을 통해 입력한다.

```
In[64]:  img_preds = resnet_model(imgs)
```

상위 3개 선택지 각각에 대한 예측 확률을 살펴본다. 먼저 img_preds의 로짓에 소프트맥스를 적용해 확률을 계산한다. img_preds 텐서에 detach() 메소드를 호출해야 더 익숙한 ndarray로 변환할 수 있었다.

```
In[65]:  img_probs = np.exp(np.asarray(img_preds.detach()))
         img_probs /= img_probs.sum(1)[:,None]
```

imagenet과 관련된 인덱스 파일을 다운로드해야 클래스 레이블을 볼 수 있다.[35]

```
In[66]:  labs = json.load(open('imagenet_class_index.json'))
         class_labels = pd.DataFrame([(int(k), v[1]) for k,
                                      v in labs.items()],
                                     columns=['idx', 'label'])
         class_labels = class_labels.set_index('idx')
         class_labels = class_labels.sort_index()
```

이제 앞의 모형으로 추정한 가장 확률이 높은 상위 3개의 레이블을 포함하여 각 이미지 파일에 대한 데이터프레임을 구성하겠다.

```
In[67]:  for i, imgfile in enumerate(imgfiles):
             img_df = class_labels.copy()
             img_df['prob'] = img_probs[i]
             img_df = img_df.sort_values(by='prob', ascending=False)[:3]
             print(f'Image: {imgfile}')
             print(img_df.reset_index().drop(columns=['idx']))
```

```
Out[67]: Image: book_images/Cape_Weaver.jpg
               label      prob
         0   jacamar  0.287283
```

35 이는 책의 웹사이트와 *https://s3.amazonaws.com/deep-learning-models/image-models/imagenet_class_index.json*에서 사용할 수 있다.

```
1  bee_eater  0.046768
2     bulbul  0.037507
Image: book_images/Flamingo.jpg
             label      prob
0         flamingo  0.591761
1        spoonbill  0.012386
2  American_egret 0.002105
Image: book_images/Hawk_Fountain.jpg
             label      prob
0  great_grey_owl  0.287959
1             kite  0.039478
2         fountain  0.029384
Image: book_images/Hawk_cropped.jpg
    label      prob
0    kite  0.301830
1     jay  0.121674
2  magpie  0.015513
Image: book_images/Lhasa_Apso.jpg
             label      prob
0            Lhasa  0.151143
1         Shih-Tzu  0.129850
2  Tibetan_terrier  0.102358
Image: book_images/Sleeping_Cat.jpg
       label      prob
0      tabby  0.173627
1  tiger_cat  0.110414
2    doormat  0.093447
```

이 모형은 Flamingo.jpg는 상당히 확신하고 있지만 다른 이미지들은 그만큼 확신하지 못하고 있음을 볼 수 있다. 이 절은 앞 절들과 마찬가지로 이렇게 마무리한다.

In[68]:
```
del(cifar_test,
    cifar_train,
    cifar_dm,
    cifar_module,
    cifar_logger,
    cifar_optimizer,
    cifar_trainer)
```

10.9.5 IMDB 문서 분류

이제 IMDB 데이터 세트를 기반으로 감정 분류 모형을 구현한다(10.4절). 앞의 셀 8에서 언급한 바와 같이 keras 패키지에 있는 IMDB 데이터 세트의 전처리 버전을 사용할 예정이다. keras가 다른 텐서 및 딥러닝 라이브러리인 tensorflow를 사용하기 때문에 데이터를 torch에 적합하게 변환했다. keras에서 torch로 변환하는 데 사용된 코드는 ISLP.torch._make_imdb 모듈에서 이용할 수 있다. 이 과정을 실행하기 위해서는 keras 패키지 중 일부가 필요하다. 이 데이터는 크기가 10,000인 사전을 사용하고 있다.

이 실습을 위해 리뷰 데이터는 세 가지 다른 형태로 저장되어 있다.

- torch에서 사용 가능한 희소 텐서 버전인 load_tensor()
- 라쏘 적합과 비교하기 위해 sklearn에서 사용 가능한 희소 행렬 버전인 load_sparse()
- 각 리뷰의 마지막 500단어로 제한된 원본 시퀀스 표현의 패딩 버전인 load_sequential()

In[69]:
```
(imdb_seq_train,
 imdb_seq_test) = load_sequential(root='data/IMDB')
padded_sample = np.asarray(imdb_seq_train.tensors[0][0])
sample_review = padded_sample[padded_sample > 0][:12]
sample_review[:12]
```

Out[69]:
```
array([    1,    14,    22,    16,    43,   530,   973, 1622, 1385,
          65,   458, 4468], dtype=int32)
```

imdb_seq_train과 imdb_seq_test 데이터 세트는 모두 TensorDataset 클래스의 인스턴스다. 이들을 구성하는 텐서는 tensors 속성에서 찾을 수 있으며 첫 번째 텐서는 특성 X를, 두 번째 텐서는 Y의 결과를 나타낸다. 특성의 첫 번째 행을 padded_sample로 저장했다. 이 데이터를 만드는 전처리 과정에서 시퀀스가 충분히 길지 않으면 시작 부분을 0으로 패딩했으므로 padded_sample > 0인 항목으로 제한해 이 패딩을 제거한다. 그다음으로 샘플 리뷰의 첫 12단어를 제공한다. 이 단어들은 ISLP.torch.imdb 모듈의 lookup 사전에서 찾을 수 있다.

In[70]:
```
lookup = load_lookup(root='data/IMDB')
' '.join(lookup[i] for i in sample_review)
```

Out[70]:
```
"<START> this film was just brilliant casting location scenery story
    direction everyone's"
```

첫 번째 모형에서는 데이터 세트에 나타나는 10,000개의 단어 각각에 대한 이진 특징을 생성하고 단어 j가 리뷰 i에 등장하면 i, j 항목을 1로 설정했다. 대부분 리뷰가 매우 짧기 때문에 이런 특징 행렬은 98% 이상이 0으로 구성된다. 이 데이터는 ISLP 라이브러리의 load_tensor()를 사용해 접근할 수 있다

```
In[71]: max_num_workers=10
        (imdb_train,
         imdb_test) = load_tensor(root='data/IMDB')
        imdb_dm = SimpleDataModule(imdb_train,
                                   imdb_test,
                                   validation=2000,
                                   num_workers=min(6, max_num_workers),
                                   batch_size=512)
```

첫 번째 모형으로 2층 구조의 모형을 사용할 것이다.

```
In[72]: class IMDBModel(nn.Module):

            def __init__(self, input_size):
                super(IMDBModel, self).__init__()
                self.dense1 = nn.Linear(input_size, 16)
                self.activation = nn.ReLU()
                self.dense2 = nn.Linear(16, 16)
                self.output = nn.Linear(16, 1)

            def forward(self, x):
                val = x
                for _map in [self.dense1,
                             self.activation,
                             self.dense2,
                             self.activation,
                             self.output]:
                    val = _map(val)
                return torch.flatten(val)
```

이제 모형을 인스턴스화하고 요약(출력은 생략)을 살펴본다.

```
In[73]: imdb_model = IMDBModel(imdb_test.tensors[0].size()[1])
        summary(imdb_model,
                input_size=imdb_test.tensors[0].size(),
                col_names=['input_size',
                           'output_size',
                           'num_params'])
```

이 데이터에 다시 더 작은 학습률을 적용해야 하기 때문에 optimizer를 SimpleModule에 전달한다. 리뷰가 긍정 또는 부정 감성으로 분류되므로 SimpleModule.binary_classification()을 사용한다.[36]

In[74]:
```
imdb_optimizer = RMSprop(imdb_model.parameters(), lr=0.001)
imdb_module = SimpleModule.binary_classification(
                         imdb_model,
                         optimizer=imdb_optimizer)
```

데이터 모듈에 데이터 집합을 로드하고 SimpleModule을 만들었다면 나머지 단계는 익숙할 것이다.

In[75]:
```
imdb_logger = CSVLogger('logs', name='IMDB')
imdb_trainer = Trainer(deterministic=True,
                       max_epochs=30,
                       logger=imdb_logger,
                       callbacks=[ErrorTracker()])
imdb_trainer.fit(imdb_module,
                 datamodule=imdb_dm)
```

테스트 오류를 평가하면 약 86%의 정확도(accuracy)를 보인다.

In[76]:
```
test_results = imdb_trainer.test(imdb_module, datamodule=imdb_dm)
test_results
```

Out[76]:
```
[{'test_loss': 1.0863, 'test_accuracy': 0.8550}]
```

라쏘와 비교

이제 sklearn의 LogisticRegression()을 사용해 라쏘 로지스틱 회귀모형을 적합한다. sklearn은 torch의 희소 텐서를 인식하지 못하기 때문에 sklearn에서 인식 가능한 희소 행렬을 사용한다.

In[77]:
```
((X_train, Y_train),
 (X_valid, Y_valid),
 (X_test, Y_test)) = load_sparse(validation=2000,
                                 random_state=0,
                                 root='data/IMDB')
```

36 classification() 대신 binary_classification()을 사용하는 이유는 torchmetrics.Accuracy()의 작동 방식과 대상의 데이터 유형에 약간의 미묘한 차이가 있기 때문이다.

10.9.1절에서 했던 것과 유사하게 라쏘 규제모수 λ에 대한 50개의 값 시리즈를 구성한다.

In[78]:
```
lam_max = np.abs(X_train.T * (Y_train - Y_train.mean())).max()
lam_val = lam_max * np.exp(np.linspace(np.log(1),
                                       np.log(1e-4), 50))
```

`LogisticRegression()`을 사용할 때 규제모수 C는 λ의 역수로 지정된다. 로지스틱 회귀에서는 여러 가지 솔버(solver)를 사용할 수 있는데, 여기서는 희소 입력 형식과 잘 작동하는 `liblinear`를 사용한다.

In[79]:
```
logit = LogisticRegression(penalty='l1',
                           C=1/lam_max,
                           solver='liblinear',
                           warm_start=True,
                           fit_intercept=True)
```

50개 값의 경로를 실행하는 데 대략 40초가 소요된다.

In[80]:
```
coefs = []
intercepts = []

for l in lam_val:
    logit.C = 1/l
    logit.fit(X_train, Y_train)
    coefs.append(logit.coef_.copy())
    intercepts.append(logit.intercept_)
```

계수와 절편에는 불필요한 차원이 있는데, `np.squeeze()` 함수로 제거할 수 있다.

In[81]:
```
coefs = np.squeeze(coefs)
intercepts = np.squeeze(intercepts)
```

이제 신경망의 결과를 라쏘와 비교하기 위해 그래프를 그려 보자.

In[82]:
```
%%capture
fig, axes = subplots(1, 2, figsize=(16, 8), sharey=True)
for ((X_, Y_),
     data_,
     color) in zip([(X_train, Y_train),
                    (X_valid, Y_valid),
```

```
                    (X_test, Y_test)],
                   ['Training', 'Validation', 'Test'],
                   ['black', 'red', 'blue']):
    linpred_ = X_ * coefs.T + intercepts[None,:]
    label_ = np.array(linpred_ > 0)
    accuracy_ = np.array([np.mean(Y_ == l) for l in label_.T])
    axes[0].plot(-np.log(lam_val / X_train.shape[0]),
                 accuracy_,
                 '.--',
                 color=color,
                 markersize=13,
                 linewidth=2,
                 label=data_)
axes[0].legend()
axes[0].set_xlabel(r'$-\log(\lambda)$', fontsize=20)
axes[0].set_ylabel('Accuracy', fontsize=20)
```

%%capture를 사용하면 부분적으로 완성된 중간 출력이 나오지 않도록 숨길 수 있다. 이렇게 하면 복잡한 그림을 그릴 때 유용하다. 두 개 이상의 셀이 있더라도 단계별로 나눠서 그릴 수 있기 때문이다. 이제 라쏘 정확도를 그래프에 추가하고 셀의 끝에 이름을 입력하여 그림에 표시한다.

In[83]:
```
imdb_results = pd.read_csv(imdb_logger.experiment.metrics_file_path)
summary_plot(imdb_results,
             axes[1],
             col='accuracy',
             ylabel='Accuracy')
axes[1].set_xticks(np.linspace(0, 30, 7).astype(int))
axes[1].set_ylabel('Accuracy', fontsize=20)
axes[1].set_xlabel('Epoch', fontsize=20)
axes[1].set_ylim([0.5, 1]);
axes[1].axhline(test_results[0]['test_accuracy'],
                color='blue',
                linestyle='--',
                linewidth=3)
fig
```

그래프에서 볼 수 있듯이 라쏘 로지스틱 회귀의 정확도는 신경망과 마찬가지로 대략 0.88에서 최곳점에 이른다는 것을 알 수 있다.

In[84]:
```
del(imdb_model,
    imdb_trainer,
    imdb_logger,
```

```
    imdb_dm,
    imdb_train,
    imdb_test)
```

10.9.6 순환 신경망

이번 실습에서는 10.5절에서 설명한 모형을 적합한다.

문서 분류를 위한 시퀀스 모형

10.5.1절에서 논의한 IMDB 영화 리뷰 데이터에서 감정 예측을 위한 간단한 LSTM RNN을 적합한다. RNN은 문서에서 단어의 순서를 고려하는 단어 시퀀스를 사용한다. 10.9.5절의 시작 부분에서 전처리한 데이터를 로드했다. 전처리를 상세히 설명하는 스크립트는 ISLP 라이브러리에서 찾을 수 있다. 특히 문서의 90% 이상이 500단어 미만이므로 문서 길이를 500으로 설정했다. 길이가 더 긴 문서는 문서 끝부분에 있는 500단어를 사용하고 더 짧은 문서는 앞부분을 공백으로 채웠다.

In[85]:
```
imdb_seq_dm = SimpleDataModule(imdb_seq_train,
                               imdb_seq_test,
                               validation=2000,
                               batch_size=300,
                               num_workers=min(6, max_num_workers)
                              )
```

RNN의 첫 번째 층은 크기 32인 임베딩층으로 훈련하는 동안 학습된다. 이 층에는 각 문서를 500×10,003 크기의 행렬로 원-핫 인코딩한 다음, 이 10,003차원을 32로 축소한다.[37] 각각의 단어가 정수로 표현되기 때문에 10,003×32 크기의 임베딩 행렬이 만들어진다. 문서에 있는 500개의 정수는 이 행렬의 해당 행을 인덱싱해 각각 적절한 32개의 실수에 매핑한다.

두 번째 층은 단위가 32개인 LSTM이며, 출력층은 이진 분류 작업을 위한 단일 로짓이다. 다음의 forward() 메소드 마지막 줄에서 LSTM의 마지막 32차원 출력을 가져와 반응변수로 매핑한다.

In[86]:
```
class LSTMModel(nn.Module):
    def __init__(self, input_size):
```

37 추가적인 3차원은 리뷰에서 흔히 발생하는 비단어(non-word) 항목에 해당한다.

```
        super(LSTMModel, self).__init__()
        self.embedding = nn.Embedding(input_size, 32)
        self.lstm = nn.LSTM(input_size=32,
                            hidden_size=32,
                            batch_first=True)
        self.dense = nn.Linear(32, 1)
    def forward(self, x):
        val, (h_n, c_n) = self.lstm(self.embedding(x))
        return torch.flatten(self.dense(val[:,-1]))
```

코퍼스의 처음 10개 문서로 모형의 요약을 인스턴스화한 다음 살펴보자.

In[87]:
```
lstm_model = LSTMModel(X_test.shape[-1])
summary(lstm_model,
        input_data=imdb_seq_train.tensors[0][:10],
        col_names=['input_size',
                   'output_size',
                   'num_params'])
```

Out[87]:
```
======================================================================
Layer (type:depth-idx)    Input Shape    Output Shape    Param #
======================================================================
LSTMModel                 [10, 500]      [10]            --
Embedding: 1-1            [10, 500]      [10, 500, 32]   320,096
LSTM: 1-2                 [10, 500, 32]  [10, 500, 32]   8,448
Linear: 1-3               [10, 32]       [10, 1]         33
======================================================================
Total params: 328,577
Trainable params: 328,577
```

10,003개는 요약에서 생략되지만, $10{,}003 \times 32 = 320{,}096$이므로 모수의 수에서 볼 수 있다.

In[88]:
```
lstm_module = SimpleModule.binary_classification(lstm_model)
lstm_logger = CSVLogger('logs', name='IMDB_LSTM')
```

In[89]:
```
lstm_trainer = Trainer(deterministic=True,
                       max_epochs=20,
                       logger=lstm_logger,
                       callbacks=[ErrorTracker()])
lstm_trainer.fit(lstm_module,
                 datamodule=imdb_seq_dm)
```

이제 나머지는 다른 신경망과 비슷하다. 신경망에 적합함에 따라 테스트 성능이 85%의 정확도를 달성한다는 것을 확인할 수 있다.

In[90]:
```
lstm_trainer.test(lstm_module, datamodule=imdb_seq_dm)
```

Out[90]:
```
[{'test_loss': 0.8178, 'test_accuracy': 0.8476}]
```

학습 진행 상황을 다시 한번 확인하고 정리한다.

In[91]:
```
lstm_results = pd.read_csv(lstm_logger.experiment.metrics_file_path)
fig, ax = subplots(1, 1, figsize=(6, 6))
summary_plot(lstm_results,
             ax,
             col='accuracy',
             ylabel='Accuracy')
ax.set_xticks(np.linspace(0, 20, 5).astype(int))
ax.set_ylabel('Accuracy')
ax.set_ylim([0.5, 1])
```

In[92]:
```
del(lstm_model,
    lstm_trainer,
    lstm_logger,
    imdb_seq_dm,
    imdb_seq_train,
    imdb_seq_test)
```

시계열 예측

이제 시계열 예측을 위해 10.5.2절에서 소개한 모형들을 어떻게 적합하는지 살펴본다. 먼저 데이터를 불러오고 표준화한다.

In[93]:
```
NYSE = load_data('NYSE')
cols = ['DJ_return', 'log_volume', 'log_volatility']
X = pd.DataFrame(StandardScaler(
                     with_mean=True,
                     with_std=True).fit_transform(NYSE[cols]),
                 columns=NYSE[cols].columns,
                 index=NYSE.index)
```

다음으로 데이터의 시차가 있는 버전(lagged versions)들을 설정하고 `dropna()` 메소드를 사용해 값이 누락된 행을 제거한다.

In[94]:
```
for lag in range(1, 6):
    for col in cols:
        newcol = np.zeros(X.shape [0]) * np.nan
        newcol[lag:] = X[col].values[:-lag]
        X.insert(len(X.columns), "{0}_{1}".format(col , lag), newcol)
X.insert(len(X.columns), 'train', NYSE['train'])
X = X.dropna()
```

마지막으로 반응변수와 훈련 지표를 추출하고 현재 날짜의 DJ_return과 log_volatility를 제거해 전날의 데이터만으로 예측한다.

In[95]:
```
Y, train = X['log_volume'], X['train']
X = X.drop(columns=['train'] + cols)
X.columns
```

Out[95]:
```
Index(['DJ_return_1', 'log_volume_1', 'log_volatility_1',
       'DJ_return_2', 'log_volume_2', 'log_volatility_2',
       'DJ_return_3', 'log_volume_3', 'log_volatility_3',
       'DJ_return_4', 'log_volume_4', 'log_volatility_4',
       'DJ_return_5', 'log_volume_5', 'log_volatility_5'],
      dtype='object')
```

먼저 간단한 선형모형을 적합하고 score() 메소드를 사용해 테스트 데이터에서 R^2을 계산한다.

In[96]:
```
M = LinearRegression()
M.fit(X[train], Y[train])
M.score(X[~train], Y[~train])
```

Out[96]:
```
0.4129
```

요인 변수(factor variable) day_of_week를 포함해 이 모형을 다시 한번 적합한다. pandas의 범주형 시리즈에서 get_dummies() 메소드를 사용해 지표(indicators)를 형성할 수 있다.

In[97]:
```
X_day = pd.merge(X,
                 pd.get_dummies(NYSE['day_of_week']),
                 on='date')
```

선형회귀모형을 다시 인스턴스화할 필요는 없다는 점에 주의한다. 왜냐하면 fit() 메소드로 설계된 행렬과 반응변수를 직접 입력할 수 있기 때문이다.

```
In[98]:  M.fit(X_day[train], Y[train])
         M.score(X_day[~train], Y[~train])
```

```
Out[98]: 0.4595
```

이 모형은 약 46%의 R^2을 달성했다.

RNN을 적합하려면 데이터를 재구성해야 한다. 아래 nn.RNN() 층의 input_shape 인자를 통해 지정된 것과 같이 변수별로 5개의 시차가 다른 버전이 있기를 기대하기 때문이다. 먼저 데이터프레임 열에서 재구성된 행렬이 변수들이 적절하게 시차가 있는지 확인한다. 이를 위해 reindex() 메소드를 사용한다.

입력 형태가 (5,3)이라면 각각의 행은 세 변수의 시차가 있는 버전임을 나타낸다. nn.RNN() 층은 각 관측의 첫 번째 행이 시간상 가장 이를 것이라고 기대하므로 현재의 순서를 뒤집어야 한다. 따라서 다음에서는 반복 가능한 객체를 인덱스하기 위해 range(5,0,-1)로 반복한다. 일반적인 표기법은 start:end:step이다.

```
In[99]:  ordered_cols = []
         for lag in range(5,0,-1):
             for col in cols:
                 ordered_cols.append('{0}_{1}'.format(col, lag))
         X = X.reindex(columns=ordered_cols)
         X.columns
```

```
Out[99]: Index(['DJ_return_5', 'log_volume_5', 'log_volatility_5',
                'DJ_return_4', 'log_volume_4', 'log_volatility_4',
                'DJ_return_3', 'log_volume_3', 'log_volatility_3',
                'DJ_return_2', 'log_volume_2', 'log_volatility_2',
                'DJ_return_1', 'log_volume_1', 'log_volatility_1'],
               dtype='object')
```

이제 데이터를 재구성할 차례다.

```
In[100]:  X_rnn = X.to_numpy().reshape((-1,5,3))
          X_rnn.shape
```

```
Out[100]: (6046, 5, 3)
```

첫 번째 크기를 -1로 지정했으므로 numpy.reshape()는 나머지 인자를 바탕으로 그 크기를 추론한다.

이제 12개의 은닉 단위와 10% 드롭아웃을 사용하는 RNN으로 나아갈 준비가 됐다. RNN을 통과한 다음, 아래 `forward()`에서 최종 시점을 `val[:,-1]`로 추출한다. 이는 10% 드롭아웃을 거친 후 선형층에서 평탄화하는 과정을 거친다.

In[101]:
```
class NYSEModel(nn.Module):
    def __init__(self):
        super(NYSEModel, self).__init__()
        self.rnn = nn.RNN(3,
                          12,
                          batch_first=True)
        self.dense = nn.Linear(12, 1)
        self.dropout = nn.Dropout(0.1)
    def forward(self, x):
        val, h_n = self.rnn(x)
        val = self.dense(self.dropout(val[:,-1]))
        return torch.flatten(val)
nyse_model = NYSEModel()
```

이전 신경망과 비슷한 방식으로 모형을 적합한다. `fit` 함수에 테스트 데이터를 검증 데이터로 제공한다. 이렇게 하면 모형의 진행 상황을 모니터링하고 히스토리 함수를 그릴 때 테스트 데이터에 대한 진행 상황을 볼 수 있다. 물론 테스트 성능이 편향될 수 있으므로 이를 조기 종료(early stopping)의 근거로 사용해서는 안 된다.

`Hitters` 예제와 유사하게 훈련 데이터 세트를 구성한다.

In[102]:
```
datasets = []
for mask in [train, ~train]:
    X_rnn_t = torch.tensor(X_rnn[mask].astype(np.float32))
    Y_t = torch.tensor(Y[mask].astype(np.float32))
    datasets.append(TensorDataset(X_rnn_t, Y_t))
nyse_train, nyse_test = datasets
```

일반적인 패턴에 따라 요약을 살펴본다.

In[103]:
```
summary(nyse_model,
        input_data=X_rnn_t,
        col_names=['input_size',
                   'output_size',
                   'num_params'])
```

Out[103]:
```
===========================================================================
Layer (type:depth-idx)    Input Shape    Output Shape    Param #
===========================================================================
NYSEModel                 [1770, 5, 3]   [1770]          --
  RNN: 1-1                [1770, 5, 3]   [1770, 5, 12]   204
  Dropout: 1-2            [1770, 12]     [1770, 12]      --
  Linear: 1-3             [1770, 12]     [1770, 1]       13
===========================================================================
  Total params: 217
  Trainable params: 217
```

다시 두 데이터 세트를 배치 크기가 64인 데이터 모듈에 넣는다.

In[104]:
```
nyse_dm = SimpleDataModule(nyse_train,
                           nyse_test,
                           num_workers=min(4, max_num_workers),
                           validation=nyse_test,
                           batch_size=64)
```

크기가 올바르게 일치하는지 확인하기 위해 일부 데이터로 모형을 실행해 본다.

In[105]:
```
for idx, (x, y) in enumerate(nyse_dm.train_dataloader()):
    out = nyse_model(x)
    print(y.size(), out.size())
    if idx >= 2:
        break
```

Out[105]:
```
torch.Size([64]) torch.Size([64])
torch.Size([64]) torch.Size([64])
torch.Size([64]) torch.Size([64])
```

회귀 문제를 위해 트레이너를 설정하는 이전 예제를 따라 각각의 에포크에서 R^2 평가지표를 계산하도록 요청한다.

In[106]:
```
nyse_optimizer = RMSprop(nyse_model.parameters(),
                         lr=0.001)
nyse_module = SimpleModule.regression(nyse_model,
                                      optimizer=nyse_optimizer,
                                      metrics={'r2':R2Score()})
```

모형을 적합하는 일은 이제 익숙해져야 한다. 테스트 데이터의 결과는 선형 AR 모형과 매우 유사하다.

In[107]:
```
nyse_trainer = Trainer(deterministic=True,
                       max_epochs=200,
                       callbacks=[ErrorTracker()])
nyse_trainer.fit(nyse_module,
                 datamodule=nyse_dm)
nyse_trainer.test(nyse_module,
                  datamodule=nyse_dm)
```

Out[107]:
```
[{'test_loss': 0.6141, 'test_r2': 0.4172}]
```

nn.RNN() 층 대신 nn.Flatten() 층만 사용해 모형을 적합할 수도 있다. 이렇게 하면 비선형 AR 모형이 된다. 추가로 은닉층을 제외한다면 이전에 다룬 선형 AR 모형과 동일할 것이다.

대신 day_of_week 지표를 포함하는 특성 세트 X_day를 사용해 비선형 AR 모형을 적합한다. 이를 위해 테스트 및 훈련 데이터 세트와 해당 데이터 모듈을 우선 생성해야 한다. 약간 번거로울 수 있으나 torch를 위한 일반적인 파이프라인의 일부로 필요한 작업이다.

In[108]:
```
datasets = []
for mask in [train, ~train]:
    X_day_t = torch.tensor(
                   np.asarray(X_day[mask]).astype(np.float32))
    Y_t = torch.tensor(np.asarray(Y[mask]).astype(np.float32))
    datasets.append(TensorDataset(X_day_t, Y_t))
day_train, day_test = datasets
```

데이터 모듈 생성은 익숙한 패턴에 따른다.

In[109]:
```
day_dm = SimpleDataModule(day_train,
                          day_test,
                          num_workers=min(4, max_num_workers),
                          validation=day_test,
                          batch_size=64)
```

20개의 특성과 단위가 32개인 은닉층을 입력으로 하는 NonLinearARModel()을 구축한다. 나머지 단계는 이미 익숙할 것이다.

In[110]:
```
class NonLinearARModel(nn.Module):
    def __init__(self):
        super(NonLinearARModel, self).__init__()
```

```
        self._forward = nn.Sequential(nn.Flatten(),
                                      nn.Linear(20, 32),
                                      nn.ReLU(),
                                      nn.Dropout(0.5),
                                      nn.Linear(32, 1))
    def forward(self, x):
        return torch.flatten(self._forward(x))
```

In[111]:
```
nl_model = NonLinearARModel()
nl_optimizer = RMSprop(nl_model.parameters(),
                       lr=0.001)
nl_module = SimpleModule.regression(nl_model,
                                    optimizer=nl_optimizer,
                                    metrics={'r2':R2Score()})
```

평소와 같은 훈련 단계를 계속해 모형을 적합하고 테스트 오류를 평가한다. day_of_week를 포함하는 선형 AR 모형보다 테스트 R^2이 약간 향상됐음을 알 수 있다.

In[112]:
```
nl_trainer = Trainer(deterministic=True,
                     max_epochs=20,
                     callbacks=[ErrorTracker()])
nl_trainer.fit(nl_module, datamodule=day_dm)
nl_trainer.test(nl_module, datamodule=day_dm)
```

Out[112]:
```
[{'test_loss': 0.5625, 'test_r2': 0.4662}]
```

10.10 연습문제

개념

1. 두 개의 은닉층(입력 단위 $p = 4$개, 첫 번째 은닉층에 2단위, 두 번째 은닉층에 3단위와 단일 출력)이 있는 신경망을 생각해 보자.

   a) [그림 10.1] 또는 [그림 10.4]와 유사한 신경망 그래프를 그려 보라.

   b) ReLU 활성화함수를 가정해 $f(X)$에 대한 식을 써라. 최대한 명시적으로 작성한다.

   c) 이제 계수에 몇 가지 값을 입력하고 $f(X)$의 값을 써라.

   d) 모수는 몇 개인가?

2. 다항 확률 모형화를 위해 식 (10.13)의 (그리고 175쪽의 식 (4.13)의) '소프트맥스' 함수를 생각해 보자.

   a) 식 (10.13)에서 각 z_ℓ에 상수 c를 더했을 때 확률이 변하지 않음을 나타내라.
   b) 식 (4.13)에서 각 부류의 해당 계수에 상수 $c_j, j=0,1,\dots,p$를 더했을 때 어떤 새로운 점 x의 예측도 변하지 않음을 나타내라.

   이는 소프트맥스 함수가 과모수화(over-parametrized)되었음을 보여 준다. 그러나 규제 및 SGD는 일반적으로 해를 제한하기 때문에 문제가 되지 않는다.

3. $M=2$ 부류가 있을 때 음의 다항 로그 가능도 식 (10.14)가 가능도 식 (4.5)의 음의 로그와 동치임을 나타내라.

4. 32×32 그레이스케일 이미지를 입력으로 받고 5×5 합성곱 필터 3개(경계 패딩 없음)가 있는 단일 합성곱층 CNN을 생각해 보자.

   a) [그림 10.8]과 유사하게 입력층과 첫 번째 은닉층의 개략적인 모습을 그려 보라.
   b) 이 모형에는 모수가 몇 개 있는가?
   c) 이 모형을 어떻게 개별 픽셀을 입력으로 받고 은닉 단위의 가중치에 제약이 있는 보통의 피드 포워드 신경망으로 생각할 수 있는지 설명하라. 제약 조건은 무엇인가?
   d) 만약 제약이 없다면 (c)에서 언급한 보통의 피드 포워드 신경망에는 몇 개의 가중치가 있는가?

5. 524쪽의 [표 10.2]에서 평균절대오차에 따른 세 가지 방법의 순서가 테스트 세트 R^2에 따른 순서와 다르다는 것을 볼 수 있다. 어떻게 이런 일이 가능할까?

응용

6. 간단한 함수 $R(\beta)=\sin(\beta)+\beta/10$를 고려해 보자.

   a) $\beta \in [-6, 6]$ 범위에서 이 함수의 그래프를 그려 보라.

b) 이 함수의 도함수는 무엇인가?

c) $\beta^0 = 2.3$이 주어졌을 때 학습률 $\rho = 0.1$을 사용해 $R(\beta)$의 국소 최솟값을 찾기 위해 경사하강법을 실행하라. 그래프에 $\beta^0, \beta^1, \ldots$ 각각과 최종 답을 표시한다.

d) $\beta^0 = 1.4$로 바꿔서 반복하라.

7. `Default` 데이터에 신경망을 적합한다. 10개의 단위가 있는 단일 은닉층과 드롭아웃 규제를 사용하라. 실습 10.9.1~10.9.2를 참고하라. 모형의 분류 성능을 선형 로지스틱 회귀와 비교하라.

8. 개인 사진 모음에서 동물 이미지 10장을 골라라(예: 개, 고양이, 새, 농장 동물 등). 대상이 이미지의 대부분을 차지하지 않는다면 이미지를 잘라낸다. 이제 실습 10.9.4처럼 사전 훈련된 이미지 분류 CNN을 사용해 각 이미지의 부류를 예측하고, 각각의 이미지에서 상위 다섯 개 예측 부류의 확률을 보고하라.

9. 본문과 실습 10.9.6에서 설명한 대로 `NYSE` 데이터에서 시차가 5(lag-5)인 자기회귀모형을 적합하라. 열두 달을 나타내는 12 수준 인자로 이루어진 모형을 다시 적합하라. 이 인자가 모형의 성능을 향상시키는가?

10. 10.9.6절에서 `LinearRegression()` 함수를 사용해 `NYSE` 데이터에 선형 AR 모형을 적합하는 방법을 살펴보았다. 또한 RNN 모형을 위해 생성된 짧은 시퀀스를 '평탄화'해 선형 AR 모형을 적합할 수 있다고 언급했다. 후자의 접근법을 사용해 `NYSE` 데이터에 선형 AR 모형을 적합하라. 이 선형 AR 모형의 테스트 R^2을 실습에서 적합한 선형 AR 모형의 테스트 R^2과 비교하라. 각 접근법의 장점과 단점은 무엇인가?

11. 이전 연습을 반복하되, 이번에는 RNN 모형을 위해 생성된 짧은 시퀀스를 '평탄화'해 비선형 AR 모형을 적합하라.

12. 10.9.6절에서 `NYSE` 데이터에 적합한 RNN을 고려해 보자. `day_of_week` 변수를 포함하도록 코드를 수정하고 RNN을 적합하라. 테스트 R^2을 계산하라.

13. 유사한 구조의 신경망을 사용해 IMDB 데이터에서 실습 10.9.5의 분석을 반복하라. 두 개의 은닉층에 각각 16개의 은닉 단위를 사용했다. 층당 32개와 64개 단위로 증가시켰을 때의 효과와 30% 드롭아웃 규제가 있을 때와 없을 때의 효과를 각각 탐구해 보라.

11장

An Introduction to Statistical Learning

생존분석과 중도절단자료

이번 장에서는 생존분석(survival analysis)과 중도절단자료(censored data)를 주제로 다룰 것이다. 이 분야는 어떤 독특한 종류의 결과 변수를 분석하면서 생겨났다. 바로 **사건이 발생하기까지의 시간**이라는 변수다.

예를 들어 암 치료를 받는 환자를 대상으로 5년간 의학 연구를 수행했다고 생각해 보자. 기저 건강 측정값이나 치료 유형 등을 특징으로 사용해 환자의 생존시간을 예측하는 모형을 적합하려고 한다. 처음에는 3장에서 논의한 회귀 문제의 한 종류처럼 들릴 것이다. 그러나 상황을 좀 더 복잡하게 만드는 중요한 문제가 하나 있는데, 물론 그렇게 되길 바라지만 일부 또는 많은 환자들이 연구 종료 시점까지 생존할 가능성이 있다는 점이다. 이때 환자의 생존시간이 중도절단(censored)됐다고 한다. 환자의 생존시간이 적어도 5년이라는 것은 알지만, 그 참값은 모른다. 이 생존 환자의 집합을 버리고 싶지는 않다. 이 환자들이 적어도 5년 생존했다는 사실이 귀중한 정보를 제공하기 때문이다. 하지만 지금까지 이 교재에서 다룬 기법을 사용해 이 정보를 어떻게 활용할 수 있을지는 분명하지 않다.

'생존분석'이라는 말은 의학 연구를 연상시키지만, 생존분석의 응용은 의학을 훨씬 넘어선다. 예를 들어 고객이 서비스 구독을 해지(churn)하는 과정을 모형화하려는 회사를 생각해 보자. 이 회사는 인구통계학 또는 다른 예측변수의 함수로 각 고객의 해지 시간을 모형화하기 위해 일정 기간 동안 고객 데이터를 수집할 수 있다. 하지만 아마도 이 기간의 종료 시점까지 모든 고객이 구독을 취소하지는 않을 것이므로 이런 고객의 해지 시간은 중도절단된다.

사실 생존분석은 시간과 관련이 없는 응용 분야에서도 유용하다. 예를 들어 사람의 체중을 어떤 공변량들의 함수로 모형화하기 위해 대규모 인원의 측정값 데이터 세트를 이용하는 경우를 생각해 보자. 안타깝게도 사람들의 체중을 재는 데 사용하는 저울은 특정 수치 이상의 체중을 알려 주지 못한다. 그러면 그 수치를 초과하는 모든 체중은 중도절단된다. 이번 장에서 제시하는 생존분석 방법은 이 데이터 세트를 분석하는 데 사용될 수 있다.

생존분석은 의학 분야 안팎의 다양한 응용 분야에서 매우 중요하기 때문에 통계학 내에서도 연구가 매우 잘되어 있는 주제다. 그러나 기계학습 분야에서는 상대적으로 관심을 거의 받지 못했다.

11.1 생존시간과 중도절단시간

각각의 개인에 대해 참 생존시간(survival time) T와 참 중도절단시간(censoring time) C가 있다고 가정한다(생존시간은 실패시간(failure time) 또는 사건시간(event time)이라고도 한다). 생존시간은 관심 사건이 발생하는 시점을 나타낸다. 예를 들어 환자가 사망하거나 고객이 구독을 취소하는 시점이다. 반면에 중도절단시간은 중도절단이 발생하는 시점이다. 예를 들어 환자가 연구에서 이탈하거나 연구가 종료되는 시점이다.

우리가 관측하는 것은 생존시간 T 또는 중도절단시간 C로, 좀더 구체적으로는 다음과 같은 확률변수를 관측한다.

$$Y = \min(T, C) \tag{11.1}$$

즉, 사건이 중도절단 전에 발생하면(즉 $T < C$) 참 생존시간 T를 관측하지만, 중도절단이 사건 전에 발생하면($T > C$) 중도절단시간을 관측한다. 또 다음과 같은 상태 표시자(status indicator)도 관측한다.

$$\delta = \begin{cases} 1 & \text{if } T \leq C \\ 0 & \text{if } T > C \end{cases}$$

즉, $\delta = 1$이면 참 생존시간을 관측하고 $\delta = 0$이면 중도절단시간을 관측한다.

이제 $(y_1, \delta_1), ..., (y_n, \delta_n)$으로 표기하는 n개 쌍의 (Y, δ)를 관측하는 경우를 생각

해 보자. [그림 11.1]은 365일의 추적 관찰 기간 동안 $n = 4$명의 환자를 관찰한 (가상의) 의학 연구의 예를 보여 준다. 환자 1번과 3번의 경우 사건(사망 또는 질병 재발 등)까지의 시간 $T = t_i$를 관측한다. 2번 환자는 연구 종료 시점에 살아 있었고 4번 환자는 연구에서 이탈했거나 '추적 관찰에서 놓친' 경우다. 이 환자들의 경우 $C = c_i$를 관측한다. 따라서 $y_1 = t_1, y_3 = t_3, y_2 = c_2, y_4 = c_4, \delta_1 = \delta_3 = 1, \delta_2 = \delta_4 = 0$이다.

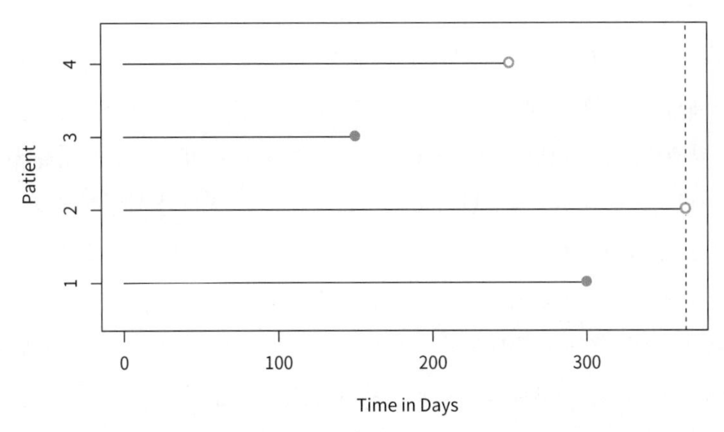

[그림 11.1] 중도절단 생존 데이터의 예시. 환자 1번과 3번은 사건이 관측됐다. 환자 2번은 연구의 종료 시점에 생존해 있다. 환자 4번은 연구에서 이탈했다.

11.2 중도절단 좀 더 자세히 살펴보기

생존 데이터를 분석하기 위해서는 중도절단이 발생한 '이유'에 관해 몇 가지 가정을 해야 한다. 예를 들어 어떤 암 연구에서 일부 환자가 너무 아파서 조기에 이탈했다고 가정한다. 분석할 때 환자가 이탈한 이유를 고려하지 않으면 참 평균 생존시간을 과대추정할 가능성이 높다. 비슷하게 매우 아픈 남성이 여성보다 연구에서 이탈할 가능성이 더 높은 경우를 생각해 보자. 이때 남성과 여성의 생존시간을 비교하면 남성이 여성보다 더 오래 생존한다는 잘못된 결론을 내릴 수 있다.

일반적으로 중도절단기제(censoring mechanism)는 '독립'이라고 가정할 필요가 있다. 즉, 특징들이 조건부로 주어졌을 때 사건시간 T는 중도절단시간 C와 독립이라는 가정이다. 앞의 두 예제는 독립 중도절단(independent censoring) 가정을 위반한다. 보통 데이터만으로 중도절단기제가 독립인지 여부를 결정하는 것은 불가능하다. 대신 독립 중도절단이 합리적인 가정인지 결정하기 위해서는 데이터 수집

과정을 신중히 살펴보아야 한다. 이번 장의 나머지 부분에서는 중도절단기제가 독립이라고 가정한다.[1]

이번 장에서 주요하게 다룰 우측중도절단(right censoring)은 $T \geq Y$일 때 발생한다. 즉 참 사건시간 T가 최소한 관측된 시간 Y만큼 큰 경우다($T \geq Y$는 식 (11.1)에 따른 결과라는 점에 유의하자. [그림 11.1]에서 보듯이 우측중도절단이라는 이름은 시간이 일반적으로 왼쪽에서 오른쪽으로 표시된다는 사실에서 유래한다). 하지만 다른 유형의 중도절단도 가능하다. 예를 들어 좌측중도절단(left censoring)에서는 참 사건시간 T가 관측된 시간 Y보다 작거나 같다. 예를 들어 임신 기간에 대한 연구에서 임신 후 250일 차에 환자를 조사할 때 일부가 이미 아기를 출산한 경우를 생각해 보자. 그러면 그 환자의 임신 기간이 250일 미만이라는 것을 알 수 있다. 더 일반적으로 구간중도절단(interval censoring)은 정확한 사건시간을 알 수 없지만, 어떤 구간에 속한다는 것을 알 수 있는 상황을 말한다. 예를 들어 사건 발생 여부를 결정하기 위해 환자를 매주 한 번씩 조사하는 경우에 이런 상황이 발생한다. 좌측중도절단과 구간중도절단은 이번 장에 제시된 아이디어를 변형해 수용할 수 있지만, 이어지는 내용에서는 특히 우측중도절단에 초점을 맞출 것이다.

11.3 카플란-마이어 생존곡선

생존곡선(survival curve) 또는 생존함수(survival function)는 다음과 같이 정의된다.

$$S(t) = \Pr(T > t) \tag{11.2}$$

이 감소 함수는 시간 t를 지나 생존할 확률을 수량화한다. 예를 들어 한 회사가 고객 이탈을 모형화하는 데 관심이 있다. T는 고객이 회사의 서비스 구독을 취소하는 시간을 나타낸다고 해보자. 그러면 $S(t)$는 고객이 시간 t보다 나중에 취소할 확률을 나타낸다. $S(t)$의 값이 클수록 고객이 시간 t 이전에 취소할 가능성은 낮아진다.

이번 절에서는 생존곡선을 추정하는 방법을 살펴본다. `BrainCancer` 데이터 세트를 검토하는 것으로 시작해 보자. 이 데이터 세트에 들어 있는 생존시간은 원발성 뇌종양 환자들이 정위방사선법(stereotactic radiation method) 치료를 받는 경우의

1 독립 중도절단 가정은 비정보적 중도절단(non-informative censoring)이라는 개념을 사용해 다소 완화될 수 있다. 하지만 비정보적 중도절단의 정의를 이 책에서 다루기에는 지나치게 전문적이다.

생존시간이다.[2] 예측변수는 `gtv`(맨눈종양체적, gross tumor volume, 단위: cm^3), `sex`(Male(남성) 또는 Female(여성)), `diagnosis`(진단명: Meningioma(수막종), LG glioma(저등급 신경교종), HG glioma(고등급 신경교종), Other(기타)), `loc`(종양 위치: Infratentorial(천막하부) 또는 Supratentorial(천막상부)), `ki`(카르노프스키(Karnofsky) 지수), `stereo`(정위법(stereotactic method): SRS(stereotactic radiosurgery, 정위방사선수술) 또는 SRT(fractionated stereotactic reaidotherapy, 분할정위방사선치료))이다. 88명의 환자 중 53명이 연구 종료 시점에 생존해 있었다.

이제 이 데이터에 생존곡선 식 (11.2)를 추정하는 작업을 고려해 보자. $S(20) = \Pr(T > 20)$, 즉 환자가 최소 $t = 20$개월 동안 생존할 확률을 추정하려고 할 때 단순히 20개월 이상 생존한 것이 확인된 환자의 비율, 즉 $Y > 20$인 환자의 비율을 계산해도 되겠다는 생각이 들 수 있다. 이 비율은 48/88 또는 근사적으로 55% 정도 된다. 그러나 Y와 T는 다른 수량을 나타내기 때문에 그다지 올바른 것으로 보이지 않는다. 특히 20개월까지 생존하지 않았다고 한 40명의 환자 중 17명은 실제로는 중도절단된 것이다. 이 분석은 중도절단된 모든 환자를 $T < 20$이라고 암묵적으로 가정하고 있는데, 물론 그것이 참인지는 알 수 없다.

다른 방법으로 $S(20)$을 추정하기 위해서 시간 $t = 20$까지 중도절단되지 '않은' 71명의 환자 중 $Y > 20$인 환자의 비율을 계산할 수 있다. 48/71 또는 근사적으로는 68%이다. 하지만 이것도 완전히 옳은 방법은 아니다. 왜냐하면 이 방법은 시간 $t = 20$ 이전에 중도절단된 환자들을 완전히 무시하는 것과 마찬가지이기 때문이다. 하지만 환자들이 중도절단된 '시간'은 잠재적으로 정보를 제공할 수 있다. 예를 들어 시간 $t = 19.9$에서 중도절단된 환자는 만약 중도절단되지 않았다면 $t = 20$ 이후에도 생존했을 가능성이 높다.

이제까지 살펴보았듯이 중도절단의 존재로 인해 생존함수 $S(t)$를 추정하는 것이 복잡해진다. 이제 이 문제를 극복하기 위한 접근법을 제시한다. 중도절단되지 않은 환자 중 K개의 고유한 사망 시간을 $d_1 < d_2 < \ldots < d_K$로 나타내고, q_k로 시간 d_k에 사망한 환자의 수를 표시한다. $k = 1, \ldots, K$에 대해 d_k 바로 직전에 살아 있으며 연구에 들어와 있는 환자의 수를 r_k로 나타내기로 하자. 이들은 위험(at risk)에 처해

2 다음 논문에 이 데이터 세트에 대한 설명이 있다. Selingerovl 등 〈Survival of patients with primary brain tumors: Comparison of two statistical approaches〉(2016), PLoS One, 11(2):e0148733.

있는 환자다. 주어진 시간에 위험에 처해 있는 환자의 집합을 위험집합(risk set)이라고 한다.

전확률법칙에 따라[3]

$$\begin{aligned}\Pr(T > d_k) = &\Pr(T > d_k | T > d_{k-1}) \Pr(T > d_{k-1}) \\ &+ \Pr(T > d_k | T \le d_{k-1}) \Pr(T \le d_{k-1})\end{aligned}$$

이 성립한다. $d_{k-1} < d_k$라는 사실에서 $\Pr(T > d_k \mid T \le d_{k-1}) = 0$임을 알 수 있다(만약 한 환자가 이전 시간 d_{k-1}까지 생존하지 못했다면 시간 d_k를 지나 생존하는 것은 불가능하다). 따라서

$$S(d_k) = \Pr(T > d_k) = \Pr(T > d_k | T > d_{k-1}) \Pr(T > d_{k-1})$$

이 성립한다. 이제 다시 식 (11.2)를 대입하면

$$S(d_k) = \Pr(T > d_k | T > d_{k-1}) S(d_{k-1})$$

을 얻을 수 있다. 이 식에 따르면

$$S(d_k) = \Pr(T > d_k | T > d_{k-1}) \times \cdots \times \Pr(T > d_2 | T > d_1) \Pr(T > d_1)$$

이 성립한다. 이제 앞의 방정식 우변에 있는 각 항의 추정값을 대입하기만 하면 된다. 추정량으로는 자연스럽게

$$\widehat{\Pr}(T > d_j | T > d_{j-1}) = (r_j - q_j)/r_j$$

를 이용할 수 있다. 시간 d_j에서 위험집합에 속한 환자 중 d_j를 넘어 생존한 환자의 비율이다. 이 비율에서 다음과 같은 생존곡선의 카플란-마이어 추정량(Kaplan-Meier estimator)이 나온다.

$$\widehat{S}(d_k) = \prod_{j=1}^{k} \left(\frac{r_j - q_j}{r_j} \right) \tag{11.3}$$

시간 t가 d_k와 d_{k+1} 사이인 경우에는 $\hat{S}(t) = \hat{S}(d_k)$로 설정한다. 따라서 카플란-마이어 생존곡선은 계단 형태가 된다.

3 전확률법칙(law of total probability)은 어떤 두 사건 A와 B에 대해 $\Pr(A) = \Pr(A \mid B)\Pr(B) + \Pr(A \mid B^c)\Pr(B^c)$라는 법칙이다. 여기서 B^c는 사건 B의 여집합이다. 즉, B가 발생하지 않는 사건이다.

BrainCancer 데이터에 대한 카플란-마이어 생존곡선은 [그림 11.2]에 제시되어 있다. 실선 계단형 곡선의 각 점은 가로축에 표시된 시간을 지나 생존할 확률 추정값을 보여 준다. 20개월을 지나 생존할 확률 추정값은 71%로, 이전에 제시된 단순 추정값 55%와 68%보다 꽤 높다.

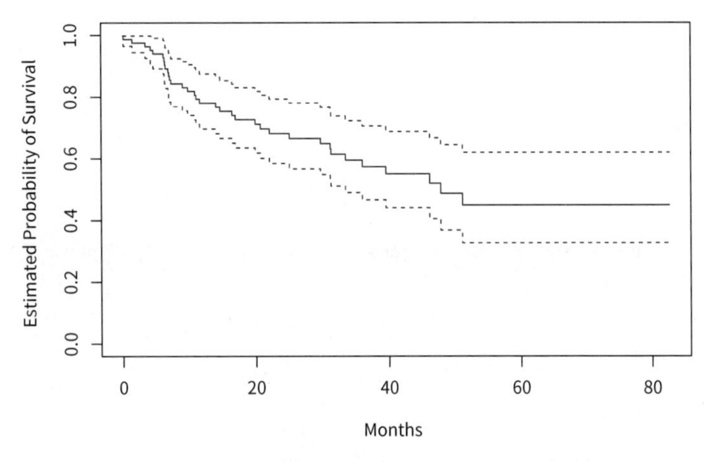

[그림 11.2] BrainCancer 데이터에 대해 카플란-마이어 생존곡선(실선 곡선)과 표준오차 대역(파선 곡선)을 함께 보여 준다.

카플란-마이어 추정량의 순차 구성법은 시간 영(0)에서 시작해 사건들이 시간 속에서 펼쳐짐에 따라 관측된 사건들을 배치하는 방법으로, 생존분석의 여러 핵심 기법들의 근본이 된다. 핵심 기법에는 11.4절의 로그 순위검정(log-rank test)과 11.5.2절 콕스(Cox)의 비례위험모형(proportional hazard model)이 포함된다.

11.4 로그 순위검정

이제 11.3절에서 소개한 BrainCancer 데이터에 대한 분석을 계속 진행해 보자. 남성과 여성의 생존을 비교하려고 한다. [그림 11.3]에 두 집단의 카플란-마이어 생존곡선을 제시했다. 여성이 약 50개월까지는 약간 더 나은 것처럼 보이지만, 그 후 두 곡선 모두 약 50%로 떨어진다. 두 생존곡선이 동등하다는 것을 형식을 갖춰 검정하려면 어떻게 할 수 있을까?

처음 보기에는 당연히 두 표본 t-검정(two-sample t-test)을 선택해야 할 것처럼 보인다. 이를 통해 여성의 평균 생존시간이 남성의 평균 생존시간과 같은지 검정할 수 있을 것이다. 그러나 중도절단이 있기 때문에 또 다시 문제가 복잡해진다. 이 문

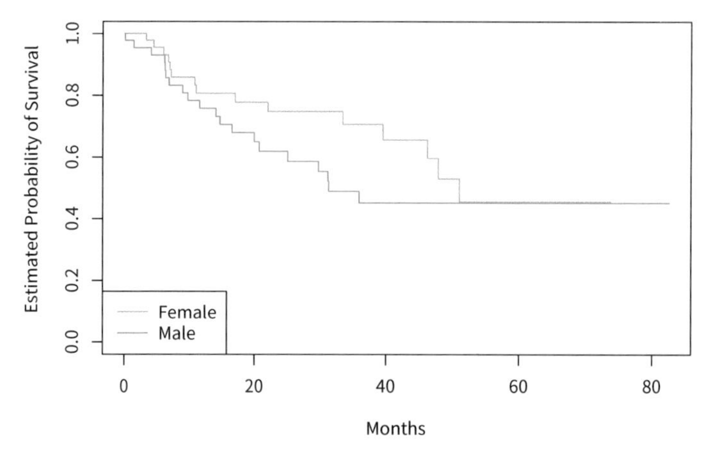

[그림 11.3] BrainCancer 데이터에 대한 남성과 여성의 카플란-마이어 생존곡선을 보여 주고 있다.

제를 극복하기 위해 로그 순위검정(log-rank test)을 수행한다.[4] 이 검정은 각 집단의 사건들이 시간 속에서 순차적으로 어떻게 펼쳐지는지 검사한다.

앞서 11.3절에서 보았듯이 $d_1 < d_2 < \ldots < d_K$는 중도절단되지 않은 환자에서 나온 고유한 사망 시간이다. r_k는 시간 d_k에서 위험 환자의 수이고 q_k는 시간 d_k에서 사망한 환자의 수다. 여기서 더 나아가 r_{1k}와 r_{2k}를 각각 시간 d_k에서 집단 1과 집단 2에 속한 위험 환자의 수로 정의한다. 비슷하게 q_{1k}와 q_{2k}를 각각 시간 d_k에서 집단 1과 집단 2에 속한 사망한 환자의 수로 정의한다. 이때 $r_{1k} + r_{2k} = r_k$이고 $q_{1k} + q_{2k} = q_k$라는 점에 유의하자.

사망 시간 d_k마다 2×2 빈도표를 [표 11.1]에서 제시한 형식으로 만든다. 유의할 점은 사망 시간이 고유하다면(즉, 두 개인이 동시에 사망하지 않는다면) q_{1k}와 q_{2k} 중 하나는 1이고 다른 하나는 0이 된다.

	집단 1	집단 2	합계
사망	q_{1k}	q_{2k}	q_k
생존	$r_{1k} - q_{1k}$	$r_{2k} - q_{2k}$	$r_k - q_k$
합계	r_{1k}	r_{2k}	r_k

[표 11.1] 시간 d_k에서의 위험 환자 집합 중 두 집단에서 각각 사망한 환자와 생존한 환자의 수를 보고하고 있다.

4 로그 순위검정은 맨틀-핸첼(Mantel-Haenszel) 검정 또는 코크란-맨틀-핸첼(Cochran-Mantel-Haenszel) 검정이라고도 한다.

로그 순위검정 통계량의 밑바탕이 되는 주된 아이디어는 다음과 같다. 어떤 확률변수 X의 가설 $H_0 : \mathrm{E}(X) = \mu$를 검정하기 위한 방법의 하나로 다음과 같은 형태의 검정 통계량을 구성할 수 있다.

$$W = \frac{X - \mu}{\sqrt{\mathrm{Var}(X)}} \tag{11.4}$$

로그 순위검정 통계량을 구성하기 위해서는 바로 식 (11.4) 형태를 취하는 수량을 계산한다. 여기서 $X = \sum_{k=1}^{K} q_{1k}$이고 는 [표 11.1]의 왼쪽 상단에 주어진 값이다.

더 자세히 살펴보자. 두 집단 사이의 생존에 차이가 없다면 [표 11.1]에서 행과 열의 합계를 조건부로 하는 q_{1k}의 기댓값은

$$\mu_k = \frac{r_{1k}}{r_k} q_k \tag{11.5}$$

이다. 그러므로 $X = \sum_{k=1}^{K} q_{1k}$의 기댓값은 $\mu = \sum_{k=1}^{K} \frac{r_{1k}}{r_k} q_k$이다. 더 나아가 q_{1k}의 분산은

$$\mathrm{Var}\left(q_{1k}\right) = \frac{q_k (r_{1k}/r_k)(1 - r_{1k}/r_k)(r_k - q_k)}{r_k - 1} \tag{11.6}$$

라는 것을 보일 수 있다.[5] $q_{11}, \ldots, q_{1K}$들이 상관되어 있을 수 있지만, 그럼에도 다음과 같이 추정한다.

$$\mathrm{Var}\left(\sum_{k=1}^{K} q_{1k}\right) \approx \sum_{k=1}^{K} \mathrm{Var}\left(q_{1k}\right) = \sum_{k=1}^{K} \frac{q_k (r_{1k}/r_k)(1 - r_{1k}/r_k)(r_k - q_k)}{r_k - 1} \tag{11.7}$$

따라서 로그 순위검정 통계량을 계산하기 위해서는 단순하게 식 (11.4)에 있는 대로 진행하면 된다. 여기서 $X = \sum_{k=1}^{K} q_{1k}$이고 식 (11.5)와 식 (11.7)을 이용한다. 즉, 다음과 같이 계산하면 된다.

$$W = \frac{\sum_{k=1}^{K} \left(q_{1k} - \mu_k\right)}{\sqrt{\sum_{k=1}^{K} \mathrm{Var}\left(q_{1k}\right)}} = \frac{\sum_{k=1}^{K} \left(q_{1k} - \frac{q_k}{r_k} r_{1k}\right)}{\sqrt{\sum_{k=1}^{K} \frac{q_k (r_{1k}/r_k)(1 - r_{1k}/r_k)(r_k - q_k)}{r_k - 1}}} \tag{11.8}$$

표본 크기가 클 때 로그 순위검정 통계량 W는 근사적으로 표준정규분포(normal (Gaussian) distribution)를 따른다. 이를 사용해 두 집단의 생존곡선 사이에 차이가

5 자세한 내용은 이번 장 끝에 있는 연습문제 7을 참조할 수 있다.

없다는 귀무가설에 대한 p-값을 계산할 수 있다.[6]

BrainCancer 데이터에 대한 여성과 남성의 생존시간을 비교하면 $W = 1.2$의 로그 순위검정 통계량을 얻을 수 있다. 이것은 이론적 귀무분포를 사용하면 양측 p-값이 0.2이고, 1,000번의 순열(순서바꾸기)이 있는 순열 귀무분포를 사용했을 때의 p-값은 0.25이다. 따라서 여성과 남성 간의 생존곡선에 차이가 없다는 귀무가설을 기각하지 못한다.

로그 순위검정은 11.5.2절에서 논의할 콕스의 비례위험모형(proportional hazards model)과 밀접한 관련이 있다.

11.5 생존분석 회귀모형

이제 생존 데이터에 회귀모형을 적합하는 작업을 살펴보자. 11.1절과 같이 관측값은 (Y, δ)의 형태를 취한다. 여기서 $Y = \min(T, C)$는 (중도절단 가능성이 있는) 생존시간이고, δ는 $T \leq C$일 때 1이 되는 표시자(indicator)이다. 또한 $X \in \mathbb{R}^p$는 p개 특징의 벡터다. 여기서 예측하려는 것은 참 생존시간 T이다.

관측된 수량인 Y가 양수이고 오른쪽으로 꼬리가 길 수 있으므로 X에서 $\log(Y)$의 선형회귀를 적합하려는 유혹을 느낄 수 있다. 그러나 독자도 짐작했듯이 중도절단이 다시 한번 문제를 일으킨다. 왜냐하면 실제적인 관심은 T의 예측이지 Y의 예측은 아니기 때문이다. 이 난관을 극복하기 위해 대신 순차 구성법(sequential construction)을 활용한다. 11.3절의 카플란-마이어 생존곡선, 11.4절의 로그 순위검정과 유사한 방식이다.

11.5.1 위험함수

위험함수(hazard function) 또는 위험률(hazard rate)은 사망력(force of mortality)이라고도 하는데, 형식적으로 다음과 같이 정의한다.

$$h(t) = \lim_{\Delta t \to 0} \frac{\Pr(t < T \leq t + \Delta t | T > t)}{\Delta t} \tag{11.9}$$

여기서 T는 (관측되지 않은) 생존시간이다. 위험률은 시간 t를 지나서 생존했을 때

6 다른 방법으로는 p-값을 순열법(permutation)으로 추정할 수 있다. 여기에 사용할 아이디어들은 13.5절에서 소개된다. 순열분포(permutation distribution)는 두 집단의 관측 레이블을 무작위로 교환하는 방법으로 구한다.

시간 t 직후의 사망률이다.[7] 식 (11.9)에서 Δt가 0에 접근하도록 극한을 취하고 있다. 따라서 Δt를 극도로 작은 숫자로 생각할 수 있다. 그래서 더 느슨한 형식으로 말하자면 식 (11.9)는 임의의 작은 수 Δt에서

$$h(t) \approx \frac{\Pr(t < T \leq t + \Delta t | T > t)}{\Delta t}$$

임을 의미한다.

왜 위험함수에 관심을 가져야 할까? 우선, 다음에 보겠지만 위험함수는 생존곡선 식 (11.2)와 밀접하게 관련되어 있다. 둘째, 생존 데이터를 공변량의 함수로 모형화하기 위한 핵심 접근법은 위험함수에 크게 의존하는 것으로 밝혀졌다. 이 핵심 접근법(콕스(Cox)의 비례위험모형(proportional hazard model))은 11.5.2절에서 소개한다.

이제 위험함수 $h(t)$를 조금 더 자세히 살펴보자. 잘 알고 있듯이 두 사건 A와 B에서 B가 주어졌을 때 A의 확률은 $\Pr(A \mid B) = \Pr(A \cap B)/\Pr(B)$로 표현될 수 있다. 즉, A와 B가 모두 일어날 확률을 B가 일어날 확률로 나눈 것이다. 더 나아가 식 (11.2)에서 $S(t) = \Pr(T > t)$라는 점도 다시 떠올려 보자. 그러니까

$$\begin{aligned} h(t) &= \lim_{\Delta t \to 0} \frac{\Pr\left((t < T \leq t + \Delta t) \cap (T > t)\right)/\Delta t}{\Pr(T > t)} \\ &= \lim_{\Delta t \to 0} \frac{\Pr(t < T \leq t + \Delta t)/\Delta t}{\Pr(T > t)} \\ &= \frac{f(t)}{S(t)} \end{aligned} \tag{11.10}$$

이고, 이때

$$f(t) = \lim_{\Delta t \to 0} \frac{\Pr(t < T \leq t + \Delta t)}{\Delta t} \tag{11.11}$$

는 T와 연관된 확률밀도함수(probability density function)다. 즉, 시간 t에서의 순간 사망률이다. 식 (11.10)의 두 번째 등호는 $t < T \leq t + \Delta t$이면 $T > t$이어야 한다는 사실을 이용한다.

7 식 (11.9)의 분모에 Δt가 있으므로 위험함수는 사망 확률(probability of death)이 아니라 사망률(rate of death)이다. 하지만 확률밀도함수에서 높은 값이 확률변수의 더 가능성 높은 결과에 대응하듯이 $h(t)$에서 높은 값은 더 높은 사망 확률에 대응한다. 실제로 $h(t)$는 $T > t$인 조건에서 T의 확률밀도함수(probability density function)다.

식 (11.10)은 위험함수 $h(t)$, 생존함수 $S(t)$, 확률밀도함수 $f(t)$ 사이의 관계를 보여 준다. 사실 이 함수들은 T의 분포를 기술하는 동등한 세 가지 방법[8]이다.

i번째 관측값과 연관된 가능도는 다음과 같다.

$$L_i = \begin{cases} f(y_i) & i\text{번째 관측값이 중도절단되지 않은 경우} \\ S(y_i) & i\text{번째 관측값이 중도절단된 경우} \end{cases}$$
$$= f(y_i)^{\delta_i} S(y_i)^{1-\delta_i} \tag{11.12}$$

식 (11.12)의 밑바탕이 되는 직관은 다음과 같다. 만약 $Y = y_i$이고, i번째 관측값이 중도절단되지 않았다면 가능도는 y_i 시간 주변의 아주 작은 구간에서 사망할 확률이다. 만약 i번째 관측값이 중도절단됐다면 가능도는 적어도 y_i 시간까지 생존할 확률이다. n개 관측이 독립이라고 가정하면 데이터에 대한 가능도는 다음과 같은 형태를 취한다.

$$L = \prod_{i=1}^{n} f(y_i)^{\delta_i} S(y_i)^{1-\delta_i} = \prod_{i=1}^{n} h(y_i)^{\delta_i} S(y_i) \tag{11.13}$$

여기서 두 번째 등호는 식 (11.10)에서 유도된 것이다.

이제 생존시간을 모형화하는 작업을 생각해 보자. 만약 지수(exponential) 생존을 가정하면, 즉 생존시간 T의 확률밀도함수가 $f(t) = \lambda\exp(-\lambda t)$ 형태를 취한다고 가정한다면 식 (11.13)에서 가능도를 최대화해 모수 λ를 추정하는 일은 간단하다.[9] 다른 방법으로 생존시간이 감마(Gamma) 또는 와이블(Weibull) 분포족과 같은 더 유연한 분포족에서 추출됐다고 가정하는 것이다. 또 다른 가능성은 11.3절에서 카플란-마이어 추정량을 사용해 모형화한 것처럼 생존시간을 비모수적으로 모형화하는 방법이다.

하지만 실제 의도는 생존시간을 '공변량의 함수'로 모형화하는 것이다. 이를 위해서는 밀도함수 대신 위험함수를 직접 사용하는 게 편리하다.[10] 한 가지 가능한 접근법은 위험함수 $h(t|x_i)$에 대한 함수 형태를 가정하는 것이다. 예를 들면 $h(t|x_i) = \exp(\beta_0 + \sum_{j=1}^{p} \beta_j x_{ij})$로 가정하는 것이다. 여기서 지수함수는 위험함수가 비음수(non-negative)임을 보장해 준다. 지수 위험함수의 특별함에 주목할 필요가 있는

8 연습문제 8을 보자.

9 연습문제 9를 참조할 수 있다.

10 위험함수 $h(t)$와 밀도함수 $f(t)$ 사이의 밀접한 관계는 연습문제 8에서 살펴본다. 앞 문단에서는 밀도함수에 대한 가정을 보았는데, 위험함수의 형태에 대해 가정하는 것은 밀도함수의 형태에 대해 가정하는 것과 밀접히 관련되어 있다.

데, 바로 시간에 따라 변하지 않는다는 점이다.[11] $h(t \mid x_i)$가 주어지면 $S(t \mid x_i)$를 계산할 수 있다. 이 등식들을 식 (11.13)에 대입하면 가능도를 최대화해 모수 $\beta = (\beta_0, \beta_1, ..., \beta_p)^T$를 추정할 수 있다. 하지만 이 접근법은 상당히 제한적이다. 위험함수 $h(t \mid x_i)$의 형태에 매우 엄격한 가정을 요구한다는 의미에서 그렇다. 다음 절에서는 훨씬 더 유연한 접근법을 살펴볼 예정이다.

11.5.2 비례위험

비례위험 가정

비례위험 가정(proportional hazards assumption)은 다음과 같다.

$$h(t|x_i) = h_0(t) \exp\left(\sum_{j=1}^{p} x_{ij}\beta_j\right) \tag{11.14}$$

여기서 $h_0(t) \geq 0$은 명시되지 않은 함수로 기저 위험함수(baseline hazard function)라고 한다. 기저 위험함수는 특징이 $x_{i1} = ... = x_{ip} = 0$인 개인에 대한 위험함수다. 비례위험(proportional hazard)이라는 이름은 특징 벡터 x_i를 가진 개인의 위험함수가 미지의 함수 $h_0(t)$에 비율(factor) $\exp(\sum_{j=1}^{p} x_{ij}\beta_j)$를 곱한 것이라는 사실에서 비롯된다. $\exp(\sum_{j=1}^{p} x_{ij}\beta_j)$라는 수량은 특징 벡터 $x_i = (x_{i1}, ..., x_{ip})^T$에 대한 상대위험(relative risk)이라고 한다. 특징 벡터 $x_i = (0, ..., 0)^T$에 대한 위험에 비해 상대적인 위험이라는 뜻이다.

기저 위험함수 $h_0(t)$가 식 (11.14)에서 명시되지 않았다는 것은 무슨 뜻일까? 기본적으로 그 함수의 형태에 대해서는 어떠한 가정도 하지 않는다. 적어도 t 시간까지 생존했다는 조건에서 시간 t에서 사망의 순간 확률이 어떤 형태라도 허용된다. 이는 위험함수가 매우 유연해서 공변량과 생존시간 사이의 관계를 폭넓게 모형화할 수 있음을 뜻한다. 유일한 가정은 x_{ij}의 한 단위 증가가 $h(t \mid x_i)$를 $\exp(\beta_j)$의 비율(factor)로 증가시킨다는 점이다.

비례위험 가정 식 (11.14)를 보여 주는 실례를 [그림 11.4]에 제시했다. 단일한 이진 공변량 $x_i \in \{0, 1\}$(따라서 $p = 1$)인 간단한 상황이다. 상단 행에서는 비례위험 가정 식 (11.14)가 성립한다. 따라서 두 집단의 위험함수는 서로 상수배이므로 로

11 $h(t \mid x_i)$라는 표기는 이제부터 생각할 위험함수가 i번째 관측에 대한 함수로 공변량 x_i에 대해 조건부임을 나타낸다.

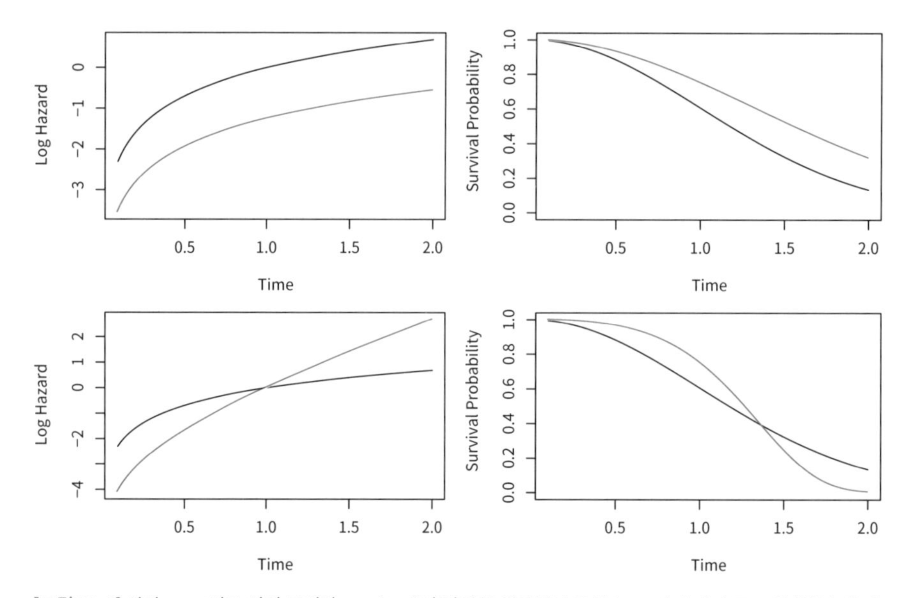

[그림 11.4] 상단: $p = 1$이고 이진 공변량 $x_i \in \{0, 1\}$인 간단한 예제에서 모형 (11.14)에 따라 로그 위험함수와 생존함수를 보여 준다($x_i = 0$은 초록색으로, $x_i = 1$은 검정색으로 표시된다). 비례위험 가정 식 (11.14)로 인해 로그 위험함수는 상수만큼의 차이를 보이며 생존함수는 교차하지 않는다. 하단: 이번에도 이진 공변량 $x_i \in \{0, 1\}$은 한 개다. 하지만 비례위험 가정 식 (11.4)는 성립하지 않는다. 로그 위험함수와 생존함수가 서로 교차한다.

그 척도에서 그 사이의 간격은 일정하다. 더 나아가 생존곡선은 절대로 교차하지 않는데, 실제로 생존곡선 사이의 간격은 시간이 지남에 따라 (초기에는) 증가하는 경향이 있다. 반면에 하단 행에서는 식 (11.14)가 성립하지 않는다. 두 집단의 로그 위험함수와 생존곡선이 서로 교차하는 것을 볼 수 있다.

콕스의 비례위험모형

비례위험 가정 식 (11.14)에서 $h_0(t)$의 형태를 모르기 때문에 그냥 $h(t \mid x_i)$를 가능도 식 (11.13)에 대입해서 최대가능도법으로 $\beta = (\beta_1, ..., \beta_p)^T$를 추정할 수 없다. 콕스의 비례위험모형(Cox's proportional hazards model)의 마법은 사실 **$h_0(t)$의 형태를 명시할 필요 없이** β를 추정할 수 있다는 사실에 있다.

이를 위해 카플란-마이어 생존곡선과 로그 순위검정을 유도할 때 사용했던 것과 같은 '시간에 따라 순차적으로'라는 논리를 사용한다. 단순화를 위해 실패 또는 사망 시간 사이에 동일한 값이 없다고 가정한다. 즉, 각각의 실패는 서로 구별되는 시간에 발생한다. $\delta_i = 1$이라고 가정한다. 즉 i번째 관측은 중도절단되지 않고, 따라서 y_i는 실패시간이다. 그러면 시간 y_i에서 i번째 관측에 대한 위험함수는 $h(y_i \mid x_i)$

$= h_0(y_i)\exp(\sum_{j=1}^p x_{ij}\beta_j)$이고 시간 y_i에서 위험 관측들[12]의 총 위험은

$$\sum_{i':y_{i'}\geq y_i} h_0(y_i)\exp\left(\sum_{j=1}^p x_{i'j}\beta_j\right)$$

이다. 따라서 i번째 관측이 시간 y_i에서 실패하는 그 하나의 관측이 될 확률은 (위험집합의 다른 관측들 중 하나에 반대되는 것으로서) 다음과 같다.

$$\frac{h_0(y_i)\exp\left(\sum_{j=1}^p x_{ij}\beta_j\right)}{\sum_{i':y_{i'}\geq y_i} h_0(y_i)\exp\left(\sum_{j=1}^p x_{i'j}\beta_j\right)} = \frac{\exp\left(\sum_{j=1}^p x_{ij}\beta_j\right)}{\sum_{i':y_{i'}\geq y_i}\exp\left(\sum_{j=1}^p x_{i'j}\beta_j\right)} \tag{11.15}$$

분모와 분자에서 명시되지 않은 기저 위험함수 $h_0(y_i)$가 제거된다는 점에 주목할 필요가 있다.

편가능도(partial likelihood)는 단순히 중도절단되지 않은 모든 관측에 대해 이 확률을 곱한 것이다,

$$PL(\beta) = \prod_{i:\delta_i=1}\frac{\exp\left(\sum_{j=1}^p x_{ij}\beta_j\right)}{\sum_{i':y_{i'}\geq y_i}\exp\left(\sum_{j=1}^p x_{i'j}\beta_j\right)} \tag{11.16}$$

중요한 점은 편가능도가 $h_0(t)$의 참값에 관계없이 유효하다는 것이며, 이 때문에 모형은 매우 유연하고 로버스트하다.[13]

β를 추정하려면 그냥 β에 대해 편가능도 식 (11.16)을 최대화하면 된다. 4장의 로지스틱 회귀와 마찬가지로 닫힌 형식의 해가 없으므로 반복 알고리즘이 필요하다.

β를 추정하는 것에 더해서 3장의 최소제곱 회귀와 4장의 로지스틱 회귀의 맥락에서 살펴본 다른 모형 출력도 얻을 수 있다. 예를 들어 특정 귀무가설(예를 들어 $H_0: \beta_j = 0$)에 해당하는 p-값과 계수와 연관된 신뢰구간을 얻을 수 있다.

12 기억하겠지만 시간 y_i에서 위험 상태(at risk)인 관측들은 여전히 실패의 위험이 있는 관측들이다. 즉, 시간 y_i 이전에 아직 실패하지 않았거나 중도절단되지 않은 관측들이다.

13 일반적으로 편가능도는 모든 모수에 대한 완전 가능도를 계산하기 어려운 상황에서 사용한다. 대신 주요 관심 모수에 대해서만 가능도를 계산한다. 이 예에서 관심 모수는 $\beta_1, ..., \beta_p$이다. 식 (11.16)을 최대화하는 것이 이 모수들에 대해 좋은 추정값을 제공함을 보일 수 있다.

로그 순위검정과의 연결

예측변수가 하나만 있고($p = 1$) 이진값을 가지는 경우, 즉 $x_i \in \{0, 1\}$인 경우를 생각해 보자. 집단 $\{i : x_i = 0\}$의 관측과 집단 $\{i : x_i = 1\}$의 관측 사이에 생존시간에서 차이가 있는지 결정하기 위해 두 가지 접근법을 생각할 수 있다.

접근법 #1: 콕스 비례위험모형을 적합하고 귀무가설 $H_0 : \beta = 0$을 검정한다($p = 1$이므로 β는 스칼라다).

접근법 #2: 로그 순위검정을 수행해 두 집단을 비교한다. 11.4절과 같은 방법이다.

어느 것이 더 선호될까?

사실 이 두 접근법 사이에는 밀접한 관계가 있다. 특히 접근법 #1을 취할 때 H_0를 검정하는 가능한 방법이 여러 가지가 있다. 그중 하나가 점수검정(score test)이라는 방법이다. 단일한 이진 공변량의 경우 콕스의 비례위험모형에서 $H_0 : \beta = 0$에 대한 점수검정은 로그 순위검정과 정확히 같다고 알려져 있다. 다시 말해 접근법 #1을 취하든 접근법 #2를 취하든 상관없다.

추가 세부 사항

콕스의 비례위험모형 논의에서 몇 가지 중요한 세부 사항을 빠뜨리고 넘어갔다.

- 식 (11.14)와 뒤따르는 방정식에는 절편이 없다. 왜냐하면 절편은 기저 위험함수 $h_0(t)$로 흡수될 수 있기 때문이다.
- 실패시간이 동일한 경우가 없다고 가정했다. 동일한 값이 있는 경우 편가능도 식 (11.16)의 정확한 형태는 좀 더 복잡하며, 여러 가지 계산적 근사를 사용해야 한다.
- 식 (11.16)은 '편'가능도라고 한다. 정확히 가능도는 아니기 때문이다. 즉, 가정식 (11.14)에서 데이터의 확률에 정확히 대응되지 않는다. 하지만 매우 좋은 근사값이다.
- 계수 $\beta = (\beta_1, \ldots, \beta_p)^T$의 추정에만 초점을 맞췄다. 하지만 경우에 따라 기저 위험 $h_0(t)$를 추정하여, 예를 들어 특징 벡터 x를 가진 개인의 생존곡선 $S(t \mid x)$를 추정할 수도 있다. 세부 사항은 이 책의 범위를 벗어난다. $h_0(t)$의 추정은 파이썬의 `lifelines` 패키지에 구현되어 있는데, 11.8절에서 보게 된다.

11.5.3 예제: 뇌종양 데이터

[표 11.2]에는 11.3절에서 설명한 `BrainCancer` 데이터에 비례위험모형을 적합한 결과를 제시했다. 계수(coefficient) 열에는 $\hat{\beta}_j$을 제시했다. 결과에서 보듯이 예컨대 남성 환자의 추정 위험은 여성 환자보다 $e^{0.18} = 1.2$배 더 크다. 다시 말해 다른 모든 특징을 고정하면 남성은 여성보다 사망할 가능성이 1.2배 더 크다. 하지만 p-값은 0.61로, 남성과 여성 사이의 차이가 유의하지 않음을 알 수 있다.

	Coefficient	Std. error	z-statistic	p-value
`sex[Male]`	0.18	0.36	0.51	0.61
`diagnosis[LG Glioma]`	0.92	0.64	1.43	0.15
`diagnosis[HG Glioma]`	2.15	0.45	4.78	0.00
`diagnosis[Other]`	0.89	0.66	1.35	0.18
`loc[Supratentorial]`	0.44	0.70	0.63	0.53
`ki`	−0.05	0.02	−3.00	<0.01
`gtv`	0.03	0.02	1.54	0.12
`stereo[SRT]`	0.18	0.60	0.30	0.77

[표 11.2] `BrainCancer` 데이터에 적합한 콕스의 비례위험모형의 결과. 최초 설명은 11.3절에서 했다. 변수 `diagnosis`는 질적 변수로 4개의 수준, Meningioma(수막종), LG glioma(저등급 신경교종), HG glioma(고등급 신경교종), Other(기타)로 이루어졌다. 변수 sex(성별), `loc`(종양 위치), `stereo`(정위법)는 이진변수다.

또 다른 예로 카르노프스키 지수(Karnofsky index)의 한 단위 증가에 대응되는 사망의 순간 가능성에서 승수(multiplier)가 $\exp(-0.05) = 0.95$임을 알 수 있다.[14] 다시 말해 카르노프스키 지수가 높을수록 어떤 주어진 시점에서 사망할 가능성은 낮아진다. 이 효과는 p-값이 0.0027로 매우 유의하다.

11.5.4 예제: 출판 데이터

다음으로 살펴보려는 데이터 세트 `Publication`은 학술지 논문의 출판 시간과 관련된 것이다. 국립심폐혈연구소(National Heart, Lung, and Blood Institute)의 지원을 받은 임상시험의 결과를 보고하는 논문이 대상이다.[15] 244건의 임상시험의 경우 출

14 (옮긴이) 쉽게 풀어서 말하면 카르노프스키 지수(`ki`)가 한 단위 증가하면 순간 사망 가능성은 0.95배가 된다는 뜻이다.

15 이 데이터 세트에 대한 설명은 다음 논문에서 찾아볼 수 있다. 고든 외, 〈Publication of trials funded by the National Heart, Lung, and Blood Institute〉(2013). New England Journal of Medicine, 369(20):1926 ~ 1934.

판까지 걸린 시간이 월 단위로 기록되어 있다. 244건의 임상시험 중에서 156건만 연구 기간 중에 출판됐으며, 나머지 연구는 중도절단됐다. 공변량에는 임상시험이 임상 종결점(endpoint)에 초점을 맞추었는지(`clinend`), 임상시험이 다수의 연구 센터와 관련됐는지(`multi`), 국립보건원(National Institutes of Health) 내의 자금 지원 메커니즘(`mech`), 임상시험 표본 크기(`sampsize`), 예산(`budget`), 영향력(`impact`, 인용 횟수 관련), 임상시험이 긍정적인[16] (유의한) 결과를 낳았는지(`posres`)가 포함된다. 마지막 공변량이 특히 흥미로운데, 여러 연구들에 따르면 긍정적인 임상시험일수록 출판율이 더 높기 때문이다.

[그림 11.5]는 카플란-마이어 생존곡선(Kaplan-Meier curve)으로 출판까지 걸린 시간을 보여 준다. 연구가 긍정적인 결과를 냈는지 여부에 따라 층화되어 있다. 긍정적인 결과를 낸 연구가 출판까지 걸린 시간이 짧은 경향이 있다는 증거가 약간 보인다. 그러나 로그 순위검정이 내놓은 p-값 0.36은 전혀 인상적이지 않다.

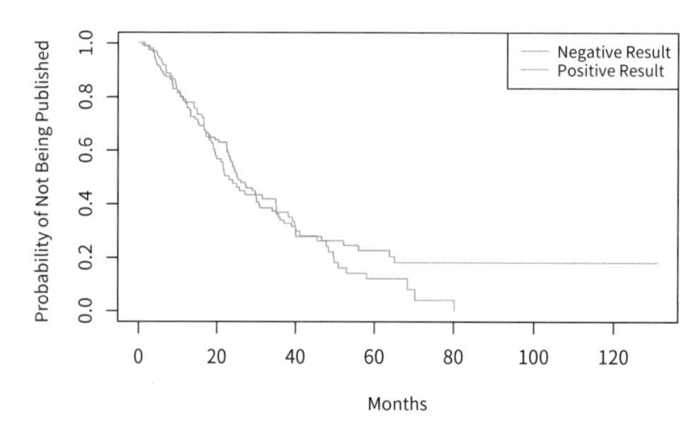

[그림 11.5] `Publication` 데이터에서 출판까지 걸린 시간에 대한 생존곡선. 데이터는 11.5.4절에서 설명했다. 연구의 결과가 긍정적인지 여부에 따라 층화됐다.

이번에는 모든 가능한 예측변수를 활용하는 좀더 세심한 분석을 살펴보겠다. 사용 가능한 모든 특징을 사용해 적합한 콕스 비례위험모형의 결과는 [표 11.3]에 제시되어 있다. 이를 통해 다른 모든 공변량이 고정되어 있을 때 긍정적인 결과가 나온 연구의 출판 가능성이 부정적인 결과가 나온 연구의 출판 가능성보다 $e^{0.55} = 1.74$배 더 높다는 것을 발견할 수 있다. [표 11.3]에서 `posres`에 연관된 매우 작은 p-값은 이 결과가 매우 유의하다는 것을 나타낸다. 특히 긍정적 결과 대 부정적 결과

16 (옮긴이) 원문은 'a positive (significant) result'이다. 'positive'와 'negative'를 각각 '양성'과 '음성'으로 이해할 수도 있겠지만 여기에서는 '긍정적'과 '부정적'으로 번역했다.

의 출판 시간을 비교하는 로그 순위검정에서는 p-값이 0.36이 나왔다는 점을 고려하면 매우 놀라운 결과다. 이런 불일치를 어떻게 설명할 수 있을까? 로그 순위검정은 다른 공변량을 고려하지 않았지만, [표 11.3]의 결과는 사용 가능한 모든 공변량을 사용한 콕스 모형을 기반으로 했다는 사실에서 불일치의 근거를 찾을 수 있다. 즉, 모든 다른 공변량을 조정한 다음에는 연구에서 긍정적인 결과가 나왔는지 여부가 출판까지 걸린 시간을 매우 잘 예측한다.

	Coefficient	Std. error	z-statistic	p-value
posres[Yes]	0.55	0.18	3.02	0.00
multi[Yes]	0.15	0.31	0.47	0.64
clinend[Yes]	0.51	0.27	1.89	0.06
mech[K01]	1.05	1.06	1.00	0.32
mech[K23]	−0.48	1.05	−0.45	0.65
mech[P01]	−0.31	0.78	−0.40	0.69
mech[P50]	0.60	1.06	0.57	0.57
mech[R01]	0.10	0.32	0.30	0.76
mech[R18]	1.05	1.05	0.99	0.32
mech[R21]	−0.05	1.06	−0.04	0.97
mech[R24,K24]	0.81	1.05	0.77	0.44
mech[R42]	−14.78	3414.38	−0.00	1.00
mech[R44]	−0.57	0.77	−0.73	0.46
mech[RC2]	−14.92	2243.60	−0.01	0.99
mech[U01]	−0.22	0.32	−0.70	0.48
mech[U54]	0.47	1.07	0.44	0.66
sampsize	0.00	0.00	0.19	0.85
budget	0.00	0.00	1.67	0.09
impact	0.06	0.01	8.23	0.00

[표 11.3] Publication 데이터에 적합한 콕스의 비례위험모형 결과. 사용 가능한 모든 특징을 사용함. 특징 posres, multi, clinend는 이진변수다. 특징 mech는 수준이 14개인 질적 변수이며, 기준 수준은 Contract로 코딩되어 있다.

이 결과를 더 자세히 살펴보기 위해 [그림 11.6]에서 다른 예측변수를 조정한 상태에서 긍정적 그리고 부정적 결과와 연관된 생존곡선(survival curve)의 추정을 표시한다. 이 생존곡선을 만들기 위해서 기저 위험 $h_0(t)$를 추정했다. 또한 다른 예측 변수에서 대표적인 값을 선택할 필요가 있었는데, 각 예측변수들의 평균값을 사용했고 예외적으로 범주형 예측변수 mech의 경우에는 가장 많이 나타나는 범주(R01)를 사용했다. 다른 예측변수를 조정하면 이제 긍정적 결과와 부정적 결과를 낸 연구 사이에 생존곡선의 분명한 차이를 볼 수 있다.

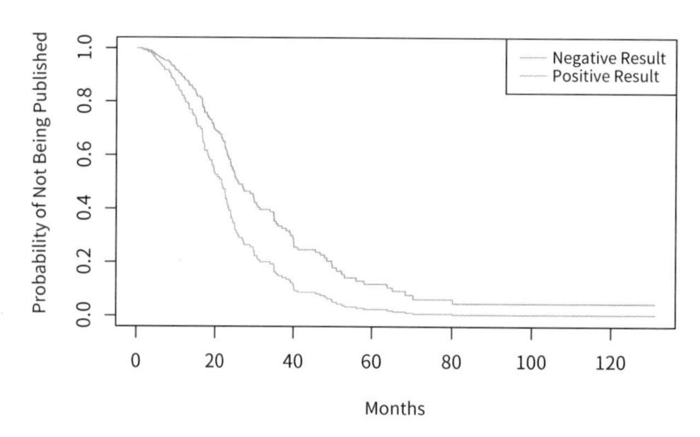

[그림 11.6] Publication 데이터에서 출판까지 걸린 시간에 대한 생존곡선을 제시했다. 모든 다른 공변량에 대해 조정한 다음 긍정적인 결과를 냈는지 여부에 따라 층화했다.

[표 11.3]에서 얻을 수 있는 다른 흥미로운 통찰도 있다. 예를 들어 임상 종결점(clinical endpoint)이 있는 연구가 비임상 종결점이 있는 연구보다 어떤 시점이 주어지든 출판될 가능성이 더 높다. 자금 지원 메커니즘은 출판까지 걸린 시간과 유의하게 관련이 있는 것으로 나타나지 않았다.

11.6 콕스 모형을 위한 축소

이번 절에서는 6.2절의 축소 방법이 생존 데이터 상황에 적용할 수 있음을 설명한다. 특히 6.2절의 '손실+벌점' 형식화와 같은 이유에서 식 (11.16)의 음의 로그 편가능도의 벌점화 형태

$$-\log\left(\prod_{i:\delta_i=1}\frac{\exp\left(\sum_{j=1}^{p}x_{ij}\beta_j\right)}{\sum_{i':y_{i'}\geq y_i}\exp\left(\sum_{j=1}^{p}x_{i'j}\beta_j\right)}\right)+\lambda P(\beta) \tag{11.17}$$

를 $\beta=(\beta_1,\ldots,\beta_p)^T$에 대해 최소화하는 것을 생각해 보자. 아마도 $P(\beta)=\sum_{j=1}^{p}\beta_j^2$을 취할 수 있을 텐데, 이것은 능형 벌점에 해당한다. 또는 $P(\beta)=\sum_{j=1}^{p}|\beta_j|$를 취

할 수 있는데, 이것은 라쏘 벌점에 해당한다.

식 (11.17)에서 λ는 음이 아닌 조율모수(tuning parameter)이며, 일반적으로 일정 범위의 λ 값에 대해 최소화한다. $\lambda = 0$일 때 식 (11.17)의 최소화는 그냥 보통의 콕스 편가능도 식 (11.16)을 최대화하는 것과 동일하다. 하지만 $\lambda > 0$일 때 식 (11.17)을 최소화하는 것은 축소된 형태의 계수 추정값을 내놓는다. λ가 크면 능형 벌점 사용은 작은 값의 계수를 내겠지만 정확히 0이 되지는 않는다. 이와 대조적으로 λ의 충분히 큰 값에 대해 라쏘 벌점을 사용하면 일부 계수를 정확히 0으로 만들 수 있다.

이제 라쏘-벌점화 콕스 모형을 `Publication` 데이터에 적용해 보자. 데이터는 11.5.4절에서 설명했다. 먼저 244개의 임상시험을 동일한 크기의 훈련 세트와 테스트 세트로 랜덤하게 분할한다. 훈련 세트에서 나온 교차검증 결과는 [그림 11.7]에 제시했다. y축에 표시한 편가능도 이탈도(partial likelihood deviance)는 교차검증된 음의 로그 편가능도의 두 배로, 교차검증 오차의 역할을 한다.[17] 편가능도 이탈도가 'U-자형'이라는 점에 주목하자. 이전 장에서 보았듯이 교차검증 오차는 모형 복잡성이 중간 수준일 때 최소화된다. 구체적으로는 단 두 예측변수 `budget`과 `impact`의 계수 추정값이 0이 아닐 때 최소화된다.

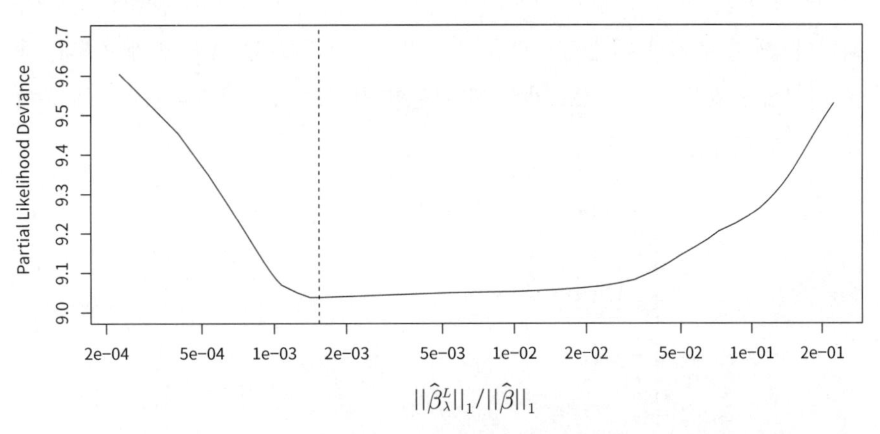

[그림 11.7] 11.5.4절에서 설명한 `Publication` 데이터에 대해 라쏘-벌점화 콕스 모형의 교차검증 결과를 제시했다. y축에 표시된 편가능도 이탈도는 교차검증 오차의 역할을 한다. x축은 조율모수 λ를 사용한 라쏘-벌점화 콕스 모형 계수의 ℓ_1 노름(즉, 절댓값의 합)을 벌점화되지 않은 콕스 모형 계수의 ℓ_1 노름으로 나눈 값을 보여 준다. 파선은 최소 교차검증 오차를 나타낸다.

17 콕스 모형에 대한 교차검증은 선형 또는 로지스틱 회귀분석보다 더 복잡한데, 이것은 목적함수가 관측값의 합이 아니기 때문이다.

이제 어떻게 이 모형을 테스트 세트에 적용할까? 이 질문은 중요한 개념상의 문제를 제기하는데, 본질적으로 예측된 생존시간과 테스트 세트의 참 생존시간을 비교하는 단순한 방법은 없다. 첫 번째는 일부 관측이 중도절단되어 참 생존시간이 관측되지 않는다는 문제다. 두 번째는 콕스 모형에서는 공변량 벡터 x가 주어졌을 때 단일한 생존시간을 예측하는 것이 아니라 t의 함수로서 전체 생존곡선 $S(t \mid x)$를 추정한다는 사실 때문에 생기는 문제다.

따라서 모형 적합을 평가하려면 다른 접근법을 취해야 한다. 계수 추정값을 사용해 관측을 층화하는 과정이 필요하다. 특히 각각의 테스트 관측에서 '위험(risk)' 점수

$$\texttt{budget}_i \cdot \hat{\beta}_{\texttt{budget}} + \texttt{impact}_i \cdot \hat{\beta}_{\texttt{impact}}$$

를 계산해야 한다. 여기서 $\hat{\beta}_{\texttt{budget}}$과 $\hat{\beta}_{\texttt{impact}}$는 훈련 세트에서 두 특징의 계수 추정값이다. 그런 다음에 위험 점수를 사용해 관측들을 '위험(risk)'에 따라 범주화한다. 예를 들어 고위험군은 $\texttt{budget}_i \cdot \hat{\beta}_{\texttt{budget}} + \texttt{impact}_i \cdot \hat{\beta}_{\texttt{impact}}$가 가장 큰 관측들로 구성한다. 식 (11.14)로 이 관측들은 시간상의 어느 순간에라도 발행될 순간확률이 가장 큰 관측들이다. 다시 말해 고위험군은 더 일찍 출간할 가능성이 높은 임상시험들로 이루어진다. `Publication` 데이터에서 관측들은 저, 중, 고위험의 삼분위(tertile)로 층화한다. 세 층 각각에 대해 결과로 나오는 생존곡선은 [그림 11.8]에 제시했다. 세 층 사이에 명확한 구분이 있으며, 출판 위험의 저, 중, 고 순서대로 올바르게 순위가 매겨져 있음을 볼 수 있다.

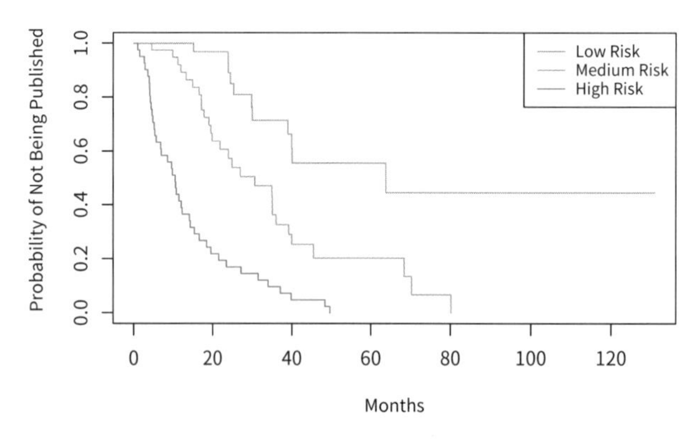

[그림 11.8] 11.5.4절에서 소개된 `Publication` 데이터에 대해 훈련 세트에서 추정된 계수를 사용해 테스트 세트의 '위험(risk)' 삼분위(tertile)를 계산한다. 결과로 나온 생존곡선 사이에는 분명한 구분이 있다.

11.7 추가 주제

11.7.1 생존분석을 위한 곡선아래면적

4장에서 ROC 곡선아래면적을 소개했는데, 흔히 'AUC(area under the curve)'라고 한다. 두 부류 분류기의 성능을 수량화하는 방법의 하나다. i번째 관측값에 대한 점수(score)를 분류기의 $\Pr(Y = 1 \mid X = x_i)$ 추정값으로 정의한다. 알려진 바에 따르면 부류 1의 관측 하나와 부류 2의 관측 하나로 이루어진 모든 쌍을 고려할 때, AUC는 부류 1의 관측에 대한 점수가 부류 2의 관측에 대한 점수를 초과하는 쌍의 비율이다.

이 방법으로 AUC의 개념을 일반화해 생존분석에 적용할 수 있다. $i = 1, ..., n$에 대해 추정된 위험 점수 $\hat{\eta}_i = \hat{\beta}_1 x_{i1} + ... + \hat{\beta}_p x_{ip}$를 계산할 때 콕스 모형 계수를 이용한다. 만약 $\hat{\eta}_{i'} > \hat{\eta}_i$이라면 모형은 i'번째 관측이 i번째 관측보다 더 큰 위험을 가지고, 따라서 생존시간 t_i가 $t_{i'}$보다 '더 크다'고 예측한다. 따라서 $t_i > t_{i'}$이고 $\hat{\eta}_{i'} > \hat{\eta}_i$인 관측 비율을 계산해 AUC를 일반화하고 싶을 것이다. 하지만 $t_1, ..., t_n$을 관측하는 대신에 (중도절단 가능성이 있는) 시간 $y_1, ..., y_n$과 함께 중도절단 표시자 $\delta_1, ..., \delta_n$을 관측하는 것이기 때문에 일이 그렇게 쉽지만은 않다.

따라서 해럴의 일치 지수(Harrell's concordance index, 또는 C-지수)는 $\hat{\eta}_{i'} > \hat{\eta}_i$이고 $y_i > y_{i'}$인 관측 쌍의 비율을 계산한다.

$$C = \frac{\sum_{i,i':y_i > y_{i'}} I(\hat{\eta}_{i'} > \hat{\eta}_i)\delta_{i'}}{\sum_{i,i':y_i > y_{i'}} \delta_{i'}}$$

여기서 지시 변수 $I(\hat{\eta}_{i'} > \hat{\eta}_i)$은 $\hat{\eta}_{i'} > \hat{\eta}_i$이면 1이 되고, 그렇지 않으면 0이 된다. 분자와 분모에는 상태 표시자 $\delta_{i'}$를 곱한다. 왜냐하면 i'번째 관측값이 중도절단되지 않았다면(즉, $\delta_{i'} = 1$이면) $y_i > y_{i'}$는 $t_i > t_{i'}$임을 의미하기 때문이다. 이와는 대조적으로 $\delta_{i'} = 0$인 경우에는 $y_i > y_{i'}$가 $t_i > t_{i'}$임을 의미하지 않는다.

`Publication` 데이터의 훈련 세트에 콕스 비례위험모형을 적합하고 테스트 세트에서 C-지수를 계산했다. 그 결과 $C = 0.733$이 나왔다. 대략 테스트 세트에서 무작위로 두 편의 논문을 선택할 경우 모형은 73.3%의 정확도로 어느 것이 먼저 출판될지 예측할 수 있다.

11.7.2 시간 척도 선택

이번 장에서 지금까지 살펴본 예제에서 '시간'을 정의하는 방법은 꽤 명확했다. 예를 들어 `Publication` 예제에서 각 논문의 영점시간(time zero)은 연구 종료 시점 달력의 시간으로 정의됐고, 실패시간은 연구가 끝난 후 논문이 출판될 때까지 경과한 개월 수로 정의됐다.

하지만 다른 상황에서는 영점시간과 실패시간의 정의가 좀 더 생각하기 어려울 수 있다. 예를 들어 역학 연구에서 위험 인자와 질병 발생 간의 연관성을 조사할 때 환자의 나이로 시간을 정의할 수 있는데, 그러면 영점시간은 환자의 출생일이 된다. 이렇게 선택하면 나이와 생존시간 사이의 연관성을 측정할 수 없지만, 분석할 때 나이에 대해 조정할 필요가 없다. 무병생존[18](즉, 치료와 질병 재발 사이에 경과된 시간)과 관련된 공변량을 검토할 때는 치료일을 영점시간으로 사용할 수 있다.

11.7.3 시간의존 공변량

비례위험모형의 강력한 특징 중 하나는 시간의존 공변량(time-dependent covariate), 즉 시간이 지남에 따라 값이 변할 수 있는 예측변수를 다루는 능력이다. 예를 들어 의학 연구 기간 동안 매주 환자의 혈압을 측정하는 경우를 생각해 보자. 이 경우 i번째 관측에 대한 혈압은 x_i가 아니라 시간 t에서의 $x_i(t)$로 생각할 수 있다.

식 (11.16)의 편가능도가 시간 속에서 순차적으로 구성되기 때문에 시간의존 공변량을 다루는 일은 간단하다. 특히 식 (11.16)의 x_{ij}와 $x_{i'j}$를 각각 시간 y_i에서의 $x_{ij}(y_i)$와 $x_{i'j}(y_i)$로 대체하면 된다. 이 값들은 시간 y_i에서 예측변수의 현재값이다. 이와는 대조적으로 시간의존 공변량은 식 (11.13)과 같은 전통적인 모수 접근법의 맥락에서는 훨씬 더 큰 어려움을 제기할 수 있다.

시간의존 공변량의 한 예로 스탠포드 심장이식 프로그램에서 수집된 데이터 분석을 들 수 있다. 심장이식이 필요한 환자들이 대기 목록에 등록됐다. 일부 환자들은 이식을 받았지만 다른 일부는 대기 목록에 있다가 사망했다. 이 분석의 주목적은 이식이 긴 생존 기간과 연관이 있는지 결정하는 일이었다.

단순한 접근법은 고정된 공변량을 사용해 이식 상태를 나타내는 것이다. 즉, i번째 환자가 이식을 받았다면 $x_i = 1$, 받지 않았다면 $x_i = 0$이다. 하지만 이 접근법은 환자가 충분히 오래 살아야 이식을 받을 수 있고, 따라서 평균적으로 더 건강한 환

18 (옮긴이) 무병생존 또는 무질병생존은 'disease-free survival'로 약어로 DSF라고도 한다.

자들이 이식을 받았다는 사실을 간과한다. 이 문제를 해결하기 위해서는 이식에 대한 시간의존 공변량을 이용해야 한다. 시간 t까지 환자가 이식을 받았다면 $x_i(t) = 1$, 받지 않았다면 $x_i(t) = 0$으로 나타내는 것이다.

11.7.4 비례위험 가정 검토하기

지금까지 살펴보았듯이 콕스의 비례위험모형은 비례위험 가정 식 (11.14)에 의존한다. 콕스 모형에서 나온 결과는 이 가정의 위반에 대해 상당히 로버스트한 경향이 있지만, 그래도 이 가정이 유지되는지 확인하는 일은 여전히 좋은 생각이다. 질적 특징의 경우 특징의 각 수준에서 로그 위험함수의 그래프를 그릴 수 있다. 가정 식 (11.14)가 성립한다면 로그 위험함수는 [그림 11.4]의 왼쪽 상단 그림에서 보듯이 상수만큼 차이가 나야 한다. 양적 특징의 경우에는 특징을 층화함으로써 비슷한 접근법을 취할 수 있다.

11.7.5 생존나무

8장에서는 유연한 적응형 학습 절차로 나무-기반, 랜덤 포레스트, 부스팅을 논의하고 회귀와 분류 두 상황에서 모두 활용했다. 이런 접근법은 대부분 생존분석 상황으로 일반화될 수 있다. 예를 들어 생존나무(survival tree)는 분류회귀나무의 변형으로, 결과로 나온 자식 노드들의 생존곡선의 차이를 최대화하는 분할 기준을 사용한다. 그리고 생존나무를 사용해 랜덤 생존 포레스트를 생성할 수 있다.

11.8 실습: 생존분석

이번 실습에서는 별도의 세 데이터 세트에서 생존분석을 수행한다. 11.8.1절에서는 11.3절에서 소개한 `BrainCancer` 데이터를 분석한다. 11.8.2절에서는 11.5.4절에서 나온 `Publication` 데이터를 검토한다. 마지막으로 11.8.3절에서는 모의생성한 콜센터 데이터 세트를 탐색한다.

최상위 셀에서 라이브러리를 가져오는 것으로 시작한다. 이렇게 하면 코드의 가독성이 높아지는데, IPython 노트북의 처음 몇 줄을 훑어보는 것만으로도 어떤 라이브러리가 사용되었는지 알 수 있다.

In[1]:
```
from matplotlib.pyplot import subplots
import numpy as np
```

```
import pandas as pd
from ISLP.models import ModelSpec as MS
from ISLP import load_data
```

이번 실습에 필요한 새로운 라이브러리도 가져온다.

```
In[2]:  from lifelines import \
             (KaplanMeierFitter,
              CoxPHFitter)
        from lifelines.statistics import \
             (logrank_test,
              multivariate_logrank_test)
        from ISLP.survival import sim_time
```

11.8.1 뇌종양 데이터

ISLP 패키지에 들어 있는 BrainCancer 데이터에서 시작한다.

```
In[3]:  BrainCancer = load_data('BrainCancer')
        BrainCancer.columns
```

```
Out[3]: Index(['sex', 'diagnosis', 'loc', 'ki', 'gtv', 'stereo',
               'status', 'time'],
              dtype='object')
```

행에는 88명의 환자가 인덱스 되어 있고 8개의 열에는 예측변수와 출력변수가 들어 있다.

먼저 간략히 데이터를 검토해 보자.

```
In[4]:  BrainCancer['sex'].value_counts()
```

```
Out[4]: Female    45
        Male      43
        Name: sex, dtype: int64
```

```
In[5]:  BrainCancer['diagnosis'].value_counts()
```

```
Out[5]: Meningioma    42
        HG glioma     22
        Other         14
        LG glioma      9
        Name: diagnosis, dtype: int64
```

In[6]:
```
BrainCancer['status'].value_counts()
```

Out[6]:
```
0    53
1    35
Name: status, dtype: int64
```

분석을 시작하기 전에 status 변수가 어떻게 코딩되었는지 아는 것이 중요하다. 소프트웨어는 대부분 status가 1이면 관측이 중도절단되지 않았음(종종 사망을 의미함)을, status가 0이면 관측이 중도절단되었음을 나타내는 관례를 따른다. 그러나 일부 과학자들은 코딩을 그 반대로 사용할 수도 있다. BrainCancer 데이터 세트의 경우 연구가 끝나기 전에 35명의 환자가 사망했으므로 전통적인 코딩을 사용하고 있다고 할 수 있다.

분석의 시작으로 [그림 11.2]에 제시된 카플란-마이어 생존곡선을 재현해 보자. 생존분석에 사용할 주 패키지는 lifelines이다. time 변수는 y_i, 즉 i번째 사건(중도절단 또는 사망)까지의 시간에 대응한다. km.fit의 첫 번째 인자는 사건시간이고 두 번째 인자는 중도절단변수로, 1이면 실패시간이 관측되었음을 나타낸다. plot() 메소드는 점별 신뢰구간과 함께 생존곡선을 생성한다. 기본적으로 90% 신뢰구간이지만, 변경하려면 alpha 인자를 1 빼기 원하는 신뢰 수준의 값으로 설정하면 된다.

In[7]:
```
fig, ax = subplots(figsize=(8,8))
km = KaplanMeierFitter()
km_brain = km.fit(BrainCancer['time'], BrainCancer['status'])
km_brain.plot(label='Kaplan Meier estimate', ax=ax)
```

다음으로 sex로 층화된 카플란-마이어 생존곡선을 생성해 [그림 11.3]을 재현해 보자. 이 작업을 위해 데이터프레임의 groupby() 메소드를 사용한다. 이 메소드로 생성자(generator)를 반환해 for 루프에서 반복할 수 있다. 이번 예제에서 for 루프에서 돌아갈 항목은 그룹을 표현하는 2-튜플이다. 첫 번째 원소는 그룹화 열 sex의 값이고, 두 번째 원소는 데이터프레임에 있는 행들 중에서 sex의 값이 해당 값(튜플의 첫 번째 원소에 있는 값)과 일치하는 모든 행으로 이루어진 데이터프레임이다. 이 데이터를 다음 로그 순위검정에서 사용하므로 이 정보를 by_sex라는 사전에 저장한다. 마지막으로 문자열 보간(string interpolation) 개념도 사용해 그래프의 서로 다른 행에 자동으로 표지를 달았다. 문자열 보간은 문자열 서식을 지정하는 강력한 기법이다. 파이썬은 이런 연산을 용이하게 하는 방법이 많다.

In[8]:
```
fig, ax = subplots(figsize=(8,8))
by_sex = {}
for sex, df in BrainCancer.groupby('sex'):
    by_sex[sex] = df
    km_sex = km.fit(df['time'], df['status'])
    km_sex.plot(label='Sex=%s' % sex, ax=ax)
```

11.4절에서 논의했듯이 로그 순위검정을 수행해 남성과 여성의 생존을 비교할 수 있다. `lifelines.statistics` 모듈의 `logrank_test()` 함수를 사용한다. 첫 번째 두 인자는 사건시간이고 두 번째는 대응되는 (선택적인) 중도절단 표시자를 나타낸다.

In[9]:
```
logrank_test(by_sex['Male']['time'],
             by_sex['Female']['time'],
             by_sex['Male']['status'],
             by_sex['Female']['status'])
```

Out[9]:
```
               t_0            -1
 null_distribution    chi squared
degrees_of_freedom              1
         test_name   logrank_test

test_statistic      p   -log2(p)
          1.44   0.23       2.12
```

결과로 나온 p-값은 0.23이다. 두 성별 사이에 생존에 차이가 있다는 증거가 없음을 나타낸다.

다음으로 `lifelines`의 `CoxPHFitter()` 추정기를 이용해 콕스 비례위험모형을 적합해 보자. 먼저 살펴볼 모형에서는 sex를 유일한 예측변수로 사용한다.

In[10]:
```
coxph = CoxPHFitter # 짧은 이름 부여
sex_df = BrainCancer[['time', 'status', 'sex']]
model_df = MS(['time', 'status', 'sex'],
              intercept=False).fit_transform(sex_df)
cox_fit = coxph().fit(model_df,
                      'time',
                      'status')
cox_fit.summary[['coef', 'se(coef)', 'p']]
```

Out[10]:
```
                  coef   se(coef)          p
covariate
sex[Male]    0.407667    0.342004   0.233263
```

fit의 첫 번째 인자는 데이터프레임이어야 하고 적어도 사건시간(이 경우에서는 두 번째 인자 time)을 포함하고 있어야 한다. 이와 함께 선택적으로 중도절단변수(이 경우에서는 인자 status)도 포함할 수 있다. 또 유의할 점은 콕스 모형은 절편을 포함하지 않기 때문에 ModelSpec에서 intercept = False 인자를 사용했다. summary() 메소드는 많은 열을 넘겨주는데, 여기서는 출력을 축약했다. 이 모형을 특징이 없는 모형과 비교하는 가능도비 검정(likelihood ratio test)은 다음과 같이 구한다.

In[11]:
```
cox_fit.log_likelihood_ratio_test()
```

Out[11]:
```
null_distribution                   chi squared
  degrees_freedom                             1
        test_name   log-likelihood ratio test

test_statistic      p   -log2(p)
          1.44   0.23      2.12
```

어떤 검정을 사용하든 남성과 여성의 생존에 차이가 난다는 명확한 증거가 없음을 보았다. 이번 장에서 배웠듯이 콕스 모형의 점수검정(score test)은 로그 순위검정 통계량과 정확히 같다.

이제 추가 예측변수를 사용하는 모형을 적합한다. 먼저 diagnosis 값 중 하나가 누락됐다는 점에 유의하고 계속하기 전에 해당 관측을 제거한다.

In[12]:
```
cleaned = BrainCancer.dropna()
all_MS = MS(cleaned.columns, intercept=False)
all_df = all_MS.fit_transform(cleaned)
fit_all = coxph().fit(all_df,
                      'time',
                      'status')
fit_all.summary[['coef', 'se(coef)', 'p']]
```

Out[12]:
```
                              coef   se(coef)          p
             covariate
             sex[Male]    0.183748   0.360358   0.610119
  diagnosis[LG glioma]   -1.239541   0.579557   0.032454
diagnosis[Meningioma]   -2.154566   0.450524   0.000002
```

```
     diagnosis[Other]  -1.268870  0.617672  0.039949
loc[Supratentorial]   0.441195  0.703669  0.530664
                   ki  -0.054955  0.018314  0.002693
                  gtv   0.034293  0.022333  0.124660
          stereo[SRT]   0.177778  0.601578  0.767597
```

diagnosis 변수는 기준(baseline)이 HG glioma(고등급 신경교종)에 대응되도록 코딩되어 있다. 결과에서 보듯이 HG glioma와 관련된 위험이 Meningioma(수막종)와 관련된 위험보다 8배 이상(즉, $e^{2.15} = 8.62$)이다. 다시 말해 다른 예측변수들을 조정했을 때 HG glioma가 있는 환자는 Meningioma가 있는 환자에 비해 생존율이 훨씬 낮다. 또한 카르노프스키 지수 ki는 더 낮은 위험, 즉 더 긴 생존과 연관되어 있다.

마지막으로 다른 예측변수들을 조정해 각 진단 범주에 대한 추정 생존곡선을 그린다. 이 그래프를 만들기 위해 다른 예측변수들의 값을 양적 변수는 평균, 범주형 변수는 최빈값과 같게 설정한다. 이를 수행하기 위해 열이 범주형인지 아닌지 확인하는 함수 representative와 함께 행을 따라(즉, axis=0) apply() 메소드를 사용한다.

In[13]:
```
levels = cleaned['diagnosis'].unique()
def representative(series):
    if hasattr(series.dtype, 'categories'):
        return pd.Series.mode(series)
    else:
        return series.mean()
modal_data = cleaned.apply(representative, axis=0)
```

열 평균들은 4개의 똑같은 복사본을 만들고 diagnosis 열에는 4개의 서로 다른 값을 할당한다.

In[14]:
```
modal_df = pd.DataFrame(
              [modal_data.iloc[0] for _ in range(len(levels))])
modal_df['diagnosis'] = levels
modal_df
```

Out[14]:
```
   sex   diagnosis             loc      ki    gtv  stereo ...
Female  Meningioma  Supratentorial  80.920  8.687     SRT ...
Female   HG glioma  Supratentorial  80.920  8.687     SRT ...
Female   LG glioma  Supratentorial  80.920  8.687     SRT ...
Female       Other  Supratentorial  80.920  8.687     SRT ...
```

그런 다음 모형을 적합하는 데 사용된 모형 명세 all_MS를 기반으로 모형행렬을 구성하고 행 이름을 diagnosis의 수준에 따라 붙인다.

In[15]:
```
modal_X = all_MS.transform(modal_df)
modal_X.index = levels
modal_X
```

predict_survival_function() 메소드를 사용해 추정 생존함수를 구할 수 있다.

In[16]:
```
predicted_survival = fit_all.predict_survival_function(modal_X)
predicted_survival
```

Out[16]:

	Meningioma	HG glioma	LG glioma	Other
0.070	0.998	0.982	0.995	0.995
1.180	0.998	0.982	0.995	0.995
1.410	0.996	0.963	0.989	0.990
1.540	0.996	0.963	0.989	0.990
...	...	...	...	...
67.380	0.689	0.040	0.394	0.405
73.740	0.689	0.040	0.394	0.405
78.750	0.689	0.040	0.394	0.405
82.560	0.689	0.040	0.394	0.405

85 rows × 4 columns

여기서 데이터프레임이 반환되는데, 이 데이터프레임의 plot 메소드는 네 개의 서로 다른 생존곡선을 그려 준다. 깔끔한 그래프를 위해 신뢰구간은 표시하지 않았다.

In[17]:
```
fig, ax = subplots(figsize=(8, 8))
predicted_survival.plot(ax=ax);
```

11.8.2 출판 데이터

11.5.4절에 제시된 Publication 데이터는 ISLP 패키지에서 찾을 수 있다. 먼저 [그림 11.5]를 재현해 보자. 카플란-마이어 곡선을 그릴 때 posres 변수에 따라 층화하면 된다. 이 변수는 연구 결과가 긍정적이었는지 부정적이었는지 기록한다.

In[18]:
```
fig, ax = subplots(figsize=(8,8))
Publication = load_data('Publication')
by_result = {}
for result, df in Publication.groupby('posres'):
```

```
    by_result[result] = df
    km_result = km.fit(df['time'], df['status'])
    km_result.plot(label='Result=%d' % result, ax=ax)
```

이전에 논의했듯이 posres 변수에 콕스의 비례위험모형을 적합했을 때 p-값은 꽤 커서 긍정적인 결과와 부정적인 결과가 나온 연구 사이에서 출판까지 걸리는 시간에 차이가 있다는 증거를 제공하지 못했다.

In[19]:
```
posres_df = MS(['posres',
                'time',
                'status'],
               intercept=False).fit_transform(Publication)
posres_fit = coxph().fit(posres_df,
                         'time',
                         'status')
posres_fit.summary[['coef', 'se(coef)', 'p']]
```

Out[19]:
```
                coef   e(coef)         p
covariate
   posres  0.148076  0.161625  0.359578
```

그러나 모형에 다른 예측변수를 포함하면 결과는 극적으로 변한다. 여기서는 자금 지원 메커니즘 변수는 제외한다.

In[20]:
```
model = MS(Publication.columns.drop('mech'),
           intercept=False)
coxph().fit(model.fit_transform(Publication),
            'time',
            'status').summary[['coef', 'se(coef)', 'p']]
```

Out[20]:
```
                coef  se(coef)             p
covariate
   posres   0.570774  0.175960  1.179606e-03
    multi  -0.040863  0.251194  8.707727e-01
  clinend   0.546180  0.262001  3.710099e-02
 sampsize   0.000005  0.000015  7.506978e-01
   budget   0.004386  0.002464  7.511276e-02
   impact   0.058318  0.006676  2.426779e-18
```

결과에서 볼 수 있듯이 통계적으로 유의한 변수가 다수 있다. 임상 종결점에 초점을 맞추었는가(cliend), 연구의 영향력(impact), 연구의 결과가 긍정적인지 부정적인지(posres) 등이 유의하다.

11.8.3 콜센터 데이터

이번 절에서는 생존 데이터를 모의생성할 텐데, 누적위험과 생존함수 사이의 관계를 이용한다. 이 관계에 대해서는 연습문제 8에서 살펴본다. 여기서 모의생성할 데이터는 콜센터에 전화한 2,000명의 고객이 대기한 시간(초 단위)이다. 이 상황에서 전화를 받기 전에 고객이 전화를 끊으면 중도절단이 발생한다.

여기에는 세 가지 공변량이 있다. Operators(전화가 걸려온 시점에 가능한 콜센터 상담원의 수, 5에서 15의 범위), Center(A, B, C 중 하나), 그리고 Time(Morning(아침), Afternoon(오후), Evening(저녁)). 생성할 데이터에서는 이 공변량의 가능성을 모두 동등하게 할 것이다. 예를 들어 아침, 오후, 저녁에 전화가 올 가능성이 동일하고 5에서 15까지의 운영자 수의 가능성이 동일하다.

In[21]:
```
rng = np.random.default_rng(10)
N = 2000
Operators = rng.choice(np.arange(5, 16),
                       N,
                       replace=True)
Center = rng.choice(['A', 'B', 'C'],
                    N,
                    replace=True)
Time = rng.choice(['Morn.', 'After.', 'Even.'],
                  N,
                  replace=True)
D = pd.DataFrame({'Operators': Operators,
                  'Center': pd.Categorical(Center),
                  'Time': pd.Categorical(Time)})
```

그러면 이제 모형행렬을 (절편은 제외하고) 만들어 보자.

In[22]:
```
model = MS(['Operators',
            'Center',
            'Time'],
           intercept=False)
X = model.fit_transform(D)
```

모형행렬 X를 한번 살펴볼 가치가 있다. 그래야 변수들이 어떻게 코딩되었는지 확실히 이해할 수 있다. 기본 설정으로 범주형 변수의 수준은 정렬되고, 일반적인 방식대로 원-핫 인코딩의 첫 번째 열은 제거된다.

In[23]:
```
X[:5]
```

```
Out[23]:    Operators  Center[B]  Center[C]  Time[Even.]  Time[Morn.]
         0         13        0.0        1.0          0.0          0.0
         1         15        0.0        0.0          1.0          0.0
         2          7        1.0        0.0          0.0          1.0
         3          7        0.0        1.0          0.0          1.0
         4         13        0.0        1.0          1.0          0.0
```

다음으로 계수와 위험함수를 지정한다.

```
In[24]:  true_beta = np.array([0.04, -0.3, 0, 0.2, -0.2])
         true_linpred = X.dot(true_beta)
         hazard = lambda t: 1e-5 * t
```

여기서는 Operators와 연관된 계수를 0.04로 설정했다. 즉, Center와 Time 공변량이 주어졌을 때 상담원을 한 명 추가할 때마다 전화에 응답할 위험(risk)이 $e^{0.04} = 1.041$배 증가한다.[19] 상담원의 수가 많을수록 대기 시간도 짧아진다는 것은 납득할 만한 결과다. Center == B와 연관된 계수는 -0.3이며, Center == A는 기준(baseline)으로 처리된다. 이는 Center B에서 응답할 위험이 Center A에서 응답할 위험의 0.74배라는 의미다. 다른 말로 Center B에서 대기 시간이 조금 더 길다.

앞서 2.3.7절에서 lambda를 사용해 즉석에서 짧은 함수를 생성했던 기억이 있을 것이다. 지금 사용하려는 함수는 ISLP.survival 패키지의 sim_time()인데, 이 함수는 생존함수와 누적위험 사이의 관계 $S(t) = \exp(-H(t))$와 콕스 모형에서 지정한 형태의 누적위험함수를 사용해 선형 예측기 true_linpred와 누적위험 값에 기반한 데이터를 모의생성한다. 누적위험함수를 제공할 필요가 있는데, 여기서는 다음과 같이 지정한다.

```
In[25]:  cum_hazard = lambda t: 1e-5 * t**2 / 2
```

이제 콕스의 비례위험모형에 따라 데이터를 생성할 준비가 됐다. 모의생성된 대기 시간을 합리적으로 유지하기 위해 최대 시간을 1,000초 이내로 잘라내자. sim_time() 함수는 선형 예측기, 누적위험함수, 난수 생성기를 입력으로 받는다.

19 (옮긴이) 위험이 증가한다는 것은 관심 있는 사건이 발생할 확률이 증가한다는 의미다. 따라서 이 책 예시에서는 콜센터에 전화를 했을 때 상담원이 응답할 확률을 위험이 증가하는 것으로 설명하고 있다.

In[26]:
```
W = np.array([sim_time(l, cum_hazard, rng)
              for l in true_linpred])
D['Wait time'] = np.clip(W, 0, 1000)
```

이제 중도절단변수를 모의생성한다. 이를 위해 90%의 전화가 고객이 전화를 끊기 (Failed == 0) 전에 응답된 것(Failed == 1)으로 가정한다.

In[27]:
```
D['Failed'] = rng.choice([1, 0],
                         N,
                         p=[0.9, 0.1])
D[:5]
```

Out[27]:
```
   Operators Center    Time   Wait time  Failed
0         13      C  After.  525.064979       1
1         15      A   Even.  254.677835       1
2          7      B   Morn.  487.739224       1
3          7      C   Morn.  308.580292       1
4         13      C   Even.  154.174608       1
```

In[28]:
```
D['Failed'].mean()
```

Out[28]:
```
0.8985
```

이제 카플란-마이어 생존곡선을 그려 보자. 우선 Center로 층화한다.

In[29]:
```
fig, ax = subplots(figsize=(8,8))
by_center = {}
for center, df in D.groupby('Center'):
    by_center[center] = df
    km_center = km.fit(df['Wait time'], df['Failed'])
    km_center.plot(label='Center=%s' % center, ax=ax)
ax.set_title("Probability of Still Being on Hold")
```

다음으로 Time을 층화하자.

In[30]:
```
fig , ax = subplots(figsize =(8,8))
by_time = {}
for time , df in D.groupby('Time'):
    by_time[time] = df
    km_time = km.fit(df['Wait time'], df['Failed'])
    km_time.plot(label='Time=%s' % time , ax=ax)
ax.set_title("Probability of Still Being on Hold")
```

콜센터 B의 전화 응답 시간이 A 센터와 C 센터보다 더 길게 걸리는 것으로 보인다. 비슷하게 대기 시간은 아침에 가장 길고 저녁 시간에 가장 짧은 것으로 나타난다. 로그 순위검정을 이용하면 이 차이가 통계적으로 유의한지 결정할 수 있다. multivariate_logrank_test() 함수를 사용하면 된다.

```
In[31]:  multivariate_logrank_test(D['Wait time'],
                                  D['Center'],
                                  D['Failed'])
```

```
Out[31]:               t_0                          -1
          null_distribution                chi squared
         degrees_of_freedom                          2
                  test_name   multivariate_logrank_test

         test_statistic         p  -log2(p)
                  20.30   <0.005     14.65
```

다음으로 Time의 효과를 살펴보자.

```
In[32]:  multivariate_logrank_test(D['Wait time'],
                                  D['Time'],
                                  D['Failed'])
```

```
Out[32]:               t_0                          -1
          null_distribution                chi squared
         degrees_of_freedom                          2
                  test_name   multivariate_logrank_test

         test_statistic         p  -log2(p)
                  49.90   <0.005     35.99
```

2 수준으로 이루어진 범주형 변수와 마찬가지로 이 결과는 콕스 비례위험모형의 가능도비 검정과 비슷하다. 먼저 Center에 대한 결과를 살펴보자.

```
In[33]:  X = MS(['Wait time',
                 'Failed',
                 'Center'],
                intercept=False).fit_transform(D)
         F = coxph().fit(X, 'Wait time', 'Failed')
         F.log_likelihood_ratio_test()
```

Out[33]:
```
null_distribution                  chi squared
  degrees_freedom                            2
        test_name   log-likelihood ratio test

test_statistic        p  -log2(p)
         20.58   <0.005     14.85
```

다음으로 Time의 결과를 살펴보자.

In[34]:
```
X = MS(['Wait time',
        'Failed',
        'Time'],
       intercept=False).fit_transform(D)
F = coxph().fit(X, 'Wait time', 'Failed')
F.log_likelihood_ratio_test()
```

Out[34]:
```
null_distribution                  chi squared
  degrees_freedom                            2
        test_name   log-likelihood ratio test

test_statistic        p  -log2(p)
         48.12   <0.005     34.71
```

센터 사이의 차이가 매우 유의하고 시간에 따른 차이도 유의한 것을 알 수 있다.

마지막으로 콕스의 비례위험모형을 데이터에 적합해 보자.

In[35]:
```
X = MS(D.columns,
       intercept=False).fit_transform(D)
fit_queuing = coxph().fit(
                  X,
                  'Wait time',
                  'Failed')
fit_queuing.summary[['coef', 'se(coef)', 'p']]
```

Out[35]:
```
                 coef  se(coef)             p
  covariate
  Operators  0.043934  0.007520  5.143677e-09
  Center[B] -0.236059  0.058113  4.864734e-05
  Center[C]  0.012231  0.057518  8.316083e-01
Time[Even.]  0.268845  0.057797  3.294914e-06
Time[Morn.] -0.148215  0.057334  9.734378e-03
```

Center B와 저녁 시간(`Even.`)의 p-값은 매우 작다. 상담원 수가 증가함에 따라 위험, 즉 전화를 응답할 순간 위험이 증가한다는 점도 명확하다. 데이터를 직접 생성했기 때문에 `Operators`, `Center = B`, `Center = C`, `Time = Even.`, `Time = Morn.`에 대한 참 계수가 각각 0.04, −0.3, 0, 0.2, −0.2인 것을 알고 있다. 적합된 콕스 모형의 계수 추정값이 상당히 정확하다.

11.9 연습문제

개념

1. 각각의 예시에서 중도절단기제가 독립인지 여부를 밝히고 그렇게 답한 이유를 설명하라.

   a) 질병 재발 연구에서 연구원의 부주의로 전화번호가 숫자 '2'로 시작하는 모든 환자를 추적 관찰에서 잃어버리게 됐다.

   b) 장수에 관한 연구에서 형식 오류로 인해 99세를 초과하는 모든 환자의 나이가 소실됐다(즉, 해당 환자들이 99세 이상이라는 것은 알지만 정확한 나이는 모른다).

   c) 병원 A에서 장수에 관한 연구를 수행한다. 그러나 매우 아픈 환자들은 대부분 병원 B로 옮겨져 추적 관찰에서 놓치게 된다.

   d) 실업 기간 연구에서 더 일찍 일자리를 얻은 사람들은 연구 조사원과 연락을 유지할 동기가 덜하기 때문에 추적 관찰에서 놓칠 가능성이 더 크다.

   e) 임신 기간 연구에서 조산 여성들은 평소 다니던 병원이 아닌 다른 곳에서 출산할 가능성이 더 높으므로 열 달을 다 채우고 출산하는 여성들에 비해 중도절단될 가능성이 더 크다.

   f) 한 연구자가 소도시 거주민의 교육 연수를 모형화하고자 한다. 외지 대학에 등록한 거주민들은 도시 내 대학에 다니는 사람들에 비해 추적 관찰에서 놓칠 가능성이 더 크고 또 대학원에 진학할 가능성도 더 크다.

   g) 연구자들이 무병생존(즉, 치료 후 질병 재발까지의 시간)에 관한 연구를 수행한다. 5년 내에 재발하지 않은 환자들은 완치된 것으로 간주되며, 따라서 그들의 생존시간은 5년에서 중도절단된다.

h) 어떤 전기 부품의 고장 시간을 모형화하려고 한다. 이 부품은 아이오와 또는 피츠버그에서 제조될 수 있는데, 품질 차이는 없다. 아이오와 공장은 5년 전에 문을 열었으므로 아이오와에서 제조된 부품들은 5년에서 중도절단된다. 피츠버그 공장은 2년 전에 문을 열었으므로 그 부품들은 2년에서 중도절단된다.

i) 고장 시간을 모형화하려고 하는 전기부품이 두 개의 서로 다른 공장에서 만들어졌는데, 둘 중 한 공장이 먼저 개장했다. 먼저 개장한 공장에서 제조된 부품이 품질이 더 높다고 생각할 만한 근거가 있다.

2. 핸드폰을 막 구매한 $n = 4$명의 참여자를 대상으로, 핸드폰 교체까지 걸린 시간을 모형화하는 한 연구를 진행하려고 한다. 첫 번째 참가자는 1.2년 후 핸드폰을 교체한다. 두 번째 참가자는 2년의 연구 기간 종료 시점에서 아직 핸드폰을 교체하지 않았다. 세 번째 참가자는 연구 시작 후 1.5년에 전화번호를 바꾸고 추적 관찰에서 사라진다(그러나 아직 핸드폰을 교체하지 않았다). 네 번째 참가자는 0.2년 후에 핸드폰을 교체한다.

   네 명의 참가자($i = 1, \ldots, 4$) 각각에 대해 11.1절에서 도입한 표기법을 사용해 다음 질문에 답하라.

   a) 참가자의 핸드폰 교체 시간이 중도절단 됐는가?

   b) c_i의 값이 알려져 있는가? 그렇다면 그 값은 무엇인가?

   c) t_i의 값이 알려져 있는가? 그렇다면 그 값은 무엇인가?

   d) y_i의 값이 알려져 있는가? 그렇다면 그 값은 무엇인가?

   e) δ_i의 값이 알려져 있는가? 그렇다면 그 값은 무엇인가?

3. 연습문제 2의 예제에서 $K, d_1, \ldots, d_K, r_1, \ldots, r_K, q_1, \ldots, q_K$의 값을 보고하라. 이 표기법은 11.3절에 정의되어 있다.

4. 이번 문제는 [그림 11.9]에 제시된 카플란-마이어 생존곡선을 이용한다. 생존곡선을 그리는 데 사용된 원시 데이터는 [표 11.4]에 제시되어 있다. 해당 표의 공변량 열은 이 문제에서는 필요하지 않다.

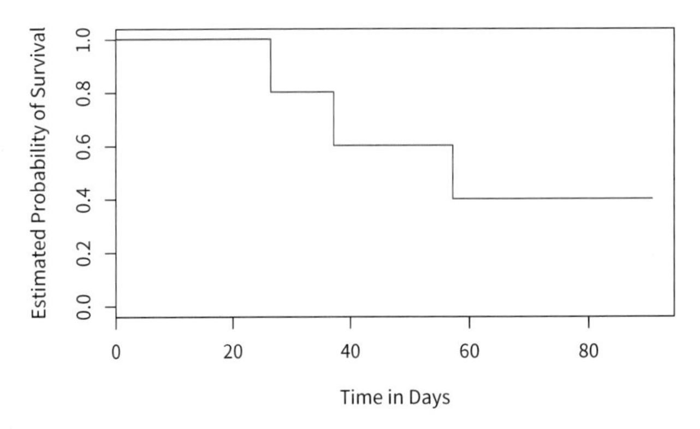

[그림 11.9] 연습문제 4에서 사용된 카플란-마이어 생존곡선.

a) 50일 이후의 생존확률 추정값은 무엇인가?

b) 추정 생존함수에 대한 해석적 식을 쓰라. 예를 들어 답변은 다음과 비슷한 형식이 될 것이다.

$$\widehat{S}(t) = \begin{cases} 0.8 & \text{if } t < 31 \\ 0.5 & \text{if } 31 \le t < 77 \\ 0.22 & \text{if } 77 \le t \end{cases}$$

(이 식은 설명을 위한 것일 뿐 정답이 아니다).

관측값(Y)	중도절단 표시자(δ)	공변량 (X)
26.5	1	0.1
37.2	1	11
57.3	1	−0.3
90.8	0	2.8
20.2	0	1.8
89.8	0	0.4

[표 11.4] 연습문제 4에서 사용된 데이터.

5. 다음 식으로 주어진 생존함수의 개형을 그려라.

$$\widehat{S}(t) = \begin{cases} 0.8 & \text{if } t < 31 \\ 0.5 & \text{if } 31 \le t < 77 \\ 0.22 & \text{if } 77 \le t \end{cases}$$

답은 [그림 11.9]처럼 생긴 그래프여야 한다.

6. 이번 문제는 [그림 11.1]에 제시된 데이터를 사용한다. 문제를 완전하게 갖추기 위해 관측 시간을 $y_1, ..., y_4$라고 할 수 있다. 이 관측 시간의 순서는 [그림 11.1]에서 볼 수 있다. 정확한 값은 필요하지 않다.

   a) $\delta_1, ..., \delta_4, K, d_1, ..., d_K, r_1, ..., r_K, q_1, ..., q_K$의 값을 보고하라. 관련 표기법은 11.1절과 11.3절에 정의되어 있다.
   b) 이 데이터 세트에 대응하는 카플란-마이어 생존곡선의 개형을 그려라(소프트웨어를 사용해 그릴 필요는 없다. (a)에서 구한 결과를 사용해 손으로 개형을 그리면 된다).
   c) (b)에서 추정한 생존곡선을 바탕으로 할 때 사건이 200일 내에 발생할 확률은 얼마인가? 사건이 310일 내에 발생하지 않을 확률은 얼마인가?
   d) (b)에서 추정된 생존곡선을 위한 식을 써라.

7. 이번 문제에서는 로그 순위검정 통계량 식 (11.8)을 만드는 데 필요한 식 (11.5)와 식 (11.6)을 유도한다. [표 11.1]의 표기법을 다시 보자.

   a) 두 집단의 생존함수는 차이가 없다고 가정하자. 그러면 r_k개 관측의 위험집합이 총 q_k의 실패를 포함하고 있고, 이 위험집합에서 r_{1k}개의 관측을 비복원추출로 뽑을 때 실패의 개수를 q_{1k}라고 생각할 수 있다. q_{1k}가 초기하분포(hypergeometric distribution)를 따른다는 것을 논증하라. 이 분포의 모수를 r_{1k}, r_k, q_k를 이용해 써라.
   b) 앞선 답변과 초기하분포의 성질을 고려할 때 q_{1k}의 평균과 분산은 무엇인가? 답변을 식 (11.5)와 식 (11.6)에 비교하라.

8. 생존함수 $S(t)$, 위험함수 $h(t)$, 밀도함수 $f(t)$는 각각 식 (11.2), 식 (11.9), 식 (11.11)에 정의되어 있음을 떠올려 보자. 여기에 더해 $F(t) = 1 - S(t)$로 정의한다. 다음 관계가 성립함을 보여라.

$$\begin{aligned} f(t) &= dF(t)/dt \\ S(t) &= \exp\left(-\int_0^t h(u)du\right) \end{aligned}$$

9. 이번 연습문제에서 살펴보려는 것은 생존시간이 지수분포를 따른다고 가정할 때 일어나는 결과다.

   a) 생존시간이 $\text{Exp}(\lambda)$ 분포를 따르고 밀도함수는 $f(t) = \lambda \exp(-\lambda t)$인 경우를 생각해 보자. 연습문제 8에서 제공된 관계를 사용해 $S(t) = \exp(-\lambda t)$임을 보여라.

   b) 이제 n개의 독립 생존시간이 각각 $\text{Exp}(\lambda)$ 분포를 따르는 경우를 생각해 보자. 가능도함수 식 (11.13)에 해당하는 식을 써라.

   c) λ에 대한 최대가능도추정량이

$$\hat{\lambda} = \sum_{i=1}^{n} \delta_i / \sum_{i=1}^{n} y_i$$

   임을 보여라.

   d) (c)의 답을 사용해 평균 생존시간의 추정량을 유도하라.

   HINT (d)에 대해 확률변수 $\text{Exp}(\lambda)$의 평균이 $1/\lambda$이라는 사실을 떠올려 보라.

응용

10. 이 연습문제에서 대상으로 하는 뇌종양 데이터는 `ISLP` 라이브러리에 포함되어 있다.

   a) 카플란-마이어 생존곡선을 ± 1 표준오차 대역과 함께 그려라. `lifelines` 패키지의 `KaplanMeierFitter()` 추정기를 사용한다.

   b) (y_i, δ_i) 쌍에서 크기가 $n = 88$인 부트스트랩 표본을 하나 추출하고 결과로 나오는 카플란-마이어 생존곡선을 계산하라. 이 과정을 $B = 200$번 반복한다. 결과를 사용해 각 시점에서 카플란-마이어 생존곡선의 표준오차 추정값을 구하라. 이것을 (a)에서 구한 표준오차와 비교하라.

   c) 모든 예측변수를 사용해 생존을 예측하는 콕스 비례위험모형을 적합한다. 주요하게 알아낸 것을 요약하라.

   d) 데이터를 `ki`의 값에 따라 층화한다(`ki == 40`인 관측이 하나뿐이므로 이 관측은 `ki == 60`인 관측과 함께 그룹화할 수 있다). 다른 예측변수들에 대해 조정된 각 층의 카플란-마이어 생존곡선을 그려라.

11. 이번 연습은 [표 11.4]에 있는 데이터를 사용한다.

a) 관측을 두 집단으로 나눈다. 집단 1에서는 $X < 2$, 집단 2에서는 $X \geq 2$가 되도록 하자. 두 집단에 대응되는 카플란-마이어 생존곡선을 그려라. 곡선에 표지를 붙여서 어떤 곡선이 어느 집단에 해당하는지 분명하게 밝히는 것을 잊지 말자. 육안으로 볼 때 두 집단의 생존곡선 사이에 차이가 있는가?

b) 집단 표시자를 공변량으로 사용해 콕스의 비례위험모형을 적합하라. 추정된 계수는 무엇인가? 이 계수의 해석을 위험(hazard) 또는 사건의 순간확률 측면에서 한 문장으로 제시하라. 계수 참값이 0이 아닐 가능성에 대한 증거가 있는가?

c) 11.5.2절에서 보았듯이 단일한 이진 공변량의 경우 로그 순위검정 통계량은 콕스 모형의 점수 통계량과 동일해야 한다. 두 집단의 생존곡선 사이에 차이가 있는지 확인하기 위해 로그 순위검정을 수행하라. 로그 순위검정 통계량의 p-값을 (b)에서 콕스 모형의 점수 통계량에 대한 p-값과 비교하면 어떠한가?

12장

An Introduction to Statistical Learning

비지도학습

이 책 대부분에서 회귀 및 분류와 같은 '지도학습' 방법을 다루었다. 지도학습 상황에서는 일반적으로 n개의 관측에서 측정된 p개의 특징 $X_1, X_2, ..., X_p$와 함께 역시 동일한 n개 관측에서 측정된 반응 Y를 사용할 수 있다. 그러면 목표는 $X_1, X_2, ...,$ X_p를 사용해 Y를 예측하는 것이다.

이 장에서는 지도학습 대신 '비지도학습'에 초점을 맞춘다. 비지도학습은 n개의 관측에서 측정된 특징 $X_1, X_2, ..., X_p$ 집합만 있는 상황에서 사용하는 통계 도구 집합이다. 연관된 반응변수 Y가 없기 때문에 예측에는 관심이 없다. 오히려 목표는 $X_1, X_2, ..., X_p$의 측정값에서 흥미로운 사실을 발견하는 일이다. 데이터를 시각화하는 유익한 방법이 있는가? 변수나 관측에서 하위 그룹을 발견할 수 있는가? 비지도학습은 이와 같은 질문에 답하기 위한 다양한 기법을 의미한다. 이 장에서는 특히 두 가지 유형의 비지도학습, 즉 지도학습 기법이 적용되기 전에 데이터 시각화나 데이터 전처리에 사용되는 도구인 '주성분분석'과 데이터에서 알려지지 않은 하위 그룹을 발견하기 위해 광범위하게 부류화하는 방법인 '군집화'에 초점을 맞춘다.

12.1 비지도학습의 도전

지도학습은 이해하기 쉬운 분야다. 실제로 이 책의 앞부분을 읽었다면 지금쯤은 지도학습에 관해 충분히 이해하고 있을 것이다. 예를 들어 데이터 세트에서 이진 결과를 예측해야 한다면 로지스틱 회귀, 선형판별분석, 분류나무, 서포트 벡터 머신 등 잘 개발된 도구 세트를 사용할 수 있으며, 교차검증, 독립적인 테스트 세트에서의 검증 등으로 얻은 결과의 품질을 어떻게 평가하는지 명확하게 이해할 수 있다.

이와 대조적으로 비지도학습은 종종 훨씬 도전적인 작업이다. 그 과정은 더 주관적인 경향이 있으며, 반응 예측과 같은 간단한 분석 목표가 없다. 비지도학습은 흔히 탐색적 자료 분석(exploratory data analysis)의 일부로 수행된다. 게다가 비지도학습 방법으로 얻은 결과는 평가도 어려울 수 있는데, 교차검증을 수행하거나 독립 데이터 세트에서 결과를 검증하는 보편적으로 인정된 방법이 없기 때문이다. 이런 차이가 생기는 이유는 단순하다. 지도학습 기법으로 예측 모형을 적합할 때는 적합에 사용하지 않은 관측에서 모형이 반응 Y를 얼마나 잘 예측하는지 살펴봄으로써 '작업을 점검'할 수 있다. 그러나 비지도학습은 정답을 모르니 작업을 검증할 방법이 없다는 데 문제가 있다.

비지도학습 기법은 여러 분야에서 점점 더 중요해지고 있다. 암 연구자는 유방암 환자 100명의 유전자 발현 수준을 분석할 수 있다. 그런 다음 질병을 더 잘 이해하기 위해 유방암 표본이나 유전자의 하위 그룹을 찾을 수 있다. 온라인 쇼핑 사이트는 유사한 탐색 및 구매 이력을 가진 쇼핑객 그룹과 각각의 그룹 내 쇼핑객들이 특별히 관심을 가지는 품목을 식별하려고 할 수 있다. 그러면 유사한 쇼핑객의 구매 이력을 기반으로 개별 쇼핑객이 특히 관심을 가질 만한 품목을 우선 보여 줄 수 있다. 검색엔진을 통해 유사한 검색 패턴을 가진 다른 개인의 클릭 이력을 기반으로 검색 결과를 특정 개인에게 표시하도록 선택할 수 있다. 이런 통계적 학습 작업과 기타 다른 작업이 비지도학습 기법으로 수행된다.

12.2 주성분분석

'주성분'은 6.3.1절에서 주성분회귀의 맥락에서 논의됐다. 상관관계가 높은 변수 집합을 주성분을 사용해 분석하면, 원본 집합의 변동 대부분을 집합적으로 설명하는 소수의 대표 변수로 이 집합을 요약할 수 있다. 6.3.1절에서 주성분 방향을 특징 공간에서 원래 데이터의 '변동이 큰' 방향이라고 소개했다. 이 방향들은 또한 데이터 구름[1]에 '가능한 한 가까운' 선과 부분공간을 정의한다. 주성분회귀를 수행하기 위해서 원래의 더 큰 변수 집합 대신에 주성분을 회귀모형의 예측변수로 사용한다.

1 (옮긴이) 흩어져 있는 고차원 데이터 점

주성분분석(PCA, principal components analysis)은 주성분을 계산하는 과정과 주성분으로 데이터를 이해하는 과정으로 나눈다. PCA는 $X_1, X_2, ..., X_p$와 같은 특징 집합만을 포함하고 연관된 응답 Y는 포함하지 않기 때문에 비지도학습 접근법에 속한다. 지도학습 문제에서 사용할 수 있는 파생 변수를 생성하는 것 외에 PCA는 데이터 시각화(관측 또는 변수의 시각화) 도구, 데이터 행렬의 결측값을 채우기 위한 데이터 대체 도구로도 사용할 수 있다.

이제 이 장의 주제에 따라 비지도 데이터 탐색 도구인 PCA의 사용에 초점을 맞춰 PCA를 좀 더 자세히 설명한다.

12.2.1 주성분이란 무엇인가?

탐색적 자료 분석의 일환으로 p개의 특징 $X_1, X_2, ..., X_p$의 집합에 대한 측정값이 있는 n개의 관측을 시각화하려는 경우를 생각해 보자. 이를 위해 데이터의 2차원 산점도를 그릴 수 있는데, 각각의 산점도는 특징 2개에 대한 n개 관측의 측정값을 담게 된다. 하지만 그런 산점도는 $\binom{p}{2} = p(p-1)/2$개, 예를 들어 $p = 10$이면 45개나 된다. 따라서 p가 크면 모든 그래프를 살펴볼 수 없을 뿐 아니라, 각각의 그래프는 데이터 세트에 존재하는 전체 정보의 아주 작은 부분만을 담고 있어 대부분 유익하지 않을 수 있다. 따라서 p가 클 때 n개의 관측을 시각화하려면 더 나은 방법이 필요하다. 특히 가능한 한 많은 정보를 포착할 수 있는 데이터의 저차원 표현을 찾아야 한다. 예를 들어 데이터의 대다수 정보를 포착하는 2차원 표현을 얻을 수 있다면 이제 저차원 공간에서 관측값을 그래프로 그릴 수 있다.

PCA는 바로 이 작업을 수행하는 도구를 제공한다. PCA는 데이터 세트의 변동을 가능한 한 많이 포함하는 저차원 표현을 찾는다. 아이디어는 n개 관측 각각이 p차원 공간에 존재하지만, 모든 차원이 동등하게 흥미롭지는 않다는 점에 있다. PCA는 가능한 한 흥미로운 소수의 차원을 찾는데, 여기서 '흥미'의 개념은 관측이 각각의 차원에 따라 변하는 양으로 측정된다. PCA로 발견된 각각의 차원은 p 특징의 선형결합과 같다. 이제 이 차원들, 즉 '주성분'을 어떻게 찾을 수 있는지 살펴본다.

특징 $X_1, X_2, ..., X_p$의 집합에서 첫 번째 주성분(first principal component)은 특징들의 정규화된 선형결합(linear combination) 중 분산이 최대인 것이다.

$$Z_1 = \phi_{11}X_1 + \phi_{21}X_2 + \cdots + \phi_{p1}X_p \tag{12.1}$$

여기서 '정규화'란 $\sum_{j=1}^{p} \phi_{j1}^2 = 1$을 의미한다. 원소 $\phi_{11}, ..., \phi_{p1}$을 첫 번째 주성분의 적재값(loading)이라고 하며, 이 적재값들이 첫 번째 주성분의 적재 벡터 $\phi_1 = (\phi_{11}\ \phi_{21} \ldots \phi_{p1})^T$를 구성한다. 적재값들은 그 제곱합이 1이어야 한다는 제약이 있는데, 그렇지 않으면 이 원소들의 절댓값을 크게 설정해 분산을 얼마든지 큰 값으로 만들 수 있기 때문이다.

$n \times p$ 데이터 세트 $\mathbf{X}$가 주어졌을 때 첫 번째 주성분을 어떻게 계산할까? 오직 분산에만 관심이 있으므로 $\mathbf{X}$의 각 변수는 평균이 0이 되도록 중심화됐다고 가정한다(즉, $\mathbf{X}$의 열 평균이 0이다). 그런 다음 표본 특징 값들의 선형결합을 찾는다.

$$z_{i1} = \phi_{11}x_{i1} + \phi_{21}x_{i2} + \cdots + \phi_{p1}x_{ip} \tag{12.2}$$

이 선형결합은 $\sum_{j=1}^{p} \phi_{j1}^2 = 1$이라는 제약 조건에서 표본분산이 가장 크다. 즉, 첫 번째 '주성분 적재 벡터'는 다음과 같은 최적화 문제의 해다.

$$\underset{\phi_{11},\ldots,\phi_{p1}}{\text{maximize}} \left\{ \frac{1}{n} \sum_{i=1}^{n} \left(\sum_{j=1}^{p} \phi_{j1} x_{ij} \right)^2 \right\} \text{ subject to } \sum_{j=1}^{p} \phi_{j1}^2 = 1 \tag{12.3}$$

식 (12.2)에서 식 (12.3)의 목적함수를 $\frac{1}{n}\sum_{i=1}^{n} z_{i1}^2$으로 쓸 수 있다. 그러면 $\frac{1}{n}\sum_{i=1}^{n} x_{ij} = 0$이므로 $z_{11}, ..., z_{n1}$의 평균도 0이 된다. 따라서 식 (12.3)에서 최대화하는 목적함수는 n개의 z_{i1} 값들의 표본분산과 같다. $z_{11}, ..., z_{n1}$을 첫 번째 주성분의 점수(score)라고 한다. 문제 식 (12.3)은 선형대수의 표준 기법인 고유값 분해(eigen decomposition)로 풀 수 있지만, 내용을 자세히 설명하는 것은 이 책의 범위를 벗어난다.[2]

기하학적으로 첫 번째 주성분을 잘 해석할 수 있다. $\phi_{11}, \phi_{21}, ..., \phi_{p1}$인 적재 벡터 ϕ_1은 데이터가 가장 많이 변화하는 방향으로 특징 공간의 방향을 정의한다. n개의 데이터 점 $x_1, ..., x_n$을 이 방향으로 투영하면 투영된 값이 바로 주성분점수 $z_{11}, ..., z_{n1}$이 된다. 예를 들어 313쪽의 [그림 6.14]는 광고 데이터 세트에서 첫 번째 주성분 적재 벡터(초록색 실선)를 보여 준다. 이 데이터에는 단 두 개의 특징만 있으므로 관측과 첫 번째 주성분 적재 벡터를 쉽게 표시할 수 있다. 식 (6.19)에서 볼 수 있듯이 이 데이터 세트에서 $\phi_{11} = 0.839$와 $\phi_{21} = 0.544$이다.

2 고유값 분해의 대안으로 특이값 분해라는 관련 기술을 사용할 수 있다. 특이값 분해는 이 장 끝에 있는 실습에서 다룬다.

특징의 첫 번째 주성분 Z_1이 결정되고 나면 두 번째 주성분 Z_2도 찾을 수 있다. 두 번째 주성분은 Z_1과 무상관(uncorrelated)인 모든 선형결합 중 분산이 최대인 $X_1, ..., X_p$의 선형결합이다. 두 번째 주성분점수 $z_{12}, z_{22}, ..., z_{n2}$는 다음과 같은 형태를 취한다.

$$z_{i2} = \phi_{12}x_{i1} + \phi_{22}x_{i2} + \cdots + \phi_{p2}x_{ip} \tag{12.4}$$

여기서 ϕ_2는 두 번째 주성분 적재 벡터이며, 원소는 $\phi_{12}, \phi_{22}, ..., \phi_{p2}$이다. Z_2를 Z_1과 상관관계가 없도록 제약하는 것은 방향 ϕ_2가 방향 ϕ_1에 직교(orthogonal)(또는 수직(perpendicular))가 되도록 제약하는 것과 같다. 예를 들어 [그림 6.14]에서 관측은 2차원 공간에 있으므로($p = 2$인 경우) ϕ_1을 찾은 후에는 ϕ_2에 대한 가능성은 단 하나이며, 이는 파란색 파선으로 표시되어 있다(6.3.1절에서 $\phi_{12} = 0.544$와 $\phi_{22} = -0.839$임을 알 수 있다). 그러나 $p > 2$인 더 큰 데이터 세트에서는 서로 구별되는 여러 주성분이 존재하며 이들은 비슷한 방식으로 정의된다. ϕ_2를 찾기 위해 풀어야 할 문제는 식 (12.3)과 유사한데, ϕ_1을 ϕ_2로 바꾸고 ϕ_2가 ϕ_1에 직교한다는 제약을 추가한다.[3]

주성분을 계산한 후에는 데이터의 저차원 모습을 생성하기 위해 주성분을 서로 짝지어 그래프(산점도)로 그릴 수 있다. 예를 들어 점수 벡터 Z_1대 Z_2, Z_1 대 Z_3, Z_2 대 Z_3 등의 그래프를 그릴 수 있다. 기하학적으로 이 과정은 원천 데이터를 ϕ_1, ϕ_2, ϕ_3이 생성하는 부분공간 위로 투영하고 투영된 점들을 그래프에 나타내는 것과 같다.

`USArrests` 데이터 세트에서 PCA를 사용하는 방법을 설명한다. 이 데이터 세트에는 미국 50개 주에서 발생한 `Assault`(폭행), `Murder`(살인), `Rape`(강간) 세 범죄 각각에 대한 주민 100,000명당 체포 건수가 포함되어 있다. 또한 `UrbanPop`(각각의 주에서 도시 지역에 거주하는 인구의 비율)도 기록되어 있다. 주성분점수 벡터의 길이는 $n = 50$이고 주성분 적재 벡터의 길이는 $p = 4$이다. PCA는 각각의 변수를 평균 0, 표준편차 1로 표준화한 후 수행한다. [그림 12.1]은 이런 데이터의 처음 두 주성분을 그래프로 그린 것이다. 이 그래프는 주성분점수와 적재 벡터를 하나의 행렬도(biplot)에 모두 표시하고 있다. 행렬도의 적재값은 [표 12.1]에도 제시되어 있다.

3 기술적으로 주성분의 방향 $\phi_1, \phi_2, \phi_3, ...$은 행렬 $\mathbf{X}^T\mathbf{X}$에서 고유벡터의 순서열(ordered sequence)로 주어지며, 성분들의 분산은 고유값이다. 최대 $\min(n-1, p)$개의 주성분이 있다.

	PC1	PC2
Murder	0.5358995	−0.4181809
Assault	0.5831836	−0.1879856
UrbanPop	0.2781909	0.8728062
Rape	0.5434321	0.1673186

[표 12.1] USArrests 데이터에 대한 주성분 적재 벡터 ϕ_1과 ϕ_2. [그림 12.1]에도 표시되어 있다.

[그림 12.1]에서 첫 번째 적재 벡터가 Assault, Murder 그리고 Rape에 거의 동일한 가중치를 부여했지만, UrbanPop에는 훨씬 적은 가중치를 부여했다. 따라서 이 성분은 심각한 범죄의 전반적인 비율을 나타내는 측도에 해당한다. 두 번째 적재 벡터

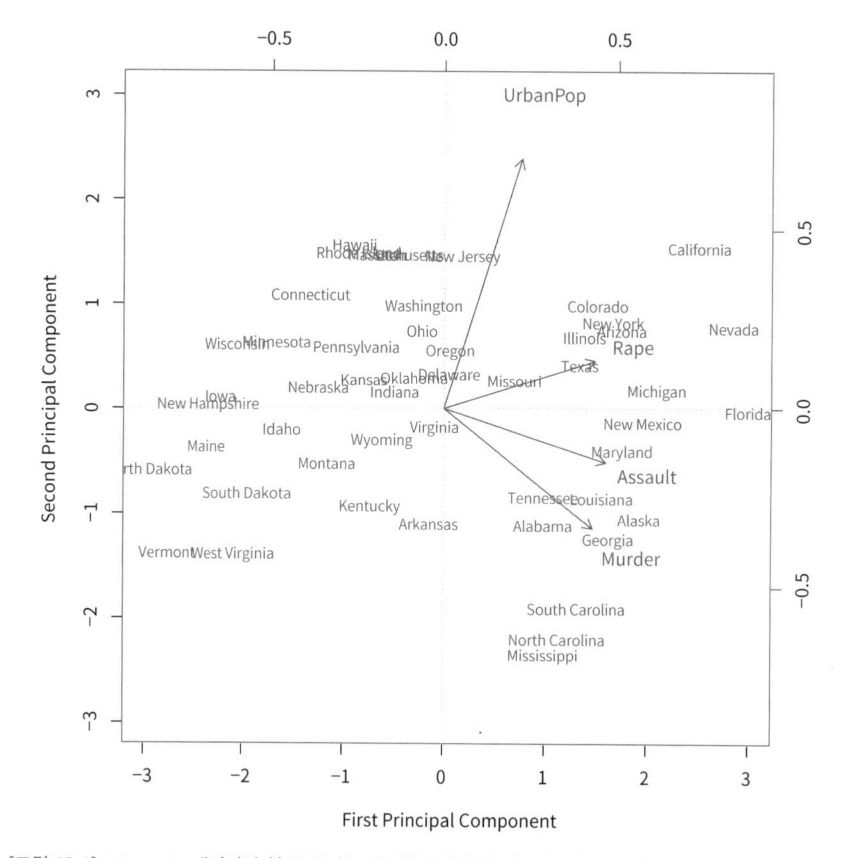

[그림 12.1] USArrests 데이터의 첫 두 주성분. 파란색 주 이름은 첫 번째와 두 번째 주성분점수를 나타낸다. 주황색 화살표는 첫 번째와 두 번째 주성분 적재 벡터(위쪽과 오른쪽에 축이 있음)를 나타낸다. 예를 들어 첫 번째 성분에 대한 Rape의 적재값은 0.54이고, 두 번째 성분에 대한 적재값은 0.17이다(Rape는 (0.54, 0.17)에 위치한다). 이 그림은 주성분점수와 주성분 적재값을 모두 표시하기 때문에 행렬도(biplot)라고도 한다.

는 가중치를 대부분 UrbanPop에 부여하고 다른 세 특징에는 훨씬 적은 가중치를 주었다. 따라서 이 성분은 주(state)의 도시화 수준에 해당함을 짐작할 수 있다. 전반적으로 범죄 관련 변수 `Assault`, `Murder`, 그리고 `Rape`가 가까이 위치하고 `UrbanPop` 변수는 다른 세 변수와 멀리 떨어져 있음을 볼 수 있다. 이는 범죄 관련 변수들이 서로 상관관계가 있음을 나타낸다. 즉, 살인율이 높은 주는 폭행 및 강간의 비율도 높은 경향이 있는데, `UrbanPop` 변수는 다른 세 변수와 상관관계가 더 낮다는 것을 알 수 있다.

[그림 12.1]에 표시된 두 개의 주성분점수 벡터로 주들 간의 차이를 확인할 수 있다. 적재 벡터를 통해 논의할 수 있는 것은 캘리포니아, 네바다, 플로리다와 같이 첫 번째 성분에서 큰 양의 점수를 가진 주들이 높은 범죄율을 보이는 반면, 첫 번째 성분에서 음의 점수를 가진 노스다코타와 같은 주는 낮은 범죄율을 보인다는 점이다. 캘리포니아 또한 두 번째 성분에서 점수가 높은데, 이는 높은 도시화 수준을 나타낸다. 반면 미시시피와 같은 주들은 반대의 경우다. 인디애나와 같이 두 성분 모두 0에 가까운 주는 범죄율과 도시화 수준 모두 평균 정도의 수준이라고 할 수 있다.

12.2.2 주성분에 대한 다른 해석

3차원 데이터 세트에서 처음 두 개의 주성분 적재 벡터는 [그림 12.2] 왼쪽 그림에 표시되어 있다. 이 두 적재 벡터는 관측의 분산이 가장 큰 평면에 걸쳐 있다.

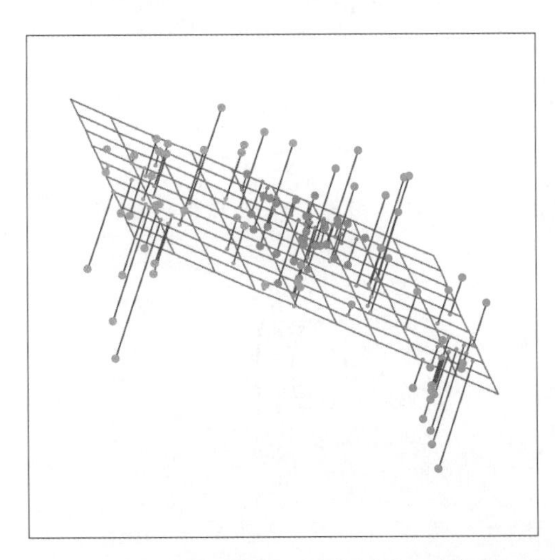

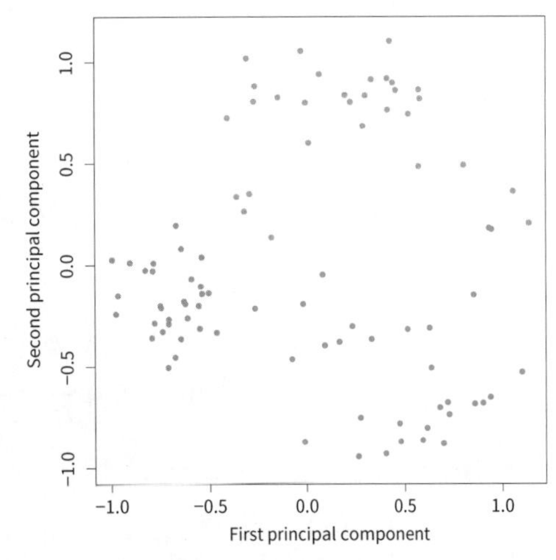

[그림 12.2] 3차원에서 시뮬레이션된 90개의 관측. 시각화를 쉽게 하기 위해 각각의 관측은 색상으로 표시되어 있다. 왼쪽: 첫 번째와 두 번째 주성분 방향은 데이터에 가장 잘 적합하는 평면을 나타낸다. 평면은 각각의 점까지 거리의 제곱의 합을 최소화하도록 배치됐다. 오른쪽: 첫 번째와 두 번째 주성분점수 벡터는 90개의 관측을 평면에 투영한 좌표를 제공한다.

이전 절에서 주성분 적재 벡터는 데이터가 가장 많이 변동하는 특징 공간의 방향 그리고 주성분점수는 이런 방향으로의 투영으로 설명했다. 그러나 주성분에 대한 다른 해석도 유용할 수 있다. 주성분은 관측에 '가장 가까운' 저차원 선형 표면을 제공한다. 여기서는 그 해석을 좀 더 확장하겠다.[4]

첫 번째 주성분 적재 벡터의 성질은 매우 특별한데, p차원 공간에서 n개 관측에 '가장 가까운' 직선이다(근접성의 측도로 평균제곱 유클리드 거리를 사용한다). 이 해석은 [그림 6.15]의 왼쪽 그림에서 볼 수 있다. 파선은 각각의 관측과 첫 번째 주성분 적재 벡터로 정의된 직선 사이의 거리를 나타낸다. 이러한 해석은 모든 데이터 점에 가능한 한 가까이 있는 데이터의 단일 차원을 찾으려 한다는 점에서 명확한 매력이 있다. 이 직선은 데이터를 잘 요약해 줄 가능성이 높기 때문이다.

주성분이 n 관측에 가장 가까운 차원이라는 개념은 첫 번째 주성분에만 국한되지 않고 그 이상으로 확장된다. 예를 들어 데이터 세트의 처음 두 주성분은 평균제곱 유클리드 거리 측면에서 n 관측에 가장 가까운 평면을 구성한다. 이는 [그림 12.2] 왼쪽 그림에 예시로 나타나 있다. 데이터 세트의 처음 세 주성분은 n개 관측에 가장 가까운 초평면을 구성하며 이와 같은 원리가 계속된다.

이 해석에 따르면 첫 M개의 주성분점수 벡터와 첫 M개의 주성분 적재 벡터가 함께 i번째 관측의 x_{ij}에 가장 좋은 M차원 근사값(유클리드 거리 측면에서)을 제공한다. 이 표현은 다음과 같이 쓸 수 있다.

$$x_{ij} \approx \sum_{m=1}^{M} z_{im}\phi_{jm} \tag{12.5}$$

이제 최적화 문제를 좀 더 기술해 본다. 데이터 행렬 $\mathbf{X}$가 열 중심화되어 있다고 가정해 보자. $x_{ij} \approx \sum_{m=1}^{M} a_{im}b_{jm}$ 형태의 모든 근사에서 잔차제곱합이 가장 작은 것을 찾을 수 있다.

$$\underset{\mathbf{A}\in\mathbb{R}^{n\times M},\mathbf{B}\in\mathbb{R}^{p\times M}}{\text{minimize}} \left\{ \sum_{j=1}^{p}\sum_{i=1}^{n}\left(x_{ij} - \sum_{m=1}^{M} a_{im}b_{jm} \right)^2 \right\} \tag{12.6}$$

4 이 절에서는 데이터 행렬 $\mathbf{X}$의 각 열이 평균 0이 되도록 중심화됐다고 계속 가정한다. 즉, 각각의 열에서 열 평균을 뺀 것이다.

여기서 $\mathbf{A}$는 (i,m) 원소가 a_{im}인 $n \times M$ 행렬이고, $\mathbf{B}$는 (j,m) 원소가 b_{jm}인 $p \times M$ 행렬이다.

M의 모든 값에 대해 식 (12.6)을 만족하는 행렬 $\hat{\mathbf{A}}$과 $\hat{\mathbf{B}}$의 열이 실제로 첫 번째 M개의 주성분점수 및 적재 벡터라는 것을 보일 수 있다. 즉, $\hat{\mathbf{A}}$과 $\hat{\mathbf{B}}$이 식 (12.6)을 만족한다면 $\hat{a}_{im} = z_{im}$이고 $\hat{b}_{jm} = \phi_{jm}$이다.[5] 이는 식 (12.6)에서 목적함수의 가능한 한 가장 작은 값이 다음과 같음을 의미한다.

$$\sum_{j=1}^{p}\sum_{i=1}^{n}\left(x_{ij} - \sum_{m=1}^{M} z_{im}\phi_{jm}\right)^2 \tag{12.7}$$

요약하면 M개의 주성분점수 벡터와 M개의 주성분 적재 벡터는 M이 충분히 크면 데이터에 좋은 근사값을 제공할 수 있다. $M = \min(n-1, p)$일 때 표현식은 정확히 $x_{ij} = \sum_{m=1}^{M} z_{im}\phi_{jm}$이 된다.[6]

12.2.3 설명된 분산의 비율

[그림 12.2]에서 3차원 데이터 세트(그림 왼쪽)에 PCA를 수행하고, 데이터를 첫 두 주성분 적재 벡터 위로 투영해 데이터의 2차원 모습(즉, 오른쪽 그림의 주성분점수)을 얻었다. 이 2차원 표현은 3차원 데이터의 주요 패턴을 성공적으로 포착한다. 3차원 공간에서 서로 가까운 주황색, 초록색, 청록색 관측이 2차원 표현에서도 가까이에 있다. 비슷하게 `USArrests` 데이터 세트에서 첫 두 주성분점수 벡터와 첫 두 주성분 적재 벡터만으로 50개 관측과 4개 변수를 요약할 수 있었다.

이제 자연스럽게 질문이 생길 것이다. 주어진 데이터에서 관측을 몇 개의 주성분에 투영함으로써 손실되는 정보는 얼마나 될까? 즉, 데이터의 분산 중 얼마나 많은 부분이 처음 몇 개의 주성분에 '포함되지 못했을까'? 더 일반적으로 말하면 각각의 주성분으로 설명된 분산의 비율(PVE, proportion of variance explained)에 관심이 있다. 변수의 평균이 0이 되도록 중심화됐다고 가정했을 때 데이터 세트에 존재하는 '총분산'은 다음과 같이 정의된다.

5 기술적으로 식 (12.6)의 해는 유일하지 않다. 따라서 식 (12.6)의 어떤 해라도 쉽게 변환해 주성분을 구할 수 있다고 말하는 것이 더 정확하다.

6 (옮긴이) 주성분의 개수는 $n-1$이나 p보다 클 수 없다. 여기서 $M = \min(n-1, p)$는 해당 데이터에서 나올 수 있는 주성분의 최대 개수를 뜻한다. 즉, 가능한 주성분을 모두 사용한다는 뜻이다. 이때 $\sum_{m=1}^{M} z_{im}\phi_{jm}$은 더 이상 근사값이 아니라 x_{ij}와 정확히 일치하는 값이 된다.

$$\sum_{j=1}^{p} \mathrm{Var}(X_j) = \sum_{j=1}^{p} \frac{1}{n} \sum_{i=1}^{n} x_{ij}^2 \tag{12.8}$$

그리고 m번째 주성분으로 설명되는 분산은 다음과 같다.

$$\frac{1}{n} \sum_{i=1}^{n} z_{im}^2 = \frac{1}{n} \sum_{i=1}^{n} \left(\sum_{j=1}^{p} \phi_{jm} x_{ij} \right)^2 \tag{12.9}$$

따라서 m번째 주성분의 PVE는 다음과 같이 주어진다.

$$\frac{\sum_{i=1}^{n} z_{im}^2}{\sum_{j=1}^{p} \sum_{i=1}^{n} x_{ij}^2} = \frac{\sum_{i=1}^{n} \left(\sum_{j=1}^{p} \phi_{jm} x_{ij} \right)^2}{\sum_{j=1}^{p} \sum_{i=1}^{n} x_{ij}^2} \tag{12.10}$$

각 주성분의 PVE는 양의 수이다. 첫 M개 주성분의 누적 PVE를 계산하기 위해서는 첫 M개의 PVE에 대해 식 (12.10)을 단순히 합하면 된다. 전체 $\min(n-1, p)$개의 주성분이 있으면 이들 PVE의 합은 1이다.

12.2.2절에서 살펴보았듯이 첫 M개 주성분 적재값 및 점수 벡터는 잔차제곱합의 관점에서 데이터에 대한 최적의 M차원 근사로 해석될 수 있다. 데이터의 분산은 다음과 같이 첫 M개 주성분의 분산과 이 M차원 근사의 평균제곱오차(MSE)로 분해될 수 있음이 밝혀져 있다.

$$\underbrace{\sum_{j=1}^{p} \frac{1}{n} \sum_{i=1}^{n} x_{ij}^2}_{\text{데이터의 분산}} = \underbrace{\sum_{m=1}^{M} \frac{1}{n} \sum_{i=1}^{n} z_{im}^2}_{\text{처음 } M\text{개 주성분의 분산}} + \underbrace{\frac{1}{n} \sum_{j=1}^{p} \sum_{i=1}^{n} \left(x_{ij} - \sum_{m=1}^{M} z_{im} \phi_{jm} \right)^2}_{M\text{ 차원 근사값의 MSE}} \tag{12.11}$$

이 분해에 포함된 세 항은 각각 식 (12.8), 식 (12.9), 식 (12.7)에서 논의된다. 첫 번째 항이 고정되어 있기 때문에 첫 M개 주성분의 분산을 최대로 하면 M차원 근사의 평균제곱오차를 최소화할 수 있고 반대의 경우도 마찬가지다. 이것이 (12.2.2절처럼) 주성분의 근사 오차를 최소화하는 것과 (12.2.1절처럼) 분산을 최대화하는 것이 같은 이유다.

또한 식 (12.11)을 사용해 식 (12.10)에 정의된 PVE를 첫 번째 주성분부터 순차적으로 합산한 값이 다음과 같다는 것도 알 수 있다.

$$1 - \frac{\sum_{j=1}^{p}\sum_{i=1}^{n}\left(x_{ij} - \sum_{m=1}^{M} z_{im}\phi_{jm}\right)^2}{\sum_{j=1}^{p}\sum_{i=1}^{n} x_{ij}^2} = 1 - \frac{\text{RSS}}{\text{TSS}}$$

여기서 TSS는 $\mathbf{X}$의 모든 원소를 제곱한 값의 총합을 나타내고, RSS는 M차원 주성분으로 근사했을 때의 잔차제곱합을 나타낸다. 식 (3.17)에서 정의한 R^2을 떠올려 보면 이는 PVE를 첫 M개 주성분으로 $\mathbf{X}$에 근사했을 때의 R^2으로 해석할 수 있다는 의미다.

`USArrests` 데이터에서 첫 번째 주성분은 데이터 분산의 62.0%를 설명하며, 다음 주성분은 분산의 24.7%를 설명한다. 첫 두 주성분이 데이터 분산의 거의 87%를 설명하며, 마지막 두 주성분은 분산의 13%만 설명한다. 이는 [그림 12.1]이 2차원만을 사용해 데이터를 꽤 정확하게 요약하고 있음을 의미한다. 각 주성분의 PVE 및 누적 PVE는 [그림 12.3]에 나타나 있다. 그림 왼쪽은 산비탈 그림(scree plot)으로 알려져 있으며 이 장 뒷부분에서 논의한다.

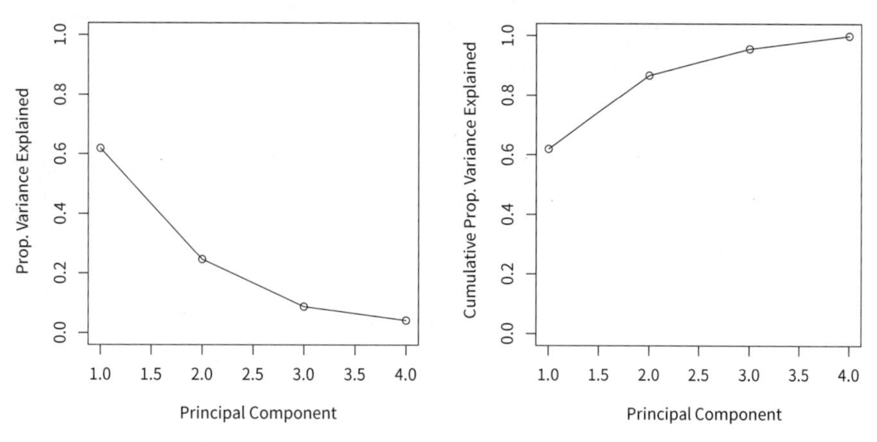

[그림 12.3] 왼쪽: `USArrests` 데이터에서 네 개의 주성분이 각각 설명하는 분산 비율을 표시한 산비탈 그림. 오른쪽: `USArrests` 데이터에서 네 가지 주성분이 설명하는 누적 설명 분산 비율.

12.2.4 PCA 자세히 알아보기

변수 크기 조정

PCA를 수행하기 전에 변수들의 평균이 0이 되도록 중심화해야 한다는 점은 이미 언급했다. 더 나아가 PCA로 얻은 결과는 변수들을 개별적으로 척도화(각 변수에 서로 다른 상수를 곱하는 것)했는지에 따라서도 달라진다. 이는 선형회귀와 같은 일부 지도 및 비지도학습 기법에서 변수의 척도화가 영향을 미치지 않는다는 점에서 대비된다(선형회귀에서 변수에 c를 곱하면 해당 계수 추정값에 $1/c$을 곱하는 것이므로 모형의 결과에는 실질적인 영향을 주지 않는다).

예를 들어 [그림 12.1]은 각각의 변수를 표준편차가 1이 되도록 척도화한 후에 구했다. 이것은 [그림 12.4]의 왼쪽 그래프에서 재현되고 있다. 변수 척도화가 왜 중요할까? 이 데이터에서 변수는 서로 다른 단위로 측정되었다. `Murder`, `Rape`, `Assault`는 인구 10만 명당 발생 건수로 보고됐고, `UrbanPop`은 주 인구 중 도시 지역에 거주하는 인구의 비율이다. 이 네 변수의 분산은 각각 18.97, 87.73, 6945.16, 209.5이다. 따라서 변수를 척도화하지 않고 PCA를 수행하면 분산이 가장 높은 `Assault`의 첫 번째 주성분 적재 벡터가 매우 큰 값을 받게 된다. [그림 12.4]의 오른쪽 그래프는 `USArrests` 데이터 세트의 처음 두 주성분을 표시하며, 변수들을 표준편차가 1이 되도록 척도화하지 않았다. 예상대로 첫 번째 주성분 적재 벡터는 `Assault`에 거의 모든 가중치를 부여했고, 두 번째 주성분 적재 벡터는 `UrbanPop`에 거의 모든 가중치를 부여했다. 이를 왼쪽 그래프와 비교해 보면 척도화가 실제로 결과에 상당한 영향을 미친다는 것을 확인할 수 있다.

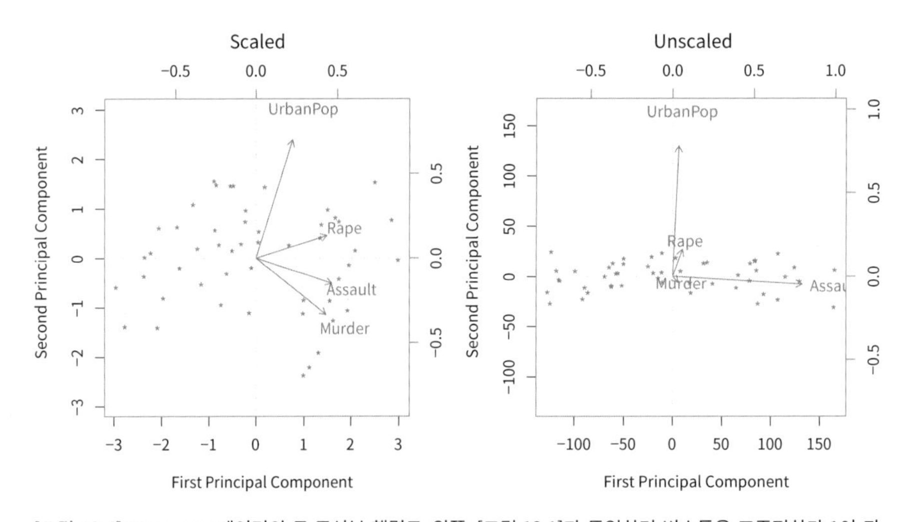

[그림 12.4] `USArrests` 데이터의 두 주성분 행렬도. 왼쪽: [그림 12.1]과 동일하며 변수들을 표준편차가 1이 되도록 척도화(scaling)했다. 오른쪽: 척도화되지 않은 데이터를 사용한 주성분. `Assault`가 첫 번째 주성분에서 적재값이 압도적으로 큰 이유는 네 변수 중에서 분산이 가장 크기 때문이다. 일반적으로 변수들을 표준편차가 1이 되도록 척도화하는 것을 권장한다.

그러나 이 결과는 단지 변수를 측정한 측도의 결과일 뿐이다. 예를 들어 `Assault`를 100명당 발생 횟수(100,000명당 발생 횟수가 아닌) 단위로 측정했다면 이는 해당 변수의 모든 원소를 1,000으로 나누는 것과 동일하다. 그러면 변수의 분산은 매우 작아지고, 따라서 첫 번째 주성분 적재 벡터는 해당 변수에 대해 매우 작은 값을 가지게 된다. 주성분이 임의의 척도화 선택에 의존하는 것은 바람직하지 않기 때문에 일반적으로 PCA를 수행하기 전에 각 변수를 표준편차가 1이 되도록 척도화해야 한다.

그러나 특정 상황에서는 각각의 변수들이 같은 단위로 측정될 수 있다. 이 경우 PCA를 수행하기 전에 변수들을 표준편차 1이 되도록 척도화하고 싶지 않을 수 있다. 예를 들어 주어진 데이터 세트의 변수들이 p개 유전자의 발현 수준을 나타낸다고 가정해 보자. 발현은 유전자마다 동일한 단위(unit)로 측정되므로 각각의 유전자를 표준편차 1이 되도록 척도화하지 않아도 된다.

주성분의 유일성

이론상으로 주성분이 유일할 필요는 없지만, 거의 모든 실제 상황에서 (부호 뒤집기를 제외하면) 유일하다. 이는 두 개의 서로 다른 소프트웨어 패키지가 동일한 주성분 적재 벡터를 산출하더라도 해당 적재 벡터의 부호는 다를 수 있다는 의미다. 각각의 주성분 적재 벡터가 p차원 공간에서 방향을 지정하기 때문에 부호는 달라질 수 있다. 방향이 바뀌지 않으면 부호를 뒤집어도 영향을 주지 못한다([그림 6.14] 참조. 주성분 적재 벡터는 어느 방향으로든 연장되는 선이며, 부호를 뒤집어도 아무런 영향을 주지 않는다). 마찬가지로 Z의 분산이 $-Z$의 분산과 같기 때문에 점수 벡터도 부호를 뒤집기 전까지는 유일하다. 식 (12.5)에서 x_{ij}를 근사할 때 z_{im}에 ϕ_{jm}을 곱한다는 점은 주목할 가치가 있다. 따라서 적재 벡터와 점수 벡터의 부호가 뒤집혀도 두 수량의 최종 곱은 변하지 않는다.

주성분을 몇 개 사용할지 결정하기

일반적으로 $n \times p$ 데이터 행렬 $\mathbf{X}$에는 $\min(n-1, p)$개의 서로 구별되는 주성분이 있다. 그러나 우리는 모든 주성분에 관심이 있는 것은 아니며, 데이터를 시각화하거나 해석하는 데 필요한 처음 몇 개의 주성분만을 원한다. 실제로 데이터를 '잘' 이해하기 위해 필요한 최소한의 주성분만 사용하길 원한다. 그렇다면 꼭 필요한 주성분의 개수는 몇 개일까? 유감스럽게도 이 질문에 대한 단일한(또는 단순한) 답은 없다.

일반적으로 [그림 12.3]의 왼쪽 그림에서 보여 주듯이 산비탈 그림(scree plot)을 검토해 데이터를 시각화하는 데 필요한 주성분의 개수를 결정한다. 데이터 변동의 상당량을 설명하는 데 필요한 최소한의 주성분 개수를 선택한다. 이 과정은 산비탈 그림을 육안으로 직접 확인하며, 각각의 후속 주성분에 의해 설명되는 분산의 비율이 급격히 떨어지는 지점을 찾는다. 산비탈 그림에서 이 급감 지점을 팔꿈치(elbow)라고 한다. 예를 들어 [그림 12.3]을 검토하면 첫 두 주성분으로 상당한 분산을 설명할 수 있으며, 두 번째 주성분 이후에 팔꿈치가 형성된다고 결론지을 수 있다. 결국 세 번째 주성분은 데이터의 분산 중 10% 미만을 설명하고 네 번째 주성분은 그의 절반도 설명하지 못해 사실상 가치가 없다.

그러나 이런 유형의 시각 분석은 본질적으로 '임시방편'이다. 안타깝게도 얼마나 많은 주성분이면 충분한지 결정하는 객관적인 방법은 잘 알려져 있지 않다. 사실 얼마나 많은 주성분이면 충분한지라는 질문은 본질적으로 잘못 정의된 것으로, 특정 적용 분야와 데이터 세트에 따라 달라질 수 있다. 실제로 데이터에서 흥미로운 패턴을 찾기 위해 처음 몇 개의 주성분을 살펴보려는 경향이 있다. 만약 처음 몇 개의 주성분에서 흥미로운 패턴을 찾을 수 없다면 추가적인 주성분에서 흥미로운 것을 찾을 가능성은 낮다. 반대로 처음 몇 개의 주성분이 흥미로우면 더 이상 흥미로운 패턴이 발견되지 않을 때까지 후속 주성분을 계속 살펴보는 것이 좋다. 따라서 주관적인 접근법이라는 점을 인정하지 않을 수 없으며, 이는 일반적으로 PCA가 탐색적 자료 분석을 위한 도구로 사용된다는 사실을 반영한다.

반면에 6.3.1절에 제시된 주성분회귀분석 같은 지도 분석으로 주성분을 계산할 경우 사용할 주성분의 개수를 결정하는 간단하고 객관적인 방법이 존재한다. 회귀에서 사용될 주성분점수 벡터 수를 조율모수(tuning parameter)로 취급한 후 교차검증 또는 이와 관련된 방법으로 선정할 수 있다. 지도 분석에서 주성분의 수를 선택하는 상대적으로 간단한 방법이 있다는 것은 지도 분석이 비지도 분석보다 더 명확하게 정의되고 더 객관적으로 평가되는 경향이 있다는 사실을 반영한다.

12.2.5 주성분의 다른 사용

6.3.1절에서 주성분점수 벡터를 특징으로 사용해 회귀분석을 수행할 수 있음을 살펴보았다. 실제로 회귀, 분류, 군집화 같은 많은 통계 기법은 전체 $n \times p$ 데이터 행

렬을 사용하는 대신, 첫 $M \ll p$개의 주성분점수 벡터가 열을 이루는 $n \times M$ 행렬을 사용하도록 쉽게 조정할 수 있다. 데이터 세트에서 (소음과 대비되는) 신호가 주로 처음 몇 개의 주성분에 집중되는 경우가 많기 때문에 '소음이 적은 결과'로 이어질 수 있다.

12.3 결측값 및 행렬 완성

데이터 세트에 결측값이 있으면 종종 문제가 될 수 있다. 예를 들어 `USArrests` 데이터를 분석하려고 하는데, 200개 값 중 20개가 손상되어 결측값으로 표시되었다고 생각해 보자. 유감스럽게도 이 책에서 본 통계적 학습 방법들로는 결측값을 처리할 수 없다. 어떻게 진행해야 할까?

결측값이 포함된 행을 제거하고 나머지 완전한 행으로만 데이터 분석을 수행할 수 있다. 그러나 이 방법은 데이터의 낭비로 보이며 결측값의 비율에 따라서는 비현실적인 방법이다. 대안으로 x_{ij}가 결측값이면 결측값이 없는 항목만으로 계산한 j번째 열의 평균으로 대체하는 방법이 있다. 이 방법은 흔하고 편리하지만 변수 사이의 상관관계를 활용하면 더 나은 방법을 찾을 수 있다.

이 절에서는 결측값을 추정하기 위한 행렬 완성(matrix completion)에 주성분을 어떻게 사용하는지 보여 준다. 완성된 행렬은 이후 선형회귀나 LDA와 같은 통계적 학습 방법에 사용할 수 있다.

결측 데이터를 대체하는 접근법은 결측이 랜덤한 경우에 적절하다. 예를 들어 검사 당시 전자 체중계의 배터리가 방전되어 환자의 체중에 결측이 발생한 경우가 이에 해당한다. 반대로 환자가 너무 무거워서 체중계에 올라가지 못해 체중에 결측이 발생한 경우라면 랜덤결측(missing at random)이 아니며, 결측 자체가 정보를 담고 있으므로 여기서 설명한 결측 데이터를 처리하는 접근법을 사용하는 것은 적절하지 않다.

종종 필요에 의해 데이터에 결측이 발생하기도 한다. 예를 들어 n명의 고객이 넷플릭스 편성 목록의 p편 영화에 부여한 평점(1에서 5까지의 척도)으로 행렬을 만든다면 고객은 편성 목록의 극히 일부만 보고 평가했을 것이므로 대다수 행렬에 결측이 있을 수 있다. 결측값을 잘 추정한다면 각각의 고객이 아직 보지 않은 영화를 어떻게 평가할지 아이디어가 떠오를 수도 있다. 따라서 행렬 완성이 추천 시스템을 강화하는 데 사용될 수 있다.

결측값이 있는 주성분

12.2.2절에서는 첫 M개의 주성분점수와 적재 벡터가 식 (12.6)의 의미에서 데이터 행렬 $\mathbf{X}$에 대한 '가장 좋은' 근사값을 제공한다는 것을 보여 주었다. 일부 관측 x_{ij}에 결측이 있다고 가정하자. 이제 어떻게 결측값을 추정함과 동시에 주성분 문제를 해결하는지 보여 준다. 다시 최적화 문제의 변형 형태인 식 (12.6)으로 돌아가자.

$$\underset{\mathbf{A}\in\mathbb{R}^{n\times M},\mathbf{B}\in\mathbb{R}^{p\times M}}{\text{minimize}} \left\{ \sum_{(i,j)\in\mathcal{O}} \left(x_{ij} - \sum_{m=1}^{M} a_{im}b_{jm} \right)^2 \right\} \tag{12.12}$$

여기서 $\mathcal{O}$는 관측된 모든 색인 쌍 (i, j)의 집합이며, 가능한 $n\times p$쌍의 부분집합이다.

이 문제를 풀면 다음과 같다.

- $\hat{x}_{ij} = \sum_{m=1}^{M} \hat{a}_{im}\hat{b}_{jm}$을 사용해 결측된 관측값 x_{ij}를 추정할 수 있으며, 여기서 $\hat{a}_{im}$과 $\hat{b}_{jm}$은 각각 행렬 $\hat{\mathbf{A}}$과 $\hat{\mathbf{B}}$의 (i, m) 및 (j, m) 원소로 이들은 식 (12.12)를 푸는 데 사용된다.
- 데이터가 완전했을 때처럼 M 주성분점수와 적재값을 (대략) 복구할 수 있다.

데이터가 완전했을 때와 달리 식 (12.12)를 정확하게 푸는 것이 어렵다. 고유값 분해가 더 이상 적용되지 않기 때문이다. 그러나 12.3절에서 설명하는 [알고리즘 12.1]의 간단한 반복 접근법은 일반적으로 좋은 해를 제공한다.[7][8]

`USArrests` 데이터에 [알고리즘 12.1]을 적용하는 방법을 보여 준다. 변수는 $p=4$개이고 관측(주)은 $n=50$개다. 먼저 데이터를 표준화해 각 변수의 평균이 0이고 표준편차가 1이 되도록 했다. 그런 다음 50개 주 중에서 20개 주를 무작위로 선택하고 각 주의 네 가지 변수 중 하나에 결측값이 있도록 설정했다. 따라서 데이터 행렬의 원소 중 10%는 결측되어 있다. 주성분 $M=1$을 가지고 [알고리즘 12.1]을 적용했다. [그림 12.5]는 결측 원소의 복구가 상당히 정확하게 이루어졌음을 보여 준다. 이 실험을 100회 무작위로 실행한 결과, 결측 원소의 참값과 추정값 사이의 평균 상관계수는 0.63이며 표준편차는 0.11이었다. 이 정도면 괜찮은 성능일까? 이

7 이 알고리즘은 Mazumder, Hastie, Tibshirani의 〈Spectral regularization algorithms for learning large incomplete matrices〉(2010), Journal of Machine Learning Research, 2287~2322쪽에서 'Hard-Impute'로 언급된다.

8 이 알고리즘의 2단계 반복은 목표 식 (12.14)를 감소시킨다. 그러나 이 알고리즘이 식 (12.12)의 글로벌 최적해를 달성한다는 보장은 없다.

알고리즘 12.1 행렬 완성을 위한 반복 알고리즘

1. 차원이 $n \times p$인 완전한 데이터 행렬 $\tilde{\mathbf{X}}$를 생성한다. 여기서 (i, j) 원소는 다음과 같다.

$$\tilde{x}_{ij} = \begin{cases} x_{ij} & \text{if } (i,j) \in \mathcal{O} \\ \bar{x}_j & \text{if } (i,j) \notin \mathcal{O} \end{cases}$$

   여기서 $\bar{x}_j$는 불완전한 데이터 행렬 $\mathbf{X}$에서 j번째 변수에 대한 관측값의 평균이다. $\mathcal{O}$는 $\mathbf{X}$에서 관측된 값들을 인덱싱한다.
2. 목적 식 (12.14)가 더 이상 감소하지 않을 때까지 (a)~(c) 단계를 반복한다.
   a) 다음을 푼다.

$$\underset{\mathbf{A} \in \mathbb{R}^{n \times M}, \mathbf{B} \in \mathbb{R}^{p \times M}}{\text{minimize}} \left\{ \sum_{j=1}^{p} \sum_{i=1}^{n} \left(\tilde{x}_{ij} - \sum_{m=1}^{M} a_{im} b_{jm} \right)^2 \right\} \tag{12.13}$$

   $\tilde{\mathbf{X}}$의 주성분을 계산해 풀 수 있다.
   b) 각 원소 $(i, j) \notin \mathcal{O}$에 대해, $\tilde{x}_{ij} \leftarrow \sum_{m=1}^{M} \hat{a}_{im} \hat{b}_{jm}$으로 설정한다.
   c) 다음 목적 식을 계산한다.

$$\sum_{(i,j) \in \mathcal{O}} \left(x_{ij} - \sum_{m=1}^{M} \hat{a}_{im} \hat{b}_{jm} \right)^2 \tag{12.14}$$

3. 결측값으로 추정되는 항목 $\tilde{x}_{ij}$, $(i, j) \notin \mathcal{O}$을 반환한다.

질문에 답할 수 있는 상관계수를 추정하기 위해 완전한(complete) 데이터를 사용해 이 20개 값을 추정했을 때 얻은 결과와 비교해 보자. 즉, $\hat{x}_{ij} = z_{i1} \phi_{j1}$로 단순히 계산하면 여기서 z_{i1}과 ϕ_{j1}은 결측이 없는 데이터의 첫 번째 주성분점수 벡터와 적재 벡터의 원소다.[9] 이 방식으로 완전한 데이터를 사용하면 이 20개 원소의 참값과 추정값 사이의 평균 상관계수는 0.79이며 표준편차는 0.08이다. 따라서 이 대입 방법은 모든 데이터를 사용하는 방법에 비해 성능이 떨어지지만(0.63 ± 0.11 대비 0.79 ± 0.08), 여전히 꽤 쓸만한 성능을 보이고 있다(물론 모든 데이터를 사용하는 방법은 결측 데이터가 있는 실제 상황에서는 적용할 수 없다).

9 물론 결측 데이터가 있다면 완전한 데이터의 주성분을 계산할 수 없으므로 최적 표준은 달성할 수 없다.

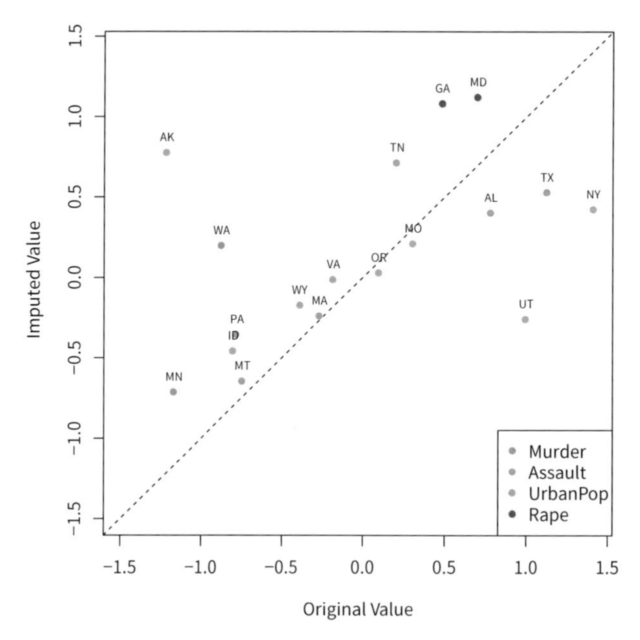

[그림 12.5] USArrests 데이터에서 결측값 대체. 총 행렬 원소 수의 10%인 20개의 값을 인위적으로 결측 처리한 다음, $M = 1$인 [알고리즘 12.1]을 통해 대체했다. 그림은 모든 20개의 결측값에 대한 참값 x_{ij}와 추정값 $\hat{x}_{ij}$을 보여 준다. 20개의 결측값 각각에서 색상은 변수, 레이블은 주(state)를 나타낸다. 참값과 대체된 값 사이의 상관계수는 약 0.63이다.

[그림 12.6]은 이 데이터 세트에서 [알고리즘 12.1]이 상당히 잘 작동함을 보여 준다. 몇 가지 관찰 사항을 정리하면 다음과 같다.

- USArrests 데이터에는 단 4개의 변수만 존재한다. [알고리즘 12.1]과 같은 방법이 잘 작동하기에는 변수 수가 적은 편이다. 이런 이유로 이번 시연에서는 주당 최대 한 변수만 결측이 있도록 임의로 설정하고 $M = 1$ 주성분만을 사용했다.
- 일반적으로 [알고리즘 12.1]을 적용하기 위해서는 대체에 사용할 주성분의 수인 M을 선택해야 한다. 한 가지 접근법은 행렬에서 몇 개의 추가 원소를 임의로 제외한 다음, 이런 알려진 값이 얼마나 잘 복원되는지를 바탕으로 M을 선택하는 것이다. 이 방법은 5장에서 본 검증 세트 접근법과 밀접하게 관련되어 있다.

추천 시스템

넷플릭스와 아마존과 같은 디지털 스트리밍 서비스들은 고객이 과거에 시청한 콘텐츠에 관한 데이터와 다른 고객의 데이터를 활용해 콘텐츠를 추천한다. 구체적인 예로 몇 년 전 넷플릭스는 고객이 시청한 각 영화에 1부터 5까지 점수를 매기도

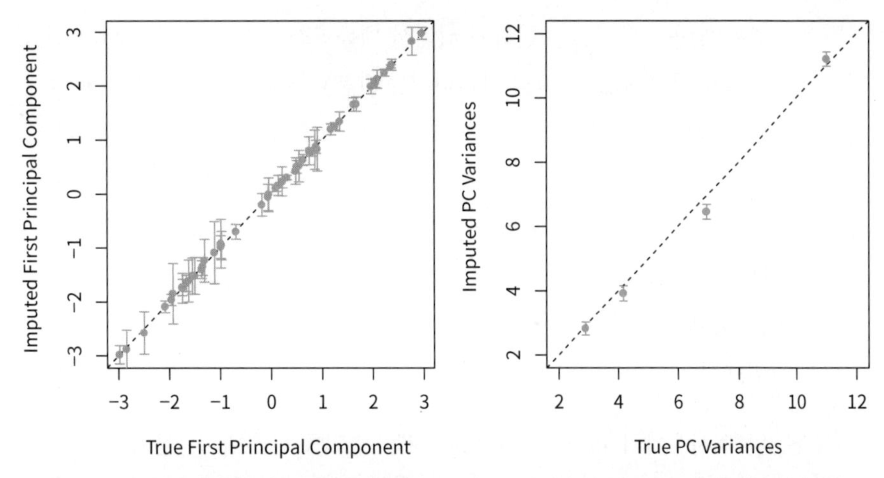

[그림 12.6] 본문에서 설명했듯이 100번의 시행에서 USArrests 데이터 세트의 20개 원소를 각각 제외했다. 각 시행에서 [알고리즘 12.1]을 $M = 1$로 적용해 결측된 원소를 대체하고 주성분을 계산했다. 왼쪽: 50개 주 각각에서 추정된 첫 번째 주성분점수(100번의 시행에서 평균을 내고 표준편차 막대와 함께 표시)를 모든 데이터를 사용해 계산한 첫 번째 주성분점수와 비교해 나타냈다. 오른쪽: 추정된 주성분 적재값(100번의 시행에서 평균을 내고 표준편차 막대로 표시)을 참 주성분의 적재값과 비교해 나타냈다.

록 했다. 이로 인해 i번째 고객이 j번째 영화에 부여한 평점이 (i, j) 원소인 매우 큰 $n \times p$ 행렬이 생성됐다. 이 행렬의 초기 예시 중 하나는 $n = 480{,}189$명의 고객과 $p = 17{,}770$편의 영화를 포함하고 있었다. 하지만 평균적으로 각각의 고객이 시청한 영화 수는 약 200편이었으므로 행렬 99%에 결측 원소가 있었다.

[표 12.2]는 이런 설정을 보여 준다.

	Jerry Maguire	Oceans	Road to Perdition	A Fortunate Man	Catch Me If You Can	Driving Miss Daisy	The Two Popes	The Laundromat	Code 8	The Social Network	...
Customer 1	●	●	●	●	4	●	●	●	●	●	...
Customer 2	●	●	3	●	●	●	3	●	●	3	...
Customer 3	●	2	●	4	●	●	●	●	2	●	...
Customer 4	3	●	●	●	●	●	●	●	●	●	...
Customer 5	5	1	●	●	4	●	●	●	●	●	...
Customer 6	●	●	●	●	●	2	4	●	●	●	...
Customer 7	●	●	5	●	●	●	●	3	●	●	...
Customer 8	●	●	●	●	●	●	●	●	●	●	...
Customer 9	3	●	●	●	5	●	●	1	●	●	...
⋮	⋮	⋮	⋮	⋮	⋮	⋮	⋮	⋮	⋮	⋮	⋱

[표 12.2] 넷플릭스 영화 평점 데이터에서 발췌. 영화는 1(가장 낮음)에서 5(가장 높음)까지 평가된다. 기호 ●은 결측값을 나타내며 해당 고객이 평가하지 않은 영화를 의미한다.

특정 고객이 좋아할 영화를 추천하기 위해서 넷플릭스는 이 데이터 행렬의 결측값을 대체할 방법이 필요했다. 핵심 아이디어는 다음과 같다. i번째 고객이 본 영화 세트는 다른 고객이 본 영화와 겹친다. 게다가 다른 고객의 일부는 i번째 고객과 영화 취향이 비슷하다. 따라서 i번째 고객이 보지 않은 영화 중에서 유사 고객의 평가를 활용하면 i번째 고객이 그 영화를 좋아할지 여부를 예측할 수 있을 것이다.

보다 구체적으로 [알고리즘 12.1]을 적용하면 $\hat{x}_{ij} = \sum_{m=1}^{M} \hat{a}_{im}\hat{b}_{jm}$을 사용해 j번째 영화에 대한 i번째 고객의 평점을 예측할 수 있다. 또한 M 구성 원소를 '클릭'과 '장르'라는 관점에서 해석할 수 있다.

- $\hat{a}_{im}$은 i번째 사용자가 m번째 클릭에 속하는 정도를 나타내며, '클릭'은 m번째 장르의 영화를 즐기는 고객 그룹이다.
- $\hat{b}_{jm}$은 j번째 영화가 m번째 '장르'에 속하는 정도를 나타낸다.

장르의 예로는 로맨스, 서부, 액션 등이 있다.

[알고리즘 12.1]과 유사한 주성분 모형은 많은 추천 시스템의 핵심이다. 이와 관련된 데이터 행렬은 일반적으로 방대하지만 높은 결측 비율을 활용해 효율적인 계산을 수행할 수 있는 알고리즘이 개발됐다.

12.4 군집화 방법

군집화는 데이터 세트에서 '하위 그룹'이나 '군집'을 발견하는 매우 광범위한 기법들을 말한다. 데이터 세트의 관측을 군집화하기 위해서는 명확하게 구분된 그룹들로 나누어야 한다. 그래서 각 그룹 내의 관측은 서로 상당히 유사하고 다른 그룹들의 관측은 서로 상당히 다르다. 물론 이를 구체화하기 위해서는 두 개 이상의 관측이 '유사'하거나 '다름'을 어떻게 정의할지 결정해야 한다. 실제로 이는 종종 연구 중인 데이터의 지식을 바탕으로 결정해야 하는 도메인 특정 고려 사항이다.

예를 들어 특징이 p개인 n개의 관측 집합이 있다고 생각해 보자. n개의 관측은 유방암 환자의 조직 표본에 해당할 수 있고 p 특징은 각각의 조직 표본에서 수집된 측정값, 즉 종양의 단계나 등급 같은 임상 측정값이거나 유전자 발현 측정값일 수 있다. n개의 조직 표본 사이에 어느 정도의 이질성이 있을 것이라고 생각할 수 있다. 예를 들면 몇 가지 '알려지지 않은' 유방암의 하위 유형이 있을 수 있다. 군집화는 이런 하위 그룹을 찾는 데 사용될 수 있다. 이는 데이터 세트를 기반으로 구조

(이 경우 구별되는 군집)를 발견하려 한다는 점에서 비지도학습 문제다. 반면 지도학습 문제의 목표는 생존시간이나 약물 치료 반응과 같은 어떤 결과 벡터를 예측하는 일이다.

군집화와 PCA 모두 소수의 요약으로 데이터를 단순화하지만 그 메커니즘은 서로 다르다.

- PCA는 분산의 상당 부분을 설명하는 관측의 저차원 표현을 찾으려고 한다.
- 군집화는 관측 중에서 동질적인 하위 그룹을 찾으려고 한다.

군집화의 또 다른 응용 분야는 마케팅이다. 사람들에 대한 다양한 측정(예: 가구의 중위 소득, 직업, 가장 가까운 도시 지역에서의 거리 등)에 접근할 수 있다. 목표는 특정 형태의 광고에 더 호응하거나 특정 제품을 구매할 가능성이 더 많은 사람의 하위 그룹을 식별해 시장을 세분화하는 일이다. 시장 세분화 작업은 데이터 세트 안에 있는 사람들을 군집화하는 일이다.

군집화는 많은 분야에서 널리 사용되는 만큼 다양한 군집화 방법이 존재한다. 이 절에서는 가장 잘 알려진 두 가지 군집화 접근 방법, 즉 K-평균 군집화와 계층적 군집화에 초점을 맞춘다. K-평균 군집화에서는 관측을 사전에 지정된 수의 군집으로 나누려고 한다. 반면 계층적 군집화에서는 원하는 군집의 수를 미리 알지 못한다. 실제로 덴드로그램(dendrogram)이라고 하여 관측을 나무처럼 시각적으로 표현해 1부터 n까지 가능한 모든 군집 수에서 얻은 군집화를 한눈에 볼 수 있게 해준다. 각각의 군집화 접근 방식에는 장단점이 있으므로 이 장에서는 그 장단점에 주목한다.

일반적으로 관측에서 하위 그룹을 식별하기 위해 특징을 기준으로 관측을 군집화하거나, 특징에서 하위 그룹을 발견하기 위해 관측을 기준으로 특징을 군집화할 수 있다. 여기서는 단순화를 위해 특징을 기준으로 관측의 군집화 방법을 논의하겠지만, 반대 경우도 데이터 행렬을 단순히 전치하면 수행할 수 있다.

12.4.1 K-평균 군집화

K-평균 군집화는 데이터 세트를 K개의 서로 다른, 겹치지 않는 군집으로 나누는 간단하면서도 우아한 방법이다. K-평균 군집화를 수행하려면 먼저 원하는 군집 수 K를 지정해야 한다. 그런 다음 K-평균 알고리즘이 각각의 관측을 K개의 군집 중

정확히 하나에 할당한다. [그림 12.7]은 세 가지 다른 K 값으로 150개의 관측이 있는 2차원 시뮬레이션 예제에 K-평균 군집화를 수행한 결과를 보여 준다.

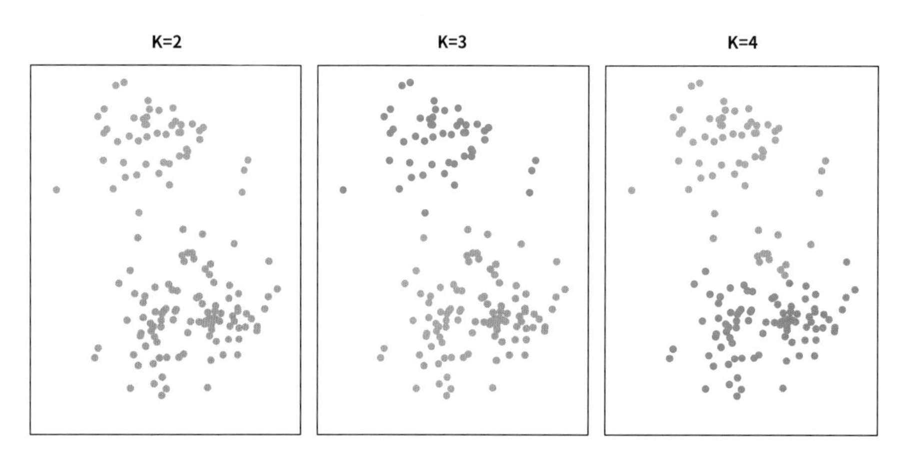

[그림 12.7] 2차원 공간 안에 150개의 관측이 있는 시뮬레이션 데이터 세트. 각각의 그림은 군집 수 K의 값이 서로 다른 K-평균 군집화를 적용한 결과다. 각각의 관측 색상이 K-평균 군집화 알고리즘으로 할당된 군집을 표시한다. 군집의 순서는 없으므로 군집의 색상은 임의로 할당된다. 군집 레이블은 군집화에 사용된 것이 아니라 군집화 절차의 결과로 나타난다.

K-평균 군집화 절차는 간단하고 직관적인 수학적 문제로부터 도출할 수 있다. 우선 몇 가지 표기법을 정의하겠다. $C_1, ..., C_K$는 각각의 군집에서 관측 인덱스를 포함하는 집합을 나타낸다. 이 집합은 두 가지 성질을 만족한다.

1. $C_1 \cup C_2 \cup ... \cup C_K = \{1, ..., n\}$. 즉, 각각의 관측은 K 군집 중 적어도 하나에 속한다.
2. 모든 $k \neq k'$에서 $C_k \cap C_{k'} = \emptyset$, 즉 군집들은 중복되지 않는다. 어떤 관측도 한 개 이상의 군집에 속하지 않는다.

예를 들어 i번째 관측이 k번째 군집에 있다면 $i \in C_k$이다. K-평균 군집화의 아이디어는 '군집 내 변동'이 가능한 한 작은 군집화가 '좋은' 군집화라는 것이다. 군집 C_k의 군집 내 변동은 군집 내의 관측이 서로 얼마나 다른지 측정하는 $W(C_k)$로, 다음 문제를 해결하고자 한다.

$$\underset{C_1,...,C_K}{\text{minimize}} \left\{ \sum_{k=1}^{K} W(C_k) \right\} \tag{12.15}$$

이 공식을 풀어 말하면 모든 K개 군집을 합산한 총 군집 내 변동이 가능한 한 작도록 관측을 K개의 군집으로 분할하려는 의도를 표현한 것이다.

식 (12.15)를 푸는 것은 합리적인 아이디어처럼 보이지만, 이를 실행하기 위해서는 군집 내 변동을 정의해야 한다. 이 개념을 정의하는 방법은 여럿 있지만, 가장 일반적인 선택은 제곱 유클리드 거리(squared Euclidean distance)를 사용하는 방법이다. 다음과 같이 정의한다.

$$W(C_k) = \frac{1}{|C_k|} \sum_{i,i' \in C_k} \sum_{j=1}^{p} (x_{ij} - x_{i'j})^2 \tag{12.16}$$

여기서 $|C_k|$는 k번째 군집의 관측 수를 나타낸다. 즉, k번째 군집의 군집 내 변동은 k번째 군집에서 관측 사이 모든 쌍의 제곱 유클리드 거리 합을 k번째 군집의 관측 총수로 나눈 것이다.

식 (12.15)와 (12.16)을 결합하면 K-평균 군집화를 정의하는 최적화 문제가 된다.

$$\underset{C_1,\ldots,C_K}{\text{minimize}} \left\{ \sum_{k=1}^{K} \frac{1}{|C_k|} \sum_{i,i' \in C_k} \sum_{j=1}^{p} (x_{ij} - x_{i'j})^2 \right\} \tag{12.17}$$

이제 식 (12.17)을 풀기 위한 알고리즘, 즉 관측을 K 군집으로 나누어 식 (12.17)의 목적함수를 최소화하는 방법을 찾아야 한다. 실제로 이 문제의 정확한 해를 구하는 방법은 매우 어려운데, n개의 관측을 K 군집으로 나누는 방법이 거의 K^n개이기 때문이다. K와 n이 아주 작지 않는 한 이는 매우 큰 숫자다. 다행히 매우 간단한 알고리즘이 K-평균 최적화 문제 식 (12.17)에 국소 최적해(꽤 좋은 해)를 제공함을 보일 수 있다. 이 접근법은 [알고리즘 12.2]에 자세히 설명되어 있다.

알고리즘 12.2 K-평균 군집화

1. 각 관측에 1부터 K까지의 숫자를 임의로 할당한다. 이는 관측의 초기 군집 할당으로 사용된다.
2. 군집 할당이 더 이상 변경되지 않을 때까지 반복한다.
   a) 각각의 K 군집에서 군집의 중심(centroid)을 계산한다. k번째 군집의 중심은 k번째 군집 내 관측의 p개 특징 평균의 벡터다.
   b) 각각의 관측을 중심에서 가장 가까운 군집에 할당한다(여기서 '가장 가깝다'는 것은 유클리드 거리를 사용해 정의한다).

[알고리즘 12.2]는 각 단계에서 목적함수 식 (12.17)의 값을 감소시키는 것을 보장한다. 이유는 다음 항등식의 설명으로 이해할 수 있다.

$$\frac{1}{|C_k|}\sum_{i,i'\in C_k}\sum_{j=1}^{p}(x_{ij}-x_{i'j})^2 = 2\sum_{i\in C_k}\sum_{j=1}^{p}(x_{ij}-\bar{x}_{kj})^2 \tag{12.18}$$

여기서 $\bar{x}_{kj}=\frac{1}{|C_k|}\sum_{i\in C_k} x_{ij}$는 군집 C_k에서 특징 j의 평균이다. 2(a) 단계에서는 각 특징에 대한 군집 평균이 편차제곱합을 최소화하는 상수이며, 2(b) 단계에서 관측을 재할당해 식 (12.18)을 개선할 수 있다. 즉, 알고리즘이 실행되는 동안 구한 군집화는 결과가 더 이상 변하지 않을 때까지 지속적으로 개선되며, 식 (12.17)의 목적함수는 결코 증가하지 않는다. 결과가 더 이상 변하지 않을 때 국소 최적(local

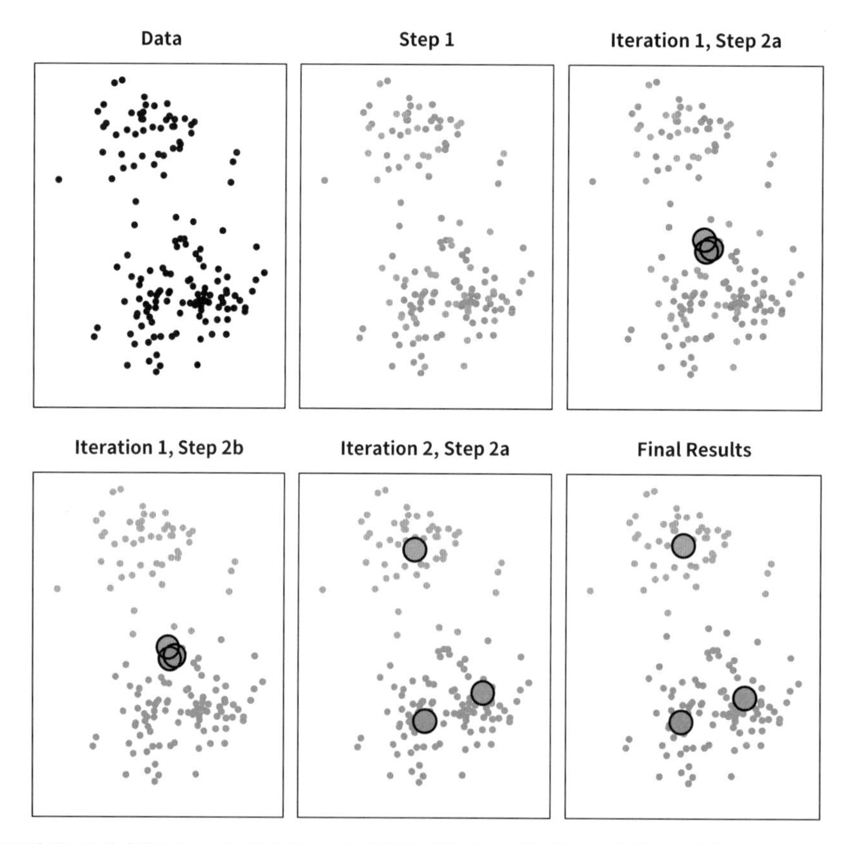

[그림 12.8] 예제에서 $K=3$일 때 K-평균 알고리즘의 진행 과정. 왼쪽 상단: 관측이 표시되어 있다. 상단 가운데: 알고리즘 1단계에서 각각의 관측은 임의의 군집에 할당된다. 상단 오른쪽: 2(a) 단계에서는 군집의 중심이 계산된다. 색깔이 있는 큰 원으로 나타냈다. 초기에는 임의로 군집 할당이 이루어졌기 때문에 중심점들이 거의 완전히 겹쳐 있다. 왼쪽 하단: 2(b) 단계에서 각각의 관측은 가장 가까운 중심에 할당된다. 하단 가운데: 다시 한번 2(a) 단계를 수행해 새로운 군집 중심이 도출된다. 하단 오른쪽: 10번의 반복 후에 얻은 결과다.

optimum)에 도달한다. [그림 12.8]은 [그림 12.7]의 예제에서 알고리즘의 진행 과정을 보여 준다. K-평균 군집화는 2(a) 단계에서 각 군집에 할당된 관측의 평균으로 군집의 중심이 계산된다는 사실에서 그 이름이 유래하였다.

K-평균 알고리즘은 전역 최적해가 아닌 국소 최적해를 찾기 때문에 [알고리즘 12.2]의 1단계에서 각각의 관측에 대한 초기 (무작위) 군집 할당에 따라 얻은 결과가 달라진다. 이런 이유로 서로 다른 무작위 초기 구성에서 알고리즘을 여러 번 실행하는 것이 중요하다. 그런 다음 목적함수 식 (12.17)이 최소로 만드는 '가장 좋은' 해를 선택한다. [그림 12.9]에 제시한 것은 [그림 12.7]의 토이 데이터를 이용해 6개의 서로 다른 초기 군집을 할당하고 K-평균 군집화를 6번 실행해 구한 국소 최적해다. 이 경우 가장 좋은 군집화는 목적함수 값이 235.8인 군집화다.

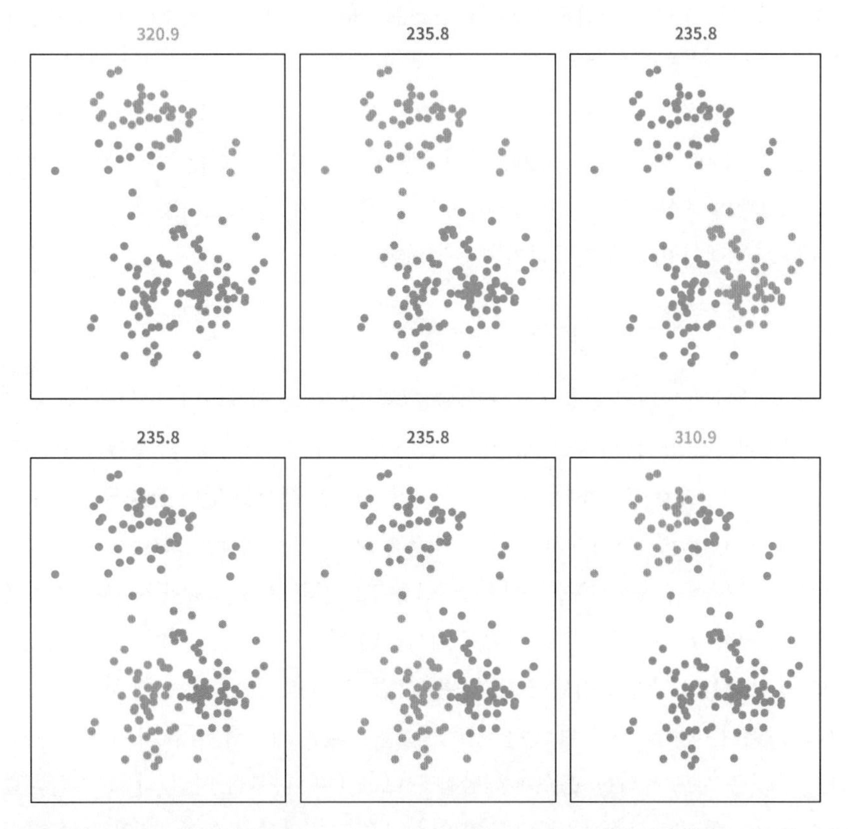

[그림 12.9] [그림 12.7]의 데이터에서 $K = 3$으로 K-평균 군집화를 여섯 번 수행한 결과. 매번 K-평균 알고리즘의 1단계에서 관측들의 초기 군집(1부터 K의 숫자) 무작위 할당을 다르게 했다. 각각의 그래프 위에는 목적함수 식 (12.17)의 값이 표시되어 있다. 세 개의 다른 국소 최적해를 얻었으며, 그중 하나는 목적함수의 값이 상대적으로 더 작고 군집 간의 구분이 더 잘 된다. 빨간색으로 표시된 그래프는 모두 목적함수 값이 235.8로, 동일하게 가장 좋은 해에 도달하였다.

지금까지 살펴보았듯이 K-평균 군집화를 수행하려면 데이터에서 예상되는 군집의 수, 즉 K를 결정해야 한다. K를 선택하는 문제는 결코 간단하지 않다. 이 문제는 K-평균 군집화를 수행할 때 발생하는 다른 실용적 고려 사항과 함께 12.4.3절에서 다룬다.

12.4.2 계층적 군집화

K-평균 군집화의 한 가지 잠재적 단점은 군집의 수 K를 사전에 지정해야 한다는 점이다. '계층적 군집화'는 특정 K를 사전에 정할 필요가 없는 대안 접근 방식이다. 계층적 군집화는 관측의 매력적인 나무-기반 표현인 '덴드로그램'을 결과로 제공한다는 점에서 K-평균 군집화보다 부가적인 이점이 있다.

이 절에서는 상향식 군집화(bottom-up clustering), 즉 병합군집화(agglomerative clustering)를 설명한다. 병합군집화는 계층적 군집화의 가장 일반적인 형태로, 덴드로그램(일반적으로 거꾸로 된 나무 형태로 묘사된다. [그림 12.11] 참조)이 잎부터 시작해 줄기까지 군집을 결합해 가며 구축된다는 사실에서 붙은 이름이다. 먼저 덴드로그램의 해석 방법을 논의한 후 계층적 군집화가 실제로 어떻게 수행되는지, 즉 덴드로그램이 어떻게 만들어지는지 논의한다.

덴드로그램 해석

2차원 공간에서 45개의 관측으로 구성된 [그림 12.10]의 시뮬레이션 데이터 세트로 시작하겠다. 데이터는 3-부류 모형에서 생성했으며, 각 관측의 참 부류 레이블은 서로 다른 색상으로 표시했다. 하지만 데이터가 부류 레이블 없이 관측되었고 우리는 계층적 군집화를 수행하려 한다고 가정해 보자. 계층적 군집화(나중에 논의할 '완전 연결' 방식을 포함해)를 수행하면 [그림 12.11]의 왼쪽 그래프와 같은 결과를 얻을 수 있다. 이 덴드로그램을 어떻게 해석하면 될까?

[그림 12.11]의 왼쪽 그림에서 각 '잎'은 [그림 12.10]의 45개 관측 중 하나를 대표한다. 그러나 나무를 따라 위로 올라갈수록 일부 잎은 가지와 '융합'하기 시작한다. 융합한 것은 서로 유사한 관측에 해당함을 나타낸다. 나무를 따라 더 높이 올라갈수록 가지들이 자체로 융합하는데, 잎이나 다른 가지와도 융합할 수 있다. 융합이 더 일찍(나무에서 아래) 발생할수록 관측 그룹은 서로 더 유사하다. 반면에 더 나중에(나무의 꼭대기에 가까워질 때) 융합되는 관측은 상당히 다를 수 있다. 실제로 더 정확하게 설명하면 다음과 같다. 어떤 두 관측에서 그 두 관측을 포함하는 가지

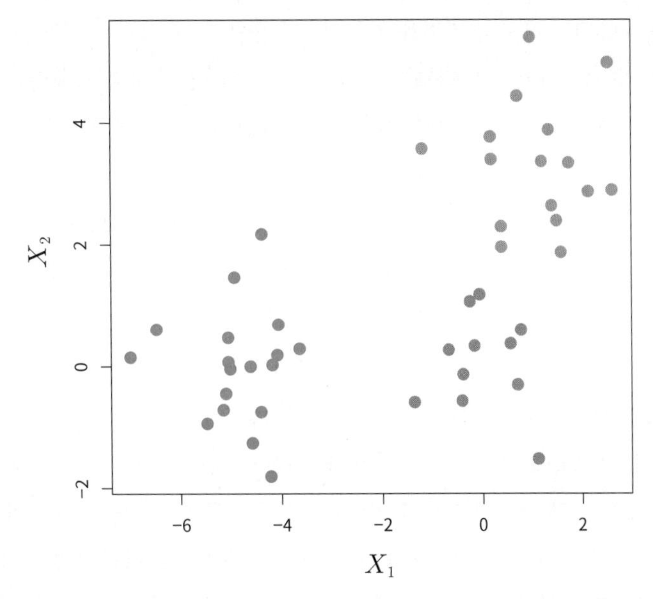

[그림 12.10] 2차원 공간에 생성된 45개의 관측. 실제로 서로 다른 색상으로 표시된 세 개의 뚜렷한 부류가 있다. 하지만 이 부류 레이블을 알려지지 않은 것으로 간주하고 데이터에서 부류를 발견하기 위해 관측을 군집화하려고 한다.

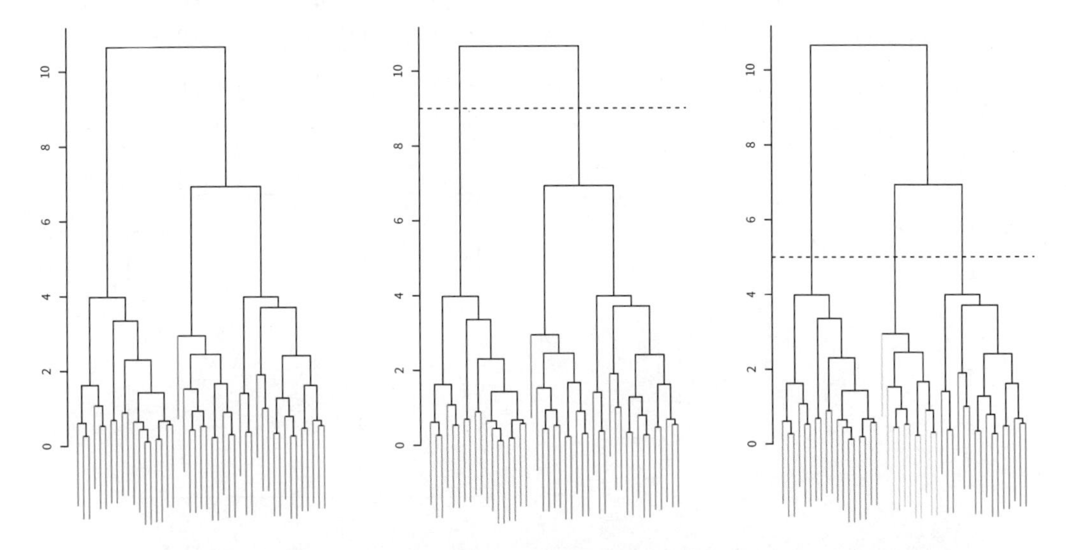

[그림 12.11] 왼쪽: [그림 12.10]의 데이터를 완전 연결과 유클리드 거리를 사용해 계층적으로 군집화해 얻은 덴드로그램. 가운데: 왼쪽 그림의 덴드로그램을 높이 9(파선으로 표시됨)에서 잘라낸 결과. 이 절단으로 서로 다른 색상으로 표시된 두 개의 서로 구별되는 군집이 생성된다. 오른쪽: 왼쪽 그림의 덴드로그램을 이번에는 높이 5에서 잘라낸 결과. 이 절단으로 서로 다른 색상으로 표시된 세 개의 구별되는 군집이 생성된다. 색상은 군집화에 사용되지 않았으며 이 그림에서는 단지 표시 목적으로 사용했음에 유의한다.

들이 처음 융합되는 나무의 지점을 찾는다. 이 융합의 높이는 수직축에서 측정되며 두 관측이 얼마나 다른지 나타낸다. 따라서 나무의 맨 아래에서 융합되는 관측은 서로 매우 유사하며, 나무 꼭대기 가까이에서 융합되는 관측은 상당히 다른 경향이 있다.

이 설명으로 덴드로그램을 해석할 때 자주 오해하는 매우 중요한 점을 강조했다. [그림 12.12]의 왼쪽 그림은 9개의 관측을 계층적으로 군집화해 얻은 간단한 덴드로그램을 보여 준다. 관측 5와 7은 덴드로그램의 가장 낮은 지점에서 융합되므로 서로 매우 유사하다는 것을 알 수 있다. 관측 1과 6도 서로 매우 유사하다. 그러나 관측 9와 2가 덴드로그램에서 서로 가까이 위치한다는 이유로 매우 유사하다고 결론짓는 것은 그럴듯해 보이지만 정확하지는 않다. 실제로 덴드로그램에 포함된 정보를 바탕으로 할 때 관측 9와 관측 2의 유사성은 관측 9와 관측 8, 5, 7의 유사성보다 크지 않다(이는 원시 데이터가 표시된 [그림 12.12]의 오른쪽 그림에서 볼 수 있다). 수학적으로 보았을 때 덴드로그램의 가능한 재배열은 2^{n-1}개이며, 여기서 n은 잎사귀 수다. 이는 융합이 발생하는 $n-1$ 지점에서 융합된 두 가지의 위치를 바꿔도 덴드로그램의 의미가 바뀌지 않기 때문이다. 따라서 두 관측이 '수평축'을 따라 가깝다고 해서 두 관측이 유사하다고 결론 내릴 수 없다. 대신 두 관측을 포함하는 가지가 처음으로 융합되는 '수직축'의 위치를 바탕으로 두 관측의 유사성에 대해 결론을 내릴 수 있다.

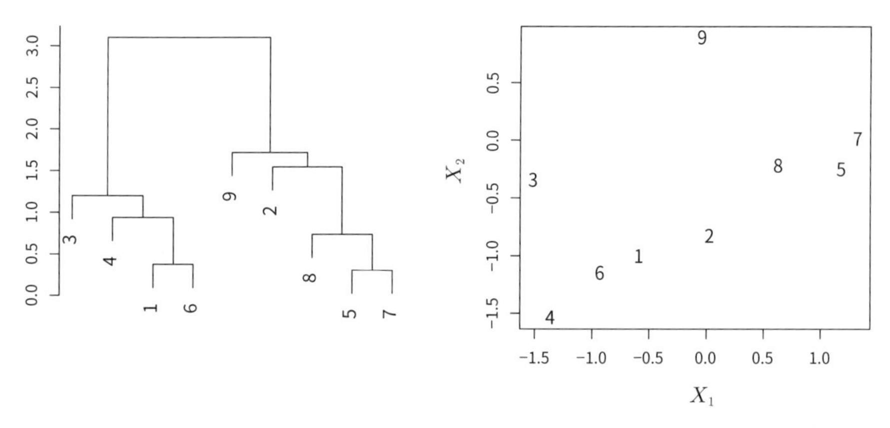

[그림 12.12] 2차원 공간에 9개의 관측이 있는 덴드로그램을 올바르게 해석하는 방법을 보여 주는 그래프. 왼쪽: 유클리드 거리와 완전 연결을 사용해 생성된 덴드로그램. 관측 5와 7은 서로 매우 유사하며, 관측 1과 6도 마찬가지다. 그러나 관측 9는 수평 거리 면에서 관측 2와 가깝지만, 관측 8, 5, 7보다도 '유사하지 않다'. 이는 관측 2, 8, 5, 7이 모두 관측 9와 약 1.8의 동일한 높이에서 융합되기 때문이다. 오른쪽: 실제로 덴드로그램 생성에 사용된 원시 데이터를 살펴보면 관측 9와 관측 2의 유사성이 관측 9와 관측 8, 5, 7의 유사성보다 크지 않음을 확인할 수 있다.

이제 [그림 12.11]의 왼쪽 그림을 해석하는 방법을 이해했으니 덴드로그램을 기반으로 군집을 식별하는 문제로 넘어갈 수 있다. 이 작업을 수행하기 위해 [그림 12.11]의 가운데와 오른쪽 그림에 표시된 것처럼 덴드로그램을 가로로 절단한다. 절단한 아래의 서로 구분되는 관측 집합을 군집으로 해석할 수 있다. [그림 12.11]의 가운데 그림처럼 덴드로그램을 높이 9에서 자르면 별개의 색상으로 표시된 두 개의 군집이 나온다. 오른쪽 그림처럼 덴드로그램을 높이 5에서 자르면 세 개의 군집이 생성된다. 덴드로그램을 따라 내려가면서 더 절단을 하면 군집의 개수를 1(절단하지 않음)에서 n(높이 0에서 절단해 각각의 관측이 고유한 군집에 속함)까지 어느 수로도 만들 수 있다. 다시 말해 덴드로그램을 절단한 높이는 K-평균 군집화의 K와 같은 역할을 하며, 이를 통해 획득한 군집 수를 제어한다.

[그림 12.11]은 계층적 군집화의 매우 매력적인 측면을 강조한다. 단 하나의 덴드로그램을 사용해서 원하는 수만큼 군집을 얻을 수 있다. 실제로 사람들은 종종 덴드로그램을 보고 육안으로 살펴본 융합의 높이와 원하는 군집 수를 기반으로 감각에 따라 군집 수를 선택한다. [그림 12.11]의 경우 두 개 혹은 세 개의 군집을 선택할 수 있다. 그러나 덴드로그램을 어디에서 자를지 선택하는 일은 종종 명확하지 않다.

계층적(hierarchical)이라는 용어는 주어진 높이에서 덴드로그램을 절단해 얻은 군집은 더 상층의 덴드로그램을 절단해 얻은 군집 내에 반드시 포함된다는 사실을 의미한다. 그러나 임의의 데이터 세트에서 이런 계층 구조를 가정하는 것은 비현실적일 수 있다. 예를 들어 미국인, 일본인, 프랑스인으로 고르게 나누어진 남성과 여성 그룹을 관측했다고 가정해 보자. 두 그룹으로 나누는 최적의 분할은 이 사람들을 성별로 나누는 것이고 세 그룹으로 나누는 최적의 분할은 국적을 기반으로 나누는 것이라는 시나리오를 만들 수 있다. 이 경우 참 군집은 내포(nested)되지 않는다. 즉, 가장 좋은 2 그룹(집단) 분할을 한 후 그중 한 그룹 더 분할한다고 해서 가장 좋은 3 그룹 분할이 나오지 않는다. 결과적으로 이런 경우는 계층적 군집화로 잘 표현되기 어렵다. 이와 같은 상황 때문에 계층적 군집화는 때때로 주어진 군집 수에 대해 K-평균 군집화보다 더 나쁜(즉, 덜 정확한) 결과를 낼 수 있다.

계층적 군집화 알고리즘

계층적 군집화 덴드로그램은 매우 단순한 알고리즘으로 구할 수 있다. 먼저 각 관측 쌍 사이의 비유사성(dissimilarity) 측도를 정의한다. 대부분 유클리드 거리를 사

알고리즘 12.3 계층적 군집화

1. n개의 관측과 모든 $\binom{n}{2} = n(n-1)/2$개 쌍의 비유사성(예: 유클리드 거리)을 측정하는 것으로 시작한다. 처음에는 각각의 관측을 하나의 군집으로 취급한다.
2. $i = n, n-1, ..., 2$에 대해:
   a) i개의 모든 쌍별 군집 사이의 비유사성을 검토하고 비유사성이 가장 적은 (즉, 가장 유사한) 군집 쌍을 식별한 다음, 이 두 군집을 합친다. 이 두 군집 사이의 비유사성은 덴드로그램에서 해당 융합이 위치해야 하는 높이를 나타낸다.
   b) 남은 $i-1$개의 군집 사이에서 새로운 쌍별 군집 간 비유사성을 계산한다.

용하며, 이 장 뒷부분에서 비유사성 측도의 선택을 논의할 것이다. 알고리즘은 반복적으로 진행된다. 덴드로그램의 바닥에서 시작할 때 n개의 관측은 각각 고유한 군집으로 취급된다. 서로 가장 비슷한 두 군집이 '합쳐져' 이제 $n-1$개의 군집이 된다. 다음으로 서로 가장 비슷한 두 군집이 다시 합쳐져 이제 $n-2$개의 군집이 된다. 모든 관측이 하나의 군집에 속하게 되면 덴드로그램이 완성된다. [그림 12.13]은 [그림 12.12]의 데이터로 알고리즘의 첫 몇 단계를 보여 준다. 요약하면 계층적 군집화 알고리즘은 [알고리즘 12.3]에 제시되어 있다.

이 알고리즘은 매우 간단해 보이지만 아직 한 가지 문제가 해결되지 않았다. [그림 12.13]의 오른쪽 하단 그림을 살펴보자. 군집 $\{5, 7\}$을 군집 $\{8\}$과 융합해야 한다고 어떻게 결정할 수 있을까? 관측 쌍 사이의 비유사성이라는 개념이 있지만, 두 군집 중 하나 또는 둘 다에 여러 관측이 포함된 경우 두 군집 간의 비유사성을 어떻게 정의할 수 있을까? 한 쌍의 관측 사이에 비유사성이라는 개념을 '관측 집단'으로 확장할 필요가 있다. 이 확장은 두 관측 그룹 간의 비유사성을 정의하는 연결(linkage)이라는 개념을 개발해 이루어진다. 가장 일반적인 네 가지 연결 유형으로 완전 연결(complete linkage), 평균 연결(average linkage), 단일 연결(single linkage), 그리고 중심 연결(centroid linkage)이 있으며, [표 12.3]에 간략히 설명되어 있다. 평균, 완전, 단일 연결은 통계학자 사이에서 가장 인기가 있다. 평균 및 완전 연결은 일반적으로 단일 연결보다 더 균형 잡힌 덴드로그램을 생성하는 경향이 있기 때문

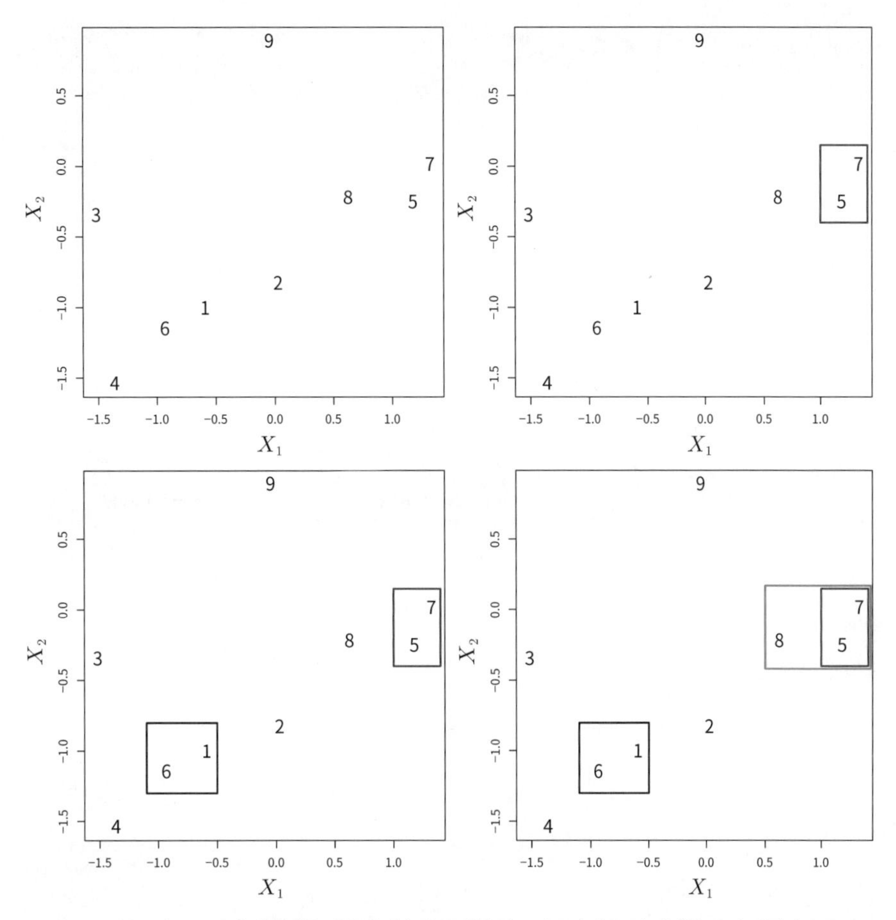

[그림 12.13] [그림 12.12]의 데이터를 사용해 계층적 군집화 알고리즘의 처음 몇 단계를 완전 연결과 유클리드 거리로 나타낸 그래프. 왼쪽 상단: 처음에는 $\{1\}, \{2\}, \ldots, \{9\}$와 같이 9개의 서로 다른 군집이 있다. 오른쪽 상단: 가장 가까운 두 군집 $\{5\}$와 $\{7\}$이 하나의 군집으로 합쳐진다. 왼쪽 하단: 가장 가까운 두 군집 $\{6\}$ and $\{1\}$이 하나의 군집으로 합쳐진다. 오른쪽 하단: '완전 연결'을 사용해 가장 가까운 두 군집 $\{8\}$과 군집 $\{5, 7\}$이 하나의 군집으로 합쳐진다.

에 선호된다. 중심 연결은 유전체학에서 자주 사용되지만, 두 군집이 덴드로그램에서 개별 군집보다 '낮은' 높이에서 융합되어 역전(inversion)이 발생할 수 있기 때문에 덴드로그램의 시각화 및 해석에 어려움을 줄 수 있다. 계층적 군집화 알고리즘 단계 2(b)에서 계산된 비유사성은 사용된 연결 유형과 비유사성 측정 방법의 선택에 따라 달라진다. 따라서 덴드로그램의 결과는 일반적으로 어떤 연결 유형을 사용했느냐에 따라 크게 달라지는데, 이는 [그림 12.14]에서 볼 수 있다.

연결 방법	설명
완전 연결	군집 간 최대 비유사성. 관측 군집 A와 군집 B 사이의 모든 쌍별 비유사성을 계산하고 이런 비유사성 중 '가장 큰' 값을 기록한다.
단일 연결	군집 간 최소 비유사성. 관측 군집 A와 군집 B 사이의 모든 쌍별 비유사성을 계산하고 이런 비유사성 중 '가장 작은' 값을 기록한다. 단일 연결은 단일 관측이 한 번에 하나씩 융합되는 확장된 후행 군집을 결과로 생성할 수 있다.
평균 연결	군집 간 평균 비유사성. 관측 군집 A와 군집 B 사이의 모든 쌍별 비유사성을 계산하고 이런 비유사성의 '평균'을 기록한다.
중심 연결	군집 A의 중심(길이 p의 평균 벡터)과 군집 B의 중심 사이의 비유사성. 중심 연결은 원하지 않는 역전(inversion)을 초래할 수 있다.

[표 12.3] 계층적 군집화에서 널리 사용되는 네 가지 연결 유형 요약.

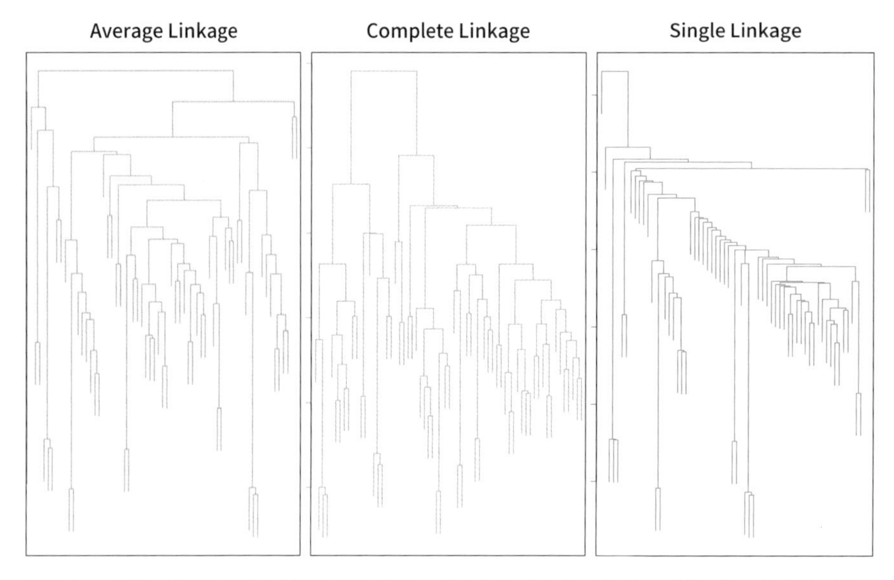

[그림 12.14] 예제 데이터 세트에 적용된 평균, 완전, 그리고 단일 연결. 평균 및 완전 연결은 더 균형 잡힌 군집을 생성하는 경향이 있다.

비유사성 측도 선택

지금까지 이 장의 예제들은 비유사성 측도로 유클리드 거리를 사용했다. 그러나 때로는 다른 비유사성 측도가 선호될 수 있다. 예를 들어 상관관계(correlation) 기반 거리는 두 관측의 특징들의 상관관계가 높다면 유클리드 거리가 멀더라도 두 관측이 유사하다고 간주한다. 이는 보통 변수 간에 계산되는 상관관계의 일반적이지 않은 사용법이다. 여기서는 각각의 관측 쌍에 대한 관측의 윤곽(profile)을 계산한다. [그림 12.15]는 유클리드 거리와 상관관계 기반 거리의 차이를 보여 준다. 상관관계

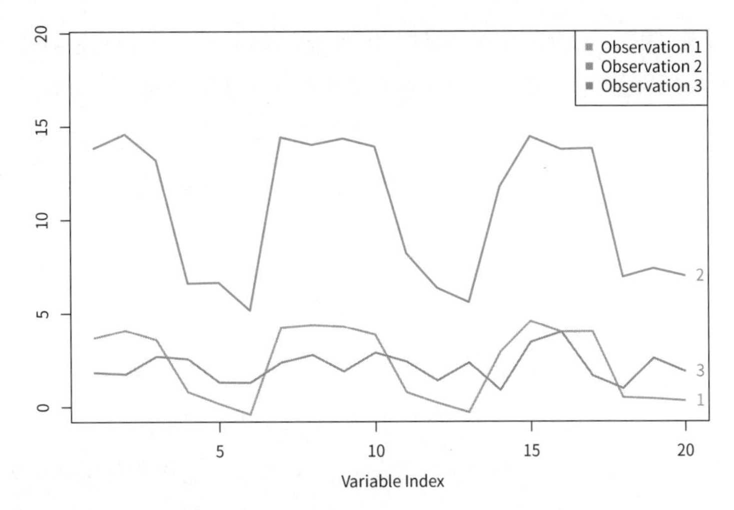

[그림 12.15] 20개 변수에 대한 측정값이 세 개의 관측으로 표시되어 있다. 관측 1과 3은 각각의 변수에 대한 값이 유사하므로 이들 사이의 유클리드 거리는 작다. 그러나 이들은 상관성이 매우 약하기 때문에 상관관계 기반 거리는 크다. 반면 관측 1과 2는 각각의 변수에 대한 값이 상당히 다르므로 이들 사이의 유클리드 거리는 크다. 하지만 상관관계가 높기 때문에 상관관계 기반 거리는 작다.

기반의 거리 계산은 관측 윤곽의 규모보다는 모양에 초점을 맞춘다.

비유사성 측도의 선택은 결과 덴드로그램에 큰 영향을 미치기 때문에 매우 중요하다. 일반적으로 군집화되는 데이터의 유형과 당면한 과학적 질문에 세심한 주의를 기울여야 한다. 이런 고려 사항을 바탕으로 계층적 군집화에 사용될 유사성 측도 유형이 결정되어야 한다.

예를 들어 과거 쇼핑 이력을 기반으로 쇼핑객을 군집화하는 데 관심이 있는 온라인 소매점을 생각해 보자. 목표는 '유사한' 쇼핑객의 하위 그룹을 식별해 각 하위 그룹 쇼핑객에게 특히 관심을 끌 가능성이 높은 품목과 광고를 보여 주는 일이다. 쇼핑객이 데이터의 행, 구매 가능한 품목이 열로 표시된 행렬 형태라고 가정해 보자. 데이터 행렬의 원소는 쇼핑객이 품목을 구매한 횟수(예: 쇼핑객이 이 품목을 한 번도 구매하지 않았다면 0, 한 번 구매했다면 1)를 나타낸다. 쇼핑객을 군집화하기 위해 어떤 유형의 유사성 측도를 사용해야 할까? 유클리드 거리를 사용하면 전반적으로 소수의 품목만 구매한 쇼핑객들(즉, 온라인 쇼핑 사이트를 드물게 이용하는 사용자)이 함께 묶이게 된다. 이는 원하지 않은 결과일 수 있다. 반면 상관관계 기반 거리를 사용하면 특정 사람이 다른 사람보다 구매량이 더 많은 고객일지라도 선호도가 유사한 쇼핑객(예: 품목 A와 B는 구매했으나 C나 D는 구매하지 않은 쇼핑객)이라면 함께 군집화된다. 따라서 이 응용 분야의 경우에는 상관관계 기반 거리가 더 나은 선택이 될 수 있다.

비유사성 측도를 신중하게 선택하는 것 외에도 관측 사이의 유사성을 계산하기 전에 변수들이 표준편차가 1이 되도록 척도화할지 여부를 고려해야 한다. 이 점을 설명하기 위해 방금 언급한 온라인 쇼핑 예를 계속 이어간다. 예를 들어 한 쇼핑객이 1년에 양말을 10켤레 구매할 수 있지만 컴퓨터는 거의 구매하지 않는다. 따라서 양말과 같은 고빈도 구매 품목은 컴퓨터와 같은 저빈도 품목에 비해 쇼핑객 사이의 비유사성에 훨씬 더 큰 영향을 미치며, 따라서 최종적으로 얻어지는 군집화에도 더 큰 영향을 끼친다. 이는 바람직하지 않을 수 있다. 관측 간에 비유사성이 계산되기 전에 변수들을 표준편차가 1이 되도록 척도화하면 계층적 군집화에서 각각의 변수가 사실상 동일한 중요성을 갖게 된다. 또한 변수가 다른 척도로 측정된 경우 그들을 표준편차가 1이 되도록 척도화할 필요가 있다. 그렇지 않으면 특정 변수의 단위 선택(예: 센티미터 대비 킬로미터)이 얻은 비유사성 측도에 큰 영향을 미칠 수 있다. 유사성 측도를 계산하기 전에 변수를 척도화하는 것이 좋은 결정인지 여부는 당면한 응용 분야에 따라 다르다. 예시는 [그림 12.16]에 나타나 있다.

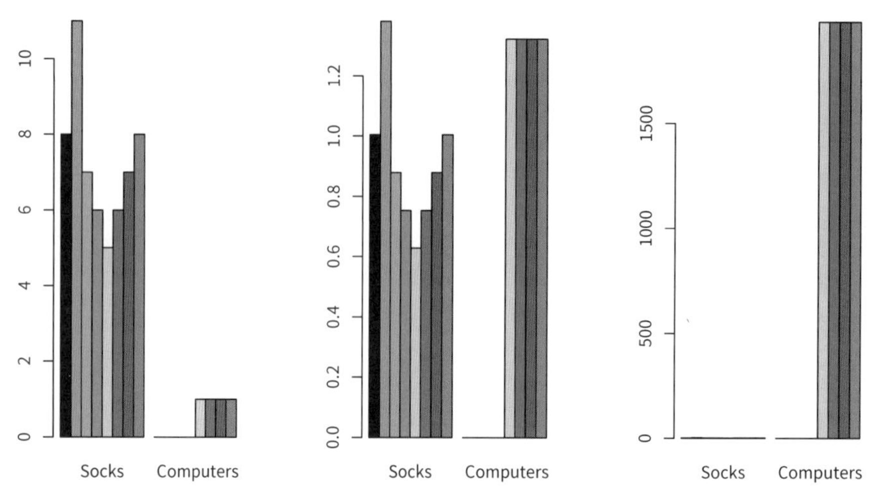

[그림 12.16] 양말과 컴퓨터라는 두 가지 품목을 판매하는 온라인 소매업체. 왼쪽: 8명의 온라인 쇼핑객이 구매한 양말과 컴퓨터 수가 표시되어 있다. 각각의 쇼핑객은 다른 색상으로 표시된다. 원본 변수에서 유클리드 거리를 사용해 관측 간 비유사성을 계산하면 개인이 구매한 양말 수가 비유사성을 주도하고 구매한 컴퓨터의 수는 거의 영향을 미치지 않는다. 이는 다음과 같은 이유로 바람직하지 않을 수 있다. (1) 컴퓨터는 양말보다 비싸기 때문에 온라인 소매업체는 양말보다는 컴퓨터 구매를 더 장려하고 싶을 수 있고, (2) 양말 구매량에서 두 쇼핑객 사이의 큰 차이는 쇼핑객의 전반적인 쇼핑 선호도라는 측면에서는 컴퓨터 구매량의 작은 차이보다 덜 중요할 수 있다. 가운데: 각각의 변수를 그것의 표준편차로 척도화한 다음 동일 데이터를 표시했다. 이제 두 제품에서 관측 사이의 비유사성을 비교할 수 있다. 오른쪽: 동일한 데이터지만, 이제 y축은 각 온라인 쇼핑객이 양말과 컴퓨터에 지출하려고 하는 비용을 나타낸다. 컴퓨터가 양말보다 훨씬 비싸기 때문에 이제 컴퓨터 구매 내역이 관측 사이의 비유사성을 주도한다.

군집화를 수행하기 전에 변수의 척도화를 해야 하는지 여부는 K-평균 군집화에도 적용된다는 점에 유의해야 한다.

12.4.3 군집화의 실제 문제

군집화는 비지도학습 상황에서 데이터 분석을 위한 매우 유용한 도구가 될 수 있지만 반대로 군집화를 수행할 때는 다양한 문제점이 발생할 수 있다. 이런 문제점 중 일부를 여기서 설명한다.

큰 결과를 가져오는 작은 결정

군집화를 수행하기 위해서는 몇 가지 결정을 내려야 한다.

- 관측이나 특징을 어떤 방식으로든 먼저 표준화할 것인가? 예를 들어 변수들을 표준편차가 1이 되도록 척도화할 필요가 있을 수 있다.
- 계층적 군집화의 경우
  - 어떤 비유사성 측도를 사용할 것인가?
  - 어떤 유형의 연결(linkage)을 사용할 것인가?
  - 군집을 얻기 위해 덴드로그램을 어디에서 잘라야 하는가?
- K-평균 군집화의 경우 데이터에서 몇 개의 군집을 찾아야 하는가?

이런 각각의 결정은 결과에 큰 영향을 미칠 수 있다. 실제로 여러 다른 선택지를 시도해 보고 가장 유용하거나 해석하기 쉬운 해를 찾는다. 이런 방법에는 단 하나의 정답이 없다. 데이터에서 흥미로운 측면을 드러내는 해라면 무엇이든 고려할 만한 가치가 있다.

군집 유효성 검증

데이터 세트에서 군집화를 수행할 때마다 군집을 찾게 된다. 그러나 발견한 군집이 데이터 내의 진정한 하위 그룹을 대표하는지 아니면 단순히 '소음을 군집화한 결과'인지 정말 알고 싶다. 예를 들어 독립적인 관측 집합을 얻었을 때 그 집합의 관측들도 같은 군집의 집합을 보여 줄까? 이것은 대답하기 어려운 질문이다. 군집화에는 p-값을 할당해 우연히 예상한 것보다 군집에 대한 증거가 더 많은지 평가하는 몇 가지 기법이 있지만, 가장 좋은 접근법에 대한 합의는 아직 없다. 자세한 내용은 ESL에서 찾아볼 수 있다.

군집화의 기타 고려 사항

K-평균 군집화와 계층적 군집화는 각각의 관측을 하나의 군집에 할당한다. 그러나 때로는 이것이 적절하지 않을 수 있다. 예를 들어 대부분의 관측이 실제로 소수의 (알려지지 않은) 하위 그룹에 속하고, 관측의 작은 부분집합이 서로 또는 다른 모든 관측과 상당히 다를 경우도 생각해 볼 수 있기 때문이다. 그러면 K-평균과 계층적 군집화로 '모든' 관측이 군집에 강제로 할당되기 때문에 어떤 군집에도 속하지 않는 이상값들이 군집을 크게 왜곡할 수 있다. 혼합 모형은 이상값을 수용하기 위한 매력적인 접근법이다. 이것은 K-평균 군집화의 소프트(soft) 버전에 해당하며, ESL에서 설명된다.

게다가 군집화 방법은 일반적으로 데이터의 변동에 대해 로버스트(robust)하지 않다. 예를 들어 n개의 관측을 군집화한 다음, n개의 관측 중 일부를 무작위로 제거한 후에 다시 관측을 군집화한다고 가정해 보자. 얻은 두 군집이 상당히 유사할 것으로 기대하겠지만 종종 그렇지 않다.

군집화 결과 해석을 위해 강화된 접근법

군집화와 관련된 몇 가지 문제를 설명했다. 군집화는 적절하게 사용된다면 매우 유용하고 효과적인 통계 도구가 될 수 있다. 데이터를 어떻게 표준화하고 어떤 유형의 연결을 사용하는지와 같이 군집화를 수행하는 방식에서 작은 결정이 결과에 큰 영향을 미칠 수 있다고 언급했다. 따라서 이런 모수를 다양하게 선택해 군집화를 수행하고 전체 결과 집합을 살펴보면서 어떤 패턴이 일관되게 나타나는지 보는 것이 좋다. 군집화가 로버스트하지 않을 수 있으므로 얻은 군집이 로버스트한지 알아내기 위해 데이터의 하위 집합을 군집화할 것을 추천한다. 가장 중요한 것으로 군집화 분석 결과를 어떻게 보고하는지에 주의해야 한다. 이런 결과를 데이터 세트에 대한 절대 진리로 받아들여서는 안 된다. 오히려 그 결과는 과학적 가설 개발과 독립적인(독자적인) 데이터 세트에 대한 후속 연구를 위한 출발점으로 삼아야 한다.

12.5 실습: 비지도학습

이 실습에서는 여러 데이터 세트를 통해 PCA와 군집화를 시연한다. 다른 실습처럼 몇몇 라이브러리를 가져오는 것으로 시작한다. 이렇게 하면 코드의 가독성이 좋아지기 때문에 IPython 노트북의 첫 몇 줄만 훑어보아도 어떤 라이브러리들이 사용되는지 파악할 수 있다.

In[1]:
```
import numpy as np
import pandas as pd
import matplotlib.pyplot as plt
from statsmodels.datasets import get_rdataset
from sklearn.decomposition import PCA
from sklearn.preprocessing import StandardScaler
from ISLP import load_data
```

이번 실습에 필요한 새로운 라이브러리들을 가져온다.

In[2]:
```
from sklearn.cluster import \
     (KMeans,
      AgglomerativeClustering)
from scipy.cluster.hierarchy import \
     (dendrogram,
      cut_tree)
from ISLP.cluster import compute_linkage
```

12.5.1 주성분분석

이 실습에서는 R 환경에서 제공하는 `USArrests` 데이터 세트에 PCA를 실행한다. 다양한 표준 R 패키지에서 데이터를 가져올 수 있는 `get_rdataset()` 함수로 데이터를 추출한다. 이 데이터 세트의 행은 알파벳순으로 50개 주를 포함하고 있다.

In[3]:
```
USArrests = get_rdataset('USArrests').data
USArrests
```

Out[3]:
```
           Murder  Assault  UrbanPop  Rape
  Alabama    13.2      236        58  21.2
   Alaska    10.0      263        48  44.5
  Arizona     8.1      294        80  31.0
      ...     ...      ...       ...   ...
Wisconsin     2.6       53        66  10.8
  Wyoming     6.8      161        60  15.6
```

데이터 세트의 열에는 네 개의 변수가 있다.

In[4]:
```
USArrests.columns
```

Out[3]:
```
Index(['Murder', 'Assault', 'UrbanPop', 'Rape'],
      dtype='object')
```

먼저 데이터를 간략히 검토한다. 변수들의 평균값이 매우 다르다는 것을 알 수 있다.

In[5]:
```
USArrests.mean()
```

Out[5]:
```
Murder        7.788
Assault     170.760
UrbanPop     65.540
Rape         21.232
dtype: float64
```

데이터프레임은 열별 요약을 계산할 때 유용한 여러 메소드로 되어 있다. `var()` 메소드를 사용해 네 변수의 분산도 검토할 수 있다.

In[6]:
```
USArrests.var()
```

Out[6]:
```
Murder        18.970465
Assault     6945.165714
UrbanPop     209.518776
Rape          87.729159
dtype: float64
```

당연히 변수 사이의 분산도 매우 다르다. `UrbanPop` 변수는 각각의 주에서 도시 지역에 거주하는 인구 비율을 측정하는데, 이는 각 주에서 인구 10만 명당 발생하는 강간 건수와 비교할 수 있는 수치가 아니다. PCA는 데이터 세트에서 대부분의 분산을 설명하는 파생 변수를 찾는다. 변수를 PCA 수행 전에 척도화하지 않으면 주성분은 대부분 `Assault` 변수에 의해 좌우될 것이다. 이 변수의 분산이 가장 크기 때문이다. 따라서 변수가 다른 단위로 측정되거나 규모의 차이가 클 경우 PCA 수행 전에 변수를 표준화해 표준편차가 1이 되게 하는 것이 권장된다. 보통 평균도 0으로 설정한다.

앞에서 임포트한 `StandardScaler()` 변환을 통해 척도화한다. 먼저 스케일러

(Scaler)를 fit으로 적합해 필요한 평균과 표준편차를 계산한 다음, transform 메소드로 데이터에 적용한다. 앞에서와 마찬가지로 fit_transform() 메소드로 이 단계를 결합한다.

In[7]:
```
scaler = StandardScaler(with_std=True,
                        with_mean=True)
USArrests_scaled = scaler.fit_transform(USArrests)
```

데이터를 척도화한 다음, sklearn.decomposition 패키지에서 PCA() 변환을 사용하면 주성분분석을 수행할 수 있다.

In[8]:
```
pcaUS = PCA()
```

(기본적으로 PCA() 변환은 변수를 평균이 0이 되도록 중심화하지만 척도화하지는 않는다). pcaUS 변환을 사용하면 fit()에서 반환되는 PCA scores를 찾을 수 있다. fit 메소드가 호출되면 pcaUS 객체는 다양하고 유용한 정보를 담는다.

In[9]:
```
pcaUS.fit(USArrests_scaled)
```

적합하면 mean_ 속성은 변수들의 평균값에 해당하게 된다. scaler()로 데이터를 중심화하고 척도화했기 때문에 모든 평균값은 0이 된다.

In[10]:
```
pcaUS.mean_
```

Out[10]:
```
array([-0.,  0., -0.,  0.])
```
[10]

점수는 pcaUS에 fit을 수행한 후 transform() 메소드를 사용해 계산할 수 있다.

In[11]:
```
scores = pcaUS.transform(USArrests_scaled)
```

이 점수들의 그래프는 다음 절에서 그릴 예정이다. components_ 속성은 주성분 적재값을 제공한다. pcaUS.components_의 각 행은 해당하는 주성분 적재 벡터를 포함한다.

10 (옮긴이) 결괏값이 −7.10542736e-17과 같이 부동소수점 표현으로 출력되었다면 이는 실제는 약 −0.0000000000000000710542736과 같이 0에 가까운 매우 작은 수를 의미한다.

In[12]:
```
pcaUS.components_
```

Out[12]:
```
array([[ 0.53589947,  0.58318363,  0.27819087,  0.54343209],
       [ 0.41818087,  0.1879856 , -0.87280619, -0.16731864],
       [-0.34123273, -0.26814843, -0.37801579,  0.81777791],
       [ 0.6492278 , -0.74340748,  0.13387773,  0.08902432]])
```

biplot은 PCA를 사용할 때 자주 사용되는 시각화 방법이다. sklearn에 기본적으로 내장되어 있지는 않지만, 이런 그래프를 만들 수 있는 파이썬 패키지가 있다. 여기서는 간단한 행렬도(biplot)를 수동으로 만들어 본다.

In[13]:
```
i, j = 0, 1 # 어떤 주성분들을 선택할까
fig, ax = plt.subplots(1, 1, figsize=(8, 8))
ax.scatter(scores[:,0], scores[:,1])
ax.set_xlabel('PC%d' % (i+1))
ax.set_ylabel('PC%d' % (j+1))
for k in range(pcaUS.components_.shape[1]):
    ax.arrow(0, 0, pcaUS.components_[i,k], pcaUS.components_[j,k])
    ax.text(pcaUS.components_[i,k],
            pcaUS.components_[j,k],
            USArrests.columns[k])
```

이 그림은 y축을 기준으로 [그림 12.1]을 반사한 것임에 주의한다. 주성분은 부호가 바뀌기 전까지만 고유하므로 두 번째 점수 및 적재값 세트의 부호를 뒤집어 이 그림을 재현할 수 있다. 또한 적재값을 강조하기 위해 화살표의 길이를 길게 했다.

In[14]:
```
scale_arrow = s_ = 2
scores[:,1] *= -1
pcaUS.components_[1] *= -1 # y축을 뒤집는다
fig, ax = plt.subplots(1, 1, figsize=(8, 8))
ax.scatter(scores[:,0], scores[:,1])
ax.set_xlabel('PC%d' % (i+1))
ax.set_ylabel('PC%d' % (j+1))
for k in range(pcaUS.components_.shape[1]):
    ax.arrow(0, 0, s_*pcaUS.components_[i,k],
             s_*pcaUS.components_[j,k])
    ax.text(s_*pcaUS.components_[i,k],
            s_*pcaUS.components_[j,k],
            USArrests.columns[k])
```

주성분점수의 표준편차는 다음과 같다.

In[15]:
```
scores.std(0, ddof=1)
```

Out[15]:
```
array([1.5909, 1.0050, 0.6032, 0.4207])
```

각 점수의 분산은 pcaUS 객체의 explained_variance_ 속성으로 직접 추출할 수 있다.

In[16]:
```
pcaUS.explained_variance_
```

Out[16]:
```
array([2.5309, 1.01  , 0.3638, 0.177 ])
```

각 주성분이 설명하는 분산의 비율(PVE)은 explained_variance_ratio_에 저장된다.

In[17]:
```
pcaUS.explained_variance_ratio_
```

Out[17]:
```
array([0.6201, 0.2474, 0.0891, 0.0434])
```

첫 번째 주성분이 데이터의 분산 중 62.0%를, 다음 주성분이 24.7%를 설명한다는 것을 확인할 수 있다. 각각의 성분으로 설명되는 PVE와 누적 PVE를 그래프로 나타낼 수 있다. 우선 분산의 비율을 그래프로 표현한다.

In[18]:
```
%%capture
fig, axes = plt.subplots(1, 2, figsize=(15, 6))
ticks = np.arange(pcaUS.n_components_)+1
ax = axes[0]
ax.plot(ticks,
        pcaUS.explained_variance_ratio_,
        marker='o')
ax.set_xlabel('Principal Component');
ax.set_ylabel('Proportion of Variance Explained')
ax.set_ylim([0,1])
ax.set_xticks(ticks)
```

%%capture를 사용하면 부분적으로 완성된 그림이 표시되지 않는다는 점에 주목하자.

In[19]:
```
ax = axes[1]
ax.plot(ticks,
        pcaUS.explained_variance_ratio_.cumsum(),
```

```
        marker='o')
ax.set_xlabel('Principal Component')
ax.set_ylabel('Cumulative Proportion of Variance Explained')
ax.set_ylim([0, 1])
ax.set_xticks(ticks)
fig
```

결과는 [그림 12.3]에 표시된 그래프와 유사하다. cumsum() 메소드로 숫자 벡터 원소들의 누적합을 계산한다는 점에 주의한다. 예를 들면 다음과 같다.

In[20]:
```
a = np.array([1,2,8,-3])
np.cumsum(a)
```

Out[20]:
```
array([ 1, 3, 11, 8])
```

12.5.2 행렬 완성

이제 USArrests 데이터에서 12.3절에서 수행한 분석을 재현한다.

12.2.2절에서 중심화된 데이터 행렬 $\mathbf{X}$의 최적화 문제 식 (12.6)을 해결하는 게 데이터의 첫 M 주성분을 계산하는 것과 동일함을 보았다. 다음에서는 척도화와 중심화가 수행된 USArrests 데이터를 $\mathbf{X}$로 사용한다. 특이값 분해(SVD, singular value decomposition)는 식 (12.6)의 문제를 해결하기 위한 일반적인 알고리즘이다.

In[21]:
```
X = USArrests_scaled
U, D, V = np.linalg.svd(X, full_matrices=False)
U.shape, D.shape, V.shape
```

Out[21]:
```
((50, 4), (4,), (4, 4))
```

np.linalg.svd() 함수는 U, D, V의 세 성분을 반환한다. V 행렬은 (부호 뒤집기와 같은 사소한 부분을 제외하면) 주성분의 적재값 행렬(loading matrix)과 동일하다. full_matrices = False 옵션을 사용하면 고차원 행렬에서 U의 형태가 X의 형태와 같다는 것을 확인할 수 있다.

In[22]:
```
V
```

Out[22]:
```
array([[-0.53589947, -0.58318363, -0.27819087, -0.54343209],
       [ 0.41818087,  0.1879856 , -0.87280619, -0.16731864],
       [-0.34123273, -0.26814843, -0.37801579,  0.81777791],
       [ 0.6492278 , -0.74340748,  0.13387773,  0.08902432]])
```

In[23]:
```
pcaUS.components_
```

Out[23]:
```
array([[ 0.53589947,  0.58318363,  0.27819087,  0.54343209],
       [ 0.41818087,  0.1879856 , -0.87280619, -0.16731864],
       [-0.34123273, -0.26814843, -0.37801579,  0.81777791],
       [ 0.6492278 , -0.74340748,  0.13387773,  0.08902432]])
```

U 행렬은 PCA 점수 행렬의 '표준화' 버전에 해당한다(각각의 열은 제곱합이 1이 되도록 표준화된다). U의 각 열에 D의 해당 원소를 곱하면 (의미 없는 부호 전환을 제외하면) PCA 점수를 정확히 복원할 수 있다.

In[24]:
```
(U * D[None,:])[:3]
```

Out[24]:
```
array([[-0.9856,  1.1334, -0.4443,  0.1563],
       [-1.9501,  1.0732,  2.04  , -0.4386],
       [-1.7632, -0.746 ,  0.0548, -0.8347]])
```

In[25]:
```
scores[:3]
```

Out[25]:
```
array([[ 0.9856, -1.1334, -0.4443,  0.1563],
       [ 1.9501, -1.0732,  2.04  , -0.4386],
       [ 1.7632,  0.746 ,  0.0548, -0.8347]])
```

이 실습을 PCA() 추정기를 사용해 수행할 수도 있지만, 여기서는 np.linalg.svd() 함수를 사용해 그 사용법을 설명한다.

이제 50×4 데이터 행렬에서 20개의 항목을 무작위로 생략한다. 우선 행(주) 20개를 무작위로 선택한 다음, 각 행의 네 항목 중 하나를 무작위로 선택한다. 이렇게 하면 모든 행에 적어도 세 개의 관측값이 있음을 보장한다.

In[26]:
```
n_omit = 20
np.random.seed(15)
r_idx = np.random.choice(np.arange(X.shape[0]),
                         n_omit,
                         replace=False)
c_idx = np.random.choice(np.arange(X.shape[1]),
```

```
                        n_omit,
                        replace=True)
Xna = X.copy()
Xna[r_idx, c_idx] = np.nan
```

여기서 배열 r_idx는 0에서 49까지의 정수 20개를 포함한다. 결측값을 포함하도록 선택된 주(X의 행)를 대표한다. 그리고 c_idx는 0에서 3까지의 정수 20개를 포함하며, 선택된 각각의 주에서 결측값이 포함된 특징(X의 열)을 나타낸다.

이제 [알고리즘 12.1]을 구현하기 위한 코드를 작성한다. 먼저 행렬을 입력으로 받아 svd() 함수로 그 행렬의 근사값을 반환하는 함수를 작성한다. 과정은 [알고리즘 12.1]의 2단계에서 필요하다.

In[27]:
```
def low_rank(X, M=1):
    U, D, V = np.linalg.svd(X)
    L = U[:,:M] * D[None,:M]
    return L.dot(V[:M])
```

알고리즘의 1단계를 진행하기 위해 누락된 값을 비누락 항목의 열 평균으로 대체해 Xhat을 초기화한다. 이는 [알고리즘 12.1]에서 $\tilde{\mathbf{X}}$에 해당한다. 이 값들은 행의 축을 따라 np.nanmean()을 실행한 다음 Xbar에 저장된다. 복사본을 만들어 다음에서 Xhat에 값을 할당할 때 Xna의 값도 덮어쓰지 않도록 한다.

In[28]:
```
Xhat = Xna.copy()
Xbar = np.nanmean(Xhat, axis=0)
Xhat[r_idx, c_idx] = Xbar[c_idx]
```

2단계를 시작하기 전에 반복 과정의 진행 상태를 측정할 수 있도록 준비한다.

In[29]:
```
thresh = 1e-7
rel_err = 1
count = 0
ismiss = np.isnan(Xna)
mssold = np.mean(Xhat[~ismiss]**2)
mss0 = np.mean(Xna[~ismiss]**2)
```

여기서 ismiss는 Xna와 동일한 차원의 논리값 행렬로, 해당 행렬 원소가 누락되면 True로 표시된다. ~ismiss 표기법으로는 불 벡터를 사용할 수 없지만, 누락된 항목과 누락되지 않은 항목에 모두 접근할 수 있기 때문에 유용하다. 누락되지 않은 원소의 제곱의 평균을 mss0에 저장한다. 이전 버전 Xhat의 누락되지 않은 원소의 평균제곱오차는 mssold에 저장한다(현재 mss0과 일치함). 현재 버전 Xhat의 누락되지 않은 원소의 평균제곱오차는 mss에 저장할 계획이며, 상대오차 (mssold-mss)/mss0가 thresh = 1e-7보다 낮아질 때까지 [알고리즘 12.1]의 2단계를 반복한다.[11]

[알고리즘 12.1]의 2(a) 단계에서 low_rank()를 사용해 Xhat을 근사화하며, 이를 Xapp라 한다. 2(b) 단계에서는 Xapp를 사용해 Xna에 누락된 원소를 가진 Xhat의 추정값을 업데이트한다. 마지막으로 2(c) 단계에서 상대오차를 계산한다. 이 세 단계가 다음 while 루프 내에 포함된다.

In[30]:
```
while rel_err > thresh:
    count += 1
    # 단계2(a)
    Xapp = low_rank(Xhat, M=1)
    # 단계2(b)
    Xhat[ismiss] = Xapp[ismiss]
    # 단계2(c)
    mss = np.mean(((Xna - Xapp)[~ismiss])**2)
    rel_err = (mssold - mss) / mss0
    mssold = mss
    print("Iteration: {0}, MSS:{1:.3f}, Rel.Err {2:.2e}"
          .format(count, mss, rel_err))
```

Out[30]:
```
Iteration: 1, MSS:0.395, Rel.Err 5.99e-01
Iteration: 2, MSS:0.382, Rel.Err 1.33e-02
Iteration: 3, MSS:0.381, Rel.Err 1.44e-03
Iteration: 4, MSS:0.381, Rel.Err 1.79e-04
Iteration: 5, MSS:0.381, Rel.Err 2.58e-05
Iteration: 6, MSS:0.381, Rel.Err 4.22e-06
Iteration: 7, MSS:0.381, Rel.Err 7.65e-07
Iteration: 8, MSS:0.381, Rel.Err 1.48e-07
Iteration: 9, MSS:0.381, Rel.Err 2.95e-08
```

8번의 반복 후 상대오차가 thresh = 1e-7 아래로 떨어졌으므로 알고리즘이 종료된다. 이때 누락되지 않은 원소의 평균제곱오차는 0.381이다. 마지막으로 20개의 추정값과 실젯값 사이의 상관관계를 계산한다.

11 [알고리즘 12.1]은 식 (12.14)의 감소가 더 이상 감지되지 않을 때까지 2단계를 반복하도록 지시한다. 식 (12.14)의 감소 여부를 판단하기 위해 mssold-mss만 추적하면 되지만, 실제로는 (mssold-mss)/mss0를 추적한다. 원본 데이터 $\mathbf{X}$에 상수 인자를 곱했는지 여부와 관계없이 [알고리즘 12.1]의 수렴에 필요한 반복 횟수를 일정하게 유지한다.

```
In[31]:  np.corrcoef(Xapp[ismiss], X[ismiss])[0,1]
```

```
Out[31]: 0.711
```

이 실습에서는 교육 목적으로 [알고리즘 12.1]을 직접 구현했다. 그러나 자신의 데이터에 행렬 완성(matrix completion)을 적용하고 싶은 독자라면 더 전문화된 파이썬 구현체를 찾을 수 있을 것이다.

12.5.3 군집화

K-평균 군집화

추정기 `sklearn.cluster.KMeans()`는 파이썬에서 K-평균 군집화를 실행한다. 데이터에 실제로 두 개의 군집이 존재하는 간단한 시뮬레이션 예제로 시작한다. 처음 25개의 관측은 다음 25개의 관측에 비해 평균 이동이 있다.

```
In[32]:  np.random.seed(0);
         X = np.random.standard_normal((50,2));
         X[:25,0] += 3;
         X[:25,1] -= 4;
```

$K=2$로 K-평균 군집화를 수행한다.

```
In[33]:  kmeans = KMeans(n_clusters=2,
                         random_state=2,
                         n_init=20).fit(X)
```

결과를 재현하기 위해 `random_state`를 지정한다. 50개 관측의 군집 할당은 `kmeans.labels_`에 포함된다.

```
In[34]:  kmeans.labels_
```

```
Out[34]: array([1, 1, 1, 1, 1, 1, 1, 1, 1, 1, 1, 1, 1, 1, 1, 1, 1, 1, 1,
                1, 1, 0, 1, 1, 1, 0, 0, 0, 0, 0, 0, 0, 0, 0, 0, 0, 0, 0,
                0, 0, 0, 0, 0, 0, 0, 0, 0, 0, 0, 0], dtype=int32)
```

K-평균 군집화는 `KMeans()`에 그룹 정보를 제공하지 않았음에도 관측을 두 개의 군집으로 완벽하게 분리했다. 군집 할당에 따라 각각의 관측에 색상을 지정해 데이터를 그래프로 나타낼 수 있다.

In[35]:
```
fig, ax = plt.subplots(1, 1, figsize=(8,8))
ax.scatter(X[:,0], X[:,1], c=kmeans.labels_)
ax.set_title("K-Means Clustering Results with K=2");
```

지금은 관측이 2차원이므로 쉽게 그릴 수 있다. 만약 변수가 두 개 이상이었다면 PCA를 수행하고 처음 두 개의 주성분점수 벡터를 그려 군집을 표현했을 것이다.

이 예제에서는 데이터를 직접 생성했기 때문에 실제로 두 개의 군집이 있음을 알고 있었다. 그러나 실제 데이터에서는 군집의 참 개수나 그 존재 여부를 알 수 없다. 이 예제에 $K=3$을 사용해 K-평균 군집화를 수행할 수도 있었다.

In[36]:
```
kmeans = KMeans(n_clusters=3,
                random_state=3,
                n_init=20).fit(X)
fig, ax = plt.subplots(figsize=(8,8))
ax.scatter(X[:,0], X[:,1], c=kmeans.labels_)
ax.set_title("K-Means Clustering Results with K=3");
```

$K=3$일 때 K-평균 군집화는 군집을 두 개로 분할한다. `n_init` 인자를 사용해 20번의 초기 군집 할당으로 K-평균을 실행했다(기본값은 10이다). `n_init` 값이 1보다 크게 사용되면 K-평균 군집화는 [알고리즘 12.2]의 1단계에서 여러 무작위 할당을 사용해 수행되며, `KMeans()` 함수는 가장 좋은 결과만을 보고한다. 여기서는 `n_init = 1`과 `n_init = 20`을 사용한 경우를 비교한다.

In[37]:
```
kmeans1 = KMeans(n_clusters=3,
                 random_state=3,
                 n_init=1).fit(X)
kmeans20 = KMeans(n_clusters=3,
                  random_state=3,
                  n_init=20).fit(X);
kmeans1.inertia_, kmeans20.inertia_
```

Out[37]:
```
(78.06, 75.04)
```

`kmeans.inertia_`는 총 군집 내 제곱합으로, K-평균 군집화 식 (12.17)을 수행해 최소화하려는 값이다.

바람직하지 않은 국소 최적해를 얻을 수 있으므로 항상 20이나 50 같은 큰 `n_init` 값을 사용해 K-평균 군집화를 실행하길 '강력히' 추천한다.

K-평균 군집화를 실행할 때 여러 개의 초기 군집 할당을 사용하는 것뿐만 아니라, KMeans()의 random_state 인자로 랜덤 시드를 설정하는 일도 중요하다. 이런 방법으로 1단계에서 초기 군집 할당을 그대로 반복할 수 있으며, K-평균의 결과를 완전히 재현할 것이다.

계층적 군집화

sklearn.clustering 패키지의 AgglomerativeClustering() 클래스로 계층적 군집화를 구현할 수 있다. 이름이 길어 '계층적 군집화'를 HClust라는 약어로 사용하겠다. 이 메소드를 사용해도 반환 타입은 바뀌지 않기 때문에 인스턴스는 여전히 AgglomerativeClustering 클래스의 객체임에 유의하자. 이어지는 예제에서는 바로 앞의 실습 데이터를 이용해 계층적 군집화 덴드로그램을 그려볼 텐데, 유클리드 거리를 비유사성 측도로 하는 완전 연결, 단일 연결, 평균 연결 군집화를 이용할 것이다. 먼저 관측을 완전 연결로 군집화하는 방법부터 시작해 보자.

```
In[38]:  HClust = AgglomerativeClustering
         hc_comp = HClust(distance_threshold=0,
                          n_clusters=None,
                          linkage='complete')
         hc_comp.fit(X)
```

이것으로 전체 덴드로그램을 계산한다. 평균 또는 단일 연결 계층적 군집화도 마찬가지로 쉽게 수행할 수 있다.

```
In[39]:  hc_avg = HClust(distance_threshold=0,
                         n_clusters=None,
                         linkage='average');
         hc_avg.fit(X)
         hc_sing = HClust(distance_threshold=0,
                          n_clusters=None,
                          linkage='single');
         hc_sing.fit(X);
```

미리 계산된 거리 행렬을 사용하려면 추가 인자 metric = "precomputed"를 제공해야 한다. 다음 코드의 첫 네 줄은 50×50 쌍별 거리 행렬(pairwise-distance matrix)을 계산한다.

In[40]:
```
D = np.zeros((X.shape[0], X.shape[0]));
for i in range(X.shape[0]):
    x_ = np.multiply.outer(np.ones(X.shape[0]), X[i])
    D[i] = np.sqrt(np.sum((X - x_)**2, 1));
hc_sing_pre = HClust(distance_threshold=0,
                     n_clusters=None,
                     metric='precomputed',
                     linkage='single')
hc_sing_pre.fit(D)
```

scipy.cluster.hierarchy의 dendrogram()을 사용해 덴드로그램을 그린다. 하지만 dendrogram()은 군집화의 이른바 연결 행렬 표현(linkage-matrix representation)을 요구하는데, AgglomerativeClustering()에서 직접 제공하진 않지만 계산할 수 있다. 이 목적으로 ISLP.cluster 패키지에서 compute_linkage() 함수를 제공한다.

이제 덴드로그램을 그릴 수 있다. 그래프 하단의 숫자는 각각의 관측을 식별하기 위한 것이다. dendrogram() 함수는 나무의 가지들을 서로 다른 색으로 칠해 특정 깊이에서 지정된 절단을 할 수 있도록 알려 주는 기능을 기본으로 제공한다. 이 기본값을 무한대로 설정해 계속해서 다시 그리는 방법을 선호한다. 덴드로그램이 이렇게 동작하기를 대부분 바라므로 이 값을 cargs 사전에 저장하고 이를 키워드 인자로 전달하는 **cargs 표기법을 사용한다.

In[41]:
```
cargs = {'color_threshold':-np.inf,
         'above_threshold_color':'black'}
linkage_comp = compute_linkage(hc_comp)
fig, ax = plt.subplots(1, 1, figsize=(8, 8))
dendrogram(linkage_comp,
           ax=ax,
           **cargs);
```

절단 임곗값 위아래의 나뭇가지를 다르게 색칠하려면 color_threshold를 변경하면 된다. 나무를 높이 4에서 자르고 4 이상으로 병합되는 링크는 검은색으로 칠해 보자.

In[42]:
```
fig, ax = plt.subplots(1, 1, figsize=(8, 8))
dendrogram(linkage_comp,
           ax=ax,
           color_threshold=4,
           above_threshold_color='black');
```

덴드로그램의 특정 경계와 관련된 각 관측값의 군집 레이블을 결정하려면 scipy.cluster.hierarchy의 cut_tree() 함수를 사용할 수 있다.

```
In[43]:  cut_tree(linkage_comp, n_clusters=4).T
```

```
Out[43]: array([[0, 1, 0, 0, 1, 1, 0, 1, 0, 0, 2, 0, 0, 0, 1, 1, 0, 0, 1,
                 0, 0, 2, 0, 2, 2, 3, 2, 3, 3, 3, 3, 2, 3, 3, 3, 3, 2, 3,
                 3, 3, 3, 2, 3, 3, 3, 3, 3, 3, 3, 3]])
```

n_clusters 인자를 HClust()에 제공해 동일한 결과를 얻을 수도 있지만, 경계마다 군집화를 다시 계산해야 한다. 비슷하게 distance_threshold를 HClust()에 인자로 제공하거나 height를 cut_tree()에 인자로 제공해 거리 임곗값에 따라 나무를 자를 수 있다.

```
In[44]:  cut_tree(linkage_comp, height=5)
```

```
Out[44]: array([[0, 0, 0, 0, 0, 0, 0, 0, 0, 0, 1, 0, 0, 0, 0, 0, 0, 0, 0,
                 0, 0, 1, 0, 1, 1, 2, 1, 2, 2, 2, 2, 1, 2, 2, 2, 2, 1, 2,
                 2, 2, 2, 1, 2, 2, 2, 2, 2, 2, 2, 2]])
```

관측값의 계층적 군집화를 실행하기 전에 변수를 척도화하려면 PCA 예제처럼 StandardScaler()를 사용하면 된다.

```
In[45]:  scaler = StandardScaler()
         X_scale = scaler.fit_transform(X)
         hc_comp_scale = HClust(distance_threshold=0,
                                n_clusters=None,
                                linkage='complete').fit(X_scale)
         linkage_comp_scale = compute_linkage(hc_comp_scale)
         fig, ax = plt.subplots(1, 1, figsize=(8, 8))
         dendrogram(linkage_comp_scale, ax=ax, **cargs)
         ax.set_title("Hierarchical Clustering with Scaled Features");
```

관측값 사이의 상관관계 기반 거리를 군집화에 사용할 수 있다. 두 관측값 사이의 상관관계는 특징 값의 유사성을 측정한다.[12] n개의 관측값이 있을 때 $n \times n$ 상관행렬은 유사성(또는 친밀도) 행렬로 사용될 수 있으며, 상관행렬에서 1을 뺀 값이 군집화에 사용되는 비유사성 행렬이 된다.

12 각 관측에 p개의 특징이 있고 각 특징은 단일한 수치인 경우를 생각해 보자. 이때 두 관측의 유사성은 p쌍의 숫자의 상관관계를 계산해 측정한다.

두 관측에 두 개의 특징에 대한 측정만 있는 경우 절대 상관관계는 항상 1이므로, 상관관계는 적어도 세 개의 특징이 있는 데이터에서 사용해야 의미가 있다는 점에 유의한다. 따라서 3차원 데이터 세트를 군집화한다.

In[46]:
```
X = np.random.standard_normal((30, 3))
corD = 1 - np.corrcoef(X)
hc_cor = HClust(linkage='complete',
                distance_threshold=0,
                n_clusters=None,
                metric='precomputed')
hc_cor.fit(corD)
linkage_cor = compute_linkage(hc_cor)
fig, ax = plt.subplots(1, 1, figsize=(8, 8))
dendrogram(linkage_cor, ax=ax, **cargs)
ax.set_title("Complete Linkage with Correlation-Based Dissimilarity");
```

12.5.4 NCI60 데이터 예제

유전체 데이터 분석에 비지도학습 기법이 자주 사용된다. 특히 PCA와 계층적 군집화는 인기 있는 도구다. 64개의 암 세포주에 대한 6,830개의 유전자 발현 측정값을 포함하는 NCI 암 세포주 마이크로어레이 데이터에 이 기법을 적용해 설명한다.

In[47]:
```
NCI60 = load_data('NCI60')
nci_labs = NCI60['labels']
nci_data = NCI60['data']
```

각각의 세포주에는 암 유형 레이블이 붙어 있다. PCA와 군집화는 비지도 기법이므로 암 유형은 이용하지 않는다. 하지만 PCA와 군집화를 수행한 후 암 유형이 비지도 기법의 결과와 얼마나 일치하는지 확인할 것이다.

데이터는 64행과 6,830열로 이루어졌다.

In[48]:
```
nci_data.shape
```

Out[48]:
```
(64, 6830)
```

세포주의 암 유형을 검토한다.

In[49]:
```
nci_labs.value_counts()
```

Out[49]:
```
label
NSCLC          9
RENAL          9
MELANOMA       8
BREAST         7
COLON          7
LEUKEMIA       6
OVARIAN        6
CNS            5
PROSTATE       2
K562A-repro    1
K562B-repro    1
MCF7A-repro    1
MCF7D-repro    1
UNKNOWN        1
dtype: int64
```

NCI60 데이터에 대한 PCA

변수(유전자)의 표준편차를 1로 조정한 뒤 데이터에 PCA를 수행한다. 그러나 유전자는 같은 단위로 측정하므로 이때는 유전자를 척도화하지 않는 것이 더 합리적일 수 있다는 주장도 타당하다.

In[50]:
```
scaler = StandardScaler()
nci_scaled = scaler.fit_transform(nci_data)
nci_pca = PCA()
nci_scores = nci_pca.fit_transform(nci_scaled)
```

데이터를 시각화하기 위해 처음 몇 개의 주성분점수 벡터를 그린다. 주어진 암 유형에 해당하는 관측(세포주)은 같은 색상으로 표시하므로 암 유형 내의 관측들이 서로 얼마나 유사한지 확인할 수 있다.

In[51]:
```
cancer_types = list(np.unique(nci_labs))
nci_groups = np.array([cancer_types.index(lab)
                       for lab in nci_labs.values])
fig, axes = plt.subplots(1, 2, figsize=(15,6))
ax = axes[0]
ax.scatter(nci_scores[:,0],
           nci_scores[:,1],
           c=nci_groups,
           marker='o',
           s=50)
```

```
ax.set_xlabel('PC1'); ax.set_ylabel('PC2')
ax = axes[1]
ax.scatter(nci_scores[:,0],
           nci_scores[:,2],
           c=nci_groups,
           marker='o',
           s=50)
ax.set_xlabel('PC1'); ax.set_ylabel('PC3');
```

결과 그래프는 [그림 12.17]에서 확인할 수 있다.[13]

전반적으로 하나의 암 유형에 해당하는 세포주들은 처음 몇 개의 주성분점수 벡터에서 유사한 값을 가지는 경향이 있다. 이는 같은 암 유형의 세포주들이 유사한 유전자 발현 수준을 가지는 경향이 있음을 시사한다.

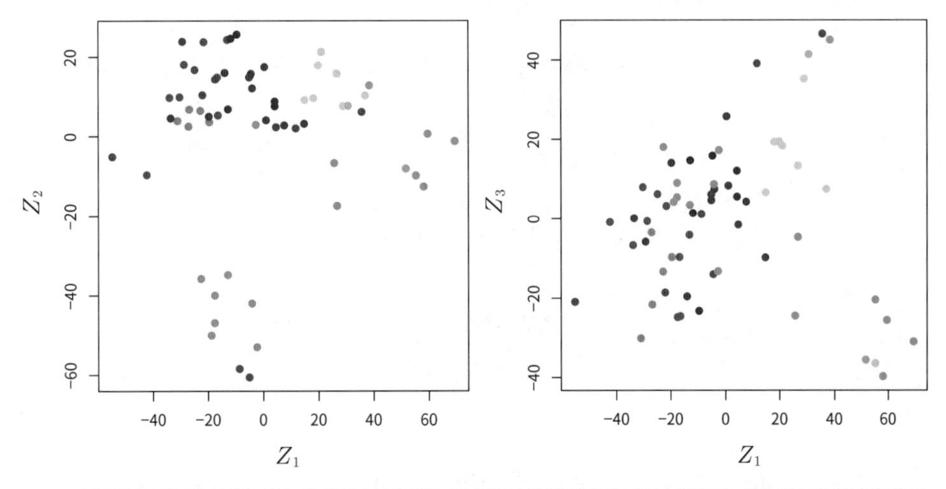

[그림 12.17] 세포주를 처음 세 개의 주성분(즉, 처음 세 개의 주성분점수)에 투영한다. 일반적으로 하나의 암 유형에 속하는 관측은 이 저차원 공간에서 서로 가까이 있을 경향이 있다. PCA와 같은 차원축소법을 사용하지 않고서는 데이터를 시각화하는 것이 불가능했을 것이다. 왜냐하면 전체 데이터 집합을 기반으로 할 때 $\binom{6,830}{2}$개의 가능한 산점도가 있고 이 중 어느 것도 특별히 유익하지 않았을 것이기 때문이다.

주성분이 설명하는 분산의 비율과 누적으로 설명하는 분산의 비율도 표현할 수 있다. 이전에 USArrests 데이터에서 작성한 그래프와 유사하다.

13 [그림 12.17]과 코드의 결과에서 주성분은 부호가 다를 수 있고 좌우 또는 상하로 뒤집힌 그래프가 나올 수 있다. 점의 색상은 c = nci_groups 인자에 그룹 번호로 지정되어 있으며 역시 [그림 12.17]과 다를 수 있지만, 같은 그룹이 같은 색으로 표시된다는 점에서 본질적으로 동일한 결과다.

In[52]:
```
fig, axes = plt.subplots(1, 2, figsize=(15,6))
ax = axes[0]
ticks = np.arange(nci_pca.n_components_)+1
ax.plot(ticks,
        nci_pca.explained_variance_ratio_,
        marker='o')
ax.set_xlabel('Principal Component');
ax.set_ylabel('PVE')
ax = axes[1]
ax.plot(ticks,
        nci_pca.explained_variance_ratio_.cumsum(),
        marker='o');
ax.set_xlabel('Principal Component')
ax.set_ylabel('Cumulative PVE');
```

결과 그래프는 [그림 12.18]에서 볼 수 있다.

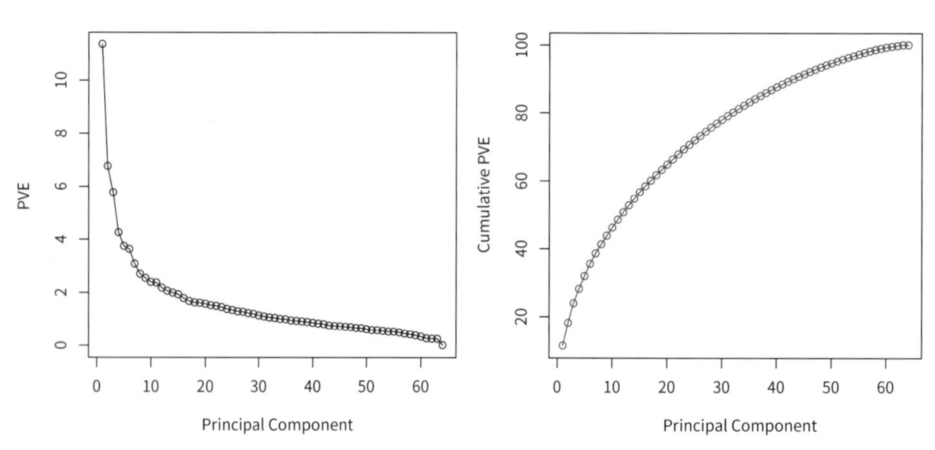

[그림 12.18] NCI 암 세포주 마이크로어레이 데이터 세트에서 주성분의 PVE. 왼쪽: 각 주성분의 PVE가 표시된다. 오른쪽: 주성분의 누적 PVE가 표시된다. 모든 주성분을 합치면 분산의 100%를 설명할 수 있다.

처음 7개의 주성분이 데이터 분산의 약 40%를 설명한다. 이는 분산에서 큰 부분이 아니다. 그러나 산비탈 그림을 보면 처음 7개의 주성분이 각각 상당량의 분산을 설명하지만, 이후 주성분으로 설명되는 분산은 현저히 감소한다. 즉, 대략 일곱 번째 주성분 이후에 그래프에 '팔꿈치'가 나타난다. 이는 7개 이상의 주성분을 조사하는 게 큰 이점이 없음을 시사한다(7개 주성분을 조사하는 것조차 어려울 수 있다).

NCI60 데이터의 관측값 군집화

완전, 단일 및 평균 연결을 사용해 NCI60 데이터의 세포주를 계층적으로 군집화한다. 다시 한번 목적은 관측이 서로 다른 암 유형으로 구분되는지 여부를 파악하는 것이다. 유사성 측도로 유클리드 거리를 사용한다. 우선 세 개의 덴드로그램을 생성하는 간단한 함수를 작성한다.

In[53]:
```
def plot_nci(linkage, ax, cut=-np.inf):
    cargs = {'above_threshold_color':'black',
             'color_threshold':cut}
    hc = HClust(n_clusters=None,
                distance_threshold=0,
                linkage=linkage.lower()).fit(nci_scaled)
    linkage_ = compute_linkage(hc)
    dendrogram(linkage_,
               ax=ax,
               labels=np.asarray(nci_labs),
               leaf_font_size=10,
               **cargs)
    ax.set_title('%s Linkage' % linkage)
    return hc
```

결과를 그래프로 나타내 보자.

In[54]:
```
fig, axes = plt.subplots(3, 1, figsize=(15,30))
ax = axes[0]; hc_comp = plot_nci('Complete', ax)
ax = axes[1]; hc_avg = plot_nci('Average', ax)
ax = axes[2]; hc_sing = plot_nci('Single', ax)
```

결과는 [그림 12.19]에서 확인할 수 있다. 연결 방식의 선택이 얻은 결과에 확실히 영향을 미친다는 것을 알 수 있다. 특히 단일 연결은 개별 관측이 하나씩 붙어 큰 군집을 형성하는 경향이 있다. 반면 완전 연결과 평균 연결은 더 균형 잡힌, 매력적인 군집을 형성하는 경향이 있다. 이런 이유로 단일 연결보다는 완전 연결과 평균 연결을 일반적으로 선호한다. 분명히 한 암 유형 내의 세포주들은 같이 군집을 형성하는 경향이 있으나 군집화는 완벽하지 않다. 다음 분석에서는 완전 연결 계층적 군집화를 사용할 것이다.

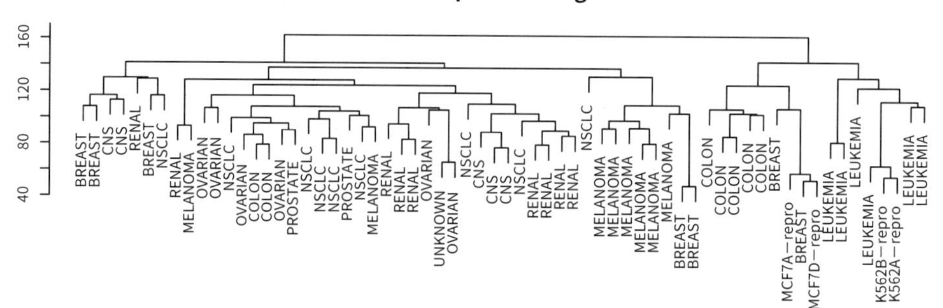

Average Linkage

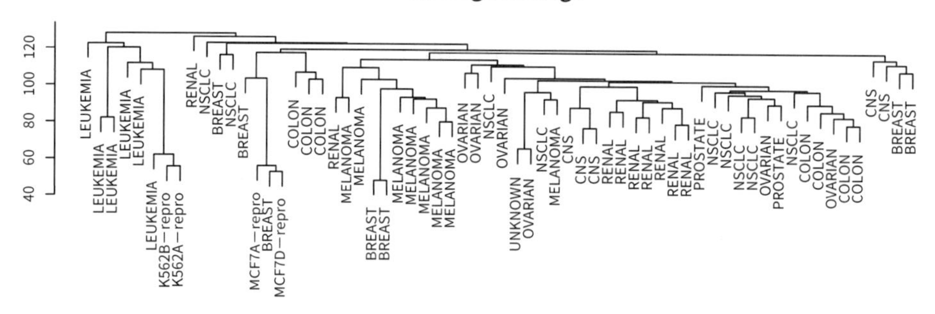

Single Linkage

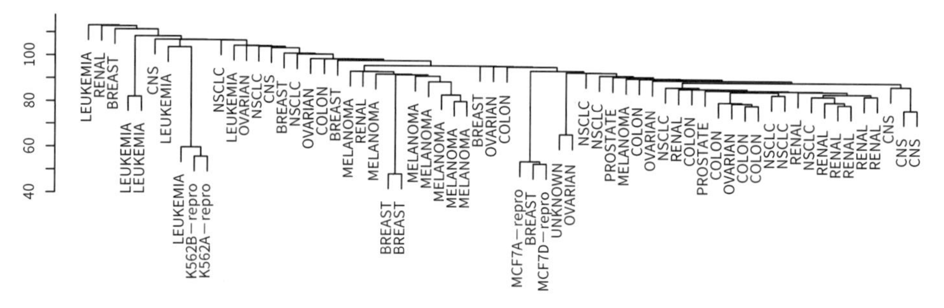

[그림 12.19] 평균, 완전, 단일 연결을 사용해 군집화한 NCI 암 세포주 마이크로어레이 데이터. 유클리드 거리를 불일치 측정값으로 사용한다. 완전 및 평균 연결은 비교적 균일한 크기의 군집을 형성하는 반면, 단일 연결은 개별적인 잎사귀가 하나씩 붙는 긴 군집을 형성하는 경향이 있다.

댄드로그램을 자를 때 군집의 개수를 지정할 수도 있다. 예를 들어 4개로 자르면 다음과 같다.

In[55]:
```
linkage_comp = compute_linkage(hc_comp)
comp_cut = cut_tree(linkage_comp, n_clusters=4).reshape(-1)
pd.crosstab(nci_labs['label'],
            pd.Series(comp_cut.reshape(-1), name='Complete'))
```

일부 명확한 패턴이 관찰된다. 백혈병 세포주는 모두 하나의 군집에 속하며, 유방암 세포주는 세 개의 다른 군집에 펼쳐져 있다.

이제 군집의 경계가 네 개인 덴드로그램을 그릴 수 있다.

In[56]:
```
fig, ax = plt.subplots(figsize=(10,10))
plot_nci('Complete', ax, cut=140)
ax.axhline(140, c='r', linewidth=4);
```

axhline() 함수는 기존 축 위에 수평선을 그린다. 140 인자는 덴드로그램에서 높이 140에 수평선을 그리는데, 이 높이에서 뚜렷한 네 개의 군집이 만들어진다. 결과적으로 생성된 군집이 comp_cut에서 얻은 군집과 같다는 것을 쉽게 확인할 수 있다.

앞에 12.4.2절에서 동일한 수의 군집을 얻기 위해 계층적으로 군집화된 덴드로그램 경계와 K-평균 군집화는 매우 다른 결과를 만들 수 있다고 주장했다. 이 NCI60 계층적 군집화 결과를 $K = 4$인 K-평균 군집화를 수행해 얻은 결과와 비교하면 어떨까?[14]

In[57]:
```
nci_kmeans = KMeans(n_clusters=4,
                    random_state=0,
                    n_init=20).fit(nci_scaled)
pd.crosstab(pd.Series(comp_cut, name='HClust'),
            pd.Series(nci_kmeans.labels_, name='K-means'))
```

Out[57]:
```
K-means    0  1  2  3
 HClust
     0    28  3  9  0
     1     7  0  0  0
     2     0  0  0  8
     3     0  9  0  0
```

계층적 군집화와 K-평균 군집화를 사용해서 만든 네 개의 군집은 뭔가 다르다. 먼저 두 군집화의 레이블은 임의적임을 알 수 있다. 즉, 군집의 식별자를 바꾸는 것이 군집화를 변경하지는 않는다. K-평균 군집화의 군집 3이 계층적 군집화의 군집 2와 동일하다. 그러나 다른 군집은 차이가 있다. 예를 들어 K-평균 군집화의 군집 0은 계층적 군집화에서 군집 0에 할당된 관측의 일부와 계층적 군집화에서 군집 1에 할당된 모든 관측을 포함한다.

14 (옮긴이) 버전에 따라 난수 생성에 차이가 있어 이 책에 제시된 것과 다른 결과가 나올 수 있다. random_state=0 대신 다른 값을 지정하면 다른 결과를 확인할 수 있다.

전체 데이터 행렬에 계층적 군집화를 수행하는 대신, 데이터의 소음이 덜한 버전으로 간주되는 처음 몇 개의 주성분점수 벡터에 계층적 군집화를 수행할 수도 있다.

In[58]:
```
hc_pca = HClust(n_clusters=None,
                distance_threshold=0,
                linkage='complete'
                ).fit(nci_scores[:,:5])
linkage_pca = compute_linkage(hc_pca)
fig, ax = plt.subplots(figsize=(8,8))
dendrogram(linkage_pca,
           labels=np.asarray(nci_labs),
           leaf_font_size=10,
           ax=ax,
           **cargs)
ax.set_title("Hier. Clust. on First Five Score Vectors")
pca_labels = pd.Series(cut_tree(linkage_pca,
                                n_clusters=4).reshape(-1),
                       name='Complete-PCA')
pd.crosstab(nci_labs['label'], pca_labels)
```

12.6 연습문제

개념

1. 이 문제는 K-평균 군집화 알고리즘과 관련이 있다.

   a) 식 (12.18)을 증명하라.

   b) 이 항등식을 바탕으로 K-평균 군집화 알고리즘([알고리즘 12.2])이 각각의 반복에서 목적 식 (12.17)의 값을 감소시킨다는 것을 논증하라.

2. 4개의 관측이 있고 이에 대해 다음과 같이 비유사성 행렬을 계산한다고 가정하자.

$$\begin{bmatrix} & 0.3 & 0.4 & 0.7 \\ 0.3 & & 0.5 & 0.8 \\ 0.4 & 0.5 & & 0.45 \\ 0.7 & 0.8 & 0.45 & \end{bmatrix}$$

   예를 들어 첫 번째와 두 번째 관측 사이의 비유사성은 0.3이며, 두 번째와 네 번째 관측 간의 비유사성은 0.8이다.

a) 이 비유사성 행렬을 기반으로 완전 연결을 사용해 이 4개의 관측을 계층적으로 군집화한 결과인 덴드로그램을 그린다. 각각의 융합이 발생하는 높이와 덴드로그램 각각의 잎사귀에 해당하는 관측을 그래프에 반드시 표시하라.

b) (a)를 반복하되, 이번에는 단일 연결 군집화를 사용하라.

c) (a)에서 얻은 덴드로그램을 잘라서 두 개의 군집을 만드는 경우를 생각해 보자. 각각의 군집에는 어떤 관측이 포함되는가?

d) (b)에서 얻은 덴드로그램을 잘라서 두 개의 군집을 만드는 경우를 생각해 보자. 각 군집에는 어떤 관측이 포함되는가?

e) 이 장에서 언급했듯이 덴드로그램에서 융합할 때마다 두 군집의 위치를 변경해도 덴드로그램의 의미는 변경되지 않는다. (a)의 덴드로그램과 동등한 덴드로그램을 그리되, 잎사귀 위치를 두 개 이상 재배치하지만 의미는 동일한 덴드로그램을 그려라.

3. 이 문제에서는 $n = 6$개 관측과 $p = 2$개 특징을 가진 작은 예제를, $K = 2$를 사용해 K-평균 군집화를 수동으로 수행한다. 관측은 다음과 같다.

Obs.	X_1	X_2
1	1	4
2	1	3
3	0	4
4	5	1
5	6	2
6	4	0

a) 관측을 그래프에 나타내라.

b) 각각의 관측에 임의로 군집 레이블을 할당하라. 이 작업을 수행하기 위해 `np.random.choice()` 함수를 사용할 수 있다. 각 관측의 군집 레이블을 보고하라.

c) 각 군집의 중심점을 계산하라.

d) 각각의 관측을 유클리드 거리 측면에서 가장 가까운 중심점에 할당하라. 각 관측의 군집 레이블을 보고하라.

e) 답이 변하지 않을 때까지 (c)와 (d)를 반복하라.

f) (a)에서 그린 그래프에 최종적으로 얻은 군집 레이블에 따라 관측을 색칠하라.

4. 특정 데이터 세트에 단일 연결과 완전 연결을 사용해 계층적 군집화를 수행하는 경우를 생각해 보자. 두 개의 덴드로그램을 얻을 수 있다.

   a) 단일 연결 덴드로그램의 특정 지점에서 군집 1, 2, 3과 4, 5가 융합된다. 완전 연결 덴드로그램에서도 군집 1, 2, 3과 4, 5가 특정 지점에서 융합된다. 나무에서 어느 융합이 더 높은 지점에서 발생하는가, 아니면 같은 높이에서 융합되는가, 아니면 판단할 수 있는 정보가 충분하지 않은가?

   b) 단일 연결 덴드로그램의 특정 지점에서 군집 5와 6이 융합된다. 완전 연결 덴드로그램에서도 군집 5와 6이 특정 지점에서 융합된다. 어느 융합이 나무에서 더 높은 지점에서 일어나는가, 아니면 같은 높이에서 융합되는가, 아니면 판단할 수 있는 정보가 충분하지 않은가?

5. [그림 12.16]에 있는 8명의 쇼핑객에서 양말과 컴퓨터 구매를 기준으로 $K = 2$를 사용해 K-평균 군집화를 수행했을 때 예상되는 결과를 설명하라. 표시된 각 변수의 척도화에 따라 세 가지 답변을 제공하라. 각각 하나씩 설명하라.

6. 12.2.2절에서 보았듯이 주성분 적재 벡터와 점수 벡터는 행렬에 대해 식 (12.5)와 같은 의미의 근사법을 제공한다. 구체적으로 주성분점수와 적재 벡터는 식 (12.6)의 최적화 문제의 해가 된다.

   이제 M개의 주성분점수 벡터 $z_{im}, m = 1, ..., M$을 알고 있는 경우를 생각해 보자. 식 (12.6)을 이용해 처음 M개의 주성분 적재 벡터 $\phi_{jm}, m = 1, ..., M$ 각각을 p개의 개별적인 최소제곱 선형회귀를 수행해서 구할 수 있음을 설명하라. 각 회귀에서 주성분점수 벡터는 예측변수이고 데이터 행렬의 특징 중 하나가 반응변수다.

응용

7. 이 장에서는 계층적 군집화를 위한 비유사성 측도로 상관관계 기반 거리와 유클리드 거리(Euclidean distance)를 언급했다. 이 두 측도는 거의 동등하다고 알려져 있다. 각 관측의 평균이 0이고 표준편차가 1이 되도록 중심화되었고 i번째와 j번째 관측 사이의 상관관계를 r_{ij}로 나타낼 때, $1 - r_{ij}$는 i번째와 j번째 관측 사이의 제곱 유클리드 거리에 비례한다. `USArrests` 데이터를 사용해 이 비례 관계가 성립함을 보여라.

   HINT 유클리드 거리는 `sklearn.metrics` 모듈의 `pairwise_distances()` 함수를 사용해 계산할 수 있고 상관관계는 `np.corrcoef()` 함수를 사용해 계산할 수 있다.

8. 12.2.3절에서 PVE를 계산하는 공식은 식 (12.10)에서 제시됐다. 또한 적합된 `PCA()` 추정기의 `explained_variance_ratio_` 속성을 사용해 PVE를 얻을 수 있음을 확인했다. `USArrests` 데이터를 사용해 두 가지 방법으로 PVE를 계산하라.

   a) 12.2.3절에서 수행했듯이 적합된 `PCA()` 추정기의 `explained_variance_ratio_` 출력을 사용하라.

   b) 식 (12.10)을 직접 적용하라. 적재값은 적합된 `PCA()` 추정기의 `components_` 속성에 저장되어 있다. 식 (12.10)에서 이 적재값을 사용해 PVE를 얻을 수 있다.

      이 두 가지 접근법은 동일한 결과를 제공해야 한다.

      HINT (a)와 (b)에서 동일한 결과를 얻으려면 두 경우 모두 동일한 데이터를 사용해야 한다. 예를 들어 (a)에서 변수를 중심화하고 척도화해 `PCA()`를 수행했다면 (b)에서 식 (12.10)을 적용하기 전에 변수를 중심화하고 척도화해야 한다.

9. `USArrests` 데이터를 살펴보자. 이제 각각의 주를 대상으로 계층적 군집화를 수행한다.

   a) 완전 연결과 유클리드 거리를 사용한 계층적 군집화로 주를 군집화하라.

   b) 덴드로그램을 세 개가 별도의 군집을 형성하는 높이에서 잘라라. 어떤 주가 어떤 군집에 속하는가?

c) 변수의 표준편차가 1이 되도록 척도화한 후 완전 연결과 유클리드 거리를 사용해 주를 계층적으로 군집화하라.

d) 변수를 척도화하는 것이 얻은 계층적 군집화에 어떤 영향을 미치는가? 관측 간의 비유사성을 계산하기 전에 변수를 척도화해야 하는가? 답변에 대한 근거를 제시하라.

10. 이 문제에서는 시뮬레이션 데이터를 생성한 후 그 데이터에 PCA 및 K-평균 군집화를 수행한다.

a) 세 부류 각각에 20개의 관측(총 60개의 관측)과 50개의 변수가 있는 시뮬레이션 데이터 세트를 생성하라.

HINT 파이썬에는 데이터 생성을 위해 사용할 수 있는 여러 함수가 있다. 예를 들어 `numpy`의 `random()` 함수에는 `normal()` 메소드가 있고 다른 선택사항으로는 `uniform()`도 있다. 각 부류의 관측에 평균 이동을 추가해 세 개의 구분된 부류가 되도록 하라.

b) 60개의 관측에 PCA를 수행하고 첫 두 개의 주성분점수 벡터를 그래프로 나타내라. 세 부류의 관측을 각기 다른 색으로 표시하라. 이 그래프에서 세 부류가 분리되었다면 (c)로 진행하라. 그렇지 않다면 (a)로 돌아가 세 부류 간의 분리를 더 크게 하기 위해 시뮬레이션을 수정하라. 첫 두 주성분점수 벡터에서 세 부류가 어느 정도 분리될 때까지 (c)를 진행하면 안 된다.

c) $K = 3$으로 관측에 K-평균 군집화를 수행하라. K-평균 군집화에서 얻은 군집이 참 부류의 레이블과 얼마나 잘 일치하는가?

HINT 파이썬의 `pd.crosstab()` 함수를 사용해 참 부류의 레이블과 군집화로 얻은 부류의 레이블을 비교할 수 있다. 군집화가 군집에 임의의 번호를 매기므로 참 부류의 레이블과 군집화 레이블이 같은지 직접 비교하는 방식으로 결과를 해석해서는 안 된다.

d) $K = 2$로 K-평균 군집화를 수행하라. 결과를 설명하라.

e) 이제 $K = 4$로 K-평균 군집화를 수행하고 결과를 설명하라.

f) 이제 원본 데이터가 아닌 첫 두 주성분점수 벡터를 사용해 $K = 3$으로 K-평균 군집화를 수행하라. 즉, 첫 번째 열이 첫 번째 주성분점수 벡터이고 두 번

째 열이 두 번째 주성분점수 벡터인 60×2 행렬에 대해 K-평균 군집화를 수행하라. 결과를 설명하라.

g) `StandardScaler()` 추정기로 각 변수의 표준편차가 1이 되도록 척도화한 후 데이터에 $K = 3$으로 K-평균 군집화를 수행하라. 이 결과는 (b)에서 얻은 결과와 어떻게 비교되는가? 설명하라.

11. [알고리즘 12.1] 및 12.5.2절에서 설명했듯이 행렬 완성을 수행하는 파이썬 함수를 작성하라. 각각의 반복에서 함수는 상대오차와 반복 횟수를 추적해야 한다. 반복은 상대오차가 충분히 작아질 때까지 또는 어떤 최대 반복 횟수에 도달할 때까지 계속되어야 한다(이 최대 횟수에 대한 기본값을 설정하라). 또한 각각의 반복에서 진행 상황을 출력할 수 있는 옵션이 있어야 한다.
함수를 `Boston` 데이터로 테스트하라. 먼저 `StandardScaler()` 함수를 사용해 특징들을 평균이 0이고 표준편차가 1이 되도록 표준화하라. 5%에서 30%까지 5%씩 단계별로 증가하면서 (중첩되게) 관측값을 무작위로 제외하는 실험을 실행하라.[15] $M = 1, 2, \ldots, 8$에 대해 [알고리즘 12.1]을 적용하라. 누락된 관측의 비율과 M의 값에 따른 근사 오차를 10회 반복 실험의 평균으로 나타내라.

12. 12.5.2절에서는 [알고리즘 12.1]을 `np.linalg` 모듈의 `svd()` 함수를 사용해 구현했다. 그러나 실습에서 강조된 `svd()` 함수와 `PCA()` 추정기 사이의 연결을 고려할 때 `PCA()`를 대신 사용해 알고리즘을 구현할 수 있었다. `svd()` 대신 `PCA()`를 사용해 [알고리즘 12.1]을 구현하는 함수를 작성하라.
`svd()`가 아니라 `PCA()`를 이용해서 [알고리즘 12.1]을 구현하는 함수를 작성하라.

13. 이 책의 웹사이트 *www.statlearning.com*에는 1,000개의 유전자에서 측정한 40개의 조직 샘플로 구성된 유전자 발현 데이터 세트(Ch12Ex13.csv)가 있다. 처음 20개의 샘플은 건강한 환자로부터, 나머지 20개는 질병이 있는 그룹에서 채취됐다.

15 (옮긴이) 실험 방법이 다소 불분명하게 서술되어 있는데, 12.5.2절을 참조하자. 예를 들어 데이터의 행(관측) 중 5%를 무작위로 선택하고 선택된 행에서 무작위로 하나의 특징 값을 제거한다. 다음 단계에서는 이미 제거한 5%는 그대로 유지하고 추가로 5%를 제거해 10%가 제거된 데이터를 만든다.

a) `pd.read_csv()`를 사용해 데이터를 읽어 들인다. `header = None`을 선택해야 한다.

b) 상관관계 기반 거리로 샘플에 계층적 군집화를 적용하고 덴드로그램을 그려라. 유전자 샘플이 두 그룹으로 나뉘는가? 결과가 사용된 연결 방식에 따라 달라지는가?

c) 여러분의 공동 연구자가 두 그룹 간에 가장 차이가 나는 유전자가 무엇인지 알고 싶어한다. 이 질문에 답하기 위한 방법을 제안하고 여기에 적용하라.

13장

An Introduction to Statistical Learning

다중검정

지금까지 이 책에서는 주로 '추정'과 그 가까운 사촌뻘인 '예측'에 초점을 맞추어 왔다. 이번 장에서는 가설검정에 초점을 맞출 것이다. 가설검정은 '추론' 수행에서 핵심이다. 추론은 2장에서 간략하게 논의했음을 다시 한번 밝혀 둔다.[1]

13.1절에서 귀무가설, p-값, 검정통계량 등 가설검정의 핵심 아이디어를 간략하게 복습하겠지만, 이 장에서는 독자가 이미 이 주제에 노출된 적이 있다고 가정한다. 특히 가설검정을 '왜' 또는 '어떻게' 수행하는지에 대해서는 초점을 맞추지 않는다. 이 주제로 책을 통째로 한 권 쓸 수 있다(실제로 그런 책들이 있다). 대신 독자가 일부 특정한 귀무가설 집합을 검정하는 데 관심이 있고, 검정을 수행해 p-값을 구하려는 구체적인 계획이 있다고 가정한다.

고전 통계학에서는 단일한 귀무가설의 검정을 크게 강조하고 있다. 예를 들어 H_0 : **대조군인 실험 쥐의 기대 혈압이 처리군[2]인 실험 쥐의 기대 혈압과 같다**와 같은 귀무가설이 있다. 물론 두 집단 사이의 평균 혈압에 차이가 '있음'을 발견하고 싶을 것이다. 그러나 이유는 나중에 이야기하겠지만 차이가 '없다'에 대응하는 귀무가설을 구성한다.

요즘에는 거대한 양의 데이터를 접하는 일이 흔하고 그에 따라 매우 많은 수의 귀무가설을 검정하는 경우가 있다. 예를 들어 단순히 H_0를 검정하는 것이 아니라

1 (옮긴이) 2.1.1절에서는 예측과 추론을 나누어 설명하고 있다.

2 (옮긴이) 원문의 용어는 처리군(treatment group)과 대조군(control group)이다. 의학, 생물학, 교육학, 심리학, 사회학 등 분야마다 조금씩 다른 용어를 사용한다. 처리군, 처리구, 처리집단 등을 '구', '군', '집단'과 같은 의미로 사용하고, '처리' 대신에 실험, 처치, 치료 등의 용어를, '대조' 대신에 통제, 비교, 무처치, 무치료 등의 용어를 사용한다.

m개의 귀무가설 $H_{01}, ..., H_{0m}$을 검정하려고 할 때가 있다. 즉, 각각의 가설은 H_{0j} **: 대조군의 실험 쥐 중 j번째 바이오마커(biomarker)의 기댓값이 처리군의 실험 쥐 중 j번째 바이오마커의 기댓값과 같은 경우**이다. 다중검정(multiple comparison)을 수행할 때는 결과를 어떻게 해석할지 매우 조심스럽게 살펴봐야 너무 많은 귀무가설을 기각하는 오류를 피할 수 있다.

이 장에서는 빅데이터 상황에서 고전적인 방법은 물론 다중검정을 더 현대적으로 수행하는 방법을 논의할 것이다. 13.2절에서는 다중검정과 관련된 어려움이 무엇인지 중점적으로 살펴본다. 이 문제의 고전적인 해결책은 13.3절, 더 현대적인 해결책은 13.4절과 13.5절에서 제시할 예정이다.

특히 13.4절은 거짓발견율(false discovery rate)에 초점을 맞춘다. 거짓발견율 개념은 1990년대에 시작해 2000년 초반 유전체학에서 대규모 데이터 세트가 나오기 시작하면서 급속도로 인기를 얻었다. 이 데이터 세트는 크기가 클 뿐만 아니라[3] 주로 '탐색적' 목적으로 수집했다는 점에서도 독특했다. 연구자들은 이 데이터 세트를 수집해 엄청난 수의 귀무가설을 검정하려고 했다. 사전에 명세된 매우 적은 수의 귀무가설만 검정하는 것과는 달랐다. 물론 오늘날은 사실상 거의 모든 분야에서 사전에 명세된 귀무가설 없이 거대한 데이터 세트를 수집한다. 곧 살펴보겠지만 거짓발견율은 이와 같은 최근의 현실에 완벽하게 부합한다.

이 장은 자연스럽게 가설검정의 결과를 수량화하는 데 이용되는 고전 통계학의 p-값을 중심으로 구성된다. 이 책을 쓰는 시점(2020년)에 p-값은 최근 사회과학 연구 공동체에서 광범위한 논평의 주제였으며, 일부 사회과학 학술지들은 p-값의 사용을 완전히 금지하기에 이르렀다. 다만 한 마디 지적하자면 올바르게 이해하고 적용할 때 p-값은 데이터에서 추론에 따른 결론을 도출하는 강력한 도구를 제공한다.

13.1 가설검정에 대한 간략한 재검토

가설검정은 데이터에 대한 질문에 단순히 '예-아니오'로 답하기 위한 엄격한 통계의 틀을 제공한다. 예를 들면 다음과 같다.

3 당시에는 마이크로어레이 데이터를 '빅데이터'로 여겼으나 오늘날의 기준으로는 이런 딱지를 붙이는 것이 예스러워 보인다. 마이크로어레이 데이터 세트는 Microsoft Excel 스프레드시트에 저장할 수 있다(그리고 보통 그렇게 했다).

1. $X_1, ..., X_p$에 대한 Y의 선형회귀에서 계수 β_j의 참값은 0인가?[4]
2. 대조군의 실험 쥐와 처리군의 실험 쥐의 기대 혈압에 차이가 있는가?[5]

13.1.1절에서는 가설검정에 필요한 단계들을 간단히 재검토한다. 13.1.2절에서는 가설검정에서 발생할 수 있는 다양한 유형의 실수 또는 오류를 논의한다.

13.1.1 가설검정하기

가설검정 수행은 일반적으로 네 단계로 진행된다. 우선 귀무가설과 대립가설을 정의한다. 다음으로 귀무가설에 반하는 증거의 강도를 요약하는 검정통계량을 구성한다. 그런 다음 귀무가설에서 검정통계량의 값이 그와 비슷하거나 더 극단적인 값일 확률을 수량화하는 p-값을 계산한다. 마지막으로 p-값을 기반으로 귀무가설을 기각할지 결정한다. 이제 각각의 단계를 차례로 간략히 논의해 보자.

1단계: 귀무가설과 대립가설 정의하기

가설검정에서는 세계를 두 가지 가능성, 즉 귀무가설(null hypothesis)과 대립가설(alternative hypothesis)로 나눈다. 귀무가설은 H_0로 표기하고 세계에 대한 믿음의 기본 상태를 나타낸다.[6] 예를 들어 이번 장에서 앞서 제기된 두 질문과 연관된 귀무가설은 다음과 같다.

1. $X_1, ..., X_p$에 대한 Y의 선형회귀에서 계수 β_j의 참값은 0과 같다.
2. 대조군과 처리군의 실험 쥐는 기대 혈압 사이에 차이가 없다.

귀무가설은 구성 자체가 흥미롭지 않다. 귀무가설이 참일 수도 있지만 데이터에서 그렇지 않다는 증거가 나오기를 바란다.

대립가설은 H_a로 표기하고 뭔가 다른 예상치 못한 무엇을 나타낸다. 예를 들면 실험 쥐 두 집단의 기대 혈압 사이에 차이가 '있다'는 가설이다. 일반적으로 대립가설은 단순하게 귀무가설이 성립하지 않는다고 상정한다. 귀무가설이 A와 B **사이에 차이가 없다**라면, 대립가설은 A와 B **사이에 차이가 있다**로 한다.

4 이 가설검정은 3장의 94쪽에서 논의됐다.
5 '처리군'은 실험적 처리를 받는 실험 쥐 집단을, '대조군'은 그렇지 않은 실험 쥐 집단을 가리킨다.
6 H_0는 'H naught' 또는 'H zero'로 발음한다.

주의해야 할 것은 H_0와 H_a를 비대칭적으로 다룬다는 점이다. H_0는 세계의 기본 상태로 취급되며, 데이터를 사용해 H_0를 기각하는 데 초점을 맞춘다. 만약 H_0를 기각한다면 이것은 H_a를 지지하는 증거를 제공한다. H_0 기각은 데이터에 대한 어떤 '발견'으로 생각할 수 있다. 즉, H_0가 성립하지 않는다는 발견이다. 반면에 만약 H_0를 기각하지 못한다면 결과는 더 모호하다. 즉, H_0를 기각하는 데 실패한 이유가 표본 크기가 너무 작았기 때문인지(이 경우 H_0를 더 큰 고품질의 데이터 세트에서 다시 검정하면 기각될 수 있다), H_0가 정말로 성립하기 때문인지 알 수 없다.

2단계: 검정통계량 만들기

다음으로 데이터를 사용해 귀무가설에 반하는 증거를 찾고자 한다. 이를 위해서는 데이터가 H_0와 일치하는 정도를 요약하는 검정통계량(test statistic) T를 계산해야 한다. T를 구성하는 방법은 검정하려는 귀무가설의 성격에 따라 다르다.

구체적으로 설명하기 위해 $x_1^t, ..., x_{n_t}^t$을 처리군의 실험 쥐 n_t마리의 혈압 측정값이라 하고, $x_1^c, ..., x_{n_c}^c$을 대조군의 실험 쥐 n_c마리의 혈압 측정값이라 하고, $\mu_t = \mathrm{E}(X^t)$, $\mu_c = \mathrm{E}(X^c)$이라 해보자. $H_0 : \mu_t = \mu_c$를 검정하기 위해 사용하는 두 표본 t-통계량(two sample t-statistics)[7]은 다음과 같이 정의된다.

$$T = \frac{\hat{\mu}_t - \hat{\mu}_c}{s\sqrt{\frac{1}{n_t} + \frac{1}{n_c}}} \tag{13.1}$$

여기서 $\hat{\mu}_t = \frac{1}{n_t}\sum_{i=1}^{n_t} x_i^t$, $\hat{\mu}_c = \frac{1}{n_c}\sum_{i=1}^{n_c} x_i^c$이고,

$$s = \sqrt{\frac{(n_t - 1)s_t^2 + (n_c - 1)s_c^2}{n_t + n_c - 2}} \tag{13.2}$$

은 두 표본의 합동표준편차(pooled standard deviation)의 추정량이다.[8] 여기서, s_t^2과 s_c^2은 각각 처리군과 대조군 혈압 분산의 비편향추정량이다. T가 큰 (절대) 값이 나오면 $H_0 : \mu_t = \mu_c$에 반하는 증거가 되고, 따라서 $H_a : \mu_t \neq \mu_c$를 지지하는 증거가 된다.

7 t-통계량은 H_0에서 t-분포를 따른다는 사실에서 그 이름이 유래한다.
8 식 (13.2)는 대조군과 처리군의 분산이 동일하다고 가정한다. 이 가정이 없으면 식 (13.2)가 약간 다른 형태를 취하게 된다.

3단계: p-값 계산하기

이전 절에서 두 표본 t-통계량의 큰 (절대) 값이 H_0에 반하는 증거를 제공한다고 언급했다. 여기에는 다음 질문이 뒤따른다. 그래서 '얼마나 큰가?', 즉 주어진 검정통계량 값으로 판단할 때 H_0에 반하는 증거가 얼마나 많이 제공되는가?

p-값(p-value)의 개념은 이 질문을 형식화하는 방법은 물론 답하는 방법도 제공한다. p-값은 검정통계량이 **H_0가 사실은 참이라는 가정하에** 관측된 통곗값과 같거나 더 극단적인 값으로 관측될 확률로 정의된다. 따라서 작은 p-값은 H_0에 '반하는' 증거를 제공한다.

구체적으로 살펴보기 위해 식 (13.1)에서 검정통계량의 값이 $T=2.33$인 경우를 생각해 보자. 그러면 다음과 같은 질문을 할 수 있다. 정말로 H_0가 성립한다면 이렇게 큰 T 값이 관측될 확률은 얼마인가? 알려진 바에 따르면 H_0에서 식 (13.1)의 T 분포는 근사적으로 $N(0,1)$의 분포를 따른다.[9] 즉, 평균이 0이고 분산이 1인 정규분포(normal distribution)가 된다. 분포 그래프는 [그림 13.1]에 제시했다. 보다시피 $N(0,1)$ 분포의 대부분(98%)이 -2.33과 2.33 사이에 들어간다. 즉, H_0에서 그 정도 큰 $|T|$ 값이 나타나는 경우는 단 2%일 것으로 기대된다는 뜻이다. 따라서 $T=2.33$에 대응하는 p-값은 0.02이다.

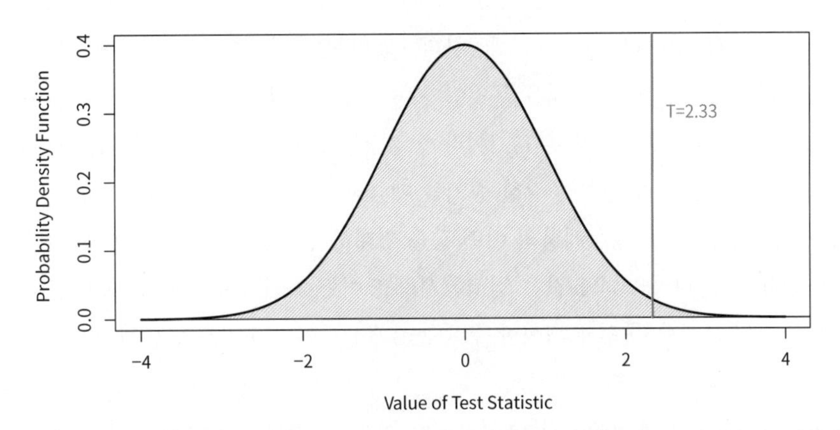

[그림 13.1] $N(0,1)$ 분포의 밀도함수, 수직선은 2.33 값을 표시한다. 곡선아래면적의 1%가 수직선의 오른쪽에 있으므로 $N(0,1)$ 값이 2.33보다 크거나 -2.33보다 작은 값을 관측할 확률은 단 2%이다. 따라서 검정통계량의 귀무분포가 $N(0,1)$이라면 관측된 검정통계량 $T=2.33$에서 p-값은 0.02가 나온다.

9 더 정확히는 관측값이 정규분포에서 추출됐다고 가정하면 T는 자유도가 n_t+n_c-2인 t-분포를 따른다. n_t+n_c-2가 약 40보다 크면 $N(0,1)$ 분포로 아주 잘 근사된다. 13.5절에서 데이터에 대해 엄격한 가정을 하지 않고도 T의 귀무분포를 근사하는 대안적이고 종종 더 매력적인 방법을 볼 수 있다.

H_0에서 검정통계량의 분포(검정통계량의 귀무분포(null distribution))는 검정할 귀무가설의 유형과 사용할 검정통계량의 유형에 따라 달라진다. 일반적으로 널리 사용되는 검정통계량은 대부분 표본 크기가 충분히 크고 일부 다른 가정이 유지될 때 정규분포, t-분포, χ^2-분포, F-분포와 같이 귀무가설에서 잘 알려진 통계 분포를 따른다. 전형적으로 검정통계량을 계산하는 데 사용되는 파이썬 함수는 이 귀무분포를 사용해 p-값을 출력한다. 13.5절에서는 재표집(resampling)을 사용해 검정통계량의 귀무분포를 추정하는 접근법을 살펴본다. 최근에는 많은 상황에서 재표집 방법이 매우 매력적인 선택지다. 왜냐하면 이 방법은 데이터에 대해 잠재적으로 문제가 될 수 있는 가정을 하지 않고서도 고속 컴퓨터의 가용성을 활용하기 때문이다.

p-값은 아마도 통계 전반에서 가장 많이 사용되고 남용되는 개념 중 하나일 것이다. 특히 p-값이 H_0가 성립할 확률, 즉 귀무가설이 참일 확률이라고 말하는 경우가 있다. 이것은 올바르지 않다. p-값의 유일하고도 올바른 해석은 (H_0가 성립하는 경우) 실험을 수없이 많이 반복했을 때 그 정도 극단적인 검정통계량 값[10]이 나올 것으로 기대되는 횟수의 비율이다.

2단계에서는 검정통계량을 계산했고 검정통계량의 큰 (절대) 값이 H_0에 반하는 증거를 제공한다는 점을 언급했다. 3단계에서 검정통계량은 p-값으로 변환됐으며, 작은 p-값은 H_0에 반하는 증거를 제공한다. 그렇다면 2단계의 검정통계량을 3단계에서 p-값으로 변환해 얻은 것은 무엇인가? 이 질문에 답하기 위해 데이터 분석가가 통계 검정을 수행하고 $T = 17.3$이라는 검정통계량을 보고하는 경우를 생각해 보자. 이 결과는 H_0에 반하는 강한 증거를 제공하는가? 더 많은 정보 없이는 알 수 없다. 특히 H_0에서 검정통계량의 어떤 값을 기대하는지 알아야 한다. 이 때문에 p-값을 사용한다. 다시 말해 p-값은 검정통계량을 어떤 임의적이고 해석 불가능한 척도로 측정된 값에서 더 쉽게 해석할 수 있는 0과 1 사이의 숫자로 변환해 준다.

4단계: 귀무가설을 기각할지 말지 결정하기

H_0에서 p-값을 계산한 다음에는 H_0를 기각할지 여부를 결정해야 한다(보통 H_0의

10 '단측' p-값은 검정통계량이 그 정도 극단적인 값이 나올 확률이다. 예를 들어 검정통계량이 $T = 2.33$ 이상일 확률이다. '양측' p-값은 검정통계량의 '절댓값'이 그 정도 극단적인 값이 나올 확률이다. 예를 들어 검정통계량이 2.33 이상이거나 −2.33이하일 확률이다. 검정통계량의 한 방향에만 과학적 관심이 있다는 명확하고 설득력 있는 이유가 없는 한, 기본적으로 단측 p-값이 아니라 양측 p-값을 보고하도록 권장한다.

채택(accepting)을 이야기하지 않고 기각 실패(failing to reject)를 이야기한다). 작은 p-값은 귀무가설 H_0에서 그런 큰 검정통계량 값이 발생할 가능성이 낮음을 나타내며, 따라서 H_0에 반하는 증거가 된다. p-값이 충분히 작다면 H_0를 기각하고 싶을 것이다(그러므로 '발견'하게 된다). 그러나 얼마나 작아야 H_0를 기각하기에 충분히 작은 것인가?

실은 이 질문의 답은 대부분 보는 사람의 눈, 더 구체적으로는 데이터 분석가의 눈에 달려 있다. p-값이 작을수록 H_0에 반하는 증거는 강해진다. 일부 분야에서는 p-값이 0.05 이하면 H_0를 기각하는 것이 일반적이다. H_0가 성립한다면 작은 p-값이 5%의 횟수 이상 나오지 않을 것으로 기대한다는 의미다.[11] 그러나 다른 분야에서는 훨씬 더 높은 증명 부담을 요구한다. 예를 들어 물리학의 일부 분야에서는 p-값이 10^{-9} 이하일 때만 H_0를 기각하는 것이 일반적이다.

[그림 13.1]에 제시된 예에서 귀무가설을 기각하기 위한 임곗값으로 0.05를 사용한다면 귀무가설은 기각될 것이다. 반면에 0.01의 임곗값을 사용한다면 귀무가설은 기각되지 않는다. 이와 같은 아이디어는 다음 절에서 형식화할 예정이다.

13.1.2 제1종 오류와 제2종 오류

귀무가설이 성립하면 참 귀무가설(true null hypothesis)이라 하고, 그렇지 않으면 거짓 귀무가설(false null hypothesis)이라고 한다. 예를 들어 13.1.1절에서 $H_0 : \mu_t = \mu_c$를 검정한다면 그리고 정말로 처리군과 대조군의 '모집단' 평균 혈압에 차이가 없다면 H_0는 참이다. 그렇지 않으면 거짓이다. 물론 선험적으로(a priori) H_0가 참인지 거짓인지 알 수 없다. 이것이 가설검정을 수행해야 하는 이유다.

[표 13.1]은 귀무가설 H_0를 검정할 때 발생할 수 있는 가능한 시나리오를 요약한 것이다.[12] 가설검정이 수행되면 표의 '행'은 (H_0를 기각했는지 여부에 따라) 알게 된다. 그러나 어떤 '열'에 있는지 알 수 있는 방법은 없다. H_0가 거짓일 때(즉, H_a가 참일 때) H_0를 기각하거나, H_0가 참일 때 기각하지 않는다면 옳은 결과에 도달했다고 할 수 있다. 그러나 정말로 H_0가 참인데 잘못해서 H_0를 기각한다면 제1종 오

11 일부 과학 분야에서는 H_0를 기각하기 위한 임곗값으로 0.05를 사용하는 일이 만연할지라도 이와 같은 임의의 선택을 맹목적으로 따르지 말라고 조언한다. 더욱이 데이터 분석가는 지정된 p-값이 임곗값을 초과하는지 여부만 보고할 것이 아니라 p-값 자체를 보고해야 한다.

12 [표 13.1]과 이진 분류기의 출력과 연관된 [표 4.6] 사이에는 평행한 관계가 있다. 특히 [표 4.6]을 기억해 보면 거짓 양성은 참 레이블이 실제로는 음성(귀무)일 때 양성(비귀무) 레이블로 예측한 것이다. 이것은 실제로 귀무가설이 성립함에도 귀무가설을 기각하는 결과인 제1종 오류와 밀접하게 관련이 있다.

류(Type I error)를 저질렀다고 할 수 있다. 제1종 오류율(Type I error rate)은 H_0가 성립할 때 제1종 오류를 저지를 확률로 정의된다. 즉, 잘못해서 H_0를 기각할 확률이다. 반대로 H_0가 정말로 거짓인데 H_0를 기각하지 않는다면 제2종 오류(Type II error)를 저질렀다고 할 수 있다. 가설검정의 검정력(power)은 H_a가 성립할 때 제2종 오류를 저지르지 않을 확률로 정의된다. 즉, 올바르게 H_0를 기각할 확률이다.

		참	
		H_0	H_a
결정	H_0 기각	제1종 오류	옳음
	H_0 기각 안 함	옳음	제2종 오류

[표 13.1] 귀무가설 H_0를 검정할 때 발생할 수 있는 가능한 시나리오 요약. 제1종 오류는 거짓 양성(false positive)이라 하고, 제2종 오류는 거짓 음성(false negative)이라 한다.

이상적으로는 제1종 오류율과 제2종 오류율을 모두 낮추고 싶다. 그러나 실제로는 이렇게 되기는 어렵다. 일반적으로 트레이드오프가 있다. H_0가 성립하지 않는다는 것이 아주 확실할 때만 H_0를 기각해 제1종 오류를 작게 만들 수 있지만, 이는 제2종 오류를 증가시키는 결과를 낳는다. 반대로 H_0가 성립하지 않는다는 약간의 증거만 있어도 H_0를 기각해 제2종 오류를 작게 만들 수 있지만, 이것은 제1종 오류를 크게 만들 수 있다. 실제 응용에서는 일반적으로 제1종 오류를 제2종 오류보다 더 '심각한' 것으로 여긴다. 왜냐하면 전자는 올바르지 않은 것을 과학적 발견이라고 선언하는 결과를 낳기 때문이다. 따라서 가설검정을 수행할 때는 일반적으로 낮은 제1종 오류율을 요구한다. 예를 들면 최대 $\alpha = 0.05$ 같은 것이다. 동시에 제2종 오류를 작게 하려고 노력한다(또는 이와 동등하게 검정력을 크게 한다).

알려진 바에 따르면 H_0를 기각하게 하는 p-값의 임곗값과 제1종 오류율 사이에는 직접적인 대응 관계가 있다. p-값이 α 미만일 때만 H_0를 기각한다면 제1종 오류율이 α 미만임을 보장하게 된다.

13.2 다중검정의 어려움

이전 절에서는 p-값이 (예를 들어) 0.01보다 작을 경우 H_0를 기각함으로써 H_0에서 제1종 오류율을 0.01 수준에서 제어하는 간단한 방법을 보았다. 만약 H_0가 참이라면 기각할 확률은 1%를 넘지 않는다. 그러나 이제 m개의 귀무가설, $H_{01}, \ldots, H_{0m}$

을 검정하는 경우를 생각해 보자. 단순히 대응되는 p-값이 (예를 들어) 0.01보다 작은 귀무가설을 모두 기각하는 방법으로 충분할까? 즉, p-값이 0.01보다 작은 귀무가설을 모두 기각한다면 얼마나 많은 제1종 오류가 기대되는가?

이 질문에 답하기 위한 첫 번째 단계로 한 주식 중개인이 자신의 거래 능력을 고객에게 확신시켜 새 고객을 끌어들이는 경우를 생각해 보자. 중개인은 1,024명 ($1{,}024 = 2^{10}$)의 잠재적인 새 고객에게 자신이 연속 10일 동안 Apple의 주식 가격이 상승할지 하락할지 정확히 예측할 수 있다고 말한다. 이 10일 동안 Apple의 주식 가격이 변할 수 있는 가능성은 2^{10}가지다. 따라서 중개인은 각각의 고객에게 2^{10}가지 가능성 중 하나를 이메일로 보낸다. 잠재 고객 대다수는 주식 중개인의 예측이 우연보다 나은 점을 발견하지 못한다(그리고 많은 사람들이 우연보다도 못하다는 점을 발견한다). 그러나 망가진 시계도 하루에 두 번은 맞으며, 잠재 고객 중 한 명은 예측이 10일 동안 모두 정확했다는 사실을 발견하고 정말로 깊은 인상을 받을 것이다. 그래서 주식 중개인은 새로운 고객을 얻는다.

여기서 무슨 일이 일어난 것일까? 주식 중개인은 Apple의 주식 가격이 상승할지 하락할지 맞출 수 있는 통찰력이 실제로 있을까? 아니다. 그렇다면 중개인은 어떻게 연속 10일 동안 Apple의 주식 가격을 완벽하게 예측할 수 있었을까? 이에 대한 답은 주식 중개인이 많은 추측을 했고 그중 하나가 정확히 맞았다는 것이다.

이 예가 다중검정과 어떤 관련이 있을까? 1,024개의 공정한 동전[13]을 각각 열 번 던진다고 가정해 보자. 그러면 모두 뒷면이 나오는 동전이 (평균적으로) 하나일 것으로 기대된다(어떤 한 동전이 모두 뒷면으로 나올 확률은 $1/2^{10} = 1/1{,}024$이다. 그래서 1,024개의 동전을 던진다면 모두 뒷면이 나오는 동전이 평균적으로 하나일 것으로 기대된다). 만약 동전 중 하나가 모두 뒷면이 나온다면 이 특정 동전이 공정하지 않다고 결론을 내릴 것이다. 실제로 이 특정 동전이 공정하다는 귀무가설에 대한 표준적인 가설검정을 따르면 p-값은 0.002보다 작게 된다.[14] 그러나 동전이 공정하지 않다고 결론을 내리는 것은 옳지 않다. 사실은 귀무가설이 성립하고 우연히 연속으로 열 번의 뒷면을 얻었을 뿐이다.

이 예시들은 다중검정의 주요 과제를 잘 보여 준다. 매우 많은 귀무가설을 검정

13 공정한 동전(fair coin)은 앞면과 뒷면이 나올 확률이 동일한 동전을 의미한다.

14 앞서 보았듯이 p-값의 의미는 귀무가설에서 이렇게 극단적인 데이터를 관측할 확률이다. 만약 동전이 공정하다면 최소 열 개의 뒷면을 관측할 확률은 $(1/2)^{10} = 1/1{,}024 < 0.001$이다. p-값은 따라서 $2/1{,}024 < 0.002$이다. 왜냐하면 이것은 열 개의 앞면 또는 열 개의 뒷면을 관측할 확률이기 때문이다.

하다 보면 우연히 매우 작은 p-값을 얻게 된다. 만약 아주 많은 수의 검정을 수행했다는 사실을 고려하지 않고 각각의 귀무가설을 기각할지 말지 결정한다면 참 귀무가설을 많이 기각할 수 있다. 즉, 많은 수의 제1종 오류를 범하게 된다.

문제의 심각성은 얼마나 될까? 이전 절을 다시 떠올려 보면 단일 귀무가설 H_0의 p-값이, 예를 들어 $\alpha = 0.01$보다 작을 때 기각한다면 H_0가 사실은 참일 경우 거짓 기각을 할 확률이 1%이다. 이제 m개의 귀무가설 $H_{01}, \ldots, H_{0m}$을 모두 검정하고 모두 참인 경우는 어떨까? 개별 귀무가설을 기각할 확률이 1%이므로 약 $0.01 \times m$개의 귀무가설을 거짓 기각할 것으로 기대된다. 만약 $m = 10{,}000$이라면 이것은 우연으로 인해 100개의 귀무가설을 거짓 기각할 것으로 기대된다는 의미다. 이건 상당히 '많은' 수의 제1종 오류다.

문제의 핵심은 다음과 같다. p-값이 α보다 작을 때 귀무가설을 기각하는 것은 '그 귀무가설'을 거짓 기각할 확률을 α 수준에서 제어한다. 하지만 만약 m개의 귀무가설에서 이 검정을 수행한다면 'm개 귀무가설 중 적어도 하나'를 거짓 기각할 확률은 훨씬 더 높아진다. 이 문제를 더 자세히 조사하고 13.3절에서 그 해결책을 제시한다.

13.3 집단별 오류율

이어지는 절에서는 적어도 하나의 제1종 오류를 범할 확률을 제어하면서 다중 가설의 검정 방법을 논의한다.

13.3.1 집단별 오류율이란 무엇인가?

앞서 보았듯이 제1종 오류율은 H_0가 참일 때 H_0를 기각할 확률이다. 집단별 오류율(FWER, family-wise error rate)[15]은 이 개념을 일반화해 m개의 귀무가설 $H_{01}, \ldots, H_{0m}$이 설정됐을 때 '적어도 하나의' 제1종 오류를 범할 확률로 정의한다. 이 아이디어를 좀 더 형식적으로 표현하기 위해 m개의 가설검정을 수행할 때 발생 가능한 결과를 요약한 [표 13.2]를 살펴보자. 여기서 V는 제1종 오류의 수(거짓 양성(false positive) 또는 거짓 발견(false discovery)이라고도 한다)를 나타내고, S는 참 양성

15 (옮긴이) FWER(family-wise error rate)은 가족별 오류율 또는 '족별 오류율'이라고 하는 경우도 있다. '집단'은 'group'의 번역어로 널리 사용되므로 오해의 여지가 있으나 통계학 관련 학술지에서 사용되는 용어를 참고해 '집단별 오류율'로 번역했다.

	H_0가 참인 경우	H_0가 거짓인 경우	합계
H_0를 기각	V	S	R
H_0를 기각 안 함	U	W	$m-R$
합계	m_0	$m-m_0$	m

[표 13.2] 귀무가설 m개의 검정 결과 요약. 주어진 귀무가설은 참이거나 거짓이고 귀무가설의 검정은 그것을 기각하거나 기각하지 않을 수 있다. 실제 상황에서 V, S, U, W의 개별값은 알 수 없다. 그러나 $V+S=R$과 $U+W=m-R$은 확보할 수 있는데, 각각은 귀무가설이 기각된 수와 기각되지 않은 수이다.

(true positive)의 수, U는 참 음성(true negative)의 수, 그리고 W는 제2종 오류의 수(거짓 음성(false negative)이라고도 한다)를 나타낸다. 그러면 집단별 오류율은 다음과 같이 주어진다.

$$\text{FWER} = \Pr(V \geq 1) \tag{13.3}$$

p-값이 α보다 작은 귀무가설을 모두 기각하는 전략(즉, 각각의 귀무가설에서 제1종 오류를 α 수준에서 제어하는 것)은 다음과 같은 FWER이 된다.

$$\begin{aligned} \text{FWER}(\alpha) &= 1-\Pr(V=0) \\ &= 1-\Pr(\text{어떤 귀무가설도 거짓 기각하지 않음}) \\ &= 1-\Pr\left(\bigcap_{j=1}^{m}\{H_{0j}\text{를 거짓 기각하지 않음}\}\right) \end{aligned} \tag{13.4}$$

기본 확률론을 다시 떠올려 보면 두 사건 A와 B가 독립이면 $\Pr(A\cap B)=\Pr(A)\Pr(B)$이다. 따라서 m번의 검정이 독립이고 모든 m개의 귀무가설이 참이라는 다소 강한 가정을 추가한다면 다음과 같다.

$$\text{FWER}(\alpha) = 1-\prod_{j=1}^{m}(1-\alpha) = 1-(1-\alpha)^m \tag{13.5}$$

따라서 단 하나의 귀무가설만 검정하는 경우에는 $\text{FWER}(\alpha)=1-(1-\alpha)^1=\alpha$이므로 제1종 오류율과 FWER은 같다. 하지만 $m=100$개의 독립 검정을 수행한다면 $\text{FWER}(\alpha)=1-(1-\alpha)^{100}$이다. 예를 들어 $\alpha=0.05$를 취하면 FWER은 $1-(1-0.05)^{100}=0.994$가 된다. 다시 말해 적어도 하나의 제1종 오류를 범할 게 거의 확실해진다.

[그림 13.2]는 가설 수 m의 다양한 값과 제1종 오류 α 값에 대한 식 (13.5)를 보여 주고 있다. 그림에서 볼 수 있듯이 $\alpha=0.05$로 설정하면 크지 않은 m에서도

FWER이 높아진다. $\alpha = 0.01$로 설정하면 FWER이 0.05를 초과하기 전까지 최대 다섯 개의 귀무가설밖에 검정하지 못한다. $\alpha = 0.001$과 같은 아주 작은 값에서만 적어도 그리 크지 않은 m에 대해 작은 FWER을 보장할 수 있다.

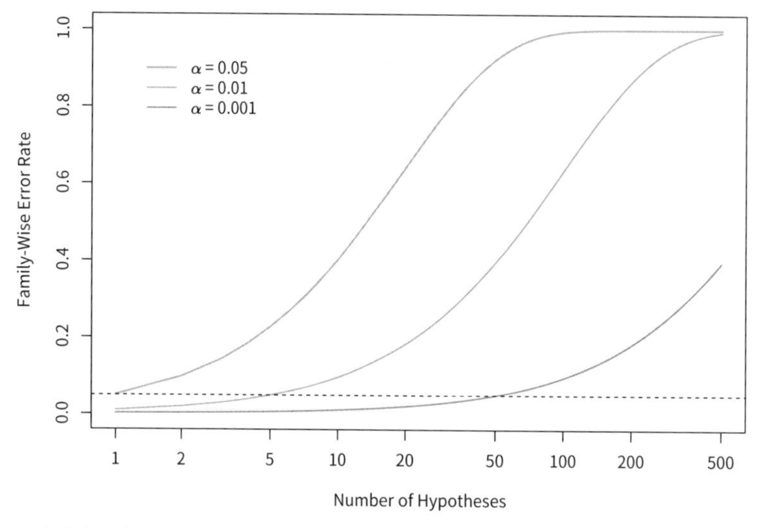

[그림 13.2] 가설 수에 따른 집단별 오류율(로그 척도로 표시된다). 세 가지 α 값 사용: $\alpha = 0.05$(주황), $\alpha = 0.01$(파랑), $\alpha = 0.001$(보라). 파선은 0.05를 나타낸다. 예를 들어 $m = 50$개의 귀무가설을 검정할 때 FWER을 0.05에서 제어하려면 각각의 귀무가설에서 제1종 오류를 $\alpha = 0.001$ 수준에서 제어해야 한다.

이제 잠시 13.1.1절의 예제로 돌아가 보자. 두 표본 t-통계량을 사용해 $H_0 : \mu_t = \mu_c$ 형태의 단일 귀무가설을 검정했다. [그림 13.1]을 다시 떠올려 보면 제1종 오류가 0.02를 초과하지 않도록 보장하기 위해 임곗값 2.33을 사용해 H_0를 기각할지 여부를 결정한다(즉, $|T| \geq 2.33$이면 H_0를 기각한다). 이제 하나가 아니라 10개의 귀무가설을 두 표본 t-통계량을 사용해 검정하고 싶다면 어떨까? 13.3.2절에서 보게 될 텐데, p-값이 0.002 아래로 떨어지는 귀무가설만 기각하는 것으로는 FWER이 0.02를 초과하지 않으리라 보장할 수 없다. 이것은 훨씬 더 엄격한 임곗값인 3.09에 해당한다(즉, $j = 1, \ldots, 10$에 대해 검정통계량이 $|T_j| \geq 3.09$일 때 H_{0j}를 기각해야 한다). 다시 말해 α 수준에서 FWER을 제어하는 것은 단순히 α 수준에서 각 귀무가설의 제1종 오류를 제어하는 것에 비해 어떤 귀무가설을 기각하는 데 필요한 증거라는 차원에서 훨씬 더 높은 기준에 해당된다는 것이다.

13.3.2 집단별 오류율 제어 방법

이번 절에서는 집단별 오류율(FWER)을 제어하기 위한 몇 가지 접근법을 간략히 살펴본다. 이 접근법들을 설명하기 위해 Fund 데이터 세트를 예로 사용한다. 이 데이터 세트는 $n = 50$개월 동안 2,000명의 펀드 매니저들의 월별 초과 수익률을 기록한 것이다.[16] [표 13.3]은 첫 다섯 명의 매니저에 대한 관련 요약 통계를 제공한다.

Manager	Mean, $\bar{x}$	Standard Deviation, s	t-statistic	p-value
1	3.0	7.4	2.86	0.006
2	−0.1	6.9	−0.10	0.918
3	2.8	7.5	2.62	0.012
4	0.5	6.7	0.53	0.601
5	0.3	6.8	0.31	0.756

[표 13.3] 첫 두 열은 Fund 데이터 세트에 있는 처음 다섯 명의 매니저가 $n = 50$개월에 걸쳐 만든 초과 수익률의 표본평균과 표본표준편차다. 마지막 두 열에서는 j번째 헤지펀드 매니저의 (모집단) 평균 수익률이 0과 같다는 귀무가설 $H_{0j}: \mu_j = 0$을 검정하기 위한 t-통계량($\sqrt{n} \cdot \bar{X}/S$)과 해당 p-값을 제공한다.

먼저 본페로니(Bonferroni) 방법과 홀름(Holm)의 단계적 절차를 소개한다. 이 방법들은 FWER을 제어하는 매우 범용적인 접근법들로서, m개의 p-값이 계산되기만 하면 사용할 수 있다. 이 방법은 귀무가설의 형태, 검정통계량의 선택, p-값의 (비)독립성과 관계없이 적용될 수 있다. 그런 다음으로 튜키(Tukey)와 쉐페(Scheffé)[17]의 방법을 간략히 논의할 텐데, 이 두 방법을 소개하는 목적은 특정 상황에서는 FWER을 제어하기 위한 보다 전문화된 접근법이 좋을 수 있다는 사실을 설명하기 위해서다.

본페로니 방법

앞 절과 마찬가지로 $H_{01}, \ldots, H_{0m}$을 검정하는 경우를 생각해 보자. $j = 1, \ldots, m$에 대해 A_j를 j번째 귀무가설에서 제1종 오류를 범하는 사건을 나타낸다고 하자. 그러면 다음과 같이 된다.

16 초과 수익률은 펀드 매니저가 시장의 전체 수익률을 넘어 달성한 추가적인 수익률을 말한다. 예를 들어 주어진 기간 동안 시장이 5% 상승하고 펀드 매니저가 7%의 수익률을 달성했다면 그들의 '초과 수익률'은 7% − 5% = 2%가 된다.

17 (옮긴이) 외래어 표기 규범에 따르면 Tukey는 '투키', Scheffé는 '셰페'로 적는 것이 올바른 표기이나 여기서는 통계학회의 용어집을 따랐다.

$$\begin{aligned}\text{FWER} &= \Pr(\text{ 적어도 하나의 귀무가설을 거짓 기각 })\\ &= \Pr(\cup_{j=1}^{m} A_j)\\ &\leq \sum_{j=1}^{m} \Pr(A_j)\end{aligned} \tag{13.6}$$

식 (13.6)에서 부등식이 나오는 것은 임의의 두 사건 A와 B에서 A와 B의 독립과 무관하게 $\Pr(A \cup B) \leq \Pr(A) + \Pr(B)$가 성립한다는 사실 때문이다. 본페로니 방법(Bonferroni method) 또는 본페로니 수정(Bonferroni correction)은 각각의 가설 검정을 기각하기 위한 기준을 α/m로 설정해 $\Pr(A_j) \leq \alpha/m$가 되도록 하는 방법이다. 식 (13.6)은

$$\text{FWER}(\alpha/m) \leq m \times \frac{\alpha}{m} = \alpha$$

이므로 본페로니 절차는 α 수준에서 FWER을 제어한다. 예를 들어 $m = 100$개의 귀무가설을 검정하면서 FWER을 0.1 수준에서 제어하려면 본페로니 절차는 각각의 귀무가설에서 제1종 오류를 $0.1/100 = 0.001$ 수준에서 제어하도록 요구한다. 즉, p-값이 0.001 미만인 귀무가설을 모두 기각한다.

이제 [표 13.3]의 Fund 데이터 세트를 살펴보자. 각각의 펀드 매니저에 대해 개별적으로 제1종 오류를 $\alpha = 0.05$ 수준에서 제어한다면 첫 번째와 세 번째 매니저는 유의하게 0이 아닌 초과 수익률을 냈다고 결론지을 수 있다. 즉, $H_{01} : \mu_1 = 0$과 $H_{03} : \mu_3 = 0$을 기각할 수 있다. 그러나 앞 절에서 논의했듯이 이런 절차는 여러 가설을 검정한다는 사실을 고려하지 않은 것이므로 FWER은 0.05보다 크다. 만약 FWER을 0.05 수준에서 제어하길 원한다면 본페로니 수정을 사용해 개별 매니저에 대한 제1종 오류를 $\alpha/m = 0.05/5 = 0.01$ 수준에서 제어해야 한다. 결과적으로 다른 매니저들의 p-값은 모두 0.01을 초과하므로 첫 번째 매니저의 귀무가설만 기각할 것이다. 본페로니 수정을 사용하면 너무 많은 귀무가설을 거짓 기각하지 않았다는 마음의 평화가 찾아온다. 하지만 그 대가로 소수의 귀무가설만 기각하게 되고 따라서 상당히 많은 제2종 오류를 범하게 된다.

본페로니 수정은 통계학 전반에서 가장 잘 알려지고 널리 사용되는 다중성 수정(multiplicity correction) 방법이다. 이렇게 널리 흔하게 쓰이는 주요한 이유는 매우 이해하기 쉽고 실행이 간단하며, m개 가설검정이 독립이든 아니든 제1종 오류를 성공적으로 제어한다는 사실 때문이다. 그러나 앞으로 보겠지만 이 방법은 일반적

으로 다중검정 수정을 위한 가장 강력한[18] 방법도 아니고 가장 좋은 접근법도 아니다. 특히 본페로니 수정은 매우 보수적일 수 있다. 즉, 참 FWER이 명목(또는 목표) FWER보다 훨씬 낮은 경우가 많다는 뜻이다. 이것은 식 (13.6)의 부등식에서 나오는 결과다. 이에 비해 덜 보수적인 절차는 더 많은 귀무가설을 기각하면서 FWER을 제어할 수 있게 해주며, 따라서 제2종 오류를 줄일 수 있다.

홀름의 단계적 절차

홀름의 방법(Holm's method)은 홀름의 단계적 절차(Holm's step-down procedure) 또는 홀름-본페로니 방법(Holm-Bonferroni method)이라고도 한다. 본페로니 절차의 대안이다. 홀름의 방법은 FWER을 제어하지만 본 페로니보다 덜 보수적이어서 더 많은 귀무가설을 기각하므로 일반적으로 제2종 오류가 적고 따라서 검정력이 더 크다. 이 절차는 [알고리즘 13.1]에 요약되어 있다. 홀름의 방법이 FWER을 제어한다는 증명은 본페로니 방법이 FWER을 제어한다는 식 (13.6)의 논증과 비슷하지만 약간 더 복잡하다. 홀름 절차에서 주목할 점은 각각의 귀무가설을 기각하기 위해 사용하는 임곗값인 5단계에서의 $p_{(L)}$이 실제로 m개의 모든 p-값에 의존한다는 것이다(식 (13.7)에서 L의 정의를 보라). 이것이 본페로니 절차와 대조되는 부분이다. 본페로니 절차에서는 α 수준에서 FWER을 제어하기 위해 다른 p-값에 관계없이 p-값이 α/m 미만인 모든 귀무가설을 기각한다. 홀름의 방법은 m개 가설검정에

알고리즘 13.1 FWER을 제어하기 위한 홀름의 단계적 절차

1. FWER을 제어할 수준 α를 지정한다.
2. m개의 귀무가설 $H_{01}, \ldots, H_{0m}$에 대한 p-값, $p_1, \ldots, p_m$을 계산한다.
3. m개의 p-값을 순서대로 $p_{(1)} \leq p_{(2)} \leq \ldots \leq p_{(m)}$으로 정렬한다.
4. 다음과 같이 L을 정의한다.

$$L = \min\left\{ j : p_{(j)} > \frac{\alpha}{m+1-j} \right\} \tag{13.7}$$

5. $p_j < p_{(L)}$인 모든 귀무가설 H_{0j}를 기각한다.

18 (옮긴이) 원문은 'powerful'이다. 검정의 맥락에서 '강력하다'는 의미는 검정력이 크다는 의미다. 최강력검정(most powerful test) 같은 개념을 참고하자.

대한 독립성 가정을 하지 않으며, 본페로니 방법보다 균일하게 더 강력하다.[19] 즉, 최소한 본페로니만큼은 귀무가설을 기각할 것이므로 언제나 선호되어야 한다.

이제 홀름의 방법을 적용해서 [표 13.3]의 Fund 데이터 세트에서 처음 다섯 명의 펀드 매니저의 FWER을 0.05 수준에서 제어해 보자. 순서대로 정렬된 p-값은 $p_{(1)} = 0.006$, $p_{(2)} = 0.012$, $p_{(3)} = 0.601$, $p_{(4)} = 0.756$, $p_{(5)} = 0.918$이다. 홀름의 절차는 $p_{(1)} = 0.006 < 0.05/(5+1-1) = 0.01$, $p_{(2)} = 0.012 < 0.05/(5+1-2) = 0.0125$이기 때문에 첫 두 개의 귀무가설을 기각한다. 하지만 $p_{(3)} = 0.601 > 0.05/(5+1-3) = 0.0167$이다. 즉, $L = 3$이다. 이런 상황에서는 홀름이 본페로니보다 더 검정력이 큼을 알 수 있다. 전자는 첫 번째와 세 번째 매니저의 귀무가설을 기각하는 반면, 후자는 첫 번째 매니저의 귀무가설만 기각한다.

[그림 13.3]은 $m = 10$개의 가설검정이 필요한 상황에서 세 개의 시뮬레이션 데이터 세트에 대한 본페로니와 홀름 방법의 예시를 보여 준다. 이 중 $m_0 = 2$개의 귀무가설은 참이다. 각각의 그래프는 대응되는 10개의 p-값을 가장 작은 것부터 가장 큰 것까지 순서대로 나열하고 로그 척도로 표시한다. 8개의 빨간색 점은 거짓 귀무가설을 나타내고 두 개의 검은색 점은 참 귀무가설을 나타낸다. FWER을 0.05 수준

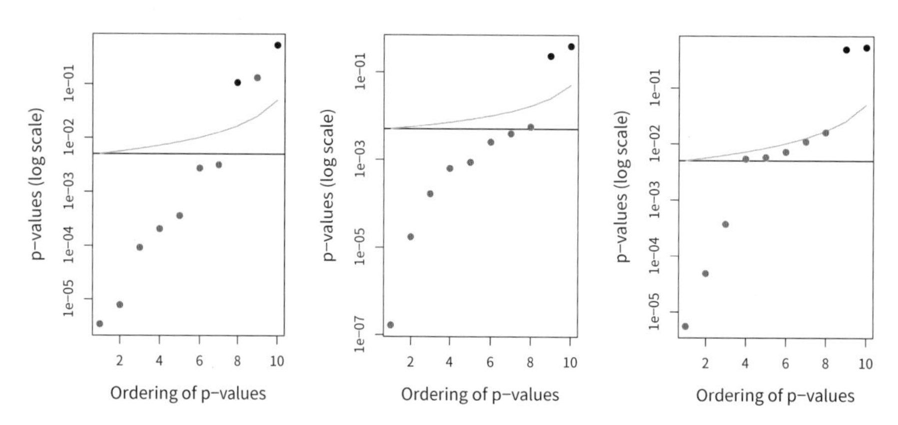

[그림 13.3] 각각의 그림은 별도의 시뮬레이션에서 $m = 10$개의 귀무가설 검정을 위해 정렬된 p-값을 보여 준다. $m_0 = 2$개의 참 귀무가설에 해당하는 p-값은 검은색으로 표시하고, 나머지는 빨간색으로 표시했다. FWER을 0.05 수준에서 제어할 때 본페로니 절차는 검은색 선 아래에 있는 모든 귀무가설을 기각하고 홀름 절차는 파란색 선 아래에 있는 모든 귀무가설을 기각한다. 파란색 선과 검은색 선 사이의 영역은 홀름 절차를 사용하면 기각되지만 본페로니 절차를 사용하면 기각되지 않는 귀무가설을 나타낸다. 가운데 그림에서 홀름 절차는 본페로니 절차보다 귀무가설을 하나 더 기각한다. 오른쪽 그림에서는 귀무가설을 다섯 개 더 기각한다.

19 (옮긴이) 원문은 'uniformly more powerful'이다. 이 표현의 의미를 좀더 정확하게 이해하려면 균일최강력 검정(UMP test, uniformly most powerful test)과 같은 개념을 참고할 수 있다.

에서 제어하려고 한다. 본페로니 절차는 p-값이 0.005 아래인 모든 귀무가설을 기각할 것을 요구한다. 이것은 검은색 수평선으로 표시되어 있다. 홀름 절차는 파란색 선 아래에 있는 모든 귀무가설을 기각할 것을 요구한다. 파란색 선은 항상 검은색 선보다 위에 있으므로 홀름은 항상 본페로니보다 더 많은 검정을 기각한다. 두 선 사이의 영역은 홀름에 의해서만 기각되는 가설에 대응된다. 왼쪽 그림에서는 본페로니와 홀름 모두 8개의 거짓 귀무가설 중 일곱 개를 성공적으로 기각하고 있다. 가운데 그림에서는 홀름은 8개의 거짓 귀무가설을 모두 성공적으로 기각하는 반면, 본페로니는 하나를 기각하지 못한다. 오른쪽 그림에서는 본페로니는 거짓 귀무가설 중 세 개만 기각하는 반면, 홀름은 8개를 모두 기각한다. 이 예제에서 본페로니와 홀름 모두 제1종 오류를 범하지 않는다.

두 가지 특별 사례: 튜키의 방법과 쉐페의 방법

본페로니와 홀름의 방법은 m개의 귀무가설에서 FWER을 제어하려는 거의 모든 상황에서 사용될 수 있다. 이 방법들은 귀무가설의 성격, 사용된 검정통계량의 유형, p-값의 (비)독립성을 가정하지 않는다. 그러나 매우 특정한 상황에서는 주어진 작업에 더 맞춤형 접근법을 사용해 FWER을 제어함으로써 더 높은 검정력을 달성할 수 있다. 튜키의 방법과 쉐페의 방법이 그 두 가지 예다.

[표 13.3]에서 볼 수 있듯이 Fund 데이터 세트에서 매니저 1번과 2번이 표본평균 수익률에서 가장 큰 차이가 난다. 이 발견이 아마도 귀무가설 $H_0 : \mu_1 = \mu_2$를 검정하려는 동기가 될 수 있다. 여기서 μ_j는 j번째 펀드 매니저의 (모집단) 평균 수익률이다. H_0에 대한 두 표본 t-검정(two-sample t-test) 식 (13.1)에서는 p-값이 0.0349가 나와서 H_0의 증거가 강하지 않음을 보여 준다. 그러나 이 p-값은 오해의 소지가 있다. 왜냐하면 매니저 5명의 수익률을 모두 검토한 다음에 매니저 1번과 2번의 평균 수익률을 비교하기로 결정했기 때문이다. 이는 본질적으로 $m = 5 \times (5-1)/2 = 10$개의 가설검정을 수행하고 p-값이 가장 작은 가설을 선택한 것과 같다. 그렇다면 0.05 수준에서 FWER을 제어하기 위해서는 $m = 10$개의 가설검정에 대한 본페로니 수정을 해야 한다. 따라서 p-값이 0.005 아래인 귀무가설만 기각해야 한다. 이런 식으로 하면 매니저 1번과 2번의 실적이 동일하다는 귀무가설을 기각할 수 없다.

하지만 이 상황에서 본페로니 수정은 $m = 10$개의 가설검정 모두 어느 정도 서로 관련되어 있다는 사실을 고려하지 못하기 때문에 사실 너무 엄격하다. 예를 들어 매니저 2번과 5번은 평균 수익률이 유사하고 매니저 2번과 4번도 마찬가지다. 이는 매니저 4번과 5번의 평균 수익률이 유사하다는 점을 보장한다. 달리 말하면 m개의 쌍별 비교에서 나온 m개의 p-값은 독립이 '아니다'. 따라서 덜 보수적인 방식으로 FWER을 제어할 수 있어야 한다. 이것이 바로 튜키의 방법(Tukey's method)의 바탕이 되는 아이디어다. G개의 평균에 대한 $m = G(G-1)/2$개의 쌍별 비교를 수행할 때 이 방법은 FWER을 α 수준에서 제어하면서도, $\alpha_T > \alpha/m$인 어떤 α_T 값과 비교해 p-값이 작은 귀무가설을 모두 기각하도록 해준다.

[그림 13.4]는 튜키의 방법을 세 개의 시뮬레이션 데이터에 적용한 예시다. $G = 6$개의 평균과 $\mu_1 = \mu_2 = \mu_3 = \mu_4 = \mu_5 \neq \mu_6$이 주어진 상황이다. 따라서 $H_0 : \mu_j = \mu_k$ 형태의 귀무가설 $m = G(G-1)/2 = 15$개 중에서 열 개는 참이고 다섯 개는 거짓이다. 각각의 그래프에서 참 귀무가설은 검은색으로, 거짓 귀무가설은 빨간색으로 표시했다. 수평선을 보면 튜키 방법의 결과는 언제나 적어도 본페로니 방법만큼 기각이 많음을 알 수 있다. 왼쪽 그래프에서 튜키는 본페로니보다 두 개 더 많은 귀무가설을 바르게 기각한다.

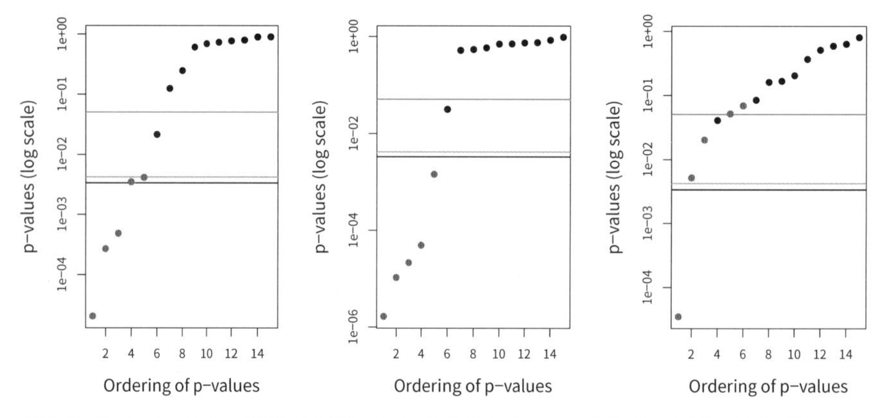

[그림 13.4] 각각의 그림은 개별적인 시뮬레이션을 수행한 것으로 $m = 15$개의 귀무가설에 대한 검정의 p-값을 정렬해 표시했다. 각각은 $G = 6$개의 평균의 등가성에 대한 쌍별 검정에 대응된다. $m_0 = 10$개의 참 귀무가설은 검은색으로 나머지는 빨간색으로 표시되어 있다. FWER을 0.05 수준에서 제어할 때 본페로니 절차는 검은색 선 아래에 있는 모든 귀무가설을 기각하는 반면, 튜키는 파란색 선 아래에 있는 모든 귀무가설을 기각한다. 따라서 튜키의 방법은 본페로니의 방법보다 약간 더 검정력이 높다. 다중검정 조정 '없이' 제1종 오류를 제어한다면 초록색 선 아래에 있는 귀무가설을 모두 기각하게 된다.

이제 [표 13.3]에 있는 데이터를 다시 살펴보다가 매니저 1번과 3번이 매니저 2번, 4번, 5번보다 평균 수익률을 높다는 것을 알았다고 가정해 보자. 이는 다음의 귀무가설을 검정하려는 동기가 될 수 있다.

$$H_0 : \frac{1}{2}(\mu_1 + \mu_3) = \frac{1}{3}(\mu_2 + \mu_4 + \mu_5) \tag{13.8}$$

(기억하겠지만 μ_j는 j번째 헤지펀드 매니저의 모집단 평균 수익률이다). 그런데 실은 식 (13.8)을 검정하기 위해 식 (13.1)에서 제시된 두 표본 t-검정(two-sample t-test)의 변이형을 이용할 수 있다. 이 검정에 따르면 p-값은 0.004가 된다. 이 결과는 매니저 1번과 3번이 매니저 2번, 4번, 5번과 비교해 차이가 있다는 강한 증거가 된다. 그러나 문제가 있다. [표 13.3]의 데이터를 살펴보고 나서 검정할 귀무가설을 식 (13.8)로 결정했다. 어떤 의미에서 이는 다중검정을 수행했다는 뜻이 된다. 이 상황에서 α 수준에서 FWER을 제어하기 위해 본페로니를 사용한다면 p-값 임곗값을 α/m로 설정할 때 극단적으로 값이 큰 m[20]을 사용하게 된다.

쉐페의 방법(Scheffé's method)은 정확히 이런 상황을 위해 고안되었다. 이 방법은 α_S 값을 계산해 식 (13.8)의 귀무가설 H_0를 p-값이 α_S일 때 기각하면 α 수준에서 제1종 오류를 제어할 수 있게 해주는 방법이다. Fund 예제에서 $\alpha = 0.05$ 수준에서 제1종 오류를 제어하려면 $\alpha_S = 0.002$로 설정해야 한다. 따라서 0.004라는 아주 작은 p-값에도 식 (13.8)에서 H_0를 기각할 수 없다. 쉐페 방법의 중요한 장점은 동일한 임곗값 $\alpha_S = 0.002$를 사용해 매니저들을 임의의 두 집단으로 나누는 쌍별 비교를 수행할 수 있다는 것이다. 예를 들어 동일한 임곗값 0.002를 사용해 $H_0 : \frac{1}{3}(\mu_1 + \mu_2 + \mu_3) = \frac{1}{2}(\mu_4 + \mu_5)$와 $H_0 : \frac{1}{4}(\mu_1 + \mu_2 + \mu_3 + \mu_4) = \mu_5$를 검정할 수도 있다. 다중검정을 추가로 조정할 필요가 없다.

요약하자면 홀름의 절차와 본페로니의 절차는 모든 상황에서 적용할 수 있는 다중검정 수정을 위한 매우 일반적인 접근법이다. 그러나 어떤 특수한 경우에는 홀름이나 본페로니를 사용하는 것보다 더 높은 검정력을 달성하면서(즉, 더 적은 제2종 오류를 범하면서) FWER을 제어하는 더 강력한 다중검정 수정 절차를 사용할 수 있다. 이번 절에서는 그 두 가지 예를 설명했다.

13.3.3 FWER과 검정력 사이의 트레이드오프

일반적으로 선택한 FWER 임곗값과 귀무가설을 기각할 수 있는 검정력(power) 사이에는 트레이드오프가 있다. 앞서 보았듯이 검정력은 기각한 거짓 귀무가설의 수를 거짓 귀무가설의 총수로 나눈 것으로 정의된다. 즉, [표 13.2]의 표기법을 사용

20 사실 '정확한' m 값을 계산하는 일은 상당히 기술적이며 이 책의 범위를 벗어난다.

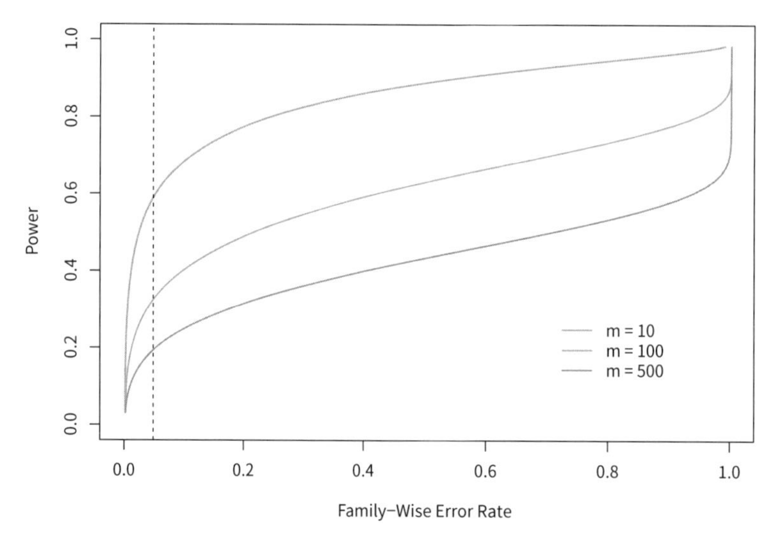

[그림 13.5] 시뮬레이션 상황에서 m개의 귀무가설 중 90%를 참으로 설정했을 때 검정력(성공적으로 기각한 거짓 귀무가설의 비율)을 집단별 오류율의 함수로 나타냈다. 곡선들은 $m = 10$(주황), $m = 100$(파랑), 그리고 $m = 500$(보라)에 대응된다. m 값이 증가함에 따라 검정력은 감소한다. 수직 파선은 FWER 0.05를 표시한 것이다.

하면 $S/(m - m_0)$이다. [그림 13.5]는 m개의 귀무가설을 수반하는 시뮬레이션 상황의 결과를 보여 주는데, 귀무가설 중 90%는 참이고 나머지 10%는 거짓이다. 검정력을 FWER의 함수로 제시했다. 이 특정한 시뮬레이션 상황에서 $m = 10$일 때 FWER 0.05는 검정력 약 60%에 대응한다. 그러나 m이 증가하면 검정력은 감소한다. $m = 500$일 때 FWER이 0.05이면 검정력은 0.2 아래로 떨어지고 거짓 귀무가설의 20%만 성공적으로 기각하게 된다

[그림 13.5]는 m이 작은 값, 예를 들어 5나 10을 취할 때 FWER을 제어하는 것이 합리적임을 나타낸다. 그러나 $m = 100$ 또는 $m = 1{,}000$의 경우 FWER을 제어하려고 시도하면 거짓 귀무가설을 기각하는 것이 거의 불가능해진다. 즉, 검정력이 극히 낮아진다.

왜 그럴까? 앞서 보았듯이 [표 13.2]의 표기법을 사용해 식 (13.3)에서 FWER은 $\Pr(V \geq 1)$로 정의했다. 즉, α 수준에서 FWER을 제어한다는 것은 데이터 분석가가 '임의의' 참 귀무가설을 기각할 가능성, 즉 거짓 양성이 나올 가능성(α 이하의 확률로)이 '매우 낮음'을 보장한다는 뜻이다. m이 클 때 이 보장을 지키기 위해 데이터 분석가는 매우 작은 수의 귀무가설만 기각해야 하거나 전혀 기각하지 못할 수도 있다(왜냐하면 $R = 0$이면 $V = 0$이기 때문이다. [표 13.2]를 보라). 이는 과학적으로 흥미롭지 못하며 [그림 13.5]처럼 일반적으로 매우 낮은 검정력을 초래한다.

실제 상황에서 m이 크면 아마도 기꺼이 거짓 양성 몇 개를 받아들이고 더 많은 발견, 즉 더 많은 귀무가설 기각에 관심을 두게 된다. 이것이 바로 이어서 소개할 거짓발견율의 배경이 되는 동기다.

13.4 거짓발견율

13.4.1 거짓발견율에 대한 직관적 이해

방금 논의했듯이 m이 큰 경우(FWER 제어에서처럼) 어떤 거짓 양성(false positives)도 방지하려는 시도는 너무 엄격하기만 하다. 대신 거짓 양성(V)과 총 양성($V + S = R$)의 비를 충분히 낮게 해 기각된 귀무가설을 대부분 거짓 양성이 아니게 할 수 있다. V/R의 비율은 거짓발견비율(FDP, false discovery proportion)이라고 한다.

데이터 분석가에게 기각된 귀무가설 중 거짓 양성이, 예를 들어 20% 이하가 되도록 FDP를 제어하라고 요청하면 좋겠다는 생각이 들 수도 있다. 하지만 실제로 데이터 분석가가 FDP를 제어하는 것은 불가능한 일이다. 왜냐하면 특정 데이터 세트에서 어떤 가설이 참이고 어떤 가설이 거짓인지 확신할 방법이 없기 때문이다. 이는 데이터 분석가가 FWER을 제어할 수 있다는 사실과 매우 유사하다. 즉, 분석가가 사전에 지정된 임의의 α에 대해 $\Pr(V \geq 1) \leq \alpha$를 보장할 수 있지만, 임의의 특정 데이터 세트에서 $V = 0$을 보장할 수는 없다(어떤 귀무가설도 기각, 즉 $R = 0$으로 설정하지 않는 한 보장할 수 없다).

따라서 대신 거짓발견율(FDR, false discovery rate)[21]을 제어한다. 다음과 같이 정의된다.

$$\text{FDR} = \text{E}(\text{FDP}) = \text{E}(V/R) \tag{13.9}$$

FDR을 (예를 들어) $q = 20\%$ 수준에서 제어하면 가능한 한 많은 귀무가설을 기각하면서 기각된 귀무가설 중 20% 이하가 거짓 양성임을 '평균적으로' 보장한다.

식 (13.9) FDR의 정의에서 기댓값은 데이터가 생성된 모집단에 대해 취한 것이다. 예를 들어 m개의 귀무가설에서 FDR을 $q = 0.2$에서 제어한다고 가정해 보자. 이는 실험을 엄청나게 많은 횟수만큼 반복하고 매번 $q = 0.2$에서 FDR을 제어한다

21 $R = 0$인 경우에는 $0/0$의 계산을 피하기 위해 비율 V/R를 0으로 대체한다. 형식적으로는 $\text{FDR} = \text{E}(V/R \mid R > 0)\Pr(R > 0)$이다.

면 기각된 귀무가설 중 거짓 양성이 평균적으로 20%가 될 것임을 기대한다는 뜻이다. 하나의 데이터 세트가 주어졌을 때는 기각된 가설 중 거짓 양성의 비율이 20%보다 많을 수도 적을 수도 있다.

지금까지는 실용적인 관점에서 FDR의 사용 동기로 m이 클 때 FWER을 제어하는 것은 너무 엄격하며, '충분한' 개수의 발견으로 이어지지 않을 것임을 논증했다. 추가적으로 FDR을 사용하는 이유는 최근 응용 분야에서 데이터가 흔히 수집되는 방식과 잘 어울린다는 점 때문이다. 다양한 분야에서 데이터 세트의 크기가 계속 커짐에 따라 확증 목적이 아니라 탐색 목적으로 엄청난 수의 가설검정을 수행하는 일이 점점 더 일반화되고 있다. 예를 들어 유전체 연구자는 어떤 특정 질환이 있는 개인들과 그렇지 않은 개인들의 유전체 염기서열을 분석한 다음, 20,000개 유전자 각각에서 그 유전자의 서열 변이가 관심 대상 질환과 관련이 있는지 검정할 수 있다. 이것은 $m = 20{,}000$개의 가설검정을 수행하는 일과 같다. 이 분석은 연구자가 특정한 가설을 염두에 두고 있지 않다는 점에서 본질적으로 탐색적이다. 대신 연구자는 각각의 유전자와 질병 사이의 연관성에 대한 적절한 수준의 증거가 있는지 보고 증거가 있는 유전자는 더 조사하려고 할 것이다. 연구자는 더 조사하려는 유전자 집합 중에서 일부 거짓 양성을 용인할 가능성이 높다. 따라서 FWER은 적절한 선택이 아니다. 하지만 다중검정에 대한 수정은 좀 필요하다. p-값이 (예를 들어) 0.05보다 작은 '모든' 유전자를 무조건 조사하는 것은 좋은 생각이 아니다. 왜냐하면 질병과 관련된 유전자가 없더라도 1,000개의 유전자가 우연에 의해 작은 p-값을 가질 것으로 기대되기 때문이다($0.05 \times 20{,}000 = 1{,}000$). 연구자가 탐색적 분석을 위해 FDR을 20%에서 제어하는 것은 더 조사할 유전자 중 (평균적으로) 20% 이하가 거짓 양성임을 보장한다.

주의할 점이 하나 있다. 임곗값으로 0.05는 '양성' 결과에 대한 증거의 최소 표준이고 0.01이나 심지어 0.001의 임곗값이 훨씬 설득력 있는 증거로 간주되는 p-값과는 달리, FDR 제어에서는 표준으로 받아들이는 임곗값이 없다. 대신 FDR 임곗값의 선택은 일반적으로 맥락에 따라 또는 데이터 세트에 따라 달라진다. 예를 들어 이전 예제의 유전체 연구자는 후속 분석에서 시간이 많이 걸리거나 비용이 많이 들면 10%의 임곗값에서 FDR을 제어할 수 있다. 이와 달리 비용이 많이 들지 않는 후속 분석을 계획한다면 훨씬 더 큰 임곗값인 30%가 적절할 수 있다.

13.4.2 벤야미니-호흐베르크 절차

이제 FDR을 제어하는 작업에 초점을 맞추겠다. 즉, FDR, $\mathrm{E}(V/R)$가 미리 지정된 값 q보다 작거나 같음을 보장하면서 어떤 귀무가설을 기각할지 결정한다. 이를 위해서는 m개의 귀무가설에서 나온 p-값들, 즉 $p_1, ..., p_m$을 원하는 FDR 값인 q와 연결하는 방법이 필요하다. 얼개를 제시한 [알고리즘 13.2]에서 매우 간단한 절차로 FDR을 제어할 수 있다.

알고리즘 13.2 FDR을 제어하기 위한 벤야미니-호흐베르크 절차

1. FDR을 제어할 수준 q를 지정한다.
2. m개의 귀무가설 $H_{01}, ..., H_{0m}$에서 p-값, 즉 $p_1, ..., p_m$을 계산한다.
3. m개의 p-값을 $p_{(1)} \leq p_{(2)} \leq ... \leq p_{(m)}$과 같이 순서대로 나열한다.
4. 다음과 같이 L을 정의한다.

$$L = \max\{j : p_{(j)} < qj/m\} \tag{13.10}$$

5. $p_j \leq p_{(L)}$인 귀무가설 H_{0j}를 모두 기각한다.

[알고리즘 13.2]는 벤야미니-호흐베르크 절차(Benjamini-Hochberg procedure)라고 한다. 이 절차의 핵심은 식 (13.10)에 있다. 예를 들어 [표 13.3]에 제시된 Fund 데이터 세트의 처음 다섯 명의 매니저를 다시 생각해 보자(이 예제에서 $m = 5$이지만, 일반적으로 훨씬 더 많은 수의 귀무가설을 포함하는 상황에서 FDR을 제어한다). $p_{(1)} = 0.006 < 0.05 \times 1/5$, $p_{(2)} = 0.012 < 0.05 \times 2/5$, $p_{(3)} = 0.601 > 0.05 \times 3/5$, $p_{(4)} = 0.756 > 0.05 \times 4/5$, $p_{(5)} = 0.918 > 0.05 \times 5/5$이다. 따라서 5%에서 FDR을 제어하기 위해서는 첫 번째와 세 번째 펀드 매니저가 우연보다 나은 성과를 내지 않는다는 귀무가설을 기각한다.

m개의 p-값들이 독립이거나 의존성이 약하다면 벤야미니-호흐베르크 절차는 다음을 보장한다.[22]

$$\mathrm{FDR} \leq q$$

22 하지만 증명은 이 책의 범위를 넘어선다.

즉, 이 절차는 기각된 귀무가설 중 거짓 양성 비율이 평균적으로 q 이하가 되도록 보장한다. 놀랍게도 이는 참 귀무가설이 몇 개인지 관계없이 그리고 거짓인 귀무가설의 p-값 분포와 관계없이 성립한다. 따라서 벤야미니-호흐베르크 절차가 제공하는 매우 쉬운 방법으로 m개의 p-값 집합이 주어졌을 때 어떤 귀무가설을 기각해야 미리 지정된 임의의 수준 q에서 FDR을 제어하는지 결정할 수 있다.

13.3.2절의 본페로니 절차와 벤야미니-호흐베르크 절차 사이에는 근본적인 차이가 있다. 본페로니 절차에서는 m개의 귀무가설에 대해 α 수준에서 FWER을 제어하기 위해 그냥 p-값이 α/m보다 낮은 귀무가설을 기각해야 한다. 이 α/m의 임곗값은 (m의 값 이외에) 데이터의 어떤 것에도 의존하지 않으며, 확실히 p-값 자체에 의존하지 않는다. 반면 벤야미니-호흐베르크 절차에서 사용하는 기각 임곗값은 좀 더 복잡하다. 귀무가설의 p-값이 L번째로 작은 p-값보다 작거나 같으면 모두 기각하는데, 식 (13.10)에서 보듯이 L 자체가 모든 m개의 p-값의 함수다. 따라서 벤야미니-호흐베르크 절차를 수행할 때는 미리 앞서서 어떤 임곗값을 사용해 p-값을 기각할지 계획할 수 없으며, 먼저 데이터를 봐야 한다. 예를 들어 개요만 말한다면 $m = 100$이면서 FDR의 임곗값 0.1을 사용할 때 p-값이 0.01인 귀무가설을 기각할지 여부는 알 방법이 없다. 답은 다른 $m - 1$개의 p-값에 달려 있다. 벤야미니-호흐베르크 절차의 이런 성질을 공유하는 홀름 절차에서도 역시 p-값 임곗값이 데이터 의존적이다.

[그림 13.6]은 Fund 데이터 세트에 본페로니와 벤야미니-호흐베르크 절차를 적용한 결과를 보여 준다. 여기서 전체 $m = 2{,}000$명의 펀드 매니저 집합을 사용했다. 처음 다섯 명은 [표 13.3]에 제시되어 있다. 본페로니를 사용해 FWER을 0.3 수준에서 제어하면 단 하나의 귀무가설만 기각된다. 즉, 단 한 명의 펀드 매니저만 시장을 초과하는 수익을 내고 있다고 결론지을 수 있다. 이와 달리 다중검정을 보정하지 않으면 $m = 2{,}000$명의 펀드 매니저 상당수가 시장을 초과하는 수익을 올리는 것으로 나타난다. 예를 들어 13명은 p-값이 약 0.001 이하다. 반면 FDR을 0.3 수준에서 제어하면 279명의 펀드 매니저가 시장보다 높은 수익을 내고 있다고 결론 내릴 수 있다. 이 중 최대 $279 \times 0.3 = 83.7$명의 펀드 매니저가 우연히 좋은 성과를 낸 것으로 기대된다. 따라서 FDR 제어가 FWER 제어보다 훨씬 더 관대하며 더 강력하다(검정력이 크다)는 것을 알 수 있다. 즉, 훨씬 많은 귀무가설을 기각하며 그 대가로 상당히 많은 거짓 긍정을 범한다.

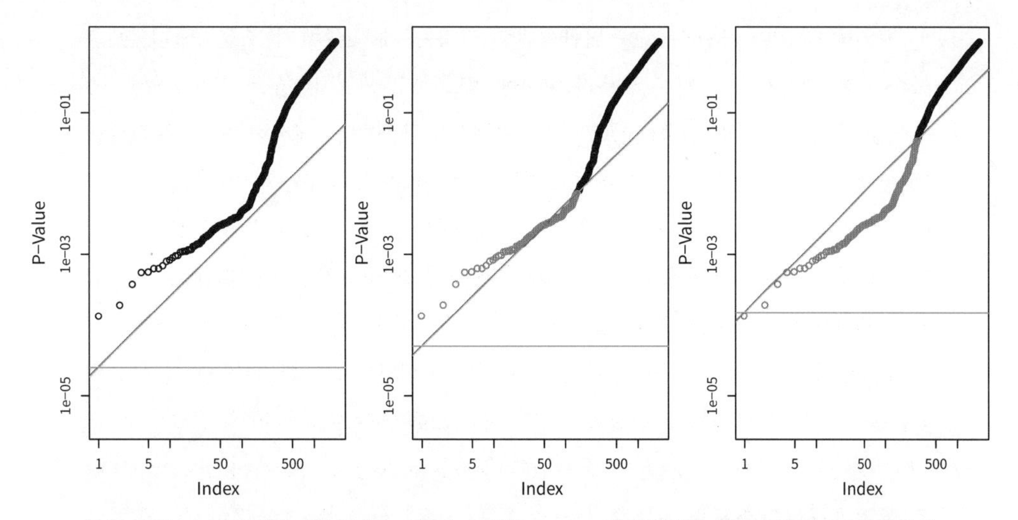

[그림 13.6] Fund 데이터에 대한 각각의 그래프는 동일한 $m = 2{,}000$개의 정렬된 p-값을 보여 준다. 초록색 선이 나타내는 p-값 임곗값은 FWER 제어에 해당되는 것으로 본페로니 절차로 제어한다. 수준은 $\alpha = 0.05$(왼쪽), $\alpha = 0.1$(중앙), $\alpha = 0.3$(오른쪽)이다. 주황색 선이 나타내는 p-값 임곗값은 FDR 제어에 대응하는 것으로 벤야미니-호흐베르크로 제어한다. 수준은 $q = 0.05$(왼쪽), $q = 0.1$(중앙), $q = 0.3$(오른쪽)이다. FDR을 $q = 0.1$ 수준에서 제어하면 146개의 귀무가설이 기각된다(중앙). 해당하는 p-값은 파란색으로 표시되어 있다. FDR이 $q = 0.3$ 수준에서 제어되면 279개의 귀무가설이 기각된다(오른쪽). 해당하는 p-값은 파란색으로 표시되어 있다.

벤야미니-호흐베르크 절차는 1990년대 중반부터 존재했다. 그 이후 특정 시나리오에서 성능이 더 좋은 대안적 FDR 제어법을 제안하는 많은 논문들이 발표됐지만, 벤야미니-호흐베르크 절차는 여전히 매우 유용하며 널리 적용할 수 있는 접근법으로 남아 있다.

13.5 재표집법을 통한 p-값과 거짓발견율

지금까지 이번 장에서 논의했던 가정은 특정한 귀무가설 H_0를 검정하려 할 때 사용하는 검정통계량 T가 H_0에서 알려진 (또는 가정된) 분포, 예를 들어 정규분포, t-분포, χ^2-분포, F-분포와 같은 분포를 따른다는 가정이었다. 이것을 이론적 귀무분포(theoretical null distribution)라고 한다. 검정통계량과 연관된 p-값을 구할 때 보통 이론적 귀무분포의 가용성에 의존하게 된다. 실제로 검정하려는 대다수 귀무가설 유형에서 사용 가능한 이론적 귀무분포가 존재한다. 단 기꺼이 데이터에 대해 엄격한 가정을 할 의사가 있어야 한다.

하지만 귀무가설 H_0나 검정통계량 T가 다소 이례적인 경우 사용 가능한 이론적 귀무분포가 없을 수도 있다. 또한 이론적 귀무분포가 존재하더라도 이 분포가 성립하기 위해 필요한 어떤 가정을 위반했다면 그 분포에 의존하기 조심스럽다. 예를 들어 표본 크기가 너무 작은 경우가 여기에 해당한다.

이번 절에서는 이런 상황에서 추론을 수행하기 위한 틀을 제시한다. 빠른 컴퓨터를 활용해 T의 귀무분포를 근사하고 이를 통해 p-값을 구하는 방법이다. 이 틀은 매우 일반적이지만 관심 있는 특정 문제에 맞추어 신중하게 구현되어야 한다. 따라서 이어지는 내용에서는 확률변수 두 개의 평균이 같은지 검정하기 위해 두 표본 t-검정을 사용하는 특정한 예를 살펴본다.

이 절의 논의는 이번 장의 앞선 절보다도 더 어렵다. 이론적 귀무분포를 사용해 p-값을 계산하는 데 만족하는 독자는 건너뛰어도 괜찮다.

13.5.1 재표집법을 통한 p-값

13.1.1절의 예제로 돌아가 확률변수 X의 평균이 확률변수 Y의 평균과 같은지 검정해 보자. 즉 귀무가설 $H_0 : \mathrm{E}(X) = \mathrm{E}(Y)$ 대 대립가설 $H_a : \mathrm{E}(X) \neq \mathrm{E}(Y)$를 검정한다. X에서 n_X개의 독립 관측값과 Y에서 n_Y개의 독립 관측값이 주어졌을 때 두 표본 t-통계량은 다음과 같은 형태가 된다.

$$T = \frac{\hat{\mu}_X - \hat{\mu}_Y}{s\sqrt{\frac{1}{n_X} + \frac{1}{n_Y}}} \tag{13.11}$$

여기서 $\hat{\mu}_X = \frac{1}{n_X}\sum_{i=1}^{n_X} x_i$, $\hat{\mu}_Y = \frac{1}{n_Y}\sum_{i=1}^{n_Y} y_i$이고, $s = \sqrt{\frac{(n_X - 1)\, s_X^2 + (n_Y - 1)\, s_Y^2}{n_X + n_Y - 2}}$이며, s_X^2과 s_Y^2은 두 집단에 대한 분산의 비편향추정량이다. T의 큰 (절대) 값은 H_0에 반하는 증거를 제공한다.

n_X와 n_Y가 크면 식 (13.11)의 T는 근사적으로 $N(0, 1)$ 분포를 따른다. 그러나 n_X와 n_Y가 작을 경우 X와 Y의 분포에 대한 강한 가정이 없으면 T의 이론적 귀무분포를 알 수 없다.[23] 이 경우 T의 귀무분포를 재표집(re-sampling) 접근법, 더 구체적으로는 순열(permutation) 접근법을 사용해 근사할 수 있다는 것이 알려져 있다.

이를 위해 사고 실험을 해 보자. H_0가 성립하고 따라서 $\mathrm{E}(X) = \mathrm{E}(Y)$이면서 X와 Y의 분포가 동일하다는 더 강한 가정을 한다면, T의 분포는 X의 관측값과 Y의

23 만약 X와 Y가 정규분포를 따른다고 가정한다면 식 (13.11)의 T는 H_0에서 자유도가 $n_X + n_Y - 2$인 t-분포를 따른다. 그러나 실제 응용에서 확률변수의 분포가 알려져 있는 일은 거의 없으므로 근거 없는 강한 가정을 하는 대신에 재표집법을 실행하는 것이 더 좋을 수 있다. 만약 재표집법의 결과가 이론적 귀무분포를 가정했을 때의 결과와 다르다면 재표집법의 결과가 더 믿을 만한 것이다

관측값을 서로 바꿀 때 불변(invariant)이다. 즉, X의 일부 관측값을 Y의 관측값과 무작위로 바꾸면 **이렇게 바뀐 데이터에 기반한 식 (13.11)의 검정통계량 T는 원래 데이터에 기반한 T와 분포가 동일하다**. 이것은 H_0가 성립하고 X와 Y의 분포가 동일할 때만 참이다.

이는 T의 귀무분포를 근사하기 위해 다음과 같은 접근법을 사용할 수 있음을 시사한다. 어떤 큰 B에 대해 $n_X + n_Y$개의 관측값을 B번 무작위로 순서를 바꾸고[24] 매번 식 (13.11)을 계산한다. 순서를 바꾼 데이터에서 식 (13.11)의 값들을 $T^{*1}, \ldots, T^{*B}$로 표시하자. 이 값들은 H_0에서 T의 귀무분포의 근사로 볼 수 있다. 다시 말하면 정의상 p-값은 H_0에서 이 정도의 극단적인 검정통계량을 관측할 확률이다. 따라서 T의 p-값을 계산하기 위해서는 단순히 다음을 계산하면 된다.

$$p\text{-값} = \frac{\sum_{b=1}^{B} 1_{(|T^{*b}| \geq |T|)}}{B} \tag{13.12}$$

이 p-값은 순서를 바꾼 데이터 세트 중에서 원래 데이터에서 관측된 값만큼 극단적인 검정통계량의 값이 나온 세트의 비율이다. 이 절차는 [알고리즘 13.3]에 요약되어 있다.

알고리즘 13.3 두 표본 t-검정을 위한 재표집 p-값

1. 원래 데이터 $x_1, \ldots, x_{n_X}$와 $y_1, \ldots, y_{n_Y}$에서 식 (13.11)에 정의된 T를 계산한다.
2. $b = 1, \ldots, B$에 대해 다음을 수행한다. 이때 B는 큰 수(예: $B = 10{,}000$)이다.
   a) $n_X + n_Y$개의 관측값을 무작위로 순서를 바꾼다. 순서를 바꾼 관측값의 처음 n_X개를 $x_1^*, \ldots, x_{n_X}^*$라 하고, 나머지 n_Y개의 관측값을 $y_1^*, \ldots, y_{n_Y}^*$라 한다.
   b) 순서를 바꾼 데이터 $x_1^*, \ldots, x_{n_X}^*$와 $y_1^*, \ldots, y_{n_Y}^*$에서 식 (13.11)을 계산하고 그 결과를 T^{*b}라 한다.
3. p-값은 $\frac{1}{B}\sum_{b=1}^{B} 1_{(|T^{*b}| \geq |T|)}$로 주어진다.

이 절차를 Khan 데이터 세트에 적용해 보자. 이 데이터 세트는 소아에게서 주로 발견되는 암의 한 종류인 소원형세포암의 네 가지 하위 유형에서 2,308개 유전자

24 (옮긴이) 원문의 'permutation'은 '순열'로, 동사 'permutate'는 '순서를 바꾸다' 또는 '순서바꾸기를 하다'로 번역했다. 'permutation'도 '순서바꾸기' 정도로 번역하면 의미가 쉽게 와닿고 일관성도 있겠지만, 통계학 용어로 순열검정(permutation test)이 사용되므로 이를 따랐다.

의 발현 측정값으로 구성되어 있다. 이 데이터 세트는 ISLR2 패키지에 포함되어 있다. 여기서는 관측이 가장 많은 두 가지 하위 유형인 근육육종($n_X = 29$)과 버킷 림프종($n_Y = 25$)에 한정해 살펴본다.

두 집단에서 11번째 유전자의 평균 발현값이 같다는 귀무가설에 대해 두 표본 t-검정을 하면 $T = -2.09$가 나온다. 이론적 귀무분포인 t_{52} 분포($n_X + n_Y - 2 = 52$이므로)를 사용하면 p-값 0.041을 얻는다(t_{52} 분포는 사실상 $N(0, 1)$ 분포와 구별할 수 없다는 점에 유의하자). 대신에 $B = 10{,}000$으로 [알고리즘 13.3]을 적용하면 p-값 0.042를 얻는다. [그림 13.7]에는 이 유전자에 대한 이론적 귀무분포, 재표집 귀무분포, 실제 검정통계량($T = -2.09$) 값이 제시되어 있다. 이 예에서 이론적 귀무분포와 재표집 귀무분포를 사용해 얻은 p-값 사이에 거의 차이가 없음을 볼 수 있다.

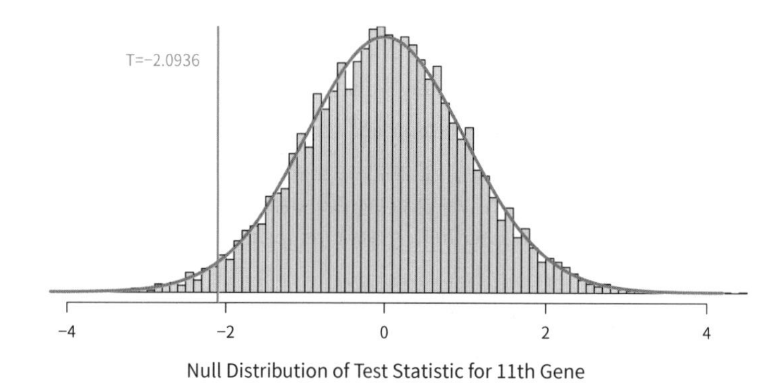

[그림 13.7] Khan 데이터 세트의 11번째 유전자는 검정통계량이 $T = -2.09$이다. 이론적 귀무분포와 재표집 귀무분포는 거의 동일하다. 이론적 p-값은 0.041이고 재표집 p-값은 0.042이다.

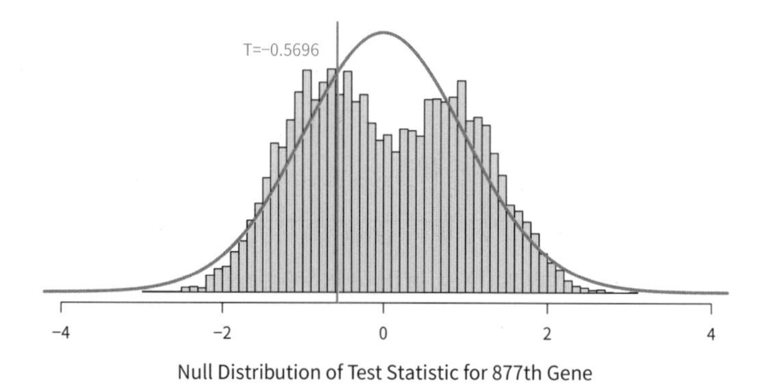

[그림 13.8] Khan 데이터 세트의 877번째 유전자는 검정통계량이 $T = -0.57$이다. 이론적 귀무분포와 재표집 귀무분포는 상당히 다르다. 이론적 p-값은 0.571이고 재표집 p-값은 0.673이다.

이와 대조적으로 [그림 13.8]은 877번째 유전자에서 같은 방식으로 구한 결과 집합을 보여 준다. 이 경우에는 이론적 귀무분포와 재표집 귀무분포 사이에 상당한 차이가 있고 결과적으로 둘의 p-값도 차이가 있다.

일반적으로 표본 크기가 작거나 데이터 분포가 비대칭적인 상황에서 (따라서 이론적 귀무분포가 덜 정확할 때) 재표집 p-값과 이론적 p-값 사이의 차이는 더 두드러진다. 사실 [그림 13.8]에서 재표집 귀무분포와 이론적 귀무분포 사이의 상당한 차이의 원인은 877번째 유전자에서 하나의 관측값이 나머지 다른 관측값들로부터 상당히 멀리 떨어져 있어서 매우 기운 분포(skewed distribution)가 됐기 때문이다.

13.5.2 재표집을 통한 거짓발견율

이제 m개의 귀무가설 $H_{01}, ..., H_{0m}$에 대해 FDR을 제어하려는 경우를 생각해 보자. 사용 가능한 이론적 귀무분포가 없거나 단순히 이론적 귀무분포의 사용을 피하려는 상황이다. 13.5.1절처럼 각각의 가설에 대해 두 표본 t-통계량을 사용해 검정통계량 $T_1, ..., T_m$이 나온다. 단순하게 13.5.1절처럼 m개의 귀무가설 각각에 대해 p-값을 계산할 수 있다. 그런 다음 13.4.2절의 벤야미니-호흐베르크 절차를 이 p-값에 적용할 수 있다. 그러나 알려진 바에 따르면 p-값을 계산할 필요도 없이 더 직접적으로 수행할 수 있는 방법이 있다.

13.4절을 다시 떠올려 보면 FDR은 $\mathrm{E}(V/R)$로 정의된다. V, R 표기는 [표 13.2]에 제시되어 있다. 재표집으로 FDR을 추정하기 위해서 먼저 다음과 같이 근사를 한다.

$$\mathrm{FDR} = E\left(\frac{V}{R}\right) \approx \frac{\mathrm{E}(V)}{R} \tag{13.13}$$

이제 검정통계량의 절댓값이 c를 초과하는 모든 귀무가설을 기각하는 경우를 생각해 보자. 그러면 식 (13.13)에서 우변 분모의 R을 계산하는 것은 단순하다. $R = \sum_{j=1}^{m} 1_{(|T_j| \geq c)}$이다.

하지만 식 (13.13)에서 우변의 분자 $\mathrm{E}(V)$는 더 어렵다. 이는 거짓 긍정 개수의 기댓값으로, 검정통계량의 절댓값이 c를 초과하는 귀무가설을 모두 기각하는 것과 연관되어 있다. 너무 뻔한 소리지만 V를 추정하는 것이 어려운 이유는 $H_{01}, ..., H_{0m}$ 중 어느 것이 진짜 참인지 모르고 따라서 기각된 가설 중 어느 것이 거짓 긍정인지 모르기 때문이다. 이 문제를 극복하기 위해 취할 방법은 재표집법이다. 재표집법에서는 $H_{01}, \ldots, H_{0m}$에서 시뮬레이션 데이터를 생성하고 그 결과로 나온 검정통계량을 계산한다. c를 초과하는 재표집 검정통계량의 개수가 V의 추정값이 된다.

더 자세히 보면 각 귀무가설 $H_{01}, \ldots, H_{0m}$에 대한 두 표본 t-통계량 식 (13.11)의 경우 다음과 같이 $\mathrm{E}(V)$를 추정할 수 있다. $x_j^{(1)}, \ldots, x_{n_X}^{(j)}$와 $y_1^{(j)}, \ldots, y_{n_Y}^{(j)}$로 j번째 귀무가설과 연관된 데이터를 표기한다. 이 $n_X + n_Y$개의 관측값을 무작위로 순서바꾸기를 하고, 그런 다음에 순서가 바뀐 데이터에서 t-통계량을 계산한다. 이 순서바꾸기 데이터에 대해 모든 귀무가설 $H_{01}, \ldots, H_{0m}$이 성립한다는 것을 안다. 따라서 절댓값이 임곗값 c를 초과하는 순서바꾸기된 t-통계량의 개수는 $\mathrm{E}(V)$의 추정값이 된다. 이 추정값을 더 개선하기 위해 큰 B 값으로 B번 반복해 순열(순서바꾸기) 과정을 수행하고 결과를 평균 내어 사용할 수 있다.

[알고리즘 13.4]에서 이 절차를 자세히 제시했다.[25] 이것을 FDR의 대입 추정값(plug-in estimate)이라고도 한다. 왜냐하면 식 (13.13)에서 근사는 분모에 R을 대입하고 분자에 $\mathrm{E}(V)$의 추정값을 대입해 FDR을 추정할 수 있게 해주기 때문이다.

알고리즘 13.4 두 표본 T-검정을 위한 대입 FDR

1. 임곗값 c를 선택한다. $c > 0$이다.
2. $j = 1, \ldots, m$에 대해
   a) $T^{(j)}$를 계산한다. $T^{(j)}$는 귀무가설 H_{0j}에 대한 두 표본 t-통계량 식 (13.11)이다. 원래 데이터 $x_1^{(j)}, \ldots, x_{n_X}^{(j)}$와 $y_1^{(j)}, \ldots, y_{n_Y}^{(j)}$를 기반으로 계산한다.
   b) $b = 1, \ldots, B$에 대해(B는 큰 수, 예: $B = 10{,}000$)
      i) $n_X + n_Y$개의 관측값을 무작위로 순서를 바꾼다. 처음 n_X개의 관측값을 $x_1^{*(j)}, \ldots, x_{n_X}^{*(j)}$라 하고, 나머지 관측값을 $y_1^{*(j)}, \ldots, y_{n_Y}^{*(j)}$라 한다.
      ii) 순서를 바꾼 데이터 $x_1^{*(j)}, \ldots, x_{n_X}^{*(j)}$와 $y_1^{*(j)}, \ldots, y_{n_Y}^{*(j)}$에서 식 (13.11)을 계산하고 그 결과를 $T^{(j),*b}$라 한다.
3. $R = \sum_{j=1}^{m} 1_{(|T^{(j)}| \geq c)}$를 계산한다.
4. $\hat{V} = \frac{1}{B}\sum_{b=1}^{B}\sum_{j=1}^{m} 1_{(|T^{(j),*b}| \geq c)}$를 계산한다.
5. 임곗값 c에 해당하는 FDR 추정값은 $\hat{V}/R$이다.

25 [알고리즘 13.4]를 효율적으로 구현하기 위해서는 2(b)i 단계에서 동일한 세트의 순열(순서바꾸기)을 모든 m 귀무가설에 대해 사용해야 한다.

[알고리즘 13.4]의 FDR을 위한 재표집법과 함께 [알고리즘 13.2]의 이론적 p-값을 사용한 벤야미니-호흐베르크 접근법을 Khan 데이터 세트의 $m = 2{,}308$개 유전자에 적용해 보자. 결과는 [그림 13.9]에 나와 있다. 기각된 가설의 개수가 주어졌을 때 FDR 추정값들은 두 방법에서 거의 동일하다는 것을 볼 수 있다.

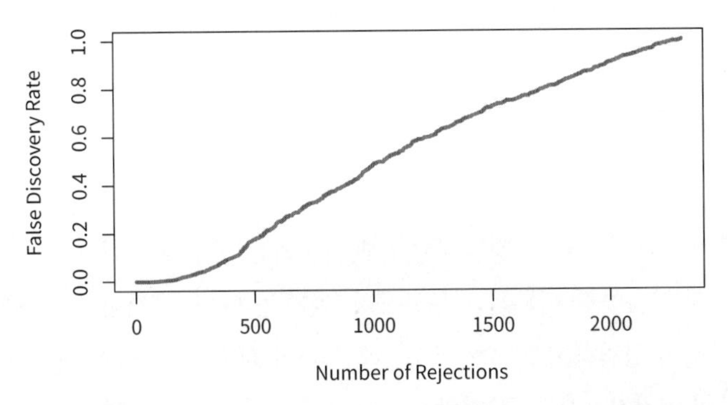

[그림 13.9] Khan 데이터 세트에서 $j = 1, \ldots, m = 2{,}308$인 j번째 유전자에 대해 버킷 림프종에서의 평균 발현이 근육육종에서의 평균 발현과 같다는 귀무가설을 검정했다. k의 값 1에서 2,308까지 각각에 대해 y축은 가장 작은 p-값부터 k개의 귀무가설을 기각하는 것과 관련된 FDR 추정값을 나타낸다. 주황색 점선 곡선으로 벤야미니-호흐베르크 절차를 사용해 구한 FDR을 볼 수 있고, 파란색 실선 곡선으로 [알고리즘 13.4]의 재표집법을 사용해 구한 FDR을 볼 수 있다. 여기서 $B = 10{,}000$이다. 두 FDR 추정값 사이에는 거의 차이가 없다. 어느 추정값에 따르더라도 p-값이 가장 작은 500개의 유전자에 대한 귀무가설을 기각하는 것은 약 17.7%의 FDR에 해당한다.

이번 절을 시작하면서 중요하게 언급했듯이 m개의 가설검정에 대한 FDR을 제어하기 위해 재표집법을 사용하려면, 13.5.1절과 같이 단순하게 m개의 재표집 p-값을 계산한 다음 13.4.2절의 벤야미니-호흐베르크 절차를 이 p-값에 적용하면 된다는 것이었다. 알려진 바에 따르면 만약 j번째 재표집 p-값들을 식 (13.12)와 같이 정의하는 대신에 $j = 1, \ldots, m$에 대해,

$$p_j = \frac{\sum_{j'=1}^{m} \sum_{b=1}^{B} 1_{(|T_{j'}^{*b}| \geq |T_j|)}}{Bm} \tag{13.14}$$

으로 정의하면 이 재표집된 p-값들에 벤야미니-호흐베르크 절차를 적용하는 일은 [알고리즘 13.4]와 '정확히' 동일하다. 식 (13.14)는 식 (13.12)에 대한 대안이라는 점에 주의하자. 후자는 모든 m개 가설검정에서 정보를 모아 귀무분포를 근사하는 방법이다.

13.5.3 재표집법이 유용한 경우는?

13.5.1절과 13.5.2절에서 두 표본 t-통계량 식 (13.11)을 사용해 $H_0 : \mathrm{E}(X) = \mathrm{E}(Y)$ 형태의 귀무가설을 검정할 때 재표집법으로 귀무분포를 근사하는 방법을 살펴보았다. 재표집법을 사용하는 것이 이론적 p-값 접근법을 사용하는 방법과는 상당히 다른 결과가 나오는 것을 [그림 13.8]에서는 보았지만 [그림 13.7]에서는 그렇지 않았다.

일반적으로 재표집법이 특히 유용한 두 가지 상황이 있다.

1. 아마도 사용 가능한 이론적 귀무분포가 없는 경우다. 흔치 않은 귀무가설 H_0를 검정하거나 흔치 않은 검정통계량 T를 사용하는 경우일 것이다.
2. 아마도 사용 가능한 이론적 귀무분포가 '있기'는 한데, 그것이 유효하기 위해 필요한 가정이 성립하지 않는 경우다. 예를 들어 식 (13.11)의 두 표본 t-통계량은 관측값이 정규분포를 따를 때만 $t_{n_X+n_Y-2}$ 분포를 따른다. 게다가 n_X와 n_Y가 상당히 클 때만 $N(0, 1)$ 분포를 따른다. 만약 데이터가 정규분포가 아니고 n_X와 n_Y가 작다면 이론적 귀무분포를 사용하는 p-값은 유효하지 않을 것이다(즉, 제1종 오류를 적절히 제어하지 못한다).

일반적으로 귀무분포를 따르는 데이터를 생성하기 위해 관측값을 재표집하거나 순서를 바꾸는 방법을 찾아낼 수 있다면 [알고리즘 13.3]과 [알고리즘 13.4]를 변형하여 p-값을 계산하거나 FDR을 추정할 수 있다. 많은 실세계 상황에서 이 방법은 있는 그대로 바로 쓸 수 있는 가능한 가설검정이 없거나 바로 쓸 수 있는 검정의 핵심 가정이 위반될 때 가설검정을 위한 강력한 도구가 된다.

13.6 실습: 다중검정

이전 실습에서 보았던 라이브러리를 불러온다.

In[1]:
```
import numpy as np
import pandas as pd
import matplotlib.pyplot as plt
import statsmodels.api as sm
from ISLP import load_data
```

이번 실습에서 사용할 새로운 라이브러리도 가져온다.

In[2]:
```
from scipy.stats import \
    (ttest_1samp,
     ttest_rel,
     ttest_ind,
     t as t_dbn)
from statsmodels.stats.multicomp import \
     pairwise_tukeyhsd
from statsmodels.stats.multitest import \
     multipletests as mult_test
```

13.6.1 가설검정 돌아보기

한 표본 t-검정(one-sample t-test)부터 시작해 보자. 우선 각각 10개의 관측값으로 구성된 100개의 변수를 생성한다. 처음 50개의 변수는 평균이 0.5이고 분산이 1이 되도록 하고, 나머지는 평균이 0이고 분산이 1이 되도록 한다.

In[3]:
```
rng = np.random.default_rng(12)
X = rng.standard_normal((10, 100))
true_mean = np.array([0.5]*50 + [0]*50)
X += true_mean[None,:]
```

이제 `scipy.stats` 모듈의 `ttest_1samp()`을 사용해 $H_0 : \mu_1 = 0$, 즉 첫 번째 변수의 평균이 0이라는 귀무가설을 검정해 보자.

In[4]:
```
result = ttest_1samp(X[:,0], 0)
result.pvalue
```

Out[4]:
```
0.931
```

p-값은 0.931이 나오고 $\alpha = 0.05$ 수준에서 귀무가설을 기각하기에 충분히 작지 않다. 이 예에서 $\mu_1 = 0.5$이므로 귀무가설은 거짓이다. 따라서 귀무가설이 거짓임에도 귀무가설을 기각하지 못하므로 제2종 오류(Type II error)를 범한 것이다.

이제 $j = 1, ..., 100$에 대해 $H_{0,j} : \mu_j = 0$을 검정해 보자. 100개의 p-값을 계산한 다음 j번째 p-값이 0.05 이하이면 H_{0j}를 기각하고, 0.05보다 큰 경우 H_{0j}를 기각하지 않는 결과를 기록하는 벡터를 만든다.

In[5]:
```
p_values = np.empty(100)
for i in range(100):
    p_values[i] = ttest_1samp(X[:,i], 0).pvalue
```

```
decision = pd.cut(p_values,
                  [0, 0.05, 1],
                  labels=['Reject H0',
                          'Do not reject H0'])
truth = pd.Categorical(true_mean == 0,
                       categories=[True, False],
                       ordered=True)
```

이것은 시뮬레이션 데이터 세트이므로 [표 13.2]와 유사한 2×2 표를 생성할 수 있다.

In[6]:
```
pd.crosstab(decision,
            truth,
     rownames=['Decision'],
     colnames=['H0'])
```

Out[6]:
```
                H0  True  False
          Decision
         Reject H0     5     15
Do not reject H0     45     35
```

따라서 $\alpha = 0.05$ 수준에서 50개의 거짓 귀무가설 중 15개를 기각하고 참 귀무가설 중 5개를 거짓 기각한다. 13.3절에서 사용된 표기법을 사용하면 $V = 5$, $S = 15$, $U = 45$, $W = 35$가 된다. $\alpha = 0.05$로 설정했다. 참 귀무가설 중 약 5%를 기각할 것으로 기대된다는 의미다. 이 2×2 표에서 참 귀무가설 중 $V = 5$개를 기각한 결과와 일치한다.

이 시뮬레이션에서 거짓 귀무가설에 대한 평균과 표준편차의 비율은 $0.5/1 = 0.5$에 불과했다. 이것은 상당히 약한 신호에 해당하고 제2종 오류가 많이 발생하는 결과를 낳았다. 대신 거짓 귀무가설에 대한 평균과 표준편차의 비율이 1이 되도록 더 강한 신호를 가진 데이터를 시뮬레이션해 보자. 제2종 오류를 10개밖에 안 냈다.

In[7]:
```
true_mean = np.array([1]*50 + [0]*50)
X = rng.standard_normal((10, 100))
X += true_mean[None,:]
for i in range(100):
    p_values[i] = ttest_1samp(X[:,i], 0).pvalue
decision = pd.cut(p_values,
                  [0, 0.05, 1],
```

```
                labels=['Reject H0',
                        'Do not reject H0'])
truth = pd.Categorical(true_mean == 0,
                       categories=[True, False],
                       ordered=True)
pd.crosstab(decision,
            truth,
            rownames=['Decision'],
            colnames=['H0'])
```

Out[7]:

```
              H0  True  False
        Decision
        Reject H0     2     40
Do not reject H0    48     10
```

13.6.2 집단별 오류율

식 (13.5)를 다시 보자. m개의 서로 독립인 가설검정에 대해 귀무가설이 참이라면 FWER은 $1-(1-\alpha)^m$이다. 이 식을 사용해 $\alpha = 0.05, 0.01, 0.001$에서 $m = 1, \ldots, 500$에 대한 FWER을 계산할 수 있다. 이 α 값에 대해 FWER을 그래프로 그려서 [그림 13.2]를 재현해 보자.

In[8]:

```
m = np.linspace(1, 501)
fig, ax = plt.subplots()
[ax.plot(m,
         1 - (1 - alpha)**m,
         label=r'$\alpha = %s$' % str(alpha))
         for alpha in [0.05, 0.01, 0.001]]
ax.set_xscale('log')
ax.set_xlabel('Number of Hypotheses')
ax.set_ylabel('Family-Wise Error Rate')
ax.legend()
ax.axhline(0.05, c='k', ls='--');
```

앞서 논의했듯이 m이 50 정도의 그리 크지 않은 값이더라도 α를 아주 작은 값인 0.001과 같이 설정하지 않으면 FWER은 0.05를 초과한다. 물론 α를 이렇게 작은 값으로 설정하는 것은 많은 수의 제2종 오류를 범할 가능성이 높다는 문제가 있다. 즉, 검정력이 매우 낮다는 의미다.

이제 Fund 데이터 세트에서 처음 다섯 명의 매니저 각각에 한 표본 t-검정을 수행해 j번째 펀드 매니저의 평균 수익률이 0이라는 귀무가설 $H_{0,j}: \mu_j = 0$을 검정한다.

```
In[9]:  Fund = load_data('Fund')
        fund_mini = Fund.iloc[:,:5]
        fund_mini_pvals = np.empty(5)
        for i in range(5):
            fund_mini_pvals[i] = ttest_1samp(fund_mini.iloc[:,i], 0).pvalue
        fund_mini_pvals
```

```
Out[9]: array([0.006, 0.918, 0.012, 0.601, 0.756])
```

p-값은 매니저 1번과 3번은 작고 다른 세 명의 매니저는 크다. 그러나 다중검정을 수행했다는 사실을 고려하지 않고 단순히 $H_{0,1}$과 $H_{0,3}$을 기각할 수는 없다. 대신 FWER을 제어하기 위해 본페로니 방법과 홀름의 방법을 수행할 것이다.

이를 위해 statsmodels 모듈의 multipletests() 함수(mult_test()로 축약)를 사용한다. p-값이 주어지면 홀름과 본페로니 같은 방법들을 위해 이 함수는 수정된 p-값(adjusted p-value)을 출력하는데, 이것은 다중검정을 위해 수정된 새로운 세트의 p-값으로 생각할 수 있다. 주어진 가설의 수정된 p-값이 α 이하일 때 기각하면 FWER을 α 이하로 유지할 수 있다. 다른 말로 이런 방법들을 쓰려고 할 때 multipletests() 함수에서 결과로 나온 수정된 p-값을 단순하게 원하는 FWER과 비교하는 것으로 각각의 가설을 기각할지 여부를 결정할 수 있다. 나중에 같은 함수를 사용해 FDR을 제어할 수 있다는 것도 보게 된다.

mult_test() 함수는 p-값과 method 인자를 받고 선택적 alpha 인자도 받는다. 이 함수는 의사결정(다음의 reject)과 함께 수정된 p-값(bonf)을 반환한다.

```
In[10]:  reject, bonf = mult_test(fund_mini_pvals, method = "bonferroni")[:2]
         reject
```

```
Out[10]: array([ True, False, False, False, False])
```

p-값 bonf는 단순히 fund_mini_pvalues에 5를 곱하고 1 이하가 되도록 자른 것이다.

```
In[11]:  bonf, np.minimum(fund_mini_pvals * 5, 1)
```

```
Out[11]: (array([0.03, 1.  , 0.06, 1.  , 1.  ]),
          array([0.03, 1.  , 0.06, 1.  , 1.  ]))
```

따라서 본페로니의 방법을 사용하면 FWER을 0.05로 제어할 때 매니저 1번의 귀무가설만 기각할 수 있다.

반면 홀름의 방법을 사용하면 수정된 p-값은 FWER 0.05에서 매니저 1번과 3번의 귀무가설을 기각할 수 있음을 보여 준다.

In[12]:
```
mult_test(fund_mini_pvals, method = "holm", alpha=0.05)[:2]
```

Out[12]:
```
(array([ True, False, True, False, False]),
 array([ 0.03, 1.   , 0.05, 1.   , 1. ]))
```

앞서 이야기했듯이 매니저 1번은 특히 실적이 좋은 것으로 보이며, 매니저 2번은 실적이 나쁘다.

In[13]:
```
fund_mini.mean()
```

Out[13]:
```
Manager1   3.0
Manager2  -0.1
Manager3   2.8
Manager4   0.5
Manager5   0.3
dtype: float64
```

이 두 매니저 사이에 의미 있는 실적 차이가 있는가? 그 여부를 확인하기 위해 `scipy.stats`의 `ttest_rel()` 함수를 사용해 쌍체 t-검정(paired t-test)을 할 수 있다.

In[14]:
```
ttest_rel(fund_mini['Manager1'],
          fund_mini['Manager2']).pvalue
```

Out[14]:
```
0.038
```

검정 결과 p-값은 0.038로, 통계적으로 유의한 차이가 있음을 보여 준다.

하지만 데이터를 검토하고 매니저 1번과 2번이 가장 높은 평균 실적과 가장 낮은 평균 실적을 가졌다는 것을 확인한 후에서야 이 검정을 수행하기로 결정했다. 어떤 의미에서 이것은 13.3.2절에서 논의했듯이 하나의 가설검정을 수행한 것이 아니라 묵시적으로 $\binom{5}{2} = 5(5-1)/2 = 10$개의 가설검정을 수행했다는 것을 의미한다. 그러므로 `statsmodels.stats.multicomp`의 `pairwise_tukeyhsd()` 함수를 사용해 튜키의 방법(Tukey's method)을 적용해 다중검정을 위한 조정을 한다. 이 함수는 적합된 분산분석(ANONA) 회귀모형을 입력으로 받는데, 이것은 본질적으로 예측변수가 모두 질적 변수인 선형회귀일 뿐이다. 이 예제에서 반응변수는 각각의 매니저가 달성한 월별 초과 수익으로 구성되고 예측변수는 각 수익에 대응되는 매니저를 나타낸다.

In[15]:
```
returns = np.hstack([fund_mini.iloc[:,i] for i in range(5)])
managers = np.hstack([[i+1]*50 for i in range(5)])
tukey = pairwise_tukeyhsd(returns, managers)
print(tukey.summary())
```

Out[15]:
```
Multiple Comparison of Means - Tukey HSD, FWER=0.05
====================================================
group1 group2 meandiff  p-adj   lower  upper reject
----------------------------------------------------
     1      2     -3.1 0.1862 -6.9865 0.7865  False
     1      3     -0.2 0.9999 -4.0865 3.6865  False
     1      4     -2.5 0.3948 -6.3865 1.3865  False
     1      5     -2.7 0.3152 -6.5865 1.1865  False
     2      3      2.9 0.2453 -0.9865 6.7865  False
     2      4      0.6 0.9932 -3.2865 4.4865  False
     2      5      0.4 0.9986 -3.4865 4.2865  False
     3      4     -2.3 0.482  -6.1865 1.5865  False
     3      5     -2.5 0.3948 -6.3865 1.3865  False
     4      5     -0.2 0.9999 -4.0865 3.6865  False
----------------------------------------------------
```

pairwise_tukeyhsd() 함수는 각 쌍의 매니저 사이의 차이에 대한 신뢰구간(lower와 upper)과 p-값을 제공한다. 이 모든 수치는 다중검정을 위해 조정된 것이다. 매니저 1번과 2번 사이의 차이에서 p-값이 0.038에서 0.186으로 증가했으므로 이제는 더 이상 매니저들의 실적 사이에 차이가 있다는 명확한 증거가 없다. tukey의 plot_simultaneous() 메소드를 사용해 쌍체 비교의 신뢰구간을 그래프로 나타낼 수 있다. 어떤 구간 쌍이라도 겹치지 않으면 명목 수준 0.05에서 유의한 차이를 나타낸다. 이 예제에서는 이 표가 보고하듯이 어떠한 차이도 유의하게 보이지 않는다.

In[16]:
```
fig, ax = plt.subplots(figsize=(8,8))
tukey.plot_simultaneous(ax=ax);
```

결과는 [그림 13.10]에서 볼 수 있다.[26]

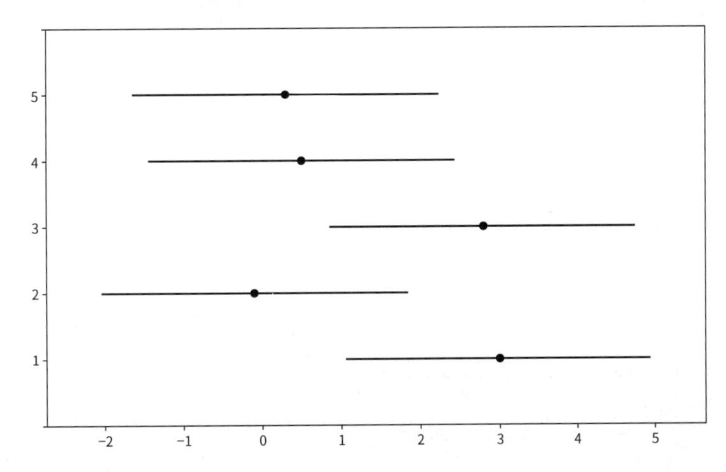

[그림 13.10] Fund 데이터에서 각 매니저의 95% 신뢰구간. 튜키의 방법을 사용해 다중검정을 위해 조정된 것이다. 모든 신뢰구간이 겹치므로 FWER을 0.05 수준에서 제어할 때 매니저 사이의 차이는 통계적으로 유의하지 않다.

13.6.3 거짓발견율

이제 Fund 데이터 세트에 있는 2,000명의 펀드 매니저 모두에 대해 가설검정을 수행해 보자. j번째 펀드 매니저의 평균 수익률이 0이라는 $H_{0,j} : \mu_j = 0$에 대해 한 표본 t-검정(one-sample t-test)을 수행한다.

In[17]:
```
fund_pvalues = np.empty(2000)
for i, manager in enumerate(Fund.columns):
    fund_pvalues[i] = ttest_1samp(Fund[manager], 0).pvalue
```

매니저가 너무 많아서 FWER을 제어하는 시도는 고려하기 어렵다. 대신 FDR을 제어하는 데 초점을 맞춘다. FDR은 기각된 귀무가설 중 실제로는 거짓 양성인 귀무가설의 기대 비율이다. multipletests() 함수(mult_test()로 축약)를 이용해 벤야미니-호흐베르크 절차를 수행할 수 있다.

In[18]:
```
fund_qvalues = mult_test(fund_pvalues, method = "fdr_bh")[1]
fund_qvalues[:10]
```

26 전통적으로 이 그래프는 각 쌍의 차이의 구간을 보여 준다. 집단의 수가 많아질수록 여기서 수행된 것처럼 집단마다 하나의 구간으로 표시하는 것이 더 편리하다. 그리고 전통적인 그래프와 동등하다. 여기에 표시된 모든 구간 쌍을 차이계산(differencing)하면 전통적인 그래프로 복구할 수 있다.

```
Out[18]: array([0.09, 0.99, 0.12, 0.92, 0.96, 0.08, 0.08, 0.08, 0.08, 0.08])
```

벤야미니-호흐베르크 절차로 출력된 q-값(q-values)은 특정 귀무가설을 기각할 수 있는 가장 작은 FDR 임곗값으로 해석될 수 있다. 예를 들어 q-값이 0.1이라는 것은 FDR이 10% 이상일 때 해당 귀무가설을 기각할 수 있지만, FDR이 10% 미만일 때는 귀무가설을 기각할 수 없다는 뜻이다.

FDR을 10%에서 제어한다면 몇 명의 펀드 매니저에 대해 $H_{0,j} : \mu_j = 0$을 기각할 수 있을까?

```
In[19]: (fund_qvalues <= 0.1).sum()
```

```
Out[19]: 146
```

2,000명의 펀드 매니저 중 146명이 q-값이 0.1 이하라는 것을 발견했다. 따라서 FDR이 10%일 때 146명의 펀드 매니저가 시장보다 높은 수익을 낸다고 결론지을 수 있다. 이들 중 약 15명(146의 10%) 정도만 거짓 발견일 것이다.

이와는 대조적으로 만약 본페로니의 방법을 사용해 FWER을 $\alpha = 0.1$ 수준에서 제어했다면 어떤 귀무가설도 기각하지 못했을 것이다.

```
In[20]: (fund_pvalues <= 0.1 / 2000).sum()
```

```
Out[20]: 0
```

[그림 13.6]은 Fund 데이터 세트에서 순서대로 정렬된 p-값인 $p_{(1)} \leq p_{(2)} \leq \ldots \leq p_{(2000)}$과 벤야미니-호흐베르크 절차에 따른 기각 임곗값을 보여 준다. 다시 기억해 보면 벤야미니-호흐베르크 절차는 $p_{(j)} < qj/m$을 만족하는 가장 큰 p-값을 찾아내고, p-값이 $p_{(j)}$보다 작거나 같은 모든 가설을 기각한다. 다음 코드에서 벤야미니-호흐베르크 절차를 직접 구현해 그 작동 방식을 살펴본다. 먼저 p-값을 정렬한다. 그런 다음 $p_{(j)} < qj/m$을 만족하는 모든 p-값을 찾아낸다(sorted_set_). 최종적으로 selected_는 논리값 배열이 되고 어느 p-값이 sorted_[sorted_set_]의 가장 큰 p-값 이하인지 알려 준다. 따라서 selected_는 벤야미니-호흐베르크 절차로 기각된 p-값들의 인덱스가 된다.

In[21]:
```
sorted_ = np.sort(fund_pvalues)
m = fund_pvalues.shape[0]
q = 0.1
sorted_set_ = np.where(sorted_ < q * np.linspace(1, m, m) / m)[0]
if sorted_set_.shape[0] > 0:
    selected_ = fund_pvalues < sorted_[sorted_set_].max()
    sorted_set_ = np.arange(sorted_set_.max())
else:
    selected_ = []
    sorted_set_ = []
```

이제 [그림 13.6]의 가운데 그림을 재현해 보자.

In[22]:
```
fig, ax = plt.subplots()
ax.scatter(np.arange(0, sorted_.shape[0]) + 1,
           sorted_, s=10)
ax.set_yscale('log')
ax.set_xscale('log')
ax.set_ylabel('P-Value')
ax.set_xlabel('Index')
ax.scatter(sorted_set_+1, sorted_[sorted_set_], c='r', s=20)
ax.axline((0, 0), (1,q/m), c='k', ls='--', linewidth=3);
```

13.6.4 재표집법

여기서는 Khan 데이터 세트를 사용해 가설검정에 대한 재표집 접근법을 구현한다. 이 데이터 세트는 13.5절에서 살펴보았다. 우선 훈련 데이터와 테스트 데이터를 합치면 결과로 2,308개의 유전자에 대한 83명 환자의 관측이 된다.

In[23]:
```
Khan = load_data('Khan')
D = pd.concat([Khan['xtrain'], Khan['xtest']])
D['Y'] = pd.concat([Khan['ytrain'], Khan['ytest']])
D['Y'].value_counts()
```

Out[23]:
```
2    29
4    25
3    18
1    11
Name: Y, dtype: int64
```

네 가지 부류의 암이 있다. 각각의 유전자에서 두 번째 부류(근육육종)의 평균 발현을 네 번째 분류(버킷 림프종)의 평균 발현과 비교한다. scipy.stats의 ttest_ind()

를 사용해 11번째 유전자에 대한 표준적인 두 표본 t-검정(two-sample t-test)을 수행하면 검정통계량은 -2.09이고 해당 p-값은 0.0412이다. 두 암 유형 사이에서 평균 발현 수준 차이의 증거가 크지 않음을 보여 준다.

```
In[24]:  D2 = D[lambda df:df['Y'] == 2]
         D4 = D[lambda df:df['Y'] == 4]
         gene_11 = 'G0011'
         observedT, pvalue = ttest_ind(D2[gene_11],
                                       D4[gene_11],
                                       equal_var=True)
         observedT, pvalue
```

```
Out[24]: (-2.094, 0.041)
```

하지만 이 p-값은 가정에 의존하고 있다. 두 집단 사이에 차이가 없다는 귀무가설에서 검정통계량은 자유도가 $29 + 25 - 2 = 52$인 t-분포를 따른다는 가정이다. 이런 이론적 귀무분포를 사용하는 대신 54명의 환자를 29명과 25명의 두 집단으로 무작위로 나누고 새로운 검정통계량을 계산할 수 있다. 집단 사이에 차이가 없다는 귀무가설에서 이 새로운 검정통계량은 원래의 검정통계량과 분포가 같아야 한다. 이 과정을 10,000번 반복하면 검정통계량의 귀무분포를 근사할 수 있다. 관측된 검정통계량이 재표집을 통해 얻은 검정통계량을 초과하는 횟수의 비율을 계산해 보자.

```
In[25]:  B = 10000
         Tnull = np.empty(B)
         D_ = np.hstack([D2[gene_11], D4[gene_11]])
         n_ = D2[gene_11].shape[0]
         D_null = D_.copy()
         for b in range(B):
             rng.shuffle(D_null)
             ttest_ = ttest_ind(D_null[:n_],
                                D_null[n_:],
                                equal_var=True)
             Tnull[b] = ttest_.statistic
         (np.abs(Tnull) > np.abs(observedT)).mean()
```

```
Out[25]: 0.0398
```

이 비율 0.0398은 재표집 기반 p-값이다. 이것은 이론적 귀무분포를 사용해 구한

p-값 0.0412와 거의 동일하다. 재표집 기반 검정통계량의 히스토그램을 그려 [그림 13.7]을 재현할 수 있다.

In[26]:
```
fig, ax = plt.subplots(figsize=(8,8))
ax.hist(Tnull,
        bins=100,
        density=True,
        facecolor='y',
        label='Null')
xval = np.linspace(-4.2, 4.2, 1001)
ax.plot(xval,
        t_dbn.pdf(xval, D_.shape[0]-2),
        c='r')
ax.axvline(observedT,
           c='b',
           label='Observed')
ax.legend()
ax.set_xlabel("Null Distribution of Test Statistic");
```

재표집 기반 귀무분포는 이론적 귀무분포와 거의 동일하다. 이론적 귀무분포는 빨간색으로 표시했다.

마지막으로 [알고리즘 13.4]에서 윤곽을 살펴본 대입 재표집 FDR 접근법을 구현해 보자. 컴퓨터의 속도에 따라 Khan 데이터 세트의 모든 2,308개 유전자에 대해 FDR을 계산하는 데 시간이 좀 걸릴 수도 있다. 그러므로 랜덤하게 선택된 100개의 유전자에 대해 이 접근법을 설명해 보자. 각각의 유전자에서 먼저 관측된 검정통계량을 계산한다. 그런 다음 10,000개의 재표집 검정통계량을 생성한다. 이것은 몇 분 정도 걸릴 수 있다. 급하다면 `B`를 더 작은 값(예를 들면, `B = 500`)으로 설정할 수도 있다.

In[27]:
```
m, B = 100, 10000
idx = rng.choice(Khan['xtest'].columns, m, replace=False)
T_vals = np.empty(m)
Tnull_vals = np.empty((m, B))

for j in range(m):
    col = idx[j]
    T_vals[j] = ttest_ind(D2[col],
                          D4[col],
                          equal_var=True).statistic
    D_ = np.hstack([D2[col], D4[col]])
    D_null = D_.copy()
```

```
    for b in range(B):
        rng.shuffle(D_null)
        ttest_ = ttest_ind(D_null[:n_],
                           D_null[n_:],
                           equal_var=True)
        Tnull_vals[j,b] = ttest_.statistic
```

다음으로 기각된 귀무가설의 개수 R, 거짓 양성의 개수 추정값 $(\hat{V})$, FDR 추정값을 계산해 보자. [알고리즘 13.4]의 임곗값 c를 일정한 범위에서 달리하며 계산한다. 임곗값은 100개의 유전자로부터 얻은 검정통계량의 절댓값을 사용해 선택한다.

In[28]:
```
cutoffs = np.sort(np.abs(T_vals))
FDRs, Rs, Vs = np.empty((3, m))
for j in range(m):
    R = np.sum(np.abs(T_vals) >= cutoffs[j])
    V = np.sum(np.abs(Tnull_vals) >= cutoffs[j]) / B
    Rs[j] = R
    Vs[j] = V
    FDRs[j] = V / R
```

이제 임의의 주어진 FDR에서 기각할 유전자를 찾을 수 있다. 예를 들어 FDR을 0.1로 제어할 때 100개의 귀무가설 중 15개를 기각한다. 평균적으로 이 유전자 중 약 하나 또는 두 개(즉, 15의 10%)가 거짓 발견일 것으로 기대된다. FDR이 0.2일 때 28개의 유전자에 대한 귀무가설을 기각할 수 있으며, 이 중 약 여섯 개가 거짓 발견일 것으로 기대된다.

변수 idx에는 무작위로 선택한 100개의 유전자에 어떤 유전자가 포함됐는지 저장한다. FDR 추정값이 0.1보다 작은 유전자를 살펴보자.

In[29]:
```
sorted(idx[np.abs(T_vals) >= cutoffs[FDRs < 0.1].min()])
```

FDR 임곗값이 0.2일 때 더 많은 유전자가 선택되지만 그 대가로 거짓발견비율이 높아진다.

In[30]:
```
sorted(idx[np.abs(T_vals) >= cutoffs[FDRs < 0.2].min()])
```

다음 셀은 [그림 13.11]을 생성한다. 이것은 [그림 13.9]와 유사하다. 유전자의 일부 부분집합에 기반했다는 점만 다르다.

In[31]:
```
fig, ax = plt.subplots()
ax.plot(Rs, FDRs, 'b', linewidth=3)
ax.set_xlabel("Number of Rejections")
ax.set_ylabel("False Discovery Rate");
```

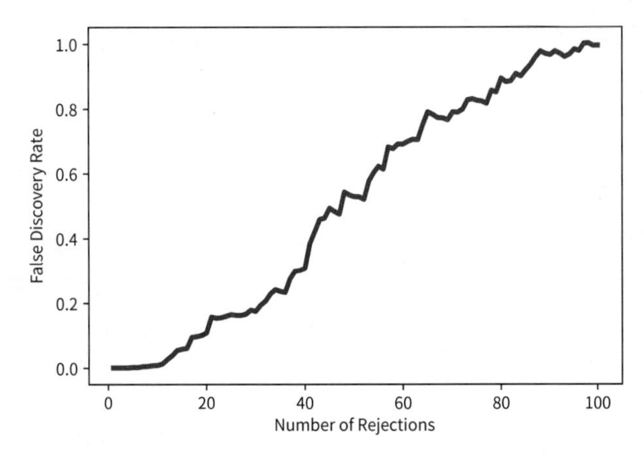

[그림 13.11] 거짓발견율 추정값 대 기각된 귀무가설의 개수 그래프. Khan 데이터 세트에서 무작위로 선택된 100개 유전자를 이용한 예다.

13.7 연습문제

개념

1. m개의 귀무가설을 검정하는데, 모두 참이라고 가정해 보자. 각각의 귀무가설에서 제1종 오류를 α 수준에서 제어한다. 각각의 문제에 답하고 왜 그렇게 답했는지 설명하라.

   a) 전체적으로 제1종 오류를 몇 개나 범할 것으로 예상하는가?

   b) 우리가 수행하는 m개의 검정이 서로 독립인 경우를 생각해 보자. m개의 검정과 연관된 집단별 오류율은 얼마인가?

   HINT 만약 두 사건 A와 B가 독립이라면 $\Pr(A \cap B) = \Pr(A)\Pr(B)$이다.

   c) $m = 2$인 경우를 가정해 보자. 두 검정의 p-값이 양의 상관관계이기 때문에 하나가 작으면 다른 하나도 작은 경향이 있고, 하나가 크면 다른 하나도 큰 경향이 있다고 해보자. 이 $m = 2$개의 검정에 해당하는 집단별 오류율을 (b)에서 $m = 2$인 경우의 답과 질적으로 비교하면 어떠한가?

   HINT 먼저 두 p-값이 완벽한 상관관계가 있는 경우를 생각해 보라.

d) 다시 $m = 2$인 경우를 가정해 보자. 이번에는 두 검정의 p-값이 음의 상관관계이기 때문에 하나가 크면 다른 하나는 작은 경향이 있다. 이 $m = 2$개의 검정에 해당하는 집단별 오류율을 (b)에서 $m = 2$인 경우의 답과 질적으로 비교하면 어떠한가?

HINT 먼저 한 p-값이 α보다 작으면 다른 값은 항상 α보다 큰 경우를 생각해 보라. 즉, 귀무가설을 동시에 기각할 수 없다.

2. m개의 가설을 검정하는데, 각각의 가설에서 제1종 오류를 α 수준에서 제어한다고 생각해 보자. 모든 m개의 p-값이 독립이고 모든 귀무가설이 참이라고 가정한다.

   a) 확률변수 A_j가 j번째 귀무가설이 기각될 경우 1이고 그렇지 않을 경우 0이라고 하자. A_j의 분포는 무엇인가?
   b) $\sum_{j=1}^{m} A_j$의 분포는 무엇인가?
   c) 제1종 오류 개수의 표준편차는 얼마인가?

3. m개의 귀무가설을 검정하는데, $j = 1, \ldots, m$일 때 j번째 귀무가설에 대한 제1종 오류를 각각 α_j 수준에서 제어한다고 생각해 보자. 집단별 오류율이 $\sum_{j=1}^{m} \alpha_j$보다 크지 않다는 것을 논증하라.

4. $m = 10$개의 가설을 검정해 [표 13.4]에 제시된 p-값들이 나온 경우를 생각해 보자.

귀무가설	p-값
H_{01}	0.0011
H_{02}	0.031
H_{03}	0.017
H_{04}	0.32
H_{05}	0.11
H_{06}	0.90
H_{07}	0.07
H_{08}	0.006
H_{09}	0.004
H_{10}	0.0009

[표 13.4] 연습문제 4를 위한 p-값들.

a) 각각의 귀무가설에서 제1종 오류를 $\alpha = 0.05$ 수준에서 제어하려고 한다. 어떤 귀무가설을 기각할 것인가?

b) 이번에는 집단별 오류율을 $\alpha = 0.05$ 수준에서 제어하려고 한다. 어떤 귀무가설을 기각할 것인가? 그렇게 답한 근거는?

c) 이번에는 FDR을 $q = 0.05$ 수준에서 제어하려고 한다. 어느 귀무가설을 기각할 것인가? 그렇게 답한 근거는?

d) 이번에는 FDR을 $q = 0.2$ 수준에서 제어하려고 한다. 어느 귀무가설을 기각할 것인가? 그렇게 답한 근거는?

e) FDR 수준 $q = 0.2$에서 기각된 귀무가설 중 대략 몇 개나 거짓 양성인가? 그렇게 답한 근거는?

5. 이번 문제에서는 본페로니 방법과 홀름 방법을 사용해 특정 개수의 귀무가설을 기각하는 p-값을 만들어 보자.

a) 다섯 개의 p-값의 예를 제시하는데(즉, 0과 1 사이에 있는 다섯 개의 숫자로 이 문제의 목적에 맞게 p-값으로 해석할 숫자들), 이 p-값들의 FWER을 0.1 수준에서 제어할 때 본페로니의 방법과 홀름의 방법 둘 다 정확히 하나의 귀무가설을 기각하게 하라.

b) 이번에 제시할 다섯 개의 p-값의 예는 0.1 수준에서 본페로니는 하나의 귀무가설을 기각하고, 홀름은 하나 이상을 기각하는 경우를 제시하라.

6. [그림 13.3]의 세 그래프 각각에 대해 다음 질문에 답하라.

a) FWER을 0.05 수준에서 제어하기 위해 본페로니 절차를 적용할 때 거짓 양성, 거짓 음성, 참 양성, 참 음성, 제1종 오류, 제2종 오류는 얼마나 발생하는가?

b) FWER을 0.05 수준에서 제어하기 위해 홀름 절차를 적용할 때 거짓 양성, 거짓 음성, 참 양성, 참 음성, 제1종 오류, 제2종 오류는 얼마나 발생하는가?

c) FWER을 0.05 수준에서 제어하기 위해 본페로니 절차를 사용할 때 거짓발견비율은 얼마인가?

d) FWER을 0.05 수준에서 제어하기 위해 홀름 절차를 사용할 때 거짓발견비율은 얼마인가?

e) 본페로니 절차를 대신 사용해 FWER을 0.001 수준에서 제어한다면 (a)와 (c)의 답변은 어떻게 달라질까?

응용

7. 이번 문제에서는 `ISLP` 패키지의 `Carseats` 데이터 세트를 사용한다.

a) 데이터 세트에서 `Sales` 이외의 양적 변수 각각에 대해 해당 양적 변수를 사용해 `Sales`를 예측하기 위한 선형모형을 적합하자. 각 변수의 계수에 연관된 p-값을 보고하라. 즉, $Y = \beta_0 + \beta_1 X + \epsilon$ 형태의 각 모형에서 계수 β_1에 연관된 p-값을 보고한다. 여기서 Y는 `Sales`를 나타내고 X는 다른 양적 변수 중 하나를 나타낸다.

b) (a)에서 구한 p-값에 대한 제1종 오류를 $\alpha = 0.05$ 수준에서 제어한다고 생각해 보자. 어떤 귀무가설이 기각되는가?

c) 이제 p-값에 대한 집단별 오류율을 0.05 수준에서 제어한다고 생각해 보자. 어떤 귀무가설이 기각되는가?

d) 마지막으로 p-값에 대한 FDR을 0.2 수준에서 제어한다고 생각해 보자. 어떤 귀무가설이 기각되는가?

8. 이번 문제에서는 $m = 100$명의 펀드 매니저의 데이터를 시뮬레이션한다.

```
rng = np.random.default_rng(1)
n, m = 20, 100
X = rng.normal(size=(n, m))
```

이 데이터는 $n = 20$개월 각각의 기간 동안 펀드 매니저별 수익률을 백분율로 나타낸 것이다. 검정하려는 귀무가설은 각 펀드 매니저의 백분율 수익률이 모평균의 0과 같다는 귀무가설이다. 주의할 점은 데이터 시뮬레이션을 각 펀드 매니저 백분율 수익률의 모평균이 0이 되도록 했다는 점이다. 다시 말해 모든 m개의 귀무가설이 참이다.

a) 각각의 펀드 매니저에 대해 한 표본 t-검정을 수행하고 구한 p-값들의 히스토그램을 그려라.

b) 각각의 귀무가설에 대해 제1종 오류를 $\alpha = 0.05$ 수준에서 제어한다면 얼마

나 많은 귀무가설을 기각하게 되는가?

c) 집단별 오류율을 0.05 수준에서 제어한다면 얼마나 많은 귀무가설을 기각하게 되는가?

d) FDR을 0.05 수준에서 제어한다면 얼마나 많은 귀무가설을 기각하게 되는가?

e) 이제 데이터에서 가장 실적이 좋은 10명의 펀드 매니저를 체리 피킹(cherry-picking)한다고 생각해 보자. 이 10명의 펀드 매니저만 FWER을 0.05 수준에서 제어한다면 얼마나 많은 귀무가설을 기각하게 되는가? 이 10명의 펀드 매니저만 FDR을 0.05 수준에서 제어한다면 얼마나 많은 귀무가설을 기각하게 되는가?

f) (e)의 분석이 오해의 소지가 있는 이유를 설명하라.

HINT FWER과 FDR을 제어하는 표준적인 접근법은 '모든' 검정된 귀무가설이 다중성에 대해 조정됐고, 가장 작은 p-값의 '체리 피킹'이 발생하지 않았다고 가정한다. 체리 피킹을 하면 무엇이 잘못되는가?

찾아보기(한글)

찾아보기(영어)

F~H

I~K

L

M~N

O~P

Q~R

이 책에 나오는 데이터 세트

이 책에 나오는 파이썬 객체와 함수 들